Schrödel / Echim

Autonome Systeme

Frank Schrödel
Mitja Echim

Autonome Systeme

Was Fahrzeuge aus der Robotik lernen können

HANSER

Über die Autoren:
Frank Schrödel ist Professor für Antriebs-, Automatisierungs- und Robotertechnik an der HS Schmalkalden.
Dr.-Ing. *Mitja Echim* ist CEO der TOPAS Industriemathematik Innovation gGmbH (Transferzentrum für optimierte, assistierte, hoch-automatisierte und autonome Systeme).

MIX
Papier aus verantwortungsvollen Quellen
FSC® C083411
www.fsc.org

Print-ISBN: 978-3-446-46968-6
E-Book-ISBN: 978-3-446-46969-3

Bibliografische Information der Deutschen Nationalbibliothek:
Die Deutsche Nationalbibliothek verzeichnet diese Publikation in der Deutschen Nationalbibliografie; detaillierte bibliografische Daten sind im Internet unter http://dnb.d-nb.de abrufbar.

Vilshofener Straße 10 | 81679 München | info@hanser.de
www.hanser-fachbuch.de
Lektorat: Dipl.-Ing. Natalia Silakova-Herzberg
Herstellung: Frauke Schafft
Coverkonzept: Marc Müller-Bremer, www.rebranding.de, München
Covergestaltung: Max Kostopoulos
Titelmotiv: © shutterstock.com/Hakim Graphy
Satz: Frank Schrödel, Mitja Echim
Druck: CPI Books GmbH, Leck
Printed in Germany

All of the biggest technological inventions created by man – the airplane, the automobile, the computer – says little about his intelligence, but speaks volumes about his laziness — Mark Kennedy

Für Anna, Lea, Leni, Pauline, Ronja, Sophie sowie Alexander und Jarik
—— Frank Schrödel

Für Jari, Lian und Christiane
—— Mitja Echim

Inhalt

Vorwort

Die Mobilitätswende und die damit verbundenen technologischen Innovationen, wie selbstfahrende Fahrzeuge, sind in aller Munde. Insbesondere in den letzten Jahrzehnten gibt es geradezu einen Hype um diesen Technologiesektor. Wichtig zu verstehen ist jedoch, dass viele, für die Automatisierung selbstfahrender Fahrzeuge verwendete Konzepte, keinesfalls erst im 21. Jahrhundert entwickelt worden sind. So basieren viele dieser Konzepte auf etablierten Methoden der Automatisierungstechnik, Industriemathematik und Robotik. Daher wagt das vorliegende Buch den Spagat, sowohl diese etablierten Konzepte vorzustellen, als auch aktuelle Entwicklungen im Bereich autonomer Systeme, wie selbstfahrende Fahrzeuge und moderne Robotikanwendungen, zu beleuchten.

Im vorliegenden Buch wird ein solides Grundlagenwissen im Feld der Funktions- und Algorithmenentwicklung für autonome Systeme, wie selbstfahrende Fahrzeuge und moderne Robotikanwendungen, vermittelt. Hierbei sind die verwendeten Ansätze geprägt von etablierten Methoden aus der Automatisierungstechnik, Industriemathematik und Robotik.

Dieses Buch richtet sich an alle technisch Interessierten, die verstehen wollen, welche Methoden, Algorithmen sowie Technologien eingesetzt werden, um selbstfahrende Fahrzeuge und intelligenter Robotikanwendungen zu realisieren. Konkret kann dieses Buch sowohl für Bachelor- als auch für Masterstudierende ein treuer Begleiter durch das Ingenieurs-, Informatik-, Industriemathematik- und Naturwissenschaftsstudium sein. Zudem kann das Buch auch als wertvolles Nachschlagewerk im Berufsalltag für Entwicklungsingenieure im Bereich der Funktionsentwicklung neuartiger Fahrerassistenzfunktionen und intelligenter Robotikanwendungen dienen.

Das Buch gliedert sich in drei Teile. Im ersten Teil werden die Grundlagen der Robotik sowie selbstfahrender Fahrzeuge erläutert. So wird beleuchtet, welchen Funktionsumfang diese Systeme haben, sowie aus welchen Hard- und Softwarekomponenten diese aufgebaut sind. Zudem werden nützliche Hinweise im Rahmen von Vorgehensmodellen vermittelt, welche bei der Bearbeitung von Funktionsentwicklungsprojekten zum Einsatz kommen.

Der zweite Teil des Buches widmet sich den theoretischen Grundlagen – insbesondere den mathematischen und algorithmischen Grundlagen – die das Rückgrat moderner Robotiksysteme und selbstfahrender Fahrzeuge bilden. Der Fokus liegt hierbei auf den systemtheoretischen Grundlagen, der Modellbildung sowie der Regelung.

Abschließend werden diese Grundlagen im dritten Teil des Buches zur Anwendung gebracht. So wird konkret gezeigt, wie die zuvor erläuterten Grundlagen zur Wahrnehmung, Entscheidungsfindung und Planung sowie zur Regelung von modernen Robotiksystemen und selbstfahrenden Fahrzeugen eingesetzt werden können.

Am Ende jedes Kapitels des Buches wird auf relevante Literatur verwiesen, auf welcher die einzelnen Kapitel basieren und welche für ein vertiefendes Verständnis der Inhalte genutzt werden kann. Ebenso verfügt jedes Kapitel über eine Sammlung von Übungsaufgaben, welche ebenfalls zum Vertiefen der besprochenen Inhalte einladen.

Wichtige Kerninhalte des Buches sind in Form von Steckbriefen und Anwendungsbeispielen zusammengefasst, was das Nachschlagen entsprechender Inhalte erleichtert. Ebenso sind vielfältige QR-Tags den einzelnen Kapiteln angefügt, welche auf Videomaterial entsprechender Robotiksysteme und selbstfahrender Fahrzeuge hinführen. Diese sollen das Verinnerlichen der Inhalte des Buches vereinfachen und die Lektüre kurzweilig gestalten.

Viele Ideen und Konzepte dieses Buches sind innerhalb gemeinsamer Projekte mit der Hochschule Schmalkalden, der TOPAS Industriemathematik Transfer GmbH und der IAV GmbH entstanden. Wir möchten uns an dieser Stelle für die starke Unterstützung der beteiligten Mitarbeiter bedanken.

Ebenso möchten wir uns ausdrücklich für die überwältigende Unterstützung von Prof. Dr.-Ing. Jens Jäkel und Dr. Regina Kobes-Schrödel bedanken, welche nie müde wurden, uns mit kritischen Fragen eine Weiterentwicklung des Buches zu ermöglichen.

Ebenso bedanken wir uns von ganzem Herzen bei unseren Lehrstuhlmitarbeitern, welche uns immer mit Rat und Tat zur Seite standen.

Vor allem geht unser Dank an unsere Familien, welche mit viel Unterstützung, Geduld und Nachsicht überhaupt erst ermöglichten, dieses Buch entstehen zu lassen.

Unser größter Dank gebührt jedoch unserem geschätzten Kollegen und wertvollen Freund, Prof. Dr.-Ing. Rick Voßwinkel. Sein unermesslicher Beitrag hat dieses Buchprojekt erst möglich gemacht – ohne ihn wäre es nicht zu realisieren gewesen!

Frank Schrödel und Mitja Echim März 2025

Euch gefällt das Thema und ihr wollt mehr erfahren? Einen Einblick in unsere aktuellen Entwicklungsarbeiten aus dem Themenkomplex autonomer Systeme könnt ihr unter folgenden Link gewinnen. Viel Spaß!

MISSION_MINT

TEIL I

Einführung

1 Einführung in die Robotik

Bevor wir tiefer in das Thema selbstfahrender Fahrzeuge einsteigen, möchten wir in diesem Kapitel eine kompakte Einführung in das Themengebiet der Robotik geben. Hierbei werden die wichtigsten Begriffsdefinitionen erläutert, verschiedene Robotertypen eingeführt und vielfältige Anwendungsgebiete von modernen Robotersystemen dargestellt.

1.1 Was sind Roboter und Automaten?

Die Disziplin der Automatisierungstechnik beinhaltet zwei große technische Aufgabenfelder: die Prozessüberwachung und die Prozessführung. Hierbei umfasst die **Prozessüberwachung** Themen wie Messen, Speichern, Analysieren, Visualisieren und Assoziieren (Zuordnung der Messdaten zu dem entsprechenden Sensor) wichtiger Prozessgrößen. Dabei können die Prozessgrößen sowohl direkt als auch indirekt (mittels mathematischer Modelle) erfasst werden. Bei der **Prozessführung** handelt es sich um Methoden zur gezielten Beeinflussung von technischen Prozessen. Diese Beeinflussung kann unter anderem darin bestehen, sicherzustellen, dass die Prozessschritte in der richtigen Reihenfolge ablaufen. Zum anderen kann Beeinflussung bedeuten, dass einzelne wichtige Prozessgrößen (trotz Störungen) auf ihren Sollwerten gehalten werden. Somit wird ersichtlich, dass zur Realisierung einer Prozessautomatisierung sowohl geeignete Eingriffsmöglichkeiten zur Prozessbeeinflussung als auch Überwachungsmöglichkeiten wichtiger Prozessgrößen bereitgestellt werden müssen.

Wenn Tätigkeiten, die bisher von Menschen manuell ausgeführt werden mussten, von Maschinen realisiert werden, ist dies nicht zwingend gleichzusetzen mit einer Prozessautomatisierung. Der Entwurf und die Implementierung von technischen Abläufen und Verfahren, die manuelle Tätigkeiten ersetzen, wird als **Mechanisierung** bezeichnet. Die hierbei entstehenden Maschinen ersetzen körperliche durch maschinelle Tätigkeiten. Auf Kommando laufen dann die zuvor von Menschen ausgeführten Prozesse selbstständig ab. Der Steuereingriff, der die (Teil-)Prozesse zum richtigen Zeitpunkt in Gang setzt, wird weiterhin von Menschen durchgeführt. Darauf aufbauend sorgt die **Automatisierung** für eine eigenständige Steuerung der Prozesse, welche die mechanisierten Teilprozesse aktiviert und überwacht.

Die mechanisierten Abläufe werden nun nach vorgegebenen Programmen selbstständig abgearbeitet. Die Begriffe der Mechanisierung und Automatisierung werden oft im Zusammenhang mit den verschiedenen industriellen Revolutionen verwendet, welche im Folgenden, kurz charakterisiert sind:

- **1. Industrielle Revolution** = Mechanisierung
  Bspw.: Einsatz der Dampfmaschinen
  Ende des 18. Jahrhunderts gestartet
- **2. Industrielle Revolution** = Elektrifizierung
  Bspw.: Einsatz der Fließbandfertigung
  Ende des 19. Jahrhunderts gestartet
- **3. Industrielle Revolution** = Automatisierung in der Produktion
  Bspw.: Einsatz von Industrierobotern
  Gegen 1970 gestartet
- **4. Industrielle Revolution** (Industrie 4.0) = Vernetzung der Produktionsanlage
  Bspw.: Bildung eines selbstoptimierenden Gesamtsystems
  Im 21. Jahrhundert gestartet
- **5. Industrielle Revolution** (Industrie 5.0) = Kollaborative Robotik und kundenspezifische Massenproduktion
  Bspw.: Entwicklung neuer, menschzentrierter Robotikanwendungen
  2025 in der inhaltlichen Ausgestaltung befindlich

Im Allgemeinen werden Maschinen mit gesteuerten Arbeitsabläufen als Automaten bezeichnet. Das vorliegende Buch beschäftigt sich mit einer ganz besonderen Klasse von Automaten, den **Robotern**. Der Begriff Roboter ist von dem slawischen Wort „robota" abgeleitet und bedeutet so viel wie schwere Arbeit oder Zwangsarbeit. Bild 1.1 gibt einen ersten Überblick über die große Spannweite von aktuellen Robotikanwendungen.

Bild 1.1 Anwendungsgebiete von Automatisierung und Robotik

Zur genaueren Erläuterung des Begriffs Roboter betrachten wir zunächst die Definition des Robot Institute of America (1979). Demzufolge definiert sich ein Roboter wie folgt.

Definition 1.1 (Roboter-Definition des Robot Institute of America**).** Ein Roboter ist ein programmierbarer, multifunktionaler Manipulator, der dazu dient, Material, Teile, Werkzeuge oder spezielle Geräte durch verschiedene programmierte Bewegungen zu bewegen, um eine Vielzahl von Aufgaben zu erfüllen. ■

In dieser Definition wird erst einmal allgemein beschrieben, was unter dem Begriff Roboter zu verstehen ist. Aufgrund der weit gefassten Definition lässt sich erahnen, dass Roboter unterschiedliche Aufgaben ausführen können. Um diese unterschiedlichen Aufgabenfelder bestmöglich bedienen zu können, haben sich in den letzten Jahrzehnten sehr unterschiedliche Robotertypen entwickelt, wie Staubsaugroboter, fahrerlose Transport- und Logistiksysteme oder Industrieroboter, vgl. Bild 1.1. Die derzeit wohl kommerziell interessanteste Roboterklasse ist die der Industrieroboter. Nach der VDI-Richtlinie 2860 sind diese wie folgt definiert.

Definition 1.2 (**Industrieroboter-Definition** nach VDI-Richtlinie 2860). Industrieroboter sind universell einsetzbare Bewegungsautomaten mit mehreren Achsen, deren Bewegungen hinsichtlich Bewegungsfolgen und Wegen bzw. Winkeln frei programmierbar oder sensorgeführt sind. Sie sind mit Greifern, Werkzeugen oder anderen Fertigungsmitteln ausrüstbar und können Handhabungs- und/oder Fertigungsaufgaben ausführen. Somit können wir Roboter als Unterklasse von Automaten verstehen. ■

Funfact: Humanoide Roboter werden als Androiden bezeichnet. Handelt es sich um ein Mischwesen aus lebendigem Organismus und Roboter, werden diese Cyborg genannt. ■

Im Laufe der Menschheitsgeschichte hat die Technologie stets Wege gefunden, unser Leben zu erleichtern, unsere Arbeit zu optimieren und die Grenzen dessen, was möglich ist, zu erweitern. Die rasante Entwicklung in den Bereichen Automatisierung und Robotik stellt einen solchen Meilenstein dar, der darauf abzielt, die **Menschheit zu unterstützen, anstatt sie zu ersetzen**. Diese Systeme finden in einer Vielzahl von Anwendungen Verwendung, von der Fertigungsindustrie über die medizinische Forschung bis hin zu gefährlichen Umgebungen wie Nuklearanlagen oder dem tiefen Meer. Ihr Ziel ist es, Arbeiten zu übernehmen, die für Menschen gefährlich, ermüdend oder schlichtweg unmöglich sind, und dabei stets die Sicherheit und das Wohlbefinden des **Menschen in den Mittelpunkt** zu stellen.

Bild 1.2 5th Avenue in New York im Jahr 1900 (links) und 1913 (rechts)– (Fotos aus *https://www.archives.gov/exhibits/picturing_the_century/newcent/newcent_img1.html* und *https://www.loc.gov/item/2014691098/* übernommen)

Der Übergang von Pferdekutschen zu Automobilen innerhalb von nur 13 Jahren – ein bemerkenswert kurzer Zeitraum in der Geschichte – symbolisiert nicht nur den Fortschritt der Technologie, sondern auch eine **tiefgreifende Veränderung in der Arbeitswelt** und im alltäglichen Leben der Menschen. Während im Jahr 1900 noch zahlreiche Aufgaben rund um die Pflege und Versorgung der Pferde sowie die Entsorgung ihrer Hinterlassenschaften anfielen, wurden diese mit dem Aufkommen der Automobile überflüssig. Doch diese Veränderung führte nicht zu einem Verlust an Arbeitsplätzen, sondern zur Schaffung neuer Tätigkeitsfelder, die eng mit der neuen Technologie verbunden waren.

Ein Beispiel für einen Beruf, der durch diese technologische Entwicklung entstand, ist der des Automobilmechanikers. Mit der zunehmenden Verbreitung von Autos wuchs der Bedarf an Fachkräften, die Wartung, Reparaturen und Verbesserungen an diesen komplexen Maschinen durchführen konnten. Dieser Beruf ist bis heute von großer Bedeutung, da er sich stetig weiterentwickelt und an die neuesten technologischen Fortschritte anpasst. Ein weiteres Beispiel ist die Rolle des Tankwarts, der mit der Einführung von Benzin und später Dieselfahrzeugen ins Leben gerufen wurde. Tankstellen mussten errichtet und betrieben werden, um den neuen Kraftfahrzeugen Energie zu liefern. Auch wenn sich die Rolle des Tankwarts in vielen Ländern gewandelt hat, etwa durch die Einführung von Selbstbedienungstankstellen, bleibt die Versorgung der Fahrzeuge mit Energie eine zentrale Aufgabe, die im Zuge der Elektromobilität erneut an Bedeutung gewinnt.

Diese Beispiele verdeutlichen, dass der Fortschritt in der Automatisierung und Robotik nicht zwangsläufig zum Verlust von Arbeitsplätzen führt, sondern zur **Evolution und Entstehung neuer Berufe**. Die Technologie ersetzt Aufgaben, nicht aber den Menschen selbst. Vielmehr schafft sie Möglichkeiten für neue Arten von Tätigkeiten, die Anpassungsfähigkeit, Lernbereitschaft und Innovationsgeist erfordern. Sie eröffnet Perspektiven für Berufe, die vorher nicht denkbar waren und trägt so zu einer dynamischen Entwicklung der Arbeitswelt bei, die sowohl Herausforderungen als auch Chancen mit sich bringt.

Die Relevanz dieser Technologien wird weiter durch den **Fachkräftemangel** und den **demografischen Wandel** in Deutschland und Europa unterstrichen. Mit einer alternden Bevölkerung und einem gleichzeitigen Rückgang der Arbeitskräfte in vielen Sektoren bieten autonome Systeme und Roboter eine wertvolle Ressource, um Lücken zu schließen und die Produktivität zu erhalten oder sogar zu steigern. Sie erlauben es, die Arbeitswelt menschenwürdiger zu gestalten, indem sie monotone, gefährliche oder hochpräzise Tätigkeiten übernehmen, für die ein hohes Maß an Aufmerksamkeit über lange Zeiträume erforderlich ist.

Roboter und automatisierte Systeme sind nicht nur in der Lage, Aufgaben mit einer Präzision und Ausdauer auszuführen, die für Menschen unerreichbar sind, sondern sie tragen auch dazu bei, die Qualität und Konsistenz der Produktion zu verbessern. Doch trotz ihrer Fähigkeiten bleibt der Mensch unersetzlich. Menschen sind notwendig für die Überwachung, Führung und Optimierung dieser Systeme, für die strategische Planung und für die Innovation und Weiterentwicklung der Technologien selbst.

In diesem Sinne ist der Einsatz von Automatisierung und Robotik ein Aufruf zur Zusammenarbeit zwischen Mensch und Maschine, wobei der Mensch stets im Mittelpunkt steht. Die Technologie dient als Werkzeug, das unsere Fähigkeiten erweitert, uns vor Gefahren schützt und uns ermöglicht, unsere Zeit und Energie auf die kreativen, strategischen und zwischenmenschlichen Aspekte unserer Arbeit und unseres Lebens zu konzentrieren.

So wie die Automobile einst die Pferdekutschen auf den Straßen von New York ablösten, ohne die Notwendigkeit der Mobilität selbst zu ersetzen, so sollen auch autonome Systeme und Roboter unsere Werkzeuge und Helfer sein – erweitert um die Präzision und Ausdauer der Maschine, aber geleitet von der Weisheit und dem Einfühlungsvermögen des Menschen.

Generell unterscheiden wir bei Betrachtung der Zusammenarbeit von Mensch und Maschine verschiedene Level der Automatisierung. Je nach Automatisierungslevel ändert sich die Aufgabenzuständigkeit von Mensch und Automatisierungssystem.

Definition 1.3 (Schwach-automatisierter Prozess). Im Fall eines schwach-automatisierten Prozesses sind alle Automatisierungsfunktionen und Regelkreise über den Menschen geschlossen. Der Mensch übernimmt die Fernüberwachung von Prozessgrößen und die Fernbetätigung von Stellgliedern. Das HMI (Human-Machine Interface, dt.: Mensch-Maschine-Schnittstelle) verfügt über eine starke Kopplung mit dem Prozess. Das System ist generell nicht ohne den Menschen funktionsfähig. ■

Definition 1.4 (Hoch-automatisierter Prozess). Bei Prozessen mit einem hohen Automatisierungsgrad sind die Automatisierungsfunktionen und Regelkreise über technisch realisierte Regelkreisalgorithmen geschlossen. An das HMI werden Zustandsmeldungen aus- und Sollwerte eingegeben. Der Mensch kann somit den Prozess nach eigenen Vorgaben planen, führen und optimieren. Das HMI ist weiter vom Prozess entfernt als bei der schwachen Prozessautomatisierung (lose Prozesskopplung). Das System ist im (unoptimierten) Normalbetrieb ohne den Menschen funktionsfähig. ■

Definition 1.5 (Autonomer Prozess bzw. Autonomes System). Von autonomen Systemen wird gesprochen, wenn keinerlei Bedieneingriffe vom Menschen notwendig sind und das System ohne eine detaillierte Programmierung ein vorgegebenes Ziel selbstständig und an die Situation angepasst erreichen kann. Autonom ist in diesem Zusammenhang nicht gleichbedeutend mit eigenverantwortlich. Hierbei ist das HMI weit vom Prozess entfernt und der Prozess ist im Normalfall ohne menschlichen Eingriff voll funktionsfähig. ■

Ein Beispiel für einen autonomen Prozess sind vernetzte Fahrzeuge, welche unübersichtliche Verkehrssituationen durch Informationsaustausch untereinander meistern können. Lediglich Bedieneingriffe vom Menschen sind bei autonomen Systemen nicht erlaubt. HMIs werden auch nicht mehr benötigt, da das System selbstständig Entscheidungen treffen und entsprechend reagieren kann. Somit sind bei der Realisierung von autonomen Prozessen die Regelkreise über technische Mittel geschlossen. Die Bedieneingriffe erfolgen zum Starten/Stoppen des Prozesses sowie bei der Auswahl von Verfahrensvarianten (strategische Entscheidungen) und in Sonderfällen. Das HMI beschreibt den Systemzustand und die gewählte Strategie. Somit ist das HMI weit vom Prozess entfernt (schwache Kopplung). Im Normalfall ist der Prozess allein voll funktionsfähig.

Wenn der Mensch den Prozess führen, optimieren und warten soll, dann müssen Mensch und Automatisierung als Team agieren und funktionieren, analog zu den Zielen der fünften industriellen Revolution.

Eine besondere Herausforderung stellt in diesem Kontext das enge Zusammenwirken von Industrierobotern und Menschen dar. Denn aufgrund ihres großen Gewichts, verbunden mit ihrer großen Masse und Geschwindigkeit, geht ein erhebliches Gefahrenpotenzial von Industrierobotern aus. Die Entwicklung einer hierfür optimierten Arbeitswelt bringt große Herausforderung mit sich. Wichtige Begriffe aus diesem Bereich werden in der nachfolgenden Definition aufgeführt.

Definition 1.6 (Kooperation vs. Kollaboration). Die enge Zusammenarbeit von Menschen und Robotern in derselben Umgebung ohne Barrieren wirft die Frage auf, wie sicher sie ist und wie sie erreicht werden kann. Um sich dieser Frage zu nähern, ist es zunächst wichtig, den „Grad" dieser Zusammenarbeit zu definieren. Je nach dem Grad der Zusammenarbeit werden spezifische Systemanforderungen (z. B. Sicherheitsanforderungen) festgelegt.

Koexistenz: Mensch und Roboter haben einen gemeinsamen Arbeitsbereich. Beide agieren unabhängig voneinander.

Kooperation: Mensch und Roboter arbeiten an unterschiedlichen Teilaufgaben des Produktes oder Prozesses. Dies geschieht im selben Arbeitsbereich. Die Erarbeitung kann dabei sequentiell oder parallel erfolgen.

Kollaboration: Menschen und Roboter arbeiten parallel und gemeinsam an einem Teil des Endproduktes bzw. Prozesses.

Es gibt Aufgaben, bei denen eine enge Zusammenarbeit zwischen Menschen und Robotern möglich und manchmal auch notwendig ist. Solche Roboter, die in der Industrie mit dem Menschen zusammenarbeiten, werden als kollaborative Roboter oder kurz als Cobots bezeichnet. Die Zusammenarbeit zwischen Robotern und Menschen bietet den Vorteil, dass sie die Flexibilität menschlicher Arbeiter, adäquat auf die jeweiligen Gegebenheiten zu reagieren, mit der Präzision und Wiederholgenauigkeit von Robotern bei einer bestimmten Aufgabe verbindet. ■

1.2 Roboterklassen und -typen

Wie bereits die Begriffsdefinitionen erahnen lassen, existiert eine Vielzahl verschiedener Robotertypen, siehe Bild 1.3. Dies wird auch deutlich, wenn wir eine moderne Industrie-4.0-Anwendung genauer betrachten. Im Kontext von Industrie 4.0 gibt es vielfältige Einsatzpotenziale für Roboter: Logistikroboter, die Materialien zwischen den einzelnen Bearbeitungsstationen transportieren, sowie Industrieroboter, die an den einzelnen Bearbeitungsstationen bspw. die Produktfertigung vornehmen. Im Folgenden finden sich Steckbriefe zu weitverbreiteten Robotertypen.

Diese Steckbriefe enthalten eine kurze Erläuterung der jeweiligen Robotertypen einschließlich der Vor- und Nachteile sowie der jeweiligen Anwendungsgebiete. Bevor wir jedoch die einzelnen Steckbriefe vorstellen, clustern wir die nachfolgend betrachteten Roboter in zwei Oberkategorien: Industrieroboter und Serviceroboter, welche nachfolgend vorgestellt werden.

Bild 1.3 Industrielle Anwendungsfelder automatisierter Robotiksysteme

1.2.1 Industrieroboter

Die Klasse der Industrieroboter findet bereits heute vielfältigen Einsatz in der Produktion. Der mit Abstand größte Einsatzbereich von Industrierobotern in Deutschland ist die Automobilproduktion. Industrieroboter haben einige Eigenschaften, welche sie von anderen Robotern, insbesondere Servicerobotern, unterscheiden. Diese sind im Folgenden näher beschrieben.

Flexibilität: Industrieroboter ein und derselben Baureihe eignen sich im Allgemeinen für unterschiedliche Einsatzzwecke. So könnte prinzipiell derselbe Roboter lackieren, schweißen, schneiden und vieles mehr. Die konkrete Anwendung wird dabei durch den Arbeitsraum und die zu handhabende Last sowie den verwendeten Endeffektor bzw. das installierte Werkzeug und die Programmierung bestimmt.

Frei programmierbar: Um die genannte Flexibilität zu erreichen, sind Industrieroboter vom Anwender frei programmierbar. Das bedeutet allerdings, dass die einzelnen Arbeitsabläufe in Form eines Programms von dem jeweiligen Anwender oder Installateur definiert werden müssen.

Kommunikation mit Steuerung: Industrieroboter kommunizieren einzig mit einer Steuerung, über die entsprechende Sensorsignale ausgewertet und die implementierten Arbeitsabläufe koordiniert werden. Die Kommunikation mit dem Nutzer erfolgt daher nur mittelbar über die Steuerung.

Sicherung durch äußere Maßnahmen: Insbesondere um schwere Arbeiten zu verrichten (Heben von schweren Lasten oder Verwenden schwerer Werkzeuge), benötigen Industrieroboter ein hohes Eigengewicht und Steifigkeit, um die notwendige Genauigkeit zu realisieren. Wenn zügig gearbeitet werden soll, haben sie neben einer hohen Quetschgefahr auch eine hohe (kinetische) Energie und stellen somit eine immense Gefahr für Personen in ihrem Arbeitsbereich dar. Deshalb werden Industrieroboter meist durch äußere Maßnahmen, wie Sicherheitszäune, gesichert. Daher wird oft versucht, den Arbeitsbereich von Menschen und Industrierobotern strikt zu trennen.

Feste Installation: Die zuvor genannten Aspekte, wie Eigengewicht und die Notwendigkeit von Sicherungsmaßnahmen, führen dazu, dass Industrieroboter in klassischen Anwendungen fest installiert sind.

Die eben beschriebenen Eigenschaften dienen nur als Richtwerte und können im konkreten Fall auch nur teilweise erfüllt sein. Sie bilden allerdings eine Art „gemeinsamen Nenner" zur Charakterisierung dieser Art der Automaten.

Die Bedeutung von Industrierobotern für die Weltwirtschaft wird durch die **enormen Wachstumsraten**, im Bezug auf den Absatz in den letzten Jahren sowie den prognostizierten Absatz in den kommenden Jahren, ersichtlich, vgl. Bild 1.4.

Dabei sind **Handhabungsaufgaben** der größte Anwendungsbereich und verzeichnen auch weiterhin die größte Wachstumsrate. Neuartige Handhabungsaufgaben, bspw. im Kontext von Industrie 4.0, sind verbunden mit immer anspruchsvoller werdenden Anforderungen an die ausführenden Industrieroboter.

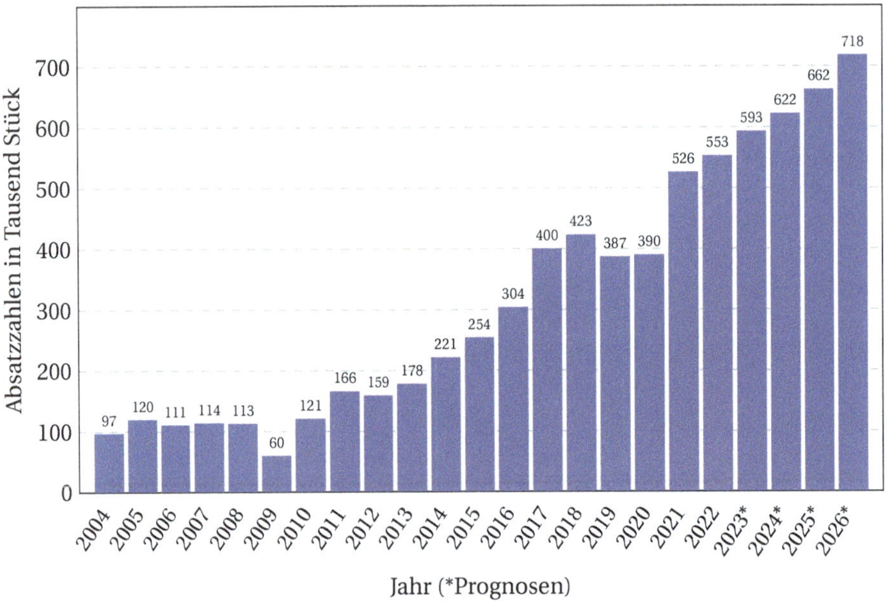

Bild 1.4 Absatz von Industrierobotern weltweit von 2004 bis 2022 und Prognosen bis 2026 (in 1000 Stück; Daten basierend auf *statista.com*)

Einige der Anforderungen, welche sich aus den neuen Anwendungsfeldern ergeben, sind in einer Art „Wunschzettel" im Folgenden formuliert:

- hohe Genauigkeit
- großer Arbeitsraum
- hohe Nutzlast
- hohe Geschwindigkeit
- geringes Eigengewicht
- geringer Energieverbrauch
- einfache Bedienung
- niedrige Anschaffungskosten

Es ist offensichtlich, dass einige der Forderungen nur schwer vereinbar oder gar widersprüchlich sind. So muss bspw. ein Roboter im Allgemeinen aus Steifigkeitsgründen selbst ein hohes Gewicht aufweisen, um hohe Nutzlasten hinreichend genau zu positionieren. Daher ergeben sich hier immer weitere Entwicklungsbedarfe. Großes Augenmerk wird gerade darauf gelegt, dass sich Industrieroboter und Menschen die Arbeitsumgebung teilen können und sich intelligente Mensch-Roboter-Kollaborationen ergeben. Solche hybriden Arbeitsumgebungen ermöglichen eine effiziente Produktion, da die jeweiligen Schwächen (Kraft, Genauigkeit oder Wahrnehmung) durch den jeweils anderen ausgeglichen werden können. An dieser Stelle sei darauf hingewiesen, dass zum späteren Einsatz eines Industrieroboters mehr Hardware als nur der eigentliche Industrieroboter (bestehend aus den Bewegungskomponenten wie Antrieben, Gelenken und Armen) benötigt wird. Wichtige weitere Hardwarekomponenten sind bspw.:

Steuerungskomponenten: Damit der Roboter konkrete Aufgaben realisieren kann, muss die entsprechende Logik im Steuergerät implementiert werden. Dafür werden im Allgemeinen spezielle Steuergeräte und ggf. numerische Steuerungen (engl.: Numeric Control) verwendet, sodass Roboter typischerweise mit proprietären Sprachen programmiert werden müssen. Für die Anbindung an das Automatisierungssystem (externe Sensoren, Schalter etc.) wird häufig auf Industriesteuerungen (oft speicherprogrammierbare Steuerung, kurz: SPS) zurückgegriffen, welche oft roboterherstellerspezifisch von verschiedenen Anbietern verwendet werden. Die Implementierung der Logik kann mithilfe herstellerspezifischer Software erfolgen, welche auf grafische und textbasierte SPS-Programmiersprachen zurückgreifen. Diese Programmiersprachen sind in der ISO IEC 61131 - Teil 3 genormt. Dort werden fünf Sprachen definiert:

1. Anweisungsliste (AWL)
2. Kontaktplan (KOP)
3. Funktionsbausteinsprache (FUB)
4. Ablaufsprache (kurz: AS, engl.: Sequential Function Chart – SFC)
5. Strukturierter Text (ST)

Effektoren: Industrieroboter werden typischerweise ohne Werkzeug/Greifer ausgeliefert. Somit ist die Konstruktion eines für die spezielle Anwendung geeigneten Werkzeuges/Greifers für den Roboter eine nicht zu unterschätzende Aufgabe bei der Planung einer Industrieroboteranwendung.

Sensoren: Für anspruchsvolle Anwendungen ist der Einsatz zusätzlicher Sensorik notwendig. Diese kann im einfachsten Fall zur Bauteilpositionsbestimmung dienen, bspw. mit Endlagenschaltern. Anspruchsvollere Sensorik kommt etwa zur Arbeitsraumüberwachung, Rekalibrierung des Roboters oder zur Qualitätsüberwachung zum Einsatz. So vielfältig sich diese Aufgaben gestalten, so vielfältige Realisierungsarten geeigneter Sensorik sind kommerziell verfügbar. Aktuell kommen zumeist optische Sensoren (z. B. Kameras oder Lasermesssysteme) zum Einsatz, welche in der Roboterzelle oder direkt an den Roboter montiert werden.

Sicherheitseinrichtung: Final ist zu beachten, dass (wie bereits kurz erwähnt) aus Sicherheitsgründen der Betrieb der meisten Industrieroboter in einer Roboterzelle stattfindet. Eine mögliche Bauweise einer solchen Zelle ist in Bild 1.5 dargestellt. Das Design der Roboterzelle ist anwendungsspezifisch festzulegen. Neuartige kollaborative Roboter (Cobots) sind aufgrund ihrer mechanischen Konstruktion und ihrer sensorischen Ausstattung sowie ihrer programmierten Bewegungslogik in der Lage, auf eine klassische Roboterzelle zu verzichten und gemeinsam mit einem Bediener zu agieren.

Bild 1.5 Beispiel für den Aufbau einer Roboterzelle

Die Betrachtung der Roboterkinematik spielt eine zentrale Rolle in der Industrierobotik. Hierbei ist unter dem Begriff Kinematik die Untersuchung der Bewegungsmöglichkeiten der einzelnen Armglieder eines Roboters relativ zueinander zu verstehen. Die Grundlage der Kinematikuntersuchung besteht darin, den Roboter in seine einzelnen Bewegungskomponenten zu zerlegen. Konkret wird der Roboter (virtuell) in seine einzelnen Armglieder und die verbindenden Gelenke zerlegt.

Die Gelenke eines Industrieroboters werden nach ihren Freiheitsgraden in translatorische und rotatorische Gelenke unterteilt. Im Fall eines Rotationsgelenkes (oder auch Drehgelenkes) dreht sich ein Roboterarmglied relativ zu einem benachbarten Armglied (oder der Roboterbasis) um eine feste Achse. Dem gegenüber gleitet im Fall eines Translationsgelenkes (oder auch Lineargelenk) ein Roboterarmglied relativ zum benachbarten Armglied (oder der Roboterbasis) entlang einer festen Achse. Die einzelnen Bewegungsfreiheitsgrade der Gelenke sind in Bild 1.6 mit roten Pfeilen dargestellt.

Definition 1.7 (Kinematische Kette). Die schematische Abbildung der Zusammenhänge der einzelnen Roboterarmglieder und deren Gelenke wird als kinematische Kette bezeichnet. Jedes Armglied kann maximal zwei Gelenke besitzen. Hat jedes Armglied des Roboters genau zwei Gelenke, so wird die kinematische Kette als geschlossen und andernfalls als offene Kette bezeichnet. Im Fall der offenen Kette ist üblicherweise ein Ende der kinematischen Kette der Effektor. ■

Bild 1.6 visualisiert die kinematische Kette für die vier weitverbreitetsten Industrierobotertypen. In dieser Abbildung ist ersichtlich, dass bspw. kartesische Roboter eine geschlossene und horizontal aktuierte Roboter eine offene Kette vorweisen. Je nach Aufbau der kinematischen Kette können Roboter sehr unterschiedliche Bewegungen durchführen.

Der Raum, den ein Roboter mit seinem Effektor durchstreifen kann, wird als **Arbeitsraum** bezeichnet. Je nach Anwendung gibt es sehr unterschiedliche Anforderungen an den Arbeitsraum eines Roboters. In manchen Fällen sollen Roboter zum Bewegen von Lasten über relativ große Entfernungen in Werkhallen eingesetzt werden. Somit muss ein geeigneter Roboter über einen großen Arbeitsraum verfügen.

In anderen Anwendungen steht bspw. das Bestücken von Leiterplatten im Vordergrund, wozu ein deutlich kleinerer Arbeitsraum benötigt wird. Weiterhin sind für manche Aufgaben, wie das Verpacken von Werkstücken, unter Umständen vergleichsweise einfache Bewegungsabläufe notwendig. In anderen Anwendungen kann es bspw. von Nöten sein, auch Hindernisse zu umgreifen, was in deutlich anspruchsvolleren Bewegungsabläufen resultiert. All diese Überlegungen sind die Grundlage dafür, anwendungsspezifisch ein geeignetes Robotersystem auszuwählen.

Das Erzeugen eines guten Verständnisses der zu automatisierenden Anwendung und deren spezifischer Anforderungen an das Automatisierungssystem ist der erste (und oft auch entscheidende) Schritt bei dem Entwurf bzw. der Auswahl eines geeigneten Robotersystems.

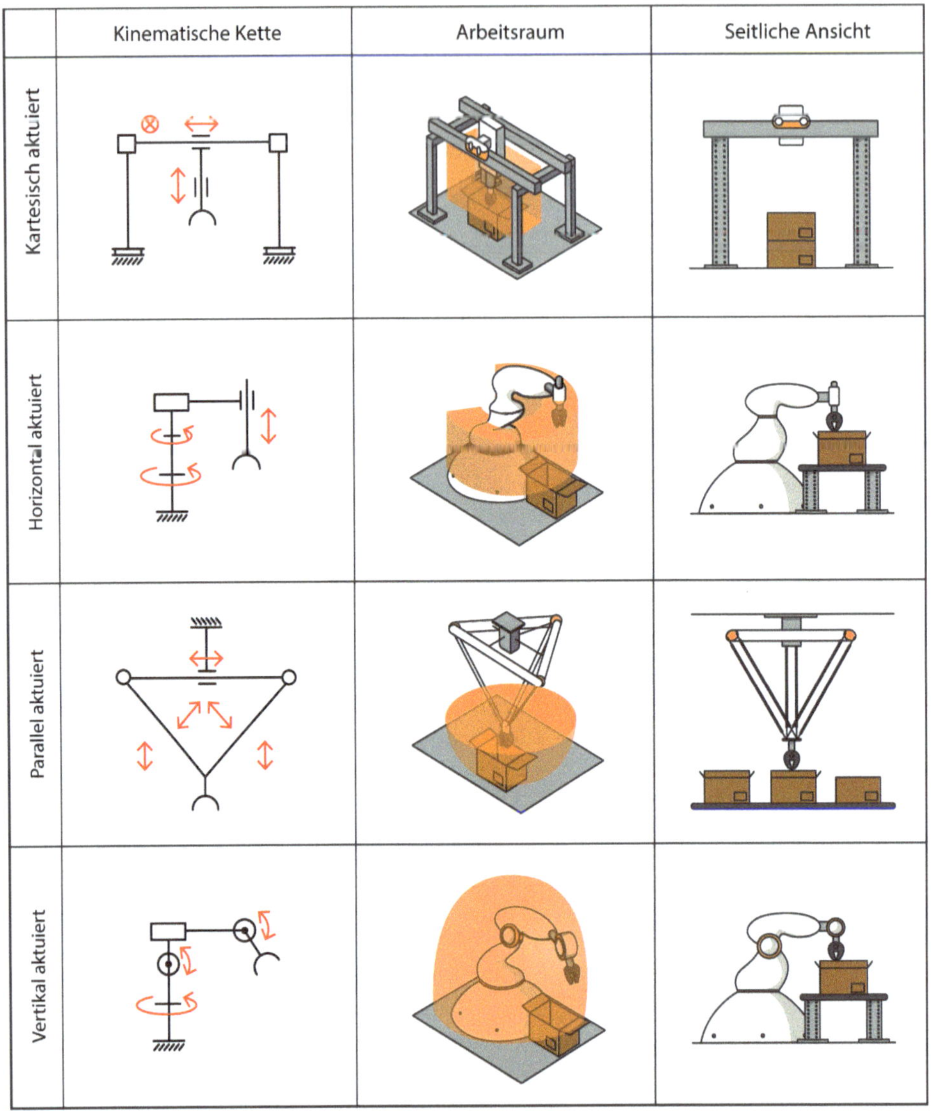

Bild 1.6 Kinematische Ketten und Arbeitsräume

Um die Auswahl geeigneter Roboter etwas zu erleichtern, sind im Folgenden die am weitesten verbreiteten Robotertypen in kompakter Form dargestellt. Der Fokus bei der Darstellung liegt auf einer Beschreibung der Vor- und Nachteile sowie möglicher Anwendungsbereiche.

Allgemein

Kartesische Roboter werden oft auch als Portalroboter bezeichnet. Sie bestehen aus mehreren freitragenden Lineareinheiten (Einzelachsen). Der Antrieb dieser Lineareinheiten erfolgt meist über Elektromotoren per Kraftübertragung mittels Zahnriemen oder Spindeln. Auf der Hauptbewegungsachse befindet sich eine Laufkatze, welche mit einem anwendungsspezifischen Arbeitswerkzeug versehen ist. Der mechanische Aufbau dieses Robotertyps lässt sich vergleichsweise einfach realisieren.

Vorteile

Die beiden größten Vorteile dieser Roboterklasse sind der große Arbeitsraum sowie die z. T. hohen Nutzlasten. Zudem sind sie aufgrund ihres modularen Aufbaus stark an die Gegebenheiten in dem jeweiligen Betrieb anpassbar. Auch können mit diesem Robotertyp, aufgrund des Designs seines mechanische Aufbaus, gute Positioniergenauigkeiten für einen vergleichsweise kostengünstigen Anschaffungspreis erreicht werden.

Herausforderungen

Kartesische Roboter bieten gegenüber den anderen Roboterklassen eine relativ eingeschränkte Beweglichkeit (meist nur drei ansteuerbare Bewegungsachsen). Zudem ist, konstruktionsbedingt, mit diesem Robotertyp die Positionier- und Wiederholgenauigkeit der anderen Industrieroboterklassen häufig nicht leicht erreichbar.

Anwendungsbereiche

Typische Anwendungsbereiche dieser Roboterklasse sind Handhabungsaufgaben, wie das Bewegen und Palettieren (z. T.) schwerer Werkstücke sowie leichtere Montageaufgaben. So kann bspw. das automatisierte Bewegen von schweren Rohmaterialien zu Beginn oder von großen Werkstücken am Ende einer Produktionslinie eine Anwendung dieser Roboterklasse sein. Ebenso finden diese Roboter zum Be- und Endladen bspw. von Spritzgussmaschinen weit verbreitet Anwendung.

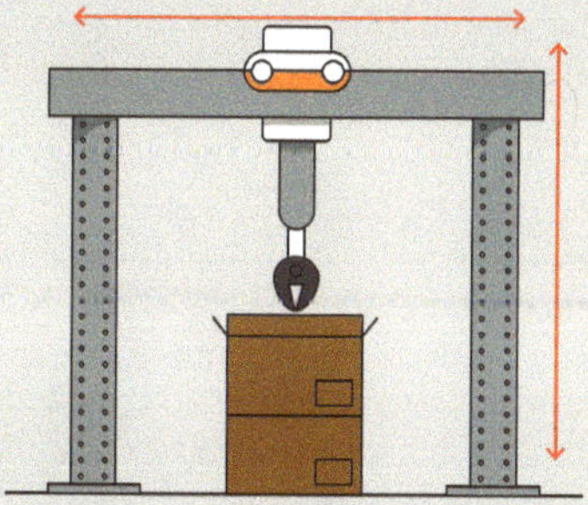

Kartesisch aktuierte Industrieroboter

Aufgebaut aus einzelnen Linearachsen

Pro
Großer Arbeitsraum und hohe Nutzlast

Contra
Eingeschränkte Beweglichkeit und Genauigkeit

Anwendung
Bewegen schwerer Bauteile

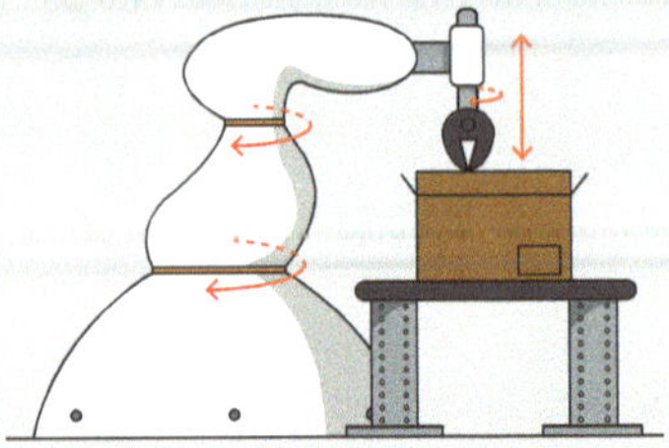

Horizontal aktuierte Industrieroboter

Aufgebaut aus rotatorischen und translatorischen Bewegungsachsen

Pro
Hohe Dynamik und relativ kostengünstig

Contra
Eingeschränkte Anwendungsbereiche

Anwendung
Einfache Handhabungsaufgaben

Allgemein

Der horizontal aktuierte Roboter (engl.: Selective Compliance Assembly Robot Arm, kurz: SCARA) zeichnet sich durch eine in horizontaler Richtung nachgiebige und in vertikaler Richtung steife kinematische Kette aus. Typischerweise verfügt er über vier Bewegungsachsen. So kann er zumeist eine lineare vertikale sowie drei rotatorisch horizontale Bewegungen durchführen.

Vorteile

Ein horizontal aktuierter Roboter weist mehr Bewegungsachsen als ein kartesischer Roboter auf, was die Realisierung etwas anspruchsvollerer Handhabungsaufgaben ermöglicht. Zudem kann diese Roboterklasse hohe Beschleunigungen und zugleich hohe Verfahrgenauigkeiten realisieren, da die Gewichtseinflüsse sowohl des Roboterarmes als auch der Nutzlast bei den Bewegungen in der horizontalen Ebene keine Störeinflüsse bewirken. Ein weiterer Vorteil dieser Roboterklasse ist, dass sie aufgrund der relativ einfachen Mechanik und der geringen Anzahl von ansteuerbaren Achsen verhältnismäßig kostengünstig in der Anschaffung ist.

Herausforderungen

Jedoch ist diese Roboterklasse konstruktionsbedingt häufig nicht in der Lage, mit ähnlich großen Nutzlasten wie ein kartesischer Roboter zu arbeiten. Ebenso ist diese Roboterklasse nicht in der Lage, komplexe Bewegungsabläufe wie ein Knickarmroboter zu realisieren.

Anwendungsbereiche

Typische Anwendungsbereiche dieser Roboterklasse sind Handhabungsaufgaben, wie das exakte Bestücken von Maschinen, Palettieren sowie teilweise Montageaufgaben. Diese Roboter können ihr volles Potenzial ausschöpfen, wenn kleine Nutzlasten mit einer sehr hohen Taktzeit in einem kleinen Bewegungsraum durch einfache Bewegungsabläufe bewegt werden sollen. Solch eine Aufgabe kann bspw. das Bestücken von Versandkartons am Ende einer Produktionsstrecke sein.

Allgemein

Parallel- oder auch Delta-Roboter weisen eine recht anspruchsvolle Mechanik auf. Sie besitzen mindestens drei Arme, die über Kreuzgelenke mit der Roboterbasis verknüpft sind, die in ihrem Zusammenspiel eine geschlossene kinematische Kette bilden. Die Basis dieses Robotertyps wird in der Regel an der Decke montiert. Von der Basis reichen die einzelnen Armglieder pyramidenförmig nach unten und münden in einem Endeffektor.

Vorteile

Delta-Roboter zeichnen sich durch ihr geringes Gewicht und somit ihre geringe Bewegungsträgheit aus. Somit sind Delta-Roboter in der Lage sehr schnelle Verfahrgeschwindigkeiten des Endeffektors zu realisieren.

Herausforderungen

Jedoch ist, auf Basis der zugrundeliegenden Mechanik, ihr Arbeitsraum zumeist vergleichsweise klein. Weiterhin können komplexe Bewegungsabläufe (wie mit einem Knickarmroboter möglich) mit diesen Robotertyp nicht realisiert werden. Zudem ist die Berechnung der Roboterbewegungen (Kinematik) aufgrund der anspruchsvollen Mechanik relativ aufwendig.

Anwendungsbereiche

Typische Anwendungsbereiche dieser Roboterklasse sind diejenigen, wo es auf hohe Geschwindigkeiten und Taktzeiten ankommt, wie Verpacken und Bestücken. Ähnlich wie bei den SCARA-Robotern können auch Delta-Roboter ihr volles Potenzial ausspielen, wenn kleine Nutzlasten mit einer sehr kurze Taktzeit in einem kleinen Bewegungsraum durch einfache Bewegungsabläufe bewegt werden sollen. Solch eine Aufgabe kann bspw. das Bestücken von Leiterplatten sein.

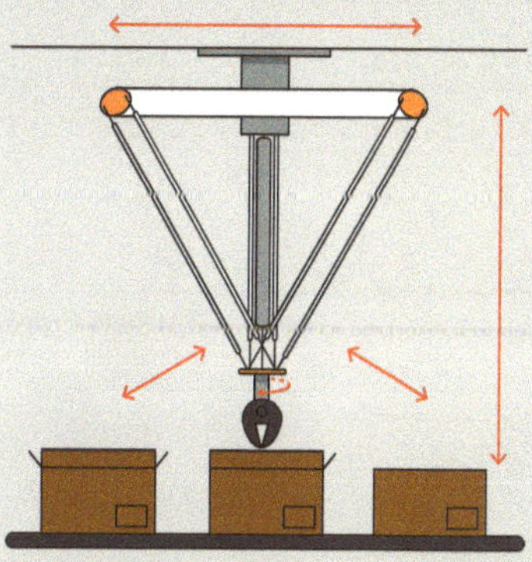

Parallel aktuierte
Industrieroboter

Aufgebaut aus parallelen Stäben im Unterarm

Pro
Geringes Gewicht und hohe Verfahrgeschwindigkeit

Contra
Anspruchsvolle Konstruktion und relativ kleiner Arbeitsraum

Anwendung
Anspruchsvolle Handhabungsaufgaben mit kurzen Taktzeiten

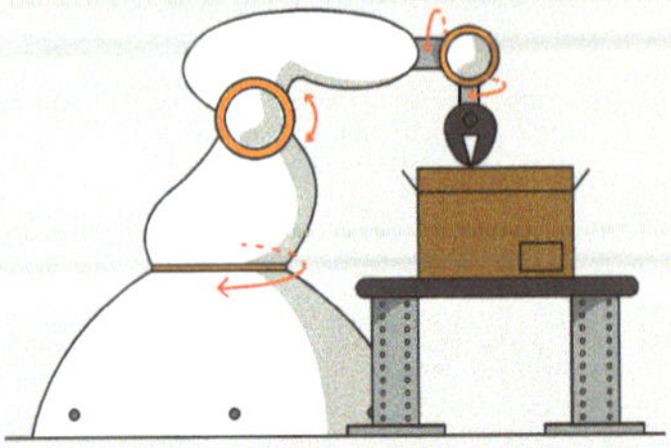

Vertikal aktuierte Industrieroboter

Aufgebaut aus einer großen Anzahl von Bewegungsachsen

Pro
Hohe Flexibilität

Contra
Anspruchsvolle Konstruktion und relativ kostenintensiv

Anwendung
Anspruchsvolle Handhabungsaufgaben

Allgemein

Vertikal aktuierte (Knickarm-)Roboter sind eine sehr weit verbreitete Klasse von Robotern. Sie zeichnen sich durch eine große Anzahl ansteuerbarer Bewegungsachsen aus (zumeist fünf bis sechs).

Vorteile

Der Hauptvorteil dieser Roboterklasse besteht in der hohen Flexibilität, da sie über eine hohe Anzahl von zumeist rotatorischen Bewegungsachsen verfügen. Sie sind dadurch von allen Roboterklassen am universellsten einsetzbar. Somit können diese Roboter (je nach Bauweise zumeist) alle sechs Freiheitsgrade im Raum nutzen, wodurch bspw. Umgreifen von Hindernissen als auch anspruchsvolle Montageaufgaben möglich werden.

Herausforderungen

Die hohe Flexibilität dieser Roboterklasse verbunden mit der dafür notwendigen anspruchsvollen Konstruktion, führt jedoch auch dazu, dass diese Roboter relativ kostenintensiv in der Anschaffung sind. Zudem ist der Programmieraufwand dieser Roboter vergleichsweise hoch.

Anwendungsbereiche

Typische Anwendungsbereiche dieser Roboterklasse sind anspruchsvolle Handhabungs- und Montageaufgaben sowie Punktschweißen. Je nach anwendungsspezifischen Anforderungen empfehlen sich verschiedene Unterklassen der vertikal aktuierten (Knickarm-)Roboter. Handelt es sich bspw. um Spezialanwendungen wie das Bestücken von Werkzeugmaschinen im Sondermaschinenbau, bieten sich Cobots besser an. Dies sind besonders leichte Roboter, welche u. a. aufgrund ihrer einfachen Programmierung sehr flexibel einsetzbar und an die entsprechende Aufgabe anpassbar sind. Stehen jedoch eher hohe Taktzeiten, hohe Wiederholgenauigkeiten sowie eine sehr robuste Mechanik im Vordergrund, empfehlen sich klassische Knickarmroboter.

1.2.2 Serviceroboter

Nachdem im vorangegangenen Abschnitt ausführlich die Industrieroboter dargestellt wurden, widmet sich dieser Abschnitt der Vorstellung von Servicerobotern. Serviceroboter sind zumeist mobile Roboter, welche ein sehr breites Anwendungsfeld aufweisen. Zur Charakterisierung von Servicerobotern und zur Unterscheidung von Industrierobotern bietet es sich wiederum an, die Eigenschaften dieser Roboterklasse zu betrachten:

Flexibilität: Serviceroboter sind im Allgemeinen auf eine Anwendung zugeschnitten. Dieser Einsatzzweck kann zwar dabei beliebig komplex sein, ist aber fest definiert. So wird ein Staubsaugroboter nie den Rasen mähen und anders herum.

Festes Programm: Serviceroboter besitzen ein festes Programm und können nicht von dem jeweiligen Anwender programmiert, sondern maximal konfiguriert werden.

Geringe Gefahr: Der Umgang mit dem Anwender ist eine wichtige Eigenschaft dieser Systeme. Daher müssen sie ein geringes Gefahrenpotenzial besitzen. Aus diesem Grund sind Serviceroboter meist in ihrer Masse und Leistung stark beschränkt. Was nicht heißen soll, dass man sich nicht an seinem Rasenmähroboter verletzten kann.

Mobil: Die Anwendung von Servicerobotern erfordert im Normalfall, dass sie mobil sind.

Kommunikation mit Anwender: Aufgrund ihres festen Programms und ihrer klar definierten Aufgaben arbeiten Serviceroboter in einer Vielzahl der Anwendungen hochautomatisiert oder autonom und werden durch den Nutzer konfiguriert. Einige Anwendungen, bspw. in der Altenpflege, erfordern hingegen eine direkte Kommunikation mit dem Anwender.

Einen zusammenfassenden Überblick über die Eigenschaften bzw. die Unterschiede von Industrie- und Servicerobotern gibt Tabelle 1.1.

Tabelle 1.1 Vergleich zwischen Industrie- und Servicerobotern

Industrieroboter	Serviceroboter
Flexible Anwendung	Feste Anwendung
Frei Programmierbar	Festes Programm
Sicherung durch äußere Maßnahmen	In der Regel ungefährlich
Fest installiert	Mobil
Kommunikation mit Steuerung	Interaktion mit Anwender

Die Anwendungsbereiche von Servicerobotern sind sehr vielfältig. Sie sollen dabei überschaubare, wiederkehrende Aufgaben (wie Staubsaugen, Rasenmähen oder auch komplexe, für den Menschen ohne Robotikeinsatz belastende Tätigkeiten) übernehmen. Letzteres führt bspw. in die Bereiche Exoskelette, Orthesen und Pflegerobotik. Zum anderen sollen sie Aufgaben übernehmen, die für Menschen gefährlich oder schlicht weg nicht möglich sind. Hierbei stehen vor allem Umgebungen im Vordergrund, die wir als Menschen nicht trivial untersuchen können, wie Weltraum oder Tiefsee. Ein anderer Bereich sind Anwendungen, die permanente Aufmerksamkeit erfordern, wie Sicherheitsfunktionen (Search & Rescue) oder militärische Zwecke.

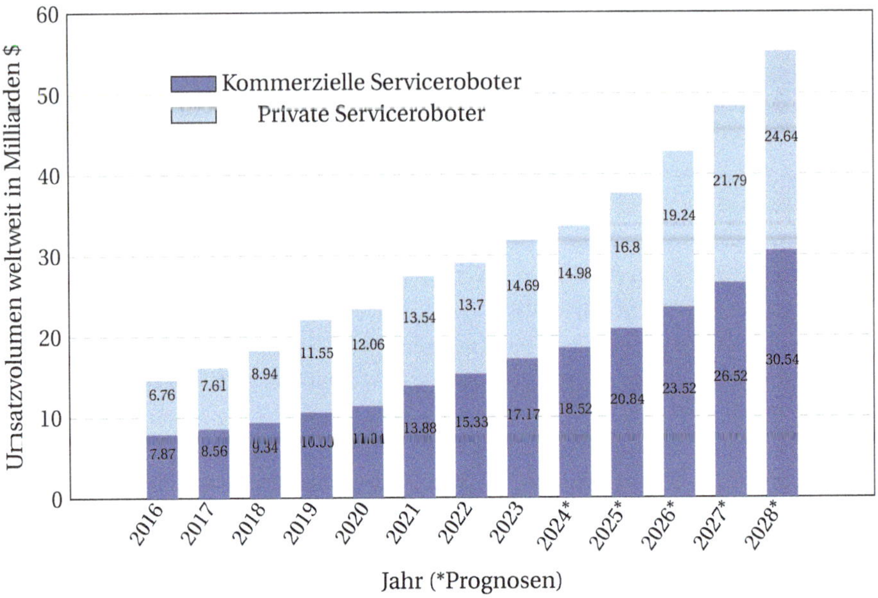

Bild 1.7 Umsatzvolumen von privaten und kommerziellen Servicerobotern zeigt seit 2016 einen ansteigenden Trend – die Daten beruhen auf *statista.com*

Allgemein lassen sich Serviceroboter in private und kommerzielle Anwendungen unterteilen. Beide Märkte befinden sich, gemessen am Umsatzvolumen, in einem anhaltenden Aufwärtstrend, vgl. Bild 1.7. Aus diesem Grund stellen sie für das vorliegende Buch einen wichtigen Fokus dar. In den nachfolgenden Bildern sind zwei beispielhafte Anwendungen von Serviceroboter visualisiert. Dies verdeutlicht nochmals die große Vielzahl von möglichen Anwendungsbereichen dieser Roboter.

Bild 1.8 Exemplarische Anwendungsbereiche von Servicerobotern

Allgemein

Diese Roboter finden momentan vielfältige Einsatzmöglichkeiten. Es existieren daher sehr unterschiedliche Realisierungsformen dieser Systeme. Ihre Größe und Bauform variieren ebenso stark wie die Anzahl der zur Fortbewegung verwendeten Beine, Räder oder Kettenantriebe. Aktuell beschränkt sich der Einsatz dieser Systeme oft auf mit spezieller Infrastruktur ausgerüstete Gegenden/Bereiche, was die Aufgaben der Umfelderkennung und Entscheidungsfindung dieser Roboter deutlich vereinfacht.

Vorteile

Ein großer Vorteil dieser Roboterklasse ist, dass sie weniger Bewegungsfreiheitsgrade als bei wasser- und luftgebundenen Robotiksystemen bedienen müssen, was die Aufgabe der Fahrzeugführung deutlich vereinfacht. Zudem ist die Definition eines sicheren Zustandes und der damit verbundenen Aktionen im Fehlerfall deutlich einfacher umzusetzen als bei wasser- und luftgebundenen Robotiksystemen, welche abstürzen oder untergehen können.

Herausforderungen

Große Herausforderungen bilden die Entwicklung und Umsetzung zuverlässiger Umfelderkennung sowie Entscheidungsfindung und Bewegungsplanung dieser Roboter in unstrukturiertem Gelände.

Anwendungsbereiche

Die Anwendungsbereiche dieses Zweiges der Serviceroboter sind sehr breit. Es beginnt bei kleinen Staubsaug- und Mährobotern für den Hausgebrauch. Größere rollende Infotainmentsysteme, welche in großen Shoppingzentren eingesetzt werden, zählen auch zu dieser Roboterklasse. Ebenso gibt es heutzutage bereits einige automatisierte Erkundungs- und Rettungsfahrzeuge auf dem Markt, die auch unter diese Roboterklasse fallen und bspw. bei der Schadenserkundung nach der Reaktorkatastrophe in Fukushima eingesetzt wurden. Das jedoch mit Abstand größte Anwendungsfeld bilden automatisierte Logistiksysteme, welche in vielen Betrieben bereits Einzug gehalten haben.

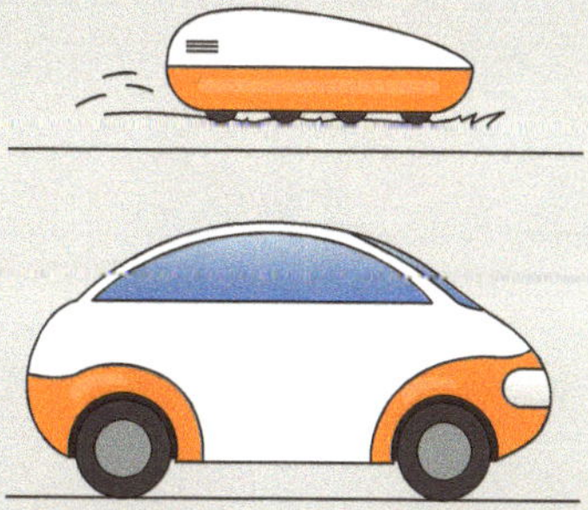

Auf dem Land operierende Serviceroboter

Verfügen über sehr heterogene Bauweisen

Pro
Relativ robuste Roboterklasse mit vergleichsweise einfacher Bewegungssteuerung

Contra
Eingeschränkter Operationsbereich

Anwendung
Staubsaugen, Mähen, Erkunden und Logistik

In der Luft operierende Serviceroboter

Verfügen über sehr heterogene Bauweisen

Pro
Flugfähig

Contra
Schlechtwetteranfällig, Reichweitenprobleme und Absturzgefahr

Anwendung
Fernerkundung, Inspektion und Logistik

Allgemein

Es gibt vielfältige Realisierungsmöglichkeiten von Robotern, die in der Luft operieren. Hierbei variiert nicht nur die Gehäuseform stark, sondern ebenso die Anzahl und Position der zur Fortbewegung verwendeten Antriebe. Durch das breite Anwendungsgebiet dieser Roboterklasse wächst seit ca. 2010 der Absatzmarkt für diese Systeme.

Vorteile

Der Vorteil dieser Roboterklasse besteht darin, dass sie an Orten eingesetzt werden können, die für an Land oder im Wasser operierende Roboter unzugänglich sind.

Herausforderungen

Gegenüber den bodengebundenen Servicerobotern sind die in der Luft operierenden mit einer Vielzahl weiterer Herausforderungen konfrontiert. Bspw. kann eine Fehlfunktion direkt zu einem Absturz des Roboters und damit zu beträchtlichen mechanischen Beschädigungen führen. Ebenso stellt die z. T. geringe Flugdauer der Roboter eine große Herausforderung in einigen Anwendungen dar. Des Weiteren sei betont, dass diese Roboter sehr sensitiv bei Schlechtwetterverhältnissen, wie Regen und Schnee, sind. Dies liegt an der möglichst gewichtssparenden mechanischen Konstruktion, weshalb oft auf robuste Einhausungen verzichtet wird. Ebenso sei darauf hingewiesen, dass Outdoortests nicht so einfach realisierbar sind wie bei den anderen beiden Roboterklassen, da eine Aufstiegsgenehmigung für den Betrieb vieler flugfähiger Roboter notwendig ist. Zudem ist die Steuerung dieser Roboter zumeist anspruchsvoller als die Steuerung von bodengebundenen Robotern. Der Grund dafür liegt in der größeren Anzahl von zur Verfügung stehenden Bewegungsfreiheitsgraden.

Anwendungsbereiche

In den letzten Jahren wurden zunehmend neue Anwendungsbereiche für diese Roboterklasse erschlossen. So steht neben Foto-, Filmaufnahmen, Fernerkundung, Inspektion (bspw. von Windenergieanlagen) und Kartierung auch Logistik im Fokus dieser Roboter. Gerade das Thema der Postzustellung auf der sogenannten letzten Meile wird aktuell stark durch Logistikunternehmen erforscht. Ebenso existieren viele Machbarkeitsstudien in weiteren Anwendungsfeldern wie Personentransport und Weltraumexploration.

Allgemein

Bei der im Wasser operierenden Roboterklasse gibt es sehr verschiedene Bauarten, welche sich je nach fokussiertem Anwendungsbereich z. T. stark in Größe, Fortbewegungsart und Funktionsweise unterscheiden.

Vorteile

Diese Klasse von Robotern kann auch an Orten eingesetzt werden, die unter Wasser liegen und somit für boden- und luftgebundene Robotersysteme nicht zugänglich sind.

Herausforderungen

Ähnlich wie die luftgebundenen Roboter weisen die wassergebundenen Roboter zusätzliche Herausforderungen im Vergleich zu den landgebundenen Robotern auf. Eine der größten Herausforderungen ist das Dichtigkeitsproblem. Falls die Außenhaut des Roboters nicht perfekt gegen Wasser abgedichtet ist, kann es zum Eindringen von Feuchtigkeit und damit zu einer dauerhaften Schädigung der Roboterelektronik kommen. Solche Fehler können zum Verlust des Roboters führen, da unter Umständen ein Systemausfall des Roboters zum Sinken führen kann. Eine weitere Herausforderung, die das Medium Wasser mit sich bringt, ist, dass Kommunikationswellen zwischen dem Roboter und seinem Operator stark gedämpft werden, was zu großen Verzögerungen in der Kommunikation führt. Zudem ist die Steuerung dieser Roboter anspruchsvoller als die Steuerung von bodengebundenen Robotern aufgrund der größeren Anzahl von zur Verfügung stehenden Bewegungsfreiheitsgraden.

Anwendungsbereiche

Wassergebundene Robotersysteme werden häufig für die Fernerkundung eingesetzt. So bilden sie bspw. ein wichtiges Werkzeug für die Tiefseeforschung. Ebenso finden sie Einsatz, um alte Schiffwracks sowie unter Wasser liegende Ruinen zu erforschen. Ein industriell sehr reizvolles Anwendungsgebiet liegt zudem in der Inspektion schwer zugänglicher Industriebauten unter Wasser. So werden automatisierte Unterwasserfahrzeuge auch bspw. für Inspektionsaufgaben von Unterwasserpipelines eingesetzt.

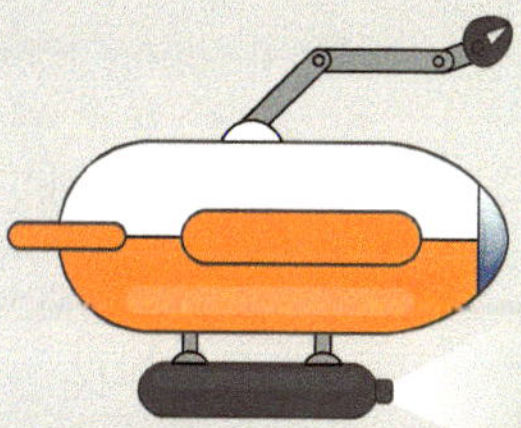

Im Wasser operierende Serviceroboter

Verfügen über sehr heterogene Bauweisen

Pro
Bewegen sich auf und unter Wasser fort

Contra
Dichtichkeits- und Kommunikationsprobleme sowie Sinkgefahr

Anwendung
Fernerkundung und Inspektion

1.3 Sense-Plan-Act

Wie zuvor dargestellt ist das heutige Anwendungsspektrum von Robotersystemen sehr umfangreich und wächst kontinuierlich weiter. Gleichzeitig nehmen die Anforderungen an moderne Robotersysteme ebenfalls rasant zu. Dies führt dazu, dass immer neue Robotersysteme auf den Markt drängen, welche über äußerst anspruchsvolle Automatisierungsalgorithmen verfügen.

So ist eines der größten Ziele des Robotik- und Automatisierungstechnikeinsatzes im Bereich Industrie 4.0 die Realisierung von selbstoptimierenden Produktionssystemen. Dies umfasst eine intelligente und weitgehend autarke Prozessführung. All dies verfolgt das Ziel der umfassenden Optimierung der gesamten Wertschöpfungskette. Aufgrund der Komplexität dieser Zielstellung ist leicht ersichtlich, dass hierfür verschiedenste hochspezialisierte und sehr komplexe Robotersysteme zum Einsatz kommen können.

Dies lässt vermuten, dass Robotikexperten eine immer größere Vielfalt von Robotern kennen müssen, wobei jeder Roboter über völlig einzigartige algorithmische Ansätze automatisiert wird. Glücklicherweise folgen jedoch die meisten algorithmischen Ansätze zur Roboterautomatisierung einem einheitlichen Konzept, was die Arbeit in der Praxis mit diesen Maschinen deutlich vereinfacht. Dieser algorithmische Ansatz wird als Sense-Plan-Act-Paradigma bezeichnet. Dieses Paradigma beschreibt, dass die Automatisierungsansätze von Robotiksystemen aus drei großen algorithmischen Funktionsclustern bestehen. Diesen Zusammenhang verdeutlicht Bild 1.9. Dieses Zusammenspiel der drei Funktionscluster findet sich nicht nur bei klassischen Robotikanwendungen, sondern auch bei automatisierten Fahrfunktionen wieder, siehe Abschnitt 2.2.

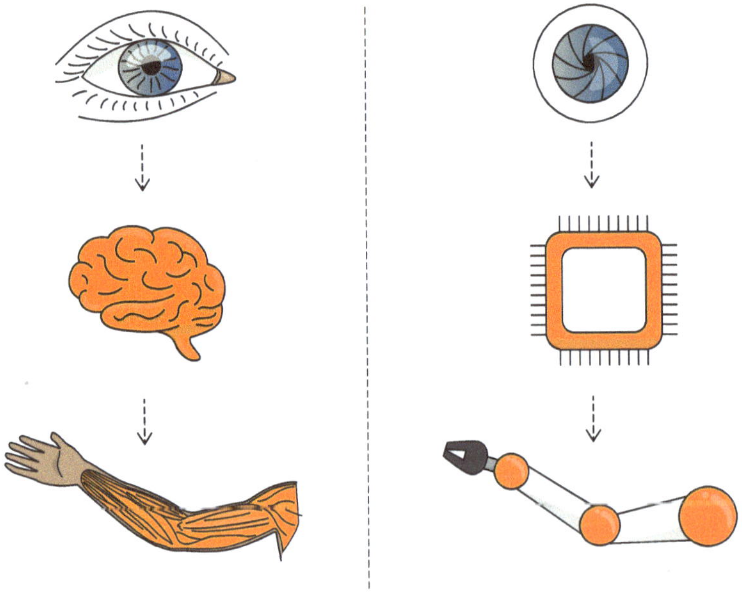

Bild 1.9 Vereinfachte Roboterautomatisierungsarchitektur

Für die Realisierung des Sense-Plan-Act-Paradigmas finden vielfältige Funktionsarchitekturen Einsatz. Die Wahl bzw. das Design der Funktionsarchitektur ist grundlegend, um die Anforderungen an das beabsichtigte Systemverhalten zu erfüllen. Die Ausprägung und der Umfang der Funktionsarchitektur zur Realisierung des Sense-Plan-Act-Paradigmas gestalten sich sehr anwendungsspezifisch. So verwenden bspw. Industrieroboter (die fest vorgegebenen Aufgaben) oder Produktionsanlagen (die fest vorgegebenen Fertigungsabläufen folgen) sehr stark vereinfachte Sense- und Plan-Ansätze. Dies könnte sich wie folgt gestalten: Auslesen diskreter Sensorwerte, wie die Position von Endlagenschaltern (Sense); Realisierung einfacher Aktivierungs- und Deaktivierungslogik von einzelnen Antriebseinheiten (Plan). Jedoch gerade die Beherrschung der hohen Komplexität von modernen automatisierten Systemen (oft als Agenten bezeichnet), insbesondere in unstrukturierten (bspw. urbanen) Bereichen, ist eine anspruchsvolle Aufgabe, welche bei der Entwicklung einer Funktionsarchitektur große Herausforderungen beinhaltet.

Definition 1.8 (Agent). Ein Agent ist ein System, welches unter Anwendung des Sense-Plan-Act-Paradigmas in der Lage ist, sein Umfeld wahrzunehmen und Handlungen auf Basis dessen abzuleiten. Als intelligente Agenten werden diejenigen bezeichnet, die geeignete Aktionen bzgl. einer Zielvorgabe wählen. Die Planung dieser Aktionen erfolgt aufgrund von

- Vorwissen (Wissen über die Umgebung, z. B. Karten)
- Erfahrungswissen (z. B. erlerntes Wissen/Schlussfolgerungen aus Tests)
- Zielvorgaben (üblicherweise mit Prioritäten und Wichtigkeiten versehen)
- Beobachtungen (über die Umgebung und über sich selbst)

■

Grundlegend existieren zwei verschiedene **klassische Funktionsarchitekturansätze** zur Realisierung des Sense-Plan-Act-Paradigmas im Bereich automatisierter Systeme:

Top-Down: Der erste Funktionsarchitekturansatz wird als funktionsbasierte, Top-Down- oder wissensgesteuerte Architektur bezeichnet. Dabei wird ein explizites Weltmodell zur Entscheidungsfindung verwendet. Eine Gesamtmission für jeden Agenten wird in Teilziele innerhalb einer hierarchischen Kontrollstruktur zerlegt. Das heißt, höhere Schichten in der Hierarchie erstellen Unterziele für die unteren Schichten. Dies beinhaltet die Systematik des Sense-Plan-Act-Paradigmas. Dies hat zur Folge, dass die höheren Planungsschichten lange Planungszyklen und keine schnellen Reaktionen auf dynamische Umweltveränderungen haben. Solche Ansätze sind für strukturierte und hochgradig vorhersehbare Umgebungen gut geeignet. Das für Top-Down-Architekturen notwendige allgemeine Weltmodell ist nur schwer darzustellen und zudem rechenaufwendig.

Bottom-up: Der zweite Funktionsarchitekturansatz wiederum setzt auf reaktives Planen. Reaktive Agenten implementieren Entscheidungs- und Planungsfunktionalität durch Bottom-up-Modelle oder datengesteuerte Modelle, die ohne High-Level-Planung und Gesamtmissionen direkt auf ihren sensorischen Input reagieren. Das Ziel hierbei ist eine zeitnahe robotische Reaktion in dynamischen und unstrukturierten Welten. Der Hauptvorteil hierbei liegt in der Robustheit des direkt gekoppelten Ansatzes von Wahrnehmung und Aktion (Verhalten). Für die Anwendbarkeit eines rein reaktiven Ansatzes müssen jedoch Aktionen explizit definiert und im Voraus zur Verfügung gestellt werden, was zu einem Mangel an Flexibilität in der Architektur führt.

Wie zu vermuten ist, wurden verschiedene hybride Funktionsarchitekturen entwickelt, um die Vorteile der beiden Ansätze zu kombinieren und die Nachteile zu minimieren. Daher sind hybride Architekturen weit verbreitet. All diese Ansätze werden typischerweise innerhalb einer dreischichtigen Architektur kombiniert, bestehend aus den Sense-, Plan- und Act-Clustern.

Sense: Das Funktionscluster Sense umfasst Algorithmen zur Umfeldwahrnehmung, siehe Kapitel 8. Neben klassischen Methoden zur Umfelderfassung und -interpretation können auch Algorithmen zur Situationsklassifikation, -interpretation und -prädiktion mit abgedeckt sein. Hier werden auch kommunizierte Daten verarbeitet. All diese Informationen werden dann in Umfeld- und Situationsmodellen gespeichert. Somit lässt sich dieses Cluster prinzipiell der automatisierungstechnischen Teilaufgabe der Prozessüberwachung zuordnen. Der Umfang und die Ausgestaltung dieser Algorithmen richten sich sehr stark nach dem jeweiligen Anwendungszweck des betrachteten Robotiksystems. So verfügen Serviceroboter zumeist über deutlich anspruchsvollere Sense-Funktionalitäten als klassische Industrieroboter. Weiterhin haben selbstfahrende Transportsysteme in Logistikanwendungen anwendungsbedingt deutlich weiterentwickelte Sense-Funktionalitäten als handelsübliche Rasenmähroboter.

Plan: Das Funktionscluster Plan umfasst Algorithmen zur Entscheidungsfindung und Bewegungsplanung von Robotersystemen. Hauptaufgabe dieses Funktionsclusters ist es, auf Basis der zuvor erzeugten Umfeld- und Situationsmodelle abzuleiten, welche prinzipiellen Manöver der Roboter als Nächstes ausführen soll und mithilfe welcher konkreten Bewegungsabläufe er diese realisieren soll (siehe Kapitel 9). Somit lässt sich dieses Cluster der automatisierungstechnischen Teilaufgabe der Prozessführung zuordnen. Auch hier richten sich Umfang und Ausprägung dieser Algorithmen stark nach dem jeweiligen Anwendungszweck des betrachteten Robotiksystems.

Act: Das Funktionscluster Act umfasst Algorithmen zur Umsetzung und Realisierung der zuvor geplanten Bewegungsabfolgen, siehe Kapitel 10. Somit lässt sich dieses Cluster der automatisierungstechnischen Teilaufgabe der Prozessführung zuordnen. Etwas konkreter umfasst dieses Funktionscluster zwei Hauptaufgaben. Zum einen werden (in einer Kaskadenstruktur) Konzepte der Regelungstechnik verwendet, um die zuvor erzeugten Planungsergebnisse (bspw. gewünschte Bewegungsabläufe in Form von Orts- und Zeitangaben) in konkrete Sollwerte für die einzelnen Antriebssysteme umzusetzen (bspw. Lenkwinkel und longitudinale Fahrzeugbeschleunigung). Die zweite Hauptaufgabe umfasst die Antriebsregelung. Hierbei werden (in einer unterlagerten Kaskade) die konkreten Sollwerte für die einzelnen Antriebssysteme (Lenkung, Antriebsstrang etc.) geregelt. Hier finden vielfältige Regelungskonzepte Anwendung, um die Antriebsregelung robust gegenüber externen Störeinflüssen (Gegenwind, Fahrbahnneigung etc.) zu gestalten und die Einflüsse von Nichtlinearitäten der Antriebssysteme (Hysteresen und Stellgrößenbeschränkungen) zu minimieren. Dies dient zur Vereinfachung der Regelungsaufgabe der äußeren Kaskade und zur Robustheits- und Performance-Erhöhung.

Das Sense-Plan-Act-Paradigma nimmt beim Systemdesign (vgl. V-Modell aus Bild 3.1 auf Seite 58) von modernen Automatisierungssystemen eine zentrale Rolle ein. Konkret bildet das Sense-Plan-Act-Paradigma die Grundlage, um eine Architektur für ein Gesamtsystem abzuleiten. Im Abschnitt 2.3 wird eine erste Ableitung einer generalisierten Funktionsarchitektur auf Basis des Sense-Plan-Act-Paradigmas dargestellt, welche im Teil III des Buches weiter verfeinert und praktisch umgesetzt wird.

Übungsaufgaben

Übungsaufgabe 1.1. Mit welchen beiden Tätigkeitsfeldern beschäftigt sich die Automatisierungstechnik? Erläutern Sie diese. ■

Übungsaufgabe 1.2. Was unterscheidet die Begriffe Mechanisierung und Automatisierung? Bitte wählen Sie bei den folgenden Aussagen entweder ja oder nein aus.

- Um Tätigkeiten zu automatisieren, müssen zunächst technische Einrichtungen und Verfahren entworfen und implementiert werden, um physische Tätigkeiten durch mechanische Tätigkeiten zu ersetzen. Dieser Schritt wird als Mechanisierung bezeichnet.
- Bei der Mechanisierung werden Steuerungseingriffe, welche Teilprozesse in Gang setzen, nicht vom Menschen vorgenommen.
- Automatisierte Produktion ist immer billiger als eine mechanisierte.
- Mechanisierung ist eine Sonderform der Automatisierung. Es werden nur einfache Maschinen verwendet.

■

Übungsaufgabe 1.3. Beschreiben Sie, welche Art von Prozessen sich im Allgemeinen sehr stark anbieten automatisiert zu werden. ■

Übungsaufgabe 1.4. Was verstehen Sie unter dem Begriff Industrie 5.0? Gehen Sie dabei auch auf den Unterschied zwischen Kooperation und Kollaboration ein. ■

Übungsaufgabe 1.5. Es soll ein Roboter zum Verpacken von Flaschen in Versandkartons verwendet werden. Welchen Robotertypen würden Sie hierfür einsetzen (Flaschengröße: 200 ml; Kartongröße: 300 mmx30 mm)? Begründen Sie Ihre Wahl. ■

Übungsaufgabe 1.6. Beschreiben Sie zwei physikalische/mechanische Einschränkungen, die das Bewegungsverhalten und die Genauigkeit von Industrierobotern beeinflussen könnten? ■

Übungsaufgabe 1.7. Skizzieren Sie die kinematische Kette und den Arbeitsraum des Roboters, der im Steckbrief des vertikal aktuierten Industrieroboters dargestellt ist. ■

Übungsaufgabe 1.8. Ordnen Sie folgende Aufgaben den Funktionsclustern Sense, Plan und Act zu:

- Auslesen des Abstandes eines Roboters, basierend auf Kameradaten.
- Ansteuern der Roboterantriebe, auf Basis geplanter Bewegungsabläufe.
- Entscheiden, ob ein mobiler Roboter die aktuelle Transportaufgabe realisieren oder ob er zur Ladestation fahren soll.
- Ausweichbewegungen berechnen, um Kollisionen zu verhindern.

■

Literatur

Alami, R., Chatila, R., Fleury, S., Ghallab, M. und Ingrand, F. (1998). An architecture for autonomy, *The International Journal of Robotics Research* **17**(4): 315–337.

Albus, J., Lumia, R., Fiala, J. und Wavering, A. (1989). NASREM – the NASA/NBS standard reference model for telerobot control system architecture, *International Symposium on Industrial Robots* .

Albus, J. S. (1997). The NIST real-time control system (RCS): an approach to intelligent systems research, *Journal of Experimental & Theoretical Artificial Intelligence* **9**(2-3): 157–174.

Arkin, R. C. (1998). *Behavior-Based Robotics*, MIT press.

Balch, T. und Arkin, R. C. (1998). Behavior-based formation control for multirobot teams, *IEEE Transactions on Robotics and Automation* **14**(6): 926–939.

Barnhart, R. K., Marshall, D. M. und Shappee, E. (2021). *Introduction to unmanned aircraft systems*, CRC Press.

Bartneck, C., Belpaeme, T., Eyssel, F., Kanda, T., Keijsers, M. und Šabanovic, S. (2020). *Mensch-Roboter-Interaktion*, Hanser.

Brooks, R. (1986a). Achieving artificial intelligence through building robots, *Technical report*, Massachusetts Inst. of tech. Cambridge Artifical Intelligence Lab.

Brooks, R. (1986b). A robust layered control system for a mobile robot, *IEEE Journal on Robotics and Automation* **2**(1): 14–23.

Brooks, R. (1991). Intelligence without representation, *Artificial intelligence* **47**(1-3): 139–159.

Fossen, T. I. (2011). *Handbook of marine craft hydrodynamics and motion control*, John Wiley & Sons.

Gat, E. (1998). On three-layer architectures, *Artificial intelligence and mobile robots* **195**: 210.

Ghallab, M., Nau, D. und Traverso, P. (2014). The actors view of automated planning and acting: A position paper, *Artificial Intelligence* **208**: 1–17.

Haun, M. (2013). *Handbuch Robotik: Programmieren und Einsatz intelligenter Roboter*, Springer.

Hesse, S. (2013). *Industrieroboterpraxis: Automatisierte Handhabung in der Fertigung*, Springer.

Ingrand, F. und Ghallab, M. (2017). Deliberation for autonomous robots: A survey, *Artificial Intelligence* **247**: 10–44.

Lunze, J. (2020). *Automatisierungstechnik*, De Gruyter.

Maier, H. (2016). *Grundlagen der Robotik*, VDE.

Mareczek, J. (2020). *Grundlagen der Roboter-Manipulatoren*, Springer.

Müller, R., Franke, J., Henrich, D., Kuhlenkötter, B., Raatz, A. und Verl, A. (2019). *Handbuch Mensch-Roboter-Kollaboration*, Hanser.

Murphy, R. R. (2019). *Introduction to AI robotics*, MIT press.

Siegwart, R., Nourbakhsh, I. R. und Scaramuzza, D. (2011). *Introduction to autonomous mobile robots*, MIT press.

2 Einführung in die automatisierte Fahrzeugführung

Dieses Kapitel behandelt die Grundbegriffe des automatisierten Fahrens. Zudem verdeutlicht es die Nähe der Wissenschaftsfelder des automatisierten Fahrens und der Robotik.

2.1 Automatisierte Fahrzeugführung vs. Robotik

Stellen wir uns folgende drei User Stories vor:

- Ein **Shuttle** fährt auf einer engen Straße im urbanen Bereich. Hierbei kommt es zu einer Situation, bei welcher der Fahrstreifen durch ein parkendes Auto versperrt ist. Jetzt muss das Shuttle entscheiden, wann es sicher das parkende Auto umfahren kann. Ist die Entscheidung zum Umfahren getroffen, muss das Shuttle im Anschluss einen optimalen Bewegungsablauf für das Umfahrmanöver planen und ausführen (unter Berücksichtigung der sehr engen Straßenverhältnisse).
- Ein **mobiles Robotiksystem** wird in der Werkslogistik eingesetzt. Seine Aufgabe besteht darin, Werkstücke aus einem Materiallager zu einer spezifischen Werkzeugmaschine zu transportieren. Hierbei folgt es einer fest vorgegebenen Route. Auf dieser Route befindet sich unerwarteterweise eine Europalette, welche fälschlich dort abgestellt wurde und nun umfahren werden muss, um die Produktion nicht zum Erliegen zu bringen. Jetzt muss das mobile Robotiksystem entscheiden, wann das Hindernis sicher umfahren werden kann. Ist die Entscheidung zum Umfahren getroffen, muss das mobile Robotiksystem im Anschluss einen optimalen Bewegungsablauf für das Umfahrmanöver planen und ausführen (unter Berücksichtigung der engen Verhältnisse in der Werkhalle).
- Ein **Industrieroboter** wird im Rahmen einer Industrie 5.0-Anwendung zur kooperativen Montage eines Werkstücks eingesetzt. Hierbei führen Werker und Roboter gemeinsam die Montage durch. Bei einem der letzten Montageschritte stellt der Roboter fest, dass sich der Werker falsch positioniert hat, was zu einer Kollision mit der zuvor berechneten Bewegungsbahn des Roboters führen würde. Jetzt muss das Robotiksystem entscheiden, wann der vorab geplante Bewegungsablauf in die Kollisionszone führt. An dieser Stelle muss dann eine Entscheidung zum Umfahren getroffen werden. Im Anschluss muss das Robotiksystem einen optimalen Bewegungsablauf für das Umfahrmanöver planen und ausführen (unter Berücksichtigung der Arbeitsräume).

In allen drei User Stories sind die Entscheidungsfindung und die Bewegungsplanung essenzieller Bestandteil. Sie können allerdings nur sinnvoll angewendet werden, wenn die entsprechende Sensorik die Hindernisse erkennt und die unterlagerte Aktorik bzw. die Reglerstrukturen auch in der Lage sind, die neu geplanten Bewegungsabläufe umzusetzen. Dementsprechend gilt das prinzipielle Sense-Plan-Act-Paradigma neben Robotiksystemen auch für automatisierte Fahrzeuge und kann, wie wir in den nachfolgenden Kapiteln noch sehen werden, weiter verfeinert werden. Darüber hinaus lassen sich nicht nur einzeln prinzipielle Aufgaben bzw. Verarbeitungsschritte von der Robotik auf automatisierte Fahrfunktionen übertragen sondern auch einzelne Algorithmen und Lösungsstrategien. Daher können, unabhängig von deren konkreter Anwendung, einheitliche methodische Werkzeuge genutzt werden, um diese Aufgaben zu lösen. Wie bereits im vorangegangenen Kapitel dargestellt, existieren im Gebiet der Robotik bereits einige etablierte Ansätze zum Lösen solcher Fragestellungen, weshalb wir überzeugt sind, dass zukünftige selbstfahrende Fahrzeuge viel von der Robotik lernen und profitieren können.

2.2 Level der Autonomie

Der folgende Abschnitt widmet sich der Fragestellung: Wie lange sprechen wir noch von Fahrerassistenzsystemen und ab wann von automatisiertem oder sogar autonomem Fahren? Hierfür stellen wir zu Beginn die unterschiedlichen Level automatisierter Fahrfunktionen vor. Mithilfe der ausgearbeiteten Klassifikation betrachten wir, aufbauend auf einer kurzen Beschreibung, etablierte Fahrerassistenzsysteme in Relation zu den Automatisierungsleveln. Dabei wird herausgestellt, dass für eine Einstufung der Automatisierungslösung neben der reinen Funktionalität auch die zu betrachtende Umgebungssituation (engl.: Operational Design Domain, kurz: ODD) und die konkrete Automatisierungsaufgabe (engl.: Dynamic Driving Task, kurz: DDT) klar definiert sein müssen.

Definition 2.1 (Operational Design Domain, kurz: ODD). Die ODD beschreibt die spezifischen Bedingungen, unter denen eine bestimmte Fahrfunktion ausgelegt ist. ■

Definition 2.2 (Dynamic Driving Task, kurz: DDT). Die dynamische Fahraufgabe bezeichnet alle betrieblichen und taktischen Echtzeitfunktionen, die für den Betrieb eines Fahrzeuges im Straßenverkehr innerhalb seiner spezifischen ODD erforderlich sind, mit Ausnahme der strategischen Funktionen wie Routenplanung sowie der Auswahl von Zielen und Wegpunkten. ■

2.2.1 Automatisierungsgrade des automatisierten Fahrens

Es existieren vielfältige Assistenzsysteme zur Realisierung verschiedenster Fahraufgaben. Um eine Klassifikation dieser Assistenzsysteme hinsichtlich ihrer Fähigkeit, die Fahrzeugführung zu automatisieren, vornehmen zu können, wurden sogenannte Automatisierungslevel eingeführt. Wir werden zur Klassifizierung den SAE-Standards folgen. Diese Klassifizierung beinhaltet sechs Ausbaustufen der Fahrfunktionen von Level 0 (keine Automatisierung) bis Level 5 (volle Automatisierung).

Die **Automatisierungslevel** beschreiben hierbei jeweils die entsprechenden Mindestanforderungen an die Fahrzeugautomatisierung, vgl. Bild 2.1. Die einzelnen Automatisierungslevel lassen sich anschaulich daran unterscheiden, welche Aufgaben vom Fahrenden und welche Aufgaben vom Automatisierungssystem realisiert werden. Dies umfasst neben der eigentlichen Fahraufgabe (Lenken oder Bremsen) auch Beobachtungsaufgaben. Beobachtungsaufgaben unterscheiden sich je nachdem, ob die Fahrenden die Umgebung bzw. die Situation permanent überwachen müssen oder die Automatisierung eine Beschäftigung mit anderen Tätigkeiten erlaubt. Es existieren unterschiedliche Definitionen der einzelnen Level durch unterschiedliche Standardisierungsinstitutionen (Bundesanstalt für Straßenwesen (BASt), National Highway Traffic Safety Administration (NHTSA), Society of Automotive Engineers International (SAE) und Verband der Automobilindustrie (VDA)).

Betrachten wir die einzelnen Level aus Bild 2.1, könnte der Eindruck entstehen, dass diese mehr oder weniger einen kontinuierlichen Entwicklungsprozess beschreiben. Allerdings sind zwischen den einzelnen Leveln disruptive Änderungen notwendig. Bspw. ist der Übergang von Level 2 zu Level 3 signifikant. Denn das Versprechen des Automatisierungslevels 3 zielt darauf ab, dass die Fahrenden nicht mehr permanent die Situation überwachen müssen und das System garantiert, das Geschehen bis zu einer Übernahme durch den Fahrenden zu beherrschen. Damit sind aus Sicherheitsgründen äußerst umfangreiche Aufwände in der Entwicklung von Hardware und Software notwendig. Daher verwundert es nicht, dass Firmen wie Tesla mit ihrem „Full Self Driving" zu Beginn des Jahres 2022 keine Automatisierungsgrade höher als Level 2 realisierten. Denn auch hier muss die fahrende Person permanent die Umgebung beobachten und jederzeit eingreifen können, auch wenn das Fahrzeug die Längs- und Querführung übernimmt. Das weltweit erste Fahrzeug, welches mit einer Level 3 Funktion verkauft werden durfte, stammt von Mercedes-Benz. Der „Drive Pilot" des Stuttgarter Unternehmens erlaubt es dem Fahrenden, nicht permanent die Situation zu beobachten. Stattdessen haben die Fahrenden bis zu 10 Sekunden Zeit, die Fahrzeugführung zu übernehmen, wenn sie von dem System aufgefordert werden.

Wie wir allerdings im Folgenden noch sehen werden, ist im Allgemeinen nicht nur die **Funktion** selbst von Interesse sondern auch, in welcher **Umgebung** diese angewendet werden kann/ darf. So ist der „Drive Pilot" nur auf Autobahnabschnitten und innerhalb eines bestimmten Geschwindigkeitsfensters funktionsfähig. Das hat einerseits technische Gründe, so sind bspw. hochauflösende Karten der Strecken notwendig, als auch regulatorisch-gesetzgeberische Gründe. Somit ist zu erwarten, dass höhere Level der Automatisierung vor allem bei Systemen mit bekannten und begrenzten Arbeitsräumen, wie feste Strecken oder eine bestimmte Art von Umgebungen, Einzug halten werden. Daher verwundert es nicht, dass zurzeit viele Projekte mit automatisierten Shuttle-Lösungen umgesetzt werden, da diese eine feste und bekannte Strecke fahren. Auch automatisiertes Parken steht im Fokus der aktuellen Entwicklung.

Die im Folgenden dargestellten sechs Steckbriefe zu den jeweiligen Automatisierungslevel umfassen eine kurze allgemeine Erläuterung sowie eine Aufteilung der Fahrzeugführungsaufgaben zwischen Fahrendem und Automatisierungssystem. Um die Darstellungen möglichst intuitiv zu gestalten, werden zur Erläuterung auf den Steckbriefen jeweils zwei User Stories verwendet, welche verdeutlichen, wie schrittweise der Umfang der Automatisierung je Level zunimmt. Hierbei widmet sich eine User Story dem Themenfeld der Personenbeförderung im öffentlichen Personennahverkehr (ÖPNV) mittels Bus. Die zweite User Story fokussiert sich auf den Individualverkehr.

Level 0	Level 1	Level 2	Level 3	Level 4	Level 5
Nicht automatisiert	Assistiert	Teilautomatisiert	Bedingt automatisiert	Hochautomatisiert	Vollautomatisiert
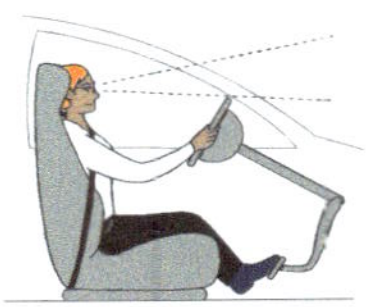	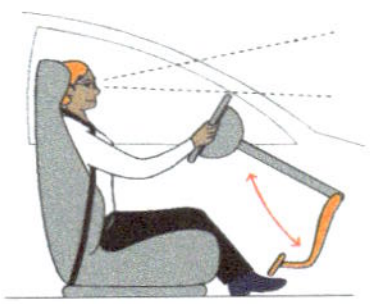	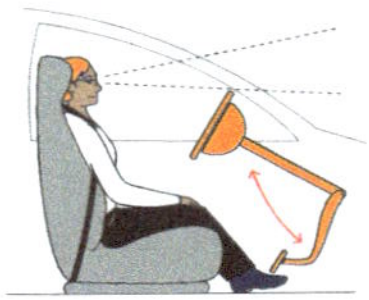	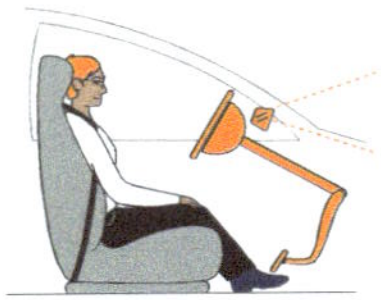		
Fahrende führen dauerhaft Längs- und Querführung des Fahrzeuges aus. Kein eingreifendes Fahrzeugsystem aktiv.	Fahrende führen dauerhaft Längs- oder Querführung des Fahrzeuges aus. Das System übernimmt die jeweils andere Fahrfunktion.	Fahrende müssen das System dauerhaft überwachen. Das System übernimmt Längs- und Querführung des Fahrzeuges in einem spezifischen Anwendungsfall.	Fahrende müssen das System nicht dauerhaft überwachen. Das System übernimmt Längs- und Querführung des Fahrzeuges in einem spezifischen Anwendungsfall. Es erkennt Systemgrenzen und fordert die Fahrenden zur Übernahme mit ausreichender Zeit auf.	Keine Fahrenden erforderlich im spezifischen Anwendungsfall. Das System kann im spezifischen Anwendungsfall alle Situationen selbstständig bewältigen.	Von „Start“ bis „Ziel“ sind keine Fahrenden zur Fahrzeugführung oder -überwachung erforderlich. Das System übernimmt die Fahraufgabe vollumfänglich bei allen Straßentypen, Geschwindigkeitsbereichen und Umfeldbedingungen.
Die Fahrenden überwachen das Geschehen			Das System überwacht das Geschehen		

Bild 2.1 Überblick über die Level der Automatisierung beim automatisierten Fahren – Quelle: SAE International, Standard J3016

Allgemein

Im Fall des SAE-Levels 0 fahren die Fahrenden eigenständig. Die Quer- und Längsführung des Fahrzeuges zur Realisierung der jeweiligen Fahraufgabe (engl.: DDT) erfolgen ohne Unterstützung der Automatisierung. Allerdings können Systeme wie das Antiblockiersystem (kurz: ABS) oder das elektronische Stabilitätsprogramm (kurz: ESP) vorhanden sein. Diese dienen zur Fahrzeugstabilisierung, nicht zur Fahrzeugführung.

Beispiel 2.1 (User Story ÖPNV). Wir wollen in einer ländlichen Region von unserem Haus zu einem beliebten Einkaufszentrum fahren. Aufgrund der winterlichen Wetterbedingungen haben wir kein Interesse daran, mit unserem eigenen Auto die Fahrt anzutreten. Wir gehen zur Bushaltestelle und nach kurzer Zeit fährt bereits der Bus ein. Die Türen des Busses öffnen sich, der Fahrer grüßt uns freundlich und wir steigen ein. Während der Fahrt hören wir im Hintergrund, wie der Fahrer mit einem Fahrgast über die momentan fürchterlichen Straßenbedingungen und den Nebel spricht. Bei solchen Wetterbedingungen strengt das Fahren wirklich an.
An einer schlecht einsehbaren Kreuzung nimmt ein Fahrzeug unserem Bus die Vorfahrt. Als Reaktion muss der Fahrer eine Vollbremsung machen. Der Bus kommt nach wenigen Metern zum Stehen, da das ABS es geschafft hat, den Bremsweg sehr kurz zu halten. ■

Beispiel 2.2 (User Story Individualverkehr). Heute treffen wir uns zu einem gemeinsamen Mittagessen in einem Restaurant in der Gegend. Da das aktuelle Wetter keine Lust auf Laufen oder Radfahren macht, entscheiden wir uns dafür, mit dem Auto zum Restaurant zu fahren. Leider ist das Verkehrsaufkommen auf der leicht überfrorenen Strecke recht hoch. So ist unsere komplette Konzentration auf die Fahrzeugführung gerichtet. Trotz hoher Vorsicht fahren wir eine Kurve etwas zu schnell an, weshalb das Fahrzeug leicht ins Rutschen kommt. Dank des ESP fängt sich das Fahrzeug schnell wieder ab. ■

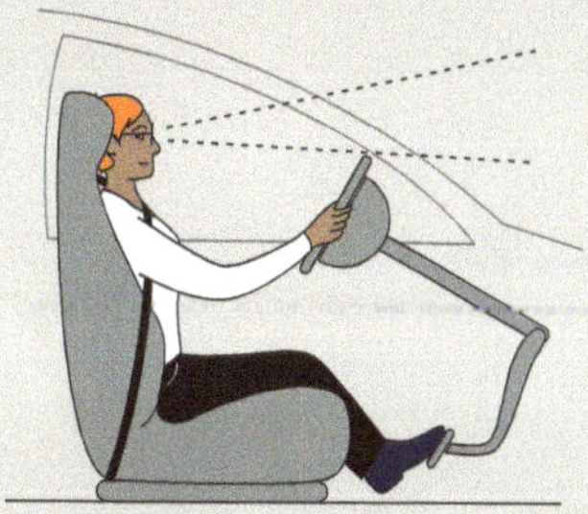

SAE-Level 0
Nicht automatisiert

Lenken und Beschleunigen/ Bremsen
Fahrende

Beobachtet die Umgebung
Fahrende

Rückfallebene der DDT
Fahrende

Befähigung, komplett Fahrfunktionen zu realisieren
Keine

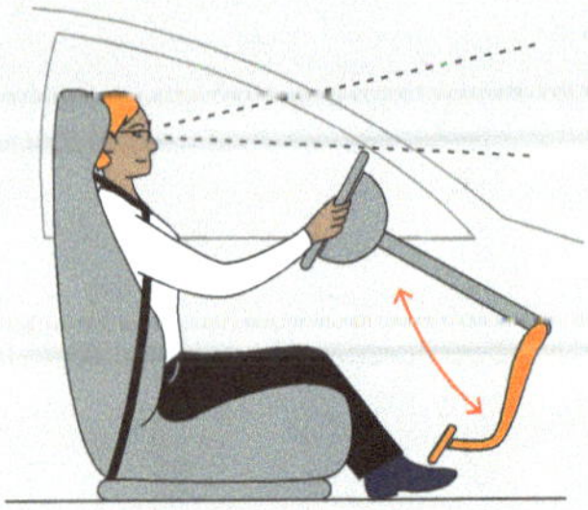

SAE-Level 1
Assistiert

Lenken und Beschleunigen/ Bremsen
Fahrende und System

Beobachtet die Umgebung
Fahrende

Rückfallebene der DDT
Fahrende

Befähigung, komplett Fahrfunktionen zu realisieren
Einzelne Fahrfunktionen

Allgemein

Im Fall des SAE-Levels 1 werden die Fahrenden bei einzelnen Aufgaben der Quer- und Längsführung des Fahrzeuges von der Automatisierung unterstützt. Eine klassische automatisierte Fahrfunktion des SAE-Levels 1 ist die Automatische Distanzregelung (engl.: Adaptive Cruise Control, kurz: ACC), welche häufig auch als Abstandsregeltempomat bezeichnet wird. Bei Verwendung dieser Fahrfunktion werden die Fahrenden bei der Längsführung unterstützt. Konkret ermöglicht das ACC sowohl eine vorgegebene Wunschgeschwindigkeit als auch einen vorgegebenen Abstand zum Vorderfahrzeug einzustellen. Dafür führt es automatisiert Brems- und Beschleunigungseingriffe durch. Eine zweite Assistenzfunktion aus dem SAE-Level 1 ist der Spurhalteassistent (engl.: Lane Keeping Assist, kurz: LKA). Die Umgebungsüberwachung sowie die Überwachung der korrekten Funktionsfähigkeit der Fahrfunktion ist allerdings weiterhin Aufgabe des Fahrenden. Somit verstehen sich automatisierte Fahrfunktionen der SAE-Level 1 lediglich als Assistenzfunktionen.

Beispiel 2.3 (User Story ÖPNV). Während einer Busfahrt hören wir zu, wie sich der Busfahrer mit einem Fahrgast über seinen neuen Bus unterhält. Der Bus ist mit einem sogenannten ACC ausgestattet, was erlaubt, dass der Bus selbstständig bis zur gewünschten Geschwindigkeit beschleunigt, zu den vorausfahrenden Fahrzeugen einen vorgegebenen Abstand hält und bei Hindernissen selbstständig anhält, schwärmt der Busfahrer. Dies erlaubt es ihm, auch am Ende seiner Schicht den Straßenverkehr noch aufmerksam zu überwachen, denn jetzt strengt ihn das Busfahren deutlich weniger an. Und tatsächlich, der Busfahrer hat seine Füße die ganze Zeit während der Fahrt bequem neben den Pedalen stehen. ■

Beispiel 2.4 (User Story Individualverkehr). Während einer Autofahrt klingelt unser Telefon und wir nehmen das Gespräch über unsere Freisprechanlage an. Ohne dass wir es merken, fordert das Gespräch einen erheblichen Teil unserer Aufmerksamkeit. Dadurch konzentrieren wir uns zeitweise etwas weniger auf den Straßenverkehr. In einer kurvenreichen Passage kommen wir infolgedessen so nah an den Fahrbahnrand, dass wir fast in den entgegenkommenden Verkehr fahren. Allerdings erkennt dies unser LKA-System rechtzeitig und lenkt selbstständig leicht gegen, wodurch wir sicher auf unserer Fahrspur bleiben. ■

Allgemein

Sobald Assistenzsysteme zur gleichzeitigen Quer- und Längsführung des Fahrzeuges verwendet werden, befinden wir uns in SAE-Level 2. Hierbei wird vom teilautomatisierten Fahren gesprochen. In diesem Fall werden die Fahrenden bei der Quer- und Längsführung des Fahrzeuges von der Automatisierung unterstützt. Die Umgebungsüberwachung sowie die Überwachung der korrekten Funktionsfähigkeit der Fahrfunktion ist auch hier weiterhin Aufgabe des Fahrenden. Somit verstehen wir Automatisierungslösungen aus dem SAE-Level 2 als reine Assistenzsysteme. Betrachten wir das Feld der zivilen Luftfahrt, so stellen wir fest, dass aktuelle kommerziell verfügbaren Lösungen aus diesem Bereich auch maximal Level 2 zuzuordnen sind, da die Verantwortung für die Flugaufgabe nach wie vor komplett beim Menschen liegt.

Beispiel 2.5 (User Story ÖPNV). Nach der guten Resonanz der Fahrer wurden die neuen Busse, welche über ein ACC verfügen, weiter aufgerüstet und verfügen jetzt sogar über ein LKA. Diese Veränderung fällt jedem auf, der den neuen Bus betritt. Denn unser Fahrer strahlt jeden Fahrgast mit einem großen Lächeln an und präsentiert stolz die neue Fahrfunktion. Es sieht wirklich beeindruckend aus: Bei Streckenabschnitten mit gut erkennbaren Fahrbahnmarkierungen sitzt der Busfahrer entspannt da und der Bus fährt wie von Geisterhand, ohne dass der Fahrer die Pedale oder das Lenkrad bedient. ■

Beispiel 2.6 (User Story Individualverkehr). Während einer Autofahrt kommen wir leider in einen Stau. Jetzt heißt es für die nächsten 10 Minuten immer wieder langsam anfahren und bremsen. Ganz schön nervig, so ein Stop-and-Go Verkehr. Zum Glück verfügt unser Auto über einen Stauassistenten. So können wir einfach den Wunschabstand sowie die Wunschgeschwindigkeit am Lenkrad einstellen. Im Anschluss kümmert sich unser Fahrzeug komplett selbstständig um das nervige Beschleunigen und Bremsen im stockenden Verkehr. Als dann noch unser Fahrzeug anfängt, leichte Lenkbewegungen selbstständig durchzuführen, um auf der Fahrspurmitte zu bleiben, können wir uns entspannt zurücklehnen und uns auf das Beobachten des Verkehrsgeschehens konzentrieren. Als sich der Verkehr allmählich auflöst, beschleunigen wir. Bei einer Geschwindigkeit von 60 km/h erhalten wir einen Warnhinweis und der Stauassistent deaktiviert sich. ■

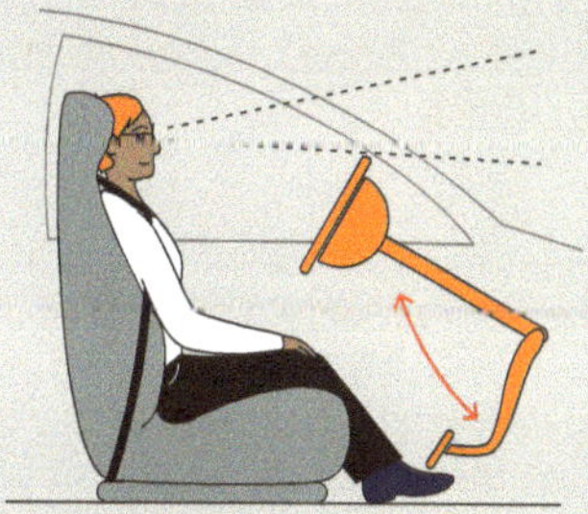

SAE-Level 2
Teilautomatisiert

Lenken und Beschleunigen/Bremsen
System

Beobachtet die Umgebung
Fahrende

Rückfallebene der DDT
Fahrende

Befähigung, komplett Fahrfunktionen zu realisieren
Einzelne Fahrfunktionen

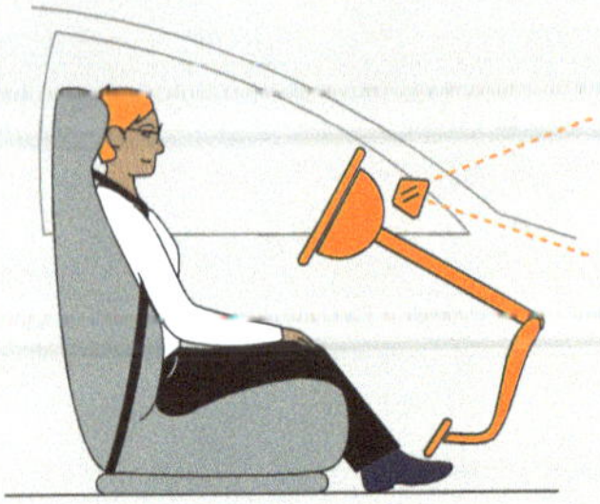

SAE-Level 3
Bedingt automatisiert

Lenken und Beschleunigen/ Bremsen
System

Beobachtet die Umgebung
System

Rückfallebene der DDT
Fahrende

Befähigung, komplett Fahrfunktionen zu realisieren
Einzelne Fahrfunktionen

Allgemein

Systeme, die in die Kategorie SAE-Level 3 fallen, ermöglichen eine bedingte Automatisierung des Fahrzeuges. In diesem Fall werden die Fahrenden sowohl bei der Quer- und Längsführung des Fahrzeuges als auch bei der Umgebungsüberwachung von der Automatisierung unterstützt. Die Fahrenden müssen allerdings jederzeit in der Lage sein, sämtliche Aspekte des Fahrens wieder zu übernehmen, wenn das System dazu auffordert. Somit bilden die Fahrenden im Fehlerfall eine Rückfallebene für solche Systeme.

Beispiel 2.7 (User Story ÖPNV). Bei der nächsten Fahrt mit dem Bus erzählt uns der Fahrer, dass er in seinem Bus jetzt einige neue Sensoren eingebaut bekommen hat und ein Software-Update eingespielt wurde. Jetzt ist es ein Level-3-Bus. Als wir fragen, was dies bedeutet, schmunzelt uns der Fahrer an. Er meint, der größte Unterschied ist, dass er sich jetzt mehr wie ein Fahrlehrer als ein klassischer Busfahrer fühlt. Er erzählt uns, dass der Bus mittlerweile große Teile der Strecke selbstständig fahren kann. Bei schlecht sichtbaren Streckenmarkierungen, schlechten Sichtverhältnissen und unübersichtlichen Verkehrssituationen (wie Kreuzungen) ist der Bus allerdings noch nicht in der Lage, selbst zu fahren. Daher ist die Hauptaufgabe des Busfahrers im Level-3-Bus, bereit zu sein einzugreifen, wenn das System die Situation nicht mehr handhaben kann und bei einer Aufforderung, die Fahrzeugführung in einer adäquaten Zeit zu übernehmen. So hält der Bus zum Beispiel bei jeder Kreuzung an und wartet auf ein kurzes Bestätigungssignal des Busfahrers, um die Fahrt fortsetzen zu können. Somit ist es hierbei Aufgabe des Fahrenden, das Verkehrsgeschehen zu beobachten und Entscheidungen daraus abzuleiten, wie bspw. die Fahrtfreigabe an Kreuzungen. ■

Beispiel 2.8 (User Story Individualverkehr). Bei unserer nächsten Fahrt zum Restaurant verwenden wir ein neues Car-Sharing-Auto. Auf dem Fahrzeug ist ein großer Aufkleber mit der Aufschrift „SAE-Level 3" angebracht. Mit diesem Auto macht die Fahrt noch mehr Spaß als mit unserem eigenen PKW! Das neue Fahrzeug ist in der Lage, bei großen Teilen der Strecke zum Restaurant selbstständig das Bremsen, Beschleunigen und Lenken zu übernehmen. Wir haben primär nur beobachtende Aufgaben, um bei Aufforderung das Fahrzeug manuell führen zu können. ■

Allgemein

Fahrfunktionen, die der Kategorie SAE-Level 4 angehören, ermöglichen eine automatisierte Fahrzeugführung ohne die Erwartung, dass die Fahrenden auf Anforderung (bspw. im Fehlerfall) in die Fahrzeugführung korrigierend eingreifen. Somit ist das Fahrzeug in der Lage, ohne menschliche Reaktion sein Verhalten automatisiert zu steuern. An dieser Stelle dient die Automatisierung nicht mehr als reines Assistenzsystem. In diesem Fall werden sowohl Quer- und Längsführung des Fahrzeuges als auch Umgebungsüberwachung sowie Fehlerhandling von der Automatisierung realisiert. Die Fahrenden müssen keine Aufgaben zur Fahrzeugführung übernehmen. Allerdings ist die ODD der Fahrzeuge eingeschränkt.

Beispiel 2.9 (User Story ÖPNV). Wir staunen nicht schlecht. Das Aussehen unseres Busses hat sich komplett gewandelt. Als die Bustür aufging und wir einsteigen wollten, winkt uns unser Busfahrer zu und kontrolliert wie immer unsere Fahrkarte. Jedoch ist jetzt sein Fahrersitz dem Innenraum zugewandt und es gibt weder Fahrpedale noch ein Lenkrad. Nachdem wir eingestiegen sind, schließt sich die Bustür und der Bus fährt von selbst los. Der Busfahrer hat jetzt die Möglichkeit, sich während der Fahrt um das Wohlsein seiner Passagiere zu kümmern. Nach kurzer Fahrt treffen wir auf eine Baustelle, die umfahren werden muss. Hier muss unser Busfahrer eine Meldung an den Teleoperator absetzen und dieser führt den Bus teleoperiert durch die Baustelle (Mensch in Leitstand steuert Bus fern, auf Basis der Sensorwerte des Buses). ■

Beispiel 2.10 (User Story Individualverkehr). Als wir bei unserer nächsten Fahrt wieder das SAE-Level-3-Fahrzeug buchen wollen, ist dieses leider gerade nicht verfügbar. Nichts ahnend buchen wir für unsere Fahrt das gerade neu erschienene Level-4-Fahrzeug. Als wir gerade in das Auto steigen wollen, stoppen wir. Das Auto verfügt weder über ein Lenkrad noch über Fahrpedale. Als hätte das Auto unsere Verwunderung bemerkt, begrüßt uns eine freundliche Stimme aus dem Audiosystem des Fahrzeuges und bittet uns, das Fahrzeug zu betreten. Die freundliche Stimme fragt uns, wo wir hinfahren möchten und erklärt uns, dass die Fahrt wenige Minuten länger dauern wird als sonst, da einige Straßen für dieses neue Fahrzeug noch zu anspruchsvoll wären. Wir folgen den Ausführungen der Stimme so gebannt, dass wir nicht merken, dass sich das Fahrzeug bereits in Bewegung gesetzt hat. ■

SAE-Level 4
Hochautomatisiert

Lenken und Beschleunigen/ Bremsen
System

Beobachtet die Umgebung
System

Rückfallebene der DDT
System

Befähigung, komplett Fahrfunktionen zu realisieren
Einzelne Fahrfunktionen

SAE-Level 5
Vollautomatisiert

Lenken und Beschleunigen/Bremsen
System

Beobachtet die Umgebung
System

Rückfallebene der DDT
System

Befähigung, komplett Fahrfunktionen zu realisieren
Alle Fahrfunktionen

Allgemein

Ähnlich zu Fahrfunktionen der Kategorie SAE-Level 4 ermöglichen auch Fahrfunktionen der Kategorie 5 eine automatisierte Fahrzeugführung ohne die Erwartung, dass die Fahrenden auf Anforderung (bspw. im Fehlerfall) in die Fahrzeugführung korrigierend eingreifen. Somit ist auch hier die Automatisierung in der Lage, ohne menschliche Reaktion das Fahrzeug automatisiert zu steuern, weshalb wir in diesem Zusammenhang vom autonomen Fahren sprechen. In diesem Fall werden sowohl die Quer- und die Längsführung des Fahrzeuges als auch die Umgebungsüberwachung sowie das Fehlerhandling von der Automatisierung realisiert. Die Fahrenden müssen hier keine Aufgaben zur Fahrzeugführung mehr übernehmen. Als Ergänzung zu Fahrfunktionen der Kategorie SAE-Level 4 wird hier jedoch eine vollständige Fahrzeugautomatisierung angestrebt, bei der die dynamische Fahraufgabe unter jeder Fahrbahn- und Umgebungsbedingung durchgeführt werden kann. Wir haben somit eine Automatisierung vom Start bis zum Ziel und die Insassen sind lediglich Passagiere.

Beispiel 2.11 (User Story ÖPNV). Mittlerweile ist unser Bus in der Lage, sämtliche Strecken sowohl inner- als auch außerorts selbstständig zurückzulegen. Zudem scheint es so, dass unser Busfahrer seine neue Bestimmung gefunden hat. Er geht komplett in der neuen Aufgabe der Passagierbetreuung auf. Als er uns sieht, bleibt er kurz an unserem Sitz stehen und sagt grinsend „Jetzt fühle ich mich weder als Fahrer noch als Fahrlehrer. Ich bin jetzt ein Steward – und ich liebe es!“. Schmunzelnd läuft er zum nächsten Fahrgast, reicht ihm ein Getränk und beginnt wieder seine Geschichten über den Wandel des Busfahrerberufes zu erzählen. ■

Beispiel 2.12 (User Story Individualverkehr). Das neue Level-5-Car-Sharing-Fahrzeug ist jetzt in der Lage, sämtliche Straßen in der Region sicher zu befahren. Zudem hat sich die gesamte Innengestaltung des Fahrzeuges stark gewandelt. Mittlerweile ähnelt das Aussehen des Fahrgastraumes mehr einem futuristischen Wohnzimmer als einem ursprünglichen Auto. Sobald wir das Fahrzeug betreten, ändert sich das Interieur und die Lichtgestaltung entsprechend unserer Vorlieben. Das Fahrzeug fährt ohne lästige Interaktionen mit uns auf der optimalen Route zu unserem Ziel. So macht Autofahren Spaß! ■

2.2.2 Vom assistierten zum autonomen Fahren

In diesem Abschnitt werden die verbreitetsten Fahrerassistenzsysteme (FAS) eingeführt. Zudem wird besprochen, wie die Kombinationen dieser FAS zur Realisierung von automatisierten Fahrfunktionen führen können. Wie in Bild 2.2 dargestellt, wird zwischen drei Kategorien für FAS unterschieden:

- FAS zur aktiven Fahrzeugführung, welche Teilfunktionen in der Längs- oder Querführung des Fahrzeuges übernehmen. Die Zuschaltung dieser Funktionen erfolgt situationsbedingt und im Allgemeinen durch aktives Handeln des Fahrenden.
- Komfort-Assistenzsysteme, welche nicht direkt in die Fahrdynamik eingreifen. Hierzu zählen vor allem Systeme, die das Licht an die jeweilige Situation anpassen oder zusätzliche Informationen für den Fahrenden bereitstellen.
- Stabilisierende FAS, welche dazu dienen, permanent das Fahrverhalten zu überwachen und korrigierend einzugreifen.

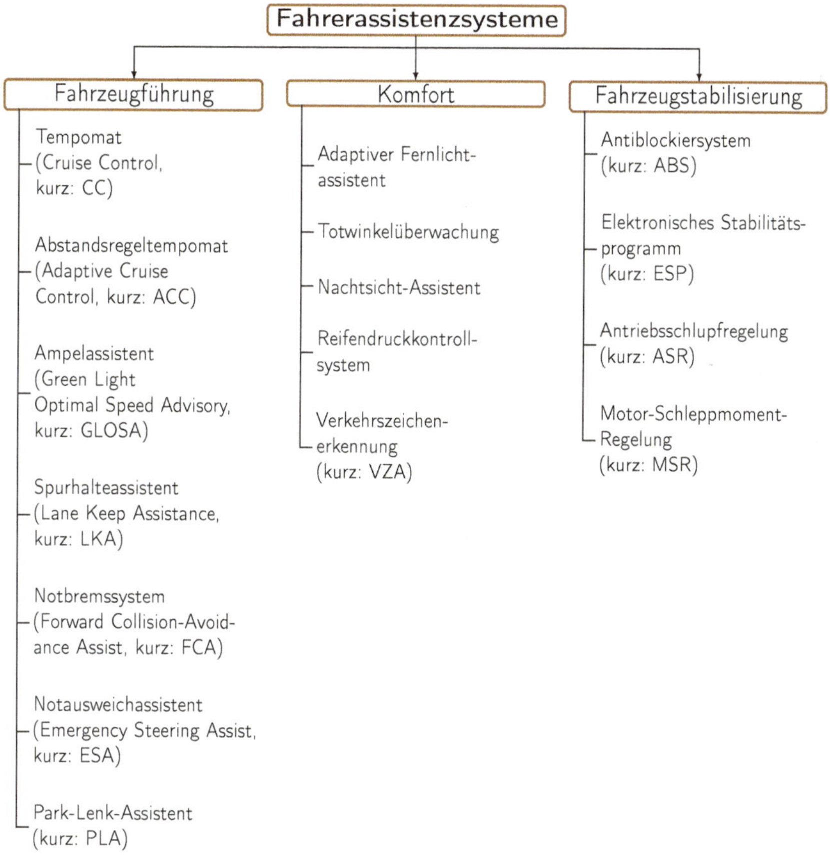

Bild 2.2 Überblick Fahrerassistenzsysteme

Da stetig auf die grundlegenden FAS zur Fahrzeugführung zurückgegriffen wird, werden diese folgend in kompakter Form auf funktionaler Ebene beschrieben.

Tempomat: Der Tempomat (engl.: Cruise Control, kurz: **CC**) ist ein System, um eine vom Fahrenden vorgegebene Sollgeschwindigkeit über die Drehzahl des Motors einzuregeln. Dabei werden durch das Stellen des Motordrehmomentes Störeinflüsse kompensiert. Neben einer Erleichterung für den Fahrenden führt der Einsatz von Geschwindigkeitsregelanlagen durch geringere Tempowechsel im Vergleich zum manuellen Fahren zu einer Reduzierung des Kraftstoffverbrauches.

Abstandsregeltempomat: Beim Abstandsregeltempomaten (engl.: Adaptive Cruise Control, kurz: **ACC**) handelt es sich, wie der Name schon andeutet, um eine Erweiterung des klassischen Tempomats. Dabei wird, neben der durch den Fahrenden vorgegebenen Sollgeschwindigkeit, ein Abstand zum vorausfahrenden Fahrzeug eingeregelt. Hierzu müssen die entsprechenden vorausfahrenden Fahrzeuge über Sensoren wahrgenommen werden. Die Abstände werden durch Zeitlücken definiert (Zeitlücke = Abstand/Fahrzeuggeschwindigkeit) und über Beschleunigungs- und Bremseingriffe eingeregelt. Der Vorteil der Verwendung der Zeitlücke besteht darin, dass bei konstant eingestellter Zeitlücke automatisch der Abstand bei kleinen Fahrzeuggeschwindigkeiten kleiner und bei größeren Fahrzeuggeschwindigkeiten größer wird. Bei modernen ACC-Funktionen werden mitunter mehrere umliegende Fahrzeuge in die Bestimmung geeigneter Geschwindigkeiten mit einbezogen. Dadurch können spezielle Situationen, wie der Umgang mit Einscherern, adressiert werden.

Ampelassistent: Der Ampelassistent nutzt Informationen von Lichtsignalanlagen über ihre Zustände und zukünftiges Schaltverhalten, welche über V2X kommuniziert werden. Die Abkürzung V2X (gesprochen: V-to-X) beschreibt dabei die Kommunikation zwischen einem Fahrzeug (engl.: **V**ehicle) und einem beliebigen anderen Objekt. Je nach dem wie die konkrete Konfiguration aussieht, haben sich Abkürzungen wie V2V (Vehicle-to-Vehicle), V2I (Vehicle-to-Infrastructure) oder C2C (Car-to-Car) etabliert. Dabei ist a priori kein Kommunikationsmedium und kein Kommunikationsprotokoll spezifiziert. Für die Anpassung der Geschwindigkeit auf Grundlage kommunizierter Ampeldaten hat sich die Bezeichnung Green Light Optimal Speed Advisory (**GLOSA**) durchgesetzt. Dabei stehen zwei Aufgaben im Vordergrund. Zum einen werden Geschwindigkeitsanpassungen vorgeschlagen, die es erlauben, möglichst viele Lichtsignalanlagen ohne Anhalten zu überqueren. Zum anderen empfiehlt der Assistent eine Verzögerung, wenn die Ampel nicht mehr in der Grünphase überquert werden kann. Dadurch soll ein komfortables und energieeffizientes Fahrverhalten erreicht werden.

Spurhalteassistent: Beim Spurhalteassistenten (engl.: Lane Keeping Assist, kurz: **LKA**), wird die Straße im Vorfeld des Fahrzeuges erfasst. Dies wird zumeist auf Basis von Bilddaten der Frontkamera des Fahrzeuges (oberhalb der Frontscheibe befindlich) realisiert. Die Bilddaten werden ausgewertet und interpretiert, um so bspw. Position und Art der Spurmarkierungen ermitteln zu können sowie deren zukünftigen Verlauf zu schätzen. Auf Basis dessen wird auch die aktuelle Fahrspur ermittelt und die Fahrspurmitte als Sollgröße festgelegt. Im Anschluss erfolgt die gezielte Ansteuerung der Fahrzeuglenkung mit dem Ziel, den Referenzpunkt des Fahrzeuges direkt über diese virtuelle Spurmitte zu führen und dessen Orientierung an die Fahrspur anzupassen. Hin und wieder wird auch die Spurverlassenswarnung (engl.: Lane Departure Warning, kurz: **LDW**) oder die Spurhalteunterstützung als Spurhalteassistent bezeichnet. Dabei werden die Fahrenden über akustische/haptische Signale gewarnt, sobald das Fahrzeug die Spur verlässt bzw. es unterstützt den Fahrenden durch aktive Lenkeingriffe.

Notbremsassistent: Der Notbremsassistent (engl.: Forward Collision-Avoidance Assist, kurz: **FCA**) verwendet Sensordaten, meist Radar- und/oder Kameradaten, um gefährliche Verkehrssituationen zu identifizieren. Je nach Ausbaustufe werden die Fahrenden über optische oder haptische Signale gewarnt. Zudem bremst das System ggf. aktiv bei bleibender Gefahr.

Notausweichassistent: In einigen kritischen Verkehrssituationen ist das Abbremsen des Fahrzeuges nicht ausreichend, vielmehr muss dem drohenden Kollisionsobjekt ausgewichen werden. Dies wird über den Notausweichassistenten (engl.: Emergency Steering Assist, kurz: **ESA**) realisiert. Er bestimmt eine Ausweichtrajektorie, unterstützt die Lenkbewegung des Fahrenden und stabilisiert die Fahrdynamik während des Ausweichens.

Park-Lenk-Assistent: Entgegen der Einparkhilfe, bei welcher die Fahrenden durch optische oder akustische Signale mit Informationen über den Abstand zu anderen Objekten beim Einparken unterstützt werden, greift der Park-Lenk-Assistent (**PLA**) aktiv in die Steuerung des Fahrzeuges ein. So wird über eine Lenkwinkel- und eine Beschleunigungsschnittstelle das Fahrzeug automatisiert in die Parklücke bewegt. Gangwechsel und Parklückenwahl erfolgen im Allgemeinen durch den Fahrenden. Ggf. muss an der Parklücke zuvor manuell vorbeigefahren werden, sodass die Fahrzeugsensorik die Parklücke vermessen und die Bewegung planen kann.

Zur Charakterisierung, ob ein System automatisiert oder gar autonom agiert, muss klar abgegrenzt werden, in welcher Umgebung das System operiert (ODD) und welche Aufgaben realisiert werden sollen (DDT). Um **Fahrfunktionen der Level 3-5** umsetzen zu können, müssen im Allgemeinen ODD und DDT klar bestimmt und abgegrenzt sein. Denn bei Level-3-Systemen und höher ist das System in der Lage, die Situationen allein zu handhaben, sodass die Fahrenden nicht permanent das Fahrgeschehen im Blick haben müssen.

Eine häufig anzutreffende ODD für hohe Automatisierungslevel ist die **Autobahn**. Aufgrund der begrenzten Anzahl möglicher Szenarien bzw. Verkehrssituationen, verbunden mit den vergleichsweise einfach für das Fahrzeug wahrzunehmenden Umfeldmerkmalen (einfache Fahrspurmarkierungen, begrenzte Anzahl unterschiedlicher Verkehrsteilnehmertypen etc.) sind Level-3-Systeme des Autobahnpiloten für einige DDT serienreif. Diese realisieren nicht nur die Längs- (ACC) und die Querführung (LKA) der Fahrzeuge in der nominalen Situation, sondern verfügen auch über Systeme zur Kollisionsvermeidung. Anspruchsvolle DDT, wie ein automatisierter Überholassistent, sind allerdings aufgrund sehr hoher Anforderungen an die Fahrzeugsensorik gerade bei den möglicherweise vorzufindenden sehr hohen Geschwindigkeitsunterschieden auf deutschen Autobahnen noch nicht serienreif.

Die Anforderungen an die Fahrzeugführung nehmen beim **Übergang von der Autobahn in den städtischen Bereich** (ODD-Wechsel) deutlich zu. Der Stadtpilot soll zur automatisierten Fahrzeugführung in urbanen Gebieten eingesetzt werden. Eine große Herausforderung liegt in den anspruchsvolleren, für das Fahrzeug wahrzunehmenden Umfeldmerkmalen (schlechte/fehlende Fahrspurmarkierungen, sehr hohe Anzahl unterschiedlicher Verkehrsteilnehmertypen etc.). Zudem wird der Stadtpilot mit einer sehr großen Anzahl möglicher Szenarien bzw. Verkehrssituationen konfrontiert und muss all diese Szenarien sicher beherrschen. Bspw. muss er selbstständig einschätzen, ob das vor ihm stehende Fahrzeug aufgrund eines Staues hält oder nach kurzem Entladen gerade wieder losfährt.

Ebenso kann es sein, dass dieses Fahrzeug gerade ausparkt und somit nicht überholt werden sollte oder dass es sich um ein parkendes Fahrzeug handelt, was überholt werden soll. Falls die Entscheidung getroffen wird, das Fahrzeug zu überholen, muss zudem die aktuelle Verkehrssituation hinsichtlich entgegenkommender Fahrzeuge und querender Fußgänger korrekt eingeschätzt werden, um nicht selbst zum Verkehrshindernis zu werden. Aufgrund all dieser Herausforderungen, verbunden mit der anspruchsvollen ODD, sind Stadtpiloten des Level 3 und höher weiterhin ein spannendes Forschungsfeld und aktuell noch deutlich von der Serienreife entfernt.

Eine andere Anwendung, in hohen Automatisierungsleveln anzutreffen, ist das **Valet Parking**. Dabei übernimmt das Fahrzeug auf einem abgegrenzten Bereich, bspw. in einem Parkhaus, die Fahrzeugführung und sucht selbstständig eine Parklücke, steuert das Fahrzeug zu dieser und parkt ein. Je nach Ausführung sitzt hierbei die Intelligenz entweder im Fahrzeug oder in der Infrastruktur. Bei der ersten Variante kartografiert das Fahrzeug mit der Sensorik die Umgebung und navigiert durch die so entstehende Karte, bis eine geeignete Parklücke entdeckt wird. Dabei wird die komplette Fahraufgabe automatisiert realisiert.

In der zweiten Variante befindet sich ein Großteil der Funktionalität in der Infrastruktur, quasi als Erweiterung der Kommunikationskonzepte des Ampelassistenten. Die Infrastruktur kommuniziert mit dem Fahrzeug und führt es über geeignete Bahnen zu einer geeigneten Parklücke. Generell umfasst die Valet-Parking-Funktionalität die selbstständige Fahrzeuglängs- und Fahrzeugquerführung, ähnlich zum Autobahnpiloten.

Im Unterschied zum Autobahnpiloten ist allerdings die Fahrzeuggeschwindigkeit deutlich geringer. Des Weiteren erfolgt die Fahrzeugführung nicht direkt auf Basis von Fahrspurmarkierungen wie auf der Autobahn. Vielmehr werden zumeist virtuelle Spuren verwendet, z. B. auf Basis von Fahrzeuglokalisierung und hochgenauen Karten.

Ebenso ist eine Abstandshaltelogik notwendig, um sicher über den Parkplatz zu navigieren. Allerdings ist diese meist deutlich anders konzipiert als ein klassisches ACC, da die Fahrzeuggeschwindigkeit auf dem Parkplatz geringer ist als auf der Autobahn und der Fahrkomfort im Fahrzeugfolgemodus weniger entscheidend ist als das Einhalten von Sicherheitsabständen. Zudem ist es eine große Herausforderung, dass Fahrzeuge, zu denen der Abstand geregelt werden soll, nicht nur direkt vor dem Ego-Fahrzeug fahren, sondern auch aus unterschiedlichen Richtungen kommend in der Fahrbahn auftauchen können.

Somit ist festzuhalten, dass beim Valet Parking zwar ähnliche Fahraufgaben wie beim Autobahnpiloten zu realisieren sind, jedoch wegen der grundlegend verschiedenen ODD die konkrete Ausprägung der Fahraufgaben und deren Realisierungskonzept stark variieren. Viele Aspekte des Valet Parkings gleichen dem Stadtpiloten, welcher in unstrukturierten Geländen und bei geringen Fahrzeuggeschwindigkeiten eingesetzt wird. Daher wäre es sinnvoll, die Park-Funktionen nicht komplett unabhängig von den Konzepten zur Fahrzeugführung beim Stadtpiloten zu entwerfen.

2.3 Grundaufbau eines AD-Systems

Ein Automated-Driving (AD)-System ist ein **komplexes mechatronisches System**, welches aus Sensoren, Aktoren und Rechnereinheiten besteht. Im aktuellen Abschnitt fokussieren wir uns auf den Aspekt der Automatisierungsalgorithmen, welche auf den Rechnereinheiten von AD-Fahrzeugen implementiert sind. Wie bereits am Ende von Kapitel 1 dargestellt, folgen die meisten Robotersyteme dem Sense-Plan-Act-Paradigma. Dieses Paradigma findet auch bei der Realisierung von automatisierten Fahrfunktionen Anwendung. Konkret bedeutet dies, dass sich die grundlegenden Algorithmen, welche auf den Steuergeräten von automatisierten Fahrzeugen umgesetzt werden, in die drei Grundfunktionen Sense, Plan und Act unterteilen lassen. Für die konkrete Umsetzung des Sense-Plan-Act-Paradigmas existieren vielfältige Ansätze in Wissenschaft und Wirtschaft. Die verschiedenen Umsetztungsvarianten unterscheiden sich in ihrem strukturellen Aufbau, welcher als Softwarearchitektur bezeichnet wird.

Die Wahl der am besten geeigneten **Softwarearchitektur** für AD-Systeme hängt normalerweise von der Anwendung und den entsprechenden Anforderungen ab. Frühe Arbeiten in diesem Zusammenhang wurden von der Domäne der Echtzeit-Steuerungssysteme inspiriert und können als Active-Seeing-System interpretiert werden. Diese Ansätze waren der Durchbruch für die Entwicklung funktionaler hybrider Architekturen für AD-Systeme und zeichnen sich besonders durch ihre hierarchische Planung aus. Darüber hinaus führte die bekannte DARPA-Challenge zu verschiedenen hybriden Architekturen, wobei jede Architektur auf die Bewältigung der durch die Challenge definierten Strecke mit automatisierten Fahrzeugen spezialisiert war. Spätere Architekturen konzentrierten sich mehr auf urbane Umgebungen. Erste Erfahrungen wurden mit Projekten wie dem Stadtpiloten der TU Braunschweig oder dem Projekt PRORETA 3 der TU Darmstadt gesammelt. Weitere Forschungen zu funktionalen Architekturen für AD-Systeme führten schließlich zu einem dreischichtigen Entscheidungsansatz, bestehend aus einer strategischen, einer diskret taktischen und einer kontinuierlich taktischen Planungsebene.

Im vorliegenden Buch bauen wir auf diesem Ansatz auf. Hierfür gibt Bild 2.3 einen groben Überblick über die im Folgenden verwendete funktionale Architektur.

Das Cluster Sense ist für die Wahrnehmung der Umgebung zuständig und wird im Kapitel 8 behandelt. Darauf aufbauend übersetzt das Cluster Situationsinterpretation die Umweltdaten in ein Umweltmodell (oder Situationsmodell) entsprechend der verwendeten Entscheidungs- und Planungsebene.

Das Entscheidungsfindungs- und Planungscluster wird in Kapitel 9 vorgestellt. Dieses Cluster kann in drei Ebenen unterteilt werden, die strategische, die diskret taktische und die kontinuierlich taktische Planung. Bei der strategischen Planung wird der grobe Plan (Fahrtroute) berechnet. Danach werden diskrete taktische Fahrentscheidungen getroffen (Manöverentscheidungen wie bspw. Überholen, Stoppen etc.), welche final in konkrete Bewegungsabläufe (Fahrzeugtrajektorien) übersetzt werden.

Das Cluster Fahrdynamikregelung übersetzt final die zuvor erzeugten Fahrzeugtrajektorien (Pfad inkl. der Angabe, zu welchen Zeitpunkt wir uns an welcher Stelle auf dem Pfad befinden wollen) in spezifische Regelgrößen (Lenkwinkel und Beschleunigung). Für mehr Informationen, siehe Kapitel 10.

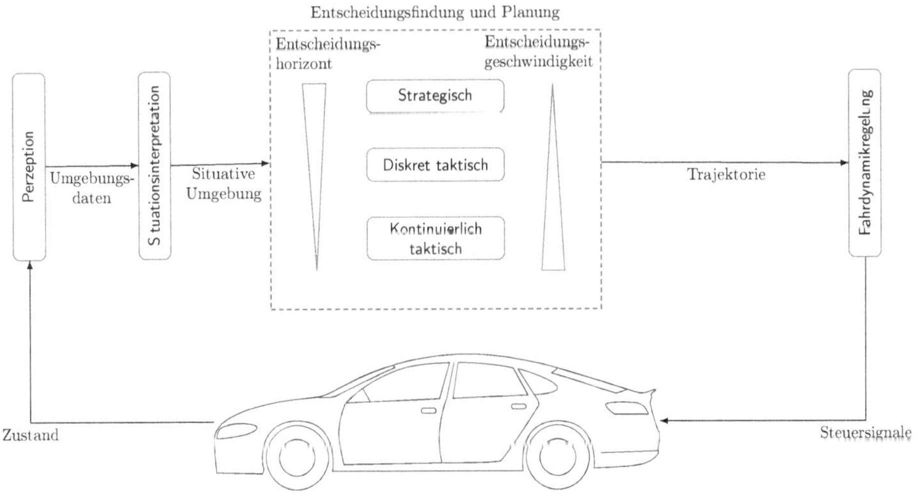

Bild 2.3 Grundaufbau eines AD-Systems

All diese drei Cluster sind eng miteinander gekoppelt und ermöglichen eine situationsgerechte Entscheidungsfindung und Planung. Sie spiegeln dabei das in Abschnitt 1.3 vorgestellte Sense-Plan-Act-Paradigma wider. Konkret sind die drei Cluster durch Daten- und Informationsflüsse miteinander verbunden. Hierbei findet zum einen ein starker Informationsfluss von links nach rechts statt, vgl. Bild 2.3. So werden die Informationen der einzelnen Sensoren in Echtzeit zu einem Umgebungsmodell zusammengeführt, welches die Grundlage für die Entscheidungsfindung und Bewegungsplanung des Fahrzeuges bildet. Ebenso verfeinert sich die aufgrund des Umgebungsmodells abgeleitete Fahrzeugaktion sukzessive immer weiter (bspw. von der groben Fahrtroute über binäre Fahrzeugentscheidungen bis hin zu einem kontinuierlichen Pfad, der die Fahrzeugbewegung beschreibt). Und damit nicht genug. Dieser Pfad wird im Anschluss noch in eine konkrete, fahrbare Fahrzeugtrajektorie überführt, aus welcher final die einzelnen Stellgrößen für die Fahrzeugaktoren resultieren. Daher schlagen sich unter Umständen Fehldetektionen der Sensoren (wenn diese nicht abgefangen werden) direkt im resultierenden Fahrverhalten des AD-Systems nieder.

Zu dem **Hauptinformationsfluss**, von links nach rechts im Bild 2.3, gibt es auch noch einen Informationsfluss in die entgegengesetzte Richtung. So melden bspw. die Aktoren der vorgelagerten Planung und Regelung, ob Systemfehler vorliegen oder die geplanten Trajektorien nicht realisiert werden können. Auch die Informationen der taktischen Planungsebene, dass die geplanten Manöver aktuell nicht ausführbar sind, stellen ein Beispiel für diesen entgegengesetzten Informationsfluss dar. Schlussendlich erfolgt eine Rückkopplung über das Fahrzeug selbst, sodass die Änderung des Fahrzeugzustandes bzw. der Fahrzeugposition durch Lenk- und Beschleunigungsverhalten wieder über die Sensorik wahrgenommen wird.

Ein informationstechnisches System wird als **echtzeitfähig** bezeichnet, wenn es immer Berechnungsergebnisse innerhalb einer definierten maximalen Zeitspanne liefert. ■

Auf den ersten Blick sieht dies exakt wie der Ansatz zur Realisierung moderner Robotiksysteme aus. Einen großen Unterschied zwischen dem Ansatz zur Realisierung von Robotik- und AD-Systemen stellen die stark unterschiedlichen ODD und DDT dar. So ist oft die ODD deutlich anspruchsvoller für AD-Systeme als bei den meisten Robotikanwendungen. Denn AD-Systeme operieren zumeist mit hohen Geschwindigkeiten im öffentlichen Raum und teilen sich dabei den oft engen Verkehrsraum mit anderen Fahrzeugen, Fußgängern etc. Daraus resultiert eine Vielzahl an möglichen Szenarien, auf welche das AD-System adäquat reagieren muss. Dementsprechend ist auch die Anzahl an DDTs bei AD-Systemen oft deutlich größer als bei den meisten Robotikanwendungen.

Dies führt zu einem **sehr hohen Rechenbedarf** der AD-Systeme. Insbesondere in den in Bild 2.3 links verorteten Funktionen werden hohe Datenmengen verarbeitet und es entstehen hohe Rechenaufwände. Diese Datenmengen werden tendenziell von links nach rechts geringer, denn einzelne Informationen werden fusioniert und abstrahiert dargestellt. So werden von der Sensorik mitunter Millionen von Datenpunkten aufgenommen bzw. erzeugt (bspw. die Punktwolke eines Lidars). Daraus werden im Allgemeinen bereits im Messsystem umfangreiche Objekt-Listen mit entsprechenden Attributen gebildet. Diese Information der einzelnen Sensoren wird assoziiert und fusioniert, um ein Abbild der Umwelt im System zu erzeugen. Auf dessen Grundlage kann der Entscheidungsprozess erfolgen und können die Pfade und Trajektorien bestimmt werden. Zum Schluss wird dies in Stellsignale für das Fahrzeug überführt. Somit resultieren letztendlich aus der Vielzahl von Informationen der Sensoren ggf. nur zwei Signale (Solllenkwinkel und Sollbeschleunigung). Wie bereits oben angedeutet, wird dieser Hauptinformationsfluss durch Statusinformationen etc. ergänzt.

Um diesen Informationsfluss und die Verarbeitung der Daten zu realisieren, bevor sie schlussendlich über unterschiedlichste Aktuatoren in Bewegungen umgesetzt werden, sind zwei Aspekte von zentraler Bedeutung. Einerseits benötigt die Verarbeitung der großen Datenmengen unter den anwendungsinhärenten Zeitanforderungen performante Rechentechnik. Andererseits müssen die Daten zwischen den unterschiedlichen Komponenten kommuniziert werden, welches über moderne Bus-Systeme realisiert wird. Unter dem Begriff **Bus** wird hierbei ein System verstanden, welches eine Datenübertragung über ein gemeinsam verwendetes Übertragungsmedium realisiert. Dabei wird der Zugriff auf den Bus bzw. das Übertragungsmedium entweder zentral gesteuert oder dezentral über die Nutzer selbst. Diese Aspekte werden wir in den nachfolgenden Abschnitten etwas genauer betrachten.

2.4 Komponenten mechatronischer Systeme

Moderne Fahrzeuge bestehen aus einer Vielzahl von mechanischen, elektronischen und informationstechnischen Komponenten. Durch das Zusammenwirken der einzelnen Komponenten entsteht ein mechatronisches Gesamtsystem. Daher wollen wir im folgenden Abschnitt diese Komponenten im Einzelnen vorstellen. Ein besonderer Fokus liegt dabei sowohl auf der Rechen- als auch auf der Kommunikationstechnik. Hierfür starten wir zuerst mit der Darstellung der mechatronischen Komponenten im Fahrzeug, bevor wir dies für generelle Automatisierungsanwendungen verallgemeinern.

Mechatronische Komponenten im Fahrzeug

Im letzten Abschnitt haben wir den Grundaufbau des AD-Systems diskutiert. Darauf aufbauend wollen wir uns damit beschäftigen, über welche mechatronischen Komponenten die einzelnen Aufgaben umgesetzt werden.

In den vorangegangenen Jahrzehnten ist der Anteil von elektrotechnischen (bzw. elektronischen) und informationstechnischen Komponenten in Fahrzeugen rasant gestiegen. Dies führte dazu, dass sich Fahrzeuge zunehmend von einem eher mechanisch geprägten zu einem mechatronischen System weiterentwickelt haben. Dabei werden einzelne Funktionalitäten, die sich auch in ihrer jeweiligen Komplexität signifikant unterscheiden, durch ein Zusammenspiel einzelner Komponenten unterschiedlicher physikalischer Domänen realisiert. Durch den Einsatz von digitalen Rechensystemen (Mikrocontroller etc.) und die damit verbundenen Möglichkeiten zur Verarbeitung von Messsignalen eröffneten sich gänzlich neue Funktionalitäten beim Betrieb von Fahrzeugen. So konnten neben den oben bereits dargestellten Fahrerassistenzsystemen auch signifikante Verbesserungen im Antriebsstrang und Fahrwerk durch die Elektrifizierung und Elektronifizierung erreicht werden.

Dabei haben die einzelnen mechatronischen Fahrzeugkomponenten stets einen ähnlichen Grundaufbau, egal ob es sich um eine mechatronische Kraftstoffeinspritzung oder die Abgasreinigung bei Verbrennungsmotoren, eine aktive Federung oder ein Antiblockiersystem handelt. Sie besitzen ein oder mehrere Sensoren, die je nach Anwendung interne Fahrzeuggrößen (wie Bremsdruck und Lenkradwinkel) oder externe Signale (wie den Abstand zum vorausfahrenden Fahrzeug) messen. Diese Sensoren kommunizieren ihr Messergebnis über elektrische Ausgaben, welche im Regelfall über ein entsprechendes Bus-System an dieses oder möglicherweise auch die weiterverarbeitenden Rechensysteme übertragen wird. Je nach Komplexität des Messsystems werden die Messdaten entweder in Form von Rohdaten über den Bus zur Verfügung gestellt oder intern bereits aufgearbeitet und als angereicherte Informationen kommuniziert.

So stellen moderne Abstandsmesssensoren (bspw. Lidar-Sensoren) neben einer reinen Punktwolke, welche das eigentliche Resultat der Messung darstellt, auch eine Objekt-Liste bereit. Solche Objekt-Listen enthalten bereits interpretierte Informationen der ursprünglichen Punktwolke, wie die Klassifizierung der Objekte (PKW, LKW, Fußgänger etc.) sowie geometrische und kinematische Eigenschaften (Position, Geschwindigkeit, Abmessungen etc.).

All diese Daten werden dann in der entsprechenden Rechenhardware mit weiteren Sensordaten assoziiert und fusioniert sowie durch unterschiedlichste Algorithmen weiterverarbeitet. Ziel ist es dabei, eine Sollgröße für einen Aktor zu erzeugen. Auch hier erfolgt die Kommunikation im Allgemeinen über ein entsprechendes Bus-System, sodass die Aktoren ein entsprechendes elektrisches Eingangssignal zur Verfügung gestellt bekommen, über welches ihr Verhalten gesteuert wird. Solche Aktoren haben je nach Anwendungsbeispiel unterschiedlichste Formen (wie Pumpen, elektrische Motoren oder Ventile). Somit folgen auch die mechatronischen Komponenten bzw. Systeme in Kraftfahrzeugen ebenfalls dem zuvor eingeführten Sense-Plan-Act-Prinzip.

Wir wollen nun die zuvor relativ abstrakt beschriebenen Rechensystem-Komponenten genauer betrachten.

In einem automotiven Kontext werden eingebettete Systeme oft als **Steuergeräte** bezeichnet (engl.: Electronic Control Unit, kurz: ECU). Diese elektronischen Module wurden ursprünglich zur Regelung der Zündung bei Motorsteuerungen eingesetzt und finden sich jetzt in nahezu allen Bereichen moderner Fahrzeuge. Hier spielen sie nicht nur bei der Steuerung der grundlegenden Fahrfunktionen (bspw. Kraftstoffeinspritzung) eine zentrale Rolle, sondern auch bei nahezu allen Komfortfunktionen, Sicherheits- und Fahrerassistenzsystemen.

Die prinzipielle **Funktionsweise von Steuergeräten** lässt sich in **drei Prozessschritte** gliedern:

- Der erste dieser Schritte ist meist das Auslesen bzw. Aufnehmen von Sensordaten bzw. Bus-Informationen. Dies geschieht im Allgemeinen über Nachrichten auf den jeweiligen Bus-Systemen. Dieser Schritt wird häufig als **Eingabe** bezeichnet.
- Die in einem Zyklus eingelesenen Daten werden dann entsprechend der jeweiligen Funktion des Steuergerätes **verarbeitet**. Dabei kann es sich bspw. um einen Regelalgorithmus oder die Aufarbeitung von Daten zur Visualisierung handeln.
- Nachdem aus den eingegangenen Sensordaten ein wie auch immer geartetes Ergebnis bestimmt wurde, werden diese an die entsprechenden Aktoren **ausgegeben**. Nach dieser Ausgabe beginnt der Prozess von vorn.

Das bedeutet, bei klassischen Steuergeräten entsteht ein Zyklus aus **E**ingabe, **V**erarbeitung und **A**usgabe. Diese Vorgehensweise wird **EVA-Prinzip** genannt.

In modernen Fahrzeugen findet sich eine Vielzahl von Steuergeräten, sodass durchaus bis zu 150 dieser Module in einem einzigen Fahrzeug existieren können. Dies liegt vor allem daran, dass für einzelne Aufgaben jeweils ein Steuergerät verwendet wird, um Flexibilität, Wartbarkeit und Testbarkeit zu gewährleisten. Das heißt, durch eine einfache Zuordnung zwischen einzelnen Funktionen und einem jeweiligen Steuergerät beeinflussen sich die einzelnen Software-Komponenten nicht gegenseitig (Speicherbedarf, Rechenkapazität etc.). Zudem ermöglicht dies eine einfachere Handhabbarkeit und Absicherung der einzelnen mechatronischen Systeme.

Das führt zu einer hierarchischen Struktur der einzelnen Steuergeräte bzw. der Software-Komponenten. Dabei befinden sich auf der untersten Ebene Steuergeräte, die direkt Sensorsignale auswerten und Stellsignale an die jeweiligen Aktoren senden. Sie arbeiten somit nah an den jeweiligen fahrzeugtechnischen Komponenten, z. B. den einzelnen Bremsen. In der nächsten übergeordneten Stufe werden dann die Informationen über Bus-Systeme der unterlagerten Steuergeräte gesammelt und koordiniert. Hier werden dann bspw. Systeme wie das ESP umgesetzt, welches daraufhin die Steuergeräte der untersten Ebene mit Sollwerten für die Bremsen versorgt. Diese Idee wird je nach Funktion/ Assistenzsystem bis auf Fahrzeugebene fortgeführt. Hier werden dann Funktionen des Gesamtfahrzeuges, wie automatisiertes Parken oder Autobahn-Chauffeure, realisiert.

Wie bereits angedeutet, ist für die Vernetzung der einzelnen Komponenten (Sensoren, Aktoren, Steuergeräte) über Bus-Systeme eine Kommunikation von zentraler Bedeutung. Auch die zuvor dargestellte hierarchische Struktur kann erst über eine Kommunikation umgesetzt werden. Im Fahrzeugkontext finden hierbei vor allem die nachfolgenden Bus-Systeme Anwendung:

LIN: Das **Local Interconnect Network** (LIN) ist ein Bus-System, welches ein sehr kostengünstiges System für die Vernetzung von Sensoren und Aktoren darstellt. Da der LIN-Bus mit einer maximalen Bus-Geschwindigkeit von 20 kbit/s und einer Beschränkung auf 16 Netzwerkknoten in der Anwendung limitiert ist, findet er sich hauptsächlich in einfachen mechatronischen Komponenten, wie Lüftersteuerung, Sitzpositionierung oder Türschlosssteuerung. Die Kommunikation wird über ein Master-Slave-Konzept realisiert. Das bedeutet, dass der Masterknoten den Zugriff auf den Bus verwaltet und eine Schnittstelle zu anderen Bus-Systemen darstellt.

CAN: Das **Control Area Network** (CAN) ist ein weitverbreitetes Netzwerk in Fahrzeugen. Es existiert dabei eine Low-Speed- und eine High-Speed-Variante dieses Systems. Der Low-Speed-CAN kann mit maximal 125 kbit/s Daten übertragen und wird bspw. bei der Vernetzung von Steuergeräten für Komfortfunktionen angewendet. Bei der High-Speed-Variante kann bis zu 1 Mbit/s übertragen werden. Es wird daher bei Echtzeit-relevanten Anwendungen eingesetzt. Die konkrete Übertragungsgeschwindigkeit wird dabei von der jeweiligen Bus-Länge begrenzt. So ist bei 40 m Bus-Länge noch eine Übertragung mit 1 Mbit/s möglich, sinkt aber bei 100 m auf 500 kbit/s und bei 500 m auf 125 kbit/s. Im Unterschied zum LIN-Bus handelt es sich beim CAN-Bus um ein Multi-Master-System, sodass der Zugriff auf den Bus nicht zentral organisiert wird. Stattdessen kann jeder Knoten (Steuergerät) im Netzwerk jederzeit eine Nachricht versenden, welche als Broadcast an alle Teilnehmer übertragen wird. Über eine Kennung (engl.: Identifier) überprüfen die einzelnen Knoten, ob die jeweilige Nachricht von Relevanz für sie ist. Diese Kennung bestimmt außerdem die Priorität der Nachricht, sodass Nachrichten mit der höchsten Priorität zuerst Zugriff auf den Bus erhalten und ihre Nachricht versenden können. Alle anderen (niederprioren) Knoten versuchen dann erneut ihre Nachricht zu senden, sobald der Bus wieder frei ist. Somit ist der Bus ereignisgesteuert und kann damit keine Übertragungszeit garantieren.

FlexRay: Durch hohe Daten-Raten, eine hohe Fehlertoleranz und ein zeitgesteuertes Verhalten eignet sich der **FlexRay-Bus** für zeitkritische Anwendungen mit hohen Echtzeit-Anforderungen. Er kann bis zu 10 Mbit/s übertragen und durch das zeitgesteuerte Verhalten Übertragungszeiten von Nachrichten garantieren. Außerdem können FlexRay-Netze mit zwei Kanälen mit separaten Kabeln betrieben werden, sodass eine redundante Datenübertragung möglich ist. Diese Redundanz schafft eine zusätzliche Sicherheit bei kritischen Anwendungen. Der Zugriff auf den Bus wird über einen Kommunikationszyklus realisiert, indem jeder Knoten ein Zeitfenster fester Größe zum Versenden seiner Nachricht besitzt.

MOST: Der **Media-Oriented-Systems-Transport-Bus** (MOST-Bus) ist ein Bus-System, welches, wie der Name schon sagt, zur Übertragung von Multimedia-Signalen eingesetzt wird. In einem MOST-Netz können bis zu 64 Knoten agieren. Durch eine Plug-and-Play-Funktion können einzelne Geräte einfach entnommen oder eingebunden werden. Das Zeitmanagement des Busses übernimmt der sogenannte Timing-Master. Um den Multimedia- und Infotainment-Anforderungen gerecht zu werden, verfügt der MOST-Bus über sehr hohe Datenübertragungsraten.

Ethernet: Der **Ethernet-Bus** hält zunehmend im Fahrzeug Einzug, da die äußerst hohe Datenübertragungsrate (bis zu 10 Gbit/s) es ermöglicht, den stetig wachsenden Kommunikations- bzw. Datentransferbedarf zu adressieren. Ungeachtet dessen, dass Ethernet zusammen mit dem Internet-Protokoll (IP) kein zeitgesteuertes Bus-System darstellt, können die Echtzeit-Anforderungen von Fahrzeugen erfüllt werden. Obwohl Ethernet/IP über viele Vorteile verfügt (Daten-Rate, einfaches Einbringen und Entfernen von Knoten etc.), werden nicht alle anderen Bus-Systeme dadurch ersetzt, da der hohe Aufwand (Kosten) nicht im Verhältnis zu dem jeweiligen Nutzen steht. Daher finden sich die aktuellen Hauptanwendungsgebiete bei AD-Funktionen und Infotainment-Anwendungen.

Im Zuge des vernetzten und automatisierten Fahrens ändern sich die Anforderungen an die elektrotechnische/elektronische Architektur. Im Gegensatz zu bisherigen Anwendungen, bei denen die Entwicklung im Allgemeinen mit dem Start der Produktion der Fahrzeuge abgeschlossen ist, werden zunehmend einzelne Software-Komponenten bzw. Funktionen kontinuierlich weiterentwickelt. Dies äußert sich bspw. in den Over-The-Air-Updates von Tesla. Damit einhergehend entstehen Fragen zur Vernetzung (V2X, Integration in **Cloud-Anwendungen**), ggf. zur Integration von Software Dritter sowie zu Aspekten von Sicherheit und Privatsphäre. Diese neuen Anforderungen haben auch signifikanten Einfluss auf die Hardware-Struktur. Denn Ziel ist nun die **Entkopplung von Hardware und Software**. Das bedeutet, dass die im Moment bestehende Einheit aus Funktion und Steuergerät sich hin zu einer rein durch Software definierten Funktion entwickelt. Dies führt darüber hinaus zu einer Zentralisierung der Rechenleistung, sodass die bis zu 150 Steuergeräte (mit zumeist sehr eingeschränkter Leistung) im Fahrzeug durch einige wenige hoch-performante Rechner ersetzt werden. Dies vereinfacht einerseits die Vernetzung und reduziert auch maßgeblich den Einsatz von Kabeln und Leitungen. Allerdings führt diese Zentralisierung zu einer Erhöhung der Komplexität sowie Wechselwirkung (gemeinsamer Speicher, geteilte Rechenkapazität) der einzelnen Funktionalitäten untereinander und somit zu neuen Herausforderungen bei Test und Absicherung.

Steuerungen für industrielle Automatisierungslösungen

Betrachten wir im Folgenden die zuvor erwähnten Steuergeräte etwas genauer. In den 1960er-Jahren waren elektromechanische Relais für die meisten Automatisierungsingenieure das Steuerungsmodul der Wahl. Später wurden vermehrt Steuerungen eingesetzt, um diese elektromechanischen Relais als Logikelemente zu ersetzen. Hierbei sind **Speicherprogrammierbare Steuerungen** (**SPS**, engl.: Programmable Logic Controller, kurz: PLC) von zentraler Bedeutung. Sie nutzen eine softwareseitige Abbildung des Steuerprogramms der Steuerlogik. Speicherprogrammierbare Steuerungen haben durch ihre unterschiedlichen Vorteile Anfang der 70er-Jahre die verdrahtungsprogrammierbaren Steuerungen abgelöst. Die beiden Entwickler Richard Morley (Modicon) und Odo J. Struger (Allen Bradley) werden als die Väter der SPS bezeichnet. Beide haben die grundlegenden Arbeiten zur Entwicklung moderner SPS-Systeme initiiert. Bereits 1974 gab es erste SPS-Systeme in Deutschland auf dem Markt (Firma Klaschka). Durch die sehr starke Verbreitung von SPS-Systemen sind heute mehr als 300 Hersteller auf dem europäischen Markt vertreten. Dabei sind die Aufgaben einer SPS vielfältig. Sie umfassen bspw. folgende Funktionen:

Steuern: Automatisieren von Prozessabläufen, wie die Steuerung von Klimaanlagen

Überwachung und Diagnostizieren: Plausibilitätsprüfung und Fehlerdiagnose

Kommunikation: Informationsaustausch zwischen Steuerungen und Leitrechner

Bedienerführung: Informationsanzeige, Befehlseingabe, Entscheidungsunterstützung

Weitere anwendungsspezifische spezielle Aufgaben: Betriebsdatenerfassung

Eine SPS bearbeitet diese Aufgaben zyklisch. Konkret gestaltet sich die zyklische Steuerprogrammbearbeitung wie folgt:

Vor jedem Zyklus: Laden der Ein- und Ausgangssignale in den Speicher und Erstellung des sogenannten Prozessabbildes

Während des Zyklus: Einlesen der gespeicherten Werte des Prozessabbildes (Eingänge) und Ausgabe des Prozessabbildes (Ausgänge) an die Aktorik

Vereinfacht gesprochen ist eine SPS nichts anderes als eine sehr robuste und leistungsabgeschwächte Variante eines gebräuchlichen Rechners bzw. eine fortgeschrittene Form eines Mikrocontrollers.

Vorteile dieser Systeme sind:

- Sie bieten hohe Flexibilität und Benutzerfreundlichkeit. Es können relativ einfach Sensoren und Aktoren an die SPS angeschlossen werden.
- Sie können mit einem Computer relativ einfach (um-)programmiert werden.
- Sie verfügen über große Speicherkapazitäten und lassen sich einfach erweitern.
- Sie können stets durch neu am Markt verfügbare Technologiefunktionalitäten erweitert werden (Motion- und Robot-Control, Industrial-Ethernet etc.).
- Sie weisen wegen ihrer Robustheit eine relativ lange Lebensdauer auf.

Ähnlich wie bei Mikrocontrollern verwenden SPS ebenso Timer, Zähler, Register, Interrupts etc., um jede Art von Funktion und Ausgabe zu erzeugen. Mikrocontroller werden oft bei kleinen Automatisierungsprojekten sowie der prototypischen Funktionsentwicklung verwendet, wo sie lediglich einige Sensoren, Motoren etc. steuern. Wenn umfangreiche Systeme, wie Produktionsstrecken von komplexen Gütern, automatisiert werden sollen, finden oft SPS ihren Einsatz.

Bei vielen Automatisierungslösungen kommen vermehrt eingebettete (engl.: Embedded) Systeme zur Anwendung, welche als Massenprodukt verfügbar sind. Diese stellen eine spezielle integrierte Hardware- und Softwarelösung dar, welche für die Ausführung einer bestimmten Funktion entwickelt wurde. **Eingebettete Systeme** (speziell Mikrocontroller) werden zudem im industriellen Einsatz immer wichtiger, da sie bereits heute viele der gängigen Geräte in unserem täglichen Leben steuern.

Bei Verwendung von eingebetteten Systemen sollten wir uns stets der mit dem Einsatz verbundenen Herausforderungen und Schwächen bewusst sein:

- Die Implementierung komplexer Steuerungsalgorithmen erfordert einen hohen Programmieraufwand. Derzeit verwenden die meisten Embedded-Software-Entwicklungs-Plattformen objektorientierte Programmiersprachen, wie C++ oder Java. Der Vorteil dieser Programmiersprachen liegt in ihrer Flexibilität, aber gleichzeitig entstehen neue Herausforderungen bzgl. der Beherrschung dieser. Darüber hinaus können Qualität und Zuverlässigkeit eines handgeschriebenen Codes nicht immer garantiert werden.
- Harte Echtzeitsysteme müssen verbessert werden. Derzeit verwenden die meisten kommerziellen Embedded-Controller Microsoft Windows CE oder Linux als Betriebssystem (sofern sie ein Betriebssystem verwenden). Diese Betriebssysteme sind für zeitkritische Hochleistungssteuerung von schnell reagierenden Systemen noch nicht geeignet.
- Zeit und Kosten für die Entwicklung eingebetteter Steuerungssysteme sind hoch. In der Regel ist die Entwicklung von eingebetteten Steuerungssystemen komplexer als die von SPS-basierten Steuerungssystemen.

Wie aus den vorherigen Ausführungen ersichtlich wird, sind heutige Steuerungstechnologien nicht mehr streng voneinander abgrenzbar. So entwickeln sich die einzelnen Technologien sehr schnell weiter und zahlreiche **Hybridsysteme** sind in den letzten Jahren entstanden. Es befinden sich bspw. klassische SPS-Systeme im starken Umschwung zur PC-basierten Steuerung. Wo vor Jahren noch verstärkt Konzepte angewendet wurden, welche lediglich durch ein einzelnes Steuergerät realisiert wurden, sind diese heute kaum mehr zu finden. Der Grund hierfür ist, dass die meisten modernen Steuergeräte stets mit moderneren IT- und Kommunikationstechnik-Erweiterungen ausgestattet werden.

Somit können verschiedene spezialisierte Steuergeräte (Knoten) in den Gesamtprozess integriert werden, wodurch zahlreiche Wertschöpfungs- und Optimierungspotenziale gehoben werden können. Durch Einbindung der einfachen Komponentensteuerungen in übergeordnete Automatisierungskonzepte (Gesamtfahrzeugeebene oder Prozessleittechnik) strebt die Automatisierungstechnik immer mehr hin zur **Totally Integrated Automation** (TIA). Der von der Firma Siemens geprägte Begriff TIA steht hierbei für die vollständige Integration von Hardware, Software und Services, welche nahtlos miteinander verbunden sind. Somit fließen Informationen nicht länger nur **horizontal** (zwischen den einzelnen Steuerinstanzknoten der einzelnen Teilprozesse), sondern auch **vertikal** (zu den übergeordneten Prozessebenen).

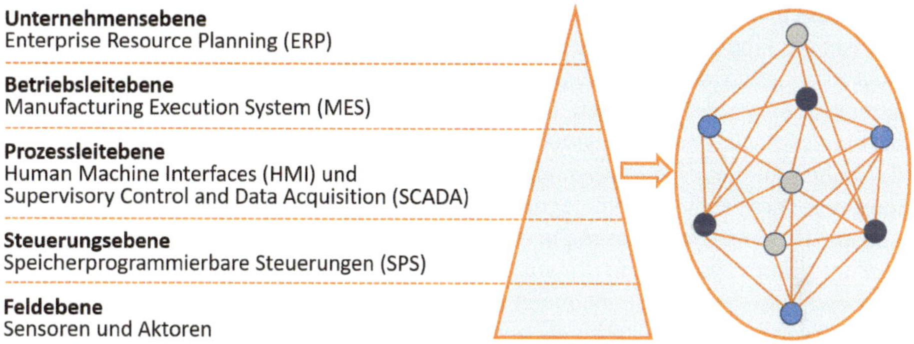

Bild 2.4 Wandel des hierarchischen Automatisierungsaufbaus

Die klassische Automatisierungspyramide aus Bild 2.4 stellt dar, wie sich die Vielzahl von Entitäten, welche eine industrielle Automatisierungslösung bilden (einfache Geräte bis hin zu intelligenten Knoten), hierarchisch nach ihrer Aufgabe unterteilen lässt.

Unternehmensebene: In der obersten Automatisierungsebene (engl.: Enterprise Resource Planning, kurz: ERP) finden wir Techniken und Systeme, welche sich mit der effizienzoptimierten Wertschöpfung beschäftigen, wie bspw. in Form von Betriebsmittel-, Kapital-, Material-, Personal- und Ressourcenplanung. Oft werden diese Aufgaben in Cloud-Plattformen bearbeitet. Wenn wir uns vor Augen führen, dass die Unternehmensebene der Automatisierungspyramide auch die Materialbedarfsplanung umfasst (die sicherstellt, dass alle Materialien an der richtigen Stelle, zur richtigen Zeit und in der richtigen Menge zur Verfügung stehen), sehen wir dass diese Ebene im Mobilitätskontext sehr eng mit Flottenmanagern verbunden ist. Die Unternehmensebene erzeugt konkrete Ziele für die unterlagerten Automatisierungsebenen. Dies erfolgt u. a. auf Basis der Informationsflüsse von den unteren Ebenen der Automatisierungspyramide.

Betriebsleitebene: Die Betriebsleitebene (engl.: Manufacturing Execution System, kurz: MES) ist prozessnäher und kann mehrschichtige Fertigungsmanagementsysteme oder ein Produktionsleitsystem umfassen. Diese Ebene zeichnet sich durch eine direkte Anbindung an die verteilten Systeme der Prozessautomatisierung aus und ermöglicht die Steuerung, Regelung und Überwachung der Prozesse in Echtzeit.

Prozessleitebene: Diese Ebene umfasst Mensch-Maschine-Schnittstellen (engl.: Human Machine Interfaces, kurz: HMI) sowie Überwachungs-, Kontroll- und Datenerfassungssysteme (engl.: Supervisory Control and Data Acquisition, kurz: SCADA). So verfügt diese Ebene bspw. über grafische Schnittstellen, um Prozess-Stati zu überwachen und Alarme zu empfangen.

Steuerungsebene: Hier erfolgt die Steuerung und die Überwachung der auf der Feldebene stattfindenden Prozesse. Oft werden diese Aufgaben mittels SPS oder anderer Steuergeräte realisiert.

Feldebene: Die Feldebene verfügt über Sensoren (für die Erfassung der Prozesszustände) und Aktoren (zur Beeinflussung der Prozesszustände). Sämtliche Sensorsignale werden an die Steuerungsebene gesendet, welche wiederum Stellgrößen für sämtliche im Feld befindlichen Aktoren berechnet.

Wie in Bild 2.4 verdeutlicht, bestehen Automatisierungslösungen zumeist aus einer Vielzahl von Automatisierungsgeräten. So wird, wie zuvor dargestellt, oft die eigentliche Automatisierungsaufgabe in einzelne Teilprobleme zerlegt, welche in einzelnen Automatisierungssystemen gelöst werden. In vielen modernen Anwendungen lassen sich jedoch die einzelnen Automatisierungsgeräte nicht mehr starr einer einzelnen Ebene in der klassischen Automatisierungspyramide zuordnen. Ein Beispiel hierfür sind **intelligente Sensoren**. Diese stellen hochintegrierte Systeme dar, welche nicht nur der klassischen Aufgabe der Messdatenerfassung in der Feldebene nachkommen. Vielmehr verfügen sie über integrierte Systeme zur Datenaufbereitung, -auswertung, -speicherung etc. Auch Überwachungs- und HMI-Funktionen sind teilweise in diese integriert. Selbiges gilt auch für intelligente Aktoren, welche als hochintegrierte, intelligente Knoten aufgefasst werden können. So umfassen intelligente Aktoren neben der eigentlichen Antriebslösung integrierte Sensorik, Steuergeräte etc. So wandelt sich die hierarchische Automatisierungspyramide zu einem Verbund vernetzter Systeme.

Den zuvor ausgeführten Beschreibungen ist zu entnehmen, in welcher Art die Komplexität moderner Automatisierungslösungen zunimmt. So sind die meisten modernen Automatisierungseinrichtungen **vernetzte Systeme**, für deren Realisierung vielfältige Tätigkeiten aus dem Bereich des Maschinenbaus, der Elektrotechnik sowie der Informatik notwendig sind. Da diese verschiedenen Fachdisziplinen zumeist nicht in voller Tiefe von einzelnen Personen beherrschbar sind und die einzelnen Aufgaben sich als recht umfänglich gestalten, sind oft größere Entwicklerteams an der Realisierung von Automatisierungssystemen beteiligt. Das bringt die Herausforderung mit sich, dass die interdisziplinären Entwicklerteams optimal zusammenarbeiten müssen. Dieses Ziel zu erreichen ist im Praxisalltag alles andere als trivial. Gründe dafür liegen bspw. darin, dass die verschiedenen Fachdisziplinen über ein teilweise sehr unterschiedliches Fachvokabular verfügen und unterschiedliche Arbeitsweisen bevorzugen. Kapitel 3 des Buches stellt für diese Herausforderung Lösungsvorschläge vor.

Übungsaufgaben

Übungsaufgabe 2.1. Beschreiben Sie die Parallelität bei der Automatisierung von Roboter- und Shuttle-Systemen. ■

Übungsaufgabe 2.2. Ordnen Sie die Fahrzeugfunktionen ABS, ESP, Spurhalteassistent, Ampelassistent und Autobahnpilot den jeweiligen SAE-Leveln zu. ■

Übungsaufgabe 2.3. Erläutern Sie unter Verwendung der AD-Funktionsarchitektur den Unterschied zwischen Fahrzeugen mit SAE-Level 2- und Level 3-Funktionalitäten. Gehen Sie dabei auch auf DDT und ODD ein. ■

Übungsaufgabe 2.4. Worin besteht der Unterschied zwischen Missions- und Taktikplanung? ■

Übungsaufgabe 2.5. Warum ist es deutlich anspruchsvoller, automatisiert in urbanen Gegenden zu operieren als auf Autobahnen? ■

Übungsaufgabe 2.6. Nennen und beschreiben Sie die drei Arten von Fahrerassistenzsystemen. Was unterscheidet diese drei Arten? ■

Übungsaufgabe 2.7. Welche mechatronischen Fahrzeugkomponenten kommen bei automatisierten Fahrzeugen zum Einsatz? Wie werden Informationen zwischen diesen Komponenten ausgetauscht? ■

Übungsaufgabe 2.8. Worin besteht der Unterschied zwischen einem CAN- und einem FlexRay-Bus-System? ■

Übungsaufgabe 2.9. Beschreiben Sie die Funktionalitäten eines Steuergerätes. ■

Übungsaufgabe 2.10. Worin unterscheidet sich ein industrielles Steuergerät von einem Mikrocontroller und einem Computer? ■

Literatur

Bauer, E., Lotz, F., Pfromm, M., Schreier, M., Cieler, S., Eckert, A., Hohm, A., Lüke, S., Rieth, P., Abendroth, B., Willert, V., Adamy, J., Bruder, R., Konigorski, U. und Winner, H. (2012). Proreta 3: An integrated approach to collision avoidance and vehicle automation, *at-Automatisierungstechnik* **60**(12): 755–765.

Dickmanns, E. D. (2007). *Dynamic vision for perception and control of motion*, Springer.

Dickmanns, E. D., Behringer, R., Dickmanns, D., Hildebrandt, T., Maurer, M., Thomanek, F. und Schiehlen, J. (1994). The seeing passenger car'vamors-p', *Intelligent Vehicles Symposium*, pp. 68–73.

Isermann, R. (2022). *Automotive Control: Modeling and Control of Vehicles*, Springer.

Kammel, S., Ziegler, J., Pitzer, B., Werling, M., Gindele, T., Jagzent, D., Schröder, J., Thuy, M., Goebl, M., Hundelshausen, F. v. et al. (2008). Team AnnieWAY's autonomous system for the 2007 DARPA Urban Challenge, *Journal of Field Robotics* **25**(9): 615–639.

Matthaei, R. und Maurer, M. (2015). Autonomous driving–a top-down-approach, *at-Automatisierungstechnik* **63**(3): 155–167.

Maurer, M., Gerdes, J., Lenz, B. und Winner, H. (2015). *Autonomes Fahren: Technische, rechtliche und gesellschaftliche Aspekte*, Springer.

Montemerlo, M., Becker, J., Bhat, S., Dahlkamp, H., Dolgov, D., Ettinger, S., Haehnel, D., Hilden, T., Hoffmann, G., Huhnke, B. et al. (2008). Junior: The stanford entry in the urban challenge, *Journal of Field Robotics* **25**(9): 569–597.

Nothdurft, T., Hecker, P., Ohl, S., Saust, F., Maurer, M., Reschka, A. und Böhmer, J. R. (2011). Stadtpilot: First fully autonomous test drives in urban traffic, *Conference on Intelligent Transportation Systems*, pp. 919–924.

Rajamani, R. (2012). *Vehicle Dynamics and Control*, Springer.

Reinholtz, C., Hong, D., Wicks, A., Bacha, A., Bauman, C., Faruque, R., Fleming, M., Terwelp, C., Alberi, T., Anderson, D. et al. (2009). Odin: Team VictorTango's entry in the DARPA urban challenge, *The DARPA Urban Challenge*, Springer, pp. 125–162.

Robert Bosch GmbH (2004). *Fahrerassistenzsysteme: Sicherheits-und Komfortsysteme*, Springer.

SAE International (2014). *Automated Driving Levels of Driving automation - SAE international standard J3016.*

Schrödel, F. und Freese, M. (2019). Concept and Validation of a Guidance Approach for Highly Automated Shuttles, *IFAC Symposium on Advances in Automotive Control* **52**(5): 359–365.

Siegwart, R., Nourbakhsh, I. und Scaramuzza, D. (2011). *Introduction to Autonomous Mobile Robots*, MIT Press.

Urmson, C., Anhalt, J., Bagnell, D., Baker, C., Bittner, R., Clark, M., Dolan, J., Duggins, D., Galatali, T., Geyer, C. et al. (2008). Autonomous driving in urban environments: Boss and the urban challenge, *Journal of Field Robotics* **25**(8): 425–466.

Winner, H., Hakuli, S. und Wolf, G. (2009). *Handbuch Fahrerassistenzsysteme: Grundlagen, Komponenten und Systeme für aktive Sicherheit und Komfort*, Springer.

3 Entwicklungsmethoden komplexer Systeme

Mit der wachsenden Komplexität von modernen Automatisierungslösungen steigen die Anforderungen an die bei der Entwicklung zu verwendenden Entwicklungsprozesse. Gerade wenn große interdisziplinäre Teams unter Einsatz verschiedener Entwicklungswerkzeuge an der Realisierung aufwendiger Automatisierungslösungen arbeiten, sind fest definierte Entwicklungsmethoden unumgänglich. Das folgende Kapitel widmet sich der Darstellung dieser.

3.1 Vorgehensmodelle

Im Folgenden werden Teile des Gesamtentwicklungsprozesses als Vorgehensmodelle bezeichnet. In der ersten Hälfte und zu Beginn der zweiten Hälfte des zwanzigsten Jahrhunderts waren die Anforderungen an die Einzelfunktionen zur Lösung von Automatisierungsproblemen deutlich geringer als heutzutage. Diese Systeme bestanden größtenteils aus mechanischen Aufbauten, weshalb sie einen großen konstruktiven Anteil aufwiesen. Zu dieser Zeit gab es bereits Entwicklungsprozesse. Allerdings waren diese vergleichsweise einfach strukturiert, da sie nicht fächerübergreifend angewendet werden mussten und die Komplexität der zu automatisierenden Prozesse relativ gering war. Das bedeutet allerdings nicht, dass diese Systeme nicht kompliziert waren. Bei komplizierten Systemen sind die jeweiligen Wechselwirkungen der einzelnen Elemente bekannt und es lassen sich reproduzierbare Ergebnisse erzeugen. Durch Erlangung von Wissen werden komplizierte Probleme handhabbar. Kompliziertheit ist somit ein Maß für die Unwissenheit.

Bei komplexen Problemen hingegen sind die Wechselwirkungen und Einflussfaktoren nicht trivial. Es entstehen nicht vorhersagbare Wechelwirkungs- und Rückkopplungseffekte. So haben meist kleine Unterschiede signifikanten Einfluss auf das erzielte Ergebnis. Daher sind Lösungen im Allgemeinen nicht auf andere Systeme übertragbar.

Der Umfang von modernen Automatisierungslösungen, welche meist in mechatronischen Systemen resultieren, nimmt kontinuierlich zu. Diese werden aufgrund ihrer inhärenten Komplexität und des domänenübergreifenden Ansatzes von **interdisziplinären Teams** entwickelt. Um dieser Komplexität zu begegnen, werden in der Praxis fest definierte Vorgehensmodelle eingesetzt.

Zur Veranschaulichung der organisatorischen Herausforderungen bei anspruchsvollen Entwicklungsprojekten sind hier die häufigsten Gründe für das Scheitern von umfangreichen Automatisierungsprojekten aufgezählt:

Unvollständige Anforderungen: Im Rahmen von Entwicklungsprojekten wird oft die Ableitung der genauen Anforderungen an die zu entwickelnde Lösung aus den Kundenwünschen vernachlässigt. Dadurch können unter Umständen Lösungen entstehen, welche später nicht zum Einsatz kommen, da sie nicht die Kundenwünsche erfüllen. Daher ist es ratsam, zu Projektbeginn viel Energie in die Ableitung der Anforderungen der zu entwickelnden Lösung zu stecken. Eng darauf abgestimmt kann dann ein Lösungskonzept abgeleitet werden. Erst wenn Anforderungen und Konzept erarbeitet wurden, sollte mit der eigentlichen Umsetzung gestartet werden. Es empfiehlt sich stets, zu Projektbeginn die Anforderungen im Lastenheft und die Lösungskonzepte im Pflichtenheft detailliert zu spezifizieren.

Zu wenige Ressourcen zur Verfügung: Einhergehend mit unvollständigen Anforderungen ist das erstellte Lösungskonzept oft unvollständig beschrieben. Dementsprechend werden die notwendigen Ressourcen (Entwickler, Testfahrzeuge, Testzeiträume etc.) falsch eingeschätzt. Daher gilt auch hier die Empfehlung, zu Projektbeginn ausreichend Zeit für diese Planungsphase einzurechnen.

Ungenügende Managementunterstützung: Ebenso besteht eine Gefahr darin, dass das Management der Firma, welche die Lösung für die Kunden entwickeln soll, zu wenig in das Projekt involviert ist. In diesem Fall kann es leicht dazu kommen, dass Aufwände, Umfänge und Zeitpläne falsch eingeschätzt werden, was im ungünstigsten Fall als ungenügende Managementunterstützung für das Entwicklerteam wahrgenommen wird. Im Verlauf dieses Kapitels werden hierfür Methoden vorgestellt, wie dieser Herausforderung begegnet werden kann.

Benutzer/Endanwender nicht bzw. zu wenig involviert: Aufbauend auf den vorherigen Punkten ist es nicht nur wichtig, die generellen Kundenwünsche beim Entwurf der Lösung zu berücksichtigen. Vielmehr sollten die Kunden/Endanwender bereits zu einem frühen Projektzeitraum in die Lösungsverifizierung sowie in Akzeptanztests eingebunden werden, da es essenziell ist, dass bspw. das Bedienkonzept der zu entwickelnden Lösung eng mit den Benutzern/Endanwendern abgestimmt ist. Auch hierfür werden im Verlauf dieses Kapitels Umsetzungsmethoden vorgestellt.

Entwickelte Lösung entspricht nicht den Anforderungen: Wenn die Kunden zu wenig in den Entwicklungsprozess involviert sind oder die Ableitung konkreter Anforderungen auf Basis der Kundenwünsche unvollständig ist, kann dies leicht in nicht zu erfüllende Erwartungen des Kunden münden. Dies kann zu langwierigen Nachbesserungen oder, im schlimmsten Fall, zur Ablehnung der entwickelten Lösung führen. Mit welchen Methoden Kundenanforderungen zielführend abgeleitet werden können, stellen wir nachstehend kurz vor.

Zu häufige und intransparente Spezifikationsänderungen: Es birgt Risiken, wenn Benutzer/Endanwender sowie Kunden sehr stark in das Projekt involviert werden. Gerade wenn Kunden in die Lage versetzt werden, während der Projektlaufzeit häufig Spezifikationsänderungen vornehmen zu dürfen, kann dies Projektrisiken mit sich bringen. In diesem Fall sind sehr viel Fingerspitzengefühl und eine sehr transparente Kommunikation gefragt, um nicht zu Verstimmungen zwischen dem Entwicklerteam und den

Kunden zu führen. Zudem dürfen sämtliche Zeit- und Ressourcenpläne nicht vernachlässigt werden. Gerade bei der Realisierung von visionären Vorentwicklungsprojekten ist dies eine anspruchsvolle Herausforderung, die auch im Folgenden genauer beleuchtet wird.

All dies sind keine technischen Ursachen des Scheiterns. Umso wichtiger sind die unten stehenden Vorgehensmodelle, da diese die Projektarbeit stark unterstützen und die nichttechnischen Projektrisiken minimieren können.

Definition 3.1 (Vorgehensmodelle). Vorgehensmodelle beschreiben Entwicklungsprozesse, welche bei der Projektarbeit unterstützen und nicht-technische Projektrisiken senken sollen. So helfen Vorgehensmodelle, die technischen Herausforderungen in Projekten zu lösen. ■

In der Praxis finden verschiedene produkt- und domänenspezifische Vorgehensmodelle Anwendung. Dieses Kapitel beschränkt sich auf fünf inhaltliche Schwerpunkte im Rahmen der Funktionsentwicklung:

Systems Engineering beschreibt eine Denk- und Vorgehensweise, bei der das gesamte zu automatisierende System und sämtliche beteiligten Gewerke im Fokus stehen.

Rapid Control Prototyping stellt einen Entwicklungsprozess zur Realisierung der (Teil-) Automatisierungslösungen dar. Hierbei steht die kontinuierliche Verifikation der entwickelten (Teil-)Lösungen stark im Vordergrund.

Agile Entwicklungsprozesse verstehen sich als eine Organisationsform der Entwicklerteams beim Umsetzen des Systems Engineerings und des Rapid Prototypings. Somit stellen die agilen Entwicklungsprozesse ein Arbeitsmodell oder einen Arbeitsrahmen für die einzelnen technischen Arbeiten dar.

Frugalität stellt eine Denkweise dar, bei der einfache Einstiegslösungen entwickelt werden, die eine möglichst geringe finanzielle Einstiegshürde mit sich bringen und gleichzeitig die Kundenanforderungen erfüllen (und nur genau diese).

DevOps wird im Rahmen des Buches als eine Sammlung technischer Methoden verstanden und bietet somit ein Framework zur softwareseitigen Umsetzung der zuvor skizzierten Entwicklungsprozesse.

Beispielhaft sind in dem nachfolgenden Video verschiedene Varianten für die Realisierung eines Robotergreifers dargestellt. Ohne genauer Kenntnis der Anforderungen an das zu entwickelnde Greifsystem ist es sehr schwierig ein optimales Lösungskonzept zu erarbeiten. Gerade in Anbetracht der Vielfältigkeit möglicher Lösungsansätze stellt dies Entwickler vor enorme Herausforderungen. Vorgehensmodelle helfen uns dieser Herausforderung zu begegnen, wie nachfolgend dargestellt.

Ein klassisches Vorgehensmodell für die Funktionsentwicklung von Automatisierungslösungen ist das **V-Modell**, welches in Bild 3.1 dargestellt ist. Das klassische V-Modell ist in der VDI-Richtlinie 2206 beschrieben. Viele Grundideen und Hauptbestandteile des klassischen V-Modells finden sich bei der Beschreibung der folgenden moderneren Vorgehensmodelle wieder. Die Hauptbestandteile des V-Modells sind in den folgenden Steckbriefen dargestellt. In den Steckbriefen erfolgen die Erläuterungen in Anlehnung an Beispiel 4.4.

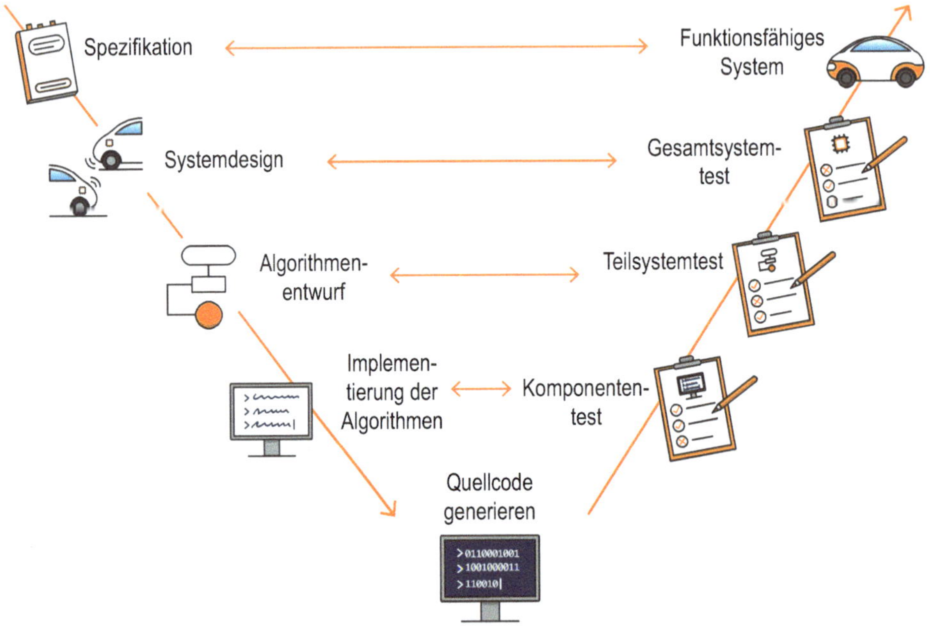

Bild 3.1 Aufbau des V-Modells für die algorithmische Funktionsentwicklung

Bild 3.1 zeigt, dass der **linke Schenkel** des V-Modells fünf Entwicklungsschritte zur Erstellung von algorithmischen Automatisierungsfunktionen umfasst, welche im Laufe der Funktionsentwicklung nacheinander durchlaufen werden. Zum Start der Entwicklung erfolgt die Spezifikation der konkreten Entwicklungsziele. Darauf basierend erfolgt die Ableitung des Gesamtsystemdesigns. Anschließend kann der Algorithmenentwurf, gefolgt von der Implementierung der Algorithmen und der Quellcodegenerierung, erfolgen. Die einzelnen Entwicklungsschritte sind in den folgenden Steckbriefen erläutert.

Der **rechte Schenkel** des V-Modells umfasst je Entwicklungsstufe einen Test- und Verifikationsschritt, wie Komponenten-, Teilsystem- und Gesamtsystemtests. Kernidee bei der Verifikation im Rahmen des V-Modells ist, dass eine kontinuierliche Verifikation der Entwicklungsschritte erfolgen soll. Sobald eine Auffälligkeit bei der Verifikation identifiziert wird, soll auf die entsprechende linke Seite des V-Modells zurückgesprungen werden, um die Auffälligkeit zu beheben. Somit können Entwicklungszeiten verkürzt und gleichzeitig die Qualität der zu entwickelnden Lösung erhöht werden.

Grundidee

Im Rahmen der Spezifikationserstellung erfolgt die Beschreibung der erwarteten Funktionalität des zu entwickelnden bzw. zu modifizierenden Systems. Die Spezifikation wird in Form eines umfangreichen Satzes von Systemanforderungen abgebildet. Hierbei ist wichtig, dass die einzelnen Anforderungen testbar sind (bspw. aus quantifizierbaren Aussagen bestehen). Zudem muss für eine Nachvollziehbarkeit gesorgt sein (Traceability), welche eine eindeutige Zuordnung der einzelnen Anforderungen an die entsprechenden Teilfunktionalitäten des Systems darstellt. Die Fachdisziplin, die sich tiefgehend mit der Erstellung dieser Anforderungen beschäftigt, wird als Requirements Engineering bezeichnet.

Herausforderung

Mit zunehmender Komplexität und Funktionalität automatisierter Systeme wird die Aufgabe der Spezifikationserstellung immer anspruchsvoller. Der Umfang und die Komplexität der Systemanforderungen nehmen stark zu, weshalb aktuell neue Methoden erprobt werden, um diesen Herausforderungen zu begegnen. Ebenso ist die Definition eines quantifizierbaren System-Sollverhaltens bei anspruchsvollen Automatisierungssystemen oft sehr herausfordernd. So ist bspw. die Beschreibung eines optimalen Fahrkomforts im Kontext automatisierter Fahrzeuge aktuell immer noch Gegenstand der Forschung. Zudem agieren die komplexen Automatisierungsfunktionen in einer Vielzahl von verschiedenen Situationen, weshalb theoretisch eine sehr große Beschreibungstiefe notwendig wäre.

Beispiel

Die Spezifikation beschreibt bspw. das gewünschte Verhalten eines inversen Pendels. So kann sie erläutern, wie das Aufschwingen des Pendels aus der unteren Ruhelage zu erfolgen hat. Die Systemspezifikation beschreibt, bspw. welche minimal und maximal auftretenden Beschleunigungen des Wagens (welcher das Pendel trägt) für das Stabilisieren der oberen Ruhelage des Pendels zulässig sind. Diese Spezifikation ist die Grundlage zur Realisierung der Sicherheits- und Funktionsanforderungen.

Spezifikation

Verantwortlicher
Requirements-Engineer

Eingangsdaten
Lasten- bzw. Pflichtenheft und Projektbeschreibung

Zugeordnete Teststufe
Alle

Toolunterstützung
Doors, Excel, Polarion etc.

Liefergegenstand
Anforderungs- und Systemspezifikationsdokumentation

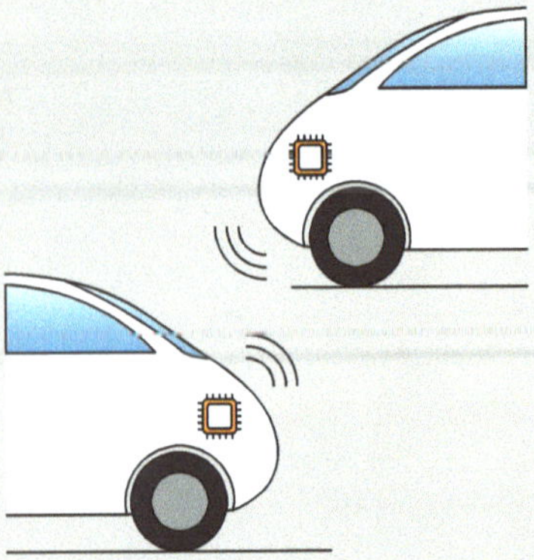

Systemdesign

Verantwortlicher
Systemarchitekt und Projektleitung

Eingangsdaten
Lasten-, Pflichtenheft und Systemspezifikation

Zugeordnete Teststufe
Gesamtsystemtest

Toolunterstützung
Enterprise Architect

Liefergegenstand
Designdokumentation

Grundidee

Aufbauend auf den Systemspezifikationen wird im Rahmen des Systemdesigns ein Hard- und ein Softwaredesign des Automatisierungssystems erstellt. Ebenso wird festgelegt, welche Module und Gewerke für die Realisierung der einzelnen Aufgaben notwendig sind. Diese Aufgaben werden federführend von dem Systemarchitekten gesteuert. Die erarbeiteten Lösungskonzepte werden durch zahlreiche Diskussionen mit den Experten der einzelnen beteiligten Gewerke kontinuierlich verfeinert.

Herausforderung

Mit steigender Komplexität der Systeme wird es anspruchsvoller, eine vollständige und gleichzeitig gut handhabbare Systemspezifikation zu erstellen. Daher ist das Ableiten entsprechender Hard- und Softwaredesigns bei solchen Systemen sehr anspruchsvoll und oft nur im Rahmen mehrerer Iterationszyklen während der Projektlaufzeit realisierbar.

Beispiel

Im Rahmen des Systemdesigns für ein inverses Pendel werden die Systemarchitekturen definiert. Diese umfassen bspw. die Hardwarearchitektur: Welche Sensoren und Steuergeräte werden zur Abbildung der Funktion benötigt und wie sollen deren Kommunikation und Stromversorgung etc. realisiert werden? Des Weiteren wird eine Softwarearchitektur erstellt: Welche Funktionsbausteine werden in welcher Ausprägung zur Abbildung der Funktion benötigt und wie soll deren Kommunikation realisiert werden?

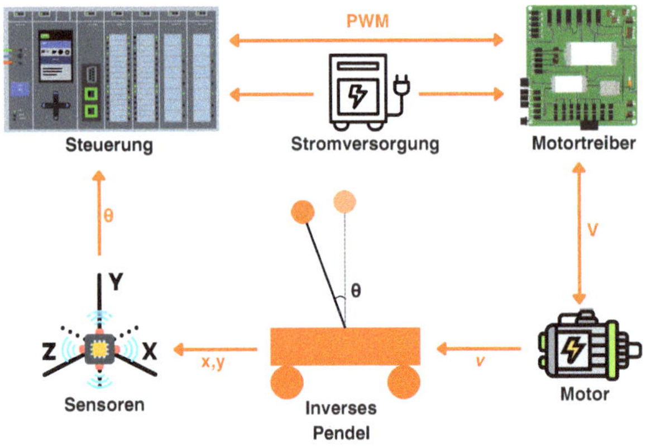

Bild 3.2 Systemarchitektur für ein inverses Pendel

Grundidee

Im Rahmen des Entwurfes werden die grundlegenden Algorithmen zur Realisierung der einzelnen automatisierungstechnischen Aufgaben entwickelt. Ausgangspunkt hierfür bilden die Modulspezifikationen (inkl. Ziel-Hardware, Kommunikationsschnittstellen etc.). Zudem werden erste fallspezifische Anpassungen der Konzepte auf Basis der konkreten Funktionsanforderungen vorgenommen. Bei diesen Arbeiten liegt der Fokus besonders auf der (mathematisch-technischen) Konzepterstellung und weniger auf der Implementierung. Daher entstehen hier oft ausführliche Konzeptdokumentationen und vereinzelte prototypische Teil-Funktionsumsetzungen (lediglich, um die Machbarkeit nachzuweisen).

Herausforderung

Oft stellt es eine große Herausforderung dar, die entwickelten Konzepte robust gegenüber schwer vorhersehbaren Effekten im späteren Einsatz zu gestalten. Ein Beispiel können hierbei eine schlechte Qualität der Eingangsdaten (bspw. Kameraoptikverschmutzung oder andere Messsignalstörungen) sowie weitere nichtmodellierte Aspekte sein.

Beispiel

Die Algorithmenentwicklung für die Funktionalität eine inverses Pendel kann bspw. die Entwicklung eines geeigneten übergeordneten Systemverhaltens (mittels UML-Diagramme) oder eines Regelungskonzeptes (mittels der Werkzeuge aus Kapitel 10) umfassen.

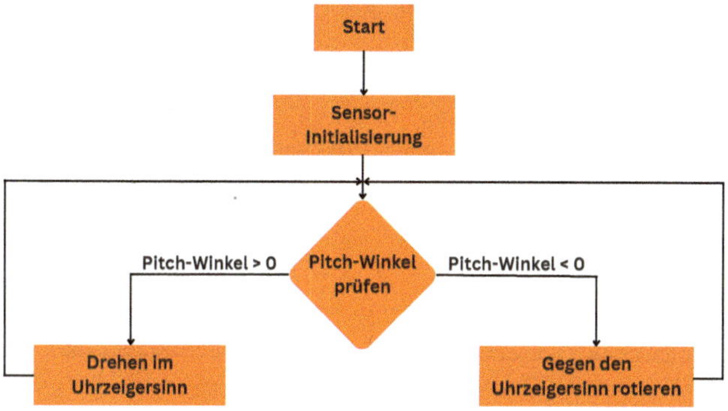

Bild 3.3 UML-Diagramm einer Teilfunktion eines inversen Pendels

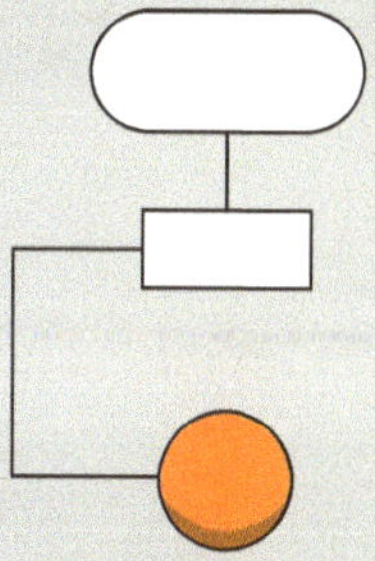

Algorithmen-entwurf

Verantwortlicher
Entwicklungs-ingenieure/ Linienleiter

Eingangsdaten
Systemspezifikation und Design

Zugeordnete Teststufe
Teilsystemtest

Toolunterstützung
Enterprise Architect, UML sowie SysML Editoren

Liefergegenstand
Algorithmendesign-dokumentation

Implementierung der Algorithmen

Verantwortlicher
Entwicklungsingenieure

Eingangsdaten
Algorithmenentwurf

Zugeordnete Teststufe
Komponententest

Toolunterstützung
ROS, ADTF, C/C++, MATLAB

Liefergegenstand
Algorithmus

Grundidee

Die Implementierung der Algorithmen beschreibt die Arbeiten rund um das Umsetzen der zuvor entwickelten Algorithmen in einen Programmier-Code. Je nach Projekt kann dies mit unterschiedlichen Programmierwerkzeugen bzw. -sprachen, wie MATLAB oder C/C++, geschehen. Teilweise empfiehlt sich ein hierarchischer Implementierungsansatz für die Umsetzung anspruchsvoller Teilfunktionen. So kann eine erste prototypische und modellbasierte Umsetzung mittels MATLAB erfolgen. Nach Aufzeigen der Machbarkeit sowie einem ausführlichen Parametertuning kann darauf aufbauend die Umsetzung mittels C/C++ erfolgen. Dabei wird häufig auf automatisierte Toolketten mit leistungsfähigen Codegeneratoren, Compilern und Modell-Checkern zurückgegriffen.

Herausforderung

Anspruchsvoll gestaltet sich bei der Implementierung der Algorithmen die „Make or Buy"-Entscheidung. Es ist zu erörtern, welche Teilfunktionalitäten selbst umgesetzt werden sollen und welche zugekauft werden können. Hierbei spielen auch Lizenzkosten von Bibliotheken sowie die Konfigurierbarkeit der Bibliotheken eine entscheidende Rolle.

Beispiel

Im Fall des inversen Pendels erfolgt bspw. im Rahmen der Implementierung die Umsetzung des zuvor entwickelten Regelungskonzeptes für die Stabilisierung der oberen Ruhelage mittels MATLAB.

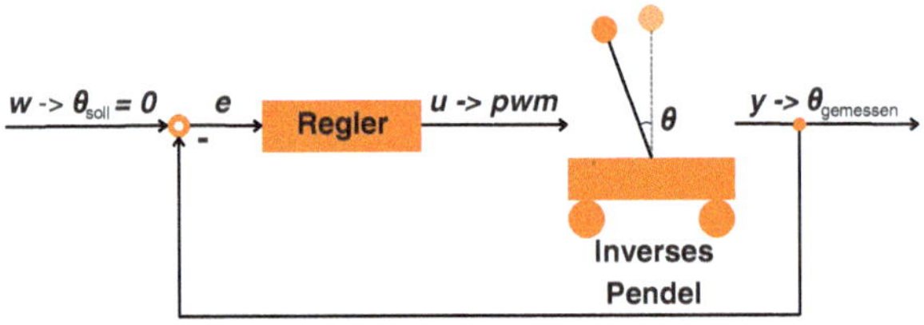

Bild 3.4 Blockschaltbild einer Teilfunktion eines inversen Pendels als Grundlage für die Impelmentierung in MATLAB

Grundidee

Diese Stufe beschreibt die Überführung der Ergebnisse aus den zuvor beschriebenen Entwurfsphasen (bspw. MATLAB-Dateien) in Quellcodes für die Ziel-Hardware. Häufig existieren auch entsprechende Pipelines zum automatisierten Generieren des Quellcodes für die entsprechende Ziel-Hardware.

Herausforderung

Die am besten geeignete Programmiersprache wird auf der Grundlage der System- und Architekturanforderungen ausgewählt und ist nicht a priori geklärt.

Außerdem erfolgt die Implementierung auf der Grundlage von sogenannten Codierungsrichtlinien und -standards, um Lesbarkeit und Interpretierbarkeit des Codes sicherzustellen. Um das Einhalten dieser Richtlinien und die Funktionalität sicherzustellen, durchläuft der Quellcode zahlreiche Code-Reviews, bevor der endgültige Quellcode weiter verwendet wird (bspw. in das Repository eingecheckt wird).

Beispiel

Im Rahmen der Implementierung erfolgt die Überführung des zuvor entwickelten Programm-Codes (bspw. MATLAB-Dateien) für die zuvor entworfene Funktionalität des inversen Pendels in Quellcodes für die beteiligten Ziel-Steuergeräte. Dabei werden automatisierte Code-Generatoren verwendet, die den an die Ziel-Steuergerät angepassten Quellcode erstellen. Der Code wird anschließend hinsichtlich Funktionalität, Laufzeitverhalten und Codierungsrichtlinien überprüft.

```
void applyControl(float u)
{   int motorSpeed = constrain(u, -255, 255);
    analogWrite(motorPin, motorSpeed + 128);     }
void setup()
{   Serial.begin(115200);
    Wire.begin();
    mpu.initialize();
    pinMode(motorPin, OUTPUT);                   }
void loop()
{   float theta, omega;
    readState(theta, omega);
    float u = computeControlInput(theta, omega);
    applyControl(u);
    delay(10);                                   }
```

■

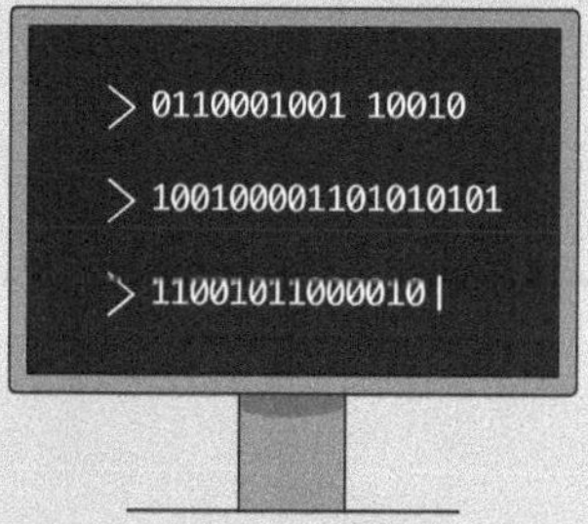

Quellcode generieren

Verantwortlicher
Entwickler

Eingangsdaten
Implementierung

Zugeordnete Teststufe
Komponententest

Toolunterstützung
C bzw. Pipelines zur automatisierten Codegenerierung unter MATLAB

Liefergegenstand
Software

Verifizierung
& Validierung

Verantwortlicher
Entwickler und Test-Ingenieure

Eingangsdaten
Je nach Teststufe und Testziel: Modell, Code oder Messdaten

Toolunterstützung
siehe Abschnitt 3.3.2

Liefergegenstand
Testreports

Grundidee

Parallel zu Systemdesign, Algorithmenentwurf und Implementierung sowie zur Code-Generierung erfolgt die kontinuierliche Verifizierung der einzelnen Arbeitsergebnisse (wie Architekturen, Konzepte und Codes). Ziel ist hierbei das frühzeitige Erkennen von Fehlern und Problemen. Dadurch können unnötige Kosten reduziert werden. Hierbei kommen vielfältige Verifizierungsmethoden und -werkzeuge zum Einsatz, siehe Abschnitt 3.3.2. Grundvoraussetzung für jede Verifizierung ist der zuvor erstellte (und testbare) Satz an Spezifikationen.

Bei der **Verifizierung** wird geprüft, ob das Prüfobjekt die zuvor festgelegten Spezifikationen erfüllt. Dabei müssen beim Prüfobjekt die hierfür relevanten und im Pflichtenheft festgelegten Funktionalitäten implementiert sein. Somit kann in diesem Schritt überprüft werden, ob die zuvor festgelegten Eigenschaften des Prüfobjektes mit den tatsächlich erreichten Eigenschaften übereinstimmen.

Die Verifizierung deckt jedoch keine Fehler auf, die schon in der Spezifikation vorhanden waren. Daher erfolgt im Anschluss an die Verifizierung die **Validierung**. Im Rahmen der Validierung prüfen wir, ob eine entwickelte Funktionalität oder ein Produkt die festgelegten Nutzungsziele erfüllt. Dies geschieht meist im Rahmen von Feldversuchen.

Herausforderung

Die Herausforderungen bei Verifizierung und Validierung sind aufgrund der bereits zuvor skizzierten vielfältigen Validierungsmethoden und -werkzeuge sehr umfangreich. Eine große gemeinsame Herausforderung bei den meisten Verifizierungsstufen ist das teilweise Nichtvorhandensein eines vollständigen Satzes von konkreten, testbaren Anforderungen. Zudem ist die Anzahl der zu realisierenden Testfälle bei AD-Fahrzeugen, insbesondere bei unstrukturierten Umgebungen, sehr groß – was ein vollständiges Testen aller Szenarien unmöglich macht.

Beispiel

Im Fall des inversen Pendels umfasst die Validierung Tätigkeiten wie Konzeptprüfung und Algorithmen-Tests bis hin zu ausführlichen virtuellen und realen Systemtests.

3.1.1 Systems Engineering

Das Systems Engineering bietet ein mögliches **Denk- und Vorgehensmodell zur Anwendung des V-Modells**. Der Begriff Systems Engineering beschreibt somit einen interdisziplinären **Ansatz zur Realisierung komplexer technischer Systeme**, siehe Bild 3.5. Definiert wird dieses Vorgehensmodell in der ISO/IEC 15288 unter dem Titel System- und Software-Engineering. Neben den Agreementprozessen (bspw. Akquisitionsprozesse) und den Organizational Project-Enabling Prozessen (bspw. Qualitätsmanagementprozesse) wird im Kern der technische Prozess mit der Analyse der Kundenanforderungen begonnen, aus denen Systemspezifikationen abgeleitet werden. Danach schließt sich eine Zerlegung des Gesamtsystems in einzelne Teilsysteme (inkl. Teilsystemspezifikationen) an. Als Nächstes erfolgen Entwicklung und Implementierung der einzelnen Teillösungen. Nach Abschluss der Systemvalidierung kommt es zur Übergabe an die Kunden. Wichtiges Kennzeichen beim Systems Engineering ist, dass das Gesamtproblem mit der Vielfalt seiner Facetten betrachtet wird; bspw.:

- Anforderungsspezifikation
- Systemdesign
- Automatisierungssoftware & -hardware
- Verifikation und Validierung

auch weiterführende Themen wie bspw.:

- Risikoanalyse
- Konfigurationsmanagement
- Systemintegration
- Human Factors

Zudem werden auch vielfältige Organisations- und Managementprozesse beschrieben, auf welche im Folgenden nicht näher eingegangen wird. Charakteristisch für das Systems Engineering ist auch, dass das zu entwickelnde Gesamtsystem bei allen beteiligten technischen Teildisziplinen explizit berücksichtigt wird, wie bspw.:

- neuartige Konstruktionstechnik
- Sensorik und Umfelderkennung
- Umfeldmodellierung und Situationserkennung
- Kommunikation (zum Datenaustausch mit Agenten und Infrastruktur)
- Entscheidungsfindung und Verhaltensplanung
- Automatisierungstechnik (zum Realisieren der geplanten Bewegungen)

sowie weiteren nichttechnischen Aspekten, wie der User Experience. Daher findet das Systems Engineering vor allem bei umfangreichen und stark interdisziplinären Entwicklungsprojekten Anwendung. An dieser Stelle sei angemerkt, dass das Systems Engineering zeitlich bereits vor dem V-Modell entwickelt und etabliert worden war. Die ersten großen Anwendungsprojekte, welche die Methodik des Systems Engineering geprägt haben, waren die Großprojekte der NASA in der zweiten Hälfte des zwanzigsten Jahrhunderts. Neben den Systems-Engineering-Aspekten für die Projektsteuerung finden auch viele dieser Ideen Anwendung bei der technischen Entwicklung der einzelnen Teilsysteme.

Hierbei wird unterstützend auf Werkzeuge der Systemtheorie und Kybernetik zurückgegriffen, welche dabei helfen, technische Problemstellungen (anwendungsunabhängig) zu abstrahieren und automatisierungstechnische Lösungskonzepte zu entwickeln.

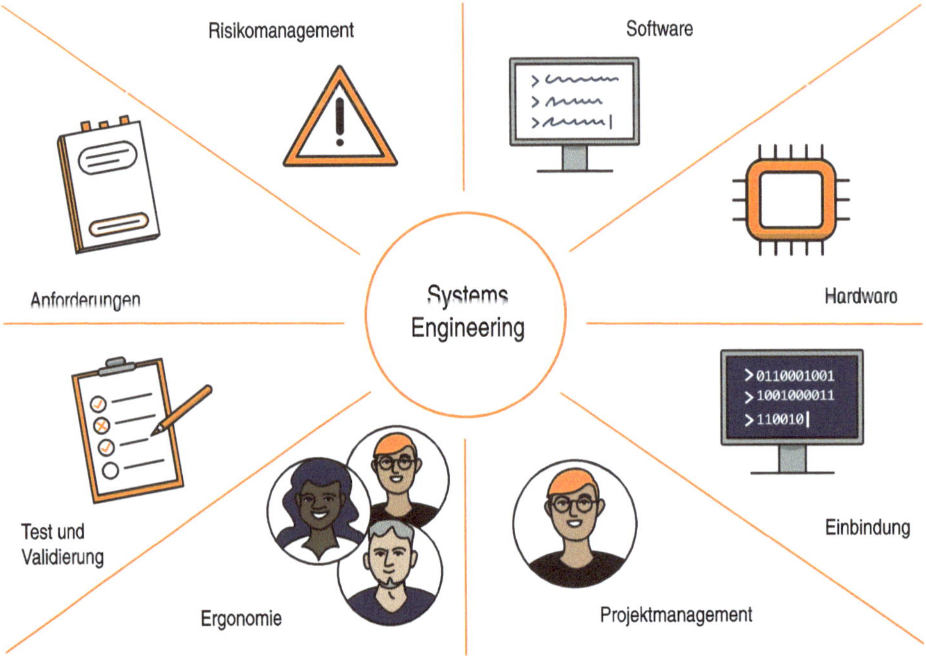

(a) Bestandteile des Systems Engineerings

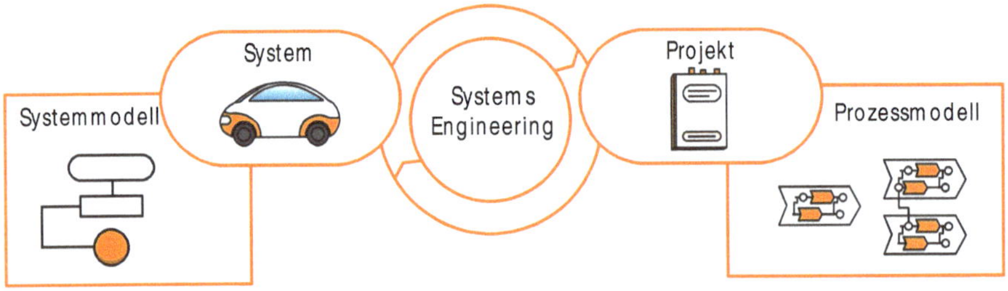

Aufgaben der Systemgestaltung
- Anforderungsmanagement
- Systemarchitekturgestaltung
- Analyse und Simulation
- Verifizierung und Validierung
- Optimierung
- etc.

Aufgaben des Projektmanagements
- Aktivitätenmanagement
- Ressourcenmanagement
- Stakeholdermanagement
- Risikomanagement
- Kosten- und Zeitmanagement
- etc.

(b) Zusammenspiel von Systemgestaltung und Projektmanagement

Bild 3.5 Bestandteile und Zusammenhänge des Systems Engineerings

Diese systemtheoretischen Methoden zur Abstraktion technischer Problemstellungen sowie zum Handling dieser sind zu Beginn des zweiten Teils dieses Buches im Einzelnen beschrieben.

3.1.2 Rapid Control Prototyping

Bei der Anwendung des V-Modells stellt das Rapid Control Prototyping ein Vorgehensmodell dar, welches **Umsetzungsideen für Teilaspekte des V-Modells** beschreibt. Das Rapid Control Prototyping bildet somit ein Vorgehensmodell zur Realisierung der konkreten Automatisierungstechniklösungen einzelner Teilsysteme ab. Damit ordnet es sich dem Systems Engineering unter, welches einen starken Fokus auf das Gesamtsystem legt. Im Ergebnis ist es oft Aufgabe des Systems Engineerings, ein Projekt zu planen und zu strukturieren sowie es im Anschluss in Teilprobleme zu zerlegen. Zur Lösung der einzelnen Teilprobleme kommt das Rapid Control Prototyping zum Einsatz.

Die große Stärke des Rapid Control Prototyping-Prozesses ist die **schnelle Erzeugung von ersten testbaren Lösungen**. Gleichzeitig kann sehr gut auf kurzfristige Anforderungsänderungen reagiert werden. So können in kurzen Abständen prototypische Algorithmen erzeugt und ggf. auch notwendige Anpassungen berücksichtigt werden. Diese Algorithmen können im Anschluss sogleich auf Testsysteme übertragen und evaluiert werden. Hierfür kann auf verschiedene hochspezialisierte Hardwarelösungen zurückgegriffen werden, um diesen Prozess bestmöglich zu unterstützen.

Es ist anzumerken, dass bei der Entwicklung mechatronischer Systeme sowohl für die Tätigkeiten auf der rechten als auch auf der linken Seite des V-Modells Simulationswerkzeuge einzusetzen sind, vgl. Bild 3.1. Nur so kann der Komplexität dieser Systeme Sorge getragen werden. Ein erhöhter Einsatz von Simulationswerkzeugen kann zudem die Effizienz der einzelnen Arbeitsschritte deutlich erhöhen.

Das sofortige Reagieren auf Anforderungsänderungen ist heute wichtiger denn je. Mit steigender Komplexität und zunehmenden Umfang der Automatisierungsprojekte werden viele Herausforderungen erst während der Projektlaufzeit sichtbar und Designentscheidungen können dementsprechend erst relativ spät während der Projektlaufzeit getroffen werden. Zudem können Anforderungen zum Projektstart, bei denen neuartige Automatisierungsansätze entwickelt werden, zum Teil nur qualitativ beschrieben werden. Daher ist es in der Praxis nicht ungewöhnlich, dass diese Anforderungen während der Projektlaufzeit sukzessive verfeinert und quantifiziert werden. Ein Vorgehensmodell, welches in diesem Kontext oft Anwendung findet, wird im folgenden Abschnitt beschrieben.

Rapid Prototyping: Zu beachten ist, dass sich Rapid Prototyping nicht ausschließlich auf die algorithmische Funktionsentwicklung beschränkt. Ebenso können Ansätze des Rapid Prototypings genutzt werden, um in kurzer Zeit bereits erste prototypische Hardwarekomponenten zu fertigen. Diese können dann gemeinsam mit der parallel entwickelten algorithmischen Automatisierungslösung genutzt werden, um erste Machbarkeitsstudien im Rahmen der Entwicklung durchzuführen. So können bspw. wertvolle Ergebnisse bei der Entwicklung von mobilen Robotikanwendungen mittels erster prototypisch (bspw. additiv) gefertigter Fahrzeugkomponenten erzeugt werden. ■

3.1.3 Agiler Entwicklungsprozess

Die agilen Entwicklungsprozesse bilden eine **Organisationsform** zur Realisierung der beiden zuvor vorgestellten Vorgehensmodelle. Das agile Manifest beschreibt zu berücksichtigende Verhaltensweisen und Werte in agilen Entwicklungsteams. Ein oft verwendetes agiles Arbeitsmodell des Projekt- und Produktmanagements wird als Scrum bezeichnet. Dieses Arbeitsmodell wurde ursprünglich zur agilen Softwareentwicklung eingesetzt. Heute hat es in vielen anderen Branchen Einzug gehalten. Bei der agilen Projektbearbeitung werden neue **Rollen** definiert. Diese Rollen besitzen andere Aufgaben und Kompetenzen als jene in klassischen Arbeitsmodellen. Dabei sind im Wesentlichen die nachfolgenden Rollen involviert:

Stakeholder: Als Stakeholder werden Personen bezeichnet, die ein berechtigtes Interesse am Verlauf oder Ergebnis eines Projektes haben. bspw. können Kunden, Sponsoren und Projektleiter Stakeholder sein. Ihre Aufgabe ist es, die Ergebnisse zu beobachten und entsprechende Erwartungen und Ziele zu kommunizieren.

Product Owner: Die Product Owner sind für die Planung und das Monitoring der Eigenschaften des zu entwickelnden Produkts/der Lösung verantwortlich. Sie gestalten durch regelmäßige Priorisierungen das Produkt/die Lösung mit und haben dabei das Ziel, seinen Nutzen zu maximieren. Zudem sind sie daran interessiert, gewünschte Zwischenlösungen mit bestimmten Eigenschaften zu erreichen. Sie sind die zentralen Ansprechpartner für die Stakeholder und kommunizieren deren Wünsche in das Team sowie die Ergebnisse an die Stakeholder. Als wesentliches Hilfsmittel dient ihnen das Product Backlog (s. u.).

Agile Master: Sie sind für Prozessentwicklung, -überwachung und -optimierung zuständig. Dazu arbeiten sie eng mit dem Team zusammen. Sie führen Prozessregeln ein, überprüfen deren Einhaltung und kümmern sich um die Behebung von Störungen und Hindernissen (z. B. mangelnde Kommunikation und Zusammenarbeitsprobleme). Dabei lehren sie das Team agile Prinzipien/Prozesse und schützen das Team vor externen Störungen.

Team: Das Team ist für die Lieferung der Produkt-/Lösungsfunktionalitäten, in der von den Product Ownern gewünschten Reihenfolge, verantwortlich. Es arbeitet selbstorganisiert und trägt die Verantwortung für die Einhaltung der vereinbarten Qualitätsstandards. Es ist außerdem für die Präsentation der Ergebnisse verantwortlich.

Um diese Rollen bei den Themen wie Aufgaben-Übersicht, -Anforderungen und -Priorisierung zu unterstützen, wurden sogenannte **agile Artefakte** definiert:

Product Backlog: Das Product Backlog umfasst die Anforderungen bzw. die Spezifikation der von den Product Ownern geforderten Produkteigenschaften. Das Product Backlog wird von den Product Ownern gepflegt. Dabei werden die einzelnen anwendungsorientierten Anforderungen priorisiert, aus denen später Aufgaben für das Team im Sprint Backlog (s. u.) abgeleitet werden. Häufig ist dieses Product Backlog in Form einer Liste organisiert, sodass die höchst-prioren Aufgaben oben in der Liste stehen und die Priorität nach unten abnimmt. Dabei besitzen die einzelnen Eigenschaften auch unterschiedliche Detailgrade und verschiedene Granularitäten. Es wird zwischen Epen, User Stories und Tasks unterschieden. Epen sind große Aufgaben bzw. Eigenschaften und haben einen Projektfokus. Diese werden im Zuge der Projektbearbeitung in drehbuchähnliche, anwendungsnahe User Stories zerlegt, welche einen kleineren (Release)-

Fokus haben. Aus den User Stories können im Anschluss auch konkrete Anforderungen an die zu entwickelnden (Teil-)Funktionen abgeleitet werden.
Für die tatsächliche Abarbeitung werden diese User Stories wiederum in einzelne Tasks zerlegt. Tasks sind kleine, in sich geschlossene Teilaufgaben.

Sprint Backlog: Das Sprint Backlog besteht aus einer Liste von Tasks, welche aus dem Product Backlog übernommen werden. Dazu werden von dem Team unter Berücksichtigung der Priorisierung im Product Backlog entsprechende Tasks ausgewählt, welche im nächsten Entwicklungszyklus/Sprint bearbeitet werden sollen. Für das Sprint Backlog ist einzig das Team verantwortlich und nur dieses darf die Tasks bearbeiten.

Sprint Goal: Das Sprintziel oder Sprint Goal fasst das Ziel des Sprints in einem Satz zusammen. Es wird von den Product Ownern definiert und muss vom Team akzeptiert werden.

Increment: Ziel eines jeden Sprints ist es, ein sogenanntes Increment zu erstellen. Dabei handelt es sich um eine fertiggestellte Lösung eines Teilproblems. Diese Teillösung muss potenziell lieferbar sein, d. h. es muss funktionsfähig, getestet und entsprechend dokumentiert sein. Wie und in welchem Detail dies erfolgen muss, wird in der sogenannten Definition of Done (DoD) festgelegt.

Die oben vorgestellten Rollen werden auch als Produkte des Projektmanagements bezeichnet, da sie die Organisation des Projektes maßgeblich unterstützen. Zur Umsetzung der Steuerungs- und Abspracheaufgaben der einzelnen Rollen sowie zur Koordination der einzelnen Beteiligten werden folgende Termine regelmäßig realisiert:

Sprint Planning: Im klassischen Scrum besteht das Planning aus zwei Teilen. Im ersten Teil wird das Sprintziel vereinbart und die Product Owner erläutern die obersten Tasks/User Stories des Product Backlogs. Hier kann das Team Fragen an die Product Owner stellen, um sich Klarheit über die Aufgaben zu verschaffen. Im zweiten Teil überführt das Team die obersten Aufgaben in das Sprint Backlog. Die Auswahl erfolgt anhand der Arbeitskapazität des Teams. Ggf. werden einzelne Tasks noch weiter zergliedert, um eine optimale Abarbeitung im Sprint realisieren zu können. Das gesamte Planning wird von den Agile Mastern moderiert.

Daily: Im Daily spricht das Team in einer sehr kompakten Form über aktuelle Aufgaben, erzielte Ergebnisse sowie aktuelle Hemmnisse und Probleme. Dies wird anhand der drei nachstehenden Fragen durchgeführt:

1. Was habe ich gestern getan?
2. Was werde ich heute tun?
3. Was steht mir im Weg?

Das Daily findet, wie der Name schon sagt, an jedem Arbeitstag statt und wird ebenfalls von den Agile Mastern moderiert. Dabei wird das Sprint Backlog aktualisiert.

Sprint Review: Es dient als Plattform, um die während des letzten Sprints erreichten Ergebnisse den Product Ownern und den Stakeholdern vorzustellen. Auf Basis dessen können Stakeholder und Product Owner durch Modifikation der Eigenschaften und Priorisierungen der User Stories steuernd auf das Produkt einwirken (Backlog Refinement).

Sprint Retrospektive: In der Sprint Retrospektive treffen sich Team und Agile Master am Sprintende und reflektieren gemeinsam, was im letzten Sprint gut lief und welches Optimierungspotenzial existiert. Der Fokus der Diskussionen zu diesem Termin liegt vor allem auf prozessualen und nicht auf technischen Themen. Ziel ist es, Prozessverbesserungen zu identifizieren und entsprechende Anpassungen zu erarbeiten.

Backlog Refinement: Das Backlog Refinement dient der Aktualisierung und Weiterentwicklung des Backlogs. Hier werden Epen, User Stories und Tasks weiter verfeinert oder gar neu hinzugenommen. Auch werden die DoD diskutiert und aufgrund neuer Erkenntnisse umpriorisiert. Ziel ist die Sicherstellung eines aktuellen und repräsentativen Backlogs.

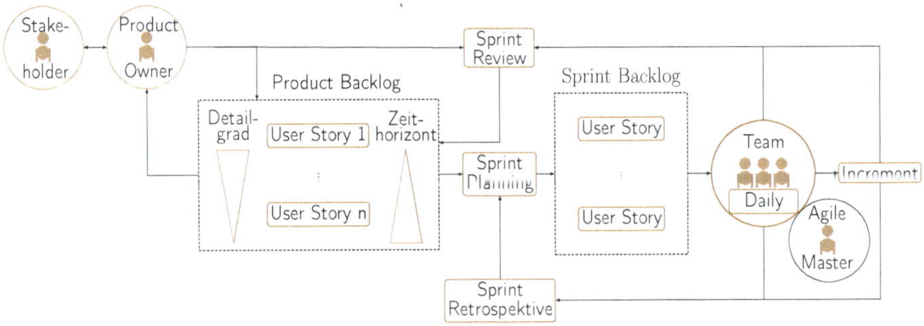

Bild 3.6 Agiler Workflow

Das Zusammenspiel einzelner Rollen, Artefakte und Termine ist in Bild 3.6 dargestellt. Doch wie funktioniert der konkrete Ablauf in solch einem Arbeitsmodell? Den Ausgangspunkt bildet ein Kundenauftrag für ein neues Projekt. Beispiele hierfür sind die Entwicklung einer Robotikapplikation oder einer neuen Fahrfunktion sowie die Behebung eines ungewünschten Verhaltens. In einem ersten Schritt informiert der Stakeholder (z. B. Kunde) die Product Owner über die Ziele und Wünsche des Auftrags. Welche Eigenschaften soll das Produkt oder die Funktion haben? Welche Qualität wird angestrebt? Wie sehen die Grenzen des Systems aus und welche Schnittstellen gibt es? Das Ergebnis resultiert in einer Art Lastenheft. Allerdings sind die einzelnen Punkte im Lastenheft bei komplexen Systemen meist nicht trivial zu definieren, sodass eine quantitative Beschreibung meist a priori nicht möglich ist. Die Produkt Owner haben hier die Aufgabe, durch intelligente Kommunikation die Wünsche des Kunden möglichst gut aufzunehmen und in das Product Backlog zu überführen. Dabei sind die einzelnen Einträge in dem Product Backlog in einem ersten Schritt relativ grob definiert und unterscheiden sich maßgeblich von Projekt zu Projekt.

Umfasst das Projekt die Entwicklung eines neuen Industrieroboters, werden die Epen vermutlich die einzelnen Gewerke (Konstruktion, Elektrotechnik, Steuerung etc.) beinhalten. Ist es das Ziel, ein neues Robotik- oder Fahrerassistenzsystem zu entwickeln, kann sich an dem Sense-Plan-Act-Prinzip orientiert werden. Dabei ist die Definition der einzelnen Ebenen nicht starr, sondern kann von jedem agilen Team selbst anhand der jeweiligen Bedürfnisse entwickelt werden. Das Product Backlog ist nach Prioritäten sortiert, sodass die obersten Aufgaben zuerst bearbeitet werden sollen. Sind diese in ihrer Granularität zum Bearbeiten noch nicht geeignet, d. h. die Aufgabenbeschreibung ist zu umfangreich, um in einem Sprint bearbeitet zu werden, wird diese weiter zerlegt. Das kann bspw. in Form eines Refinements erfolgen. Hin und wieder ist die Zerlegung offensichtlich und muss nicht gesondert diskutiert werden.

Es resultiert ein Product Backlog, welches nun nicht nur nach **Prioritäten** geordnet ist, sondern auch in der Granularität mit zunehmender Priorität steigt. Das ist aus unterschiedlichen Gesichtspunkten sinnvoll. Die hoch-prioren Aufgaben, d. h. die die zeitnah abgearbeitet werden, müssen sehr genau bekannt und die Ziele klar definiert sein. Die eher nieder-prioren Aufgaben, welche weiter in der Zukunft liegen, sind oft mit vielen Unsicherheiten versehen und können daher meist nicht klar beschrieben werden. Dadurch bleiben die Beschreibungen grob.

Ist bspw. nicht klar, welche algorithmische Ausprägung (bsw. hinsichtlich Komplexität, Parameter, deterministisch/nichtdeterministisch) für die Realisierung einer Funktion verwendet werden, kann die Inbetriebnahmestrategie nicht im Detail erläutert werden.

Bevor die Bearbeitung beginnen kann, werden die einzelnen Aufgaben bzgl. ihres Aufwands eingeschätzt. Dabei ist wichtig, dass nicht der Zeitaufwand, sondern der tatsächliche **Arbeitsumfang beurteilt wird**, da Zeitschätzungen stark vom jeweiligen Team-Mitglied abhängig sind. Stattdessen haben sich sogenannte Story-Points etabliert. Basierend auf zwei bis drei festen Aufgaben wird eine Skala definiert, anhand derer andere Aufgaben eingeschätzt werden. Dabei muss darauf geachtet werden, dass diese Fixpunkte jedem Mitglied des Teams klar und im Umfang transparent sind. So ergibt sich durch Tracking der Teamleistung eine Anzahl von Story-Points, die das Team pro Sprint abarbeiten kann. Es gibt eine Vielzahl von Möglichkeiten der Aufwandseinschätzung und ihrer konkreten Anwendung. Diese werden hier allerdings nicht genauer betrachtet.

Mit einem priorisierten Product Backlog (inkl. Aufwandseinschätzungen der einzelnen Tasks) kann nun mit dem ersten Sprint gestartet werden. Wie oben bereits erwähnt, werden im Sprint Planning die höchst-prioren Tasks in das Sprint Backlog übernommen, das Sprintziel definiert und die konkreten Aufgaben durch die Product Owner erläutert. Nun können die **Arbeiten beginnen**. Dazu nimmt sich jedes Team-Mitglied eine Aufgabe aus dem Sprint Backlog. In der idealen Vorstellung sind dabei alle Team-Mitglieder homogen, d. h. sie sind alle gleich gut geeignet, die einzelnen Aufgaben zu erledigen. Dies ist allerdings in den meisten realen Teams nicht der Fall. Daher muss neben der Priorität die Eignung der einzelnen Mitglieder bei der Auswahl der Aufgaben mit einbezogen werden. Jedes Mitglied arbeitet die ihm zugewiesenen Aufgaben ab und entnimmt sich bei Bedarf neue Aufgaben aus dem Sprint Backlog. Sollten dort keine (geeigneten) Aufgaben mehr vorhanden sein, können Tasks aus dem Product Backlog nachgezogen werden. Jeden Tag teilen alle Team-Mitglieder ihren Status sowie etwaige Probleme im Daily mit. Dazu werden die drei eingangs aufgelisteten Fragen verwendet. Sollten Probleme auftreten, wird entweder durch ein weiteres Team-Mitglied unterstützt oder die Information geht als sogenanntes Impediment an die Agile Master. Entscheidend ist dabei die Art des Problems, sodass die Agile Master bei prozessualen, organisatorischen oder kommunikativen Problemen unterstützen und bei fachlichen Themen Hilfestellung geben.

Am Ende des Sprints werden im Rahmen des Sprint Reviews die erzielten **Ergebnisse** den Product Ownern und den Stakeholdern präsentiert. Ziel ist, dass innerhalb eines Sprints ein in sich abgeschlossener Beitrag zu dem Produkt fertiggestellt wird. Dieses sogenannte Increment kann dabei gänzlich unterschiedlicher Natur sein, bspw. ein ausgearbeitetes Konzept oder eine fertiggestellte Architektur, ein Prototyp oder ein fertiggestelltes Stück Software. So werden Product Owner und Stakeholder über den aktuellen Stand sowie etwaige Hindernisse oder Hürden informiert. Dies gibt ihnen die Möglichkeit, das Product Backlog entsprechend der aktuellen Gegebenheiten anzupassen.

Nachdem im Review die Resultate des letzten Sprints vorgestellt und idealerweise durch Product Owner und Stakeholder abgenommen wurden, folgt die Retrospektive. In dieser trägt das Team **Beobachtungen** des letzten Sprints (oder darüber hinaus) zusammen und analysiert diese. Hier stellen sich Fragen wie: Was lief gut? Was lief schlecht? Was können wir beeinflussen?

Aufbauend auf dieser Analyse werden Metriken und Handlungen erarbeitet, welche die identifizierten Probleme beheben oder zumindest verbessern. Diese werden dann in den nachfolgenden Retrospektiven verfolgt. So ergibt sich ein **Kreislauf aus Beobachtung – Analyse – Veränderung**. Im Anschluss an das Review und die Retrospektive startet mit dem Planning der neue Sprint.

Zu beachten ist, dass alle Plannings, Dailies, Reviews und Retrospektiven streng in ihrer Zeit beschränkt sind. Auf die Einhaltung der Zeitgrenzen ist äußerst genau zu achten, sodass die Treffen nicht mehr Zeit als nötig in Anspruch nehmen.

Große Projekte, wie die komplette Entwicklung eines neuen Systems (Roboter, Fahrzeuge etc.), sind im Allgemeinen nicht mit einem einzigen Team realisierbar. Für solche Situationen existieren entsprechend skalierte Arbeitsmodelle.

3.1.4 Frugalität

Die Frugalität stellt eine **Denkweise** dar, die sowohl bei der Planung als auch bei der Umsetzung enorm aufwendiger automatisierungstechnischer Fragestellungen helfen kann. Die Planung der gewünschten Ausprägung/Eigenschaften des Produktes/der Lösung ist oft eine sehr anspruchsvolle Aufgabe, bspw. für den Product Owner. Als Hilfestellung hierfür gibt es eine große Anzahl von Projektleitungs- und Kennzahlenanalysewerkzeugen.

In Anbetracht immer komplexer werdender Systeme und kontinuierlich wachsender Kundenanforderungen sowie andererseits anspruchsvollerer wirtschaftlicher Rahmenbedingungen nimmt das Thema der frugalen Entwicklung eine größer werdende Rolle ein.

Kernidee der frugalen Entwicklungsansätze ist es, die Komplexität der erzeugten Produkte und Lösungen möglichst gering zu halten. Ausgangspunkt hierfür ist eine ausführliche Anforderungsanalyse. Im Anschluss daran wird versucht, eine möglichst **kundenspezifische Lösung** zu entwickeln, welche alle Kundenanforderungen trifft (alle User Stories erfüllt), jedoch kein weiteres Feature abbildet und auch keine generische Lösung darstellt. Dieser Zusammenhang ist in Bild 3.7 visualisiert.

Der Vorteil besteht darin, dass zeit- und kostenoptimale regionale Lösungen erzielt werden können. Jedoch ist hierfür eine sehr gute Kenntnis der Kundenbedürfnisse, der Zielkosten/Geschäftsmodell/Markenstrategie und des anvisierten Marktsegments notwendig. Somit bildet die frugale Entwicklung einen Gegenentwurf zur Forcierung von High-End-Lösungen im Premiumsegment. Es ist projektspezifisch zu bewerten, ob eine solche Lösungsstrategie zielführend ist.

Bspw. können frugale Entwicklungen bei der Realisierung von Automatisierungsprojekten mit Industrierobotern attraktiv sein. Oft ist der Anwendungsfall dieser Roboter genau spezifiziert und ein Abweichen von diesem geplanten Anwendungsfall unwahrscheinlich. Daher kann es zielführend sein, eine Lösung direkt für diesen speziellen Anwendungsfall (unter Wiederverwendung möglichst vieler bereits entwickelter Teillösungen) zu entwerfen.

Demgegenüber können frugale Entwicklungen bei der Realisierung von Automatisierungsprojekten im Bereich Robotik oder selbstfahrender Fahrzeuge in anspruchsvollen Anwendungsfällen (bspw. unstrukturierte Szenarien) unter Umständen weniger ratsam sein. Oft sind für solche Anwendungen die Anforderungen vergleichsweise unscharf und es kann gefährlich sein, Lösungen zu entwickeln, die nur für einen relativ kleinen Satz von Anwendungsfällen entworfen sind, wohl wissend, dass zur Laufzeit der Automatisierungslösung unter Umständen stark von diesen Anwendungsfällen abgewichen werden kann.

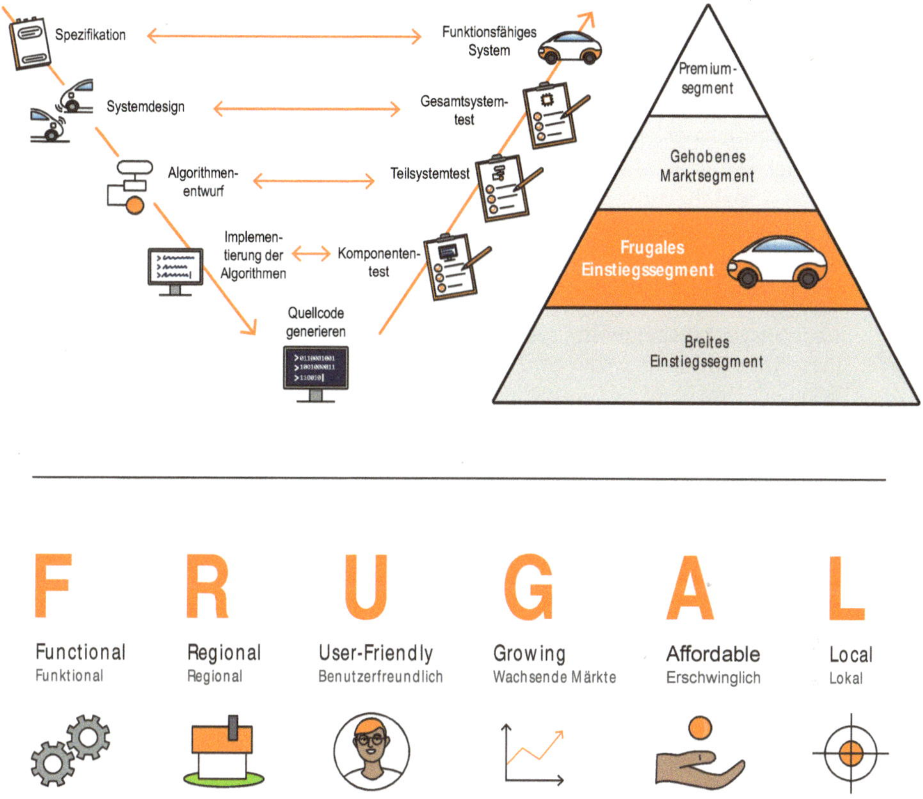

Bild 3.7 Frugales Entwicklungsmodell

> **Beispiel 3.1 (Roboterflotte).** Eine Flotte von mobilen Robotern soll für Zustellaufgaben eingesetzt werden. Hierbei sind die Routen fest vorgegeben, auf denen die Roboter sich bewegen sollen. Während der Fahrt ist zu verhindern, dass die Roboter mit Hindernissen kollidieren. Ein Umfahren der Hindernisse ist nicht notwendig. Es reicht, wenn die Roboter stoppen, sobald ein kritischer Abstand erreicht ist. Zur Realisierung dieser Anforderung können bspw. Laser-Scanner zum Einsatz kommen. Diese Sensoren sind jedoch in der Anschaffung recht kostenintensiv und sie bieten viele Feature, welche weit über die Aufgabe der Hindernis-Detektion hinausgehen. Daher wäre ein frugaler Ansatz die Verwendung eines stark vereinfachten, auf den Anwendungsfall abgestimmten Sensorsetups, wie die Verwendung eines Radars. ■

3.2 Methoden aus der Softwareentwicklung

In Ergänzung zu den im vorangegangenen Abschnitt beschriebenen Vorgehensmodellen werden in diesem Abschnitt Methoden aus der Softwareentwicklung vorgestellt, welche ebenso als zentrale Werkzeuge im Entwicklungsprozess moderner Automatisierungslösungen ihren Einsatz finden.

3.2.1 Einheitliche Sprache

Im Rahmen anspruchsvoller Automatisierungsprojekte sind zumeist stark interdisziplinäre Teams beteiligt. Daher ist es von großer Bedeutung, eine einheitliche – für alle Beteiligten verständliche – Sprache zu verwenden, um zu definieren, was Ziel der Entwicklung sein soll. Basis für die Entwicklung bei agilen Projekten bilden Artefakte, wie das Backlog, und bei klassischen Projekten das Lastenheft sowie das Pflichtenheft.

Definition 3.2 (Lastenheft). Dieses Dokument beschreibt die Gesamtheit der Anforderungen des (internen/externen) Auftraggebers, siehe VDI-Richtlinie 3694. Somit definiert und beschreibt das Lastenheft die Projektziele aus der Sicht des (ggf. internen) Kunden bzw. Anwenders. Hierbei werden die Projektziele in Form von Anforderungen definiert. Darüber hinaus wird (allgemein) auf die aktuelle Situation, die allgemeinen Ziele und die Bedingungen eingegangen. Die zentrale Fragestellung im Lastenheft lautet: Was soll für welchen Zweck entwickelt werden? ■

Definition 3.3 (Pflichtenheft). Im Pflichtenheft werden die Nutzeranforderungen detailliert beschrieben und in einer Erweiterung die Realisierungsanforderungen unter Berücksichtigung konkreter Lösungsansätze dargestellt, siehe VDI-Richtlinie 3694. Somit definiert das Pflichtenheft, wie und womit die Anforderungen realisiert werden sollen. Die zentrale Fragestellung im Pflichtenheft lautet: Wie können die Anforderungen erfüllt werden? ■

Wie den beiden Definitionen zu entnehmen ist, spielen die Definition der Anforderungen an das zu entwickelnde System sowie der Konzeptentwurf eine zentrale Rolle zur Erstellung dieser Dokumente. Oft wurden diese Anforderungen tabellarisch aufgeführt. Mit steigender Komplexität der zu entwickelnden Systeme steigt jedoch auch die Anzahl der Anforderungen an diese Systeme, weshalb die tabellarische Darstellung zu umfangreich und nur noch schwer handhabbar wird. Daher ist in vielen Bereichen der Wechsel hin zu szenenbasierten Anforderungen zu verzeichnen. Hierbei wird das Wunschverhalten des zu entwickelnden Systems in Form von **Storyboards** (Drehbuch) dargestellt, was eine intuitive Darstellung von komplexen Zusammenhängen erlaubt. Diese recht abstrahierte Art der Anforderungsbeschreibung kann dann im Projektverlauf mit quantifizierten Anforderungen angereichert werden, damit das erzeugte Ergebnis eindeutig verifiziert werden kann.

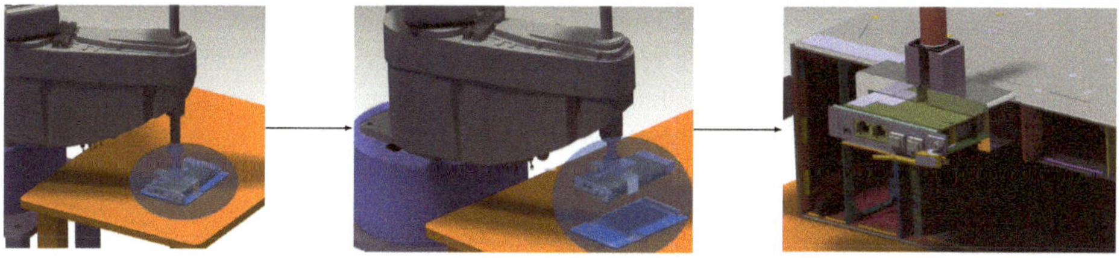

Bild 3.8 Szenenbasierte Darstellung einer Pick-&-Place-Aufgabe

Bild 3.9 Szenenbasierte Darstellung von automatisierten Fahrfunktionen

In den Bildern 3.8 und 3.9 sind zwei Beispiele für solch ein Storyboard veranschaulicht. Im ersten Beispiel sehen wir eine robotische Anwendung, wo das Storyboard die Handhabungsaufgabe definiert (Aufnehmen, Transportieren, Ablegen und Manipulieren). Im zweiten Beispiel ist das Wunschverhalten eines automatisierten Fahrzeuges dargestellt. Hierbei wird ersichtlich, dass der Abstraktionsgrad der Darstellung variieren kann, je nach Ausprägung der konkreten Anwendung.

Gerade im Angesicht der rapid steigenden Komplexität moderner Automatisierungstechnikprojekte in Verbindung mit der größer werdenden Interdisziplinarität der Projektteams ist eine gemeinsame Entwicklersprache von großer Bedeutung. Diese Sprache soll dazu dienen, ein einheitliches Verständnis bzgl. der angestrebten Lösungskonzepte zu entwickeln sowie bei der Fehleranalyse zu unterstützen. Einen weitverbreiteten Ansatz hierfür stellt die **Unified Modeling Language**, kurz UML, dar.

Bild 3.10 Übersicht der UML-Modellierungswerkzeuge

UML ist eine **standardisierte grafische Modellierungssprache**, welche aus den 1990er-Jahren stammt. UML umfasst einen großen Satz an grafischen Modellierungswerkzeugen, welche verschiedene Systemeigenschaften abbilden können. Hierbei wird, wie in Bild 3.10 gezeigt, prinzipiell unterschieden, ob das Systemverhalten oder die Systemstruktur durch das UML-Modellierungswerkzeug beschrieben werden soll. Weiterhin wird unterschieden, in welcher Entwicklungsphase wir uns aktuell befinden (siehe hierzu das V-Modell). Auf Basis dieser beiden Überlegungen kann dann das optimale UML-Modellierungswerkzeug (Diagrammtyp) gewählt werden. Zudem gibt Bild 3.10 einen ersten Eindruck, welche verschiedenen Systemeigenschaften durch die Modellierungssprache beschrieben werden können.

Beispiel 3.2 (Nudelkochen beschreiben durch UML-Diagramme). In diesem Beispiel wollen wir UML-Diagramme nutzen, um den Prozess des Nudelkochens zu beschreiben. Hierfür haben wir den Prozess des Nudelkochens zuerst mittels eines Sequenz-Diagramms dargestellt, siehe linkes Diagramm in Bild 3.11. Dieses Diagramm zeigt, welche aktiven Entitäten beim Prozess des Nudelkochens beteiligt sind und wie diese zeitlich miteinander interagieren.

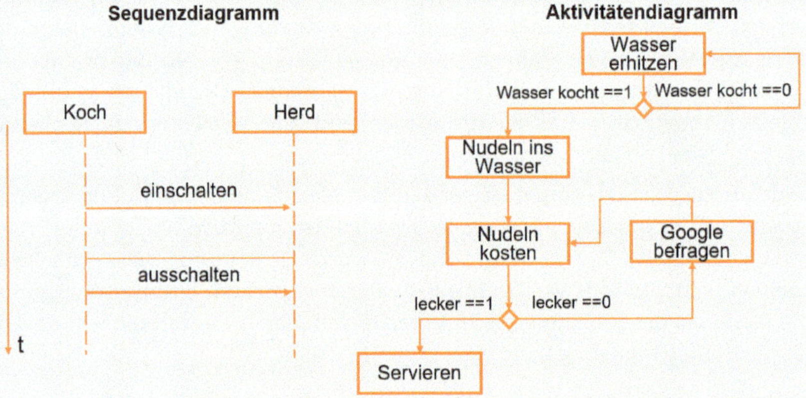

Bild 3.11 Sequenz- und Aktivitätendiagramm für den Prozess des Nudelkochens

In Ergänzung haben wir im rechten Diagramm in Bild 3.11 ein Aktivitäten-Diagramm zur Beschreibung des Prozesses des Nudelkochens dargestellt. Dieses Diagramm gibt keine direkte Aussage über die am Prozess beteiligten Entitäten und die zeitliche Abfolge von Aktionen. Jedoch vermittelt dieses Diagramm einen detaillierten Einblick in die Abfolge der einzelnen Aktivitäten des Prozesses des Nudelkochens.

Somit beschreiben beide Diagramme denselben Prozess – jedoch mit Fokus auf die Beschreibung gänzlich verschiedener Perspektiven. In unserem Fall ergänzen sich die beiden Beschreibungsformen sehr gut, um ein umfassendes Prozessverständis zu erlangen. Je nach Anwendungsfall kann es sinnvoll sein, verschiedene UML-Modellierungswerkzeuge zu verwenden. ■

3.2.2 DevOps-Ansatz

Getreu dem Motto „In kürzester Zeit von der Simulationsumgebung in die Robotik- oder Fahrzeuganwendung“ ermöglicht der integrierte DevOps-Entwicklungsprozess mit seinen **ganzheitlichen Werkzeugketten**, Algorithmen effizient im Team zu entwickeln, in Simulationsumgebungen ausführlich zu testen und von dort schnell als ausführbaren Code auf die Zielplattform (ins Fahrzeug oder in den Roboter) zu bringen. Der Begriff DevOps beschreibt somit Ansätze zur softwaregestützten Umsetzung der zuvor erläuterten Vorgehensmodelle bei der Zusammenarbeit in Entwicklungsteams. Dabei setzt sich der Begriff DevOps aus den Worten Development und IT-Operations zusammen.

Die Entwicklung von Algorithmen für anspruchsvolle vernetzte Automatisierungsfunktionen ist sehr aufwendig. Gleichzeitig muss die Entwicklung in immer **kürzeren Entwicklungszeiten** realisiert werden, um mit dem aktuellen Entwicklungstempo Schritt zu halten. Gerade beim Einsatz agiler Entwicklungsmethoden kommt dem Testen jedes Softwarestands (Builds) deshalb eine große Bedeutung zu. Des Weiteren stellen Tests der Code-Qualität sowie der Software-Funktionalität sicher, dass die entwickelten Softwarestände einen hohen Reifegrad haben. Dabei ist der Einsatz ganzheitlicher Werkzeugketten unvermeidlich, um die Entwicklung kosteneffizient zu gestalten. Solche Werkzeugketten ermöglichen bspw. eine weitgehende Automatisierung der zuvor beschriebenen Tests, die direkt nach Fertigstellung eines jeden Builds angestoßen werden.

Der eigentliche Entwicklungsprozess folgt dabei dem zuvor präsentierten V-Modell. Dieses Modell bildet die einzelnen Prozessschritte über den Projektfortschritt ab und verdeutlicht dabei, dass die Detailtiefe von der ersten Anforderung über das Architekturkonzept bis hin zu Lösungskonzept und Implementierung ständig zunimmt. Ab dem Punkt der maximalen Detailtiefe (der Spitze des symbolisierten Buchstabens V) findet das Rapid Control Prototyping statt – mit dem Ziel, schnell zu einem funktionsfähigen (Software-)Prototypen zu gelangen. Der Ablauf im Rahmen des hierfür notwendigen Software Engineerings lässt sich seinerseits in die folgenden Prozessschritte unterteilen:

Continuous Integration (CI): CI konzentriert sich auf nichtfunktionale Tests der Codequalität. Der Begriff beschreibt, dass die verschiedenen Komponenten einer Anwendung fortlaufend zu einer ausführbaren Software zusammengeführt werden. Im Rahmen einer statischen Code-Analyse werden Aspekte, wie die Struktur der Algorithmen oder Konventionen zur optimalen Lesbarkeit der Software-Codes, überprüft. Dabei bewertet die Analyse auch, ob Richtlinien eingehalten werden, die von Branchengremien, wie dem MAAB (MathWorks Automotive Advisory Board) oder der MISRA (Motor Industry Software Reliability Association), festgelegt wurden. Werden bei dieser Analyse Abweichungen gefunden, werden die zuständigen Entwickler direkt über dieses Ergebnis benachrichtigt, damit sie diese beheben können. Wie auch in den folgenden Schritten findet bei der Code-Analyse zudem eine automatisierte Dokumentation statt.

Continuous Deployment (CD): Hat ein Softwarestand den ersten Prüfschritt absolviert, wird er an das Continuous Deployment-System weitergeleitet. Dieser Schritt spielt den neuen, verifizierten Code automatisiert auf allen relevanten Entwicklungs-, Test-, Integrations- und Produktivumgebungen ein. Dazu werden der Code und die skriptbasierten erzeugten Lieferdokumente zentral in einer Cloud-Lösung abgelegt. So lässt sich sicherstellen, dass alle Entwickler auf diese aktuelle Version zugreifen und nicht mit veralteten, lokal auf ihren Rechnern gespeicherten Ständen arbeiten.

Ergebnisse dieses automatisierten Auslieferungsprozesses sind Testprotokolle der statischen Code-Analyse sowie Funktionsdokumentationen. Bei Bedarf können diese Dokumente zudem für frühere Softwarestände erneut erzeugt werden.

Continuous Testing (CT): Eng verzahnt mit dem automatisierten Integrations- und Auslieferungsprozess erfolgt das Continuous Testing, welches den Fokus auf die funktionalen Tests legt. In diesem Schritt werden die Tests automatisiert durchgeführt, bspw. als Teilfunktions-, Integrations- oder Qualitätstests. Je nach geplantem Testumfang erfolgen die Tests unter Bedingungen wie Software-in-the-Loop, Hardware-in-the-Loop, Model-in-the-Loop oder Processor-in-the-Loop. Für mehr Informationen siehe Abschnitt 3.3.2. Um realitätsnahe Dynamikregelung testen zu können, finden oft verschiedene, spezifische Simulationsmodelle Anwendung. Neben der Nutzung dieser Simulationstools stellen Realdaten eine weitere wichtige Basis für effizientes Testen dar. Die Grundlage dafür können neben aufgezeichneten realen Testdaten auch zuvor generierte Simulationsergebnisse sein.

Am Ende stehen schließlich die Integration in das Robotiksystem oder Fahrzeug und der abschließende Gesamtfunktionstest. Die Verwendung durchgängiger Toolketten ermöglicht es, den in der Simulationsumgebung entwickelten Algorithmus in kürzester Zeit in ausführbare Software zu transformieren, die dann im nächsten Schritt direkt im Roboter oder Fahrzeug eingesetzt werden kann.

Die entwickelten Funktionen werden so im Gesamtsystem schneller testbar. Gerade wenn größere Teams an der Entwicklung der Automatisierungsfunktionen beteiligt sind, besteht eine große Notwendigkeit für die Verwendung von **Versions- und Konfigurationsmanagementsystemen**. Diese Systeme verwalten und labeln die entstehenden Arbeitsergebnisse. Solche Arbeitsergebnisse umfassen nicht nur Programme bzw. Quellcodes, sondern bspw. auch Lastenhefte, Release Notes, Testspezifikationen und -resultate. Die Notwendigkeit eines solchen Systems resultiert daraus, dass jeder Entwickler Arbeiten an seinem Rechner durchführt und andere Teammitglieder zeitgleich am selben Projekt arbeiten.

Hierbei ist eine **Datensynchronisierung** notwendig, ohne das bspw. gegenseitig einzelne Ergebnisse überschrieben werden. Außerdem ermöglicht das Konfigurationsmanagement die Rückverfolgbarkeit (engl.: Traceability) von einzelnen Arbeitsständen, sodass stets klar festgestellt werden kann, welcher (Software-)Stand in einer jeweiligen Applikation verwendet wird. Solch eine Konfiguration wird dabei in der ISO/IEC/IEEE 24765:2017 (Systems and Software Engineering – Vocabulary) näher bestimmt und umfasst folgende Dimensionen:

- Anordnung eines Computersystems oder einer Komponente, die sich durch die Anzahl, Art und Verbindungen seiner Bestandteile bestimmt
- funktionelle und physikalische Eigenschaften von Hardware oder Software, wie sie in technischen Dokumentationen festgehalten oder im Produkt verwendet werden
- Anordnung eines Systems oder Netzwerks, die sich durch die Art, Anzahl und Hauptmerkmale seiner Funktionseinheiten definiert
- Anforderungen, Entwurf und Implementierung, die eine bestimmte Version eines Systems oder einer Systemkomponente definieren
- Art und Weise, in der die Hard- und Software eines Informationsverarbeitungs-Systems organisiert und miteinander verbunden sind
- Sammlung von Objekten, die an Schnittstellen interagieren können

Moderne Konfigurationsmanagementsysteme tragen nicht nur Sorge dafür, dass jeder Entwickler mit den aktuellen bzw. den gewünschten Versionen (Versionsmanagement) der entwickelten Automatisierungsfunktion arbeitet, sondern beinhalten auch Änderungs-, Release- und Build-Management.

Versionsverwaltungs-/Versionskontrollwerkzeuge dienen dazu, den Überblick über den Quellcode-Verlauf zu wahren. Wichtige Bestandteile und Grundfunktionen von modernen Versionskontrollsystemen sind im Folgenden aufgelistet:

Repository: Das Repository ist der Datenablageort für das zu versionierende Projekt inkl. aller Unterverzeichnisse.

Trunk/Main/Master: Der Trunk- auch Master-Branch oder Main-Branch ist der Hauptentwicklungszweig in dem Projekt bzw. der Funktion.

Branch: Verzweigung zu einer neuen Version, sodass mehrere Versionen in einem Projekt weiterentwickelt werden können.

Merge: Merging beschreibt das Zusammenführen von Änderungen eines Branches in einen anderen.

Fork: Bezeichnet einen Abzweig in eine neue oder unabhängige Versionsverwaltung.

Tag: Um einen bestimmten Stand zu kennzeichnen, werden Tags verwendet. Diese stellen einen im Allgemeinen frei wählbaren Bezeichner dar.

Commit: Die Änderungen an Dateien werden in einem Branch als Commit gespeichert.

Push: Ein Push aktualisiert das Repository mit lokalen Commits. Der Push überträgt die in einem lokalen Branch vorgenommenen Änderungen in ein Repository.

Pull: Der Pull wird verwendet, um Inhalte aus einem Repository abzurufen, herunterzuladen und das lokale Repository sofort zu aktualisieren.

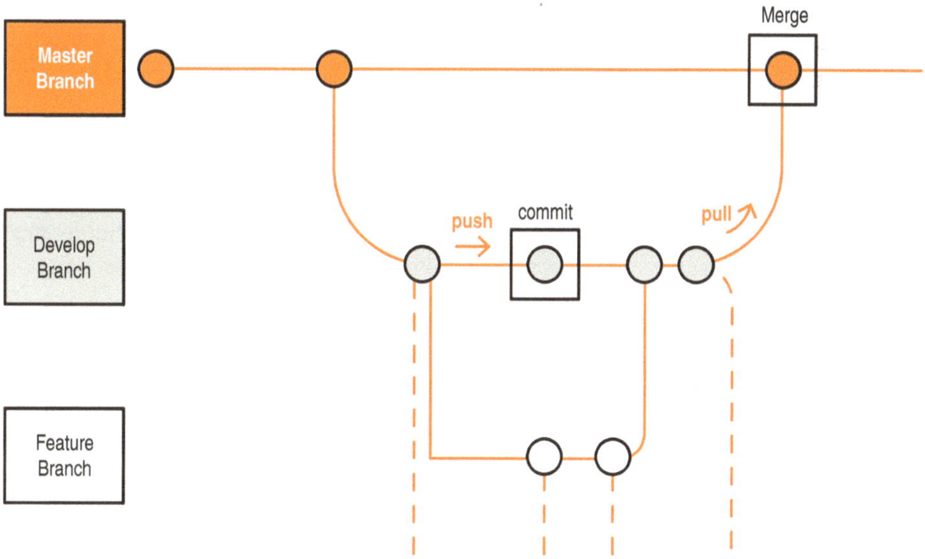

Bild 3.12 Beispielhafte Darstellung einer Branch-Struktur

Bild 3.12 verdeutlicht eine beispielhafte Branch-Struktur. Es zeigt, dass im Allgemeinen keine Weiterentwicklungen direkt im Hauptstrang erfolgen. Stattdessen wird ein Develop-Branch abgezweigt, von dem wiederum ein Feature-Branch abgezweigt wird.

In diesem Feature-Branch wird dann, wie der Name bereits vermuten lässt, eine neue Funktionalität entwickelt. Solch eine Funktionalität kann dabei je nach Projekt durchaus signifikant variieren. So können kleine Anpassungen (wie z.B. kleine Anzeigeänderungen) oder umfangreiche funktionale Erweiterungen, in solchen Feature-Branches entwickelt werden. Bevor diese Entwicklungen zurück in den Develop- oder Master-Branch „gemerged" werden, müssen die Änderungen getestet bzw. validiert werden. Dabei wird sukzessive mit Integration der neuen Funktionalität ins Gesamtsystem dem V-Modell aus Bild 3.1 gefolgt.

Git: Eines der am weitesten verbreiteten Versionsmanagementsysteme ist Git, welche sowohl im Open-Source wie auch im kommerziellen Bereich häufig über Plattformen wie GitHub, GitLab oder BitBucket eingesetzt wird. ■

3.3 Sicherheitsanalyse und Testverfahren

Einer der zentralsten Aspekte bei der Entwicklung von Automatisierungslösungen für Fahrzeuge sowie Service- und Industrieroboter beschäftigt sich mit der Sicherheitsanalyse und entsprechenden Testverfahren. Der Grund hierfür ist, dass Fehlfunktionen von automatisierten Fahrzeugen oder Robotern sehr schnell zu Unfällen und damit ggf. zur Gefährdung menschlichen Lebens führen können. Im Folgenden werden sowohl das grundlegende Vorgehen bei der Sicherheitsanalyse von automatisierten Systemen exemplarisch skizziert, als auch häufig verwendete Testverfahren vorgestellt.

3.3.1 Funktionale Sicherheit

Bei der Automatisierung von Fahrzeugen und Robotern spielt das Thema der Sicherheit eine zentrale Rolle. Die folgenden Ausführungen lehnen sich an die VDI-EE-Richtlinie 4020 an. Bevor wir uns tiefgehender diesem Thema zuwenden, wollen wir folgende Notation festlegen.

Korrektheit: Bezeichnung für die Erfüllung einer Spezifikation. Erfüllt bspw. das System die im Lasten-/Pflichtenheft spezifizierten Eigenschaften?

Zuverlässigkeit: Ist die Fähigkeit des Systems, unter vorgegebener Zeitdauer und zulässigen Betriebsbedingungen die spezifizierte Funktion zu realisieren. Eine typische Frage aus diesem Bereich ist: Wie lange arbeiten einzelne Komponenten bei Normalbetrieb?

Fehlertoleranz: Bezeichnet die Fähigkeit eines Systems, bei Störungen den Prozess noch weiter betreiben zu können. Für die Fehlertoleranz muss zunächst ein Fehler erkannt werden (z. B. CRC-Prüfsumme) und es muss Zusatzsysteme geben, um den Einfluss des Fehlers zu beseitigen (z. B. Redundante Systeme).

(Gesamt-)Sicherheit: Beschreibt das Fehlen einer unakzeptablen mittelbaren oder unmittelbaren Gefährdung von Mensch, Umwelt oder Sachgütern. Sicherheit beschreibt somit die Freiheit von unvertretbaren Risiken.

Funktionale Sicherheit: Die funktionale Sicherheit (FuSi) umfasst den Teil der Gesamtsicherheit, der von konkreten Funktionen eines sicherheitsrelevanten Systems und anderer risikomindernder Maßnahmen abhängt. Kann ein Fehler einer Funktion eine Gefährdung verursachen, dann ist diese Funktion als sicherheitsrelevant einzustufen. Eine typische Frage aus diesem Bereich ist: Was tun bei Systemausfall? Ziel ist das Erlangen eines sicheren Zustands im Fehlerfall/Schadensfall.

Sicherer Zustand: Je nach Anwendung ist die Festlegung des sicheren Systemzustandes eine anspruchsvolle Aufgabe. Verwenden wir bspw. einen mobilen Roboter, welcher mit unter 6 km/h Zustellaufgaben auf Fußwegen erledigt, dann könnte der sichere Zustand als abruptes Stehenbleiben des Fahrzeuges in jeglichem Fehlerfall festgelegt werden. Entwickeln wir ein selbstfahrendes Auto, welches auf Autobahnen fährt, dann sollte hier der sichere Zustand anders gewählt werden, da beim abrupten Stehenbleiben eine enorme Gefahr für Auffahrunfälle entstehen würde. ■

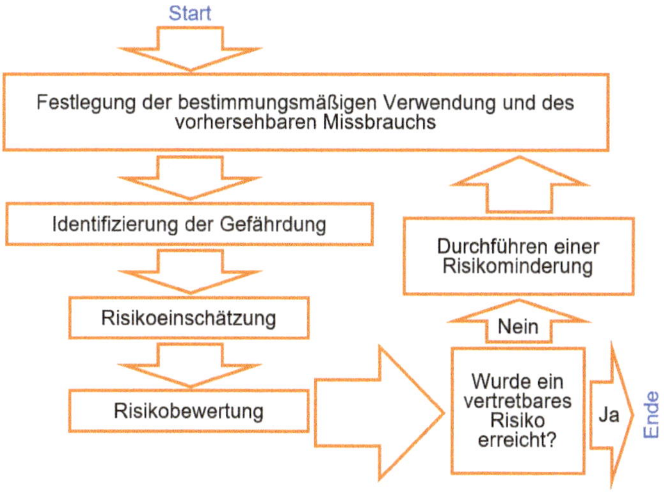

Bild 3.13 Vorgehen zur Umsetzung der funktionalen Sicherheit

In den folgenden Betrachtungen konzentrieren wir uns auf das Feld der funktionalen Sicherheit, denn meist ist es beim Entwurf von Automatisierungssystemen gefordert, Aspekte der funktionalen Sicherheit zu berücksichtigen. Zur Umsetzung wichtiger Aspekte der funktionalen Sicherheit kann das in Bild 3.13 skizzierte Vorgehen Anwendung finden. Hierbei starten wir mit der Festlegung der bestimmungsmäßigen Verwendung und des vorhersehbaren Missbrauchs des Automatisierungssystems. Diese Festlegungen sind dem Lasten- und dem Pflichtenheft zu entnehmen. Darauf folgt die Identifizierung möglicher Gefährdungen und deren Risikoeinschätzung und -bewertung. Ein mögliches Vorgehen zur Umsetzung der **Risikobeurteilung** ist Bild 3.14 zu entnehmen.

Um das mögliche Risiko eines Fehlerfalls zu bewerten, betrachten wir die nachfolgenden Fragen. Je nachdem wie die Einzelantworten ausfallen, kann anschließend eine Kennzahl zur Risikobewertung ermittelt werden (**Safety Integrity Level**, kurz: SIL – um so höher das Safety Integrity Level, desto höher sind die Anforderungen an die sicherheitsgerichteten Designprinzipien, die eingehalten werden müssen). Diese Kennzahl ist ein Kernelement der in Bild 3.14 dargestellten Risikobeurteilung. Für alle sicherheitsrelevanten Funktionen des automatisierten Systems muss eine Risikobewertung durchgeführt werden.

Schwere der Verletzung:

S1: Leicht (üblicherweise reversible Verletzung)

S2: Mittel

S3: Schwer

S4: Sehr schwer (üblicherweise irreversible Verletzung)

Häufigkeit und/oder Dauer der Gefährdung:

D1: Selten und/oder kurze Dauer der Exposition

D2: Öfter und/oder kurze Dauer der Exposition

D3: Häufig und/oder lange Dauer der Exposition

D4: Dauernd und/oder lange Dauer der Exposition

Möglichkeiten zur Vermeidung der Gefährdung:

V1: Einfach möglich

V2: Möglich unter bestimmten Bedingungen

V3: Schwierig möglich

V4: Kaum möglich

Bewertungsmöglichkeiten des Sicherheitszieles:

- Wenig kritischer Arbeitspunkt
- Zusätzliche Maßnahmen erforderlich
- Maßnahmen sind bezugnehmend auf das zutreffende Risiko überdimensioniert

Für die **Einfluss- und die Systemzuverlässigkeitsanalyse**, welche im Rahmen der Risikobeurteilung in Bild 3.14 dargestellt sind, werden oft **Fehlerbaumanalysen** durchgeführt. Fehlerbäume stellen grafisch den Zusammenhang zwischen Ereignissen (bspw. Systemausfall) und deren Ursachen (bspw. Störung und Komponentenausfall) dar. Hierbei können Ereignisse auch mehr als eine Ursache haben, welche entweder einzeln oder erst in Kombination das Ereignis auslöst. Zur Erstellung von Fehlerbäumen wird oft ein Top-Down-Vorgehen realisiert. Somit werden für ein bekanntes Ereignis mögliche Ursachen (bspw. Komponentenausfall) ermittelt:

- Festlegung des Top-Ereignisses (bspw. Systemausfall als Ausgangsereignis)
- Ermittlung der Ursachen (bspw. Teilsystemausfall als Eingangsereignis)
- Festlegung der Verknüpfungen der Eingangsereignisse (mittels „und"- bzw. „oder"-Verknüpfung) mit dem Ausgangsereignis
- Darstellung der Verknüpfung in Form eines Fehlerbaums
- Festlegung der Wahrscheinlichkeiten für jedes Eingangsereignis
- Berechnung der Wahrscheinlichkeit des Top-Ereignisses

Analog kann auch mittels eines Bottom-Up-Vorgehens ein Fehlerbaum erstellt werden. Hierbei werden zu bekannten Vorfällen (Komponentenausfall) die resultierenden Ereignisse ermittelt.

Wie Bild 3.14 darstellt, kann final auf Basis der Einfluss- und Systemzuverlässigkeitsanalyse sowie der Risikobewertung ein Sicherheitskonzept abgeleitet werden. Das Sicherheitskonzept definiert die in der jeweiligen Teilfunktion des Automatisierungssystems umzusetzenden Sicherheitsanforderungen. Das Sicherheitskonzept kann entweder software- oder hardwareseitig umgesetzt werden. Bevor jedoch die Umsetzung des Sicherheitskonzeptes erfolgt, wird geprüft welche Zuverlässigkeit, welches Risiko und welche Fehlertoleranz nach Implementierung der Sicherheitsanforderungen bestehen und ob diese vertretbar sind, siehe Bild 3.15. Falls das Ergebnis nicht zufriedenstellend ist (trifft nicht korrekt die Anforderungen im Lastenheft), startet ein iterativer Prozess zur Risikominimierung inkl. Verschärfung des Sicherheitskonzeptes.

Die Umsetzung eines **Sicherheitskonzeptes** kann bspw. auf Basis von Zuverlässigkeitsblockdiagrammen erfolgen. Diese Blockdiagramme werden aus der Systemarchitektur des Automatisierungssystems abgeleitet und bilden eine abstrahierte Darstellungsform (Blockschaltbild mit grafischer Darstellung des Ausfallverhaltens einer Anlage). Auf Basis dessen kann dann die Berechnung der Systemzuverlässigkeiten erfolgen.

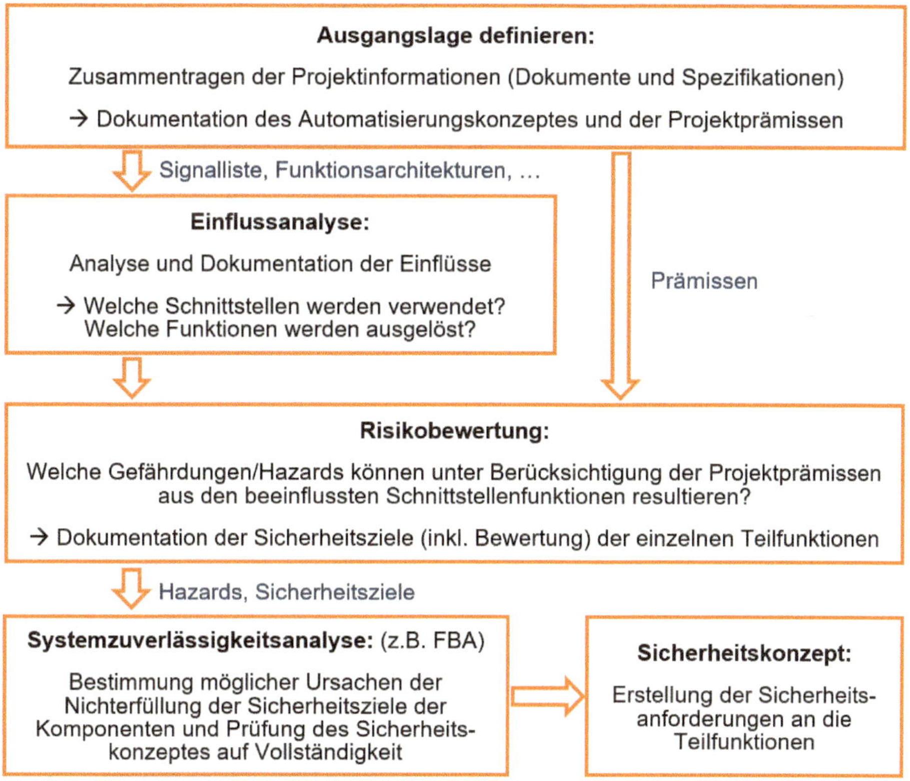

Bild 3.14 Vorgehen zur Umsetzung der Risikobeurteilung

Die Zuverlässigkeitsblockdiagramme zeigen, wie einzelne sicherheitskritische Software- oder Hardware-Komponenten miteinander verschaltet sind. Je nach Verschaltungsart lassen sich anschließend relevante Kennzahlen des Systems berechnen, wie die Zuverlässigkeit, die Ausfallrate, die mittlere Lebensdauer und die **Ausfallwahrscheinlichkeit**. Sind bspw. n sicherheitskritische Komponenten mit jeweils der Zuverlässigkeit R_i in Reihe geschaltet, so ergibt sich

$$R_R(t) = \prod_{i=1}^{n} R_i \quad \text{(mindestens eine Komponente fällt aus} \rightarrow \text{Gesamtsystem fällt aus)}$$

als Zuverlässigkeit für das Gesamtsystem. Im Fall einer Parallelschaltung ergibt sich

$$R_P(t) = 1 - \prod_{i=1}^{n} (1 - R_i) \quad \text{(alle Komponenten fallen aus} \rightarrow \text{Gesamtsystem fällt aus).}$$

Somit wird leicht ersichtlich, dass bspw. durch Änderung der Verschaltungsart der sicherheitskritischen Komponenten die funktionale Sicherheit des Systems stark erhöht werden kann (Ergebnis: Sicherheitskonzept verschärft, Risiko gemindert).

Beispiel 3.3 (Sicherheitskonzept). Im vorliegenden Beispiel wollen wir das Vorgehen zur Erstellung eines Sicherheitskonzeptes für einen mobilen Logistikroboter skizzieren. Grundannahme dafür ist, dass es sich um einen Roboter handelt, welcher mit weniger als 6 km/h auf Fußwegen operiert. Der Roboter kann sowohl im automatisierten als auch im manuellen Modus (ferngesteuert) betrieben werden. Als erster Schritt müssen die im Betrieb auftretenden Szenarien (inkl. Prämissen und Annahmen) definiert werden. Wie zuvor dargestellt, gehen wir von zwei Betriebsszenarien aus:

Automatisches Fahren: auf Fußwegen innerorts, $v \leq 6$ km/h

Manuelles Fahren: auf Fußwegen innerorts, $v \leq 6$ km/h, Fahrender muss jederzeit das Fahrzeug unverzüglich stoppen können

Die einzelnen Szenarien werden anschließend in zu betrachtende Funktionsparameter aufgeteilt. So muss ermittelt werden:

- Welche Funktionsbausteine jeweils für das automatisierte und das manuelle Fahren beteiligt sind?
- Mittels welcher Teilfunktionen diese Fahrfunktionen realisiert werden?
- Welche Stellgrößeneingriffe von der jeweiligen Teilfunktion vorgenommen werden? So gibt bspw. die automatisierte Querführung des Fahrzeuges die Winkelbeschleunigung und die automatisierte Längsführung die Linearbeschleunigung des Fahrzeuges vor.

Betrachten wir im Folgenden das automatisierte Fahren etwas genauer. Um konkrete Sicherheitsziele festzulegen, muss zuvor das Gefährdungspotenzial samt Auswirkungen und Gefährdungsbeurteilung bestimmt werden. Hierfür betrachten wir beispielhaft fünf Gefährdungspotenziale im Rahmen der Gefahrenanalyse:

Verlassen der vorgegebenen Route:

- Auswirkung: Kollision mit Fahrzeugen, Personen, Tieren, Gegenständen
- Gefährdungsbeurteilung: D4, S2, V3 → bspw. SIL 4
- Sicherheitsziel: Verlassen der vorgesehenen Route muss vermieden werden

Kein automatisches Stoppen vor einem Hindernis:

- Auswirkung: Kollision mit Personen, Tieren oder Gegenständen
- Gefährdungsbeurteilung: D4, S2, V2 → bspw. SIL 3
- Sicherheitsziel: Hindernisse müssen vermieden werden

Kein Blinken beim Überholen oder Abbiegen:

- Auswirkung: Kollision mit Personen
- Gefährdungsbeurteilung: D4, S1, V1 → bspw. SIL 2
- Sicherheitsziel: Fehlendes Blinken beim Überholen oder Abbiegen muss vermieden werden

Blinken auf falscher Seite des Roboters beim Überholen oder Abbiegen:

- Auswirkung: Kollision mit Personen
- Gefährdungsbeurteilung: D4, S1, V1 → bspw. SIL 2
- Sicherheitsziel: Blinken auf der falschen Seite beim Überholen oder Abbiegen muss vermieden werden

Fehlerhaftes (unangefordertes) Blinken ohne Überholen oder Abbiegen:

- Auswirkung: Irritationen von Personen
- Gefährdungsbeurteilung: D4, S0, V0 → bspw. SIL 1
- Sicherheitsziel: Fehlerhaftes Blinken muss vermieden werden

Im Anschluss müssen die Sicherheitsziele in Sicherheitsanforderungen der Einzelkomponenten übersetzt werden. Auch hier müssen wir wieder betrachten, auf welcher Hardware- und Software-Komponente die einzelnen Fahrfunktionen realisiert werden, bspw. mittels eines Zuverlässigkeitsblockdiagramms. Oft finden im Rahmen dessen auch Fehlerbaumanalysen statt. Dabei werden die logischen Verknüpfungen von Teilsystemausfällen ermittelt, welche zu einer Gefährdung führen können, siehe Bild 3.15.

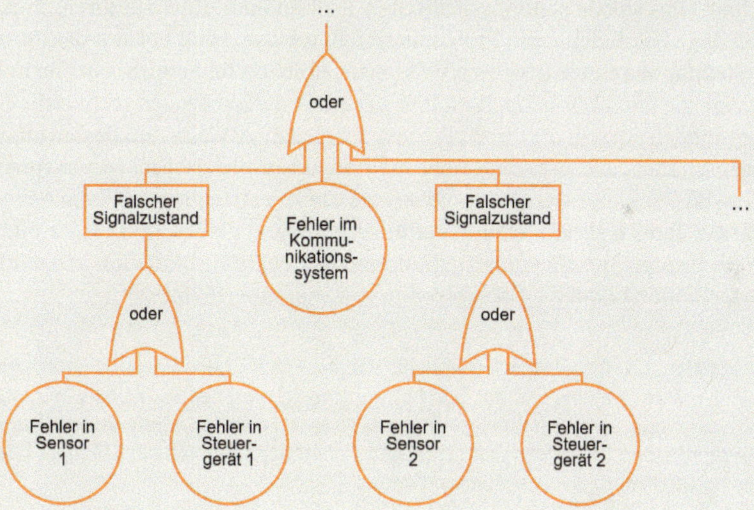

Bild 3.15 Exemplarischer Fehlerbaum

So ergeben sich aus den Sicherheitszielen konkrete Anforderungen an Hardware (bspw. Sensorik sowie Rechenhardware) und Software (bspw. Algorithmen auf der Rechenhardware). Um der Anforderung an das Ausfallrisiko der beteiligten Sensorik gerecht zu werden, können bspw. redundante Sensoren verwendet werden. Je nachdem wie diese Sensoren verschaltet sind und wie deren Sensordaten in die Algorithmen eingehen, kann (entsprechend der Gleichung zur Ermittlung der Zuverlässigkeit R_i) das zu erreichende Ausfallrisiko berechnet werden. Die Erstellung des Sicherheitskonzeptes schließt mit organisatorischen Anmerkungen zu Betrieb und Wartung ab. ■

3.3.2 Simulation und Test

Welche Methoden und Werkzeuge zur virtuellen simulationsbasierten Funktionsentwicklung und Absicherung eingesetzt werden und wie sich diese in den Entwicklungsprozess anspruchsvoller Automatisierungsfunktionen eingliedern, beschreibt der folgende Abschnitt.

Grundlagen der Simulationstechnik

Simulatoren haben in vielen technischen Bereichen unseres Lebens Einzug gehalten. Zur Ausbildung von Pilot:innen, Autofahrenden und Schiffsführenden sind Flug-, Fahr- und Schiffsimulatoren Standardwerkzeuge. Ebenso werden Kraftwerks- oder Chemieanlagensimulatoren zur Ausbildung von Kraftwerks- oder Anlagenpersonal verwendet. Ferner finden Wettervorhersagen mittels Wettersimulatoren statt. Wir wollen hier Simulatoren im Entwicklungs- oder Verifikationsprozess betrachten. Daher beschreiben wir im folgenden Abschnitt die Grundlagen der Simulationstechnik: Was sind Simulationen und warum finden diese verstärkt Anwendung? Darauf aufbauend wird im Detail erläutert, wie sich das Vorgehen zur Simulationserstellung gestaltet.

Unter Simulationen verstehen wir **Experimente in virtuellen Umgebungen**, welche im Rechner durchgeführt werden. Sie werden daher auch als semiphysikalische Experimente bezeichnet. Um solche semiphysikalischen Experimente durchzuführen, muss zuerst ein Modell des zu simulierenden Problems erstellt werden. Hierbei kann der Prozess eine Aufgabenstellung aus einem beliebigen wissenschaftlichen Teilbereich sein (Technik, Wirtschaft, Soziologie etc.). Wir betrachten hier natürlich anlassbezogen technische Systeme. Das Prozessmodell abstrahiert diesen Prozess auf geeignete Weise, um dessen charakteristische Eigenschaften, insbesondere über mathematisch-physikalische Zusammenhänge, abzubilden. Im Simulator werden anschließend die so entstehenden Modelle implementiert, sodass er danach als virtueller Experimentierapparat dienen kann, siehe Bild 3.16. In der Literatur werden verschiedene Definitionen des Begriffs Simulation verwendet. Eine etablierte Definition bildet die Nachfolgende von Shannon (1975).

Definition 3.4 (Simulation). Simulation ist der Prozess des Entwurfs eines Modells eines realen Systems und der Durchführung von Experimenten mit diesem Modell, um entweder das Verhalten des Systems zu verstehen oder um verschiedene Strategien für den Betrieb des Systems zu erzeugen (innerhalb der durch ein Kriterium oder eine Reihe von Kriterien vorgegebenen Grenzen). ■

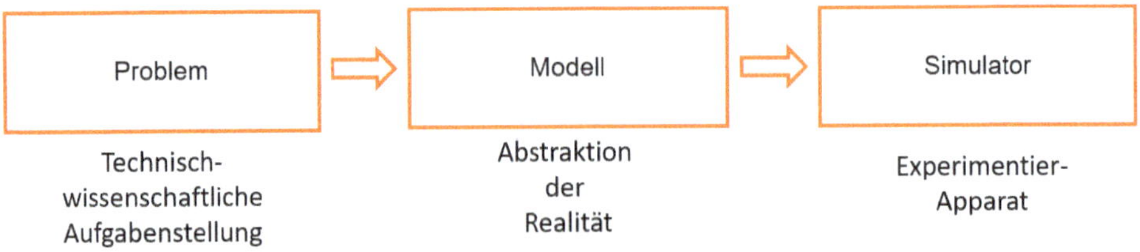

Bild 3.16 Zusammenhang: Problem, Modell und Simulation

Dieser Definition entsprechend basiert eine Simulation auf dem Modell eines realen Systems. Die mit diesem Modell durchgeführten Experimente dienen im wesentlichen zwei Zielen. Einerseits werden Simulationen verwendet, um Systemverhalten zu verstehen. Diesen Anwendungsfall finden wir häufig bei der Analyse natürlicher Systeme. Andererseits steht bei technischen Systemen häufig der Design-Aspekt im Vordergrund. Es werden dabei unterschiedliche Konfigurationen von Parametern oder Realisierungsmöglichkeiten untersucht.

Die Antworten auf die Frage, warum Simulationen sich solch **weiter Verbreitung** erfreuen, gestalten sich sehr vielfältig. Bezogen auf unser Fachgebiet lässt sich festhalten, dass sich die Entwicklung neuer Technologien unter Zuhilfenahme von Simulationen als deutlich einfacher, schneller, wirtschaftlicher und gefahrloser darstellt. In welcher konkreten Form Simulationen eingesetzt werden können, um Robotiksysteme oder automatisierte Fahrfunktionen zu testen wird nachfolgend dargestellt.

Vorgehen bei der Simulationserstellung

Im Folgenden wollen wir den Fokus auf die Simulationserstellung legen. Hierzu ist das prinzipielle Vorgehen beim Umgang mit Simulationen Bild 3.17 zu entnehmen.

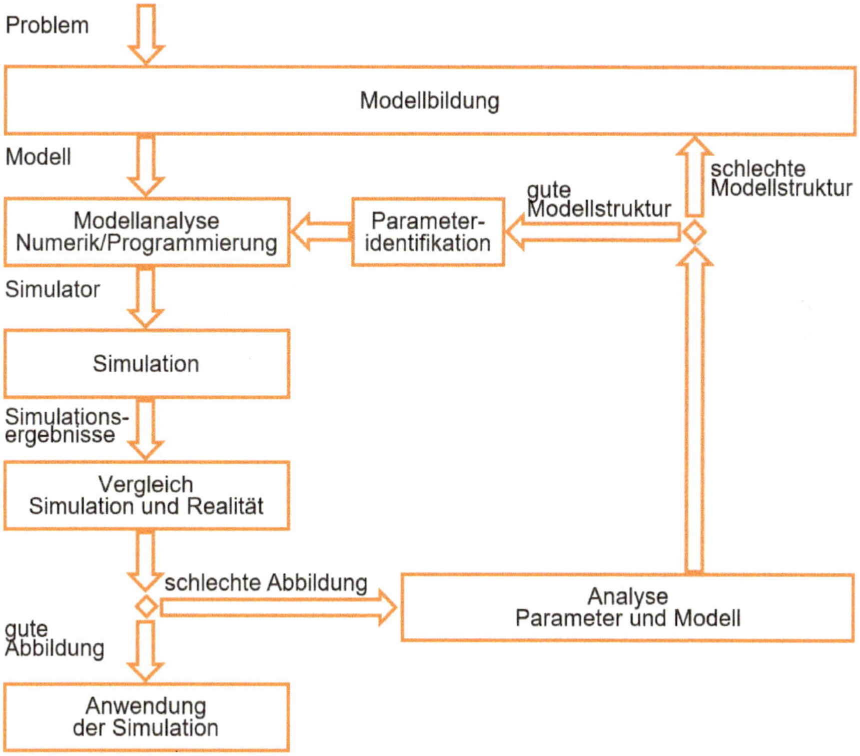

Bild 3.17 Vorgehensmodell bei der Simulation

Wichtige Arbeitsschritte beim Umgang mit Simulationen sind im Folgenden beschrieben.

Modellbildung: Bei der Modellbildung wird das reale System zielgerichtet durch Abstraktion vereinfacht. Generell kann die Modellbildung auf Basis von zwei Abstraktionsschritten erfolgen:

- **Strukturelle Abstraktion:** Identifikation abgrenzbarer Teile und ihrer Verknüpfungen im betrachteten System (Fokus: qualitatives Wissen)
- **Phänomenologische Abstraktion:** Identifikation der physikalischen, chemischen oder biologischen Vorgänge, welche in den Teilsystemen und deren Verknüpfungen ablaufen (Fokus: quantitatives Wissen)

Das Ergebnis der Modellbildung sind in unserem Fall meist Sätze von (Differential-) Gleichungen, welche die Dynamik des zu modellierenden Systems beschreiben. Ein realer Prozess kann dabei allerdings durch unterschiedliche Modelle abgebildet werden, je nachdem welche Eigenschaften das Modell nachbilden bzw. analysieren soll.

Modellanalyse/Numerik/Programmierung:

- **Modellanalyse:** Eigenschaften des (mathematischen) Modells verstehen, um die Gleichungen geschickt aufstellen zu können und das richtige Verfahren zur Lösung der Gleichungen auszuwählen
- **Numerik:** Auf Basis der Modellanalyse können geeignete numerische Verfahren zur Lösung der Modellgleichungen gewählt werden (analytische Lösungen sind fast nie möglich, stattdessen werden zumeist numerische Näherungslösungen verwendet).
- **Programmierung:** Implementierung des Modells und ggf. des numerischen Lösungsverfahrens in eine Simulationssoftware. Dabei kann im Allgemeinen auf angepasste Sprachen und Werkzeuge zurückgegriffen werden.

Simulation: Durchführen der semiphysikalischen Experimente, idealerweise auf Basis einer Teststrategie

Vergleich Simulationsergebnis/Realität: Kritische Bewertung der Simulationsergebnisse im Vergleich zur Realität bzw. zu realen Messungen. Hierbei können Mess- und Modellfehler sowie unterschiedliche Randbedingungen zu Abweichungen führen. Modellfehler können sowohl aus struktureller Abstraktion (Zahl und Aufbau der Gleichungen) oder aus phänomenologischer Abstraktion (Aufbau der Gleichungen und Parameter) resultieren. Da somit eine exakte Übereinstimmung zwischen Simulation und Realität im Allgemeinen nicht gegeben ist, ist das Ziel dieser Bewertung zu überprüfen: Liegen die Unterschiede zwischen den Simulationsergebnissen und der Realität in gegebenen und anwendungsabhängigen Grenzen?

Analyse Parameter/Modell: Sollte sich beim Abgleich zwischen Simulation und Realität zeigen, dass die Simulation nur ein schlechtes Abbild der Realität darstellt und die Abweichungen größer sind, als es die Anwendung erlaubt, so muss das Modell überarbeitet werden. Dazu wird in diesem Schritt eruiert, ob lediglich die gemessenen oder angenommenen Modellparameter schlecht gewählt sind oder ob die Modellstruktur schlecht gewählt ist. Im ersten Fall müssen die Parameter erneut identifiziert werden (siehe nächster Schritt). Im zweiten Fall hingegen wird erneut mit der Modellbildung gestartet. Dabei werden nun zuvor nichtmodellierte Effekte oder hochfrequente Dynamiken mit modelliert, um so eine bessere Abbildung der Realität zu erzeugen.

Parameteridentifikation: Die Identifikation umfasst Methoden zur gezielten Bestimmung von Modellparametern, welche in den mathematischen Prozessbeschreibungen und den implementierten Codes der Simulation enthalten sind. Oft basieren diese Methoden auf der Anwendung von Optimierungsverfahren, welche durch gezielte Parametervariation den Unterschied zwischen den Ergebnissen von Simulation und realen Messungen minimieren, vgl. Abschnitt 5.2.

Anwendung des Simulators: Simulatoren werden im OFF-LINE-Bereich zur Vorhersage des Verhaltens / der Bewertung während des Entwurfs eines Systems verwendet. Im ON-LINE-Bereich werden sie zum Training des Bedienungspersonals und zur Vorhersage von Szenarien zur Analyse von Betriebseingriffen eingesetzt.

Methoden der Systemverifizierung

Parallel zur Entwicklung anspruchsvoller Automatisierungsfunktionen findet im Allgemeinen eine (z.T. simulationsbasierte) Verifizierung und Absicherung dieser Funktionen statt. Dabei werden oft folgende Leistungsmerkmale überprüft:

Funktionalität des Testobjekts beschreibt, dass es beim Einsatz unter spezifizierten Bedingungen festgelegte und vorausgesetzte Erfordernisse erfüllt.

Robustheit des Testobjekts beschreibt, dass es angemessen auf Defekte, Fehlerzustände, Missbrauch, Umgebungseinflüsse sowie Stress- und Lastsituationen reagiert.

Benutzbarkeit des Testobjekts beschreibt, dass es unter spezifizierten Bedingungen für die Nutzer verständlich, erlernbar, anwendbar und attraktiv ist.

Funktionale Performance des Testobjekts beschreibt, dass Zeitpunkt und Ausprägung der Systemausgänge (Beschleunigung, Verzögerung, Schaltverhalten, Bremsverhalten, Geräuschentwicklung, Ruckempfinden, Warnzeitpunkte etc.) für die Nutzer angenehm und valide dargestellt werden.

Funktionale Sicherheit des Testobjekts beschreibt, dass es die definierten Sicherheitsanforderungen und Sicherheitsziele erfüllt.

Gerade bei Systemen mit einem hohen Automatisierungsgrad (bspw. mit einem hohen SAE Level) nimmt die Verifizierung eine zentrale Rolle bei der Entwicklung der Automatisierungsfunktionen ein. In diesem Themenfeld orientiert sich das Vorgehen oft an den beiden Standards ISO 26262 und ISO 21448. Die Systemverifizierung ist auch entscheidend, um eine Zulassung des automatisierten Gesamtsystems zu erlangen. Hierbei ist nachzuweisen, dass alle für das jeweilige System geltenden Normen und sonstige (sicherheitskritische) Anforderungen erfüllt sind. Zentraler Untersuchungspunkt ist somit: Alle kritischen Szenarien, die auftreten können, identifizieren und mit geeigneten Werkzeugen nachzuweisen, dass das Automatisierungssystem sich in diesen Situationen zuverlässig, robust und sicher verhält. Oft verwendete Testwerkzeuge werden in den kommenden Steckbriefen dargestellt, in Anlehnung an die VDI-Richtlinie 3693-1. Hierbei muss beachtet werden, dass die Testergebnisse konsistent und zwischen den Teststufen und -werkzeugen übertragbar sein müssen. Zur Bewertung der einzelnen Tests finden oft **Key Performance Indicators** (KPIs) Anwendung. Diese müssen aus den Anforderungen und verfügbaren Testumgebungen resultieren. Zudem sollte nach Möglichkeit ein zentrales automatisiertes Testmanagement verwendet werden. Dies ermöglicht kontinuierliches Testen und ist Grundlage für kontinuierliche Integration. Zusammen mit einer spezifischen Anforderungsstruktur und einen spezifischen Anforderungsstil wird somit die bspw. im Abschnitt 3.1.3 erläuterte Agile Entwicklung stark unterstützt. Die zuvor erläuterten Entwicklungsmethoden sollen als ein durchgängiger, voll integrierter Prozess verstanden werden.

MiL-Test

Umfasst Teile der Zielsoftware

Pro
Softwarefehler können identifiziert werden

Contra
Aussagen bzgl. Gesamtsoftware nicht möglich

Anwendung
Entwickler- und Komponententests

Ziel

Die Aufgabe des **Model-in-Loop (MiL)-Tests** besteht darin, das Modell, welches die entwickelte Automatisierungslösung abbildet, zu verifizieren. Somit sollen Logikfehler im Modell aufgedeckt werden.

Funktionsweise

Zur Realisierung solcher Tests muss neben der Automatisierungsfunktion auch ein Simulationsmodell verwendet oder entwickelt werden, welches die charakteristischen Eigenschaften des zu automatisierenden Systems abbildet. Funktionstests, welche sowohl den Algorithmus der Automatisierungsfunktion als auch ein Simulationsmodell des zu automatisierenden Systems umfassen, werden MiL-Tests genannt.

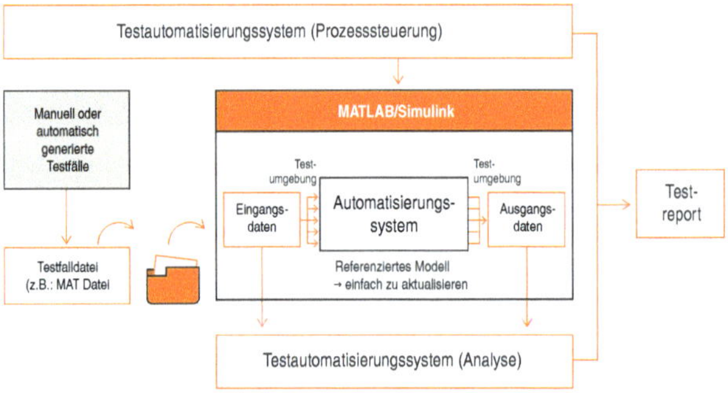

Bild 3.18 Schematischer Aufbau eines MiL-Tests

Diese Teststufe kann in verschiedenen Ausprägungen durchgeführt werden:

- Open-Loop mit künstlich erzeugten Eingangsdaten
- Open-Loop mit Messdaten vergangener Testfahrten als Eingangsdaten
- Closed-Loop unter Verwendung von Simulationswerkzeugen

Beispiel

MiL-Tests werden bspw. verwendet, um Vorzeichenfehler in den Algorithmen zur Fahrzeugquerführung und -längsführung zu identifizieren. MiL-Tests haben hierbei den Vorteil, dass Fehler im Algorithmus identifiziert werden können, bevor die spätere Codegenerierung stattfindet.

Ziel

Der **Software-in-Loop (SiL)-Test** schließt sich an den MiL-Test an. Somit liegt der Algorithmus nicht länger als (bspw. Simulink-)Modell vor, sondern als (bspw. C) Code. Somit ist Aufgabe dieser Teststufe nicht das Aufdecken von Logikfehlern im Algorithmus. Vielmehr soll herausgefunden werden, ob die Automatisierungsfunktion in einen Code umgewandelt werden kann und ob das Ein-/Ausgangsverhalten des Systems, im Vergleich zum vorhergehenden MiL-Test, unverändert ist.

Funktionsweise

Ähnlich zum MiL-Test besteht auch die SiL-Testumgebung weiterhin aus einem Simulationsmodell des zu automatisierenden Systems. Jedoch wird beim SiL-Test der Algorithmus für die Automatisierungsfunktion durch den finalen (ggf. automatisch generierten) Programmcode ersetzt.

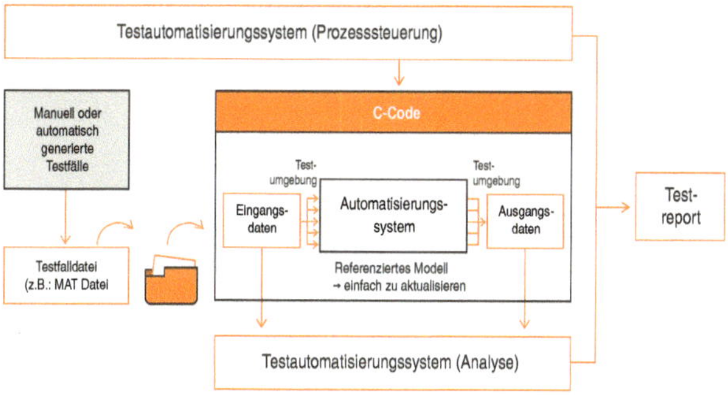

Bild 3.19 Schematischer Aufbau eines SiL-Tests

- Open-Loop mit künstlich erzeugten Eingangsdaten
- Open-Loop mit Messdaten vergangener Testfahrten als Eingangsdaten
- Closed-Loop unter Verwendung von Simulationswerkzeugen

Beispiel

SiL-Tests werden bspw. eingesetzt, um die Funktionsfähigkeit des Zusammenspiels zwischen dem MPC-Algorithmus zur Fahrzeugführung und den eingebetteten Bibliotheken zur Online-Optimierung zu überprüfen. Diese Tests dienen somit dazu, dass Fehler aufgedeckt werden, bevor aufwendige Exporte der Codes auf Zielsteuergeräte stattfinden.

SiL-Test

Umfasst Zielsoftware

Pro
Softwarefehler können identifiziert werden

Contra
Softwareframework muss vorhanden sein

Anwendung
Komponenten- und Integrationstests

PiL-
Test

Umfasst Zielsoftware und Zielhardware

Pro
Hardwarefehler können identifiziert werden

Contra
Zielhardware muss vorhanden sein, relativ aufwendig

Anwendung
Komponenten- und Integrationstests

Ziel

Der **Processor-in-Loop (PiL)-Test** ist eine Unterform des nachfolgend beschriebenen Hardware-in-Loop (HiL)-Tests. Mithilfe des PiL-Tests kann feststellt werden, ob der Prozessor oder das FPGA-Board in der Lage ist, die entwickelte Automatisierungslogik und auch deren konkrete Implementierung auszuführen.

Funktionsweise

Beim PiL-Test wird der Automatisierungsalgorithmus auf einen Embedded-Prozessor oder ein FPGA-Board übertragen und eine Closed-Loop-Simulation bestehend aus simulierten Automatisierungssystem und seiner simulierten Umgebung durchgeführt.

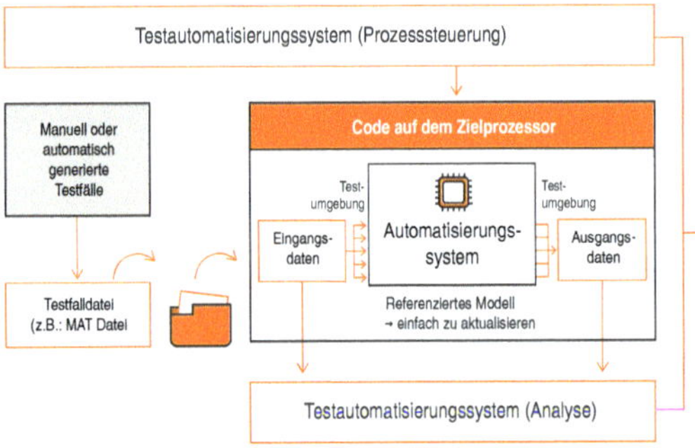

Bild 3.20 Schematischer Aufbau eines PiL-Tests

- Open-Loop mit künstlich erzeugten Eingangsdaten
- Open-Loop mit Messdaten vergangener Testfahrten als Eingangsdaten
- Closed-Loop unter Verwendung von Simulationswerkzeugen

Beispiel

PiL-Tests dienen bspw. dazu, die Laufzeit der einzelnen Algorithmen (z. B. Umfelderfassung und Bewegungsplanung) auf dem Zielsteuergerät zu analysieren. Der Charme dieser Teststufe liegt darin, dass Fehler identifiziert werden, bevor aufwendige und kostenintensive Testfahrten mit realen Fahrzeugen stattfinden.

Ziel

Im Fall des **Hardware-in-Loop (HiL)-Tests** wird das Modell der Automatisierungsanlage durch die eigentliche Ziel-Hardware ersetzt. Somit kann im Rahmen des HiL-Tests eine Aussage über das Zusammenspiel der finalen Automatisierungslösung (welche bereits auf der Ziel-Hardware realisiert ist) mit den finalen (Hardware-) Komponenten des Automatisierungssystems getroffen werden. Bei dieser Teststufe können Funktionsfehler im Zusammenhang mit dem finalen Testsystem (bspw. auch Modellierungsfehler bzgl. der Anlagencharakteristika) aufgedeckt werden.

HiL-Test

Umfasst Ziel-Software und Ziel-Hardware

Pro
Hardwarefehler können identifiziert werden

Contra
Ziel-Hardware muss vorhanden sein, relativ aufwendig

Anwendung
Komponenten- und Integrationstests

Funktionsweise

Somit wird in dieser Teststufe das Modell der Automatisierungsanlage durch reale Hardwarekomponenten ersetzt.

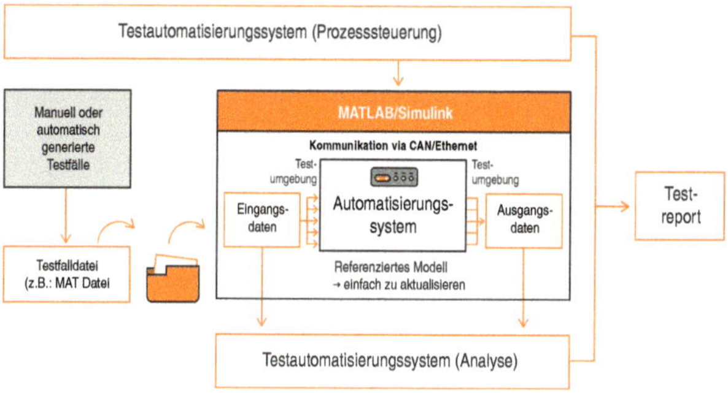

Bild 3.21 Schematischer Aufbau eines HiL-Tests

- Open-Loop mit künstlich erzeugten Eingangsdaten
- Open-Loop mit Messdaten vergangener Testfahrten als Eingangsdaten
- Closed-Loop unter Verwendung von Simulationswerkzeugen

Beispiel

HiL-Tests dienen dazu, das Zusammenspiel zwischen den entwickelten Algorithmen und den realen Hardware-Komponenten zu analysieren. Solche Tests finden im Rahmen der Funktionsentwicklung von Bildverarbeitungsalgorithmen Anwendung. Konkret können hierfür bspw. die Algorithmen auf dem Zielsteuergerät laufen, welches mit der realen Zielkamera verbunden ist. Jedoch wird ein HiL-Test oft im Labormassstab durchgeführt, sodass bspw. die Kamera keine reale Situation sondern ein Video auf einem Display aufnimmt.

Realsystem-Test

Umfasst gesamte Zielsoftware und Zielhardware

Pro
Hard- & Softwarefehler des Gesamtsystems können identifiziert werden

Contra
Zielhardware muss vorhanden sein, aufwendig und kostenintensiv

Anwendung
Integrations- und Gesamtsystemtests

Ziel

Die abschließende Teststufe ist der **Realsystem-Test**. Hier liegt der Fokus auf Akzeptanz- und Abnahmetests, welche besonders auf das Zusammenspiel der einzelnen realen Teilsysteme fokussieren.

Funktionsweise

Bei dieser Teststufe wird die Automatisierungsfunktion (implementiert auf der Zielhardware) im Zusammenspiel mit dem Gesamtsystem und all seinen Komponenten und Automatisierungssystemen getestet.

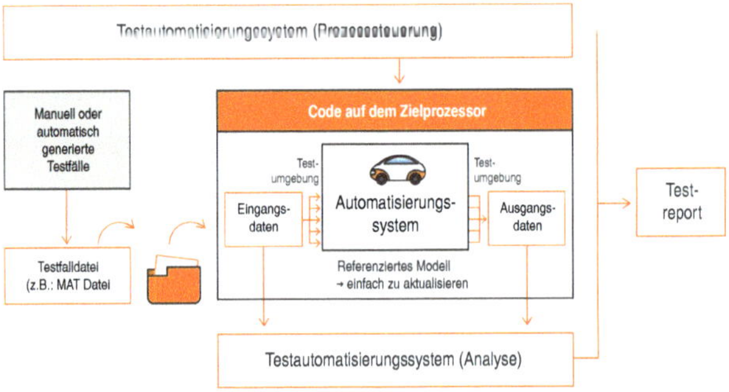

Bild 3.22 Schematischer Aufbau eines Realsystem-Tests

Beispiel

Diese Teststufe ist die kostenintensivste, da sie oft Mitarbeiter, Testinfrastruktur, administrativen Aufwand und Testfahrzeuge bindet. Ziel ist es, die Testumfänge in dieser Teststufe so gering wie möglich zu halten. Gewöhnlich finden hier Tests statt, welche mittels der restlichen Teststufen (und der erzeugten Simulationsmodelle) nicht abgebildet werden können. Bspw. finden für die Feinabstimmung der Parameter für das ACC oft umfangreiche Testfahrten statt, da das Fahrzeuggetriebe und der Verbrennungsprozess im Motor oft nur rudimentär in den zugrundeliegenden Simulationsmodellen abgebildet werden. Ebenso werden oft reichlich Messdaten für die anderen Teststufen im Rahmen von Realfahrzeugtests erzeugt.

Simulationsumgebungen, welche zur Entwicklung autonomer Fahrfunktionen zum Einsatz kommen können, sind in den nachfolgenden beiden Videos beispielhaft dargestellt.

Die Entwicklung und Verifizierung anspruchsvoller Automatisierungslösungen erfordert einen ganzheitlichen Entwicklungsprozess mit durchgängigen Methoden. Gerade **virtuelle Entwicklungs- und Verifizierungsmethoden** bieten große Chancen, Entwicklungszeiten stark zu verkürzen und dadurch gleichzeitig Entwicklungskosten zu reduzieren. Um den Effekt virtueller Methoden zu maximieren, muss der Entwicklungs- und Verifizierungsprozess als Gesamtlösung verstanden werden. Nur so können Designprobleme frühzeitig erkannt werden, um spätere kostenintensive Änderungen zu vermeiden. Darüber hinaus ist eine Nachvollziehbarkeit über den gesamten Entwicklungsprozess, von der Spezifikation der ersten Anforderungen bis zur endgültigen Freigabe, notwendig.

Die **szenenbasierte Funktionsentwicklung** kann eine Grundlage für die Entwicklung komplexer Automatisierungssysteme sein. Sie wird bereits teilweise im Rahmen des Requirements Engineering (Anforderungsmanagement) eingesetzt. Durch die Definition von Szenarien werden sowohl die Funktionsspezifikation als auch die Verifizierung unterstützt. Daher müssen Szenarien in den gesamten Entwicklungsprozess integriert werden. Hierbei werden alle Phasen der Entwicklung betrachtet sowie für jedes Testwerkzeug (MiL, SiL etc.) und für jede Teststufe (Komponententest, Integrationstest etc.) die Basisszenarien um relevante Daten erweitert und angereichert.

Somit werden zu Beginn des Entwicklungsprozesses weniger komplexe Methoden eingesetzt. In späteren Phasen des Entwicklungsprozesses werden immer komplexere Methoden benötigt, um valide Ergebnisse zu generieren. Ziel ist es dabei, für einzelne Testumgebungen ausreichend aussagekräftige Resultate zu erreichen. Die Voraussetzung für die Mehrfachnutzung dieser Methoden, Verfahren und Werkzeuge besteht auch in diesem Fall in der Gestaltung eines **Gesamtentwicklungsprozesses** und der Schaffung von Standards und einheitlichen Schnittstellen.

Die virtuellen Entwicklungsmethoden und -werkzeuge verwenden verschiedene Modelle, um reale Gegebenheiten abzubilden. Dazu gehören z. B. Modelle von Sensoren, um deren Funktion und Systemverhalten darzustellen. Die Komplexität der Modelle entspricht der jeweiligen Methode oder wird im Entwicklungsprozess an die entsprechenden Ziele angepasst. Die Modelle müssen bei unterschiedlichem Komplexitätsgrad das gleiche Grundverhalten aufweisen, um die Übertragbarkeit der Ergebnisse zwischen verschiedenen Methoden zu gewährleisten. Zentrales Element ist hierbei eine **Modelldatenbank**, die Modelle in abstrakter Beschreibung enthält und eine Übersetzung in die entsprechende Methode im Entwicklungsprozess ermöglicht. Wie bereits beschrieben werden zu Beginn des Entwicklungsprozesses einfachere, qualitative Modelle verwendet, die später mit Daten aus der realen Welt verfeinert werden können. Eine nachträgliche Modellanpassung im Laufe des Entwicklungsprozess wird mit Kennzahlen und statistischen Methoden ermöglicht, was zu einer steigenden Genauigkeit führt. Die verwendeten Modelle müssen daher eine einheitliche Basis haben und hochintegrativ sein.

Reale Testläufe oder stochastische virtuelle Methoden werden genutzt, um weitere Szenarien und Schlüsselparameter zu identifizieren. Eine zentrale Verwaltung der Szenarien in einer **Szenendatenbank** schafft somit sehr große Vorteile bei den einzelnen Entwicklungsschritten sowie bei der Nachverfolgung von Änderungen der Szenen.

Die zuvor beschriebenen Testwerkzeuge werden für verschiedene Verifizierungszwecke eingesetzt. Hierbei wird zwischen verschiedenen Teststufen unterschieden, welche im Folgenden genauer erläutert werden. Allerdings sind die Teststufen in der Praxis oftmals nicht scharf voneinander abgegrenzt und können fließend oder über zusätzliche Zwischenstufen verlaufen.

Komponententest

Ziel der Komponententests ist der Nachweis der technischen Lauffähigkeit und inhaltlichen Korrektheit der (Teil-)Ergebnisse. Hierfür werden sowohl formelle als auch informelle Testmethoden verwendet. Oft werden diese Tests direkt entwicklungsbegleitend für eine Komponente durchgeführt. Daher finden gewöhnlich diese Tests durch die Entwickler in der jeweiligen Entwicklungsumgebung statt. Das Testobjekt ist dabei ein einzelnes Softwaremodul. Die Funktionstests finden somit innerhalb einzelner, abgrenzbarer Teile der Software (Module, (Unter-)Programme, Units oder Klassen) statt. Hierbei wird versucht, einen Test der kleinstmöglich testbaren Funktionalitäten, isoliert von anderen Komponenten, durchzuführen. Konkret kann auf folgende Tests zurückgegriffen werden:

Compilation: Hierbei werden Quellcodes aus den entsprechenden Repositories der Entwickler ausgecheckt, kompiliert, auf Laufzeit sowie Speicherverbrauch analysiert und final wird ein automatisierter Bericht erstellt. Diese Tests können bspw. im Rahmen eines „Nightly Builds" automatisiert stattfinden. Dafür existieren spezialisierte Softwaretools, die ein komfortables Einrichten und Verwalten der Builds ermöglichen.

Statische Code-Analyse: Bei diesem Test werden Fehler in Quellcode-Algorithmen ermittelt. Diese Fehler beziehen sich allerdings lediglich auf den Code, nicht die Funktionalität des Algorithmus. Somit können diese Tests durchgeführt werden, ohne dass der Algorithmus tatsächlich ausgeführt wird. Daher werden diese Tests als statische (Code wird nicht ausgeführt) **White-Box-Tests** (Code ist für Analyse erforderlich) bezeichnet.

Funktionale Tests: Im Rahmen der funktionalen Tests wird der Algorithmus hinsichtlich der funktionalen Anforderungen und Spezifikationen getestet. Da diese Tests im Rahmen der Komponententests stattfinden, wird hier nicht das gesamte System, sondern nur ein Ausschnitt der Funktionalität des Gesamtsystems, dem Test unterzogen. Um zu entscheiden, ob die Anforderungen von dem Algorithmus erfüllt werden, vergleichen wir tatsächliche und erwartete Ausgaben. Dazu müssen die Anforderungen bzw. Funktionalitäten auf adäquate Ausgaben der jeweiligen Komponente abgebildet werden. Dies wird als **Black-Box-Test** realisiert, da der Code zur Testauswertung nicht benötigt wird. Typische Funktionstests sind Smoke-Test, Regressionstest und Usability-Test.

Stresstests: Zur Überprüfung des Algorithmus hinsichtlich Robustheit, Verfügbarkeit und Fehlerbehandlungsmöglichkeiten werden Stresstests durchgeführt. Hierbei werden Funktionsfehler gesucht, welche jenseits der Grenzen des üblichen Betriebs auftreten können. Somit ist im Rahmen der Tests die Belastung des Algorithmus höher als beim später geplanten Einsatz. Auch diese Tests werden als Black-Box-Tests realisiert.

Integrationstest

Der Integrationstest erfolgt mit dem Ziel, Fehlerzustände in den Schnittstellen und unter Zusammenwirken der integrierten Komponenten aufzudecken. Hierfür werden die einzelnen, zuvor getesteten Komponenten Stück für Stück zu einem größeren Teilsystem kombiniert. Diese Tests können auf MiL-, SiL-, PiL- und HiL-Ebene stattfinden.

Der Hauptzweck von Open-Loop-Tests besteht darin zu prüfen, ob die Automatisierungslösung korrekt auf die gegebenen Eingangsdaten reagiert und je nach aktueller Situation die richtigen Signale sendet. Open-Loop-Tests werden bspw. verwendet, um die Sensornachverarbeitungs- und Entscheidungsfindungsfunktionen zu validieren. Die Tests können dabei unterschiedlich gestaltet werden.

Open-Loop unter Nutzung von Messdaten: Die Eingangsdaten für die Automatisierungslösung werden hierbei aus im Vorfeld aufgenommenen Messdaten erzeugt. Durch nachträgliche Nutzung der Messdaten von Testfahrten kann die Anzahl von benötigten Testfahrten minimiert werden und zugleich ein Testen der Automatisierungslösung unter realistischen Bedingungen erfolgen. Jedoch ist für die nachträgliche Nutzung von Messdaten ein ausgereiftes Datenlabeling- und Datenablagesystem von Nöten (definiert bspw. die aktuelle Situation zur Zeit der Messdatenerfassung), dessen Erstellung sich unter Umständen als relativ aufwendig gestalten kann.

Open-Loop unter Nutzung von Simulationsdaten: Alternativ können die Eingangsdaten für die Automatisierungslösung auch auf Basis von Simulationssystemen erzeugt werden. Die Nutzung von Simulationsdaten ermöglicht das Testen der Automatisierungslösung bevor das zu testende System überhaupt aufgebaut wurde/verfügbar ist. Allerdings kann es zu Verfälschungen der Testergebnisse kommen, wenn die Simulationsumgebung wichtige Charakteristika des Originalsystems nicht abbildet.

Neben den Open-Loop-Tests können auch **Closed-Loop-Tests** unter Nutzung von Simulationsdaten realisiert werden. Der Hauptzweck des Closed-Loop-Tests besteht darin zu prüfen, ob die Automatisierung abhängig von der aktuellen Situation korrekte Signale sendet und ob sich das Gesamtsystem wie gewünscht verhält. Der Fokus hierbei ist zu prüfen, wie genau die Automatisierungslösung das System beeinflusst. Daher liegt die Hauptverwendung von Closed-Loop-Tests auf der Verifizierung von Regelungsalgorithmen. Gerade der Effekt der Interaktion zwischen Automatisierungslösung und System kann nicht mit den Open-Loop-Tests analysiert werden, da im Fall von Open-Loop-Tests die Ausgangswerte der Automatisierungslösung nicht das Systemverhalten beeinflussen.

Gesamtsystemtest

Die Gesamtsystemtests umfassen das formale Testen im Hinblick auf Benutzeranforderungen und -bedürfnisse oder Geschäftsprozesse. Die Tests basieren nicht auf dem Code der Software, sondern auf der Analyse des Systemverhaltens (Black-Box-Test). Somit wird lediglich das Verhalten der Software während festgelegter Prozesse getestet (z. B. bei Benutzereingaben etc.). Diese Tests werden durchgeführt, damit bspw. ein Auftraggeber oder eine autorisierte Stelle anhand der Abnahmekriterien entscheiden kann, ob ein System abgenommen werden kann.

Übungsaufgaben

Übungsaufgabe 3.1. Welche Potenziale bietet das Rapid Control Prototyping? ■

Übungsaufgabe 3.2. Was verstehen Sie unter Systems Engineering? Warum sind dieses und das V-Modell zentral bei der Entwicklung moderner Robotersysteme? ■

Übungsaufgabe 3.3. Wie kann der Einsatz agiler Methoden Kosten sparen? Es werden doch deutlich mehr Rollen und Meetings als klassischerweise verwendet? ■

Übungsaufgabe 3.4. Was verstehen Sie unter einer frugalen Entwicklung? Erläutern Sie einen Anwendungsfall, bei dem sich eine frugale Entwicklung anbieten würde. ■

Übungsaufgabe 3.5. Zeichnen Sie ein Programmablaufdiagramm, ein Struktogramm oder ein Aktivitätsdiagramm für die Prozessbeschreibung einer Flaschenabfüllanlage:

- Ein erster Roboter entnimmt nach Betätigung der Starttaste eine leere Flasche aus einem Lagerregal und legt diese auf ein Transportband.
- Nachdem die Flasche auf das Transportband gestellt wurde (1. Lichtschranke = 1), bewegt sich das Transportband.
- Durch Unterbrechung von Lichtschranke 2 wird eine korrekt positionierte, zu befüllende Flasche erkannt und ein Ventil wird für eine Zeit t_1 geöffnet, damit die Flasche befüllt werden kann.
- Danach bringt ein zweiter Roboter die Flasche in eine Qualitätskontrolle.
- Nachdem die Flasche in der Qualitätskontrollstation angekommen ist (detektiert mit Lichtschranke 3), erfolgt entweder das Verpacken und Versenden (falls Qualität i.O. ist) oder das Ausschleußen der Flasche.
- Anschließend nimmt der erste Roboter die nächste Flasche auf und der Gesamtprozess beginnt von Neuem.

■

Übungsaufgabe 3.6. Zeichnen Sie ein Programmablaufdiagramm, ein Struktogramm oder ein Aktivitätsdiagramm für folgende Prozessbeschreibung eines Fußballroboters:

- Das Programm startet, wenn die Taste 1 gedrückt wird.
- Wenn Taste 2 gedrückt wird, stoppt der Roboter und gibt Warnton aus.
- Ist der Taster nicht gedrückt, prüft der Roboter, ob sich ein Ball direkt vor ihm befindet (Ball gefunden heißt Farbsensor=1).
- Wenn ein Ball erkannt wurde und der Roboter korrekt auf das Tor ausgerichtet ist (Torkompass=1), schießt er den Ball und wartet 1 Sek. lang.
- Wenn ein Ball erkannt wird und der Roboter noch nicht auf das Tor ausgerichtet ist (Torkompass=0), führt der Roboter eine Korrekturbewegung durch, bis er auf das Tor ausgerichtet ist und schießt den Ball.
- Wenn kein Ball erkannt wurde, dreht sich der Roboter um 40° und fährt 3 Sekunden lang geradeaus.
- Der Gesamtablauf wiederholt sich, bis die Taste 2 gedrückt wird.

■

Übungsaufgabe 3.7. Für welche Zwecke werden Versionskontrollwerkzeuge eingesetzt? Was verstehen Sie unter den Begriffen Branch, Merge und Commit? Was unterscheidet in diesem Kontext einen Push von einem Pull? ■

Übungsaufgabe 3.8. Führen Sie eine Risikobewertung für ein Fahrzeug mit ACC durch. Wie kann dessen Systemzuverlässigkeit gesteigert werden? ■

Übungsaufgabe 3.9. Was ist eine Simulation und wo finden Simulationen Anwendung? ■

Übungsaufgabe 3.10. Beschreiben Sie vier häufig verwendete Merkmale für die Verifizierung im Rahmen der Systemverifizierung. ■

Übungsaufgabe 3.11. Worin unterscheiden sich Komponenten-, Integrations- und Gesamtsystemtests? ■

Übungsaufgabe 3.12. Worin unterscheiden sich MiL, SiL, PiL und HiL? ■

Übungsaufgabe 3.13. Was ist der Unterschied zwischen der rechten und der linken Seite des V-Modells?

Ordnen Sie folgende Tätigkeiten den einzelnen Stufen eines V-Modells zu. Tragen Sie dazu die Nummer der Aufgabe an die entsprechende Stelle eines V-Modells ein.

1. Testen, ob sich der entwickelte Algorithmus übersetzten lässt (Kompilieren einer Funktion – gibt es einen Fehler beim Übersetzten und Senden des Codes zum Roboter?).
2. Überprüfen, ob ein Algorithmus entsprechend der vorgegebenen Kodierrichtlinien aufgebaut ist (Sind alle Variablen richtig benannt?).
3. Testen, ob die entwickelten Algorithmen zur Bewegungssteuerung sowie zur Objekterkennung des Robotersystems gemeinsam fehlerfrei zusammenarbeiten.
4. Gemeinsamer Test mit den Auftraggebern um zu überprüfen, ob das Gesamtsystem den Kundenanforderungen entspricht und die Kunden die entwickelte Lösung akzeptieren.
5. Testen ob der Liniensuchalgorithmus (ohne die weiteren Fahrfunktionen) bei einem Roboter fehlerfrei funktioniert.

■

Übungsaufgabe 3.14. Beschreiben Sie das generelle Vorgehen zur Simulationserstellung. Welche Herausforderungen sind bei der Simulationserstellung zu beachten? ■

Übungsaufgabe 3.15. Warum empfiehlt es sich, entwicklungsbegleitend regelmäßig MiL-Tests durchzuführen? ■

Literatur

Abel, D. und Bollig, A. (2006). *Rapid Control Prototyping: Methoden und Anwendungen*, Springer.

Bass, L., Weber, I. und Zhu, L. (2015). *DevOps: A software architect's perspective*, Addison-Wesley.

Booch, G., Rumbaugh, J. und Jacobson, I. (1999). *Das UML-Benutzerhandbuch*, Vol. 1, Addison-Wesley.

Daenzer, W. F. (2012). *Systems Engineering: Grundlagen und Anwendung*, Orell Füssli.

Dumke, R. (2013). *Software Engineering: Eine Einführung für Informatiker und Ingenieure: Systeme, Erfahrungen, Methoden, Tools*, Springer.

Ebert, C. (2019). *Systematisches Requirements Engineering: Anforderungen ermitteln, dokumentieren, analysieren und verwalten*, dpunkt.verlag.

Fowler, M., Highsmith, J. et al. (2001). The agile manifesto, *Software development* **9**(8): 28–35.

Friedrich, J., Hammerschall, U., Kuhrmann, M. und Sihling, M. (2009). *Das V-Modell XT*, Springer.

Henderson, F. (2017). Software engineering at google, *arXiv preprint arXiv:1702.01715*.

Hillenbrand, M. (2014). *Funktionale Sicherheit nach ISO 26262 in der Konzeptphase der Entwicklung von Elektrik/Elektronik Architekturen von Fahrzeugen*, Vol. 4, KIT Scientific Publishing.

Hossain, M. (2018). Frugal innovation: A review and research agenda, *Journal of cleaner production* **182**: 926–936.

Kapurch, S. J. (2010). *NASA systems engineering handbook*, Diane Publishing.

Röpstorff, S. und Wiechmann, R. (2015). *Scrum in der Praxis: Erfahrungen, Problemfelder und Erfolgsfaktoren*, dpunkt.verlag.

Ross, H.-L. und Ross, H.-L. (2016). *Why Functional Safety in Road Vehicles?*, Springer.

Rupp, C., Simon, M. und Hocker, F. (2009). Requirements engineering und management, *HMD Praxis der Wirtschaftsinformatik* **46**(3): 94–103.

Shannon, R. E. (1975). *Systems Simulation – The Art and Science*, Prentice Hall.

Smith, D. und Simpson, K. (2004). *Functional safety*, Routledge.

VDI-EE-Richtlinie 4020 (2022). Einführung in die funktionale Sicherheit nach IEC 61508.

VDI-Richtlinie 2206 (2021). Entwicklung mechatronischer und cyber-physischer Systeme.

VDI-Richtlinie 3694 (2014). Lastenheft/Pflichtenheft für den Einsatz von Automatisierungssystemen.

Ziegler, M. (2018). *Agiles Projektmanagement mit Scrum für Einsteiger: Agiles Projektmanagement jetzt im Berufsalltag erfolgreich einsetzen*, Wolf Digital.

TEIL II

Theoretische Grundlagen

4 Mathematische und systemtheoretische Grundlagen

Unterstützt durch: **Matthias Knauer** und **Marek Wiesner**

Im Teil I des Buches wurden u. a. vielfältige Roboterklassen sowie Fahrerassistenzsysteme vorgestellt und deren verschiedene Einsatzbereiche skizziert. Das folgende Kapitel widmet sich den mathematischen Grundlagen, als Basis für die Erarbeitung der Automatisierungslösungen der einzusetzenden Roboter und Fahrzeuge. Hierbei wird gezeigt, dass es möglich ist, das jeweilige automatisierungstechnische Robotik-/Fahrzeugproblem in einer systemtheoretischen Weise (weitgehend) unabhängig von der konkreten Anwendung zu formulieren. Dies hat den Vorteil, dass mit denselben systemtheoretischen Werkzeugen eine Vielzahl von verschiedenen Anwendungsproblemen gelöst werden kann.

4.1 Notation

In diesem Abschnitt werden wichtige Werkzeuge aus dem Bereich der Mathematik und der Automatisierungstechnik in kompakter Weise vorgestellt, welche für die Entwicklung von Fahrzeugführungsansätzen und mobilen Robotikanwendungen notwendig sind.

4.1.1 Mathematische Grundlagen

In allen folgenden Abschnitten des Buches wird eine einheitliche Nomenklatur verwendet. Um das Verstehen der einzelnen Themengebiete im Teil II und III des Buches zu vereinfachen, wird hier die nomenklatorische Grundidee des Buches dargestellt. In verschiedenen Zusammenhängen stellt sich die Frage nach dem jeweiligen mathematischen Objekt, welches in der entsprechenden Formel oder dem entsprechenden Merksatz verwendet wird. Daher nutzen wir eine optische Unterscheidung zwischen skalaren, vektoriellen und matrixwertigen Größen:

- Alle skalaren Größen werden nicht-fett dargestellt (bspw. g).
- Hingegen werden kleine fett-gedruckte Buchstaben für Vektoren verwendet (bspw. $\boldsymbol{g}$).
- Schließlich werden für Matrizen große, fett-gedruckte Buchstaben verwendet (bspw. $\boldsymbol{G}$).

Mengen

Ein weiteres Hilfsmittel, um mathematische Objekte zu beschreiben, sind die Zahlenräume, auf denen sie definiert sind. Dafür verwenden wir die üblichen Zahlenräume und deren klassische Symbolik.

Im Einzelfall werden die natürlichen Zahlen $\mathbb{N} = \{1,2,3,\dots\}$ ab 1, bzw. die natürlichen Zahlen $\mathbb{N}_0 = \{0,1,2,\dots\}$ ab 0, die ganzen Zahlen $\mathbb{Z} = \{\dots,-2,-1,0,1,2,\dots\}$ und die reellen Zahlen $\mathbb{R}$ verwendet. Die Menge der reellen Zahlen umfasst den gesamten Zahlenstrahl und ist sehr umfangreich. Daher werden auch die Symbole $\mathbb{R}_{\geq 0}$ für die nicht-negativen Zahlen (inkl. 0) und $\mathbb{R}_{>0}$ für die positiven reellen Zahlen (exkl. 0) verwendet, um die Zahlenräume einzugrenzen. Der letzte und umfangreichste Zahlenraum, der Verwendung findet, ist der der komplexen Zahlen $\mathbb{C}$. Dieser stellt eine Erweiterung der reellen Zahlen dar und ergänzt den Zahlenstrahl zu einer Ebene (komplexe Ebene).

Mit diesen Zahlenräumen stehen die jeweiligen mathematischen Objekte in Relation. Wollen wir bspw. die Position $\boldsymbol{p} = (x, y)$ in der Ebene beschreiben, so ergibt sich $\boldsymbol{p} \in \mathbb{R}^2$. Dabei wird das Symbol $\in$ verwendet, um anzuzeigen, dass ein Element zu einer Menge gehört. Das Symbol $\in$ wird gelesen als „Element von “. Die hochgestellte 2 zeigt, dass $\boldsymbol{p}$ ein zweidimensionaler Vektor ist. Daher könnte eine Position im Raum über $\boldsymbol{p} \in \mathbb{R}^3$ angegeben werden.

Neben Skalaren und Vektoren spielen Matrizen eine entscheidende Rolle in den folgenden Kapiteln des Buches. Diese lassen sich auf ähnliche Weise beschreiben. Allerdings hat eine Matrix zwei Dimensionen und dies muss sich auch bei der Relationsangabe wiederfinden. Daher wird eine Matrix $\boldsymbol{G}$ mit reellen Elementen, n Zeilen und m Spalten, über $\boldsymbol{G} \in \mathbb{R}^{n\times m}$ angegeben.

Auf ähnliche Art und Weise können auch Abbildungen beschrieben werden. Um dies zu illustrieren, können wir die quadratische Funktion $f(x) = x^2$ verwenden. Diese bildet jeden reellen Wert x (**Definitionsbereich**) auf einen reellen Wert $f(x)$ (**Werte-, Ziel- oder Bildbereich**) ab. Genauer bildet die quadratische Funktion alle reellen Zahlen auf alle nicht-negativen reellen Zahlen ab. Dieser Zusammenhang kann auch symbolisch über $f : \mathbb{R} \rightarrow \mathbb{R}_{\geq 0}$ ausgedrückt werden. Auf gleiche Weise können auch Abbildungen die mehrdimensional sind und von unterschiedlichen Argumenten abhängen, beschrieben werden. Das bedeutet, dass Definitions- und/oder Bildbereich mehrdimensional sind. Auch dies wollen wir wieder anhand eines Beispiels demonstrieren:

$$\boldsymbol{f}(x_1, x_2) = \begin{bmatrix} x_2 \\ a\sin(x_1) \end{bmatrix}$$

Es ist ersichtlich, dass es sich hierbei um eine vektorwertige Funktion $\boldsymbol{f}$ handelt, welche zwei skalare Argumente $x_1, x_2 \in \mathbb{R}$ besitzt.

Quantoren

Um Aussagen kompakt darzustellen, benötigen wir gelegentlich sogenannte Quantoren. Dabei handelt es sich um Operatoren, die angeben, wie viele Elemente aus der betrachteten Menge eine jeweilige Aussage erfüllen müssen. Im Folgenden werden wir lediglich die beiden gebräuchlichsten Quantoren verwenden, den Existenzquantor $\exists$ und den Allquantor $\forall$.

Der **Existenzquantor** beschreibt, dass ein Element existiert, welches die Aussage erfüllt. So lässt sich bspw. die Aussage, dass eine reelle Zahl existiert, sodass die quadratische Funktion $f(x) = x^2$ den Wert 0 annimmt, über den Ausdruck

$$\exists x \in \mathbb{R} : f(x) = 0 \qquad \text{und} \qquad \nexists x \in \mathbb{R}_{>0} : f(x) = 0$$

darstellen. Dies ist offensichtlich eine wahre Aussage, da die Funktion für $x = 0$ den Wert 0 annimmt.

Der Namensgebung folgend beschreibt der **Allquantor**, dass jedes Element der betrachteten Menge, die jeweilige Aussage erfüllt. Greifen wir wieder das Beispiel der quadratischen Funktion auf, so ist diese, wie zuvor bereits dargestellt, für alle reellen Zahlen nicht-negativ. Dies führt zu den Ausdruck:

$$\forall x \in \mathbb{R} : f(x) \geq 0$$

Zwei weitere Begriffe (und die entsprechenden Symbole), die oftmals bei der Beschreibung einzelner Zusammenhänge in Erscheinung treten, sind die der **Teilmenge** oder **Untermenge** ($\subseteq$) und der **Obermenge**. Diese Begriffe beschreiben eine Relation zwischen zwei Mengen. So ist die Menge $\mathscr{A}$ eine Teilmenge/Untermenge von $\mathscr{B}$, wenn jedes Element von $\mathscr{A}$ auch in $\mathscr{B}$ enthalten ist $\forall x \in \mathscr{A} : x \in \mathscr{B} \iff \mathscr{A} \subseteq \mathscr{B}$. Dementsprechend ist $\mathscr{B}$ dann eine Obermenge von $\mathscr{A}$. Weiterhin bezeichnen wir eine Menge $\mathscr{A}$ als **echte Teilmenge** ($\subset$) von $\mathscr{B}$, wenn $\mathscr{A}$ eine Teilmenge von $\mathscr{B}$ ist und mindestens ein Element in $\mathscr{B}$ existiert, welches kein Element der Teilmenge $\mathscr{A}$ ist $\mathscr{A} \subset \mathscr{B} \iff \mathscr{A} \subseteq \mathscr{B}, \exists x \in \mathscr{B} : x \notin \mathscr{A}$.

Diese symbolische Darstellungsform soll als Grundlage dienen und ermöglicht uns sowohl eine sehr kompakte Darstellung als auch eine hohe Informationsdichte. Wir können dadurch aufwendige Beschreibungen umgehen und somit die entsprechenden Aussagen übersichtlicher darstellen. Alle weiteren Darstellungsformen werden später an der jeweiligen Stelle eingeführt.

4.1.2 Signale und Systeme

In diesem Abschnitt werden die grundlegenden Begriffe für eine systemtheoretische Beschreibung eingeführt. Dadurch werden eine einheitliche Sprache und Beschreibung bereitgestellt, die es ermöglicht, Probleme aus unterschiedlichen Domänen mit den gleichen Werkzeugen zu behandeln. Die beiden ersten und wohl auch wichtigsten Begriffe sind das **Signal** und das **System**.

> **Definition 4.1 (Signal).** Ein Signal ist ein (zeitlicher) Verlauf einer (physikalischen) Größe, welcher Informationen enthält. Dabei wird die (physikalische) Größe als Signalträger und ein Parameter des Verlaufs (Amplitude, Frequenz etc.) als Signalparameter bezeichnet. ■

Signale sind daher Informationsträger, d. h. sie repräsentieren den Verlauf einer Größe über bestimmte Kennworte. Solche Größen können einerseits physikalischer Natur sein, wie Geschwindigkeiten, Winkel oder Temperaturen. Andererseits können es auch abgeleitete Größen, wie Preise, Lagerbestände oder Aktienkurse, sein.

Definition 4.2 (System). Ein System ist eine Menge von Elementen, die miteinander in Beziehung stehen (sie wechselwirken untereinander sowie mit ihrer Umgebung) und von der Umwelt (physikalisch oder imaginär) abgrenzbar sind. Systeme wandeln Eingangssignale $\boldsymbol{u}(t)$ in Ausgangssignale $\boldsymbol{y}(t)$ um. Dies erfolgt in Abhängigkeit von den System-Zuständen $\boldsymbol{x}(t)$ (Inhalte von Speichern, meist Energiespeicher) sowie deren Anfangswerten $\boldsymbol{x}(t_0) = \boldsymbol{x}_0$. ■

Dementsprechend kann ein System im Allgemeinen als Menge von Elementen beschrieben werden, welche miteinander interagieren. Es grenzt sich dabei klar von der Umwelt ab, sodass stets definiert ist, welche Elemente zum System gehören und welche nicht. Dabei steht das System über Eingangs- und Ausgangssignale mit der Umwelt in Wechselwirkung.

Alternativ kann ein System somit auch als Gebilde verstanden werden, welches sich zur Verarbeitung bzw. Umwandlung von Signalen und damit auch von Informationen eignet. So wandelt bspw. eine Gleichstrommaschine elektrische Spannung und Stromstärke in Drehzahl und Drehmoment oder ein Fahrzeug Beschleunigung und Lenkwinkel in Position, Geschwindigkeit und Orientierung um. Ein System kann somit als Gebilde aufgefasst werden, welches einen **Prozess** abstrahiert und die entsprechenden Signale in Beziehung setzt. Diesen Zusammenhang verdeutlicht Bild 4.1.

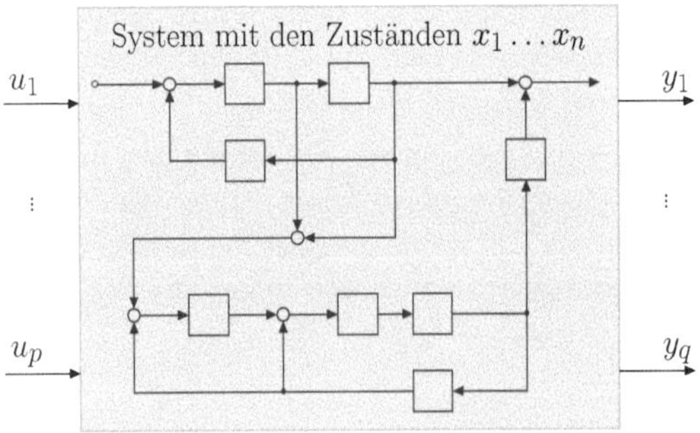

Bild 4.1 Abstrahierte Darstellung eines Systems und seiner Signale

In diesem Bild werden die p Signale $u_1, \dots, u_p$ (Eingangsgrößen genannt) durch das System in die q Ausgangssignale $y_1, \dots, y_q$ (welche als Ausgangsgrößen bezeichnet werden) transformiert. Das System hat dabei n interne Signale (genannt Zustände). Wie der Name andeutet, beschreiben diese den internen Zustand des Systems. In Kenntnis dieser Zustände kann somit das zukünftige Verhalten des Systems für gegebene Eingangssignale bestimmt werden. Bei der konkreten Modellierung eines Systems besteht eine Vielzahl von Freiheitsgraden. So können die einzelnen physikalischen Größen durch unterschiedliche Kennwerte beschrieben werden, bspw. Effektivwert oder Mittelwert einer elektrischen Spannung. Die Zustände und deren Anzahl können auch variabel gewählt werden. Die Minimalanzahl der Zustände für physikalische Systeme ist dabei durch die Anzahl der unabhängigen Energie- und Materiespeicher im System begrenzt. Auch das Bestimmen der Systemgrenzen und des Abstraktionsgrades kann je nach Anwendung unterschiedlich gewählt werden. Dabei stellen sich Fragen wie: Was ist das Ziel der Modellierung? Welche Größen können beeinflusst werden? Welche Effekte können vernachlässigt werden? Was für vereinfachende Annahmen können getroffen werden?

In den nachfolgenden Abschnitten werden unterschiedliche Definitionen und Beschreibungen von Arten sowie Klassen von Signalen und Systemen vorgestellt.

Grundsätzlich lässt sich ein Signal $f: \mathscr{T} \rightarrow \mathscr{W}$ als eine Abbildung einer Zeitmenge $\mathscr{T}$, also der Zeit für die das Signal definiert ist, auf einen Wertebereich $\mathscr{W}$ beschreiben. Die konkrete Zeitmenge und der Wertebereich eines Signals bestimmen dabei die Art des Signals. Wir werden uns hauptsächlich mit **analogen** und **digitalen Signalen** befassen.

Im analogen Fall gilt $f(t) \in \mathscr{W},\ t \in \mathscr{T} \subseteq \mathbb{R},\ \mathscr{W} \subseteq \mathbb{R}$.

Äquivalent gilt für digitale Signale $f(kT_0) \in \mathscr{W},\ T_0 \in \mathbb{R}_{>0},\ kT_0 \in \mathscr{T},\ k \in \mathbb{Z}$, wobei $\mathscr{W}$ eine diskrete Menge darstellt.

Somit sind analoge Signale zeit-/wertkontinuierlich und digitale Signale zeit-/wertdiskret.

Im weiteren Verlauf des Buches werden wir diese verschiedenen Signalklassen in verschiedenen praktischen Zusammenhängen verwenden. So nehmen bspw. die zeit- und wertdiskreten Signale in der taktischen Entscheidungsfindung in Abschnitt 9.3 eine zentrale Rolle ein. Ebenso werden auch Mischformen dieser Signale verwendet, so werden wir ausführlich auf zeitdiskrete und wertkontinuierliche Signale im Rahmen der Sensormesswertanalyse in Kapitel 8 eingehen.

Ein weiteres wichtiges Kriterium zur Klassifikation von Signalen ist die Vorhersagbarkeit der Signalparameter. So können Signale nach ihrer Determiniertheit und ihrer Periodizität unterschieden werden:

Deterministisches Signal: Das Signal $f(t)$ wird als deterministisch bezeichnet, wenn es vollständig analytisch beschreibbar ist.

Periodisches Signal: Das Signal $f(t)$ wird als periodisch bezeichnet, wenn es vollständig analytisch beschreibbar ist und es sich in regelmäßigen Abständen wiederholt:
$\exists \tau \in \mathbb{R}_{>0}, \forall t \in \mathscr{T}, k \in \mathbb{Z} : f(t + k\tau) = f(t)$

Stochastisches Signal: Das Signal $f(t)$ wird als stochastisch bezeichnet, wenn es nicht vollständig analytisch beschreibbar ist, sondern die Realisierung eines Zufallsprozesses darstellt. Daher ist keine exakte Vorhersagbarkeit möglich.

Bei mechatronischen Systemen findet zudem oft eine Unterscheidung in Energie- und Leistungssignale Anwendung.

Um den Unterschied dieser beiden Signalklassen zu veranschaulichen, gehen wir zunächst von einem Stromverlauf $f(t) = i(t)$ aus. Der Strom $i(t)$ fließt durch einen Widerstand und setzt somit an diesem Widerstand eine elektrische Leistung um. Abhängig vom konkreten Verlauf des Stromsignals $i(t)$ kann die resultierende elektrische Energie einen endlichen Wert annehmen. Ist dies der Fall, dann wird ein solcher Stromverlauf $i(t)$ als **Energiesignal** bezeichnet:

$$E = \|f\|_2^2 = \int_{-\infty}^{+\infty} |f(t)|^2 \mathrm{d}t < +\infty$$

Entsprechend wird ein Stromverlauf $i(t)$, dessen mittlere Leistung endlich ist als **Leistungssignal** bezeichnet:

$$0 < P = \lim_{T \rightarrow +\infty} \frac{1}{2T} \int_{t-T}^{t+T} |f(t)|^2 \mathrm{d}t < +\infty$$

Analog zu Signalen können auch Systeme nach unterschiedlichen Kriterien klassifiziert werden. Für die Klassifikation mechatronischer Systeme existieren ebenfalls unterschiedliche Arten bzw. Ansätze.

Systeme können entsprechend ihrer Zeit- und Wertbasis unterschieden werden. Daher existieren, vergleichbar zu Signalen, **analoge** und **digitale** Systeme. Neben der reinen Zeitbasis ist auch die direkte Abhängigkeit von der Zeit von Interesse. Daraus ergibt sich der Begriff der Zeitinvarianz. Ein **zeitinvariantes System** beschreibt ein Verhalten, bei dem die Übertragung von Eingangssignal zu Ausgangssignal nicht zeitabhängig ist. Dies bedeutet, dass eine Zeitverschiebung keinen Einfluss auf das Verhalten des Systems hat. Äquivalent werden Systeme auch bzgl. ihrer Determiniertheit kategorisiert. So ist das Ausgangssignal eines **deterministischen Systems** lediglich von Eingangssignal und Anfangszustand abhängig. Dem entgegen kann das Ausgangssignal eines **stochastischen Systems** nicht eindeutig durch Eingangssignal und Anfangszustand ermittelt werden, sondern ist das Ergebnis der Realisierung eines Zufallsprozesses.

Eine weitere entscheidende Kategorie ist das dynamische Verhalten eines Systems. So wird ein System als **statisch** bezeichnet, wenn der Ausgangswert $y(t)$ nur vom aktuellen Eingangswert $u(t)$ abhängig ist ($y(t) = f(u(t))$). Daher haben statische Systeme „kein Gedächtnis". Im Gegensatz dazu ist bei **dynamischen Systemen** der Ausgangswert $y(t)$ auch von den vorangegangenen Eingangswerten bzw. dem Zustand abhängig. Dementsprechend haben dynamische Systeme „ein Gedächtnis". Das Gedächtnis drückt sich in Form der Speicherinhalte oder Zustände aus, da diese die Kumulation der Zu- und Abflüsse der Energie- und Materiespeicher der Vergangenheit beschreiben.

So beschreiben zeitdiskrete Systeme bspw. die Automatisierungslösungen, welche auf den Hardwarezielsystemen der mechatronischen Systeme laufen. Mehr Informationen hierzu sind im Kapitel 10 dargestellt. Diese mechatronischen Systeme, und insbesondere deren dynamisches Verhalten, werden oft als wertkontinuierliche dynamische Systeme beschrieben und im Bereich der Simulationstechnik verwendet, siehe Abschnitt 3.3.2.

Im Rahmen der systemtheoretischen Betrachtung nehmen folgende fünf Systemklassen zudem eine zentrale Rolle ein:

Lineares zeitinvariantes System (engl.: Linear Time Invariant, kurz: LTI): Seine Systemparameter sind zeitunabhängig und es weist ein lineares Verhalten auf. Der Begriff Linearität wird im Nachfolgenden genauer charakterisiert, siehe Abschnitt 4.2.1.

Eingrößensystem (engl.: Single Input Single Output, kurz: SISO): Das System verfügt über eine Eingangs- ($u(t) \in \mathbb{R}$) und eine Ausgangsgröße ($y(t) \in \mathbb{R}$).

Mehrgrößensystem (engl: Multi Input Multi Output, kurz: MIMO): Die Eingangs- ($\boldsymbol{u}(t) \in \mathbb{R}^p$) und Ausgangsgrößen ($\boldsymbol{y}(t) \in \mathbb{R}^q$) sind Vektoren.

Freies System: Das System verfügt über keine Eingangsgröße $u(t)$.

Autonomes System: Das System weist freies und zeitinvariantes Verhalten auf.

Ebenso findet eine Klassifikation der Signale und Systeme in Automatisierungslösungen nach ihrem Verwendungszweck statt. Hierbei nehmen die folgenden Signale eine zentrale Rolle ein, welche ebenso beispielhaft in Tabelle 4.1 beschrieben sind. Wie diese Signale mit einer Automatisierungslösung, in diesem Fall mit den einzelnen Systemen eines Standardregelkreises, interagieren, ist in Bild 4.2 dargestellt. Dabei wird das zu automatisierende System bzw. der Teil des Standardregelkreises, der durch den **Regler** beeinflusst werden soll, als **Regelstrecke** bezeichnet. Dementsprechend wird als Regelstrecke ein System benannt, dessen Ausgangsgröße geregelt wird, indem eine oder mehrere Eingangsgrößen von der Automatisierungslösung (bspw. dem Regler) verändert werden. Für mehr Informationen zur Regelungstechnik siehe Abschnitt 7.2.

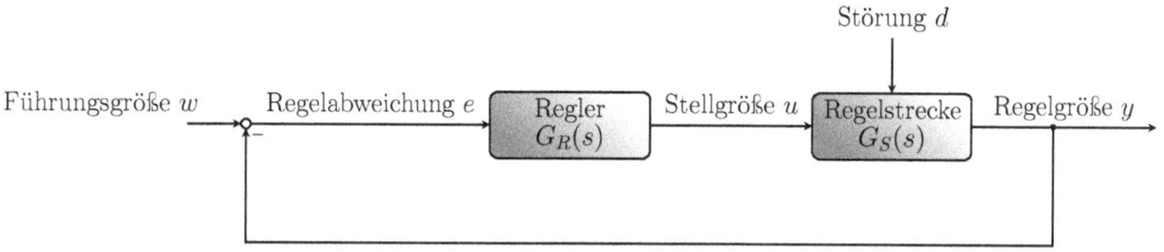

Bild 4.2 Schematische Darstellung des Standardregelkreises

An dieser Stelle sei bereits bemerkt, dass der Regler ein System darstellt, das Regelgröße und Führungsgröße bzw. Sollwerte miteinander vergleicht und aus der Differenz die Stellgröße bildet. Auch dieser Zusammenhang ist in Bild 4.2 dargestellt. Der Regler besitzt somit die Aufgabe, aus der Differenz zwischen Sollwert und Regelgröße eine Stellgröße zu ermitteln.

Regelgröße: Als Regelgröße wird ein Signal bezeichnet, welches auf einem vorgegebenen konstanten oder veränderlichen Wert gehalten werden soll. Sie ist im Allgemeinen die Ausgangsgröße der Regelstrecke.

Führungsgröße: Als Führungsgröße wird ein Signal bezeichnet, welches der Regelung von außen zugeführt wird und welchem die Regelgröße folgen soll.

Tabelle 4.1 Beispiele für Signale und Systeme im Automotive-Kontext

Beispielsystem	Regelgröße	Regeleinrichtung	Stellgröße	Prozess	Beispielhafte Störgröße
Tempomat (CC)	Geschwindigkeit	Steuergerät	Motordrosselklappenstellung	Fahrzeuglängsdynamik	Fahrbahnsteigung, Gegenwind
Abstandsregeltempomat (ACC)	Abstand	Steuergerät	Fahrzeuggeschwindigkeit	Fahrzeuglängsdynamik	Geschwindigkeitsänderungen des vorausfahrenden Fahrzeuges
Manuelle Fahrzeugquerführung	Fahrzeugorientierung	Fahrender	Lenkwinkel	Fahrzeugquerdynamik	Seitenwind
Spurhalteassistent (LKA)	Querablage	Steuergerät	Lenkwinkel	Fahrzeugquerdynamik	Seitenwind

Störgröße: Als Störgröße werden Signale bezeichnet, die von außen in unerwünschter Weise auf die Regelgröße wirken.

Stellgröße: Als Stellgröße werden Signale bezeichnet, welche die Ausgangsgröße des Reglers darstellen. Es ist die Größe, durch deren Änderung die Regelgröße über die Regelstrecke beeinflusst werden kann, bspw. um sie der Führungsgröße anzugleichen.

Um die zuvor dargestellten theoretischen Grundlagen leichter greifbar zu gestalten, wollen wir ein einfaches Beispiel betrachten. Es beschreibt die Radaufhängung eines Fahrzeuges. Im Rahmen des Beispiels wird erläutert, wie das mechatronische System der Radaufhängung analysiert und mathematisch beschrieben wird.

Beispiel 4.1 (Radaufhängung). In diesem Beispiel wollen wir die Radaufhängung aus Bild 4.3a betrachten. In einem ersten Schritt müssen wir uns überlegen: Welche technischen Zusammenhänge sind für die aktuelle Aufgabenstellung von Interesse? Nehmen wir an, dass die Radbewegung bzgl. der Anregung des Untergrunds modelliert werden soll. Dementsprechend ist die Auf- und Abbewegung des Rades das Ausgangssignal $y(t)$ und das Profil der Straße das Eingangssignal $u(t)$, siehe Bild 4.3b.

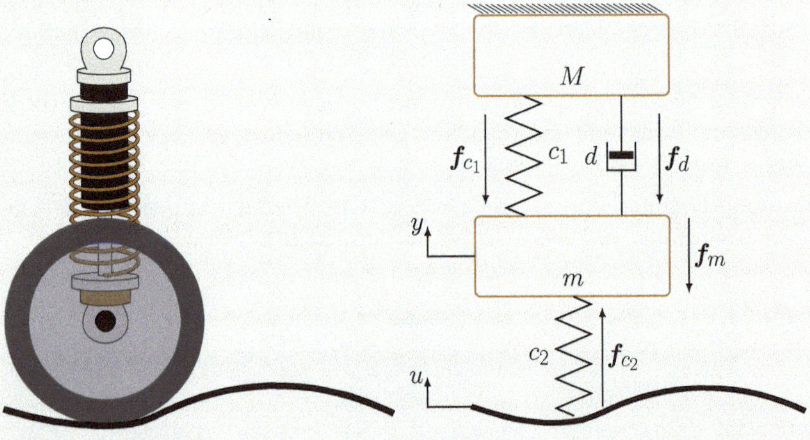

(a) Radaufhängung eines Fahrzeuges **(b)** Abstrahiertes Modell der Aufhängung

Bild 4.3 Radaufhängung und ihr abstrahiertes Modell

Dabei gilt es zu beachten, dass die Unebenheiten der Straße vom Weg s abhängen und nicht von der Zeit. Um diesen Umstand zu berücksichtigen, gehen wir von einer konstanten Geschwindigkeit v = konstant aus. Damit ergibt sich aus $u(s)$ und $s = vt$ der gewünschte Zusammenhang $u(t)$.

Mit diesen Annahmen hat das System einen Eingang und einen Ausgang. Hierbei handelt es sich also um ein SISO-System, da wir eine Eingangsgröße $u(t)$ und eine Ausgangsgröße $y(t)$ betrachten. Außerdem sind die beiden Signale kontinuierlich im Zeit- und im Wertebereich, sodass es sich um analoge Signale handelt. Genauere Erläuterungen zur Modellierung der Radaufhängung, basierend auf Bild 4.3b (bspw. Erklärungen zu den Kraftvektoren), und des dynamischen Verhaltens der Radaufhängung folgen im weiteren Verlauf dieses Kapitels, siehe Beispiel 4.13. ■

4.2 Dynamische Systeme

Bevor wir uns mit der Automatisierung mechatronischer Systeme befassen, widmen wir uns im folgenden Abschnitt weiterhin der einheitlichen mathematischen Beschreibung von den zu automatisierenden dynamischen Systemen. Im vorangegangenen Abschnitt zur Nomenklatur wurde bereits verdeutlicht, wie wichtig eine einheitliche Darstellung und Benennung technischer Zusammenhänge ist. Gerade in einem so interdisziplinären Kon text, wie der Automatisierung mechatronischer Systeme, spielt dies eine zentrale Rolle. In praktischen Anwendungen treten unterschiedliche Dynamiken mit unterschiedlichen Eigenschaften in Erscheinung.

4.2.1 Einführung

Dieser Abschnitt gibt eine kompakte Einführung in das Themenfeld dynamischer Systeme. Wir wollen uns in diesem Buch auf Systeme beschränken, die sich durch den Verlauf einer endlichen Anzahl von Größen charakterisieren lassen. Solche Systeme werden auch als **konzentriert-parametrische Systeme** bezeichnet und können durch gewöhnliche Differentialgleichungen (DGLs) der Form

$$\phi(y^{(n)}, \ldots, \dot{y}, y, u^{(m)}, \ldots, \dot{u}, u) = 0 \tag{4.1}$$

beschrieben werden. Das bedeutet, die Dynamik des Systems wird durch einen (nichtlinearen) funktionalen Zusammenhang der Eingangs- und der Ausgangsgröße sowie deren Zeitableitungen bis zur Ordnung m bzw. n beschrieben. Es wird daher auch von einer **Eingangs-Ausgangs-Darstellung** des Systems gesprochen.

Beispiel 4.2 (Mathematisches Pendel). Um die zuvor getroffenen Aussagen zu verdeutlichen, wollen wir in diesem Beispiel ein Modell des mathematischen Pendels aus Bild 4.4 ermitteln. Dieses wird durch ein Drehmoment $u(t) = M(t)$ im Aufhängepunkt in mathematisch positive Richtung beschleunigt. Wollen wir verstehen, wie sich das Pendel bewegt, so müssen wir uns Gedanken über die äußeren Einflüsse machen, welche auf das Pendel wirken. In unserem Fall wirken verschiedene Kräfte auf das Pendel. Diese Kräfte resultieren in Momenten, welche den Auslenkungswinkel φ des Pendels beeinflussen. Wie in Kapitel 6 beschrieben wird, kann zur Erstellung einer formalisierten Beschreibung der Pendelbewegung ein Momentengleichgewicht bzgl. des Aufhängepunktes aufgestellt werden

$$0 = -ml^2\ddot{\varphi}(t) - mgl\sin(\varphi(t)) + M(t),$$

mit der radialen Komponente der Gewichtskraft $F_{\text{tan}} = mg\sin(\varphi(t))$ und der Trägheitskraft $F_{\text{T}} = ma_{\text{tan}} = ml\ddot{\varphi}$. Bei der Betrachtung des Pendels hat sich die Darstellung

$$\ddot{\varphi}(t) + \frac{g}{l}\sin(\varphi(t)) - \frac{M(t)}{ml^2} = 0, \tag{4.2}$$

etabliert.

Hierbei wird durch den Vorfaktor ml der höchsten Ableitung ($\ddot{\varphi}(t)$) dividiert. Wollen wir nun den Verlauf des Winkels ($y(t) = \varphi(t)$) in Abhängigkeit von dem eingeprägten Drehmoment ($u(t) = M(t)$) beschreiben, resultiert die Differentialgleichung

$$\ddot{y}(t) + \frac{g}{l}\sin\big(y(t)\big) - \frac{u(t)}{ml^2} = 0,$$

welche die Normalform der allgemeinen Differentialgleichung (4.1) darstellt.

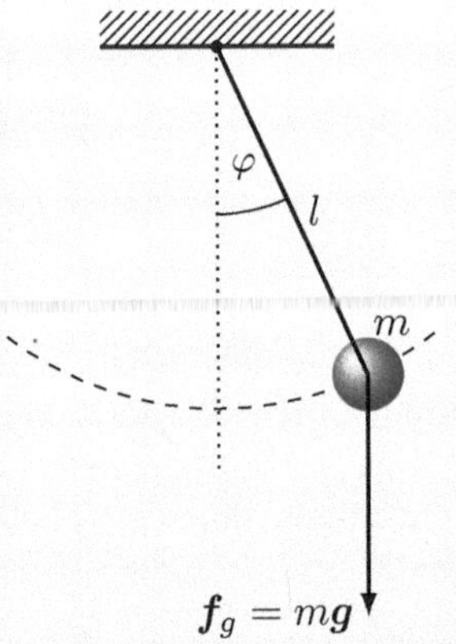

Bild 4.4 Mathematisches Pendel

■

Wie wir im Nachfolgenden noch sehen werden, bietet es sich an, dynamische Systeme in eine sogenannte **Zustandsraumdarstellung** zu überführen. Dabei wird durch die Einführung von **Zustandsvariablen** die Umformung einer gewöhnlichen Differentialgleichung n-ter Ordnung in ein System von n Differentialgleichungen erster Ordnung ermöglicht. Entscheidend für die Namensgebung dieser Darstellungsform ist der Begriff des **Zustandes**. Wir bezeichnen $\boldsymbol{x}(t)$ als Zustand des Systems zum Zeitpunkt τ, wenn

1. die (zukünftigen) Ausgangsverläufe $\boldsymbol{y}(t),\ t \geq \tau$ lediglich vom aktuellen Zustand $\boldsymbol{x}(\tau)$ und den (zukünftigen) Eingangsgrößen $\boldsymbol{u}(t),\ t \geq \tau$ abhängig sind,
2. die vergangenen Eingangsgrößen $\boldsymbol{u}(t),\ t < \tau$ nur über den Zustand $\boldsymbol{x}(\tau)$ Einfluss auf die (zukünftigen) Ausgänge $\boldsymbol{y}(t),\ t \geq \tau$ haben.

Dies bedeutet, dass der aktuelle Zustand den Effekt der vergangenen Eingangsgrößen auf den zukünftigen Ausgang und Zustand zusammenfasst. Somit beschreiben Zustandsgrößen das Verhalten der im System enthaltenen Speicherelemente. Dabei können physikalische Größen als Zustandsvariablen verwendet werden. Dementsprechend gibt die Anzahl der **unabhängigen** Speicherelemente (Massen, Federn, Kondensatoren etc.) die Mindestanzahl der notwendigen Zustandsgrößen und somit auch der Dimensionalität des Zustandsraumes an. Diese Formulierung deutet schon an, dass eine Zustandsraumbeschreibung nicht eineindeutig ist. So existieren für ein und dasselbe dynamische System einerseits unterschiedliche Modelle derselben Dimension und andererseits kann die Dimensionalität vergrößert werden, bspw. durch Hinzunehmen weiterer Ableitungen einzelner Zustandsgrößen.

Der Argumentation folgend beschreibt $\boldsymbol{x}(t)$ zu jedem Zeitpunkt t einen Punkt im entsprechenden **Zustandsraum.** Variiert t, so beschreibt $\boldsymbol{x}(t)$ eine Kurve im Zustandsraum, welche als **Zustandstrajektorie** oder **Zustandskurve** bezeichnet wird.

Da die Beschreibung in der Zustandsraumdarstellung stets auf n Differentialgleichungen erster Ordnung führt, kann die Zustandsraumbeschreibung

$$\dot{\boldsymbol{x}}(t) = \boldsymbol{f}(\boldsymbol{x}(t), \boldsymbol{u}(t)) \tag{4.3}$$

$$\boldsymbol{y}(t) = \boldsymbol{h}(\boldsymbol{x}(t), \boldsymbol{u}(t)) \tag{4.4}$$

mit dem Zustand $\boldsymbol{x}(t) \in \mathbb{R}^{n_x}$ des Systems und dem Eingang $\boldsymbol{u}(t) \in \mathbb{R}^{n_u}$, $\boldsymbol{f}: \mathbb{R}^{n_x} \times \mathbb{R}^{n_u} \to \mathbb{R}^{n_x}$ und $\boldsymbol{h}: \mathbb{R}^{n_x} \times \mathbb{R}^{n_u} \to \mathbb{R}^{n_y}$ eingeführt werden. Hierbei bezeichnen wir (4.3) als **Zustandsdifferentialgleichung** (auch **Zustandsgleichung**) und (4.4) als **Ausgangs-** oder **Messgleichung**. Dementsprechend lässt sich auch das Modell des Pendels (4.2) in die Form (4.3)-(4.4) überführen. Dazu werden die Zustandsvariablen $x_1 = \varphi$ sowie $x_2 = \dot{\varphi}$ eingeführt und es folgt

$$\dot{\boldsymbol{x}}(t) = \begin{bmatrix} \dot{x}_1(t) \\ \dot{x}_2(t) \end{bmatrix} = \begin{bmatrix} x_2(t) \\ -\frac{g}{l}\sin(x_1(t)) + \frac{1}{ml^2}u(t) \end{bmatrix} \tag{4.5}$$

$$y(t) = x_1(t) \tag{4.6}$$

als Zustandsraummodell des mathematischen Pendels. Dynamische Systeme der Form (4.3)-(4.4) sind im Allgemeinen nicht geschlossen lösbar. Daher werden zur Analyse dieser Systeme Methoden benötigt, die nicht auf der jeweiligen Lösung des Systems beruhen. Dies wollen wir im Nachfolgenden etwas genauer betrachten.

4.2.2 Stabilitätstheorie

Eine wichtige, wenn nicht sogar die wichtigste, Eigenschaft dynamischer Systeme bzw. der Lösung der zugrundeliegenden Differentialgleichung ist die Stabilität. Diese Eigenschaft beschreibt die Reaktion des dynamischen Systems auf innere und äußere Einflüsse.

Für die Analyse dynamischer Systeme werden dabei unterschiedliche Stabilitätsbegriffe verwendet. Dies führt zu den Konzepten der **asymptotischen Stabilität** und der **Lyapunov-Stabilität**, benannt nach Alexander Michailowitsch Lyapunov, der eine Methode zum Lösen von Stabilitätsproblemen dynamischer Systeme bereits im 19. Jahrhundert vorstellte.

Diese Stabilitätseigenschaften beschreiben keine Eigenschaften des betrachteten Systems als Ganzes, sondern stattdessen nur der jeweiligen **Ruhelage** oder Trajektorie.

Was wir unter einer Ruhelage verstehen, wird in der nachfolgenden Definition erläutert. Dazu betrachten wir das **autonome** System der Form

$$\dot{\boldsymbol{x}} = \boldsymbol{f}(\boldsymbol{x}). \tag{4.7}$$

Definition 4.3 (Ruhelage). Eine Ruhelage $\boldsymbol{x}_R$ ist ein Punkt im Zustandsraum, für den

$$\boldsymbol{f}(\boldsymbol{x}_R) = \boldsymbol{0}$$

gilt. ■

Ausgehend von Definition 4.3 kann je nach konkreter Beschreibung $\boldsymbol{f}$ das System unterschiedlich viele Ruhelagen oder gar ein Ruhelagenkontinuum besitzen.

Beispiel 4.3 (Ruhelagen Pendel). Zur Ruhelagenbestimmung des Pendels betrachten wir die Beschreibung ohne Eingang ($M(t) = u(t) \equiv 0$) und setzen diese zu Null:

$$\begin{bmatrix} x_2 \\ -\frac{g}{l}\sin(x_1) \end{bmatrix} = \begin{bmatrix} 0 \\ 0 \end{bmatrix}$$

Dementsprechend ergibt sich direkt $x_2 = 0$, was intuitiv sinnvoll ist, da x_2 der Winkelgeschwindigkeit entspricht und eine Ruhelage, wie der Begriff bereits andeutet, eine Geschwindigkeit von Null erfordert. Aus der zweiten Gleichung resultiert die Forderung $\sin(x_1) = 0$, welche für alle ganzzahligen Vielfachen von π ($k\pi,\ k \in \mathbb{Z}$) erfüllt ist. Alle geraden Vielfachen $0, 2\pi, 4\pi, \ldots$ entsprechen einem senkrecht nach unten hängenden Pendel und alle ungeraden Vielfachen $\pi, 3\pi, 5\pi, \ldots$ einem senkrecht nach oben stehenden Pendel. Somit existieren formell unendlich viele Ruhelagen, aber von praktischer Relevanz sind nur die beiden Ruhelagen $\boldsymbol{x}_{R1} = [0;0]^{\mathrm{T}}$ und $\boldsymbol{x}_{R2} = [0;\pi]^{\mathrm{T}}$, da sich alle weiteren Ruhelagen aus vollständigen Umdrehungen des Pendels ergeben. ■

Ohne Einschränkung der Allgemeingültigkeit untersuchen wir im Nachfolgenden eine Ruhelage im Koordinatenursprung $\boldsymbol{f}(\boldsymbol{0}) = \boldsymbol{0}$, denn jede isolierte Ruhelage kann durch eine einfache Koordinatentransformation mittels $\boldsymbol{x}^* = \boldsymbol{x} - \boldsymbol{x}_R$ in den Ursprung überführt werden. Betrachten wir noch einmal die Definition 4.3, so ist ersichtlich, dass ein System, welches einmal den Zustand $\boldsymbol{x}_R$ erreicht hat, diese Ruhelage nicht mehr aus seiner eigenen Dynamik heraus verlassen wird, da sich mit $\dot{\boldsymbol{x}}_R = \boldsymbol{f}(\boldsymbol{x}_R) = \boldsymbol{0}$ der Zustand entsprechend auch nicht zeitlich ändert. Allerdings führen Störungen oder andere eingeprägte Signale zu einem Verlassen dieser Ruhelage. Wir betrachten daher bei der Stabilitätsuntersuchung technischer Systeme das Verhalten des Systems bzw. der entstehenden Trajektorien bei einer Auslenkung von dieser Ruhelage. Dies führt zu den oben bereits erwähnten Stabilitätsbegriffen, die wir nun definieren wollen. Da sich diese auf die Entwicklung der Zustandsgrößen beziehen, hat sich ebenfalls der Begriff der **Zustandsstabilität** etabliert.

Definition 4.4 (Zustandsstabilität). Eine Ruhelage im Koordinatenursprung wird:

- **Lyapunov-stabil** oder „stabil im Sinne von Lyapunov" genannt, wenn für jedes $\epsilon > 0$, ein $\delta(\epsilon) > 0$ existiert, sodass für $|\boldsymbol{x}(0)| < \delta$, $|\boldsymbol{x}(t)| < \epsilon$ für jedes $t \geq 0$ gilt,
- **attraktiv** genannt, wenn ein $r(\boldsymbol{x}_0) > 0$ existiert, sodass $|\boldsymbol{x}(0)| < r(\boldsymbol{x}_0) \Rightarrow \lim_{t \to +\infty} |\boldsymbol{x}(t)| = 0$ gilt,
- **asymptotisch stabil** genannt, wenn sie Lyapunov-stabil und attraktiv ist,
- **instabil** genannt, wenn sie nicht Lyapunov-stabil ist.

■

Folgen wir den Definitionen 4.4, so ist ein System stabil im Sinne von Lyapunov, wenn wir durch die geeignete Wahl einer Anfangsauslenkung von der Ruhelage $|\boldsymbol{x}(0)| < \delta$ dafür Sorge tragen können, dass die Zustandstrajektorie beliebig nah an der Ruhelage verbleibt $|\boldsymbol{x}(t)| < \epsilon$. Mit anderen Worten, wenn wir möchten, dass sich der Zustand nicht weiter als ϵ von der Ruhelage entfernt, lässt sich stets ein entsprechender maximaler Anfangsabstand von der Ruhelage δ finden. Ist die Ruhelage zusätzlich noch attraktiv, sodass die Trajektorien für $t \to +\infty$ zu der Ruhelage streben, so ist die Ruhelage asymptotisch stabil. Diese Definitionen vermitteln eine gute Vorstellung des zeitlichen Verhaltens eines Systems, eignen sich allerdings nur eingeschränkt für den jeweiligen Nachweis der Stabilitätseigenschaft.

Das liegt daran, dass sie auf der Lösung $\boldsymbol{x}(t)$ des jeweiligen (nichtlinearen) Differentialgleichungssystems beruhen. Da wir allerdings bereits zu Beginn dieses Abschnitts festgestellt haben, dass die explizite Lösung von solchen Systemen nur in Ausnahmefällen möglich ist, benötigen wir ein Verfahren, welches die Analyse ermöglicht, ohne dabei explizit auf die Lösung $\boldsymbol{x}(t)$ zurückzugreifen. Dies führt zu der direkten Methode von Lyapunov, welche im Folgenden eingeführt wird.

Direkte Methode von Lyapunov

Eines der wohl wichtigsten Werkzeuge bei der Analyse von (nichtlinearen) dynamischen Systemen und dem Entwurf adäquater Regelungen ist die **direkte** oder auch **zweite Methode von Lyapunov**, da diese über ein breites Anwendungsgebiet verfügt und auf eine Vielzahl von Systemklassen und Fragestellungen anwendbar ist. Motivieren lässt sich die Grundidee dieses Ansatzes mit einer Energiebetrachtung des Systems. Demnach lassen sich Ruhelagen als Energieminima interpretieren, wenn auch nur als lokale Minima. Betrachten wir hierzu das Pendel aus Beispiel 4.3. Dort ist die Ruhelage $[0;0]^{\mathrm{T}}$ das Energieminimum des Systems. Wenn wir anschließend zeigen können, dass die Energie im System kontinuierlich abnimmt, so ist offensichtlich, dass das System sich irgendwann in der Ruhelage befinden wird. Die hier betrachtete Energie hat eine wichtige Eigenschaft: sie kann nicht negativ sein. Vielmehr ist sie immer positiv, außer alle Zustände sind gleich null. Diese Eigenschaft wird mit dem Begriff der positiven Definitheit formalisiert. Dementsprechend wird eine skalare Funktion $V(\boldsymbol{x})$ als positiv definit bezeichnet, wenn

- $V(\mathbf{0}) = 0$ und
- $\forall \boldsymbol{x} \neq \mathbf{0} \implies V(\boldsymbol{x}) > 0$

gilt. Folglich wird eine Funktion $V(\boldsymbol{x})$ negativ definit genannt, wenn $-V(\boldsymbol{x})$ positiv definit ist. Diese Energiebetrachtung kann verallgemeinert werden, was der folgende Satz zusammenfasst.

Satz 4.1 (Direkte Methode von Lyapunov). Es sei $\boldsymbol{x}_R = 0$ eine Ruhelage des Systems (4.7). Existiert eine positiv definite und stetig differenzierbare Funktion $V : \mathbb{R}^{n_x} \to \mathbb{R}_{>0}$, welche die Ungleichung

$$\dot{V}(\boldsymbol{x}) = \frac{\partial V}{\partial \boldsymbol{x}}(\boldsymbol{x})\boldsymbol{f}(\boldsymbol{x}) \leq 0, \quad \forall \boldsymbol{x} \in \mathbb{R}^{n_x} \tag{4.8}$$

erfüllt, dann ist $\boldsymbol{x}_R = 0$ eine global Lyapunov-stabile Ruhelage. Ist $\dot{V}$ weiterhin negativ definit, so ist die Ruhelage global asymptotisch stabil. ■

Gelten diese Bedingungen jeweils nicht für den gesamten Zustandsraum $\mathbb{R}^{n_x}$, sondern nur für eine Umgebung der Ruhelage, so wird die Ruhelage **lokal** (asymptotisch) stabil genannt. Mit Satz 4.1 geht somit die Möglichkeit einher, die Stabilität (lokal, global, asymptotisch) eines Systems zu bestimmen, ohne über die Kenntnis der Lösung des Systems zu verfügen. Wenn also eine entsprechende **Lyapunov-Funktion** $V(\boldsymbol{x})$ existiert, können wir auf Stabilität des Systems schließen. Wenn die Bedingung (4.8) allerdings für eine bestimmte Funktion $V(\boldsymbol{x})$ nicht erfüllt ist, so kann nicht auf ein instabiles Verhalten geschlossen werden. Denn auch wenn Stabilität die Existenz einer Lyapunov-Funktion garantiert, ist die Überprüfung mit einem Lyapunov-Funktions-Kandidaten $V(\boldsymbol{x})$ eine hinreichende, aber nicht notwendige Bedingung.

Daher stellt sich bei Anwendung dieser Methode stets die Frage, wie ein geeigneter Lyapunov-Funktions-Kandidat $V(\boldsymbol{x})$ ermittelt werden kann. Eine weitere Herausforderung bei der Anwendung dieser Methode ist, dass eine Definitheitsprüfung notwendig ist. Dies ist insbesondere für komplexe und hoch-dimensionale Systeme eine nicht zu unterschätzende Aufgabe und kann mit einem enormen Rechenaufwand einhergehen.

Beispiel 4.4 (Stabilität Pendel). Zur Stabilitätsuntersuchung des Pendels betrachten wir das autonome Pendel

$$\dot{\boldsymbol{x}} = \boldsymbol{f}(\boldsymbol{x}) = \begin{bmatrix} x_2 \\ -\frac{g}{l}\sin(x_1) \end{bmatrix}$$

sowie die (potentielle und kinetische) Energie des Systems

$$V(\boldsymbol{x}) = \underbrace{\frac{1}{2}J\dot{\varphi}^2}_{\text{Rotationsenergie}} + \underbrace{mgl\left(1-\cos(\varphi)\right)}_{\text{potentielle Energie}} = \frac{1}{2}ml^2x_2^2 + mgl\left(1-\cos(x_1)\right)$$

als Lyapunov-Funktions-Kandidat. Den Überlegungen aus Satz 4.1 folgend resultiert

$$\begin{aligned} \dot{V}(\boldsymbol{x}) &= \frac{\partial V}{\partial x_1}(\boldsymbol{x})f_1(\boldsymbol{x}) + \frac{\partial V}{\partial x_2}(\boldsymbol{x})f_2(\boldsymbol{x}) \\ &= g\,l\,m\sin(x_1)x_2 + l^2mx_2\left(-\frac{g}{l}\sin(x_1)\right) = 0 \le 0 \end{aligned}$$

und somit ist das System stabil im Sinne von Lyapunov.

Dies verwundert nicht, da bei dem beschriebenen System die Energie konstant ist und dadurch $V(\boldsymbol{x}) = c \implies \dot{V}(\boldsymbol{x}) = 0$ gilt.

Für ein asymptotisch stabiles Verhalten wäre die Hinzunahme eines Reibungsterms notwendig.

In dem nachfolgenden Video ist das Bewegungsverhalten eines stabilisierten inversen Pendels dargestellt.

■

Bis jetzt haben wir lediglich das Verhalten des Systems bei Auslenkungen von der Ruhelage betrachtet und konnten charakterisieren, wie stabil diese aufgrund der Eigendynamik ist. Da wir im Folgenden Systeme häufig als Übertragungsglieder verstehen, wollen wir ebenfalls die Stabilität gegenüber äußeren Einflüssen beschreiben, welche über Eingangsgrößen vermittelt werden. So ist es möglich, die Auswirkungen des Eingangssignals auf den Ausgang zu betrachten. Dies führt zum Konzept der **Eingangs-Ausgangs-Stabilität**.

Definition 4.5 (Eingangs-Ausgangs-Stabilität). Ein System wird als eingangs-ausgangs-stabil bezeichnet, wenn das Ausgangssignal bei beschränktem Eingangssignal nicht über alle Grenzen anwächst ($\forall t \ge 0 : |u(t)| \le c_1 < +\infty \implies |y(t)| \le c_2 < +\infty$). ■

Da wir in Definition 4.5 annehmen, dass ein begrenztes Eingangssignal auch zu einem begrenzten Ausgangssignal führt, hat sich der Begriff der **BIBO-Stabilität** (engl.: Bounded Input Bounded Output, kurz: BIBO) etabliert. Auf ähnliche Weise lässt sich eine Stabilitätsaussage für die Auswirkung von Eingangssignalen auf den Zustand formulieren. Das führt zum Konzept der **Eingangs-Zustands-Stabilität** (engl.: Input-to-State Stability, kurz: ISS). Auch für diese eingangsabhängigen Stabilitätseigenschaften lassen sich äquivalente Lyapunov-Bedingungen formulieren. Dies liegt allerdings außerhalb der hier betrachteten Problemstellungen und sei daher nur erwähnt. Bzgl. weiterer Details zu diversen Stabilitätseigenschaften, deren Formulierungen und den jeweiligen (Lyapunov-)Bedingungen sei auf die am Ende des Kapitels angegebene Literatur verwiesen.

4.2.3 Numerische Lösungsverfahren

Wie bereits in Abschnitt 4.2.1 beschrieben, führen viele technische Aufgaben zu Differentialgleichungen bzw. Systemen von Differentialgleichungen. Außerdem haben wir bereits diskutiert, dass diese nur in Spezialfällen geschlossen analytisch lösbar sind. Allerdings ist die Lösung bzw. der zeitliche Verlauf von Ausgangs- oder Zustandsgrößen von entscheidender Bedeutung beim Entwurf technischer Systeme. Daher werden häufig mit numerischen Verfahren **approximative Lösungen** ermittelt. So ist das Lösen von Differentialgleichungen das Hauptproblem bei der Simulation der hier betrachteten technischen Systeme. Auch bei der Diskretisierung von Systemen wird auf diese Verfahren zurückgegriffen.

Die folgenden Ausführungen beschränken sich auf sogenannte **Anfangswertaufgaben**. Bei diesen werden für die Lösung der Differentialgleichungen deren Anfangsbedingungen vorgegeben. Anfangswertaufgaben mit Differentialgleichungen 1. Ordnung haben die Form

$$\dot{x}(t) = f(t,x), \quad x(t_0) = x_0.$$

Gesucht wird die Lösungsfunktion für $t_0 \leq t \leq t_f$. Wir werden allerdings hier keine Funktionen berechnen, sondern lediglich Zahlenfolgen, die diese repräsentieren. Grundlage für die nachfolgenden Verfahren ist, dass das zur Lösung notwendige Integral in **Teilintegrale**

$$\begin{aligned}
x(t_n) &= x(t_0) + \int_{t_0}^{t_n} f(t,x)\mathrm{d}t \\
x(t_{n+1}) &= x(t_0) + \int_{t_0}^{t_n} f(t,x)\mathrm{d}t + \int_{t_n}^{t_{n+1}} f(t,x)\mathrm{d}t \\
x(t_{n+1}) &= x(t_n) + \int_{t_n}^{t_{n+1}} f(t,x)\mathrm{d}t
\end{aligned}$$

zerlegt werden kann. Das bedeutet, es ist möglich, ein zu lösendes Integral in Teilintegrale zu zerlegen. Somit kann die Lösung von einem Integral durch sukzessives Lösen und Addition der Teilintegrale erfolgen. Diese Teilintegrale werden bei numerischen Lösungsverfahren durch eine Integrationsformel approximiert. Die verschiedenen Verfahren zur Lösung von Differentialgleichungen unterscheiden sich durch die verwendete Integrationsformel, d. h. durch die Art der Approximation des Integrals. Die nachfolgende Aufzählung fasst Kriterien zur Einteilung dieser Verfahren zusammen.

Explizite und implizite Verfahren: Explizite oder offene Verfahren berechnen x_{n+1} ausschließlich auf der Basis zurückliegender Werte von x bzw. $\dot{x}$. Implizite oder geschlossene Verfahren erfordern eine iterative Berechnung, weil für die Bestimmung von x_{n+1} auch der Wert $\dot{x}_{n+1}$ verlangt wird. Implizite Verfahren benötigen daher gegenüber expliziten Verfahren größere Rechenzeiten, zeichnen sich allerdings im Allgemeinen durch bessere Stabilitätseigenschaften aus.

Einschritt- und Mehrschrittverfahren: Einschrittverfahren verwenden zur Berechnung nur den vorangegangenen Wert x_n (einfach zurückgreifende Verfahren). Mehrschrittverfahren benutzen zur Berechnung von x_{n+1} außer x_n bzw. $\dot{x}_n$ auch die Werte x_{n-s+1} bzw. $\dot{x}_{n-s+1}$, d. h. s Werte, die vor x_n berechnet wurden. Wir sprechen daher auch von s-fach zurückgreifenden Verfahren.

Prädiktor-Korrektor-Verfahren: Prädiktor-Korrektor-Verfahren bilden eine separate Klasse unter den Ein- und Mehrschrittverfahren. Sie bestimmen mit einer expliziten Prädiktorformel einen Näherungswert für x_{n+1} und verbessern diesen dann mithilfe einer impliziten Korrektorformel.

Einschrittverfahren

Die älteste Approximations-Methode ist das **explizite Euler-Verfahren**, welches auch unter den Namen explizites Eulersches Tangentenverfahren und Euler-Vorwärts-Verfahren bekannt ist. Es nähert ein Integral über das Intervall $[t_n, t_n + h]$ durch ein Rechteck der Breite h und der Höhe $\dot{x}_n = f(t_n, x_n)$ an: $\int_{t_n}^{t_{n+1}} f(t,x)\,\mathrm{d}t \approx h\,\dot{x}_n$, wie in Bild 4.5a gezeigt. Durch das Einsetzen dieser Näherungsbeziehung in die Approximation ergibt sich

$$x_{n+1} = x_n + h\,\dot{x}_n \tag{4.9}$$

$$\dot{x}_n = f(t_n, x_n) \tag{4.10}$$

als Berechnungsvorschrift für das explizite Euler-Verfahren.

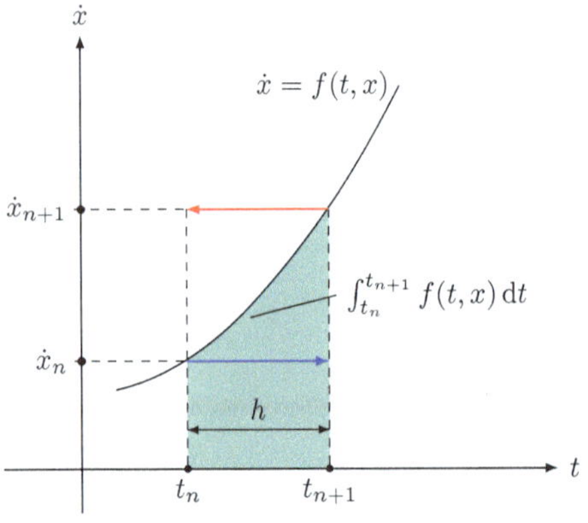

(a) Integralapproximation beim expliziten und impliziten Euler-Verfahren

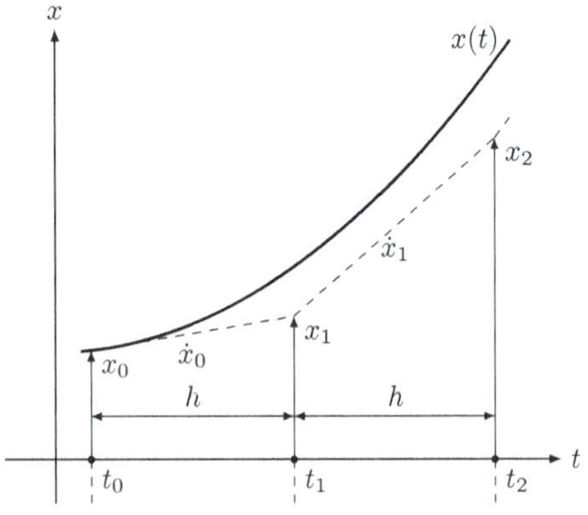

(b) Entwicklung der Lösungen mit dem Euler-Verfahren

Bild 4.5 Integralapproximation und Polygonzugverfahren

Demgegenüber erhalten wir das **implizite Euler-Verfahren**, wenn das Integral über das Intervall $[t_n, t_n + h]$ durch ein Rechteck der Breite h und der Höhe $\dot{x}_{n+1} = f(t_{n+1}, x_{n+1})$ angenähert wird, siehe Bild 4.5a. Aus diesen Überlegungen folgt

$$\int_{t_n}^{t_{n+1}} f(t,x)\,\mathrm{d}t \approx h\,\dot{x}_{n+1} = h\,f(t_{n+1}, x_{n+1})$$

als Rechenvorschrift für das implizite Euler-Verfahren. Durch Einsetzen folgt nun:

$$x_{n+1} = x_n + h\,\dot{x}_{n+1} \tag{4.11}$$

$$\dot{x}_{n+1} = f(t_{n+1}, x_{n+1}) \tag{4.12}$$

Dieses Verfahren wird auch als Euler-Rückwärts-Verfahren bezeichnet. Bei ihm liegt für x_{n+1} eine implizite Beziehung vor. Somit entsteht eine (nichtlineare) Gleichung, welche in der Regel wiederum nur durch Iteration lösbar ist, vgl. Abschnitt 4.4.2. Dadurch muss in jedem Integrationsschritt iterativ eine Gleichung gelöst werden, wodurch sich ein erheblicher Rechenaufwand ergibt. Jeder Integrationsschritt enthält somit eine Iterationsschleife, siehe nachfolgendes Beispiel 4.5.

Beispiel 4.5 (Explizites und implizites Euler-Verfahren). Um die Grundideen des expliziten und impliziten Euler-Verfahrens zu illustrieren, betrachten wir das einfache Anfangswertproblem

$$\dot{x}(t) = -x(t); \quad x(0) = 1. \tag{4.13}$$

Den Überlegungen aus Abschnitt 4.3.1 folgend kann die analytische Lösung zu $x_s(t) = e^{-t}$ bestimmt werden. Demzufolge ergibt sich aus dem expliziten Euler-Verfahren, siehe Gleichung (4.9)-(4.10), mit einer Schrittweite $h = 0{,}5$ für den ersten Integrationsschritt: $x_1 = x_0 - hx_0 = 1 - 0{,}5 = 0{,}5$; und entsprechend für den zweiten Schritt: $x_2 = x_1 - hx_1 = 0{,}5 - 0{,}25 = 0{,}25$. Betrachten wir dieselbe Differentialgleichung mit dem impliziten Euler-Verfahren, beschrieben durch Gleichung (4.11) und (4.12), ergibt sich

$$x_1 = x_0 - hx_1 = \frac{1}{1+h}x_0 = \frac{2}{3}x_0 = \frac{2}{3} \quad \text{und} \quad x_2 = \frac{1}{1+h}x_1 = \frac{4}{9}$$

für den ersten bzw. zweiten Integrationsschritt.

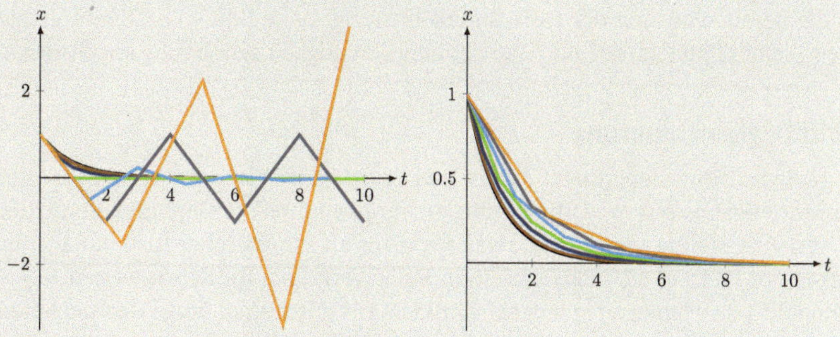

(a) Explizit **(b)** Implizit

Bild 4.6 Lösung der Differentialgleichung (4.13) mit dem expliziten und dem impliziten Euler-Verfahren sowie unterschiedlichen Schrittweiten (– analytisch; – $h = 0{,}1$; – $h = 0{,}5$; – $h = 1$; – $h = 1{,}5$; – $h = 2$; – $h = 2{,}5$)

Die Bilder 4.6a und 4.6b zeigen wie sich die Lösungen der Differentialgleichung für unterschiedliche Schrittweiten entwickeln. Bilder 4.6a und 4.6b verdeutlichen, wie mit zunehmender Schrittweite die resultierenden Abweichungen zur analytischen Lösung der Differentialgleichung immer weiter vergrößert werden. Im expliziten Fall führt dies dazu, dass bei Schrittweiten von $h > 2$ die Lösung divergiert. Dies wird **numerische Instabilität** genannt (aufklingende Lösung). Dabei zeigt die Lösung ein instabiles Verhalten, obwohl die eigentliche Differentialgleichung stabil ist. Dies ist bei dem impliziten Euler-Verfahren nicht der Fall, was jedoch im Allgemeinen mit einen höheren Rechenaufwand einher geht.

■

Die beim Euler-Verfahren entstehenden Fehler sind für die meisten Anwendungen zu groß. Daher dominieren in der Praxis andere Verfahren, hierbei sind insbesondere die **Runge-Kutta-Verfahren** zu nennen. Diese fassen Verfahren unterschiedlicher Ordnung zusammen. Das Runge-Kutta-Verfahren 2. Ordnung (siehe Bild 4.7a) nutzt die Rechenvorschrift

$$\begin{aligned} k_1 &= f(t_n, x_n) \\ k_2 &= f(t_n + h, x_n + hk_1) \\ x_{n+1} &= x_n + \frac{h}{2}(k_1 + k_2) \end{aligned}$$

und ist das einfachste Verfahren aus dieser Familie. Es kann als eine Erweiterung des Euler-Verfahrens verstanden werden. Das Euler-Verfahren stellt insofern das Runge-Kutta-Verfahren 1. Ordnung dar. Die Gewichtsfaktoren des Runge-Kutta-Verfahrens 4. Ordnung sind so gewählt, dass mit der Taylorentwicklung von x_{n+1} an der Stelle t_n bis zum Glied 4. Ordnung Übereinstimmung besteht. Daraus ergibt sich

$$\begin{aligned} k_1 &= f(t_n, x_n) \\ k_2 &= f\left(t_n + \frac{h}{2}, x_n + \frac{h}{2}k_1\right) \\ k_3 &= f\left(t_n + \frac{h}{2}, x_n + \frac{h}{2}k_2\right) \\ k_4 &= f(t_n + h, x_n + hk_3) \\ x_{n+1} &= x_n + \frac{h}{6}(k_1 + 2k_2 + 2k_3 + k_4) \end{aligned}$$

für die iterative Lösung der Differentialgleichung, siehe Bild 4.7b. Dieses Verfahren wird wegen seiner Einfachheit und relativ hohen Genauigkeit sehr häufig angewendet.

Schrittweitensteuerung

Zu große Schrittweiten (Abstand zwischen den auszuwertenden Funktionswerten) bei der numerischen Lösung von Differentialgleichungen führen zu **Genauigkeitsverlust**en (wird als Verfahrensfehler bezeichnet), was sogar bis zu numerischer Instabilität führen kann. Dies ist im Beispiel 4.5 beim expliziten Euler-Verfahren für Schrittweiten $h > 2$ der Fall, siehe Bild 4.6a. Hingegen erzeugen sehr kleine Schrittweiten **lange Rechenzeiten** und haben ein Anwachsen von Rundungsfehlern zur Folge. Diesen Zusammenhang verdeutlicht Bild 4.8. Demzufolge ist die optimale Schrittweite vom Lösungsverfahren und dem betrachteten System abhängig. Wo dieses Optimum liegt, ist a priori nicht bekannt und wird im Allgemeinen iterativ genähert. Entsprechend sollte sich die Wahl der Schrittweite an dem schnellsten Teilprozess orientieren.

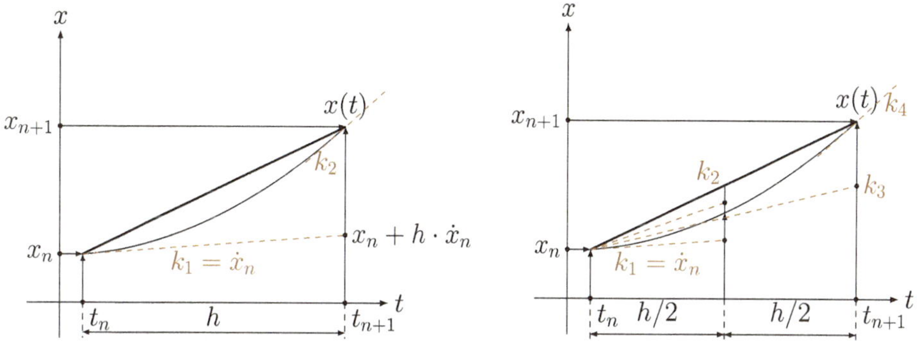

(a) Runge-Kutta-Verfahren 2. Ordnung

(b) Runge-Kutta-Verfahren 4. Ordnung

Bild 4.7 Runge-Kutta-Verfahren im Vergleich

Bspw. sollte eine Sinusschwingung über eine Periode mindestens zehnmal gestützt werden, wenn mit dem expliziten Euler-Verfahren gearbeitet wird.

Bei Echtzeitsimulationen ergibt sich zumeist eine (feste) Schrittweite aus der Applikation. Sofern die Dynamik des simulierten Systems starken Schwankungen unterliegt, ist eine automatische Steuerung der Integrationsschrittweite in Abhängigkeit vom lokalen Fehler zweckmäßig.

Je nachdem, ob der Betrag des aktuellen lokalen Fehlers $|\varepsilon|$ im vorgegebenen Intervall $[\varepsilon_{\text{min}}, \varepsilon_{\text{max}}]$ bzw. darunter oder darüber liegt, wird die Schrittweite entweder nicht verändert, respektive vergrößert oder verkleinert. Ist eine Verkleinerung notwendig, dann muss der letzte Integrationsschritt wiederholt werden.

Im Fall der Einschrittverfahren ist die Schrittweitensteuerung während des Simulationslaufes ohne weitere Konsequenzen möglich.

Ein Problem stellt lediglich die hinreichend genaue Schätzung des lokalen Fehlers dar.

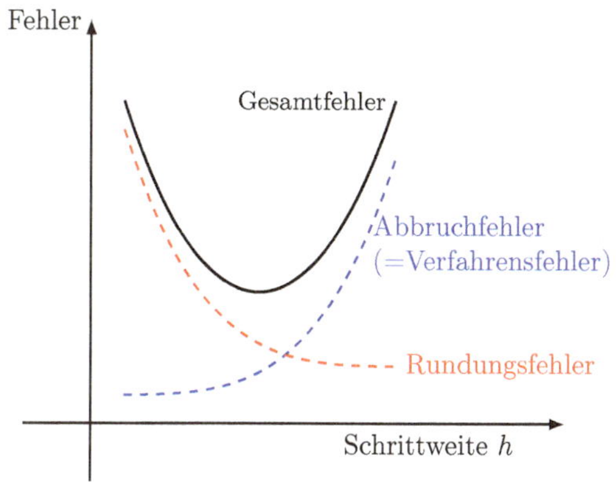

Bild 4.8 Abhängigkeit des Rundungs- und des Abbruchfehlers von der Schrittweite

Moderne Algorithmen zur Lösung von Anfangswertproblemen sind so aufgebaut, dass sie in Abhängigkeit von vorzugebenden Fehlerschranken sowohl die Schrittweite als auch die Ordnung des Verfahrens steuern.

Hinweise und Eignung

Keines der verfügbaren numerischen Lösungsverfahren ist für ein beliebiges Problem besser als andere geeignet. Wir müssen daher im konkreten Fall anhand der Vor- und Nachteile der Verfahren sowie der Anforderungen des Problems entscheiden, welchem der Vorzug zu geben ist. Generell gilt:

Einschrittverfahren sind selbststartend und eine automatische Schrittweitensteuerung ist leicht möglich. Darüber hinaus sind sie unempfindlich gegen Unstetigkeiten der Eingangsgrößen oder der Differentialgleichungen. Jeder Integrationsschritt erfordert im Allgemeinen mehrere Berechnungen von Funktionswerten. So werden beim Runge-Kutta-Verfahren der Ordnung 4 vier Funktionswertberechnungen benötigt.

Mehrschrittverfahren erfordern je Integrationsschritt, einschließlich eventueller Iterationen, im Allgemeinen nur die Berechnung von ein bis drei Funktionswerten. Es lassen sich die Berechnungsformeln für Mehrschrittverfahren beliebig hoher Ordnung relativ leicht konstruieren. Sie sind nicht selbststartend und benötigen eine Anlaufrechnung mit einem Einschrittverfahren. Daher ist auch die Änderung der Schrittweite aufwendig. Mehrschrittverfahren sind empfindlich gegenüber Unstetigkeiten der Eingangsgrößen oder der Differentialgleichungen. An den Unstetigkeitsstellen muss eine neue Anlaufrechnung durchgeführt werden (hoher Aufwand!).

Explizite Verfahren erfordern keine Iteration, sind aber im Allgemeinen weniger robust gegen numerische Instabilität.

Implizite Verfahren besitzen einen hohen Rechenaufwand aufgrund der iterativen Lösung in jedem Integrationsschritt. Sie sind allerdings numerisch äußerst stabil bei Schrittweitenänderungen.

Als Maß für die Eignung eines Verfahrens können wir den unter gegebenen Bedingungen (Problemklasse, Fehlerschranke) entstehenden Rechenaufwand ansehen:

(a) Aufwand für die Berechnung der Funktionswerte f

(b) Aufwand für die Schrittweitenänderung

(c) sonstiger Aufwand

Bei großem Aufwand (a) sind Mehrschrittverfahren (bspw. Adams- oder Prädiktor-Korrektor-Verfahren) günstig, obwohl bei diesen der Aufwand (c) höher ist. Runge-Kutta-Verfahren sind günstiger, wenn der Aufwand (a) klein ist und außerdem die Genauigkeitsanforderungen nicht zu hoch sind, oder wenn Unstetigkeiten zu verarbeiten sind.

4.3 Lineare Systeme

Im Folgenden wird der Fokus auf dynamische lineare Systeme gelegt. Bevor wir allerdings solche linearen Systeme genauer betrachten, wollen wir die Begriffe linear und nichtlinear erläutern, bzw. Unterscheidungskriterien für diese erarbeiten.

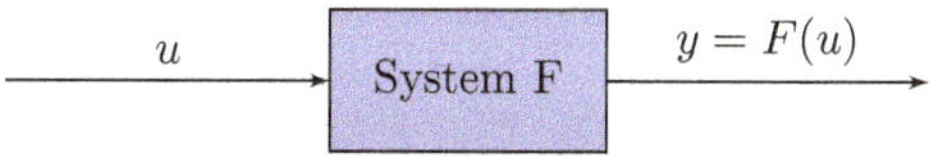

Bild 4.9 Verallgemeinerte System-Beschreibung

Ein dynamisches System F (siehe Bild 4.9) wird linear genannt, wenn es die **Linearitätseigenschaften** erfüllt:

- Superpositionsprinzip: $F(u_1 + u_2) = F(u_1) + F(u_2)$
- Homogenitätsprinzip: $F(\alpha\, u) = \alpha\, F(u),\ \alpha \in \mathbb{R}$

Mit der Bedingung $F(\alpha\, u_1 + \beta\, u_2) = \alpha\, F(u_1) + \beta\, F(u_2)$ mit $\alpha, \beta \in \mathbb{R}$ können beide Eigenschaften gleichzeitig überprüft werden. Dieser Argumentation folgend ist ein **nichtlineares System** ein System, welches nicht linear ist, d. h. das Superpositions- und/oder das Homogenitätsprinzip sind nicht erfüllt. Allerdings werden diese Eigenschaften in praktischen Anwendungen nur selten tatsächlich formell geprüft, da die reine Struktur der Beschreibung meist schon Aufschluss über die Linearität gibt. Denn ist eine sogenannte Nichtlinearität in der Systembeschreibung vorhanden, so ist das System nichtlinear. Häufige Nichtlinearitäten sind bspw. trigonometrische Funktionen (sin, cos, tan etc.), Multiplikationen von Zuständen und/oder Eingängen, Exponentialfunktionen, Hysteresen oder Sättigungseffekte. Das nachfolgende Beispiel verdeutlicht diesen Zusammenhang.

Beispiel 4.6 (Mathematisches Pendel). In diesem Beispiel betrachten wir das einfache Pendel aus Beispiel 4.2. Dort wurde

$$\ddot{\varphi} + \frac{g}{l}\sin(\varphi) - \frac{M}{ml^2} = 0 \tag{4.14}$$

als Differentialgleichung zur Beschreibung der Dynamik ermittelt. Der in Gleichung (4.14) enthaltene Sinus-Term deutet bereits an, dass es sich hierbei um ein nichtlineares System handelt. Doch betrachten wir die beiden oben genannten Eigenschaften:

Superposition: Damit diese Eigenschaft erfüllt ist, muss $u_1 + u_2 \implies y_1 + y_2$ gelten. Dies führt mit $y = \varphi$ und $M = u$ zu

$$\begin{aligned}
\frac{\mathrm{d}^2}{\mathrm{d}t^2}(y_1 + y_2) + \frac{g}{l}\sin(y_1 + y_2) - \frac{1}{ml}(u_1 + u_2) &= 0\\
\ddot{y}_1 + \ddot{y}_2 + \frac{g}{l}(\sin(y_1)\cos(y_2) + \cos(y_1)\sin(y_2)) + \frac{1}{ml^2}(u_1 + u_2) &= 0\\
\ddot{y}_1 + \frac{g}{l}\sin(y_1)\cos(y_2) + \frac{1}{ml^2}u_1 + \ddot{y}_2 + \frac{g}{l}\cos(y_1)\sin(y_2) + \frac{1}{ml^2}u_2 &= 0.
\end{aligned}$$

Somit ist die Bedingung für Superposition nur für

$$\cos(y_2) = \cos(y_1) = 1 \implies y_1, y_2 \in \{0 + 2k\pi, k \in \mathbb{Z}\},$$

also wenn das Pendel senkrecht nach unten hängt, erfüllt.

Homogenität: Die Eigenschaft kann über die Bedingung $u = \alpha u_1 \implies y = \alpha y_1$ überprüft werden. Dementsprechend ergibt sich

$$\begin{aligned}\frac{d^2}{dt^2}(\alpha y_1) + \frac{g}{l}\sin(\alpha y_1) - \frac{1}{ml^2}(\alpha u_1) &= 0\\ \alpha \ddot{y}_1 + \frac{g}{l}\sin(\alpha y_1) - \frac{\alpha}{ml^2}(u_1) &= 0\end{aligned}$$

und es muss $\alpha \sin(y_1) = \sin(\alpha y_1)$ gelten, um die Bedingung zu erfüllen. Dies ist ebenfalls nur für triviale Lösungen (bspw. $\alpha \in \{-1, 0, 1\}$ oder $y_1 = 0$) gegeben.

Somit ist keine der beiden Eigenschaften erfüllt und das System muss als nichtlinear klassifiziert werden.

Allerdings wird für kleine Werte von φ die Näherung $\sin(\varphi) \approx \varphi$ verwendet. Wodurch diese Näherung gerechtfertigt ist, wird am Ende dieses Abschnitts erläutert. Mit dieser Annahme ergibt sich

$$\ddot{\varphi} + \frac{g}{l}\varphi - \frac{M}{ml^2} = 0 \tag{4.15}$$

als Beschreibung der Pendeldynamik.

Werden die zuvor getroffenen Überlegungen für die Gleichung (4.15) erneut durchgeführt, so zeigt sich, dass sowohl das Superpositionsprinzip

$$\begin{aligned}\frac{d^2}{dt^2}(y_1 + y_2) + \frac{g}{l}(y_1 + y_2) - \frac{1}{ml^2}(u_1 - u_2) &= 0\\ \ddot{y}_1 + \frac{g}{l}(y_1) + \frac{1}{ml}u_1 + \ddot{y}_2 + \frac{g}{l}(y_2) + \frac{1}{ml^2}u_2 &= 0\end{aligned}$$

als auch das Homogenitätsprinzip

$$\begin{aligned}\frac{d^2}{dt^2}(\alpha y_1) + \frac{g}{l}(\alpha y_1) - \frac{1}{ml^2}(\alpha u_1) &= 0\\ \alpha \ddot{y}_1 + \alpha\frac{g}{l}y_1 - \frac{\alpha}{ml^2}(u_1) &= 0\end{aligned}$$

erfüllt sind. Dementsprechend handelt es sich bei Gleichung (4.15) um eine lineare Differentialgleichung, die das dynamische Verhalten beschreibt.

Dieses Vorgehen (Linearisierung von nichtlinearen Systemen) und die entsprechenden Implikationen werden später in diesem Kapitel noch genauer diskutiert. ■

4.3.1 Zeitbereichsanalyse linearer Systeme

Wir haben bereits im vorangegangenen Beispiel ein lineares System gesehen. Die dort gewählte Darstellung lässt sich leicht verallgemeinern. So können lineare Systeme in der Form einer linearen Differentialgleichung

$$a_n x^{(n)}(t) + a_{n-1}x^{(n-1)}(t) + \cdots + a_0 x(t) = b_m u^{(m)}(t) + b_{m-1}u^{(m-1)}(t) + \cdots + b_0 u(t) \tag{4.16}$$

dargestellt werden, wobei $a_n \neq 0$ und $m \leq n$ gilt. Für solche lineare Systeme existieren eine geschlossene Lösungstheorie und eine Vielzahl von Methoden zur Analyse.

Analyse linearer Systeme

Eine einfache Ausprägung der allgemeinen Form einer linearen Differentialgleichung wird im nachfolgenden Beispiel genauer betrachtet.

Beispiel 4.7 (Lineare Differentialgleichung 1. Ordnung). Liegt eine **lineare Differentialgleichung 1. Ordnung** in der Form

$$\dot{x}(t) = ax(t) + bu(t), \quad x(0) = x_0$$

vor, dann ergibt sich die Lösung dieser Differentialgleichung durch die allgemeine Lösung der homogenen Differentialgleichung und der partikulären Lösung der inhomogenen Differentialgleichung. Bei der Lösung von homogenen linearen Differentialgleichungen mit konstanten Koeffizienten kann der Lösungsansatz $x(t) = ce^{\lambda t}$ gewählt werden. Daraus folgt für die zeitliche Ableitung $\dot{x} = c\lambda e^{\lambda t}$ und somit für die homogene Differentialgleichung:

$$\dot{x}(t) - ax(t) = 0 \Longrightarrow c\lambda e^{\lambda t} - ce^{\lambda t}$$

Aus einem Vergleich der Koeffizienten vor der e-Funktion lässt sich $\lambda = a$ schlussfolgern. Weiterhin muss die Lösung die Anfangsbedingung $x(0) = x_0$ erfüllen. Dementsprechend ergibt sich aus $c\underbrace{e^{\lambda 0}}_{=1} = x_0$ die Konstante c zu $c = x_0$.

Die Lösung der partikulären Lösung der inhomogenen Differentialgleichung kann mittels des Ansatzes der Variation der Konstanten erfolgen. Dabei ersetzen wir die Konstante c durch die Zeitfunktion $c(t)$:

$$\begin{aligned} x(t) &= c(t)e^{at} \\ \dot{x}(t) &= ac(t)e^{at} + \dot{c}(t)e^{at} \end{aligned}$$

Somit ergibt sich $ac(t)e^{at} + \dot{c}(t)e^{at} = ac(t)e^{at} + bu(t) \Rightarrow \dot{c}(t) = \int_0^t e^{-a\tau} bu(\tau)\mathrm{d}\tau + x(0)$, was final zur allgemeinen Lösung einer homogenen Differentialgleichung 1. Ordnung

$$x(t) = x_0 e^{at} + \int_0^t e^{a(t-\tau)} bu(\tau)\mathrm{d}\tau$$

führt. ■

Bei näherer Betrachtung der allgemeinen Lösung der linearen Differentialgleichung 1. Ordnung aus Beispiel 4.7 stellen wir fest, dass diese aus zwei Komponenten besteht:

$$x(t) = \underbrace{x_0 e^{at}}_{x_{\text{frei}}} + \underbrace{\int_0^t e^{a(t-\tau)} bu(\tau)\mathrm{d}\tau}_{x_{\text{erzw}}}$$

Einerseits besteht sie aus der **freien oder Eigenbewegung** $x_{\text{frei}} = x_0 e^{at}$ und andererseits aus der **erzwungenen Bewegung**: $x_{\text{erzw}} = \int_0^t e^{a(t-\tau)} bu(\tau)\mathrm{d}\tau$

Es ist ersichtlich, dass die freie Bewegung der Lösung der homogenen Differentialgleichung entspricht. Das Verhalten dieses Terms lässt sich anhand des Wertes von a charakterisieren:

- $a > 0$: $x_0 e^{at}$ wächst exponentiell
- $a = 0$: $x_0 e^{at}$ verharrt bei $x(0)$
- $a < 0$: $x_0 e^{at}$ klingt exponentiell ab; $\lim\limits_{t \to +\infty} x_0 e^{at} = 0$

Somit hat der Wert von a signifikanten Einfluss auf das Verhalten der Ausgangsgröße $x(t)$.

Wird diesen Überlegungen für den allgemeinen Fall einer homogenen Differentialgleichung n-ter Ordnung $a_n x^{(n)} + a_{n-1} x^{(n-1)} + \dots + a_0 x(t) = 0$ gefolgt, ergibt sich unter Verwendung des Lösungsansatzes $x(t) = ce^{\lambda t}$:

$$a_n \lambda^n ce^{\lambda t} + a_{n-1} \lambda^{n-1} ce^{\lambda t} + \dots + a_0 \lambda ce^{\lambda t} = 0$$

$$\underbrace{(a_n \lambda^n + a_{n-1} \lambda^{n-1} + \dots + a_0)}_{=\text{Charakteristisches Polynom}} ce^{\lambda t} = 0$$

Das so entstehende **charakteristische Polynom** $\delta(\lambda) = a_n \lambda^n + a_{n-1} \lambda^{n-1} + \dots + a_0 = 0$ besitzt höchstens n Nullstellen.

Diese entsprechen den Lösungen der **charakteristischen Gleichung** $\delta(\lambda) = 0$. Dabei können

- einfache reelle Nullstellen: $\lambda_i, \quad i = 1, 2, \dots, n$
- mehrfache reelle Nullstellen: $\lambda_{i,j}, \quad j = 1, 2, \dots, m$
- ein Paar konjugiert komplexer Nullstellen: $\lambda_{i,1} = a + ib, \quad \lambda_{i,2} = a - ib$
- mehrfache Paare konjugiert komplexer Nullstellen: $\lambda_{i,j1} = a + ib, \quad \lambda_{i,j2} = a - ib$ mit $j = 1, 2, \dots, m$

auftreten. Die Art dieser Nullstellen bestimmen das Systemverhalten grundlegend. Dies wird leicht ersichtlich, wenn wir den Zusammenhang zwischen den Nullstellen des charakteristischen Polynoms und der Lösung der Differentialgleichung im Zeitbereich betrachten. Bild 4.10 verdeutlicht den Zusammenhang zwischen der Lage der Nullstellen des charakteristischen Polynoms und der Lösung der korrespondierenden Differentialgleichung (bei impulsartiger Anregung des Systems). Hierbei werden folgende Fallunterscheidungen getroffen:

- einfache reelle Nullstellen: $\lambda_i, \quad i = 1, 2, \dots, n$

  $$\lambda_i \rightarrow e^{\lambda_i t}$$

  Bild 4.10 b) negatives λ_i (abklingendes Verhalten) und d) positives λ_i (aufklingendes Verhalten) sowie f) $\lambda_i = 0$ (integrierendes Verhalten)
- mehrfache reelle Nullstellen: $\lambda_{i,j}, \quad j = 1, 2, \dots, m$

  $$\lambda_{i,j} \rightarrow e^{\lambda_i t}, te^{\lambda_i t}, \dots, t^{(m-1)} e^{\lambda_i t}$$

- ein Paar konjugiert komplexer Nullstellen: $\lambda_{i,1} = a + ib, \quad \lambda_{i,2} = a - ib$

  $$\lambda_{i,1} = a + ib, \quad \lambda_{i,2} = a - ib \rightarrow e^{at} \cos(bt), e^{at} \sin(bt)$$

  Bild 4.10 a) λ_i mit negativem Realteil (abklingende Schwingung) und e) λ_i mit positivem Realteil (aufklingende Schwingung) sowie c) λ_i mit einem Realteil von Null (konstante Schwingung)
- mehrfache Paare konjugiert komplexer Nullstellen: $\lambda_{i,j1} = a + ib, \quad \lambda_{i,j2} = a - ib$ mit $j = 1, 2, \dots, m$

  $$\rightarrow e^{at} \cos(bt), e^{at} \sin(bt), \dots, t^{m-1} e^{at} \cos(bt), t^{m-1} e^{at} \sin(bt)$$

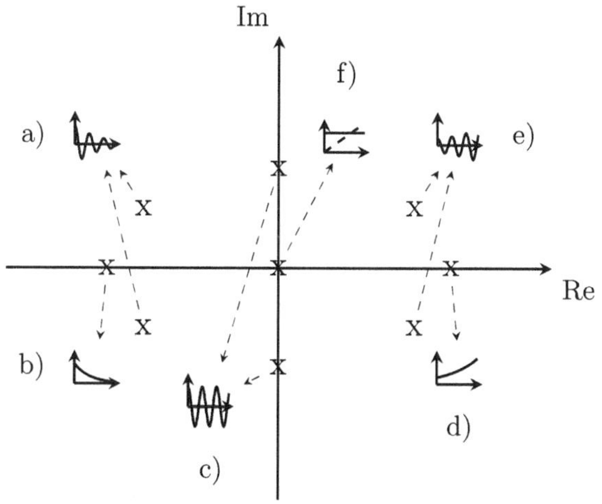

Bild 4.10 Platzierung der Nullstellen des charakteristischen Polynoms und der dazugehörigen Impulsantworten

Beispiel 4.8. Betrachten wir das System $x^{(3)}(t) - 5\ddot{x}(t) + 8\dot{x}(t) - 4x(t) = 0$. Hier ergibt sich das charakteristische Polynom zu $\delta(\lambda) = \lambda^3 - 5\lambda^2 + 8\lambda - 4 = (\lambda - 1)(\lambda - 2)^2$. Somit resultiert $x(t) = c_1 e^t + c_2 e^{2t} + c_3 t e^{2t}$ als Lösung der Differentialgleichung. ■

Beispiel 4.9. Im Fall des Systems

$$x^{(4)}(t) + 8x^{(3)}(t) + 25\ddot{x}(t) + 36\dot{x}(t) + 20x(t) = 0$$

ergeben sich das charakteristische Polynom

$$\delta(\lambda) = \lambda^4 + 8\lambda^3 + 25\lambda^2 + 36\lambda + 20 = (\lambda + 2)^2 \underbrace{(\lambda^2 + 4\lambda + 5)}_{\lambda_{3,4} = -2 \pm j},$$

sowie die Zeitbereichslösung

$$x(t) = c_1 e^{-2t} + c_2 t e^{-2t} + c_3 e^{-2t} \cos(t) + c_4 e^{-2t} \sin(t).$$

■

Wie bereits in Abschnitt 4.2.1 dargestellt wurde, ist Stabilität eine äußerst wichtige Eigenschaft dynamischer Systeme bzw. der Lösung der zugrundeliegenden Differentialgleichung. Für lineare Systeme ist, im Unterschied zum allgemeinen nichtlinearen Fall, die Stabilität eine Eigenschaft des gesamten Systems, das bedeutet, dass die sich ergebenden Aussagen stets global sind. Betrachten wir die Aussagen aus Definition 4.5, so können wir aus den Überlegungen zur Lösung linearer Differentialgleichungen ableiten, dass der Realteil der Nullstellen des charakteristischen Polynoms die Stabilität des Systems bestimmt. So sind Systeme, bei denen alle Nullstellen einen negativen Realteil besitzen, als (asymptotisch) stabil zu charakterisieren. Allerdings ist die Bestimmung der Nullstellen nicht immer trivial, da für Polynome höherer Ordnung dies nicht mehr analytisch möglich ist.

Jedoch umfasst die geschlossene Theorie der linearen Systeme ein umfangreiches Portfolio von Werkzeugen zur Untersuchung dieser. Diese Werkzeuge ermöglichen es, Rückschlüsse auf die Position der Nullstellen zu ziehen, ohne diese explizit zu berechnen.

Eine solche Möglichkeit zur vereinfachten Analyse des Systemverhaltens und zur Stabilitätsanalyse bietet die Vorzeichenbedingung.

Satz 4.2 (Vorzeichenbedingung). Bei asymptotisch stabilen Systemen sind alle Koeffizienten der charakteristischen Gleichung von Null verschieden und besitzen das gleiche Vorzeichen. ■

Die Vorzeichenbedingung ist für Systeme bis zur Ordnung 2 notwendig und hinreichend für die Stabilitätsanalyse. Für Systeme ab Ordnung 3 ist die Bedingung nur notwendig für die Systemstabilität. Somit kann ein System der Ordnung 3 oder höher, bei welchem alle Koeffizienten von Null verschieden sind und dasselbe Vorzeichen besitzen, unter Umständen instabil sein.

Beispiel 4.10. Untersucht wird eine homogene Differentialgleichung 2. Ordnung, welche die Dynamik eines Segways abbildet $\ddot{x}(t) + 2\dot{x}(t) + 3x(t) = 0$. Die Koeffizienten der charakteristischen Gleichung ergeben sich somit zu:

$$a_2 = 1, \qquad a_1 = 2, \qquad a_0 = 3$$

Alle Koeffizienten sind von Null verschieden, besitzen das gleiche Vorzeichen und das System besitzt die Ordnung 2. Somit ist das Beispielsystem asymptotisch stabil. ■

Die Beiwertbedingung in Kombination mit der Vorzeichenbedingung stellt eine notwendige und hinreichende Stabilitätsbedingung dar, welche auch für Systeme höherer Ordnung gilt. Der nachfolgende Satz fasst die Beiwertbedingung zusammen.

Satz 4.3 (Beiwertbedingung). Für ein allgemeines System 3. Ordnung $a_3\lambda^3 + a_2\lambda^2 + a_1\lambda + a_0 = 0$ muss gelten:

$$a_0 a_3 - a_1 a_2 < 0$$

Für ein allgemeines System 4. Ordnung $a_4 s^4 + a_3 s^3 + a_2 s^2 + a_1 s + a_0 = 0$ muss gelten:

$$a_4 a_1^2 + a_0 a_3^2 - a_1 a_2 a_3 < 0 \qquad \text{(wenn alle } a_i > 0\text{)}$$

und

$$a_4 a_1^2 + a_0 a_3^2 - a_1 a_2 a_3 > 0 \qquad \text{(wenn alle } a_i < 0\text{)}$$

Für ein allgemeines System 5. Ordnung $a_5 s^5 + a_4 s^4 + a_3 s^3 + a_2 s^2 + a_1 s + a_0 = 0$ muss gelten:

$$a_2 a_5 - a_3 a_4 < 0$$

und

$$(a_1 a_4 - a_0 a_5)^2 (a_3 a_4 - a_2 a_5)(a_1 a_2 - a_0 a_3) < 0$$

Ist die jeweilige Beiwertbedingung erfüllt, dann ist das System stabil. ■

Beispiel 4.11. Gegeben sei ein System, beschrieben durch folgende lineare Differentialgleichung 3. Ordnung:

$$2x^{(3)}(t) + \ddot{x}(t) + 2\dot{x}(t) + 3x(t) = 0$$

Die Beiwertbedingung, angewendet auf dieses System, liefert $3 \cdot 2 - 2 \cdot 1 = 6 - 2 = 4 < 0$. Somit ist das System nicht stabil, obwohl die Vorzeichenbedingung erfüllt ist. ■

Für die Analyse von Systemen höherer Ordnung wird die Verwendung der Beiwertbedingung recht aufwendig. Deshalb empfiehlt sich in solchen Fällen ein Wechsel zum Hurwitz-Kriterium, da dieses eine vereinfachte Stabilitätsanalyse für Systeme hoher Ordnung ermöglicht.

Satz 4.4 (Hurwitz-Kriterium). Ein System ist asymptotisch stabil, wenn die Determinante der Hurwitz-Matix $\det(\boldsymbol{H}_n)$

$$\boldsymbol{H}_n = \begin{pmatrix} a_{n-1} & a_{n-3} & a_{n-5} & \dots & 0 & 0 & 0 \\ a_n & a_{n-2} & a_{n-4} & \dots & 0 & 0 & 0 \\ 0 & a_{n-1} & a_{n-3} & \dots & & 0 & 0 \\ 0 & a_n & a_{n-2} & \dots & & 0 & 0 \\ 0 & 0 & a_{n-1} & \dots & & & 0 \\ \vdots & \vdots & & & \ddots & & \vdots \\ 0 & 0 & & \dots & & & a_0 \end{pmatrix}$$

positiv ist und die Hauptabschnittsdeterminanten $\det(\boldsymbol{H}_1), \det(\boldsymbol{H}_2), \dots, \det(\boldsymbol{H}_{n-1})$

$$\begin{aligned} \boldsymbol{H}_1 &= \begin{pmatrix} a_{n-1} \end{pmatrix}, \\ \boldsymbol{H}_2 &= \begin{pmatrix} a_{n-1} & a_{n-3} \\ a_n & a_{n-2} \end{pmatrix}, \\ \boldsymbol{H}_3 &= \begin{pmatrix} a_{n-1} & a_{n-3} & a_{n-5} \\ a_n & a_{n-2} & a_{n-4} \\ 0 & a_{n-1} & a_{n-3} \end{pmatrix}, \\ &\vdots \end{aligned}$$

ebenfalls positiv sind. ■

Das Hurwitz-Kriterium findet im folgenden Beispiel Anwendung.

Beispiel 4.12. Gegeben sei erneut ein System, beschrieben durch die folgende lineare Differentialgleichung 3. Ordnung, welche bereits im vorherigen Beispiel Anwendung fand:

$$2x^{(3)}(t) + \ddot{x}(t) + 2\dot{x}(t) + 3x(t) = 0$$

Entsprechend der Systemordnung resultiert in diesem Fall eine Hurwitz-Matrix der Dimension (3×3):

$$\boldsymbol{H}_3 = \begin{pmatrix} 1 & 3 & 0 \\ 2 & 2 & 0 \\ 0 & 1 & 3 \end{pmatrix}$$

Somit sind die folgenden drei Determinanten auszuwerten:

$$\begin{aligned} \det(\boldsymbol{H}_1) &= 1 > 0 \\ \det(\boldsymbol{H}_2) &= 1\cdot 2 - 2\cdot 3 = 2 - 6 = -4 < 0 \\ \det(\boldsymbol{H}_3) &= 1\cdot 2\cdot 3 - 3\cdot 2\cdot 3 = 6 - 18 = -12 < 0 \end{aligned}$$

Da die beiden Determinanten $\det(\boldsymbol{H}_2)$ und $\det(\boldsymbol{H}_3)$ negativ sind, ist das System nicht stabil. Dieses Ergebnis ist, wie zu erwarten, identisch mit dem Ergebnis der Analyse auf Basis der Beiwertbedingung. ■

Darstellung linearer Systeme im Zustandsraum

Zu Beginn von Abschnitt 4.3 haben wir analog zum allgemeinen Fall eine Eingangs-Ausgangs-Beschreibung, auf Basis linearer Differentialgleichungen n-ter Ordnung, von linearen dynamischen Systemen betrachtet. Wir haben bereits eine mögliche Darstellungsform für lineare Systeme kennengelernt. Im aktuellen Abschnitt werden wir die Zustandsraumdarstellung für solche linearen Systeme herausarbeiten. Wir werden außerdem im Folgenden sehen, dass diese Beschreibungsform eine Reihe nützlicher Eigenschaften besitzt. Doch zunächst schauen wir uns das Grundkonzept anhand eines einfachen Beispiels an.

Beispiel 4.13 (Zustandsraumdarstellung des Radaufhängungssystems). Ausgangspunkt dafür sei ein mathematisches Modell der Radaufhängung aus Beispiel 4.1. Dazu müssen wir die Aufhängung durch Vereinfachungen abstrahieren, siehe Bild 4.3b. Zu diesem Zweck beschreiben wir das Rad durch eine Punktmasse m und die Masse des gesamten wirksamen Aufbaus (inkl. Chassis, Antriebsstrang etc.) durch die Punktmasse M. Die Übertragung des Straßenprofils durch den Reifen auf das Rad wird durch eine lineare Feder mit Federkonstante c_2 abstrahiert. Natürlich hat ein Reifen nicht das identische Verhalten wie eine Feder, daher werden häufig auch noch Dämpfungsterme und Massen angesetzt. Wir wollen hier aber aus Gründen der Übersichtlichkeit ein sehr einfaches Modell erstellen. Die Verbindung zwischen Rad und Chassis wird durch die lineare Feder mit der Federkonstanten c_1 und dem linearen Dämpfer mit der Dämpferkonstanten d modelliert. Da im Allgemeinen $m \ll M$ gilt, ist die Bewegung der Masse M wesentlich geringer als die der Masse m. Daher kann die Bewegung der Masse M vernachlässigt werden. Wir gehen somit vereinfachend davon aus, dass sich die Masse M nicht bewegt.

Um ein dynamisches Modell zu erstellen, bilden wir das Kräftegleichgewicht (für Details siehe Kapitel 6) am Rad:

$$\boldsymbol{f}_m + \boldsymbol{f}_{c_1} + \boldsymbol{f}_d - \boldsymbol{f}_{c_2} = 0. \tag{4.17}$$

Bei dieser Betrachtung gehen wir davon aus, dass die Gewichtskräfte bereits durch die Auslenkung der Feder kompensiert sind und wir sie daher nicht berücksichtigen müssen. Beziehen wir die Wirkrichtung der Kräfte ein (vgl. Bild 4.3b), ergibt sich aus Gleichung (4.17)

$$\begin{aligned} 0 &= -m\ddot{y} - c_1 y - d\dot{y} + c_2(u - y) \\ m\ddot{y} &= c_2 u - (c_1 + c_2) y - d\dot{y} \end{aligned}$$

als Bewegungsgleichung des Systems.

Substituieren wir in dieser Gleichung die Größen $y(t)$ mit $x_1(t)$ und $\dot{y}(t)$ mit $x_2(t)$, so gilt entsprechend: $\dot{x}_1(t) = x_2(t) = \dot{y}(t)$ und $\dot{x}_2(t) = \ddot{y}(t)$

Mit diesen Überlegungen lässt sich die Differentialgleichung 2. Ordnung, zur Beschreibung der Radaufhängung, in einen Satz aus zwei linearen Differentialgleichungen 1. Ordnung der Form

$$\begin{aligned}\dot{x}_1(t) &= x_2(t)\\ \dot{x}_2(t) &= -\frac{c_1+c_2}{m}x_1(t) - \frac{d}{m}x_2(t) + \frac{c_2}{m}u(t)\end{aligned}$$

überführen. Es bietet sich an, den Gleichungssatz anschließend in einer Vektor- bzw. Matrix-Form

$$\underbrace{\begin{bmatrix}\dot{x}_1(t)\\ \dot{x}_2(t)\end{bmatrix}}_{\dot{\boldsymbol{x}}(t)} = \underbrace{\begin{pmatrix}0 & 1\\ -\frac{c_1+c_2}{m} & -\frac{d}{m}\end{pmatrix}}_{\boldsymbol{A}}\underbrace{\begin{bmatrix}x_1(t)\\ x_2(t)\end{bmatrix}}_{\boldsymbol{x}(t)} + \underbrace{\begin{bmatrix}0\\ \frac{c_2}{m}\end{bmatrix}}_{\boldsymbol{b}}\underbrace{u(t)}_{\boldsymbol{u}(t)} \tag{4.18}$$

darzustellen. Um das ursprüngliche Eingangs-Ausgangs-Verhalten wieder zu beschreiben, ist nicht der gesamte Vektor $\boldsymbol{x}(t)$ von Interesse. Vielmehr entspricht die Ausgangsgröße lediglich dem ersten der beiden Elemente des Vektors. Dies wird über den Ausdruck

$$\boldsymbol{y}(t) = \underbrace{\begin{bmatrix}1 & 0\end{bmatrix}}_{\boldsymbol{c}^{\mathrm{T}}}\boldsymbol{x}(t) \tag{4.19}$$

beschrieben. ■

Zusammenfassend lässt sich anhand dieses Beispiels feststellen, dass wir eine lineare Differentialgleichung 2. Ordnung in zwei Differentialgleichungen 1. Ordnung und eine Ausgangsgleichung überführt haben. Dieses Vorgehen folgt den Überlegungen aus Abschnitt 4.2.1, sodass die Einführung von Zustandsvariablen die Überführung einer gewöhnlichen Differentialgleichung n-ter Ordnung in ein System von n Differentialgleichungen 1. Ordnung ermöglicht. Dieses Vorgehen führt für lineare zeitinvariante Systeme stets auf eine Beschreibung der Form

$$\dot{\boldsymbol{x}}(t) = \boldsymbol{A}\boldsymbol{x}(t) + \boldsymbol{B}\boldsymbol{u}(t) \qquad t > 0, \quad x(0) = x_0 \in \mathbb{R}^{n_x} \tag{4.20}$$

$$\boldsymbol{y}(t) = \boldsymbol{C}\boldsymbol{x}(t) + \boldsymbol{D}\boldsymbol{u}(t) \qquad t \geq 0 \tag{4.21}$$

mit der **Systemmatrix** $\boldsymbol{A} \in \mathbb{R}^{n_x \times n_x}$, der **Eingangs- oder Steuermatrix** $\boldsymbol{B} \in \mathbb{R}^{n_x \times n_u}$, der **Ausgangs- oder Beobachtungsmatrix** $\boldsymbol{C} \in \mathbb{R}^{n_y \times n_x}$ und der **Durchgangs- oder Durchgriffsmatrix** $\boldsymbol{D} \in \mathbb{R}^{n_y \times n_u}$. Dementsprechend stellt der Vektor $\boldsymbol{x}(t) \in \mathbb{R}^{n_x}$ den Zustand des Systems dar, $\boldsymbol{u}(t) \in \mathbb{R}^{n_u}$ den Vektor der Eingangsgrößen und $\boldsymbol{y}(t) \in \mathbb{R}^{n_y}$ einen Vektor, der die Ausgangsgrößen zusammenfasst.

Zeitvariante Systeme

Die zuvor getroffenen Aussagen haben sich stets auf zeitinvariante Systeme bezogen, d. h. alle Parameter der Systembeschreibungen sind konstant. Ist dies nicht der Fall, ergibt sich ein zeitvariantes System. Diese Zeitvarianz drückt sich in einer Zeitabhängigkeit der Matrizen $\boldsymbol{A}(t)$, $\boldsymbol{B}(t)$, $\boldsymbol{C}(t)$ und $\boldsymbol{D}(t)$ bzw. den Koeffizienten $a_i(t)$ und $b_i(t)$ aus. ■

Betrachten wir den allgemeinen linearen Fall (zeitvariant), so lässt sich auch die Linearität über die Zustandsraumdarstellung charakterisieren.

Satz 4.5 (Linearität). Ein dynamisches System ist genau dann linear, wenn es sich in die Form

$$\dot{\boldsymbol{x}}(t) = \boldsymbol{A}(t)\boldsymbol{x}(t) + \boldsymbol{B}(t)\boldsymbol{u}(t) \qquad t > 0, \quad \boldsymbol{x}(0) = \boldsymbol{x}_0 \in \mathbb{R}^{n_x} \tag{4.22}$$

$$\boldsymbol{y}(t) = \boldsymbol{C}(t)\boldsymbol{x}(t) + \boldsymbol{D}(t)\boldsymbol{u}(t), \qquad t \geq 0 \tag{4.23}$$

überführen lässt. Dabei hängen die Einträge der Matrizen lediglich von der Zeit t ab. ■

Um von der linearen Differentialgleichung (4.16) zu einer Beschreibung der Form (4.20)-(4.21) zu gelangen, gehen wir vom Fall $a_n = 1$ aus. Das schränkt die Allgemeingültigkeit nicht ein, da stets auf $a_n = 1$ normiert werden kann. Dies führt, mit $x_1 = y, x_2 = \dot{y}, \ldots, x_n = y^{(n)}$ als Wahl der Zustandsgrößen (den sogenannten **Phasengrößen**), zu der Beschreibung

$$\dot{\boldsymbol{x}} = \begin{pmatrix} 0 & 1 & 0 & \cdots & 0 \\ 0 & 0 & 1 & \cdots & 0 \\ \vdots & \vdots & \ddots & \ddots & \vdots \\ 0 & 0 & \cdots & 0 & 1 \\ -a_0 & -a_1 & \cdots & -a_{n-2} & -a_{n-1} \end{pmatrix} \boldsymbol{x} + \begin{bmatrix} 0 \\ 0 \\ \vdots \\ 0 \\ 1 \end{bmatrix} u \tag{4.24}$$

$$y = \begin{bmatrix} b_0 - a_0 b_n & b_1 - a_1 b_n & \cdots & b_{n-1} - a_{n-1} b_n \end{bmatrix} + b_n u, \tag{4.25}$$

als äquivalente Repräsentation im Zustandsraum. Werden die Phasenvariablen als Zustandsvariablen gewählt, wird entsprechend auch der Zustandsraum als Phasenraum bezeichnet.

Beispiel 4.14 (Phasenporträt der Radaufhängung). Um die eingeführten Begriffe etwas zu verdeutlichen, betrachten wir noch einmal das Radaufhängungsmodell aus Beispiel 4.13. Um konkrete Verläufe zu erzeugen, werden die in Tabelle 4.2 aufgelisteten Parameter verwendet und das Verhalten bei einer Anfangsauslenkung simuliert.

Tabelle 4.2 Parameter zur Radaufhängung (Dieter Schramm; 2010, Tabelle 6.8)

Element	Formelzeichen	Wert
Radmasse	m	48 kg
Radfedersteifigkeit	c_2	235000 N/m
Aufbausteifigkeit	c_1	28426 N/m
Aufbaudämpfung	d	2836 Ns/m

Die resultierenden Ergebnisse zeigen die Bilder 4.11a und 4.11b. Zudem veranschaulicht Bild 4.11c das sogenannte **Phasenporträt** dieser Radaufhängung. Dabei wird die zeitliche Entwicklung der Ausgangsgrößen autonomer Differentialgleichungssysteme für unterschiedliche Anfangszustände im Zustandsraum dargestellt. Diese ergeben die entsprechenden Zustandstrajektorien. Außerdem wird durch Pfeile die zeitliche Entwicklung entlang dieser Trajektorien illustriert. Konkret zeigt Bild 4.11c die äquivalente Trajektorie zu den Verläufen 4.11a und 4.11b. Diese Abbildung veranschaulicht in einem Graphen, wie sich der Zustand x_1 und x_2 über die Zeit entwickelt. So sehen wir in Bild 4.11a und 4.11b die Werte $x_1(t=0) = -0{,}005$ und $x_1(t=1) = 0$ sowie $x_2(t=0) = 0{,}08$ und $x_2(t=1) = 0$.

Daher startet die Trajektorie in Bild 4.11c im Punkt $[x_1; x_2] = [-0,5; 1]$ und endet im Punkt $[x_1; x_2] = [0; 0]$.

Diese Darstellung ermöglicht es, dass Systemverhalten für alle Anfangszustände abzuschätzen.

Allerdings sind Phasenporträts aus Übersichtlichkeitsgründen nur für Systeme 1. und 2. Ordnung praktikabel.

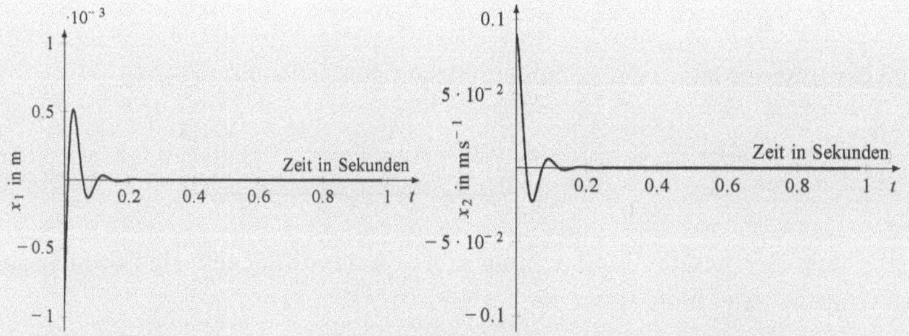

(a) Zeitlicher Verlauf der Radposition bei einer Anfangsauslenkung

(b) Zeitlicher Verlauf der Radgeschwindigkeit bei einer Anfangsauslenkung

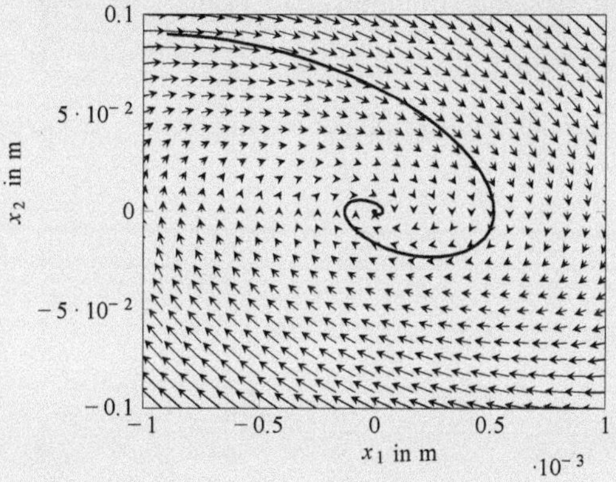

(c) Resultierendes Phasenporträt der Radaufhängung

Bild 4.11 Verhalten der Radaufhängung bei Anfangsauslenkung

■

Wir wollen nun die Lösung des Systems von linearen Differentialgleichungen 1. Ordnung (4.20) etwas genauer analysieren.

Hierbei handelt es sich um das matrixwertige Äquivalent zur linearen Differentialgleichung 1. Ordnung aus Beispiel 4.7.

Dementsprechend wollen wir auch hier zuerst die Lösung der homogenen Gleichung $\dot{\boldsymbol{x}}(t) = \boldsymbol{A}\boldsymbol{x}(t)$, $\boldsymbol{x}(0) = \boldsymbol{x_0}$ betrachten.

Analog zum skalaren Fall bietet sich ein Exponential-Ansatz $\boldsymbol{x}(t) = Ce^{\boldsymbol{A}t}$ an.

Die dabei verwendete Funktion $e^{\boldsymbol{A}t}$ wird als **Matrixexponentialfunktion** bezeichnet. Diese Matrixexponentialfunktion ist über die Reihenentwicklung

$$e^{\boldsymbol{A}t} = \sum_{i=0}^{+\infty} \frac{\boldsymbol{A}^i t^i}{i!} = \boldsymbol{I} + \boldsymbol{A}t + \frac{\boldsymbol{A}^2}{2!} t^2 + \frac{\boldsymbol{A}^3}{3!} t^3 + \ldots \tag{4.26}$$

definiert. Die Reihenentwicklung erfolgt dabei vergleichbar zur skalaren e-Funktion:

$$e^{at} = \sum_{i=0}^{+\infty} \frac{a^i t^i}{i!} = 1 + at + \frac{a^2}{2!} t^2 + \frac{a^3}{3!} t^3 + \ldots$$

Mithilfe der Differentiation der Reihenentwicklung aus Gleichung (4.26)

$$\frac{\mathrm{d}}{\mathrm{d}t} e^{\boldsymbol{A}t} = \boldsymbol{A} + \boldsymbol{A}t + \frac{\boldsymbol{A}^3}{2!} t^2 + \cdots = \boldsymbol{A} \underbrace{\left(I + \boldsymbol{A}t + \frac{\boldsymbol{A}^2}{2!} t^2 + \frac{\boldsymbol{A}^3}{3!} t^3 + \ldots \right)}_{e^{\boldsymbol{A}t}}$$

zeigt sich, dass der Ansatz die Gleichung $\dot{\boldsymbol{x}}(t) = \boldsymbol{A}\boldsymbol{x}(t)$ erfüllt. Für den inhomogenen Fall verwenden wir wieder den Ansatz der Variation der Konstanten

$$\boldsymbol{x}(t) = c(t) e^{\boldsymbol{A}t},$$

welcher die Zustandsgleichung erfüllen muss. Dadurch ergibt sich

$$\boldsymbol{A} e^{\boldsymbol{A}t} c(t) + e^{\boldsymbol{A}t} \dot{c}(t) = \boldsymbol{A} e^{\boldsymbol{A}t} c(t) + \boldsymbol{B}\boldsymbol{u}(t)$$

unter Berücksichtigung der Differentialgleichung und Differentiation des Ansatzes. Daraus resultiert

$$\dot{c}(t) = \underbrace{\left(e^{\boldsymbol{A}t}\right)^{-1}}_{= e^{-\boldsymbol{A}t}} \boldsymbol{B}\boldsymbol{u}(t)$$

und somit die Bewegungsgleichung

$$\boldsymbol{x}(t) = e^{\boldsymbol{A}t} \boldsymbol{x_0} + \int_0^t e^{\boldsymbol{A}(t-\tau)} \boldsymbol{B}\boldsymbol{u}(\tau) \mathrm{d}\tau \tag{4.27}$$

für das dynamische Verhalten des Zustands. Auch hier beschreibt der erste Summand der Gleichung (4.27) den Eigenverlauf des Systems und der zweite das durch die Eingangsgrößen erzwungene Verhalten. Entsprechend werden das Verhalten und demzufolge auch die Stabilitätseigenschaften durch die Matrix $\boldsymbol{A}$ bestimmt. Betrachten wir dazu das charakteristische Polynom

$$\det(\boldsymbol{A} - \lambda \boldsymbol{I}) = \lambda^n + a_{n-1} \lambda^{n-1} + \cdots + a_1 \lambda + a_0 \tag{4.28}$$

der Systemmatrix $\boldsymbol{A}$ aus der Zustandsraumbeschreibung (4.24). Es ergibt sich ein Polynom mit derselben Ordnung und denselben Koeffizienten des auf $a_n = 1$ normierten charakteristischen Polynoms der Differentialgleichung. Dementsprechend sind die Wurzeln der beiden Polynome identisch. Die Wurzeln des charakteristischen Polynoms einer Matrix werden als **Eigenwerte** bezeichnet.

Somit ist eine weitere Möglichkeit, die Stabilität eines linearen Systems zu überprüfen, die Analyse der Eigenwerte der Systemmatrix $\boldsymbol{A}$. Dies führt auf das nachfolgende Kriterium.

Satz 4.6 (Kriterium für Zustandsstabilität). Ein System ist genau dann asymptotisch stabil, wenn alle Eigenwerte λ_i der Systemmatrix $\boldsymbol{A}$ einen negativen Realteil aufweisen:

$$\mathrm{Re}(\lambda_i) < 0$$

■

Aus diesen Überlegungen erwächst die Frage, wie der Zusammenhang zwischen Eingangs-Ausgangs-Stabilität (vgl. Definition 4.5) und Zustands-Stabilität zu bewerten ist. Aus Gleichung (4.27) wird ersichtlich, dass bei einem zustands-stabilen System der Zustand $|\boldsymbol{x}(t)|$ begrenzt bleibt (und somit eine endliche Oberschranke in der Amplitude des Signalverlaufs existiert), wenn auf das System ein begrenzter Eingang $\boldsymbol{u}(t) < +\infty$ wirkt. Dementsprechend ist in diesem Fall auch der Ausgang $y(t)$ begrenzt und somit das System eingangs-zustands-stabil. Das bedeutet, dass direkt aus Zustands-Stabilität auch Eingangs-Ausgangs-Stabilität folgt.

Die Umkehrung gilt nicht, da nicht alle Zustände auf den Ausgangsvektor wirken müssen. Ein einfaches Beispiel dafür ist ein System mit $\boldsymbol{C} = \boldsymbol{0}$. Hier können alle Zustände beliebig anwachsen und die Ausgänge verharren bei 0. Damit ist solch ein System formell eingangs-ausgangs-stabil.

Da lineare Systeme der Form (4.20) einen Spezialfall der nichtlinearen Beschreibung (4.7) darstellen, gelten alle Aussagen (die für nichtlineare Systeme getroffen wurden) auch für Systeme mit einer linearen Dynamik.

Demzufolge hat das autonome System $\dot{\boldsymbol{x}} = \boldsymbol{A}\boldsymbol{x}$ stets eine Ruhelage bei $\boldsymbol{x}_R = \boldsymbol{0}$. Sollte die Systemmatrix $\boldsymbol{A}$ keinen vollen Rang aufweisen $\mathrm{Rang}(\boldsymbol{A} < n)$, so existiert ein Ruhelagenkontinuum (ein Unterraum des Zustandsraumes) in dem jeder Punkt eine Ruhelage ist. Dementsprechend kann auch Satz 4.1 zur Analyse der Stabilität eines linearen Systems verwendet werden. Das gestaltet sich in diesem Fall sogar wesentlich konstruktiver als im allgemeinen nichtlinearen Fall. Dazu gehen wir von dem quadratischen Ansatz

$$V(\boldsymbol{x}) = \boldsymbol{x}^{\mathrm{T}}\boldsymbol{P}\boldsymbol{x}, \tag{4.29}$$

aus. Die Matrix $\boldsymbol{P}$ ist hier reell, symmetrisch und positiv definit. Mit diesem Ansatz ergibt sich für die zeitliche Ableitung von V entlang der linearen Systemdynamik:

$$\dot{V}(\boldsymbol{x}) = \boldsymbol{x}^{\mathrm{T}}\boldsymbol{P}\dot{\boldsymbol{x}} + \dot{\boldsymbol{x}}^{\mathrm{T}}\boldsymbol{P}\boldsymbol{x} = \boldsymbol{x}^{\mathrm{T}}\left(\boldsymbol{P}\boldsymbol{A} + \boldsymbol{A}^{\mathrm{T}}\boldsymbol{P}\right)\boldsymbol{x} \tag{4.30}$$

Der Argumentation von Satz 4.1 folgend muss die Funktion (4.30) negativ definit sein. Entsprechend muss $\boldsymbol{P}\boldsymbol{A} + \boldsymbol{A}^{\mathrm{T}}\boldsymbol{P} < 0$ gelten, was zur sogenannten **Lyapunov-Gleichung**

$$\boldsymbol{P}\boldsymbol{A} + \boldsymbol{A}^{\mathrm{T}}\boldsymbol{P} = -\boldsymbol{Q} \tag{4.31}$$

führt. Dabei ist $\boldsymbol{Q}$ eine symmetrische, positiv definite Matrix. Diese Resultate lassen sich in dem nachfolgenden Satz zusammenfassen.

Satz 4.7 (Lyapunov-Bedingung für lineare Zustandsraumsysteme). Ein System $\dot{\boldsymbol{x}} = \boldsymbol{A}\boldsymbol{x}$ ist genau dann asymptotisch stabil, wenn für jede positiv definite, symmetrische Matrix $\boldsymbol{Q}$ eine positiv definite, symmetrische Matrix $\boldsymbol{P}$ existiert, welche die Gleichung (4.31) erfüllt.

■

Satz 4.7 beschreibt, dass der Stabilitätsnachweis bei linearen Systemen mithilfe der Lyapunov-Gleichung (4.31) mit einer beliebigen positiv definiten Matrix $\boldsymbol{Q}$ erfolgen kann. Somit kann stets $\boldsymbol{Q} = \boldsymbol{I}$ für den Nachweis gewählt werden. Dies verdeutlicht den konstruktiven Charakter des Lyapunov Ansatzes bei linearen Systemen.

Beispiel 4.15 (Stabilität des linearisierten Pendels). In diesem Beispiel wollen wir die Stabilität des linearisierten Pendelsystems (4.15) unter Anwendung der Lyapunov-Bedingungen untersuchen. Dazu wird die Differentialgleichung $\ddot{\varphi} + \frac{g}{l}\varphi - \frac{M}{ml^2} = 0$ mit $x_1 = \varphi$, $x_2 = \dot{\varphi}$ und $M = 0$ in das autonome Zustandsraummodell

$$\dot{\boldsymbol{x}} = \begin{pmatrix} 0 & 1 \\ -\frac{g}{l} & 0 \end{pmatrix} \boldsymbol{x} \tag{4.32}$$

umformuliert. Da für jedes asymptotisch stabile System jede positiv definite Matrix $\boldsymbol{Q}$ eine positiv definite Matrix $\boldsymbol{P}$ erzeugt, wählen wir der Einfachheit halber $\boldsymbol{Q} = \boldsymbol{I}$. Entsprechend muss die Gleichung

$$\underbrace{\begin{pmatrix} p_1 & p_2 \\ p_2 & p_3 \end{pmatrix} \begin{pmatrix} 0 & 1 \\ -\frac{g}{l} & 0 \end{pmatrix} + \begin{pmatrix} 0 & -\frac{g}{l} \\ 1 & 0 \end{pmatrix} \begin{pmatrix} p_1 & p_2 \\ p_2 & p_3 \end{pmatrix} = \begin{pmatrix} -1 & 0 \\ 0 & -1 \end{pmatrix}}_{\boldsymbol{PA}+\boldsymbol{A}^{\mathrm{T}}\boldsymbol{P}=-\boldsymbol{Q}},$$

für die Elemente p_i bzw. die Matrix $\boldsymbol{P}$ gelöst werden. Daraus resultiert das lineare Gleichungssystem

$$1 - \frac{2gp_2}{l} = 0 \tag{4.33}$$

$$p_1 - \frac{gp_3}{l} = 0 \tag{4.34}$$

$$2p_2 + 1 = 0, \tag{4.35}$$

welches keine sinnvolle Lösung besitzt. Lösen wir bspw. Gleichung (4.33) nach p_2 auf, so ergibt sich $p_2 = \frac{l}{2g}$. Setzen wir diese Lösung in Gleichung (4.35) ein, so ergibt sich $\frac{l}{g} + 1 = 0$, was keine physikalisch sinnvolle Lösung beschreibt.

Somit ist das System, wie zu erwarten, nicht asymptotisch stabil. Berücksichtigen wir allerdings zusätzlich einen Reibungsterm ($d\dot{\varphi}$), ergibt sich das Zustandsraummodell

$$\dot{\boldsymbol{x}} = \begin{pmatrix} 0 & 1 \\ -\frac{g}{l} & -d \end{pmatrix} \tag{4.36}$$

und somit das resultierende Gleichungssystem:

$$\begin{aligned} 1 - \frac{2gp_2}{l} &= 0 \\ p_1 - dp_2 - \frac{gp_3}{l} &= 0 \\ 2p_2 - 2dp_3 + 1 &= 0 \end{aligned}$$

Dieses lässt sich für sinnhafte Werte für g, l und d lösen. So ergibt sich bspw. für $g = 9{,}81$, $l = 1$ und $d = 0{,}2$ die Lösung

$$\boldsymbol{P} = \begin{pmatrix} 27{,}0352 & 0{,}0510 \\ 0{,}0510 & 2{,}7548 \end{pmatrix},$$

welche mit den Eigenwerten $[2{,}75; 27{,}04]$ positiv definit ist. Damit ist das um Reibung ergänzte System asymptotisch stabil. ■

In den folgenden Abschnitten zu Steuer- und Beobachtbarkeit beschränken wir uns auf die Betrachtung von zeitinvarianten SISO-Systemen. Somit besitzen diese Systeme lediglich eine Stellgröße u und eine Regelgröße y.

Im Fall von SISO-Systemen vereinfachen sich die Matrizen $\boldsymbol{B}$ und $\boldsymbol{C}$ zu den Vektoren $\boldsymbol{b}$ und $\boldsymbol{c}^{\mathrm{T}}$. Damit ergibt sich das Zustandsraummodell eines SISO-Systems zu:

$$\dot{\boldsymbol{x}}(t) = \boldsymbol{A}\boldsymbol{x}(t) + \boldsymbol{b}u(t) \tag{4.37}$$

$$y(t) = \boldsymbol{c}^{\mathrm{T}}\boldsymbol{x}(t) + du(t) \tag{4.38}$$

Steuerbarkeit

Eine wichtige Systemeigenschaft neben der Stabilität stellt die Steuerbarkeit dar. So ist es beim Entwurf automatisierter Systeme (wie bei Robotik-Anwendungen oder bei automatisierten Fahrfunktionen) von zentraler Bedeutung ein System von einem Startzustand zu einem gewünschten Zielzustand zu überführen.

Bspw. könnte eine Automatisierungsaufgabe darin bestehen, in der Fertigungstechnik zwischen unterschiedlichen Posen eines Industrieroboters automatisiert zu verfahren.

Diese Eigenschaft wird in Definition 4.6 formell beschrieben.

Definition 4.6 (Steuerbarkeit). Ein System ist vollständig steuerbar, wenn jeder beliebige Anfangszustand $\boldsymbol{x}(t_0)$ in endlicher Zeit $t_0 \leq t \leq t_f$ durch geeignete Stellsignale $\boldsymbol{u}(t)$ zu jedem beliebigen Endzustand $\boldsymbol{x}(t_f)$ überführt werden kann. ■

Um die in Definition 4.6 eingeführte Eigenschaft für ein konkretes System überprüfen zu können, wird ein entsprechendes Kriterium benötigt, siehe nachfolgenden Satz.

Satz 4.8 (Steuerbarkeitskriterium). Ein System (4.20)-(4.21) ist genau dann vollständig steuerbar, wenn die **Steuerbarkeitsmatrix**

$$\boldsymbol{S}_R = \begin{pmatrix} \boldsymbol{b} & \boldsymbol{A}\boldsymbol{b} & \boldsymbol{A}^2\boldsymbol{b} & \dots & \boldsymbol{A}^{n_x-1}\boldsymbol{b} \end{pmatrix}$$

einen Rang gleich der Systemdimensionalität ($\mathrm{Rang}(\boldsymbol{S}_R) = n_x$) besitzt. ■

Aus Satz 4.8 lässt sich erkennen, dass für die Frage der Steuerbarkeit lediglich die Matrix $\boldsymbol{A}$ und der Vektor $\boldsymbol{b}$ von Bedeutung sind.

Daher bedeutet die Aussage, dass die Matrixkonfiguration $(\boldsymbol{A}, \boldsymbol{b})$ steuerbar ist, dass das entsprechende System (4.37)-(4.38) steuerbar ist.

Eine oft verwendete Darstellung eines dynamischen Systems im Zustandsraum stellt die Steuerbarkeitsnormalform (oft auch als Regelungsnormalform bezeichnet) dar:

$$\underbrace{\begin{bmatrix} \dot{x}_1(t) \\ \dot{x}_2(t) \\ \vdots \\ \dot{x}_{n_x-1}(t) \\ \dot{x}_{n_x}(t) \end{bmatrix}}_{\dot{\boldsymbol{x}}(t)} = \underbrace{\begin{pmatrix} 0 & 1 & 0 & \dots & 0 \\ 0 & 0 & 1 & \dots & 0 \\ \vdots & \vdots & \vdots & \ddots & \vdots \\ 0 & 0 & 0 & \dots & 1 \\ -a_0 & -a_1 & -a_2 & \dots & a_{n_x-1} \end{pmatrix}}_{\boldsymbol{A}_R} \underbrace{\begin{bmatrix} x_1(t) \\ x_2(t) \\ \vdots \\ x_{n_x-1}(t) \\ x_{n_x}(t) \end{bmatrix}}_{\boldsymbol{x}(t)} + \underbrace{\begin{bmatrix} 0 \\ 0 \\ \vdots \\ 0 \\ 1 \end{bmatrix}}_{\boldsymbol{b}_R} u(t)$$

mit $a_{n_x} = 1$

$$y = \underbrace{\begin{bmatrix} b_0 - b_{n_x} a_0 & b_1 - b_{n_x} a_1 & \dots & b_{n_x - 1} - b_{n_x} a_{n_x - 1} \end{bmatrix}}_{\boldsymbol{c}_R^{\mathrm{T}}} \underbrace{\begin{bmatrix} x_1(t) \\ x_2(t) \\ \vdots \\ x_{n_x-1}(t) \\ x_{n_x}(t) \end{bmatrix}^{\mathrm{T}}}_{\boldsymbol{x}(t)} + \underbrace{b_{n_x}}_{d_R} u(t)$$

Die Steuerbarkeitsnormalform bietet unterschiedliche Vorteile. So kann bspw. direkt das charakteristische Polynom aus dieser Darstellungsform abgelesen werden.

Außerdem beeinflusst die Eingangsgröße nur die letzte Zustandsgröße x_{n_x} direkt. Diese Eigenschaften ermöglichen eine einfache Reglersynthese. Bei Systemen, für die $n_u < n_x \Longrightarrow b_{n_x} = 0$ gilt, vereinfacht sich die Steuerbarkeitsnormalform weiter. So enthält der Zeilenvektor $\boldsymbol{c}_R^{\mathrm{T}} = \begin{bmatrix} b_0 & b_1 & \dots & b_{n_u} \end{bmatrix}$ lediglich die Koeffizienten der rechten Seite der Differentialgleichung (4.16) und es gilt $d_R = 0$. Solche Systeme werden als **nicht-sprungfähig** bezeichnet. Dieser Ausdruck folgt daraus, dass der Eingang in diesem Fall keinen direkten Einfluss auf den Ausgang hat und somit sprunghafte Änderungen des Eingangs nur mittelbar auf den Ausgang wirken. Meist wird sich bei der Modellbildung keine Steuerungsnormalform (und auch keine andere Normalform) ergeben. Stattdessen haben die beteiligten Matrizen im Allgemeinen eine beliebige Form. Daher stellt sich die Frage, ob eine geeignete Transformationsmöglichkeit in die entsprechende Normalform existiert. Die Steuerbarkeitsnormalform wird durch die Transformationsmatrix $\boldsymbol{T}_R$ über

$$\boldsymbol{x}_R(t) = \boldsymbol{T}_R^{-1} \boldsymbol{x}(t)$$

erzeugt. Mit der letzten Spalte der inversen Steuerbarkeitsmatrix

$$\boldsymbol{s}_R = \boldsymbol{S}_R^{-1} \begin{bmatrix} 0 \\ \vdots \\ 0 \\ 1 \end{bmatrix}$$

können die Transformationsmatrix $\boldsymbol{T}_R = \left(\boldsymbol{s}_R; \boldsymbol{A}^{\mathrm{T}} \boldsymbol{s}_R; \dots; \boldsymbol{A}^{\mathrm{T},n-1} \boldsymbol{s}_R \right)$ und damit die Matrizen $\boldsymbol{A}_R^{\mathrm{T}} = \boldsymbol{T}_R^{-1} \boldsymbol{A}^{\mathrm{T}} \boldsymbol{T}_R$; $\boldsymbol{b} = \boldsymbol{T}_R^{-1} \boldsymbol{b}$; $\boldsymbol{c}_R^{\mathrm{T}} = \boldsymbol{c}^{\mathrm{T}} \boldsymbol{T}_R$ definiert werden.

Ein jedes steuerbares Zustandsraummodell kann mittels einer Transformation auf die Steuerbarkeitsnormalform überführt werden.

Beobachtbarkeit

Für unterschiedlichste Anwendungen ist die Kenntnis des gesamten Zustandsvektors notwendig. So benötigt bspw. ein Zustandsregler die permanente Rückführung der aktuellen Zustandswerte. Auch für Zwecke der Analyse und der Fehlererkennung ist häufig eine umfangreiche Kenntnis der Systemzustände von zentraler Bedeutung. Allerdings ist die direkte Messung aller Zustände häufig nicht möglich oder gerechtfertigt. Je nach Anwendung existieren diverse technische oder wirtschaftliche Gründe, die gegen ein vollständiges Messen aller Zustände sprechen. Die Frage ist nun: Können die Zustandsgrößen, die nicht direkt gemessen werden (können), durch die Verläufe der Eingangs- und Ausgangsgrößen rekonstruiert werden? Diese Überlegung führt zu der Beobachtbarkeitsanalyse. Bereits aus Dimensionalitätsgründen (im Allgemeinen gilt: $\dim y(t) < \dim x(t)$) ist es offensichtlich, dass einzelne Werte der Ausgangsgrößen es nicht ermöglichen, auf die einzelnen Zustände zu schließen. Daher wird das zu betrachtende System über ein bestimmtes Zeitintervall beobachtet $t_0 \leq t \leq t_f$ und die Eingangsgröße $u(t)$ berücksichtigt.

Definition 4.7 (Beobachtbarkeit). Ein System ist vollständig beobachtbar, wenn aus den im Zeitintervall $t_0 \leq t \leq t_f$ bekannten Verläufen von Eingangsgröße $\boldsymbol{u}(t)$ und Ausgangsgröße $\boldsymbol{y}(t)$ der Anfangszustand $\boldsymbol{x}(t_0)$ eindeutig bestimmt werden kann. ■

Es mag verwundern, dass in Definition 4.7 der Anfangszustand $\boldsymbol{x}(t_0)$ rekonstruiert wird und wir zuvor beschrieben haben, dass der aktuelle Zustand für die Berechnungen benötigt wird. Dies ist allerdings unproblematisch, da mit Kenntnis des Anfangszustands des Modells und des Eingangs der aktuelle Zustand berechnet werden kann und somit für die Regelungsanwendungen zur Verfügung steht.

Allerdings gilt auch hier, dass die Definition 4.7 nicht konstruktiv ist und nur schwer zur Bestimmung, ob ein jeweiliges System beobachtbar ist, herangezogen werden kann. Daher wurden Verfahren entwickelt, die (analog zur Steuerbarkeitsanalyse) auf Basis einer Rangbetrachtung Rückschlüsse auf die Beobachtbarkeit erlauben. Dieser Überlegung folgt der nachfolgende Satz.

Satz 4.9 (Beobachtbarkeitskriterium). Ein System (4.20)-(4.21) ist genau dann vollständig beobachtbar, wenn die **Beobachtbarkeitsmatrix**

$$\boldsymbol{S}_B = \begin{pmatrix} \boldsymbol{c}^{\mathrm{T}} & \boldsymbol{c}^{\mathrm{T}}\boldsymbol{A} & \boldsymbol{c}^{\mathrm{T}}\boldsymbol{A}^2 & \dots & \boldsymbol{c}^{\mathrm{T}}\boldsymbol{A}^{n_x-1} \end{pmatrix}^{\mathrm{T}}$$

den Rang n_x besitzt. ■

Analog zur Steuerbarkeit wird auch hier häufig nur die Matrixkonfiguration $(\boldsymbol{c}^{\mathrm{T}}, \boldsymbol{A})$ bei der Beobachtbarkeitsuntersuchung angegeben. Wie die Steuerbarkeitsnormalform existiert auch eine Beobachtbarkeitsnormalform

$$\underbrace{\begin{bmatrix} \dot{x}_1(t) \\ \dot{x}_2(t) \\ \vdots \\ \dot{x}_{n_x-1}(t) \\ \dot{x}_{n_x}(t) \end{bmatrix}}_{\dot{\boldsymbol{x}}(t)} = \underbrace{\begin{pmatrix} 0 & 0 & \dots & 0 & -a_0 \\ 1 & 0 & \dots & 0 & -a_1 \\ 0 & 0 & \dots & 0 & -a_2 \\ \vdots & \vdots & \ddots & \vdots & \vdots \\ 0 & \dots & \dots & 1 & -a_{n_x-1} \end{pmatrix}}_{\boldsymbol{A}_B} \underbrace{\begin{bmatrix} x_1(t) \\ x_2(t) \\ \vdots \\ x_{n_x-1}(t) \\ x_{n_x}(t) \end{bmatrix}}_{\boldsymbol{x}(t)} + \underbrace{\begin{bmatrix} b_0 - a_0 b_{n_x} \\ b_1 - a_1 b_{n_x} \\ \vdots \\ b_{n_x-2} - a_{n_x-2} b_{n_x} \\ b_{n_x-1} - a_{n_x-1} b_{n_x} \end{bmatrix}}_{\boldsymbol{b}_B} u(t)$$

$$y = \underbrace{\begin{bmatrix} 0 & 0 & \dots & 0 & 1 \end{bmatrix}}_{\boldsymbol{c}_B^{\mathrm{T}}} \underbrace{\begin{bmatrix} x_1(t) \\ x_2(t) \\ \vdots \\ x_{n_x-1}(t) \\ x_{n_x}(t) \end{bmatrix}}_{\boldsymbol{x}(t)} + \underbrace{b_{n_x}}_{\boldsymbol{d}_B} u(t),$$

welche, wie wir in Abschnitt 8.2 sehen werden, eine vereinfachte Beobachtbarkeitsanalyse ermöglicht. Die Beobachtbarkeitsnormalform wird durch die Transformationsmatrix $\boldsymbol{T}_B$ über

$$\boldsymbol{x}_B(t) = \boldsymbol{T}_B^{-1}\boldsymbol{x}(t)$$

erzeugt. Das Vorgehen hier ist vergleichbar mit der Steuerbarkeitsanalyse. Über die letzte Spalte der inversen Beobachtbarkeitsmatrix

$$\boldsymbol{s}_B = \boldsymbol{S}_B^{-1}\begin{bmatrix} 0 \\ \vdots \\ 0 \\ 1 \end{bmatrix}$$

können die Transformationsmatrix $\boldsymbol{T}_B = \begin{pmatrix} \boldsymbol{s}_B & \boldsymbol{A}\boldsymbol{s}_B & \dots & \boldsymbol{A}^{n-1}\boldsymbol{s}_B \end{pmatrix}$ und damit auch die Matrizen $\boldsymbol{A}_B = \boldsymbol{T}_B^{-1}\boldsymbol{A}\boldsymbol{T}_B$, $\boldsymbol{B}_B = \boldsymbol{T}_B^{-1}\boldsymbol{b}$ und $\boldsymbol{c}_B^{\mathrm{T}} = \boldsymbol{c}^{\mathrm{T}}\boldsymbol{T}_B$ definiert werden.

Die Beobachtbarkeits- und Regelungsnormalform sind duale Darstellungen. Lediglich die Vektoren $\boldsymbol{c}$ und $\boldsymbol{b}$ sind miteinander vertauscht und die Matrix $\boldsymbol{A}$ ist transponiert.

Beispiel 4.16 (Steuerbarkeit und Beobachtbarkeit der Radaufhängung). Zur Erläuterung des Vorgehens bei der Analyse der **Steuer- und Beobachtbarkeit** betrachten wir das Modell der **Radaufhängung** aus Beispiel 4.1. Entsprechend ergibt sich aus Gleichung (4.18) für die Steuerbarkeitsmatrix

$$\boldsymbol{S}_R = \begin{pmatrix} \boldsymbol{b} & \boldsymbol{A}\boldsymbol{b} & \boldsymbol{A}^2\boldsymbol{b} & \dots & \boldsymbol{A}^{n-1}\boldsymbol{b} \end{pmatrix} = \begin{pmatrix} \boldsymbol{b} & \boldsymbol{A}\boldsymbol{b} \end{pmatrix} = \begin{pmatrix} 0 & \frac{c_2}{m} \\ \frac{c_2}{m} & -\frac{c_2 d}{m^2} \end{pmatrix},$$

welche für alle realistischen Werte $m, c_2, d > 0$ den Rang $n = 2$ besitzt. Somit ist das System steuerbar. Analog resultiert aus den Gleichungen (4.18) und (4.19) für die Beobachtbarkeitsmatrix

$$\boldsymbol{S}_B = \begin{pmatrix} \boldsymbol{c}^{\mathrm{T}} & \boldsymbol{c}^{\mathrm{T}}\boldsymbol{A} & \boldsymbol{c}^{\mathrm{T}}\boldsymbol{A}^2 & \dots & \boldsymbol{c}^{\mathrm{T}}\boldsymbol{A}^{n-1} \end{pmatrix}^{\mathrm{T}} = \begin{pmatrix} \boldsymbol{c}^{\mathrm{T}} \\ \boldsymbol{c}^{\mathrm{T}}\boldsymbol{A} \end{pmatrix} = \begin{pmatrix} 1 & 0 \\ 0 & 1 \end{pmatrix},$$

welche der Einheitsmatrix entspricht und dementsprechend auch vollen Rang $n = 2$ aufweist. Somit ist das Modell der Radaufhängung (4.18) und (4.19) sowohl steuer- als auch beobachtbar. ■

Linearisierung

In den vorherigen Abschnitten haben wir unterschiedliche Verfahren und Methoden kennengelernt und werden auch noch einige kennenlernen, die es ermöglichen, lineare Systeme zu analysieren und entsprechende Regelungseinrichtungen zu entwerfen. Allerdings haben wir festgestellt, dass wir bei realen Anwendungen häufig auf nichtlineare Beschreibungen treffen. Daraus ergibt sich direkt die Frage: Wie können wir diesen umfangreichen Werkzeugkasten auch für nichtlineare Systeme nutzen? Ein wichtiges und häufig angewendetes Vorgehen ist die lokale Linearisierung um Ruhelagen. Darüber hinaus existieren zahlreiche weitere Verfahren zur Linearisierung. Hier seien bspw. die **exakte Eingangs-Ausgangs-Linearisierung**, die **exakte Eingangs-Zustands-Linearisierung** und die **Linearisierung um Trajektorien** genannt.

Wir wollen uns auf die **Linearisierung um Ruhelagen** begrenzen, da dieses im weiteren Verlauf des Buches mehrfach Anwendung finden wird. Dabei approximieren wir lokal das nichtlineare System durch ein lineares System. Dieses Konzept verdeutlicht Bild 4.12 anhand einer statischen Kennlinie. Dort ist ersichtlich, dass die lineare Approximation signifikant von dem jeweiligen Linearisierungspunkt abhängt. So ist zu erkennen, dass die jeweiligen Linearisierungen unterschiedliche Anstiege und Offsets besitzen. Das führt dazu, dass die Linearisierung zwar in der nahen Umgebung des Entwicklungspunktes eine verhältnismäßig gute Approximation darstellt, aber im Allgemeinen bei weiterer Entfernung diese immer schlechter wird. Entsprechend beschreibt die grüne Linearisierungsgerade am Punkt x_1 die Logarithmus-Funktion gut. Allerdings ist die Abweichung dieser Geraden am Punkt x_3 zur Ursprungsfunktion signifikant. Wie groß die konkreten Abweichungen sind, welche durch eine Linearisierung hervorgerufen werden, hängt dabei im Wesentlichen von zwei Faktoren ab:

1. Wie stark nichtlinear (Abweichung von linearer Funktion) ist die Ursprungsfunktion?
2. Wie weit ist die jeweilige Auswertung von dem Entwicklungspunkt entfernt?

Betrachten wir nun, wie wir zu Linearisierungen dynamischer Systeme kommen.

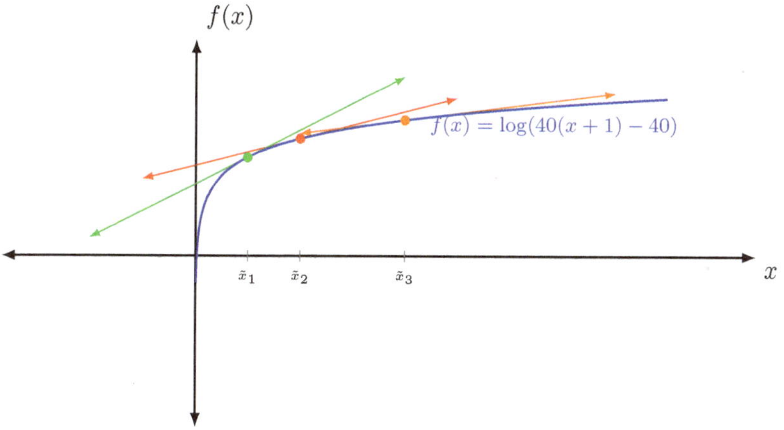

Bild 4.12 Grundkonzept der Linearisierung

Wir gehen dazu von einer allgemeinen nichtlineare Differentialgleichung der Form (4.1) aus und setzen voraus, dass zur Funktion ϕ die Taylor-Reihe existiert und diese konvergiert. Solche Funktionen werden **analytisch** genannt. Wie bereits erwähnt muss die Linearisierung um einen Punkt erfolgen. Es ist sinnvoll, dafür jeweils den Arbeits- bzw. den Betriebspunkt zu wählen. Dabei handelt es sich um Ruhelagen des Systems mit Eingang $(\tilde{u}, \tilde{y})$. Bei diesen Ruhelagen sind alle Ableitungen der Eingangs- und Ausgangssignale gleich Null

$$\begin{aligned} \tilde{y}^{(i)} &= 0, \quad \forall i = 1, \dots, n \\ \tilde{u}^{(i)} &= 0, \quad \forall i = 1, \dots, m \end{aligned}$$

und es gilt demzufolge $\phi(0, \dots, 0, \tilde{y}, 0, \dots, 0, \tilde{u}) = 0$. Die Linearisierung um solch eine Ruhelage $[0; \dots; 0; \tilde{y}; 0; \dots; 0; \tilde{u}]$ erfolgt durch die Entwicklung der Taylor-Reihe mit Abbruch nach dem linearen Glied:

$$
\begin{aligned}
&\phi(y^{(n)},\dots,\dot{y},y,u^{(m)},\dots,\dot{u},u)\\
&\approx \underbrace{\phi(0,\dots,0,\tilde{y},0,\dots,0,\tilde{u})}_{=0} + \underbrace{\left.\frac{\partial\phi}{\partial y^{(n)}}\right|_{(0,\dots,0,\tilde{y},0,\dots,0,\tilde{u})}}_{=a_n} \underbrace{(y^{(n)}-\tilde{y}^{(n)})}_{\Delta y^{(n)}} + \dots +\\
&\underbrace{\left.\frac{\partial\phi}{\partial y}\right|_{(0,\dots,0,\tilde{y},0,\dots,0,\tilde{u})}}_{=a_0} \underbrace{(y-\tilde{y})}_{\Delta y} + \underbrace{\left.\frac{\partial\phi}{\partial u^{(m)}}\right|_{(0,\dots,0,\tilde{y},0,\dots,0,\tilde{u})}}_{=-b_m} \underbrace{(u^{(m)}-\tilde{u}^{(m)})}_{\Delta u^{(m)}} + \underbrace{\left.\frac{\partial\phi}{\partial u}\right|_{(0,\dots,0,\tilde{y},0,\dots,0,\tilde{u})}}_{=-b_0} \underbrace{(u-\tilde{u})}_{\Delta u}
\end{aligned}
$$

Dies führt auf die lineare Differentialgleichung $a_n\Delta y^{(n)} + a_{n-1}\Delta y^{(n-1)} + \dots + a_0\Delta y - b_m\Delta u^{(m)} - \dots - b_0\Delta u = 0$, welche es ermöglicht, alle Werkzeuge für lineare Systeme anzuwenden. Werden diese Überlegungen auf die Zustandsraumbeschreibung (4.3)-(4.4) übertragen, so ergibt sich der Zusammenhang

$$
\boldsymbol{A} = \left.\frac{\partial \boldsymbol{f}}{\partial \boldsymbol{x}}\right|_{\tilde{\boldsymbol{x}},\tilde{\boldsymbol{u}}} = \left.\begin{pmatrix} \frac{\partial f_1}{\partial x_1} & \dots & \frac{\partial f_1}{\partial x_n} \\ \vdots & \ddots & \vdots \\ \frac{\partial f_n}{\partial x_1} & \dots & \frac{\partial f_n}{\partial x_n} \end{pmatrix}\right|_{\tilde{x},\tilde{u}}, \quad \boldsymbol{B} = \left.\frac{\partial \boldsymbol{f}}{\partial \boldsymbol{u}}\right|_{\tilde{\boldsymbol{x}},\tilde{\boldsymbol{u}}} = \left.\begin{pmatrix} \frac{\partial f_1}{\partial u_1} & \dots & \frac{\partial f_1}{\partial u_m} \\ \vdots & \ddots & \vdots \\ \frac{\partial f_n}{\partial u_1} & \dots & \frac{\partial f_n}{\partial u_m} \end{pmatrix}\right|_{\tilde{\boldsymbol{x}},\tilde{\boldsymbol{u}}}
$$

$$
\boldsymbol{C} = \left.\frac{\partial \boldsymbol{h}}{\partial \boldsymbol{x}}\right|_{\tilde{\boldsymbol{x}},\tilde{\boldsymbol{u}}} = \left.\begin{pmatrix} \frac{\partial h_1}{\partial x_1} & \dots & \frac{\partial h_1}{\partial x_n} \\ \vdots & \ddots & \vdots \\ \frac{\partial h_p}{\partial x_1} & \dots & \frac{\partial h_p}{\partial x_n} \end{pmatrix}\right|_{\tilde{x},\tilde{u}}, \quad \boldsymbol{D} = \left.\frac{\partial \boldsymbol{h}}{\partial \boldsymbol{u}}\right|_{\tilde{\boldsymbol{x}},\tilde{\boldsymbol{u}}} = \left.\begin{pmatrix} \frac{\partial h_1}{\partial u_1} & \dots & \frac{\partial h_1}{\partial u_m} \\ \vdots & \ddots & \vdots \\ \frac{\partial h_p}{\partial u_1} & \dots & \frac{\partial h_p}{\partial u_m} \end{pmatrix}\right|_{\tilde{\boldsymbol{x}},\tilde{\boldsymbol{u}}},
$$

wobei $\boldsymbol{A} = \left.\frac{\partial \boldsymbol{f}}{\partial \boldsymbol{x}}\right|_{\tilde{\boldsymbol{x}},\tilde{\boldsymbol{u}}}$ als **Jacobi-Matrix** von $\boldsymbol{f}$ bzgl. $\boldsymbol{x}$ am Punkt $[\tilde{\boldsymbol{x}};\tilde{\boldsymbol{u}}]$ bezeichnet wird. Analog dazu heißt $\boldsymbol{B} = \left.\frac{\partial \boldsymbol{f}}{\partial \boldsymbol{u}}\right|_{\tilde{\boldsymbol{x}},\tilde{\boldsymbol{u}}}$ Jacobi-Matrix von $\boldsymbol{f}$ bzgl. $\boldsymbol{u}$ an demselben Punkt. Entsprechend lassen sich auch Bezeichnungen für $\boldsymbol{C} = \left.\frac{\partial \boldsymbol{h}}{\partial \boldsymbol{x}}\right|_{\tilde{\boldsymbol{x}},\tilde{\boldsymbol{u}}}$ und $\boldsymbol{D} = \left.\frac{\partial \boldsymbol{h}}{\partial \boldsymbol{u}}\right|_{\tilde{\boldsymbol{x}},\tilde{\boldsymbol{u}}}$ angeben. Auch wenn wir nun alle Analyseverfahren für lineare Systeme verwenden können, müssen wir bei der Interpretation der Resultate Vorsicht walten lassen. Die Aussagen über das Verhalten, die auf Basis eines linearisierten Systems erfolgen, sind nur in einer a priori nicht genau spezifizierbaren Umgebung des Arbeitspunktes zulässig. Das heißt, auch wenn Eigenschaften bei linearen Systemen meist globalen Charakter besitzen, gilt dies bei linearisierten Systemen nicht, da die Linearisierung nur in einer Umgebung des Entwicklungspunktes eine äquivalente Systematik, wie die des nichtlinearen Originals, aufweist. Die theoretische Grundlage für diese Aussage bildet das sogenannte **Hartman-Grobman-Theorem**.

Beispiel 4.17 (Linearisierung des Pendels). Betrachten wir das nichtlineare Zustandsraummodell des Pendels (4.5). Den oben genannten Überlegungen folgend, ergibt sich für die **Linearisierung** um die untere Ruhelage $[x_1; x_2] = [0; 0]$

$$
\begin{aligned}
\dot{\boldsymbol{x}} = \begin{bmatrix}\dot{x}_1\\ \dot{x}_2\end{bmatrix} = \begin{bmatrix} f_1 \\ f_2\end{bmatrix} = \begin{bmatrix} x_2 \\ -\frac{g}{l}\sin(x_1) + \frac{1}{ml^2}u\end{bmatrix} &\approx \left.\begin{pmatrix} \frac{\partial f_1}{\partial x_1} & \frac{\partial f_1}{\partial x_2} \\ \frac{\partial f_2}{\partial x_1} & \frac{\partial f_2}{\partial x_2}\end{pmatrix}\right|_{0,0} \boldsymbol{x} + \left.\begin{bmatrix} \frac{\partial f_1}{\partial u} \\ \frac{\partial f_2}{\partial u}\end{bmatrix}\right|_{0,0} u \\
&= \begin{pmatrix} 0 & 1 \\ -\frac{g}{l} & 0 \end{pmatrix}\boldsymbol{x} + \begin{bmatrix} 0 \\ \frac{1}{ml^2}\end{bmatrix} u
\end{aligned}
$$

als lineares Zustandsraummodell. Auch hier ergibt sich als lineare Näherung für $-\frac{g}{l}\sin(x_1) \approx -\frac{g}{l}x_1$ (wie in Beispiel 4.6).

■

4.3.2 Frequenzbereichsanalyse linearer Systeme

Für die Beschreibung des zeitlichen Verhaltens mechatronischer Systeme haben wir bereits die Darstellung als Differentialgleichung sowie die Zustandsraumdarstellung kennengelernt. In diesem Abschnitt werden Darstellungsformen eingeführt, welche auf der Laplace-Transformation basieren. Um bei einem System eine Laplace-Transformation durchzuführen, wird die Ausgangsfunktion $f(t)$, welche im Zeitbereich vorliegt, mit dem Term e^{-st} multipliziert und über $t = [0, +\infty]$ integriert:

$$F(s) = \int_0^{+\infty} f(t)e^{-st}\mathrm{d}t \quad \rightarrow \quad \mathscr{L}\{f(t)\} = F(s) \quad \rightarrow \quad f(t) \circ\!\!-\!\!\bullet F(s) \tag{4.39}$$

Die Funktion $F(s)$ heißt Laplace-Transformierte der Funktion $f(t)$. Die Variable $s = \sigma + \mathrm{i}\omega$ wird als Bildbereichsvariable bezeichnet. Betrachten wir im Folgenden, wie die Laplace-Transformation einer allgemeinen linearen Differentialgleichung realisiert werden kann.

! Wir hatten bereits festgestellt, dass sich Differentialgleichungen (hier lineare Differentialgleichungen) eignen, um das dynamische Verhalten von Systemen zu beschreiben. Dabei treten jeweils Ableitungen der Eingangs- und Ausgangsgrößen unterschiedlicher Ordnung in Erscheinung. Die **Laplace-Transformation** eignet sich sehr gut, um diese Ableitungen zu beschreiben. Daher wollen wir nun betrachten, wie sich die Ableitung einer Funktion $\dot{f}(t) \circ\!\!-\!\!\bullet ?$ im Bildbereich der Laplace-Transformation darstellt. Dazu werten wir mittels der partiellen Integration

$$\int_a^b f_1'(x)\, f_2(x)\mathrm{d}x = f_1(x)\, f_2(x)\Big|_a^b - \int_a^b f_1(x)\, f_2'(x)\mathrm{d}x$$

das Integral aus:

$$\begin{aligned} F(s) &= \int_0^{+\infty} \dot{f}(t)e^{-st}\mathrm{d}t = f(t)\,e^{-st}\Big|_{t=0}^{t=+\infty} - \int_0^{+\infty} f(t)\frac{\mathrm{d}e^{-st}}{\mathrm{d}t}\mathrm{d}t \\ &= -f(0) + s\int_0^{+\infty} f(t)e^{-st}\mathrm{d}t = -f(0) + sF(s) = sF(s) \end{aligned}$$

Somit wandelt sich die Ableitung im Zeitbereich zu einer Multiplikation mit der Variablen s im Bildbereich um. Dabei wurden zwei Voraussetzungen angenommen:

1. Dass die Funktion $f(t)$ nicht stärker anwächst, als e^{-st} abfällt, sodass $\lim\limits_{t\to+\infty} f(t)\,e^{-st} = 0$ gilt.
2. Es gilt $-f(0) + sF(s) = sF(s)$, was impliziert, dass die Anfangsbedingung Null ist ($f(0) = 0$).

Für Ableitungen höherer Ordnung resultiert somit

$$\begin{aligned} f(t) &\quad \circ\!\!-\!\!\bullet \quad F(s) \\ \dot{f}(t) &\quad \circ\!\!-\!\!\bullet \quad sF(s) - f(0) \\ \ddot{f}(t) &\quad \circ\!\!-\!\!\bullet \quad s[sF(s) - f(0)] - \dot{f}(0) = s^2F(s) - sf(0) - \dot{f}(0) \\ &\quad \dots \\ f^{(n)}(t) &\quad \circ\!\!-\!\!\bullet \quad = s^nF(s) - \sum_{i=0}^{n-1} s^{n-i-1} f^{(i)}(0), \end{aligned}$$

wodurch die allgemeine Darstellung der linearen Differentialgleichung im Zeitbereich

$$a_n y^{(n)}(t) + a_{n-1} y^{(n-1)}(t) + \cdots + a_0 y(t) = b_m u^{(m)}(t) + b_{m-1} u^{(m-1)}(t) + \cdots + b_0 u(t)$$

für $f^{(i)}(0) = 0$ mit $y(t)$○—●$Y(s)$ und $u(t)$○—●$U(s)$ in die algebraische Gleichung

$$Y(s)(a_n s^n + \cdots + a_3 s^3 + a_2 s^2 + a_1 s + a_0) = U(s)(b_m s^m + \cdots + b_1 s + b_0)$$

im Bildbereich überführt werden kann. ■

Der aus der Laplace-Transformation resultierende algebraische Zusammenhang zwischen Eingangsgröße $U(s)$ und Ausgangsgröße $Y(s)$ nimmt eine zentrale Rolle bei der Systemanalyse ein. Hierfür wird die algebraische Systemgleichung in Form einer sogenannten **Übertragungsfunktion**

$$G(s) = \frac{Y(s)}{U(s)} = \frac{b_m s^m + \cdots + b_1 s + b_0}{a_n s^n + \cdots + a_3 s^3 + a_2 s^2 + a_1 s + a_0}$$

dargestellt. Die Übertragungsfunktion $G(s)$ stellt somit das Verhältnis der Laplace-Transformierten von Ausgangs- und Eingangssignal dar. Übertragungsfunktionen werden oft verwendet, um das Eingangs-/ Ausgangsverhalten dynamischer Systeme kompakt darzustellen und eignen sich für die Systemanalyse, wie im Folgenden gezeigt wird. Zu beachten ist, dass für die technische Realisierbarkeit von Übertragungsfunktionen der Grad vom Zähler stets kleiner als der Grad vom Nenner der Übertragungsfunktion sein muss. Ansonsten sind die Systeme nicht technisch realisierbar, da in den zugrundeliegenden Differentialgleichungen höhere Ableitungen der Eingangsgröße gegenüber der Ausgangsgröße auftreten. Dies würde bedeuten, dass der Ausgang bereits von zukünftigen Werten des Eingangs abhängt. In der Ingenieurs-Praxis ist die Anzahl an Übertragungsfunktionen endlich, die täglich Verwendung finden. Tabelle 4.3 gibt einen Überblick über diese. Die wichtigsten Standard-Übertragungsfunktionen sind:

Proportionales Übertragungsverhalten: Wie in Tabelle 4.3 dargestellt, ändert sich beim proportionalen Übertragungsverhalten das Ausgangssignal proportional zum Eingangssignal ohne zeitliche Verzögerung. Wird ein System zum Zeitpunkt t mit einem Signal $u(t)$ angeregt, so entspricht das Ausgangssignal zum Zeitpunkt t dem Wert $y(t) = K\,u(t)$, wobei K eine reelle Zahl ist und dem proportionalen Übertragungsfaktor des Systems entspricht. Bspw. weist ein elektrischer Widerstand ein proportionales Übertragungsverhalten auf, wenn wir den Strom $i(t)$ als Eingangsgröße und die Spannung $u(t) = R\,i(t)$ als Ausgangsgröße auffassen.

Integrierendes Übertragungsverhalten: Beim integrierenden Übertragungsverhalten akkumuliert das Ausgangssignal das Eingangssignal des Systems auf. So entspricht das Ausgangssignal zum Zeitpunkt t dem Wert $y(t) = K_I \int_0^t u(t)\mathrm{d}t$, wobei $u(t)$ dem Eingangssignal und K_I der Verstärkung der Übertragungsfunktion entsprechen. Betrachten wir bspw. einen Wassertank, in welchen konstant Wasser ($u(t) = q(t)$) strömt, so lässt sich dessen Füllhöhe $h(t)$ als Integral des Zuflusses beschreiben $h(t) = \frac{1}{A} \int_0^t q(t)\mathrm{d}t + h_0$. Ebenso darf zur Berechnung der aktuellen Füllhöhe die Anfangsfüllhöhe h_0 nicht vernachlässigt werden. So muss bei der Auswertung von integrierendem Übertragungsverhalten stets der Anfangswert des Systems beachtet werden.

Differenzierendes Übertragungsverhalten: Wie der Name bereits erahnen lässt, wird beim differenzierenden Übertragungsverhalten das Eingangssignal des Systems differenziert (abgeleitet). So entspricht das Ausgangssignal dem Wert $y(t) = K_D \frac{\mathrm{d}u(t)}{\mathrm{d}t}$, wobei $u(t)$ dem Eingangssignal und K_D der Verstärkung der Übertragungsfunktion entsprechen. Ein physikalisches System mit einem differenzierenden Übertragungsverhalten ist bspw. ein mechanischer Dämpfer $F(t) = d\frac{\mathrm{d}x(t)}{\mathrm{d}t}$, wenn wir die Kraft $F(t)$ betrachten, die durch die Auslenkung $x(t)$ hervorgerufen wird .

Zeitlich verzögertes Übertragungsverhalten: Zeitlich verzögerte Reaktionen des Ausgangssignals auf das Eingangssignal können mittels verschiedener Übertragungsfunktionen dargestellt werden, siehe Tabelle 4.3. Wenn es sich um das Abbilden einer Totzeit handelt, bietet sich eine $\mathrm{P}_{T_\mathrm{t}}$ Übertragungsfunktion an. Diese bildet bspw. einen Transportprozess ab. Das bedeutet hier folgt das Ausgangssignal dem Eingangssignal, verschoben um die Zeit T_t (bspw. Transporttotzeit). Ebenso können auch Funktionen wie PT_1, PT_2 bzw. PT_n verwendet werden. Diese stellen keine Transporttotzeiten dar, sondern bspw. ein träges Anlaufverhalten eines Motors.

!

Wir hatten in den vorangegangen Abschnitten herausgearbeitet, dass das charakteristische Polynom das resultierende Systemverhalten wesentlich bestimmt. Wir wollen nun betrachten, wie sich diese Eigenschaften im Bildbereich der Laplace-Transformation widerspiegeln. Dazu betrachten wir eine lineare Differentialgleichung der Form $a_n y^{(n)}(t) + a_{n-1} y^{(n-1)}(t) + \dots + a_0 y(t) = u(t)$, aus welcher wir das charakteristische Polynom $\delta(\lambda) = a_n \lambda^n + a_{n-1}\lambda^{n-1} + \dots + a_0 = 0$ ableiten können. Als Laplace-Transformierte dieser Differentialgleichung ergibt sich $Y(s)(a_n s^n + a_{n-1} s^{n-1} + \dots + a_0) = U(s)$ und dementsprechend

$$G(s) = \frac{U(s)}{Y(s)} = \frac{1}{a_n s^n + a_{n-1} s^{n-1} + \dots + a_0}$$

als zugehörige **Übertragungsfunktion**. Die Nullstellen des Nennerpolynoms dieser Übertragungsfunktion, welche oft auch Pole genannt werden, lassen sich mittels der Gleichung$a_n s^n + a_{n-1} s^{n-1} + \dots + a_0 = 0$ berechnen. Es wird ersichtlich, dass die Gleichung zur Berechnung der Pole der Übertragungsfunktion strukturell identisch mit der zuvor diskutierten charakteristischen Gleichung des Systems ist. Somit wird klar, dass die Pole der Übertragungsfunktion direkt die Dynamik des Systems beeinflussen:

- Das Nennerpolynom der Übertragungsfunktion wird charakteristisches Polynom genannt, da die Lösungen (Pole) der charakteristischen Gleichung die Eigenbewegungen des Systems bestimmen.
- Damit die Eigenbewegungen eines Systems abklingen, müssen alle Pole von $G(s)$ einen negativen Realteil aufweisen.
- Je größer die Beträge der Realteile der Pole von $G(s)$ sind, um so kleiner sind die zugehörigen Zeitkonstanten.
- Dicht am Ursprung der s-Ebene liegende Pole (große Zeitkonstanten) haben einen dominierenden Einfluss auf das Übertragungsverhalten des dynamischen Systems.
- Handelt es sich um ein System mindestens 2. Ordnung, so kann es schwingungsfähig sein. Das bedeutet, dass Energie oder Materie (siehe Definition 4.2) zwischen unterschiedlichen Speichern dynamisch ausgetauscht werden kann. Dies drück sich in einem Schwingungsverhalten der Ausgangsgröße aus. Aus mathematischer Sicht besitzt die Übertragungsfunktion in diesem Fall Pole mit Imaginärteilen. Besitzt eine Übertragungsfunktion lediglich rein realwertige Pole, so ist das entsprechende System nicht schwingungsfähig.

■

Tabelle 4.3 Grundlegende Übertragungsglieder

System	Differentialgleichung	Übertragungsfunktion	Sprungantwort	Ortskurve	Amplitudengang	Phasengang	Pole (×) Nullstellen (o)
P	$y(t) = Ku(t)$	$G(s) = K$	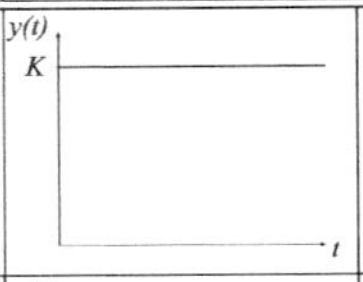	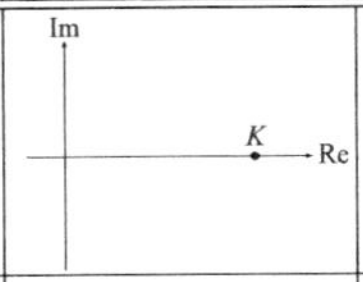	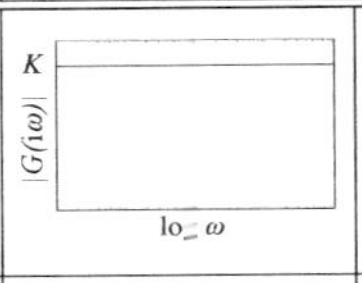	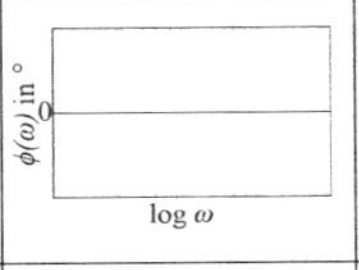	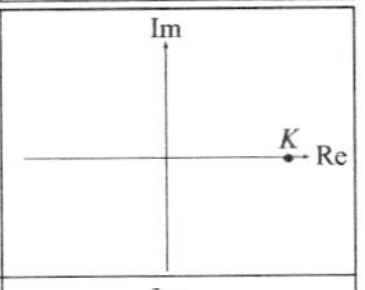
PT$_1$	$T_1\dot{y}(t) + y(t) = Ku(t)$	$G(s) = \frac{K}{1+T_1 s}$	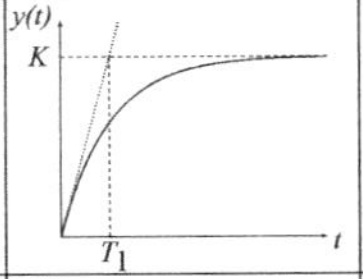	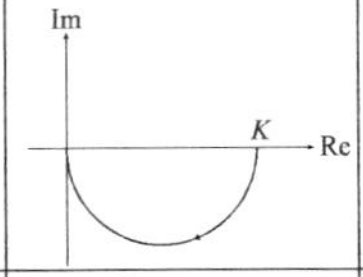	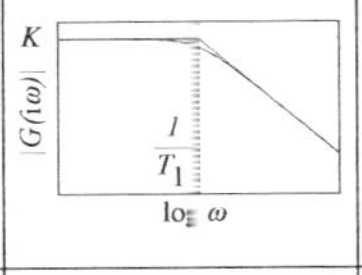	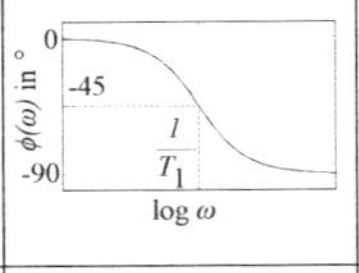	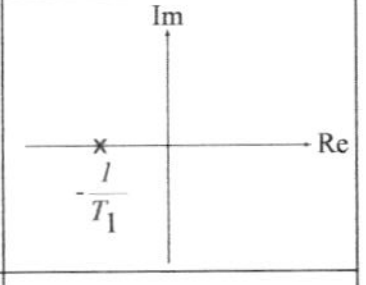
PT$_2$ (···$D > 1$, (—$D = 1$, - - $D < 1$)	$\frac{1}{\omega_0^2}\ddot{y}(t) + \frac{2D}{\omega_0}\dot{y}(t) + y(t) = Ku(t)$	$G(s) = \frac{K}{1+\frac{2D}{\omega_0}s+\frac{1}{\omega_0^2}s^2}$	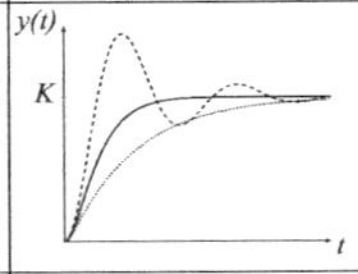	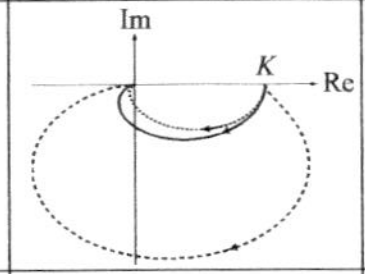	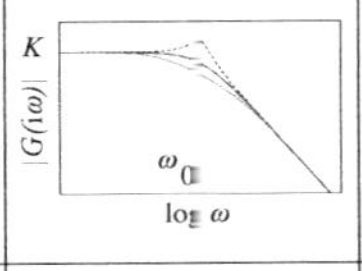	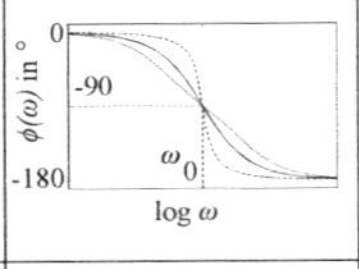	
I	$y(t) = \frac{1}{T_I}\int u(t)\mathrm{d}t$ $= K_I \int u(t)\mathrm{d}t$	$G(s) = \frac{1}{T_I s}$	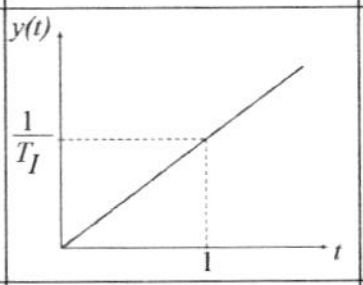	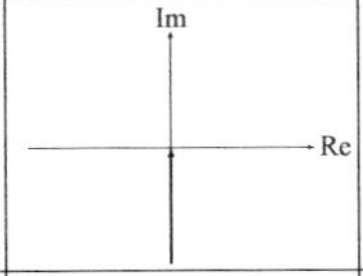	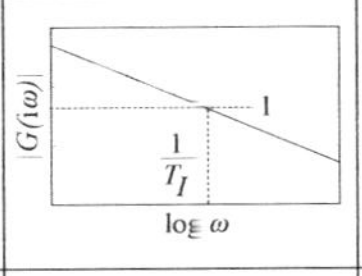	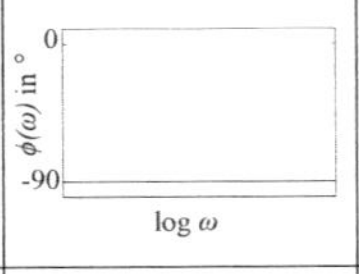	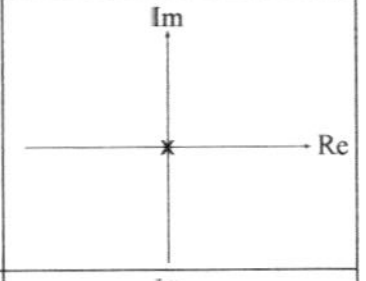
IT$_1$	$T_1\dot{y}(t) + y(t) = \frac{1}{T_I}\int u(t)\mathrm{d}t$	$G(s) = \frac{1}{T_I s(1+T_1 s)}$	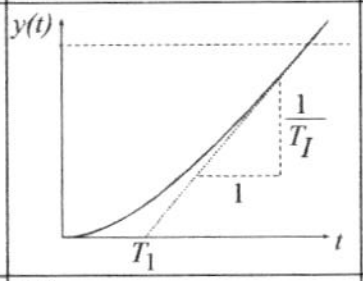	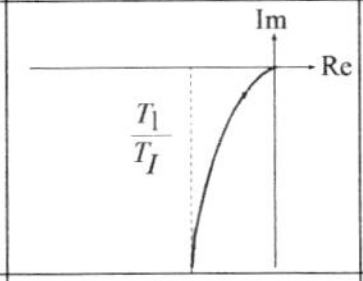	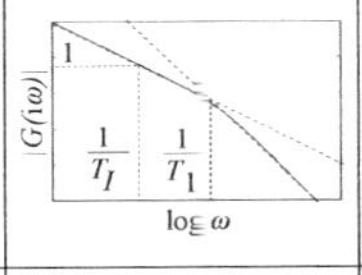	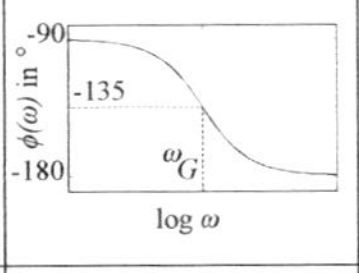	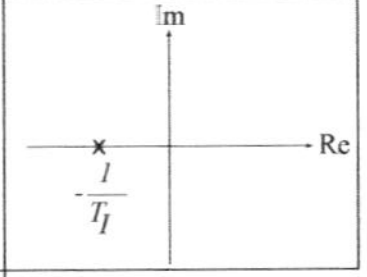
D	$y(t) = T_D\,\dot{u}$	$G(s) = T_D s$	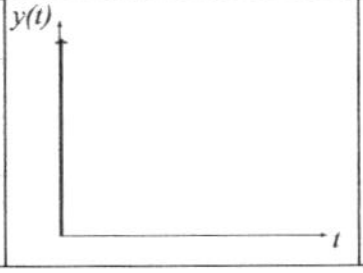	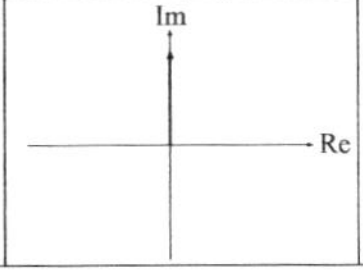	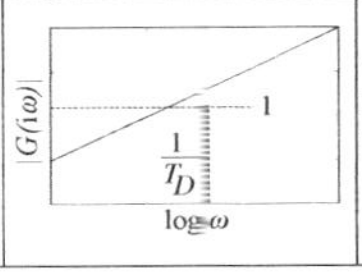	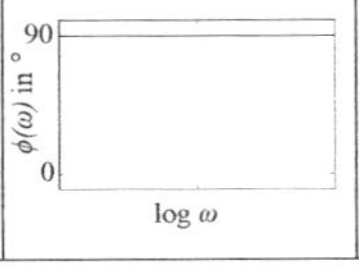	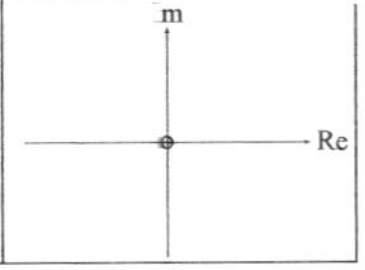

System	Differentialgleichung	Übertragungsfunktion	Sprungantwort	Ortskurve	Amplitudengang	Phasengang	Pole (x) Nullstellen (o)
DT_1	$T_1\dot{y}(t) + y(t) = T_D\,\dot{u}$	$G(s) = \frac{T_D s}{1+T_1 s}$	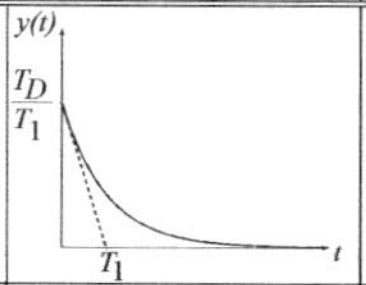	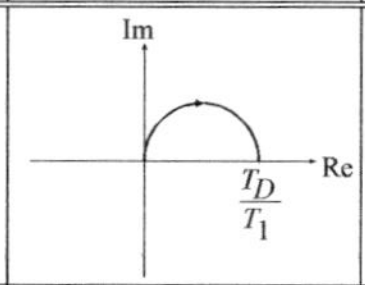	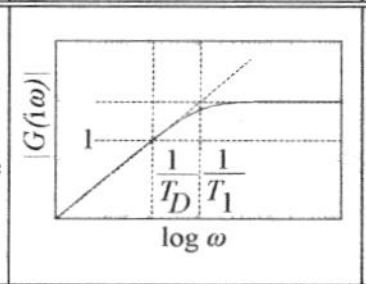	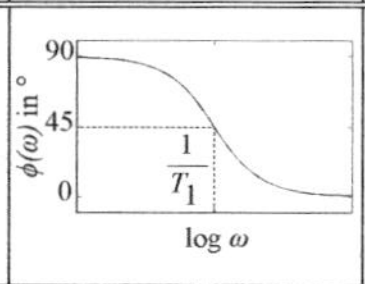	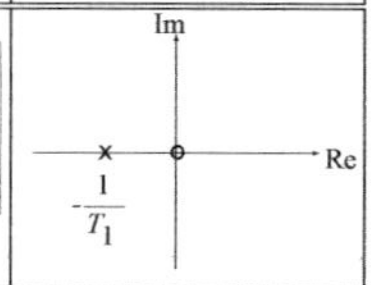
PI	$y(t) = Ku(t) + \frac{K}{T_I}\int u(t)\mathrm{d}t$	$G(s) = K + \frac{K}{T_I s}$	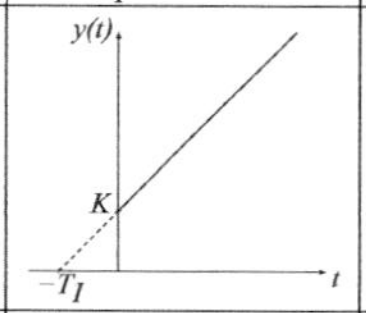	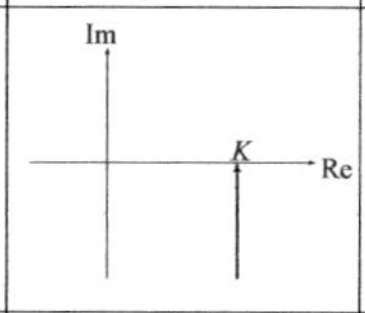	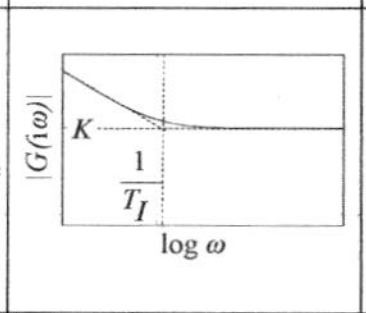	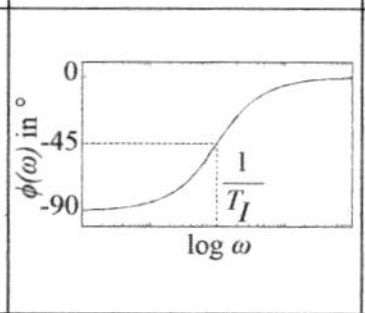	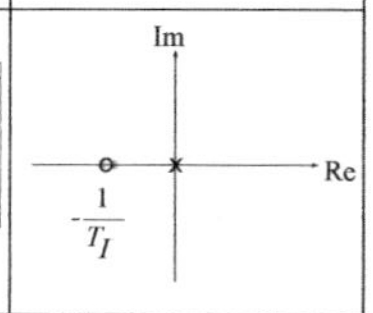
PD	$y(t) = Ku(t) + K\,T_D\,\dot{u}$	$G(s) = K + K\,T_D s$	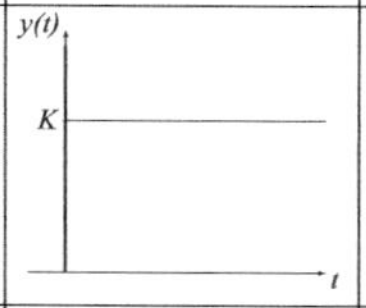	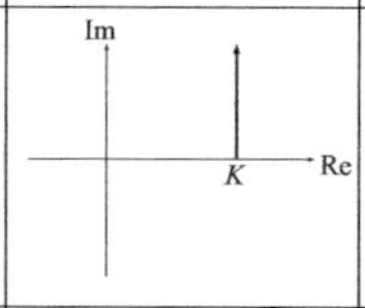	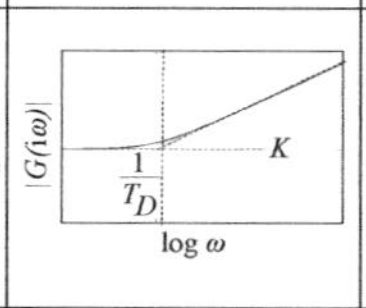	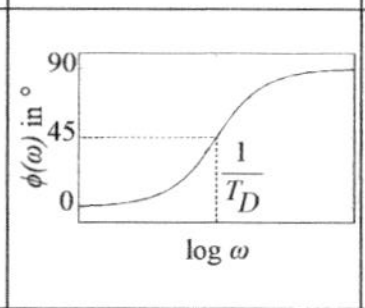	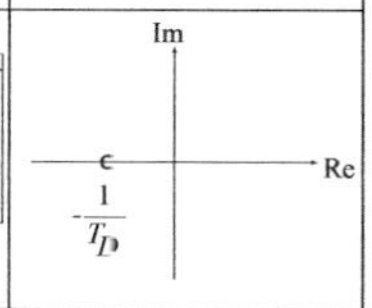
PID	$y(t) = Ku(t) + \frac{K}{T_I}\int u(t)\,\mathrm{d}t + K\,T_D\,\dot{u}$	$G(s) = K + \frac{K}{T_I s} + K\,T_D s$	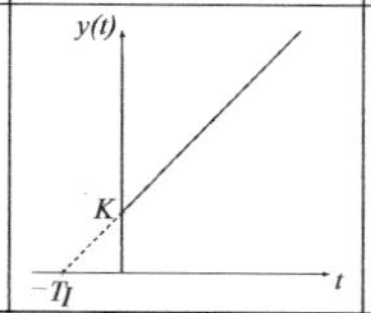	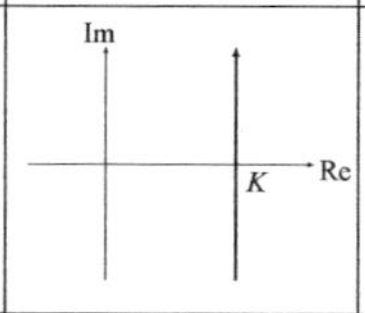	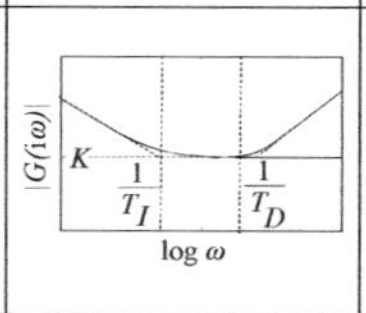	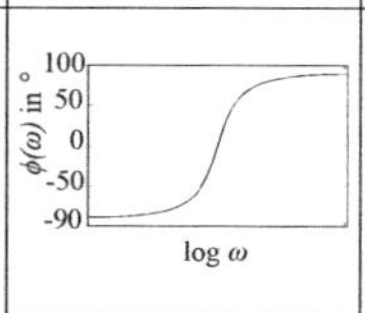	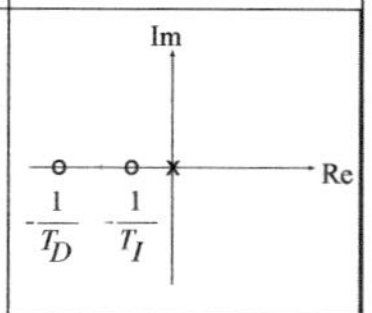
PT_t	$y(t) = Ku(t - T_t)$	$G(s) = Ke^{-sT_t}$	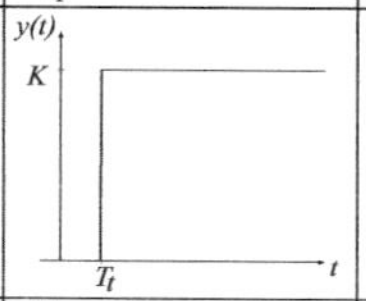	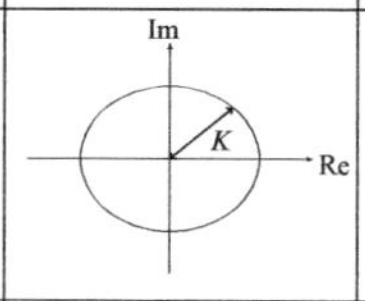	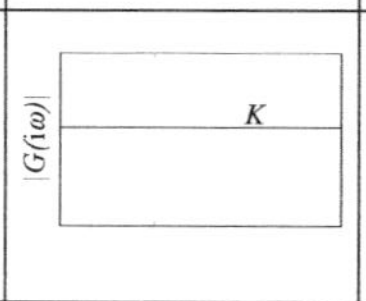	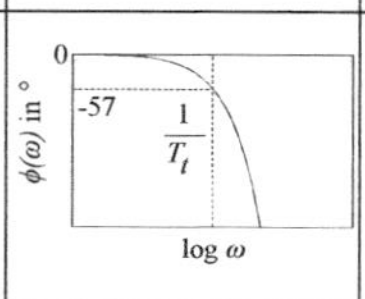	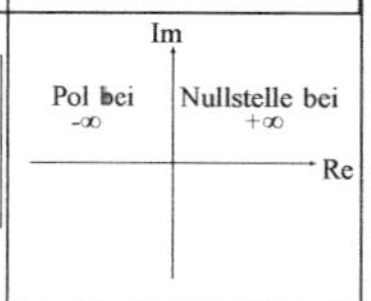
PT_1T_t	$T_1\dot{y}(t) + y(t) = Ku(t - T_t)$	$G(s) = K\frac{e^{-sT_t}}{1+T_1 s}$	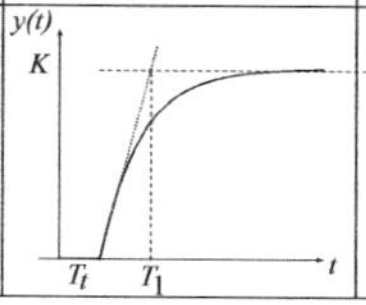	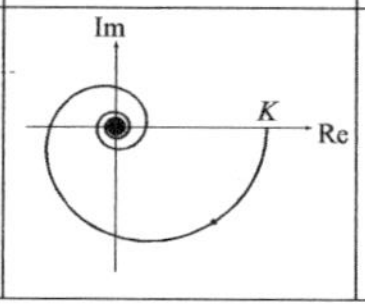	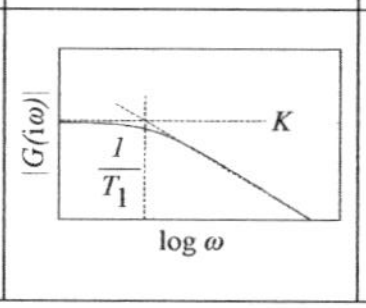	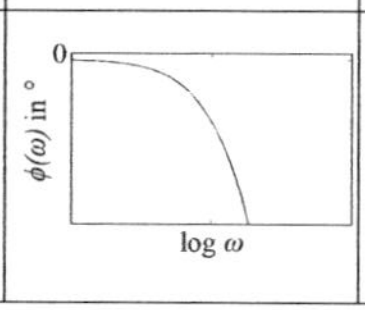	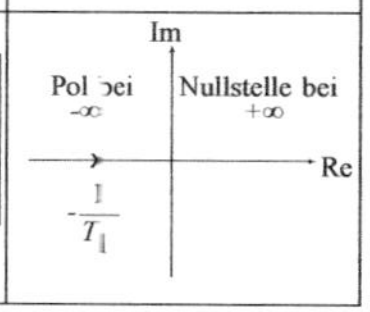

Betrachten wir im Folgenden den Aufbau und die verschiedenen Übertragungsfunktionen aus Tabelle 4.3 genauer. In der 1. Spalte der Tabelle ist die Kurzbeschreibung der jeweiligen Übertragungsfunktion dargestellt, gefolgt von der jeweiligen **Differentialgleichungs-** und **Übertragungsfunktions-Darstellung** in den Spalten 2 und 3. In Spalte 4 ist die **Sprungantwort** der Systeme visualisiert. Die Sprungantwort stellt den Verlauf des Ausgangssignals der jeweiligen Systeme dar unter der Annahme, dass das System mit einem Eingangssignal $u(t) = 1,\ t \geq 0$ und $u(t) = 0,\ t < 0$ beaufschlagt wurde. Die Spalten 5 bis 7 stellen die **Ortskurve** und das **Bode-Diagramm** der jeweiligen Systeme dar. Wobei sich das Bode-Diagramm in **Amplituden-** und **Phasenverlauf** untergliedert. In diesen Darstellungen sehen wir, wie sich bei Anregung des Systems mit verschiedenen Frequenzen (aufgetragen auf der Abszissenachse) die Amplitude bzw. die Phase des Ausgangssignals ändern. Da wir Aussagen über ein möglichst breites Frequenzspektrum treffen wollen, ist die Abszissenachse logarithmisch aufgetragen. Auch der Betragsverlauf ist logarithmisch aufgetragen, da sich die Signalamplitude bei verschiedenen Anregungsfrequenzen um mehrere Größenordnungen ändern kann. Ergänzend sehen wir in Spalte 8 die **Pole** und **Nullstellen** der jeweiligen Übertragungsfunktionen in der komplexen Ebene aufgetragen.

Betrachten wir das **proportionale Übertragunsglied** in Zeile 1 von Tabelle 4.3, so stellen wir fest, dass dieses System instantan sein Ausgangssignal ändert, wenn sich das Eingangssignal ändert, siehe Sprungantwort. Zudem sehen wir, dass dieses Übertragunsglied unabhängig von der Anregungsfrequenz das Eingangssignal konstant mit dem Faktor K verstärkt/abschwächt, siehe Bode-Diagramm sowie Differentialgleichung und Übertragungsfunktion. Final können wir im Pol-Nullstellen-Diagramm erkennen, dass diese Übertragungsfunktion keine Pol- und Nullstellen aufweist.

Bei dem **Übertragunsglied 1. Ordnung** (PT_1) in der 2. Zeile von Tabelle 4.3 sehen wir, dass das System zeitlich verzögert auf das Eingangssignal reagiert und dass die Amplituden- und Phasenverschiebung des Ausgangssignals abhängig von der Anregungsfrequenz ist. Betrachten wir die Sprungantwort, so sehen wir, dass das System einen stationären Endwert der Sprunghöhe von K annimmt. Zudem schneidet die Tangente der Sprungantwort (ermittelt an der Stelle $t = 0$) die Gerade mit dem stationären Endwert K an der Stelle $t = T_1$. Hierbei sprechen wir von einer Verstärkung K und einer Zeitkonstante T_1. Die Verstärkung K können wir auch im Amplitudengang bei einer Frequenz $\omega = 0$ ablesen. Im Amplituden- und Frequenzgang können wir zudem erkennen, dass sich das Übertragungsverhalten bei der Frequenz $\omega = \omega_G$ stark ändert. Diese Frequenz bezeichnen wir als Eckkreisfrequenz, welche als $\omega_G = \frac{1}{T_1}$ definiert ist. Ab der Eckkreisfrequenz fällt der Amplitudenverlauf mit einer negativen Steigung von -20 dB pro Dekade (eine 10er Einheit auf der Abszissenachse). Zudem ändert sich der Phasenwinkel des PT_1 um 90°, wobei er bei der Eckkreisfrequenz -45° besitzt.

Wechseln wir nun in die 3. Zeile von Tabelle 4.3, so sehen wir das **Übertragunsglied 2. Ordnung** (PT_2). Abhängig von der Lage der Polstellen dieses Übertragunsglieds kann ein schwingungsfähiges Systemverhalten entstehen. Dies sehen wir sowohl in der Sprungantwort, als auch in der Überhöhung des Amplitudenverlaufs bei der Eckkreisfrequenz. Ab der Eckkreisfrequenz fällt hier der Amplitudenverlauf mit einer negativen Steigung von -40 dB pro Dekade. Zudem ändert sich der Phasenwinkel des PT_2 um 180°, wobei er bei der Eckkreisfrequenz -90° besitzt.

Abschließend sei noch das **differenzierende Übertragunsglied 1. Ordnung** (DT_1) aus Tabelle 4.3 betrachtet. Dieses Übertragunsglied besitzt eine Nullstelle im Ursprung und einen

Pol bei $1/T_1$. Dieses System zeigt ein zeitlich verzögerndes differenzierendes Systemverhalten. Somit reagiert das System stark auf abrupte Signaländerungen (hier bei $t = 0$). Für längere Zeiten klingt dann der Signalverlauf wieder ab. Hier schneidet die Tangente der Sprungantwort (ermittelt an der Stelle $t = 0$) die Abszissenachse an der Stelle $t = T_1$, siehe Sprungantwort. Im Amplitudenverlauf sehen wir, dass für kleine Frequenzen das Signal abgeschwächt wird und für größere Frequenzen sich eine konstante, stationäre Verstärkung einstellt.

In der Praxis kann auch komplexeres Übertragungsverhalten auftreten, welches sich aus einer Kombination der Übertragungsglieder aus Tabelle 4.3 zusammensetzt. Der Ausgangspunkt einer detaillierteren Analyse solcher zusammengesetzter Übertragungsglieder im Frequenzbereich basiert oft auf der **Führungsübertragungsfunktion des geschlossenen Regelkreises**:

$$G_G(s) = \frac{Y(s)}{W(s)} \tag{4.40}$$

Die Übertragungsfunktion $G_G(s)$ stellt das Ausgangsverhalten y des Systems bei Variation der Führungsgröße w dar. Aus der Abbildung des Standardregelkreises in Bild 4.2 können wir ablesen, wie sich die beiden Signale y und Führungsgröße w beschreiben lassen. Starten wir mit dem Signal y. Dieses Signal ergibt sich aus der Regelabweichung, welche durch den Regler $G_R(s)$ und die Regelstrecke $G_S(s)$ geleitet wird. Dies lässt sich über

$$Y(s) = G_S(s)G_R(s)E(s) \tag{4.41}$$

formulieren. Die Regelabweichung e lässt sich auf Basis von Bild 4.2 als

$$E(s) = W(s) - Y(s) \implies W(s) = E(s) + Y(s) \tag{4.42}$$

bestimmen. Jetzt können wir (4.41) in (4.42) einsetzen: $W(s) = E(s) + G_S(s)G_R(s)E(s)$.

Substituieren wir die Gleichungen für die Signale $Y(s)$ und $W(s)$ in Gleichung (4.40), resultiert

$$G_G(s) = \frac{Y(s)}{W(s)} = \frac{G_R(s)G_S(s)E(s)}{E(s) + G_R(s)G_S(s)E(s)}$$

für die Führungs-Übertragungsfunktion. Final können wir das Signal e aus dem Bruch kürzen und es ergibt sich:

$$G_G(s) = \frac{Y(s)}{W(s)} = \frac{G_R(s)G_S(s)E(s)}{E(s) + G_R(s)G_S(s)E(s)} = \frac{G_R(s)G_S(s)}{1 + G_R(s)G_S(s)} = \frac{G_O(s)}{1 + G_O(s)}$$

Hierbei bezeichnet $G_R(s)$ die Übertragungsfunktion des Reglers und $G_S(s)$ die Übertragungsfunktion des zu regelnden Systems. Der Ausdruck $G_O(s)$ beschreibt die Übertragungsfunktion des offenen (bzw. aufgeschnittenen) Regelkreises (Wirkung von der Führungs- auf die Regelgröße, unter Vernachlässigung des Rückführungssignals). Wie bereits erwähnt, wird bei der Frequenzbereichsanalyse oft untersucht, wie ein System auf Schwingungsanregungen reagiert. Konkret ist hierbei von Interesse:

- Wie wird die Amplitude der Anregung von einem System verstärkt oder abgeschwächt (visualisiert im Amplitudengang)?
- Wie stark wird die Phase der Anregungsfrequenz der Schwingung von dem System verändert (visualisiert im Phasengang)?

Wir starten unsere Analyse mit der Übertragungsfunktion des Systems $G(s)$. Bei den folgenden Betrachtungen werden sinusförmige Eingangssignale mit der Anregungsfrequenz ω betrachtet, was wiederum auch zu sinusförmigen Ausgangssignalen führt. Dies drückt sich in der Substitution der komplexen Bildbereichsvariablen s mit $\mathrm{i}\omega$ aus. Somit ergibt sich für die Übertragungsfunktion (oft als **Frequenzgang** bezeichnet):

$$G(\mathrm{i}\omega) = \frac{b_m(\mathrm{i}\omega)^m + \cdots + b_1(\mathrm{i}\omega) + b_0}{a_n(\mathrm{i}\omega)^n + \cdots + a_3(\mathrm{i}\omega)^3 + a_2(\mathrm{i}\omega)^2 + a_1(\mathrm{i}\omega) + a_0} \tag{4.43}$$

Für die Analyse der Amplitudenänderung der Anregung wird der Betrag der Übertragungsfunktion $|G(\mathrm{i}\omega)|$ berechnet, welcher als Amplitudengang bezeichnet wird. Gilt $|G(\mathrm{i}\omega)| > 1$, wird die Amplitude der Anregung von dem System verstärkt und bei $|G(\mathrm{i}\omega)| < 1$ wird sie abgeschwächt. Zur Analyse der Phasenverschiebung zwischen Eingangs- und Ausgangssignal wird die Phase der Übertragungsfunktion $\varphi(G(\mathrm{i}\omega))$ betrachtet, welche als Phasengang bezeichnet wird. Sowohl der Betrag $|G(\mathrm{i}\omega)|$ als auch die Phase $\varphi(G(\mathrm{i}\omega))$ der Übertragungsfunktion sind von der Anregungsfrequenz ω abhängig. Somit wird ein Anregungssignal von einem System unterschiedlich im Betrag als auch in der Frequenz verändert, je nachdem welche Anregungsfrequenz es aufweist. Daher werden diese Analysen oft nicht nur für einzelne Frequenzen durchgeführt, sondern für einen ganzen Frequenzbereich. Die dabei entstehenden Ergebnisse werden oft in Form von Bode-Diagrammen dargestellt.

Konstruktionsregel zum Bode-Diagrammzeichnen

Eine genormte Darstellung der Amplituden- und Phasengänge ist im Bode-Diagramm möglich. Im Folgenden wird ein Konstruktionsregelsatz zum Skizzieren des Bode-Diagrammes dargestellt. Die erzeugten Darstellungen sind jedoch lediglich Approximationen des realen Verlaufs des Phasen- und Amplitudengangs, welche einen ersten Einblick in die Systemdynamik verschaffen und beliebig mittels des Einsatzes von Korrekturtabellen verfeinert werden können.

- **Zerlege** $G(\mathrm{i}\omega)$ in multiplikativ zusammenhängende Grundelemente $G(\mathrm{i}\omega) = G_1(\mathrm{i}\omega)\,G_2(\mathrm{i}\omega)\ldots$, welche in Tabelle 4.3 beschrieben sind. Durch diese Zerlegung setzt sich der gesamte Amplituden- und Phasengang im Bode-Diagramm aus den Amplituden- und Phasengängen der Teilsysteme ($G_1(\mathrm{i}\omega)$, $G_2(\mathrm{i}\omega)$, …) zusammen:
  - $|G(\mathrm{i}\omega)| = |G_1(\mathrm{i}\omega)|\,|G_2(\mathrm{i}\omega)|\ldots$
  - $\varphi = \varphi_1 + \varphi_2 + \ldots$

  Bei den folgenden Konstruktionsregeln wird ausgenutzt, dass Pole und Nullstellen den Verlauf des Bode-Diagramms (für Frequenzen unterhalb ihrer Eckkreisfrequenz) kaum beeinflussen. Die Nullstellen und Pole werden entlang steigender Eckkreisfrequenzen sortiert, sodass das Bode-Diagramm von links nach rechts gezeichnet werden kann.
- Der Startpunkt beim Zeichnen des Amplitudengangs behandelt die Festlegung des Amplitudenwertes für kleine Frequenzen $|G(\mathrm{i}\omega = \mathrm{i}\omega_{\mathrm{min}})|$. Von ω_{min} aus wird zunächst eine Gerade rückwärts (d. h. nach links) gezeichnet mit einer **Steigung**, die sich durch die Anzahl der Integratoren und Differenzierer ergibt:
  - pro differenzierendem Anteil $\mathrm{i}\omega$ in $G(\mathrm{i}\omega)$: ein Knick nach oben (20 dB/Dekade) unterhalb von ω_{min}
  - pro integrierendem Anteil $1/(\mathrm{i}\omega)$ in $G(\mathrm{i}\omega)$: ein Knick nach unten (20 dB/Dekade) unterhalb von ω_{min}

- Auf Basis dessen kann die Asymptote des **Amplitudenverlaufs konstruiert** werden. Der rechte Teil des Amplitudengangs (ab ω_{min}) setzt sich aus weiteren Geradensegmenten zusammen. Bei jeder Eckkreisfrequenz (einschließlich ω_{min}) weist der Amplitudengang einen Knick auf:
  - bei $(\text{i}\omega + a)$: ein Knick nach oben (20 dB/Dekade) an der Eckkreisfrequenz a
  - bei $1/(\text{i}\omega + b)$: ein Knick nach unten (20 dB/Dekade) an der Eckkreisfrequenz b, bzw. um 40 dB/Dekade bei PT_2
- Im Anschluss erfolgt die **Konstruktion des Phasengangs**. Analog zum Amplitudengang wird auch die Phase segmentweise zwischen den Eckkreisfrequenzen bestimmt. Links von der Frequenz ω_{min} beträgt die Phase:
  - pro differenzierendem Anteil $\text{i}\omega$ in $G(\text{i}\omega)$: $+90°$
  - pro integrierendem Anteil $1/(\text{i}\omega))$ in $G(\text{i}\omega)$: $-90°$

  Anschließend ändert sich die Phase an jeder Eckkreisfrequenz, einschließlich ω_{min}, wie folgt:
  - für $(\text{i}\omega + a)$ Änderung um $+90°$ an Eckkreisfrequenz a
  - für $1/(\text{i}\omega + b)$ Änderung um $-90°$ an Eckkreisfrequenz b, bzw. um $-180°$ bei PT_2

■

Stabilitätsanalyse mittels des vereinfachten Nyquist-Kriteriums

Eine alternative Darstellungsform zum Bode-Diagramm im Frequenzbereich stellt die Ortskurve dar. Hierbei wird die Zeigerdarstellung verwendet, um zu visualisieren wie das zu betrachtende System die Phase und die Amplitude eines periodischen Eingangssignals verändert. Die Amplitudenänderung wird hierbei durch die Zeigerlänge und die Phasenänderung durch den Zeigerwinkel dargestellt, jeweils bei Variation der Anregungsfrequenz ω.

Der Vorteil dieser Darstellungsform liegt in ihrer Kompaktheit. Zudem kann diese Darstellungsform auch zur Stabilitätsanalyse verwendet werden. Eine beispielhafte Visualisierung einer Zeigerdarstellung ist in Bild 4.14a gegeben. In diesem Bild sehen wir einen Zeiger mit einer Zeigerlänge von ca. 13,2 dB und mit einem Zeigerwinkel von ca. $-37°$ bei der Frequenz $\omega_1 = 0,38$.

Das einfachste Verfahren zur Stabilitätsanalyse mittels Ortskurve ist die Anwendung das vereinfachten Nyquist-Kriteriums. Voraussetzung für die Anwendung des vereinfachten Nyquist-Kriteriums ist, dass der aufgeschnittene Regelkreis $G_O(s)$ lediglich Pole im Ursprung oder in der linken komplexen Halbebene besitzt. Konkret ist beim vereinfachten Nyquist-Kriterium zu prüfen, ob der Punkt $-1 \pm \text{i}0$ immer im Gebiet zur Linken, beim Durchlaufen der Ortskurve in Richtung zunehmender Frequenz liegt. Ist dies erfüllt, dann ist der geschlossene Regelkreis stabil. Andernfalls ist er nicht stabil.

Ein Vorteil dieses Analyseverfahrens besteht darin, dass auch geschlossene Regelkreise untersucht werden können, welche Totzeiten beinhalten. Dies ist mit den zuvor dargestellten vereinfachten Stabilitätskriterien nicht möglich. Ebenso ist mittel dieses grafischen Analyseverfahrens die Stabilitätsanalyse von Systemen mit einer großen Systemordnung relativ einfach zu realisieren. Zudem können mittels des Nyquist-Kriteriums auch Aussagen abgeleitet werden, die beschreiben, wie weit das jeweilige System von der Stabilitätsgrenze entfernt ist. Diese Eigenschaft wird mithilfe der zwei Kennzahlen Amplituden- und Phasenreserve quantifiziert. Diese Kennzahlen stellen oft eine starke Hilfestellung für die Reglersynthese dar.

Beispiel 4.18 (Frequenzbereichsanalyse). Im Nachfolgenden betrachten wir folgende Übertragungsfunktion:

$$G_S(s) = \frac{0{,}2s+20}{s^3+4s^2+7s+4} = \underbrace{(0{,}2s+20)}_{\mathrm{DT_1}} \underbrace{\frac{1}{s+1}}_{\mathrm{PT_1}} \underbrace{\frac{1}{s^2+3s+4}}_{\mathrm{PT_2}}$$

Die Übertragungsfunktion enthält somit eine Nullstelle bei $s_0 = -100$ und Polstellen bei $s_{\mathrm{P1}} = -1$ und $s_{\mathrm{P2/3}} = -1.5 \pm 1.32i$ und lässt sich in drei Standardglieder aufteilen: ein $\mathrm{DT_1}$-Glied, ein $\mathrm{PT_1}$-Glied und ein $\mathrm{PT_2}$-Glied. Auf Basis dessen erhalten wir folgende zwei Eckkreisfrequenzen $\omega_{\mathrm{N,DT_1}} = 100$ und $\omega_{\mathrm{P,PT_1}} = 1$. Zudem ergibt sich für den Nenner des $\mathrm{PT_2}$-Glieds

$$1 + \frac{2D}{\omega_0}s + \frac{1}{\omega_0^2}s^2 \Longrightarrow s^2 + 2D\omega_0 s + \omega_0^2 = s^2 + 3s + 4,$$

was zu den Parametern $D = 0{,}75$ und $\omega_0 = 2$ führt.

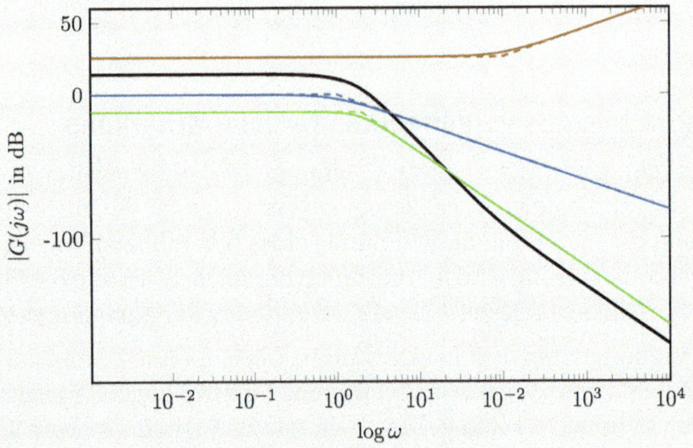

(a) Amplitudengang von G_S (schwarz) samt der Amplitudengänge der Teilübertragungsfunktionen (gestrichelt)

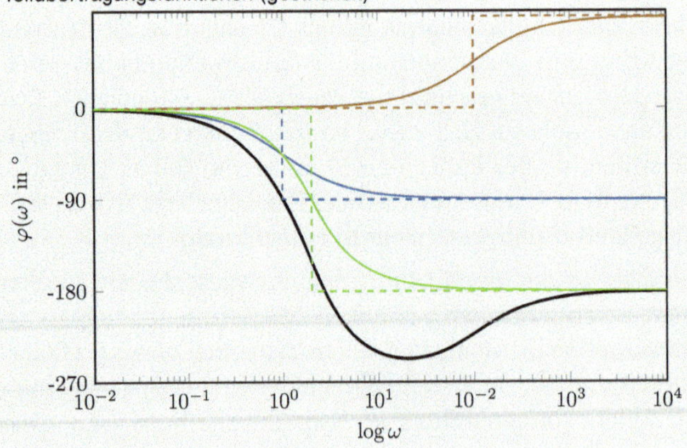

(b) Phasengang von G_S (schwarz) samt der Phasengänge der Teilübertragungsfunktionen (gestrichelt)

Bild 4.13 Bode-Diagramm G_S (schwarz) samt Teilübertragungsfunktionen (gestrichelt)

Bei Betrachtung des Grenzwertes

$$G_S(s = \mathrm{i}\omega \to 0) = \frac{0{,}2(\mathrm{i}\omega \to 0) + 20}{(\mathrm{i}\omega \to 0)^3 + 4(\mathrm{i}\omega \to 0)^2 + 7(\mathrm{i}\omega \to 0) + 4} = \frac{20}{4} = 5 \mathrel{\hat{=}} 20\log_{10}(5) = 13{,}98\,\mathrm{dB}$$

erhalten wir den Startwert des Amplitudenverlaufs ($|G_S(s = \mathrm{i}\omega \to 0)| = 13{,}98$ dB), siehe Startwert des schwarzen Graphen in Bild 4.13a.

Auf diesen Überlegungen basierend konstruieren wir zuerst den Amplituden- und Phasenverlauf des Standardglieds mit der kleinsten Knickfrequenz. Dies ist in unserem Beispiel das PT_1-Glied. Der Amplitudenverlauf des PT_1-Glieds weist bis zur Knickfrequenz eine Steigung von 0 auf. Ab der Knickfrequenz knickt er mit -20 dB/Dekade ab. Zudem springt die Asymptote des Phasenwinkels bei der Knickfrequenz von 0° auf $-90°$, siehe blauer Graph in Bild 4.13.

Betrachten wir als Nächstes das PT_2-Glied. Hier weist die Asymptote des Amplitudenverlaufs bis zur Knickfrequenz eine Steigung von Null, und ab der Knickfrequenz eine Steigung von zweimal -40 dB/Dekade auf.

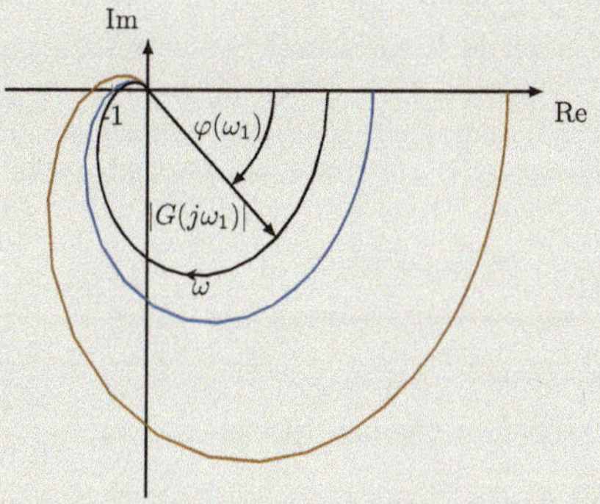

(a) Ortskurve vom offenen Regelkreis G_O

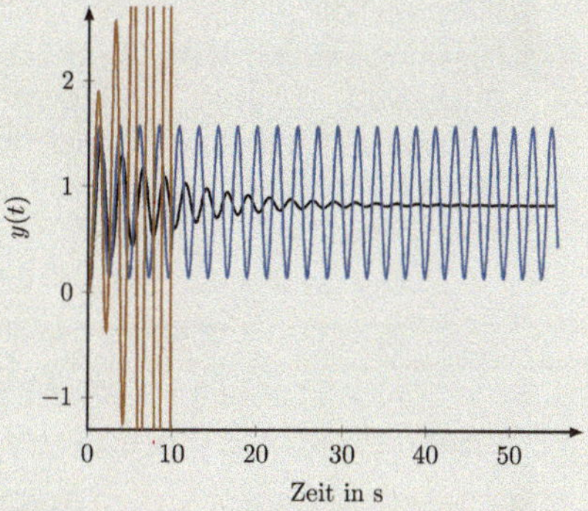

(b) Sprungantwort vom geschl. Regelkreis G_G

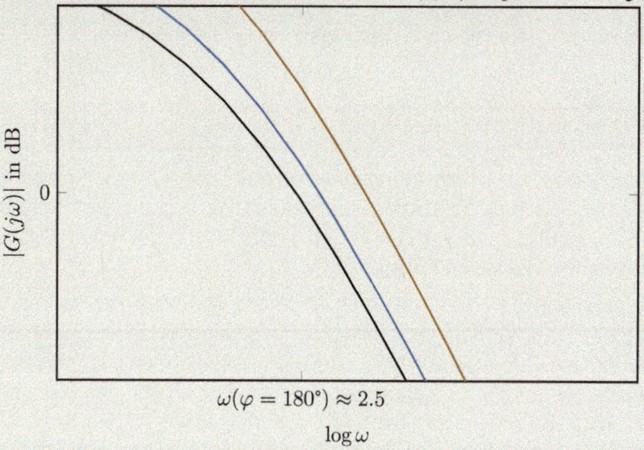

(c) Zoom im kritischen Bereich des Amplitudenverlaufs im Bodo-Diagramm von $G_O(s)$

Bild 4.14 Ortskurve und kritischer Bereich des Amplitudenverlaufs

Bei dem DT_1-Glied mit der Knickfrequenz 100 steigt die Asymptote des Amplitudenverlaufs um 20 dB/Dekade an. Zudem wird bei dieser Frequenz die Asymptote des Phasenwinkels um $90°$ erhöht ($-270° + 90° = -180°$), siehe roter Graph in Bild 4.13.

Der reale Amplituden- und Phasenverlauf ist (mittels grafischer Addition) als Überlagerung dieser drei Einzelglieder in Bild 4.13 dargestellt.

In Bild 4.14a ist in schwarz die Ortskurve der Übertragungsfunktion $G_O(\mathrm{i}\omega)$ dargestellt. Bei genauer Betrachtung erkennen wir, dass die Ortskurve für sehr kleine Frequenzen $\omega \to 0$ eine Zeigerlänge von $13{,}98$ dB und einen Winkel von $0°$ aufweist.

Zudem sehen wir, dass mit zunehmenden Frequenzen die Zeigerlänge immer kleiner wird und der überstrichene Winkel von $0°$ bis fast $-270°$ anwächst und anschließend wieder auf $-180°$ sinkt.

Diese Beobachtungen decken sich mit dem Verlauf des schwarzen Graphen in Bild 4.13. Auch im Amplitudenverlauf im Bode-Diagramm erkennen wir, dass die Zeigerlänge (Betragsverlauf) bei einem Wert von $13{,}98$ dB für sehr kleine Frequenzen $\omega \to 0$ startet und dann kontinuierlich abnimmt. Zudem sehen wir im Phasenverlauf, dass der Zeigerwinkel φ bei einem Wert von $0°$ für sehr kleine Frequenzen $\omega \to 0$ startet, dann bei ca. $\omega \approx 2$ fast den Wert $-270°$ erreicht und anschließend für große Frequenzen ($\omega \to +\infty$) den Wert $-180°$ annimmt. Dies veranschaulicht die Korrespondenz von Bode-Digramm und Ortskurve.

Zudem können wir, wie zuvor gezeigt, auch die Stabilität des Systems anhand der Ortskurve analysieren. In den Bildern 4.14a und 4.14c sehen wir drei Frequenzverläufe im Bode-Digramm und in der Ortskurve dargestellt. Hierbei gehen wir davon aus, dass das System $G(s)$ mit einem P-Regler $G_R(s) = K_P$ mit drei unterschiedlichen Reglerparameterwerten geregelt wird:

$$K_{P,1} = 2{,}00 \quad \text{(instabil, oranger Verlauf in Bild 4.14)}$$
$$K_{P,2} = 1{,}25 \quad \text{(grenzstabil, blauer Verlauf in Bild 4.14)}$$
$$K_{P,3} = 1{,}00 \quad \text{(stabil, schwarzer Verlauf in Bild 4.14)}$$

Somit ergibt sich die Übertragungsfunktion des offenen Regelkreises zu

$$G_O(s) = G_R(s)G_S(s) = K_P \frac{0{,}2s+20}{s^3 4s^2+7s+4},$$

woraus die Übertragungsfunktion des geschlossenen Regelkreises

$$G_G(s) = \frac{G_O(s)}{1+G_O(s)} = \frac{K_P \frac{0{,}2s+20}{s^3 4s^2+7s+4}}{1+K_P \frac{0{,}2s+20}{s^3 4s^2+7s+4}}$$

resultiert. Versuchen wir die Übertragungsfunktion des geschlossenen Regelkreises $G_G(s)$ auf Basis der Polstellen bzgl. ihrer Stabilität zu untersuchen, dann wird dies zu aufwendigen Berechnungen führen. Der Grund hierfür liegt in der hohen Ordnung des resultierenden charakteristischen Polynoms.

Schauen wir uns stattdessen die Ortskurvenverläufe in Bild 4.14a an, dann fällt uns die Beurteilung der Stabilität des geschlossenen Regelkreises deutlich leichter. Denn unter Verwendung des vereinfachten Nyquist-Kriteriums reicht es aus, sich den Verlauf der Ortskurve des aufgeschnittenen Regelkreises $G_O(s)$ bzgl. des kritischen Punktes -1 anzuschauen. So wird leicht ersichtlich, dass für $K_P < 1{,}25$ das System stabil ist (die -1 befindet sich immer links vom Frequenzverlauf mit wachsenden Frequenzen). Für $K_P = 1{,}25$ befindet sich das System auf der Stabilitätsgrenze und für $K_P > 1{,}25$ wird das System instabil.

■

Wenn wir uns an die Korrespondenz von Bode-Diagramm und Ortskurve erinnern, dann liegt es nahe, dass wir dieselben Stabilitätsaussagen auch mittels des Bode-Diagramms erzeugen können. Für die Stabilitätsaussage ist es besonders kritisch, wenn wir einen Zeiger mit der Länge von 1 und einen Winkel von –180° haben, da sich bei diesem Wert das System auf der Stabilitätsgrenze befindet. Die **Stabiltätsreserve** (Amplituden- und Phasenreserve) gibt uns eine Aussage, wie weit die Ortskurve von dieser Stabilitätsgrenze entfernt ist. Generell gilt: Je größer der Abstand von der Stabilitätsgrenze, desto besser. Eine Regelstrecke mit einer negativen Amplitudenreserve würde somit ein instabiles System darstellen.

Zusätzlich zu Sicherheitsüberlegungen wirken sich diese Werte, die durch Bode-Diagramme bestimmt werden können, auch auf die Performance aus. Bspw. führt eine höhere 0-dB-Eckkreisfrequenz normalerweise zu einem schnelleren Antwortverhalten. Und eine geringere Verstärkung bei höheren Frequenzen resultiert in einer höheren Störtoleranz gegenüber Rauschen am Ausgang.

In Bild 4.14c sehen wir einen Zoom in dem kritischen Bereich des Amplitudenverlaufes im Bode-Diagramm vom offenen Regelkreis $G_O(s)$ bei der kritischen Frequenz $(\omega|_{\varphi=180°} \approx 2,5)$. Diese kritische Frequenz können wir aus Bild 4.13b ablesen, wenn wir betrachten, bei welcher Frequenz das System das erste Mal den Wert $\varphi = 180°$ annimmt. Wir sehen, dass der blaue Verlauf im Bild 4.14c $|G(\mathrm{i}\omega)|_{\varphi=180°} = 0$ entspricht und sich somit das System auf der Stabilitätsgrenze befindet. Zudem sehen wir, dass die Amplitudenreserve des schwarzen Verlaufs positiv ist (was in einem stabilen Systemverhalten resultiert) und im roten Verlauf negativ ist (was in einem instabilen Systemverhalten resultiert). Dieses Analyseergebnis untermauert auch die drei Verläufe der Sprungantwort vom geschlossenen Regelkreis $G_G(\mathrm{i}\omega)$ im Bild 4.14b.

4.3.3 Zeitdiskrete Darstellung linearer Systeme

Alle bis jetzt getroffenen Überlegungen und Analysen haben eins gemeinsam: Sie wurden in kontinuierlicher Zeit betrachtet. Das heißt, die Zeit verläuft kontinuierlich zwischen zwei Zeitpunkten $t_1 \leq t \leq t_2$ und nimmt jeden Wert zwischen diesen zwei Zeitpunkten an. Das ist auch nicht weiter verwunderlich, da alle hier betrachteten Prozesse inhärent kontinuierlich sind und somit auch eine kontinuierliche Modellierung und Betrachtung sinnvoll erscheint. Allerdings werden alle modernen Algorithmen von Automatisierungssystemen **in digitalen Rechnersystemen** realisiert. Dabei werden die jeweiligen Größen oder Signale in festen Zeitschritten abgetastet. Durch diese Abtastzeit werden der Zustand bzw. die jeweilige Messgröße zu festen Zeitpunkten erhoben und anschließend verarbeitet. Durch diese diskrete Messung resultiert entsprechend ein zeitdiskretes Eingangssignal, also eine Folge von Werten. Diese Folge enthält in der Regel äquidistante Messwerte. Das bedeutet, aus einem kontinuierlichen Signal $y(t)$ wird eine äquidistante Folge

$$\{y(0), y(T), y(2T), y(3T), \ldots\} \Rightarrow y(\kappa T),\ \kappa \in \mathbb{Z}, \kappa \geq 0,$$

wobei T der entsprechenden Abtastzeit entspricht. Dies wird über ein sog. Abtast- oder Sample-Glied realisiert. Im Anschluss der, wie auch immer gearteten, Verarbeitung werden Ausgangsgrößen erzeugt, welche meist Stellgrößen für Aktorik darstellen. Auch diese Stellgrößen werden dementsprechend nur zu diskreten Zeitpunkten erzeugt

$$\{u(0), u(T), u(2T), u(3T), \ldots\} \Rightarrow u(\kappa T),\ \kappa \in \mathbb{Z}, \kappa \geq 0$$

und durch ein Halte- oder Hold-Glied bis zum Eintreffen des nächsten Wertes gehalten. Dabei wird versucht, die Verarbeitung innerhalb eines Zeitschritts T zu absolvieren, sodass die Stellgröße $u(\kappa T)$ die Reaktion auf die Messgröße $y((\kappa-1)T)$ darstellt. Dieses Vorgehen verdeutlicht Bild 4.15.

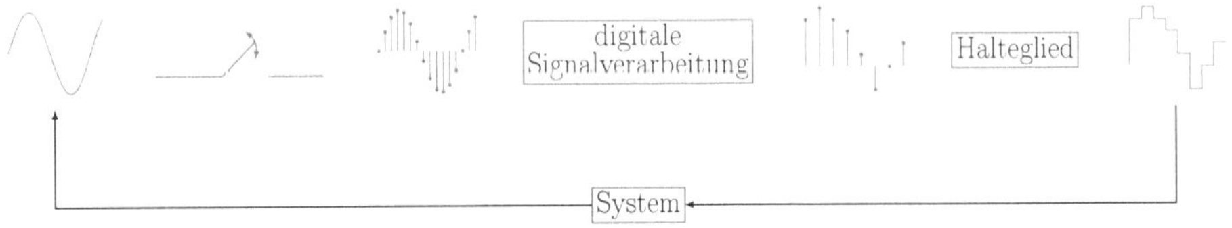

Bild 4.15 Diskretisierung bei digitalen Systemen

Das bedeutet, wir überführen das zeitkontinuierliche dynamische System $\dot{\boldsymbol{x}} = \boldsymbol{f}(\boldsymbol{x}, \boldsymbol{u})$ in ein diskretes dynamisches System

$$\boldsymbol{x}_{\kappa+1} = \boldsymbol{f}_d(\boldsymbol{x}_\kappa, \boldsymbol{u}_\kappa), \tag{4.44}$$

wobei $\boldsymbol{x}_\kappa = \boldsymbol{x}(\kappa T)$ und $\boldsymbol{u}_\kappa = \boldsymbol{u}(\kappa T)$ gelten. Dabei wird nicht mehr die zeitliche Änderung des Systemzustands über die Bestimmung einer zeitlichen Ableitung dieses Zustands ermittelt, sondern die Abfolge der Zustände direkt beschrieben. Dies motiviert auch die bereits in (4.44) gewählte Darstellung, bei der die Zeit als Argument durch einen Index κ ersetzt wird. Dabei sind jeweils der Zustand bzw. die Eingangsgröße zum Zeitpunkt $t = \kappa T$ gemeint.

Eine **Diskretisierung** ist stets möglich, das heißt, ein kontinuierliches System kann immer durch Abtastung in ein diskretes System transformiert werden. Andersherum gilt dies jedoch nicht, denn es gibt eine Vielzahl von Systemen, die inhärent diskret sind und sich nicht für eine Überführung in ein kontinuierliches System eignen. Ein etabliertes Beispiel dafür ist ein Lagersystem, in dem nur zu diskreten Zeitpunkten Produkte entnommen oder eingelagert werden. Eine kontinuierliche Systembeschreibung mittels kontinuierlicher Verläufe der Systemzustände ist hier nicht sinnvoll.

Daher gilt, dass diskrete Systeme eine viel größere Klasse von Systemen beschreiben als Kontinuierliche. Bei den hier betrachteten Szenarien verlaufen die Systeme in kontinuierlicher Zeit und werden zu diskreten Zeitpunkten abgetastet. Daher entwickeln sich die Zustände zwischen den Abtastschritten kontinuierlich weiter. So ergibt sich der Zusammenhang

$$\boldsymbol{x}_{\kappa+1} = \underbrace{\boldsymbol{x}_\kappa + \int\limits_{\kappa T}^{(\kappa+1)T} \boldsymbol{f}(\boldsymbol{x}(\tau), \boldsymbol{u}(\tau))\mathrm{d}\tau}_{\boldsymbol{f}_d(\boldsymbol{x}_\kappa, \boldsymbol{u}_\kappa)}, \tag{4.45}$$

indem die zeitliche Änderung zwischen den Abtastschritten integriert wird. Im allgemeinen nichtlinearen Fall lässt sich allerdings das Integral $\int_{\kappa T}^{(\kappa+1)T} \boldsymbol{f}(\boldsymbol{x}(\tau), \boldsymbol{u}(\tau))\mathrm{d}\tau$ nicht analytisch bestimmen. Denn dazu müsste der Verlauf von $\boldsymbol{x}(\tau)$ bekannt sein und entsprechend das Integral entlang dieser Trajektorie gelöst werden.

Doch wie verfahren wir jetzt, wenn wir das Problem nicht generisch auf exakte Weise lösen können? Eine einfache Möglichkeit ist es, die Ableitung $\dot{x}$ durch den **Differenzenquotienten** $\frac{x_{\kappa+1}-x_\kappa}{T}$ zu approximieren. Damit ergibt sich

$$\frac{x_{\kappa+1}-x_\kappa}{T} \approx f(x,u) \Rightarrow x_{\kappa+1} = x_\kappa + Tf(x_\kappa, u_\kappa) \tag{4.46}$$

als diskretes Äquivalent. Wir approximieren somit das Integral durch den Term $Tf(x_\kappa, u_\kappa)$. Die so entstehende Approximation entspricht dem expliziten Euler-Verfahren. Dementsprechend können auch die anderen in Abschnitt 4.2.3 beschriebenen Verfahren zur Approximation des Integral-Terms verwendet werden. Dadurch entstehen Diskretisierungen unterschiedlicher Ordnung. Das bedeutet, dass zu einem kontinuierlichen System eine Vielzahl von diskreten Äquivalenten erzeugt werden kann.

Die oben eingeführte **Approximation der Ableitung** ($\dot{x} \approx \frac{x_{\kappa+1}-x_\kappa}{T}$) illustriert beispielhaft, dass die Ableitung durch eine Kombination von Abtastwerten angenähert wird. Bei höheren Ableitungen treten entsprechend weitere Abtastwerte auf, sodass die lineare zeitinvariante Differentialgleichung (4.16) für Abtastsysteme in eine Form

$$a_n y_{\kappa+n} + a_{n-1} y_{\kappa+n-1} + \dots + a_0 y_\kappa = b_m u_{\kappa+m} + b_{m-1} u_{\kappa+m-1} + \dots + b_0 u_\kappa \tag{4.47}$$

überführt wird. Das bedeutet, dass auch bei Eingans-Ausgangs-Beschreibungen durch Bilden von Differenzenquotienten ein diskretes Äquivalent der Systembeschreibung erzeugt werden kann. Dabei stimmen die Werte der Koeffizienten nicht mit denen des kontinuierlichen Systems überein. Für eine Anwendung wird die Darstellung (4.47) um $k-n$ Zeitschritte verschoben, sodass der aktuelle Wert y_k nur von vorangegangen Werten von u und y beeinflusst wird. ■

Auch im linearen Zustandsraum kann direkt ein diskretes Äquivalent des abgetasteten Systems ermittelt werden, da mit Gleichung (4.27) die Lösungstrajektorie und der Integral-Term aus Gleichung (4.45) explizit bestimmt werden können. Somit ergibt sich aus

$$x(t) = e^{At}x_0 + \int_0^T e^{A(t-\tau)}Bu(\tau)\mathrm{d}\tau$$

und der Annahme, dass der Eingang des Systems bis zum nächsten Abtastschritt gehalten wird, ($u(t) = u(\kappa T) = \text{konstant}, \kappa T \le t < (\kappa+1)T$) für Gleichung (4.45):

$$\begin{aligned} x(\kappa T) &= e^{A\kappa T}x_0 + \int_0^{\kappa T} e^{A(\kappa T-\tau)}Bu(\tau)\mathrm{d}\tau \\ x((\kappa+1)T) &= e^{A(\kappa+1)T}x_0 + \int_0^{(\kappa+1)T} e^{A((\kappa+1)T-\tau)}Bu(\tau)\mathrm{d}\tau \end{aligned}$$

Durch das konstante $u(t) = u(\kappa T)$ resultiert

$$\begin{aligned} x((\kappa+1)T) &= e^{A(\kappa+1)T}\left(e^{A\kappa T}x_0 + \int_0^{\kappa T} e^{A(\kappa T-\tau)}Bu(\tau)\mathrm{d}\tau\right) + \int_{\kappa T}^{(\kappa+1)T} e^{A((\kappa+1)T-\tau)}Bu(\kappa T)\mathrm{d}\tau \\ &= e^{AT}x(\kappa T) + \int_{\kappa T}^{(\kappa+1)T} e^{A((\kappa+1)T-\tau)}Bu(\kappa T)\mathrm{d}\tau \end{aligned}$$

für die Diskretisierung. Mit der Koordinatentransformation $\xi = (\kappa+1)T - \tau \Rightarrow \mathrm{d}\xi = -\mathrm{d}\tau$ kann das System zu

$$\int_{\kappa T}^{(\kappa+1)T} e^{\boldsymbol{A}((\kappa+1)T-\tau)}\boldsymbol{B}\boldsymbol{u}(\kappa T)\mathrm{d}\tau = -\int_{T}^{0} e^{\boldsymbol{A}\xi}\mathrm{d}\xi \boldsymbol{B}\boldsymbol{u}(\kappa T)$$

und damit zu

$$\boldsymbol{x}((\kappa+1)T) = \underbrace{e^{\boldsymbol{A}T}}_{\boldsymbol{A}_d}\boldsymbol{x}(\kappa T) + \underbrace{\int_0^{\mathrm{T}} e^{\boldsymbol{A}\xi}\mathrm{d}\xi \boldsymbol{B}}_{\boldsymbol{B}_d}\boldsymbol{u}(\kappa T)$$

vereinfacht werden. Mit diesen Überlegungen ergibt sich das zeitdiskrete Zustandsraummodell

$$\boldsymbol{x}(\kappa+1) = \boldsymbol{A}_d\boldsymbol{x}(\kappa) + \boldsymbol{B}_d\boldsymbol{u}(\kappa) \quad (4.48)$$

$$\boldsymbol{y}(\kappa) = \boldsymbol{C}_d^{\mathrm{T}}\boldsymbol{x}(\kappa) + \boldsymbol{D}_d\boldsymbol{u}(\kappa) \quad (4.49)$$

mit den Matrizen

$$\boldsymbol{A}_d = e^{\boldsymbol{A}T}, \qquad \boldsymbol{B}_d = \int_0^{\mathrm{T}} e^{\boldsymbol{A}\xi}\mathrm{d}\xi\boldsymbol{B}, \qquad \boldsymbol{C}_d^{\mathrm{T}} = \boldsymbol{C}^{\mathrm{T}}, \qquad \boldsymbol{D}_d = \boldsymbol{D}$$

für diskretisierte Systeme. Analog zu zeitkontinuierlichen geben auch zeitdiskrete Beschreibungen Aufschluss über das dynamische Verhalten der Systeme. Als ein wesentliches Merkmal zur Charakterisierung von Stabilität zeit-kontinuierlicher Systeme haben wir die Konvergenz gegen Null im zeitlichen Verlauf ($t \to +\infty \implies \boldsymbol{x}(t) \to 0$ bzw. $t \to +\infty \implies y(t) \to 0$) erarbeitet.

Übertragen wir diese Überlegungen auf das eindimensionale autonome System

$$x(\kappa+1) = a_d x(\kappa) \quad (4.50)$$

wird ersichtlich, dass $x(\kappa)$ für Werte $a_d > 1$ anwächst und für Werte $a_d < 1$ abnimmt. Dementsprechend können wir die Gleichung (4.50) für alle Werte $a_d < 1$ als **stabil** bezeichnen.

Der **Dirac-Impuls** ist ein oft verwendetes Einganssignal, um ein technisches System anzuregen und sein zeitliches Verhalten zu analysieren. So lassen sich, aus der auf einen Dirac folgenden Impulsantwort eines Systems, mathematisch Systembeschreibungen ableiten.

Der Dirac-Impuls als Eingangssignal regt das System nur kurzzeitig an und weist eine Fläche von 1 auf:

$$\sigma(t) = 0 \text{ für } t \neq 0$$

$$\int_{-\infty}^{+\infty} \sigma(t)\mathrm{d}t = 1$$

■

Bild 4.16 Menge der stabilen Pole kontinuierlicher und diskreter Systeme

Erweitern wir dies auf den n-dimensionalen Fall $\boldsymbol{x}(\kappa+1) = \boldsymbol{A}_d\boldsymbol{x}(\kappa)$, so müssen alle Eigenwerte $\lambda_i = \text{eig}(\boldsymbol{A}_d)$ einen Betrag kleiner 1 aufweisen. Das bedeutet, es wird bei der Diskretisierung die komplexe linke Halbebene auf das Innere des Einheitskreises, um den Koordinatenursprung der komplexen Halbebenen, abgebildet. Diesen Zusammenhang verdeutlicht Bild 4.16.

Zusammenfassend bedeutet dies, dass bei Abtastsystemen ein kontinuierliches Signal $f(t)$ in eine zeitdiskrete Abfolge von Funktionswerten $f(0), f(T), \ldots, f(\kappa T), \ldots$ überführt wird. Das dynamische Verhalten dieser Folge kann durch Differenzengleichungen bzw. durch zeitdiskrete Zustandsraumdarstellungen beschrieben werden.

Wir haben zuvor festgestellt, dass bei linearen zeitkontinuierlichen Systemen die Frequenzbereichsbetrachtung im Bildbereich der Laplace-Transformation einige Vorteile bei der Analyse und dem Regelungsentwurf mit sich bringt. Diese Überlegungen können auch auf diskrete Systeme übertragen werden. Wir wollen hier nur die grundlegenden Schritte zur Herleitung einer Frequenzbereichsbetrachtung darstellen. Dazu wird die Folge von Abtastwerten durch eine Folge von Dirac-Impulsen ($\delta(\cdot)$)

$$f_d(t) = \sum_{\kappa=0}^{+\infty} f(\kappa T)\delta(t-\kappa T) \tag{4.51}$$

beschrieben. Wenden wir nun die Laplace-Transformation (4.39) auf das Signal (4.51) an, so ergibt sich

$$F_d(s) = \sum_{\kappa=0}^{+\infty} f(\kappa T)e^{-\kappa sT}$$

als Transformierte. Mit dem Einführen einer neuen Variablen $z = e^{sT}$ resultiert die sogenannte $\mathscr{Z}$**-Transformation**:

$$F_d(z) = \sum_{\kappa=0}^{+\infty} f(\kappa T)z^{-\kappa} \quad \rightarrow \quad \mathscr{Z}\{f_d(t)\} = F_d(z) \quad \rightarrow \quad f_d(t) \circ\!\!-\!\!\bullet F_d(z) \tag{4.52}$$

Hierbei kann z als zeitlicher Verschiebeoperator interpretiert werden. Das bedeutet, dass z^{-1} das Signal um einen Abtastschritt nach hinten und z einen Abtastschritt nach vorn verschiebt. Darüber hinaus können wir nun diese Transformation auf die Differenzengleichung (4.47)

$$a_n y_{\kappa+n} + a_{n-1} y_{\kappa+n-1} + \cdots + a_0 y_\kappa = b_m u_{\kappa+m} + b_{m-1} u_{\kappa+m-1} + \cdots + b_0 u_\kappa$$

anwenden. Damit ergibt sich

$$\begin{aligned} a_n Y(z) z^n + a_{n-1} Y(z) z^{n-1} + \dots + a_0 Y(z) &= b_m U(z) z^m + b_{m-1} U(z) z^{m-1} + \dots + b_0 U(z) \\ Y(z)\left(a_n z^n + a_{n-1} z^{n-1} + \dots + a_0\right) &= U(z)\left(b_m z^m + b_{m-1} z^{m-1} + \dots + b_0\right) \end{aligned}$$

und entsprechend

$$G(z) = \frac{Y(z)}{U(z)} = \frac{b_m z^m + b_{m-1} z^{m-1} + \dots + b_0}{a_n z^n + a_{n-1} z^{n-1} + \dots + a_0}$$

als $\mathscr{Z}$-**Übertragungsfunktion** des zeitdiskreten Systems.

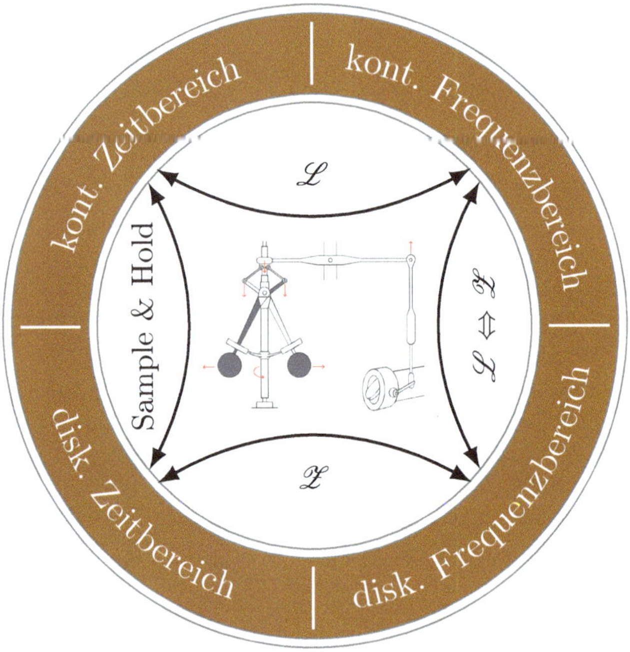

Bild 4.17 Zusammenhang der verschieden Beschreibungs- und Analysemethoden

Bild 4.17 fasst zentrale Aussagen dieses Abschnitts zusammen. So werden lineare, kontinuierliche Systeme im Zeitbereich durch Differentialgleichungen beschrieben.

Durch die Laplace-Transformation kann eine Differentialgleichung in den Frequenzbereich und somit in eine algebraische Gleichung überführt werden, was die Analyse und den Regelungsentwurf mitunter maßgeblich vereinfacht.

Darüber hinaus können durch Sample & Hold-Mechanismen kontinuierliche Systeme diskretisiert werden. Solche diskreten Systeme können dann entsprechend über die $\mathscr{Z}$-Transformation ebenfalls in einen Frequenzbereich überführt werden. Der Zusammenhang zwischen $\mathscr{Z}$- und Laplace-Transformation lässt sich dabei über $z = e^{sT}$ charakterisieren.

Alle in diesem Abschnitt getroffenen Aussagen dienen der Analyse physikalisch-technischer Systeme. Oft ist für diese Analyse auch das Lösen von Gleichungssystemen notwendig. Daher beschreibt der nachfolgende Abschnitt mathematische Methoden zur numerischen Lösung von Gleichungssystemen.

4.4 Numerisches Lösen von Gleichungssystemen

Ein oft anzutreffendes und gleichzeitig relativ intuitives Beispiel für eine numerische Grundaufgabe in der Automatisierungstechnik ist das numerische Lösen von Gleichungssystemen. Generell finden beim Lösen von Gleichungssystemen numerische Methoden weite Verbreitung, da viele Probleme aus den Ingenieur- und Naturwissenschaften nicht (oder nur sehr schwer) analytisch bzw. exakt lösbar sind. Die **Numerik**, welche zum Lösen von Gleichungssystemen und auch zum Lösen von generellen Optimierungsproblemen Anwendung findet, ist ein Teilgebiet der Mathematik und beschäftigt sich mit mathematischen Näherungsverfahren zum Lösen von Aufgaben aus Analysis, Algebra und Geometrie. Im Rahmen dieses Buches soll ein erster Einblick in das Fachgebiet der Numerik ermöglicht werden. Es existieren zwar bereits eine Vielzahl von Software-Bibliotheken, welche in leistungsfähige Tools integriert sind und welche sich in der industriellen Praxis großer Verbreitung erfreuen. Jedoch kommt es immer wieder vor, dass einzelne Verfahren selbst implementiert werden müssen, gerade wenn spezielle anwendungsspezifische Anforderungen an die Algorithmen erfüllt werden müssen (bspw. Echtzeitfähigkeit oder Optimierung für eingebettete Systeme). Hierfür ist eine zielgerichtete Auswahl geeigneter numerischer Verfahren für spezifische Anwendungen eine wichtige Grundfähigkeit.

4.4.1 Lineare Gleichungssysteme

Wie wir im Folgenden noch sehen werden, treten bei Entwurfs-, Analyse- und Schätzaufgaben häufig lineare Gleichungssysteme auf. Diese können je nach Anwendungsfall sehr groß sein, also aus vielen Gleichungen und vielen Unbekannten bestehen. Der klassische Ansatz zum Lösen solcher Gleichungssysteme ist das **Gaußsche Eliminationsverfahren**, welches ein exaktes, algorithmisches Lösen von bestimmten linearen Gleichungssystemen ermöglicht. Allerdings steigt der rechentechnische Aufwand bei diesen Verfahren kubisch an (n^3, n–Anzahl der Unbekannten), sodass sich in der Praxis numerische Verfahren etabliert haben. So ist bei vielen Anwendungen der Diskretisierungsfehler, der bei dem Aufstellen des Gleichungssystems entsteht, wesentlich größer als die Genauigkeit der Rechenarithmetik. Ebenso sind häufig gute Näherungslösungen ausreichend. Es ist somit nicht notwendig Gleichungssysteme exakt zu lösen.

Betrachtet werden im Folgenden lineare Gleichungssysteme der Form

$$\boldsymbol{A}\boldsymbol{x} = \boldsymbol{b},$$

wobei $\boldsymbol{A}$ eine $(n \times n)$-Matrix und $\boldsymbol{b}$ ein $(n \times 1)$-Vektor ist.

Zum Lösen solcher Gleichungssysteme stehen verschiedene numerische Verfahren zur Verfügung, die grob in zwei Kategorien eingeteilt werden können: direkte und iterative Verfahren. **Direkte Verfahren** zielen darauf ab, durch eine endliche Anzahl an Rechenschritten eine exakte Lösung zu finden. Typische Beispiele hierfür sind das bereits erwähnte Gaußsche Eliminationsverfahren und das LU-Zerlegungsverfahren. Diese Methoden sind in der Regel stabil und effizient für kleinere bis mittelgroße Systeme, allerdings kann der Rechenaufwand bei sehr großen Systemen schnell unpraktikabel werden.

Iterative Verfahren hingegen nähern sich der Lösung schrittweise an und nutzen dabei oft Anfangsvermutungen, die sukzessive verbessert werden. Diese Verfahren sind besonders nützlich für sehr große oder spärlich besetzte Systeme, da sie oft weniger Speicher benötigen und der Rechenaufwand pro Iteration niedriger ist. Beispiele hierfür sind das Jacobi-Verfahren, das Gauß-Seidel-Verfahren und das konjugierte Gradientenverfahren. Iterative Methoden sind besonders wertvoll, wenn eine hinreichend genaue Näherungslösung ausreicht und eine exakte Lösung nicht notwendig ist.

Direkte Verfahren

Direkte Verfahren zeichnen sich dadurch aus, dass sie eine exakte Lösung des Gleichungssystems in einer festgelegten Anzahl von Schritten liefern. Diese Methoden sind besonders geeignet für Systeme kleiner bis mittlerer Größe, bei denen Speicherbedarf und Rechenzeit überschaubar bleiben. Zu den klassischen direkten Verfahren zählen das Gaußsche Eliminationsverfahren und das LU-Zerlegungsverfahren. Im folgenden Abschnitt werden die grundlegenden Prinzipien, Anwendungsbereiche und Vor- und Nachteile dieser direkten Verfahren detailliert behandelt.

Gauß-Elimination

Eine populäre Grundmethode zur Lösung linearer Gleichungssysteme ist die Gauß-Elimination. Sie realisiert eine systematische **Reduzierung von großen Gleichungssystemen** in eine Kleinere. Hierbei werden die Matrixelemente dabei in folgender Weise modifiziert:

$$\boldsymbol{A} = \begin{pmatrix} A_{11} & A_{12} & \dots & A_{1n} \\ A_{21} & A_{22} & \dots & A_{2n} \\ \vdots & \vdots & \ddots & \vdots \\ A_{n1} & A_{n2} & \dots & A_{nn} \end{pmatrix}$$

Ausgangspunkt bei der Berechnung ist die Problem **Reduktion**. So werden zuerst die Elemente der ersten Spalte eliminiert. Dies erfolgt durch Multiplikation der ersten Zeile mit A_{i1}/A_{11} und Subtraktion von der i-ten Zeile. Somit erhalten Gleichungen $2,\dots,n$ die Variable x_1 nicht mehr und bilden ein System von $n-1$ Gleichungen. Diese Prozedur wird danach analog wieder auf das kleinere Gleichungssystem angewandt und dementsprechend für alle Spalten $1,2,3,\dots,n$ wiederholt.

Nach der Elimination entsteht eine obere Dreiecksmatrix und ein neuer Vektor $\boldsymbol{Q}$ auf der rechten Seite:

$$\boldsymbol{U} = \begin{pmatrix} U_{11} = A_{11} & U_{12} = A_{12} & \dots & U_{1n} = A_{1n} \\ 0 & U_{22} & \dots & U_{2n} \\ \vdots & \vdots & \ddots & \vdots \\ 0 & 0 & \dots & U_{nn} \end{pmatrix} \quad \text{und} \quad \boldsymbol{Q} = \begin{bmatrix} Q_1 = B_1 \\ Q_2 \\ \vdots \\ Q_n \end{bmatrix}$$

Anschließend erfolgt die **Rückwärtssubstitution**. So kann das Element x_n nun direkt berechnet werden:

$$x_n = \frac{Q_n}{U_{nn}}$$

Aus dem Element x_n kann mit der vorletzten Gleichung wiederum x_{n-1} ermittelt werden, und so weiter. Für die Elemente x_i ergibt sich dann:

$$x_i = \frac{Q_i - \sum\limits_{k=i+1}^{n} U_{ik} x_k}{U_{ii}}, i = n-1, \ldots, 1$$

Bevor die Gauß-Elimination angewendet wird ist jedoch zu Prüfen ob dieses Verfahren effizient das aktuelle Problem lösen kann. Denn für hochdimensionale Probleme (große n) ergibt sich eine Anzahl der benötigte Operationen proportional zu n^3. Somit wird der Hauptteil des Aufwandes bei der Vorwärtselimination entstehen. Daher gilt die Gauß-Elimination als numerisch „teuer". Jedoch bietet sie für volle Matrizen eine der besten verfügbaren Methoden. Hingegen ist sie für dünn besetzte Matrizen anfällig für Fehlerakkumulation. Hier ist eine Pivotisierung ratsam.

Damit die Gauß-Elimination beim praktischen Einsatz nicht in numerische Probleme läuft (da Zahlen am Computer nur mit einer bestimmten Genauigkeit abgelegt werden), sollte mit Pivotisierung gearbeitet werden. Ist das Element A_{11} sehr nahe bei Null, entstehen durch die Multiplikation der ersten Zeile mit A_{i1}/A_{11} sehr große Werte. Ist das Element A_{11} sogar Null, lässt sich der Algorithmus sogar gar nicht fortführen. Daher suchen wir das (betragsmäßig) größte Element („Pivotelement") in der jeweiligen Spalte und permutiert die Zeilen so, dass dieses Element an der Position A_{11} steht. Dieser Vorgang heißt Pivotisierung. Bei der Rückwärtssubstitution muss die dabei durchgeführte Permutation berücksichtigt werden.

Wenden wir die Gauß-Elimination von Hand an, lohnt sich manchmal eine Pivotisierung, bei der nur durch „schöne" Zahlen geteilt wird, um umständliche Brüche zu vermeiden.

LU-Zerlegung

Eine weitere populäre Methode zur direkten numerischen Lösung von linearen Gleichungssystemen ist die LU-Zerlegung. Hierbei lässt sich die Matrix $\boldsymbol{A}$ als eine Multiplikation einer unteren und einer oberen Dreiecksmatrix darstellen:

$$\boldsymbol{A} = \boldsymbol{LU} \Rightarrow \boldsymbol{LUx} = \boldsymbol{b}$$

Hierbei erfolgt die Berechnung der Lösung in zwei Schritten:

$$\boldsymbol{Lc} = \boldsymbol{b} \quad \text{und} \quad \boldsymbol{Ux} = \boldsymbol{c}$$

Danach erfolgt die Lösung der Gleichungen durch Rücksubstitution. Der erste Wichtige Vorgehensschritt bei diesem Verfahren ist die Bestimmung der **unteren Dreiecksmatrix $\boldsymbol{L}$**:

$$\boldsymbol{L} = \begin{pmatrix} 1 & 0 & \ldots & 0 & 0 \\ L_{21} & 1 & \ldots & 0 & 0 \\ L_{31} & L_{32} & 1 & \ldots & 0 \\ \vdots & \vdots & \ddots & \ddots & \vdots \\ L_{n1} & L_{n2} & \ldots & L_{nn-1} & 1 \end{pmatrix}$$

Die Elemente L_{ij} sind die Multiplikationsfaktoren aus dem Eliminierungsprozess. Danach erfolgt die Bestimmung von der **obere Dreiecksmatrix $\boldsymbol{U}$**:

$$\boldsymbol{U} = \begin{pmatrix} U_{11} & U_{12} & \dots & U_{1n-1} & U_{1n} \\ 0 & U_{22} & \dots & U_{2n-1} & U_{2n} \\ 0 & 0 & U_{33} & \dots & U_{3n} \\ \vdots & \vdots & \ddots & \ddots & \vdots \\ 0 & 0 & \dots & 0 & U_{nn} \end{pmatrix}$$

Die Matrix $\boldsymbol{U}$ ist dieselbe, die bei der Vorwärtselimination im Gauß-Verfahren entsteht.

Beispiel 4.19 (Speichereffiziente LU-Zerlegung). Die LU-Zerlegung lässt sich am Computer so implementieren, dass die Matrix $\boldsymbol{A}$ schrittweise überschrieben wird, bis am Ende die Matrizen $\boldsymbol{L}$ und $\boldsymbol{U}$ abgelesen werden können. So muss kein neuer Speicherplatz organisiert werden.

Wir wollen das Gleichungssystem $\boldsymbol{Ax} = \boldsymbol{b}$ lösen mit:

$$\boldsymbol{A} = \begin{pmatrix} 1 & 2 & 3 & 4 \\ 2 & 9 & 12 & 15 \\ 3 & 16 & 29 & 35 \\ 4 & 23 & 46 & 65 \end{pmatrix}, \quad \boldsymbol{b} = \begin{bmatrix} 1 \\ 13 \\ 26 \\ 49 \end{bmatrix}$$

Um in $\boldsymbol{A}$ die Einträge der ersten Spalte unterhalb des Diagonalelements zu eliminieren, subtrahieren wir von der i-ten Zeile das A_{i1}/A_{11}-fache der ersten Zeile. Anstelle der Nullen, die unterhalb des Diagonalements entstehen müssen, notieren wir (hier in Farbe) die Faktoren A_{i1}/A_{11}, die später die Einträge von $\boldsymbol{L}$ bilden. Dies wird für alle Diagonalelemente wiederholt:

$$\boldsymbol{A} \to \begin{pmatrix} 1 & 2 & 3 & 4 \\ 2 & 5 & 6 & 7 \\ 3 & 10 & 20 & 23 \\ 4 & 15 & 34 & 49 \end{pmatrix} \to \begin{pmatrix} 1 & 2 & 3 & 4 \\ 2 & 5 & 6 & 7 \\ 3 & 2 & 8 & 9 \\ 4 & 3 & 16 & 28 \end{pmatrix} \to \begin{pmatrix} 1 & 2 & 3 & 4 \\ 2 & 5 & 6 & 7 \\ 3 & 2 & 8 & 9 \\ 4 & 3 & 2 & 10 \end{pmatrix}$$

Damit haben wir die gesuchte Zerlegung von $\boldsymbol{A} = \boldsymbol{L} \cdot \boldsymbol{U}$ gefunden:

$$\boldsymbol{L} = \begin{pmatrix} 1 & 0 & 0 & 0 \\ 2 & 1 & 0 & 0 \\ 3 & 2 & 1 & 0 \\ 4 & 3 & 2 & 1 \end{pmatrix}, \quad \boldsymbol{U} = \begin{pmatrix} 1 & 2 & 3 & 4 \\ 0 & 5 & 6 & 7 \\ 0 & 0 & 8 & 9 \\ 0 & 0 & 0 & 10 \end{pmatrix}$$

Nun müssen noch zwei einfache Gleichungssysteme gelöst werden. Durch Vorwärtseinsetzen lösen wir $\boldsymbol{Lc} = \boldsymbol{b}$:

$$\begin{pmatrix} 1 & 0 & 0 & 0 \\ 2 & 1 & 0 & 0 \\ 3 & 2 & 1 & 0 \\ 4 & 3 & 2 & 1 \end{pmatrix} \begin{bmatrix} c_1 \\ c_2 \\ c_3 \\ c_4 \end{bmatrix} = \begin{bmatrix} 1 \\ 13 \\ 26 \\ 49 \end{bmatrix} \Rightarrow \boldsymbol{c} = \begin{bmatrix} 1 \\ 11 \\ 1 \\ 10 \end{bmatrix}$$

Durch Rückwärtseinsetzen lösen wir $\boldsymbol{Ux} = \boldsymbol{c}$ und erhalten unsere gesuchte Lösung $\boldsymbol{x}$:

$$\begin{pmatrix} 1 & 2 & 3 & 4 \\ 0 & 5 & 6 & 7 \\ 0 & 0 & 8 & 9 \\ 0 & 0 & 0 & 10 \end{pmatrix} \begin{bmatrix} x_1 \\ x_2 \\ x_3 \\ x_4 \end{bmatrix} = \begin{bmatrix} 1 \\ 11 \\ 1 \\ 10 \end{bmatrix} \Rightarrow \boldsymbol{x} = \begin{bmatrix} -4 \\ 2 \\ -1 \\ 1 \end{bmatrix}$$

■

Dieses Verfahren bietet den Vorteil, dass die Zerlegung ohne Kenntnis über die Inhomogenität $\boldsymbol{b}$ erfolgen kann. Ein weiterer Vorteil besteht darin, dass wenn mehrere Systeme mit der selben $\boldsymbol{A}$ Matrix gelöst werden müssen, hohe Einsparungen im Rechenaufwand möglich sind. So bildet diese Zerlegungsmethode die Grundlage für einige iterative Methoden.

Iterative Verfahren nähern sich der Lösung eines Gleichungssystems schrittweise an. Sie beginnen mit einer anfänglichen Schätzung und verbessern diese iterativ, bis eine ausreichende Genauigkeit erreicht ist. Diese Methoden sind besonders vorteilhaft für sehr große oder spärlich besetzte Systeme, da sie weniger Speicher benötigen und der Rechenaufwand pro Iteration geringer ist. Zu den bekannten iterativen Verfahren gehören das Jacobi-Verfahren, das Gauß-Seidel-Verfahren und das konjugierte Gradientenverfahren (cg-Verfahren).

4.4.2 Nichtlineare Gleichungssysteme

Zuvor haben wir Verfahren kennengelernt um lineare Systeme zu lösen. Allerdings treten in Naturwissenschaft und Technik (bspw. bei Netzwerkberechnung, Lösen von Optimierungsproblemen und Anwenden von technischer Mechanik) häufig nichtlineare Gleichungen bzw. Gleichungssysteme der Form

$$\boldsymbol{f}(x_1, x_2, \ldots, x_n) = \boldsymbol{0} \tag{4.53}$$

auf. Bei diesen Aufgaben steht die Suche nach Werten für x_i die das obige Gleichungssystem erfüllen im Zentrum. Die Werte für x_i stellen hierbei die Nullstellen des Gleichungssystems dar. Nichtlineare Systeme der Form (4.53) werden in der Regel iterativ gelöst, da nur in Einzelfällen eine analytische Lösung ermittelt werden kann. Zu Beginn wollen wir in einem ersten Schritt nichtlineare Gleichungen betrachten und die Ergebnisse dann auf Systeme von nichtlinearen Gleichungen erweitern. Damit ein Problem sich mit den im Folgenden vorgestellten Methoden lösen lässt, gehen wir von folgenden Voraussetzungen aus:

- $\boldsymbol{f}(\boldsymbol{x}) = 0$ ist eine nichtlineare Gleichung
- $\boldsymbol{f}(\boldsymbol{x})$ ist definiert und stetig
- $\boldsymbol{f}(\boldsymbol{x})$ besitzt eine Nullstelle

Im Allgemeinen werden zwei Klassen von Lösungsmethoden unterschieden, die sogenannten **klassischen Iterationsverfahren** und die **Einschlussverfahren**. Wir werden nun einige etablierte Verfahren überblicksartig Vorstellen.

Verfahren zum Lösen eindimensionaler Gleichungen

Zur Lösung eindimensionaler nichtlinearer Gleichungen gibt es verschiedene Ansätze, die auf unterschiedlichen Prinzipien basieren. Zu den grundlegenden Verfahren gehören das Bisektionsverfahren, die Fixpunkt-Iteration, das Newton-Verfahren und das Sekantenverfahren. Diese Methoden bieten unterschiedliche Vor- und Nachteile hinsichtlich Konvergenzgeschwindigkeit, Robustheit und Implementierungskomplexität. Im Folgenden werden die wesentlichen Merkmale dieser Verfahren erläutert, um ein Verständnis für deren Anwendungsmöglichkeiten und Grenzen zu schaffen.

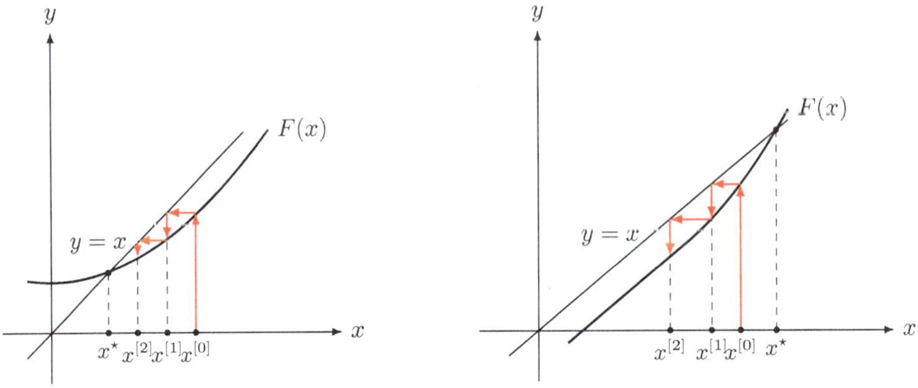

Bild 4.18 Grafische Darstellung der Fixpunkt-Iteration

Bisektionsverfahren

Das Bisektionsverfahren (Intervallhalbierungsmethode) ist ein Einschlussverfahren, welches auf dem Zwischenwertsatz basiert. Denn ist eine Funktion $f : [a,b] \to \mathbb{R}$ stetig, so nimmt f auf $[a,b]$ jeden Wert zwischen $f(a)$ und $f(b)$ mindestens einmal an. Wenn nun $f(a)$ und $f(b)$ unterschiedliche Vorzeichen besitzen, dann existiert mindestens eine Nullstelle im Intervall $[a,b]$. Das Bisektionsverfahren führt eine kontinuierliche Halbierung des Suchintervalls durch, bis ein Abbruchkriterium erreicht wird. So wird sukzessive die zu ermittelnde Nullstelle eingegrenzt. Das Bisektionsverfahren konvergiert sicher, aber nicht besonders schnell.

Fixpunkt-Iteration

Bei der Fixpunkt-Iteration wird die Lösung der Gleichung $f(x) = 0$ in die Lösung der Gleichung $x = F(x)$ umformuliert. So wird bspw. aus der Gleichung $\sin(x) - x = 0$, die neue Gleichung $x = \sin(x)$ generiert. Die Näherungslösung lässt sich nun über die Vorschrift

$$x^{[m+1]} = F\left(x^{[m]}\right), m = 0, 1, \ldots$$

unter Verwendung der Anfangsnäherung $x^{[0]}$ iterativ bestimmen. Dabei bezeichnet der hochgestellte Eintrag in eckigen Klammern den Index der Iteration. Zu beachten ist, dass die $x^{[m]}$-Folge konvergieren oder divergieren kann. Für die Konvergenz ist der Anstieg der Funktion $F(x)$ an der Lösung $x^\star$. Somit konvergiert für $|F'(x^\star)| < 1$ bzw. divergiert für $|F'(x^\star)| > 1$ die Folge $x^{[m]}$, siehe Bild 4.18. Allerdings ist die Lösung $x^\star$ nicht bekannt (sonst müsste sie ja nicht berechnet werden), sodass nur durch die Entwicklung der Folge über Konvergenz geurteilt werden kann. Bei Divergenz von $x = F(x)$ konvergiert die Gleichung mit der Umkehrfunktion $x = G(x)$.

Newton-Verfahren

Das wohl bekannteste und weit verbreitetste Verfahren zum Lösen von nichtlinearen Gleichungen, ist das Newton-Verfahren. Die Grundidee dieses Verfahrens ist, dass die Nullstelle der jeweiligen linearen Näherung ermittelt wird, wodurch sich sukzessive in einem iterativen Prozess der tatsächlichen Nullstelle genähert wird.

Dieses Vorgehen verdeutlicht Bild 4.19. Dazu erfolgt eine Linearisierung von $f(x)$ mittels der Taylorentwicklung an der Stelle $x^{[m]}$

$$f(x) \approx f\left(x^{[m]}\right) + f'\left(x^{[m]}\right)\left(x - x^{[m]}\right) = 0,$$

welche zu Null gesetzt wird. Woraus sich direkt der Update-Schritt

$$\Delta x^{[m]} = x - x^{[m]} = -\frac{f\left(x^{[m]}\right)}{f'\left(x^{[m]}\right)}$$

ergibt. Aus diesen Überlegungen resultiert die Iterationsvorschrift

$$\begin{aligned} x^{[m+1]} &= x^{[m]} + \Delta \\ x^{[m+1]} &= x^{[m]} - \frac{f\left(x^{[m]}\right)}{f'\left(x^{[m]}\right)}, \end{aligned}$$

wenn $f'\left(x^{[m]}\right) \neq 0$ gilt. Das Newton-Verfahren konvergiert immer, wenn $x^{[0]}$ eine genügend gute Näherung darstellt.

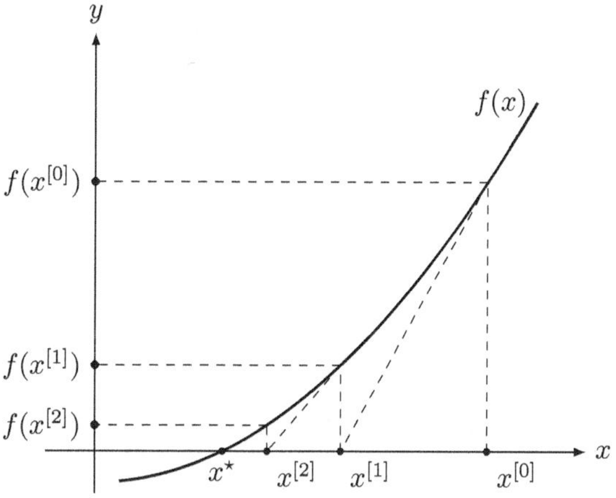

Bild 4.19 Illustration des Newton-Verfahrens

Sekantenverfahren

Dieses Verfahren gestaltet sich ähnlich zum Newton-Verfahren. Hierbei wird die Ableitung $f'\left(x^{[m]}\right)$ durch einen Differenzenquotienten approximiert, vgl. Bild 4.20. Somit ergibt sich aus

$$x^{[m+1]} = x^{[m]} - \frac{f\left(x^{[m]}\right)}{f'\left(x^{[m]}\right)}$$

mit

$$f'(x^{[m]}) \approx \frac{f(x^{[m]}) - f(x^{[m-1]})}{x^{[m]} - x^{[m-1]}}$$

die Berechnungsvorschrift

$$x^{[m+1]} = x^{[m]} - f\left(x^{[m]}\right) \frac{x^{[m]} - x^{[m-1]}}{f\left(x^{[m]}\right) - f\left(x^{[m-1]}\right)}$$

für das Sekantenverfahren.

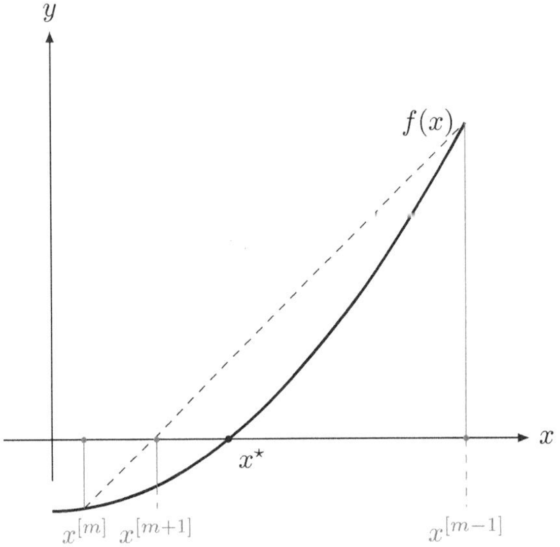

Bild 4.20 Grafische Darstellung des Sekantenverfahren

Verfahren zum Lösen mehrdimensionaler Gleichungen

Wir wollen nun einige Ergebnisse die wir zur Lösung von eindimensionalen nichtlinearen Gleichungen erarbeitet haben, auf mehrdimensionale Gleichungen, d. h. nichtlineare Gleichungssysteme erweitern. Ein nichtlineares Gleichungssystem enthält mindestens eine Gleichung mit einer Nichtlinearität. Im Normalfall entspricht die Anzahl der Gleichungen der Anzahl der Unbekannten. Allerdings können auch normale nichtlineare Gleichungssysteme keine, eine, mehrere oder unendlich viele Lösungen besitzen. Prinzipiell können wir versuchen diese Probleme explizit zu lösen. Hierbei erfolgt das Auflösen einer Gleichung des Gleichungssystems $f_i(x_1, x_2, \ldots, x_n) = 0$ mit $i = 1, \ldots, n$ nach einer Unbekannten und anschließend die Substitution dieser in die restlichen $n-1$ Gleichungen. Somit ergibt sich ein neues Gleichungssystem $q_i(x_1, x_2, \ldots x_{k-1}, x_{k+1}, \ldots, x_n) = 0$ mit $i = 1, \ldots, n-1$.

Das sukzessive Fortführen des Verfahrens ergibt eine explizite Lösung des Systems. Dies ist jedoch im Allgemeinen nicht möglich, weshalb wir hier Iterationsmethoden betrachten. So skizzieren wir im Folgenden die mehrdimensionalen Erweiterungen des Newton-Verfahrens.

Verfahren von Newton-Raphson

Bei diesem Verfahren gehen wir von dem oben eingeführten Newton-Verfahren

$$x^{[m+1]} = x^{[m]} + \Delta x^{[m]} = x^{[m]} - \frac{f\left(x^{[m]}\right)}{f'\left(x^{[m]}\right)}$$

aus. Aus diesem ergibt sich als vektorielle Erweiterung

$$\begin{aligned} \boldsymbol{x}^{[m+1]} &= \boldsymbol{x}^{[m]} + \Delta \boldsymbol{x}^{[m]} \\ \boldsymbol{J}_f\left(\boldsymbol{x}^{[m]}\right) \Delta \boldsymbol{x}^{[m]} &= -\boldsymbol{f}\left(\boldsymbol{x}^{[m]}\right), \end{aligned}$$

wobei $\boldsymbol{x} = (x_1, \ldots, x_n)^{\mathrm{T}}$ gilt, $\boldsymbol{f}\left(\boldsymbol{x}^{[m]}\right)$ für das Gleichungssystem $f_i\left(\boldsymbol{x}^{[m]}\right)$ $i = 1, \ldots, n$ steht und die Ableitungen $\boldsymbol{J}_f\left(\boldsymbol{x}^{[m]}\right)$ die Jacobi-Matrix

$$\boldsymbol{J}_f\left(\boldsymbol{x}^{[m]}\right) = \begin{pmatrix} \frac{\partial f_1}{\partial x_1} & \frac{\partial f_1}{\partial x_2} & \cdots & \frac{\partial f_1}{\partial x_n} \\ \vdots & \vdots & & \vdots \\ \frac{\partial f_n}{\partial x_1} & \frac{\partial f_n}{\partial x_2} & \cdots & \frac{\partial f_n}{\partial x_n} \end{pmatrix}$$

bildet. Dementsprechend kann der nächste Iterationsschritt direkt über

$$\boldsymbol{x}^{[m+1]} = \boldsymbol{x}^{[m]} - \boldsymbol{J}_f^{-1}\left(\boldsymbol{x}^{[m]}\right) \boldsymbol{f}\left(\boldsymbol{x}^{[m]}\right)$$

berechnet werden. Jedoch ist die Berechnung der inversen Jacobi-Matrix numerisch relativ aufwendig. Stattdessen empfiehlt sich das Lösen des linearen Gleichungssystems $\boldsymbol{J}_f\left(\boldsymbol{x}^{[m]}\right) \Delta \boldsymbol{x}^{[m]} = -\boldsymbol{f}\left(\boldsymbol{x}^{[m]}\right)$ und anschließende Addition von $\Delta \boldsymbol{x}^{[m]}$ zu $\boldsymbol{x}^{[m]}$.

Übungsaufgaben

Übungsaufgabe 4.1. Beschreiben Sie drei Verfahren zum numerischen Lösen von Differentialgleichungen. Wie unterscheiden sich diese Verfahren und wann eignet sich deren Verwendung? ■

Übungsaufgabe 4.2. Die Lösung der Anfangswertaufgabe $y'(x) = x + y, \quad y(0) = 1$ ist $y(x) = 2e^x - (1 + x)$. Berechnen Sie Näherungswerte für $y(1)$ mit dem Euler-Verfahren zu den Schrittweiten $h_i = 2^{-i}, i = 0, 1, 2, 3, 4$. Plotten Sie zudem Ihre Werte und schätzen Sie ab, was Sie bei Schrittweite $h = 0$ erhalten würden. ■

Übungsaufgabe 4.3. Gegeben sei das System $a_3 s^3 + a_2 s^2 + a_1 s^+ a_0 = 0$. Führen Sie eine Stabilitätsanalyse mittels der Vorzeichenbedingung und der Beiwertbedingung durch. Visualisieren Sie ihre Ergebnisse in der a_2 / a_1-Ebene. ■

Übungsaufgabe 4.4. Die folgenden Diagramme zeigen jeweils die Lage der Polstellen (x) und Nullstellen (o) einer Übertragungsfunktion. Welche Systeme sind stabil und welche schwingungsfähig?

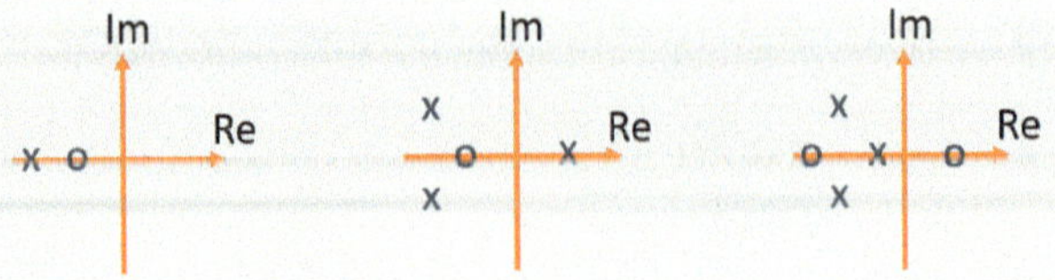

Bild 4.21 Pol-/Nullstellendiagramm von drei Beispielsystemen

■

Übungsaufgabe 4.5. Gegeben sei die Ortskurve eines stabilisierenden aufgeschnittenen Regelkreises, siehe nachfolgende Abbildung. Ist der geschlossene Regelkreis stabil? Begründen Sie Ihre Antwort.

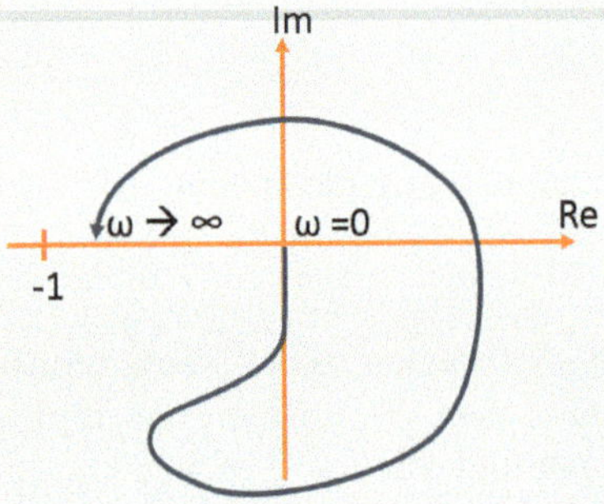

Bild 4.22 Ortskurve eines stabilisierenden aufgeschnittenen Regelkreises

■

Übungsaufgabe 4.6. Gegeben seien

$$\boldsymbol{A} = \begin{bmatrix} 2 & 1 & -1 \\ 8 & 0 & -2 \\ -1 & -1 & 1 \end{bmatrix} \quad \text{und} \quad \boldsymbol{b} = \begin{bmatrix} 1 \\ 2 \\ 3 \end{bmatrix}.$$

Berechnen Sie mit Spaltenpivotsuche die Zerlegung $\boldsymbol{PA} = \boldsymbol{LR}$, wobei $\boldsymbol{P}$ eine Permutationsmatrix, $\boldsymbol{L}$ eine linke normierte Dreiecksmatrix und $\boldsymbol{U}$ eine obere Dreiecksmatrix ist. Lösen Sie anschließend mit Vorwärts-Rückwärts-Substitution das lineare Gleichungssystem $\boldsymbol{Ax} = \boldsymbol{b}$.

■

Übungsaufgabe 4.7. Berechnen Sie mit dem Newton-Verfahren eine Nullstelle der Funktion $f(x) = a + \sin x$ für $a \in \{0, 0.5, 0.9, 1\}$ (z.B. mit MATLAB, Scilab oder Python). Bei welchem a läuft die Iteration besonders schnell oder besonders langsam ab? Können Sie Ihre Beobachtung mit der Art der Nullstelle verbinden (z.B. Vielfachheit, Krümmung)?

■

Übungsaufgabe 4.8. Bestimmen Sie die Nullstelle der Funktion $f(x) = \cos(x)$ im Intervall $[1, 2]$ mit dem Bisektionsverfahren.

■

Übungsaufgabe 4.9. Entscheiden Sie, welche der vier unten dargestellten Ortskurven jeweils zu welchen der vier dargestellten Bode-Diagrammen gehört.

Ordnen Sie bitte die folgenden vier Bode-Diagramme a) bis d)

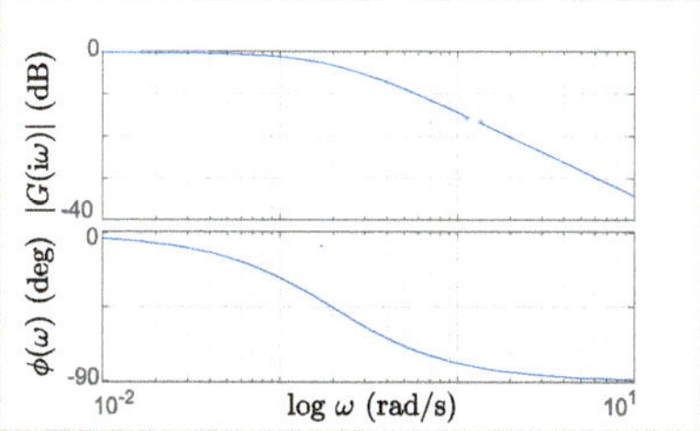

(a)

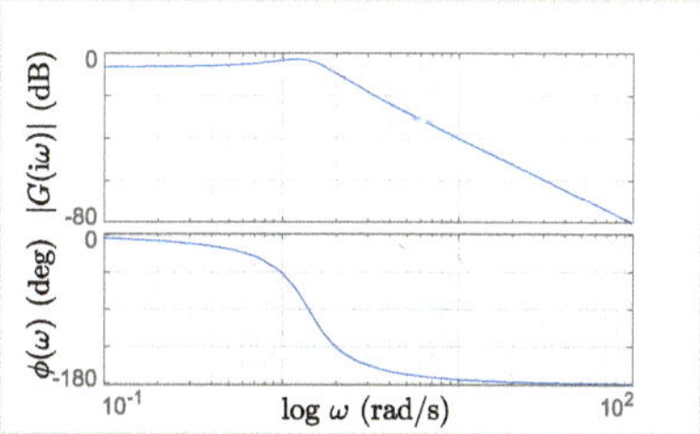

(b)

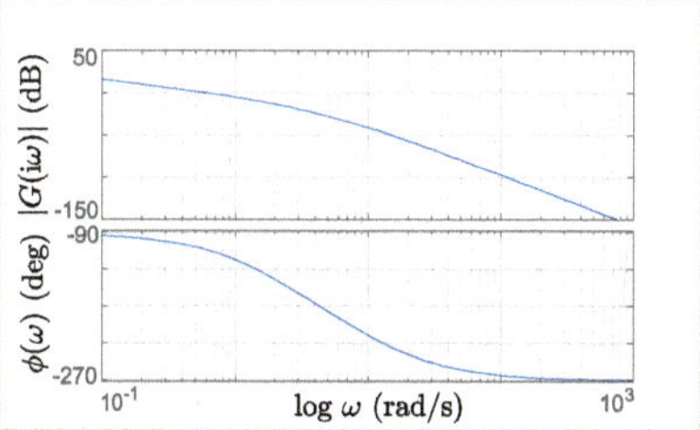

(c)

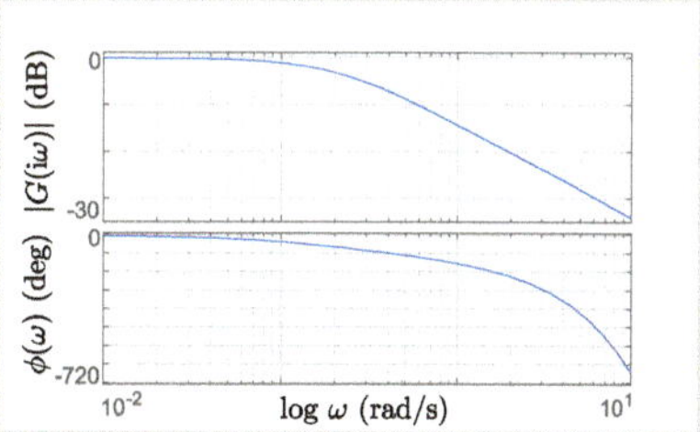

(d)

den folgenden vier Ortskruven 1) bis 4) zu

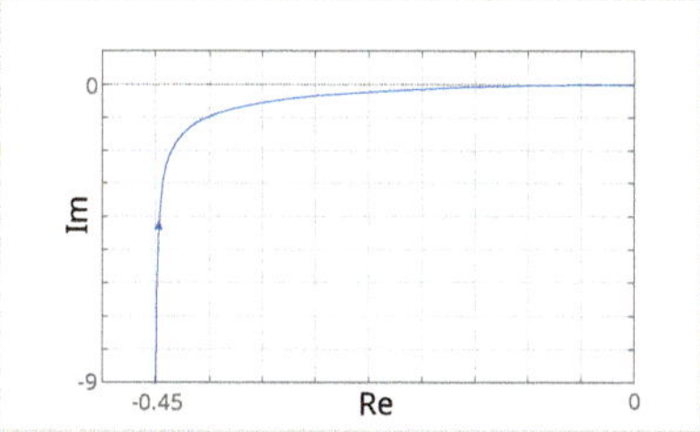

(1)

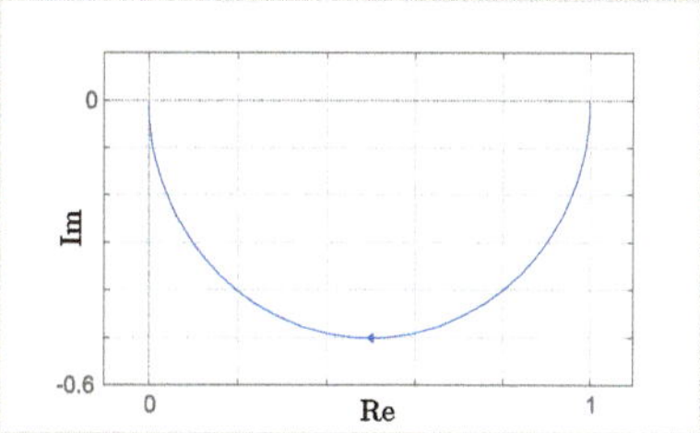

(2)

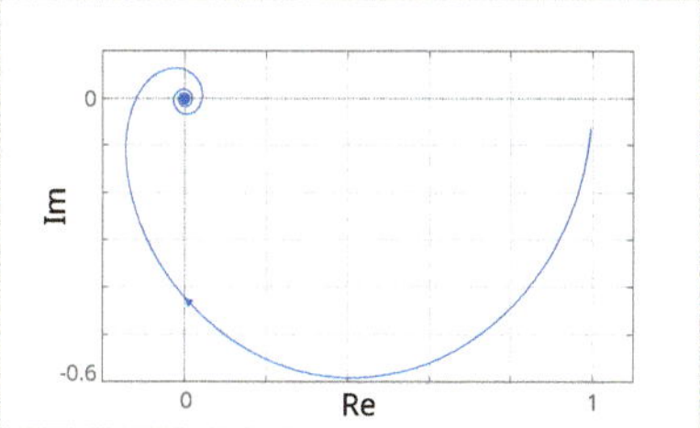

(3)

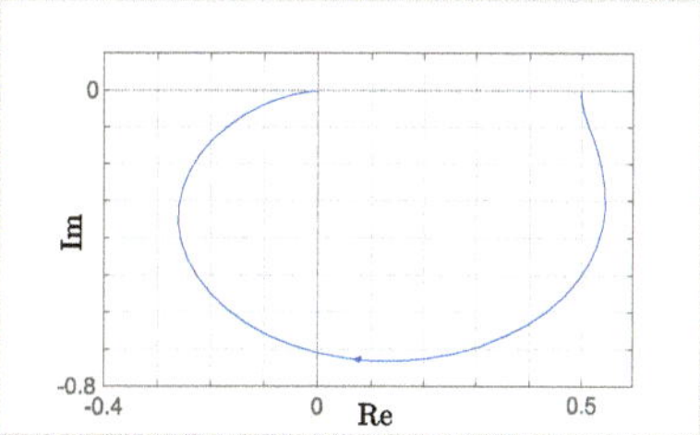

(4)

■

Literatur

Abel, D. und Bollig, A. (2006). *Rapid Control Prototyping: Methoden und Anwendungen*, Springer.

Adamy, J. (2014). *Nichtlineare Systeme und Regelungen*, Springer Vieweg.

Arnold, V. I. (2001). *Gewöhnliche Differentialgleichungen*, Springer.

Deitmar, A. (2014). *Analysis*, Springer.

Deuflhard, P. und Hohmann, A. (2018). *Numerische Mathematik 1: Eine algorithmisch orientierte Einführung*, De Gruyter.

Dieter Schramm, Manfred Hiller, R. B. (2010). *Modellbildung und Simulation der Dynamik von Kraftfahrzeugen*, Springer.

Föllinger, O. (2014). *Lineare Abtastsysteme*, De Gruyter.

Freund, R. W. und Hoppe, R. (2007). *Stoer/Bulirsch: Numerische Mathematik 1*, Springer.

Föllinger, O. (2022). *Regelungstechnik: Einführung in die Methoden und ihre Anwendung*, VDE.

Girod, B., Rabenstein, R. und Stenger, A. (2007). *Einführung in die Systemtheorie: Signale und Systeme in der Elektrotechnik und Informationstechnik*, Vieweg+Teubner.

Hairer, E., Wanner, G. und Nørsett, S. P. (1993). *Solving Ordinary Differential Equations I*, Springer.

Isidori, A. (1999). *Nonlinear Control Systems II*, Springer.

Janschek, K. (2009). *Systementwurf mechatronischer Systeme: Methoden–Modelle–Konzepte*, Springer.

Khalil, H. K. (2015). *Nonlinear Control*, Pearson.

Knobloch, H. W. K. und Kappel, F. (1974). *Gewöhnliche Differentialgleichungen*, Teubner.

Lunze, J. (2020a). *Regelungstechnick 1: Systemtheoretische Grundlagen, Analyse und Entwurf einschleifiger Regelungen*, Springer Vieweg.

Lunze, J. (2020b). *Regelungstechnick 2: Mehrgrößensysteme, Digitale Regelung*, Springer Vieweg.

Lyapunov, A. M. (1892). *General Problem of the Stability of Motion (übersetzt ins Englische von Taylor & Francis (1992))*, Dissertation, University of Kharkov.

Röbenack, K. (2017). *Nichtlineare Regelungssysteme-Theorie und Anwendung der exakten Linearisierung*, Springer.

Schwarz, H. R. und Köckler, N. (2009). *Numerische Mathematik*, Teubner.

Unbehauen, H. (2013). *Regelungstechnik I: Klassische Verfahren zur Analyse und Synthese linearer kontinuierlicher Regelsysteme*, Springer.

Walter, W. (2000). *Gewöhnliche Differentialgleichungen*, Springer.

5 Grundlagen der Industriemathematik

Unterstützt durch: **Matthias Knauer** und **Marek Wiesner**

Die Industriemathematik spielt eine zentrale Rolle in der Entwicklung und Optimierung komplexer (automatisierter) technischer Systeme. Dieses Kapitel widmet sich den mathematischen Methoden, die in industriellen Anwendungen eine sehr große Bedeutung haben. Im Fokus stehen dabei vor allem die Optimierung, Parameteridentifikation und die optimale Steuerung, die allesamt essenzielle Werkzeuge für Ingenieure darstellen.

Im Abschnitt 5.1 wird die **Optimierung** behandelt. Der Fokus hierbei liegt auf Entwicklung und Anwendung mathematischer Verfahren zur Bestimmung optimaler Lösungen unter gegebenen Bedingungen. Die Optimierung ist ein weit verbreitetes Konzept in der Ingenieurwissenschaft, das sowohl in der Planung als auch im Betrieb technischer Systeme von großer Bedeutung ist. Die Grundlagen der Lösungstheorie und numerische Methoden zur Optimierung werden ausführlich besprochen.

Abschnitt 5.2 widmet sich der **Parameteridentifikation**. Dieses Thema ist zentral für die Modellbildung und Kalibrierung von Systemen. Die Identifikation der relevanten Parameter kann statisch oder dynamisch erfolgen, je nach Anforderung und Systemverhalten. Durch die genaue Bestimmung dieser Parameter kann die Leistung und Genauigkeit technischer Systeme erheblich verbessert werden.

Die **optimale Steuerung**, behandelt in Abschnitt 5.3, ist ein weiteres Schlüsselelement der Industriemathematik. Ziel ist es, Steuerungsstrategien zu entwickeln, die die gewünschten Systemzustände auf effiziente und zuverlässige Weise erreichen. Die Transformationen und direkten Methoden, die in der optimalen Steuerung zur Anwendung kommen, werden im Detail erläutert.

Dieses Kapitel bietet somit eine fundierte Einführung in die industriemathematischen Grundlagen.

5.1 Optimierung

In diesem Abschnitt wollen wir uns mit Optimierung befassen, denn das Thema der Optimierung nimmt eine zunehmende Rolle bei der Realisierung moderner Automatisierungssysteme ein. Doch was ist eigentlich mit dem Begriff Optimierung gemeint? Unterschiedliche Personen haben möglicherweise ein unterschiedliches Verständnis davon, was Optimierung bedeutet.

So kann bspw. das Betrachten verschiedener Designs oder Konfigurationen und die Auswahl der besten dieser Möglichkeiten als Optimierung verstanden werden. Eine andere Idee wäre das Befolgen von Vorschlägen oder Regeln, sogenannten „Best Practices“ zur Verbesserung des Gesamtverhaltens als eine Art Optimierung zu verstehen. In diesem Buch verwenden wir den Begriff Optimierung allerdings aus mathematischer Sicht: Optimierung beschreibt ein systematisches Verfahren, um eine optimale (zumindest eine lokale) Lösung für ein gegebenes Problem zu finden. So hat dieser Abschnitt das Ziel, die Optimierung als grundlegenden Aspekt für Robotik und automatisierte Fahrfunktionen einzuführen.

5.1.1 Einführung

Ein Optimierungsproblem beschreibt die Aufgabe, Eingabewerte einer Funktion so zu finden, dass diese minimiert wird, unter Berücksichtigung einer erlaubten Menge. Mathematisch präziser sprechen wir von:

- Eingabewerte → der Vektor von **Variablen** $\boldsymbol{z}$ (oder Unbekannten oder Parametern)
- Funktion → die **Zielfunktion** $F(\boldsymbol{z})$
- erlaubte Menge → die **zulässige Menge** $\mathscr{Z}$

Und wir schreiben:

$$\min_{z \in \mathscr{Z}} F(\boldsymbol{z})$$

Es sei darauf hingewiesen, dass eine Optimierungsaufgabe auch das Maximum einer Funktion

$$\max_{z \in \mathscr{Z}} F(\boldsymbol{z})$$

suchen kann. Dieses lässt sich jedoch immer zu

$$\min_{z \in \mathscr{Z}} -F(\boldsymbol{z})$$

umformulieren. Daher konzentrieren wir uns im folgenden auf Minimierungsaufgaben.

Die zulässige Menge $\mathscr{Z}$ wird typischerweise mit Gleichungen und Ungleichungen angegeben. Diese lassen sich zu einem Vektor von **Beschränkungsfunktionen** $\boldsymbol{g}(\boldsymbol{z})$ zusammenfassen.

Damit definieren wir die zentrale Problemstellung dieses Abschnitts:

Definition 5.1 (Nichtlineares Optimierungsproblem (NLP)).

$$\begin{array}{lll} \min\limits_{z \in \mathbb{R}^n} & F(\boldsymbol{z}) & \\ \text{unter} & g_i(\boldsymbol{z}) = 0, & i = 1, \ldots, m_e \\ & g_i(\boldsymbol{z}) \leq 0, & i = m_e + 1, \ldots, m \end{array}$$

■

Für theoretische Resultate und zur späteren Anwendung numerischer Verfahren sollten die Zielfunktion F und die Beschränkungsfunktionen g_i zweimal stetig differenzierbar sein.

Optimierungsprobleme können für unterschiedlichste Anwendungsfelder formuliert und gelöst werden.

Raumfahrt: Im Bereich der Optimierung war die Raumfahrt ein Treiber für die Entwicklung unterschiedlicher Methoden, da hier exakte Modelle verfügbar sind und eine hohe Präzision erforderlich ist.

Ingenieurwissenschaften: Nach der Modellierung und der Simulation eines technischen Prozesses ist der nächste logische Schritt die Optimierung. Freie Parameter des Prozesses müssen so eingestellt werden, dass dieser optimal abläuft.

Machine Learning: Das Trainieren eines neuronalen Netzwerks lässt sich als ein Optimierungsproblem auffassen. Zur Lösung dieser Problemklasse werden spezialisierte Lösungsverfahren eingesetzt.

Klassifikation von Optimierungsproblemen

In Definition 5.1 wurde eine allgemeine Formulierung eines Optimierungsproblems gegeben. In vielen Anwendungen treten jedoch Spezialfälle und Varianten hiervon auf, für die ggf. unterschiedliche Lösungsverfahren benötigt werden.

Kontinuierliche und diskrete Optimierungsprobleme

Bei kontinuierlichen Optimierungsproblemen sind alle Variablen $\boldsymbol{z}$ reellwertig. Damit können für die Funktionen F und $\boldsymbol{g}$, die von $\boldsymbol{z}$ abhängen, auch Eigenschaften wie stetig oder differenzierbar gefordert werden. Auf diese Klasse lassen sich gradientenbasierte Optimierungsverfahren anwenden.

Bei diskreten Optimierungsproblemen stammen alle Variablen $\boldsymbol{z}$ aus einer diskreten Menge, z. B. $\mathbb{Z}$ oder einer Teilmenge davon. Diese treten in unterschiedlichen Kontexten auf:

- Bei ganzzahligen Optimierungsproblemen können die Funktionen F und $\boldsymbol{g}$ auch für Zwischenwerte sinnvoll auswertbar sein. So lassen sich mit gradientenbasierten Optimierungsverfahren der kontinuierlichen Optimierungsprobleme Näherungslösungen bestimmen.
- Kombinatorische Optimierungsprobleme können in einfachen Fällen durch Aufzählung gelöst werden. Für komplexere Probleme existieren Lösungsverfahren wie Branch-And-Bound, Simulated Annealing etc.

Treten ganzzahlige und kontinuierliche Variablen in einem Optimierungsproblem auf, sprechen wir von gemischt-ganzzahliger Optimierung (engl.: Mixed Integer Programming). Wir konzentrieren uns folgend auf rein kontinuierliche Optimierungsprobleme.

Beschränkte und unbeschränkte Optimierungsprobleme

Unbeschränkte Optimierungsprobleme, also Probleme der Form

$$\min_{\boldsymbol{z}\in\mathbb{R}^n} \quad F(\boldsymbol{z})$$

lassen sich mit der gleichen Idee (übertragen ins Mehrdimensionale) lösen, mit der wir in der Schule das Minimum einer Funktion bestimmt haben.

Treten in einem beschränkten Optimierungsproblem nur Gleichungen auf (und keine Ungleichungen), kann dies mit der Lagrange-Methode aus Abschnitt 5.1.2 gelöst werden.

Bei der Formulierung eines Optimierungsproblems kann durch eine geeignete Wahl der Variablen möglicherweise die Menge an Beschränkungen reduziert werden, siehe Beispiel 5.1.

Beispiel 5.1 (Minimum auf Einheitskreis). Wir suchen das Minimum einer Funktion auf der Linie des Einheitskreises. Der Einheitskreis kann über eine Beschränkung berücksichtigt werden:

$$\begin{aligned} \min_{z\in\mathbb{R}^2} \quad & F(z_1, z_2) \\ \text{unter} \quad & z_1^2 + z_2^2 = 1 \end{aligned}$$

Alle Punkte auf dem Einheitskreis lassen sich auch durch Polarkoordinaten $(\cos(\phi), \sin(\phi))$ mit nur einer Variable ϕ beschreiben. Somit lässt sich das obige Optimierungsproblem mit zwei Variablen und einer Beschränkung auf diese äquivalente Variante reduzieren (mit nur einer Variablen und ohne Beschränkungen):

$$\min_{\phi\in\mathbb{R}} \quad F\left(\cos(\phi), \sin(\phi)\right)$$

Entgegen der Erwartung kann es jedoch sein, dass die erste Version bei numerischen Lösungsverfahren bessere Ergebnisse liefert, da während der Suche die Beschränkung nicht exakt eingehalten werden muss, und so der Suchraum größer ist. ■

Lineare, quadratische und konvexe Optimierungsprobleme

Diese Spezialfälle könnten wir vereinfachend auch als nichtlineare Optimierungsprobleme auffassen. Aufgrund der besonderen Problemstellung sind hier jedoch spezielle Lösungsverfahren vorzuziehen.

- Bei linearen Optimierungsproblemen sind sowohl F als auch $\boldsymbol{g}$ lineare bzw. affine Funktionen. Es hat sich folgende Schreibweise etabliert

$$\begin{aligned} \max_{z\in\mathbb{R}^n} \quad & \boldsymbol{c}^{\mathrm{T}}\boldsymbol{z} \\ \text{unter} \quad & \boldsymbol{A}\boldsymbol{z} \leq \boldsymbol{b} \\ & \boldsymbol{z} \geq \boldsymbol{0}, \end{aligned}$$

  mit einer Matrix $\boldsymbol{A} \in \mathbb{R}^{m\times n}$ und Vektoren $\boldsymbol{b} \in \mathbb{R}^m$ und $\boldsymbol{c} \in \mathbb{R}^n$. Diese Probleme können effizient mit dem Simplex-Verfahren gelöst werden.
- Bei quadratischen Optimierungsproblemen ist die Zielfunktion F quadratisch, und die Nebenbedingungen affin. Numerische Lösungsverfahren wie das SQP-Verfahren approximieren das Problem an der aktuellen Lösung durch ein quadratisches Optimierungsproblem.
- Bei konvexen Optimierungsproblemen sind F und $\boldsymbol{g}$ konvex. Da sich viele Probleme natürlicherweise als konvexe Probleme aufschreiben (oder zumindest approximieren) lassen, wurden und werden hierfür effiziente Lösungsverfahren entwickelt.

Definition 5.2 (Globale und lokale Lösung). Ein Punkt $\boldsymbol{z}^\star$ ist eine globale Lösung, wenn $F(\boldsymbol{z}^\star) \leq F(\boldsymbol{z})$ für alle $\boldsymbol{z} \in \mathscr{X}$. Ein Punkt $\boldsymbol{z}^\star$ ist eine lokale Lösung, wenn es eine Umgebung $\mathscr{U}$ um $\boldsymbol{z}^\star$ gibt, so dass $F(\boldsymbol{z}^\star) \leq F(\boldsymbol{z})$ für alle $\boldsymbol{z} \in \mathscr{U} \cap \mathscr{X}$. ■

Numerische Methoden finden ausgehen von einer Startschätzung im Allgemeinen nur eine lokale Lösung. Tatsächlich ist dies in den Anwendungsfällen oft ausreichend (auch wenn Mathematiker:innen sonst gerne beweisen würden, dass sie das wahre Minimum gefunden haben). In glücklichen Spezialfällen stimmen lokale und globale Lösung überein.

5.1.2 Lösung beschränkter Optimierungsprobleme

Für das theoretische Verständnis der beschränkten Optimierung benötigen wir die Lagrange-Funktion:

Definition 5.3 (Lagrange-Funktion). Die Lagrange-Funktion ist definiert als

$$L(\boldsymbol{z}, \boldsymbol{\mu}) = F(\boldsymbol{z}) + \boldsymbol{\mu}^{\mathrm{T}} \boldsymbol{g}(\boldsymbol{z})$$

mit den Lagrange-Multiplikatoren $\boldsymbol{\mu} \in \mathbb{R}^m$. ■

Enthält das Optimierungsproblem ausschließlich Gleichungen als Beschränkungen, kann mit der **Lagrange-Methode** ein analytischer Lösungsansatz versucht werden. Dazu bestimmen wir die stationären Punkte der Lagrange-Funktion bzgl. der Variablen $\boldsymbol{z}$ und $\boldsymbol{\mu}$. Das heißt, alle partiellen Ableitungen bzgl. der Komponenten von $\boldsymbol{z}$ und $\boldsymbol{\mu}$ müssen Null sein:

$$\begin{aligned} \frac{\partial}{\partial z_i} L(\boldsymbol{z}, \boldsymbol{\mu}) &= 0, \qquad i = 1, \ldots, n \\ \frac{\partial}{\partial \mu_i} L(\boldsymbol{z}, \boldsymbol{\mu}) &= 0, \qquad i = 1, \ldots, m \end{aligned}$$

Alle so gefundenen stationären Punkte sind Kandidaten für die Lösung. Werten wir die Zielfunktion an diesen Stellen aus, erhalten wir das Minimum.

Beispiel 5.2 (Lagrange-Methode). Wir bestimmen die Lösung dieses Problems mit der Lagrange-Methode:

$$\begin{aligned} \min_{z} \quad & (z_1 + z_2)^2 \\ \text{unter} \quad & z_2 + z_3 = 1 \\ & z_1 + z_3^2 = 1 \end{aligned}$$

Die Lagrange-Funktion lautet:

$$L(\boldsymbol{z}, \boldsymbol{\mu}) = (z_1 + z_2)^2 + \mu_1(z_2 + z_3 - 1) + \mu_2(z_1 + z_3^2 - 1)$$

Aus den partiellen Ableitungen folgen die Bedingungen:

$$\begin{aligned} \frac{\partial}{\partial z_1} L(\boldsymbol{z}, \boldsymbol{\mu}) &= 2(z_1 + z_2) + \mu_2 = 0 && \text{(I)} \\ \frac{\partial}{\partial z_2} L(\boldsymbol{z}, \boldsymbol{\mu}) &= 2(z_1 + z_2) + \mu_1 = 0 && \text{(II)} \\ \frac{\partial}{\partial z_3} L(\boldsymbol{z}, \boldsymbol{\mu}) &= \mu_1 + 2\mu_2 z_3 = 0 && \text{(III)} \\ \frac{\partial}{\partial \mu_1} L(\boldsymbol{z}, \boldsymbol{\mu}) &= z_2 + z_3 - 1 = 0 && \text{(IV)} \\ \frac{\partial}{\partial \mu_2} L(\boldsymbol{z}, \boldsymbol{\mu}) &= z_1 + z_3^2 - 1 = 0 && \text{(V)} \end{aligned}$$

Nun folgt aus (I)-(II): $\mu_2 - \mu_1 = 0$, und damit $\mu_1 = \mu_2$. Zeile (III) vereinfacht sich damit zu:

$$\mu_1(1 + 2z_3) = 0$$

Diese Gleichung ist erfüllt für $\mu_1 = 0$ oder $1 + 2z_3 = 0$.

Fall 1: $\mu_1 = 0$

Aus (II) folgt $z_1 + z_2 = 0$ bzw. $z_1 = -z_2$. Aus (IV) folgt $z_3 = 1 - z_2$. Dies eingesetzt in (V) liefert:

$$\begin{aligned} -z_2 + (1 - z_2)^2 - 1 &= 0 \\ \Rightarrow -z_2 + 1 - 2z_2 + z_2^2 - 1 &= 0 \\ \Rightarrow z_2(z_2 - 3) &= 0 \end{aligned}$$

Und wir müssen eine weitere Fallunterscheidung durchführen:

- Fall 1a: $z_2 = 0 \Rightarrow z_3 = 1, z_1 = 0$. Der Zielfunktionswert lautet $(z_1 + z_2)^2 = 0$.
- Fall 1b: $z_2 = 3 \Rightarrow z_3 = -2, z_1 = -3$. Der Zielfunktionswert ist $(z_1 + z_2)^2 = 0$.

Fall 2: $1 + 2z_3 = 0 \Rightarrow z_3 = -\frac{1}{2}, z_2 = 1 - z_3 = \frac{3}{2}, z_1 = 1 - z_3^2 = \frac{3}{4}. \mu_1 = \mu_2 = -\frac{9}{4}$.
Der Zielfunktionswert lautet $(z_1 + z_2)^2 = \left(\frac{9}{4}\right)^2$.

Die Lösungskandidaten aus Fall 1a und 1b sind die gesuchten Minima. Die Lösung aus Fall 2 ignorieren wir, da der Zielfunktionswert größer als in Fall 1a und 1b ist. (In diesem Fall haben wir ein Maximum berechnet.)

■

Treten Gleichungen und Ungleichungen als Beschränkungen auf, müsste die Lagrange-Methode erweitert werden. Die Ungleichungen können im Lösungspunkt aktiv sein (also als Gleichung geschrieben werden) oder inaktiv sein (also ignoriert werden). Nun müssten wir systematisch alle Kombinationen von aktiven und inaktiven Ungleichungen überprüfen, um so ein Optimierungsproblem zu lösen.

Beispiel 5.3 (Behandlung von Ungleichungsnebenbedingungen). Wir bestimmen die Lösung dieses Problems mit Ungleichungsnebenbedingungen:

$$\begin{aligned} \min_{z} \quad & z_1^2 - 6z_1 + z_2^2 \\ \text{unter} \quad & z_1^2 + z_2^2 \leq 4 \\ & z_1 \leq 1 \end{aligned}$$

Die Ungleichungsnebenbedingungen können entweder aktiv oder inaktiv sein. Sind sie aktiv, können wir sie als Gleichungsbedingungen notieren. Sind sie inaktiv, können wir sie ignorieren.

Wir müssen dieses Problem somit für alle vier möglichen Kombinationen von aktiven und inaktiven Ungleichungsnebenbedingungen lösen, um alle Kandidaten für ein Minimum zu erhalten.

$$\begin{aligned} \min_{z} \quad & z_1^2 - 6z_1 + z_2^2 \\ \text{unter} \quad & z_1^2 + z_2^2 = 4 \\ & z_1 = 1 \end{aligned} \qquad \text{(Teilproblem 1)}$$

Aus den beiden Gleichungsnebenbedingungen folgt unmittelbar $z_1 = 1, z_2 = \sqrt{3}$ und $z_1 = 1, z_2 = -\sqrt{3}$.

$$\begin{aligned} \min_{z} \quad & z_1^2 - 6z_1 + z_2^2 \\ \text{unter} \quad & z_1 = 1 \end{aligned} \qquad \text{(Teilproblem 2)}$$

Mit $z_1 = 1$ vereinfacht sich die Zielfunktion zu $F(z_2) = 1^2 - 6 \cdot 1 + z_2^2 = -5 + z_2^2$. Offenbar ist diese Funktion am kleinsten für $z_2 = 0$.

$$\begin{aligned} \min_{z} \quad & z_1^2 - 6z_1 + z_2^2 \\ \text{unter} \quad & z_1^2 + z_2^2 = 4 \end{aligned} \qquad \text{(Teilproblem 3)}$$

Hier nutzen wir die Lagrange-Methode. Die Lagrange-Funktion lautet:

$$L(z, \mu) = z_1^2 - 6z_1 + z_2^2 + \mu(z_1^2 + z_2^2 - 4)$$

Für die partiellen Ableitungen gilt:

$$\begin{aligned} \frac{\partial}{\partial z_1} L(z, \mu) &= 2z_1 - 6 + 2z_1\mu = 0 && \text{(I)} \\ \frac{\partial}{\partial z_2} L(z, \mu) &= 2z_2 + 2z_2\mu = 0 \Rightarrow 2z_2(1 + \mu) = 0 && \text{(II)} \\ \frac{\partial}{\partial \mu} L(z, \mu) &= z_1^2 + z_2^2 - 4 = 0 && \text{(III)} \end{aligned}$$

Gleichung (II) liefert zwei Fälle:

Fall 1: $z_2 = 0$

Aus (III) folgt $z_1 = \pm 2$ und (I) liefert das zugehörige μ.

Fall 2: $\mu = -1$

Mit (I) folgt ein Widerspruch.

$$\min_{z} \quad z_1^2 - 6z_1 + z_2^2 \qquad \text{(Teilproblem 4)}$$

Die Ableitung der Zielfunktion nach beiden Variablen ergibt:

$$\begin{aligned} 2z_1 - 6 = 0 \quad &\Rightarrow \quad z_1 = 3 \\ 2z_2 = 0 \quad &\Rightarrow \quad z_2 = 0 \end{aligned}$$

Abschließend ist zu überprüfen, welche Kandidaten tatsächlich alle Ungleichungsnebenbedingungen erfüllen, und welche davon die Zielfunktion minimieren:

Teilproblem	z_1	z_2	$z_1^2 + z_2^2 \leq 4$	$z_1 \leq 1$	$z_1^2 - 6z_1 + z_2^2$
1	1	$\sqrt{3}$	✓	✓	−2
1	1	$-\sqrt{3}$	✓	✓	−2
2	1	0	✓	✓	−5
3	2	0	✓		
3	−2	0	✓	✓	16
4	3	0			

Damit liegt die Lösung bei $[z_1; z_2] = [1; 0]$, vgl. auch Bild 5.1.

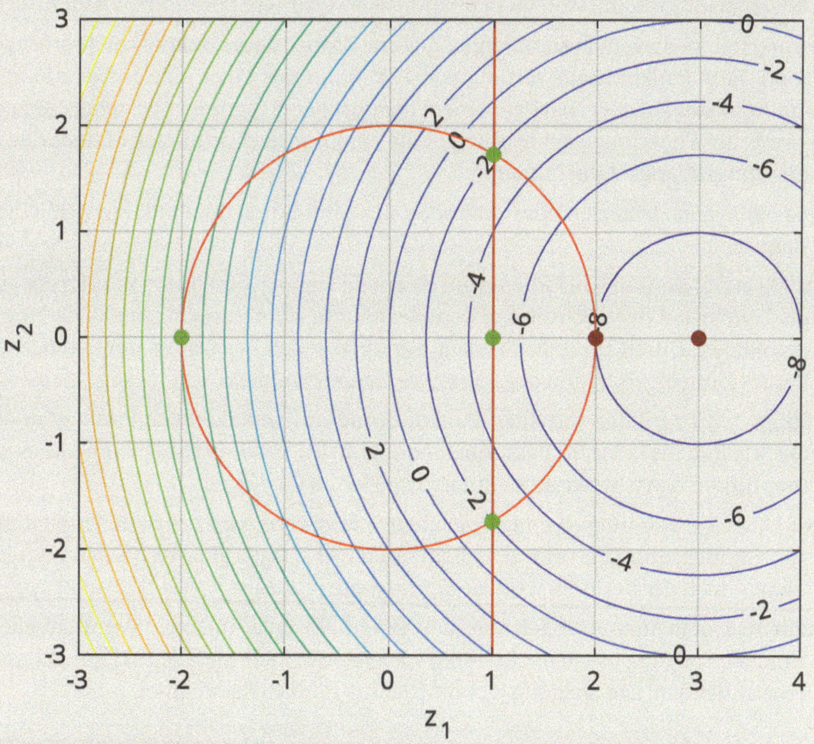

Bild 5.1 Darstellung der Zielfunktion und Beschränkungen von Beispiel 5.3. Die zulässigen Kandidaten sind in grün dargestellt, die unzulässigen in rot ■

Etwas eleganter können wir in einem Algorithmus die KKT-Bedingungen (nach Karush, Kuhn und Tucker) verwenden, die in einem Lösungspunkt eines nichtlinearen Optimierungsproblems als **notwendige Bedingungen** gelten müssen.

Satz 5.1 (KKT-Bedingungen). Ist $z^\star$ ein Minimum eines (NLP), dann existieren $\mu^\star \in \mathbb{R}^m$, so dass die KKT-Bedingungen erfüllt sind:

Optimalität: $\nabla_z L(z^\star, \mu^\star) = 0$

Zulässigkeit: $g_i(z^\star) = 0, \quad i = 1, \dots, m_e$

$g_i(z^\star) \leq 0, \quad i = m_e + 1, \dots, m$

Komplementarität: $\mu_i^\star g_i(z^\star) = 0, \quad i = m_e + 1, \dots, m$

Nicht-Negativität: $\mu_i^\star \geq 0, \quad i = m_e + 1, \dots, m$

■

Es gibt auch **hinreichende Bedingungen** zweiter Ordnung, mit denen überprüft werden kann, dass es sich bei der Lösung $z^\star$ um ein Minimum handelt.

5.1.3 Numerische Lösung

Wir starten mit den Erläuterungen in diesem Abschnitt mit der Betrachtung von unbeschränkten Optimierungsproblemen: Wie kann das Minimum einer Funktion $F(\boldsymbol{z})$, mit $\boldsymbol{z} \in \mathbb{R}^n$ effizient (d. h. mit wenigen Funktionsauswertungen) bestimmt werden?

Wir sprechen in diesem Zusammenhang gerne davon, dass Funktionsauswertungen „teuer" sind. Eine Funktionsauswertung von $F(\boldsymbol{z})$ kann aus einer aufwendigen Simulationsrechnung bestehen, oder sogar aus einem technischen Experiment bestehen. Aber auch für „freundliche" Funktionen beanspruchen die Funktionsauswertungen oft mehr Rechenzeit als die Optimierungs-Algorithmen.

Diese einfachen Strategien zum Auffinden des Minimums der Funktion $F(\boldsymbol{z})$ sind in Bild 5.2 dargestellt:

Gitter: Das Auswerten von Punkten auf einem diskreten Gitter funktioniert recht gut, ist jedoch aufgrund der wachsenden Komplexität nur für niedrigdimensionale Probleme zu empfehlen. Durch zusätzliche lokale Verfeinerungen des Gitters um den besten Punkt herum kann die Präzision der Lösung verbessert werden.

Zufällig: Aus 10 zufällig verteilten Punkten rund um den aktuellen Punkt wird der beste ausgewählt, bis keine Verbesserung mehr auftritt. Mehrere Durchläufe dieses Algorithmus führen typischerweise zu unterschiedlichen Lösungen.

Taxi: Unter Verwendung einer anfänglichen Schrittweite wird der beste Punkt entlang der vier Hauptrichtungen vom aktuellen Punkt aus ausgewählt. Wenn der aktuelle Punkt immer noch der beste ist, wird die Schrittweite reduziert.

Gradient: Durch Auswertungen oberhalb, unterhalb, links und rechts vom aktuellen Punkt kann die Steigung in senkrechter und waagrechter Richtung zum aktuellen Punkt abgeschätzt werden. Die Steigung gibt die Richtung des steilsten Abstiegs an.

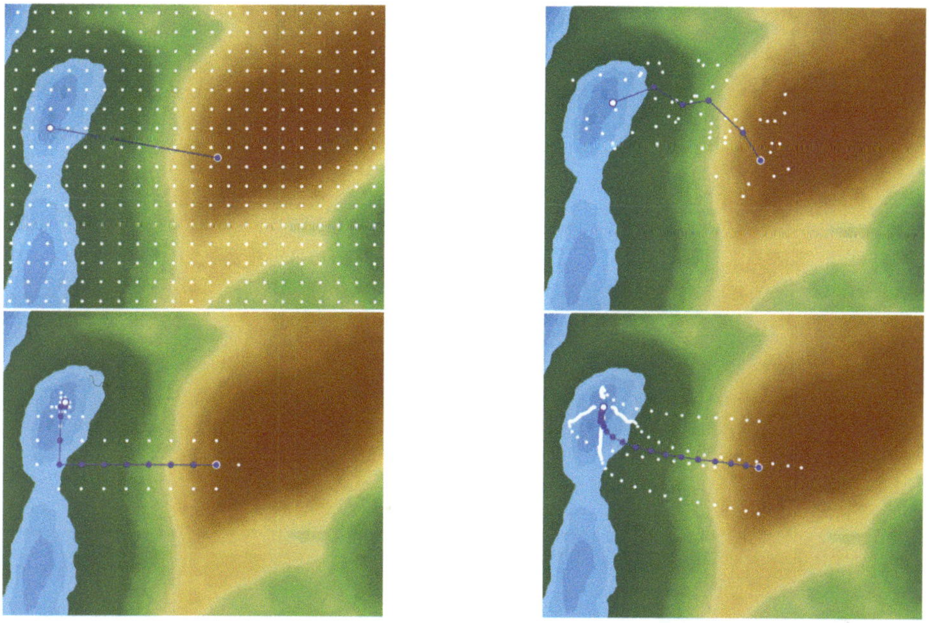

Bild 5.2 Unterschiedliche Methoden zum Auffinden des Minimums (jeder Punkt, an dem eine Funktionsauswertung erforderlich war, ist weiß markiert; die blauen Punkte zeigen den Iterationsverlauf an)

Nelder-Mead-Verfahren

John Nelder und Roger Mead entwickelten 1965 eine fortschrittlichere und robustere Methode zur unbeschränkten Optimierung, die sogar ohne die Berechnung von Ableitungen auskommt.

Hierfür verwenden wir $n+1$ Testpunkte im $\mathbb{R}^n$, die ein „Simplex", bilden.

- Für $n = 2$ ist das Simplex ein Dreieck.
- Für $n = 3$ ist das Simplex ein Tetraeder.

Aus diesem Satz von Testpunkten wird der Testpunkt, für den die Funktion f den größten Wert liefert, iterativ durch einen besseren Punkt ersetzt. Wie neue Punkte berechnet werden, zeigen Algorithmus 1 und Bild 5.3.

Typische Parameter dieses Algorithmus sind: $\alpha = 1$, $\gamma = 2$, $\beta = \frac{1}{2}$, $\sigma = \frac{1}{2}$

SQP-Verfahren

Bei beschränkten Optimierungsproblemen, ist das SQP-Verfahren (engl.: Sequential Quadratic Programming) gut geeignet. Es eignet sich besonders gut für Anwendungen, in denen die Funktionen differenzierbar sind. Das SQP-Verfahren zeichnet sich durch seine Fähigkeit aus, auch in hochdimensionalen Räumen effizient zu arbeiten, womit es sich für komplexe Optimierungsaufgaben in der Ingenieurpraxis eignet.

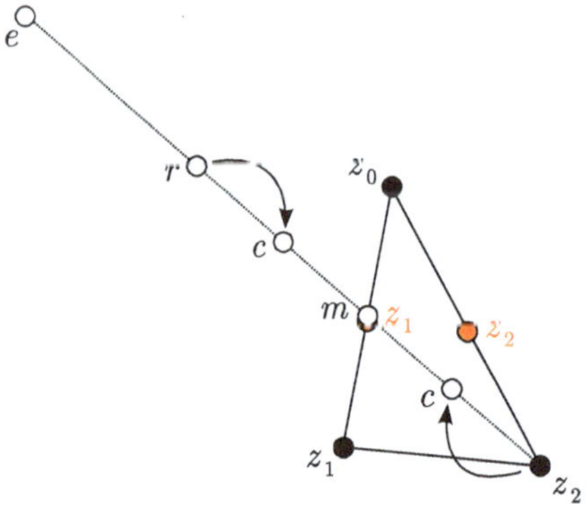

Bild 5.3 Nachdem die Testpunkte sortiert wurden ($F(\boldsymbol{z}_0) \leq F(\boldsymbol{z}_1) \leq F(\boldsymbol{z}_2)$), wird ein neuer Punkt berechnet, der $\boldsymbol{z}_2$ ersetzt (der Mittelpunkt $\boldsymbol{m}$ ist nur ein Hilfspunkt; die Punkte $\boldsymbol{r}$, $\boldsymbol{e}$ und die beiden Versionen von $\boldsymbol{c}$ sind Kandidaten für die Ersetzung, wird kein besserer Punkt gefunden, wird das Dreieck verkleinert (orangefarbene Punkte))

Algorithmus 1 Nelder-Mead-Verfahren

Input: Aktuelle Testpunkte $\boldsymbol{z}_0, \ldots, \boldsymbol{z}_n \in \mathbb{R}^n$, Zielfunktion F
Output: Minimum von F
  while Abbruchbedingung noch nicht erfüllt **do**
    Sortiere die Testpunkte nach ihren Funktionswerten:

$$F(\boldsymbol{z}_0) \leq F(\boldsymbol{z}_1) \leq \cdots \leq F(\boldsymbol{z}_n)$$

    Berechne Mittelpunkt von allen Punkte außer dem schlechtesten: $\boldsymbol{m} = \frac{1}{n} \sum_{i=0}^{n-1} \boldsymbol{z}_i$
    Spiegle den schlechtesten Punkt entlang des Mittelpunkts: $\boldsymbol{r} = \boldsymbol{m} + \alpha(\boldsymbol{m} - \boldsymbol{z}_n)$.
    if $F(\boldsymbol{r}) < F(\boldsymbol{z}_0)$ **then**
      Berechne expandierten Punkt: $\boldsymbol{e} = \boldsymbol{m} + \gamma(\boldsymbol{m} - \boldsymbol{z}_n)$.
      Ersetze $\boldsymbol{z}_n$ durch den besseren Punkt aus $\boldsymbol{e}$ und $\boldsymbol{r}$.
    else if $F(\boldsymbol{r}) < F(\boldsymbol{z}_{n-1})$ **then**
      Ersetze $\boldsymbol{z}_n$ durch $\boldsymbol{r}$.
    else
      Setze $\boldsymbol{h}$ als den besseren Punkt aus $\boldsymbol{z}_n$ und $\boldsymbol{r}$.
      Berechne kontrahierten Punkt: $\boldsymbol{c} = \boldsymbol{h} + \beta(\boldsymbol{m} - \boldsymbol{h})$.
      if $F(\boldsymbol{c}) < F(\boldsymbol{z}_n)$ **then**
        Ersetze $\boldsymbol{z}_n$ durch $\boldsymbol{c}$.
      else
        Für $i \in \{1, \ldots, n\}$ ersetze $\boldsymbol{z}_i$ durch $\boldsymbol{z}_i + \sigma(\boldsymbol{z}_0 - \boldsymbol{z}_i)$.
      end if
    end if
  end while

Durch die iterative Lösung von quadratischen Teilproblemen nähert sich das Verfahren schrittweise der optimalen Lösung an.

SQP-Verfahren suchen Punkte, an denen die KKT-Bedingungen erfüllt sind. Dazu wird im k-ten Iterationsschritt das nichtlineare Problem an der aktuellen Schätzung der Lösung $\boldsymbol{x}^{[k]}$ durch ein quadratisches Problem approximiert:

$$\begin{aligned} \min_{\boldsymbol{d}\in\mathbb{R}^n} \quad & \tfrac{1}{2}\boldsymbol{d}^{\mathrm{T}}\nabla^2_{\boldsymbol{zz}}L\left(\boldsymbol{z}^{[k]},\boldsymbol{\mu}^{[k]}\right)\boldsymbol{d}+\nabla F\left(\boldsymbol{z}^{[k]}\right)^{\mathrm{T}}\boldsymbol{d} \\ \text{unter} \quad & g_i\left(\boldsymbol{z}^{[k]}\right)+\nabla g_i\left(\boldsymbol{z}^{[k]}\right)^{\mathrm{T}}\boldsymbol{d}=0, \quad i=1,\ldots,m_e \\ & g_i\left(\boldsymbol{z}^{[k]}\right)+\nabla g_i\left(\boldsymbol{z}^{[k]}\right)^{\mathrm{T}}\boldsymbol{d}\le 0, \quad i=m_e+1,\ldots,m \end{aligned} \tag{QP}$$

Ist $\nabla^2_{\boldsymbol{zz}}L\left(\boldsymbol{z}^{[k]},\boldsymbol{\mu}^{[k]}\right)$ positiv definit, wird die Lösung $\boldsymbol{d}^{[k]}$ von (QP) als Suchrichtung von (NLP) verwendet.

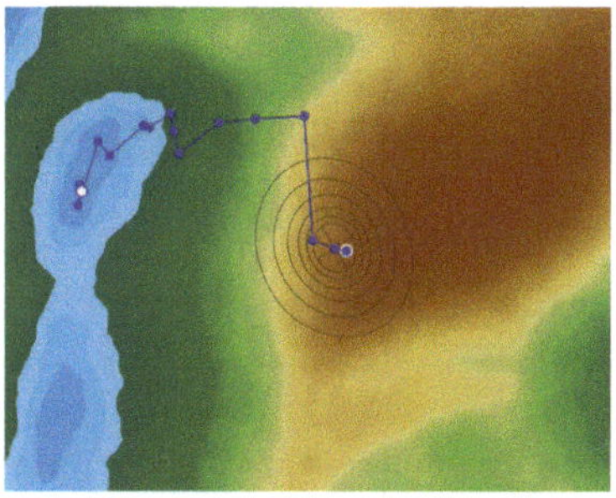

Bild 5.4 SQP-Verfahren zum Auf-/finden des Minimums (an jedem Punkt wird die Zielfunktion durch eine quadratische Funktion approximiert; am Startpunkt wird die quadratische Funktion durch die Höhenlinien eines Paraboloids angezeigt)

Ein SQP-Verfahren hat diesen generellen Aufbau:

Algorithmus 2 SQP-Verfahren

Wähle Startschätzung $\boldsymbol{z}$.
while $\boldsymbol{z}$ erfüllt nicht das Abbruchkriterium **do**
  Approximiere (NLP) an $\boldsymbol{z}$ durch das quadratische Hilfsproblem (QP).
  Verwende die Lösung $\boldsymbol{d}$ von (QP) als Suchrichtung.
  Bestimme eine Schrittweite α durch eine Liniensuche.
  Aktualisiere die Lösung: $\boldsymbol{z} \leftarrow \boldsymbol{z}+\alpha\boldsymbol{d}$
end while

Numerische Optimierungsverfahren spielen eine zentrale Rolle in vielen ingenieurtechnischen Anwendungen, insbesondere bei der optimalen Steuerung von Systemen wie Robotern und autonomen Fahrzeugen. Im Hintergrund dieser Anwendungen werden komplexe Optimierungsprobleme gelöst, häufig unter Verwendung der in diesem Abschnitt beschriebenen Methoden. Es ist jedoch wichtig zu betonen, dass spezialisierte Softwarebibliotheken existieren, die diese Optimierungsalgorithmen (oder andere wie Active-Set, Innere Punkte, Trust-Region etc.) effizient implementiert haben. Daher muss bspw. das SQP-Verfahren in der Praxis selten neu implementiert werden, sondern es kann auf bewährte leistungsstarke Bibliotheken zurückgegriffen werden, was die Anwendung deutlich vereinfacht.

5.2 Parameteridentifikation

Ein wichtiger Aspekt bei der Entwicklung autonomer Systeme ist die Parameteridentifikation. Ziel dabei ist es, die Parameter eines Modells, basierend auf beobachteten Ein- und Ausgangsdaten, zu bestimmen. Auf diese Weise können **mathematische Modelle präzise an die Realität angepasst** werden und im Folgenden zur Simulation, Optimierung oder optimalen Steuerung realer Systeme verwendet werden.

In der Praxis gibt es viele Begriffe für die mathematische Disziplin der Parameteridentifikation, wie z. B. Bedatung in der Automobilbranche sowie Parametrisierung bzw. Parametrierung. Im Kern geht es darum, die unbekannten Parameter eines Modells anhand von **Messdaten** möglichst genau zu identifizieren. Dies ist notwendig, da Parameter aus der Literatur oder aus Datenblättern häufig nicht ausreichen, um exakte Modelle zu erstellen. Eine präzise Parameteridentifikation ist daher entscheidend für den erfolgreichen praktischen Einsatz autonomer Systeme.

Parameteridentifikation ist eine sehr wichtige Fachdisziplin der Industriemathematik, insbesondere wenn autonome Systeme in den praktischen Einsatz gebracht werden sollen. Sie stellt eine Spezialdisziplin der mathematischen Optimierung dar, da die entstehenden Probleme in der Regel mit **Optimierungsalgorithmen** gelöst werden können. Im folgenden Abschnitt werden Methoden und Techniken zur statischen und dynamischen Parameteridentifikation näher erläutert.

5.2.1 Statische Parameteridentifikation

Einfache mathematische Modelle lassen sich explizit durch mathematische Funktionen beschreiben. Im Folgenden werden solche Modelle als **statische Modelle** bezeichnet. Das Bestimmen der Parameter dieser Modelle nennen wir statische Parameteridentifikation oder auch **Regressionsrechnung**. Das Ergebnis einer Regression kann z. B. verwendet werden, um Zusammenhänge quantitativ zu beschreiben oder mithilfe des Modells Prognosen zu erstellen.

Wir betrachten hierfür die skalare Modellfunktion $y(x) = f(x; \alpha_1, \ldots, \alpha_{n_\alpha}) = f(x, \boldsymbol{\alpha})$, sowie die (gemessenen) Datenpunkte $[x_i; y_i]$, $i = 1, \ldots, n_y$. Gesucht sind die Parameter α_j, $j = 1, \ldots, n_\alpha$, sodass der Fehler zwischen den Datenpunkten und dem Modell möglichst gering ist. Hierfür gilt im Allgemeinen $n_y \gg n_\alpha$, d. h. es stehen wesentlich mehr Daten zur Verfügung als Parameter die bestimmt werden müssen. Wir beschränken uns hier auf den skalaren Fall, um die folgenden Betrachtungen übersichtlich zu halten. Die dargestellten Ergebnisse können jedoch leicht auf eine mehrdimensionale Modellfunktion und mehrdimensionale Daten übertragen werden.

Ein verbreiteter Ansatz zur Regressionsrechnung ist die **Methode der kleinsten Quadrate** (kurz: MKQ, engl.: Method of Least Squares). Die Diskrepanz zwischen der Modellfunktion und den Datenpunkten wird bei der MKQ mithilfe des quadratischen Fehlers bestimmt. Dieser Ansatz führt uns auf das Optimierungsproblem:

$$\min_{\boldsymbol{\alpha}} \sum_{i=1}^{n_y} \left(f(x_i, \boldsymbol{\alpha}) - y_i\right)^2 = \min_{\boldsymbol{\alpha}} \left\| \boldsymbol{f}(\boldsymbol{x}, \boldsymbol{\alpha}) - \boldsymbol{y} \right\|_2^2 \tag{5.1}$$

Hierbei fassen die Vektoren $\boldsymbol{x} = [x_1;\ldots;x_M]$ und $\boldsymbol{y} = [y_1;\ldots;y_M]$ die gemessenen Eingangs- bzw. Ausgangsdaten und der Vektor $\boldsymbol{f}(\boldsymbol{x};\boldsymbol{\alpha}) = [f(x_1,\boldsymbol{\alpha});\ldots;f(x_M,\boldsymbol{\alpha})]$ die Ausgabe des Modells zusammen.

Die konkrete Berechnung der Lösung dieses Optimierungsproblems richtet sich nach der Modellfunktion.

Lineare Modellfunktionen

Für Modellfunktionen, die linear in den Parametern sind, d. h. eine Linearkombination aus beliebigen (meist nichtlinearen) Basisfunktionen $\varphi_j(x)$, $j = 1,\ldots,n_\alpha$, kann eine analytische Lösung des obigen Problems direkt berechnet werden.

Mathematisch formuliert gestaltet sich der Ausgangspunkt im allgemeinen linearen Fall wie folgt: Eine Messwertfunktion $y(x)$ ist gegeben und gesucht ist eine optimal angepasste lineare Modellfunktion:

$$f(x;\alpha_1,\ldots,\alpha_N) = \sum_{j=1}^{n_\alpha} \alpha_j \varphi_j(x)$$

Wenn wir $f(x;\alpha_1,\ldots,\alpha_N)$ für alle Eingangsdaten x_i, $i = 1,\ldots,n_y$, auswerten, erhalten wir in Matrixschreibweise

$$\boldsymbol{f}(\boldsymbol{x},\boldsymbol{\alpha}) = \boldsymbol{A}\boldsymbol{\alpha}$$

mit der Matrix $A_{ij} = \varphi_j(x_i)$. Unter Berücksichtigung dessen lässt sich das Minimierungsproblem aus Gleichung (5.1) in die Form

$$\begin{aligned}
\min_{\boldsymbol{\alpha}} \left\|\boldsymbol{f}(\boldsymbol{x},\boldsymbol{\alpha}) - \boldsymbol{y}\right\|_2^2 &= \min_{\boldsymbol{\alpha}} \left\|\boldsymbol{A}\boldsymbol{\alpha} - \boldsymbol{y}\right\|_2^2 \\
&= \min_{\boldsymbol{\alpha}} \left(\boldsymbol{A}\boldsymbol{\alpha} - \boldsymbol{y}\right)^{\mathrm{T}} \left(\boldsymbol{A}\boldsymbol{\alpha} - \boldsymbol{y}\right) \\
&= \min_{\boldsymbol{\alpha}} \boldsymbol{\alpha}^{\mathrm{T}}\boldsymbol{A}^{\mathrm{T}}\boldsymbol{A}\boldsymbol{\alpha} - 2\boldsymbol{y}^{\mathrm{T}}\boldsymbol{A}\boldsymbol{\alpha} + \boldsymbol{y}^{\mathrm{T}}\boldsymbol{y}
\end{aligned}$$

überführen. Für die Lösung eines unbeschränkten Optimierungsproblems gilt, dass der Gradient der Zielfunktion bezüglich $\boldsymbol{\alpha}$ gleich 0 ist, d. h.:

$$\nabla_{\boldsymbol{\alpha}} \left(\boldsymbol{\alpha}^{\mathrm{T}}\boldsymbol{A}^{\mathrm{T}}\boldsymbol{A}\boldsymbol{\alpha} - 2\boldsymbol{y}^{\mathrm{T}}\boldsymbol{A}\boldsymbol{\alpha} + \boldsymbol{y}^{\mathrm{T}}\boldsymbol{y}\right) = 2\boldsymbol{A}^{\mathrm{T}}\boldsymbol{A}\boldsymbol{\alpha} - 2\boldsymbol{y}^{\mathrm{T}}\boldsymbol{A} \stackrel{!}{=} 0$$

Hieraus ergibt sich die sogenannte Normalengleichung:

$$\boldsymbol{A}^{\mathrm{T}}\boldsymbol{A}\boldsymbol{\alpha} = \boldsymbol{A}^{\mathrm{T}}\boldsymbol{y} \tag{5.2}$$

Wenn die Matrix $\boldsymbol{A}$ vollen Rang besitzt, und $n_y \geq n_\alpha$ ist, d. h. es gibt mehr Datenpunkte als Parameter, ist das Gleichungssystem in Gleichung (5.2) eindeutig lösbar.

Es kann formell durch die Bildung der Inversen von $\boldsymbol{A}^{\mathrm{T}}\boldsymbol{A}$ gelöst werden:

$$\boldsymbol{\alpha} = \left(\boldsymbol{A}^{\mathrm{T}}\boldsymbol{A}\right)^{-1}\boldsymbol{A}^{\mathrm{T}}\boldsymbol{y} \tag{5.3}$$

Den Ausdruck $\left(\boldsymbol{A}^{\mathrm{T}}\boldsymbol{A}\right)^{-1}\boldsymbol{A}^{\mathrm{T}}$ nennen wir **Pseudoinverse**, da Gleichung (5.3) der Lösung des überbestimmten Gleichungssystems $\boldsymbol{A}\boldsymbol{\alpha} = \boldsymbol{y}$ entspricht.

Kondition von Matrizen

Die Kondition ist ein Maß für den Einfluss von Störungen auf die Lösung eines Problems, wie dem Lösen eines linearen Gleichungssystems. Für invertierbare Matrizen $C \in \mathbb{R}^{n\times n}$ ist die Kondition definiert als

$$\kappa(C) = \|C\| \left\|C^{-1}\right\|,$$

und für Matrizen $C \in \mathbb{R}^{m\times n}$ mit $m \geq n$ und vollem Rang $\text{rang}(C) = n$ durch:

$$\kappa(C) = \frac{\max_{\|x\|=1} \|Cx\|}{\min_{\|x\|=1} \|Cx\|}$$

Die Notation $\min_{\|x\|=1}$ bedeutet, dass das Minimum bezüglich aller Vektoren x mit $\|x\| = 1$ gebildet wird.

Mithilfe der Konditionszahl $\kappa(C)$ kann nun der Fehler beim Lösen des Gleichungssystems $Cx = b$ abgeschätzt werden. Kommt es zu einer Störung Δb in der rechten Seite b, d. h. anstatt $Cx = b$ wird das Gleichungssystem $Cx = b + \Delta b$ gelöst und ist $\hat{x}$ eine Näherungslösung dieses Gleichungssystems, so gilt für den relativen Fehler:

$$\frac{1}{\kappa(C)} \frac{\|\Delta b\|}{\|b\|} \leq \frac{\left\|x^\star - \hat{x}\right\|}{\|x^\star\|} \leq \kappa(C) \frac{\|\Delta b\|}{\|b\|}$$

Dabei ist $x^\star$ die exakte Lösung des ungestörten Gleichungssystems.

Angenommen wir bestimmen die Näherungslösung eines linearen Gleichungssystems, dessen Konditionszahl $\kappa(C)$ gleich Eins ist. In diesem Fall ist der relative Fehler des Lösungsalgorithmus nicht größer als der relative Fehler in der rechten Seite des linearen Gleichungssystems. Dagegen können für eine große Kondition $\kappa(C) \gg 1$ selbst bei einem kleinen relativen Fehler in der rechten Seite des Gleichungssystems große Fehler in der Näherungslösung auftreten. Aus numerischer Sicht ist daher eine Konditionszahl nahe Eins erstrebenswert. ■

Das lineare Gleichungssystem in Gleichung (5.2) im Allgemeinen numerisch gelöst und nicht explizit die Pseudoinverse berechnet. Dabei kann ausgenutzt werden, dass für eine Matrix A mit vollem Rang, der Ausdruck $A^{\mathrm{T}}A$ positiv definit ist. Dies garantiert einerseits, dass die Lösung welche durch lösen der Normalengleichungen gefunden wird, eindeutig und tatsächlich ein Minimum, d. h. die gesuchte Lösung des Regressionsproblems, ist. Andererseits erlaubt die positive Definitheit und Symmetrie von $A^{\mathrm{T}}A$, dass die numerischen Lösung bspw. durch das Cholesky- oder das konjugierte Gradienten-Verfahrens berechnet werden kann. Die Güte der Lösung hängt jedoch stark von der Kondition der Matrix $A^{\mathrm{T}}A$ ab. Ist die Matrix A schlecht konditioniert, so wird die schechte Kondition durch das Produkt $A^{\mathrm{T}}A$ noch weiter verstärkt und beim numerischen Lösen der Normalengleichung (5.2) können große Fehler auftreten.

Aus den obigen Gründen wird das lineare Regressionsproblem in der Praxis numerisch nicht mittels der Normalengleichung sondern mithilfe einer **QR-Zerlegung** gelöst. Letzterer Ansatz ist wesentliche stabiler für schlecht konditionierte Matrizen. Hierbei wird die Matrix $A \in \mathbb{R}^{n_y\times n_\alpha}$ in eine orthogonale Matrix $Q \in \mathbb{R}^{n_y\times n_y}$, eine reguläre rechte obere Dreiecksmatrix $R \in \mathbb{R}^{n_\alpha\times n_\alpha}$ und eine Nullmatrix $\mathbf{0} \in \mathbb{R}^{n_y - n_\alpha\times n_\alpha}$ zerlegt:

$$A = Q\begin{pmatrix} R \\ \mathbf{0} \end{pmatrix}$$

Dabei heißt eine Matrix $\boldsymbol{Q}$ orthogonal, wenn $\boldsymbol{Q}\boldsymbol{Q}^{\mathrm{T}} = \boldsymbol{I}$, d. h. die Transponierte ist gleichzeitig auch die Inverse der Matrix. Eine QR-Zerlegung existiert für jede Matrix und kann z. B. mithilfe einer sogenannten Householdertransformationen berechnet werden. Nach Multiplikation mit $\boldsymbol{Q}^{\mathrm{T}}$ erhalten wir:

$$\boldsymbol{Q}^{\mathrm{T}}\boldsymbol{A} = \boldsymbol{Q}^{\mathrm{T}}\boldsymbol{Q}\begin{pmatrix}\boldsymbol{R}\\ \boldsymbol{0}\end{pmatrix} = \begin{pmatrix}\boldsymbol{R}\\ \boldsymbol{0}\end{pmatrix}$$

Nun multiplizieren wir $\boldsymbol{Q}^{\mathrm{T}}$ mit den Ausgangsdaten $\boldsymbol{y}$ und erhalten

$$\boldsymbol{Q}^{\mathrm{T}}\boldsymbol{y} = \begin{bmatrix}\boldsymbol{u}\\ \boldsymbol{v}\end{bmatrix}$$

mit zwei Vektoren $\boldsymbol{u} \in \mathbb{R}^{n_\alpha}$ und $\boldsymbol{v} \in \mathbb{R}^{n_y - n_\alpha}$. Offensichtlich ist $\boldsymbol{Q}^{\mathrm{T}}$ ebenfalls orthogonal. Desweiteren bleibt die Länge eines Vektors beim Produkt mit einer orthogonalen Matrix erhalten. Wir können daher $\boldsymbol{Q}^{\mathrm{T}}$ mit dem Residuumsvektor $\boldsymbol{A\alpha} - \boldsymbol{y}$ multiplizieren, ohne das Ergebnis der Zielfunktion zu verändern:

$$\|\boldsymbol{A\alpha} - \boldsymbol{y}\|_2^2 = \|\boldsymbol{Q}^{\mathrm{T}}(\boldsymbol{A\alpha} - \boldsymbol{y})\|_2^2 = \left\|\begin{pmatrix}\boldsymbol{R}\\ \boldsymbol{0}\end{pmatrix}\boldsymbol{\alpha} - \begin{bmatrix}\boldsymbol{u}\\ \boldsymbol{v}\end{bmatrix}\right\|_2^2 = \left\|\begin{pmatrix}\boldsymbol{R\alpha} - \boldsymbol{u}\\ -\boldsymbol{v}\end{pmatrix}\right\|_2^2 = \|\boldsymbol{R\alpha} - \boldsymbol{u}\|_2^2 + \|\boldsymbol{v}\|_2^2$$

Da $\boldsymbol{\alpha}$ lediglich im ersten Summanden vorkommt, ist die Zielfunktion minimal bezüglich $\boldsymbol{\alpha}$, wenn $\|\boldsymbol{R\alpha} - \boldsymbol{u}\|_2^2 = 0$, also $\boldsymbol{R\alpha} = \boldsymbol{u}$. Da $\boldsymbol{R}$ regulär ist, ist dieses Gleichungssystem eindeutig lösbar. Aufgrund der Dreiecksgestalt von $\boldsymbol{R}$ kann die Lösung effizient mittels Rückwärtseinsetzen berechnet werden. Der Term $\|\boldsymbol{v}\|_2^2$ beschreibt den Fehler der Regression.

Beispiel 5.4 (Approximation einer Sinus-Funktion). In diesem Beispiel gehen wir davon aus, dass wir ein sinusförmiges Signal messen. Dieses ist mit einem normalverteilten Rauschen behaftet: $y_i = \sin(2\pi x_i) + \epsilon_n$, $\epsilon_n \sim \mathcal{N}(0, \sigma^2)$. Um das Signal durch ein Polynom $f(x; \boldsymbol{\alpha}) = \alpha_0 + \alpha_1 x + \alpha_2 x^2 + \ldots$ zu approximieren, wird das Signal an 10 äquidistanten Stellen gemessen. Dies ist in Bild 5.5a dargestellt.

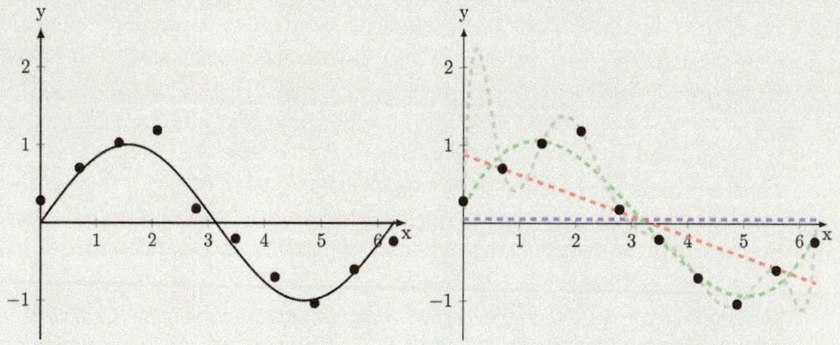

(a) Sinussignal und die mit normalverteiltem (Standardabweichung $\sigma = 0{,}005$) Rauschen behaftete Messwerte

(b) Approximation der Messwerte mit einem Polynom 0. Ordnung (–), 1. Ordnung (–), 3. Ordnung (–) und 9. Ordnung (–)

Bild 5.5 Funktionsapproximationen im Vergleich

Als Approximationskriterium wird die Minimierung des quadratischen Fehlers gewählt. Mit der Methode der kleinsten Quadrate erhalten wir somit das Optimierungsproblem:

$$\min_{\boldsymbol{\alpha}} \sum_{i=1}^{10} \underbrace{\left(f(x_i;\boldsymbol{\alpha}) - y_i\right)}_{=:r_i(\alpha)}^2$$

In diesem Fall ist die Anzahl der Messwerte $n_y = 10$ und die Anzahl der Parameter n_α variierte je nach Modellansatz (im aktuell Beispiel korreliert dies mit dem Grad des Polynoms). Betrachten wir den ersten Fall und somit einen Polynomgrad 0 ($n_\alpha = 1$, $f(x;\alpha_0) = \alpha_0$), so ergibt sich der Residuumsvektor:

$$\boldsymbol{r}(\alpha_0) = \begin{bmatrix} 1 \\ \vdots \\ 1 \end{bmatrix} \alpha_0 - \begin{bmatrix} y_1 \\ \vdots \\ y_{10} \end{bmatrix}$$

Wir haben somit ein lineares Problem, in dem die Matrix $\boldsymbol{A}$ ein 10-dimensionaler Spaltenvektor gefüllt mit Einsen ist. Dementsprechend ist $\boldsymbol{A}^\mathrm{T}\boldsymbol{A}$ ein Skalar mit dem Wert 10 und die Pseudoinverse $\left(\boldsymbol{A}^\mathrm{T}\boldsymbol{A}\right)^{-1}\boldsymbol{A}^\mathrm{T}$ ein Zeilenvektor mit den Werten $\frac{1}{10}$. Somit ist die Lösung des Parameteridentifikationsproblems die Summe der Messwerte durch 10 dividiert. Es wird daher der Mittelwert berechnet, welcher im konkreten Fall den Wert $\alpha_0 \approx 0,06$ annimmt. Dies ist in Bild 5.5b als blaue gestrichelte Linie dargestellt.

Auf analoge Weise können wir die Approximation mit einem linearen Polynom bestimmen. Hier ergibt sich der Residuumsvektor

$$\boldsymbol{r}(\boldsymbol{\alpha}) = \begin{pmatrix} 1 & x_1 \\ \vdots & \\ 1 & x_{10} \end{pmatrix} \begin{bmatrix} \alpha_0 \\ \alpha_1 \end{bmatrix} - \begin{bmatrix} y_1 \\ \vdots \\ y_{10} \end{bmatrix}$$

und es resultieren die Matrizen in den Dimensionen $\boldsymbol{A}^\mathrm{T}\boldsymbol{A} \in \mathbb{R}^{2\times 2}$ sowie $(\boldsymbol{A}^\mathrm{T}\boldsymbol{A})^{-1}\boldsymbol{A}^\mathrm{T} \in \mathbb{R}^{2\times 10}$. Wird letztere Matrix mit den Messwertvektor $\boldsymbol{y}$ multipliziert, ergibt sich die Lösung $\begin{bmatrix} \alpha_0 \\ \alpha_1 \end{bmatrix} = \begin{bmatrix} 0,88 \\ -0,26 \end{bmatrix}$ bzw. $f(x) = 0,88 - 0,26x$. Die Lösung ist in Bild 5.5b in rot dargestellt.

Analog können wir auch die Polynome höherer Ordnung bestimmen. Die Lösungen für ein Polynom 3. und 9. Ordnung sind in Bild 5.5b in grün bzw. schwarz visualisiert. Dieses Beispiel verdeutlicht einige zentrale Aspekte der Approximation durch Polynome.

Einerseits ist ersichtlich, dass Ergebnisse nicht zwangsläufig besser werden, wenn die Ordnung des Polynoms steigt. So spiegelt im Beispiel das kubische Polynom den ursprünglichen Sinus-Verlauf besser als das Polynom neunter Ordnung.

Außerdem zeigt sich ein weiterer Effekt. Polynome hoher Ordnung neigen zur Oszillation. Das bedeutet, dass zwar im Zuge der Minimierung, der Abstand zwischen dem Polynom und den Stützpunkten verringert wird, aber sich zwischen den Stützpunkten äußerst hohe Abweichungen ergeben.

Darüber hinaus, werden mit steigender Polynomordnung auch die Koeffizienten α_i größer. Dies kann ab einer gewissen Größenordnung auch zu Problemen numerischer Natur führen. Daher sollten im Allgemeinen Polynome niedriger Ordnung zur Approximation verwendet werden.

■

Nichtlineare Modellfunktionen

Im Folgenden betrachten wir nichtlineare Modellfunktionen $y = f(x, \boldsymbol{\alpha})$. Einige nichtlineare Probleme können durch Substitution linearisiert werden. Im Anschluss kann das resultierende lineare Problem wie zuvor dargestellt behandelt werden. Ein Beispiel dafür ist $y = \alpha_0 x^{\alpha_1}$, welches durch Logarithmieren in ein parameterlineares System überführt werden kann: $\log(y) = \log(\alpha_0) + \alpha_1 \log(x)$ und mit $\bar{y} = \log(y)$, $\bar{\alpha}_0 = \log(\alpha_0)$, $\bar{\alpha}_1 = \alpha_1$ und $\bar{x} = \log(x)$ ergibt sich $\bar{y} = \bar{\alpha}_0 + \bar{\alpha}_1 \bar{x}$.

Der allgemeine nichtlinearer Fall in Gleichung (5.1) lässt sich meist nicht analytisch lösen. Stattdessen finden hier numerische Lösungsverfahren Anwendung, die speziell zum Lösen des in Gleichung (5.1) dargestellten Problems entwickelt wurden. Einige weit verbreitet numerische Lösungsverfahren werden im Folgenden vorgestellt.

Gauß-Newton-Verfahren

Mit dem Residuenvektor $\boldsymbol{r} = \boldsymbol{f}(\boldsymbol{x}, \boldsymbol{\alpha}) - \boldsymbol{y}$ lässt sich das Optimierungsproblem als

$$\min_{\boldsymbol{\alpha}} \|\boldsymbol{f}(\boldsymbol{x}, \boldsymbol{\alpha}) - \boldsymbol{y}\|_2^2 = \min_{\boldsymbol{\alpha}} \|\boldsymbol{r}(\boldsymbol{x}, \boldsymbol{y}, \boldsymbol{\alpha})\|_2^2 \Longleftrightarrow \min_{\boldsymbol{\alpha}} \underbrace{\boldsymbol{r}(\boldsymbol{x}, \boldsymbol{y}, \boldsymbol{\alpha})^{\mathrm{T}} \boldsymbol{r}(\boldsymbol{x}, \boldsymbol{y}, \boldsymbol{\alpha})}_{R(\boldsymbol{x}, \boldsymbol{y}, \boldsymbol{\alpha})}$$

formulieren. Für ein lokales Minima gelten die hinreichenden Bedingungen:

$$\nabla_{\boldsymbol{\alpha}} R(\boldsymbol{x}, \boldsymbol{y}, \boldsymbol{\alpha}) = 0 \quad \text{und} \quad \boldsymbol{H}_R(\boldsymbol{x}, \boldsymbol{y}, \boldsymbol{\alpha}) \text{ positiv definit}$$

Hierbei bezeichnet $\boldsymbol{H}_R(\boldsymbol{x}, \boldsymbol{y}, \boldsymbol{\alpha})$ die Hesse-Matrix von R bezüglich $\boldsymbol{\alpha}$. Das nichtlineare Gleichungssystem $\nabla_{\boldsymbol{\alpha}} R(\boldsymbol{x}, \boldsymbol{y}, \boldsymbol{\alpha}) \stackrel{!}{=} 0$ kann nun iterativ mithilfe des Newton-Verfahrens gelöst werden, vgl. Abschnitt 4.4.2. Dies führt auf die Iterationsvorschrift:

$$\begin{aligned} \boldsymbol{\alpha}^{[m+1]} &= \boldsymbol{\alpha}^{[m]} + \Delta \boldsymbol{\alpha}^{[m]} \\ \frac{\partial}{\partial \boldsymbol{\alpha}} \left(\nabla_{\boldsymbol{\alpha}} R\left(\boldsymbol{x}, \boldsymbol{y}, \boldsymbol{\alpha}^{[m]}\right)\right) \Delta \boldsymbol{\alpha}^{[m]} &= -\nabla_{\boldsymbol{\alpha}} R\left(\boldsymbol{x}, \boldsymbol{y}, \boldsymbol{\alpha}^{[m]}\right) \end{aligned} \tag{5.4}$$

Der Gradient von R bezüglich $\boldsymbol{\alpha}$ ist:

$$\nabla_{\boldsymbol{\alpha}} R(\boldsymbol{x}, \boldsymbol{y}, \boldsymbol{\alpha}) = \nabla_{\boldsymbol{\alpha}} \|\boldsymbol{r}(\boldsymbol{x}, \boldsymbol{y}, \boldsymbol{\alpha})\|_2^2 = 2 \boldsymbol{J}_{\boldsymbol{r}}(\boldsymbol{x}, \boldsymbol{y}, \boldsymbol{\alpha})^{\mathrm{T}} \boldsymbol{r}(\boldsymbol{x}, \boldsymbol{y}, \boldsymbol{\alpha}) \tag{5.5}$$

Dabei stellt

$$\boldsymbol{J}_{\boldsymbol{r}}(\boldsymbol{x}, \boldsymbol{y}, \boldsymbol{\alpha}) = \begin{pmatrix} \frac{\partial r_1}{\partial \alpha_1} & \frac{\partial r_1}{\partial \alpha_2} & \cdots & \frac{\partial r_1}{\partial \alpha_{n_\alpha}} \\ \frac{\partial r_2}{\partial \alpha_1} & \frac{\partial r_2}{\partial \alpha_2} & \cdots & \frac{\partial r_2}{\partial \alpha_{n_\alpha}} \\ \vdots & \vdots & \ddots & \vdots \\ \frac{\partial r_{n_y}}{\partial \alpha_1} & \frac{\partial r_{n_y}}{\partial \alpha_2} & \cdots & \frac{\partial r_{n_y}}{\partial \alpha_{n_\alpha}} \end{pmatrix} \in \mathbb{R}^{n_y \times n_\alpha}$$

die Jacobi-Matrix des Residuenvektors $\boldsymbol{r}$ bezüglich $\boldsymbol{\alpha}$ dar. Der Ausdruck $\frac{\partial}{\partial \boldsymbol{\alpha}} \left(\nabla_{\boldsymbol{\alpha}} R(\boldsymbol{x}, \boldsymbol{y}, \boldsymbol{\alpha})\right)$ in Gleichung (5.4) entspricht der Hesse-Matrix von R bezüglich $\boldsymbol{\alpha}$:

$$\begin{aligned} \boldsymbol{H}_R(\boldsymbol{x}, \boldsymbol{y}, \boldsymbol{\alpha}) &= \frac{\partial}{\partial \boldsymbol{\alpha}} \left(\nabla_{\boldsymbol{\alpha}} R(\boldsymbol{x}, \boldsymbol{y}, \boldsymbol{\alpha})\right) \\ &= \frac{\partial}{\partial \boldsymbol{\alpha}} \left(2 \boldsymbol{J}_{\boldsymbol{r}}(\boldsymbol{x}, \boldsymbol{y}, \boldsymbol{\alpha})^{\mathrm{T}} \boldsymbol{r}(\boldsymbol{x}, \boldsymbol{y}, \boldsymbol{\alpha})\right) \\ &= 2 \boldsymbol{J}_{\boldsymbol{r}}(\boldsymbol{x}, \boldsymbol{y}, \boldsymbol{\alpha})^{\mathrm{T}} \boldsymbol{J}_{\boldsymbol{r}}(\boldsymbol{x}, \boldsymbol{y}, \boldsymbol{\alpha}) + 2 \sum_{i=1}^{n_y} r_i(\boldsymbol{x}, \boldsymbol{y}, \boldsymbol{\alpha}) \boldsymbol{H}_{r_i}(\boldsymbol{x}, \boldsymbol{y}, \boldsymbol{\alpha}) \end{aligned} \tag{5.6}$$

Dabei ist $\boldsymbol{H}_{r_i}(\boldsymbol{x}, \boldsymbol{y}, \boldsymbol{\alpha}) \in \mathbb{R}^{n_\alpha \times n_\alpha}$ die Hesse-Matrix des i-ten Eintrags des Residuenvektors r_i bezüglich $\boldsymbol{\alpha}$. Sie wird über

$$\boldsymbol{H}_{r_i}(\boldsymbol{x}, \boldsymbol{y}, \boldsymbol{\alpha}) = \left(\frac{\partial^2 r_i}{\partial \alpha_j \partial \alpha_l} \right)_{1 \leq j, l \leq n_\alpha}$$

berechnet.

Setzen wir Gleichung (5.5) und Gleichung (5.6) in die Iterationsvorschrift aus Gleichung (5.4) ein, erhalten wir:

$$\begin{aligned} \left(\boldsymbol{J}_{\boldsymbol{r}}\left(\boldsymbol{x}, \boldsymbol{y}, \boldsymbol{\alpha}^{[m]}\right)^{\mathrm{T}} \boldsymbol{J}_{\boldsymbol{r}}\left(\boldsymbol{x}, \boldsymbol{y}, \boldsymbol{\alpha}^{[m]}\right) + \textstyle\sum_{i=1}^{n_y} r_i\left(\boldsymbol{x}, \boldsymbol{y}, \boldsymbol{\alpha}^{[m]}\right) \boldsymbol{H}_{r_i}\left(\boldsymbol{x}, \boldsymbol{y}, \boldsymbol{\alpha}^{[m]}\right) \right) \Delta \boldsymbol{\alpha}^{[m]} \\ = -\boldsymbol{J}_{\boldsymbol{r}}\left(\boldsymbol{x}, \boldsymbol{y}, \boldsymbol{\alpha}^{[m]}\right)^{\mathrm{T}} \boldsymbol{r}\left(\boldsymbol{x}, \boldsymbol{y}, \boldsymbol{\alpha}^{[m]}\right) \end{aligned} \tag{5.7}$$

Im **Gauß-Newton-Verfahren** gehen wir nun davon aus, dass der Modellansatz kompatibel zu den Messwerten ist und somit der Fehler $\boldsymbol{r}(\boldsymbol{x}, \boldsymbol{y}, \boldsymbol{\alpha}) = \boldsymbol{f}(\boldsymbol{x}, \boldsymbol{\alpha}) - \boldsymbol{y}$ im Optimum vernachlässigbar klein ist. Damit vereinfacht sich der Ausdruck aus Gleichung (5.6) für $\boldsymbol{H}_R(\boldsymbol{x}, \boldsymbol{y}, \boldsymbol{\alpha})$ zu

$$\boldsymbol{H}_R(\boldsymbol{x}, \boldsymbol{y}, \boldsymbol{\alpha}) = \boldsymbol{J}_{\boldsymbol{r}}(\boldsymbol{x}, \boldsymbol{y}, \boldsymbol{\alpha})^{\mathrm{T}} \boldsymbol{J}_{\boldsymbol{r}}(\boldsymbol{x}, \boldsymbol{y}, \boldsymbol{\alpha})$$

und Gleichung (5.7) zu:

$$\boldsymbol{J}_{\boldsymbol{r}}\left(\boldsymbol{x}, \boldsymbol{y}, \boldsymbol{\alpha}^{[m]}\right)^{\mathrm{T}} \boldsymbol{J}_{\boldsymbol{r}}\left(\boldsymbol{x}, \boldsymbol{y}, \boldsymbol{\alpha}^{[m]}\right) \Delta \boldsymbol{\alpha}^{[m]} = -\boldsymbol{J}_{\boldsymbol{r}}\left(\boldsymbol{x}, \boldsymbol{y}, \boldsymbol{\alpha}^{[m]}\right)^{\mathrm{T}} \boldsymbol{r}\left(\boldsymbol{x}, \boldsymbol{y}, \boldsymbol{\alpha}^{[m]}\right) \tag{5.8}$$

Somit entfällt die Berechnung der Hesse-Matrizen $\boldsymbol{H}_{r_i}(\boldsymbol{x}, \boldsymbol{y}, \boldsymbol{\alpha})$. Es wird daher auch von einem **Quasi-Newton-Verfahren** gesprochen. Aufgrund der Approximation der Ableitung reduziert sich die quadratische Konvergenz des Newton-Verfahrens auf eine lineare Konvergenz bei dem Gauß-Newton Verfahren.

Um die Schrittweite $\Delta \boldsymbol{\alpha}^{[m]}$ zu bestimmen muss das Gleichungssystem aus Gleichung (5.8) gelöst werden. Wie im linearen Fall kann dies z. B. mithilfe eines CG-Verfahren oder einer QR-Zerlegung geschehen. Aus numerischer Sicht nicht zu empfehlen ist dagegen eine direkte Berechnung der Pseudoinversen $\left(\boldsymbol{J}_{\boldsymbol{r}}^{\mathrm{T}} \boldsymbol{J}_{\boldsymbol{r}}\right)^{-1} \boldsymbol{J}_{\boldsymbol{r}}^{\mathrm{T}}$.

Levenberg-Marquardt-Algorithmus

Ein Problem des Gauß-Newton Verfahrens ist, dass der Fehler welcher aus der Linearisierung der Hesse-Matrix folgt, mit zunehmender Schrittweite $\Delta \boldsymbol{\alpha}$ steigt. Damit ist die Approximation ab einem gewissen Wert nicht mehr gerechtfertigt. Der Levenberg-Marquardt-Algorithmus kombiniert das Gauß-Newton Verfahren mit einer Regularisierungstechnik, welche eine Dämpfung der Schrittweite $\Delta \boldsymbol{\alpha}$ bewirkt. Der Algorithmus konvergiert robuster als das Gauß-Newton Verfahren, jedoch sind die Konvergenzeigenschaften im Allgemeinen schlechter als beim Gauß-Newton Verfahren. Insbesondere bei Startwerten nahe des Minimums konvergiert der Levenberg-Marquardt-Algorithmus oft etwas langsamer. Levenbergs Beitrag beschreibt die Ergänzung des Gauß-Newton-Verfahrens um einen Dämpfungsterm in der Form:

$$\left(\boldsymbol{J}_{\boldsymbol{r}}\left(\boldsymbol{x}, \boldsymbol{y}, \boldsymbol{\alpha}^{[m]}\right)^{\mathrm{T}} \boldsymbol{J}_{\boldsymbol{r}}\left(\boldsymbol{x}, \boldsymbol{y}, \boldsymbol{\alpha}^{[m]}\right) + \gamma \boldsymbol{I} \right) \Delta \boldsymbol{\alpha}^{[m]} = -\boldsymbol{J}_{\boldsymbol{r}}\left(\boldsymbol{x}, \boldsymbol{y}, \boldsymbol{\alpha}^{[m]}\right)^{\mathrm{T}} \boldsymbol{r}\left(\boldsymbol{x}, \boldsymbol{y}, \boldsymbol{\alpha}^{[m]}\right)$$

Der Dämpfungsfaktor γ ist ein nicht-negativer Faktor. Sehr kleine Werte von γ nähern den Algorithmus einem Gauß-Newton-Verfahren an. Große Werte von γ nähern den Algorithmus einem Gradientenabstiegsverfahren an. Das bedeutet, um Konvergenz zu gewährleisten sollte γ nicht zu klein gewählt werden. Allerdings führen zu große Werte für γ zu einer langsamen Konvergenz. Effiziente Implementierungen passen daher γ in jeder Iteration an. So können z. B. die folgenden Regeln verwendet werden:

- Wenn $\|\Delta\boldsymbol{\alpha}\|_2 < \Delta$ wird γ vergrößert.
- Wenn $\|\Delta\boldsymbol{\alpha}\|_2 > \Delta$ wird γ verkleinert.

Hierbei ist Δ ein zu wählender Schwellwert. Unterschiede zwischen dem Gauß-Newton und dem Levenberg-Marquardt Verfahren werden exemplarisch im nachfolgenden Beispiel illustriert.

Beispiel 5.5 (Gauß-Newton vs. Levenberg-Marquardt). Hier wollen wir die Radaufhängung aus Beispiel 4.1 aufgreifen. Es lässt sich zeigen, dass $y(t) = Ce^{-\delta t}\sin(\omega t + \varphi_0)$ die lineare Differentialgleichung löst, siehe Abschnitt 4.2. Ziel ist es nun die Parameter $\boldsymbol{\alpha} = [C, \delta, \omega, \varphi_0]^{\mathrm{T}}$ anhand von Messwerten zu bestimmen. Dies verdeutlicht Bild 5.6a. Zur Bestimmung der Parameter $\boldsymbol{\alpha}$ muss ein Startwert gewählt werden. Wie oben diskutiert, ist für das Gauß-Newton-Verfahren eine relativ gute Anfangsschätzung notwendig, um die Konvergenz zu garantieren. Hier wählen wir $\boldsymbol{\alpha}^{[0]} = [0,1; 30; 70; 0,4]^{\mathrm{T}}$. Wählen wir weiterhin ein festes $\gamma = 0,01$ im Levenberg-Marquardt-Algorithmus resultieren jeweils nach 10 Iterationen die in Bild 5.6b dargestellten Ergebnisse.

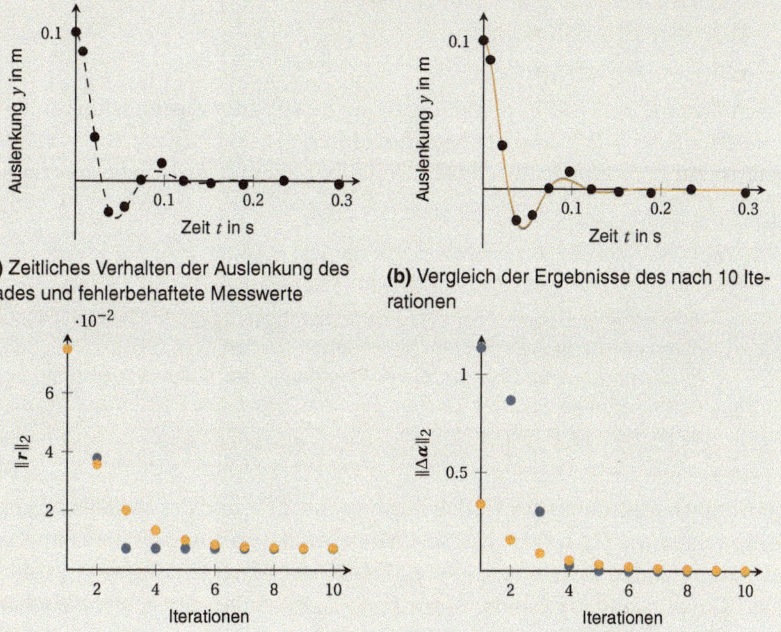

(a) Zeitliches Verhalten der Auslenkung des Rades und fehlerbehaftete Messwerte

(b) Vergleich der Ergebnisse des nach 10 Iterationen

(c) Entwicklung der Norm des Fehlers $\|\boldsymbol{r}\|_2$ über die Iterationen

(d) Entwicklung der Norm der Schrittweite $\|\Delta\boldsymbol{\alpha}\|_2$ über die Iterationen

Bild 5.6 Vergleich der Parameteridentifikation zwischen Gauß-Newton-Verfahren (blau) und Levenberg-Marquardt-Algorithmus (orange) anhand der Radaufhängung

Beide Verfahren liefern adäquate Ergebnisse mit $\boldsymbol{\alpha}^{[10]} = [0,11;29,23;69,81;1,14]^{\mathrm{T}}$ beim Gauß-Newton-Verfahren und $\boldsymbol{\alpha}^{[10]} = [0,11;30,01;70,01;1,13]^{\mathrm{T}}$ beim Levenberg-Marquardt-Algorithmus. Die Unterschiede der beiden Verfahren werden deutlich bei Betrachtung der Verläufe der Fehler $\|\boldsymbol{r}\|_2$ und der Schrittweiten $\|\Delta\boldsymbol{\alpha}\|_2$, siehe Bild 5.6c und 5.6d. Wie oben erläutert limitiert der Regularisierungsterm die Schrittweite. Dies führt dazu, dass der Levenberg-Marquardt-Algorithmus langsamer konvergiert und der resultierende Fehler nach 10 Iterationen mit $\|\boldsymbol{r}^{[10]}\|_2 \approx 0,0074$ etwas höher ist als beim Gauß-Newton-Verfahren mit $\|\boldsymbol{r}^{[10]}\|_2 \approx 0,0073$. Die Stärke des Levenberg-Marquardt-Verfahrens zeigt sich, wenn die Startwertschätzung verschlechtert wird. Mit $\boldsymbol{\alpha}^{[0]} = [1.0;100;100;1,0]^{\mathrm{T}}$ liefert der Algorithmus nach 10 Iterationen die Parameters $\boldsymbol{\alpha}^{[10]} = [0,21;99,99;99,98;0,48]^{\mathrm{T}}$ mit einem Fehler $\|\boldsymbol{r}^{[10]}\|_2 \approx 0,03$, wohingegen das Gauß-Newton-Verfahren divergiert und keine akzeptable Lösung ergibt. ■

5.2.2 Dynamische Parameteridentifikation

Oftmals werden **dynamische Systeme** zur Bildung mathematischer Modelle verwendet, wie in Kapitel 6 ausführlich dargestellt. Um möglichst generische Modelle zu erhalten, hängen die Systeme dabei in der Regel von Modellparametern $\boldsymbol{p} \in \mathbb{R}^{n_p}$ ab. In diesem Sinne erweitern wir die Definition dynamischer Systeme aus Abschnitt 4.2 zu

$$\begin{aligned} \dot{\boldsymbol{x}}(t) &= \boldsymbol{f}\big(t, \boldsymbol{x}(t), \boldsymbol{u}(t), \boldsymbol{p}\big) \\ \boldsymbol{y}(t) &= \boldsymbol{h}\big(t, \boldsymbol{x}(t), \boldsymbol{u}(t), \boldsymbol{p}\big) \end{aligned}$$

mit dem Zustand $\boldsymbol{x}(t) \in \mathbb{R}^{n_x}$, dem Eingang $\boldsymbol{u}(t) \in \mathbb{R}^{n_u}$, der Zustandsfunktion $\boldsymbol{f} : [t_0, t_f] \times \mathbb{R}^{n_x} \times \mathbb{R}^{n_u} \times \mathbb{R}^{n_p} \to \mathbb{R}^{n_x}$ und der Messfunktion $\boldsymbol{h} : [t_0, t_f] \times \mathbb{R}^{n_x} \times \mathbb{R}^{n_u} \times \mathbb{R}^{n_p} \to \mathbb{R}^{n_y}$. Im Gegensatz zur Definition in Abschnitt 4.2 erlauben wir nun auch nicht-autonome Systeme.

! Wenn die Funktion $\boldsymbol{f}$ nicht explizit von der Zeit abhängt, d. h. $\boldsymbol{f} = \boldsymbol{f}\big(\boldsymbol{x}(t), \boldsymbol{u}(t), \boldsymbol{p}\big)$, sprechen wir von einem autonomen System.

- Ein einzelner Roboter, der eine Positionierungsaufgabe erfüllen soll, kann durch ein autonomes System beschrieben werden.
- Für einen weiteren Roboter, der das Verhalten des ersten berücksichtigen muss, wird dies über die Zeitvariable t modelliert. Die Positionierungsaufgabe ist dann nicht mehr autonom.

■

Gegeben seien Messdaten des Modelleingangs $\bar{\boldsymbol{u}}_i \in \mathbb{R}^{n_u}$ und des Modellausgangs $\bar{\boldsymbol{y}}_i \in \mathbb{R}^{n_y}$ zu Zeitpunkten $t_i \in [t_0, t_f]$, $i = 1, \ldots, n_t$. Wir gehen davon aus, dass die Zeitpunkte aufsteigend sortiert sind, d. h. $t_1 < t_2 < \cdots < t_{n_t}$. Meist ist es zweckmäßig $t_0 = t_1$ und $t_f = t_{n_t}$ zu wählen. Gesucht sind die Parameter p_j, $j = 1, \ldots, n_p$, sodass der Fehler zwischen dem Modellausgang und den Daten möglichst gering ist.

Mit der Methode der kleinsten Quadrate (siehe Abschnitt 5.2.1) erhalten wir das Optimierungsproblem:

$$\min_{\boldsymbol{x}, \boldsymbol{p}} \sum_{i=1}^{n_t} \big\|\bar{\boldsymbol{y}}_i - \boldsymbol{h}\big(t_i, \boldsymbol{x}(t_i; \boldsymbol{p}), \bar{\boldsymbol{u}}_i, \boldsymbol{p}\big)\big\|_2^2 \tag{5.9a}$$

$$\text{unter} \quad \dot{\boldsymbol{x}}(t) = \boldsymbol{f}(t, \boldsymbol{x}(t), \bar{\boldsymbol{u}}(t), \boldsymbol{p}) \tag{5.9b}$$

Zum Auswerten der Zustandsgleichung (5.9b) muss der Modelleingang $\boldsymbol{u}$ zu beliebigen Zeitpunkten bekannt sein. Im Allgemeinen liegt er jedoch nur in Form diskreter Messpunkte $\bar{\boldsymbol{u}}_i$ vor. Deshalb müssen die Messpunkte, z. B. mithilfe einer Interpolation, kontinuierlich fortgesetzt werden. Mit $\bar{\boldsymbol{u}}: [t_0, t_f] \to \mathbb{R}^{n_u}$ bezeichnen wir die kontinuierliche Fortsetzung der Daten $\bar{\boldsymbol{u}}_i$. Im Regelfall nutzen wir hierfür eine Interpolation der Messdaten.

Im Gegensatz zu den Optimierungsproblemen aus Abschnitt 5.1 hat das dynamische Parameteridentifikationsproblem aus Gleichung (5.9) eine Differentialgleichung als Nebenbedingung. Nur in Ausnahmefällen ist es wie in Beispiel 5.5 möglich, die Zustandsgleichung analytisch zu lösen. Daher können die Methoden aus Abschnitt 5.1 nicht ohne Weiteres angewendet werden. Ein bewährter Lösungsansatz ist es stattdessen, das dynamische Parameteridentifikationsproblem aus Gleichung (5.9) in ein statisches Parameteridentifkationsproblem zu transformieren. Für das statische Problem können wir dann die Theorie aus den vorigen Abschnitten anwenden und z. B. die Algorithmen aus Abschnitt 5.2.1 nutzen.

Schießverfahren

Eine naheliegende Idee zum Lösen des dynamischen Parameteridentifikationsproblems aus Gleichung (5.9) ist die Folgende. Wir behandeln das Problem, als wäre es ein statisches Parameteridentifikationsproblem und nutzen ein iteratives Verfahren, wie das Gauß-Newton-Verfahren oder den Levenberg-Marquardt-Algorithmus um es zu lösen.

Wenn während des Verfahrens die Lösung der Differentialgleichung benötigt wird, um z. B. die Zielfunktion auszuwerten, nutzen wir ein numerisches Verfahren um die Differentialgleichung zu lösen, siehe Abschnitt 4.2.3.

Dieses Vorgehen wird im Allgemeinen als Schießverfahrern bezeichnet. Die einfachste Variante eines Schießverfahrerns stellt das Einfachschießverfahren dar.

Einfachschießverfahren

Formal führt obige Überlegung auf das unbeschränkte Optimierungsproblem:

$$\min_{\boldsymbol{x}_0, \boldsymbol{p}} \sum_{i=1}^{n_t} \left\| \bar{\boldsymbol{y}}_i - \boldsymbol{h}\left(t_i, \boldsymbol{x}(t_i; \boldsymbol{x}_0, \boldsymbol{p}), \bar{\boldsymbol{u}}_i, \boldsymbol{p}\right) \right\|_2^2 \tag{5.10}$$

Hierbei bezeichnet $\boldsymbol{x}(t; \boldsymbol{x}_0, \boldsymbol{p})$ die Lösung der Anfangswertaufgabe:

$$\begin{aligned} \dot{\boldsymbol{x}}(t) &= \boldsymbol{f}(t, \boldsymbol{x}(t), \bar{\boldsymbol{u}}(t), \boldsymbol{p}), \qquad t \in [t_0, t_f] \\ \dot{\boldsymbol{x}}(t_0) &= \boldsymbol{x}_0 \end{aligned}$$

Das Einfachschießverfahren ist in Bild 5.7 visualisiert. Zur einfacheren Darstellung wird in dem Beispiel die Messfunktion $\boldsymbol{h}(t, \boldsymbol{x}(t), \boldsymbol{u}(t), \boldsymbol{p}) = \boldsymbol{x}(t)$ betrachtet, d. h. es wird direkt der Zustand des Systems gemessen.

Abhängig vom Anfangswert $\boldsymbol{x}_0$ und dem Modellparameter $\boldsymbol{p}$ (in dem Bild nicht dargestellt) wird das Anfangswertproblem gelöst und die Trajektorie $\boldsymbol{x}(t; \boldsymbol{x}_0, \boldsymbol{p})$ berechnet (gestrichelte blaue Linie).

Mit einem Optimierungsalgorithmus werden dann die optimalen Werte $\boldsymbol{x}_0^\star$ und $\boldsymbol{p}^\star$ bestimmt, sodass die zugehörige Trajektorie $\boldsymbol{x}(t; \boldsymbol{x}_0^\star, \boldsymbol{p}^\star)$ (durchgezogene blaue Linie) den Fehler zu den Messdaten (orangefarbene Punkte) minimiert.

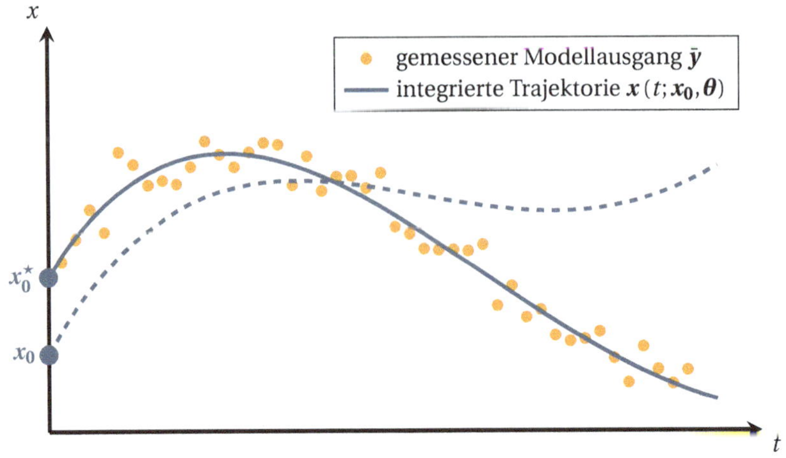

Bild 5.7 Illustration des Einfachschießverfahrens

In Problem (5.10) ist der Anfangswert $\boldsymbol{x}_0$ eine freie Optimierungsvariable. Ist der exakte Wert des Anfangswertes bekannt oder liegen zumindest Schranken für den vor, so kann dies als Nebenbenbedingung in die Problemformulierung aufgenommen werden. Desweiteren lässt sich das Optimierungsproblem auch um Bedingungen an die Modellparameter $\boldsymbol{p}$ erweitern. Allgemein erhalten wir so das Optimierungsproblem

$$\begin{aligned}\min_{\boldsymbol{x}_0,\boldsymbol{p}} \quad & \sum_{i=1}^{n_t} \left\| \bar{\boldsymbol{y}}_i - \boldsymbol{h}\left(t_i, \boldsymbol{x}(t_i;\boldsymbol{x}_0,\boldsymbol{p}), \bar{\boldsymbol{u}}_i, \boldsymbol{p}\right) \right\|_2^2 \\ \text{unter} \quad & \boldsymbol{g}\left(\boldsymbol{x}_0,\boldsymbol{p}\right) = 0,\end{aligned}$$

mit den Nebenbedingungen $\boldsymbol{g} : \mathbb{R}^{n_x} \times \mathbb{R}^{n_p} \to \mathbb{R}^{n_g}$.

Das Einfachschießverfahren erscheint zwar intuitiv, hat aber mehrere Nachteile.

Erstens ist die Zielfunktion von Problem (5.10) im Allgemeinen **hochgradig nichtlinear**. Sie wirkt zwar auf den ersten Blick quadratisch, doch hinter dem Zustand $\boldsymbol{x}(t;\boldsymbol{x}_0,\boldsymbol{p})$ verbirgt sich meist eine iterative Funktionsvorschrift. So hat die Näherungslösung selbst für das einfache explizite Euler-Verfahren bereits für den zweiten Zeitpunkt die Gestalt:

$$\begin{aligned}\boldsymbol{x}(t_2;\boldsymbol{x}_0,\boldsymbol{p}) &= \boldsymbol{x}(t_1;\boldsymbol{x}_0,\boldsymbol{p}) + h\boldsymbol{f}(t_1, \boldsymbol{x}(t_1;\boldsymbol{x}_0,\boldsymbol{p}), \bar{\boldsymbol{u}}(t_1), \boldsymbol{p}) \\ &= \boldsymbol{x}_0 + h\boldsymbol{f}(t_0, \boldsymbol{x}_0, \bar{\boldsymbol{u}}(t_0), \boldsymbol{p}) + h\boldsymbol{f}\left(t_1, \boldsymbol{x}_0 + h\boldsymbol{f}(t_0, \boldsymbol{x}_0, \bar{\boldsymbol{u}}(t_0), \boldsymbol{p}), \bar{\boldsymbol{u}}(t_1), \boldsymbol{p}\right)\end{aligned}$$

Mit jedem weiteren Zeitschritt erhalten wir einen weiteren verschachtelten Aufruf der Funktion $\boldsymbol{f}$. Insgesamt ist der Zustand $\boldsymbol{x}(t;\boldsymbol{x}_0,\boldsymbol{p})$ damit eine Verkettung vieler nichtlinearer Funktionen. Für Verfahren höherer Ordnung, implizite Verfahren oder Verfahren mit Schrittweitensteuerung ist die Vorschrift noch komplexer und beinhaltet womöglich das Lösen linearer Gleichungssysteme. Infolge der komplizierten Zielfunktion ist das Optimierungsproblem aus Gleichung (5.10) in der Regel nicht konvex, weist viele lokale Minima auf und die numerische Berechnung der Gradienten gestaltet sich als schwierig. Numerisch gute Lösung für Problem (5.10) zu finden, ist daher schwierig.

Zweitens ist die Lösung der Zustandsgleichung oft empfindlich gegenüber Störungen im Anfangszustand und den Modellparametern. Außerdem führt die numerische Lösung unweigerlich zu Fehlern.

Dadurch werden die Auswirkungen schlechter Startwerte für Anfangszustand und Modellparameter noch verstärkt. Zudem kann die Integration aufgrund von numerischen Instabilitäten fehlschlagen. Dieses Problem tritt besonders dann auf, wenn die Zustandsgleichung über einen großen Zeithorizont gelöst werden muss. Das Mehrfachschießverfahren versucht diese Problematik zu umgehen.

Bei all den Nachteilen sei darauf hingewiesen, dass das Einfachschießverfahren hochgenaue Parameterschätzungen liefern kann, sofern der Optimierungsalgorithmus in ein gutes Minimum konvergiert. Dies ist insbesondere bei **guten Startschätzungen** für $\boldsymbol{x}_0$ und $\boldsymbol{p}$ häufig der Fall.

Mehrfachschießverfahren

Die Idee des Mehrfachschießverfahrens ist es, den Zeithorizont $[t_0, t_f]$ in kleinere Teile aufzuteilen und die Zustandsgleichung auf den **Teilstücken zu lösen**. Dazu führen wir sogenannte Mehrzielknoten $t_0 = s_1 < \cdots < s_{n_s} < t_{n_t}$ ein. Sie unterteilen den Zeithorizont in n_s Zeitintervalle:

$$T_1 = [s_1, s_2], \quad T_2 = [s_2, s_3], \quad \ldots \quad , T_{n_s-1} = [s_{n_s-1}, s_{n_s}], \quad T_{n_s} = [s_{n_s}, t_f]$$

Auf jedem Zeitintervall lösen wir die Anfangswertaufgabe:

$$\begin{aligned} \dot{\boldsymbol{x}}(t) &= \boldsymbol{f}(t, \boldsymbol{x}(t), \bar{\boldsymbol{u}}(t), \boldsymbol{p}), \quad t \in T_l \\ \dot{\boldsymbol{x}}(s_l) &= \boldsymbol{x}_{0l} \end{aligned}$$

Mit $\boldsymbol{x}_l(t; \boldsymbol{x}_{0l}, \boldsymbol{p})$ bezeichnen wir die Lösung der Anfangswertaufgabe auf dem l-ten Zeitintervall. Damit diese Teiltrajektorien auch eine stetige Lösung auf dem gesamten Zeithorizont bilden, müssen die Stetigkeitsbedingungen

$$\boldsymbol{x}_l(t; \boldsymbol{x}_{0l}, \boldsymbol{p}) = \boldsymbol{x}_{0l} \quad \text{für} \quad i = 1, \ldots, n_s - 1$$

erfüllt sein. Zusammenfassend erhalten wir das Optimierungsproblem:

$$\begin{aligned} \min_{\boldsymbol{x}_{01}, \ldots, \boldsymbol{x}_{0n_s}, \boldsymbol{p}} \quad & \sum_{l=1}^{n_s} \sum_{t_i \in T_l} \left\| \bar{\boldsymbol{y}}_i - \boldsymbol{h}\left(t_i, \boldsymbol{x}_l(t_i; \boldsymbol{x}_{0l}, \boldsymbol{p}), \bar{\boldsymbol{u}}_i, \boldsymbol{p}\right) \right\|_2^2 \\ \text{unter} \quad & \boldsymbol{x}_l(t; \boldsymbol{x}_{0l}, \boldsymbol{p}) = \boldsymbol{x}_{0l}, \qquad l = 1, \ldots, n_s - 1 \end{aligned} \tag{5.11}$$

Gleichung 5.11 beschreibt ein gleichungsbeschränktes Optimierungsproblem und kann z. B. mit einem SQP Verfahren gelöst werden, siehe Abschnitt 5.1. Wie beim Einfachschießverfahren kann die Problemformulierung um Beschränkungen an die Anfangswerte und Modellparameter ergänzt werden.

In Bild 5.8 ist das Mehrfachschießverfahren visualisiert. Zur einfacheren Darstellung wird erneut die Messfunktion $\boldsymbol{h}(t, \boldsymbol{x}(t), \boldsymbol{u}(t), \boldsymbol{p}) = \boldsymbol{x}(t)$ betrachtet. In dem Beispiel wird der Zeithorizont mithilfe dreier Mehrzielknoten s_1, s_2 und s_3 in die drei Zeitintervalle T_1, T_2 und T_3 unterteilt. In jedem Mehrzielknoten wird die Integration der Zustandsgleichung mit einem Anfangswert $\boldsymbol{x}_{0l}$, $l = 1, 2, 3$, neu gestartet. Auf diese Weise erhalten wir drei Trajektorien $\boldsymbol{x}_l(t; \boldsymbol{x}_{0l}, \boldsymbol{p})$ (gestrichelte blaue Linien), die an den Mehrzielknoten im Allgemeinen nicht stetig ineinander übergehen.

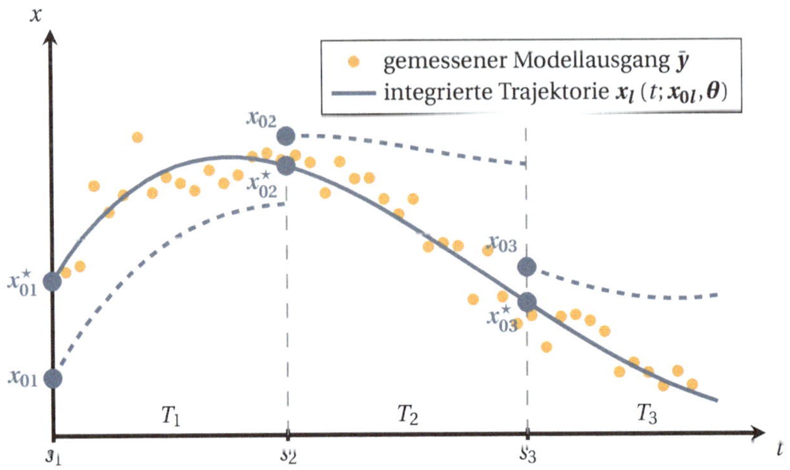

Bild 5.8 Illustration des Mehrfachschießverfahrens mit drei Mehrzielknoten

Mit einem Optimierungsalgorithmus werden dann die optimalen Werte $\boldsymbol{x}^\star_{0l}$ und $\boldsymbol{p}^\star$ bestimmt, sodass die zugehörigen Trajektorien $\boldsymbol{x}_l\left(t; \boldsymbol{x}^\star_{0l}, \boldsymbol{p}^\star\right)$ (durchgezogene blaue Linien) den Fehler zu den Messdaten (orangefarbene Punkte) minimieren. Dabei muss für die optimalen Trajektorien wie im Bild dargestellt gelten, dass sie in den Mehrzielknoten stetig ineinander übergehen. Weil die Zustandsgleichung beim Mehrfachschießverfahren auf kleineren Zeitintervallen gelöst wird als beim Einfachschießverfahren, ist das Verfahren robuster gegenüber Fehlern in der Integration. Ein weiterer Vorteil besteht darin, dass die Nebenbedingungen während des Optimierungsprozesses nicht erfüllt sein müssen. Lediglich in der optimalen Lösung muss die **Stetigkeit der Teiltrajektorien** erfüllt sein. Diese Freiheit ermöglicht es, während der Optimierung näher an den Messdaten zu bleiben und verringert die Wahrscheinlichkeit, in einem lokalen Minimum zu enden.

Gradientenberechnung im Schießverfahren

In der Regel werden die Optimierungsprobleme (5.10) und (5.11) mittels gradientenbasierter Optimierungsverfahren gelöst. Hierfür werden die Ableitungen der Lösung der Zustandsgleichung bzgl. der Modellparameter, die sogenannten **Sensitivitäten**

$$\boldsymbol{s}_i = \frac{\partial \boldsymbol{x}(t; \boldsymbol{x}_0, \boldsymbol{p})}{\partial p_i}, \qquad i = 1, \ldots, n_p,$$

benötigt. Die Berechnung von s_i kann zum Beispiel mithilfe eines Differenzenquotienten approximiert werden. Im einfachsten Fall ist dies der Vorwärts-Differenzenquotient:

$$s_i \approx \frac{\boldsymbol{x}(t; \boldsymbol{x}_0, \boldsymbol{p} + \Delta \boldsymbol{p}) - \boldsymbol{x}(t; \boldsymbol{x}_0, \boldsymbol{p})}{\Delta \boldsymbol{p}} \tag{5.12}$$

Die so erhaltenen Sensitivitäten sind mitunter ungenau. Genauere Ergebnisse lassen sich durch Lösen der **Sensitivitätsgleichung**

$$\dot{\boldsymbol{s}}_i = \frac{\partial \boldsymbol{f}}{\partial \boldsymbol{x}} \boldsymbol{s}_i + \frac{\partial \boldsymbol{f}}{\partial \boldsymbol{p}_i}, \quad \boldsymbol{s}_i(t_0) = \frac{\partial \boldsymbol{x}_0}{\partial \boldsymbol{p}_i} \tag{5.13}$$

erzielen.

Zur Lösung des Optimierungsproblems bei Schießverfahren müssen somit zum einen zur Auswertung der Zielfunktion bzw. der Nebenbedingungen die Zustandsgleichung gelöst werden. Zum anderen müssen zur Berechnung der für die Optimierung benötigten Ableitungen entweder die gestörten Zustandsgleichungen des Differenzenquotienten (5.12) oder die Sensitivitätsgleichungen (5.12) gelöst werden. Dies geschieht im Regelfall mithilfe numerische Verfahren. Hierbei ist darauf zu achten, dass alle Integrationen konsistent zueinander sind, da es sonst zu numerischen Problemen kommen kann. Dazu muss insbesondere das Integrationsgitter dasselbe sein. Bei Integrationsverfahren mit Schrittweitensteuerung kann dies im Allgemeinen nicht garantiert werden. Daher ist es am einfachsten, das Integrationsgitter zu fixieren. Wenn ein Integrationsverfahren mit Schrittweitensteuerung genutzt werden soll, können alle Differentialgleichungen in einem großen System zusammengefasst und simultan gelöst werden, um dasselbe Integrationsgitter zu garantieren.

Volle Diskretisierung

Beim Ansatz der vollen Diskretisierung wird das dynamische Parameteridentifikationsproblem mithilfe einer Diskretisierung des Zeithorizonts in ein endlich-dimensionales Optimierungsproblem transformiert. Hierzu führen wir die Diskretisierungszeitpunkte $t_0 = \tau_1 < \cdots < \tau_{n_\tau} = t_{n_t}$ ein. **Jedem diskreten Zeitpunkt wird eine diskrete Zustandsvariable $\boldsymbol{x}_l \in \mathbb{R}^{n_x}$, $l = 1, \ldots, n_\tau$, zugeordnet.** Das Ziel ist es, dass diese diskreten Zustandsvariablen eine Lösung der Zustandsgleichung approximieren. Dies erreichen wir beim Ansatz der vollen Diskretisierung damit, dass sie die Vorschrift eines Einschrittverfahrens

$$\boldsymbol{x}_l = \boldsymbol{x}_l + h_l \boldsymbol{\varphi}_f\left(\tau_l, \tau_{l+1}, \boldsymbol{x}_l, \boldsymbol{x}_{l+1}, \boldsymbol{p}\right), \quad \text{für} \quad l = 1, \ldots, n_\tau - 1,$$

erfüllen. Hierbei ist $h_l = \tau_{l+1} - \tau_l$ die Schrittweite und die Funktion $\boldsymbol{\varphi}_f$ charakterisiert dabei das Einschrittverfahren. Für das explizite Euler-Verfahren gilt z. B.:

$$\boldsymbol{\varphi}_f\left(\tau_l, \tau_{l+1}, \boldsymbol{x}_l, \boldsymbol{x}_{l+1}, \boldsymbol{p}\right) = \boldsymbol{\varphi}_f\left(\tau_l, \boldsymbol{x}_l, \boldsymbol{p}\right) = f\left(\tau_l, \boldsymbol{x}_l, \bar{\boldsymbol{u}}(\tau_l), \boldsymbol{p}\right)$$

Der Ansatz führt auf das Optimierungsproblem:

$$\begin{aligned} \min_{\boldsymbol{x}_1, \ldots, \boldsymbol{x}_{n_\tau}, \boldsymbol{p}} \quad & \sum_{i=1}^{n_t} \left\| \bar{\boldsymbol{y}}_i - \boldsymbol{h}\left(t_i, \boldsymbol{x}\left(t_i; \boldsymbol{x}_1, \ldots, \boldsymbol{x}_{n_\tau}\right), \bar{\boldsymbol{u}}_i, \boldsymbol{p}\right) \right\|_2^2 \\ \text{unter} \quad & \boldsymbol{x}_l = \boldsymbol{x}_l + h_l \boldsymbol{\varphi}_f\left(\tau_l, \tau_{l+1}, \boldsymbol{x}_l, \boldsymbol{x}_{l+1}, \boldsymbol{p}\right), \qquad l = 1, \ldots, n_\tau - 1 \end{aligned} \tag{5.14}$$

Hierbei ist $\boldsymbol{x}\left(t_i; \boldsymbol{x}_1, \ldots, \boldsymbol{x}_{n_\tau}\right)$ eine Interpolation der diskreten Zustandsvariablen auf die Zeitpunkte der Messdaten. Im einfachsten Fall ist dies eine lineare Interpolation. Allerdings stehen mit der Zustandsfunktion $\boldsymbol{f}$ auch die Ableitungswerte an den Diskretisierungspunkten zur Verfügung. Dies ermöglicht eine genauere Interpolation mithilfe eines kubisch hermiteschen Splines. Wenn die Datenzeitpunkte in der Menge der Diskretisierungszeitpunkten enthalten ist, muss nicht interpoliert werden. Wie bei Schießverfahren kann die Problemformulierung um Beschränkungen an die Anfangswerte und Modellparameter ergänzt werden.

Im Gegensatz zu den vorherigen Methoden führt der Ansatz der vollen Diskretisierung auf ein **hochdimensionales Optimierungsproblem**, mit vielen Optimierungsvariablen $(n_x \cdot n_\tau + n_p)$ und Nebenbedingungen $(n_x \cdot n_\tau)$.

Allerdings treten in jeder Nebenbedingung nur drei Optimierungsvariablen auf. Die Jacobi-Matrix der Nebenbedingungen bezüglich der Optimierungsvariablen ist daher dünnbesetzt und hat darüber hinaus eine regelmäßige Struktur. Dieser Umstand kann ausgenutzt werden, um das Optimierungsproblem aus Gleichung (5.14) z. B. mit einem SQP-Verfahren effizient zu lösen.

Der Ansatz der vollen Diskretisierung ist in Bild 5.9 exemplarisch dargestellt. Zur einfacheren Darstellung wird wie bei der Visualisierung der Schießverfahren die Messfunktion $\boldsymbol{h}(t, \boldsymbol{x}(t), \boldsymbol{u}(t), \boldsymbol{p}) = \boldsymbol{x}(t)$ betrachtet. In dem Beispiel wird der Zeithorizont mithilfe von 12 Diskretisierungspunkten $\tau_1, \ldots, \tau_{12}$ diskretisiert. Die Trajektorie zur Approximation des Zustands wird aus der linearen Interpolation der 12 diskreten Zustandsvariablen $\boldsymbol{x}_1, \ldots, \boldsymbol{x}_{12}$ gebildet (gestrichelte blaue Linie). Mit einem Optimierungsalgorithmus werden dann die optimalen Werte $\boldsymbol{x}_1^\star, \ldots, \boldsymbol{x}_{12}^\star$ bestimmt, sodass die zugehörige interpolierte Trajektorie $\boldsymbol{x}(t_i; \boldsymbol{x}_1^\star, \ldots, \boldsymbol{x}_{12}^\star)$ (durchgezogene blaue Linien) den Fehler zu den Messdaten (orangefarbene Punkte) minimiert. Über Nebenbedingungen wird sichergestellt, dass die diskreten Zustandsvariablen in der optimalen Lösung der Vorschrift eines Einschrittverfahrens genügen und somit tatsächlich eine Lösung der Zustandsgleichung approximieren.

Wie beim Mehrfachschießverfahren müssen die Nebenbedingungen von Problem (5.14) nur in der optimalen Lösung, nicht aber während der Zwischeniterationen eines iterativen Lösungsverfahren wie dem SQP-Verfahren erfüllt sein. Während der Optimierung müssen die diskreten Zustandsvariablen die Zustandsgleichung also nicht erfüllen. Dadurch ist der Ansatz der vollen Diskretisierung **robust gegenüber lokalen Minima und Instabilitäten bei der Integration**. Es ist herauszuheben, dass ohne Mehraufwand implizite Verfahren zur Lösung der Zustandsgleichung verwendet werden können, da beim Lösen des Optimierungsproblems aus Gleichung (5.14) ohnehin das Gleichungssystem der Nebenbedingungen gelöst werden muss, wodurch der Ansatz in der Lage ist, effizient steife Differentialgleichungssysteme zu lösen.

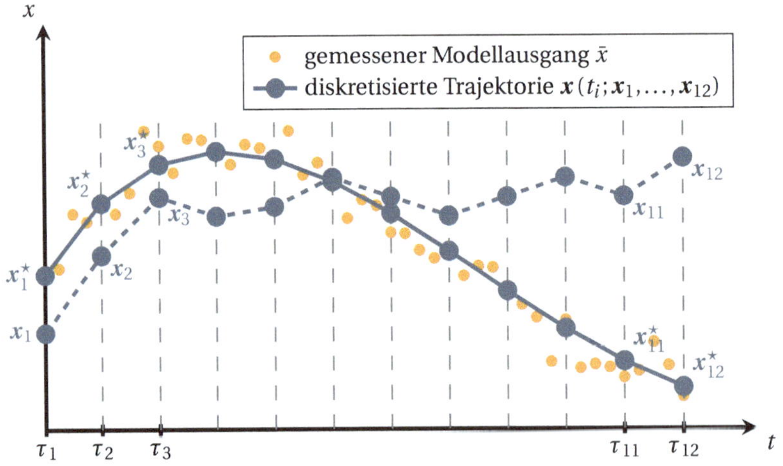

Bild 5.9 Illustration des Verfahrens der vollen Diskretisierung mit 12 Diskretisierungspunkten

Beispiel 5.6 (Identifikation eines einfachen dynamischen Systems). In diesem Beispiel betrachten wir die Differentialgleichung 2. Ordnung

$$\ddot{x}(t) = -px(t) + u(t)$$

mit einem skalaren Parameter p und dem skalaren Modelleingang u. Als System von Differentialgleichungen 1. Ordnung ergibt sich:

$$\dot{x}_1(t) = x_2(t)$$
$$\dot{x}_2(t) = -px_1(t) + u(t)$$

Desweiteren betrachten wir die Messfunktion $h(t, \boldsymbol{x}(t), u(t), p) = x_1(t)$. Zur Demonstration der dynamischen Parameteridentifikationsmethoden wird das System mit $\hat{p} = 7$ und $u(t) = 3\sin(2t)$ sowie Startwerten $x_1(0) = 0$ und $x_2(0) = 1$ simuliert. Die so gewonnene Trajektorie für x_1 wird mit einem normalverteilten Rauschen behaftet um Messdaten zu generieren: $\bar{y}_i = x_1(t_i) + \epsilon_n$, $\epsilon_n \sim \mathcal{N}(0, \sigma^2)$. In diesem Beispiel wählen wir $\sigma = 0,1$. In Bild 5.10a sind die Daten und die Referenztrajektorie dargestellt.

Zunächst nutzen wir das Einfachschießverfahren zur Identifikation. Hierzu wählen wir für den Modellparameter den Startwert $p = 1$ und den Anfangszustand $\boldsymbol{x}_0$ initialisieren wir mit dem ersten Wert der Messdaten. Das Ergebnis der Identifikation ist $p^\star = -0,73$ und $\boldsymbol{x}_0^\star = [0,75; -1,90]$. Weder der Parameter noch die Anfangswerte werden somit richtig identifiziert. Nutzen wir die identifizierten Werte zur Simulation des dynamischen Systems erhalten wir die blaue Kurve in Bild 5.10b. Auch hier wird deutlich, dass keine adäquate Lösung gefunden wurde. Dieses Beispiel verdeutlicht die Problematik des Einfachschießverfahrens bei schlechten Startschätzungen. Insbesondere der Startwert für p sorgt dafür, dass das Verfahren eine schlechte, lokal optimale Lösung findet und nicht das globale Optimum. Nutzen wir das Einfachschießverfahren mit dem besseren Startwert $p = 4$, so werden die Werte $p^\star = 7,03$ und $\boldsymbol{x}_0^\star = [0,01; 1,01]$ identifiziert. Wir erhalten also eine sehr gute Annäherung an unsere Nominalwerte. Dies spiegelt sich auch in der simulierten Trajektorie wider: Die orangefarbene Kurve in Bild 5.10b ist eine sehr gute Approximation der Messdaten. Hier sei darauf hingewiesen, dass wir aufgrund des Rauschens nicht erwarten können, dass die Identifikation die exakten Parameterwerte liefert. In diesem Beispiel kennen wir den nominalen Wert des Modellparameters und können dadurch leicht eine gute Startschätzung angeben. Bei realen Problemen ist dies in der Regel nicht der Fall, wodurch eine erfolgreiche Parameteridentifikation erschwert wird.

Als nächstes nutzen wir das Mehrfachschießverfahren zur Parameteridentifikation. Zunächst wählen wir wieder den schlechten Startwert $p = 1$ und nutzen $n_s = 10$ Mehrzielknoten. Die Anfangswerte an den Mehrzielknoten $\boldsymbol{x}_{0l}$ initialisieren wir mit einer Interpolation den Messdaten.

Mit dieser Konfiguration erhalten wir den Modellparameter $p^\star = -42,12$ und die Startwerte $\boldsymbol{x}_{01}^\star = [0,28; -1,97]$. Wie beim Einfachschießverfahren werden somit die falschen Parameter identifiziert. Die grüne Kurve in Bild 5.10c zeigt das mit den identifizierten Parametern simulierte Modell. In diesem Fall wirkt sich das Resultat auf die simulierte Modellausgabe noch drastischer aus. Wir sehen, dass die Simulation divergiert und frühzeitig abbricht. Wir können die Parameteridentifikation nun auf zwei Weisen beeinflussen: Über die Anzahl der Mehrzielknoten und über die Startschätzung der Parameter. Wählen wir mehr Mehrzielknoten, in diesem Beispiel $n_s = 30$, so erhalten wir selbst für den schlechten Startwert $p = 1$ ein gutes Ergebnis: $p^\star = 7,03$, $\boldsymbol{x}_{01}^\star = [0,01; 1,01]$. Simulieren wir das Modell mit diesen Parametern erhalten wir die orangefarbene Kurve in Bild 5.10c, eine sehr gute Approximation der Messdaten.

Wie beim Einfachschießverfahren können wir das Ergebnis der Identifikation auch mit einem besseren Startwert verbessern.

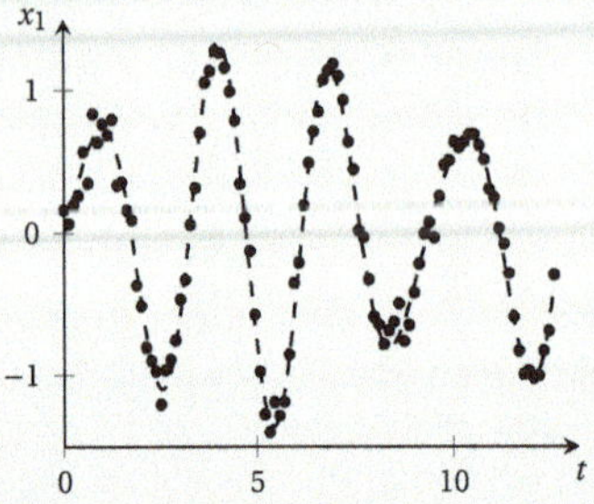

(a) Referenztrajektorie von x_1 und generierte Messdaten

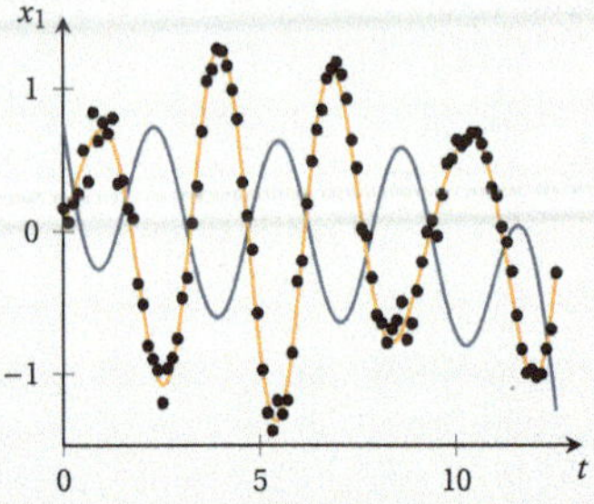

(b) Modellausgabe des mit Einfachschießverfahrens identifizierten Modells mit Startwerten $p^0 = 1$ (–) und $p^0 = 4$ (–)

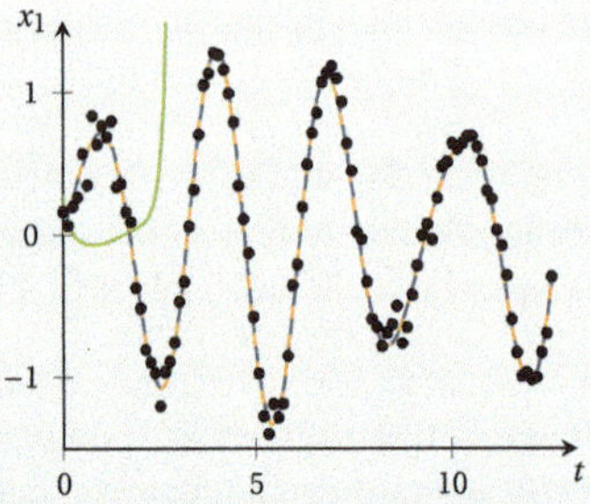

(c) Modellausgabe des mit Mehrfachschießverfahrens identifizierten Modells mit den Konfigurationen $p^0 = 1, n_s = 10$ (–), $p^0 = 1, n_s = 30$ (–) und $p^0 = 4, n_s = 10$ (–)

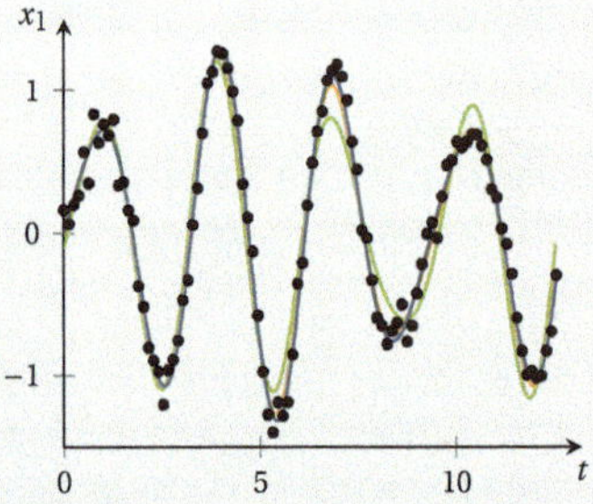

(d) Modellausgabe des mit voller Diskretisierung identifizierten Modells mit Startwert $p^0 = 1$ und Anzahl Diskretisierungspunkten $n_\tau = 50$ (–), $n_\tau = 100$ (–) und $n_\tau = 200$ (–)

Bild 5.10 Ergebnisse der dynamischen Parameteridentifikation im Vergleich

Starten wir mit dem Wert $p = 4$, erhalten wir ebenso das Ergebnis $p^\star = 7{,}03$, $\boldsymbol{x}_{01}^\star = [0{,}01; 1{,}01]$. Die mit diesen Werte simulierte Trajektorie (blaue Kurve in Bild 5.10c) ist somit auch eine sehr gute Approximation der Messdaten. Dieses Beispiel verdeutlicht den Vorteil des Mehrfach- gegenüber des Einfachschießverfahrens: Das Anpassen der Anzahl von Mehrzielknoten ist sehr leicht, das Finden einer guten Startschätzung gestaltet sich dagegen in realen Szenarien oftmals schwierig.

Als letztes nutzen wir den Ansatz der vollen Diskretisierung zur Parameteridentifikation. Wir wählen erneut den schlechten Startwert $p = 1$ und die diskreten Zustandsvariablen $\boldsymbol{x}_l$ initialisieren wir mit einer Interpolation der Messdaten. Zunächst nutzen wir $n_\tau = 50$ Diskretisierungspunkte. Damit identifizieren wir den Modellparameter $p^\star = 7{,}31$ und den Anfangswert $\boldsymbol{x}_1^\star = [-0{,}11; 1{,}02]$. Bereits mit wenigen Diskretisierungspunkten wurden adäquate Parameter identifiziert. Nutzen wir diese Parameter zur Simulation des Modells erhalten wir die grüne Kurve in Bild 5.10d. Augenscheinlich weist die Simulation noch eine gewisse Diskrepanz zu den Daten auf.

Je mehr Diskretisierungspunkte verwendet werden, desto genauer approximieren die Zustandsvariablen eine Lösung der Zustandsgleichung.

Dies spiegelt sich in der Qualität der identifizierten Modellparameter wider. Wählen wir $n_\tau = 100$, also eine feinere Diskretisierung des Zeithorizonts, erhalten wir $p^\star = 7{,}12$, $x_1^\star = [-0{,}01; 1{,}00]$ und die orangefarbene Kurve in Bild 5.10d. Die Messdaten werden bereits deutlich besser approximiert.

Für $n_\tau = 200$ Diskretisierungspunkte ergibt die Parameteridentifikation $p^\star = 7{,}05$, $x_1^\star = [0{,}00; 1{,}00]$ und die blaue Kurve in Bild 5.10d. Diese Lösung ist noch besser und qualitativ dieselbe wie diejenige, die wir mit den Schießverfahren gefunden haben. Dieses Beispiel zeigt die Robustheit der Parameteridentifikation mittels voller Diskretisierung: Selbst mit einer schlechten Wahl der Startschätzung können die Parameter erfolgreich identifiziert werden. Für ein genaues Identifikationsergebnis bedarf es jedoch einer feinen Diskretisierung des Zeithorizonts.

■

Bei der Parameteridentifikation dynamischer Systeme, wird der Modelleingang $\boldsymbol{u}$ in Form von Messungen als gegeben vorausgesetzt. Anhand dieser Messdaten werden dann die diskreten Modellparameter $\boldsymbol{p}$ identifiziert. Im folgenden Abschnitt zur Optimalen Steuerung ist der optimale Modelleingang die gesuchte Größe. Dabei lässt sich der Modelleingang auch als zeitkontinuierlicher Modellparameter interpretieren. In diesem Sinne sind optimale Steuerungsprobleme eine Verallgemeinerung von dynamischen Parameteridentifikationsproblemen. Viele der Resultate aus diesem Abschnitt, insbesondere Details zu den numerischen Methoden, können auf die Parameteridentifikation übertragen werden.

5.3 Optimale Steuerung

In der nichtlinearen Optimierung (in Abschnitt 5.1) haben wir nach einem Vektor von Zahlen gesucht, um eine Zielfunktion zu minimieren. In der optimalen Steuerung suchen wir nun nach einem Vektor von Funktionen, um ein Zielfunktional zu minimieren.

Das Systemverhalten wird durch einen Steuervektor $\boldsymbol{u}(t) \in \mathbb{R}^{n_u}$ beeinflusst, bestehend aus den **Steuervariablen** $u_j(t)$, $j = 1, \ldots, n_u$. Dabei sollte $\boldsymbol{x} : [t_0, t_f] \to \mathbb{R}^{n_x}$ ein Vektor von stückweise stetig differenzierbaren Funktionen sein, und $\boldsymbol{u} : [t_0, t_f] \to \mathbb{R}^{n_u}$ ein Vektor von stückweise stetigen Funktionen. Zusätzlich darf das Systemverhalten von **freien Parametern** $\boldsymbol{p} \in \mathbb{R}^{n_p}$ abhängen, die ebenfalls bestimmt werden müssen.

Wir betrachten wie in Abschnitt 5.2.2 zur dynamischen Parameteridentifikation die im Allgemeinen nicht-autonome Zustandsfunktion:

$$\dot{\boldsymbol{x}}(t) = \boldsymbol{f}\left(t, \boldsymbol{x}(t), \boldsymbol{u}(t), \boldsymbol{p}\right), \quad t \in \left[t_0, t_f\right] \tag{5.15}$$

Dabei sollte die stetige Funktion $\boldsymbol{f} : [t_0, t_f] \times \mathbb{R}^{n_x} \times \mathbb{R}^{n_u} \times \mathbb{R}^{n_p} \to \mathbb{R}^{n_x}$ stetig differenzierbar bzgl. $\boldsymbol{x}$, $\boldsymbol{u}$ und $\boldsymbol{p}$ sein. Erfüllt ein Tupel $(\boldsymbol{x}(t), \boldsymbol{u}(t), \boldsymbol{p})$ die Zustandsgleichung aus Gleichung (5.15), wird es Lösung des Systems genannt. Der Anfangszustand $\boldsymbol{x}(t_0)$ und der Endzustand $\boldsymbol{x}(t_f)$ eines Systems (oder auch nur einzelne Komponenten davon) können über **Randbedingungen** vorgegeben werden. Allgemein formulieren wir dies über eine stetig differenzierbare Funktion $\boldsymbol{\omega} : \mathbb{R}^{n_x} \times \mathbb{R}^{n_x} \times \mathbb{R}^{n_p} \to \mathbb{R}^{n_\omega}$ $(n_\omega \leq 2n_x)$ der Form:

$$\boldsymbol{\omega}\left(\boldsymbol{x}(t_0), \boldsymbol{x}(t_f), \boldsymbol{p}\right) = 0 \tag{5.16}$$

In der Praxis ist der Anfangszustand $\boldsymbol{x}_0 \in \mathbb{R}^{n_x}$ oft explizit bekannt. Hier formulieren wir Randbedingungen mit $\boldsymbol{\omega} : \mathbb{R}^{n_x} \times \mathbb{R}^{n_p} \to \mathbb{R}^{n_\omega}$, $n_\omega \leq n_x$ auf diese Weise:

$$\begin{aligned} \boldsymbol{x}(t_0) &= \boldsymbol{x}_0 \\ \boldsymbol{\omega}\left(\boldsymbol{x}(t_f), \boldsymbol{p}\right) &= 0 \end{aligned}$$

■

Steuer- und Zustandsbeschränkungen

Zusätzlich können wir Beschränkungen für die Zustände $\boldsymbol{x}(t)$ und die Steuervariablen $\boldsymbol{u}(t)$ formulieren, die zu jedem Zeitpunkt $t \in [t_0, t_f]$ gelten sollen. Unter Verwendung einer ausreichend glatten Funktion $\boldsymbol{g} : \mathbb{R}^{n_x} \times \mathbb{R}^{n_u} \times \mathbb{R}^{n_p} \to \mathbb{R}^{n_g}$ formulieren wir **gemischte Nebenbedingungen** als:

$$\boldsymbol{g}\left(\boldsymbol{x}(t), \boldsymbol{u}(t), \boldsymbol{p}\right) \leq 0, \quad t \in [t_0, t_f] \tag{5.17}$$

Wenn eine der Ungleichungen nur vom Zustand $\boldsymbol{x}(t)$ abhängt, nennen wir das eine **Zustandsbeschränkung**:

$$g_i\left(\boldsymbol{x}(t)\right) \leq 0, \quad t \in [t_0, t_f], \ i \in \{1, \ldots, n_g\} \qquad \text{mit} \qquad g_i : \mathbb{R}^{n_x} \to \mathbb{R}$$

Wenn andererseits eine Ungleichung nur von den Steuervariablen $\boldsymbol{u}(t)$ abhängt, nennen wir das eine **Steuerbeschränkung**:

$$g_i\left(\boldsymbol{u}(t)\right) \leq 0, \quad t \in [t_0, t_f], \ i \in \{1, \ldots, n_g\} \qquad \text{mit} \qquad g_i : \mathbb{R}^{n_u} \to \mathbb{R}$$

Oftmals lassen sich die zulässigen Bereiche von Steuervariablen $u_i(t)$ durch Box-Beschränkungen angeben:

$$u_{i,\min} \leq u_i(t) \leq u_{i,\max}, \quad t \in [t_0, t_f], \ i = 1, \ldots, n_u$$

Dann ist

$$\mathscr{U} = [u_{1,\min}, u_{1,\max}] \times \cdots \times [u_{n_u,\min}, u_{n_u,\max}] \subset \mathbb{R}^{n_u}$$

die Menge der **zulässigen Steuervariablen**.

Das Zielfunktional

Die Kostenfunktion

$$I(\boldsymbol{x}, \boldsymbol{u}, \boldsymbol{p}) = \phi\left(\boldsymbol{x}(t_f), \boldsymbol{p}\right) + \int_{t_0}^{t_f} f_0\left(t, \boldsymbol{x}(t), \boldsymbol{u}(t), \boldsymbol{p}\right) \mathrm{d}t \tag{5.18}$$

heißt **Zielfunktional**. Hier sind $\phi : \mathbb{R}^{n_x} \times \mathbb{R}^{n_p} \to \mathbb{R}$ und $f_0 : [t_0, t_f] \times \mathbb{R}^{n_x} \times \mathbb{R}^{n_u} \times \mathbb{R}^{n_p} \to \mathbb{R}$ stetig differenzierbare Funktionen bezüglich aller Argumente. Diese Formulierung der Zielfunktion in Gleichung (5.18) wird Bolza-Form genannt. Natürlich können die Fälle $\phi \equiv 0$ (Lagrange-Form) oder $f_0 \equiv 0$ (Mayer-Form) ebenfalls auftreten. Ein Zielfunktional der Bolza-Form kann stets in diese Sonderfälle transformiert werden, siehe Abschnitt 5.3.1. Insbesondere bei mechanischen Prozessen hängt das Zielfunktional nicht direkt von der Zeit ab, d. h. $f_0 = f_0\left(\boldsymbol{x}(t), \boldsymbol{u}(t), \boldsymbol{p}\right)$.

Ein **optimaler Steuerprozess** beschreibt das Problem, Steuervariablen $\boldsymbol{u}(t)$, Zustände $\boldsymbol{x}(t)$ und ggf. freie Parameter $\boldsymbol{p}$ zu finden, sodass ein gegebenes Zielfunktional (5.18) unter Berücksichtigung der **Zulässigkeitsbedingungen** (5.15), (5.16) und (5.17) minimiert wird:

$$\begin{aligned} \min_{\boldsymbol{x},\boldsymbol{u},\boldsymbol{p},t_f} \quad & I(\boldsymbol{x},\boldsymbol{u},\boldsymbol{p}) &=\ & \phi\left(\boldsymbol{x}(t_f),\boldsymbol{p}\right)+\int_{t_0}^{t_f} f_0\left(t,\boldsymbol{x}(t),\boldsymbol{u}(t),\boldsymbol{p}\right)\mathrm{d}t \\ \text{unter} \quad & \dot{\boldsymbol{x}}(t) &=\ & \boldsymbol{f}\left(t,\boldsymbol{x}(t),\boldsymbol{u}(t),\boldsymbol{p}\right) \quad t\in\left[t_0,t_f\right] \\ & \boldsymbol{\omega}\left(\boldsymbol{x}(t_0),\boldsymbol{x}(t_f),\boldsymbol{p}\right) &=\ & 0 \\ & \boldsymbol{g}\left(\boldsymbol{x}(t),\boldsymbol{u}(t),\boldsymbol{p}\right) &\le\ & 0 \qquad\qquad\qquad\quad t\in\left[t_0,t_f\right] \end{aligned} \tag{5.19}$$

Für eine feste Endzeit t_f lassen sich die Lösungen des Problems (5.19) wie folgt beschreiben:

Definition 5.4 (Zulässige und optimale Lösung). Wenn eine Lösung $\left[\boldsymbol{x}^\star;\boldsymbol{u}^\star;\boldsymbol{p}^\star\right]$ des Systems, bestehend aus einem Parametervektor $\boldsymbol{p}^\star\in\mathbb{R}^{n_p}$ und den Steuervariablen $\boldsymbol{u}^\star:\left[t_0,t_f\right]\to\mathbb{R}^{n_u}$ sowie der resultierenden Trajektorie $\boldsymbol{x}^\star:\left[t_0,t_f\right]\to\mathbb{R}^{n_x}$ die Zulässigkeitsbedingungen aus (5.19) erfüllt, heißt die Lösung **zulässig**.
Wenn eine zulässige Lösung $\left[\boldsymbol{x}^\star;\boldsymbol{u}^\star;\boldsymbol{p}^\star\right]$ zusätzlich erfüllt, dass sogar

$$I\left(\boldsymbol{x}^\star,\boldsymbol{u}^\star,\boldsymbol{p}^\star\right)\le I\left(\boldsymbol{x},\boldsymbol{u},\boldsymbol{p}\right)$$

für alle zulässigen Lösungen $\left[\boldsymbol{x};\boldsymbol{u};\boldsymbol{p}\right]$ gilt (wobei auch $\boldsymbol{p}\in\mathbb{R}^{\hat{p}}$, $\boldsymbol{u}:\left[t_0,t_f\right]\to\mathbb{R}^m$ und $\boldsymbol{x}:\left[t_0,t_f\right]\to\mathbb{R}^n$ erfüllt sein muss), dann heißt die Lösung **optimal**. ■

In diesem Fall beschreibt der Vektor $\boldsymbol{x}^\star$ die **optimale Trajektorie** und $\boldsymbol{u}^\star$ die **optimale Steuerung** des Problems (5.19).

Der vorherigen Argumentation folgend, werden wir in der Regel die Implementierung von Solvern für Optimalsteuerungsproblemen nicht händisch durchführen, sondern geeignete Softwarepakete verwenden.

5.3.1 Transformationen

Im Folgenden stellen wir Strategien vor, um ein Problem so in ein **äquivalentes Problem** umzuformulieren, dass es besser gelöst werden kann.

Transformation auf Mayer-Form

Ein Optimalsteuerungsproblem, bei dem das Zielfunktional in Bolza-Form (5.18) angegeben ist, kann leicht in Mayer-Form überführt werden.

Hierzu wird statt des Integralterms $\int f_0\,\mathrm{d}t$ eine zusätzliche Differentialgleichung $\dot{E}=f_0$ mit der Anfangsbedingung $E\left(t_0\right)=0$ berücksichtigt.

Im Zielfunktional verwenden wir dann den Term $E\left(t_f\right)$, der ohne Integral auskommt.

Anstelle von Gleichung (5.19) können wir äquivalent formulieren:

$$\begin{array}{llcll}
\min\limits_{\boldsymbol{x},E,\boldsymbol{u},\boldsymbol{p},t_f} & \phi\left(\boldsymbol{x}(t_f),\boldsymbol{p}\right)+E\left(t_f\right) & & & \\
\text{unter} & \dot{\boldsymbol{x}}(t) & = & \boldsymbol{f}\left(t,\boldsymbol{x}(t),\boldsymbol{u}(t),\boldsymbol{p}\right) & t\in\left[t_0,t_f\right] \\
 & \dot{E}(t) & = & f_0\left(t,\boldsymbol{x}(t),\boldsymbol{u}(t),\boldsymbol{p}\right) & t\in\left[t_0,t_f\right] \\
 & \boldsymbol{\omega}\left(\boldsymbol{x}(t_0),\boldsymbol{x}(t_f),\boldsymbol{p}\right) & = & 0 & \\
 & E(t_0) & = & 0 & \\
 & \boldsymbol{g}\left(\boldsymbol{x}(t),\boldsymbol{u}(t),p\right) & \leq & 0 & t\in\left[t_0,t_f\right]
\end{array} \tag{5.20}$$

Transformation auf feste Endzeit

Wenn die Endzeit t_f nicht vorgegeben ist, soll sie ebenfalls so variiert werden, dass das Zielfunktional minimiert wird. Durch die Einführung eines zusätzlichen freien Parameters p_0 kann ein System mit freier Endzeit in ein System mit fester Endzeit umgewandelt werden (und wir müssen die Theorie und numerische Methoden von nun an nur noch für Systeme mit fester Endzeit berücksichtigen).

Wir gehen davon aus, dass $t_0 = 0$ ist (dies ist keine Einschränkung und kann immer durch entsprechende Definition der Zeitachse erreicht werden) und verwenden anstelle von

$$\dot{\boldsymbol{x}}(t)=\boldsymbol{f}\left(t,\boldsymbol{x}(t),\boldsymbol{u}(t),\boldsymbol{p}\right) \quad \text{für } t\in\left[t_0,t_f\right]$$

nun die Differentialgleichung:

$$\dot{\boldsymbol{x}}(t)=\boldsymbol{f}\left(t\cdot p_0,\boldsymbol{x}(t),\boldsymbol{u}(t),\boldsymbol{p}\right)\cdot p_0 \quad \text{für } t\in[0,1]$$

Auf ähnliche Weise kann der Integralterm berücksichtigt werden. Anstelle von Gleichung (5.19) können wir äquivalent formulieren:

$$\begin{array}{llcll}
\min\limits_{\boldsymbol{x},\boldsymbol{u},\boldsymbol{p},p_0} & \phi\left(\boldsymbol{x}(p_0),\boldsymbol{p}\right)+\int_0^1 f_0\left(t\cdot p_0,\boldsymbol{x}(t),\boldsymbol{u}(t),\boldsymbol{p}\right)\cdot p_0\,\mathrm{d}t & & & \\
\text{unter} & \dot{\boldsymbol{x}}(t) & = & \boldsymbol{f}\left(t\cdot p_0,\boldsymbol{x}(t),\boldsymbol{u}(t),\boldsymbol{p}\right)\cdot p_0 & t\in[0,1] \\
 & \boldsymbol{\omega}\left(\boldsymbol{x}(0),\boldsymbol{x}(p_0),\boldsymbol{p}\right) & = & 0 & \\
 & \boldsymbol{g}\left(\boldsymbol{x}(t),\boldsymbol{u}(t),\boldsymbol{p}\right) & \leq & 0 & t\in[0,1]
\end{array} \tag{5.21}$$

5.3.2 Direkte Methoden

Zur Optimalsteuerungsproblemlösung wurden zwei Klassen von Methoden entwickelt:

- **Indirekte Methoden** wandeln das Optimalsteuerungsproblem (5.19) in ein Randwertproblem um. Hierzu werden die notwendigen Bedingungen aus der Theorie der optimalen Steuerung genutzt, um die Steuervariablen $\boldsymbol{u}$ aus dem Optimalsteuerungsproblem (5.19) zu eliminieren. Das resultierende Randwertproblem kann mit speziellen Randwertproblemlösern gelöst werden.

  Dieser Ansatz lässt sich zusammenfassen als: „Erst optimieren, dann diskretisieren."
- **Direkte Methoden** approximieren das Optimalsteuerungsproblem (5.19) wie bei der dynamischen Parameteridentifikation in Abschnitt 5.2.2 durch ein nichtlineares Optimierungsproblem. Dabei vereinfacht sich das Problem, da wir nicht mehr mit Funktionen rechnen (die mathematisch gesehen unendlichdimensional sind), sondern alle Funktionen nur an endlich vielen Stützstellen berücksichtigen.

  Dieser Ansatz lässt sich zusammenfassen als: „Erst diskretisieren, dann optimieren."

Diskretisierung

Um das Integral des Zielfunktionals und die Lösung der Differentialgleichungen im Problem (5.19) numerisch zu berechnen, verwenden wir Näherungswerte an ausgewählten Zeitpunkten für das Integral und die rechte Seite der Differentialgleichung. Wir wählen dazu (nicht notwendigerweise äquidistante) Stützstellen $t_0 = \tau_1 \leq \tau_2 \leq \cdots \leq \tau_{n_\tau} = t_f, \quad n_\tau \in \mathbb{N}$. Die Näherungen für die Steuervariablen $\boldsymbol{u}(\tau_i)$ und den Zustand $\boldsymbol{x}(\tau_i)$ an den Stützstellen τ_i nennen wir $\boldsymbol{u}_i$ bzw. $\boldsymbol{x}_i$:

$$\boldsymbol{u}_i \approx \boldsymbol{u}(\tau_i), \quad \boldsymbol{x}_i \approx \boldsymbol{x}(\tau_i)$$

Eine einfache Näherung für das Integral des Zielfunktionals zwischen zwei Stützstellen τ_i und τ_{i+1} ist beispielsweise gegeben durch:

$$\int_{\tau_i}^{\tau_{i+1}} f_0\left(t, \boldsymbol{x}(t), \boldsymbol{u}(t), \boldsymbol{p}\right) dt \approx h_i f_0\left(\tau_i, \boldsymbol{x}_i, \boldsymbol{u}_i, \boldsymbol{p}\right)$$

Dabei haben wir den Abstand $h_i = \tau_{i+1} - \tau_i, \ i = 1, \ldots, n_\tau - 1$ zwischen zwei Stützstellen verwendet. Allgemeiner können wir das **explizite Euler-Verfahren** erhalten, wenn wir über alle Intervalle zwischen zwei Stützstellen $i = 1, \ldots, n_\tau - 1$ iterieren:

$$\int_{\tau_1}^{\tau_{i+1}} f_0\left(t, \boldsymbol{x}(t), \boldsymbol{u}(t), \boldsymbol{p}\right) \mathrm{d}t \approx \int_{\tau_1}^{\tau_i} f_0\left(t, \boldsymbol{x}(t), \boldsymbol{u}(t), \boldsymbol{p}\right) \mathrm{d}t + h_i f_0\left(\tau_i, \boldsymbol{x}_i, \boldsymbol{u}_i, \boldsymbol{p}\right)$$

Mit dem expliziten Euler-Verfahren als **Integrationsmethode** zur Lösung des Differentialgleichungssystems ergibt diese diskretisierte Näherung von (5.19), mit den freien Parametern $(u_i)_{i=1,\ldots,n_\tau}$ für die Steuervariablen und $(x_i)_{i=1,\ldots,n_\tau}$ für den Zustand:

$$\begin{array}{lrcll} \min\limits_{\boldsymbol{x},\boldsymbol{u},\boldsymbol{p}} & \multicolumn{4}{l}{\phi\left(\boldsymbol{x}_{n_\tau}\right) + \sum\limits_{i=1}^{n_\tau - 1} h_i f_0\left(\tau_i, \boldsymbol{x}_i, \boldsymbol{u}_i, \boldsymbol{p}\right)} \\ \text{unter} & \boldsymbol{x}_{i+1} & = & \boldsymbol{x}_i + h_i \boldsymbol{f}\left(\tau_i, \boldsymbol{x}_i, \boldsymbol{u}_i, \boldsymbol{p}\right) & i = 1, \ldots, n_\tau - 1 \\ & \boldsymbol{\omega}\left(\boldsymbol{x}_1, \boldsymbol{x}_{n_\tau}, \boldsymbol{p}\right) & = & 0 & \\ & \boldsymbol{g}\left(\boldsymbol{x}_i, \boldsymbol{u}_i, \boldsymbol{p}\right) & \leq & 0 & i = 1, \ldots, n_\tau \end{array} \tag{5.22}$$

Da in diesem Fall nur noch Vektoren von Zahlen so bestimmt werden müssen, dass eine Zielfunktion minimiert wird, und Ungleichungs- / Gleichungsnebenbedingungen eingehalten werden, haben wir das Optimalsteuerungsproblem (5.19) auf ein NLP zurückgeführt.

Integration der Zustandsgleichung

Zur Vereinfachung führen wir folgende kompakte Schreibweise ein:

$$\boldsymbol{f}_i = \boldsymbol{f}\left(\tau_i, \boldsymbol{x}_i, \boldsymbol{u}_i, \boldsymbol{p}\right), \quad i = 1, \ldots, n_\tau$$

Der Einfachheit halber gehen wir davon aus, dass der Abstand zwischen zwei benachbarten Stützstellen konstant ist:

$$h = h_i, \quad i = 1, \ldots, n_\tau - 1$$

Damit lässt sich das explizite Euler-Verfahren schreiben als: $= \boldsymbol{x}_{i+1} - \boldsymbol{x}_i - h\boldsymbol{f}_i$

Dieses explizite Verfahren hat die Ordnung $O(h)$. Da wir bereits vorhaben, das Gleichungssystem der diskretisierten Differentialgleichungen mit einer SQP-Methode zu lösen, können wir ohne zusätzlichen Programmier- oder Rechenaufwand auch auf implizite Methoden umsteigen. Das Trapezverfahren hat bereits die Ordnung $O(h^2)$:

$$0 = \boldsymbol{x}_{i+1} - \boldsymbol{x}_i - \frac{h}{2}\left(\boldsymbol{f}_i + \boldsymbol{f}_{i+1}\right) \tag{5.23}$$

Das Hermite-Simpson-Verfahren benötigt eine weitere Auswertung der Funktion an einem Zwischenpunkt $\tau_{i+\frac{1}{2}} = \frac{1}{2}(\tau_i + \tau_{i+1})$ und hat die Ordnung $O(h^4)$:

$$\begin{aligned} 0 &= \boldsymbol{x}_{i+\frac{1}{2}} - \frac{1}{2}(\boldsymbol{x}_{i+1} + \boldsymbol{x}_i) - \frac{h}{8}\left(\boldsymbol{f}_i - \boldsymbol{f}_{i+1}\right) \\ 0 &= \boldsymbol{x}_{i+1} - \boldsymbol{x}_i - \frac{h}{6}\left(\boldsymbol{f}_{i+1} + 4\boldsymbol{f}_{i+\frac{1}{2}} + \boldsymbol{f}_i\right) \end{aligned} \tag{5.24}$$

Was bedeutet **Ordnung** $O(h^n)$? Wenn wir Stützstellen einfügen, sodass sich die Abstände zwischen zwei Stützstellen genau halbieren, erhalten wir eine 2^n-mal genauere Lösung. ■

Alternativ zur vollständigen Diskretisierung kann auch wie bei der dynamischen Parameteridentifikation (vgl. Abschnitt 5.2.2) ein Einfach- oder Mehrfachschießverfahren durchgeführt werden. Hier werden bei der Diskretisierung nicht an allen Zeitpunkten die Zustände als NLP-Optimierungsvariablen abgelegt. Es existieren auch Pseudospektral-Methoden, bei denen Zustands- und Steuerfunktion über Basisfunktionen dargestellt werden.

Struktur der Zustandsgleichung

Die vorgestellten Darstellungen der Integrationsschemata ergeben dünn besetzte Strukturen in den Ableitungsmatrizen. Dies lässt sich bei der Lösung des resultierenden NLPs ausnutzen.

Beispiel 5.7 (Diskretisierung mit Trapez-Verfahren). Wir nutzen das Trapez-Verfahren, um dieses System von Differentialgleichungen mit $n_\tau = 5$ Stützstellen zu diskretisieren:

$$\begin{aligned} \dot{x}_1 &= x_2 \\ \dot{x}_2 &= u_1 \\ \dot{x}_3 &= u_1^2 \end{aligned}$$

Dieses System besteht aus $n_x = 3$ Zuständen und $n_u = 1$ Steuervariablen. An jeder der n_τ Stützstellen müssen also $n_x + n_u = 4$ Variablen gespeichert werden. Insgesamt benötigen wir im NLP $(n_x + n_u) \cdot n_\tau = 20$ Variablen. Um mit dem Trapez-Verfahren von einer Stützstelle zur nächsten zu kommen, müssen jeweils die n_x Zustandsdifferentialgleichungen berücksichtigt werden. Bei n_τ Stützstellen muss das $n_\tau - 1$ mal durchgeführt werden. Damit erhalten wir im NLP $n_x \cdot (n_\tau - 1) = 12$ Beschränkungen. Das diskretisierte Optimalsteuerungsproblem besitzt den Variablenvektor:

$$\boldsymbol{z} = \begin{bmatrix} x_1 & u_1 & x_2 & u_2 & \dots & x_{n_\tau} & u_{n_\tau} \end{bmatrix}^{\mathrm{T}} \text{ mit } \boldsymbol{x}_i = \begin{bmatrix} x_{1,i} \\ x_{2,i} \\ x_{3,i} \end{bmatrix} \text{ und } u_i = \begin{bmatrix} u_{1,i} \end{bmatrix}$$

Die Sortierung der Variablen ist dabei zunächst beliebig. Für die weiteren Betrachtungen gehen wir in diesem Buch von obiger Sortierung aus. Da in Gleichung (5.23) nur die Variablen für die direkt benachbarten diskreten Punkte i und $i+1$ verbunden sind, hat die Jacobi-Matrix der Nebenbedingungen diese Struktur:

$$\begin{pmatrix}
\times & \times & \times & \times & \times & \times & \times & \times & & & & & & & & & & & & \\
\times & \times & \times & \times & \times & \times & \times & \times & & & & & & & & & & & & \\
\times & \times & \times & \times & \times & \times & \times & \times & & & & & & & & & & & & \\
& & & & \times & \times & \times & \times & \times & \times & \times & \times & & & & & & & & \\
& & & & \times & \times & \times & \times & \times & \times & \times & \times & & & & & & & & \\
& & & & \times & \times & \times & \times & \times & \times & \times & \times & & & & & & & & \\
& & & & & & & & \times & \times & \times & \times & \times & \times & \times & \times & & & & \\
& & & & & & & & \times & \times & \times & \times & \times & \times & \times & \times & & & & \\
& & & & & & & & \times & \times & \times & \times & \times & \times & \times & \times & & & & \\
& & & & & & & & & & & & \times & \times & \times & \times & \times & \times & \times & \times \\
& & & & & & & & & & & & \times & \times & \times & \times & \times & \times & \times & \times \\
& & & & & & & & & & & & \times & \times & \times & \times & \times & \times & \times & \times
\end{pmatrix}$$

Darüber hinaus hat die Ableitung der rechten Seite des Differentialgleichungssystems selbst eine dünne Struktur:

$$\begin{pmatrix}
0 & \times & 0 & 0 \\
0 & 0 & 0 & \times \\
0 & 0 & 0 & \times
\end{pmatrix}$$

Dies kann auf das Jacobi-Matrix angewendet werden. Bei der Ableitung der Gleichung (5.23) nach x^i bzw. x^{i+1} erhalten wir (negative und positive) Einheitsmatrizen, die sich mit der eben genannten Struktur überlagern:

$$\begin{pmatrix}
-1 & \times & & & 1 & \times & & & & & & & & & & & & & & \\
& -1 & & \times & & 1 & & \times & & & & & & & & & & & & \\
& & -1 & \times & & & 1 & \times & & & & & & & & & & & & \\
& & & & -1 & \times & & & 1 & \times & & & & & & & & & & \\
& & & & & -1 & & \times & & 1 & & \times & & & & & & & & \\
& & & & & & -1 & \times & & & 1 & \times & & & & & & & & \\
& & & & & & & & -1 & \times & & & 1 & \times & & & & & & \\
& & & & & & & & & -1 & & \times & & 1 & & \times & & & & \\
& & & & & & & & & & -1 & \times & & & 1 & \times & & & & \\
& & & & & & & & & & & & -1 & \times & & & 1 & \times & & \\
& & & & & & & & & & & & & -1 & & \times & & 1 & & \times \\
& & & & & & & & & & & & & & -1 & \times & & & 1 & \times
\end{pmatrix}$$

■

5.3.3 Weiterführende Gedanken

Optimalsteuerungsprobleme können auch aus **mehreren Phasen** zusammengesetzt werden, die z. B. unterschiedliche Dynamiken aufweisen können. Ein Beispiel hierfür wäre die sequenzielle Lösung der strategischen und taktischen Bewegungsplanung, siehe Kapitel 9.

Treten Größen mit stark unterschiedlichen Wertebereichen auf, sollten zur Verbesserung der numerischen Stabilität die Größen geeignet skaliert werden. Idealerweise skalieren wir so, dass für das zugrundeliegende NLP-Verfahren alle Variablen im Intervall $[-1,1]$ liegen.

Zur **Skalierung** könnte für jede Steuervariable und jeden Zustand ein typischer Bereich angegeben werden, auf den skaliert wird. Gleichzeitig müssten auch die Gleichungsnebenbedingungen aus dem Diskretisierungsverfahren skaliert werden, ebenso wie alle weiteren Neben- und Randbedingungen. Bisher werden Differentialgleichungen in dieser Form berücksichtigt:

$$\dot{\boldsymbol{x}}(t) = \boldsymbol{f}\left(t, \boldsymbol{x}(t), \boldsymbol{u}(t), \boldsymbol{p}\right)$$

Zusätzlich lassen sich auch algebraische Gleichungen einhalten:

$$\boldsymbol{0} = \boldsymbol{a}\left(t, \boldsymbol{x}(t), \boldsymbol{u}(t), \boldsymbol{p}\right)$$

Dann sprechen wir von differential-algebraischen Systemen (**DAE-Systeme**). Diese können zum Beispiel bei Robotersystemen auftreten, bei denen der Bewegungsraum des Endeffektors eingeschränkt wird.

Oft stehen unterschiedliche Gütekriterien in Konkurrenz: Zeit, Energie, Verschleiß. In diesen Fällen liegen **vektorwertige Zielfunktion** vor. Vereinfachend können wir Zielfunktion über eine gewichtete Summe dieser Gütekriterien darstellen, doch die Bestimmung der Gewichtungsfaktoren ist nicht intuitiv. Die „Pareto-Front" zwischen zwei Gütekriterien gibt einen Überblick, wie stark eine Veränderung der Gewichtungsfaktoren die Anteile der Gütekriterien verändert, um so die für die Anwendung geeignete Gewichtung zu finden. Zum Auffinden der Pareto-Front können wir ausnutzen, dass die Nachbar-Lösung sich als Startschätzung eignet, oder die Sensitivitätsableitungen bzgl. der Gewichtungen verwenden.

Übungsaufgaben

Übungsaufgabe 5.1. Welche Probleme gehen bei der Anwendung von gradientenbasierten Verfahren zur Optimierung einher? Was wären Alternativen? ■

Übungsaufgabe 5.2. Implementieren Sie die Nelder-Mead-Methode in MATLAB, Scilab, Python o.ä. für $n = 2$. Die Funktion sollte beendet werden, wenn der euklidische Abstand jedes Paares von der aktuellen Menge von Testpunkten kleiner als $\varepsilon = 10^{-4}$ ist.

Verwenden Sie die implementierte Nelder-Mead-Methode, um ein lokales Minimum der Himmelblauen Funktion zu finden: $f(z_1, z_2) = (z_1^2 + z_2 - 11)^2 + (z_1 + z_2^2 - 7)^2$ unter Verwendung der Startpunkte $\left\{\begin{bmatrix}1\\1\end{bmatrix}, \begin{bmatrix}1\\0\end{bmatrix}, \begin{bmatrix}0\\1\end{bmatrix}\right\}$. Zeichnen Sie den aktuellen Satz von Testpunkten während der Methode als Dreieck. Können Sie andere Startpunkte angeben, um ein weiteres lokales Minimum zu finden? ■

Übungsaufgabe 5.3. Betrachten Sie das lineare Gleichungssystem, gegeben durch $\boldsymbol{Ax} = \boldsymbol{b}$ mit $\boldsymbol{A} = \begin{pmatrix}2 & 3\\4 & 1\end{pmatrix}$, $\boldsymbol{b} = \begin{bmatrix}-1\\3\end{bmatrix}$ und der Lösung $\boldsymbol{x} = \begin{bmatrix}1\\-1\end{bmatrix}$.

Berechnen Sie die Kondition $\kappa(\boldsymbol{A})$ bezüglich der $\|\cdot\|_\infty$-Norm. Wie groß darf der Fehler $\|\Delta\boldsymbol{b}\|_\infty$ in $\boldsymbol{b}$ sein, damit der relative Fehler der Lösung kleiner als 5 % ist.

Hinweis: Für Vektoren $\boldsymbol{v} \in \mathbb{R}^n$ ist $\|\boldsymbol{v}\|_\infty = \max_{i=1,\dots,n} |v_i|$ die Maximumsnorm und für Matrizen $\boldsymbol{A} \in \mathbb{R}^{n\times n}$ ist $\|\boldsymbol{A}\|_\infty = \max_{i=1,\dots,n} \sum_{j=1}^{n} |A_{ij}|$ die Zeilensummennorm. ■

Übungsaufgabe 5.4. Ein Optimalsteuerungsproblem ist gegeben durch:

$$\begin{aligned}
\min_{x,v,u,t_f} \quad & t_f \\
\text{unter} \quad \dot{x}(t) &= v(t) \\
\dot{v}(t) &= u(t), \quad t \in [0; t_f] \\
x(0) &= 2 \\
v(0) &= -1 \\
x(t_f) &= 0 \\
v(t_f) &= 0 \\
u(t) &\in [-1; 1]
\end{aligned}$$

In der nachstehenden Abbildung ist die Lösung dieses Problems dargestellt. Leider wurde vergessen eine Legende zur Abbildung hinzuzufügen. Schaffen Sie es, die Legende zu rekonstruieren?

Hinweis: Es ist zu befürchten, dass ein Problem mit den Daten vorlag und zwei Kurven in dieser Darstellung gar keine physikalische Bedeutung haben.

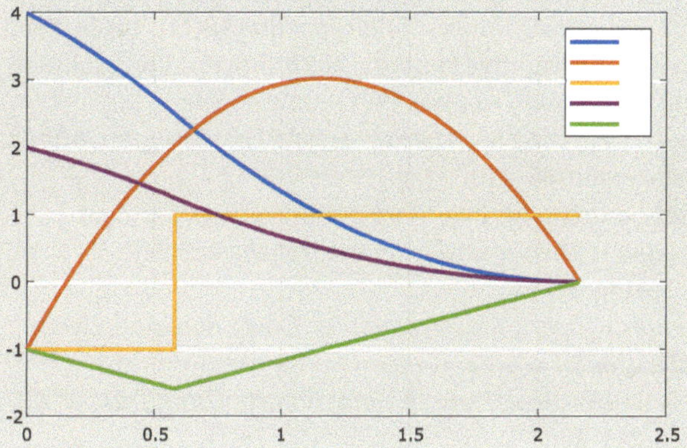

Übungsaufgabe 5.5. Gegeben seien die Zustandsfunktion $f(t, x(t), u(t), p) = px(t)$ mit $n_x = n_u = n_p = 1$, die Messfunktion $h(t, x(t), u(t), p) = \ln(x(t))$ und die Messdaten $y_1 = 1,1$; $y_2 = -0,4$; $y_3 = -1,9$; $y_4 = -3,4$ an den Zeitpunkten $t_1 = 0$; $t_2 = 1$; $t_3 = 2$; $t_4 = 3$. Identifizieren Sie den Parameter p.

Hinweis: Die Lösung der Zustandsgleichung kann analytisch berechnet werden und lautet $x(t) = x_0 e^{pt}$ für den Anfangswert $x(0) = x_0$. Im Sinne des Einfachschießverfahrens kann diese Lösung nun direkt in die Zielfunktion von Problem (5.9) eingesetzt werden. Das dynamische Parameteridentifkationsproblem wird so auf ein statisches Problem mit linearer Modellfunktion zurückgeführt und kann durch Lösen der Normalengleichung analytisch gelöst werden. Die optimale Lösung ist $x_0 \approx 3$, $p = -1,5$.

Übungsaufgabe 5.6. Bestimmen Sie die Struktur der Jacobi-Matrizen der Nebenbedingungen beim Mehrfachschießverfahren und dem Ansatz der vollen Diskretisierung für Parameteridentifikation. Wie groß ist der Anteil der Einträge ungleich Null (abhängig von n_p, n_x, n_s und n_τ)? Wie kann die Struktur der Zustandsfunktion ausgenutzt werden, um die Struktur der Jacobi-Matrizen weiter zu verfeinern? Wie ändern sich die Anteile der Einträge ungleich Null?

Übungsaufgabe 5.7. In Beispiel 5.7 wurde das System von Differentialgleichungen mit dem Trapez-Verfahren diskretisiert. Bestimmen Sie die Struktur, wenn die Diskretisierung mit dem Hermite-Simpson-Verfahren an $n_\tau = 3$ Stützstellen (plus Zwischenpunkten) durchgeführt wird. ■

Literatur

Alt, W. (2002). *Nichtlineare Optimierung: Eine Einführung in Theorie, Verfahren und Anwendungen.*, Vieweg+Teubner.

Betts, J. T. (2010). *Practical Methods for Optimal Control and Estimation Using Nonlinear Programming*, Society for Industrial and Applied Mathematics.

Biegler, L. T. (2007). An overview of simultaneous strategies for dynamic optimization, *Chemical Engineering and Processing: Process Intensification* **46**(11): 1043–1053.

Bock, H. G. und Plitt, K. J. (1984). A multiple shooting algorithm for direct solution of optimal control problems, *IFAC World Congress* **17**(2): 1603–1608.

Büskens, C. und Wassel, D. (2012). The ESA NLP Solver WORHP, *Springer Optimization and Its Applications*, Springer, pp. 85–110.

Geering, H. (2007). *Optimal Control with Engineering Applications*, Springer.

Geiger, C. und Kanzow, C. (2002). *Theorie und Numerik restringierter Optimierungsaufgaben*, Springer.

Kirk, D. (2012). *Optimal Control Theory: An Introduction*, Dover Books on Electrical Engineering, Dover Publications.

Knauer, M. und Büskens, C. (2019). *Real-Time Optimal Control Using TransWORHP and WORHP Zen*, Springer, pp. 211–232.

Nocedal, J. und Wright, S. (2006). *Numerical Optimization*, Springer Series in Operations Research and Financial Engineering, Springer.

Pillo, G. und Roma, M. (2006). *Large-Scale Nonlinear Optimization*, Nonconvex Optimization and Its Applications, Springer.

Reinhardt, R., Hoffmann, A. und Gerlach, T. (2012). *Nichtlineare Optimierung: Theorie, Numerik und Experimente*, Springer.

Schittkowski, K. (2002). *Numerical Data Fitting in Dynamical Systems*, Springer.

Schäfer, K., Runge, M., Flaßkamp, K. und Büskens, C. (2018). Parameter Identification for Dynamical Systems Using Optimal Control Techniques, *European Control Conference*, pp. 137–142.

Stein, O. (2017). *Grundzüge der Nichtlinearen Optimierung*, Springer.

Ulbrich, M. und Ulbrich, S. (2012). *Nichtlineare Optimierung*, Mathematik Kompakt, Springer.

Vincent, T. und Grantham, W. (1997). *Nonlinear and Optimal Control Systems*, Wiley.

6 Modellbildung mechatronischer Systeme

Dieses Kapitel widmet sich der Modellierung automatisierter mechatronischer Systeme. Hierbei wird ein starker Fokus auf die Bedeutung der Modellierung und Simulation im Rahmen der Funktionsentwicklung gelegt.

6.1 Modellierung

Das folgende Kapitel widmet sich der Beschreibung des **Verhaltens mechatronischer Systeme**. Im Zentrum steht die Vermittlung der grundlegenden Werkzeuge zur Modellerstellung. Auch hier stehen, wie in Abschnitt 4.2.1 bereits erwähnt, Systeme mit konzentrierten Parametern im Fokus, sodass neben einigen grafischen Beschreibungsformen vor allem gewöhnliche Differential- bzw. Differenzengleichungen diskutiert werden. Dementsprechend befassen wir uns nicht mit verteilt-parametrischen Systemen, die auf partielle Differentialgleichungen bzw. deren numerische Lösungsverfahren (Finite-Differenzen-, Finite-Volumen-, Finite-Elemente-Methode etc.) führen.

6.1.1 Grundidee der Modellierung

Nachdem wir im Abschnitt 3.3.2 die Grundlagen der Simulationstechnik behandelt haben, legen wir im Folgenden den Fokus auf die Modellerstellung. Ein Modell stellt hierbei eine Repräsentation der Eigenschaften, Beziehungen und/oder Abläufe eines Systems dar. Dabei vereinfacht und abstrahiert das Modell im Allgemeinen das repräsentierte System. Der Versuch, ein System vollständig mit all seinen Eigenschaften zu modellieren, ist nicht zielführend und niemals erfolgreich möglich. Gerade hinsichtlich der zunehmenden Komplexität von Systemen spielt das Thema der vereinfachten Repräsentation derer eine große Rolle. Somit ist das Abwägen von Abstraktion und Adäquatheit bei der Modellsynthese von zentraler Bedeutung. Die Auswahl der zu modellierenden Aspekte ist eine wichtige Aufgabe im Vorfeld der eigentlichen Modellbildung. So setzt die Modellierung eines Systems zunächst voraus, dass geklärt werden muss, welche (Teil-)Aspekte eines Systems modelliert werden sollen und wozu das Modell eingesetzt werden soll (Anwendungszweck, Zielstellung und Nutzung). Im Anschluss können dann die abzubildenden Eigenschaften und Verhaltensweisen sowie die Modellform festgelegt werden. Daher können, je nach den zu modellierenden Aspekten, eine Vielzahl von Modellen mit ganz unterschiedlicher Modellstruktur ein System beschreiben.

So muss initial bspw. die **Modellstruktur** festgelegt werden: Wie und aus welchen Teilsystemen ist das Gesamtsystem zusammengesetzt? Es wird somit beschrieben, welche Beziehungen zwischen den einzelnen Teilen des Systems bestehen. Weiterhin sind die zu modellierenden Eigenschaften der Teilsysteme zentral für den Modellierungsprozess.

Bei der Wahl ist der spätere **Verwendungszweck** bestimmend. Häufige Verwendungszwecke von Modellen in der Automatisierungstechnik sind:

- Erlangen/Vertiefen des Verständnisses eines Systems
- Verstehen der Kommunikationsstruktur eines Systems
- Entwurf eines Systems
- Simulation eines Systems
- Analyse eines Systems

Es liegt bei der Vielzahl möglicher Verwendungszwecke und zu modellierender Systeme nahe, dass auch sehr verschiedene Arten von Modellen Anwendung finden (wie bspw. kinematische und dynamische Modelle) wie im Folgenden ausführlich beschrieben. Zudem können sich auch die Modellierungsformen z. T. stark unterscheiden (Black-Box- und White-Box-Modelle), wie im weiteren Verlauf dieses Kapitels dargestellt. Somit sei nochmals betont, dass ein einziges System durch eine Reihe unterschiedlicher Modelle beschrieben werden kann, wie Bild 6.1 illustriert.

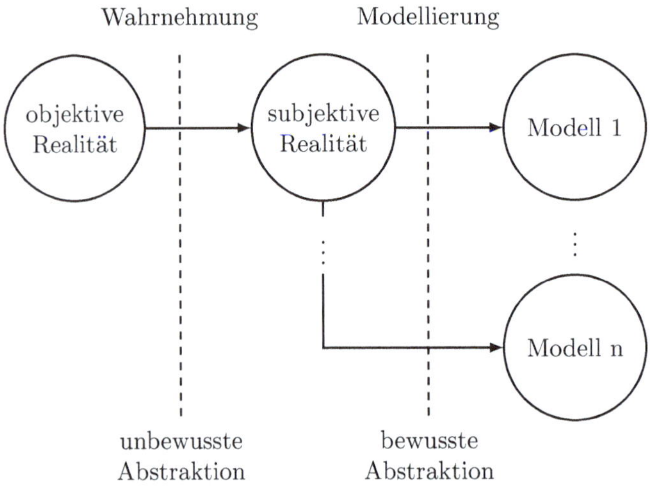

Bild 6.1 Unbewusste und bewusste Abstraktion

Dass zu jedem System unterschiedliche Modelle existieren und diese vom Zweck für den Beobachter im Wesentlichen bestimmt werden, verdeutlicht die folgende Definition 6.1.

Definition 6.1 (Modell-Definition nach Minsky). „To an observer B, an object A* is a model of an object A to the extent that B can use A* to answer questions that interest him about A." Aus: Marvin L. Minsky. Matter, Mind and Models. MIT Press, Boston MA, USA, 1968. ■

Betrachten wir diese Definition genauer, dann wird deutlich, dass der **Zweck** eines Modells durch die Art der Fragen beschrieben werden kann, die das Modell über das Original (A) beantworten soll. Zudem wird der Zweck eines Modells durch das (epistemische) Interesse eines Beobachters bestimmt. So kann es je nach Zielsetzung mehrere Modelle desselben Originals geben. Soll bspw. das Fahrverhalten eines Fahrzeuges modelliert werden, so ist das Modell für die aerodynamischen Zusammenhänge ein gänzlich anderes (Modell basiert auf strömungsmechanischen Untersuchungen) als ein Modell, welches für den Entwurf eines Fahrerassistenzsystems verwendet wird.

Da ein Modell keine Aussage, sondern ein Generator für eine (in der Regel unendliche) Menge von Aussagen über das Original ist, ist es in der Regel nicht verifizierbar, sondern nur **falsifizierbar**. Das bedeutet, dass ein Modell (bspw. durch Wahl unterschiedlicher Startwerte) eine beliebige Anzahl von Verläufen generieren kann. So können wir nicht die formelle Adäquatheit des Modells nachweisen. Es kann lediglich dargestellt werden, dass das Modell für alle bisher betrachteten Fälle adäquate Aussagen erzeugt. Daher ist eine gewisse Sensibilität bei der Verwendung von (Simulations-)Modellen geboten. Bei sorgsamem Umgang bieten sich vielfältige Vorteile bei der Verwendung von Simulationsmodellen und Simulationen, welche im Folgenden aufgeführt sind:

Beobachtung unzugänglicher Größen: Die Verwendung von Simulationsmodellen ermöglicht es, sämtliche inneren Systemzustände zugänglich zu machen. So können die Effekte sämtlicher Eingangssignale auf diese Zustände analysiert werden, selbst wenn diese messtechnisch im späteren Prozess nicht erfassbar sind oder aus Kostengründen nicht gemessen werden.

Hohe Reproduzierbarkeit: Da die Simulationsergebnisse eine hohe Reproduzierbarkeit aufweisen (bei Verwendung gleicher Eingangssignale und gleicher numerischer Einstellungen resultieren die gleichen Simulationsergebnisse), können diese zielführend zur tieferen Systemanalyse sowie zur suksessiven Weiterentwicklung der Automatisierungslösung verwendet werden.

Betrachtung beliebiger Variationen: Da durch die Beaufschlagung des Simulationssystems mit extremen Eingangsdaten keine mechanische oder anders geartete Gefährdung des Systems erfolgt, können beliebige Variationen von Eingangsdaten, Systemparametern etc. zur Systemanalyse verwendet werden. Dies ist insbesondere bei der Betrachtung von Grenzfällen von hohem Nutzen.

Ungefährlich: Die Verwendung von Simulationen gefährdet weder die Anlage noch das Testpersonal. Es gibt einige Systeme, die ein so hohes Gefahrenpotential besitzen, dass eine Simulation vor dem eigentlichen Bau nicht nur sinnvoll ist, sondern gesetzlich gefordert wird.

Verfügbarkeit und Kosten: Zu jeder Zeit können Simulationstests durchgeführt werden (auch automatisiert außerhalb der Arbeitszeit). Außerdem kann ein einmal erstelltes Modell ausgetauscht und von einer beliebigen Anzahl von Entwicklern/Testern verwendet werden. Zudem binden viele dieser Tests keinerlei Betriebspersonal oder Test-Hardware, weshalb sie in der Durchführung kostengünstig sind. Darüber hinaus entfällt die Konstruktion einzelner Prototypen. Durch die Vielzahl von Informationen, die das Modell und etwaige Simulationswerkzeuge bereitstellen, gestaltet sich die Fehlersuche häufig einfach. Auch diese Aspekte führen zu einer Kostenreduktion.

Erhöhung des Verständnisses: Simulationen versetzen uns in die Lage, vergleichsweise einfach eine Vielzahl simulativer Experimente durchzuführen und sie ermöglichen dadurch sowohl statistische als auch detaillierte Auswertungen des Verhaltens der Systeme. Dies macht es dem Nutzer möglich, neue Aussagen über das System zu generieren und damit das Gesamtverständnis zu erhöhen.

Kritische Herausforderungen, welche sich bei der Verwendung von Simulationsmodellen ergeben können, sind:

Beschränkte Aussagekraft durch Annahmen/Randbedingungen/Domänenspezifika: Die Ergebnisse der Simulationen hängen komplett von den zugrundeliegenden Simulationsmodellen ab. Wurden bei der Erstellung der Simulationsmodelle bspw. unzutreffende Annahmen verwendet, so resultiert daraus auch nur eine beschränkte Aussagekraft der Simulationsergebnisse.

Beschränkte Genauigkeit: Mit dem vorherigen Punkt einhergehend sind die Simulationsergebnisse oft beschränkt hinsichtlich ihrer Genauigkeit. So kann die Realität nie komplett in einem Simualtionsmodell abgebildet werden, weshalb die Simulationsergebnisse immer gewisse Ungenauigkeiten aufweisen. Darüber hinaus führen die der Simulation zugrundeliegenden numerischen Verfahren stets zu Abweichungen.

Abstraktion: Es ist immer darauf zu achten, welche Eigenschaften des Systems von dem Simulationsmodell abgebildet werden sollen. Diese Eigenschaften sollten mit hoher Adäquatheit modelliert werden, wohingegen andere eher abstrahiert werden können.

Die konkrete Entscheidung über die Modllierungstiefe ist durch den Anwendungszweck definiert. Das Abstrahieren steht hierbei nicht im Gegensatz zum Modellieren. Vielmehr umfasst es einen notwendigen Schritt beim Modellieren . Unter Abstrahieren verstehen wir somit, dass bei der Modellierung bestimmte konkrete Einzelheiten eines Systems vernachlässigt werden.

Aufwand: Final sollte beachtet werden, dass das Durchführen von Simulationen zwar sehr kostengünstig ist, jedoch die Modellerstellung je nach Anforderung durchaus aufwendig und damit kostenintensiv sein kann.

Das prinzipielle **Vorgehen zur Erzeugung von Modellen** lässt sich unabhängig von der eigentlichen Modellklasse in den folgenden Punkten zusammenfassen:

1. Als erster Schritt bei der Modellierung erfolgt die **Konzeptionierung** (inkl. dem Festlegen des Modellierungsobjektes und ggf. die Zerlegung des Gesamtsystems in Teilsysteme). Diese Zerlegung erfolgt meist in idealisierte Elemente (Bauteile, Teilsysteme, Funktionen etc.). Dabei drückt sich die Idealisierung häufig in Form von konzentrierten Parametern und Verlustfreiheit aus. Die so entstehenden vereinzelten Elemente werden dann über Energieflüsse oder andere Signale zum Gesamtsystem verbunden. Außerdem werden die Mess- und Stellgrößen festgelegt. Denn nur über die Definition der relevanten Größen lässt sich das entsprechende Eingangs-Ausgangs-Verhalten beschreiben. Weiterhin muss in dieser Konzeptionierungsphase festgelegt werden, welche Aspekte modelliert werden sollen, siehe Definition 6.1. Es muss also Klarheit dar über existieren, was und für welchen Zweck modelliert wird und damit welcher Grad an Abstraktion zielführend ist. Daraus lässt sich meist auch die notwendige Aussagegüte ableiten (qualitativ, quantitativ und ggf. Genauigkeitsanforderungen).

Mit diesen eher allgemeineren Festlegungen können anschließend Festlegungen zu Abstraktionsgrad und Modellierungsart getroffen werden. Konkret wird definiert, in welcher Modellform die Modellbildung erfolgt (theoretisch, phänomenologisch, experimentell, kombiniert) und welche Art von Modell anvisiert wird (White-, Gray-, Black-Box). Außerdem werden passend zur jeweiligen Anwendung die Raum/Zeit-Charakteristika des Modells festgelegt:

- Örtliche Auflösung (konzentriert, verteilt 1- bis 3-dimensional)
- Zeitliche Auflösung (Momentan- und Mittelwertmodelle)
- Zeitliche Abtastung (zeitdiskret, -kontinuierlich, ereignisdiskret)
- Zeitliche Detaillierung ((quasi-)statisch/dynamisch)

2. Den zweiten Schritt bildet die **Implementierung** des Modells in ein geeignetes (meist Simulations-)System. Auch hier gibt es eine Reihe von Möglichkeiten. Es existieren unterschiedliche Modellierungsparadigmen, die meist durch die jeweiligen Software-Werkzeuge vorgegeben sind. So wird zwischen kausalen und akausalen Implementierungen unterschieden. Im kausalen Fall ist die Wirkrichtung zwischen einzelnen Elementen durch die Implementierung definiert. Bei der akausalen Implementierung ist lediglich die Art der Verbindung zwischen den Elementen, allerdings nicht die Wirkrichtung der Verbindungen, definiert. Dementsprechend werden diese auch als ungerichtet bezeichnet. Weiterhin bietet es sich an (vor allem bei umfangreichen Modellen), die Implementierung zu modularisieren. Denn monolitische Implementierungen sind im Allgemeinen unübersichtlich und schwer wartbar. Auch die jeweiligen Modellierungssprachen (bspw. skriptbasiert oder grafisch) sowie die Modellumsetzung (Software-Werkzeug, Programmiersprache etc.) und die Notation werden hier definiert.
3. Bei der **Modellverifikation und -validierung** wird überprüft, ob das erstellte abstrakte Modell das Verhalten des realen zu modellierenden Systems repräsentiert. Dabei ist eine vollständige Übereinstimmung zwischen Modell und Realität nicht realistisch. Denn einerseits wurde bei der Modellbildung bewusst und unbewusst abstrahiert, sodass weder alle Einflussgrößen noch alle Effekte berücksichtigt werden. Anderseits wird bei dem Vergleich zwischen Modell und Realsystem häufig auf Messungen zurückgegriffen. Diese sind stets mit Messfehlern verbunden, sodass das reale Verhalten nicht vollständig bekannt ist. Daher wird bei der Verifikation überprüft, ob der Unterschied zwischen Modell und Messungen in definierten Toleranzen verbleibt. Dementsprechend gestaltet sich die Verifikation bei Systemen besonders schwierig, an denen keine Messungen möglich sind. Bei der Überprüfung von implementierten Modellen stellen sich zwei Fragen:
   - Ist das erstellte Modell korrekt implementiert? Hier gibt es prinzipiell die Möglichkeit einer formalen Verifikation. Allerdings ist ein formaler Korrektheitsnachweis (Software-Verifikation) aufgrund der inhärenten Komplexität der Modelle meist nicht realisierbar. Daher werden meist Methoden des Software-Engineerings und des Software-Tests angewendet, siehe Abschnitt 3.3.2.
   - Weist das implementierte Modell eine genügende Approximation der Realität auf und ist es für den geplanten Anwendungszweck geeignet? Der dazu notwendige Vergleich zwischen Realsystem und Modellverhalten kann nur punktuell erfolgen, da prinzipiell unendlich viele Parametrierungen bzw. Zustände möglich sind.

Zusätzlich werden die Modelle Plausibilitäts- und Sensitivitätsanalysen unterzogen. Dabei wird bei einer Plausibilitätsanalyse überprüft, ob die Ergebnisse annehmbar und nachvollziehbar sind. Es wird dementsprechend mit wenig Aufwand untersucht, ob sich offensichtliche Falschaussagen ergeben, ohne dabei die Richtigkeit der Resultate zu verifizieren. Die Sensitivitätsanalyse hingegen untersucht, wie Änderungen an den Eingangsparametern (Modellparameter) oder an den Anfangsbedingungen die Ausgangsvariablen des Systems beeinflussen. Ziel ist es, die Robustheit des Systems zu verstehen und sicherzustellen, dass es bei verschiedenen Bedingungen zuverlässig funktioniert. Darüber hinaus lässt sich so auch ermitteln, welche Parameter keinen oder nur geringen Einfluss auf den Ausgang haben und somit vernachlässigt werden können. Je nach dem Ergebnis dieser Bewertung muss zu Schritt 1 oder 2 zurückgesprungen werden.

Zur Erstellung von Modellen unterscheiden wir im Wesentlichen zwischen zwei grundlegenden Herangehensweisen:

Theoretische Modellbildung: Die Grundlage der theoretischen Modellbildung bildet die mathematische Formulierung von Naturgesetzen sowie technischen Zusammenhängen und Wirkweisen. Basierend darauf werden Annahmen über die Systemsturktur abgeleitet (wie bspw. konzentrierte/verteilte Parameter, statische oder dynamische Zusammenhänge, zeitlich konstante oder veränderliche Parameter). Damit einhergehend erfolgt das Aufstellen von Grundgleichungen (zumeist Bilanzgleichungen), aus denen das Ableiten von entsprechenden Systemgleichungen erfolgt. Die entstehenden Modelle werden als White-Box-Modell bezeichnet, bei denen die Systemstruktur und Parametrierung als bekannt angenommen werden.

Experimentelle Modellbildung: Bei der experimentellen Modellbildung wird das Ein-/Ausgangsverhalten des Systems mittels Messungen ermittelt. Anhand dieser Messungen wird in einem ersten Schritt die grundlegende Modellstruktur angenommen (statisch/dynamisch, linear/nichtlinear, Anzahl der Zeitkonstanten etc.). Diese Strukturannahme geht jeweils mit einer Anzahl zu definierender Parameter (Modellparameter) einher, welche in einem nachfolgenden Schritt aus den Messdaten abgeleitet werden. Die so entstehenden Modelle zur Systembeschreibung werden als Black-Box-Modelle bezeichnet.

Sind hingegen grundlegende Kenntnisse der Systemstruktur aus theoretischen Überlegungen bekannt und wir verfügen über Vorwissen des Systems, dann sprechen wir von Gray-Box-Modellen. Diese Gray-Box-Modellierung ist ein sehr oft verwendeter Ansatz in der Praxis, da aus physikalischen Überlegungen meist grundlegende Zusammenhänge abgeleitet werden können. Wird dieses Vorwissen bei der experimentellen Modellbildung berücksichtigt und werden nur die jeweiligen (unbekannten) Parameter experimentell bestimmt, lassen sich effizient gute Modellierungsergebnisse erzeugen.

Beispiel 6.1 (Modellbildung eines Federelements). Im Folgenden betrachten wir das Federelement der **Radaufhängung** aus Beispiel 4.1. Hierbei stellen wir jeweils Ansätze zur Erstellung eines statischen sowie eines dynamischen Systemmodells her.

1. Fall: Stationäres Verhalten der ersten Feder

Im Rahmen der theoretischen Modellbildung kann ein Modell zur Beschreibung des stationären Verhaltens der Federkraft in folgender Form abgeleitet werden: $F = cx$.

Um ein entsprechendes White-Box-Modell zu erhalten, muss die Federsteifigkeit c bekannt sein, z. B. $c = 0.9 \cdot 10^{-3}\,\frac{\text{m}}{\text{N}}$. Diese Informationen können bspw. aus Datenblättern entnommen werden.

Ist die Federsteifigkeit nicht bekannt und wir müssen diese erst bestimmen, entsteht ein Gray-Box-Modell. Bei der sich so ergebenden Gray-Box-Modellbildung erfolgt die Ableitung dieses Parameters durch eine Versuchsreihe. Im aktuellen Beispiel könnten eine Variation von der extern aufgeprägten Kraft F = konstant und die Messung der entsprechenden Federverformung über den Federweg x folgendes Ergebnis bringen: $F = 100\,\text{N} \rightarrow x = 0{,}1\,\text{m}$; $F = 200\,\text{N} \rightarrow x = 0{,}2\,\text{m}$; $F = 1000\,\text{N} \rightarrow x = 1{,}0\,\text{m}$. Somit lässt sich als Systemmodell folgender Zusammenhang ableiten: $x = 10^{-3}\,\frac{\text{m}}{\text{N}} F$.

Wenn die Feder kein lineares, sondern ein progressives Verhalten aufweist, sollte ein nichtlinearer Modellansatz verwendet werden, anstatt der dargestellten linearen Kennlinie zu folgen. In diesem Fall würde der Anstieg der Weg-Kraft-Kennlinie mit zunehmender Auslenkung ebenfalls zunehmen. Wir können daher bspw. eine kubische Kennlinie $F = c_1 x + c_2 x^3$ als Modellstruktur wählen und die Parameter c_1 und c_2 aus Messungen ermitteln. Das so entstehende Modell wäre ein Black-Box-Modell. Bild 6.2 zeigt exemplarisch das Ergebnis einer solchen Parameteridentifikation. Das Modell (blaue Kurve) wurde mithilfe des Levenberg-Marquardt-Algorithmus (vgl. Abschnitt 5.2.1) an die Messdaten (schwarze Punkte) angepasst. Das Ergebnis der Identifikation ist $c_1 = 1042.94\,\frac{\text{N}}{\text{m}}$ und $c_2 = 210.22\,\frac{\text{N}}{\text{m}^3}$

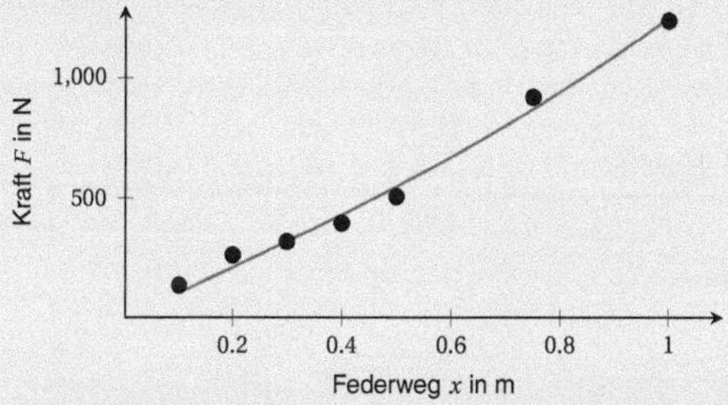

Bild 6.2 Identifiziertes nichtlineares Federmodell $F = c_1 x + c_2 x^3$.

2. Fall: Dynamisches Verhalten des Feder-Masse-Dämpfer-Systems

In diesem Fall startet die theoretische Modellbildung mit der Aufstellung der Kräftebilanz wie in Beispiel 4.13. Dies führt direkt auf das parametrische Systemmodell in der Form:

$$\begin{aligned} \dot{x}_1(t) &= x_2(t) \\ \dot{x}_2(t) &= -\frac{c_1 + c_2}{m} x_1(t) - \frac{d}{m} x_2(t) + \frac{c_2}{m} u(t) \end{aligned}$$

Hier führt die Kenntnis über die Masse m, die Dämpfungskonstante d und die Federsteifigkeiten c_1, und c_2 zu einem White-Box-Modell.

Im Rahmen der experimentellen Modellbildung wird wieder eine Testreihe durchgeführt. Bspw. kann dies durch Vorgabe einer sinusförmigen Anregung des Federelements $u(t) = A \sin(\omega t)$ erfolgen. Hierbei variieren wir die Anregungsfrequenz ω sowie die Anregungsamplitude A. Wie zuvor messen wir auch hier den Federweg $x_1(t)$ und betrachten somit die Messfunktion $h(\boldsymbol{x}) = x_1(t)$.

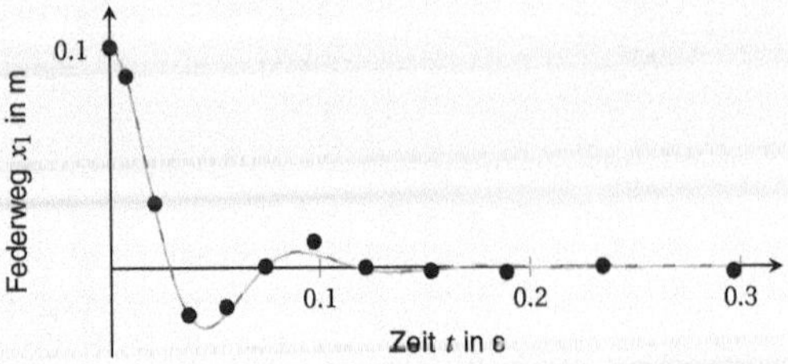

Bild 6.3 Ausgabe des identifizierten dynamischen Federmodells mit verschiedenen Parameteridentifikationsmethoden: Einfachschießverfahren (–), Mehrfachschießverfahren (–), volle Diskretisierung (–)

Die gemessenen Daten sind als schwarze Punkte in Bild 6.3 dargestellt. Anhand der entstehenden Messreihen können die Modellparameter mithilfe der Methoden der dynamischen Parameteridentifikation aus Abschnitt 5.2.2 bestimmt werden. Sowohl das Einfachschießverfahren als auch das Mehrfachschießverfahren (mit $n_s = 30$ Mehrzielknoten) und die Methode der vollen Diskretisierung (mit $n_\tau = 300$ Diskretisierungspunkten) ergeben adäquate Parameter, siehe Tabelle 6.1. In Bild 6.3 ist die Ausgabe des Modells für die verschiedenen Parameter dargestellt. Wir sehen, dass die Daten in allen Fällen gut durch das Modell abgebildet werden. Obwohl es Unterschiede in den identifizierten Parametern gibt, sind die Abweichungen der Modellausgaben marginal und in der dargestellten Auflösung nicht zu erkennen. Um numerische Probleme zu umgehen, wurden die Parameter für die Identifikation skaliert und die Größen $\hat{m} = 10^{-1}m$, $\hat{c}_1 = 10^{-4}c_1$, $\hat{c}_2 = 10^{-5}c_2$ und $\hat{d} = 10^{-3}d$ identifiziert. Als Parameterstartschätzung wurde $\hat{m} = 5\,\text{kg}$, $\hat{c}_1 = 3$ N/m, $\hat{c}_2 =$ N/m und $\hat{d} = 3$Ns/m gewählt.

Tabelle 6.1 Identifizierte Parameter der dynamischen Federmodells mit verschiedenen Parameteridentifikationsmethoden

Methode	m in kg	c_1 in N/m	c_2 in N/m	d in N s/m
Einfachschießverfahren	$53{,}15$	$3{,}075 \cdot 10^4$	$2{,}748 \cdot 10^5$	$3{,}099 \cdot 10^3$
Mehrfachschießverfahren	$48{,}75$	$3{,}049 \cdot 10^4$	$2{,}487 \cdot 10^5$	$2{,}849 \cdot 10^3$
Volle Diskretisierung	$45{,}86$	$3{,}037 \cdot 10^4$	$2{,}326 \cdot 10^5$	$2{,}684 \cdot 10^3$

■

Bis zu einem gewissen Grad sind die zuvor diskutierten Modellierungsansätze nur eine idealistische Darstellung, wie die Modellierung funktionieren sollte. In der Praxis gehen Menschen nicht unbefangen oder objektiv in die Modellierung. Im Bewusstsein dieser Tatsache hat Golomb folgende Grundsätze formuliert:

Die 5 DON'Ts

1. Don't believe that the model is reality.
2. Don't extrapolate beyond the region of fit.
3. Don't distort reality to fit the model.
4. Don't retain a discredited model.
5. Don't fall in love with your model.

■

1. **Don't believe that the model is reality:** Dieser Grundsatz soll uns daran erinnern, dass wir stets bewusst oder unbewusst die Realität abstrahieren müssen, um mathematische Modelle zu generieren. Daher müssen wir den Ergebnissen der Modellierung und einer darauf aufbauenden Simulation immer kritisch gegenüber stehen.
2. **Don't extrapolate beyond the region of fit:** Dieser Satz besagt, dass Modelle nur in jenen Regionen des Parameterraums zur Vorhersage verwendet werden sollten, in denen sie durch experimentelle Daten ausreichend gestützt werden oder die getroffenen Abstraktionen gerechtfertigt werden können.
3. **Don't distort reality to fit the model:** Grundsätzlich muss das Modell an die Realität, repräsentiert durch Experimente und Messungen, angepasst werden und nicht anders herum. Insbesondere muss darauf geachtet werden, dass die Gegebenheiten der Experimente nicht so lange verändert werden, bis sie zum Modell passen, auch wenn das bedeutet, dass ggf. ein Modell verworfen werden muss.
4. **Don't retain a discredited model:** Es hat im Allgemeinen einen guten Grund, warum ein Modell verworfen wurde. Das wieder „Aufwärmen" alter, bereits als invalide charakterisierter Modelle kostet meist nur Aufwand und Zeit.
5. **Don't fall in love with your model:** Häufig erfordert das Erstellen eines adäquaten Modells viel Einsatz. Dies gilt in besonderem Maße, wenn praxisnahe Modelle erzeugt werden. Durch den Aufwand wächst auch die Bedeutung des Modells für den jeweiligen Modellierenden. Dies ist mit Vorsicht zu genießen, denn Objektivität ist beim Modellieren von zentraler Bedeutung. Daher sollte die Validierung und Qualitätsbewertung nicht durch den Modellierer vorgenommen werden.

Um den Modellbildungsprozess zu unterstützen, haben sich grafische Modellierungsansätze etabliert. Im Rahmen dessen wollen wir **Fließbilder** und **Blockschaltbilder** betrachten. Diese grafischen Modellierungsansätze helfen dabei, die Gesamtstruktur eines Systems zu analysieren und ggf. einen Komponentenentwurf zu realisieren. Außerdem visualisieren diese die Signalverläufe, wodurch kritische Pfade identifiziert und idealerweise vermieden werden können. Allerdings werden hierbei keine quantitativen Zusammenhänge illustriert, sodass sich diese Darstellungsform für eine zeitige Modellbildungsphase eignet.

Fließbilder dienen vor allem der Modellbildung von komplexen technischen Anlagen und Prozessen. Sie bilden eine international verständliche grafische Modellierungssprache und haben einen breiten Anwenderkreis (Ingenieure, Planer, Betreiber etc.). Dabei wird im Allgemeinen der Gesamtprozess als Summe von Teilprozessen modelliert, wobei der Gesamtprozess in eine Menge von Teilsystemen und Signalen zerlegt wird, vgl. Abschnitt 4.1.2. Im Gegensatz zu den Blockschaltbildern, welche nachfolgend vorgestellt werden, spielt das Verhalten der einzelnen Teilsysteme bei der Modellierung des Prozesses mittels Fließbildern keine Rolle.

Fließbilder bilden eine gemeinsame Sprache für Diskussionen innerhalb interdisziplinärer Anwendergruppen. So finden Fließbilder bspw. ihren Einsatz bei Diskussionen, wenn ein neuer Prozess entwickelt oder Fehler in einem Prozess beseitigt werden sollen. Sie spielen eine entscheidende Rolle bei der Planung und Optimierung von Prozessen. Bild 6.4 zeigt, bei welchen Entwicklungsprozessschritten Fließbilder in der Praxis Anwendung finden und welche Liefergegenstände oft Fließbilder umfassen.

Techniker, Ingenieure und Anlagenbetreiber nutzen Fließbilder, um Prozesse und Zusammenhänge zwischen einzelnen Komponenten besser zu verstehen. Im technischen Bereich haben sich die folgenden Arten von Fließbildern etabliert:

Grundfließbild: Das Grundfließbild stellt das abstrakteste Fließbild dar. Es zeigt in schematischer Form die Hauptprozessschritte und die Hauptsignalflussrichtung mit Benennung der Ein- und Ausgangssignale. Die Richtung des Stoffstroms ist durch Pfeile gekennzeichnet. Die Prozessschritte sind durch beschriftete Rechtecke symbolisiert . Die Fließrichtung des Hauptstromflusses ist von links nach rechts. Eine in der Robotik oft verwendete Modifikation des Grundfließbildes ist der Fertigungsablaufplan. Er stellt die Abfolge der fertigungstechnischen Vorgänge eines Fertigungsprozesses grafisch dar. In dieser Darstellungsform beschreiben Kreise die Arbeitsvorgänge, Quadrate kennzeichnen die Handhabungsfunktionen (mit Ausnahme von Prüfvorgängen) und Dreiecke kennzeichnen die Prüfschritte.

Verfahrensfließbild: Der allgemeine Aufbau eines Verfahrensfließbildes entspricht dem eines Grundfließbildes. Apparate und Maschinen werden hierbei jedoch schematisch mit Bildzeichen und Kennbuchstaben dargestellt. Die EN ISO 10628 definiert diese Syntax. Somit modelliert die Darstellung des Prozesses im Verfahrensfließbild den technischen Prozess genauer, da bereits zu verwendende Apparate und Maschinen benannt werden.

R&I-Fließbild: Das R&I-Fließbild ist ebenfalls eine international gebräuchliche grafische Modellierungssprache und stellt eine Erweiterung des Verfahrensfließbildes dar (mit höherem Informationsgehalt). Das R&I-Fließbild repräsentiert sowohl den Prozess als auch die konkrete Instrumentierung. Somit umfasst es eine konkrete Darstellung der Rohrleitungen, Apparate und Instrumente der Anlage. Die Apparate und Maschinen im R&I-Fließbild umfassen Bezeichnung, Art und Funktion, Identifikations-Nummern, kennzeichnende Größen (Maximaldrücke, Behältervolumina etc.) sowie charakteristische Betriebsbedingungen. Die Fließwege sind nicht nur mit Fließrichtung der Ein- und Ausgangsstoffe sowie Energien beschrieben. Sie umfassen auch Benennung und Durchflüsse bzw. Mengen der Ein- und Ausgangsstoffe sowie Benennung von Energien bzw. Energieträgern. Zudem werden die Mess-, Regel- und Steuerfunktionen mit Identifikationsnummern als prozessleittechnische Stellenkreise dargestellt

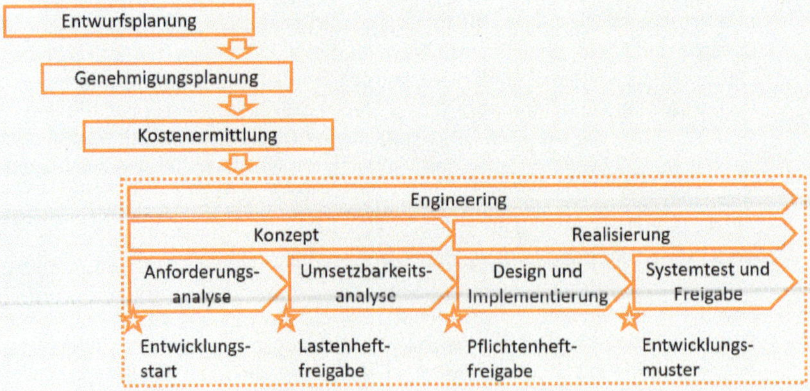

Bild 6.4 Einordnung von Fließbildern in den Entwicklungsprozess

Beispiel 6.2 (Fließbilder). In Bild 6.5 zeigen wir das Grund-, Verfahrens- und R&I-Fließbild für einen verfahrenstechnischen Prozess. Es ist leicht ersichtlich, wie der Detaillierungsgrad des zu modellierenden Prozesses vom Grund- zum R&I-Fließbild zunimmt.

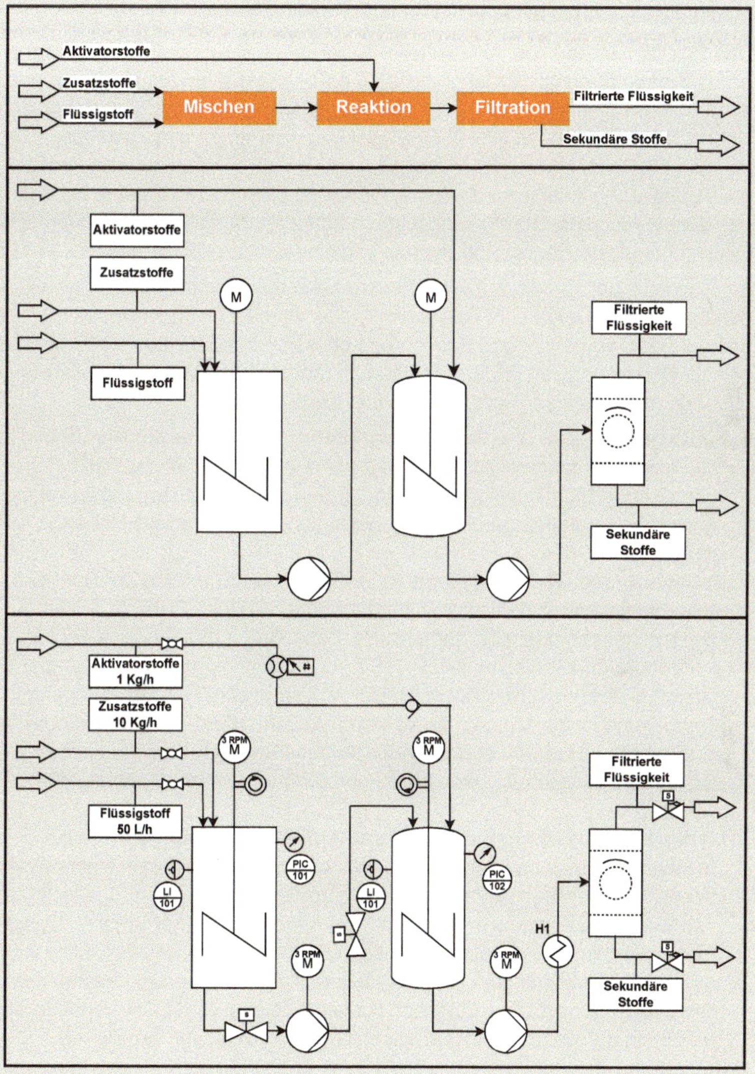

Bild 6.5 Visualisierung des Grund-, Verfahrens- und R&I-Fließbildes

■

Blockschaltbilder

Im Gegensatz zu Fließbildern modellieren Blockschaltbilder einen Prozess nicht nur auf Basis seiner Materialflüsse.

Sie bilden den Systemaufbau und das Verhalten der Teilsysteme/Komponenten sowie den Signalfluss zwischen ihnen ab. Blockschaltbilder stellen somit eine Beschreibungsform der dynamischen Eigenschaften von mechatronischen Systemen dar.

Blockschaltbilder sind eine grafische Beschreibungsform von Systemen, welche ein Werkzeug zur Systembeschreibung und -analyse darstellen. Zudem basiert auf ihnen die Implementierungsstrategie dynamischer Systeme mittels modellbasierter Softwarelösungen wie MATLAB/Simulink.

Das Blockschaltbild bildet eine schematische Darstellung der Zusammenhänge innerhalb eines Systems. Es ist geeignet, die Abhängigkeiten der einzelnen relevanten dynamischen Elemente abzubilden. Blockschaltbilder konzentrieren sich auf die Beziehungen zwischen den einzelnen Eingangs-, Ausgangs- und Zustandsgrößen (analog zum Fließbild) sowie deren Übertragungsverhalten. Sie bilden ein Werkzeug für die Modellierung komplexer Systeme, indem sie diese in Teilsysteme zerlegen und das daraus resultierende Wirkungsgefüge transparent machen. Dazu werden klare Definitionen, feste Regeln und Begriffe verwendet.

Blockschaltbilder können auf verschiedenen Abstraktionsebenen der Systembeschreibung verwendet werden. Im Folgenden wollen wir die Gestaltung eines Blockschaltbildes auf Basis von Bilanzgleichungen und physikalischen Zusammenhängen beschreiben. Zur Erstellung von Wirkungsplänen im Sinne eines Top-Down-Ansatzes kann folgender dreischrittiger Ansatz verwendet werden:

1. **Festlegen der Ein- und Ausgangsgrößen:** Ein- und Ausgangsgrößen müssen anwendungsspezifisch festgelegt werden. Im Beispiel der Radaufhängung ist das Eingangssignal eine von außen auf die Aufhängung wirkende Anregung der Fahrbahn und das Ausgangssignal die aktuelle Höhe der Aufhängung.
2. **Zerlegung des Gesamtsystems in Teilkomponenten:** Das Zerlegen des Gesamtsystems in Teilsysteme sorgt für eine bessere Übersichtlichkeit. Außerdem können durch die verbesserte Transparenz des Systems Fehler im Modell schnell erkannt werden (Struktur, Dynamik und Vorzeichen der Ursache-Wirkungs-Beziehungen). Der Ausgangspunkt für die Zerlegung in Teilsysteme ist die Analyse der direkten Ursache-Wirkungs-Beziehungen. Ausgehend von den Ausgangsvariablen des Gesamtsystems muss das Verfahren schrittweise rückwärts bis zu den Eingangsvariablen durchgeführt werden.
3. **Dynamisches Verhalten der Übertragungsblöcke festlegen:** Für die meisten der zuvor definierten Teilsysteme wird sich das darzustellende dynamische Übertragungsverhalten direkt aus den technischen Eigenschaften des jeweiligen Systems ergeben. Für die anderen, weniger trivialen Teilsysteme kann die Analyse des zeitlichen Verhaltens (bspw. mittels Differentialgleichung) hilfreich sein, um das Übertragungsverhalten zu beschreiben. Die Übertragungsblöcke enthalten final eine Symbolik, die das dynamische Verhalten der einzelnen Übertragungsblöcke anzeigt, vgl. Tabelle 4.3.

Hinweise

- Die Hauptsignalflussrichtung in einem Blockschaltbild ist von links nach rechts.
- Die Summen- und Verzweigungspunkte sind wie im klassischen Regelkreisblockschaltbild zu verwenden, siehe bspw. Bild 4.1.
- Die Vorzeichen müssen rechts von den Signalpfeilen eingetragen werden.
- Alle verwendeten Signale und Übertragungsblöcke im Blockschaltbild müssen mit aussagekräftigen Bezeichnungen versehen werden. ■

Beispiel 6.3 (Blockschaltbild – Radaufhängung). Bild 6.6 zeigt das Blockschaltbild für die Radaufhängung aus Beispiel 4.1. Ausgangspunkt für die Gestaltung des Blockschaltbildes war die zuvor hergeleitete Bewegungsgleichung des Systems $m\ddot{y} = c_2 u - (c_1 + c_2)y - d\dot{y}$. Umgestellt nach der Größe mit der höchsten Ableitung ergibt sich $\ddot{y} = \frac{c_2}{m}u - \frac{c_1+c_2}{m}y - \frac{d}{m}\dot{y}$. Die Gleichung lässt sich direkt in das Blockschaltbild übertragen. Schauen wir uns hierzu an, welche drei Signale das Signal $\ddot{y}$ bilden, erkennen wir leicht die drei Terme der Differentialgleichung wieder. Die Anzahl der Integratoren hinter dem Signal $\ddot{y}$ entspricht der Ordnung der Differentialgleichung. Analog zu Bild 6.6 gestaltet sich auch die Implementierung der Differentialgleichung in Simulink.

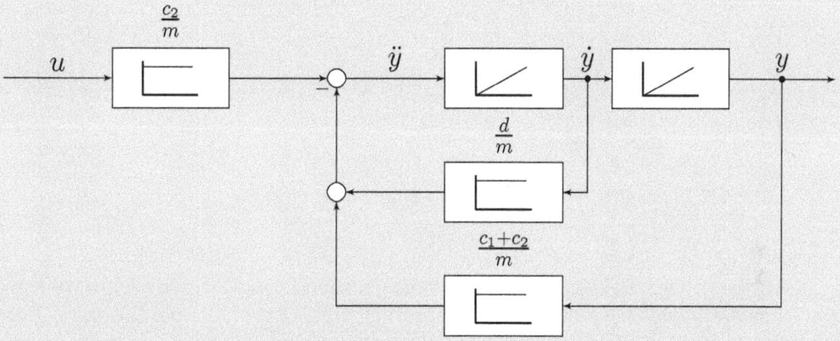

Bild 6.6 Blockschaltbild der Radaufhängung

In Bild 6.6 haben wir in den Übertragungsblöcken die Sprungantworten der jeweiligen Übertragungsfunktionen angegeben, analog zu Tabelle 4.3. In Ergänzung dazu ist es auch möglich, in die Übertragungsblöcke Gleichungen einzutragen, bspw. bei nichtlinearen Übertragungsgliedern. Dies macht Blockschaltbilder universell einsetzbar. ■

Betrachten wir das Bild 6.6 aus dem vorangegangen Beispiel, so sehen wir, dass die Übertragungsfunktionen von Blöcken, die in Reihe geschaltet, sind miteinander multipliziert werden, siehe die Doppelintegratoren $y = \int\int \ddot{y}$. Zudem erkennen wir, dass die Übertragungsfunktionen von Blöcken, die parallel geschaltet sind, addiert oder subtrahiert werden, je nach Vorzeichen im Summenpunkt. Unterhalb der Variablen $\dot{y}$ und $\ddot{y}$ sehen wir jeweils eine Verzweigungsstelle, wo ein Signal abgegriffen wird.

Beispiel 6.4 (Blockschaltbild – Simulation). Gegeben sei die folgende lineare Differentialgleichung der Ordnung fünf $-c_1 y^{(5)} + c_1 y - c_2\dot{y} + \ddot{y} + c_3\ddot{y} + c_4 y^{(4)} + u = 0$. Ganz analog zum vorangegangen Beispiel können wir auch diese Differentialgleichung in ein Blockschaltbild überführen. Wir betrachten im Folgenden wieder u als Eingangsgröße und y als zu modellierende Ausgangsgröße. Nun lösen wir die Gleichung nach der Variablen mit der höchsten Ableitung

$$y^{(5)} = \frac{1}{c_1}(c_1 y - c_2\dot{y} + (1 + c_3)\ddot{y} + c_4 y^{(4)} + u) \tag{6.1}$$

und zeichnen die Integratorenkette (fünf Integratoren um $y^{(5)}$ in das Signal y umzurechnen). Danach betrachten wir Gleichung 6.1.

Hier erkennen wir, dass sich das $y^{(5)}$ aus fünf Teilsignalen zusammen setzt. Diese Teilsignale können sukzessive eingezeichnet werden, was in folgendem Blockschaltbild resultiert.

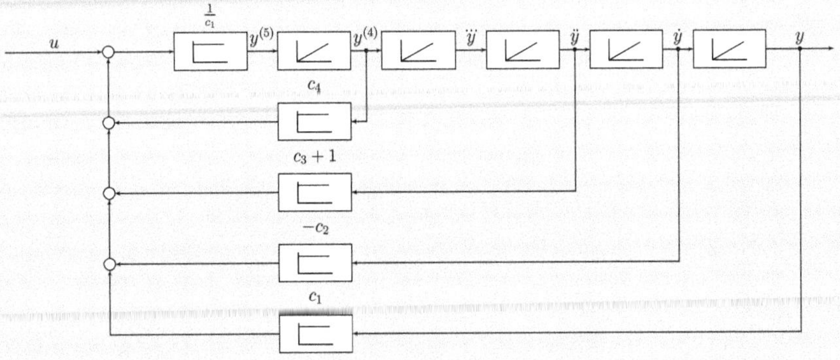

Bild 6.7 Blockschaltbild der Differentialgleichung fünfter Ordnung

Eine analytische Lösung der Differentialgleichung gestaltet sich als aufwendig. Stattdessen wollen wir Methoden aus Abschnitt 4.2.3 nutzen, um die Gleichung numerisch zu lösen. Dafür formulieren wir die Differentialgleichung zunächst als ein System von Differentialgleichungen erster Ordnung. Dazu führen wir neue Variablen $x_1 = y$, $x_2 = \dot{y}$, $x_3 = \ddot{y}$, $x_4 = y^{(3)}$ und $x_5 = y^{(4)}$ ein. Wir erhalten somit das System

$$
\begin{aligned}
x_1' &= x_2,\\
x_2' &= x_3,\\
x_3' &= x_4,\\
x_4' &= x_5,\\
x_5' &= \frac{1}{c_1}(c_1 x_1 - c_2 x_2 + (1 + c_3)x_3 + c_4 x_5 + u),
\end{aligned}
$$

welches wir mit einem Runge-Kutta-Verfahren 4. Ordnung und Schrittweitensteuerung lösen wollen. Hierzu wählen den Startwert $\boldsymbol{x} = [0;0;0;0;0]$, die Parameter $c_1 = 10$, $c_2 = 100$, $c_3 = 0{,}1$ und $c_4 = 0{,}1$ sowie den Modelleingang $u(t) = \frac{1}{2}\sin(t)$. In Bild 6.8 ist die numerische Lösung der Differentialgleichung dargestellt.

Das die Differentialgleichung (6.1) ein aufklingendes/instabiles Verhalten ausweist lässt sich auch mittels der in Abschnitt 4.3.1 beschriebenen Analysewerkzeugen bestätigen.

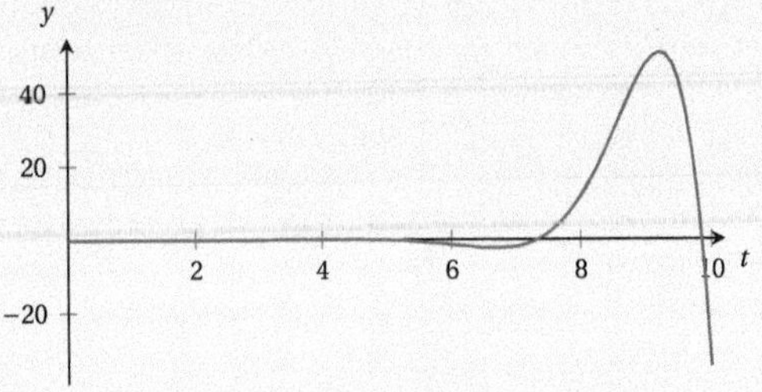

Bild 6.8 Lösung der Differentialgleichung

■

6.1.2 Theoretische Modellierung

Im Rahmen der theoretischen Modellierung wird bewusst auf die Durchführung umfangreicher experimenteller Studien im Rahmen der Modellbildung verzichtet. Dies kann bspw. von Vorteil sein, wenn das zu modellierende System noch nicht für experimentelle Versuche zur Verfügung steht, da es erst noch gefertigt oder beschafft werden muss. Da der Modellbildung theoretische bzw. bekannte Zusammenhänge zugrunde liegen, haben die so entstehenden Modelle im Allgemeinen gute Vorhersageeigenschaften.

In diesem Abschnitt stellen wir systematische Herangehensweisen vor, um theoretische **Dynamikmodelle** von Systemen zu erstellen. Mithilfe solcher Dynamikmodelle kann analysiert werden, wie sich einzelne Systemzustände über die Zeit ändern. Solche Zusammenhänge lassen sich sehr gut mittels Differentialgleichungen abbilden. Im Bereich der theoretischen Modellbildung leiten sich diese **Differentialgleichungen** oft aus Bilanzgleichungen ab. Je nach betrachteten technischen System stellen diese Bilanzgleichungen den Zusammenhang zwischen der zeitlichen Änderung einer Zustandsgröße und den Zu- und Abflüssen von Energie oder Materie dar.

Die Grundlage für die Erzeugung der Bilanzgleichungen bilden die Erhaltungssätze der Energie, Masse, (Dreh-)Impuls, Ladung etc. Hierbei beschreiben dynamische Bilanzen die Änderung des Speicherinhalts des zu betrachtenden Systems. Dafür werden die Summe der zufließenden Stromgrößen und die Summe abfließende Stromgrößen bilanziert.

Im Fall von statischen Bilanzen entspricht die Summe der zufließenden Ströme genau der Summe der abfließenden Ströme. Der Bilanzraum bei diesen Betrachtungen wird durch eine Bilanzgleichung für jeden Strom gebildet. Tabelle 6.2 gibt einen Überblick über häufig verwendete Potential- und Stromgrößen.

Tabelle 6.2 Überblick über Potential- und Stromgrößen

	Potentialgrößen $e(t)$	Stromgrößen $f(t)$
Elektrische Netzwerke	Spannung $u(t)$	Strom $i(t)$
Translation	Kraft $F(t)$	Geschwindigkeit $v(t)$
Rotation	Moment $M(t)$	Winkelgeschw. $\omega(t)$
Hydraulik	Druck $p(t)$	Volumenstrom $\dot{V}(t)$
Thermodynamik	Temperatur $T(t)$	Entropiestrom $\dot{S}(t) = \frac{\dot{Q}}{T}$

Mit diesen Potential- und Stromgrößen lassen sich weitere, für die Bildung von Bilanzgleichung wichtige, Größen ableiten. Auch wenn viele der nachfolgenden Größen vektoriell sind, betrachten wir im Folgenden aus Gründen der Übersichtlichkeit nur den skalaren Fall. Die erste Größe die wir betrachten wollen ist die **Leistung bzw. der Energiestrom**. Sie lässt sich als das Produkt aus der Potentialgröße $e(t)$ und Stromgröße $f(t)$ bestimmen:

$$P(t) = e(t)f(t)$$

Die Größen $e(t)$ und $f(t)$ werden daher auch als **Leistungsvariablen** bezeichnet. Das bedeutet, dass die Leistung unabhängig von der jeweiligen Domäne (elektrisch, hydraulisch, translatorisch etc.) über den selben Zusammenhang dargestellt werden kann. Dies kann anschaulich anhand einer Einheitenbetrachtung illustriert werden.

Beispiel 6.5 (Einheitenbetrachtung). Die erzeugte oder abgegebene Leistung eines Systems wird in Watt ($1\,\mathrm{W} = 1\,\mathrm{kgm^2s^{-3}}$) angegeben.

Beachten wir zusätzlich, dass eine physikalische Größe ein Produkt aus Maßzahl und Maßeinheit ist. Wenden wir $[\cdot]$ auf eine physikalische Größe an erhalten wir die Maßeinheit und mit $\{\cdot\}$ resultiert in der Maßzahl.

Betrachten wir nun die Einheiten aus dem Produkt der Potential- und Stromgrößen aus Tabelle 6.2 ergibt sich:

$$\text{Elektrische Netzwerke} \quad [P(t)] = [u(t)i(t)] = \mathrm{VA} = \frac{\mathrm{W}}{\mathrm{A}}\mathrm{A} = \mathrm{W}$$

$$\text{Translation} \quad [P(t)] = [F(t)v(t)] = \mathrm{N}\frac{\mathrm{m}}{\mathrm{s}} = \frac{\mathrm{kgm}}{\mathrm{s}^2}\frac{\mathrm{m}}{\mathrm{s}} = \frac{\mathrm{kgm}^2}{\mathrm{s}^3} = \mathrm{W}$$

$$\text{Rotation} \quad [P(t)] = [M(t)\omega(t)] = \mathrm{Nm}\frac{1}{\mathrm{s}} = \frac{\mathrm{kgm}^2}{\mathrm{s}^2}\frac{1}{\mathrm{s}} = \frac{\mathrm{kgm}^2}{\mathrm{s}^3} = \mathrm{W}$$

$$\text{Hydraulik} \quad [P(t)] = [p(t)\dot{V}(t)] = \mathrm{Pa}\frac{\mathrm{m}^3}{\mathrm{s}} = \frac{\mathrm{kg}}{\mathrm{ms}^2}\frac{\mathrm{m}^3}{\mathrm{s}} = \frac{\mathrm{kgm}^2}{\mathrm{s}^3} = \mathrm{W}$$

$$\text{Thermodynamik} \quad [P(t)] = [T(t)\dot{S}(t)] = \mathrm{K}\frac{\mathrm{J}}{\mathrm{Ks}} = \mathrm{K}\frac{\mathrm{kgm}^2}{\mathrm{s}^3 K} = \frac{\mathrm{kgm}^2}{\mathrm{s}^3} = \mathrm{W}$$

■

Die beschriebenen Elemente können nun zu komplexeren Systemen verschalten werden. Dabei gelten an jedem Element die beschriebenen Zusammenhänge.

Um das Gesamtverhalten zu beschreiben ist allerdings auch die Wechselwirkung zwischen den einzelnen Elementen von entscheidender Bedeutung. Daher werden bei der Modellierung häufig **Bilanzgleichungen** erzeugt, welche die konkreten Ströme und Potentialdifferenzen des betrachteten Systems in Relation zueinander setzen. Hierbei werden häufig, aus der Analyse elektrischer Netzwerke bekannten, Knoten- und Maschensatz verwendet

$$\sum_{i=1}^{k} f_i(t) = 0 \quad \text{und} \quad \sum_{i=1}^{m} e_i(t) = 0,$$

welche beschreiben, dass die Summe der vorzeichenbehafteten Ströme sowie Potenzialdifferenzen zu jedem Zeitpunkt Null sind. In den folgenden (Teil-)Abschnitten wird die Anwendung dieser allgemeinen Zusammenhänge für konkrete mechatronische Systeme dargestellt, analog zu Tabelle 6.3.

Tabelle 6.3 Bilanzierungsansätze verschiedener technischer Systeme

	Mechanische Systeme	Elektrische Systeme	Rotatorische Systeme	Hydraulische Systeme	Thermische Systeme
Flußgrößen	Kräfte	Ströme	Momente	Volumenströme	Wärmeströme
Stat. Bilanzgleichungen	Kräftebilanz $\sum_i F_i = 0$	Strombilanz $\sum_i i_i = 0$	Momentenbilanz $\sum_i M_i = 0$	Volumenstrombilanz $\sum_i \dot{V}_i = 0$	Wärmestrombilanz $\sum_i \dot{Q}_i = 0$

Translatorische mechanische Systeme

Analog zu der Untersuchung elektrischer Systeme sind in Tabelle 6.4 die grundlegenden Zusammenhänge der linearen Elemente der translatorischen Mechanik dargestellt.

Tabelle 6.4 Beziehungen an mechanischen (translatorischen) Elementen

Element	Potential-Strom-Beziehung	Leistung/Energie
Masse (Kraftspeicher)	$F(t) = \frac{\mathrm{d}p}{\mathrm{d}t} = \frac{\mathrm{d}}{\mathrm{d}t}(mv(t)) \underset{\dot{m}=0}{=} ma$	$p(t) = v(t)F(t) = \frac{\mathrm{d}T}{\mathrm{d}t}$ $T = \frac{1}{2}mv^2(t),\ V = mgh$
Feder (Geschwindigkeits-speicher)	$\frac{\mathrm{d}F(t)}{\mathrm{d}t} = cv(t),\ F(t) = c\int_0^t v(\tau)\,\mathrm{d}\tau$	$V = \int_0^{\Delta x} F\,\mathrm{d}x = c\int_0^{\Delta x} x\,\mathrm{d}x$ $= \frac{1}{2}c(\Delta x(t))^2$
Dämpfer	$F(t) = dv(t)$	$P(t) = F(t)v(t) = dv^2(t)$ $= \frac{1}{d}F^2(t)$
Trockene Reibung	$F(t) = \nu_c F_N \mathrm{sign}(v(t))$	$P(t) = F(t)v(t)$ $= \nu_c F_N v(t)\mathrm{sign}(v(t))$
Hebel	$F_1(t)v_1(t) = F_2(t)v_2(t)$ $v_2(t) = nv_1(t),\ F_2(t) = \frac{1}{n}F_1(t)$ $n = \frac{l_2}{l_1}$	

Auf Basis dieser physikalischen Grundgesetze können nun die Bilanzgleichungen aufgestellt werden. So lässt sich die Knotenregel Mittels des **Prinzips von d'Alembert** (Reformulierung des 2. Newtonschen Axioms) ausdrücken:

$$\sum_{i=1}^{k} F_{\mathrm{ein},i}(t) = \frac{\mathrm{d}p(t)}{\mathrm{d}t} = ma; \qquad (F_T(t) = ma \text{ entspricht Trägheitskraft})$$

$$\sum_{i=1}^{k} F_{\mathrm{ein},i}(t) - F_T(t) = \sum_{i=1}^{k+1} F_i(t) = 0$$

Für die Anwendung der Knotenregel müssen somit zuerst die an den jeweiligen Knoten wirkenden Kräfte freigeschnitten werden. Danach kann die Kräftebilanz für jeden Knoten nach d'Alembert aufgestellt werden. Final erfolgt dann das Umformen der Gleichungen und die Elimination der Bindungskräfte.

Zum Vereinfachen der Bilanzgleichungen kann auch auf die Maschenregel zurück gegriffen werden, welche unverändert gilt:

$$\sum_{i=1}^{k} v_i(t) = 0$$

Oft existieren zusätzliche Zwangsbedingungen, so werden häufig Freiheitsgrade der Bewegungen durch geometrische Randbedingungen eingeschränkt (bspw. Fadenpendel, Führungen, Gelenke, Auflageflächen etc.). Dies führt zum einen zu **holonomen Zwangsbedingungen**, welche sich aus den Gleichungen der Ortskoordinaten wie folgt ergeben: $f_i(x_1, \ldots, x_n) = 0; i = 1, \ldots, K$.

Zum anderen finden oft auch **nicht-holonome (anholonome) Zwangsbedingungen** Anwendung, welche nicht nur über Ortskoordinaten beschrieben werden können (bspw. abhängig von Geschwindigkeiten). Hier erfolgt die Darstellung häufig über Ungleichungen bei Lagebeschränkungen oder über differentielle, nicht-integrable Gleichungen.

Generell gilt, dass Zwangsbedingungen über **Zwangskräfte** Z_i bei der Modellbildung berücksichtigt werden:

$$\sum_{i=1}^{k} F_{\mathrm{ein},i}(t) + \sum_{i=1}^{K} Z_l = \frac{\mathrm{d}p(t)}{\mathrm{d}t}$$

Beispiel 6.6 (Fahrzeuglängsdynamik). Zur Illustration der Modellierung durch Kräftebilanzen (translatorische mechanische Systeme) wird die Längsdynamik eines Fahrzeuges näher betrachtet. Dazu gehen wir von Bild 6.9 aus.

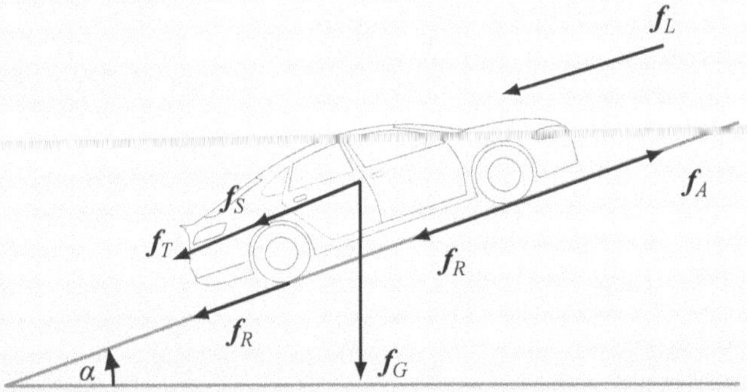

Bild 6.9 Angreifende Kraftvektoren an einem fahrenden Fahrzeug

In dieser Darstellung sind an ein Fahrzeug angreifende Kräfte eingezeichnet.

Dabei stellt der Kraftvektor $\boldsymbol{f}_A$ die Antriebskraft des Fahrzeuges dar. Sie wird durch den Motor erzeugt und über die Räder auf die Fahrbahn übertragen.

Dem gegenüber wirken diverse Kraftvektoren der entstehenden Bewegung entgegen: die Luftwiderstandskraft $\boldsymbol{f}_L$, der Rollreibungswiderstand $\boldsymbol{f}_R$, die Steigungskraft $\boldsymbol{f}_S$ und die Trägheitskraft $\boldsymbol{f}_T$.

Kräfte sind prinzipiell vektorielle Größen und haben neben einem Betrag auch eine Wirkrichtung. Die Wirkrichtungen müssen bei der Bildung der Kräftebilanz berücksichtigt werden.

Im konkreten Fall, siehe Bild 6.9, wirken alle Kraftvektoren in einer Dimension. Somit werden die Wirkrichtungen durch das Vorzeichen beschrieben. Damit ergibt sich:

$$\begin{aligned} \sum_i \boldsymbol{f}_i &= 0 \\ \boldsymbol{f}_A + \boldsymbol{f}_L + \boldsymbol{f}_R + \boldsymbol{f}_S + \boldsymbol{f}_T &= 0 \end{aligned}$$

Folgend betrachten wir die Beträge der einzelnen Kraftvektoren in horizontale Richtung. Dies führt uns zu den Ausdruck:

$$F_A - F_L - F_R - F_S - F_T = 0$$

Für die konkrete Bestimmung der Bewegungsgleichung des Längsverhaltens des Fahrzeuges werden die Kräfte durch ihre jeweiligen physikalischen Zusammenhänge beschrieben:

$$F_A - k(v_x + v_w)^2 - f_r mg\cos(\alpha) - mg\sin(\alpha) - m_e a_x = 0 \qquad (6.2)$$

■

Rotatorische mechanische Systeme

In gleicher Weise wie bei den beiden vorherigen Unterabschnitte sind in Tabelle 6.5 die grundlegenden Zusammenhänge der linearen Elemente der rotatorischen Mechanik dargestellt.

Das Vorgehen zur Erzeugung von Bilanzgleichung für mechanisch, rotatorische Systeme ist auf gleiche Weise wie bei den beiden zuvor erläuterten Domänen anwendbar. Dementsprechend findet auch hier die Knotenregel Anwendung (**Prinzip von d'Alembert**):

$$\sum_{i=1}^{k} M_{\mathrm{ein},i}(t) - J\dot{\omega}(t) = \sum_{i=1}^{k+1} M_i(t) = 0$$

Zudem gilt auch hier unverändert die Maschenregel:

$$\sum_{i=1}^{k} \omega_i(t) = 0$$

Tabelle 6.5 stellt die geltenden physikalischen Grundzusammenhänge dar.

Tabelle 6.5 Beziehungen an mechanischen (rotatorischen) Elementen

Element	Potential-Strom-Beziehung	Leistung/Energie
Trägheitsmoment (Momentenspeicher)	$M(t) = \frac{\mathrm{d}L(t)}{\mathrm{d}t} = \frac{\mathrm{d}}{\mathrm{d}t}(J\omega(t)) \underset{\dot{J}=0}{=} J\alpha$	$L(t) = \omega(t)M(t) = \frac{\mathrm{d}T}{\mathrm{d}t}$ $T = \frac{1}{2}J\omega^2(t)$
Torsionsfeder (Winkelgeschwindigkeits-speicher)	$\frac{\mathrm{d}M(t)}{\mathrm{d}t} = c\omega(t)$ $M(t) = c\int_0^t \omega(\tau)\,\mathrm{d}\tau$	$V = \int_0^{\Delta\varphi} M\,\mathrm{d}\varphi = c\int_0^{\Delta\varphi} \varphi\,\mathrm{d}\varphi$ $= \frac{1}{2}c(\Delta\varphi(t))^2$
Rotatorischer Dämpfer	$M(t) = d\omega(t)$	$P(t) = M(t)\omega(t) = d\omega^2(t)$ $= \frac{1}{d}M^2(t)$
Getriebe	$M_1(t)\omega_1(t) = M_2(t)\omega_2(t)$ $\omega_2(t) = n\omega_1(t)$ $M_2(t) = \frac{1}{n}M_1(t),\ n = \frac{r_2}{r_1}$	

Im Vergleich zur Translation wird hier besonders die grundlegende Äquivalenz der einzelnen Domänen klar. Durch Ersetzten der Geschwindigkeit v, der Beschleunigung a und der Masse m durch die Winkelgeschwindigkeit ω, die Winkelbeschleunigung α und das Trägheitsmoment J ergeben sich direkt die Zusammenhänge in Tabelle 6.5.

Lagrange-Formalismus

Die in den vorherigen Abschnitten dargestellte Herangehensweise ist generell zielführend, aber insbesondere die Berücksichtigung von **Zwangskräften** ist häufig nicht trivial. Dies liegt daran, dass zwar ihre Wirkrichtungen einfach zu bestimmen sind, ihre Beträge aber durch die Konfiguration bestimmt wird. Daher bietet es sich an, eine Formulierung zu finden, welche die Systemdynamik ohne die Zwangskräfte beschreibt. Außerdem müssen die Zwangskräfte beim Aufstellen der Bewegngsgleichung wieder eliminiert werden. Dies führt zu dem Lagrange-Formalismus.

Bevor wir diesen betrachten wollen wir einige grundlegende Konzepte einführen. Das erste dieser Konzepte ist das der **generalisierten Koordinaten** q_i. Generalisierte oder verallgemeinerte Koordinaten beschreiben eine Menge von Koordinaten, die unabhängig voneinander sind und sich zur eindeutigen Lagebeschreibung des Systems zu jedem Zeitpunkt eignen.

Durch ihre Verwendung wird sich eine möglichst einfache Formulierung der Bewegung versprochen. Um die Dynamik eine Systems zu beschreiben sind genau so viele generalisierte Koordinaten notwendig, wie das System **Freiheitsgrade** besitzt. Ein einfaches und häufig verwendetes Beispiel zur Erläuterung der generalisierten Koordinaten ist das Fadenpendel. Die Bewegung der Masse am Ende des Fadens wird klassisch über den Verlauf der x- und y- Koordinate des kartesischen Koordinatensystems angegeben. Allerdings sind diese beiden Koordinaten nicht unabhängig voneinander, sodass diese bei gespannten Faden nur einen Freiheitsgrad, nämlich entlang der Kreisbahn mit der Länge des Fadens als Radius, besitzt. Das bedeutet die Position der Masse kann eindeutig über den Winkel der Auslenkung beschrieben werden. Damit stellt dieser einer generalisierte Koordinate für das Fadenpendel dar.

Ein zweites zentrales Konzept, welches wir im Folgenden benötigen, ist das der **virtuellen Verrückung**. Die virtuelle Verrückung ∂x beschreibt eine infinitesimale Verrückung in beliebiger, mit den Zwangsbedingungen kompatibler Richtung bei konstanter Zeit.

Mit diesem Konzept kann das **Prinzip der virtuellen Arbeit** formuliert werden. Das Prinzip der virtuellen Arbeit bezeichnet den Zusammenhang:

$$\sum_{i=1}^{K} Z_i \partial x_i = 0 \tag{6.3}$$

Das bedeutet, dass Zwangskräfte im Gesamtsystem keine virtuelle Arbeit verrichten.

Um ein grundlegendes Verständnis des Lagrange-Formalismus zu erhalten, werden wir dessen Herleitung grob skizzieren. Für eine genaue Herleitung sei auf Standardwerke der klassischen Mechanik verwiesen. Ausgangspunkt für unsere Überlegungen ist das zweite Newtonsche Axiom bzw. das d'Alembertsche Prinzip:

$$m_i \ddot{x}_i = F_i + Z_i \tag{6.4}$$

Dabei wird die resultierende Kraft in eine Summe aus treibender Kraft F_i und Zwangskraft Z_i zerlegt. D. h. die Bewegung des i-ten Teilchen in dem betrachteten System resultiert aus der Summe dieser beiden Kräfte. Wird Gleichung (6.4) nach Z_i umgestellt, über alle N-Teilchen des Systems aufsummiert und das Prinzip der virtuellen Arbeit angewendet resultiert:

$$\sum_{i=1}^{N} (m_i \ddot{x}_i - F_i) \partial x_i = 0 \tag{6.5}$$

Diese Gleichung enthält nun keine Zwangskräfte mehr. Wird weiterhin der Term der treibenden Kräfte auf die andere Seite des Gleichheitszeichen verschoben ergibt sich:

$$\sum_{i=1}^{N} (m_i \ddot{x}_i) \partial x_i = \sum_{i=1}^{N} F_i \partial x_i$$

Die Koordinaten x_i lassen sich über generalisierte Koordinaten q_j darstellen. Somit ergibt sich $x_i = x_i(q_1, \ldots, q_f, t)$, wobei f die Anzahl der Freiheitsgrade des Systems ist. Damit lässt sich die Ableitung ∂x_i über

$$\partial x_i = \sum_{j=1}^{K} \frac{\partial x_i}{\partial q_j} \partial q_j$$

durch die Kettenregel darstellen. Wird dieser Zusammenhang nun in Gleichung (6.5) eingesetzt, resultiert:

$$\sum_{j=1}^{f} \left(\sum_{i=1}^{N} (m_i \ddot{x}_i - F_i) \frac{\partial x_i}{\partial q_j} \right) \partial q_j = 0$$

Da die generalisierten Koordinaten unabhängig voneinander sind, müssen alle Elemente in der Klammer Null sein. Daher muss

$$\sum_{i=1}^{N} (m_i \ddot{x}_i) \frac{\partial x_i}{\partial q_j} = \underbrace{\sum_{i=1}^{N} F_i \frac{\partial x_i}{\partial q_j}}_{Q_j} \tag{6.6}$$

gelten. D. h. es resultieren f Gleichungen, welche die Dynamik des Systems beschreiben. Dabei beschreiben

$$Q_j = \sum_{i=1}^{N} F_i \frac{\partial x_i}{\partial q_j},$$

die **verallgemeinerten Kräfte**. Allerdings enthält Gleichung (6.6) noch eine Abhängigkeit von x_i. Diese muss für eine zielführende Anwendung aufgelöst werden. Dazu betrachten wir den Term $\ddot{x}_i \frac{\partial x_i}{\partial q_j}$ etwas genauer. Es lässt sich zeigen, dass

$$\ddot{x}_i \frac{\partial x_i}{\partial q_j} = \frac{\mathrm{d}}{\mathrm{d}t} \left(\dot{x}_i \frac{\partial x_i}{\partial q_j} \right) - \dot{x}_i \frac{\mathrm{d}}{\mathrm{d}t} \frac{\partial x_i}{\partial q_j}$$

und $\frac{\partial \dot{x}_i}{\partial \dot{q}_j} = \frac{\partial x_i}{\partial q_j}$ gilt. Daraus folgt

$$\ddot{x}_i \frac{\partial x_i}{\partial q_j} = \frac{\mathrm{d}}{\mathrm{d}t} \underbrace{\left(\dot{x}_i \frac{\partial \dot{x}_i}{\partial \dot{q}_j} \right)}_{\frac{1}{2} \frac{\partial}{\partial \dot{q}_j} (\dot{x}_i^2)} - \underbrace{\dot{x}_i \frac{\partial \dot{x}_i}{\partial q_j}}_{\frac{1}{2} \frac{\partial}{\partial q_j} \dot{x}^2}$$

und somit

$$\sum_{i=1}^{N} (m_i \ddot{x}_i) \frac{\partial x_i}{\partial q_j} = \frac{\mathrm{d}}{\mathrm{d}t} \frac{\partial T}{\partial \dot{q}_j} - \frac{\partial T}{\partial q_j},$$

wobei $T = \sum_{i=1}^{N} \left(m_i \dot{x}_i^2 \right)$ der gesamten kinetischen Energie des Systems entspricht. Damit resultiert bei Berücksichtigung der verallgemeinerten Kräfte die **Euler-Lagrange-Gleichung**:

$$\frac{\mathrm{d}}{\mathrm{d}t} \frac{\partial T}{\partial \dot{q}_j} - \frac{\partial T}{\partial q_j} = Q_j \tag{6.7}$$

Diese Gleichung lässt sich weiter umformen, wenn zusätzliche Informationen über die treibenden Kräfte und damit über die verallgemeinerten Kräfte Q_j bekannt sind. Besonders kompakt lässt sich diese darstellen, wenn die treibenden Kräfte konservativ sind. Diese **konservativen Kräfte** zeichnen sich dadurch aus, dass durch sie längs eines geschlossenen Weges keine Arbeit verrichtet wird:

$$\oint F \, \mathrm{d}s = 0$$

Außerdem gilt $F = -\nabla V$ mit dem Potential V. D. h. konservative Kräfte sind der negative Gradient eines Potentials (potentieller Energie). Zudem gilt auf Basis der Energieerhaltung, dass wenn die Kräfte, die auf eine Masse wirken, konservativ sind, die Gesamtenergie $T + V$ der Masse konstant bleibt. Damit gilt für konservative Kräfte

$$Q_j = \sum_{i=1}^{N} -\nabla_i V \frac{\partial x_i}{\partial q_j} = -\frac{\partial V}{\partial q_j}$$

und es lässt sich die Euler-Lagrange-Gleichung (6.7) zu

$$\frac{\mathrm{d}}{\mathrm{d}t}\left(\frac{\partial L}{\partial \dot{q}_j}\right) - \frac{\partial L}{\partial q_j} = 0,$$

mit der **Lagrange-Funktion** $L = T - V$ vereinfachen. Dies lässt sich auf diese Weise darstellen, da Potentiale nicht von Geschwindigkeiten abhängen, also $\frac{\partial V}{\partial \dot{q}_j} = 0$ gilt. Werden weiterhin nicht-konservative Kräfte, wie dissipative oder von außen eingeprägte Kräfte, berücksichtigt, so ergibt sich:

$$\frac{\mathrm{d}}{\mathrm{d}t}\left(\frac{\partial (T-V)}{\partial \dot{q}_j}\right) - \frac{\partial (T-V)}{\partial q_j} = \frac{\mathrm{d}}{\mathrm{d}t}\left(\frac{\partial L}{\partial \dot{q}_j}\right) - \frac{\partial L}{\partial q_j} = \underbrace{Q_{j,E}}_{\text{eingeprägt}} \underbrace{-\frac{\partial D}{\partial \dot{q}_j}}_{\text{dissipativ}} \qquad (6.8)$$

Es gilt zu beachten, dass die Lagrange-Funktion die Differenz aus kinetischer und potentieller Energie ist und nicht deren Summe. Es ist also nicht die Gesamtenergie des Systems, sondern dient lediglich einer eleganten Art der Darstellung der Euler-Lagrange-Gleichung. Die Modellbildung auf Basis von Bilanzgleichungen und unter Zuhilfenahme des Lagrange-Formalismus ist im folgenden Beispiel 6.7 anhand der bereits zuvor eingeführten Radaufhängung erläutert.

Beispiel 6.7 (Radaufhängung). In Beispiel 4.1 wurde mittels Kräftgleichgewicht die Bewegungsgleichung der Radaufhängung hergeleitet. Es soll nun gezeigt werden, dass über den Lagrange-Formalismus dieselbe Bewegungsgleichung ermittelt werden kann. Dazu werden die Gleichungen der Energien

$$T = \frac{1}{2} m \dot{y}^2 \qquad \text{und} \qquad V = \frac{1}{2} c_2 (u-y)^2 + \frac{1}{2} c_1 y^2$$

sowie der Verlustleistung

$$D = \frac{1}{2} d \dot{y}^2$$

aufgestellt und damit die Lagrange-Funktion

$$L = T - V = \frac{1}{2}(m\dot{y}^2 - c_2(u-y)^2 - c_1 y^2)$$

formuliert. Als generalisierte Koordinate wird $q_1 = y$ gewählt. Damit ergibt sich für die Terme der Lagrange-Gleichung

$$\frac{\mathrm{d}}{\mathrm{d}t}\left(\frac{\partial L}{\partial \dot{q}_1}\right) = \frac{\mathrm{d}}{\mathrm{d}t}(m\dot{q}) = m\ddot{q}_1 \qquad \frac{\partial L}{\partial q_1} = c_2(u-q_1) - c_1 q_1 \qquad \frac{\partial D}{\partial \dot{q}_1} = d\dot{q}_1$$

und entsprechend $m\ddot{q}_1 - c_2(u-q_1) + c_1 q_1 = -d\dot{q}_1$. Dies entspricht der in Beispiel 4.1 hergeleiteten Bewegungsgleichung:

$$\ddot{y} = \frac{1}{m}\left(c_2 u - (c_1 + c_2)y - d\dot{y}\right)$$

■

Im Bereich der Robotik haben wir es häufig mit Starrkörpersystemen zu tun. Hier kann die Euler-Lagrange-Gleichung und deren Zusammensetzung weiter systematisiert werden. Hierfür gehen wir von der verallgemeinerten Formulierung der kinetische Energie

$$E_{\mathrm{kin}} = \frac{1}{2} m v^2$$

mittels des bereits eingeführten Lagrange Ansatzes aus:

$$E_{\mathrm{kin}} = \frac{1}{2}\dot{\boldsymbol{q}}^{\mathrm{T}} \boldsymbol{M}(\boldsymbol{q})\dot{\boldsymbol{q}}. \tag{6.9}$$

Dabei wird

$$\boldsymbol{M}(\boldsymbol{q}) = \begin{pmatrix} m_{11} & m_{12} & \dots & m_{1n} \\ m_{21} & m_{22} & \dots & m_{2n} \\ \vdots & \vdots & \vdots & \vdots \\ m_{n1} & m_{n2} & \dots & m_{nn} \end{pmatrix} \tag{6.10}$$

als die **Massenmatrix** des Robotermanipulators bezeichnet. Die Elemente und Gestalt dieser hängt dabei von der jeweiligen Konfiguration des Roboters ab. Generell gilt, dass die Elemente m_{ii} die effektive Trägkeit von Gelenk i sowie m_{ij} die Kopplungsträgkeit zwischen Gelenk i und j beschreibt. Somit ergibt sich für die kinetische Energie des Robotermanipulators:

$$\frac{\partial E_{\mathrm{kin}}}{\partial \dot{\boldsymbol{q}}} = \frac{\partial}{\partial \dot{\boldsymbol{q}}}\left(\frac{1}{2}\dot{\boldsymbol{q}}^{\mathrm{T}}\boldsymbol{M}(\boldsymbol{q})\dot{\boldsymbol{q}}\right) = \boldsymbol{M}(\boldsymbol{q})\dot{\boldsymbol{q}} \tag{6.11}$$

$$\frac{\mathrm{d}}{\mathrm{d}t}\left(\frac{\partial E_{\mathrm{kin}}}{\partial \dot{\boldsymbol{q}}}\right) = \frac{\mathrm{d}}{\mathrm{d}t}(\boldsymbol{M}\dot{\boldsymbol{q}}) = \boldsymbol{M}(\boldsymbol{q})\ddot{\boldsymbol{q}} + \dot{\boldsymbol{M}}(\boldsymbol{q})\dot{\boldsymbol{q}} \tag{6.12}$$

$$\frac{\partial E_{\mathrm{kin}}}{\partial \boldsymbol{q}} = \frac{1}{2}\begin{bmatrix} \dot{\boldsymbol{q}}^{\mathrm{T}}\frac{\partial \boldsymbol{M}}{\partial q_1}\dot{\boldsymbol{q}} \\ \vdots \\ \dot{\boldsymbol{q}}^{\mathrm{T}}\frac{\partial \boldsymbol{M}}{\partial q_n}\dot{\boldsymbol{q}} \end{bmatrix} \tag{6.13}$$

Die Terme für die Trägheitskräfte in Gleichung (6.8) können umgeschrieben werden als

$$\frac{\mathrm{d}}{\mathrm{d}t}\left(\frac{\partial E_{\mathrm{kin}}}{\partial \dot{\boldsymbol{q}}}\right) - \frac{\partial E_{\mathrm{kin}}}{\partial \boldsymbol{q}} = \underbrace{\boldsymbol{M}\ddot{\boldsymbol{q}}}_{\text{Trägheit}} + \underbrace{\dot{\boldsymbol{M}}\dot{\boldsymbol{q}} - \frac{1}{2}\begin{bmatrix} \dot{\boldsymbol{q}}^{\mathrm{T}}\frac{\partial \boldsymbol{M}}{\partial q_1}\dot{\boldsymbol{q}} \\ \vdots \\ \dot{\boldsymbol{q}}^{\mathrm{T}}\frac{\partial \boldsymbol{M}}{\partial q_n}\dot{\boldsymbol{q}} \end{bmatrix}}_{\text{Zentrifugal- und Corioliskräfte: } \boldsymbol{v}(\boldsymbol{q},\dot{\boldsymbol{q}})} = \boldsymbol{M}\ddot{\boldsymbol{q}} + \boldsymbol{u}(\boldsymbol{q},\dot{\boldsymbol{q}}), \tag{6.14}$$

wobei der Term $\boldsymbol{v}(\boldsymbol{q},\dot{\boldsymbol{q}})$ die durch die Bewegung des Robotermanipulators induzierten Zentrifugal- und Corioliskräfte darstellt. Schließlich lautet die Struktur der dynamischen Gleichung

$$\boldsymbol{M}(\boldsymbol{q})\ddot{\boldsymbol{q}} + \boldsymbol{u}(\boldsymbol{q},\dot{\boldsymbol{q}}) + \boldsymbol{g}(\boldsymbol{q}) = \boldsymbol{\tau}, \tag{6.15}$$

mit dem Anteil des Potenzials $\frac{\partial v}{\partial \boldsymbol{q}} = \boldsymbol{g}(\boldsymbol{q})$ und den eingeprägten Kräften und Momenten $\boldsymbol{\tau}$. Die Suche nach der dynamischen Gleichung des Roboters läuft nun darauf hinaus, die Massenmatrix $\boldsymbol{M}$ zu finden. Wenn es uns gelänge, die kinetische Energie des Roboters auf andere Weise zu berechnen, ohne die Massenmatrix einzubeziehen, dann könnten wir die Massenmatrix aus Gleichung (6.9) extrahieren.

Sobald die Massenmatrix berechnet ist, können wir sie verwenden, um den Term $\boldsymbol{u}(\boldsymbol{q},\dot{\boldsymbol{q}})$ zu berechnen. Zusammenfassend lässt sich feststellen, dass Gleichung (6.15) ein Spezialfall der Gleichung (6.8) ist und insbesondere auf diese Weise in Robotikanwendungen gebräuchlich ist. Anwendungunsbeipiele zu diesem Ansatz sind im Abschnitt 6.3 zu finden.

Bisher sind wir davon ausgegangen, dass wir sämtliche Parameter der Systeme kennen und so das jeweilige Modell direkt aus den (meist) physikalischen Grundzusammenhängen direkt angeben können. Häufig ist dies nicht der Fall und wir müssen einzelne Parameter oder gesamte Teildynamiken aus Messwerten ermitteln. Dafür kann es unterschiedliche Gründe geben, so können einige Größen nicht oder nur mit großer Unsicherheit gemessen werden. Diese unbekannten oder äußerst unsicheren Parameter müssen entsprechend identifiziert werden. Dabei werden im Allgemeinen **datengetriebene Verfahren** verwendet, welche den Fehler zwischen den Daten (Messungen) und dem Modell minimieren. Werden nun Messwerte als Grundlage für die Modellbildung verwendet, wird dies zumeist als **Black- oder Gray-Box-Modellbildung** bezeichnet.

Im Gegensatz zur White- oder Gray-Box-Modellierung sind bei der Black-Box-Modellierung keine physikalischen Zusammenhänge zwischen Eingangs- und Ausgangssignalen bekannt oder diese sind nicht ausreichend für eine Modellbildung.

Gehen wir bspw. davon aus, dass das Verhalten eines zugekauften Steuergerätes modelliert werden soll. Da wir im Allgemeinen über keine Kenntnisse von der konkreten Umsetzung innerhalb des zugekauften Steuergerätes verfügen, muss es anhand des Eingangs-Ausgangs-Verhaltens modelliert werden. Dabei können unterschiedliche Vorgehensweisen gewählt werden. Hierbei steht die Analyse und Auswertung von experimentell ermittelten Messdaten und das erstellen von Modellgleichungen auf Basis dieser im Vordergrund. Bemerkt sei, dass jedoch die Wahl einer geeigneten Struktur der Modellgleichungen aus der theoretischen Modellanalyse entspringt, wie sie zuvor vorgestellt wurde. Bei diesen Ansätzen gilt, dass die Aussagen, die mit diesen Modellen getroffen werden können nur für den Bereich gilt, der auch durch Messdaten abgedeckt ist, oder mit anderen Worten sie besitzen eine schlechte Extrapolationsfähigkeit, siehe DON'T Nummer 2.

Zur Realisierung von datengetriebenen Modellierungsverfahren und somit zur Erzeugung von Black- oder Gray-Box-Modellen, kommen die in Abschnitt 5.2.1 erläuterten Methoden zur Anwendung.

6.2 Kinematikmodellierung

Die Kinematik beschäftigt sich mit der Bewegungsanalyse von Körpern. Genauer gesagt beschäftigt sie sich mit den **geometrischen Aspekten einer Bewegung**, ohne deren kausale Kräfte sowie deren zeitliches Verhalten zu berücksichtigen.

6.2.1 Kinematik von stationären Robotern

Für die Bewegungsanalyse von Roboterarmen wird zumeist die kinematische Kette als Ausgangspunkt genutzt, siehe Bild 6.10. Häufig gibt es zwei zentrale Fragestellungen bei der Analyse auf Basis der kinematischen Kette:

- Wie ist die Lage des Endeffektors für vorgegebene Gelenkwinkel und -verschiebungen?
- Wie sind Gelenkwinkel/-verschiebungen für vorgegebene Endeffektorlage zu wählen?

Zur Lösung dieser beiden Fragestellungen werden entsprechend die Vorwärts- und die Rückwärtstransformation eingeführt und diskutiert, welche in der Literatur oft auch als direkte und inverse Kinematik bezeichnet werden.

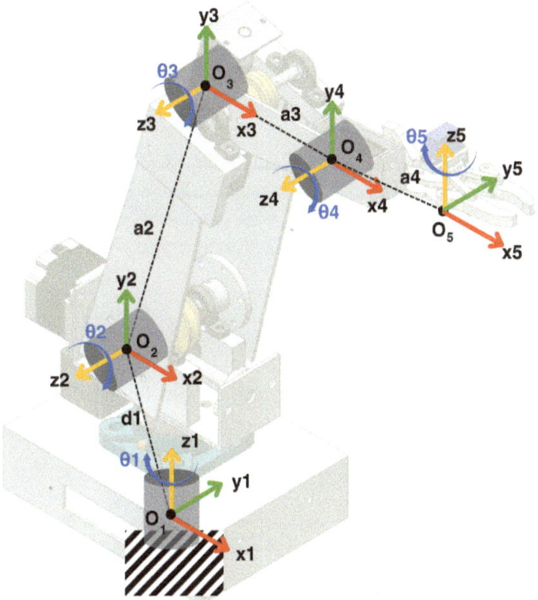

Bild 6.10 Kinematikmodellierungsproblem eines stationären Roboters mit vier Freiheitsgraden

Einige **Konventionen** und **Notationen**, die bei der systematischen Herangehensweise an die Lösung der kinematischen Probleme nützlich sein werden:

- Bei allen Gelenken wird davon ausgegangen, dass sie nur einen Freiheitsgrad haben (entweder rotatorischer oder translatorischer Freiheitsgrad).

- Jedes komplexe Gelenk (z. B. Kugelgelenk) kann in mehrere Gelenke mit nur einem Freiheitsgrad und dazwischenliegenden Armgliedern der Länge Null zerlegt werden.
- Ein Robotermanipulator mit n Gelenken hat $n+1$ Armglieder, weil jedes Gelenk zwei Armglieder miteinander verbindet. Es ist zu beachten, dass die feste Basis des Roboters ebenso als ein Armglied gezählt wird.
- Die Gelenke sind von 1 bis n nummeriert, während die Armglieder von 0 bis n nummeriert sind.
- Das Gelenk i verbindet das Armglied $i-1$ mit dem Armglied i.
- Die Lage des Gelenks i wird als fest, in Bezug auf Gelenk $i-1$, betrachtet. Somit gilt, dass wenn Gelenk i bewegt wird, bewegt sich Armglied i.

■

Zu Beginn der kinematischen Analyse wird für jedes Armglied des Roboterarmes ein **Koordinatensystem** $(\boldsymbol{o}_i, \boldsymbol{x}_i, \boldsymbol{y}_i, \boldsymbol{z}_i)$ definiert. Für mehr Informationen siehe Definition 6.2. Wir gehen davon aus, dass diese Koordinatensysteme starr mit dem jeweiligen Armglied i verbunden sind, siehe Bild 6.10. Dementsprechend erscheint jeder Punkt auf dem Armglied i aus der Perspektive des Koordinatensystems $(\boldsymbol{o}_i, \boldsymbol{x}_i, \boldsymbol{y}_i, \boldsymbol{z}_i)$ als feststehend, weil sowohl das Armglied als auch das entsprechende Koordinatensystem bei der Bewegung des Gelenks i dieselbe Bewegung erfahren. Das Koordinatensystem $(\boldsymbol{o}_0, \boldsymbol{x}_0, \boldsymbol{y}_0, \boldsymbol{z}_0)$, das mit der Basis assoziiert ist, wird als Basiskoordinatensystem bezeichnet. Die Matrix ${}^{i-1}\boldsymbol{T}_i$ repräsentiert die homogene Transformationsmatrix, welche den Zusammenhang zwischen Koordinatensystem i und Koordinatensystem $i-1$ beschreibt.

Transformationsmatrizen

Transformationsmatrizen können Verschiebungen und Rotationen von Koordinatensystemen beschreiben. Bevor wir tiefer in das Thema der Transformationsmatrizen einsteigen, erinnern wir uns daran, wie wir Vektoren verschieben und rotieren können. Die Verschiebung eines zweidimensionalen Vektors $\boldsymbol{a}$ um die Werte x und y lässt sich als komponentenweise Addition zweier Vektoren darstellen:

$$\begin{bmatrix} a_1 \\ a_2 \end{bmatrix} + \begin{bmatrix} x \\ y \end{bmatrix} = \begin{bmatrix} a_1 + x \\ a_2 + y \end{bmatrix}$$

Bevor wir erläutern, wie die Transformationsmatrizen zur Koordinatensystemrotation erstellt werden können, müssen wir untersuchen, wie sich das Produkt $\boldsymbol{Ax} = \boldsymbol{b}$ aus einer Matrix und einem Vektor berechnet. Dafür gehen wir von einer (2×2) dimensionalen Matrix $\boldsymbol{A}$ und einem zweidimensionalen Vektor $\boldsymbol{b}$ aus:

$$\begin{pmatrix} a_{11} & a_{12} \\ a_{21} & a_{22} \end{pmatrix} \begin{bmatrix} x \\ y \end{bmatrix} = \begin{bmatrix} a_{11}x + a_{12}y \\ a_{21}x + a_{22}y \end{bmatrix} \tag{6.16}$$

Zudem müssen wir uns an die trigonometrischen Grundgleichungen erinnern, welche uns helfen, in einem rechtwinkligen Dreieck den Zusammenhang zwischen dem Winkel θ und der Gegenkathete a sowie der Hypotenuse b zu berechnen. Unter der Annahme das die Ankathete c eine Länge von 1 aufweist gilt:

$$\sin(\theta) = \frac{a}{c} = a \quad \text{und} \quad \cos(\theta) = \frac{b}{c} = b \tag{6.17}$$

Betrachten wir jetzt Bild 6.11. In diesem Bild ist das Ursprungskoordinatensystem mit den beiden Koordinatenachsen x_0 und y_0 bezeichnet. Das um den Winkel θ rotierte Koordinatensystem ist mit den Koordinatenachsen x_1 und y_1 beschriftet.

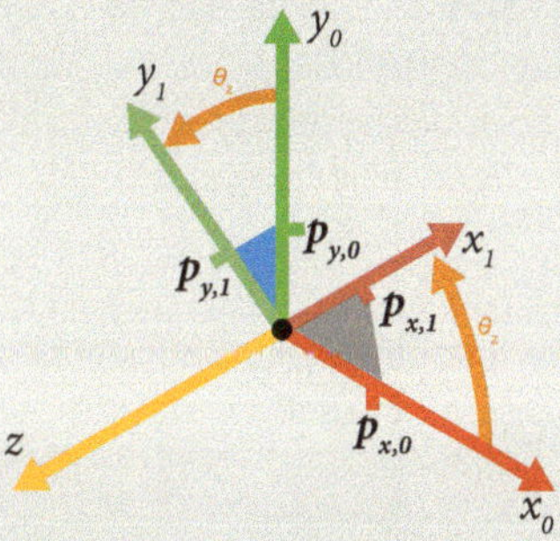

Bild 6.11 Skizze zur Herleitung der Rotationsmatrix $\mathbf{Rot}(z, \theta_z)$

Wenn wir den Zusammenhang zwischen dem Punkt $\boldsymbol{p}_{x,0} = [x_0 = 1; y_0 = 0]$ auf dem Ursprungskoordinatensystem und dem Punkt $\boldsymbol{p}_{x,1} = [x_1 = 1; y_1 = 0]$ des um den Winkel θ_z rotierten Koordinatensystems suchen, so können wir uns diesen mithilfe des trigonometrischen Zusammenhangs aus Gleichung (6.17) herleiten. Hierfür verwenden wir das graue Dreieck aus Bild 6.11. Somit ergibt sich $x_1 = \cos(\theta_z)$ und $y_1 = \sin(\theta_z)$. Mithilfe von Gleichung (6.16) lässt sich der Zusammenhang formal wie folgt aufstellen, um die Position des Punktes $\boldsymbol{p}_{x,1}$ bzgl. des Ursprungskoordinatensystems auszudrücken:

$$\underbrace{\begin{pmatrix} a_{11} & a_{12} \\ a_{21} & a_{22} \end{pmatrix}}_{\text{Rotationsmatrix}} \underbrace{\begin{bmatrix} 1 \\ 0 \end{bmatrix}}_{\boldsymbol{p}_{x,0}} = \begin{bmatrix} a_{11} \cdot 1 + a_{12} \cdot 0 \\ a_{21} \cdot 1 + a_{22} \cdot 0 \end{bmatrix} = \begin{bmatrix} a_{11} \\ a_{21} \end{bmatrix} = \underbrace{\begin{bmatrix} \cos(\theta_z) \\ \sin(\theta_z) \end{bmatrix}}_{\boldsymbol{p}_{x,1} \text{ bzgl. Koordinatensystem 0}} \tag{6.18}$$

Analog kann der Zusammenhang zwischen dem Punkt $\boldsymbol{p}_{y,0} = [x_0 = 0; y_0 = 1]$ auf dem Ursprungskoordinatensystem und dem Punkt $\boldsymbol{p}_{y,1} = [x_1 = 0; y_1 = 1]$ des um den Winkel θ_z rotierten Koordinatensystems beschrieben werden. Wir können uns wieder mithilfe der trigonometrischen Gleichung (6.17) und unter Verwendung des blauen Dreiecks aus Bild 6.11 den Zusammenhang $x_0 = -\sin(\theta_z)$ (da wir die Länge der Gegenkathete auf der negativen x_0-Achse ablesen können) und $y_1 = \cos(\theta_z)$ herstellen. Auch dieser lässt sich formalisiert für die einzelnen Vektorkomponenten darstellen:

$$\underbrace{\begin{pmatrix} a_{11} & a_{12} \\ a_{21} & a_{22} \end{pmatrix}}_{\text{Rotationsmatrix}} \underbrace{\begin{bmatrix} 0 \\ 1 \end{bmatrix}}_{\boldsymbol{p}_{y,0}} = \begin{bmatrix} a_{11} 0 + a_{12} 1 \\ a_{21} 0 + a_{22} 1 \end{bmatrix} = \begin{bmatrix} a_{12} \\ a_{22} \end{bmatrix} = \underbrace{\begin{bmatrix} -\sin(\theta_z) \\ \cos(\theta_z) \end{bmatrix}}_{\boldsymbol{p}_{y,1} \text{ bzgl. Koordinatensystem 0}} \tag{6.19}$$

Final können wir aus den beiden Ergebnisvektoren aus Gleichung (6.18) und (6.19) die finale Transformationsmatrix erzeugen. Hierbei bilden der Vektor aus Gleichung (6.18) die erste Spalte und der Vektor aus Gleichung (6.18) die zweite Spalte der Transformationsmatrix:

$$^{0}\mathbf{Rot}_{1}(z, \theta_z) = \begin{pmatrix} \cos(\theta_z) & -\sin(\theta_z) & 0 \\ \sin(\theta_z) & \cos(\theta_z) & 0 \\ 0 & 0 & 1 \end{pmatrix} = \begin{pmatrix} \boldsymbol{p}_{x,1} & \boldsymbol{p}_{y,1} & \mathbf{0} \\ 0 & 0 & 1 \end{pmatrix}$$

Die Transformationsmatrix $^{0}\mathbf{Rot}_{1}$ beschreibt den Zusammenhang zwischen dem Ausgangskoordinatensystem 0 zu dem neuen Koordinatensystem 1. Final ist zu beachten, dass diese Transformation nicht die Komponenten in der z-Achse beeinflusst, weshalb die resultierende Transformationsmatrix an diesen Stellen entsprechend Einsen und Nullen aufweist.

Basierend auf diesen Erläuterungen kann jede Transformation eines einzelnen Koordinatensystems mithilfe der folgenden vier Transformationsmatrizen

$$\mathbf{Trans}_{x,y,z} = \begin{pmatrix} 1 & 0 & 0 & x \\ 0 & 1 & 0 & y \\ 0 & 0 & 1 & z \\ 0 & 0 & 0 & 1 \end{pmatrix} \qquad \mathbf{Rot}_{x,\theta_x} = \begin{pmatrix} 1 & 0 & 0 & 0 \\ 0 & \cos(\theta_x) & -\sin(\theta_x) & 0 \\ 0 & \sin(\theta_x) & \cos(\theta_x) & 0 \\ 0 & 0 & 0 & 1 \end{pmatrix}$$

$$\mathbf{Rot}_{y,\theta_y} = \begin{pmatrix} \cos(\theta_y) & 0 & \sin(\theta_y) & 0 \\ 0 & 1 & 0 & 0 \\ -\sin(\theta_y) & 0 & \cos(\theta_y) & 0 \\ 0 & 0 & 0 & 1 \end{pmatrix} \qquad \mathbf{Rot}_{z,\theta_z} = \begin{pmatrix} \cos(\theta_z) & -\sin(\theta_z) & 0 & 0 \\ \sin(\theta_z) & \cos(\theta_z) & 0 & 0 \\ 0 & 0 & 1 & 0 \\ 0 & 0 & 0 & 1 \end{pmatrix}$$

beschrieben werden. ■

Die zuvor vorgestellten Transformationsmatrizen sind vierdimensionale Matrizen. Diese werden als **homogene Transformationsmatrizen** bezeichnet. Homogene Transformationsmatrizen können gleichzeitig eine translatorische als auch eine rotatorische Transformation zweier Koordinatensysteme ausdrücken. Somit beschreibt die Transformationsmatrix ${}^{i-1}\boldsymbol{T}_i$, wie sich Position und Orientierung von $(\boldsymbol{o}_i, \boldsymbol{x}_i, \boldsymbol{y}_i, \boldsymbol{z}_i)$ in Bezug auf $(\boldsymbol{o}_{i-1}, \boldsymbol{x}_{i-1}, \boldsymbol{y}_{i-1}, \boldsymbol{z}_{i-1})$ verändern. Die Struktur einer homogenen Transformationsmatrix ist Gleichung (6.20) zu entnehmen. Eine homogene Transformationsmatrix besteht aus einer Rotationsmatrix $\boldsymbol{R}$ der Dimension $(n \times n)$ sowie aus einem Positionsvektor $\boldsymbol{o}$ der Dimension $(n \times 1)$. Die letzte Zeile der homogenen Transformationsmatrix wird durch einen Einheitsvektor aufgefüllt, um für die nachfolgenden Berechnungen eine mathematisch wohl definierte symmetrische zu erhalten.

Zumeist sind die Einträge der ${}^{i-1}\boldsymbol{T}_i$ nicht konstant, sondern ändern sich, wenn sich die Konfiguration des Roboters ändert. Hierbei verstehen wir unter einer Änderung der Konfiguration des Roboters, dass die Robotergelenke eine neue Stellung einnehmen. Die Stellungen der Gelenke werden durch die Gelenkvariablen q_i beschrieben. Konkret ist in diesem Fall ${}^{i-1}\boldsymbol{T}_i$ eine Funktion der Gelenkvariablen q_i, die entweder eine rotatorische oder eine translatorische Gelenkstellung beschreibt. Somit ergibt sich

$$ {}^{i-1}\boldsymbol{T}_i(q_i) = \begin{pmatrix} {}^{i-1}\boldsymbol{R}_i(q_i) & {}^{i-1}\boldsymbol{t}_i(q_i) \\ 0 & 1 \end{pmatrix}, \tag{6.20}$$

wobei ${}^{i-1}\boldsymbol{R}_i$ die Rotationsmatrix für die Orientierung und ${}^{i-1}\boldsymbol{t}_i$ die Position von $\boldsymbol{o}_i, \boldsymbol{x}_i, \boldsymbol{y}_i, \boldsymbol{z}_i$ sind. Beide ausgedrückt sind in Bezug auf $\boldsymbol{o}_{i-1}, \boldsymbol{x}_{i-1}, \boldsymbol{y}_{i-1}, \boldsymbol{z}_{i-1}$ zu verstehen. Die mit ${}^{j}\boldsymbol{T}_i$ bezeichnete Transformationsmatrix, welche die Position und die Orientierung von $(\boldsymbol{o}_i, \boldsymbol{x}_i, \boldsymbol{y}_i, \boldsymbol{z}_i)$ in Bezug auf $(\boldsymbol{o}_j, \boldsymbol{x}_j, \boldsymbol{y}_j, \boldsymbol{z}_j)$ beschreibt, ist definiert als:

$$ {}^{i}\boldsymbol{T}_j = \begin{cases} {}^{i}\boldsymbol{T}_{i+1} \quad {}^{i+1}\boldsymbol{T}_{i+2} \quad \dots \quad {}^{j-2}\boldsymbol{T}_{j-1} \quad {}^{j-1}\boldsymbol{T}_j & \text{wenn } i < j \\ \boldsymbol{I} & \text{wenn } i = j \\ {}^{j}\boldsymbol{T}_i^{-1} & \text{wenn } i > j \end{cases} \tag{6.21}$$

Auf diese Weise wird die homogene Transformationsmatrix, welche die Orientierung $({}^{0}\boldsymbol{R}_n)$ und die Position $({}^{0}\boldsymbol{o}_n)$ des Endeffektors in Bezug auf das Basiskoordinatensystem $(\boldsymbol{o}_0, \boldsymbol{x}_0, \boldsymbol{y}_0, \boldsymbol{z}_0)$ ausdrückt, wie folgt definiert:

$$ {}^{0}\boldsymbol{T}_n = \begin{pmatrix} {}^{0}\boldsymbol{R}_n & {}^{0}\boldsymbol{t}_n \\ 0 & 1 \end{pmatrix} = {}^{0}\boldsymbol{T}_1(q_1) \quad \dots \quad {}^{n-1}\boldsymbol{T}_n(q_n) \tag{6.22}$$

Kartesische Koordinatensysteme

Ein kartesisches Koordinatensystem ist ein orthogonales Koordinatensystem. Im Falle eines orthogonalen Koordinatensystems sind alle Richtungsachsen rechtwinklig zueinander angeordnet. Im Fall zweidimensionaler mathematischer (rechtshändiger) Koordinatensysteme wird die horizontale Achse eines Koordinatensystems als Abszissenachse (x-Achse), die vertikale Achse als Ordinatenachse (y-Achse) bezeichnet. Im dreidimensionalen Fall werden die Koordinatenachsen mittels der Rechten-Hand-Regel platziert. Hierbei wird der Daumen zur positiven x-Achse, der rechtwinklig zum Daumen abstehende Zeigefinger zur positiven y-Achse und der Mittelfinger zur positiven z-Achse.

Im vorliegenden Buch verwenden wir nachfolgend oft den Begriff des **Weltkoordinatensystems**. Dieses Koordinatensystem bezeichnet ein Ursprungskoordinatensystem, mit dem die damit verknüpften relativen Koordinatensysteme referenziert sind. Im Folgenden wird das Weltkoordinatensystem durch orthogonale Achsen beschrieben und durch ein kartesisches Koordinatensystem repräsentiert. Zudem verwenden wir eine Vielzahl von relativen, nicht ortsfesten Koordinatensystemen. Diese Koordinatensysteme sind fest mit dem zu analysierenden System verbunden (**Fahrzeug-, Roboterarmglied- oder Werkzeugkoordinatensystem**) und sie bewegen sich relativ zum ortsfesten Weltkoordinatensystem. Zudem verwenden wir oft den Begriff des **Basiskoordinatensystems** ($\boldsymbol{o}_0, \boldsymbol{x}_0, \boldsymbol{y}_0, \boldsymbol{z}_0$), welches mit der Basis eines Industrieroboters assoziiert ist und somit ebenso als ortsfest angesehen werden kann. All diese Koordinatensysteme sind im Folgenden dreidimensional, d. h. sie entsprechen Koordinatensystemen mit drei Raumachsen. ■

Vorwärtstransformation

Die Vorwärtstransformation wird verwendet, um auf Basis der Gelenkvariablen (Gelenkwinkel und -verschiebungen) die **Position und die Orientierung des Endeffektors** im Arbeitsraum zu bestimmen. Die Gelenkvariablen

$$\boldsymbol{q} = [q_1 \quad q_2 \quad \dots \quad q_n]^{\mathrm{T}}$$

werden in die Weltkoordinaten

$$\boldsymbol{y} = [y_1 \quad y_2 \quad \dots \quad y_n]^{\mathrm{T}}$$

umgerechnet. Das Weltkoordinatensystem bezeichnet hierbei die Position des Koordinatenursprungs, mit dem die damit verknüpften relativen Koordinatensysteme referenziert sind. So kann die Lage des Endeffektors des Roboters im Weltkoordinatensystem beschrieben werden. Oft wird diese Umrechnung auch als direkte Kinematik bezeichnet, da folgender Zusammenhang gilt:

$$\boldsymbol{y} = \boldsymbol{f}(\boldsymbol{q})$$

Zu beachten ist, dass die Reihenfolge der Transformationsmatrizen bei der Multiplikation ${}^{0}\boldsymbol{T}_n = {}^{0}\boldsymbol{T}_1(q_1)\dots{}^{n-1}\boldsymbol{T}_n(q_n)$ nicht vertauscht werden darf, wie in Bild 6.12 illustriert. Hierbei steht die Rotationsmatrix $\boldsymbol{R}_1$ für eine Rotation der grauen Ebene aus Bild 6.12 um die y-Achse und $\boldsymbol{R}_2$ für eine Rotation der grauen Ebene um die x-Achse. So führt eine andere Reihenfolge der Matrizenmultiplikation zu einem gänzlich anderen Transformationsergebnis.

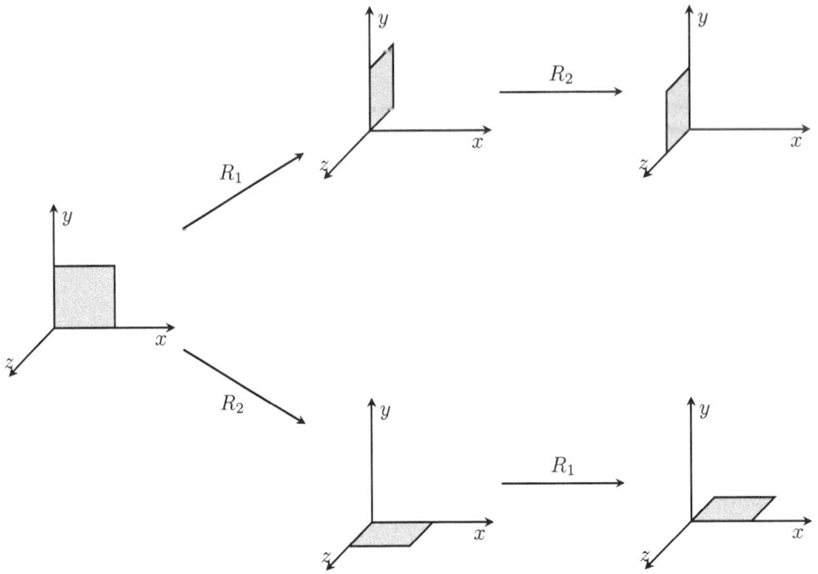

Bild 6.12 Skizze für Transformations-/Drehreihenfolge bei der Vorwärtstransformation

Vorwärtskinematik: Die Denavit-Hartenberg-Konvention

Wie zuvor erläutert, besteht die Aufgabe der Vorwärtskinematik darin, die Position und die Orientierung des Endeffektors eines Robotermanipulators in Abhängigkeit von den Gelenkvariablen zu bestimmen.

Beispiel 6.8 (Naiver Ansatz zur Vorwärtskinematik). Analysieren wir das Problem der **Vorwärtskinematik** des in Bild 6.17 gezeigten Manipulators, wobei wir lediglich die ersten zwei Gelenke betrachten. Mithilfe einfacher Trigonometrie lässt sich die Position des Endeffektors zu

$$\begin{aligned} x = x_2 &= L_1 \cos(\theta_1) + L_2 \cos(\theta_1 + \theta_2) \\ y = y_2 &= L_1 \sin(\theta_1) + L_2 \sin(\theta_1 + \theta_2) \end{aligned}$$

bestimmen, wobei L_1 und L_2 die Längen von Armglied 1 bzw. Armglied 2 sind. Auch die Orientierung des Werkzeugkoordinatensystems in Bezug auf das Basiskoordinatensystem lässt sich ermitteln und in der Rotationsmatrix

$${}^0\boldsymbol{R}_2 = \begin{pmatrix} \cos(\theta_1+\theta_2) & -\sin(\theta_1+\theta_2) \\ \sin(\theta_1+\theta_2) & \cos(\theta_1+\theta_2) \end{pmatrix}$$

zusammenfassen. Der Manipulator kann keine Bewegung in z-Richtung vollführen (sondern nur in x- und y-Richtung), weshalb die resultierende Rotationsmatrix eine (2×2)-Matrix ist. Schließlich können sowohl die Orientierung als auch die Position in einer kombiniert werden und in Form der Transformationsmatrix

$${}^0\boldsymbol{T}_2 = \begin{pmatrix} {}^0\boldsymbol{R}_2 & {}^0\boldsymbol{t}_2 \\ 0 & 1 \end{pmatrix} = \begin{pmatrix} \cos(\theta_1+\theta_2) & -\sin(\theta_1+\theta_2) & L_1\cos\theta_1 + L_2\cos(\theta_1+\theta_2) \\ \sin(\theta_1+\theta_2) & \cos(\theta_1+\theta_2) & L_1\sin(\theta_1) + L_2\sin(\theta_1+\theta_2) \\ 0 & 0 & 1 \end{pmatrix}$$

dargestellt werden. ■

Dieser naive Ansatz kann für Robotermanipulatoren mit einer größeren Anzahl von Armgliedern kompliziert werden. Dementsprechend wird eine gängigere und systematischere Konvention für die Zuweisung von Koordinatensystemen zur Lösung des Vorwärtskinematikproblems verwendet. Diese Konvention trägt den Namen Denavit-Hartenberg (DH)-Konvention. Die grundlegende Idee der DH-Notation ist, dass durch die geschickte Festlegung der Lage der körperfesten Koordinatensysteme, die resultierenden Transformationsmatrizen einen minimalen Satz von Parametern aufweisen. Sie bietet zudem auch eine weitverbreitete und standardisierte Notation, die von Ingenieuren bei der kinematischen Analyse verwendet wird.

Definition 6.2 (DH-Konvention). Gemäß der DH-Konvention wird bei der Zuweisung der Koordinatensysteme für jede Verbindung zwischen den Roboterarmgliedern der folgende Formalismus angewendet:

1. Lokalisiere und beschrifte die Gelenkachsen $z_0, \ldots, z_{n-1}$.
2. Lege das Basiskoordinatensystem fest. Setze den Ursprung an eine beliebige Stelle auf der z_0-Achse. Die Achsen $\boldsymbol{x}_0$ und $\boldsymbol{y}_0$ werden so gewählt, dass ein rechtshändiges Bezugssystem entsteht.

Für $i = 1, \ldots, n-1$ führe die Schritte 3 bis 5 durch:

3. Finde den Ursprung $\boldsymbol{o}_i$, wo die gemeinsame Normale (kürzeste Verbindung) zu $\boldsymbol{z}_i$ und $\boldsymbol{z}_{i-1}$ sowie $\boldsymbol{z}_i$ schneidet. Wenn $\boldsymbol{z}_i$ die Achse $\boldsymbol{z}_{i-1}$ schneidet, ist $\boldsymbol{o}_i$ an diesem Schnittpunkt zu lokalisieren. Sind $\boldsymbol{z}_i$ und $\boldsymbol{z}_{i-1}$ parallel, so liegt $\boldsymbol{o}_i$ an einer beliebigen Stelle entlang $\boldsymbol{z}_i$.
4. Lege $\boldsymbol{x}_i$ entlang der gemeinsamen Normalen zu $\boldsymbol{z}_{i-1}$ und $\boldsymbol{z}_i$ durch $\boldsymbol{o}_i$ fest. Lege alternativ $\boldsymbol{x}_i$ in die Normale auf die Ebene $\boldsymbol{z}_{i-1} - \boldsymbol{z}_i$, falls sich $\boldsymbol{z}_{i-1}$ und $\boldsymbol{z}_i$ schneiden.
5. Bestimme $\boldsymbol{y}_i$ zur Vervollständigung des rechtshändigen Koordinatensystems.
6. Lege das Endeffektor-Koordinatensystem $(\boldsymbol{o}_n, \boldsymbol{x}_n, \boldsymbol{y}_n, \boldsymbol{z}_n)$ fest. Wenn das $n$te-Gelenk drehbar ist, lege $\boldsymbol{z}_n$ parallel zu $\boldsymbol{z}_{n-1}$. Lege den Ursprung $\boldsymbol{o}_n$ am besten entlang von $\boldsymbol{z}_n$ fest, vorzugsweise in der Mitte des Greifers oder an der Spitze eines Werkzeugs, das der Manipulator trägt. Lege $\boldsymbol{y}_n$ in die Richtung des Greifers fest.

■

Sobald die Koordinatensysteme nach der DH-Konvention festgelegt sind, kann jedes Koordinatensystem i mit dem vorhergehenden Koordinatensystem $i-1$ durch vier Parameter in Beziehung gesetzt werden, nämlich a_i, $\theta_{x,i}$, d_i und $\theta_{z,i}$ (Gliederlänge, Gliederverdrehung, Gliederversatz bzw. Gelenkwinkel). Diese Parameter sind dem Armglied i und dem Gelenk i zugeordnet und werden als **Denavit-Hartenberg-Parameter** bezeichnet. Die Transformationsmatrix ${}^{i-1}\boldsymbol{T}_i$, welche die Orientierung und die Position von $(\boldsymbol{o}_i, \boldsymbol{x}_i, \boldsymbol{y}_i, \boldsymbol{z}_i)$ in Bezug auf $(\boldsymbol{o}_{i-1}, \boldsymbol{x}_{i-1}, \boldsymbol{y}_{i-1}, \boldsymbol{z}_{i-1})$, wie sie in Gleichung (6.20) definiert ist, ausdrückt, kann aus einem Satz von Basistransformationen mit den DH-Parametern wie folgt zusammengesetzt werden:

1. Drehung um die aktuelle z-Achse um den Winkel $\theta_{z,i}$
2. Translation entlang der aktuellen z-Achse um d_i
3. Translation entlang der aktuellen x-Achse um r_i
4. Drehung um die aktuelle x-Achse um den Winkel $\theta_{x,i}$

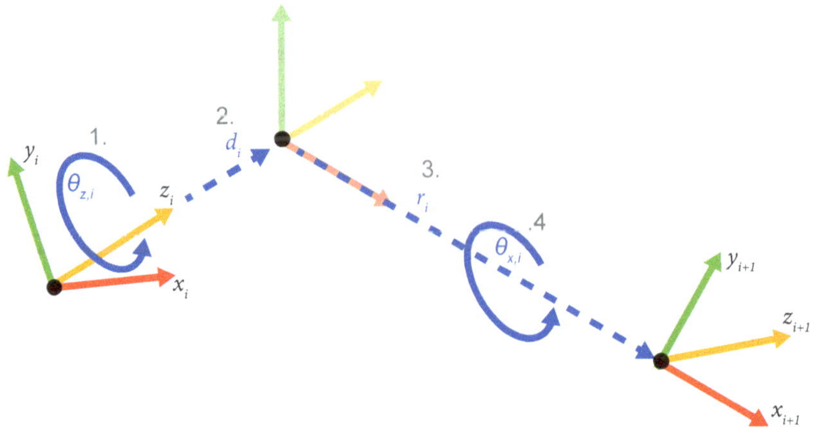

Bild 6.13 Visualisierung der DH-Konvention

Somit ergibt sich

$$
\begin{aligned}
{}^{i-1}\boldsymbol{T}_i &= \mathbf{Rot}_{z,\theta_{z,i}}\mathbf{Trans}_{z,d_i}\mathbf{Trans}_{x,r_i}\mathbf{Rot}_{x,\theta_{x,i}} \\
&= \begin{pmatrix} \cos(\theta_{z,i}) & -\sin(\theta_{z,i}) & 0 & 0 \\ \sin(\theta_{z,i}) & \cos(\theta_{z,i}) & 0 & 0 \\ 0 & 0 & 1 & 0 \\ 0 & 0 & 0 & 1 \end{pmatrix} \cdot \begin{pmatrix} 1 & 0 & 0 & 0 \\ 0 & 1 & 0 & 0 \\ 0 & 0 & 1 & d_i \\ 0 & 0 & 0 & 1 \end{pmatrix} \\
&\quad \cdot \begin{pmatrix} 1 & 0 & 0 & r_i \\ 0 & 1 & 0 & 0 \\ 0 & 0 & 1 & 0 \\ 0 & 0 & 0 & 1 \end{pmatrix} \cdot \begin{pmatrix} 1 & 0 & 0 & 0 \\ 0 & \cos(\theta_{x,i}) & -\sin(\theta_{x,i}) & 0 \\ 0 & \sin(\theta_{x,i}) & \cos(\theta_{x,i}) & 0 \\ 0 & 0 & 0 & 1 \end{pmatrix} \\
&= \begin{pmatrix} \cos(\theta_{z,i}) & -\sin(\theta_{z,i})\cos(\theta_{x,i}) & \sin(\theta_{z,i})\sin(\theta_{x,i}) & r_i\cos(\theta_{z,i}) \\ \sin(\theta_{z,i}) & \cos(\theta_{z,i})\cos(\theta_{x,i}) & -\cos(\theta_{z,i})\sin(\theta_{x,i}) & r_i\sin(\theta_{z,i}) \\ 0 & \sin(\theta_{z,i}) & \cos(\theta_{z,i}) & d_i \\ 0 & 0 & 0 & 1 \end{pmatrix}
\end{aligned}
$$

für die homogenen Transformationen. Da wir nur rotatorische und translatorische Gelenke betrachten, sind für jedes beliebige Gelenk i drei der DH-Parameter konstant. Somit ist ${}^{i-1}\boldsymbol{T}_i$ eine Funktion von nur einer Gelenkvariablen, nämlich d_i, wenn das Gelenk i translatorisch ist, oder $\theta_{z,i}$, wenn es rotatorisch ist.

Nach der Definition von ${}^{i-1}\boldsymbol{T}_i$ für $i = 1,\ldots,n$ wird die gewünschte Transformationsmatrix (${}^{0}\boldsymbol{T}_n$), welche die Orientierung und Position des Greiferkoordinatensystems definiert, gemäß Gleichung (6.22) berechnet. Grafisch dargestellt ergibt sich:

- $\theta_{z,i}$ ist der Winkel von $\boldsymbol{x}_{i-1}$ zu $\boldsymbol{x}_i$, gemessen um $\boldsymbol{z}_{i-1}$,
- d_i ist der Abstand von $\boldsymbol{x}_{i-1}$ zu $\boldsymbol{x}_i$, gemessen entlang $\boldsymbol{z}_{i-1}$,
- r_i ist der Abstand von $\boldsymbol{z}_{i-1}$ zu $\boldsymbol{z}_i$, gemessen entlang $\boldsymbol{x}_i$,
- $\theta_{x,i}$ ist der Winkel von $\boldsymbol{z}_{i-1}$ zu $\boldsymbol{z}_i$, gemessen um $\boldsymbol{x}_i$,

wobei der positive Sinn für $\theta_{x,i}$ und $\theta_{z,i}$ der Rechten-Hand–Regel folgt.

Beispiel 6.9 (Vorwärtskinematik – Knickarm-Roboter). Im Folgenden betrachten wir einen Knickarmroboter der Firma igus vom Typ RL-D-RBT-5532S-BF mit fünf Freiheitsgraden (engl.: Degree of Freedom, kurz: DOF), der in Bild 6.14 dargestellt ist. In Abschnitt 8.6 sind auch Videos zum Bewegungsverhalten des igus-Roboter zu finden. Dieser Roboter verfügt über einen günstigen Anschaffungspreis, ein geringes Gewicht und die Flexibilität, die für eine Vielzahl von Anwendungen benötigt wird. Dadurch ist dieser gerade für kleine und mittelständische Unternehmen von Interesse.

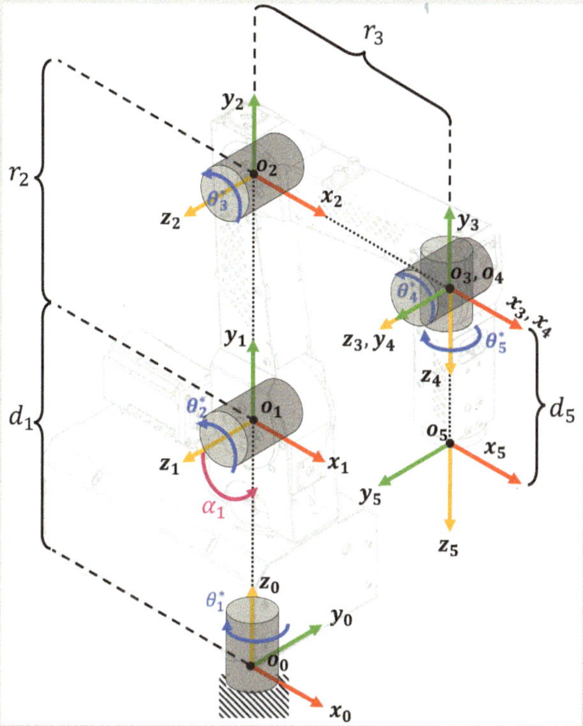

Bild 6.14 Koordinatensysteme nach DH-Konvention

Das kinematische Modell des Roboters basiert auf den Abmessungen des Roboters und seiner geometrischen Struktur, weshalb es zunächst wichtig ist, sich die geometrische Struktur und die Abmessungen des Roboters zu verdeutlichen. Die Struktur und der Aufbau der Gelenke des 5-DOF-Roboters von igus sind in Bild 6.14 dargestellt. Die Struktur ist dieselbe wie die eines 6-DOF-Roboters, wobei jedoch 1-DOF im kugelförmigen Handgelenk (für das Gieren) fehlt. Die Koordinatensysteme sind für jedes Gelenk des igus-Roboters nach der DH-Konvention aufgebaut, siehe Tabelle 6.6. Koordinatensystem $\boldsymbol{o}$ beschreibt das Basiskoordinatensystem und Koordinatensystem 5 das Endeffektorkoordinatensystem. Das 2-DOF-Ringgelenk wird in zwei Drehgelenke zerlegt. Anhand des CAD-Modells des Roboters werden die Abmessungen, wie in Bild 6.15 gezeigt, ermittelt. Es ist wichtig zu beachten, dass das komplexe 2-DOF-Ringgelenk in zwei Drehgelenke zerlegt wird: Gelenk 4 (mit Koordinatensystem 3) und Gelenk 5 (mit Koordinatensystem 4), siehe Bild 6.14. Bei der Analyse der DH-Parameter werden diese beiden Gelenke als ein Armglied der Länge Null (Armglied 4 in Tabelle 6.6) verstanden.

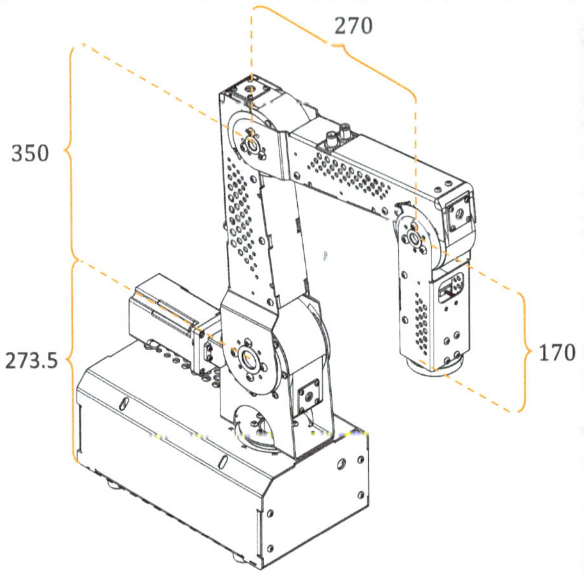

Bild 6.15 Abmessungen des igus-Roboters in mm

Betrachten wir Bild 6.14, in der das Armglied i das Koordinatensystem $i-1$ mit dem Koordinatensystem i verbindet, können wir die DH-Parameter ablesen, siehe Tabelle 6.6.

Die veränderlichen Gelenkvariablen sind in Tabelle 6.6 mit Sternchen versehen. Da der Roboter nur über rotatorische Gelenke verfügt, sind die Gelenkvariablen $q_i = \theta_{z,i}$. Die Parameter d_1, r_2, r_3 und d_5 lassen sich aus den in Bild 6.15 gezeigten Gelenklängen ableiten, sodass ihre Werte 273,5 mm, 350 mm, 270 mm bzw. 170 mm betragen.

Tabelle 6.6 DH-Parameter des 5-DOF-igus-Roboters

Gelenk	r_i	$\theta_{x,i}$	d_i	$\theta_{z,i}$
1	0	$\frac{\pi}{2}$	d_1	$\theta_1^\star$
2	r_2	0	0	$\theta_2^\star$
3	r_3	0	0	$\theta_3^\star$
4	0	$\frac{\pi}{2}$	0	$\theta_4^\star$
5	0	0	d_5	$\theta_5^\star$

Nach Bestimmung der DH-Parameter des Roboters werden die Transformationsmatrizen ${}^{i-1}\boldsymbol{T}_i$ erzeugt, welche jeweils das Koordinatensystem i mit dem Koordinatensystem $i-1$ für jedes Armglied i in Beziehung setzen:

$$
{}^{0}\boldsymbol{T}_1 = \begin{pmatrix} c_1 & 0 & s_1 & 0 \\ s_1 & 0 & -c_1 & 0 \\ 0 & 1 & 0 & 273{,}5 \\ 0 & 0 & 0 & 1 \end{pmatrix} \qquad {}^{1}\boldsymbol{T}_2 = \begin{pmatrix} c_2 & -s_2 & 0 & 350\,c_2 \\ s_2 & c_2 & 0 & 350\,s_2 \\ 0 & 0 & 1 & 0 \\ 0 & 0 & 0 & 1 \end{pmatrix} \tag{6.23}
$$

$$^2\boldsymbol{T}_3 = \begin{pmatrix} c_3 & -s_3 & 0 & 270c_3 \\ s_3 & c_3 & 0 & 270s_3 \\ 0 & 0 & 1 & 0 \\ 0 & 0 & 0 & 1 \end{pmatrix} \qquad ^3\boldsymbol{T}_4 = \begin{pmatrix} c_4 & 0 & s_4 & 0 \\ s_4 & 0 & -c_4 & 0 \\ 0 & 1 & 0 & 0 \\ 0 & 0 & 0 & 1 \end{pmatrix} \tag{6.24}$$

$$^4\boldsymbol{T}_5 = \begin{pmatrix} c_5 & -s_5 & 0 & 0 \\ s_5 & c_5 & 0 & 0 \\ 0 & 0 & 1 & 170 \\ 0 & 0 & 0 & 1 \end{pmatrix} \tag{6.25}$$

Hierbei ist c_i, s_i eine Kurzschreibweise für $c_i = \cos(\theta_i)$ und $s_i = \sin(\theta_i)$ ist. Außerdem wird $\cos(\theta_i + \theta_j + \theta_k)$ zu der Schreibweise c_{ijk} vereinfacht. Schließlich entsteht die homogene Transformationsmatrix $^0\boldsymbol{T}_5$, die das Endeffektorkoordinatensystem 5 mit dem Basiskoordinatensystem $\boldsymbol{o}$ in Beziehung setzt, indem die Gleichung (6.22) angewendet wird. Dies führt zum Ausdruck:

$$^0\boldsymbol{T}_5 = \left(\begin{array}{ccc|c} c_1c_{234}c_5 + s_1s_5 & s_1c_5 - c_1c_{234}s_5 & c_1s_{234} & 10c_1(35c_2 + 27c_{23} + 17s_{234}) \\ s_1c_{234}c_5 - c_1s_5 & -s_1c_{234}s_5 - c_1c_5 & s_1s_{234} & 10s_1(35c_2 + 27c_{23} + 17s_{234}) \\ s_{234}c_5 & -s_{234}s_5 & -c_{234} & 350s_2 + 270s_{23} - 170c_{234} + 273{,}5 \\ \hline 0 & 0 & 0 & 1 \end{array}\right)$$

Die Position des Endeffektors ($^0\boldsymbol{t}_5$) und seine Orientierung (definiert durch die Rotationsmatrix $^0\boldsymbol{R}_5$) sind in der obigen Gleichung definiert. Dementsprechend können

$$^0\boldsymbol{t}_5 = \begin{pmatrix} 10c_1(35c_2 + 27c_{23} + 17s_{234}) \\ 10s_1(35c_2 + 27c_{23} + 17s_{234}) \\ 350s_2 + 270s_{23} - 170c_{234} + 273{,}5 \end{pmatrix}$$

$$^0\boldsymbol{R}_5 = \begin{pmatrix} c_1c_{234}c_5 + s_1s_5 & s_1c_5 - c_1c_{234}s_5 & c_1s_{234} \\ s_1c_{234}c_5 - c_1s_5 & -s_1c_{234}s_5 - c_1c_5 & s_1s_{234} \\ s_{234}c_5 & -s_{234}s_5 & -c_{234} \end{pmatrix}$$

direkt aus $^0\boldsymbol{T}_5$ abgelesen werden. Dabei sei bemerkt, dass sowohl die Position als auch die Orientierung des Endeffektors jeweils Funktionen der Gelenkvariablen q_i sind. Somit ergibt sich $^0\boldsymbol{t}_5(q_1,\ldots,q_4)$, $^0\boldsymbol{R}_5(q_1,\ldots,q_5)$ und $^0\boldsymbol{T}_5(q_1,\ldots,q_5)$. ■

Betrachten wir zum besseren Verständnis der Kinematikmodellierung ein zweites Beispiel mit einem anderen Typ eines Robotermanipulators.

Beispiel 6.10 (Vorwärtskinematik – **SCARA-Roboter**). Im Folgenden betrachten wir den in Bild 6.16 dargestellten 4-DOF-SCARA-Roboter. Dieser Abbildung können wir sowohl den Aufbau der kinematischen Kette als auch die DH-Parameter des Roboters entnehmen. Die DH-Parameter des Roboters sind in Tabelle 6.7 zusammengefasst.

Tabelle 6.7 DH-Parameter des 4-DOF-SCARA-Roboters (die veränderlichen Gelenkvariablen sind mit Sternchen versehen)

Gelenk	r_i	$\theta_{x,i}$	d_i	$\theta_{z,i}$
1	d_1	$\theta_1^\star$	r_1	0
2	d_2	$\theta_2^\star$	r_2	180
3	$d_3^\star$	0	0	0
4	d_4	$\theta_4^\star$	0	0

Analog zum vorangegangenen Beispiel lassen sich auch hier nach der Ermittlung der DH-Parameter die einzelnen Transformationsmatrizen $\boldsymbol{T}_i$ erzeugen:

$$
{}^0\boldsymbol{T}_1 = \begin{pmatrix} \mathrm{c}_1 & -\mathrm{s}_1 & 0 & r_1\mathrm{c}_1 \\ \mathrm{s}_1 & \mathrm{c}_1 & 0 & r_1\mathrm{s}_1 \\ 0 & 0 & 1 & 0 \\ 0 & 0 & 0 & 1 \end{pmatrix} \quad {}^1\boldsymbol{T}_2 = \begin{pmatrix} \mathrm{c}_2 & \mathrm{s}_2 & 0 & r_2\mathrm{c}_2 \\ \mathrm{s}_2 & -\mathrm{c}_2 & 0 & r_2\mathrm{s}_2 \\ 0 & 0 & -1 & 0 \\ 0 & 0 & 0 & 1 \end{pmatrix}
$$

$$
{}^2\boldsymbol{T}_3 = \begin{pmatrix} 1 & 0 & 0 & 0 \\ 0 & 1 & 0 & 0 \\ 0 & 0 & 1 & d_3 \\ 0 & 0 & 0 & 1 \end{pmatrix} \quad {}^3\boldsymbol{T}_4 = \begin{pmatrix} \mathrm{c}_4 & -\mathrm{s}_4 & 0 & 0 \\ \mathrm{s}_4 & \mathrm{c}_4 & 0 & 0 \\ 0 & 0 & 1 & d_4 \\ 0 & 0 & 0 & 1 \end{pmatrix}
$$

Im Anschluss lässt sich die homogene Transformationsmatrix $\boldsymbol{T}_4^0$, die das Endeffektorkoordinatensystem 4 mit dem Basiskoordinatensystem o in Beziehung setzt, wie folgt bestimmen:

$$
{}^0\boldsymbol{T}_4 = \left(\begin{array}{ccc|c} \mathrm{c}_{12}\mathrm{c}_4 + \mathrm{s}_{12}\mathrm{s}_4 & -\mathrm{c}_{12}\mathrm{s}_4 + \mathrm{s}_{12}\mathrm{c}_4 & 0 & r_1\mathrm{c}_1 + r_2\mathrm{c}_{12} \\ \mathrm{s}_{12}\mathrm{c}_4 - \mathrm{c}_{12}\mathrm{s}_4 & -\mathrm{s}_{12}\mathrm{s}_4 - \mathrm{c}_{12}\mathrm{c}_4 & 0 & r_1\mathrm{s}_1 + r_2\mathrm{s}_{12} \\ 0 & 0 & -1 & -d_3 - d_4 \\ \hline 0 & 0 & 0 & 1 \end{array}\right)
$$

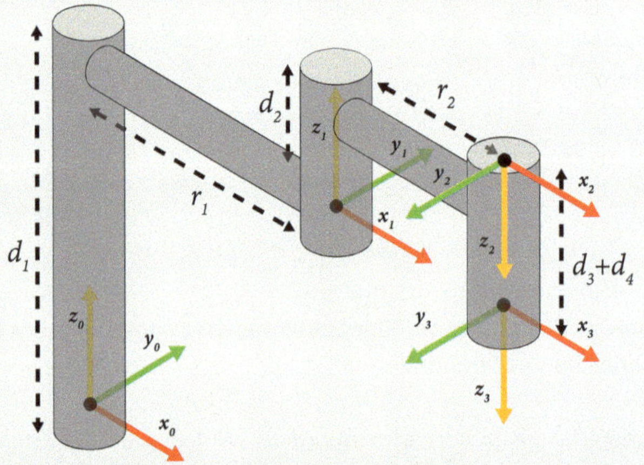

Bild 6.16 Kinematische Kette und DH-Parameter eines SCARA-Manipulators

Im nachfolgenden Video ist das Bewegungsverhalten des beschriebenen SCARA-Roboters visualisiert.

■

Rückwärtstransformation

Die Umkehroperation der Vorwärtstransformation ist die Rückwärtstransformation. Die Rückwärtstransformation

$$\boldsymbol{q} = \boldsymbol{f}^{-1}(\boldsymbol{y})$$

wird verwendet, um eine vorgegebene Lage des Endeffektors in die entsprechenden **Gelenkwinkel und -verschiebungen** des Roboters umzurechnen.

Diese Berechnungen sind bspw. notwendig, wenn wir uns eine Zielposition und -orientierung des Endeffektors eines Robotermanipulators überlegt haben und anschließend die notwendigen Gelenkwinkel berechnen wollen, um diese Endeffektorzielposition und -orientierung zu realisieren.

Eine Herausforderung hierbei ist, dass die Lösungen der inversen Kinematik **Mehrdeutigkeiten** aufweisen können. So kann bspw. der Endeffektor des SCARA-Roboters aus Beispiel 6.10 zur Achse 1 bewegt werden, indem entweder der Ellenbogen (Gelenk 2) nach rechts oder nach links verfährt. Zudem können auch **Singularitäten** der Roboterstellungen entstehen. In diesem Kontext beschreibt eine Singularität eine bestimmte Stellung eines oder mehrerer Gelenkwinkel des Roboterarmes, in welcher der Arm sich nicht mehr in alle seine theoretisch zur Verfügung stehenden Freiheitsgrade bewegen kann. Der Roboter verliert an dem jeweiligen Gelenk somit einen Freiheitsgrad. Ein Beispiel hierfür ist ein vertikal aktuierter Roboter, dessen gesamte Gelenke in dieselbe Richtung zeigen (bspw. nach oben ausgestreckter Arm). Gleich welches Armgelenk in dieser Konfiguration gedreht wird, folgt dieselbe Bewegung des Armes. Somit verlieren wir in diesem Fall Freiheitsgrade der Bewegung. Dies erkennen wir auch daran, dass die Jacobi-Matrix ihren vollen Rang verliert, siehe Abschnitt 6.3.1. Final ist eine **explizite Berücksichtigung der Begrenzungen des Arbeitsbereichs** des Roboters nur sehr schwer möglich. Daher existiert zur Realisierung der Rückwärtstransformation leider kein geschlossenes Berechnungsverfahren (wie bei der Vorwärtstransformation).

Oft verwendete Ansätze für die Rückwärtstransformation beruhen zum einen auf der iterativen numerischen Lösung von zuvor analytisch hergeleiteten Gleichungssätzen (welche allerdings nicht generell lösbar sind). Zum anderen gibt es auch geometrische Ansätze, die es zumindest für einfache kinematische Ketten erlauben, die Rückwärtstransformation in einfacher Weise durchzuführen.

Beispiel 6.11 (Rückwärtstransformation 2-DOF – analytisch). Zur Veranschaulichung, wie die besondere Geometrie eines Robotermanipulators die Lösung des Problems der inversen Kinematik vereinfachen kann, betrachten wir den Manipulator aus Bild 6.17. Die Lösung der Vorwärtskinematik für diesen Roboter ergibt sich aus der finalen Gleichung von Beispiel 6.8. Wenn $L_1 > L_2$, wäre der Arbeitsraum eines solchen Roboters ein Ring mit dem Innenradius $L_1 - L_2$ und dem Außenradius $L_1 + L_2$. Daraus folgt, dass es für eine gewünschte Punktposition $[x, y]$ eine Lösung (wenn der Punkt auf dem äußeren Radius des Arbeitsraums liegt), zwei Lösungen (wenn der Punkt innerhalb des Kreisringes liegt) oder keine Lösung (wenn der Punkt außerhalb des Arbeitsraums liegt) geben kann. Wenn es zwei Lösungen gibt, werden sie allgemein als **Elbow-Up**- und **Elbow-Down**-Konfigurationen bezeichnet. Hierbei wird der Robotermanipulator analog zu einem menschlichen Arm betrachtet. Wird der menschliche Arm von der ausgestreckten Position zurück zum Körper geführt, können verschiedene Ellenbogenstellungen angenommen werden, ohne die Handstellung zu verändern.

Somit wird die Mehrdeutigkeit der Lösung der Inverskinematik deutlich. Da unser Ellenbogengelenk sich nicht überdehnen lässt gilt, dies natürlich nur, je nachdem welchen unserer beiden Arme wir für die Bewegung benutzen.

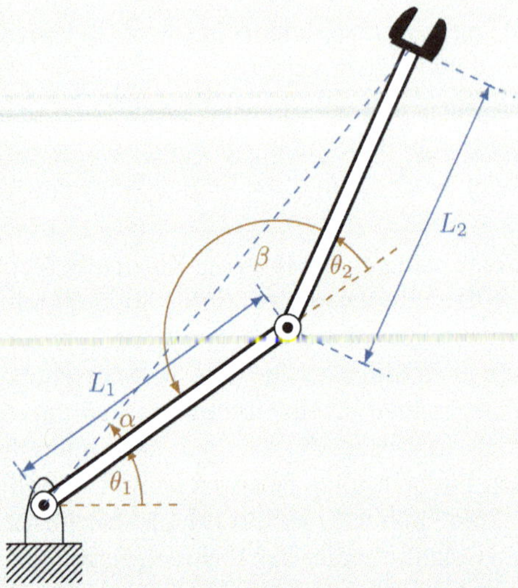

Bild 6.17 Rückwärtstransformationsbeispiel eines Roboters mit zwei Armgliedern

Zur Berechnung der Gelenkstellungen starten wir mit der Anwendung des Kosinussatzes $c^2 = a^2 + b^2 - 2ab\cos\alpha$, welcher für eine gewünschte Position $[p_x; p_y]$ in

$$L_1^2 + L_2^2 - 2L_1L2\cos\beta = p_x^2 + p_x^2 \implies \beta = \cos^{-1}\left(\frac{L_1^2 + L_2^2 - p_x^2 - p_x^2}{2L_1L_2}\right) \tag{6.26}$$

mit $\gamma = \alpha + \theta_1$ resultiert. In ähnlicher Weise kann auch der Kosinussatz angewendet werden, um den Winkel α zu berechnen:

$$\alpha = \cos^{-1}\left(\frac{p_x^2 + p_x^2 + L_1^2 - L_2^2}{2L_1\sqrt{p_x^2 + p_x^2}}\right) \tag{6.27}$$

Der Winkel

$$\gamma = \text{atan2}(p_x, p_x)$$

wird mit der Funktion **atan2**(a, b) berechnet. Diese Funktion ähnelt der gewöhnlichen Funktion $\tan^{-1}\left(\frac{b}{a}\right)$, unterscheidet sich aber darin, dass bei $\text{atan2}(a, b)$ zusätzlich die Vorzeichen von a und b verwendet werden, um den entsprechenden Quadranten auszuwählen (deshalb wird sie manchmal auch als Vier-Quadranten-Arkustangens bezeichnet). Nach Berechnung von β, α und γ werden die beiden möglichen Lösungen für θ_1 und θ_2 bestimmt. Die erste Lösung

$$\theta_1 = \gamma - \alpha, \qquad \theta_2 = \pi - \beta,$$

beschreibt die Elbow-Down- und

$$\theta_1 = \gamma + \alpha, \qquad \theta_2 = \beta - \pi$$

die Elbow-Up-Position. Wenn der Punkt $[p_x; p_x]$ auf dem äußeren Radius des Ringes liegt, dann resultiert $\sqrt{p_x^2 + p_x^2} = L_1 + L_2$ und durch Einsetzen in die Gleichungen (6.26) und (6.27) erhalten wir $\beta = \pi$ und $\alpha = 0$. Somit werden die beiden Lösungen identisch. Liegt der Punkt (p_x, p_x) außerhalb des Arbeitsraums, dann gibt es keine gültige Lösung.

Wir können die Werte für die Länge der Armglieder ($L_1 = L_2 = 4$) sowie die Position des Endeffektors ($p_x = 5$ und $p_y = 6$) verwenden, um unsere geometrischen Hilfsgrößen zu berechnen:

$$\alpha = 50^\circ \qquad \beta = 150^\circ \qquad \gamma = 85^\circ$$

Hieraus ergeben sich final die beiden Gelenkwinkel:

$$\theta_1 = 35^\circ \qquad \theta_2 = 30^\circ$$

■

Im nachfolgenden Beispiel erhöhen wir den Freiheitsgrad des Manipulator von zwei auf drei Armglieder. Somit erschwert sich das zu lösende Gleichungssystem deutlich, wie im Folgenden gezeigt.

Beispiel 6.12 (Rückwärtstransformation 3-DOF – numerisch). Im Fall der Rückwärtstransformation ist die Position des Endeffektors bekannt. Sie lässt sich durch die beiden Koordinaten p_x und p_y beschreiben. Im aktuellen Beispiel gelten $p_x = 4$ und $p_y = 6$, siehe Bild 6.17. Ebenso sind die Längen der einzelnen Armglieder des Roboters bekannt: $L_1 = L_2 = L_3 = 3$. Gesucht sind die drei Gelenkstellungen θ_1, θ_2 und θ_3.

Eine Methode zur Berechnung der Gelenkstellungen ist die Nutzung der trigonometrischen Grundgleichungen. So lässt sich p_x als Summe der drei Hypotenusen mittels des Kosinus der drei Winkel θ_1, θ_2 und θ_3, jeweils multipliziert mit der entsprechenden Ankathete (Länge des jeweiligen Armgliedes)

$$p_x = L_1 \cos(\theta_1) + L_2 \cos(\theta_1 + \theta_2) + L_3 \cos(\theta_1 + \theta_2 + \theta_3), \tag{6.28}$$

ausdrücken. Analog lässt sich der Zusammenhang für p_y als Summe der drei Gegenkatheten mittels des Sinus der drei Winkel θ_1, θ_2 und θ_3, jeweils multipliziert mit der entsprechenden Ankathete (wieder Länge des jeweiligen Armgliedes)

$$p_y = L_1 \sin(\theta_1) + L_2 \sin(\theta_1 + \theta_2) + L_3 \sin(\theta_1 + \theta_2 + \theta_3), \tag{6.29}$$

beschreiben. Diese beiden Gleichungen enthalten die drei Unbekannten θ_1, θ_2 und θ_3. Somit liegt hier ein unterbestimmtes nichtlineares Gleichungssystem vor.

Unterbestimmte Gleichungssysteme können im Allgemeinen keine, genau eine oder unendlich viele Lösungen aufweisen. Aus der geometrischen Anschauung des Roboterarmes folgt, dass das Gleichungssystem aus den Gleichungen 6.28 und 6.29 keine Lösung hat, wenn die Zielposition außerhalb des Arbeitsraums des Roboterarmes liegt. Dies ist der Fall wenn

$$L_1 + L_2 + L_3 < \sqrt{p_x^2 + p_y^2}$$

gilt. Wenn die Zielposition auf dem äußeren Radius des Arbeitsraums liegt, d. h.

$$L_1 + L_2 + L_3 = \sqrt{p_x^2 + p_y^2}$$

Anwendung findet, so gibt es genau eine Lösung:

$$\theta_1 = \text{atan2}(p_x, p_y), \quad \theta_2 = \theta_3 = 0$$

Für

$$L_1 + L_2 + L_3 > \sqrt{p_x^2 + p_y^2}$$

hat das Gleichungssystem mehrere Lösungen. Eine analytische Berechnung der Lösungen ist aufwendig und soll daher numerisch realisiert werden. Dazu formulieren wir die Gleichungen (6.28) und (6.29) zunächst als Nullstellenproblem:

$$0 = p_x - (L_1 \cos(\theta_1) + L_2 \cos(\theta_1 + \theta_2) + L_3 \cos(\theta_1 + \theta_2 + \theta_3)) =: f_1(\boldsymbol{\theta})$$
$$0 = p_y - (L_1 \sin(\theta_1) + L_2 \sin(\theta_1 + \theta_2) + L_3 \sin(\theta_1 + \theta_2 + \theta_3)) =: f_2(\boldsymbol{\theta})$$

Zum Bestimmen der Nullstelle von $\boldsymbol{f}(\boldsymbol{\theta})$ können wir nicht das Newton-Verfahren verwenden, da der Definitionsbereich ($\mathbb{R}^3$) und die Zielmenge ($\mathbb{R}^2$) nicht dieselbe Dimension haben, vgl. Abschnitt 4.4.2. Stattdessen können wir das Problem als Minimierungsproblem

$$\min_{\boldsymbol{\theta}} \left\| \boldsymbol{f}(\boldsymbol{\theta}) \right\|^2$$

formulieren. Der optimale Zielfunktionswert $\left\| \boldsymbol{f}(\boldsymbol{\theta}^*) \right\|^2 = 0$ ist zwar bekannt, doch wir können Optimierungsalgorithmen nutzen, um Lösungen $\boldsymbol{\theta}^*$ numerisch zu bestimmen. In Bild 6.18 ist der Wert der Zielfunktion abhängig von den beiden Winkeln θ_2 und θ_3 dargestellt. Der Winkel des ersten Armes θ_1 wurde für die Darstellung auf 45° fixiert. Wir können gut erkennen, dass die Zielfunktion viele verschiedene Minima aufweist. In Bild 6.18 sind exemplarisch 4 verschiedene Minima als schwarze Punkte eingezeichnet. Je nachdem mit welcher Startschätzung wir den Optimierungsalgorithmus starten, können wir eine andere Lösung des Optimierungsproblems und damit eine andere Lösung des Gleichungssystems erwarten.

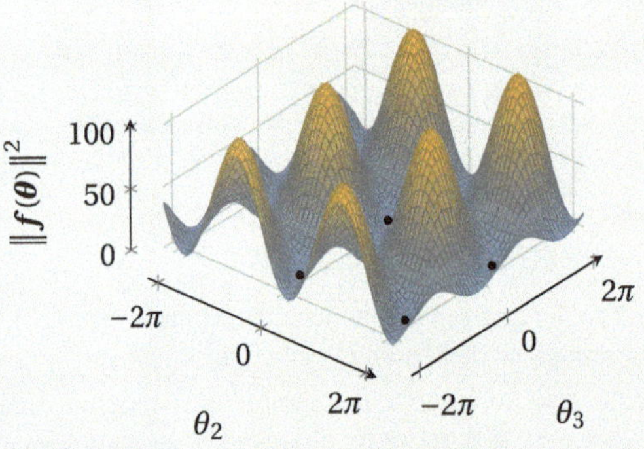

Bild 6.18 Zielfunktion $\left\| \boldsymbol{f}(\boldsymbol{\theta}^*) \right\|^2$ abhängig von θ_2 und θ_3 und mit $\theta_1 = 45°$

Nutzen wir z. B. die Startschätzung $\boldsymbol{\theta_0} = \left[\frac{\pi}{2}; 0; 0\right]$, so erhalten wir die Lösung $\boldsymbol{\theta}^* = [1{,}90; -1{,}16; -0{,}36]$.
Für $\boldsymbol{\theta_0} = \left[0; \frac{\pi}{2}; 0\right]$ ergibt sich die Lösung $\boldsymbol{\theta}^* = [0{,}03; 1{,}41; -0{,}08]$ und für $\boldsymbol{\theta_0} = \left[0; 0; \frac{\pi}{2}\right]$ erhalten wir $\boldsymbol{\theta}^* = [0{,}52; 0{,}08; 1{,}33]$. Die Zahlenwerte der Parametervektoren sind jeweils in rad angegeben. Wie leicht nachgerechnet werden kann, sorgen alle Winkelkombinationen dafür, dass der Roboterarm die Zielposition erreicht. In der Nachfolgenden Abbildung ist die Konfiguration $\theta_1 = 108°$, $\theta_2 = -66°$ und $\theta_1 = -20°$ visualisiert, welche zu dem identifizierten Parametervektor $\boldsymbol{\theta}^* = [1{,}90; -1{,}16; -0{,}36]$ korrespondiert.

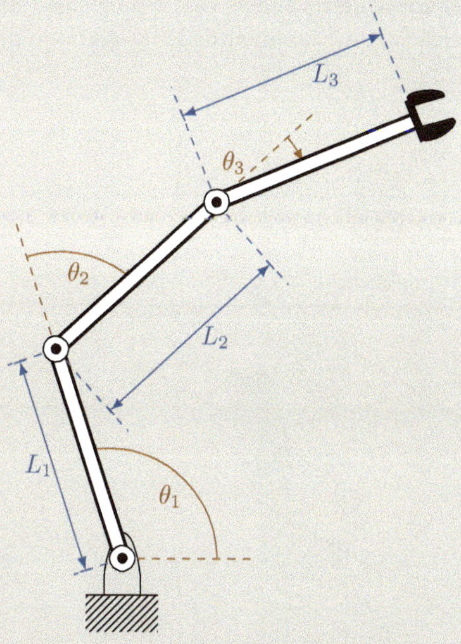

Bild 6.19 Rückwärtstransformationsbeispiel eines Roboters mit drei Armgliedern

6.2.2 Kinematik von mobilen Robotern/Fahrzeugen

Der Aufbau und die Lenkungsart unterschiedlicher Fahrzeuge bestimmen maßgeblich das **Lenkverhalten** und damit auch das kinematische Verhalten von mobilen Robotern/Fahrzeugen. Bei der Auswahl einer geeigneten Modellierungsmethodik gilt es zuvor zu analysieren, welche mechanische Antriebskinematik das jeweilige Fahrzeug aufweist. Hierbei sei betont, dass es ein breites Spektrum an verschiedenen Kinematiktypen gibt, wovon im Folgenden eine kurze Auswahl betrachtet wird.

Achsschenkellenkung

Die Achsschenkellenkung ist identisch mit der gebräuchlichen Lenkungsrealisierung in PKWs. Diese Konfiguration besitzt zwei Achsen. Der Antrieb dieser Fahrzeuge kann sowohl durch eine oder beide Achsen realisiert werden. Die Lenkung hingegen erfolgt in der Regel durch die Vorderachse. Diese Konfiguration ist sehr beliebt und bietet eine hohe Präzision und eine gute Stabilität beim Lenkverhalten. Sie ist jedoch komplexer in Konstruktion und Regelung. Außerdem entsteht ein größerer Wenderadius, insbesondere im Vergleich zu dem im weiteren Verlauf beschriebenen Differentialantrieben.

Bevor wir die kinematischen Zusammenhänge für Fahrzeuge mit Achsschenkellenkung erarbeiten, wollen wir auf die sogenannte **Ackermann-Lenkung** eingehen, da sie für diesen Lenkungstyp von zentraler Bedeutung ist. Die Ackermann-Lenkung adressiert das Problem, dass bei einer Kurvenfahrt die innen und die außen liegenden Räder Bahnen mit unterschiedlichen Radien fahren und somit auch unterschiedliche Lenkwinkel entstehen.

Der Kutschenbauer Georg Lankensperger konstruierte bereits 1817 ein Lenkgestänge, welches die unterschiedlichen Radien berücksichtigte. Dieses wurde 1818 von Rudolph Ackermann für Pferdekutschen patentiert.

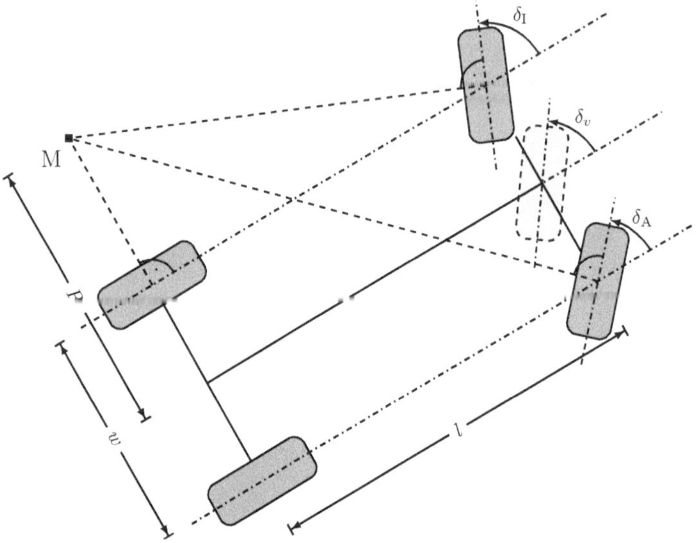

Bild 6.20 Skizze der Ackermann-Lenkgeometrie

Dabei werden die **Lenkwinkel** δ_i definiert als die Winkel zwischen der Ausrichtung des jeweiligen Rades und der Bewegungsrichtung des Fahrzeuges (also der x-Achse im Fahrzeugkoordinatensystem), siehe Bild 6.20.

Da sowohl Kutschen als auch PKWs im Allgemeinen vier Räder haben, können prinzipiell auch vier unterschiedliche Lenkwinkel entstehen. Für die nachfolgenden Betrachtungen gehen wir allerdings von einer reinen Vorderradlenkung aus. Somit sind noch zwei unabhängige Lenkwinkel δ_A und δ_I einstellbar, für das äußere bzw. das innere Vorderrad.

Da sich das innere Rad auf einer Kreisbahn mit einem kleineren Radius als das äußere Rad bewegt, muss es auch einen größeren Lenkwinkel besitzen. Die Gesamtheit aller möglichen Lenkwinkelkombinationen eines solchen kinematischen Zweispurmodells wird als Ackermann-Lenkgeometrie bezeichnet.

Die Ackermann-Lenkungswinkel lassen sich ableiten, indem wir die drei Dreiecke betrachten, die durch den Radstand l und den Radius R' zum Drehpunkt und $\pm\frac{w}{2}$ gebildet werden. Aus diesen Überlegungen ergibt sich

$$\tan(\delta_v) = \frac{l}{R'} \tag{6.30}$$

$$\tan(\delta_I) = \frac{l}{R' - \frac{w}{2}} \tag{6.31}$$

$$\tan(\delta_A) = \frac{l}{R' + \frac{w}{2}}, \tag{6.32}$$

für die geometrischen Zusammenhänge. Subtrahieren wir das Reziproke von Gleichung (6.31) von dem Reziprokwert von Gleichung (6.32), resultiert:

$$\frac{1}{\tan(\delta_A)} - \frac{1}{\tan(\delta_I)} = \cot(\delta_A) - \cot(\delta_I) = \frac{R' + \frac{w}{2}}{l} - \frac{R' - \frac{w}{2}}{l} = \frac{w}{l} \tag{6.33}$$

Auf gleiche Weise können über

$$\cot(\delta_I) - \cot(\delta_v) = \frac{w}{l} - \frac{R' - \frac{w}{2}}{l} = -\frac{w}{2l} \quad \longrightarrow \quad \cot(\delta_I) = \cot(\delta_v) - \frac{w}{2l} \tag{6.34}$$

$$\cot(\delta_A) - \cot(\delta_v) = \frac{w}{l} - \frac{R' + \frac{w}{2}}{l} = +\frac{w}{2l} \quad \Longrightarrow \quad \cot(\delta_A) = \cot(\delta_v) + \frac{w}{2l} \tag{6.35}$$

Gleichungen zur Bestimmung der Lenkwinkel berechnet werden. Problematisch bei diesen Gleichungen ist allerdings, dass der Kotangens für $\delta_v = 0$ nicht definiert ist. Berücksichtigen wir jedoch, dass $\cot(\delta_v) = \frac{\cos(\delta_v)}{\sin(\delta_v)}$ gilt, können die Gleichungen (6.34) und (6.35) in

$$\delta_I = \operatorname{atan}\left(\frac{2l\sin(\delta_v)}{2l\cos(\delta_v) - w\sin(\delta_v)}\right) \tag{6.36}$$

$$\delta_A = \operatorname{atan}\left(\frac{2l\sin(\delta_v)}{2l\cos(\delta_v) + w\sin(\delta_v)}\right) \tag{6.37}$$

überführt werden.

Eine weitere wichtige Größe zur Beschreibung der Bewegung ist der **Schräglaufwinkel** $\theta_{x,i}$ der einzelnen Räder. Der Schräglaufwinkel eines Rades ist der Winkel zwischen der Orientierung des Rades und dem Geschwindigkeitsvektor v_i im Mittelpunkt dieses Rades. Bei einem kinematischen Zweispurmodell verschwinden diese Winkel $\alpha_i = 0$. Damit stimmen die Orientierung und der Geschwindigkeitsvektor im Mittelpunkt eines jeden der vier Räder überein. Die Verbindung des entstehenden Drehpunktes mit dem Mittelpunkt der Räder steht jeweils senkrecht zu den genannten Geschwindigkeitsvektoren. Eine der einfachsten Möglichkeiten, das planare Querverhalten von zweispurigen Fahrzeugen zu modellieren, ist das kinematische Einspurmodell.

Bevor wir die konkreten Modellgleichungen bestimmen, führen wir auch hier die notwendigen Koordinatensysteme ein. Für die nachfolgenden Betrachtungen brauchen wir im Wesentlichen drei Koordinatensysteme, vgl. Bild 6.21.

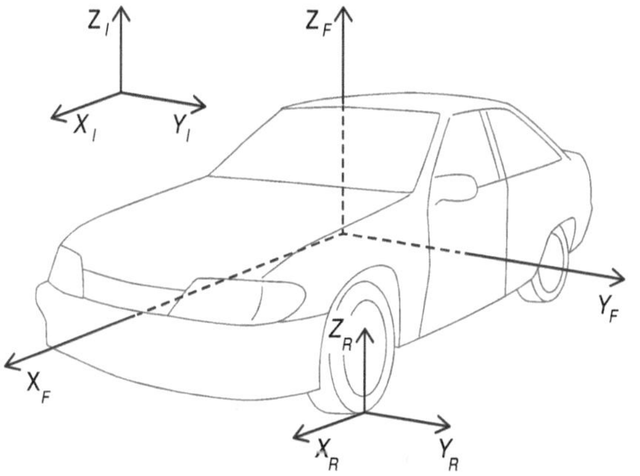

Bild 6.21 Koordinatensysteme am Fahrzeug

Das erste Koordinatensystem $(\boldsymbol{x}_I, \boldsymbol{y}_I, \boldsymbol{z}_I)$ ist das **globale** oder **Weltkoordinatensystem**. Dieses ist ein inertiales Koordinatensystem und dient der Beschreibung der Bewegung des Fahrzeuges in der Umgebung. Das zweite Koordinatensystem $(\boldsymbol{x}_F, \boldsymbol{y}_F, \boldsymbol{z}_F)$ wird als **(lokales) Fahrzeugkoordinatensystem** bezeichnet. Der Ursprung dieses Koordinatensystems befindet sich häufig im Mittelpunkt der Hinterachse, wird allerdings gelegentlich auch im Mittelpunkt der Vorderachse oder im Fahrzeugschwerpunkt definiert. Letzteres hat zwar einige Vorteile bei der Modellierung, ist aber nicht fest und variiert (bspw. bei unterschiedlichen Beladungen). Insbesondere bei der Betrachtung der Kraftübertragung zwischen Fahrzeug und Untergrund über die Räder werden **Radkoordinatensyteme** $(\boldsymbol{x}_R, \boldsymbol{y}_R, \boldsymbol{z}_R)$ eingeführt. Zur Umrechnung zwischen diesen Koordinatensystemen werden ebenfalls homogene Transformationen verwendet.

Zur Beschreibung des **kinematischen Einspurmodell**s werden die zwei Vorderräder und die zwei Hinterräder jeweils in einem neuen imaginären Rad zusammengefasst, siehe Bild 6.22. Diese beiden Räder werden dann miteinander verbunden. Da wir im kinematischen Fall keine verursachenden Kräfte berücksichtigen, gehen wir ebenfalls davon aus, dass Schräglaufwinkel identisch Null sind. Dadurch ergibt sich mit dem kinematischen Einspurmodell derselbe Drehpunkt M wie im vierrädrigen Fall, vgl. Bild 6.20. Dementsprechend eignet sich das Einspurmodell prinzipiell zur Beschreibung der Bewegung. Es hat den wesentlichen Vorteil, dass es nur ein bewegliches Vorderrad mit einem Lenkwinkel δ_v gibt, welches modelliert werden muss.

Allerdings führen die Vernachlässigungen, insbesondere das Zusammenspiel zwischen Reifendynamik und angreifenden Kräften, dazu, dass dieses Modell nur für geringe Geschwindigkeiten $\left(< 20\,\text{kmh}^{-1}\right)$ bzw. geringe Querbeschleunigungen adäquat ist.

Zur mathematischen Beschreibung des kinematischen Einspurmodells werden einige Größen benötigt. In Bild 6.22 ist der Referenzpunkt, bzgl. welchem die Bewegung beschrieben wird, mit O gekennzeichnet.

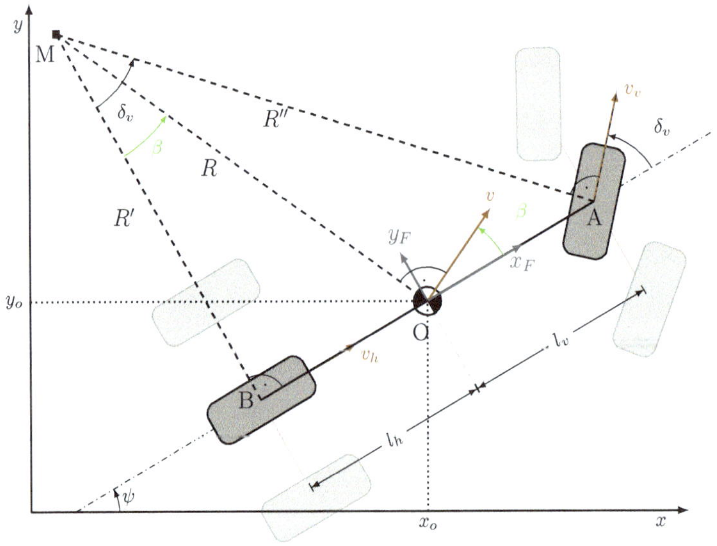

Bild 6.22 Kinematisches Einspurmodell

Dieser kann prinzipiell frei auf der Verbindung zwischen Vorder- und Hinterrad gewählt werden. Der Abstand zwischen diesem Referenzpunkt und dem imaginären Vorder- und Hinterrad wird l_v bzw. l_h genannt. Die Summe dieser beiden Abstände ist der Radstand $l = l_v + l_h$. Da sich das Fahrzeug zu jedem Zeitpunkt auf einer Kreisbahn um den Drehpunkt M bewegt, sind die entsprechenden Geschwindigkeitsvektoren orthogonal zum Bahnradius R. Der Winkel β zwischen der Geschwindigkeit v am Referenzpunkt und der Fahrtrichtung wird als Schwimmwinkel bezeichnet. Wie Bild 6.22 zeigt, variiert dieser zwischen $\beta = 0°$ (O=B) und $\beta = \delta_v$ (O=A) je nach Position des Referenzpunktes.

Gehen wir nun von einer konstanten Geschwindigkeit v aus, ergibt sich aus dem **Gierwinkel** ψ und dem **Schwimmwinkel** β für die Bewegung des Punktes O in der X, Y-Ebene der Zusammenhang:

$$\begin{aligned} \dot{x}(t) &= v\cos(\psi + \beta) \\ \dot{y}(t) &= v\sin(\psi + \beta) \end{aligned} \tag{6.38}$$

Da sich das Fahrzeug auf einer Bahn um den Punkt M bewegt, verändert sich der Gierwinkel ψ über die Zeit. Wie sich der Winkel zeitlich ändert, wird dabei von der entsprechenden Winkelgeschwindigkeit ω bestimmt, mit welcher sich das Fahrzeug um den Drehpunkt M bewegt:

$$\dot{\psi}(t) = \omega$$

Da die Winkelgeschwindigkeit um die Drehachse die zeitliche Änderung des Gierwinkels beschreibt, wird sie auch Gierrate genannt.

Da weder der Schwimmwinkel noch die Gierrate stets bekannt sind, werden wir diese im Folgenden durch mechanische und geometrische Zusammenhänge ersetzen. Dabei ist die Beziehung

$$\omega = \frac{v}{R}$$

aus der klassischen Mechanik bekannt und beschreibt den Zusammenhang zwischen der rotatorischen und translatorischen Geschwindigkeitskomponente. Mit einigen einfachen Winkelbeziehungen kann gezeigt werden, dass der Lenkwinkel δ_v dem Winkel zwischen den Geraden R' und R'' entspricht, siehe Bild 6.22. Daraus kann mittels des sich ergebenden rechtwinkligen Dreiecks der Zusammenhang

$$\tan(\delta_v) = \frac{l_h + l_v}{R'} \implies R' = \frac{l_h + l_v}{\tan(\delta_v)} \tag{6.39}$$

bestimmt werden. Weiterhin findet sich der Schwimmwinkel β erneut zwischen R' und R. Mit der Relation aus Gleichung (6.39) und den sich ergebenden trigonometrischen Beziehungen können für den Schwimmwinkel β die Zusammenhänge

$$\tan(\beta) = \frac{l_h}{R'} = \frac{l_h}{l_h + l_v}\tan(\delta_v)$$

und

$$\begin{aligned} \cos(\beta) &= \frac{R'}{R} \\ \frac{1}{R} &= \frac{1}{R'}\cos(\beta) = \frac{1}{l_h + l_v}\tan(\delta_v)\cos(\beta) \end{aligned} \tag{6.40}$$

ermittelt werden. Aus den Gleichungen (6.38) bis (6.40) kann nun das kinematische Einspurmodell

$$\begin{aligned} \dot{x}(t) &= v\cos(\psi+\beta) \\ \dot{y}(t) &= v\sin(\psi+\beta) \\ \dot{\psi}(t) &= \frac{v}{l_h+l_v}\tan(\delta_v)\cos(\beta) \end{aligned} \tag{6.41}$$

mit

$$\beta = \operatorname{atan}\left(\frac{l_h}{l_h+l_v}\tan(\delta_v)\right)$$

bestimmt werden. Dieses ist nun lediglich von geometrischen Parametern des Fahrzeuges und der Geschwindigkeit abhängig.

Beispiel 6.13 (Lenkwinkel). In diesem Beispiel wollen wir die notwendigen Lenkwinkel für gegebene Szenarien betrachten. Dazu gehen wir von einem Fahrzeug mit einem Radstand $l = 2{,}79$ m und einer Spurbreite $w = 1{,}57$ m aus.

Soll dieses Fahrzeug nun auf einer Autobahn eine Kurve mit einem Radius von $R' = 800$ m fahren, benötigt es einen Lenkwinkel von:

$$\delta_v = \operatorname{atan}\left(\frac{l}{R'}\right) = 0{,}0035 \approx 0{,}2^\circ$$

Berücksichtigen wir nun noch die Lenkübersetzung zwischen Lenkwinkel δ_v und Lenkradwinkel δ_{SW} von

$$\frac{\delta_{SW}}{\delta_v} = 15{,}63,$$

wird ein Lenkradwinkel von $\delta_{SW} \approx 3{,}12^\circ$ benötigt.

Fährt dasselbe Fahrzeug eine Kurve mit einem Radius $R' = 50$ m, stellen sich hingegen ein Lenkwinkel $\delta_v \approx 3{,}19^\circ$ und ein Lenkradwinkel $\delta_{SW} \approx 49{,}9^\circ$ ein.

Dies führt im Zuge der Ackermann-Lenkgeometrie zu einem Lenkwinkel des inneren Rades $\delta_I \approx 3{,}24^\circ$ und einem Lenkwinkel des äußeren Rades $\delta_A \approx 3{,}14^\circ$.

Zu beachten ist, dass die hier durchgeführten Berechnungen die dynamischen Effekte vernachlässigen, sodass die Aussagen aus diesem Beispiel nur für geringe Querbeschleunigungen valide sind. ■

Eine Modifikation der Achsschellenlenkung bildet das **Dreirad-Modell**, bestehend aus zwei nicht lenkbaren Rädern an der Hinterachse und einem lenkbaren Vorderrad. Ein einziger Motor treibt die beiden hinteren Räder an, um den Vortrieb zu erzeugen, während das lenkbare Vorderrad von einem zweiten Motor angetrieben wird und als lenkbare Vorrichtung fungiert. Alternativ kann das Vorderrad sowohl für den Vortrieb als auch für die Lenkung eingesetzt und die beiden starren Räder passiv betrieben werden. Diese Konfiguration weist jedoch Einschränkungen bei der Manövrierfähigkeit und bei hohen Vortriebsleistungen auf und wird daher nicht weiter betrachtet.

Reduzieren wir die Dreirad-Kinematik auf ein Fahrzeug mit zwei Räder, welche beide nicht lenkbar sind und beide unterschiedliche Drehzahlen haben können, so erhalten wir ein Fahrzeug mit einem Differentialantrieb. Diese Kinematik wird im Folgenden genauer betrachtet.

Differentialantrieb (Achsdifferential)

Differentialantriebe in der Achsdifferentialkonfiguration beschreiben Fahrzeuge mit einer einzigen festen Achse und zwei Rädern, die durch eine bestimmte Spurweite getrennt sind. Die Räder können unabhängig voneinander angetrieben werden. Die Geschwindigkeit und der Kurs des Fahrzeuges werden von der Achsmitte aus bestimmt. Diese Konfiguration ist effektiv und einfach, da sie weniger Teile und Komponenten benötigt. Dieser Antrieb besteht aus zwei unabhängig voneinander ansteuerbaren Antriebsrädern und einem passiv mitlaufenden Rad. Differentialantriebe bieten eine gute Manövrierfähigkeit, so dass sich die Fahrzeuges auf der Stelle drehen können. Die vorgestellte Antriebskinematik bietet ein geringeres Gewicht und eine weniger präzise Steuerung. Sie ist empfindlich gegenüber Hindernissen und Unebenheiten.

Bevor wir auf die Kinematikmodellierung des Differentialantriebs eingehen, werden einige vereinfachende Annahmen. Diese Annahmen ergeben sich aus der Tatsache, dass die Bewegung der Räder durch nicht-holonomische Zwänge beeinflusst wird. So rollen die Räder des Fahrzeuges nur in Richtung der $\boldsymbol{x}_F$-Achse und es ergibt sich keine seitliche Geschwindigkeit entlang der $\boldsymbol{y}_F$-Achse. Eine weitere Annahme ist, dass die Räder in der Längsachse ohne Schlupf rollen. Die lineare Geschwindigkeit v eines Fahrzeuges, welches sich in einer gleichmäßigen Kreisbewegung befindet, ergibt sich zu

$$v = \omega R \tag{6.42}$$

wobei ω die Winkelgeschwindigkeit des Objekts in Bezug auf den Kreismittelpunkt und R der Radius ist, d. h. der Abstand zwischen dem Objekt und dem Kreismittelpunkt. Unter Anwendung dieses Prinzips lassen sich die linearen Geschwindigkeiten

$$v_l = \omega\left(R - \frac{s}{2}\right) \quad \text{und} \tag{6.43}$$

$$v_r = \omega\left(R + \frac{s}{2}\right), \tag{6.44}$$

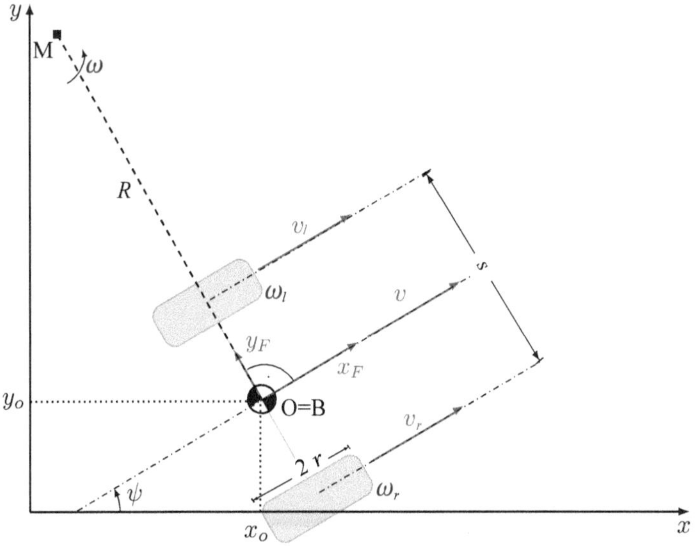

Bild 6.23 Kinematische Größen des Differentialantriebes in der Achsdifferentialkonfiguration

welche auf die Massenschwerpunkte des linken und des rechten Rades des Fahrzeuges wirken, darstellen. Hierbei stellt s den Abstand der beiden Fahrzeugräder dar. Im Anschluss stellen wir Gleichung (6.44) nach der Winkelgeschwindigkeit des Fahrzeuges um:

$$\omega = \frac{v_l}{R - \frac{s}{2}} \tag{6.45}$$

Setzen wir Gleichung (6.45) in Gleichung (6.44) ein, erhalten wir einen formelmässigen Zusammenhang für den Abstand R zwischen dem Punkt B (Massenschwerpunkt des Fahrzeuges) und dem Punkt M (Drehpunkt des Fahrzeuges) darstellt:

$$v_r = \frac{v_l}{R - \frac{s}{2}}\left(R + \frac{s}{2}\right) \implies v_r\left(R - \frac{s}{2}\right) = v_l\left(R + \frac{s}{2}\right) \implies v_r R - v_r\frac{s}{2} = v_l R + v_l\frac{s}{2}$$

$$\implies R\,(v_r - v_l) = v_r\frac{s}{2} + v_l\frac{s}{2} \implies R = \frac{s\,(v_r + v_l)}{2\,(v_r - v_l)} \tag{6.46}$$

Setzen wir die Formel des Abstands R aus Gleichung (6.46) in Gleichung (6.43) ein erhalten wir die Winkelgeschwindigkeit des Fahrzeuges in Bezug auf den Drehpunkt M:

$$v_l = \frac{\omega s}{2}\left(\frac{v_r + v_l}{v_r - v_l} - 1\right) \implies v_l = \frac{\omega s}{2}\left(\frac{2v_l}{v_r - v_l}\right) \implies \omega = \frac{v_r - v_l}{s} \tag{6.47}$$

Häufig wird für einen Differentialantrieb ein **Einradmodell** verwendet. Hierbei wird vereinfachend angenommen, dass das Fahrzeug lediglich über ein lenkbares Rad verfügt, welches sowohl die Vortriebs- als auch die Winkelgeschwindigkeit des Fahrzeuges bestimmt. Unter Verwendung des Einspurmodels aus Gleichung 6.41 und Bild 6.22, mit der Annahme $\beta = 0$ und $\delta_v = 0$, dargestellt in Vektor-Form ergibt sich

$$\begin{bmatrix} \dot{x} \\ \dot{y} \\ \dot{\psi} \end{bmatrix} = \begin{pmatrix} \cos(\psi) & 0 \\ \sin(\psi) & 0 \\ 0 & 1 \end{pmatrix} \begin{bmatrix} v \\ \omega \end{bmatrix} \tag{6.48}$$

mit der linearen Geschwindigkeit v des Fahrzeuges. Zur Erweiterung des Modells setzen wir in die Berechungsgleichung der linearen Geschwindigkeit (6.42) die Gleichung (6.46) sowie die Gleichung (6.47) ein, so erhalten wir:

$$v = \frac{v_r - v_l}{s} \cdot \frac{s\,(v_r + v_l)}{2\,(v_r - v_l)} \implies v = \frac{v_r + v_l}{2} \tag{6.49}$$

Anschließend können wir Gleichung (6.49) und Gleichung (6.47) in Vektor-Form darstellen:

$$\begin{bmatrix} v \\ \omega \end{bmatrix} = \begin{pmatrix} \frac{1}{2} & \frac{1}{2} \\ -\frac{1}{s} & \frac{1}{s} \end{pmatrix} \begin{bmatrix} v_l \\ v_r \end{bmatrix}$$

Setzen wir dies in Gleichung (6.48) ein, erhalten wir:

$$\begin{bmatrix} \dot{x} \\ \dot{y} \\ \dot{\psi} \end{bmatrix} = \begin{pmatrix} \cos(\psi) & 0 \\ \sin(\psi) & 0 \\ 0 & 1 \end{pmatrix} \begin{pmatrix} \frac{1}{2} & \frac{1}{2} \\ -\frac{1}{s} & \frac{1}{s} \end{pmatrix} \begin{bmatrix} v_l \\ v_r \end{bmatrix} \implies \begin{bmatrix} \dot{x} \\ \dot{y} \\ \dot{\psi} \end{bmatrix} = \begin{pmatrix} \frac{\cos(\psi)}{2} & \frac{\cos(\psi)}{2} \\ \frac{\sin(\psi)}{2} & \frac{\sin(\psi)}{2} \\ -\frac{1}{s} & \frac{1}{s} \end{pmatrix} \begin{bmatrix} v_l \\ v_r \end{bmatrix}$$

Diese Gleichung lässt sich als Funktion der Radwinkelgeschwindigkeiten $\dot{\omega}_l$ und $\dot{\omega}_r$, der Geschwindigkeit, mit der sich die Räder des Fahrzeuges drehen, darstellen. Hierbei können die tranlatirischen Geschwindigkeiten der Räder

$$v_l = r\dot{\omega}_l \quad \text{und} \quad v_r = r\dot{\omega}_r \implies \begin{bmatrix} v_l \\ v_r \end{bmatrix} = \begin{pmatrix} r & 0 \\ 0 & r \end{pmatrix} \begin{bmatrix} \dot{\omega}_l \\ \dot{\omega}_r \end{bmatrix}$$

als Funktion von Radwinkelgeschwindigkeiten und Radradiuses r ausgedrückt werden. Hieraus resultiert das Kinematikmodell des Differentialantriebes in der Achsdifferentialkonfiguration:

$$\begin{bmatrix} \dot{x} \\ \dot{y} \\ \dot{\psi} \end{bmatrix} = \begin{pmatrix} \frac{\cos(\psi)}{2} & \frac{\cos(\psi)}{2} \\ \frac{\sin(\psi)}{2} & \frac{\sin(\psi)}{2} \\ -\frac{1}{s} & \frac{1}{s} \end{pmatrix} \begin{pmatrix} r & 0 \\ 0 & r \end{pmatrix} \begin{bmatrix} \dot{\omega}_l \\ \dot{\omega}_r \end{bmatrix}$$

$$\begin{bmatrix} \dot{x} \\ \dot{y} \\ \dot{\psi} \end{bmatrix} = \begin{pmatrix} \frac{r\cos(\psi)}{2} & \frac{r\cos(\psi)}{2} \\ \frac{r\sin(\psi)}{2} & \frac{r\sin(\psi)}{2} \\ -\frac{r}{s} & \frac{r}{s} \end{pmatrix} \begin{bmatrix} \dot{\omega}_l \\ \dot{\omega}_r \end{bmatrix}$$

Dieses Modell beschreibt den Zusammenhang zwischen der Lage des Fahrzeuges $[x; y; \psi]^T$ und den zu regelnden Eingangsgrößen, den Drehraten des rechten und des linken Rades $\dot{\omega}_r$ und $\dot{\omega}_l$. Somit lassen sich die Fahrzeugbewegungen wie folgt zusammenfassen:

- Das Fahrzeug bewegt sich gerade vorwärts, wenn $\omega_r = \omega_l$ und beide Werte positiv sind.
- Das Fahrzeug bewegt sich gerade rückwärts, wenn $\omega_r = \omega_l$ & beide Werte negativ sind.
- Das Fahrzeug dreht sich nach links, wenn $\omega_r = -\omega_l$.
- Das Fahrzeug dreht sich nach rechts, wenn $\omega_l = -\omega_r$.
- Das Fahrzeug fährt eine Kurve nach links, wenn $\omega_r > \omega_l$ und beide Werte positiv sind.
- Das Fahrzeug fährt eine Kurve nach rechts, wenn $\omega_r < \omega_l$ und beide Werte positiv sind.

Achsschenkellenkungs- vs. Differentialantriebskinematik
Ein grundlegender Unterschied zwischen der Achsschenkellenkung und der Differentialantriebskinematik ist der Mechanismus, durch den die Lenkbewegung erreicht wird. Es ist zu beobachten, dass bei der Achsschenkellenkung ω, also die Winkelgeschwindigkeit in Bezug auf den momentanen Drehpunkt, eine Funktion des Lenkwinkels δ_v ist, während beim Differentialantrieb die Differenz der linearen Geschwindigkeiten der einzelnen Räder bzw. im weiteren Sinne die Differenz der Winkelgeschwindigkeiten der einzelnen Räder zur Lenkbewegung führt.

Ebenso sei darauf hingewiesen, dass bei Verwendung eines Differentialantriebes nicht der Lenkwinkel sondern die Winkelgeschwindigkeiten der Räder des Fahrzeuges Eingangsgrößen des zu modellierenden Systems sind. Zudem kann im Allgemeinen im Fall eines Differentialantriebes (je nach konkreter Fahrzeuggeometrie: Anzahl und Position der Räder) ein deutlich kleinerer Kurvenradius R als mittels einer Ackermann-Lenkung erreicht werden, da der Drehpunkt M aus Bild 6.22 in solch einem Fall deutlich näher am Fahrzeugmittelpunkt bzw. der angetriebenen Achse liegt. ■

Differentialantrieb (Allradantrieb)

Ein System mit einem Allrad-Differentialantrieb in einer 4-Radausführung besteht aus vier unabhängigen Motoren, die vier unabhängige Räder antreiben. Die Lenkrichtung und das Lenkverhältnis werden durch Variation der Geschwindigkeiten zwischen den rechten und den linken Rädern bestimmt. Diese Antriebsart empfiehlt sich, wenn eine hohe Zugkraft und Stabilität in jedem Terrain zu erreichen ist. Diese Konfiguration hat jedoch Einschränkungen, da die Reifen beim Lenken sehr stark beansprucht werden. Ein weiterer Nachteil sind die höheren Kosten dieser Konfiguration, da alle vier Räder jeweils einen unabhängig ansteuerbaren Antrieb benötigen.

Wie in Bild 6.24 dargestellt, beschreiben die x/y-Achsen des globale Koordinatensystem und die $\boldsymbol{x}_F/\boldsymbol{y}_F$-Achsen das Fahrzeugkoordinatensystem. Es gibt in dieser Konfiguration drei Drehpunkte: Den Drehpunkt M für das Fahrzeug, den Drehpunkt M_l für die beiden linken Räder und den Drehpunkt M_r für die beiden rechten Räder.

Die Koordinaten für die Drehpunkte im Fahrzeugkoordinatensystem können als $[\boldsymbol{x}_c; \boldsymbol{y}_c]$ für M, $[\boldsymbol{x}_l; \boldsymbol{y}_l]$ für M_l und $[\boldsymbol{x}_r; \boldsymbol{y}_r]$ für M_r ausgedrückt werden. Auch hier wird die Translationsgeschwindigkeit des Fahrzeuges mit v und die Winkelgeschwindigkeit mit ω in Bezug auf den Drehpunkt M angegeben. Zudem besitzen die Räder die gleiche Winkelgeschwindigkeit ω wie des Fahrzeuges, in Bezug auf ihre jeweiligen Drehpunkte M_l und M_r.

Die Translationsgeschwindigkeit des Fahrzeuges kann in zwei Komponenten v_x und v_y im Fahrzeugkoordinatensystem unterteilt werden. Diese beiden Komponenten werden als die Längs- und die Quergeschwindigkeit bezeichnet. Sie können zusammen mit der Winkelgeschwindigkeit auch im globale Koordinatensystem durch die Vektor-Gleichung

$$\begin{bmatrix} \dot{x} \\ \dot{y} \\ \dot{\psi} \end{bmatrix} = \begin{pmatrix} \cos(\psi) & -\sin(\psi) & 0 \\ \sin(\psi) & \cos(\psi) & 0 \\ 0 & 0 & 1 \end{pmatrix} \begin{bmatrix} v_x \\ v_y \\ \omega \end{bmatrix} \tag{6.50}$$

dargestellt werden.

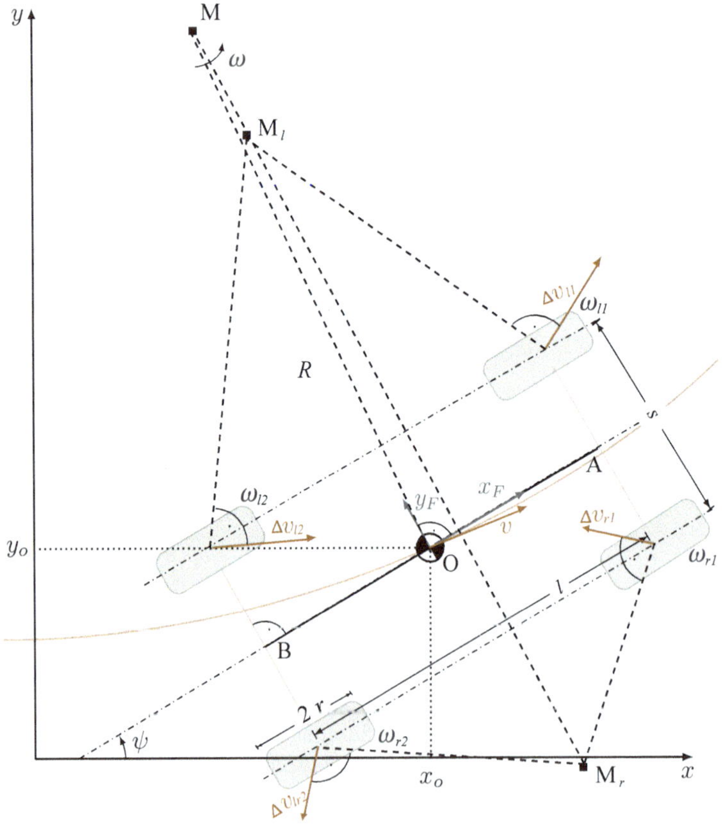

Bild 6.24 Kinematische Größen des Differentialantriebes in der Allradkonfiguration

Vereinfachend gehen wir davon aus, dass die zwei Räder auf jeder Seite des Fahrzeuges sich mit derselben Winkelgeschwindigkeit drehen. Diese Winkelgeschwindigkeiten werden als $\dot{\omega}_l$ und $\dot{\omega}_r$ bezeichnet. Die Fahrzeugkinematik kann unter Zuhilfenahme der Jacobi-Matrix $\boldsymbol{J}$ im Fahrzeugkoordinatensystem formuliert werden:

$$\begin{bmatrix} v_x \\ v_y \\ \psi \end{bmatrix} = \boldsymbol{J} \begin{bmatrix} r\dot{\omega}_l \\ r\dot{\omega}_r \end{bmatrix} \tag{6.51}$$

Die Jacobi-Matrix $\boldsymbol{J}$ setzt hierbei den Vektor der Fahrzeuggeschwindigkeitsanteile und Orientierung in Beziehung zu den Winkelgeschwindigkeiten der Fahrzeugräder. Die Beziehung zwischen den Drehpunkt-Koordinaten und den Translations- und Winkelgeschwindigkeiten des Fahrzeuges kann nach dem Prinzip der linearen Geschwindigkeit eines Objekts in gleichmäßiger Kreisbewegung wie folgt definiert werden:

$$y_c = \frac{v_x}{\omega}, \quad y_l = \frac{v_x - r\dot{\omega}_l}{\omega} \quad \text{und} \quad y_r = \frac{v_x - r\dot{\omega}_r}{\omega} \tag{6.52}$$

$$x_c = x_l = x_r = -\frac{v_y}{\omega} \tag{6.53}$$

Die Elemente der Jacobi-Matrix in Gleichung (6.51) können in Abhängigkeit von den Drehpunkt-Koordinaten, die sich aus Gleichung (6.52) bis (6.53) ergeben, bspw. auf Basis von Mandow et al. (2007) berechnet werden

$$\boldsymbol{J} = \frac{\alpha}{y_l - y_r} \begin{pmatrix} -y_r & y_l \\ x_c & -x_c \\ -1 & 1 \end{pmatrix}$$

wobei α ein Korrekturfaktor ist, der die mechanischen Eigenschaften der Räder, wie z. B. den Reifendruck, berücksichtigt. So wird ersichtlich, dass die Kenntnisse der einzelnen Drehpunkt-Koordinaten notwendig ist, um die Winkelgeschwindigkeiten der Fahrzeugräder in die einzelnen Fahrzeuggeschwindigkeitsanteile umzurechnen. Die Jacobi-Matrix $\boldsymbol{J}$ kann vereinfacht werden, wenn es sich um ein ideales symmetrisches kinematisches Modell handelt, bei dem M_l und M_r symmetrisch auf jeder Seite der x-Achse positioniert sind und $x_c = 0$ ist. Das kinematische Modell, das durch die Vereinfachung der Jacobi-Matrix $\boldsymbol{J}$ entsteht ähnelt dem Modell des zuvor erörterten Differentialantriebs in Achsdifferentialkonfiguration. Der Unterschied zwischen den beiden Modellen besteht darin, dass die Drehpunkte für die Achsdifferentialkonfiguration konstant bleiben und sich an den Mittellinien der Räder ausrichten, während die Drehpunkte für die Allradkonfiguration dynamisch sind und sich aufgrund von Schlupf durchgängig außerhalb der Mittellinien der Räder befinden. Nach Anwendung der Vereinfachung nimmt die Jacobi-Matrix $\boldsymbol{J}$ die Form

$$\boldsymbol{J} = \frac{\alpha}{2y_0} \begin{pmatrix} y_0 & y_0 \\ 0 & 0 \\ -1 & 1 \end{pmatrix}$$

an, wobei y_0 der euklidische Abstand zwischen M_l und M_r auf der y-Achse ist. Setzen wir die Jacobi-Matrix $\boldsymbol{J}$ in Gleichung (6.51) ein ergibt sich:

$$\begin{bmatrix} v_x \\ v_y \\ \omega \end{bmatrix} = \frac{\alpha}{2y_0} \begin{pmatrix} y_0 & y_0 \\ 0 & 0 \\ -1 & 1 \end{pmatrix} \begin{bmatrix} r\dot{\omega}_l \\ r\dot{\omega}_r \end{bmatrix} \implies \begin{bmatrix} v_x \\ v_y \\ \omega \end{bmatrix} = \begin{pmatrix} \frac{\alpha}{2} & \frac{\alpha}{2} \\ 0 & 0 \\ -\frac{\alpha}{2y_0} & \frac{\alpha}{2y_0} \end{pmatrix} \begin{bmatrix} r\dot{\omega}_l \\ r\dot{\omega}_r \end{bmatrix} \tag{6.54}$$

Zu beachten ist, dass nach Gleichung (6.54) der Zustand v_y nicht vorhanden ist, d. h. die seitliche Geschwindigkeit aufgrund des Rutschens in der seitlichen Richtung ist nicht vorhanden, ähnlich wie bei den Annahmen, die unter nicht-holonomischen Bedingungen im Fall von der Achsdifferentialkonfiguration gemacht wurden. Setzen wir die Kinematik im Fahrzeugkoorinatensystem in Gleichung (6.50) ein resultiert:

$$\begin{bmatrix} \dot{X} \\ \dot{Y} \\ \dot{\psi} \end{bmatrix} = \begin{pmatrix} \cos(\psi) & -\sin(\psi) & 0 \\ \sin(\psi) & \cos(\psi) & 0 \\ 0 & 0 & 1 \end{pmatrix} \begin{pmatrix} \frac{\alpha}{2} & \frac{\alpha}{2} \\ 0 & 0 \\ -\frac{\alpha}{2y_0} & \frac{\alpha}{2y_0} \end{pmatrix} \begin{bmatrix} r\dot{\omega}_l \\ r\dot{\omega}_r \end{bmatrix} \tag{6.55}$$

Der Unterschied dieser Gleichungen und der Gleichungen der Achsdifferentialkonfiguration bezieht sich lediglich auf das Vorhandensein des Korrekturfaktors α und y_0. Das wichtigste Ergebnis dieses kinematischen Modells ist die Tatsache, dass die Fahrzeugdynamik durch die Einführung von M_l und M_r in dem kinematische Modell approximiert wird, ohne dass auf eine dynamische Modellierung zurückgegriffen werden muss.

Wenn eine höhere Wendigkeit der Fahrzeuge gefordert ist oder eine Lösung entwickelt werden soll wo die mechanische Beanspruchung der Fahrzeugräder geringer als beim Differentialantrieb sein soll (da bspw. zu starker Radabrieb vermieden werden soll), dann kann eine Lösung mit einem **Omidirektionalantrieb** ratsamsein (bspw. unter Verwendung von Mecanumrädern). Fahrzeuge mit Omidirektionalantrieb können einen minimalen Kurvenradius erreichen. Gleichzeitig verschieben sich jedoch je nach Ansteuerung der Räder die Fahrzeugdrehpunkte, weshalb sich die Fahrzeugmodellierung als aufwendiger gestaltet.

Eindrücke über das Fahrverhalten eines Fahrzeuges mit Differentialantrieb können dem verlinkten Video entnommen werden. Dieses Fahrzeug im Video wird von einem Differentialantrieb mit einer angetriebenen Achse in der Achsdifferentialkonfigutartion betrieben. Zudem wird der hintere Teil des Fahrzeuges durch ein Nachlaufrad abgestützt. Bei der Modellierung von Fahrzeugen mit Differentialantrieb und Nachlaufrädern ist darauf zu achten, dass die **Nachlaufräder** den Fahrzeugdrehpunkt beeinflussen, so müssen die kinematischen Gleichungen leicht angepasst werden, analog dem zuvor skizzierten Vorgehen.

Das Fahrverhalten eines Fahrzeuges mit Differentialantrieb in der Allradkonfiguration ist in dem nachfolgenden Video dargestellt.

6.3 Dynamikmodellierung

Neben der Kinematikmodellierung nimmt die Dynamikmodellierung eine zentrale Rolle bei der Beschreibung mechatronischer Systeme ein. Die Dynamik beschäftigt sich mit der Bewegungsanalyse von Körpern. Im Gegensatz zur Kinematik stehen hierbei nicht die geometrischen Aspekte einer Bewegung, sondern der kausale Zusammenhang der **auf ein System wirkenden Kräfte** sowie deren **zeitliches Verhalten** im Fokus.

6.3.1 Differentielle Kinematik und Dynamik von stationären Robotern

Im Rahmen der Modellierung von stationären Robotern ist die Verwendung der Vorwärts- und Rückwärtskinematik in den meisten Fällen nicht ausreichend. Viele Anwendungen erfordern die Kontrolle über die linearen und rotatorischen Geschwindigkeiten des Endeffektors im Arbeitsraum. Daher ist es wichtig, die **Beziehung zwischen der Änderungsrate der Gelenkvariablen und der Endeffektor-Geschwindigkeit** zu ermitteln. Das Konzept zur Ermittlung der Gelenkgeschwindigkeiten, um eine gewünschte zeitliche Veränderung der Geschwindigkeit des Endeffektors zu erreichen, wird als differentielle Kinematik bezeichnet. Ziel hierbei ist es, die Jacobi-Matrix $\boldsymbol{J}$ des Robotermanipulators zu finden. Diese setzt den Vektor der Gelenkgeschwindigkeiten $\dot{\boldsymbol{q}}$ in Beziehung zur Körpergeschwindigkeit des Endeffektors $\boldsymbol{\varepsilon} = (v, \omega)^{\mathrm{T}}$ über folgenden formalen Zusammenhang:

$$\boldsymbol{\varepsilon} = \boldsymbol{J}\dot{\boldsymbol{q}} \tag{6.56}$$

In dieser Gleichung kann die Jacobi-Matrix als **Vorwärts-Jacobi-Matrix** bezeichnet werden, da sie die Gelenkgeschwindigkeiten in die Endeffektorgeschwindigkeit transformiert. Der Vektor $\dot{\boldsymbol{q}}$ ist ein $(n \times 1)$-Vektor. Da wir im 3D-Raum drei Komponenten für die lineare Geschwindigkeit und drei für die Winkelgeschwindigkeit haben, hat der Vektor $\boldsymbol{\varepsilon}$ die Dimension (6×1). Daraus folgt, dass die Jacobi-Matrix eine $(6 \times n)$-Matrix ist. Die Jacobi-Matrix der Dimension $(6 \times n)$ kann in zwei kleinere (3×1) Jacobi-Matrizen unterteilt werden, eine für die lineare Geschwindigkeit und eine für die Winkelgeschwindigkeit, sodass die Gleichung (6.56) wie folgt umgeschrieben werden kann:

$$\begin{bmatrix} {}^0v_n \\ {}^0\omega_n \end{bmatrix} = \begin{pmatrix} \boldsymbol{J}_v(\boldsymbol{q}) \\ \boldsymbol{J}_\omega(\boldsymbol{q}) \end{pmatrix} \begin{bmatrix} \dot{q}_1 \\ \vdots \\ \dot{q}_n \end{bmatrix}$$

Hierbei stellen ${}^0v_n$ und ${}^0\omega_n$ die Linear- bzw. Winkelgeschwindigkeit des Endeffektors in Bezug auf das Basiskoordinatensystem 0 dar. Um die Vorwärts-Jacobi-Matrix zu erhalten, gibt es eine geometrische Methode, um sowohl den linearen als auch die Winkelgeschwindigkeits-Jacobi-Matrix zu ermitteln. Eine weitere analytische Methode, die auf Differenzierung beruht, wird verwendet, um die Jacobi-Matrix für die lineare Geschwindigkeit zu erhalten. Nach der Berechnung der Vorwärts-Jacobi-Matrix können wir ihren Kehrwert berechnen, um die inverse Jacobi-Matrix zu bestimmen. Untersuchen wir nun den Beitrag des Gelenks i zur resultierenden Endeffektor-Geschwindigkeit.

Wir beginnen mit der Analyse der linearen Geschwindigkeit des Endeffektors. Betrachten wir das Gelenk i mit der Drehachse $\boldsymbol{z}_{i-1}$. Um zu verstehen, wie dieses Gelenk die Geschwindigkeit des Endeffektors beeinflusst, stellen wir uns vor, dass alle anderen Gelenke gesperrt sind.

Wenn das Gelenk i eine Drehachse ist, dann würde sich der Endeffektor so verhalten, als würde er eine reine Drehung um dieses Gelenk ausführen. D. h. die lineare Geschwindigkeitskomponente $\boldsymbol{v}_i$, die auf dieses Gelenk zurückzuführen ist, wäre:

$$\begin{aligned} \boldsymbol{v}_i &= \boldsymbol{\omega} \times \boldsymbol{r} \\ &= (\dot{q}_i\, \boldsymbol{z}_{i-1}) \times (\boldsymbol{o}_n - \boldsymbol{o}_{n-1}) \\ &= \boldsymbol{z}_{i-1} \times (\boldsymbol{o}_n - \boldsymbol{o}_{i-1})\, \dot{q}_i \end{aligned}$$

Wenn das Gelenk i prismatisch ist, dann wäre sein linearer Geschwindigkeitsbeitrag eine reine Translation entlang der $\boldsymbol{z}_{i-1}$-Achse, d. h.:

$$\begin{aligned} \boldsymbol{v}_i &= \dot{\boldsymbol{d}} \\ &= \dot{q}_i\, \boldsymbol{z}_{i-1} \\ &= \boldsymbol{z}_{i-1}\, \dot{q}_i \end{aligned}$$

Hierbei sind alle Vektoren in Bezug auf das Basiskoordinatensystem 0 definiert, weshalb es in der Literatur üblich ist, in diesem Zusammenhang die hochgestellte Zahl ^{0} wegzulassen.

Die resultierende lineare Geschwindigkeit ${}^0v_n$ des Endeffektors ist die Summe all dieser Beiträge:

$$ {}^0v_n = \sum_{i=1}^{n} v_i \tag{6.57}$$

Wenn wir $\boldsymbol{J}_{v_i}$ definieren als

$$\boldsymbol{J}_{v_i} = \begin{cases} \boldsymbol{z}_{i-1} \times (\boldsymbol{o}_n - \boldsymbol{o}_{i-1}) & \text{wenn Gelenk } i \text{ drehbar ist} \\ \boldsymbol{z}_{i-1} & \text{wenn das Gelenk } i \text{ prismatisch ist,} \end{cases} \tag{6.58}$$

dann kann Gleichung (6.57) umgeschrieben werden als:

$$\begin{aligned} {}^0v_n &= \sum_{i=1}^{n} \boldsymbol{J}_{v_i}\, \dot{q}_i \\ &= \begin{pmatrix} \boldsymbol{J}_{v_1} & \cdots & \boldsymbol{J}_{v_n} \end{pmatrix} \begin{bmatrix} \dot{q}_1 \\ \vdots \\ \dot{q}_n \end{bmatrix} \end{aligned}$$

D. h. die Jacobi-Matrix für die lineare Geschwindigkeit $\boldsymbol{J}_v(\boldsymbol{q})$ wird aus der obigen Gleichung wie folgt extrahiert

$$\boldsymbol{J}_v(\boldsymbol{q}) = \begin{pmatrix} \boldsymbol{J}_{v_1} & \cdots & \boldsymbol{J}_{v_n} \end{pmatrix},$$

wobei $\boldsymbol{J}_{v_i}$ in Gleichung (6.58) definiert ist.

Wir gehen nun zur Berechnung der Jacobi-Matrix $\boldsymbol{J}_\omega(\boldsymbol{q})$ für die Winkelgeschwindigkeit des Endeffektors über. Die resultierende Winkelgeschwindigkeit des Endeffektors entspricht der vektoriellen Addition der Winkelgeschwindigkeiten, mit denen jedes Armgelenk zur Bewegung beiträgt. Ist das Gelenk i ein Drehgelenk, so dreht es das Armglied i (und in der Folge jedes mit ihm verbundene Armglied einschließlich des Endeffektors) um den Betrag $\dot{q}_i$ entlang der Achse $\boldsymbol{z}_{i-1}$. Somit trägt es mit folgendem Anteil zur Bewegung bei:

$$\boldsymbol{\omega}_i = \boldsymbol{z}_{i-1}\,\dot{q}_i$$

Wenn das Gelenk i prismatisch ist, trägt es nicht zur Winkelgeschwindigkeit des Endeffektors bei ($\boldsymbol{\omega}_i = \boldsymbol{0}$). Die resultierende Winkelgeschwindigkeit ${}^0\omega_n$ des Endeffektors ergibt sich wiederum aus den folgenden Vektorsummen:

$${}^0\omega_n = \sum_{i=1}^{n} \boldsymbol{\omega}_i \tag{6.59}$$

Definieren wir $\bar{\varepsilon}_i$ als

$$\bar{\varepsilon}_i = \begin{cases} 1 & \text{wenn das Gelenk } i \text{ drehbar ist} \\ 0 & \text{wenn das Gelenk } i \text{ prismatisch ist,} \end{cases} \tag{6.60}$$

dann kann die Gleichung (6.59) umgeschrieben werden als

$$\begin{aligned} {}^0\omega_n &= \sum_{i=1}^{n} \bar{\varepsilon}_i\,\boldsymbol{z}_{i-1}\,\dot{q}_i \\ &= [\bar{\varepsilon}_1\,\boldsymbol{z}_0\ \ldots\ \bar{\varepsilon}_i\,\boldsymbol{z}_{n-1}] \begin{bmatrix} \dot{q}_1 \\ \vdots \\ \dot{q}_n \end{bmatrix}, \end{aligned}$$

wobei wir die Jacobi-Matrix für die Winkelgeschwindigkeit $\boldsymbol{J}_\omega$ wie folgt erhalten

$$\boldsymbol{J}_\omega(\boldsymbol{q}) = [\bar{\varepsilon}_1\,\boldsymbol{z}_0\ \ldots\ \bar{\varepsilon}_i\,\boldsymbol{z}_{n-1}] \tag{6.61}$$

unter Verwendung von $\bar{\varepsilon}_i$, definiert in Gleichung (6.60). Wir müssen beachten, dass die Vektoren $\boldsymbol{z}_i$ und $\boldsymbol{o}_i$ für $i = 1,\ldots,n$ aus der Transformationsmatrix ${}^0\boldsymbol{T}_i$ gemäß Gleichung (6.21) gewonnen werden können (unter Vernachlässigung der letzten Zeile der Matrix). Untersuchen wir nun den Beitrag des Gelenks i zur resultierenden Endeffektorgeschwindigkeit. Wir beginnen mit der linearen Geschwindigkeit des Endeffektors. Betrachten wir hierfür das Gelenk i mit der Drehachse $\boldsymbol{z}_{i-1}$. Um zu verstehen, wie dieses Gelenk die Geschwindigkeit des Endeffektors beeinflusst, stellen wir uns vor, dass wieder alle anderen Gelenke gesperrt sind. Wenn das Gelenk i eine Drehachse ist, dann würde sich der Endeffektor so verhalten, als würde er eine reine Drehung um dieses Gelenk ausführen. D. h. die lineare Geschwindigkeitskomponente ($\boldsymbol{v}_i$), die auf dieses Gelenk zurückzuführen ist, wäre:

$$\begin{aligned} \boldsymbol{v}_i &= \boldsymbol{\omega} \times \boldsymbol{r} \\ &= (\dot{q}_i\,\boldsymbol{z}_{i-1}) \times (\boldsymbol{o}_n - \boldsymbol{o}_{n-1}) \\ &= \boldsymbol{z}_{i-1} \times (\boldsymbol{o}_n - \boldsymbol{o}_{i-1})\,\dot{q}_i \end{aligned}$$

Wenn das Gelenk i prismatisch ist, dann wäre sein linearer Geschwindigkeitsbeitrag eine reine Translation entlang der $\boldsymbol{z}_{i-1}$-Achse, d. h.

$$\begin{aligned} \boldsymbol{v}_i &= \dot{\boldsymbol{d}} \\ &= \dot{q}_i\,\boldsymbol{z}_{i-1} \\ &= \boldsymbol{z}_{i-1}\,\dot{q}_i \end{aligned}$$

mit $\bar{\varepsilon}_i$ definiert in Gleichung (6.60). Wir müssen beachten, dass die Vektoren $\boldsymbol{z}_i$ und $\boldsymbol{o}_i$ für $i = 1, \ldots, n$ aus der Transformationsmatrix ${}^0\boldsymbol{T}_i$ gemäß Gleichung (6.21) gewonnen werden können (unter Vernachlässigung der letzten Zeile der Matrix):

$$\begin{array}{ccc} & & \quad\quad\quad\quad\quad\quad\quad {}^0\boldsymbol{z}_i \quad {}^0\boldsymbol{o}_i \\ {}^0\boldsymbol{T}_i & = & \begin{pmatrix} t_{11} & t_{21} & t_{31} & t_{41} \\ t_{12} & t_{22} & t_{32} & t_{42} \\ t_{13} & t_{23} & t_{33} & t_{43} \\ 0 & 0 & 0 & 1 \end{pmatrix} \end{array}$$

Die endgültige Jacobi-Matrix $\boldsymbol{J}(\boldsymbol{q})$ erhalten wir durch Augmentieren von $\boldsymbol{J}_v(\boldsymbol{q})$ und $\boldsymbol{J}_\omega(a)$

$$\boldsymbol{J}(\boldsymbol{q}) = \left(\boldsymbol{J}_v(\boldsymbol{q})\ \boldsymbol{J}_\omega(\boldsymbol{q})\right) = \begin{pmatrix} \boldsymbol{J}_{v_1} & \cdots & \boldsymbol{J}_{v_n} \\ \boldsymbol{J}_{\omega_1} & \cdots & \boldsymbol{J}_{\omega_n} \end{pmatrix},$$

wobei die i-te Spalte $\boldsymbol{J}_i$ gegeben ist durch

$$\boldsymbol{J}_i = \begin{bmatrix} \boldsymbol{z}_{i-1} \times (\boldsymbol{o}_n - \boldsymbol{o}_{i-1}) \\ \boldsymbol{z}_{i-1} \end{bmatrix},$$

wenn das Gelenk i rotatorisch ist und durch

$$\boldsymbol{J}_i = \begin{bmatrix} \boldsymbol{z}_{i-1} \\ 0 \end{bmatrix},$$

wenn das Gelenk i prismatisch ist.

Wie eingehend erwähnt, ist eine andere Methode, um die Jacobi-Matrix $\boldsymbol{J}_v$ für die lineare Geschwindigkeit eines Robotermanipulators zu ermitteln, die Differenzierung. Zunächst erhalten wir die Position des Endeffektors in Bezug auf das Basiskoordinatensystem ${}^0\boldsymbol{o}_n$ aus der Transformationsmatrix ${}^0\boldsymbol{T}_n$ (letzte Spalte). Dann entspricht die lineare Geschwindigkeit des Endeffektors folgendem Ausdruck:

$$v_n = \frac{\mathrm{d}\boldsymbol{o}_n}{\mathrm{d}t}$$

Nach der Kettenregel würde dies bedeuten:

$$\begin{aligned} v_n &= \frac{\partial \boldsymbol{o}_n}{\partial q_1}\frac{\mathrm{d}q_1}{\mathrm{d}t} + \frac{\partial \boldsymbol{o}_n}{\partial q_2}\frac{\mathrm{d}q_2}{\mathrm{d}t} + \cdots + \frac{\partial \boldsymbol{o}_n}{\partial q_n}\frac{\mathrm{d}q_n}{\mathrm{d}t} \\ &= \frac{\partial \boldsymbol{o}_n}{\partial q_1}\dot{q}_1 + \frac{\partial \boldsymbol{o}_n}{\partial q_2}\dot{q}_2 + \cdots + \frac{\partial \boldsymbol{o}_n}{\partial q_n}\dot{q}_n \\ &= \begin{bmatrix} \frac{\partial \boldsymbol{o}_n}{\partial q_1} & \cdots & \frac{\partial \boldsymbol{o}_n}{\partial q_n} \end{bmatrix} \begin{bmatrix} \dot{q}_1 \\ \vdots \\ \dot{q}_n \end{bmatrix} \\ &= \nabla_{\boldsymbol{q}} \boldsymbol{o}_n \cdot \dot{\boldsymbol{q}} \end{aligned}$$

Dabei ist $\nabla_{\boldsymbol{q}}$ der Gradient in Bezug auf den Vektor $\boldsymbol{q}$. D. h. unsere Jacobi-Matrix für die lineare Geschwindigkeit lautet:

$$\boldsymbol{J}_v(\boldsymbol{q}) = \nabla_{\boldsymbol{q}} \boldsymbol{o}_n = \begin{pmatrix} \frac{\partial o_{n_x}}{\partial q_1} & \cdots & \frac{\partial o_{n_x}}{\partial q_n} \\ \frac{\partial o_{n_y}}{\partial q_1} & \cdots & \frac{\partial o_{n_y}}{\partial q_n} \\ \frac{\partial o_{n_z}}{\partial q_1} & \cdots & \frac{\partial o_{n_z}}{\partial q_n} \end{pmatrix} \tag{6.62}$$

Inverse Jacobi-Matrix

Die inverse Jacobi-Matrix transformiert eine gewünschte Endeffektorgeschwindigkeit in die Gelenkgeschwindigkeiten. Wenn die Vorwärts-Jacobi-Matrix invertierbar ist, kann Gleichung (6.56) umgeschrieben werden, um die inverse Jacobi-Matrix $\boldsymbol{J}^{-1}$ zu erhalten:

$$\dot{\boldsymbol{q}} = \boldsymbol{J}^{-1}\boldsymbol{\varepsilon}$$

In den meisten Fällen ist die Vorwärts-Jacobi-Matrix nicht invertierbar. Damit sie invertierbar wird, muss der betreffende Robotermanipulator mindestens sechs Freiheitsgrade haben, sodass die Vorwärts-Jacobi-Matrix eine (6×6)-Matrix wird. Dementsprechend wird eine andere Strategie verwendet, um die Inverse der Jacobi-Matrix zu finden: die Verwendung der Pseudo-Inversen.

Die Multiplikation beider Seiten der Gleichung (6.56) von links mit $\boldsymbol{J}^{\mathrm{T}}$ ergibt:

$$\boldsymbol{J}^{\mathrm{T}}\boldsymbol{\varepsilon} = \boldsymbol{J}^{\mathrm{T}}\boldsymbol{J}\dot{\boldsymbol{q}}$$

Die Multiplikation beider Seiten von links mit $(\boldsymbol{J}^{\mathrm{T}}\boldsymbol{J})^{-1}$ und die Gruppierung führen zu:

$$\underbrace{(\boldsymbol{J}^{\mathrm{T}}\boldsymbol{J})^{-1}\boldsymbol{J}^{\mathrm{T}}}_{\text{Pseudo-Inverse } \boldsymbol{J}^{+}}\ \boldsymbol{\varepsilon} = \underbrace{(\boldsymbol{J}^{\mathrm{T}}\boldsymbol{J})^{-1}\boldsymbol{J}^{\mathrm{T}}\boldsymbol{J}}_{\mathrm{I}}\ \dot{\boldsymbol{q}}$$

So erhalten wir schließlich

$$\dot{\boldsymbol{q}} = \boldsymbol{J}^{+}(\boldsymbol{q})\boldsymbol{\varepsilon},$$

wobei $\boldsymbol{J}^{+}$ die **Pseudo-Inverse** genannt wird.

Im Folgenden wird das Vorgehen zur Formalisierung der Gleichungen für die Roboterdynamik erläutert, um die Auswirkungen von Drehmomenten und Kräften auf die Bewegung des Roboters zu ermitteln. Diese Beziehung zwischen Kräften und Bewegung lässt sich nicht aus der Kinematik des Roboters ableiten. Um die Dynamik des Roboters zu ermitteln, müssen Bewegungsgleichungen des Robotermanipulators aufgestellt werden. Diese Bewegungsgleichungen sind sehr wichtig, um einen Robotermanipulator zu simulieren und zu animieren, sowie für den Entwurf von Steuerungsalgorithmen. Wie zuvor in Abschnitt 6.1.2 erläutert, gibt es hauptsächlich zwei Methoden, um diese Bewegungsgleichungen zu erhalten, die **Euler-Lagrange-Formulierung** und die **Newton-Euler-Formulierung**. Bei der Letzteren werden die Kräfte (einschließlich der inneren Kräfte) an jedem Armglied einzeln untersucht und rekursiv durch alle Armglieder fortgepflanzt, um die endgültige dynamische Gleichung des gesamten Roboters zu formulieren.

Die Euler-Lagrange-Formulierung, die in diesem Buch bevorzugt wird, verwendet dagegen einen Energieansatz, der die Ableitung des Gleichungssystems für Robotermanipulatoren vereinfacht. Dies liegt daran, dass wir uns nicht mit den Kräften und Momenten jedes einzelnen Armgliedes auseinandersetzen müssen. Darüber hinaus ermöglicht uns diese Methode einen Überblick über die verschiedenen dynamischen Terme und ihre Auswirkungen auf die endgültige Dynamik des Roboters, ein großer Vorteil bei Simulation und Steuerung. Es ist unerlässlich, die Kinematik des Robotermanipulators zu erstellen, bevor wir uns seiner Dynamik nähern, da Teile des kinematischen Modells für die Formulierung der Dynamik des Roboters benötigt werden.

Die kinetische Energie des Robotermanipulators und die Massenmatrix

Die gesamte kinetische Energie des Robotermanipulators ist eine skalare Größe, die sich aus der kinetischen Energie jedes einzelnen Armliedes des Roboters zusammensetzt. Betrachten wir nun die kinetische Energie jedes einzelnen Armgliedes i eines Robotermanipulators, siehe Bild 6.25.

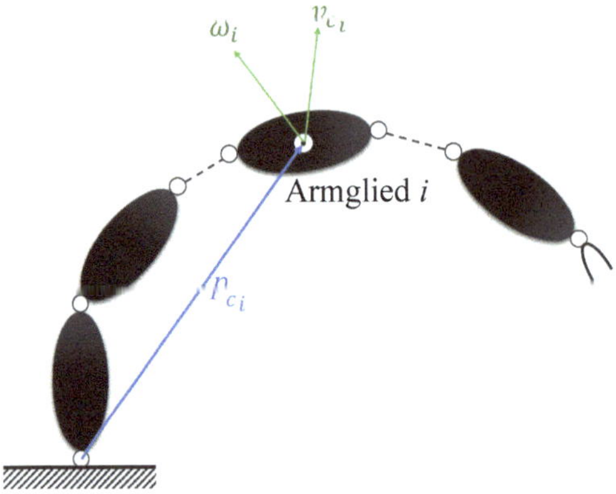

Bild 6.25 Armglied i des Robotermanipulators mit der Winkelgeschwindigkeit ω_i und seinem Massenschwerpunkt mit der Lineargeschwindigkeit v_{v_i}

Die gesamte kinetische Energie E_{kin} des Armgliedes ist eine Kombination aus der linearen und der rotatorischen kinetischen Energie, definiert als

$$E_{\text{kin}} = \frac{1}{2}(m_i v_{C_i}^{\mathrm{T}} v_{C_i} + \omega_i^{\mathrm{T}} I_{C_i} \omega_i)$$

mit

- der Masse m_i des Armgliedes i,
- der Geschwindigkeit v_{C_i} des Massenschwerpunkts von Armglied i,
- der Winkelgeschwindigkeit ω_i des Armgliedes i und
- dem Trägheitstensor I_{C_i} des Armgliedes i (an seinem Massenmittelpunkt berechnet).

Zusätzlich zur quadratischen Form in Gleichung (6.9) kann die gesamte kinetische Energie E_{kin} des Robotermanipulators auch als Summe der kinetischen Energien seiner einzelnen Armglieder ausgedrückt werden:

$$E_{\text{kin}} = \frac{1}{2}\dot{\boldsymbol{q}}^{\mathrm{T}} \boldsymbol{M}(\boldsymbol{q})\dot{\boldsymbol{q}} = \sum_{i=1}^{n} E_{\text{kin},i} = \frac{1}{2}\sum_{i=1}^{n}(m_i v_{C_i}^{\mathrm{T}} v_{C_i} + \omega_i^{\mathrm{T}} I_{C_i} \omega_i) \tag{6.63}$$

Wir können sowohl die lineare Geschwindigkeit v_{C_i} des Massenmittelpunkts des Armgliedes i als auch seine Winkelgeschwindigkeit ω_i durch die Einführung von Jacobi-Matrizen wie folgt in Form der verallgemeinerten Geschwindigkeiten $\dot{\boldsymbol{q}}$ ausdrücken:

$$\begin{aligned} v_{C_i} &= \boldsymbol{J}_{v_{C_i}} \dot{\boldsymbol{q}} \\ \omega_i &= \boldsymbol{J}_{\omega_i} \dot{\boldsymbol{q}} \end{aligned}$$

Hierbei bezeichnen $\boldsymbol{J}_{v_{C_i}}$ und $\boldsymbol{J}_{\omega_i}$ die Jacobi-Matrizen, die der linearen Geschwindigkeit des Massenschwerpunkts von Armglied i bzw. der Winkelgeschwindigkeit von Armglied i entsprechen. Beide Jacobi-Matrizen werden auf die gleiche Weise ermittelt, wobei der betreffende Punkt $\boldsymbol{p}_{C_i}$ der Massenschwerpunkt des Armgliedes i und nicht der Endeffektor ist. Wenden wir die analytische Methode für die Jacobi-Matrix $\boldsymbol{J}_{v_{C_i}}$ gemäß Gleichung (6.62) an, so erhalten wir:

$$\boldsymbol{J}_{v_{C_i}} = \begin{pmatrix} \frac{\partial \boldsymbol{p}_{C_i}}{\partial q_1} & \frac{\partial \boldsymbol{p}_{C_i}}{\partial q_2} & \dots & \frac{\partial \boldsymbol{p}_{C_i}}{\partial q_i} & 0 & 0 & \dots & 0 \end{pmatrix} \tag{6.64}$$

Die Nullen in den Spalten $i+1$ bis n sind darauf zurückzuführen, dass sowohl der Positionsvektor $\boldsymbol{p}_{C_i}$ des Schwerpunkts von Armglied i, als auch seine lineare Geschwindigkeit v_{C_i} unabhängig von den Gelenkvariablen von Gelenk $i+1$ bis Gelenk n sind. In ähnlicher Weise würde die Anwendung der Gleichung (6.61) für die Jacobi-Matrix $\boldsymbol{J}_{\omega_i}$ des Gelenks i erfolgen:

$$\boldsymbol{J}_{\omega_i} = \begin{bmatrix} \bar{\varepsilon}_1 \boldsymbol{z}_0 & \bar{\varepsilon}_2 \boldsymbol{z}_1 & \dots & \bar{\varepsilon}_i \boldsymbol{z}_{i-1} & 0 & 0 & \dots & 0 \end{bmatrix}$$

Unter Verwendung dieser Jacobi-Matrix wird Gleichung (6.63) zu:

$$E_{\text{kin}} = \frac{1}{2}\dot{\boldsymbol{q}}^{\mathrm{T}} \boldsymbol{M}(\boldsymbol{q})\dot{\boldsymbol{q}} = \frac{1}{2}\sum_{i=1}^{n}(m_i \dot{\boldsymbol{q}}^{\mathrm{T}} \boldsymbol{J}_{v_{C_i}}^{\mathrm{T}} \boldsymbol{J}_{v_{C_i}} \dot{\boldsymbol{q}} + \dot{\boldsymbol{q}}^{\mathrm{T}} \boldsymbol{J}_{\omega_i}^{\mathrm{T}} I_{C_i} \boldsymbol{J}_{\omega_i} \dot{\boldsymbol{q}})$$

Wenn wir $\dot{\boldsymbol{q}}^{\mathrm{T}}$ und $\dot{\boldsymbol{q}}$ aus der Summe ausklammern, erhalten wir:

$$\frac{1}{2}\dot{\boldsymbol{q}}^{\mathrm{T}} \boldsymbol{M}(\boldsymbol{q})\dot{\boldsymbol{q}} = \frac{1}{2}\dot{\boldsymbol{q}}^{\mathrm{T}} \underbrace{\left(\sum_{i=1}^{n}(m_i \boldsymbol{J}_{v_{C_i}}^{\mathrm{T}} \boldsymbol{J}_{v_{C_i}} + \boldsymbol{J}_{\omega_i}^{\mathrm{T}} I_{C_i} \boldsymbol{J}_{\omega_i})\right)}_{\boldsymbol{M}(\boldsymbol{q})} \dot{\boldsymbol{q}}$$

Indem wir beide Seiten der obigen Gleichung vergleichen, können wir schließlich die Massenmatrix extrahieren, die explizit definiert ist als:

$$\boldsymbol{M}(\boldsymbol{q}) = \sum_{i=1}^{n}(m_i \boldsymbol{J}_{v_{C_i}}^{\mathrm{T}} \boldsymbol{J}_{v_{C_i}} + \boldsymbol{J}_{\omega_i}^{\mathrm{T}} I_{C_i} \boldsymbol{J}_{\omega_i}) \tag{6.65}$$

Die bereits in Gleichung (6.10) eingeführte Massenmatrix $\boldsymbol{M}$ eines Roboters mit n Armgliedern ist eine $(n \times n)$-Matrix und spielt eine zentrale Rolle in der Roboterdynamik. Sie hat die folgende Form

$$\boldsymbol{M}(\boldsymbol{q}) = \begin{pmatrix} m_{11} & m_{12} & \dots & m_{1n} \\ m_{21} & m_{22} & \dots & m_{2n} \\ \vdots & \vdots & \vdots & \vdots \\ m_{n1} & m_{n2} & \dots & m_{nn} \end{pmatrix}$$

und weißt die folgenden Eigenschaften auf:

- Sie ist eine symmetrisch positiv-definite Matrix. Das bedeutet, dass $m_{ij} = m_{ji}$ gilt. Dies ist vergleichbar mit der Tatsache, dass eine Punktmasse immer positiv ist.
- Da sie positiv-definit ist, ist die kinetische Energie des Robotermanipulators immer positiv. Somit gilt $\dot{\boldsymbol{q}}^{\mathrm{T}} \boldsymbol{M}(\boldsymbol{q})\dot{\boldsymbol{q}} > 0$ für $\dot{\boldsymbol{q}} \neq 0$. Hierbei handelt es sich um eine Verallgemeinerung der kinetischen Energie einer Punktmasse, $\frac{1}{2}mv^2$, die für Geschwindigkeiten ungleich Null immer positiv ist.

- Die Diagonalelemente der Massenmatrix stellen die effektive Trägheit dar, die an jedem der Gelenke wahrgenommen wird. Bei einem Roboter-Gelenkmanipulator stellt m_{11} bspw. die Trägheit am Gelenk 1 dar, wenn wir uns vorstellen, dass alle anderen Gelenke in einer bestimmten Position blockiert sind. In diesem Fall, wenn alle Gelenke (außer dem Gelenk 1) blockiert sind, sieht der Manipulator wie ein Pendel aus, das sich um das Gelenk 1 dreht. Die an diesem Gelenk wahrgenommene Trägheit wird für verschiedene Konfigurationen der anderen Gelenke unterschiedlich sein. Aus diesem Grund ist m_{ii} eine Funktion des Gelenks $i+1$ bis zum Gelenk n. Daraus ergibt sich auch, dass das Element m_{nn} der Trägheitsmatrix immer eine Konstante ist, d. h. unabhängig von den Gelenkvariablen ermittelt werden kann.
- Die Nebendiagonal-Terme der Massenmatrix bildet die Kopplung zwischen den Gelenken ab, wobei m_{ij} für $i \neq j$ die Kopplung zwischen Gelenk i und Gelenk j darstellt. Dies ist auf die Tatsache zurückzuführen, dass die Bewegung eines Gelenks eine Bewegung in anderen Gelenken, die miteinander verbunden sind, hervorruft. Wenn wir z. B. bei einem stationären Robotermanipulator das Gelenk 2 mit einer bestimmten Beschleunigung bewegen, während das Gelenk 1 mit einer Beschleunigung von Null verbleibt, müssen wir ein zusätzliches Drehmoment auf das Gelenk 1 aufbringen, um den Effekt der Kopplung aufzuheben.

Berechnung des $v(q, \dot{q})$ Terms

Um die Herleitung zu erleichtern, betrachten wir einen zweigliedrigen Robotermanipulator mit der Massenmatrix:

$$\boldsymbol{M} = \begin{pmatrix} m_{11} & m_{12} \\ m_{21} & m_{22} \end{pmatrix}$$

Der Term $\boldsymbol{v}(\boldsymbol{q}, \dot{\boldsymbol{q}})$, gemäß Gleichung (6.14), wird sich dementsprechend wie folgt ausdrücken lassen

$$\boldsymbol{v}(\boldsymbol{q}, \dot{\boldsymbol{q}}) = \dot{\boldsymbol{M}}\dot{\boldsymbol{q}} - \frac{1}{2}\begin{bmatrix} \dot{\boldsymbol{q}}^{\mathrm{T}} \frac{\partial \boldsymbol{M}}{\partial q_1} \dot{\boldsymbol{q}} \\ \vdots \\ \dot{\boldsymbol{q}}^{\mathrm{T}} \frac{\partial \boldsymbol{M}}{\partial q_n} \dot{\boldsymbol{q}} \end{bmatrix} = \begin{pmatrix} \dot{m}_{11} & \dot{m}_{12} \\ \dot{m}_{21} & \dot{m}_{22} \end{pmatrix} \dot{\boldsymbol{q}} - \frac{1}{2} \begin{bmatrix} \dot{\boldsymbol{q}}^{\mathrm{T}} \begin{pmatrix} m_{111} & m_{121} \\ m_{121} & m_{221} \end{pmatrix} \dot{\boldsymbol{q}} \\ \dot{\boldsymbol{q}}^{\mathrm{T}} \begin{pmatrix} m_{112} & m_{122} \\ m_{122} & m_{222} \end{pmatrix} \dot{\boldsymbol{q}} \end{bmatrix}, \tag{6.66}$$

wobei m_{ijk} eine etablierte Notation ist, die folgendermaßen definiert ist:

$$m_{ijk} = \frac{\partial m_{ij}}{\partial q_k}$$

Unter Verwendung dieser Notation und gemäß der Kettenregel ergeben sich die zeitlichen Ableitungen von m_{ij} zu:

$$\dot{m}_{ij} = \sum_{k=1}^{n} \frac{\partial m_{ij}}{\partial q_k} \dot{q}_k = \sum_{k=1}^{n} m_{ijk} \dot{q}_k$$

So wird sich z. B. der Ausdruck $\dot{m}_{11}$ ergeben zu:

$$\dot{m}_{11} = m_{111}\dot{q}_1 + m_{112}\dot{q}_2$$

Auf diese Weise kann Gleichung (6.66) in folgender Form umgeschrieben werden:

$$\begin{aligned}\boldsymbol{v}(\boldsymbol{q},\dot{\boldsymbol{q}}) &= \begin{bmatrix} \frac{1}{2}(m_{111}+m_{111}-m_{111}) & \frac{1}{2}(m_{122}+m_{122}-m_{221}) \\ \frac{1}{2}(m_{211}+m_{211}-m_{112}) & \frac{1}{2}(m_{222}+m_{222}-m_{222}) \end{bmatrix} \begin{bmatrix} \dot{q}_1^2 \\ \dot{q}_2^2 \end{bmatrix} \\ &+ \begin{bmatrix} m_{112}+m_{121}-m_{121} \\ m_{212}+m_{221}-m_{122} \end{bmatrix} [\dot{q}_1\dot{q}_2]\end{aligned} \tag{6.67}$$

Es zeigt sich, dass die Terme in der obigen Gleichung einem bestimmten Muster folgen. Dieses Muster tritt in jedem n-Freiheitsgrade-Robotermanipulator auf. Schreiben wir $\boldsymbol{v}(\boldsymbol{q},\dot{\boldsymbol{q}})$ in dieser Form, so erhalten wir die sogenannten **Christoffel-Symbole**. Die Christoffel-Symbole werden dargestellt als

$$b_{ijk} = \frac{1}{2}(m_{ijk} + m_{ikj} - m_{jki})$$

und dies erlaubt uns Gleichung (6.67) umzuschreiben als:

$$\boldsymbol{v}(\boldsymbol{q},\dot{\boldsymbol{q}}) = \underbrace{\begin{pmatrix} b_{111} & b_{122} \\ b_{211} & b_{222} \end{pmatrix}}_{\boldsymbol{Z}(\boldsymbol{q})} \underbrace{\begin{bmatrix} \dot{q}_1^2 \\ \dot{q}_2^2 \end{bmatrix}}_{\dot{\boldsymbol{q}}^2} + \underbrace{\begin{bmatrix} 2b_{112} \\ 2b_{212} \end{bmatrix}}_{\boldsymbol{c}(\boldsymbol{q})} \underbrace{[\dot{q}_1\dot{q}_2]}_{\dot{\boldsymbol{q}}\dot{\boldsymbol{q}}}$$

In der obigen Gleichung wird die erste Komponente mit $\boldsymbol{Z}(\boldsymbol{q})$ bezeichnet und stellt die Zentrifugalkräfte dar. Die zweite Komponente wird mit $\boldsymbol{c}(\boldsymbol{q})$ bezeichnet und stellt die Corioliskräfte dar. Beide Vektoren $\begin{bmatrix} \dot{q}_1^2 \\ \dot{q}_2^2 \end{bmatrix}$ und $[\dot{q}_1\dot{q}_2]$ werden mit $[\dot{\boldsymbol{q}}^2]$ bzw. $[\dot{\boldsymbol{q}}\dot{\boldsymbol{q}}]$ bezeichnet. Für einen verallgemeinerten Fall würde ein n-DOF-Roboter den folgenden $\boldsymbol{v}(\boldsymbol{q},\dot{\boldsymbol{q}})$-Vektor haben:

$$\boldsymbol{v}(\boldsymbol{q},\dot{\boldsymbol{q}}) = \boldsymbol{Z}(\boldsymbol{q})[\dot{\boldsymbol{q}}^2] + \boldsymbol{c}(\boldsymbol{q})[\dot{\boldsymbol{q}}\dot{\boldsymbol{q}}]$$

Die verallgemeinerten Formen und Dimensionen der Terme in der obigen Gleichung sind:

$$\begin{aligned}
\underbrace{\boldsymbol{Z}(\boldsymbol{q})}_{n\times n} &= \begin{pmatrix} b_{111} & b_{122} & \dots & b_{1nn} \\ b_{211} & b_{222} & \dots & b_{2nn} \\ \vdots & \vdots & \vdots & \vdots \\ b_{n11} & b_{n22} & \dots & b_{nnn} \end{pmatrix} \\
\underbrace{\boldsymbol{c}(\boldsymbol{q})}_{n\times\frac{n(n-1)}{2}} &= \begin{pmatrix} 2b_{112} & 2b_{113} & \dots & 2b_{11n} & 2b_{123} & \dots & 2b_{12n} & \dots & 2b_{1(n-1)n} \\ 2b_{212} & 2b_{213} & \dots & 2b_{21n} & 2b_{223} & \dots & 2b_{22n} & \dots & 2b_{2(n-1)n} \\ \vdots & \vdots & \vdots & \vdots & \vdots & \vdots & \vdots & \vdots & \vdots \\ 2b_{n12} & 2b_{n13} & \dots & 2b_{n1n} & 2b_{n23} & \dots & 2b_{n2n} & \dots & 2b_{n(n-1)n} \end{pmatrix} \\
\underbrace{[\dot{\boldsymbol{q}}^2]}_{n\times 1} &= [\dot{q}_1{}^2 \quad \dot{q}_2{}^2 \quad \dots \quad \dot{q}_n{}^2]^{\mathrm{T}} \\
\underbrace{[\dot{\boldsymbol{q}}\dot{\boldsymbol{q}}]}_{\frac{n(n-1)}{2}\times 1} &= [\dot{q}_1\dot{q}_2 \quad \dot{q}_1\dot{q}_3 \quad \dots \quad \dot{q}_1\dot{q}_n \quad \dot{q}_2\dot{q}_3 \quad \dots \quad \dot{q}_2\dot{1}_n \quad \dots \quad q_{n-1}\dot{n}]^{\mathrm{T}}
\end{aligned}$$

Der Schwerkraftvektor $\boldsymbol{g}(\boldsymbol{q})$

Das Vorhandensein des Schwerkraftvektors in der dynamischen Gleichung des Roboters ergibt sich aus den Gewichten der Roboterglieder, die bei der Berechnung der Drehmomente und Kräfte für jedes Gelenk eine Rolle spielen.

Die Armglieder des Robotermanipulators werden immer versuchen, ihn nach unten zu ziehen, sodass Drehmomente und Kräfte aufgebracht werden müssen, um den Roboter in seiner Position zu halten. Bild 6.26 visualisiert hierfür ein einzelnes Armglied i eines Robotermanipulators mit der Masse m_i.

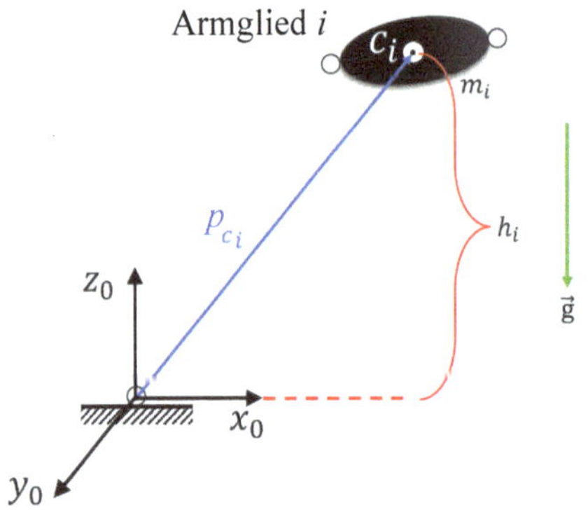

Bild 6.26 Armglied i des Robotermanipulators mit der Masse m_i unter dem Schwerkraftvektor $\boldsymbol{g} = [0, 0, -g]^{\mathrm{T}}$ (der Positionsvektor seines Massenschwerpunkts ist $\boldsymbol{p}_{C_i}$)

Zu sehen ist die Einwirkung der Schwerkraft $\boldsymbol{g}$ und der Höhe h_i über einer Bezugsebene. Die hierbei resultierende potenzielle Energie U_i ist definiert als:

$$U_i = m_i g h_i$$

Dieser Zusammenhang gilt unter der Annahme, dass das Bezugsniveau für die potenzielle Energie Null ist. Dies kann in Vektorform geschrieben werden als:

$$U_i = m_i (-\boldsymbol{p}_{C_i})^{\mathrm{T}} \boldsymbol{g}$$

Die gesamte potentielle Energie U des Robotermanipulators entspricht der Summe der potentiellen Energien der einzelnen Armglieder:

$$U = \sum_{i=1}^{n} U_i = -\sum_{i=1}^{n} m_i \boldsymbol{p}_{C_i}^{\mathrm{T}} \boldsymbol{g}$$

Der Gravitationsvektor $\boldsymbol{g}(\boldsymbol{q})$ ist gleich dem Gradienten der potenziellen Energie in Bezug auf die Gelenkvariablen:

$$\boldsymbol{g}(\boldsymbol{q}) = \frac{\partial U}{\partial \boldsymbol{q}} = \nabla_{\boldsymbol{q}} U = -\sum_{i=1}^{n} (\nabla_{\boldsymbol{q}} \boldsymbol{p}_{C_i})^{\mathrm{T}} m_i \boldsymbol{g}$$

Der Gradient des Positionsvektors $\boldsymbol{p}_{C_i}$ des Massenschwerpunktes des Armgliedes i ergibt die Jacobi-Matrix $\boldsymbol{J}_{v_{C_i}}$ der linearen Geschwindigkeit des Massenschwerpunktes. Diese Jacobi-Matrix kann nach Gleichung (6.64) berechnet werden. Die obige Gleichung kann nun wie folgt ausgedrückt werden

$$\boldsymbol{g}(\boldsymbol{q}) = -\sum_{i=1}^{n} \boldsymbol{J}_{v_{C_i}}^{\mathrm{T}} m_i \boldsymbol{g}$$

und in der folgenden Form umgeschrieben werden:

$$\begin{aligned} \boldsymbol{g}(\boldsymbol{q}) &= -\left(\boldsymbol{J}_{v_{C_1}}^{\mathrm{T}} \quad \boldsymbol{J}_{v_{C_2}}^{\mathrm{T}} \quad \cdots \quad \boldsymbol{J}_{v_{Cn}}^{\mathrm{T}}\right)\left[m_1\boldsymbol{g} \quad m_2\boldsymbol{g} \quad \ldots \quad m_n\boldsymbol{g}\right]^{\mathrm{T}} \\ &= -\left(\boldsymbol{J}_{v_{C_1}}^{\mathrm{T}}(m_1\boldsymbol{g}) + \boldsymbol{J}_{v_{C_2}}^{\mathrm{T}}(m_2\boldsymbol{g}) + \cdots + \boldsymbol{J}_{v_{Cn}}^{\mathrm{T}}(m_n\boldsymbol{g})\right) \end{aligned}$$

Beispiel 6.14 (Roboterdynamik – igus-Roboter). Im Folgenden wird die Euler-Lagrange-Formulierung verwendet, um die Roboterdynamik des igus-Roboters zu synthetisieren. Die Gewichte der einzelnen Roboterarmglieder (m_i für Armglied i) können wie folgt angenommen werden: $m_1 = 6{,}68\,\mathrm{kg}$, $m_2 = 3{,}1\,\mathrm{kg}$, $m_3 = 1{,}52\,\mathrm{kg}$ und $m_4 = 0{,}5\,\mathrm{kg}$. Um die Massenmatrix zu erhalten, wird die Gleichung (6.65) verwendet. Die resultierende Massenmatrix des Roboters ist eine (5 × 5)-Matrix, da der Roboter ein 5DOF-Roboter ist. Die Elemente dieser sind zu umfangreich, um sie hier im Detail zu beschreiben. Der Term $\boldsymbol{v}(\boldsymbol{q},\dot{\boldsymbol{q}})$ wird durch Berechnung der Matrizen $\boldsymbol{c}(\boldsymbol{q})$, $\boldsymbol{Z}(\boldsymbol{q})$ und $\boldsymbol{B}(\boldsymbol{q})$ mit den Christoffel-Symbolen b_{ijk} definiert. Um die dynamische Gleichung zu simulieren, muss der Term $\ddot{\boldsymbol{q}}$ isoliert werden:

$$\ddot{\boldsymbol{q}} = \boldsymbol{M}^{-1}(\tau - \boldsymbol{v}(\boldsymbol{q},\dot{\boldsymbol{q}})) - \boldsymbol{g}(\boldsymbol{q})) \qquad (6.68)$$

Nun kann Gleichung (6.68) in MATLAB/Simulink implementiert werden. Das System wird für 5 Sekunden unter Nullmomenten simuliert. Die Ergebnisse sind in Bild 6.27 dargestellt.

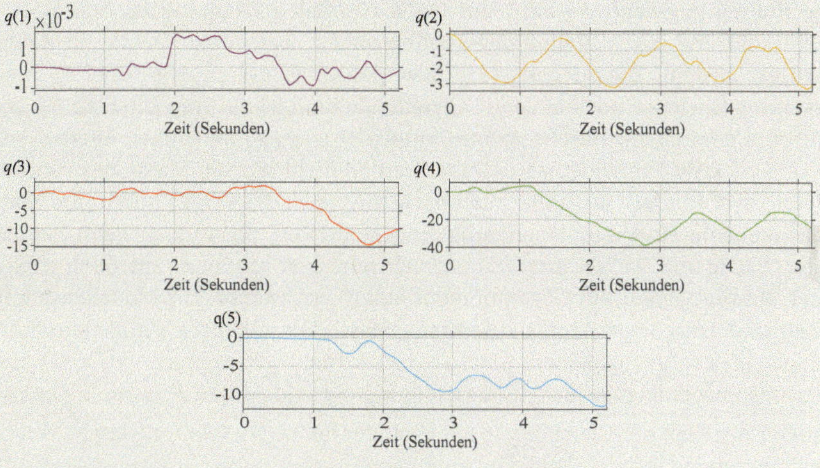

Bild 6.27 Simulationsergebnisse des dynamischen Modells

Da die Simulation der Dynamik unter Nullmomenten durchgeführt wurde, fällt der Roboterarm aufgrund des Terms $\boldsymbol{G}(\boldsymbol{q})$ in der dynamischen Gleichung unter seinem eigenen Gewicht zusammen, als ob er ein mehrgliedriges Pendel wäre. Der Roboter erfährt einige Schwingungen sowie induzierte Bewegungen in verschiedenen Armgliedern aufgrund der Trägheit und der zentrifugalen Corioliskräfte, die aus der Bewegung resultieren. Das Schwingungsverhalten ist in der Grafik des zweiten Gelenkwinkels q_2 in Bild 6.27 zu sehen, die einer Pendelschwingung ähnelt. Weitere Dynamiksimulationen können bspw. mit der Robotics Toolbox von MATLAB durchgeführt werden. ■

6.3.2 Dynamik von mobilen Robotern/Fahrzeugen

Bei der Entwicklung von Automatisierungslösungen für mobile Roboter oder Fahrzeuge ist die Berücksichtigung der Längs- und Querdynamik der Fahrzeuge ein wichtiger Untersuchungsgegenstand. Dabei befasst sich die Längsdynamik mit den in Längsrichtung wirkenden Kräften und beschreibt somit das dynamische Verhalten entlang der x-Achse der Fahrzeuge. Demgegenüber werden bei der Querdynamik, wie der Name bereits andeutet, Kräfte quer zur Fahrtrichtung untersucht. Diese definieren insbesondere das Kurven- bzw. Lenkverhalten von Fahrzeugen.

In den folgenden Ausführungen wird in einem ersten Schritt die **Längsdynamik**modellierung eines Fahrzeuges, auf Basis der Kräftebilanz aus Beispiel 6.6, diskutiert:

$$F_A - k(v_x + v_w)^2 - f_r mg\cos(\alpha) - mg\sin(\alpha) - m_e a_x = 0 \tag{6.69}$$

Dabei wird der Betrag der **Luftwiderstandskraft** mit $F_L = k(v_x + v_w)^2$ bestimmt. Der Faktor k ist dabei ein fahrzeugabhängiger Parameter und kann über $k = \frac{1}{2}\rho A c_w$ (mit der Dichte der Luft $\rho \approx 1{,}2\,\mathrm{kg\,m^{-3}}$, der projizierten Stirnfläche des Fahrzeuges A und dem Luftwiderstandsbeiwert c_w) bestimmt werden. Die beiden Geschwindigkeitskomponenten v_x und v_w beschreiben die Geschwindigkeit des Fahrzeuges bzw. die Windgeschwindigkeit entgegen der Fahrtrichtung. Entscheidend für die Luftwiderstandskraft ist daher die Relativbewegung zwischen Fahrzeug und der umgebenden Luftmasse.

Die **Rollreibungskraft** F_R wird durch die Normalen-Komponente $mg\cos(\alpha)$ der Gewichtskraft und einen Rollreibungskoeffizienten f_r berechnet. Die zweite Komponente der Gewichtskraft, die Steigungskraft bzw. Hangabtriebskraft, wird über $F_R = mg\sin(\alpha)$ bestimmt. Die letzte noch fehlende angreifende Kraft ist die Trägheitskraft F_T. Diese wird über das zweite Newtonsche Axiom mittels $F_T = m_e a_x$ berechnet. Hierbei bezeichnet m_e die effektive Fahrzeugmasse. Dabei werden nicht nur die Masse des Fahrzeuges berücksichtigt, sondern auch die rotatorischen Anteile, die jeweils durch ihre Massenträgheitsmomente einer Beschleunigung entgegenwirken. So müssen beim Beschleunigen bspw. Räder und Wellen ihre Winkelgeschwindigkeit erhöhen und üben entsprechend ihrer Massenträgheit ein Gegenmoment aus. Diese werden zur Modellierung in einem Drehmassenzuschlagsfaktor λ zusammengefasst. Die rotatorisch und translatorisch beschleunigten Fahrzeugmassen werden zur effektiven Fahrzeugmasse $m_e = m\lambda$ kombiniert und entsprechend ergibt sich der **Beschleunigungswiderstand** $F_T = m_e a = m\lambda a$.

Durch Umstellen der Gleichung (6.69) nach der höchsten Ableitung ergibt sich die Differentialgleichung

$$a_x = \dot{v}_x = \frac{1}{m_e}(F_A - k(v_x + v_w)^2 - f_r mg\cos(\alpha) - mg\sin(\alpha)),$$

auf deren Grundlage ein entsprechendes Blockdiagramm (siehe Bild 6.28) erstellt werden kann.

Das so entstehende Modell ist verhältnismäßig einfach und eignet sich für einen darauf aufbauenden Reglerentwurf. Je nach Ziel oder Anwendungszweck des Modells können genauere und damit im Allgemeinen komplexere Beschreibungen der Kräfte verwendet werden.

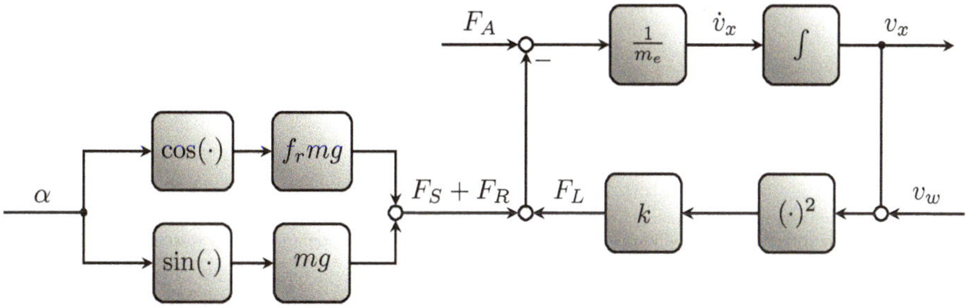

Bild 6.28 Blockdiagramm des Kräftegleichgewichtes

Beispiel 6.15 (Ausrollkennlinie). Die Koeffizienten k und f_r werden im Normalfall in Windkanälen und Testständen ermittelt. Eine einfache (allerdings auch ungenauere) Alternative ist der sogenannte Ausrollversuch. Dabei wird ein Fahrzeug auf eine Geschwindigkeit beschleunigt und anschließend durch die Fahrwiderstände gebremst. Durch die sich ergebenden Zeitverläufe der Geschwindigkeit und der Beschleunigung können die gesuchten Koeffizienten bestimmt werden. Dazu können wir die Kräftebilanz (6.69) durch $F_A = 0$ N, $v_w = 0$ m/s und $\alpha = 0°$ vereinfachen, da beim Ausrollen keine Antriebskraft wirkt und wir von einer Ebene ohne Wind ausgehen. Aus diesen Überlegungen resultiert das Kräftegleichgewicht $m_e a = -kv^2 - f_r F_G$ und somit

$$a = f(v) = -\frac{1}{m_e}(kv^2 + f_r F_G)$$

als funktionaler Zusammenhang zwischen der Beschleunigung und der Geschwindigkeit. Wir können nun mithilfe der Modellgleichung $a = \alpha_1 v^2 + \alpha_0$ die Parameter α_0 und α_1 über die Minimierung des quadratischen Fehlers ermitteln. In diesem Beispiel gehen wir von einem Fahrzeug ($m = 1450$ kg, $m_e = \lambda m = 1{,}1 \cdot 1450$ kg $= 1595$ kg) aus, welches von 80 km/h $\approx 22{,}2$ m/s ausrollt. Dabei ergeben sich die $n = 867$ Geschwindigkeits- und Beschleunigungswerte aus Bild 6.29.

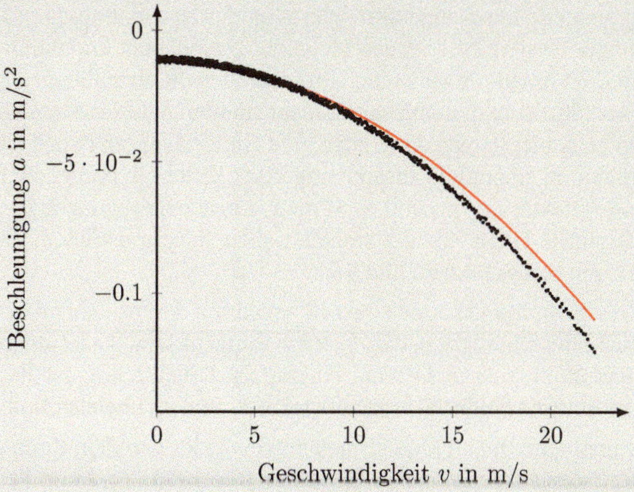

Bild 6.29 Beschleunigungs- und Geschwindigkeitsmesswerte des Ausrollversuches

Um nun die Parameter zu bestimmen, verwenden wir die Methoden der statischen Parameteridentifikation aus Abschnitt 5.2.1. Dazu betrachten wir den Residuumsvektor:

$$\underbrace{\begin{pmatrix} 1 & v_1^2 \\ \vdots & \vdots \\ 1 & v_{867}^2 \end{pmatrix}}_{A} \begin{bmatrix} \alpha_0 \\ \alpha_1 \end{bmatrix} - \begin{bmatrix} a_1 \\ \vdots \\ a_{867} \end{bmatrix}$$

Mittels Gleichung (5.3) kann die Parameterkonfiguration (α_0, α_1) über

$$\begin{bmatrix} \alpha_0 \\ \alpha_1 \end{bmatrix} = (\boldsymbol{A}^{\mathrm{T}}\boldsymbol{A})^{-1}\boldsymbol{A}^{\mathrm{T}} \begin{bmatrix} a_1 \\ \vdots \\ a_{867} \end{bmatrix} = \begin{bmatrix} -0{,}0111 \\ -0{,}0002 \end{bmatrix}$$

bestimmt werden. Aus den beiden Werten (α_0, α_1) können anschließend die Koeffizienten k und f_r berechnet werden. Entsprechend gilt

$$\alpha_0 = -f_r \frac{F_G}{m_e} \implies f_r = -\alpha_0 \frac{m_e}{m \cdot g},$$

woraus der Reibungskoeffizient $f_r = 0{,}0012$ bestimmt werden kann. Analog gilt

$$\alpha_1 = -\frac{k}{m_e}$$

und demzufolge $k = \alpha_1 m_e = 0{,}3190$ für den Luftreibungskoeffizienten. Die aus diesen beiden Parametern resultierende Kennlinie ist in Bild 6.29 rot dargestellt. Es ist ersichtlich, dass das Modell im niedrigen Geschwindigkeitsbereich wesentlich besser die Messwerte beschreibt als im hohen Geschwindigkeitsbereich. Dies liegt daran, dass die Daten zeitlich gerastert aufgenommen wurden und somit wesentlich mehr Daten im unteren Geschwindigkeitsbereich vorhanden sind.

■

Zuvor wurde bereits das kinematische Einspurmodell als eine einfache Modellierungsvariante des Fahrzeugquerverhaltens eingeführt. Dieses Modell ist allerdings nur für geringe Geschwindigkeiten bzw. für geringe Querbeschleunigungen adäquat und damit für viele Anwendungen nicht zielführend. Daher werden im Folgenden die entstehenden Querkräfte berücksichtigt. Dies führt zum **dynamischen Einspurmodell**. Wie der Name schon vermuten lässt, werden auch hier jeweils die Vorder- und Hinterräder (an denen jeweils nur laterale Kräfte angreifen) in einem Rad zusammengefasst. Weiterhin erfolgt die Beschreibung bzgl. des Schwerpunktes $[x_O; y_O]$ und es werden lediglich Bewegungen in der X, Y-Ebene betrachtet. Dazu wurde das Bild des kinematischen Einspurmodells aus Abschnitt 6.2.1 entsprechend ergänzt, dies führt zu Bild 6.30.

Mit zunehmender Geschwindigkeit können die wirkenden Querkräfte nicht mehr vernachlässigt werden. Diese Kräfte führen dazu, dass sich das Fahrzeug bzw. die resultierende Geschwindigkeit am Radmittelpunkt nicht mehr entlang der Orientierung des Rades zeigt, siehe Bild 6.30. Damit sind die beiden Schräglaufwinkel α_v und α_h ungleich Null.

Zur Herleitung des mathematischen Modells gehen wir wieder von dem Kräftegleichgewicht aus. Es greifen in diesem Fall lediglich die beiden **Querkräfte** $F_{y_R h}$ und $F_{y_R v}$ an den Rädern an.

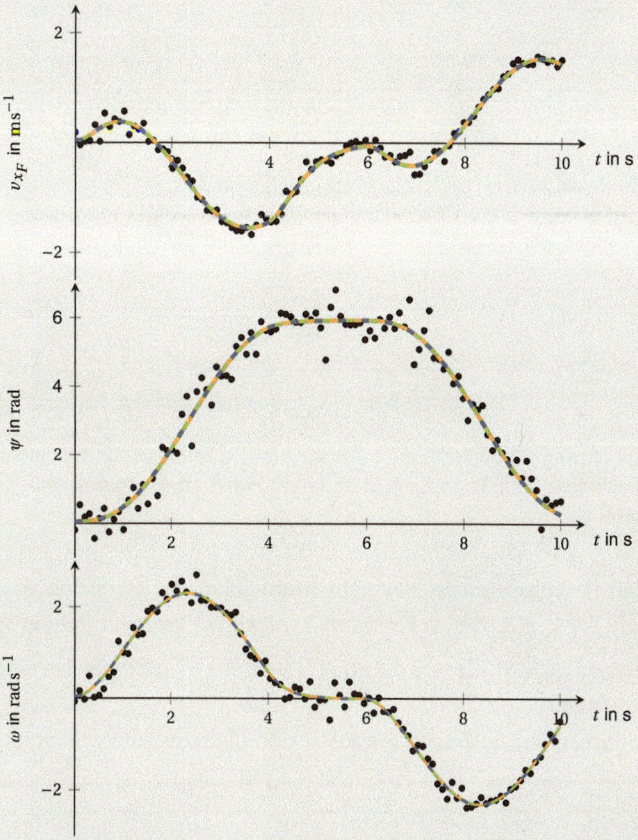

Bild 6.34 Ausgabe des identifizierten Einspurmodells mit verschiedenen Parameteridentifikationsmethoden: Einfachschießverfahren (–), Mehrfachschießverfahren (–), volle Diskretisierung (–)

Aufbauend auf den kinematischen und dynamischen Zusammenhängen kann das resultierende Fahrverhalten ermittelt bzw. beschrieben werden. Dazu führen wir einige Begriffe ein, startend mit dem Ackermann-Lenkwinkel.

Definition 6.3 (Ackermann-Lenkwinkel). Der Ackermann-Lenkwinkel $\bar{\delta}$ ist definiert als Winkel zwischen der Verbindungslinie des Drehpunktes M mit dem Mittelpunkt des Hinterrades und der Verbindungslinie zwischen M und dem Mittelpunkt des Vorderrades.

In Bild 6.35 ist gezeigt, dass im kinematischen Fall der Ackermann-Lenkwinkel dem Lenkwinkel des Vorderrades entspricht $\bar{\delta}_{\text{kin}} = \delta_v$. Beim dynamischen Modell hingegen, müssen die Schräglaufwinkel entsprechend $\bar{\delta}_{\text{dyn}} = \delta_v - \alpha_v + \alpha_h$ berücksichtigt werden. Ein weiteres zentrales Konzept ist das des **tangentialen Radius**, welcher nachfolgend definiert wird.

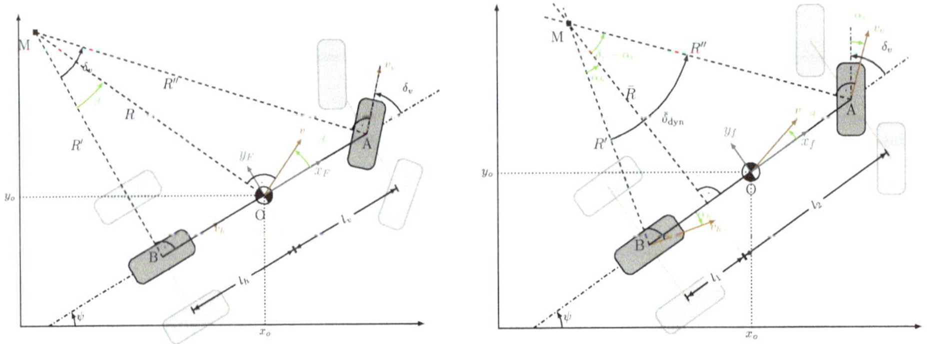

Bild 6.35 Ackermann-Lenkwinkel im kinematischen und dynamischen Fall

Definition 6.4 (Tangentialer Radius). Der tangentiale Radius $\bar{R}$ ist definiert als der Abstand zwischen dem Drehpunkt M und dem Punkt am Einspurmodell, wo der Schwimmwinkel Null ist. ■

Unter kinematischen Bedingungen ist der Schwimmwinkel am Hinterrad Null, womit $\bar{R} = R' \Rightarrow \bar{\delta}_{\text{kin}} = \text{atan}\left(\frac{l_h+l_v}{\bar{R}}\right)$ gilt. Der Ackermann-Lenkwinkel kann im dynamischen Fall dementsprechend über $\bar{\delta}_{\text{dyn}} = \delta_v - \alpha_v + \alpha_h = \text{atan}\left(\frac{l_1}{\bar{R}}\right) + \text{atan}\left(\frac{l_2}{\bar{R}}\right)$ auf Basis des tangentialen Radius beschrieben werden.

Für die Ackermann-Winkel mit gleichem Radius $\bar{R}$ und kleinem Lenkwinkel ($\tan(\delta) \approx \delta$) gilt:

$$\left.\begin{aligned} \bar{\delta}_{\text{kin}} &= \text{atan}\left(\frac{l_h+l_v}{\bar{R}}\right) \approx \frac{l_h+l_v}{\bar{R}} \\ \bar{\delta}_{\text{dyn}} &= \text{atan}\left(\frac{l_1}{\bar{R}}\right) + \text{atan}\left(\frac{l_2}{\bar{R}}\right) \approx \frac{l_1}{\bar{R}} + \frac{l_2}{\bar{R}} = \frac{l_h+l_v}{\bar{R}} \end{aligned}\right\} \Rightarrow \bar{\delta}_{\text{kin}} = \bar{\delta}_{\text{dyn}}$$

Somit resultiert, dass wenn beide Modellbetrachtungen auf einem Kreis mit demselben tangentialen Radius $\bar{R}$ fahren, die Ackermann-Winkel identisch sind.

Mit diesen Zusammenhängen können wir nun das Fahrverhalten bei einer stationären Kreisfahrt betrachten. Solch eine stationäre Kreisfahrt beschreibt die (idealisierte) Situation, in welcher ein Fahrzeug auf einem Kreis mit einem konstanten Radius und mit einem konstanten Lenkwinkel fährt. Dabei handelt es sich um ein grundlegendes und vermutlich um das wichtigste Experiment für die Identifikation des Querverhaltens des Fahrzeuges.

In solch einem Szenario besitzt ein dynamisches Einspurmodell ein **neutrales Lenkverhalten**, wenn bei einer stationären Kreisfahrt der Lenkwinkel δ_{dyn} dem des kinematischen Einspurmodells δ_{kin} mit demselben tangentialen Radius $\bar{R}$ entspricht. Daraus folgt für die Bedingungen $\delta_{\text{kin}} = \delta_{\text{dyn}} - \alpha_v + \alpha_h$ bzw. $\delta_{\text{dyn}} = \delta_{\text{kin}} + \alpha_v - \alpha_h$, dass das dynamische Einspurmodell für $\alpha_v = \alpha_h$ neutral lenkend ist.

Dementsprechend wird es **übersteuernd** genannt, wenn $\alpha_v < \alpha_h$, und **untersteuernd**, wenn $\alpha_v > \alpha_h$ gilt.

Dieses Verhalten illustriert Bild 6.36. Das Eigenlenkverhalten (übersteuernd/untersteuernd) variiert dabei mit der lateralen Beschleunigung.

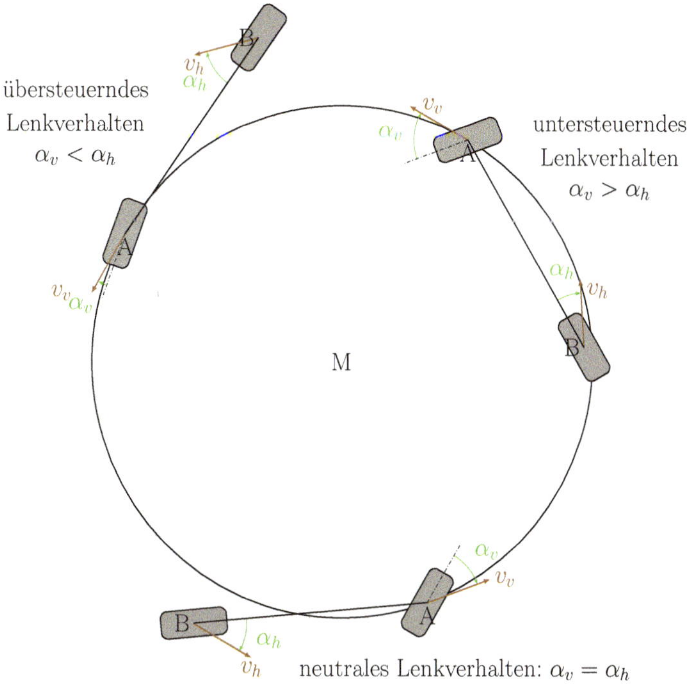

Bild 6.36 Übersteuern und Untersteuern

So führen kleine laterale Beschleunigungen (niedrige Geschwindigkeit und/oder kleine Lenkwinkel) zu kleinen Schräglaufwinkeln und somit zu einem nahezu neutralen Eigenlenkverhalten.

Für größer werdende laterale Beschleunigungen wachsen auch die Schräglaufwinkel an beiden Rädern an.

Dadurch wird das übersteuernde bzw. untersteuernde Verhalten des Fahrzeuges bestimmend. Zur Beschreibung dieses Verhaltens verwenden wir den nachfolgend definierten **Eigenlenkgradienten**.

Definition 6.5 (Eigenlenkgradient). Der Eigenlenkgradient EG beschreibt die Änderung des untersteuernden Verhaltens in Abhängigkeit von der lateralen Beschleunigung. ■

Wir wollen nun im Folgenden diesen Eigenlenkgradienten etwas genauer beschreiben. Dazu treffen wir einige Annahmen:

- Wir betrachten das stationäre Verhalten bei der stationären Kreisfahrt.
- Wir gehen von einem dynamischen Einspurmodell mit kleinem Lenkwinkel δ_v aus. Dementsprechend gilt $\delta_{\text{dyn}} = \delta_{\text{kin}} + \alpha_v - \alpha_h$.
- Weiterhin untersuchen wir den linearen Bereich der Reifenkennlinie $F_{y,v} = c_{\alpha,v}\alpha_v$, $F_{y,h} = c_{\alpha,h}\alpha_h$.

- Wir nehmen an, dass die Schräglaufsteifigkeiten $c_{\alpha,v}$ und $c_{\alpha,h}$ linear von der vertikalen Radlast abhängen $c_{\alpha,v} = \tilde{c}_{\alpha,v} F_{z,v}, \quad c_{\alpha,h} = \tilde{c}_{\alpha,h} F_{z,h}$.

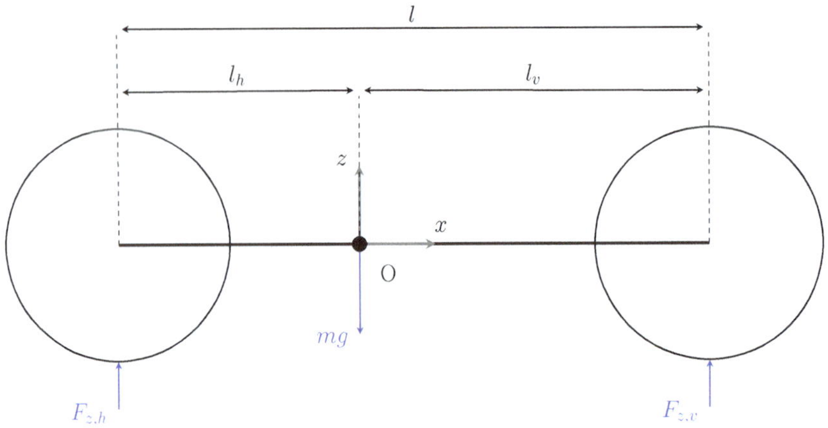

Bild 6.37 X, Z-Ebene des Einspurmodells

Die Radlasten des Vorder- und des Hinterrades lassen sich über

$$\left.\begin{aligned} &\sum_i F_{i,z} = 0 : F_{z,v} + F_{z,h} = mg \\ &\sum_i M_{i,y}^O = 0 : l_h F_{z,h} - l_v F_{z,v} = 0 \end{aligned}\right\} \Rightarrow \begin{cases} F_{z,v} = \underbrace{\dfrac{l_h}{l}}_{w_v} m g \\ F_{z,h} = \underbrace{\dfrac{l_v}{l}}_{w_h} m g \end{cases}$$

ermitteln, vgl. Bild 6.37. Dabei stellen w_v und w_h die jeweiligen Gewichtsverteilungen auf das Vorder- bzw. Hinterrad dar. Um nun die entsprechenden **Seitenkräfte auf die Räder** zu bestimmen, betrachten wir die Situation in Bild 6.38.

Stellen wir zuerst das Kräftegleichgewicht in e_R-Richtung auf, erhalten wir

$$m\, a_R = -F_{y,v} - F_{y,h}$$

mit der Zentripetalbeschleunigung $a_R = -\frac{v_{x_F}^2}{R}$. Weiterhin wissen wir, dass im stationären Fall die Winkelgeschwindigkeit konstant und somit die Winkelbeschleunigung $\ddot{\psi} = 0$ ist. Betrachten wir mit diesem Wissen das Momentengleichgewicht um den Schwerpunkt, erhalten wir:

$$I_z \underbrace{\ddot{\psi}}_{=0} = l_v F_{y,v} - l_h F_{y,h}$$

Durch Auflösen der beiden Gleichgewichte resultiert

$$F_{y,v} = \underbrace{\frac{l_h}{l}}_{w_v} m \frac{v_{x_F}^2}{R}, \quad F_{y,h} = \underbrace{\frac{l_v}{l}}_{w_h} m \frac{v_{x_F}^2}{R}$$

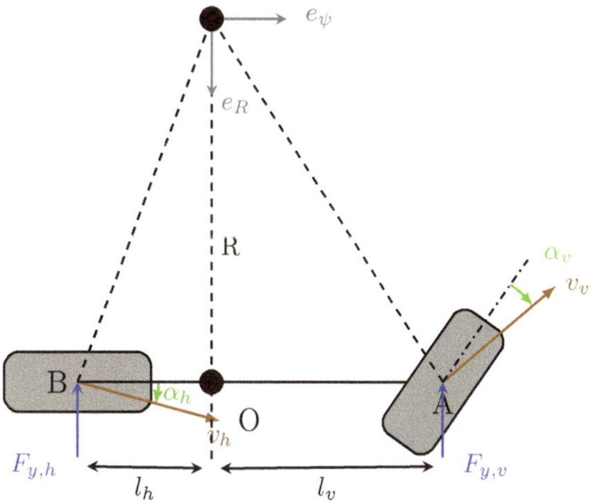

Bild 6.38 X, Y-Ebene des Einspurmodells

für die beiden Querkräfte. Setzen wir nun diese Kräfte in das lineare Reifenmodell ein, ergibt sich

$$\alpha_v = \frac{1}{c_{\alpha,v}} F_{y,v} = \frac{w_v}{c_{\alpha,v}} \frac{v_{xF}^2}{R}$$

bzw.

$$\alpha_h = \frac{1}{c_{\alpha,h}} F_{y,h} = \frac{w_h}{c_{\alpha,h}} \frac{v_{xF}^2}{R}$$

für die jeweiligen Schräglaufwinkel am Vorder- und am Hinterrad. Damit gilt bei der stationären Kreisfahrt

$$\delta_{\text{dyn}} = \delta_{\text{kin}} + \alpha_v - \alpha_h = \delta_{\text{kin}} + \underbrace{\left(\frac{w_v}{c_{\alpha,v}} - \frac{w_h}{c_{\alpha,h}} \right)}_{\text{Eigenlenkgradient EG}} \frac{v_{xF}^2}{R} \tag{6.82}$$

mit dem Eigenlenkgradienten EG $= \frac{w_v}{c_{\alpha,v}} - \frac{w_h}{c_{\alpha,h}}$. Mit Gleichung (6.82) ist ersichtlich, dass für einen positiven Wert des Eigenlenkgradienten bei gleicher Kreisfahrt und höherer Querbeschleunigung (höhere Geschwindigkeit) auch größere Lenkwinkel δ_{dyn} notwendig sind. Entsprechend umgekehrt verhält es sich bei einem negativen Eigenlenkgradienten. Daher ist ein Fahrzeug untersteuernd für einen positiven Eigenlenkgradienten und übersteuernd für einen negativen Eigenlenkgradienten. Diesen Zusammenhang verdeutlicht Bild 6.39a. Bei einem übersteuernden Fahrzeug nennen wir die Geschwindigkeit, bei welcher der doppelte kinematische Lenkwinkel notwendig ist, **charakteristische Geschwindigkeit** v_{char}.

Die Geschwindigkeit eines übersteuernden Fahrzeuges, bei dem der Lenkwinkel Null wird, ist die **kritische Geschwindigkeit** v_{krit}. Für größer werdende Zentripetalbeschleunigungen sind die getroffenen Annahmen nicht mehr haltbar und der Eigenlenkgradient ändert sich zunehmend. Dies führt zu einem nichtlinearen Verhalten, was Bild 6.39b andeutet.

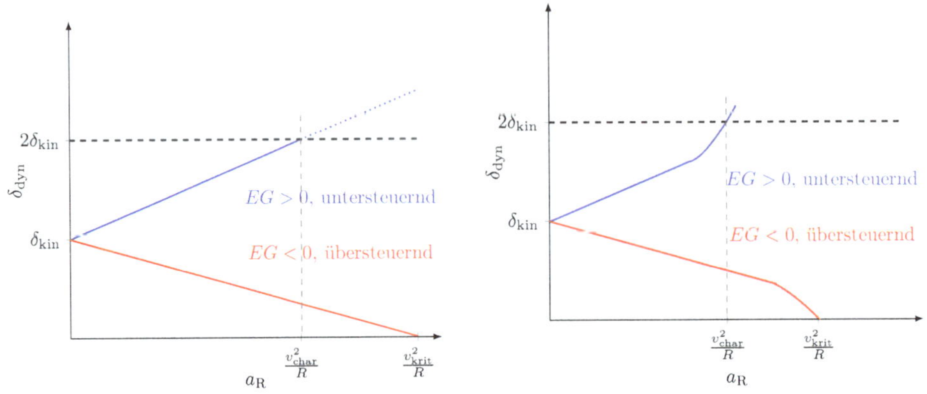

(a) Eigenlenkgradient ideal **(b)** Eigenlenkgradient real

Bild 6.39 Analyse des Eigenlenkgradienten

Nachfolgend wollen wir herausarbeiten, welcher Zusammenhang zwischen dem Eigenlenkverhalten des Fahrzeuges und der Stabilität des beschreibenden Einspurmodells besteht. Dazu gehen wir von dem Zustandsraummodell

$$\dot{\boldsymbol{x}} = \begin{bmatrix} \dot{v}_{y,F} \\ \dot{\omega} \end{bmatrix} = \begin{pmatrix} -\frac{c_{\alpha,h}+c_{\alpha,v}}{m v_{x,F}} & \frac{c_{\alpha,h} l_h - c_{\alpha,v} l_v}{m v_{x,F}} - v_{x,F} \\ \frac{l_h c_{\alpha,h} - l_v c_{\alpha,v}}{I_z v_{x,F}} & -\frac{l_h^2 c_{\alpha,h} + l_v^2 c_{\alpha,v}}{I_z v_{x,F}} \end{pmatrix} \boldsymbol{x} + \begin{bmatrix} \frac{c_{\alpha,v}}{m} \\ \frac{c_{\alpha,v}}{I_z} l_v \end{bmatrix} u = \boldsymbol{A}\boldsymbol{x} + \boldsymbol{B}u$$

aus. Dementsprechend ist das lineare Einspurmodell genau dann stabil, wenn alle Eigenwerte der Systemmatrix $\boldsymbol{A}$ in der offenen linken komplexen Halbebene liegen (Realteil <0). Die beiden Eigenwerte $\lambda_{1,2}$ von $\boldsymbol{A}$ genügen der charakteristischen Gleichung

$$\det(\lambda \boldsymbol{I} - \boldsymbol{A}) = 0,$$

welche in der quadratischen Gleichung

$$\lambda^2 + b\lambda + c = 0 \tag{6.83}$$

resultiert. Die beiden Koeffizienten

$$b = \frac{I_z(c_{\alpha,h} + c_{\alpha,v}) + m(l_v^2 c_{\alpha,v} + l_h^2 c_{\alpha,h})}{m I_z v_{x,F}}$$

$$c = \frac{m v_{x,F}^2 (l_h c_{\alpha,h} - l_v c_{\alpha,v}) + c_{\alpha,h} c_{\alpha,v} (l_v + l_h)^2}{m I_z v_{x,F}^2}$$

bestimmen nun maßgeblich die Stabilitätseigenschaften des Fahrzeuges. Da alle Parameter positiv sind, ist auch $b > 0$ ein positiver Koeffizient. Die Lösungen der quadratischen Gleichung (6.83) ergibt sich aus dem (bekannten) Zusammenhang:

$$\lambda_{1,2} = -\frac{b}{2} \pm \frac{1}{2}\sqrt{b^2 - 4c}$$

Mit $b > 0$ ergeben sich drei mögliche Lösungen:

1. $c > \frac{1}{4}b^2$: $\quad b^2 - 4c < 0 \Rightarrow \lambda_{1,2} = -\frac{b}{2} \pm j\frac{1}{2}\sqrt{4c - b^2}$
   Hierbei haben mit $b > 0$ beide Eigenwerte einen negativen Realteil und es ergibt sich ein stabiles Verhalten.

2. $\frac{1}{4}b^2 \geq c > 0$: $\quad b^2 > b^2 - 4c \geq 0 \Rightarrow \lambda_{1,2} = -\frac{b}{2} \pm \frac{1}{2}\underbrace{\sqrt{b^2 - 4c}}_{0 \leq \cdot < b}$
   In diesem Fall sind beide Eigenwerte reell und haben einen negativen Realteil. Entsprechend führt auch dieser Fall zu einem stabilen Verhalten.

3. $c \leq 0$: $\quad b^2 - 4c \geq b^2 \Rightarrow \lambda_{1,2} = -\frac{b}{2} \pm \frac{1}{2}\underbrace{\sqrt{b^2 - 4c}}_{\geq b}$
   Auch hierbei entstehen zwei reelle Eigenwerte. Allerdings besitzt ein Eigenwert einen negativen Realteil und der andere einen nicht-negativen Realteil. Daher ist das Verhalten instabil.

Das bedeutet, dass $c > 0$ eine hinreichende Bedingung für die Stabilität des linearen Einspurmodells ist. Außerdem zeigt

$$c = \frac{m v_{x,F}^2 (l_h c_{\alpha,h} - l_v c_{\alpha,v}) + c_{\alpha,h} c_{\alpha,v} (l_v + l_h)^2}{m I_z v_{x,F}^2},$$

dass das Modell für jede realistische Parameterkonfiguration stabil ist, wenn $v_{x,F}$ hinreichend klein ist ($c > 0$).

Für $l_h c_{\alpha,h} < l_v c_{\alpha,v}$ ist das Fahrzeug für hohe Geschwindigkeiten instabil ($c \leq 0$).

Aus der Beschreibung des Eigenlenkgradienten wissen wir, dass

$$\mathrm{EG} = \frac{w_v}{c_{\alpha,v}} - \frac{w_h}{c_{\alpha,h}} = \frac{l_h}{l c_{\alpha,v}} - \frac{l_v}{l c_{\alpha,h}} = \frac{l_h c_{\alpha,h} - l_v c_{\alpha,v}}{l c_{\alpha,h} c_{\alpha,v}}$$

und somit gilt

$$l_h c_{\alpha,h} \geq l_v c_{\alpha,v} \Leftrightarrow \mathrm{EG} \geq 0$$

(untersteuernd oder neutral steuernd) und

$$l_h c_{\alpha,h} < l_v c_{\alpha,v} \Leftrightarrow \mathrm{EG} < 0$$

(übersteuernd).

Das bedeutet, dass die Stabilität des dynamischen Einspurmodells direkt mit dem Eigenlenkverhalten in Verbindung steht. Dies fasst die nachfolgende Aussage zusammen.

Stabilität und Eigenlenkverhalten: Für Stabilität muss ein Fahrzeug untersteuernd oder neutral steuernd sein. Ein übersteuerndes Fahrzeug ist nur stabil bis zu einer gewissen Geschwindigkeit und darüber bei höheren Geschwindigkeiten instabil. ■

Übungsaufgaben

Übungsaufgabe 6.1. Wofür werden Modelle im Rahmen der Automatisierung von Antriebssystemen eingesetzt? ■

Übungsaufgabe 6.2. Was ist unter dem Begriff Grey-Box-Modellierung (semiphysikalisch) zu verstehen? ■

Anmerkung zu Aufgabe 6.3 und 6.4:

- Benennen Sie alle Übertragungsblöcke.
- Benennen Sie alle Ein- und Ausgangssignale.
- Eine Benennung der Zwischensignale ist optional.
- Zeichnen Sie alle Fließrichtungen inkl. Vorzeichen eindeutig ein.

Übungsaufgabe 6.3. Gegeben ist die folgende Prozessbeschreibung einer Flaschenabfüllanlage: Nachdem eine Kundenbestellung elektronisch eingegangen ist, entnimmt ein Industrieroboter eine leere Flasche aus einem Hochregallager und stellt diese auf ein Transportband. Sobald eine Lichtschranke die Flasche detektiert hat, transportiert das Transportband die leere Flasche zur Flaschenabfüllanlage. In der Flaschenabfüllanlage wird eine Flüssigkeit in die leere Flasche eingeleitet. Diese Flüssigkeit wurde zuvor im Behälter 1 erhitzt und mit einer Flüssigkeit aus Behälter 2 vermischt (unter Verwendung eines elektrisch angetriebenen Rührers). Nach der vollständigen Vermischung dieser beiden Stoffe erfolgt das Abfüllen. Sobald die Flaschen abgefüllt sind, erfolgt eine Qualitätskontrolle. Flaschen, die eine zu geringe Qualität aufweisen, werden ausgeschleust. Flaschen mit einer guten Qualität werden etikettiert und verpackt. Bevor jedoch das Abfüllen beginnen kann, muss die Flüssigkeit unter Zuleitung von Kühlluft wieder abgekühlt werden.

Erzeugen Sie für den Prozess ein Grundfließbild. ■

Übungsaufgabe 6.4. Einen Hauptbestandteil der Abfüllanlage bildet ein Zweitanksystem. Die beiden Flüssigkeitsbehälter weisen eine identische Länge L und Breite B_T auf. Der Zulauf der Flüssigkeit erfolgt in Tank 1 mit einem Volumenstrom von $Q_{\text{zu}} = K_{\text{zu}} U$ mit $U = 0...10V$. Der Ablauf erfolgt im Tank 2 mit einem Volumenstrom von Q_{ab}. Tank 2 ist durch eine Drosselstelle mit Tank 1 verbunden. Die Drosselstelle weist die Höhe H_D und Breite B_D auf. Die Drosselstelle kann zudem durch den Faktor $K_D = 0...1$ variiert werden.

Allgemein lässt sich die Füllhöhe der Tanks mittels folgender Differentialgleichung beschreiben $H_i = 1/(BL) \int Q_{\text{zu}} - Q_{\text{ab}} \mathrm{d}t$. Der Durchfluss der Drossel ergibt sich unter Zuhilfenahme des Leitungsquerschnittes s_{ij} zu $Q_{ij} = s_{ij}\sqrt{2g(H_i - H_j)}$. Das Gesamtsystem lässt sich durch die folgenden nichtlinearen Differentialgleichungen beschreiben $\dot{H}_1 = \frac{1}{BL}(K_{\text{zu}} U - s_{12}\sqrt{(2g(H_1 - H_2))}$ und $\dot{H}_2 = 1/(BL)(s_{12}\sqrt{2g(H_1 - H_2)}$. Linearisiert ergeben sich folgende Bilanzgleichungen für das Zweitanksystem: $\dot{H}_1 = 1/(BL)(K_{\text{zu}} U - C_1 H_1 - C_2 H_2))$ und $\dot{H}_2 = 1/(BL)(C_1 H_1 - C_2 H_2)$ Überführen Sie die Differentialgleichung in ein adäquates Blockschaltbild. ■

Übungsaufgabe 6.5. Wofür wird die kinematische Vorwärtstransformation und Rückwärtstransformation verwendet? ■

Übungsaufgabe 6.6. Die Rückwärtstransformation soll anhand der folgenden Skizze realisiert werden. Hierbei betrachten wir wieder den igus-Roboter, wobei vereinfachend davon ausgegangen wird, dass der Roboter nur über die Gelenke zwei und drei verfügt und deren Winkel (θ_2 und θ_3) bzgl. der Gelenkposition (x_3, y_3 und z_3) zu bestimmen sind. Geben Sie die Gleichungen zur Berechnung von θ_2 und θ_3 an.

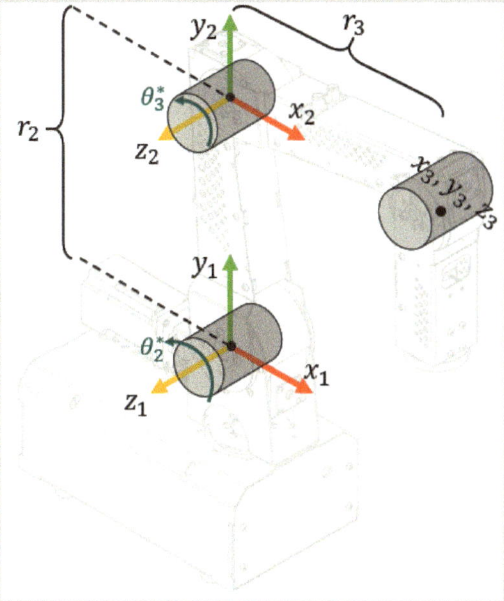

■

Übungsaufgabe 6.7. Leiten Sie die Grundgleichungen zur Beschreibung eines Fahrzeuges mit Differentialantrieb her. Wie unterscheiden sich diese gegenüber der Kinematik eines Fahrzeuges mit Ackermann-Lenkung? ■

Übungsaufgabe 6.8. Leiten Sie die Grundgleichungen zur Beschreibung der Längsdynamik eines Fahrzeuges mit Ackermann-Lenkung her. Welche externen Einflußgrößen beeinflussen die Längsdynamik maßgeblich? ■

Übungsaufgabe 6.9. In welchen fahrdynamischen Bereichen empfiehlt sich die Verwendung eines Reifenmodells? Leiten Sie ein Reifenmodell Ihrer Wahl her. ■

Übungsaufgabe 6.10. Wie ist der tangentiale Radius und der Eigenlenkgradient im Rahmen der Querdynamikmodellierung definiert? Und was verstehen Sie unter übersteuerndem und untersteuerndem Fahrverhalten? ■

Literatur

Arkin, R. C. (1998). *Behavior-Based Robotics*, MIT press.

Baril, D., Grondin, V., Deschênes, S.-P., Laconte, J., Vaidis, M., Kubelka, V., Gallant, A., Giguere, P. und Pomerleau, F. (2020). Evaluation of skid-steering kinematic models for subarctic environments, *Conference on Computer and Robot Vision*, pp. 198–205.

Bouzoualegh, S., Guechi, E.-H. und Kelaiaia, R. (2018). Model predictive control of a differential-drive mobile robot, *Acta Universitatis Sapientiae, Electrical and Mechanical Engineering* **10**(1): 20–41.

Caracciolo, L., De Luca, A. und Iannitti, S. (1999). Trajectory tracking control of a four-wheel differentially driven mobile robot, *International conference on robotics and automation*, Vol. 4, pp. 2632–2638.

Haun, M. (2013). *Handbuch Robotik: Programmieren und Einsatz intelligenter Roboter*, Springer.

Hesse, S. (2013). *Industrieroboterpraxis: Automatisierte Handhabung in der Fertigung*, Springer.

Isermann, R. (2013). *Identifikation dynamischer Systeme 1: Grundlegende Methoden*, Springer.

Isermann, R. (2022). *Automotive Control: Modeling and Control of Vehicles*, Springer.

Khan, R., Malik, F. M., Raza, A. und Mazhar, N. (2021). Comprehensive study of skid-steer wheeled mobile robots: development and challenges, *Industrial Robot: the international journal of robotics research and application* **48**(1): 142–156.

Kuypers, F. (2016). *Klassische Mechanik*, Wiley.

Li, P., Wang, H., Zhu, M. und Liu, J. (2018). Maneuver control of a four-wheel differentially driven robot based on instantaneous center of rotation, *Chinese Control And Decision Conference*, pp. 4917–4922.

Maier, H. (2016). *Grundlagen der Robotik*, VDE.

Mandow, A., Martinez, J. L., Morales, J., Blanco, J. L., Garcia-Cerezo, A. und Gonzalez, J. (2007). Experimental kinematics for wheeled skid-steer mobile robots, *International conference on intelligent robots and systems*, pp. 1222–1227.

Mareczek, J. (2020). *Grundlagen der Roboter-Manipulatoren*, Springer.

Rabiee, S. und Biswas, J. (2019). A friction-based kinematic model for skid-steer wheeled mobile robots, *International Conference on Robotics and Automation*, pp. 8563–8569.

Rajamani, R. (2012). *Vehicle Dynamics and Control*, Springer.

Robert Bosch GmbH (2004). *Fahrerassistenzsysteme: Sicherheits-und Komfortsysteme*, Springer.

Siegwart, R., Nourbakhsh, I. R. und Scaramuzza, D. (2011). *Introduction to autonomous mobile robots*, MIT press.

Wang, T., Wu, Y., Liang, J., Han, C., Chen, J. und Zhao, Q. (2015). Analysis and experimental kinematics of a skid-steering wheeled robot based on a laser scanner sensor, *Sensors* **15**(5): 9681–9702.

Winner, H., Hakuli, S. und Wolf, G. (2009). *Handbuch Fahrerassistenzsysteme: Grundlagen, Komponenten und Systeme für aktive Sicherheit und Komfort*, Springer.

7 Regelung mechatronischer Systeme

Die gezielte **Beeinflussung** des Verhaltens des zu automatisierenden Systems ist die Aufgabe der Steuerungs- und Regelungstechnik. Eine unvorteilhafte Auslegung eines Reglers kann neben schlechten dynamischen Eigenschaften auch zur Instabilität und ggf. zur Zerstörung des Systems führen. Daher ist es das Hauptanliegen der Regelungstechnik, die Systemdynamik so zu beeinflussen, dass ein gewünschtes dynamisches Verhalten resultiert oder zumindest das System stabilisiert wird. Es existiert eine Vielzahl von Verfahren zum Entwurf von Reglern, die sich in Ziel und Vorgehen mitunter stark unterscheiden. Im Folgenden werden wir die zugrundeliegenden mathematischen Werkzeuge sowie die generelle Idee der Steuerung und Regelung mechatronischer Systeme veranschaulichen.

7.1 Grundgedanke einer Steuerung

Das Ziel der Steuerungstechnik ist die gezielte Beeinflussung eines gegebenen Systems. So ist es die Aufgabe einer Steuerung, auf Basis von den Eingangsdaten $\boldsymbol{u}$ die Ausgangsdaten $\boldsymbol{y}$ zu bestimmen, um einen Prozess zu führen (wobei die Dimension beider Vektoren nicht identisch sein muss). Diese Idee ist in Bild 7.1 visualisiert.

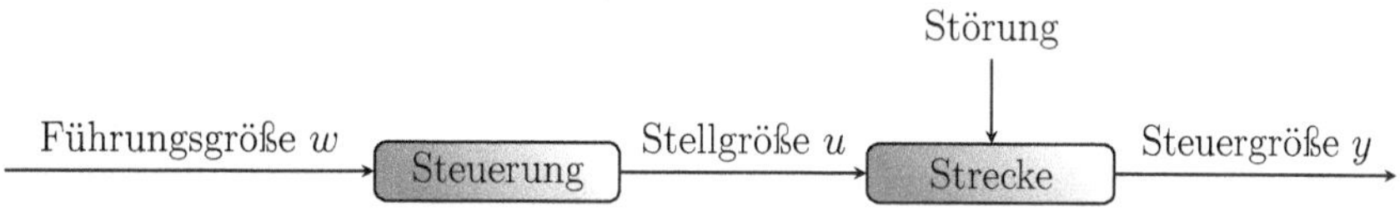

Bild 7.1 Grundaufbau einer Steuerung

Steuerungskonzepte finden u. a. bei der Realisierung von Produktionsprozessen Anwendung, wie in Bild 7.2 gezeigt. Hierbei könnte es bspw. Aufgabe der Prozesssteuerung sein, durch gezielte Prozessbeeinflussungen die einzelnen Prozessschritte (Anlieferung, Verarbeitung und Versand) in der richtigen Reihenfolge ablaufen zu lassen.

Bild 7.2 Beispiel für eine Prozesssteuerung

Implementiert werden Steuerungskonzepte zumeist auf **Industriesteuergeräten** oder Mikrokontrollern, siehe Abschnitt 2.4. Hierbei ist zu erwähnen, dass bereits 1974 das erste speicherprogrammierbare Steuergerät eines deutschen Herstellers verfügbar war. Im Jahr 2020 waren bereits mehr als 300 Hersteller von Industriesteuergeräten auf dem europäischen Markt vertreten. Dies zeigt die rasante Entwicklung der Steuerungstechnik. Während dieser Entwicklung haben sich zwei Gruppen von Steuerungskonzepten etabliert:

Handsteuerung: Der Mensch übernimmt die Steuerungsaufgabe. Aufgrund bestimmter Vorgaben betätigt der Bediener Stellglieder und löst damit Steuerungsvorgänge aus.

Automatische Verknüpfungssteuerung: Eine Verknüpfungssteuerung (nach DIN IEC 60050-351:2014-09) ist eine Steuerung, die den Signalzuständen der Eingangssignale bestimmte Signalzustände der Ausgangssignale im Sinne BOOLEscher (logischer) Verknüpfungen unmittelbar zuordnet.

Automatische Ablaufsteuerung: Eine Ablaufsteuerung (nach DIN IEC 60050-351:2014-09) ist eine Steuerung mit einem schrittweisen Ablauf, bei dem der Übergang von einem Schritt auf den Folgenden entsprechend der vorgegebenen Übergangsbedingung erfolgt. Es existieren zwei Unterarten der Ablaufsteuerung:

- **Prozessgeführte Ablaufsteuerung:** Hierbei sind die Schaltbedingungen von den Signalen der Anlage/des Prozesses abhängig. Diese Signale können bspw. Ventilstellungen, Druck- oder Temperaturmesswert etc. sein.
- **Prozessunabhängige Ablaufsteuerung:** Hierbei sind die Schaltbedingungen von den Signalen der Anlage/des Prozesses unabhängig. Wir unterscheiden:
  - **Zeitgeführte Ablaufsteuerung:** Die Schaltbedingungen sind von der Systemzeit abhängig, bspw. durch die Verwendung von Timern.
  - **Ablaufsteuerung mit Zählern:** Die Schaltbedingungen sind (bei zyklisch und mehrfach hintereinander ablaufenden Prozessen) vom Wert eines Zählers abhängig.

Das Thema der Handsteuerung wird im Folgenden nicht weiter vertieft, da bereits in Abschnitt 1.1 auf Vor- und Nachteile von manuell geführten und handgesteuerten Prozessen eingegangen wurde. Ebenso wird das Thema der Ablaufsteuerung im folgenden Kapitel nicht genauer erläutert. Für weiterführende Erklärungen zum Thema der Ablaufsteuerung sei auf Abschnitt 9.3.2 verwiesen. Im Fokus der folgenden Erläuterungen wird die **Verknüpfungssteuerung** stehen.

Basierend auf Bild 7.1 besteht die Aufgabe einer Verknüpfungssteuerung darin, den funktionalen Zusammenhang zwischen Ein- und Ausgangssignalen des Systems vorzugeben. Eine der einfachsten Möglichkeiten, das Ein-/Ausgangsverhalten eines Steuerungsalgorithmus zu beschreiben, ist die Verwendung einer **Schaltbelegungstabelle**. Folgend sind die Schaltbelegungstabellen der fünf logischen Grundoperatoren gegeben, welche jeweils einen unterschiedlichen funktionalen Zusammenhang zwischen den Ein- und den Ausgangssignalen des zu steuernden Systems darstellen.

Im Folgenden fokussieren wir uns auf Funktionen, welche über zwei Einganssignale ($x_1 \in \{0,1\}$ und $x_2 \in \{0,1\}$) sowie einem Ausgangssignal ($y \in \{0,1\}$) verfügen. Die in Schaltbelegungstabelle 7.1 abgebildete UND-Logik aktiviert nur dann das Ausganssignal ($y = 1$), wenn beide Einganssignale aktiviert wurden ($x_1 = x_2 = 1$). Würden den beiden Einganssignalen jeweils ein Schalter und dem Ausgangssignal eine LED zugewiesen sein, dann würde dies bedeuten, dass die LED nur dann leuchtet, wenn beide Schalter betätigt wurden.

Tabelle 7.1 Schaltbelegungstabelle für die zweistellige UND (engl.: AND)-Logik

x_1	x_2	$y = x_1 \wedge x_2$
0	0	0
0	1	0
1	0	0
1	1	1

Im Fall der in Schaltbelegungstabelle 7.2 abgebildeten ODER-Logik wird das Ausganssignal aktiviert, wenn einer der beiden (oder beide) Einganssignale aktiviert wurden. Somit würde in diesem Fall die LED nur dann leuchten, wenn einer der beiden oder beide Schalter betätigt wurden.

Tabelle 7.2 Schaltbelegungstabelle für die zweistellige ODER (engl.: OR)-Logik

x_1	x_2	$y = x_1 \vee x_2$
0	0	0
0	1	1
1	0	1
1	1	1

Bei der in Schaltbelegungstabelle 7.3 abgebildeten NOR-Logik wird das Ausganssignal aktiviert, wenn keiner der beiden Einganssignale aktiviert wurden. Somit würde in diesem Fall die LED nur dann leuchten, wenn keiner der beide Schalter betätigt wurde.

Tabelle 7.3 Schaltbelegungstabelle für die zweistellige NOR-Logik

x_1	x_2	$y = \overline{x_1 \vee x_2}$
0	0	1
0	1	0
1	0	0
1	1	0

Die in Schaltbelegungstabelle 7.4 abgebildete NAND-Logik aktiviert das Ausganssignal nur dann, wenn keiner oder einer der beide Einganssignale aktiviert wurden.

Tabelle 7.4 Schaltbelegungstabelle für die zweistellige NAND-Logik

x_1	x_2	$y = \overline{x_1 \wedge x_2}$
0	0	1
0	1	1
1	0	1
1	1	0

Im Fall der XOR-Logik wird das Ausganssignal nur dann aktiviert, wenn einer der beiden (aber nicht beide) Einganssignale aktiviert wurden, siehe Schaltbelegungstabelle 7.5.

Tabelle 7.5 Schaltbelegungstabelle für die zweistellige XOR-Logik

x_1	x_2	$y = \overline{x_1 \oplus x_2}$
0	0	0
0	1	1
1	0	1
1	1	0

Tabelle 7.6 visualisiert eine weitere Schaltbelegungstabelle einer zweistelligen BOOLEschen Funktion $x_{1,2} \in \{0, 1\}$ und $y \in \{0, 1\}$. Diese Schaltbelegungstabelle ist im Vergleich zu den zuvor dargestellten um 90°-gedreht. Hierbei werden alle 14 möglichen Kombinationen von Eingangs- und Ausgangswerten des zu automatisierenden Systems auf Basis von zwei unabhängigen Eingangssignalen dargestellt, samt der entsprechenden logischen Verknüpfungen. Zudem sehen wir auf der rechten Seite in Tabelle 7.6 den logischen Ausdruck, welcher die jeweilige Steuerungsfunktion zur Erzeugung des Ausgangssignales beschreibt.

Somit ist der erste Schritt beim Entwurf einer Verknüpfungssteuerung die **Formalisierung** der Aufgabenstellung, inkl. der Festlegung der Messgrößen und Stellgrößen sowie der Steuerlogik (bspw. mittels Schaltbelegungstabelle). Darauf aufbauend erfolgt das Entwickeln der BOOLEschen Funktionsausdrücke (und ggf. das Vereinfachen dieser) sowie das Implementieren der Funktionsausdrücke.

Tabelle 7.6 Schaltbelegungstabelle einer zweistelligen BOOLEschen Funktion

x_1	0	0	1	1	**Zu implementierende Steuerungsfunktion**
x_2	0	1	0	1	$y = f(x_1, x_2)$
$y = f(\boldsymbol{x})$	0	0	0	0	0
$y = f(\boldsymbol{x})$	0	0	0	1	$x_1 \wedge x_2$ (UND Operator)
$y = f(\boldsymbol{x})$	0	0	1	0	$x_1 \wedge \overline{x_2}$
$y = f(\boldsymbol{x})$	0	0	1	1	x_1
$y = f(\boldsymbol{x})$	0	1	0	0	$\overline{x_1} \wedge x_2$
$y = f(\boldsymbol{x})$	0	1	0	1	x_2
$y = f(\boldsymbol{x})$	0	1	1	0	$x_1 \oplus x_2 = (x_1 \wedge \overline{x_2}) \vee (\overline{x_1} \wedge x_2)$ (Antivalenz Operator)
$y = f(\boldsymbol{x})$	0	1	1	1	$x_1 \vee x_2$ (ODER Operator)
$y = f(\boldsymbol{x})$	1	0	0	0	$\overline{x_1 \vee x_2}$
$y = f(\boldsymbol{x})$	1	0	0	1	$x_0 \otimes x_1 = (x_1 \wedge \overline{x_2}) \vee (\overline{x_1} \wedge x_2)$ (Äquivalenz)
$y = f(\boldsymbol{x})$	1	0	1	0	$\overline{x_2}$
$y = f(\boldsymbol{x})$	1	0	1	1	$x_1 \vee \overline{x_2}$
$y = f(\boldsymbol{x})$	1	1	0	0	$\overline{x_1}$
$y = f(\boldsymbol{x})$	1	1	0	1	$\overline{x_1} \vee x_2$
$y = f(\boldsymbol{x})$	1	1	1	0	$\overline{x_1 \wedge x_2}$
$y = f(\boldsymbol{x})$	1	1	1	1	1

Wie in Abschnitt 1.2.1 erläutert, stehen uns für die Implementierung der Logik fünf klassische grafische und textbasierte SPS-Programmiersprachen zur Verfügung. Bild 7.3 zeigt hierfür die Implementierung einer zweistelligen BOOLEschen Funktion im **Kontaktplan**. In diesem Bild wird sichtbar, wie mittels Öffner- und Schließkontakten die Zuweisung des Ausgangssignals y auf Basis der Sensorwerte x_1 und x_2 erfolgt. Dabei sieht der Kontaktplan wie ein 90°-gedrehter Stromlaufplan aus, weshalb er oft gut von Anlagenelektrikern und Instandhaltungspersonal lesbar ist.

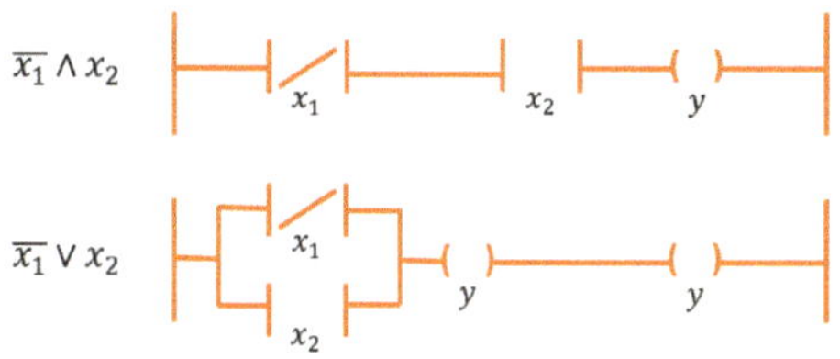

Bild 7.3 Implementierungsbeispiel einer zweistelligen BOOLEschen Funktion im Kontaktplan

In Ergänzung zum Kontaktplan kann die Logik der Verknüpfungssteuerung auch bspw. mittels der **Funktionsbausteinsprache** implementiert werden, siehe Bild 7.4 sowie Tabelle 7.7. Die Funktionsbausteinsprache stellt ebenso die Logik zwischen Ein- und Ausgangssignalen auf grafische Weise dar. Hierbei wird im einfachsten Fall auf UND- sowie ODER-Elemente zurückgegriffen, deren Ein- und Ausgänge bei Bedarf negiert werden können (visualisiert durch einen kleinen, nicht ausgefüllten Kreis am Ein- bzw. Ausgang des Funktionsbausteins). Im Gegensatz zu Kontaktplänen ist jedoch die Anzahl von Operatoren und Funktionen, welche bei der Funktionsbausteinsprache zur Verfügung stehen, deutlich umfänglicher.

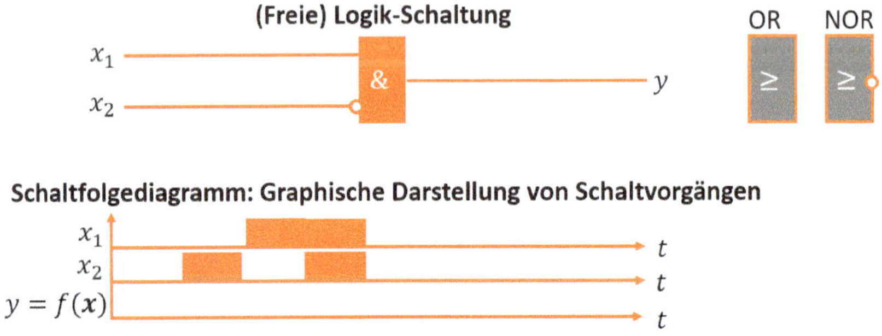

Bild 7.4 Beispiel einer zweistelligen BOOLEschen Funktion in Funktionsbausteinsprache

Tabelle 7.7 Schaltbelegungstabelle für eine zweistellige Logik

x_1	0	0	1	1	
x_2	0	1	0	1	
$y = f(\boldsymbol{x})$	0	0	1	0	$x_1 \wedge \overline{x_2}$

Ebenso sehen wir in Bild 7.4 ein **Schaltfolgediagramm**, welches den Verlauf des Ausgangssignales auf Basis der Eingangssignale und der verwendeten Logik der Verknüpfungssteuerung darstellt. Das Schaltfolgediagramm kommt in der Praxis oft im Bereich der Systemsynthese und -analyse zum Einsatz.

Um die Implementierung der Logik möglichst einfach und übersichtlich zu gestalten, sind die nachfolgend dargestellten Rechenregeln für BOOLEsche Funktionen zu berücksichtigen:

$$\begin{aligned}
\text{Kommutativgesetz:} \quad x_0 \wedge x_1 &= x_1 \wedge x_0 \\
x_0 \vee x_1 &= x_1 \vee x_0 \\
\text{Assoziativgesetz:} \quad x_0 \wedge (x_1 \wedge x_2) &= (x_0 \wedge x_1) \wedge x_2 = x_0 \wedge x_1 \wedge x_2 \\
x_0 \vee (x_1 \vee x_2) &= (x_0 \vee x_1) \vee x_2 = x_0 \vee x_1 \vee x_2 \\
\text{Distributivgesetz:} \quad (x_0 \vee x_1) \wedge x_2 &= (x_0 \wedge x_2) \vee (x_1 \wedge x_2) \\
\text{Vereinfachungsbeispiel:} \quad x_0 \wedge (x_1 \vee x_0) &= x_0 \\
\overline{x_0 \wedge x_1} &= \overline{x_0} \vee \overline{x_1}
\end{aligned}$$

Ein ersten Eindruck einer Industriesteuerung, welche zur Steuerung einer Industieanlage im Labormassstab eingesetzt wird, ist dem nachfolgenden Video zu entnehmen.

Beispiel 7.1 (Steuerungstechnik – Portalkran). Im Nachfolgenden ist die Logik zur Bedienung des Materialaufnehmers eines Portalkrans beschrieben:

Die Höhensteuerung des Materialaufnehmers eines Portalkrans erfolgt von Hand. Hierfür verfügt ein Handbediengerät über eine Heben- und Senken-Taste. Das Heben über eine obere sowie das Senken unter eine untere Grenzstellung soll von dem System verhindert werden. Beim gleichzeitigen Betätigen der Heben- und Senken-Taste soll der Materialaufnehmer stoppen. Auf Basis dieser Beschreibung wurde die Aufgabe formalisiert und es wurden entsprechend Mess- und Stellgrößen festgelegt:

Messgrößen:

- x_1 (1=Heben-Taste betätigt; 0=Heben-Taste nicht betätigt)
- x_2 (1=Senken-Taste betätigt; 0=Senken-Taste nicht betätigt)
- x_3 (1=untere Grenzstellung erreicht; 0=untere Grenzstellung nicht erreicht)
- x_4 (1=obere Grenzstellung erreicht; 0=obere Grenzstellung nicht erreicht)

Stellgrößen:

- y_1 (1=Materialaufnehmer hebt sich; 0=Materialaufnehmer hebt sich nicht)
- y_2 (1=Materialaufnehmer senkt sich; 0=Materialaufnehmer senkt sich nicht)

Die Kran-Logik ist in der nachfolgenden Schaltbelegungstabelle auf Basis der zuvor definierten Mess- und Stellgrößen dargestellt.

x_1	x_2	x_3	x_4	y_1	y_2
0	0	0	0	0	0
0	0	0	1	0	0
0	0	1	0	0	0
0	0	1	1	0	0
0	1	0	0	0	1
0	1	0	1	0	1
0	1	1	0	0	0
0	1	1	1	0	0
1	0	0	0	1	0
1	0	0	1	0	0
1	0	1	0	1	0
1	0	1	1	0	0
1	1	0	0	0	0
1	1	0	1	0	0
1	1	1	0	0	0
1	1	1	1	0	0

■

Beispiel 7.2 (Steuerungstechnik – LED-Steuerung 1). Ziel der Steuerung ist es die LED (welche mit dem Ausgang A0.0 der SPS verbunden ist) zu aktivieren, sobald und nur solange zwei Schalter (welche mit den Eingängen E0.0 und E0.1 der SPS verbunden ist) gedrückt sind. Auf Basis der nachfolgend dargestellten Ein-/Ausgabelogik wurde eine entsprechende Implementierung der Logik in Form eines Kontaktplans abgeleitet. Hierfür ist im Bild 7.5 der Verlauf der beiden Eingangssignale (E0.0 und E0.1), sowie der gewünschte Ausgangssignalverlauf (A0.0) dargestellt.

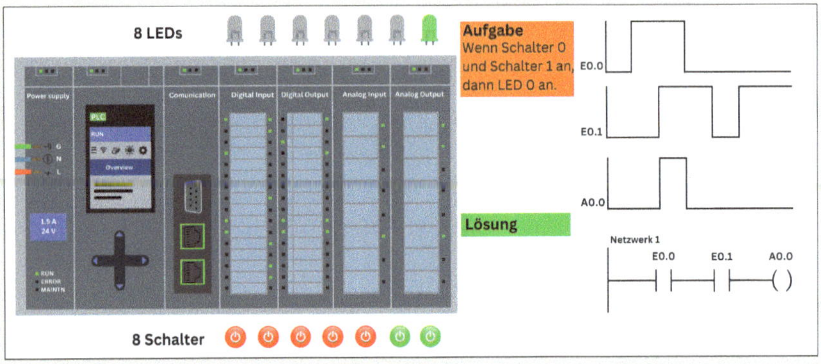

Bild 7.5 Logik zur ersten Steuerungsaufgabe einer LED

■

Beispiel 7.3 (Steuerungstechnik – LED-Steuerung 2). Ziel der Steuerung ist es die LED (welche mit dem Ausgang A0.0 der SPS verbunden ist) zu aktivieren, sobald und nur solange der erste Schalter (E0.0) gedrückt ist und gleichzeitig der zweite Schalter (E0.1) nicht gedrückt ist. Alternativ ist es auch möglich die LED über Betätigung vom dritten Schalter (E0.2) zu aktivieren. Auf Basis der nachfolgend dargestellten Ein-/Ausgabelogik wurde eine entsprechende Implementierung der Logik in Form eines Kontaktplans abgeleitet. Hierfür ist im Bild 7.6 der Verlauf der beiden Eingangssignale (E0.0 und E0.1), sowie der gewünschte Ausgangssignalverlauf (A0.0) dargestellt.

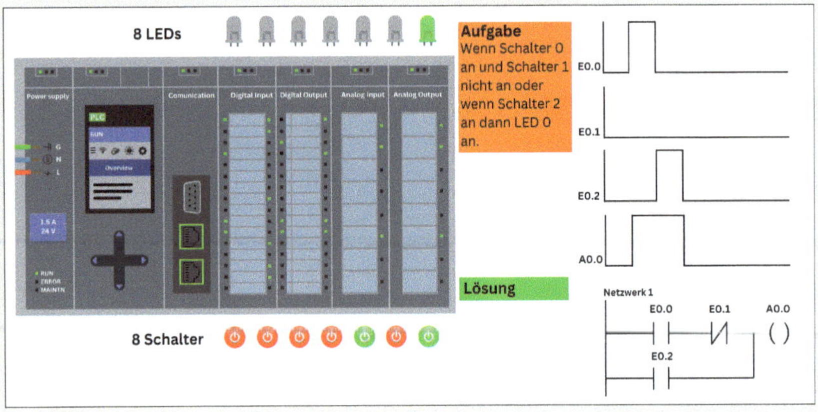

Bild 7.6 Logik zur zweiten Steuerungsaufgabe einer LED

■

7.2 Grundgedanke einer Regelung

Im Folgenden wollen wir eine Einrichtung oder ein Modul verwenden, welches gezielt die Dynamik eines Systems beeinflusst. Diese Einrichtung oder dieses Modul wird Regler genannt. Das wichtigste Wirkprinzip bei der Verwendung von Regelungen ist das der **Rückkopplung**. Verfügt ein System über eine Rückkopplung (engl.: Feedback), so wird bei diesen System die Ausgangs- bzw. Regelgröße gemessen, mit der Sollgröße verglichen und entsprechende Handlungen werden abgeleitet. Diese Idee verdeutlicht Bild 7.7.

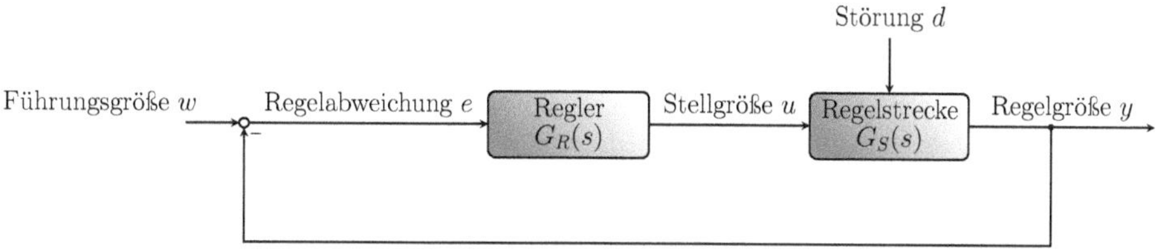

Bild 7.7 Grundaufbau eines Regelkreises

Ist diese Rückkopplung nicht vorhanden, so sprechen wir von einer **Steuerung**. Ein einfaches Beispiel, um diesen Sachverhalt zu verdeutlichen, ist das Fahren eines Fahrzeuges. Normalerweise lenken die Fahrenden ihre Fahrzeuge und messen das Resultat ihres Lenkverhaltens optisch durch ihren Sehsinn. Die Position auf der Straße wird über den Sehsinn zurückgekoppelt und die fahrende Person agiert als Regler und korrigiert ggf. den Kurs durch einen Lenkeingriff. Somit ist der **Regelkreis** geschlossen. Im Falle einer Steuerung würde die fahrende Person die Augen schließen und nach bestem Wissen das Fahrzeug entlang der Straße steuern. Natürlich ist dies in dem konkreten Fall zum Scheitern verurteilt. Allerdings gibt es durchaus Anwendungen, wo sich ein rein steuerndes Verhalten etabliert hat, insbesondere dort wo das Verhalten des zu automatisierenden Systems sehr gut bekannt ist. Denn der wesentliche Vorteil einer Steuerung ist, dass auf ein Großteil der Messeinrichtung verzichtet werden kann. Ein alltägliches Beispiel für eine Steuerung ist das Kochen eines 5-Minuten-Eies. Wir wissen, wie lange ein Ei im Wasser kochen muss, um die gewünschte Härte zu erreichen. Für eine Regelung müsste auf irgendeine Weise die Viskosität des Eies oder eine Repräsentation dieser gemessen werden. Das ist offensichtlich nicht notwendig und auch nicht praktikabel.

In praktischen Anwendungen sind häufig Regelungen anzutreffen, da durch diese eine Kompensation von Modellierungsungenauigkeiten und Störungen ermöglicht wird. Störungen können eine Vielzahl von Ursachen haben, wie z. B. Umwelteinflüsse oder Signalrauschen.

Regelkreise sind ein zentrales Element in Natur und Technik und existieren daher seit jeher. Urbeispiele für die Anwendung von Regelungen in der Technik reichen zurück bis zur Antike. Ein zentrales Beispiel, das die Entwicklung der Regelungstechnik geprägt hat, ist der Fliehkraftregler aus Bild 7.8. Dieser wurde zwar zuvor schon bei Mühlen verwendet, wurde aber berühmt durch den Einsatz bei der Drehzahlregelung von Dampfmaschinen. Wenn eine Dampfmaschine ruht, ist die Klappe für die Dampfzufuhr vollständig geöffnet.

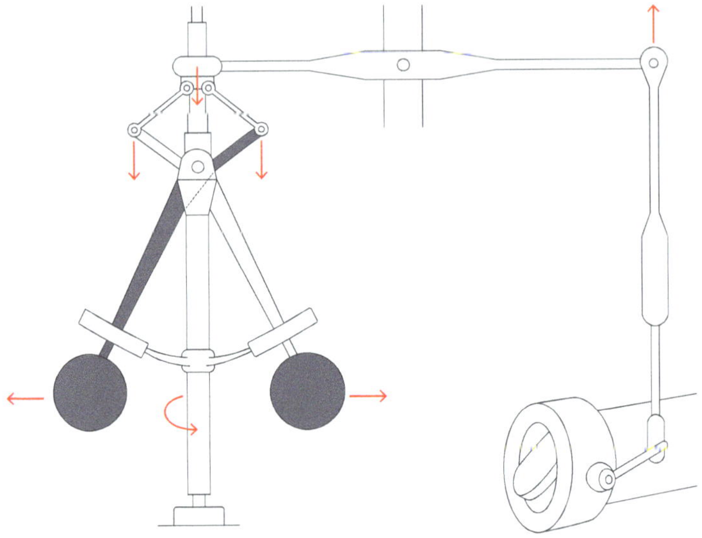

Bild 7.8 Wirkprinzip eines Fliehkraftreglers

Beginnt sich die Maschine zu bewegen, beginnt sich auch der Fliehkraftregler zu drehen. Durch die Trägheit werden die Massen (runde Gewichte) nach außen getrieben und durch die Mechanik beginnt sich die Klappe zu schließen. Dadurch wird der Dampfzufluss verringert.

Durch diese Rückkopplung kann die Dynamik des Systems beliebig beeinflusst werden – die Drehzahl der Dampfmaschine bleibt konstant auf einem gewünschten Wert. Diese Rückkopplung ist das zentrale Element der Regelungstechnik und grundlegend für Stabilität und Robustheit des zu automatisierenden Systems.

Bevor wir uns genauer den Regelkreis-Details zuwenden, wollen wir die grundlegenden **Anforderungen** an die Regelung und den geschlossenen Regelkreis diskutieren. Dabei werden folgende vier Anforderungen herausgearbeitet:

1. **Stabilität:** Die Stabilität des Regelkreises ist die wichtigste Aufgabe der Regelung. Instabile Regelkreise führen zu unkontrolliertem Wachstum von Größen, was die Anwendbarkeit des Systems unmöglich macht oder sogar zu dessen Zerstörung führen kann.
2. **Führungsverhalten:** Es soll möglichst genau und schnell auf sich ändernde Führungsgrößen reagiert werden, um neue Sollwerte für das System bestmöglich umzusetzen.
3. **Störverhalten:** Reale Systeme sind stets äußeren Einflüssen ausgesetzt, die als Störgrößen auf das System wirken. Im Gegensatz zur Führungsgröße soll die Störgröße jedoch eine möglichst geringe Auswirkung auf die Funktionalität des Systems haben. Daher sollte die Regelung den Einfluss dieser Störungen bestmöglich unterdrücken.
4. **Robustheit:** Bei der Regelungsentwicklung verwenden wir oft eine Modellbeschreibung der Regelstrecke. Allerdings sind deren Parameterwerte nur begrenzt bekannt und einige Parameter können sich im Laufe der Zeit ändern. Daher sollte der Regelkreis möglichst unempfindlich gegenüber solchen (begrenzten) Parameteränderungen sein.

Betrachten wir Bild 7.7, sehen wir einerseits, dass die Dynamik der Regelstrecke (also des zu regelnden Systems) durch die Übertragungsfunktion $G_S(s)$ beschrieben wird.

Weiterhin ist ersichtlich, dass der zu entwerfende Regler im Allgemeinen auch ein dynamisches Verhalten aufweist und durch die Übertragungsfunktion $G_R(s)$ charakterisiert wird.

Analysieren wir den **offenen Regelkreis**, das bedeutet, wir trennen die Rückführung auf, so ergibt sich die Übertragungsfunktion

$$G_O(s) = \frac{Y(s)}{E(s)} = G_R(s)G_S(s) \tag{7.1}$$

als eine Multiplikation der Übertragungsfunktion von Regler und Regelstrecke. Die so entstehende Übertragungsfunktion $G_O(s)$ gibt das Verhalten zwischen der Regelabweichung e und der Regelgröße y im offenen Regelkreis (d. h. bei Steuerungen) an.

Um die Wirkung der Führungsgröße w auf die Regelgröße y zu analysieren, wird der **geschlossene Regelkreis** betrachtet. Wie in Gleichung (4.40) und folgend dargestellt, lässt sich

$$G_G = \frac{Y(s)}{W(s)} = \frac{G_O}{1+G_O} = \frac{G_R G_S}{1+G_R G_S} \tag{7.2}$$

als resultierende Übertragungsfunktion des geschlossenen Regelkreises ermitteln.

Ziel der linearen Regelungstechnik ist es, durch geeignete Wahl der Übertragungsfunktion G_R das Gesamtverhalten in Form des geschlossenen Regelkreises G_G so zu beeinflussen, dass sich gewünschte Eigenschaften ergeben. Im Folgenden werden exemplarische Ansätze dafür vorgestellt.

Vorgehen bei der Reglersynthese
Um einen geeigneten Regler für ein mechatronisches System zu realisieren wenden wir folgendes Vorgehen an:

- Für die entsprechende Anwendung einen geeigneten Aktor und Sensor wählen, beschaffen und integrieren (falls nicht vorhanden).
- (Dynamik-)Anforderungen an den geschlossenen Regelkreis spezifizieren.
- Ein Prozessmodell entwickeln, welches den Zusammenhang zwischen Stellgröße und Regelgröße hinreichend genau abbildet.
- Wahl der Regelkreisstruktur: Es müssen die Regelgröße, Stellgröße, Störgrößen und die darauf basierende Regelkreisstruktur festgelegt werden (Blockschaltbild erstellen).
- Wahl der Reglerstruktur: Es muss entschieden werden, welche Reglerstruktur eingesetzt werden soll, z. B. P-, PI-, PD-Regler.
- Wahl der Reglerparameter: Die Reglerparameter sind jeweils so zu wählen, dass die an den Regelkreis gestellten Güteanforderungen erfüllt werden.
- Den Regelungsalgorithmus simulativ testen und bewerten.
- Den Regler in reales System integrieren, in Betrieb nehmen und (vorsichtig) testen.

Kenngrößen zur Bewertung des dynamischen Führungsverhaltens:
Die (Dynamik-)Anforderungen an den geschlossenen Regelkreis, bzgl. seiner Reaktion auf Änderungen der Führungsgröße, werden oft mittels der folgenden Kennzahlen spezifiziert, siehe hierfür auch Bild 7.9.

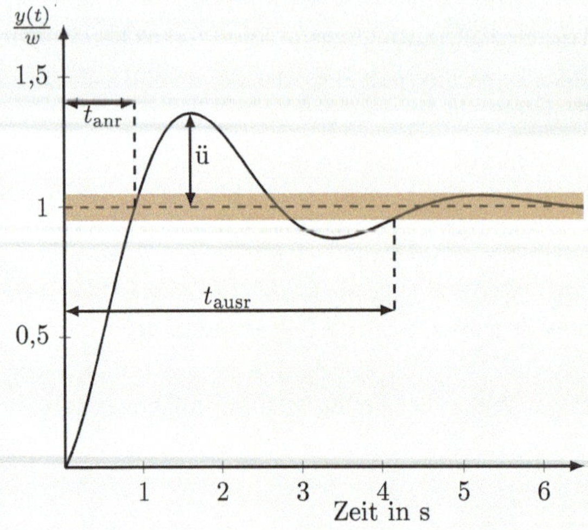

Bild 7.9 Dynamische Kenngrößen

- **Anschwingzeit** t_{anr} ist die Zeitspanne zwischen dem Sprung der Führungsgröße oder einer Störgröße und dem Zeitpunkt, wenn die Regelgröße in ein Toleranzband um den Beharrungswert wieder eintritt.
- **Ausregelzeit** t_{ausr} ist die Zeitspanne zwischen Sprung der Führungsgröße und dem Zeitpunkt, wenn die Regelgröße in einem Toleranzband (oben rot dargestellt) um den Beharrungswert verbleibt.
- **Bleibende Regelabweichung** bezeichnet die nach Abklingen von Einschwingvorgängen verbleibende Differenz von Führungs- und Regelgröße.
- **Überschwingweite** *ü* beschreibt die Differenz zwischen Beharrungswert und dem größten Wert, um den die Regelgröße beim Sprung über ihre Führungsgröße hinaus überschwingt.

Oft werden zur Bewertung und Optimierung der Reglerparameter auch Integral- oder **Flächenkriterien** (engl.: Integral Square Error, kurz: ISE) verwendet. Die wichtigsten dieser Gütemaße sind die quadratische Regelfläche

$$I = \int_0^\infty e^2 \mathrm{d}t \qquad \text{mit} \qquad e = x - w$$

und die integrale betragslineare Regelfläche (engl.: Integral of Time Multiplied Absolute Value of Error, kurz: ITAE-Kriterium)

$$I = \int_0^\infty |e|\, t \,\mathrm{d}t.$$

Des Weiteren kann das Systemverhalten auch bzgl. seiner Stabilität, Robustheit und seines Störungsübertragungsverhaltens charakterisiert werden. Bzgl. der letztgenannten Punkte sei auf die weiterführende Literatur am Ende des Kapitels verwiesen. ■

7.3 Reglersynthese im Frequenzbereich

Wie zuvor beschrieben, ist es eine wichtige Aufgabe bei der Reglersynthese, den Regler G_R so auszulegen, dass er das dynamische Verhalten der Regelstrecke in gewünschter Weise beeinflusst. Hierfür verfügt der Regler über frei zu wählende Parameter. Der in der Industrie am weitesten verbreitete Regler ist der PID-Regler mit der Übertragungsfunktion:

$$G_R(s) = \frac{Z_R(s)}{N_R(s)} = \frac{K_I + K_P s + K_D s^2}{s} = K_P \left(1 + \frac{1}{T_N s} + T_V s\right)$$

Hierbei folgen die drei Regleranteile folgenden Verhaltensweisen:

- Der **proportionale Regleranteil** realisiert eine Änderung der Stellgröße proportional zum Regelfehler. Somit ergibt sich die Stellgröße durch Multiplikation des Regelfehlers mit einem festen Faktor (P-Anteil). Wir können uns im Fall einer Flüssigkeitshöhenregelung in einem Tank die Wirkungsweise eines P-Reglers als starren Hebel vorstellen, welcher proportional zur Tankhöhe (mittels Schwimmer gemessen) den Zulauf im Tank einstellt, damit die Tankhöhe konstant bleibt, siehe Bild 7.10. Ebenso folgt der Fliehkraftregler aus Bild 7.8 der Wirkweise eines P-Reglers.

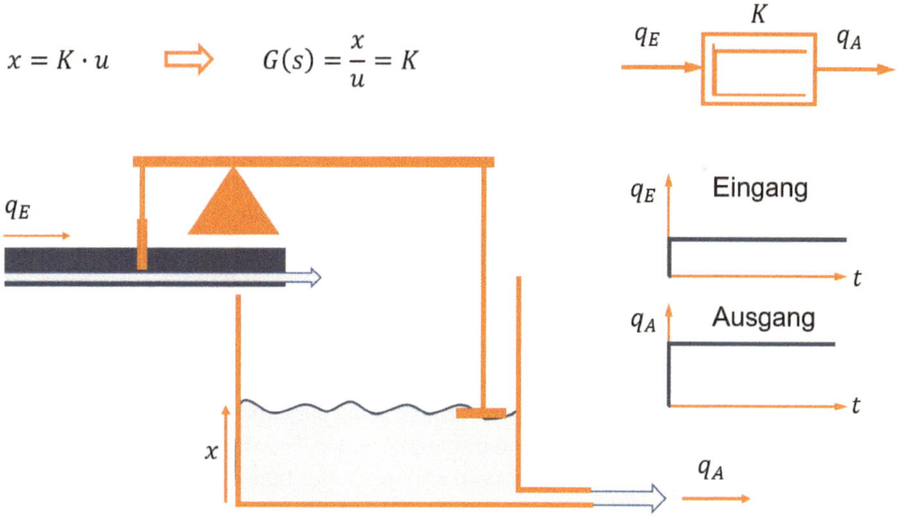

Bild 7.10 Proportionaler Regleranteil und sein dynamisches Verhalten

- Der **integrierende Regleranteil** integriert den Regelfehler über die Zeit auf und multipliziert diesen mit einem festen Faktor (I-Anteil). Dies hat zur Folge, dass durch den Integrator die Eingangsgröße so lange ansteigt, wie die Regelabweichung ungleich Null ist. Dadurch wird eine bleibende Regelabweichung verhindert. Wir können uns als mechanische Korrespondenz eine Feder vorstellen, welche um so mehr gedehnt wird, um so größer die Regelabweichung wird. Die mechanische Feder wird stets versuchen, sich immer wieder zusammenzuziehen und somit den Betrag der Regelabweichung zu minimieren. Wenn der I-Anteil sehr groß eingestellt ist (dies kann bezugnehmend auf unsere mechanische Korrespondenz als große Federsteifigkeit interpretiert werden), dann reagiert die Regelgröße zumeist sehr schnell mit relativ großem Überschwingen. Ein kleiner eingestellter I-Anteil führt zum langsameren Abbauen des Regelfehlers mit kleinerem Überschwingen.

- Der **differenzierende Regleranteil** differenziert den Regelfehler über die Zeit und multipliziert diesen mit einem festen Faktor (D-Anteil). Daher reagiert ein Regler mit D-Anteil mit großen Stellgrößen bereits, wenn es sich andeutet, dass zukünftig (durch die hohe Änderungsgeschwindigkeit) große Regelfehler entstehen werden. Dadurch kann eine höhere Reaktionsgeschwindigkeit des Reglers realisiert werden. Allerdings kann der differenzierende Regleranteil zu negativen Effekten führen, wenn die Regelgröße mit einem großen Messrauschen überlagert wird.

Bei Verwendung eines PID-Reglers ergibt sich die charakteristische Gleichung zu

$$G_G(s) = \frac{Z_G(s)}{N_G(s)} \quad \Longrightarrow \quad N_G(s) = 0 \quad \Longrightarrow \quad \underbrace{1 + G_R(k_I, k_P, k_D) G_S}_{\delta(s, k_I, k_P, k_D)} = 0$$

mit

$$G_R = K_P + \left(1 + \frac{1}{T_I s} + T_D s\right) = \frac{K_I + K_P s + K_D s^2}{s}.$$

Somit ist leicht ersichtlich, dass die Reglerparameter k_I, k_P, k_D direkt die Lösung der charakteristischen Gleichung und somit auch direkt die Dynamik des geschlossenen Regelkreises beeinflussen. Entsprechend ergibt sich bei der Reglersynthese die Aufgabe, die Reglerparameter so zu wählen, dass sich die gewünschte Dynamik des geschlossenen Regelkreises einstellt.

Häufig ist es nicht notwendig, alle drei Anteile (P, I und D) zu verwenden und es reichen ein oder zwei Anteile. Dementsprechend stellt sich, bevor die Reglerparameter bestimmt werden, die Frage, welche **Struktur der Regler** für die jeweilige Regelungsaufgabe haben muss. Die konkrete Wahl hängt dabei von dem zu regelnden System und den jeweiligen Anforderungen ab. Auch wenn die Wahl somit ziemlich individuell ist, lassen sich einige generelle Aussagen treffen, die bei der Auswahl der Reglerstruktur herangezogen werden können:

- Um sprungförmige Führungs- oder Störgrößen ohne bleibende Regelabweichung auszuregeln, muss die offene Kette G_O ein integrierendes Verhalten aufweisen (unter der Annahme, dass keine Eingangsstörungen anliegen). Das bedeutet, dass wenn das System bereits einen I-Anteil besitzt, ein einfacher P-Regler ausreicht, um eine bleibende Regelabweichung zu verhindern. Ist dies nicht der Fall, so ist ein entsprechender I-Anteil im Regler notwendig.
- P- und D-Anteile reagieren schnell auf Führungs- bzw. Störgrößen, wohingegen der I-Anteil die Regelabweichung erst aufintegriert und daher nur langsam die Stellgröße anpasst.
- Große D-Anteile führen zu Schwingungen oder gar zu Instabilität. Außerdem reagiert das differenzierende Verhalten sensibel auf hochfrequente Störungen, wie Messrauschen. Daher muss sehr vorsichtig mit dem D-Anteil umgegangen werden.

Mit einer definierten Reglerstruktur muss als zweiter Schritt eine geeignete Parameterkonfiguration für den Regler ermittelt werden. Auch die Wahl geeigneter **Reglerparameter** richtet sich sehr stark nach der Dynamik des zu regelnden mechatronischen Systems.

So kann bspw. der Regler eines sehr trägen und gut gedämpften Systems deutlich aggressiver eingestellt werden, als bei einem System mit einer sehr kleinen Trägheit und Dämpfung.

Daher muss zumeist als erster Schritt bei der (modellbasierten) Reglersynthese eine Analyse des dynamischen Verhaltens des zu regelnden Systems erfolgen.

Möchten wir einem sehr trägen System trotzdem eine sehr hohe Dynamik aufprägen, so benötigen wir sehr hohe Stellenergien. Allerdings lässt sich in praktischen Anwendungen das dynamische Verhalten von Systemen nicht um Größenordnungen ändern, auch wenn wir die Dynamik durch eine Regelung anpassen könnten.

Eine beliebte Methode, um Reglerparameter zu finden, ist die Verwendung von **Heuristiken**. Diese Methoden kommen mit stark vereinfachten mathematischen Dynamik-Modellen der Regelstrecke aus. So müssen anstatt einer aufwendigeren theoretischen Modellbildung hierbei lediglich einige (Black-Box-Identifikations-)Experimente an der zu regelnden Anlage vorgenommen werden.

Diese Methoden sind daher nur für bereits physisch existierende Anlagen geeignet, da Experimente nötig sind. Zudem sind die Identifikations-Experimente an der ungeregelten Anlage so zu designen, dass sie keine Schäden verursachen können.

Eine klassische heuristische Reglersynthesemethode ist das **Verfahren von Ziegler-Nichols**. Dieses Verfahren ist für stark verzögernde Prozesse geeignet (z. B. für träge Regelstrecken). Nach Anwendung der Einstellregel weist der Regler oft leicht schwingendes Führungsverhalten und gutes Störverhalten auf. Bei dieser Methode wird die Regelstrecke als Übertragungsfunktion erster Ordnung mit Totzeit (PT_1T_t) angenähert. Hierfür werden die stationäre Verstärkung K, die Zeitkonstante T sowie die Totzeit T_t der Regelstrecke experimentell ermittelt, siehe Bild 7.11. Die Reglerparameterwerte der Verstärkung K_P, der Nachstellzeit T_N und der Vorhaltezeit T_V ergeben sich entsprechend der folgenden Tabelle.

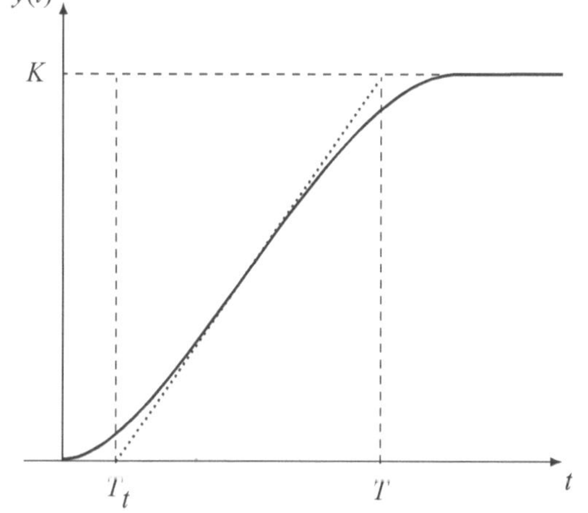

Bild 7.11 Experimentelle Identifikation der Übertragusparameter einer PT_1T_t Regelstrecke

Tabelle 7.8 Reglersynthese nach Ziegler-Nichols

Regler	Reglerparameter
P	$K_P = 1/K \cdot T/T_t$
PI	$K_P = 0{,}9/K \cdot T/T_t$
	$T_N = 3{,}33 \cdot T_t$
PID	$K_P = 1{,}2/K \cdot T/T_t$
	$T_N = 2 \cdot T_t$
	$T_V = 0{,}5 \cdot T_t$

Die **Einstellregel nach Chien, Hrones und Reswick** wurde 1952 entwickelt und gilt als eine Weiterentwicklung der Methode von Ziegler und Nichols. Die Einstellregel berücksichtigt direkt Anforderungen an das Stör- und das Führungsverhalten. Die Einstellregel findet Anwendung bei verzögernden Regelstrecken höherer Ordnung, von denen die Parameter stationäre Verstärkung K, Zeitkonstante T sowie die Totzeit T_t bekannt sein müssen. Diese Einstellregeln ergeben unterschiedliche Reglerparameter, je nach gewünschtem Übertragungsverhalten des geschlossenen Regelkreises, siehe die beiden nachstehenden Tabellen.

Tabelle 7.9 Reglersynthese nach Chien, Hrones und Reswick für aperiodisches Verhalten

Regler	Gutes Störungsverhalten	Gutes Führungsverhalten
P	$K_P = 0{,}3 \cdot \frac{T}{T_t \cdot K}$	$K_P = 0{,}3 \cdot \frac{T}{T_t \cdot K}$
PI	$K_P = 0{,}6 \cdot \frac{T}{T_t \cdot K}$	$K_P = 0{,}35 \cdot \frac{T}{T_t \cdot K}$
	$T_N = 4 \cdot T_t$	$T_N = 1{,}2 \cdot T$
PID	$K_P = 0{,}95 \cdot \frac{T}{T_t \cdot K}$	$K_P = 0{,}6 \cdot \frac{T}{T_t \cdot K}$
	$T_N = 2{,}4 \cdot T_t$	$T_N = 1 \cdot T$
	$T_V = 0{,}42 \cdot T_t$	$T_V = 0{,}5 \cdot T_t$

Tabelle 7.10 Reglersynthese nach Chien, Hrones und Reswick für 20% Überschwingen

Regler	Gutes Störungsverhalten	Gutes Führungsverhalten
P	$K_P = 0{,}7 \cdot \frac{T}{T_t \cdot K}$	$K_P = 0{,}7 \cdot \frac{T}{T_t \cdot K}$
PI	$K_P = 0{,}7 \cdot \frac{T}{T_t \cdot K}$	$K_P = 0{,}6 \cdot \frac{T}{T_t \cdot K}$
	$T_N = 2{,}3 \cdot T_t$	$T_N = 1 \cdot T$
PID	$K_P = 1{,}2 \cdot \frac{T}{T_t \cdot K}$	$K_P = 0{,}95 \cdot \frac{T}{T_t \cdot K}$
	$T_N = 2 \cdot T_t$	$T_N = 1{,}35 \cdot T$
	$T_V = 0{,}42 \cdot T_t$	$T_V = 0{,}47 \cdot T_t$

Zudem existieren eine große Anzahl weiterer Reglersynthese-Verfahren. Für Informationen hierzu wird auf die Literaturliste am Ende des Kapitels verwiesen.

7.4 Reglersynthese im Zustandsraum

Wie bereits gezeigt, wird die Zustandsraumbeschreibung oft zur Abbildung des dynamischen Verhaltens von zu automatisierenden Systemen verwendet. Neben der sehr übersichtlichen Darstellung dieser Beschreibungsform bietet sich hier zusätzlich die Möglichkeit an, weitere Reglersyntheseverfahren in Anwendung zu bringen. So wird bei Zustandsraumbeschreibungen häufig der gesamte Zustand für eine Regelung zurückgeführt. Diese Zustandsrückführung zeigt Bild 7.12.

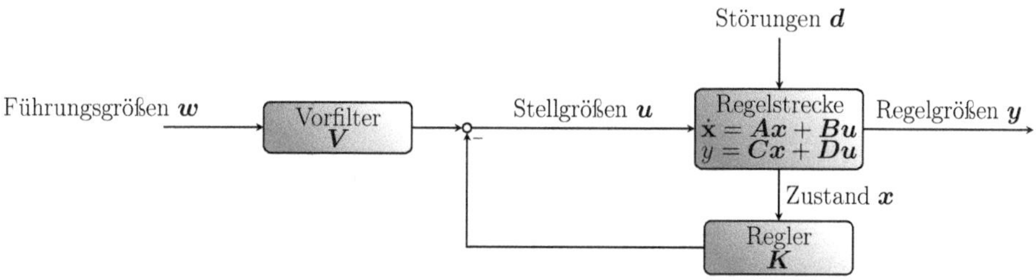

Bild 7.12 Regelkreis im Zustandsraum

Hierbei nutzen wir die Zustandsraumbeschreibung

$$\dot{\boldsymbol{x}}(t) = \boldsymbol{Ax}(t) + \boldsymbol{Bu}(t)$$

zusammen mit der Zustandsrückkopplung und den Führungsgrößen

$$\boldsymbol{u}(t) = -\boldsymbol{Kx}(t) + \boldsymbol{Vw}(t), \tag{7.3}$$

um die Dynamik des Systems zu beeinflussen. Einige relevante Verfahren zur Reglerauslegung im Zustandsraum werden im Folgenden vorgestellt.

7.4.1 Polplatzierung

Ein weitverbreitetes Werkzeug zur Reglersynthese im Zustandsraum ist aufgrund ihrer Systematik die Polvorgabe. Wir wollen hier aus Gründen der Übersichtlichkeit SISO-Systeme der Form

$$\begin{aligned}\dot{\boldsymbol{x}}(t) &= \boldsymbol{Ax}(t) + \boldsymbol{b}u(t)\\ y(t) &= \boldsymbol{c}^{\mathrm{T}}\boldsymbol{x}(t)\end{aligned}$$

betrachten. Soll keiner Führungsgröße gefolgt werden ($w = 0$), resultiert bei dieser Konstellation für die Stellgröße

$$u(t) = -\boldsymbol{k}^{\mathrm{T}}\boldsymbol{x}(t), \qquad \boldsymbol{k} \in \mathbb{R}^n, \tag{7.4}$$

mit welcher wir die **Eigenwerte des geschlossenen Regelkreises** entsprechend unserer Vorgaben beeinflussen wollen. Es wird also der aktuelle Systemzustand zurückgeführt und mit einem Vektor von zu bestimmenden Reglerwerten multipliziert. Daher muss hierfür stets der gesamte Zustandsvektor bekannt sein.

Für den Reglerentwurf gehen wir in einem ersten Schritt von einem System in Regelungsnormalform aus, da, wie oben bereits erwähnt, dies den Entwurf wesentlich vereinfacht. Nach Einsetzen des Regelgesetzes (7.4) in die Zustandsgleichung folgt

$$\dot{\boldsymbol{x}}(t) = \underbrace{(\boldsymbol{A} - \boldsymbol{b}\boldsymbol{k}^{\mathrm{T}})}_{\boldsymbol{A}_k}\boldsymbol{x}(t)$$

mit $\boldsymbol{A}_k = \boldsymbol{A} - \boldsymbol{b}\boldsymbol{k}^{\mathrm{T}}$. In Regelungsnormalform ergibt sich für das Produkt $\boldsymbol{b}\boldsymbol{k}^{\mathrm{T}}$.

$$\boldsymbol{b}\boldsymbol{k}^{\mathrm{T}} = \begin{bmatrix} 0 \\ 0 \\ \vdots \\ 0 \\ 1 \end{bmatrix} \begin{bmatrix} k_1 & k_2 & \dots & k_n \end{bmatrix} = \begin{pmatrix} 0 & 0 & \dots & 0 \\ 0 & 0 & \dots & 0 \\ \vdots & \vdots & \ddots & \vdots \\ 0 & 0 & \dots & 0 \\ k_1 & k_2 & \dots & k_n \end{pmatrix}$$

Mit diesen Überlegungen resultiert für die Eigenwerte des Zustandsraummodells des geschlossenen Regelkreises:

$$\begin{aligned} 0 &= \det(\lambda \boldsymbol{I} - \boldsymbol{A}_k) \\ &= \det\left(\lambda \boldsymbol{I} - \left(\begin{pmatrix} 0 & 1 & 0 & \dots & 0 \\ 0 & 0 & 1 & \dots & 0 \\ \vdots & \vdots & \vdots & \ddots & \vdots \\ 0 & 0 & 0 & \dots & 1 \\ -a_0 & -a_1 & -a_2 & \dots & -a_{n-1} \end{pmatrix} - \begin{pmatrix} 0 & 0 & \dots & 0 \\ 0 & 0 & \dots & 0 \\ \vdots & \vdots & \ddots & \vdots \\ 0 & 0 & \dots & 0 \\ k_1 & k_2 & \dots & k_n \end{pmatrix}\right)\right) \\ &= \det\left(\lambda \boldsymbol{I} - \begin{pmatrix} 0 & 1 & 0 & \dots & 0 \\ 0 & 0 & 1 & \dots & 0 \\ \vdots & \vdots & \vdots & \ddots & \vdots \\ 0 & 0 & 0 & \dots & 1 \\ -(a_0 + k_1) & -(a_1 + k_2) & -(a_2 + k_3) & \dots & -(a_{n-1} + k_n) \end{pmatrix}\right) = 0 \\ &= \lambda^n + (a_{n-1} + k_n)\lambda^{n-1} + \dots + (a_1 + k_2)\lambda + (a_0 + k_1) = 0 \end{aligned}$$

Dementsprechend ergeben sich die Koeffizienten des charakteristischen Polynoms des geschlossenen Regelkreises aus der Summe zwischen den Koeffizienten des Systems und dem Vektor der Reglerwerte. Somit können diese aus der Differenz

$$\boldsymbol{k} = \begin{bmatrix} a_{k,0} \\ a_{k,1} \\ \vdots \\ a_{k,n-1} \end{bmatrix} - \begin{bmatrix} a_0 \\ a_1 \\ \vdots \\ a_{n-1} \end{bmatrix} = \boldsymbol{a}_k - \boldsymbol{a} \tag{7.5}$$

mit den Koeffizienten des charakteristischen Polynoms des geschlossenen Regelkreises $\boldsymbol{a}_k$ und denen des ursprünglichen Systems in Regelungsnormalform $\boldsymbol{a}$ ermittelt werden. Für den Reglerentwurf muss nun eine Wunschdynamik festgelegt werden. Dies geschieht über die Definition der Wunscheigenwerte $\lambda_{k,0}, \dots, \lambda_{k,n-1}$. Mit diesen kann das gesuchte charakteristische Polynom über $\lambda^n + (a_{k,n-1})\lambda^{n-1} + \dots + (a_{k,1})\lambda + (a_{k,0}) = (\lambda - \lambda_{k,0})(\lambda - \lambda_{k,1}) \dots (\lambda - \lambda_{k,n-1})$ bestimmt und mit der Gleichung (7.5) der Vektor der Reglerwerte ermittelt werden.

Ein analoges Vorgehen kann auch für Systeme erfolgen, die nicht in Regelungsnormalform gegeben sind. Dies führt auf die **Ackermann-Formel** zur Polvorgabe. Dabei gehen wir wieder von dem gewünschten charakteristischen Polynom $\lambda^n + a_{k,n-1}\lambda^{n-1} + \cdots + a_{k,1}\lambda + a_{k,0}$ aus, welches wir an der Matrix $\boldsymbol{A}$ auswerten. Daraus ergibt sich die gesuchte Rückführung

$$\boldsymbol{k}^{\mathrm{T}} = [0,\ldots,0,1]\boldsymbol{S}_R^{-1}\left(\boldsymbol{A}^n + a_{k,n-1}\boldsymbol{A}^{n-1} + \cdots + a_{k,1}\boldsymbol{A} + a_{k,0}\boldsymbol{I}\right),$$

wobei das an der Matrix $\boldsymbol{A}$ ausgewertete charakteristische Polynom mit der letzten Zeile der inversen Steuerbarkeitsmatrix multipliziert wird. Wir haben bisher festgestellt, dass das dynamische Verhalten des Systems wesentlich durch die Position der Eigenwerte bestimmt wird und wir diese mittels der Polvorgabe wählen bzw. verschieben können. Daran schließen sich direkt zwei weitere Fragen an. Erstens, wie sollten die zu definierenden Eigenwerte gewählt werden? Zweitens, ist die freie Wählbarkeit an Bedingungen geknüpft?

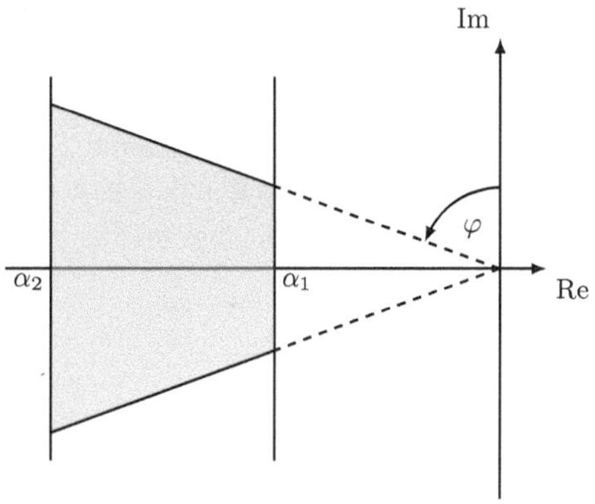

Bild 7.13 Platzierung der Eigenwerte

Zur Beantwortung der ersten der beiden Fragen betrachten wir Bild 7.13. Dort ist ein trapezförmiges Gebiet dargestellt, welches die avisierte Eigenwertplatzierung des geschlossenen Regelkreises verdeutlicht. Dieses Trapez wird durch die drei Parameter α_1, α_2 und φ beschrieben. Der Parameter α_1 charakterisiert dabei den Grad der **Stabilität** und hat starken Einfluss auf die Dynamik des geschlossenen Regelkreises. Es sollten die Eigenwerte so gewählt werden, dass sie einen gewissen Abstand zur imaginären Achse und somit zur Stabiliätsgrenze ($\mathrm{Re}\{\lambda_i\} = 0$) besitzen.

Demgegenüber begrenzt der Parameter α_2 die Dynamik nach oben, das bedeutet, der Betrag des Realteils des Eigenwertes sollte nicht beliebig groß werden. Denn zu große negative Werte des Realteils (also Eigenwerte zu weit links in der komplexen Halbebene) führen zu signifikantem Verstärken des Messrauschens. Außerdem wird dem System dadurch eine hohe Dynamik aufgeprägt, was im Allgemeinen zu unerwünscht hohen Stellamplituden und **Stellenergien** bzw. -leistungen führt.

Der letzte der drei Parameter (φ) beschreibt die **Dämpfung** des Systems und definiert somit das Schwingungsverhalten des Systems. So nimmt mit konstantem Realanteil und wachsendem Imaginäranteil der Eigenwert der Dämpfung des Systems ab. Der Systemausgang neigt folglich zu steigenden Schwingungsverhalten.

Die konkreten Werte für die Parameter α_1, α_2 und φ sind dabei stark von der jeweiligen Anwendung abhängig. Soll bspw. eine elektronische Konverterschaltung geregelt werden, so liegt das gesamte Trapez wesentlich weiter links als bei einer thermischen Anwendung, da bereits die Eigendynamik des ungeregelten Systems wesentlich schneller ist. Im Allgemeinen gilt, dass die Größenordnung der Eigenwerte beibehalten werden sollte, da sonst exorbitante Stellenergien bzw. -leistungen benötigt werden. Dies ist meist durch den entsprechenden Aktor nicht realisierbar oder unter Ressourcen-Aspekten nicht wünschenswert. Auch das gewünschte Schwingungsverhalten (Wahl von φ) wird durch die Anwendung bestimmt. So gibt es Anwendungen, bei denen kein oder nur minimales Überschwingen erlaubt ist. Ein häufig verwendetes Beispiel ist die Füllstandsregelung eines Tanks. Sollte der Füllstand beim Einregeln zu sehr überschwingen, führt dies zum Überlaufen des Tanks. Bei der Abstandsregelung eines ACCs hingegen ist es aus Komfortabilitätsgründen gewünscht, ein wenig überzuschwingen. Dies wird häufig auch als „Eintauchen“ bezeichnet.

Die **zweite Frage** befasst sich mit der Beliebigkeit der Wahl der Eigenwerte. Dazu seien hier zwei Aspekte angemerkt. Einerseits entsprechen die Eigenwerte den Wurzeln des charakteristischen Polynoms. Somit müssen komplexe Eigenwerte stets als konjugiert komplexes Paar auftreten. Dies muss entsprechend auch bei der Wahl der Eigenwerte berücksichtigt werden. Außerdem gelten die Betrachtungen nur für vollständig steuerbare Systeme. Sollte das zu regelnde System nicht vollständig steuerbar sein, lässt es sich in einen steuerbaren und einen nicht-steuerbaren Teil zerlegen und nur der steuerbare Teil kann durch die Zustandsrückführung beeinflusst werden.

7.4.2 Vorfilter

Wie Bild 7.12 zeigt, wird der Regelkreis bei einer Zustandsrückführung im Allgemeinen um das Vorfilter $\boldsymbol{V}$ ergänzt. Dies ist der Tatsache geschuldet, dass der Regelgrößenvektor $\boldsymbol{y}(t)$ den Wert der Führungsgrößen $\boldsymbol{w}(t)$ annehmen soll, allerdings der um $\boldsymbol{K}$ verstärkte Zustand $\boldsymbol{x}(t)$ rückgekoppelt wird. Daher macht ein direkter Vergleich zwischen Führungsgrößen und dieser Rückkopplung nur wenig Sinn. Dies würde zu einer wesentlichen stationären Regelabweichung führen. Entsprechend muss, um diese stationäre Regelabweichung zu verhindern, die Forderung $\lim\limits_{t\to+\infty} \boldsymbol{y}(t) = \lim\limits_{t\to+\infty} \boldsymbol{w}(t)$ erfüllt werden. Mit der Verwendung eines Vorfilters ergibt sich

$$
\begin{aligned}
\dot{\boldsymbol{x}}(t) &= (\boldsymbol{A}-\boldsymbol{BK})\boldsymbol{x}(t)+\boldsymbol{BV}\boldsymbol{w}(t)\\
\boldsymbol{y}(t) &= \boldsymbol{Cx}(t)
\end{aligned}
$$

für die Dynamik des geschlossenen Regelkreises. Wird diese Gleichung nach dem Vorfilter $\boldsymbol{V}$ aufgelöst, resultiert

$$
\begin{aligned}
\lim_{t\to+\infty} \boldsymbol{x}(t) &\to \dot{\boldsymbol{x}}(t) = \boldsymbol{0} = (\boldsymbol{A}-\boldsymbol{BK})\boldsymbol{x}(t)+\boldsymbol{BV}\boldsymbol{w}(t)\\
\boldsymbol{x}(t) &= (\boldsymbol{BK}-\boldsymbol{A})^{-1}\boldsymbol{BV}\boldsymbol{w}(t)\\
\boldsymbol{y}(t) &= \boldsymbol{Cx}(t) = \boldsymbol{C}(\boldsymbol{BK}-\boldsymbol{A})^{-1}\boldsymbol{BV}\boldsymbol{w}(t) \qquad \text{mit} \qquad \lim_{t\to+\infty} \boldsymbol{y}(t) = \lim_{t\to+\infty} \boldsymbol{w}(t)\\
\boldsymbol{V} &= \left(\boldsymbol{C}(\boldsymbol{BK}-\boldsymbol{A})^{-1}\boldsymbol{B}\right)^{-1} \qquad (7.6)
\end{aligned}
$$

als Bestimmungsgleichung für den Vorfilter. Die exemplarische Auslegung eines Vorfilters ist in Beispiel 7.4 dargestellt.

7.4.3 Ausgangsrückführung

Im vorangegangenen Abschnitt wurde gezeigt, dass bei vollständigem Zugriff auf den Zustandsvektor sehr effektiv Rückführungen entworfen werden können. Häufig ist es allerdings aus technischen oder ökonomischen Gründen **nicht sinnvoll, alle Zustände messtechnisch zu erfassen**. Wir werden in Abschnitt 8.2 sehen, dass wir mithilfe der Beobachtbarkeitseigenschaft die nicht erfassten Zustände schätzen und anschließend für die Regelung verwenden können. Allerdings sind damit eine kompliziertere Implementierung der Regelung und ein zusätzlicher Entwurfsaufwand verbunden. Daher ergibt sich die Frage: Können wir auch adäquate Regelungen mit einer Ausgangsrückführung erhalten?

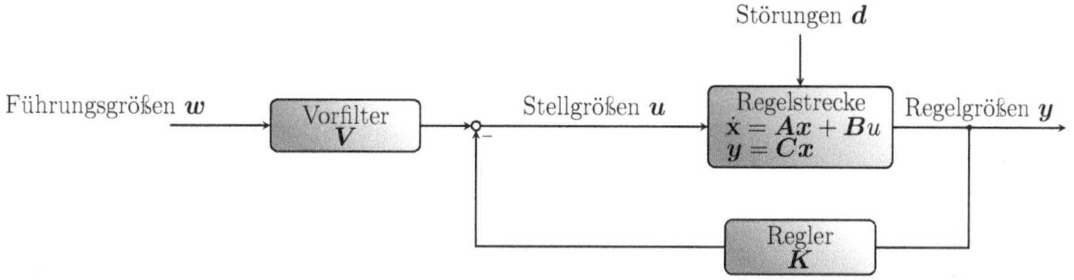

Bild 7.14 Regelkreis mit Ausgangsrückführung

Betrachten wir, angelehnt an Bild 7.14, das lineare zeit-invariante Zustandsraummodell

$$\begin{aligned}\dot{\boldsymbol{x}}(t) &= \boldsymbol{A}\boldsymbol{x}(t)+\boldsymbol{B}\boldsymbol{u}(t)\\ \boldsymbol{y}(t) &= \boldsymbol{C}\boldsymbol{x}(t),\end{aligned}$$

welches über eine Rückführung (bei $\boldsymbol{w}=0$)

$$\boldsymbol{u}(t) = -\boldsymbol{K}\boldsymbol{y}(t)$$

geregelt werden soll. Daraus ergibt sich für die Zustandsgleichung:

$$\dot{\boldsymbol{x}}(t) = \boldsymbol{A}\boldsymbol{x}(t)+\boldsymbol{B}\boldsymbol{u}(t) = \boldsymbol{A}\boldsymbol{x}(t)-\boldsymbol{B}\boldsymbol{K}\boldsymbol{y}(t) = \boldsymbol{A}\boldsymbol{x}(t)-\boldsymbol{B}\boldsymbol{K}\boldsymbol{C}\boldsymbol{x}(t) = (\boldsymbol{A}-\boldsymbol{B}\boldsymbol{K}\boldsymbol{C})\boldsymbol{x}(t)$$

Dementsprechend wird die resultierende Systemdynamik durch die Eigenwerte der Matrix $\boldsymbol{A}-\boldsymbol{B}\boldsymbol{K}\boldsymbol{C}$ definiert. Für eine frei wählbare Platzierung der Eigenwerte müssten die einzelnen Koeffizienten $a_{k,i}$ des charakteristischen Polynoms

$$\delta(\lambda) = \det(\lambda\boldsymbol{I}-(\boldsymbol{A}-\boldsymbol{B}\boldsymbol{K}\boldsymbol{C})) = \lambda^n + a_{k,n-1}\lambda^{n-1}+\dots+a_{k,0} = 0$$

beliebig verschoben werden können. Um nun die n-Parameter $a_{k,i}$ durch die Elemente der Matrix $\boldsymbol{K}$ verschieben zu können, muss $\boldsymbol{K}$ mindestens n-Elemente beinhalten. Da die Reglermatrix $\boldsymbol{K}$ die Dimension $(p \times q)$ besitzt, ist eine notwendige Bedingung für die freie Platzierbarkeit der Eigenwerte, dass das Produkt aus der Anzahl der Eingänge und der Anzahl der Ausgänge größer als die Systemdimension n sein muss. Das bedeutet, es muss

$$pq \geq n$$

gelten. Auch wenn diese Bedingung häufig nicht gegeben ist (bspw. für SISO-Systeme mit $n \geq 2$), existiert keine allgemeingültige und sinnvoll auswertbare hinreichende Bedingung. Daher muss der Regelungsentwurf für jedes System individuell betrachtet werden.

Beispiel 7.4 (Zustands- und Ausgangsrückführung des Gleichstrommotors). Im folgenden Beispiel wollen wir einen Regler für einen Gleichstrommotor auslegen. Die Differentialgleichungen, welche den Motor beschreiben können in das Zustandsraummodell

$$\dot{\boldsymbol{x}} = \begin{pmatrix} -\frac{R_A}{L_A} & -\frac{k_M}{L_A} \\ \frac{k_T}{J} & -\frac{k_L}{J} \end{pmatrix} \boldsymbol{x} + \begin{bmatrix} \frac{1}{L_A} \\ 0 \end{bmatrix} u \tag{7.7}$$

$$\boldsymbol{y} = \begin{bmatrix} 0 & \frac{1}{2\pi} \end{bmatrix} \tag{7.8}$$

mit dem Zustandsvektor $\boldsymbol{x} = (i_A, \omega)^{\mathrm{T}}$ und der Drehzahl $y = n = \frac{\omega}{2\pi}$ als Ausgangsgröße, überführt werden. Hierbei nehmen wir folgende Parameter an: $R_A = 9\,\Omega$, $L_A = 110\,\mathrm{mH}$, $J = 0{,}1\,\frac{\mathrm{Nm}^2}{\mathrm{rad}}$, $k_T = 2\,\frac{\mathrm{Nm}}{\mathrm{A}}$, $k_M = 2\,\frac{\mathrm{Vs}}{\mathrm{rad}}$ und $k_L = 0{,}1\,\frac{\mathrm{Nms}}{\mathrm{rad}}$. Der betrachtete Gleichstrommotor ist vollständig steuerbar, denn die resultierende Steuerbarkeitsmatrix

$$\boldsymbol{S}_S = \begin{pmatrix} 9{,}09 & -743{,}80 \\ 0 & 181{,}82 \end{pmatrix}$$

besitzt vollen Rang. Daher können über eine Zustandsrückführung die Pole des geschlossenen Regelkreises beliebig verschoben werden. Allerdings ist durch die Messgleichung (7.8) ersichtlich, dass messtechnisch nur die Drehzahl (also x_2) zur Verfügung steht. Daher wäre es wesentlich einfacher, eine Ausgangsrückführung anstelle einer Zustandsrückführung zu realisieren. Dementsprechend ist die erzielbare Dynamik über das charakteristische Polynom

$$\det\left(\lambda \boldsymbol{I} - (\boldsymbol{A} - \boldsymbol{b}k\boldsymbol{c}^{\mathrm{T}})\right) = \lambda^2 + 82{,}82\lambda + 28{,}94k + 445{,}45$$

bestimmt. Hierbei beschreibt k den frei wählbaren Reglerparameter der Ausgangsrückführung. Die daraus erzielbaren Eigenwerte zeigt Bild 7.15. Es wird deutlich, dass sich für $k = 0$ die Eigenwerte des ungeregelten Gleichstrommotors $\mathrm{eig}(A) = [-77{,}04; -5{,}78]^{\mathrm{T}}$ ergeben. Für größer werdende Werte von k laufen die beiden Eigenwerte aufeinander zu, bis sie für $k \approx 43{,}9$ ein konjugiert komplexes Eigenwertpaar mit einem Realteil von $41{,}41$ bilden. Durch eine weitere Erhöhung des Reglerparameters vergrößert sich lediglich der Imaginärteil. Wenn wir nun eine Zustandsrückführung betrachten, können wir die Eigenwerte des geschlossenen Regelkreises beliebig verschieben. Um dem Sollwert w zu folgen, muss neben dem Reglervektor $\boldsymbol{k}$ auch das Vorfilter V bestimmt werden. Dieser berechnet sich dementsprechend über

$$V = \left(\boldsymbol{c}^{\mathrm{T}}(\boldsymbol{b}\boldsymbol{k}^{\mathrm{T}} - \boldsymbol{A})^{-1}\boldsymbol{b}\right)^{-1},$$

woraus sich für frei wählbare Regelparameter $\boldsymbol{k}^{\mathrm{T}} = [k_1; k_2]$ das Vorfilter

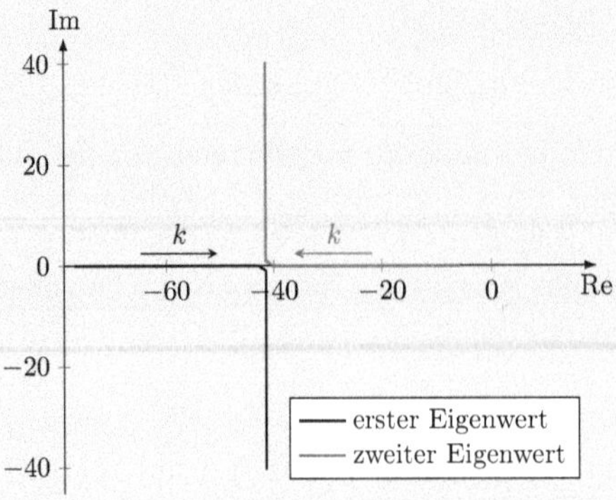

Bild 7.15 Erzielbare Eigenwerte bei Ausgangsrückführung des Gleichstrommotors

$$V = 0{,}31k_1 + 6{,}28k_2 + 15{,}39$$

ergibt. Bild 7.16 stellt das resultierende Verhalten des Gleichstrommotors (mit einem weißen Rauschen als Störung auf dem Ausgangssignal) für unterschiedliche Eigenwert-Konfigurationen dar. Es zeigt sich, dass Eigenwerte, die weiter links in der komplexen Ebene liegen, eine schnellere Systemdynamik bewirken. Allerdings führt diese Erhöhung zu einem signifikant größeren Bedarf an Stellenergie.

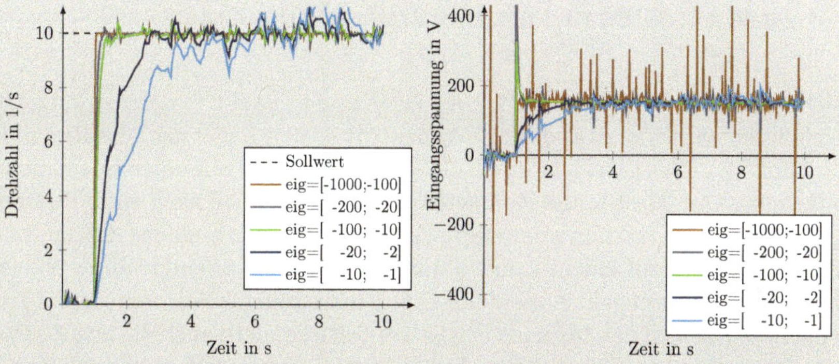

(a) Vergleich der Ausgangsgröße (Drehzahl) für unterschiedliche Eigenwerte des geschl. Regelkreises

(b) Vergleich der Eingangsgröße (Spannung) für unterschiedliche Eigenwerte des geschlossenen Regelkreises

Bild 7.16 Vergleich unterschiedlicher Eigenwerte des geschlossenen Regelkreises bei einer Gleichstrommaschine

Das Verhalten mit den Eigenwerten $[-1000; -100]$ ist sicherlich sehr wünschenswert, da das System in dieser Konfiguration sehr schnell auf Führungsgrößenänderungen reagieren kann. Betrachten wir allerdings die notwendigen Eingangsspannungen, so sind sehr hohe Spannungen und Spannungsgradienten notwendig. In einer realen Anwendung sind solche Eingangsgrößen nicht gewollt und auch technisch nur schwer realisierbar. Daher ist stets ein Abwägen zwischen schneller Systemdynamik und hohen Stellgrößen notwendig. Diese Herausforderung wird auf direkte Weise mit dem im nachfolgenden Abschnitt dargestellten LQ-Regler adressiert. ■

7.4.4 LQ-Regler

Ähnlich der Polvorgabe besteht auch bei der LQ-Reglersynthese die Aufgabe darin, eine geeignete Rückführung $\boldsymbol{K}(t)$ zur Regelung des LTI-Systems

$$\begin{aligned}\dot{\boldsymbol{x}}(t) &= \boldsymbol{A}\boldsymbol{x}(t) + \boldsymbol{B}\boldsymbol{u}(t)\\ \boldsymbol{y}(t) &= \boldsymbol{C}\boldsymbol{x}(t)\end{aligned}$$

zu finden. Jedoch wollen wir diese Rückführung nicht mittels Vorgabe expliziter Eigenwerte des Systems, sondern durch die **Minimierung einer Zielfunktion** bestimmen. Dadurch wird eine konstruktivere und intuitivere Parametrierung ermöglicht.

Da die zu wählenden Freiheitsgrade eine gute physikalische Interpretation und zugleich eine effiziente Berechnung der Reglerparameter erlauben, ist der Aufwand zum Einstellen des Reglers gering.

Dabei bleiben die grundlegenden Anforderungen der Regelung erhalten, wie Sicherung der Stabilität, „gute" Störgrößen-Unterdrückung, „gutes" **Folgeverhalten** und Robustheit. Diese Anforderungen führen zur Überlegung, wie ein optimales Regelverhalten aussehen soll. Dies spezifizieren wir über das Ziel- oder auch Kostenfunktional

$$J(\boldsymbol{x}, \boldsymbol{u}) = \boldsymbol{x}^{\mathrm{T}}(t_f)\boldsymbol{P}_{t_f}\boldsymbol{x}(t_f) + \int_{t_0}^{t_f} \left(\boldsymbol{x}^{\mathrm{T}}(t)\boldsymbol{Q}\boldsymbol{x}(t) + \boldsymbol{u}^{\mathrm{T}}(t)\boldsymbol{R}\boldsymbol{u}(t)\right)\mathrm{d}t, \tag{7.9}$$

welches über die Matrizen $\boldsymbol{Q} \in \mathbb{R}^{n\times n}$, $\boldsymbol{R} \in \mathbb{R}^{p\times p}$ und $\boldsymbol{P}_{t_f} \in \mathbb{R}^{n\times n}$ parametriert wird. Ziel des Regelungsentwurfes ist es also, den Wert bzw. die Kosten J über das Zeitintervall $t_0 \leq t \leq t_f$ zu minimieren. Dies geschieht durch die Suche nach einer minimierenden Funktion $\boldsymbol{u}(t)$. Im Gegensatz zur klassischen Parameteroptimierung (Suche nach einer Parameterkonfiguration, die eine Funktion minimiert) wird hier nicht eine endliche Anzahl von Parametern gesucht, sondern eine gesamte Funktion, sodass ein unendlichdimensionales Optimierungsproblem entsteht. Außerdem sehen wir, dass für die Bestimmung der Kosten (7.9) nicht nur der Verlauf der Zustände von Relevanz ist, sondern auch die resultierenden Werte der Eingangsgrößen. Dies ist notwendig, da die Zustandsgrößen mit unbegrenzter **Stellenergie** ($\|\boldsymbol{u}\|_2 \to +\infty$) beliebig schnell ihre Sollgrößen erreichen und somit das Optimierungsproblem eine triviale Lösung besitzen würde. Unendlich große Stellsignale sind aber weder aus technischen noch aus ökonomischen Gesichtspunkten sinnvoll, da Aktoren nur begrenzte Stellenergie zur Verfügung stellen können und diese meist auch mit Kosten und Verschleiß verbunden ist. Damit der Wert von J stets größer oder gleich Null ist und das Optimierungsproblem effizient lösbar, ist müssen folgende Bedingungen gelten:

- Die Matrix $\boldsymbol{R}$ gewichtet die Eingangssignale und ist symmetrisch sowie positiv definit ($\boldsymbol{R} = \boldsymbol{R}^{\mathrm{T}} > 0$).
- Die Matrix $\boldsymbol{Q}$ gewichtet die Zustände und ist symmetrisch sowie positiv semi-definit ($\boldsymbol{Q} = \boldsymbol{Q}^{\mathrm{T}} \geq 0$).
- Die Matrix $\boldsymbol{P}_{t_f}$ gewichtet den Endzustand zum Zeitpunkt t_f und ist symmetrisch sowie semi-positiv definit ($\boldsymbol{P}_{t_f} = \boldsymbol{P}_{t_f}^{\mathrm{T}} \geq 0$).

Das bedeutet, dass alle drei Terme, welche die Kostenfunktion definieren, stets positiv bzw. nicht-negativ sind, da die jeweiligen Signale ($\boldsymbol{u}(t)$ und $\boldsymbol{x}(t)$) quadratisch eingehen. Dies führt zu einem konvexen Optimierungsproblem und ist entscheidend für die Namensgebung. Denn die Buchstaben LQ im Begriff LQ-Regler stehen für linear und quadratisch, es wird also ein lineares System mit einer quadratischen Kostenfunktion betrachtet.

Mit diesen Überlegungen kann das Ziel des Reglerentwurfes über das Problem

$$\begin{array}{lrcll} \min\limits_{\boldsymbol{x},\boldsymbol{u}} & J(\boldsymbol{x}, \boldsymbol{u}) & & & \\ \text{unter} & \dot{\boldsymbol{x}} & = & \boldsymbol{A}\boldsymbol{x} + \boldsymbol{B}\boldsymbol{u}, & t \in [t_0, t_f] \\ & \boldsymbol{x}(t_0) & = & \boldsymbol{x}_0 & \end{array}$$

beschrieben werden. Als Resultat ergibt sich eine Funktion $\boldsymbol{u}(t)$, welche das System optimal regelt. Allerdings gilt diese Optimalität nur bzgl. der gewählten Kostenfunktion $J(\boldsymbol{x}, \boldsymbol{u})$.

Die Kostendefinition ist dabei variabel und stellt den Entwurfsgegenstand dar. Das bedeutet, wenn eine Regelung zu große Stellsignale erfordert, muss der Betrag der Elemente von $\boldsymbol{R}$ vergrößert werden. Ist hingegen das Regelverhalten zu träge (lange Ausregelzeiten oder Ähnliches), so muss der Betrag der Matrix $\boldsymbol{Q}$ nach oben korrigiert werden. Über diese Mechanismen entsteht ein äußerst konstruktiver Einstellvorgang. Trotz der recht komplexen Problembeschreibung ermöglicht die Optimierung die Erzeugung einer linearen Zustandsrückführung in der Form:

$$\boldsymbol{u}(t) = -\boldsymbol{K}(t)\boldsymbol{x}(t)$$

Allerdings ist die Rückführung $\boldsymbol{K}(t)$ zeitabhängig und wird über den Zusammenhang

$$\boldsymbol{K}(t) = \boldsymbol{R}^{-1}\boldsymbol{B}^{\mathrm{T}}\boldsymbol{P}(t)$$

bestimmt. Hierbei sind die Matrizen bekannte Größen ($\boldsymbol{B}$ aus der Systembeschreibung und $\boldsymbol{R}$ aus der Kostenfunktion). Die Matrix $\boldsymbol{P}(t)$ hingegen ist zeitvariant und ergibt sich als Lösung der **Matrix-Riccati-Differentialgleichung**

$$\dot{\boldsymbol{P}}(t) = -\boldsymbol{A}^{\mathrm{T}}\boldsymbol{P}(t) - \boldsymbol{P}(t)\boldsymbol{A} + \boldsymbol{P}(t)\boldsymbol{B}\boldsymbol{R}^{-1}\boldsymbol{B}^{\mathrm{T}}\boldsymbol{P}(t) - \boldsymbol{Q},$$

mit $\boldsymbol{P}(t_f) = \boldsymbol{P}_{t_f}$. Dementsprechend wird die Lösung des Optimierungsproblems in die Lösung einer matrixwertigen Differentialgleichung überführt. Da die Matrix $\boldsymbol{P}$ in dieser Gleichung zwar in die ersten beiden Terme linear eingeht, aber im dritten Term $\boldsymbol{P}\boldsymbol{B}\boldsymbol{R}^{-1}\boldsymbol{B}^{\mathrm{T}}\boldsymbol{P}$ quadratisch auftritt, handelt es sich bei der Matrix-Riccati-Differentialgleichung um eine nichtlineare Differentialgleichung. Aufgrund der zentralen Bedeutung dieser Gleichung existieren sehr leistungsfähige Löser, sodass moderne Software-Systeme diese Differentialgleichung sehr effizient lösen können. Dabei muss beachtet werden, dass ein Endwert $\boldsymbol{P}(t_f) = \boldsymbol{P}_{t_f}$ gegeben ist, sodass die Differentialgleichung rückwärts, also zeitlich negativ, gelöst werden muss. Die sich als Lösung ergebende Matrix ist symmetrisch ($\boldsymbol{P}(t) = \boldsymbol{P}(t)^{\mathrm{T}}$) und es gilt $\boldsymbol{P}_{t_f} \geq 0 \implies \boldsymbol{P} \geq 0$ sowie $\boldsymbol{P}_{t_f} > 0 \implies \boldsymbol{P} > 0$.

Die Matrix $\boldsymbol{R}$ taucht sowohl im Regelgesetz als auch in der Matrix-Riccati-Differentialgleichung mit ihrer Inversen auf. Diese Inverse existiert nur, wenn die Matrix $\boldsymbol{R}$ eine nichtverschwindende Determinante hat und damit nicht semi-definit ist. Strebt die Determinante von $\boldsymbol{R}$ gegen Null, das bedeutet die Eingangssignale werden nicht mehr gewichtet, so strebt $\boldsymbol{K}(t)$ gegen Unendlich und es entstehen beliebig große Stellsignale. Daher ist die Anforderung $\boldsymbol{R} > 0$ nicht nur sinnvoll, sondern notwendig. Zusammenfassend lässt sich festhalten, dass wir das Regelungsentwurfsproblem in ein Optimierungsproblem überführen, wobei die Kostenfunktion für das Tuning verwendet wird. Das Ergebnis ist ein lineares, aber zeitvariantes Regelungsgesetz, welches optimal gegenüber der definierten Kostenfunktion ist. Nun stellt sich die Frage, wie sich das entstehende Regelungsgesetz verhält, wenn das betrachtete Zeitintervall unendlich groß wird ($t_f \to +\infty$). Dies ist auch sinnvoll, da wir in den meisten Fällen nicht nur einen begrenzten Zeitraum der Regelung betrachten. Es lässt sich zeigen, dass dann die Matrix $\boldsymbol{P}$ einen stationären Endwert erreicht, sodass $t_f \to +\infty \implies \boldsymbol{P} = \text{const.} \implies \dot{\boldsymbol{P}} = 0$ gilt. Mit dieser Überlegung kann die Matrix-Riccati Differentialgleichung in die **Algebraische-Riccati-Gleichung** (ARE)

$$0 = -\boldsymbol{A}^{\mathrm{T}}\boldsymbol{P} - \boldsymbol{P}\boldsymbol{A} + \boldsymbol{P}\boldsymbol{B}\boldsymbol{R}^{-1}\boldsymbol{B}^{\mathrm{T}}\boldsymbol{P} - \boldsymbol{Q}$$

überführt werden.

Da die Matrix $\boldsymbol{P}$ nun nicht mehr zeitabhängig ist, ist auch die Rückführung $\boldsymbol{K}$ zeitinvariant. Auffallend ist die Ähnlichkeit zwischen der ARE und der Lyapunov-Gleichung (4.31). So entsteht aus der ARE bei autonomen Systemen ($\boldsymbol{B} = \boldsymbol{0}$) die Lyapunov-Gleichung. Wird das optimal geregelte System $\boldsymbol{A}_K = \boldsymbol{A} - \boldsymbol{B}\boldsymbol{K}$, $\boldsymbol{K} = \boldsymbol{R}^{-1}\boldsymbol{B}^{\mathrm{T}}\boldsymbol{P}$ mit $\bar{\boldsymbol{Q}} = \boldsymbol{Q} + \boldsymbol{K}\boldsymbol{R}\boldsymbol{K}^{\mathrm{T}}$ in die Lyapunov-Gleichung eingesetzt, so ergibt sich die ARE.

Der resultierende Regler stabilisiert das System, zumindest wenn das System stabilisierbar ist, d. h. wenn alle instabilen Zustände durch den Eingang stabilisiert werden können. Auch für stabilisierbare Systeme impliziert Optimalität nicht die Stabilität. Da die Matrix $\boldsymbol{Q}$ positiv semi-definit ist, ist auch $\boldsymbol{Q} = \boldsymbol{0}$ prinzipiell eine zulässige Wahl. Dies führt meist jedoch dazu, dass die Zustände nicht mehr gewichtet werden und nur noch Eingangssignale Einfluss haben. Diese Konfiguration hat die triviale Lösung $\boldsymbol{u}(t) \equiv \boldsymbol{0}$ und entsprechend wird das System nicht geregelt. Eine typische Wahl ist $\boldsymbol{Q} = \boldsymbol{C}^{\mathrm{T}}\boldsymbol{C}$. Mit diesem Ansatz ergibt sich ein stabiles Regelgesetz, wenn das System beobachtbar ist, also alle instabilen Zustände über die Matrix $\boldsymbol{Q}$ repräsentiert werden. Neben der einfachen Parameterisierbarkeit besitzt der LQ-Regler auch äußerst gute Robustheitseigenschaften, zumindest wenn der gesamte Zustand messbar ist. So hat der geschlossene Regelkreis eine Phasenreserve von mindestens 60° und eine Amplitudenreserve von $\frac{1}{2} < k < +\infty$.

Beispiel 7.5 (LQR-Gleichstrommotor). Wir wollen nun betrachten, wie der Regelungsentwurf für den in Beispiel 7.4 betrachteten Gleichstrommotor mit einem LQ-Regler erfolgt. Da wir hier nur ein Eingangssignal verwenden, vereinfacht sich die Matrix $\boldsymbol{R}$ zu einem Skalar ($R \in \mathbb{R}$). Daher ist R eine reelle positive Zahl. Die zwei Zustände des Gleichstrommotors führen dazu, dass die Matrix $\boldsymbol{Q}$ hingegen in einer zweidimensionalen symmetrischen Matrix ($\boldsymbol{Q} \in \mathbb{R}^{2\times 2}$) resultiert. Für die beispielhaften Rückführungen, welche wir im Folgenden betrachten, hat die Matrix stets die Form $\boldsymbol{Q} = a\begin{pmatrix} 1 & 0 \\ 0 & 10 \end{pmatrix}$, wobei der Parameter $a \geq 0$ eine nicht-negative reelle Zahl darstellt. Dementsprechend wird der zweite Zustand, die Drehzahl, zehnmal stärker gewichtet. Dadurch wird den unterschiedlichen Größenordnungen der Signale Rechnung getragen. Da die Wichtungsmatrizen im optimierten Kostenfunktional mit den Signalen multipliziert werden, ist die Größenordnung dieser Signale entscheidend für die Auswahl der einzelnen Matrixelemente. Um also eine gleichwertige Repräsentation der verschiedenen Zustände im Kostenfunktional zu erreichen, müssen die Elemente der Matrizen, die tendenziell mit numerisch kleineren Signalen multipliziert werden, entsprechend größer gewählt werden. Die resultierenden Ergebnisse zeigt Bild 7.17.

Wir haben bereits im Beispiel 7.4 gesehen, dass über die Wahl der Rückführung $\boldsymbol{k}$ ein Kompromiss zwischen großen Stellenergien und einer hohen Dynamik der Regelung gefunden werden muss. Das bedeutet, dass wir entweder Sprünge in der Sollgröße sehr schnell kompensieren und dabei sehr hohe Stellgrößen benötigen oder mit geringen Stellgrößen längere Zeit zum Ausregeln benötigen. Dieses Dilemma wird im Beispiel 7.4 implizit über die Positionierung der Eigenwerte adressiert. Bei dem hier betrachteten LQ-Regler wird der Kompromiss explizit über das Verhältnis zwischen R und a beschrieben. Wir sehen, dass die langsamste Dynamik für $a = 0$ entsteht. Dies führt zu einem Verschwinden der Reglerverstärkung $\boldsymbol{k}^{\mathrm{T}} = [0; 0]$, da die Zustandsabweichungen nicht bewertet werden. Somit stellt der offene Regelkreis die untere Grenze der Dynamik dar. Bei der Zustandsrückführung durch Eigenwert-Vorgabe konnten wir die Eigenwerte beliebig verschieben und auch betragsmäßig kleinere Eigenwerte, als die des offenen Regelkreises, realisieren.

Für steigende Werte des Verhältnisses a/R wird auf den Sollwertsprung schneller reagiert und dementsprechend steigen auch die notwendigen Eingangsspannungen bzw. die Spannungsanstiege.

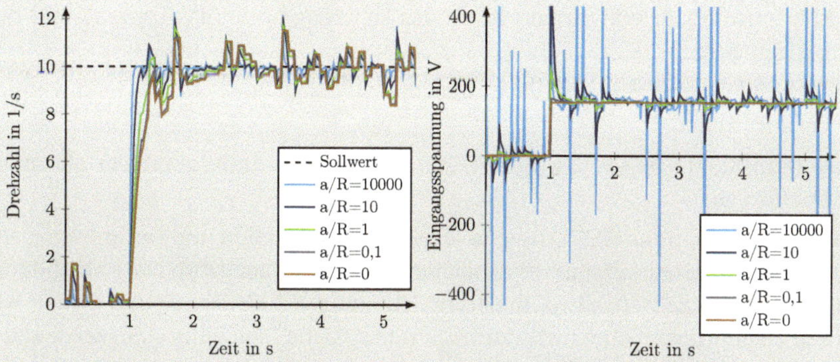

(a) Ausgangsgrößen (Drehzahl) für unterschiedliche Verhältnisse von a und R

(b) Eingangsgrößen (Spannung) für unterschiedliche Verhältnisse von a und R

Bild 7.17 Vergleich unterschiedlicher Verhältnisse zwischen a und R bei einem LQ-geregelten Gleichstrommotor

■

7.4.5 Modellprädiktive Regelung

Die modellprädiktive Regelung (engl.: Model Predictive Control, kurz: MPC) ist eine Weiterentwicklung des bereits vorgestellten LQ-Reglers. Im Gegensatz zum LQ-Regler ist die Reglerverstärkung bei der MPC während der Laufzeit veränderbar. Somit bietet die MPC den Vorteil, dass die Reglerverstärkung an die aktuelle Situation angepasst werden kann und somit der Regler noch bessere Ergebnisse liefern kann. Zudem bietet die Problemformulierung der MPC deutlich mehr Freiheitsgrade als beim LQ-Regler, bei dem lediglich die beiden Wichtungsmatrizen variiert werden können.

Diese anspruchsvollere Problemformulierung führt jedoch dazu, dass das resultierende Optimierungsproblem, im Gegensatz zum LQ-Regler, nicht analytisch gelöst werden kann. Somit müssen numerische Lösungsverfahren hierfür verwendet werden, welche unter Umständen relativ rechenintensiv sein können und lediglich eine Näherung der optimalen Lösung erzeugen können. Daher sind die Realisierungs- und Lösungsvarianten der MPC relativ vielfältig, weshalb sie eine ganze Klasse von Regelverfahren mit vielen Varianten beschreibt, deren ursprüngliche Entwicklung aus der Industrie hervorgegangen ist. Die MPC ist aktuell das industriell relevanteste und am weitesten verbreitete höhere Regelungsverfahren.

Die weite Verbreitung der MPC liegt zum großen Teil daran, dass die MPC ein (ggf. dynamisches und kinematisches) Modell des zu regelnden Systems verwendet, um dessen zukünftiges Verhalten vorherzusagen und es zu optimieren. Auf Basis dessen findet die MPC Steuersignale, die zu einem optimierten zukünftigen Verhalten des Systems führen. So bietet die MPC einen weiteren Vorteil gegenüber dem LQ-Regler.

Sie kann explizit Zustands- und Ausgangsbeschränkungen berücksichtigen. Zudem ist sie anwendbar auf lineare und nichtlineare Prozesse.

Zur Formulierung der Regelungsaufgabe einer MPC werden folgende Komponenten verwendet:

Prädiktionsmodell: Wie reagiert bspw. das Fahrzeug, wenn das Lenkrad und die Pedale betätigt werden?

Randbedingungen: Was sind bspw. maximal zulässige Lenkwinkel, Geschwindigkeitsänderungen etc.?

Kostenfunktion: Wie soll das Ziel erreicht werden (bspw. mit minimaler Zeit, maximalem Komfort etc.)?

Die Realisierung eines MPC-Ansatzes erfolgt über Prädiktion und Optimierung eines Wertes für den Reglerausgang unter expliziter Berücksichtigung von Nebenbedingungen auf Basis eines Streckenmodells (z. B. Berücksichtigung von Kinematik und Dynamik). Analog zu den Ausführungen über nichtlineare Systeme (siehe Gleichung (4.3)) sei das zu steuernde System durch folgende Differentialgleichung und mit folgenden Anfangszustand definiert:

$$\dot{\boldsymbol{x}}(t) = \boldsymbol{f}(t, \boldsymbol{x}(t), \boldsymbol{u}(t)), \qquad \boldsymbol{x}(t_0) = \boldsymbol{x}_0$$

Die Lösung der obigen Gleichung für die Zeit $t > t_0$, angetrieben durch Stelleingriffe $\boldsymbol{u}(\cdot)$, wird durch $\boldsymbol{x}(t, t_0, \boldsymbol{x}(t_0)|\boldsymbol{u}(\cdot))$ ausgedrückt. Betrachten wir außerdem die zu optimierende Zielfunktion

$$J(t_\kappa, \boldsymbol{x}(t_\kappa), \bar{\boldsymbol{x}}(\cdot), \bar{\boldsymbol{u}}(\cdot)) = \int_{t_\kappa}^{t_\kappa + T_p} F(\tau, \bar{\boldsymbol{x}}(\tau), \bar{\boldsymbol{u}}(\tau))\, \mathrm{d}\tau + E\left(t_\kappa + T_p, \bar{\boldsymbol{x}}\left(t_\kappa + T_p\right)\right)$$

mit den Zwischenkosten F (welche die Abweichungen der vorhergesagten Zustände und Steuereingänge von gegebenen Referenztrajektorien wichtet) und den Endkosten E (um die Stabilität des Regelkreises zu gewährleisten). Die gesamte Zielfunktion ist üblicherweise in einer quadratischen Form definiert, sodass sie Zustandsabweichungen und Stelleingriffe von den Referenztrajektorien bestraft:

$$\begin{aligned} J(t_\kappa, \boldsymbol{x}(\kappa T), \bar{\boldsymbol{x}}(\cdot), \bar{\boldsymbol{u}}(\cdot)) &= \int_{t_\kappa}^{t_\kappa + T_p} \left(\|\bar{\boldsymbol{x}}(\tau) - \boldsymbol{r}(\tau)\|_{\boldsymbol{Q}}^2 + \left\|\bar{\boldsymbol{u}}(t) - \boldsymbol{u}^{\text{ref}}\right\|_{\boldsymbol{R}}^2 \right) \mathrm{d}\tau \\ &+ \left\|\bar{\boldsymbol{x}}\left(t_\kappa + T_p\right) - \boldsymbol{r}\left(t_\kappa + T_p\right)\right\|_{\boldsymbol{P}}^2 \end{aligned}$$

Die Referenztrajektorien sind sowohl durch den Term $\boldsymbol{r}$ als auch durch den zugehörigen Stellgrößenverlauf $\boldsymbol{u}^{\text{ref}}$ beschrieben.

Eine MPC löst zu jedem Abtastzeitpunkt t_κ ein optimales Steuerungsproblem (vgl. Abschnitt 5.3) mit dem aktuellen Systemzustand $\boldsymbol{x}_\kappa = \boldsymbol{x}(\kappa T)$ als Anfangswert. Eine MPC kann durch folgendes Optimalsteuerungsproblem definiert werden:

$$\begin{aligned} \min_{\bar{\boldsymbol{x}}, \bar{\boldsymbol{u}}} \quad & J(t_\kappa, \boldsymbol{x}(\kappa T), \bar{\boldsymbol{x}}(\cdot), \bar{\boldsymbol{u}}(\cdot)) \\ \text{unter} \quad & \bar{\boldsymbol{x}}(\kappa T) = \boldsymbol{x}(\kappa T) \\ & \dot{\bar{\boldsymbol{x}}}(\tau) = \boldsymbol{f}(\tau, \bar{\boldsymbol{x}}(\tau), \bar{\boldsymbol{u}}(\tau)) \quad \forall \tau \in \left[t_\kappa, t_\kappa + T_p\right] \\ & \bar{\boldsymbol{x}}(\tau) \in \mathcal{X} \quad \forall \tau \in \left[t_\kappa, t_\kappa + T_p\right] \\ & \bar{\boldsymbol{x}}(t_\kappa + T_p) \in \mathcal{E} \end{aligned} \qquad (7.10)$$

Dabei gilt:

- t_κ ist die **Abtastinstanz** mit $k \in \mathbb{N}$, sodass für die Abtastzeit $\Delta > 0$ gilt: $t_\kappa = t_0 + k\Delta$.
- T_p wird der **Prädiktionshorizont** genannt, wobei zu jedem Abtastzeitpunkt t_κ das Systemverhalten über das Zeitintervall $\left[t_\kappa, t_\kappa + T_p\right]$ vorhergesagt wird.
- $\bar{\boldsymbol{x}}$ und $\bar{\boldsymbol{u}}$ sind die **prädizierten** Systemvariablen, während $\boldsymbol{x}$ und $\boldsymbol{u}$ die **realen** Systemvariablen sind.
- $J(\cdot)$ ist die zu optimierende Kostenfunktion und wird unterteilt in:
  1. Zwischenkosten (engl.: Stage Cost), F: Wichten die Abweichungen der vorhergesagten Zustände und Steuereingänge von gegebenen Referenztrajektorien.
  2. Endkosten (engl.: Terminal Cost), E: Im Idealfall sollte der Prädiktionshorizont unendlich sein, was jedoch praktisch unerreichbar ist, weshalb er als endlicher Wert gewählt wird. Die Endkosten werden eingeführt, um die Kosten des unendlichen Horizonts zu kompensieren, und sie sind wichtig, um die Stabilität des Regelkreises zu gewährleisten.
- Die Notation $\|\boldsymbol{v}\|_{\boldsymbol{M}}^2$ für einen Vektor $\boldsymbol{v} \in \mathbb{R}^n$ und eine positiv-definite Matrix $\boldsymbol{M} \in \mathbb{R}^{n\times n}$ beschreibt die gewichtete quadrierte euklidische Norm und ist gleich $\boldsymbol{v}^{\mathrm{T}}\boldsymbol{M}\boldsymbol{v}$.
- Die Variablen $\boldsymbol{r}(\cdot)$ und $\boldsymbol{u}^{\mathrm{ref}}$ sind die **Referenzen** für Systemzustände bzw. Steuereingänge.
- $\mathscr{X} \subseteq \mathbb{R}^{n_x}$ ist die geschlossene Menge, auf die die Systemzustände beschränkt sind. Sie kann durch eine Menge von Gleichheits- und/oder Ungleichheitsbedingungen definiert werden, die die Systemzustände betreffen. n_x ist die Anzahl der Zustände des Systems.
- $\mathscr{U} \subseteq \mathbb{R}^{n_u}$ ist die geschlossene Menge, auf die die Steuereingänge beschränkt sind. Sie kann durch eine Menge von Gleichheits- und/oder Ungleichheitsbedingungen definiert werden, die die Steuereingänge einbeziehen. Die Variable n_u entspricht der Anzahl der Steuereingänge.
- $\mathscr{E} \subseteq \mathscr{X}$ wird als die Endmenge durch Endbedingungen definiert und stellt somit Bedingungen an die Zustände zum Zeitpunkt $t_\kappa + T_p$.
- Die Variable $\boldsymbol{u}_\kappa^\star$ beschreibt das optimale Steuereingangssignal, das wir als Lösung des Optimalsteuerungsproblems (7.10) erhalten. Der Index κ zeigt an, dass $\boldsymbol{u}_\kappa^\star$ unter Verwendung der Zustandsinformation $\boldsymbol{x}(\kappa T)$ berechnet wird und somit zeitabhänig ist.

Die Optimierung wird durch den Einsatz von iterativen Online-Optimierungsalgorithmen realisiert. Das Optimierungsschema, das in jeder Iteration verwendet wird, ist in Bild 7.18 visualisiert.

Konkret funktioniert das MPC-Prinzip wie folgt:

1. Zum Abtastzeitpunkt t_κ mit der Messung $\boldsymbol{x}(\kappa T)$ wird das OCP gelöst, indem das optimale Steuersignal $\boldsymbol{u}_\kappa^\star$ und das vorhergesagte optimale zukünftige Verhalten des Systems $\bar{\boldsymbol{x}}\left(\cdot, t_\kappa, \boldsymbol{x}(\kappa T) | \boldsymbol{u}_\kappa^\star(\cdot)\right)$ für das Zeitintervall $\left[t_\kappa, t_\kappa + T_p\right]$ berechnet wird.
2. Die optimalen Stelleingriffe $\boldsymbol{u}_\kappa^\star(\cdot)$ werden auf das System **nur für das Zeitintervall** $[t_\kappa, t_\kappa + \Delta]$ angewendet. Der Rest des Signals $\boldsymbol{u}_\kappa^\star(\cdot)$ wird verworfen.
3. Zum nächsten Abtastzeitpunkt wird der Vorhersagehorizont auf $[t_{k+1}, t_{k+1} + T_p]$ verschoben und der gesamte Vorgang wiederholt.

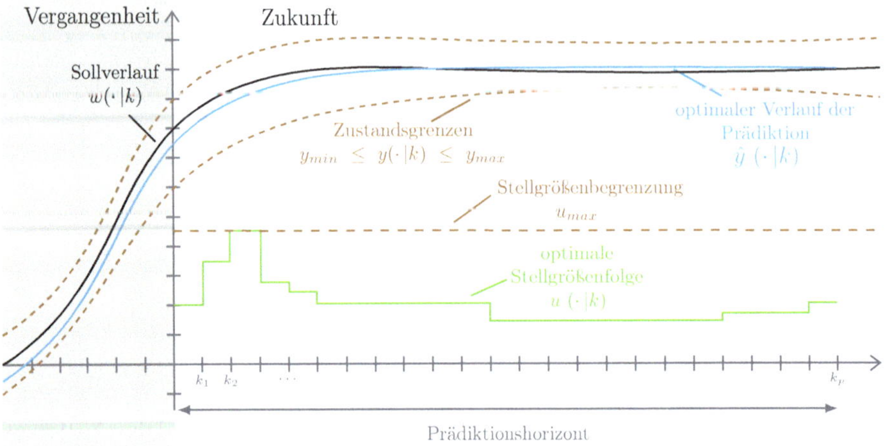

Bild 7.18 Wirkschema einer modellprädiktiven Regelung

Im Allgemeinen führt die Anwendung des Steuereingangs $\boldsymbol{u}_\kappa^\star(\cdot)$ auf das reale System während des Zeitintervalls $[t_\kappa, t_\kappa + T_p]$ zu einer Trajektorie $\boldsymbol{x}(\cdot, t_\kappa, \boldsymbol{x}(\kappa T)|\boldsymbol{u}_\kappa^\star(\cdot))$, die nicht mit dem vorhergesagten Verhalten $\bar{\boldsymbol{x}}(\cdot, t_\kappa, \boldsymbol{x}(\kappa T)|\boldsymbol{u}_\kappa^\star(\cdot))$ identisch ist. Dafür kann es mehrere Gründe geben, z. B. eine Fehlanpassung des Modells oder Störungen. Die Funktionsweise einer MPC kann mit dem nachfolgenden Algorithmus erläutert werden.

Algorithmus 3 Algorithmische Beschreibung der modellprädiktiven Regelung

while solange MPC aktiv ist, führe folgende Berechnung zu jeder Abtastzeit t_κ aus **do**
  nimm eine neue Zustandsmessung $\boldsymbol{x}(t_\kappa)$
  prognostiziere und **optimiere** das zukünftige Verhalten des Systems für den Zeitraum des Vorhersagehorizonts T_p auf der Grundlage des dynamischen Modells, der Kostenfunktion sowie der Eingangs- und Zustandsbeschränkungen
  nutze das optimale Stellsignal $\boldsymbol{u}_\kappa^\star$ für den nächsten Zeitpunkt $t_{\kappa+1}$
end while

Für jede Art von Regler sind die Entwurfsparameter sehr wichtig, um den Regler abzustimmen und die Stabilität des Regelkreises zu untersuchen. Bei klassischen PID-Reglern bspw. sind die Regelverstärkungen K_P, K_I und K_D die Parameter für die Abstimmung des Reglers. Sie können so ausgelegt werden, dass bestimmte Eigenschaften des geschlossenen Regelkreises erreicht werden.

Bei der modellprädiktiven Regelung wird das Optimalsteuerungsproblem online gelöst. Mehrere Entwurfsparameter für die MPC werden jedoch offline bestimmt. Das Tuning einer MPC erfolgt über vielfältige Eingriffsmöglichkeiten, wie:

Wichtungsmatrizen: Wie auch beim LQ-Regler kann durch geeignete Wahl der Wichtungsmatrizen die Systemdynamik beeinflusst werden (Erhöhen von $\boldsymbol{Q}$ führt zu besserem Führungsverhalten; Erhöhen von $\boldsymbol{R}$ führt zu ruhigerem, aber auch langsamerem Reglerverhalten). Auch hier werden $\boldsymbol{Q}$ oft als Einheitsmatrix und $\boldsymbol{R}$ als ein Vielfaches davon gewählt.

Prädiktionshorizont T_p: Je länger der Vorhersagehorizont ist (insbesondere bei Vorhandensein eines genauen Systemmodells), desto besser ist die Regelungsleistung, da der Regelungsalgorithmus weiter in die Zukunft voraussagen kann. Wie im Teil III des Buches gezeigt wird, kann bspw. eine MPC-basierte Quer- und Längsführung ein Fahrzeug bereits vor dem eigentlichen Kurveneintritt abbremsen und vor der eigentlichen Kurvenaussfahrt schon wieder beschleunigen. Wie zu erwarten, führt dies zu einer höheren Rechenkomplexität. Da die OCP nicht in beliebiger Zeit gelöst werden kann, muss ein Kompromiss zwischen der Abtastzeit (schnelle Abtastung, kleines Δ) und dem Vorhersagehorizont (großes T_p) gefunden werden. Die untere Grenze N_1 des Prädiktionshorizontes muss größer als die Zeitverzögerung des zu regelnden Prozesses gewählt werden. Die obere Grenze N_2 sollte so groß gewählt werden, dass die wesentliche Systemdynamik abgedeckt ist. Ein zu kleines N_2 kann das System destabilisieren. Ein zu großes N_2 erhöht den Rechenaufwand beim Lösen des OCPs.

Abtastzeit Δ: Im Allgemeinen sollte die Abtastzeit so kurz wie möglich gewählt werden. Je kürzer die Abtastzeit ist, desto mehr Rückmeldungen des Systems können erfasst werden. Sie ist jedoch durch die Fähigkeiten und Ressourcen der Hardware begrenzt.

Stage Cost F, Terminal Cost E und Terminal Set $\mathscr{E}$: Die Kostenfunktion F als Entwurfsparameter wird häufig so ausgelegt, dass ein Kompromiss zwischen den Energiekosten und der Abweichung von der Referenz gefunden wird. Die Kostenfunktion, die Endkosten und die Endmenge werden in der Regel auf der Grundlage von Stabilitätskriterien gewählt, was bedeutet, dass sie nicht völlig frei wählbar sind.

Einstellung der Numerik: Es ist ein geeignetes Integrationsverfahren zu wählen, um die Systemdynamik zu lösen (oft reichen bereits einfache Trapez-Verfahren und wenige Diskretisierungspunkte aus, da die numerischen Ergebnisse in kurzer Zeit durch Messungen korrigiert werden). Je nach Problemformulierung muss zudem ein geeigneter Löser gewählt (z. B. SQP) und geeignet eingestellt werden (z. B. Abbruchkriterium).

Nebenbedingungen: Die Systemdynamik kann auch durch geeignete Wahl der Randbedingungen beeinflusst werden.

Prädiktionsmodell: Sowohl die Rechenzeit als auch die Leistungsfähigkeit der MPC hängen von der Wahl des Systemmodells ab. Es muss detailliert genug sein, um die wichtigen Eigenschaften des Systems abzubilden. Es muss einfach genug sein, damit das Optimierungsproblem in Echtzeit gelöst werden kann.

Modellprädiktive Regelungen werden im Bereich der Robotik und der Fahrzeugführung oft zur Bahnverfolgung eingesetzt.

Auf Basis eines zuvor berechneten Referenzpfades kann die MPC ein Fahrzeug direkt steuern, indem die Pfadinformationen als Eingangssignal für die MPC verwendet werden.

Um den Pfad zu glätten und Komfortanforderungen direkt zu berücksichtigen, werden bei der Realisierung der MPC Optimierungsverfahren eingesetzt.

Dabei berücksichtigen sie explizit ein dynamisches und kinematisches Fahrzeugmodell.

An dieser Stelle sei auf ein konkretes Rechenbeispiel zur Illustration des MPC-Ansatzes verzichtet. Kapitel 10 enthält mehrere ausführliche MPC-Beispiele.

Übungsaufgaben

Übungsaufgabe 7.1. Gegeben sei ein Flaschenabfüllprozess. Um die Anlage erfolgreich betreiben zu können, muss eine Regelung der Gelenkwinkel des verwendeten Industrieroboters zum Handling der Flaschen entwickelt werden. Aufgabe der Regelung ist es, einen gewünschten Gelenkwinkel einzustellen. Die Beeinflussung des Gelenkwinkels erfolgt mittels Nutzung eines elektrischen Antriebs.

Erstellen Sie ein Blockschaltbild der Regelung inkl. Rückführungsignal (mit Vorzeichen), welches für die Realisierung einer Regelung (geschlossene Wirkkette) notwendig ist.

Ordnen Sie den einzelnen Signalen in der Prinzipskizze die folgenden Begriffe zu: Führungsgröße, Regelgröße und Stellgröße.

Ordnen Sie auch (auf Basis der oben dargelegten textuellen Beschreibung der Regelungsaufgabe) den einzelnen Signalen in der Prinzipskizze jeweils ein physikalisches Signal zu.

Gehen Sie im Folgenden davon aus, dass aufgrund von variierenden Flaschengewichten bei der Handhabungsaufgabe des Roboters und der damit einhergehenden variierenden Belastung der einzelnen Robotergelenke ein exaktes Einstellen des Gelenkwinkels (ohne Verwendung zusätzlicher Sensorik) nicht mehr gewährleistet ist. Somit wirkt das variierende Flaschengewicht auf das System als Störgröße. Tragen Sie für die Störgröße ein Zusatzsignal (inkl. Vorzeichen) in das Blockschaltbild ein. ■

Übungsaufgabe 7.2. Ermitteln Sie die Schaltbelegungstabelle auf Basis des folgenden Schaltfolgediagramms.

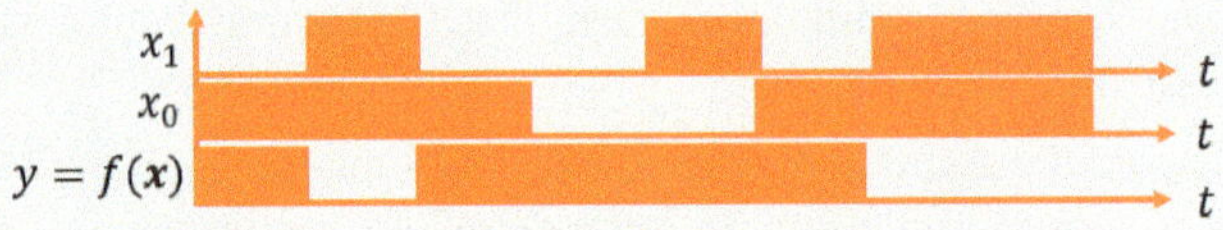

Bild 7.19 Schaltfolgediagramm einer zweistelligen Logik

Welchem logischen Ausdruck entspricht diese Schaltung?

Tabelle 7.11 Schaltbelegungstabelle für eine zweistellige Logik

x_1	0	0	1	1
x_2	0	1	0	1
$y = f(x)$				

■

Übungsaufgabe 7.3. Zeigen Sie, dass $x_1(x_1 \vee x_2) \vee x_1 = x_1$ Gültigkeit besitzt. ■

Übungsaufgabe 7.4. Überführen Sie die angegebene BOOLEsche Funktion in einen Kontaktplan: $y = \overline{x_3}x_0 \vee x_2\overline{x_1} \vee x_2\overline{x_0} \vee \overline{\overline{x_1}x_0\overline{x_2}}x_2$ ■

Übungsaufgabe 7.5. Ermitteln Sie den entsprechenden BOOLEschen Funktionsausdruck auf Basis der dargestellten Schaltung.

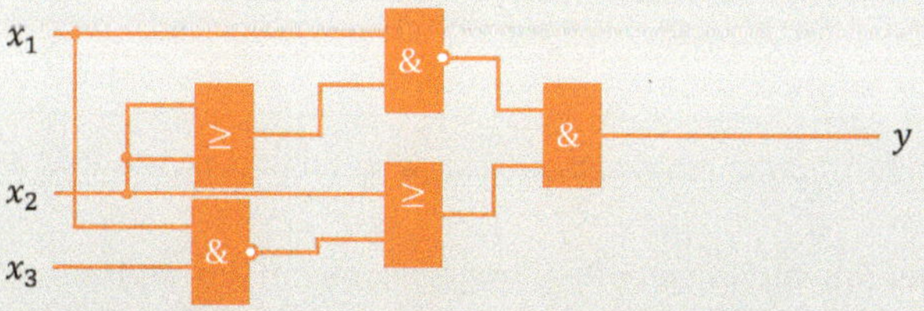

Bild 7.20 Logik-Schaltung einer zweistelligen Logik ■

Übungsaufgabe 7.6. Gegeben ist folgender Prozessaufbau zur Steuerung der Flüssigkeitstemperatur T im Tank einer Abfüllanlage. Ziel der Steuerung ist es, dass die Flüssigkeitstemperatur stets zwischen den Werten T_{min} und T_{max} ($T_{\text{min}} < T_{\text{max}}$) liegt. So soll die Anlage den Tank kühlen, wenn die obere Temperaturschwelle überschritten ist. Die Anlage soll den Tank heizen, wenn die untere Temperaturschwelle unterschritten ist. Befindet sich die Flüssigkeitstemperatur zwischen den beiden Schwellwerten, schaltet sich die Temperiereinheit passiv. Definieren Sie die Mess- und Stellgrößen inkl. verwendeter Wertebereiche und erstellen Sie die Schaltbelegungstabelle, welche die zu implementierende Logik der Temperatursteuerung wiedergibt. ■

Übungsaufgabe 7.7. Zeichnen Sie das Blockschaltbild eines Systems im Zustandsraum, inkl. Beobachter und Zustandsregler. Fügen Sie Signalbezeichnungen für sämtliche Signale hinzu. ■

Übungsaufgabe 7.8. Beschreiben Sie die grundlegende Funktionsweise eines Zustandsbeobachters. Wann ist solch ein Beobachter zu verwenden? ■

Übungsaufgabe 7.9. Welche Dynamikanforderungen muss ein Zustandsbeobachter im Allgemeinen erfüllen? ■

Übungsaufgabe 7.10. Führen Sie die Synthese eines Zustandsreglers mittels Polplatzierung durch. Gehen Sie dabei von folgender Matrix $\boldsymbol{A}_K = \begin{pmatrix} 0 & 1 \\ 2-k_1 & 4-k_2 \end{pmatrix}$ sowie den Wunschpolen -1 und -2 aus. ■

Übungsaufgabe 7.11. Was ist ein Kalman-Filter? Wann ist die Verwendung eines Kalman-Filters im Rahmen der Robotersteuerung ratsam? ■

Übungsaufgabe 7.12. Wann ist die Verwendung einer modellprädiktiven Regelung zur Robotersteuerung ratsam und wann nicht? Was verstehen wir unter dem Begriff der modellprädiktiven Regelung? ■

Literatur

Abel, D. und Bollig, A. (2006). *Rapid Control Prototyping: Methoden und Anwendungen*, Springer.

Ackermann, J. (1972). Der Entwurf linearer Regelungssysteme im Zustandsraum, *at - Automatisierungstechnik* **20**(7): 297–300.

Adamy, J. (2014). *Nichtlineare Systeme und Regelungen*, Springer Vieweg.

Camacho, E. und Bordons, C. (2004). *Model Predictive Control*, Advanced Textbooks in Control and Signal Processing, Springer.

Föllinger, O. (2014). *Lineare Abtastsysteme*, De Gruyter.

Föllinger, O. (2022). *Regelungstechnik: Einführung in die Methoden und ihre Anwendung*, VDE.

Isermann, R. (2007). *Mechatronische Systeme: Grundlagen*, Springer.

Isermann, R. (2013). *Identifikation dynamischer Systeme 1: Grundlegende Methoden*, Springer.

Isidori, A. (1999). *Nonlinear Control Systems II*, Springer.

Khalil, H. K. (2015). *Nonlinear Control*, Pearson.

Lunze, J. (2020a). *Automatisierungstechnik*, De Gruyter.

Lunze, J. (2020b). *Regelungstechnick 1: Systemtheoretische Grundlagen, Analyse und Entwurf einschleifiger Regelungen*, Springer Vieweg.

Lunze, J. (2020c). *Regelungstechnick 2: Mehrgrößensysteme, Digitale Regelung*, Springer Vieweg.

Maciejowski, J. (2002). *Predictive Control: With Constraints*, Prentice Hall.

Schrödel, F. (2016). *Stability region based robust controller synthesis*, Dissertation, RWTH Aachen University.

Tolle, M. (2013). *Regelung der Kraftmaschinen: Berechnung und Konstruktion der Schwungräder, des Massenausgleichs und der Kraftmaschinenregler in elementarer Behandlung*, Springer.

Unbehauen, H. (2007). *Regelungstechnik II*, Springer.

Unbehauen, H. (2013a). *Regelungstechnik I: Klassische Verfahren zur Analyse und Synthese linearer kontinuierlicher Regelsysteme*, Springer.

Unbehauen, H. (2013b). *Regelungstechnik III: Identifikation, Adaption, Optimierung*, Springer.

Unbehauen, H. und Ley, F. (2014). *Das Ingenieurwissen: Regelungs-und Steuerungstechnik*, Springer.

Wiener, N. (2019). *Cybernetics or Control and Communication in the Animal and the Machine*, MIT press.

TEIL III

Komponenten eines AD-Systems

8 Wahrnehmung und Interpretation

Unterstützt durch: **Joachim Clemens**

Sensoren werden eingesetzt, um Informationen zu erzeugen. Sie geben automatisierten Systemen wichtige Rückmeldungen, indem sie Daten über die Aktionen oder über dessen Umgebung zur Verfügung stellen. Für das gesamte Cluster der Wahrnehmung und Interpretation werden generell folgende Ein- und Ausgangsdaten vorausgesetzt:

Eingangsdaten sind die Messdaten der einzelnen Sensoren des Agenten.

Ausgangsdaten sind ein Umfeldmodell des Agenten, welches über die Fahrzeugsensoren kontinuierlich mit Informationen angereichert wird.

Dieses Kapitel erläutert Methoden und die dazugehörigen Realisierungsansätze im Bereich der Wahrnehmung und Interpretation.

8.1 Messtechnikgrundlagen

Die technische Fachdisziplin, um aus Sensoren Informationen zum Verhalten des eigenen Systems oder seinem Umfeld abzuleiten, wird als Messtechnik bezeichnet. Der Vorgang der Informationsgewinnung wird Messung genannt.

Definition 8.1 (Messung). Die Messung ist die auszuführende Tätigkeit zum quantitativen Vergleich der Messgröße mit einer Einheit oder Maßverkörperung. Messen ist Vergleichen! Das Ziel beim Messen ist die Ermittlung des wahren Messwertes der Messgröße. Es gibt jedoch keine Möglichkeit, den wahren Messwert exakt zu bestimmen! Hinterfragen Sie deshalb stets Ihre Messergebnisse kritisch und machen Sie sich stets mit Messfehlern und Messunsicherheiten vertraut! ■

Die Informationen, welche beim Messvorgang mittels der Sensoren erzeugt werden, werden als Messgrößen bezeichnet.

Definition 8.2 (Messgröße). Die Messgröße entspricht der physikalischen Größe, auf die sich die Messung bezieht. Ihr Wert wird stets durch einen Zahlenwert und eine Einheit ausgedrückt. Die Messgröße muss nicht immer unmittelbar Gegenstand der Messung sein. So kann eine Messgröße auch indirekt, über Beziehungen mit den direkt messtechnisch erfassten Größen, abgeleitet werden (Beispiel: Spannung und Strom direkt messen und die Messgröße des elektrischen Widerstands davon ableiten). ■

Das Objekt, welches beim Messvorgang untersucht wird, wird als Messobjekt bezeichnet.

Definition 8.3 (Messobjekt). Das Messobjekt ist der Träger der Messgröße. ■

Bei messtechnischen Aufgaben können Messgrößen durch eine Vielzahl physikalischer Größen repräsentiert werden (Temperatur, Druck, Drehzahl etc.). Zudem können sich die Wertebereiche der Messgrößen um viele Zehnerpotenzen unterscheiden. Somit leiten sich in der Praxis **vielfältige Messaufgaben und Messverfahren** ab.

Zudem erfolgt die Erfassung mittels zahlreicher Messprinzipien und unter z. T. sehr unterschiedlichen Bedingungen und Genauigkeitsanforderungen, je nach Anwendung. Daher stellt die Messtechnik ein großes Fachgebiet mit vielen Spezialisierungsfeldern dar.

Zur Erläuterung der **Funktionsweise eines idealisierten Sensors** nutzen wir das Blockschaltbild aus Bild 8.1. Die Messaufgabe besteht darin, die Messgröße x_M eines Systems mittels eines Sensors zu quantifizieren. Allgemein werden beim Erfassen von Messgrößen, auf experimentellem Weg, quantitative Angaben über eine bestimmte Eigenschaft eines Messobjektes ermittelt, die aus messbaren Größen abgeleitet werden.

Eine zentrale Rolle hierbei spielt der sensorische Wandler. Dieser wandelt die (meist) nichtelektrischen Prozessgrößen in (meist) elektrische Signale um. Nach der Wandlung wird die Messgröße über die Informationsschnittstelle zur weiteren Verarbeitung bereitgestellt (z. B. Visualisierung für Benutzer, Übertragung an nachgelagerte Rechentechnik etc.). Die resultierende Größe ist die angezeigte Größe x_A. Es sei angemerkt, dass oft auch weitere, nicht direkt sichtbare, Eingangsgrößen verwendet werden, z. B. zur Kalibrierung.

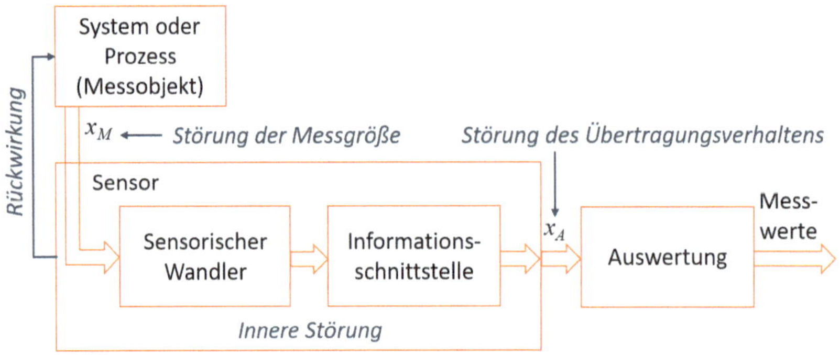

Bild 8.1 Grundaufbau eines Sensors

Es ist wichtig, dass wir uns klar machen, dass jede Messung fehlerbehaftet ist. Generelle Fehlerquellen sind Bild 8.1 zu entnehmen. Sie können bspw. Rückwirkungen durch den Messvorgang oder externe Störeinflüsse (welche die Messgröße überlagern) sein. So ist es technisch unmöglich, den wahren Messwert zu bestimmen.

Definition 8.4 (Wahrer Messwert). Der wahre Messwert ist der tatsächliche Messgrößenwert und Ziel der Auswertung der Messung. Er ist allgemein nicht exakt bekannt! ∎

Wir können lediglich versuchen, uns dem wahren Messwert bestmöglich zu nähern, indem wir die Messabweichungen (umgangssprachlich Messfehler) versuchen zu minimieren. Messabweichungen werden klassisch wie folgt eingeteilt:

Zufällige Fehler beschreiben statistische Fehler, welche bspw. oft in Form von Signalrauschen auftreten. Diese werden häufig mit Normalverteilungen modelliert. Wir können einzelne zufällige Fehler bestimmen, indem wir den Einzelmesswert vom Mittelwert einer erhobenen Messreihe abziehen.

Systematische Fehler treten bspw. durch fehlerhafte Kalibrierung eines Sensors auf (z.B. in Form eines Bias). Wir können den systematischen Fehler theoretisch abschätzen, indem wir den Mittelwert der erhobenen Messreihe vom erwarteten wahrem Messwert abziehen.

Je nach messtechnischer Aufgabe kann es zielführend sein, diese Störeinflüsse mit zu modellieren oder zu vernachlässigen. Jedoch sind diese statischen und dynamischen Fehlerquellen bei der Sensorauswahl zwingend zu berücksichtigen.

In praktischen Messtechnikaufgaben finden sich oft folgende drei Fehlerbehebungsstrategien wieder, die aufgrund ihrer praktischen Relevanz hier exemplarisch aufgeführt werden:

Signalwertausfälle abfangen: Hierbei werden Logiken verwendet, die greifen wenn einzelne Signalwerte kurzzeitig ausfallen. Im einfachsten Fall kann der letzte Signalwert gehalten werden. Weiter verbreitet sind jedoch Extrapolationstechniken, die auf Basis der vergangenen Signalwerte eine Schätzung für den aktuellen Signalwert realisieren.

Zeitbasen synchronisieren: Oft arbeiten Sensoren mit unterschiedlichen Zykluszeiten, weshalb sie die Sensordaten zu unterschiedlichen Abtastzeiten zur Verfügung stellen. Klassischerweise wird zur Vereinheitlichung der Zeitbasen der verschiedenen Sensoren eine Mischung aus Extrapolations- und Interpolationsverfahren verwendet.

Signalwertausreißer filtern: Kandidaten für Signalwertausreißer können mittels Plausibilitätstests und Extrapolationsmethoden detektiert werden. Auf Basis dieser Detektionen, verbunden mit Analysen ihrer Auftrittswahrscheinlichkeiten, können kritische Signalwertausreißer entfernt werden und durch wahrscheinlichere Signalwerte ersetzt werden.

Um eine Hilfestellung bei der praktischen Sensorauswahl für eine gegebene Anwendungsaufgabe zu geben, sind im Folgenden oft verwendete Sensorarten (samt Funktionsweise, Vor-/Nachteile, Herausforderungen bei der Verwendung und Anwendungsbereiche) dargestellt.

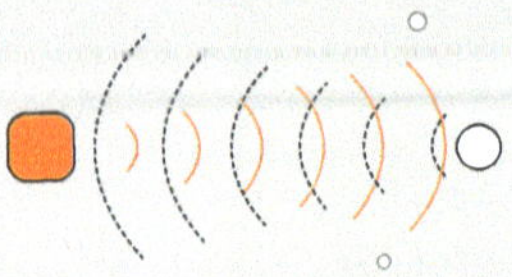

Ultraschall-
Sensor

Messprinzip
Reflexionsstärke
schallgestütztes Messen

Pro
Sehr robuste
Abstandsmessung
sehr kostengünstig

Contra
Sehr ungenaues
Messverfahren

Anwendung
Abstands-
messungen und
Lokalisierung

Funktionsweise

Das Messprinzip von Ultraschallsensoren basiert auf dem Senden und Empfangen von Schallwellen (Geschwindigkeit des Ultraschalls entspricht ca. 331 m/s). Die Frequenzen dieser Schallwellen liegen dabei oberhalb des vom menschlichen Gehör wahrnehmbaren Bereichs (über 16 kHz). Die ausgesendeten Schallwellen breiten sich mit einem horizontalen Öffnungswinkel von ca. 120° in der Luft aus und werden von Hindernissen im Erfassungsbereich (etwa 5 m) reflektiert. Diese von den Hindernissen (ab ca. 7,5 cm Objekt-Durchmesser) reflektierten Schallwellen (Echosignale) werden vom Sensor registriert und ausgewertet. Aus der Laufzeit der Signale (Zeit vom Senden bis zum Empfangen des Signals) wird die Entfernung des reflektierenden Hindernisses berechnet.

Vorteile

Der Vorteil von Ultraschallsensoren ist ihre kompakte Bauweise (weniger als 15 g Gesamtgewicht des Sensors) verbunden mit den geringen Anschaffungskosten. Zudem sind die Sensoren, Messprinzipbedingt, deutlich robuster gegenüber schlechten Umfeldbedingungen (Schmutz und schlechtem Wetter) als optische Sensoren.

Herausforderungen

Herausfordernd gestaltet sich beim Einsatz dieser Sensorart die vergleichsweise geringe Auflösung und Reichweite des Sensors. So zeichnet der Sensor Abstandsdaten erst zuverlässig nach Erreichen eines Mindesabstands von ca. 15 cm auf. Gleichzeitig nimmt die Qualität der Messdaten bei einem Abstand oberhalb von ca. 5 m bereits rapide ab. Ebenso ist die Detektion von kleinen Objekten nicht zuverlässig möglich.

Anwendungsbereiche

Ultraschallsensoren werden im Automotive-Bereich zur Überwachung der unmittelbaren Umgebung (im nahen Umfeld) des Fahrzeugs und zur Abstandsmessung von Hindernissen eingesetzt. Konkret werden seit ca. 1992 Ultraschallsensoren zur Realisierung von Parkassistenzsystemen verwendet. Meist sind zur sicheren Erkennung von Hindernissen in den Stoßfängern vorne und hinten bis zu 4 Ultraschall-Sensoren eingebaut. In modernen Fahrzeugen werden auch seitlich Ultraschallsensoren an das Fahrzeug angebracht, sodass Hindernisse rund um das Auto erfasst werden können.

Funktionsweise

Das Wort Radar ist die kurzform von Radio Detection and Ranging (funkgestützte Ortung und Abstandsmessung). Das Messprinzip von Radar-Sensoren basiert auf dem Aussenden und Empfangen von elektromagnetischen Wellen im Radiofrequenzbereich. Herkömmliche Radar-Sensoren im Automotive-Bereich arbeiten mit einer Leistung von ca. 10 mW. Die Strahlungsleistung dieser Geräte ist bewusst so gering gehalten, damit keine gesundheitlichen Schäden bei der Bestrahlung von Lebewesen auftreten. Üblicherweise liegt die verwendete Radarfrequenz im Bereich 70–80 GHz (entspricht einer Wellenlänge von ca. 4 mm). Die vom Radar ausgesendeten gebündelten elektromagnetischen Wellen (Primärsignal), werden von umliegenden Objekten reflektiert. Die reflektierten Echos werden anschließend als Sekundärsignal wieder vom Radar-Sensor empfangen. Die Nachverarbeitung und Interpretation der empfangenen Sekundärsignale ist vielgestaltig. Auf Basis einfacher Laufzeitmessungen können bspw. Abstandsdaten (inkl. relative Positionsbestimmung) gewonnen werden. Unter Ausnutzung des Dopplereffekts kann zudem auch eine Geschwindigkeitsbestimmung erfolgen.

Vorteile

Ein Vorteil bei der Verwendung eines Radar-Sensors ist seine hohe Störunanfälligkeit bei sichteinschränkenden Wetterlagen sowie seine große Messreichweite. Zudem kann ein Radar-Sensor problemlos unter die Kunststoffabdeckung im vorderen und/oder hinteren Fahrzeugbereich (Stoßfänger, Kühlergrill etc.) montiert werden, da er keine direkte Sichtverbindung zum Messobjekt benötigt.

Herausforderungen

Eine Herausforderung bei der Verwendung eines Radar-Sensors ist seine vergleichsweise geringe Messauflösung (deutlich geringer als bei Lidar-Sensoren).

Anwendungsbereiche

Hauptanwendungsfeld des Radar-Sensors im Automotive-Bereich ist der Abstandsregeltempomat, welcher auf Basis der Abstands- und Geschwindigkeitsmessung entsprechend die Fahrzeuggeschwindigkeit beeinflusst. Zudem findet das Radar auch Einsatz zur Umfeldüberwachung und Lokalisierung. Allerdings ist hierfür der Lidar-Sensor weiter verbreitet, aufgrund der höheren Messauflösung.

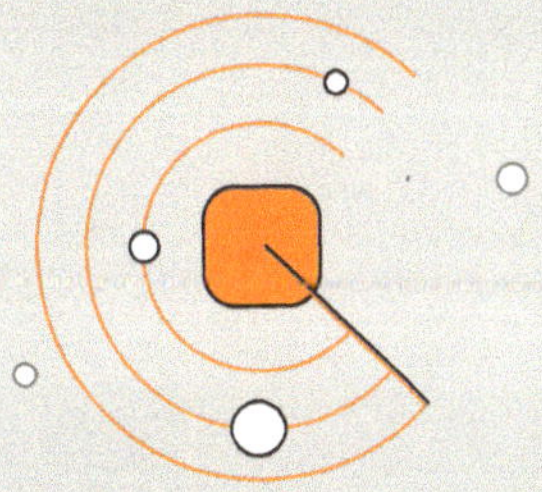

Radar-
Sensor

Messprinzip
Reflexionsstärke funkgestützt Messen

Pro
Sehr robuste Abstandsmessung möglich

Contra
Ungenaues Messverfahren, kostengünstig

Anwendung
Abstandsmessungen und Lokalisierung

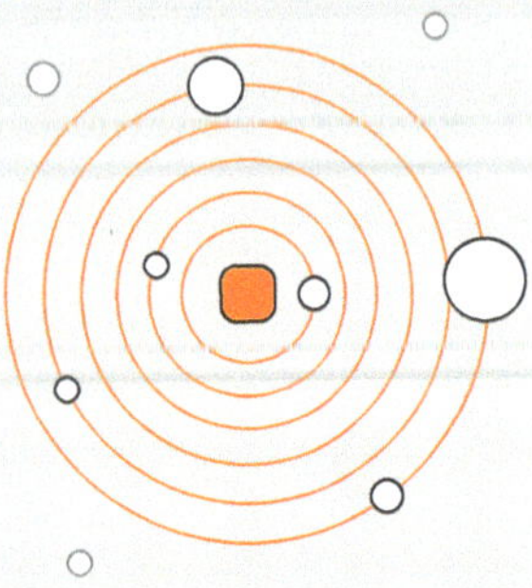

Lidar-
Sensor

Messprinzip
Reflexionsstärke optisch Messen

Pro
Sehr genaue Abstandsmessung möglich

Contra
Störanfällig, kostenintensiv, aufwendig in der Nachverarbeitung

Anwendung
3D-Abstandsmessungen und Lokalisierung

Funktionsweise

Die Messmethode eines Lidar-Sensors (engl.: Light Detection and Ranging) basiert auf einer optischen Abstands- und Geschwindigkeitsmessung. So sendet ein Lidar-Sensor nicht sichtbares (infrarotes) Licht aus. Die Leistung des Lidars ist so gering, dass sie gesundheitlich unbedenklich sind (Laserklasse 1M). Die vom Lidar ausgesendeten Laserstrahlen werden von benachbarten Objekten reflektiert und vom Lidar-Sensor wieder aufgefangen. Auf Basis der Signallaufzeitmessung ist anschließend eine Abstandsbestimmung zum reflektierenden Objekt möglich. Unter Ausnutzung des Dopplereffektes ist ebenso eine Geschwindigkeitsbestimmung des reflektierenden Objekts möglich.

Vorteile

Ein großer Vorteil eines Lidar-Sensors ist seine sehr hohe Messauflösung (deutlich höher als beim Radar-Sensor).

Herausforderungen

Aufgrund seines optischen Messprinzips ist eine große Herausforderung bei der Verwendung eines Lidars seine Störanfälligkeit bei sichteinschränkenden Wetterlagen. Zudem gestaltet sich der Einbau eines Lidar Sensors als anspruchsvoll, da der Sensor eine direkte Sichtverbindung zum Messobjekt benötigt. Somit kann er nicht unter die Kunststoffabdeckung im vorderen und hinteren Fahrzeugbereich montiert werden (Stoßfänger, Kühlergrill etc.).

Anwendungsbereiche

Im Bereich automatisierter Fahrzeuge wird der Lidar-Sensor einerseits zur Umfeldüberwachung eingesetzt (Welche Objekte befinden sich wo?), andererseits wird der Lidar-Sensor auch zur Lokalisierung verwendet. Lokalisierung beschreibt eine Methode zur Bestimmung des Ortes eines Objekts im Raum. Die Lokalisierung erfolgt aufgrund von mehreren Abstandsmessungen der zu lokalisierenden Objekts relativ zu bekannten Landmarken (deren Positionen im Raum bekannt sind).

Funktionsweise

Eine Kamera fängt das von Objekten reflektierte Sonnenlicht durch ein Objektiv (optische Linse) auf und leitet es zu einem elektronischen Sensor. Dieser Sensor wandelt die einfallenden Lichtstrahlen in eine zweidimensionale, digitale Abbildung des Umfeldes um (bspw. eine Matrix mit Farbwerten für jeden Bildpunkt). Obwohl die Bildaufnahme in erster Linie eine Hardwarefunktion ist, kann Software zur Steuerung von Lichtintensität, Objektivöffnung, Fokus, Kamerawinkel, Sichtfeld etc. verwendet werden. Die Bildaufnahme besteht aus vier Hauptelementen:

Lichtquelle: Gesteuertes Licht oder Umgebungslicht

Linsensystem: Fokussiert reflektiertes Licht auf den Bildsensor

Bildsensor: Wandelt Lichtbild in ein elektrisches Bild um

Elektronik: Liest das erfasste Bild vom Bildsensor und sendet es nach Vorverarbeitung zur weiteren Verarbeitung weiter

Mittels einer nachgelagerten Messdatennachverarbeitung können vielfältige Informationen wie bspw. Objektklassifikation und Fahrspurmarkierungs- bzw. Parklückeninformationen sowie Geschwindigkeit des Ego-Fahrzeugs oder benachbarter Objekte (jeweils mittels Bildsequenzen) abgeleitet werden.

Vorteile

Große Vorteile bei Verwendung von Kamerasystemen, weshalb sich diese Systeme auch einer so hohen Verbreitung erfreuen, liegen im sehr hohen Informationsgehalt der Messdaten. So können aus den Messdaten (nach geeigneter Nachverarbeitung) bspw. Informationen zu Objektpositionen, -geschwindigkeiten und -arten sowie zur Art und Position der Fahrspurmarkierung gewonnen werden. Dieser führt zu einer hohen Anwendungsflexibilität.

Herausforderungen

Vergleichsweise herausfordernd gestaltet sich allerdings die Messdatennachverarbeitung. So wird relativ rechenstarke Berechnungshardware und anspruchsvolle Algorithmik benötigt, um aus den einzelnen Kamerabildern die gewünschten Informationen zu extrahieren. Ebenso wird ein ausreichendes Umgebungslicht für Kameraanwendungen benötigt. Weshalb oft zusätzlich spezielle Beleuchtungstechnik zum Einsatz kommen.

Anwendungsbereiche

Im Automotive-Bereich werden Kameras bspw. zur Objektklassifikation, Objektverfolgung sowie zur Erkennung von Fahrspurmarkierungen und Parklücken verwendet. Visual Servoing ist ein Bsp. für eine stationäre Robotikanwendung. Dabei werden Roboterbewegungen anhand Rückmeldungen von Kameras erfasst und die Roboterposition gesteuert (bspw. zur Schweißnahtverfolgung).

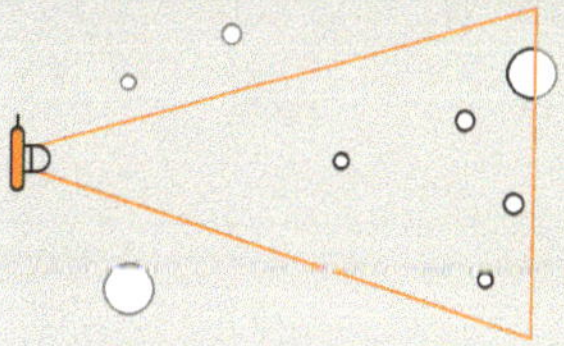

Kamera-
Sensor

Messprinzip
Reflexionsstärke
lichtgestützt Messen

Pro
Sehr vielfältig
in der Anwendung,
z.T. günstig

Contra
Störanfällig,
aufwendig in der
Nachverarbeitung

Anwendung
Abstands-
messungen und
Lokalisierung

GNSS-
Sensor

Messprinzip
Satelliten-gestützte Laufzeitmessung

Pro
Absolute Positionsmessung im 3D-Raum

Contra
Relativ ungenau, störanfällig

Anwendung
3D-Positions-bestimmung

Funktionsweise

Ein GNSS-Sensor empfängt Signale von einem globalen Navigationssatellitensystem (engl.: Global Navigation Satellite System). Auf Basis der aktuellen Satellitenpositonen, einer Signallaufzeitmessung und Triangulation kann die Position des Empfängers bestimmt werden. Es gibt verschiedene GNSS-Systeme wie GPS, GLONASS, Galileo und Beidou. Sowohl die Anzahl als auch die Flugbahnen der Satelliten dieser verschiedenen Systeme sind unterschiedlich (wie auch die zu erreichende Lokalisierungsgenauigkeit), jedoch ist das grundlegende Messprinzip identisch.

Vorteile

Ein Vorteil der Verwendung von GNSS ist, dass der Sensor eine absolute Position liefert (und nicht nur eine relative). Dadurch kann bspw. die Lokalisierung auf einer Karte erfolgen.

Herausforderungen

Die erreichbare Lokalisierungsgenauigkeit bei Verwendung eines GNSS-Sensors ist begrenzt. So kann mit den gängigen Systemen bspw. keine fahrspurgenaue Lokalisierung realisiert werden. Zur Steigerung der Genauigkeit können Korrekturdaten einer Basisstation genutzt werden (sog. Differential GNSS (DGNSS)). Darüber hinaus können zur Positionsbestimmung nicht nur die Laufzeitmessungen sondern auch die Trägerphase verwendet werden. Dies kann entweder ebenfalls mithilfe einer Basisstation (Real-Time Kinematics (RTK)) oder nur auf dem Empfänger (Precise Point Positioning (PPP)) erfolgen. Mit diesen Verfahren sind Genauigkeiten im Zentimeterbereich möglich. Ebenso kann der GNSS-Sensor in Verbindung mit zusätzlichen Sensoren (wie der IMU) ergänzt werden, um eine hochgenaue Lokalisierung mit hoher Ausgabefrequenz zu erreichen. Eine weitere Herausforderung besteht darin, dass ein Sichtkontakt zwischen Empfänger und Satellit bestehen muss. Daher werden die Lokalisierungssignale bei Fahrten durch dichte Wälder oft erheblich gestört und bei Tunneldurchfahrten kommt es zu kompletten Signalverlusten. Ebenso kommt es gerade beim Befahren von urbanen Häuserschluchten oft vor, dass Signale aufgrund von Reflexionen nicht auf dem direkten Weg (Non-Line-Of-Sight (NLOS)) oder auf mehreren Wegen (Multi-Path) empfangen werden, was ebenfalls zu einer Verfälschung der Sensorsignale und somit der Laufzeitmessung führt.

Anwendungsbereiche

Wie zuvor dargestellt, ist der Hauptanwendungsfall des GNSS-Sensors die Bestimmung der absoluten Position (bspw. in Zusammenhang mit Lokalisierungsaufgaben auf Karten).

Funktionsweise

Eine IMU (inertiale Messeinheit, engl.: Inertial Measurement Unit) ist ein kombiniertes Messystem, zur Erfassung der sechs kinematischen Freiheitsgrade. Der Aufbau einer IMU besteht aus drei jeweils zueinander orthogonal ausgerichteten Beschleunigungssensoren (zur Erfassung der translatorischen Bewegung in den drei Raumachsen) und drei orthogonal zueinander ausgerichteten Drehratensensoren (zur Erfassung der rotatorischen Bewegungen um die drei Raumachsen). Somit liefert eine IMU drei lineare Beschleunigungswerte für die translatorische Bewegung und drei Winkelgeschwindigkeiten für die Drehraten. Zusätzlich gibt es 9-DOF-IMUs, wobei die zusätzlichen drei Freiheitsgrade das Magnetfeld beschreiben.

Vorteile

Ein großer Vorteil von IMU-Sensoren, ist ihre sehr kompakte Bauweise und ihr günstiger Preis (zumindest bei Einsteigermodellen).

Herausforderungen

Wie zuvor beschrieben, liefert eine IMU lediglich Beschleunigungswerte und Winkelgeschwindigkeiten als Messwert. Wenn allerdings bspw. die longitudinale Fahrzeuggeschwindigkeit benötigt wird, müssen die Beschleunigungsanteile (je nach Einbaulage der IMU) der entsprechenden Beschleunigungssensoren der IMU aufintegriert werden. Herkömmlicherweise unterliegen diese Messwerte allerdings einem nicht zu vernachlässigenden Signalrauschen, weshalb die Messwert-Aufintegration ggf. zu großen Fehlern bei der Bestimmung der realen Fahrzeuggeschwindigkeit führen kann. Daher wird eine IMU häufig mit der Odometrie kombiniert, welche mithilfe von Radsensoren und ggf. einem Lenkwinkelsensor die Geschwindigkeit und ebenfalls die Drehrate des Fahrzeuges bereitstellt. Dabei gibt es allerdings auch Herausforderungen zu lösen (insb. Schlupf der Räder und auch ein sich ändernder Reifendurchmesser). Durch die Fusion von IMU- und Odometriedaten lässt sich eine robuste (relative) Lokalisierung erreichen.

Anwendungsbereiche

Sehr oft finden IMU-Sensoren Anwendung im Rahmen von Sensorfusionen im Automotive-Bereich. Durch bspw. der algorithmischen Fusion der Messwerte des IMU- mit dem GNSS-Sensor können kurzzeitige Störungen bei der satellitengestützen Lokalisierung überbrückt werden.

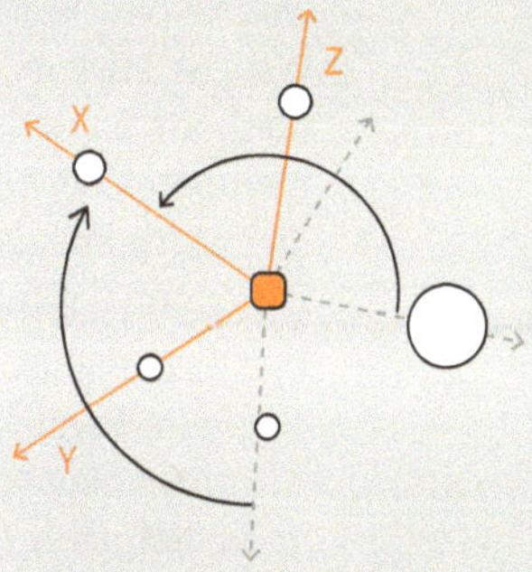

IMU-
Sensor

Messprinzip
Beschleunigungs- und Kompassmessung

Pro
Sehr flexibel einsetzbar, z.T. kostengünstig

Contra
Relativ ungenau, störanfällig

Anwendung
3D-Beschleunigungs- und Orientierungsmessung

Der **Morphologische Kasten** findet oft Anwendung, wenn herausgefunden werden soll, welche Sensorart bzw. **Sensorsetup für eine spezielle Anwendung** die best geeignetste Wahl ist. Hierbei stellt der morphologische Kasten ein Kernelement der kreativ-heuristischen Methode namens morphologischer Analyse dar. Ziel dieser Methode ist es, komplexe Problembereiche vollständig zu erfassen und mögliche Lösungen vorurteilslos zu betrachten. Der morphologische Kasten hat hierfür die Gestalt einer mehrdimensionalen Matrix. Zur Erstellung des morphologischen Kastens gehen wir wie folgt vor:

- Für die Sensorauswahl werden die zu analysierenden **Merkmale** (auch Attribute, Faktoren, Parameter oder Dimensionen genannt) festgelegt. Diese Merkmale werden im morphologischen Kasten untereinander (in den einzelnen Zeilen) in der ersten Spalte eingetragen. Um eine möglichst hohe Aussagekraft der Analyse zu erreichen, sollten die gewählten Merkmale möglichst unabhängig voneinander sein.
- Im Anschluss werden realisierbare **Ausprägungen** des jeweiligen Merkmals in den restlichen Spalten rechts vom Merkmal eingetragen.

Darauf aufbauend erfolgt die Ermittlung möglicher **Lösungskandidaten**. Hierfür nutzen wir den morphologischen Kasten und wählen aus jeder Zeile eine Ausprägungen, welche sich theoretisch miteinander kombinieren lassen. Der daraus entstehende Linienzug wird als möglicher Lösungskandidat betrachtet.

Danach erfolgt die Bewertung der Lösungskandidaten, welche oft auch als **Entscheidungsanalyse** bezeichnet wird. Auf Basis dessen wird fallspezifisch der Lösungskandidat mit der optimalen Kombination von Ausprägungen ermittelt. Diese Bewertung ist stark anwendungsspezifisch. So kann das optimale Sensorsetup bspw. für eine Einpark- oder Autobahnanwendung im Automotive-Bereich deutlich anders ausfallen. In Bild 8.2 ist beispielhaft das Sensor-Setup eines AD-Fahrzeuges für urbane Anwendungen dargestellt. Dieses Setup verfügt über eine Vielzahl redundanter Sensoren, um die zuvor dargestellten Nachteile und Herausforderungen der einzelnen Sensorarten auszugleichen.

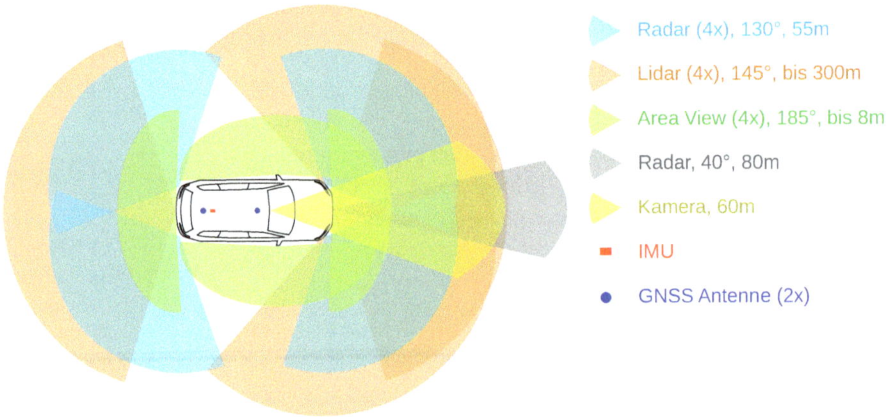

Bild 8.2 Beispielhaftes Sensor-Setup eines AD-Fahrzeuges (nicht maßstabsgetreu)

Generell erfolgt die Bewertung der Ausprägungen zumeist durch die Verwendung einer **Bewertungsskala**. Eine oft verwendete Bewertungsskala basiert auf einem Punktvergabesystem der einzelnen Ausprägungen. Der Lösungskandidat mit der höchsten Bewertung ist für die gewählte Anwendung das **Gewinnerkonzept**.

8.2 Zustandsschätzung

Bei vielen automatisierungstechnischen Anwendungen ist es im Allgemeinen nicht zielführend, alle relevanten Systemzustände mit Hilfe aufwendiger Sensorik messtechnisch zu erfassen. Gründe hierfür können bspw. sehr hohe Anschaffungskosten von Sensoren sein, sowie das Nichtvorhandensein von passenden Sensoren für bestimmte Messaufgaben. In solchen Fällen kann ein Beobachter verwendet werden, um **nicht messbare Zustände** aus gemessenen Zustands-, Stell- und Ausgangsgrößen näherungsweise zu **berechnen**.

8.2.1 Luenberger-Beobachter

Ein Beobachter erzeugt einen Näherungswert $\hat{\boldsymbol{x}}$ für den Zustandsvektor $\boldsymbol{x}$. Dieser Zusammenhang ist in Bild 8.3 für ein SISO-System dargestellt.

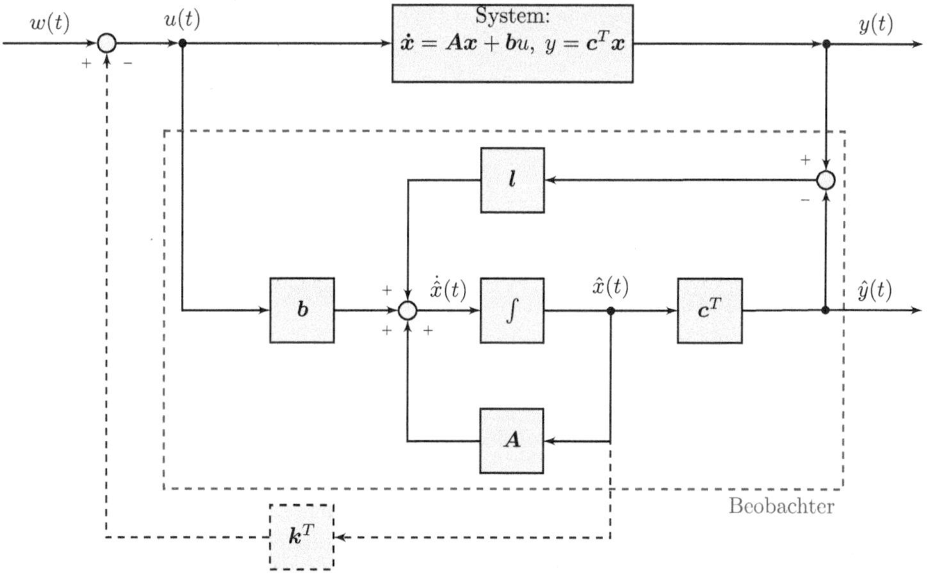

Bild 8.3 Regelkreis im Zustandsraum mit Zustandsbeobachter und Regler

Bei der Auslegung des Beobachters haben wir folgende zentrale Forderung an den Beobachter $\hat{\boldsymbol{x}}(t \to +\infty) = \boldsymbol{x}(t \to +\infty)$.

Die Gleichungen zur Berechnung eines passenden Beobachters für die entsprechende Anwendung lassen sich auf Basis von Bild 8.3, gemeinsam mit der Zustandsgleichung für die Regelstrecke $\dot{\boldsymbol{x}} = \boldsymbol{A}\boldsymbol{x} + \boldsymbol{b}u$ herleiten.

So ergibt sich für den geschätzten Zustandsvektor die Dynamik zu:

$$\begin{aligned}\dot{\hat{\boldsymbol{x}}} &= \boldsymbol{A}\hat{\boldsymbol{x}} + \boldsymbol{b}u + \boldsymbol{l}\left(\boldsymbol{c}^{\mathrm{T}}\boldsymbol{x} - \boldsymbol{c}^{\mathrm{T}}\hat{\boldsymbol{x}}\right) \\ &= \underbrace{\left(\boldsymbol{A} - \boldsymbol{l}\boldsymbol{c}^{\mathrm{T}}\right)}_{\boldsymbol{A}_l}\hat{\boldsymbol{x}} + \boldsymbol{b}u + \boldsymbol{l}y \text{ (Beobachter)}\end{aligned}$$

Für die Wahl der Elemente von $\boldsymbol{l}$ betrachten wir den Beobachtungsfehler $\boldsymbol{e}(t) = \boldsymbol{x}(t) - \hat{\boldsymbol{x}}(t)$. Mit den herausgearbeiteten Überlegungen ergibt sich für die Fehlerdynamik

$$\begin{aligned}\dot{\boldsymbol{e}}(t) &= \frac{\mathrm{d}}{\mathrm{d}t}(\boldsymbol{x}(t) - \hat{\boldsymbol{x}}(t)) \\ &= \boldsymbol{A}\boldsymbol{x}(t) + \boldsymbol{b}u(t) - \boldsymbol{A}\hat{\boldsymbol{x}}(t) - \boldsymbol{b}u(t) - \boldsymbol{l}\boldsymbol{c}^{\mathrm{T}}(\boldsymbol{x}(t) - \hat{\boldsymbol{x}}(t)) \\ &= \left(\boldsymbol{A} - \boldsymbol{l}\boldsymbol{c}^{\mathrm{T}}\right)(\boldsymbol{x}(t) - \hat{\boldsymbol{x}}(t))\end{aligned}$$

und entsprechend die Differentialgleichung für die Fehlerdynamik $\dot{\boldsymbol{e}}(t) = \left(\boldsymbol{A} - \boldsymbol{l}\boldsymbol{c}^{\mathrm{T}}\right)\boldsymbol{e}(t)$.

Somit wird die Dynamik des Beobachters direkt durch die Wahl der Elemente in dem Vektor $\boldsymbol{l}$ beeinflusst und wir erhalten für $\mathrm{Re}\{\mathrm{eig}_i(\boldsymbol{A} - \boldsymbol{l}\boldsymbol{c}^{\mathrm{T}})\} < 0$ eine asymptotisch stabile Fehlerdynamik, sodass der Beobachtungsfehler abklingt $\lim_{t\to+\infty} ||\boldsymbol{e}(t)|| = 0$.

Zudem fällt auf, dass die Struktur der Matrix $\boldsymbol{A}_l$ sehr stark der Struktur der Matrix $\boldsymbol{A}_k$ aus Abschnitt 7.4.1 ähnelt. Denn $\boldsymbol{A} - \boldsymbol{l}\boldsymbol{c}^{\mathrm{T}}$ besitzt dieselben Eigenwerte wie $\left(\boldsymbol{A} - \boldsymbol{l}\boldsymbol{c}^{\mathrm{T}}\right)^{\mathrm{T}} = \boldsymbol{A}^{\mathrm{T}} - \boldsymbol{c}\boldsymbol{l}^{\mathrm{T}}$. Daher können dieselben Synthese-Werkzeuge zum Auslegen des Beobachters verwendet werden, wie auch zum Auslegen des Zustandsreglers.

Besonders einfach gestaltet sich die Wahl von $\boldsymbol{l}$ in der Beobachtungsnormalform

$$\boldsymbol{A}_B^{\mathrm{T}} - \boldsymbol{c}_B\boldsymbol{l}^{\mathrm{T}} = \begin{pmatrix} 0 & 1 & 0 & \dots & 0 \\ 0 & 0 & 1 & & 0 \\ \vdots & \vdots & & \ddots & \\ 0 & 0 & 0 & & 1 \\ -a_0 - l_1 & -a_1 - l_2 & -a_2 - l_3 & \dots & -a_{n-1} - l_n \end{pmatrix},$$

bei der die Koeffizienten des resultierenden charakteristischen Polynoms direkt in der letzten Zeile ablesbar sind.

Es ergibt sich die Beobachterrückführung $\boldsymbol{l}^{\mathrm{T}} = [a_{B0}; a_{B1}; \dots; a_{Bn-1}] - [a_0; a_1; \dots; a_{n-1}]$ direkt aus der Differenz der Koeffizienten $[a_{B0}; a_{B1}; \dots; a_{Bn-1}]$ der Wunschdynamik und der Eigendynamik $[a_0; a_1; \dots; a_{n-1}]$. Sollten Systeme nicht in Beobachtungsnormalform vorliegen, kann auch hier die Ackermann-Formel auf das Beobachter-Problem adaptiert werden.

Beim Auslegen des Zustandsbeobachters ist zu beachten, dass dessen Dynamik deutlich schneller als die Dynamik des zustandsgeregelten Systems sein muss. Der Grund hierfür ist, dass die Zustandsänderungen vergleichsweise schnell detektiert werden müssen, und erst auf Basis dieser beobachteten Zustandsänderungen der Regler Aktionen durchführen soll. Als Maß hierfür können wir bspw. die Lage der Pole betrachten. So müssen bei der Synthese die Pole von $\boldsymbol{A}_l$ deutlich weiter links liegen als die Pole von $\boldsymbol{A}_k$.

Beispiel 8.1 (Luenberger-Beobachter des Gleichstrommotors I). Im Beispiel 7.4 haben wir herausgearbeitet, dass wir mit einer Zustandsrückführung wesentlich mehr Freiheitsgrade beim Regelungsentwurf besitzen, da das System steuerbar ist.

Allerdings ist in unserem Beispiel lediglich die Drehzahl und nicht der Strom messbar. Um diesen dennoch in der Regelung verwenden zu können, ist es möglich, einen Beobachter zu entwerfen und den damit geschätzten Strom für die Regelungsrückführung zu verwenden.

Bevor wir mit der Beobachterauslegung starten, benötigen wir die Systemmatrix, die die Systemdynamik des Gleichstrommotors aus Beispiel 7.4 wiedergibt

$$\begin{aligned} \boldsymbol{A} &= \begin{pmatrix} -\frac{R_a}{L_a} & -\frac{k_m}{L_a} \\ \frac{k_t}{J} & -\frac{k_l}{J} \end{pmatrix} = \begin{pmatrix} -81{,}82 & -18{,}18 \\ 20 & -1 \end{pmatrix} \quad \text{sowie} \\ \boldsymbol{b} &= \begin{bmatrix} \frac{1}{L_a} \\ 0 \end{bmatrix} = \begin{bmatrix} 9{,}09 \\ 0 \end{bmatrix} \quad \text{und} \quad \boldsymbol{c} = \begin{bmatrix} 0 & \frac{1}{2\pi} \end{bmatrix} = \begin{bmatrix} 0 & 0{,}16 \end{bmatrix} \end{aligned}$$

mit $R_a = 9$, $L_a = 0{,}11$, $J = 0{,}1$, $k_t = 2$, $k_m = 2$ und $k_l = 0{,}1$. Um sicherzustellen, dass das System beobachtbar ist, betrachten wir zuerst die Beobachtbarkeitsmatrix

$$\boldsymbol{S}_B = \begin{pmatrix} 0 & 0{,}16 \\ 3{,}18 & -0{,}16 \end{pmatrix},$$

die den vollen Rang $n = 2$ aufweist. Daher ist das System beobachtbar und wir können einen Beobachter für die Zustandsschätzung entwerfen.

Die Eigenwerte der Systemmatrix der ungeregelten Gleichstrommaschine liegen bei eig $= [-77{,}04; -5{,}78]$. Als nächstes erstellen wir die Transformationsmatrix $\boldsymbol{T}_B$, um unser System in die Beobachternormalform zu überführen. Im Fall unseres Systems zweiter Ordnung ergibt sich die Transformationsmatrix

$$\boldsymbol{T}_B = \begin{pmatrix} \boldsymbol{s}_B & \boldsymbol{A}\boldsymbol{s}_B \end{pmatrix} = \begin{pmatrix} 0{,}31 & -25{,}70 \\ 0 & 6{,}28 \end{pmatrix}$$

unter Verwendung des Vektors $\boldsymbol{s}_B = \begin{bmatrix} 0{,}31 & 0 \end{bmatrix}$, wie am Ende von Abschnitt 4.3 beschrieben. So ergibt sich die Zustandsraumbeschreibung in der Beobachternormalform unter Verwendung von

$$\begin{aligned} \boldsymbol{A}_B &= \boldsymbol{T}_B^{-1}\boldsymbol{A}\boldsymbol{T}_B = \begin{pmatrix} 0 & -a_0 \\ 1 & -a_1 \end{pmatrix} = \begin{pmatrix} 0 & -445{,}45 \\ 1 & -82{,}82 \end{pmatrix}, \quad \text{sowie} \\ \boldsymbol{b}_B &= \boldsymbol{T}_B^{-1}\boldsymbol{b} = \begin{bmatrix} b_0 \\ 0 \end{bmatrix} = \begin{bmatrix} 28{,}94 \\ 0 \end{bmatrix} \quad \text{und} \quad \boldsymbol{c}_B = \boldsymbol{c}^{\mathrm{T}}\boldsymbol{T}_B = \begin{bmatrix} 0 & 1 \end{bmatrix}. \end{aligned}$$

Unter Zuhilfenahme der Zustandsraumbeschreibung in der Beobachternormalform ergibt sich der Beobachterkreis zu

$$\boldsymbol{A}_l^{\mathrm{T}} = \boldsymbol{A}_B^{\mathrm{T}} - \boldsymbol{c}_B\boldsymbol{l}^{\mathrm{T}} = \begin{pmatrix} 0 & 1 \\ -a_0 - l_1 & -a_1 - l_2 \end{pmatrix} = \begin{pmatrix} 0 & 1 \\ -445{,}45 - l_1 & -82{,}82 - l_2 \end{pmatrix}.$$

bei dem die Koeffizienten des resultierenden charakteristischen Polynoms über

$$\begin{aligned} \det\left(\boldsymbol{A}_l^{\mathrm{T}} - \lambda\boldsymbol{I}\right) &= \begin{pmatrix} -\lambda & 1 \\ -445{,}45 - l_1 & -82{,}82 - l_2 - \lambda \end{pmatrix} \\ &= -\lambda\,(-82{,}82 - l_2 - \lambda) - (-445{,}45 - l_1) \\ &= \lambda^2 + (82{,}82 + l_2)\,\lambda + (445{,}45 + l_1) = 0, \end{aligned}$$

berechnet werden können. Die Eigenwerte des Beobachters sollten weiter links in der komplexen Halbebene liegen (also einen kleineren Realteil besitzen) als die der Systemmatrix, sodass der Beobachtungsfehler schnell abgebaut und somit der Dynamik des Gleichstrommotors folgen kann. Legen wir die Eigenwerte des Beobachterkreises auf eig $= [-500; -50]$ fest. Es ergibt sich somit für die Wunschdynamik:

$$(\lambda + 500)(\lambda + 50) = \lambda^2 + 550\,\lambda + 25.000 = a_{B2}\,\lambda^2 + a_{B1}\,\lambda + a_{B0} = 0.$$

Vergleichen wir die Koeffizienten der letzten beiden Gleichungen, ergibt sich die Beobachterrückführung $\boldsymbol{l}^{\mathrm{T}} = \begin{bmatrix} l_1 & l_2 \end{bmatrix}$:

$$\begin{aligned} 25.000 &= 445{,}45 + l_1 \Rightarrow l_1 = 24.554{,}55 \\ 550 &= 82{,}82 + l_2 \Rightarrow l_2 = 467{,}18 \end{aligned}$$

■

Beispiel 8.2 (Luenberger-Beobachter des Gleichstrommotors II). Im Folgenden analysieren wir, wie die Lage der Eigenwerte des Beobachterkreises des Gleichstrommotors, aus dem vorangegangenen Beispiel die Beobachterfehler beeinflusst.

Bild 8.4 zeigt die resultierenden Beobachtungsfehler für drei Paare von Eigenwerten, wenn das System mit einem Zustandsregler geregelt wird und die Eigenwerte des geschlossenen Regelkreises $[-100; -10]$ betragen. In diesem Beispiel beaufschlagen wir die Signale $\dot{x}$ und y mit einem amplitudenbeschränkten weißen Rauschen, um die Dynamik des Beobachters zu visualisieren.

Bei Verwendung des Luenberger-Beobachters mit den drei verschiedenen Eigenwertpaaren entstehen als Mittelwerte des quadratischen Fehlers $\boldsymbol{e}_{\text{RSME}} = [1,67; 0,48]$ für eig $= [-1000; -100]$, $\boldsymbol{e}_{\text{RSME}} = [1,31; 0,72]$ für eig $= [-500; -50]$ und $\boldsymbol{e}_{\text{RSME}} = [1,51; 1,44]$ für eig $= [-100; -10]$.

Die betragsmäßig kleinsten Eigenwerte führen bei beiden Zuständen auf relativ große Beobachtungsfehler, was nicht verwunderlich ist, da die Dynamik des Beobachterkreises genauso schnell ist, wie die des geregelten Systems, wodurch Änderungen im Beobachter verhältnismäßig langsam zu Anpassungen führen.

Die betragsmäßig größten Eigenwerte eig $= [-1000; -100]$ erzielen sehr kleine Beobachtungsfehler im Zustand x_2, besitzen allerdings einen relativ hohen Wert für den Zustand x_1. Dies ist vermutlich auf die hochfrequente Störung zurückzuführen, auf welche der hochdynamische Beobachter sensitiv reagiert.

Einen Kompromiss zwischen den beiden Eigenwert-Konfigurationen stellt das Eigenwert-Paar eig $= [-500; -50]$, aus dem vorangegangenen Beispiel, dar.

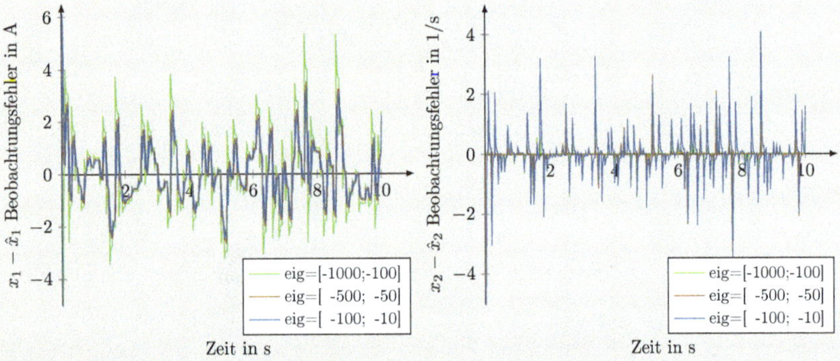

(a) Beobachtungsfehler von x_1 für unterschiedliche Eigenwerte des Beobachterkreises

(b) Beobachtungsfehler von x_2 für unterschiedliche Eigenwerte des Beobachterkreises

Bild 8.4 Vergleich des Beobachtungsfehlers bei dem Gleichstrommotor für unterschiedliche Eigenwerte des Beobachterkreises

■

Der Luenberger-Beobachter schätzt den gesamten Zustandsvektor. Dies ist allerdings nur in seltenen Fällen wirklich nötig, da auch Messgrößen vorhanden sind, die nicht mehr geschätzt werden müssen, sondern direkt verwendet werden können und nur die nicht gemessenen Größen geschätzt werden müssen.

Diese Überlegungen führen auf einen **reduzierten Beobachter**, welcher eine geringere Ordnung besitzt. Für Details wird auf Lunze (2020) verwiesen.

8.2.2 Kalman-Filter

Wir haben im vorangegangenen Abschnitt bereits gesehen, dass die Beobachtbarkeitsaufgabe dual zum Regelungsentwurf mit Polvorgabe ist. Beim Regelungsentwurf im Zustandsraum wurde außerdem dargestellt, dass die Polvorgabe durchaus unintuitiv sein kann und dass die Optimierung einer Kostenfunktion ein zielführender Ansatz ist. Diese Überlegungen führen auf den LQ-Regler in Abschnitt 7.4.4. Ein Analogon für das Beobachtbarkeitsproblem führt auf das Kalman-Filter. Das Kalman-Filter ist sowohl in der akademischen Anwendung als auch in der industriellen Praxis sehr weit verbreitet und wohl eine der wichtigsten Entwicklungen in der Regelungs- und Systemtheorie der letzten 60 Jahre.

Als Ausgangspunkt für die Einführung des Kalman-Filters betrachten wir, dass um **Rausch-Terme** erweiterte LTI-Zustandsraummodell

$$\dot{\boldsymbol{x}}(t) = \boldsymbol{A}\boldsymbol{x}(t) + \boldsymbol{B}\boldsymbol{u}(t) + \boldsymbol{w}(t) \tag{8.1}$$

$$\boldsymbol{y}(t) = \boldsymbol{C}\boldsymbol{x}(t) + \boldsymbol{v}(t), \tag{8.2}$$

welches zu einem stochastischem Modell führt. Dabei sind die Rausch-Komponenten $\boldsymbol{w}(t), \boldsymbol{v}(t)$ weiß, mittelwertfrei ($E[\boldsymbol{w}(t)] = E(\boldsymbol{v}(t)) = 0$) und unkorrelliert ($E(\boldsymbol{w}(t)\boldsymbol{v}(\tau)^{\mathrm{T}}) = 0$). Hierbei stellt $E(\cdot)$ den Erwartungswert der jeweiligen Größe dar. Das Prozessrauschen $\boldsymbol{w}(t)$ stellt eine Störung des Systems dar und kann unterschiedlichste Ursachen (nicht modellierte Dynamiken, äußere Einflüsse etc.) haben. Bei der Automatisierung bzw. beim Regelungsentwurf wollen wir den Einfluss dieser Störung minimieren oder gar vollständig kompensieren. Anders verhält es sich bei dem Rausch-Term $\boldsymbol{v}(t)$. Dieser beschreibt die Störung des Messsignals, also einen Messfehler und soll den Regler nicht beeinflussen. Durch die Addition der Rauschterme lassen sich die Zustände als Gauß- oder normalverteilte Zufallsgrößen auffassen, welche durch ihren Erwartungswert und ihre (Ko-)Varanz beschrieben werden können. Das auftretende Prozessrauschen $\boldsymbol{w}$ modellieren wir über die Kovarianzmatrix

$$\mathrm{Cov}\left(\boldsymbol{w}\boldsymbol{w}^{\mathrm{T}}\right) = E\left(\boldsymbol{w}\boldsymbol{w}^{\mathrm{T}}\right) = \boldsymbol{Q};\ \boldsymbol{Q} \geq 0$$

und das Prozessrauschen $\boldsymbol{v}$ über die entsprechende Kovarianzmatrix:

$$\mathrm{Cov}\left(\boldsymbol{v}\boldsymbol{v}^{\mathrm{T}}\right) = E\left(\boldsymbol{v}\boldsymbol{v}^{\mathrm{T}}\right) = \boldsymbol{R};\ \boldsymbol{R} > 0$$

Es fällt auf, dass die Matrix $\boldsymbol{Q}$ positiv semidefinit und die Matrix $\boldsymbol{R}$ positiv definit sein muss. Dies ist, wie wir im folgenden noch sehen werden, notwendig, um die Berechenbarkeit zu gewährleisten. Da bei Messungen stets ein Messrauschen auftritt, ist diese Einschränkung unproblematisch. Entsprechend gilt, dass mit dem Beobachter $\dot{\hat{\boldsymbol{x}}} = \boldsymbol{A}\hat{\boldsymbol{x}} + \boldsymbol{B}\boldsymbol{u} + \boldsymbol{L}(\boldsymbol{y} - \boldsymbol{C}\hat{\boldsymbol{x}})$ (vgl. Abschnitt 8.2.1) die Fehlerdynamik

$$\dot{\boldsymbol{e}} = \dot{\boldsymbol{x}} - \dot{\hat{\boldsymbol{x}}} = (\boldsymbol{A} - \boldsymbol{L}\boldsymbol{C})\boldsymbol{e} + \boldsymbol{w} - \boldsymbol{L}\boldsymbol{v} \tag{8.3}$$

entsteht. Bei Gleichung (8.3) handelt es sich um eine lineare Differentialgleichung mit einem Rauscheingang $\boldsymbol{w} - \boldsymbol{L}\boldsymbol{v}$. Dementsprechend muss für eine stabile Fehlerdynamik die Matrix $(\boldsymbol{A} - \boldsymbol{L}\boldsymbol{C})$ Eigenwerte mit negativem Realteil besitzen. Ziel des Kalman-Filters ist es nun eine **optimale** Rückführung $\boldsymbol{L}^*$ unter den genannten Bedingungen zu ermitteln. Doch was bedeutet in diesem Kontext optimal?

Dazu gehen wir von dem Schätzfehler $\boldsymbol{e}(t) = \boldsymbol{x}(t) - \hat{\boldsymbol{x}}(t)$ aus.

Als Optimalitätsbedingung dient die Minimierung des mittleren quadratischen Schätzfehlers $E(\boldsymbol{e}(t)^{\mathrm{T}}\boldsymbol{e}(t)) = \mathrm{Cov}(\boldsymbol{e}(t)) = \boldsymbol{P}(t)$. Genauer gesagt soll die Spur ($\mathrm{Spur}(\boldsymbol{P}) = \sum_{i=1}^{n} p_{ii} = p_{11} + p_{22} + \cdots + p_{nn}$) der Matrix minimiert werden. Dies führt auf das Minimierungsproblem

$$\boldsymbol{L}^*(t) = \underset{\boldsymbol{L}}{\operatorname{argmin}}\ \mathrm{Spur}\,(\boldsymbol{P}(t,\boldsymbol{L}))$$

für den optimalen Zustandsschätzer. Die Grundidee ist nun, dass $\boldsymbol{P}(t)$ wie beim LQ-Regler, die Lösung einer Differentialgleichung ist. Außerdem wird $\boldsymbol{P}(t)$ minimal, wenn über $\boldsymbol{L}$ zu jedem Zeitpunkt $\dot{\boldsymbol{P}}$ minimiert wird. Wenn die zeitliche Änderung der Matrix möglichst klein ist, so ist auch der Absolutwert von $\boldsymbol{P}(t)$ minimal. Dem Gedanken folgend kann über die zeitliche Ableitung $\dot{\boldsymbol{P}} = E(\dot{\boldsymbol{e}}(t)^{\mathrm{T}}\boldsymbol{e}(t) + \boldsymbol{e}(t)^{\mathrm{T}}\dot{\boldsymbol{e}}(t))$ die Differentialgleichung

$$\dot{\boldsymbol{P}} = \boldsymbol{A}\boldsymbol{P}(t) + \boldsymbol{P}(t)\boldsymbol{A}^{\mathrm{T}} + \boldsymbol{Q} - \boldsymbol{P}(t)\boldsymbol{C}^{\mathrm{T}}\boldsymbol{R}_{\mathrm{e}}^{-1}\boldsymbol{C}\boldsymbol{P}(t) + \underbrace{\left(\boldsymbol{L} - \boldsymbol{P}(t)\boldsymbol{C}^{\mathrm{T}}\boldsymbol{R}_{\mathrm{e}}^{-1}\right)\boldsymbol{R}\left(\boldsymbol{L} - \boldsymbol{P}(t)\boldsymbol{C}^{\mathrm{T}}\boldsymbol{R}_{\mathrm{e}}^{-1}\right)}_{\geq 0} \quad (8.4)$$

ermittelt werden. Die Rückführmatrix $\boldsymbol{L}$ tritt dabei lediglich in der quadratischen Form auf $(\boldsymbol{L} - \boldsymbol{P}(t)\boldsymbol{C}^{\mathrm{T}}\boldsymbol{R}_{\mathrm{e}}^{-1})\boldsymbol{R}(\boldsymbol{L} - \boldsymbol{P}(t)\boldsymbol{C}^{\mathrm{T}}\boldsymbol{R}_{\mathrm{e}}^{-1})$, welche stets nicht negativ ist, da $\boldsymbol{R} > 0$ gilt. Somit wird die Ableitung $\dot{\boldsymbol{P}}$ minimal unter der Wahl von $\boldsymbol{L}$, wenn der quadratische Ausdruck seinen minimalen Wert Null annimmt. Dies führt auf die optimale Rückführung:

$$\boldsymbol{L}^* = \boldsymbol{P}(t)\boldsymbol{C}^{\mathrm{T}}\boldsymbol{R}_{\mathrm{e}}^{-1};\ \boldsymbol{P}(0) = \boldsymbol{P}_0 = E\left(\boldsymbol{e}(0)^{\mathrm{T}}\boldsymbol{e}(0)\right) \quad (8.5)$$

Dementsprechend ist die optimale Rückführmatrix zeitabhängig und eine Funktion der Matrix $\boldsymbol{P}(t)$. Diese Matrix ergibt sich als Lösung der Matrix-Riccati-Differentialgleichung

$$\dot{\boldsymbol{P}} = \boldsymbol{A}\boldsymbol{P}(t) + \boldsymbol{P}(t)\boldsymbol{A}^{\mathrm{T}} + \boldsymbol{Q} - \boldsymbol{P}(t)\boldsymbol{C}^{\mathrm{T}}\boldsymbol{R}_{\mathrm{e}}^{-1}\boldsymbol{C}\boldsymbol{P}(t), \quad (8.6)$$

welche eine ähnliche Form wie beim LQ-Regler aufweist. Wie beim LQ-Regler ist Gleichung (8.6) unabhängig von $\boldsymbol{y}, \boldsymbol{u}$ und $\boldsymbol{e}$, sodass die Lösung im Vorfeld berechnet und der entstehende Zeitverlauf von $\boldsymbol{P}(t)$ direkt für die Berechnung des zeitabhängigen $\boldsymbol{L}^*(t)$ verwendet werden kann. Weiterhin ist aus Gleichung (8.5) ersichtlich, dass $\boldsymbol{R}$ positiv definit sein muss, um die Invertierbarkeit zu ermöglichen. Zudem hatten wir beim LQ-Regler festgestellt, dass dieser für große t ($t \to +\infty$) konvergiert. Ähnliches gilt auch beim Kalman-Filter. Denn es lässt sich zeigen, das auch die Lösung von Gleichung (8.6) unter den Annahmen, dass

$(\boldsymbol{C}, \boldsymbol{A})$ beobachtbar und $\left(\boldsymbol{A}, \boldsymbol{Q}^{\frac{1}{2}}\right)$ steuerbar ist, konvergiert.

Daher gilt für $t \to +\infty$, dass $\boldsymbol{P}(t)$ und $\boldsymbol{L}(t)$ konstant und somit keine Funktion der Zeit mehr sind. Aus diesen Überlegungen ergibt sich die **algebraische Matrix-Riccati-Gleichung**

$$\dot{\boldsymbol{P}} \stackrel{!}{=} 0 = \boldsymbol{A}\boldsymbol{P}_\infty + \boldsymbol{P}_\infty\boldsymbol{A}^{\mathrm{T}} + \boldsymbol{Q} - \boldsymbol{P}_\infty\boldsymbol{C}^{\mathrm{T}}\boldsymbol{R}_{\mathrm{e}}^{-1}\boldsymbol{C}\boldsymbol{P}_\infty \quad (8.7)$$

und somit die stationäre Rückführung

$$\boldsymbol{L}_\infty^* = \boldsymbol{P}_\infty\boldsymbol{C}^{\mathrm{T}}\boldsymbol{R}_{\mathrm{e}}^{-1} \quad (8.8)$$

für den optimalen Beobachter. Im Allgemeinen werden die zur Bestimmung notwendigen Matrizen $\boldsymbol{Q}$ und $\boldsymbol{R}$ nicht experimentell bestimmt, sondern als Tuning-Parameter verwendet. Es werden also iterativ die Matrizen solange verändert, bis das Resultat den gewünschten Verlauf zeigt. Abschließend verdeutlicht die Gegenüberstellung in Tabelle 8.1 die Analogien zwischen dem LQ-Regler und dem Kalman-Filter.

Tabelle 8.1 Vergleich zwischen dem LQ-Regler und dem Kalman-Filter

	optimaler Regler	optimaler Schätzer
minimiert:	$J(\boldsymbol{x},\boldsymbol{u}) = \int_{t_0}^{t_1} (\boldsymbol{x}^{\mathrm{T}}(t)\boldsymbol{Q}\boldsymbol{x}(t) + \boldsymbol{u}^{\mathrm{T}}(t)\boldsymbol{R}\boldsymbol{u}(t))\mathrm{d}t$	$E(\boldsymbol{e}(t)^{\mathrm{T}}\boldsymbol{e}(t))$
$\boldsymbol{Q} \geq 0$:	Gewichtete Zustandsabweichung	Kovarianz Prozess
$\boldsymbol{R} > 0$:	Gewichteter Regelaufwand	Kovarianz Messung
ergibt:	$\boldsymbol{K}^* = \boldsymbol{R}^{-1}\boldsymbol{B}^{\mathrm{T}}\boldsymbol{P}_{\infty}$	$\boldsymbol{L}^*_{\infty} = \boldsymbol{P}_{\infty}\boldsymbol{C}^{\mathrm{T}}\boldsymbol{R}_{\mathrm{e}}^{-1}$
$\boldsymbol{P}$ aus:	$0 = \boldsymbol{A}^{\mathrm{T}}\boldsymbol{P}_{\infty} + \boldsymbol{P}_{\infty}\boldsymbol{A} + \boldsymbol{Q} - \boldsymbol{P}_{\infty}\boldsymbol{B}\boldsymbol{R}^{-1}\boldsymbol{B}^{\mathrm{T}}\boldsymbol{P}_{\infty}$	$0 = \boldsymbol{A}\boldsymbol{P}_{\infty} + \boldsymbol{P}_{\infty}\boldsymbol{A}^{\mathrm{T}} + \boldsymbol{Q} - \boldsymbol{P}_{\infty}\boldsymbol{C}^{\mathrm{T}}\boldsymbol{R}_{\mathrm{e}}^{-1}\boldsymbol{C}\boldsymbol{P}_{\infty}$
Dynamik:	$(\boldsymbol{A} - \boldsymbol{B}\boldsymbol{K}^*_{\infty})$	$(\boldsymbol{A} - \boldsymbol{L}^*_{\infty}\boldsymbol{C})$
Bedingung:	$[\boldsymbol{A},\boldsymbol{B}]$ steuerbar, $\left(\boldsymbol{Q}^{\frac{1}{2}},\boldsymbol{A}\right)$ beobachtbar	$(\boldsymbol{C},\boldsymbol{A})$ beobachtbar, $\left(\boldsymbol{A},\boldsymbol{Q}^{\frac{1}{2}}\right)$ steuerbar

Methoden zur Beschreibung von stochastischen Größen
An dieser Stelle möchten wir einige grundlegende Kenngrößen von Zufallsvariablen einführen, beginnend mit dem Erwartungswert einer Zufallsvariable:

- Die **Wahrscheinlichkeit** (p_i) ist ein Maß für das erwartete Eintreten eines Ereignisses i. Die Wahrscheinlichkeit kann sowohl zur Vorhersage zukünftiger Ereignisse, als auch zur Beurteilung bereits eingetretener Ereignisse verwendet werden.

- Die **Wahrscheinlichkeitsdichtefunktion** verwenden wir zur Konstruktion von Wahrscheinlichkeitsverteilungen mithilfe von Integralen sowie zur Untersuchung und Klassifikation von Wahrscheinlichkeitsverteilungen. Die Wahrscheinlichkeit, dass eine Zufallsvariable x im Intervall $[a, b]$ liegt kann berechnet werden, indem die Fläche zwischen der Wahrscheinlichkeitsdichtefunktion f im Intervall $[a, b]$ berechnet wird:

$$p(x \in [a,b]) = \int_a^b f(x)\mathrm{d}x$$

- Der **Erwartungswert (μ)** ist eine Zahl, welche eine Zufallsvariable x_i im gewichteten Mittel annimmt. Hierbei verwenden wir den Wichtungsfaktor p_i Er ist dabei nicht zu verwechseln mit dem Mittelwert (Stichprobenmittel), da dieser mit der Wahl der jeweiligen Stichprobe variiert. Der Erwartungswert hingegen ist der Mittelwert der Grundgesamtheit, also das gewichtete Mittel der Wahrscheinlichkeit. Dementsprechend lässt sich bei diskreten (reellen) Zufallsvariablen der Erwartungswert über

$$\mu = E(X) = \sum_i x_i p_i$$

und bei kontinuierlichen (reellen) Zufallsvariablen durch

$$\mu = E(X) = \int_{-\infty}^{+\infty} x f(x)\mathrm{d}x$$

bestimmen. Hierbei ist X die entsprechende Zufallsvariable, mit dem konkreten Wert x_i, welcher eine Wahrscheinlichkeit p_i besitzt. Im kontinuierlichen Fall stellt $f(x)$ die korrespondierende Wahrscheinlichkeitsdichtefunktion dar.

- Als nächstes wollen wir die **Varianz (Var(X))** betrachten, die die mittlere quadratische Abweichung einer reellen Zufallsvariablen von ihrem Erwartungswert beschreibt. Mit dieser Definition lässt sich die Varianz bei diskreten (reellen) Zufallsvariablen über

$$\text{Var}(X) = E\left((X-\mu)^2\right) = \sum_i (x_i - \mu)^2 p_i,$$

und bei kontinuierlichen (reellen) Zufallsvariablen über

$$\text{Var}(X) = E\left((X-\mu)^2\right) = \int_{-\infty}^{+\infty} (x-\mu)^2 f(x)\mathrm{d}x$$

berechnen. Die Varianz ist aufgrund der Summation quadratischer Terme nicht-negativ ($\text{Var}(X) \geq 0$). Eine verwandte Kenngröße der Varianz ist die **Standardabweichung** ($\sigma(X)$). Diese ist als quadratische Wurzel $\sigma(X) = \sqrt{\text{Var}(X)}$ bspw. über $\sigma^2(X) = \text{Var}(X)$ definiert.

- Häufig ist es nicht hinreichend nur eine Zufallsvariable zu beschreiben. Stattdessen wollen wir auch beschreiben, ob ein Zusammenhang zwischen zwei Zufallsvariablen X und Y besteht. Dies wird über die **Kovarianz Cov(X, Y)** charakterisiert. Die Kovarianz beschreibt ob hohe Werte von X tendenziell auch mit hohen Werten von Y einhergehen und lässt sich über die Formulierung $\text{Cov}(X,Y) = E((X-E(X))(Y-E(Y)) = E(XY) - E(X)E(Y)$ berechnen. Dabei ist die Kovarianz
  - positiv, wenn X und Y die gleiche Tendenz besitzen;
  - negativ, wenn X und Y eine gegensinnige Tendenz besitzen;
  - Null, wenn X und Y keinen systematischen Zusammenhang besitzen. Dann werden die beiden Variablen auch als unkorreliert bezeichnet.

  Die Kovarianz besitzt eine Reihe interessanter Eigenschaften. Hier sei zum einen erwähnt, dass die Kovarianz eine Verallgemeinerung der Varianz ist. Denn es ergibt sich

$$\text{Cov}(X,X) = E((X-E(X))\cdot(X-E(X)) = E\left((X-E(X))^2\right) = \text{Var}(X)$$

als Kovarianz einer Zufallsvariable mit sich selbst. Zum anderen ist die Kovarianz symmetrisch ($\text{Cov}(X,Y)=\text{Cov}(Y,X)$), da die Tendenzaussagen sich nicht durch eine Umkehrung der beiden Variablen verändern.

- Untersuchen wir mehrdimensionale Zufallsvariablen, die durch einen **Zufallsvektor** $\boldsymbol{X} = \begin{bmatrix} X_1 & X_2 & \cdots & X_n \end{bmatrix}^\mathrm{T}$ beschrieben werden, so lassen sich auch die jeweiligen mehrdimensionalen Äquivalente definieren. So ergibt sich entsprechend ein **Erwartungswertvektor**

$$E(\boldsymbol{X}) = E\begin{bmatrix} X_1 \\ X_2 \\ \vdots \\ X_n \end{bmatrix} = \begin{bmatrix} \mu_1 \\ \mu_2 \\ \vdots \\ \mu_n \end{bmatrix} = \boldsymbol{\mu},$$

welcher einen Vektor, der sich elementweise ergebenden Erwartungswert, darstellt und eine **Kovarianzmatrix**

$$\begin{aligned}\mathrm{Cov}\quad(\boldsymbol{X}) &= E((\boldsymbol{X}-\boldsymbol{\mu})(\boldsymbol{X}-\boldsymbol{\mu})^{\mathrm{T}})\\ &= E\begin{pmatrix}(X_1-\mu_1)^2 & (X_1-\mu_1)(X_2-\mu_2) & \cdots & (X_1-\mu_1)(X_n-\mu_n)\\ (X_2-\mu_2)(X_1-\mu_1) & (X_2-\mu_2)^2 & \cdots & (X_2-\mu_2)(X_n-\mu_n)\\ \vdots & \vdots & \ddots & \vdots\\ (X_n-\mu_n)(X_1-\mu_1) & (X_n-\mu_n)(X_2-\mu_2) & \cdots & (X_n-\mu_n)^2\end{pmatrix}\\ &= \begin{pmatrix}\mathrm{Var}(X_1) & \mathrm{Cov}(X_1,X_2) & \cdots & \mathrm{Cov}(X_1,X_n)\\ \mathrm{Cov}(X_2,X_1) & \mathrm{Var}(X_2) & \cdots & \mathrm{Cov}(X_2,X_n)\\ \vdots & \vdots & \ddots & \vdots\\ \mathrm{Cov}(X_n,X_1) & \mathrm{Cov}(X_n,X_2) & \cdots & \mathrm{Var}(X_n)\end{pmatrix},\end{aligned}$$

welche die gegenseitigen Kovarianzen beinhaltet. Durch die Symmetrie der Kovarianzen ist auch die Kovarianzmatrix symmetrisch ($\mathrm{Cov}(\boldsymbol{X}) = \mathrm{Cov}(\boldsymbol{X})^{\mathrm{T}}$). Darüber hinaus ist sie stets positiv semidefinit $\mathrm{Cov}(\boldsymbol{X}) \geq 0$ und lässt sich als (Hyper-)Ellipsoid darstellen, im Fall kontinuierlicher Zufallsvariablen.

- Die Abweichungen der Messwerte vieler natur-, wirtschafts- und ingenieurwissenschaftlicher Vorgänge vom Erwartungswert μ lassen sich durch die **Normalverteilung** in guter Näherung beschreiben. Zufallsvariablen mit Normalverteilung verwenden wir bspw. zur Beschreibung der zufälligen Streuung von Messwerten. Die Wahrscheinlichkeitsdichtefunktion der Normalverteilung wird auch Gauß-Funktion oder Gaußsche Glockenkurve genannt. Die besondere Bedeutung der Normalverteilung beruht u. a. auf dem zentralen Grenzwertsatz, dem zufolge Verteilungen, die durch additive Überlagerung einer großen Zahl von unabhängigen Einflüssen entstehen, unter schwachen Voraussetzungen annähernd normalverteilt sind. Eine Zufallsvariable X, deren Wahrscheinlichkeitsverteilung einer Normalverteilung entspricht, wird als normalverteilt bezeichnet. Eine Zufallsvariable x hat eine Normalverteilung mit einem Erwartungswert μ und einer Varianz σ^2 ($-\infty < \mu < +\infty, \sigma^2 > 0$), oft geschrieben als $x \sim N(\mu, \sigma^2)$, wenn sie die folgende Wahrscheinlichkeitsdichte hat:

$$f(x|\mu,\sigma^2) = \frac{1}{\sqrt{2\pi\sigma^2}}\mathrm{e}\left(-\frac{(x-\mu)^2}{2\sigma^2}\right) = \frac{1}{\sqrt{2\pi\sigma^2}}\mathrm{e}^{-\frac{(x-\mu)^2}{2\sigma^2}} \qquad -\infty < x < +\infty$$

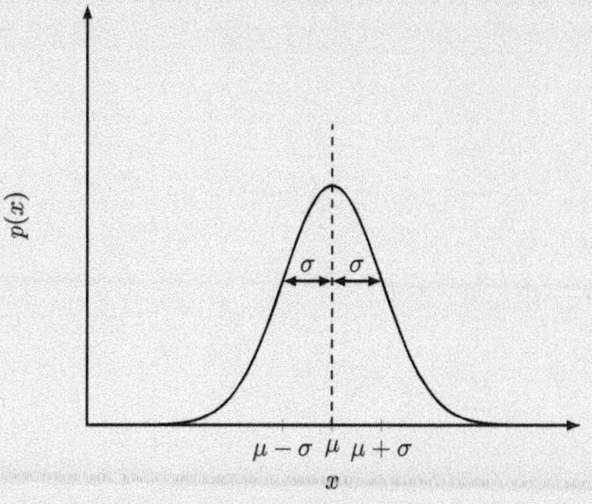

Bild 8.5 Wahrscheinlichkeitsdichtefunktion einer Normalverteilung

Der Graph dieser Dichtefunktion hat eine „glockenförmige Gestalt" (vgl. Bild 8.5) und ist symmetrisch zu dem Parameter μ, der den Modus (Maximalwert) und/oder Median der Verteilung darstellt. Die Varianz von x wir dargestellt durch den Parameter σ^2. Insbesondere die Kovarianz(-matrix) mit ihren inhärenten Eigenschaften ist von zentraler Bedeutung für die Interpretation und Anwendung des Kalman-Filters. ■

Kontinuierlich-diskretes Kalman-Filter zur Zustandsschätzung

Wie zuvor dargestellt, ist das Kalman-Filter ein Datenverarbeitungsalgorithmus, dessen Formulierung auf einem Zustandsraummodell basiert. Das Filter wurde ursprünglich entwickelt, um Fehler zwischen geschätzten Zustandsgrößen bzw. Modellparametern und den Beobachtungsdaten zu minimieren. Hierbei ist zu beachten, dass die meisten technischen Prozesse in denen das Filter in Einsatz kommt **kontinuierliche Prozesse** sind. Gleichzeitig erfolgt die Realisierung des Filteralgorithmus auf einer **diskret getakteten Recheneinheit** und auch die zugrunde liegenden Messungen weisen digitale/diskrete Eigenschaften auf. Daher muss das Filter für die meisten praktischen Anwendungen als kontinuierlich-diskretes Kalman-Filter realisiert werden. Betrachten wir ein zeitkontinuierliches System der Form (8.1) und (8.2), aus der Riccati-Gleichung

$$\dot{\boldsymbol{P}} = \boldsymbol{A}\boldsymbol{P}(t) + \boldsymbol{P}(t)\boldsymbol{A}^{\mathrm{T}} + \boldsymbol{Q} - \boldsymbol{P}(t)\boldsymbol{C}^{\mathrm{T}}\boldsymbol{R}_{\mathrm{e}}^{-1}\boldsymbol{C}\boldsymbol{P}(t)$$

ergibt sich mit $\boldsymbol{L}^*(t) = \boldsymbol{P}(t)\boldsymbol{C}^{\mathrm{T}}\boldsymbol{R}_{\mathrm{e}}^{-1}$ der Ausdruck

$$\dot{\boldsymbol{P}} = \boldsymbol{A}\boldsymbol{P}(t) + \boldsymbol{P}(t)\boldsymbol{A}^{\mathrm{T}} + \boldsymbol{Q} + \underbrace{\boldsymbol{L}^*(t)\boldsymbol{R}\boldsymbol{L}^{*\mathrm{T}}(t)}_{\boldsymbol{L}^*(t)=0,\ \forall t\in\{t_{\kappa-1},t_\kappa\}} \tag{8.9}$$

wobei wir diskrete Messungen zu den Zeitpunkten t_κ erhalten. Zwischen diesen Messungen kann keine Rückführung des Fehlers erfolgen und lediglich das zeitkontinuierliche Modell bis zum Zeitpunkt der neuen Messung propagiert werden. Zum Zeitpunkt dieser Messung erfolgt ein diskretes Update der Rückführmatrix und des geschätzten Zustandes. Somit bleibt die Zeitabhängigkeit der Zustände und der Kovarianz erhalten.

Beispiel 8.3 (Fahrzeuglokalisierung). Angenommen, zum Zeitpunkt $t = t_0$ wird die Position x_0 eines Fahrzeuges gemessen. Die Messung zur Lokalisierung des Fahrzeuges unterliegt allerdings Messunsicherheiten. Wir gehen im Folgenden von einem mittelwertfreien, weißen, gaußförmigen sowie unabhängigen Prozess- und Messrauschen aus. Die Wahrscheinlichkeitsdichte der Fahrzeugposition ist in Bild 8.6 gezeigt.

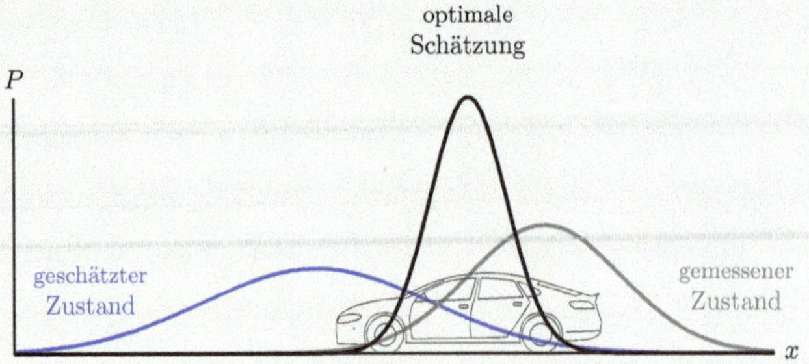

Bild 8.6 Motivation zur Wahrscheinlichkeitsdichte der Position eines Fahrzeuges

Das Fahrzeug bewegt sich weiter, bevor eine Messung zu einer neuen Zeitinstanz $t = t_1$ durchgeführt wird. Es kann die Position des Fahrzeuges gemäß der Beziehung aus Gleichung (8.1), unter Vernachlässigung des Rauschterms, auf $\hat{x}_{1|0}$ vorhergesagt werden. Tatsächlich handelt es sich aber nur um eine Prädiktion aufgrund des propagierten Modells über die Zeit. Die Unsicherheit der Position nimmt somit weiter zu. Die Wahrscheinlichkeit der a-priori Position des Fahrzeuges ist in Bild 8.7 dargestellt.

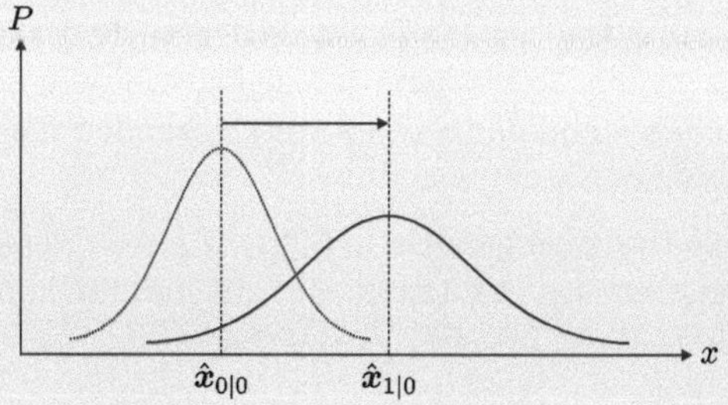

Bild 8.7 Wahrscheinlichkeitsdichte der Position des Fahrzeuges, propagiert vom Zeitpunkt $t = t_0$ zum Zeitpunkt $t = t_1$

Wird anschließend die Messung zu einer neuen Zeitinstanz durchgeführt, zeigt sich, dass sich das Fahrzeug an der Position y_1 befindet, dargestellt in Bild 8.8.

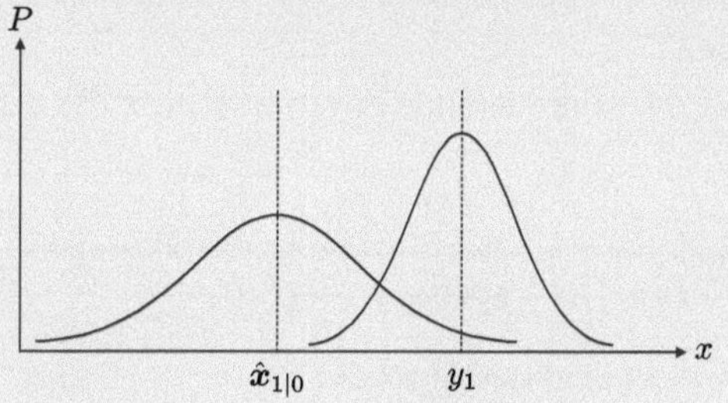

Bild 8.8 Wahrscheinlichkeitsdichte der a-priori Position $\hat{x}_{1|0}$ und der gemessenen Position y_1 des Fahrzeuges zum Zeitpunkt $t = t_1$

Es sei angenommen, dass diese Messung (trotz Messunsicherheiten) zuverlässiger als der prädizierte Wert ist. Daher wird sie verwendet, um die vorhergesagte Position $\hat{x}_{1|0}$ zu korrigieren. Durch Anwendung des Kalman-Filters werden beide Positionsdaten (gemessener und prädizierter Wert) zusammengeführt, um eine zuverlässigere sowie mit geringerer Unsicherheit behaftete Position $\hat{x}_{1|1}$ zu erhalten, siehe Bild 8.9.

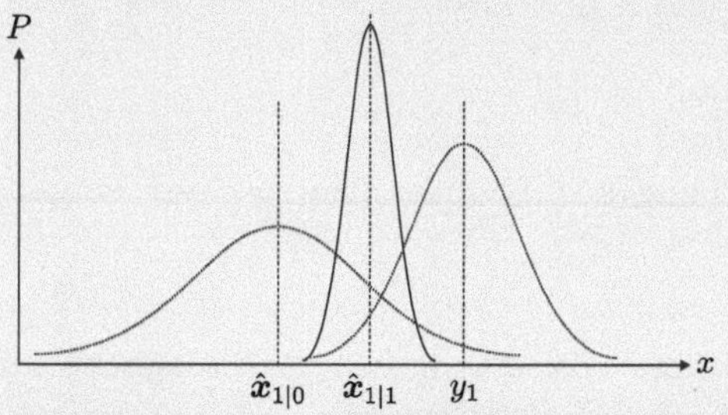

Bild 8.9 Wahrscheinlichkeitsdichte der posterioren Position $\hat{x}_{1|1}$ des Fahrzeuges zum Zeitpunkt $t = t_1$ nach Anwendung des Kalman-Filters

■

Hierfür erfolgt die Integration der Zustandsgleichung und der Gleichung (8.9) über den Zeitbereich von $t_{\kappa-1}$ bis t_κ mit den Anfangsbedingungen $\hat{\boldsymbol{x}}(t_{\kappa-1}) = \hat{\boldsymbol{x}}_{\kappa-1|\kappa-1}$ und $\boldsymbol{P}(t_{\kappa-1}) = \boldsymbol{P}_{\kappa-1|\kappa-1}$. In dieser Notation beschreibt bspw. $\hat{\boldsymbol{x}}_{\kappa|\kappa-1}$ den geschätzten Systemzustand zum Zeitpunkt t_κ, der vom Zustand des vorherigen Zeitpunkts $t_{\kappa-1}$ abgeleitet wurde.

Dabei ist in der Gleichung (8.9), wie oben bereits erwähnt, in diesem Zeitraum $\boldsymbol{L}^* = 0$ und aus der ursprünglichen Riccati-Gleichung wird eine Lyapunov-Gleichung. Das Ergebnis dieser Integration liefert $\hat{\boldsymbol{x}}_{\kappa|\kappa-1} = \hat{\boldsymbol{x}}(t_\kappa)$ und $\boldsymbol{P}_{\kappa|\kappa-1} = \boldsymbol{P}(\kappa T)$. Das bedeutet, da wir zwischen zwei Messwerten keine Information erhalten. So können wir lediglich mit dem Beobachtermodell das weitere Verhalten simulieren und dann, wie wir im Folgenden noch sehen werden, mit neuen Messwerten korrigieren.

Bei der Filterauslegung besteht nun die Designaufgabe darin $\boldsymbol{L}(t_\kappa) = \boldsymbol{L}_\kappa$ so zu wählen, dass $\boldsymbol{P}_{\kappa|\kappa}$ optimal, auf Basis des neuen Messwertes y_κ, ist. Damit wird, analog zum kontinuierlichen Fall, der geschätzte Zustand über

$$\begin{aligned}\hat{\boldsymbol{x}}_{\kappa|\kappa} &= \hat{\boldsymbol{x}}_{\kappa|\kappa-1} + \boldsymbol{L}_\kappa(y_\kappa - \boldsymbol{C}\hat{\boldsymbol{x}}_{\kappa|\kappa-1}) && (8.10)\\ &= \hat{\boldsymbol{x}}_{\kappa|\kappa-1} + \boldsymbol{L}_\kappa(\boldsymbol{C}\boldsymbol{x}_\kappa + \boldsymbol{v}_\kappa - \boldsymbol{C}\hat{\boldsymbol{x}}_{\kappa|\kappa-1}), && (8.11)\end{aligned}$$

unter Verwendung des Schätzfehlers

$$\begin{aligned}\boldsymbol{e}_{\kappa|\kappa} &= \boldsymbol{x}_\kappa - \hat{\boldsymbol{x}}_{\kappa|\kappa}\\ &= \boldsymbol{x}_\kappa - \hat{\boldsymbol{x}}_{\kappa|\kappa-1} - \boldsymbol{L}_\kappa(\boldsymbol{C}\boldsymbol{x}_\kappa + \boldsymbol{v}_\kappa - \boldsymbol{C}\hat{\boldsymbol{x}}_{\kappa|\kappa-1})\\ &= (\boldsymbol{I} - \boldsymbol{L}_\kappa\boldsymbol{C})\boldsymbol{e}_{\kappa|\kappa-1} - \boldsymbol{L}_\kappa\boldsymbol{v}_\kappa\end{aligned}$$

korrigiert. Dementsprechend folgt für die minimierende Kovarianzmatrix des Schätzfehlers

$$\begin{aligned}\boldsymbol{P}_{\kappa|\kappa} &= E\left(\boldsymbol{e}_{\kappa|\kappa}\boldsymbol{e}_{\kappa|\kappa}^{\mathrm{T}}\right)\\ &= E\left(\left((\boldsymbol{I} - \boldsymbol{L}_\kappa\boldsymbol{C})\boldsymbol{e}_{\kappa|\kappa-1} - \boldsymbol{L}_\kappa\boldsymbol{v}_\kappa\right)\left((\boldsymbol{I} - \boldsymbol{L}_\kappa\boldsymbol{C})\boldsymbol{e}_{\kappa|\kappa-1} - \boldsymbol{L}_\kappa\boldsymbol{v}_\kappa\right)^{\mathrm{T}}\right)\\ &= E\left((\boldsymbol{I} - \boldsymbol{L}_\kappa\boldsymbol{C})(\boldsymbol{I} - \boldsymbol{L}_\kappa\boldsymbol{C})^{\mathrm{T}} - \boldsymbol{L}_\kappa\boldsymbol{v}_\kappa\boldsymbol{e}_{\kappa|\kappa-1}(\boldsymbol{I} - \boldsymbol{L}_\kappa\boldsymbol{C})^{\mathrm{T}}\right)\\ &- (\boldsymbol{I} - \boldsymbol{L}_\kappa\boldsymbol{C})\boldsymbol{e}_{\kappa|\kappa-1}\boldsymbol{v}_\kappa^{\mathrm{T}}\boldsymbol{L}_\kappa^{\mathrm{T}} + \boldsymbol{L}_\kappa\boldsymbol{v}_\kappa\boldsymbol{v}_\kappa^{\mathrm{T}}\boldsymbol{L}_\kappa^{\mathrm{T}}),\end{aligned}$$

unter Verwendung von $\boldsymbol{P}_{\kappa|\kappa-1} = E(\boldsymbol{e}_{\kappa|\kappa-1}\boldsymbol{e}_{\kappa|\kappa-1}^{\mathrm{T}})$, $\boldsymbol{R} = E(\boldsymbol{v}_\kappa\boldsymbol{v}_\kappa^{\mathrm{T}})$ und der Tatsache, dass der vorhergesagte Schätzfehler $\boldsymbol{e}_{\kappa|\kappa-1}$ nicht (!) mit dem Messrauschen $\boldsymbol{v}_\kappa$ korreliert und somit $\boldsymbol{y}_\kappa$ keinen Einfluss auf $\boldsymbol{e}_{\kappa|\kappa-1}$ hat $(E(\boldsymbol{e}_{\kappa|\kappa-1}\boldsymbol{v}_\kappa) = 0)$. Daher ergibt sich

$$\boldsymbol{P}_{\kappa|\kappa} = (\boldsymbol{I} - \boldsymbol{L}_\kappa\boldsymbol{C})\boldsymbol{P}_{\kappa|\kappa-1}(\boldsymbol{I} - \boldsymbol{L}_\kappa\boldsymbol{C})^{\mathrm{T}} + \boldsymbol{L}_\kappa\boldsymbol{R}\boldsymbol{L}_\kappa^{\mathrm{T}} \qquad (8.12)$$

für die korrigierte Schätzung der Kovarianz des Schätzfehlers. Weiterhin lässt sich zeigen, dass $\boldsymbol{P}_{\kappa|\kappa}$ minimal unter der Verwendung von

$$\boldsymbol{L}_\kappa^* = \boldsymbol{P}_{\kappa|\kappa-1}\boldsymbol{C}^{\mathrm{T}}(\boldsymbol{C}\boldsymbol{P}_{\kappa|\kappa-1}\boldsymbol{C}^{\mathrm{T}} + \boldsymbol{R})^{-1}$$

wird. Nach Einsetzen von $\boldsymbol{L}_\kappa^*$ in Gleichung (8.12) führt dies final zu

$$\boldsymbol{P}_{\kappa|\kappa} = (\boldsymbol{I} - \boldsymbol{L}_\kappa^*\boldsymbol{C})\boldsymbol{P}_{\kappa|\kappa-1} \qquad (8.13)$$

als Korrekturschritt für die Kovarianzmatrix. Dieses Vorgehen und die logische Abfolge der einzelnen Schritte illustriert der nachfolgende Algorithmus.

Algorithmus 4 Algorithmische Beschreibung des kontinuierlich-diskreten Kalman-Filters

Input: Startschätzungen $\hat{\boldsymbol{x}}_{0|0}$, $\boldsymbol{P}_{0|0}$
$\kappa = 1$
while Abbruchkriterium nicht erfüllt **do**
Vorhersage: $\hat{\boldsymbol{x}}_{\kappa|\kappa-1}$ aus (8.1) und $\boldsymbol{P}_{\kappa|\kappa-1}$ aus (8.9)
Messung zum Zeitpunkt κ**:** $\Rightarrow \boldsymbol{y}_\kappa$
Korrektur: $\hat{\boldsymbol{x}}_{\kappa|\kappa}$ aus (8.10) und $\boldsymbol{P}_{\kappa|\kappa}$ aus (8.13) mit $\boldsymbol{L}_\kappa^* = \boldsymbol{P}_{\kappa|\kappa-1}\boldsymbol{C}^\mathrm{T}(\boldsymbol{C}\boldsymbol{P}_{\kappa|\kappa-1}\boldsymbol{C}^\mathrm{T} + \boldsymbol{R})^{-1}$
$\kappa = \kappa + 1$
end while

Das diskrete Kalman-Filter: Häufig wird das Kalman-Filter direkt in diskreter Form eingeführt. Die Grundlage dabei ist das diskrete Zustandsraummodell aus Gleichung (4.48) und (4.49)

$$\boldsymbol{x}(\kappa+1) = \boldsymbol{A}_d\boldsymbol{x}(\kappa) + \boldsymbol{B}_d\boldsymbol{u}(\kappa) + \boldsymbol{w}(\kappa) \tag{8.14}$$

$$\boldsymbol{y}(\kappa) = \boldsymbol{C}_d\boldsymbol{x}(\kappa) + \boldsymbol{v}(\kappa), \tag{8.15}$$

welches um entsprechende Rauschterme $\boldsymbol{w}(\kappa)$ und $\boldsymbol{v}(\kappa)$ erweitert ist. Analog zum kontinuierlich-diskreten Kalman-Filter gibt es auch beim rein diskreten Kalman-Filter ein Prädiktions- und Korrektur-Schritt. Die Herleitung des diskreten Kalman-Filters folgt dabei den Überlegungen des kontinuierlichen bzw. des kontinuierlich-diskreten Kalman-Filters. Wir sehen in Algorithmus 5, dass der Korrekturschritt des kontinuierlich-diskreten Kalman-Filters identisch mit dem des diskreten Kalman-Filter ist. Der Vorhersageschritt ähnelt auch dem kontinuierlichen Äquivalent, die Zustandsgleichung und Lyapunov Gleichung wird jeweils durch ihre diskreten Entsprechungen ersetzt. ■

Algorithmus 5 Algorithmische Beschreibung des diskreten Kalman-Filters

Input: Startschätzungen $\hat{\boldsymbol{x}}_{0|0}$, $\boldsymbol{P}_{0|0}$
$\kappa = 1$
while Abbruchkriterium nicht erfüllt **do**
Vorhersage: $\hat{\boldsymbol{x}}_{\kappa|\kappa-1}$ aus

$$\hat{\boldsymbol{x}}_{\kappa|\kappa-1} = \boldsymbol{A}_d\hat{\boldsymbol{x}}_{\kappa-1|\kappa-1} + \boldsymbol{B}_d\boldsymbol{u}_{\kappa-1} \tag{8.16}$$

und $\boldsymbol{P}_{\kappa|\kappa-1}$ aus

$$\boldsymbol{P}_{\kappa|\kappa-1} = \boldsymbol{A}_d\boldsymbol{P}_{\kappa-1|\kappa-1}\boldsymbol{A}_d^\mathrm{T} + \boldsymbol{Q} \tag{8.17}$$

Messung zum Zeitpunkt κ**:** $\Rightarrow \boldsymbol{y}_\kappa$
Korrektur: $\tilde{\boldsymbol{x}}_{\kappa|\kappa}$ und $\boldsymbol{P}_{\kappa|\kappa}$ aus

$$\boldsymbol{L}_\kappa^* = \boldsymbol{P}_{\kappa|\kappa-1}\boldsymbol{C}^\mathrm{T}(\boldsymbol{C}\boldsymbol{P}_{\kappa|\kappa-1}\boldsymbol{C}^\mathrm{T} + \boldsymbol{R})^{-1} \tag{8.18}$$

$$\boldsymbol{P}_{\kappa|\kappa} = (\boldsymbol{I} - \boldsymbol{L}_\kappa^*\boldsymbol{C})\boldsymbol{P}_{\kappa|\kappa-1} \tag{8.19}$$

$$\hat{\boldsymbol{x}}_{\kappa|\kappa} = \hat{\boldsymbol{x}}_{\kappa|\kappa-1} + \boldsymbol{L}_\kappa(\boldsymbol{y}_\kappa - \boldsymbol{C}\hat{\boldsymbol{x}}_{\kappa|\kappa-1}) \tag{8.20}$$

$\kappa = \kappa + 1$
end while

Wir sehen in der Gleichung (8.20) dass sich das Schätzergebnis aus der Summe der modellbasierten Prädiktion $\hat{\boldsymbol{x}}_{\kappa|\kappa-1}$ und den mit $\boldsymbol{L}^*_\kappa$ gewichteten Ausgangsfehler $(\boldsymbol{y}_\kappa - \boldsymbol{C}\hat{\boldsymbol{x}}_{\kappa|\kappa-1})$ ergibt. Daher wird im Kalman-Filter-Kontext, $\boldsymbol{L}^*_\kappa$ auch als **Kalman-Verstärkung** oder **Kalman-Gain** bezeichnet. Der Betrag der einzelnen Einträge dieses Kalman-Gains beschreibt, wie stark die Vorhersage durch einen neuen Messwert $\boldsymbol{y}_\kappa$ angepasst wird.

Die **Wirkung der Kovarianzen $\boldsymbol{Q}$** und $\boldsymbol{R}$, also wie vertrauenswürdig ist das Modell bzw. die Messung, auf $\boldsymbol{L}^*_\kappa$ wollen wir nun anhand der beiden Extrema untersuchen. Betrachten wir nun einen vollkommen unsicheren Messwert. Auch wenn ein solcher Sensor völlig unnütz wäre, wollen wir ein entsprechendes Gedankenexperiment durchführen. Diese Konstellation führt zu einem hohen Betrag der Kovarianz $\det(\boldsymbol{R}) \to +\infty$ und damit auch zu $(\boldsymbol{C}\boldsymbol{P}_{\kappa|\kappa-1}\boldsymbol{C}^{\mathrm{T}} + \boldsymbol{R}) \to +\infty$. Somit gilt für das Kalman-Gain in Gleichung (8.18), dass dieses durch die Inversion von $(\boldsymbol{C}\boldsymbol{P}_{\kappa|\kappa-1}\boldsymbol{C}^{\mathrm{T}} + \boldsymbol{R})$ gegen Null strebt. Entsprechend gilt in Gleichung (8.20) $\hat{\boldsymbol{x}}_{\kappa|\kappa} = \hat{\boldsymbol{x}}_{\kappa|\kappa-1}$, sodass die Messung keinerlei Einfluss auf die Zustandschätzung hat und wir vertrauen einzig auf die modellbasierte Prädiktion.

Gehen wir nun von dem umgekehrten Fall aus, also dass wir einen perfekten Sensor anwenden. Entsprechend haben wir (nahezu) keine Varianz. Dementsprechend gilt $\det(\boldsymbol{R}) \to 0$. In dieser Situation gilt mit $\left(\boldsymbol{C}\boldsymbol{P}_{\kappa|\kappa-1}\boldsymbol{C}^{\mathrm{T}} + \boldsymbol{R}\right) \to \left(\boldsymbol{C}\boldsymbol{P}_{\kappa|\kappa-1}\boldsymbol{C}^{\mathrm{T}}\right)$, dass für das Kalman-Gain aus Gleichung (8.18) $\boldsymbol{L}^*_\kappa \to \left(\boldsymbol{C}^{\mathrm{T}}\right)^{-1}$ gilt. Wird dieses Resultat in Gleichung (8.20) eingesetzt, erhalten wir zum einen $\left(\boldsymbol{C}^{\mathrm{T}}\right)^{-1}\boldsymbol{y}_\kappa$, welches dem Zustand entspricht, der sich aus der Messung ergibt $\left(\boldsymbol{y}_\kappa = \boldsymbol{C}^{\mathrm{T}}\boldsymbol{x}_\kappa \to \boldsymbol{x}_\kappa = \left(\boldsymbol{C}^{\mathrm{T}}\right)^{-1}\boldsymbol{y}_\kappa\right)$. Zum anderen ergibt sich der Term $\left(\boldsymbol{C}^{\mathrm{T}}\right)^{-1}\boldsymbol{C}^{\mathrm{T}}\hat{\boldsymbol{x}}_{\kappa|\kappa-1}$, welcher sich entsprechen zu $\hat{\boldsymbol{x}}_{\kappa|\kappa-1}$ vereinfacht. Dementsprechend kompensieren sich die Terme die jeweils $\hat{\boldsymbol{x}}_{\kappa|\kappa-1}$ ergeben, es bleibt für Gleichung (8.20) lediglich der aus der Messung rekonstruierte Term $\left(\boldsymbol{C}^{\mathrm{T}}\right)^{-1}\boldsymbol{y}_\kappa$ für $\hat{\boldsymbol{x}}_{\kappa|\kappa}$. Das bedeutet, dass für die Zustandsschätzung, bei einem perfekten Sensor, lediglich die Messung entscheidend ist und somit die Prädiktion mit dem entsprechenden Modell irrelevant ist. Natürlich treten diese zwei Extremfälle in der Realität so nicht auf.

Beispiel 8.4 (Zustandsschätzung des Gleichstrommotors: Kalman-Filter und Luenberger-Beobachter). In Beispiel 8.2 haben wir gezeigt, dass der Luenberger-Beobachter mit den Eigenwerten eig=$[-500, -50]$ relativ gute Schätzergebnisse liefert. Wir wollen nun diesen Beobachter mit dem Kalman-Filter vergleichen. Dazu ergänzen wir das Modell, um ein signifikantes Prozess- und Messrauschen, vgl. Bild 8.10a und 8.10b. Betrachten wir mit diesen Rauschen die Ergebnisse (vgl. Bild 8.10c und 8.10d) des Luenberger-Beobachters, erkennen wir dass das Rauschen auch zu stark verrauschten Beobachtungen führt. Der Kalman-Filter hingegen folgt dem tatsächlichen Verlauf, in Anbetracht der stark verrauschten Signale, sehr gut. Dies liegt daran, dass bei gleicher Struktur, die Beobachterrückführung $\boldsymbol{l}^*$ beim Kalman-Filter wesentlich kleinere Werte annimmt. So nimmt die Rückführung beim Luenberger Beobachter die Werte $\boldsymbol{l}^*_{\text{Luenberger}} = (4723{,}8; 2935{,}4)^{\mathrm{T}}$ und beim Kalman-Filter $\left(\boldsymbol{Q} = \begin{pmatrix} 10 & 0 \\ 0 & 1 \end{pmatrix}, R = 0{,}5;\right.$ entsprechend den in der Simulation verwendeten Störungen$\left.\right)$ die Werte $\boldsymbol{l}^*_{\text{Kalman}} = [-0{,}0056; 0{,}048]^{\mathrm{T}}$ an. Dies führt auf die Eigenwerte $[-77{,}04; -5{,}79]$ des Kalman-Filter-Kreises. Daher resultiert der Kalman-Filter in einem wesentlich langsameren Beobachter, als der Luenberger-Beobachter und die hochfrequenten Anteile des Rauschens werden durch dieses Tiefpassverhalten heraus gefiltert.

Allerdings sehen wir, dass durch die geringe Rückführung der Beobachterkreis nahezu dieselbe Dynamik aufweist wie der offene Regelkreis. Daher basiert die Zustandsschätzung hier nahezu nur auf der Simulation der betrachteten Systemdynamik $\dot{\boldsymbol{x}}(t) = \boldsymbol{A}\boldsymbol{x}(t) + \boldsymbol{B}\boldsymbol{u}(t)$; $\boldsymbol{y}(t) = \boldsymbol{C}\boldsymbol{x}(t)$. Verkleinern wir das Messrauschen und entsprechend auch die Kovarianz $R = 0{,}001$, resultiert eine Rückführmatrix $\boldsymbol{l}^*_{\text{Kalman}} = [-26{,}04; 299{,}49]^{\mathrm{T}}$ und die Eigenwerte $[-65{,}24 + \mathrm{i}2{,}44; -65{,}24 - \mathrm{i}2{,}44]$. Dementsprechend wird dem Messsignal mehr Präzision zugeschrieben und die Rückführung des Ausgangsfehlers wird höher gewichtet. Auch hier gilt zu beachten, dass zwar die Dynamik hinsichtlich der zweiten Koordinate wesentlich steigt, allerdings ist der Beobachter in der ersten Koordinate langsamer als der offene Regelkreis. Natürlich haben wir hier optimale Kenntnis über das Modell und die Rauschterme, was bei realen Anwendungen nicht der Fall ist. Dort werden die Matrizen $\boldsymbol{Q}$ und $\boldsymbol{R}$ als Applikations- oder Tuning-Parameter verwendet, welche auf Basis von im Vorfeld analysierten Signalcharakteristika initial eingestellt und iterativ getuned werden. Insgesamt zeigt sich, dass der Kalman-Filter mit seinem Modellwissen sehr gute Resultate erzielen kann. Allerdings wird der Initialisierungsfehler vom Kalman-Filter nicht identifiziert und abgebaut. Dies geht mit der resultierenden Trägheit des Systems einher.

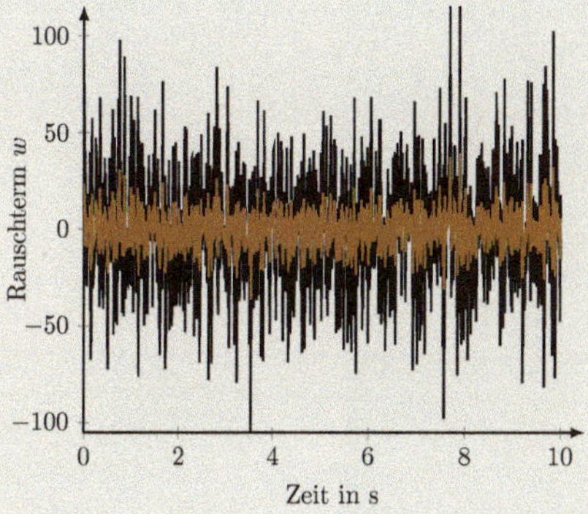

(a) Prozessrauschen w welches auf $\dot{x}_1$ (– in $\frac{\text{A}}{\text{s}}$) und $\dot{x}_2$ (– in $\frac{1}{\text{s}^2}$) wirkt

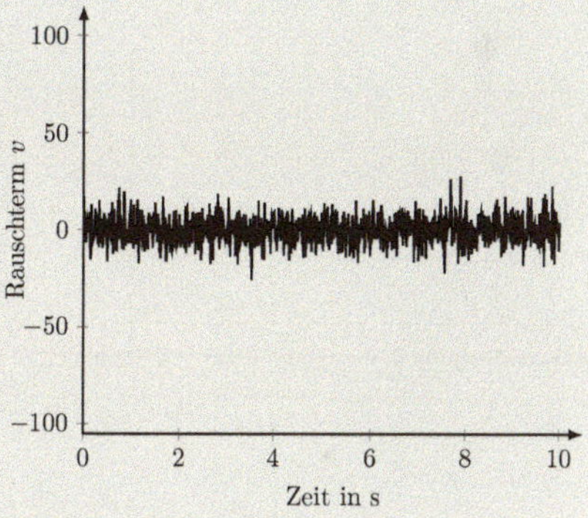

(b) Messrauschen v in Hz, welches additiv auf den Systemausgang wirkt

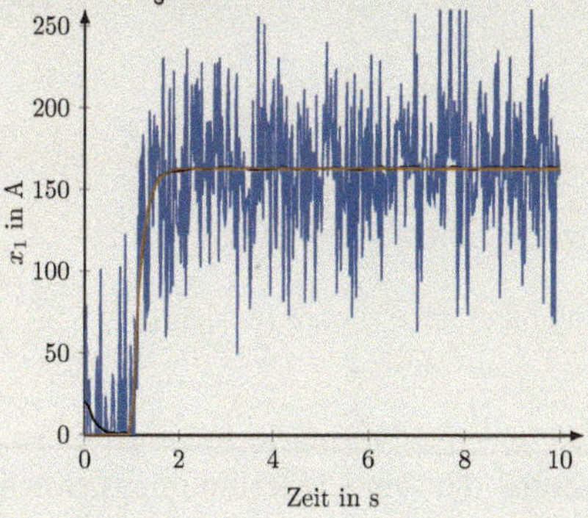

(c) Resultierende Schätzwerte von x_1 für den Luenberger-Beobachter (–) und dem Kalman-Filter (–) sowie tatsächlicher Zustand x_1 (–)

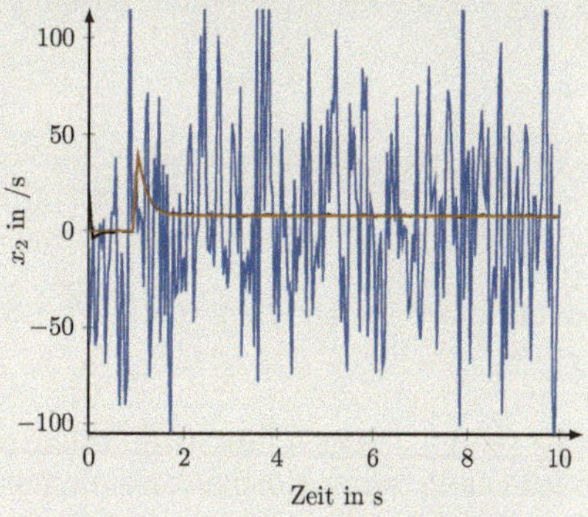

(d) Resultierende Schätzwerte von x_2 für den Luenberger-Beobachter (–) und dem Kalman-Filter (– sowie tatsächlicher Zustand x_2 (–)

Bild 8.10 Vergleich der Schätzergebnisse bei dem Gleichstrommotor von Kalman-Filter und Luenberger-Beobachtern bei System- und Messchrauschen

■

Kalman-Filter für nichtlineare Systeme

Treten wir einen Schritt zurück und betrachten den Kalman-Filter in in seiner Gesamtheit. Ausgangspunkt ist ein lineares Strecken- oder Prozessmodell, das durch ein additives weißes Rauschen gestort wird. Zudem ist die Messung ebenfalls von weißem Rauschen überlagert. Daher kann die resultierende Verteilung der Zustände und Messungen als gauß- oder normalverteilt angenommen werden. Eine solche Verteilung lässt sich durch Angabe des Erwartungswertes und der Kovarianz beschreiben. Das Ziel ist es nun, den optimalen Zustand zu schätzen unter expliziter Berücksichtigung der durch die Rauschterme verursachten Abweichungen. Es stellt sich heraus, dass wir den optimalen Schätzer durch einen Vorhersage- und einen Korrekturschritt erhalten. Die notwendigen Gleichungen lassen sich, auch wenn hier nicht explizit gezeigt, herleiten, da die Normalverteilungseigenschaft erhalten bleibt. Dies verdeutlicht Bild 8.11. Dort wird dargestellt, wie eine **Normalverteilung durch eine lineare Abbildung transformiert** wird. In dem dort dargestellten Fall wird durch einen Anstieg größer als eins, eine flachere, breitere (Varianz wird größer) Normalverteilung erzeugt.

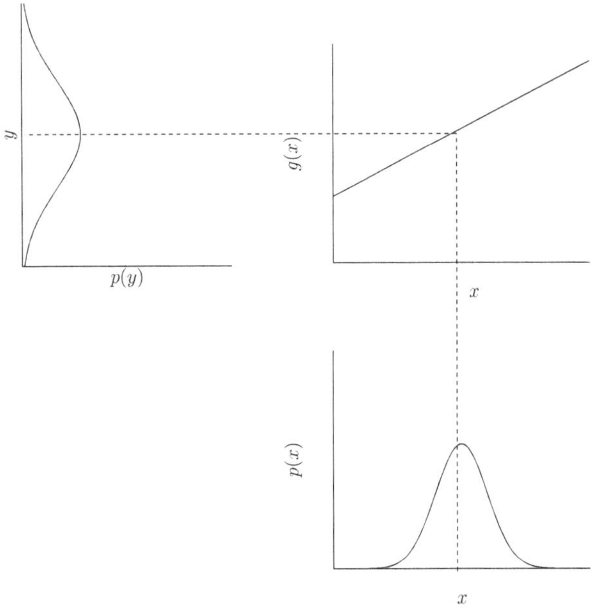

Bild 8.11 Transformation einer Gauß-Verteilung durch eine lineare Abbildung

Dies bedeutet, dass wir durch die Transformation einer Normalverteilung mit dem linearen Modell wieder einer Normalverteilung erhalten, die sich wiederum über Erwartungswert und Kovarianz beschreiben lässt. Doch sind diese Annahmen (linearer Prozess und weißes Rauschen) in realen Anwendungen gerechtfertigt? In der Regel lässt es sich argumentieren, dass wir Rauschterme als weiß annehmen oder zumindest das reale Rauschverhalten damit genügend genau approximieren. Insbesondere in den hier betrachteten Systemen spielen trigonometrische Zusammenhänge und damit Nichtlinearitäten eine wichtige Rolle, sodass die Linearitätseigenschaft häufig nicht gerechtfertigt ist.

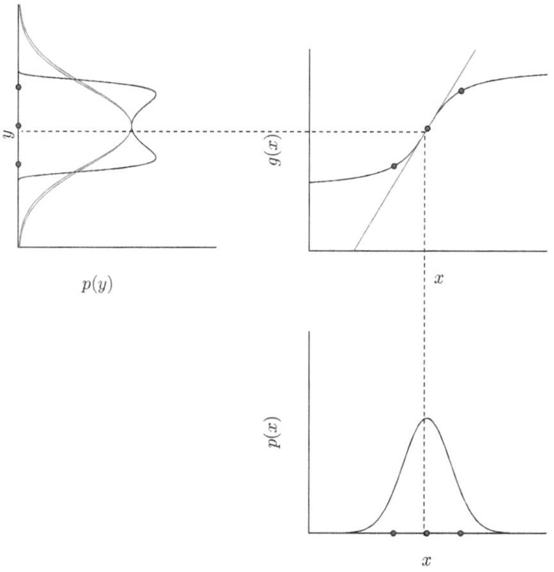

Bild 8.12 Transformation einer Gauß-Verteilung durch eine nichtlineare Abbildung, sowie Transformation durch Linearisierung (–) und Sigma-Points (–)

Doch wenn wir ein **nichtlineares Streckenmodell** (vgl. Gleichung (4.3)-(4.4)) betrachten, gilt dies nicht mehr und die Zustandsschätzung gestaltet sich aufwendiger. Denn wir sehen in Bild 8.12, dass bei nichtlinearen Abbildungen im Allgemeinen auch nicht normalverteilte Wahrscheinlichkeitsdichtefunktionen entstehen. Die Beschreibung und Berechnung dieser ist allerdings nicht trivial, sodass wir alternative Berechnungsmöglichkeiten verwenden müssen. Diese Fragestellung wollen wir im folgenden diskutieren. Dazu betrachten wir ein diskretes Systeme der Form:

$$\boldsymbol{x}_\kappa = \boldsymbol{F}(\boldsymbol{x}_{\kappa-1}, \boldsymbol{u}_{\kappa-1}) \tag{8.21}$$

$$\boldsymbol{y}_\kappa = \boldsymbol{h}(\boldsymbol{x}_\kappa) \tag{8.22}$$

Wir haben bereits in Abschnitt 4.2.1 erfahren, dass durch den Abbruch der Taylor-Reihe nach dem ersten Glied, eine lokale Linearisierung der Systemdynamik entsteht und somit eine **lineare Approximation des nichtlinearen Systems** erzeugt werden kann. Auch diese Herangehensweise können wir zur Anwendung des Kalman-Filters auf nichtlineare Systeme nutzen. Dies führt auf das **Erweiterte Kalman-Filter (EKF)** aus Algorithmus 6. Wie zu erkennen ist, ähnelt dieser Algorithmus dem seines linearen Äquivalentes. Wir sehen dort in den Ausdrücken (8.24), (8.25) und (8.26), dass die jeweiligen nichtlinearen Beschreibungen durch ihre Linearisierungen ersetzt werden. In den Gleichungen (8.23) und (8.27) hingegen, werden die nichtlinearen Ausdrücke direkt verwendet, da hier lediglich Funktionsauswertungen notwendig sind. Allerdings verliert der EKF durch die lokale Linearisierung seine Optimalitätseigenschaften. Wie groß die tatsächlichen, mit der Linearisierung einhergehenden, Abweichungen sind, wird dabei im wesentlichen durch zwei Kriterien bestimmt. Einerseits hängt es davon ab, wie stark nichtlinear die Funktion ist. Damit ist die Abweichung zwischen der linearen Approximation und der Nichtlinearität bei dem Entwicklungspunkt gemeint.

Anderseits ist entscheidend, wie groß die Kovarianz ist. Denn sind große Teile der Wahrscheinlichkeitsdichtefunktion von dem Entwicklungspunkt (Erwartungswert) entfernt, so ist die lineare Approximation tendenziell schlechter. Nichtsdestotrotz ist der EKF aufgrund seiner Einfachheit weit verbreitet und liefert häufig überraschend gute Resultate.

Algorithmus 6 Algorithmische Beschreibung des erweiterten Kalman-Filters

Input: Startschätzungen $\hat{\boldsymbol{x}}_{0|0}$, $\boldsymbol{P}_{0|0}$

$\kappa = 1$

while Abbruchkriterium nicht erfüllt **do**

Vorhersage: $\hat{\boldsymbol{x}}_{\kappa|\kappa-1}$ aus

$$\hat{\boldsymbol{x}}_{\kappa|\kappa-1} = \boldsymbol{F}(\boldsymbol{x}_{\kappa-1|\kappa-1}, \boldsymbol{u}_{\kappa-1}) \tag{8.23}$$

und $\boldsymbol{P}_{\kappa|\kappa-1}$ aus

$$\boldsymbol{P}_{\kappa|\kappa-1} = \boldsymbol{A}_\kappa \boldsymbol{P}_{\kappa-1|\kappa-1} \boldsymbol{A}_\kappa^{\mathrm{T}} + \boldsymbol{Q} \qquad \text{mit} \quad \boldsymbol{A}_\kappa = \left.\frac{\partial \boldsymbol{F}}{\partial \boldsymbol{x}_{\kappa-1}}\right|_{\hat{\boldsymbol{x}}_{\kappa-1|\kappa-1}, \boldsymbol{u}_{\kappa-1}} \tag{8.24}$$

Messung zum Zeitpunkt κ**:** $\Rightarrow \boldsymbol{y}_\kappa$

Korrektur: $\hat{\boldsymbol{x}}_{\kappa|\kappa}$ und $\boldsymbol{P}_{\kappa|\kappa}$ aus

$$\boldsymbol{L}_\kappa^* = \boldsymbol{P}_{\kappa|\kappa-1} \boldsymbol{C}_\kappa^{\mathrm{T}} (\boldsymbol{C}_\kappa \boldsymbol{P}_{\kappa|\kappa-1} \boldsymbol{C}_\kappa^{\mathrm{T}} + \boldsymbol{R})^{-1} \qquad \text{mit} \quad \boldsymbol{C}_\kappa = \left.\frac{\partial \boldsymbol{h}}{\partial \boldsymbol{x}_\kappa}\right|_{\hat{\boldsymbol{x}}_{\kappa|\kappa-1}} \tag{8.25}$$

$$\boldsymbol{P}_{\kappa|\kappa} = (\boldsymbol{I} - \boldsymbol{L}_\kappa^* \boldsymbol{C}_\kappa) \boldsymbol{P}_{\kappa|\kappa-1} \tag{8.26}$$

$$\hat{\boldsymbol{x}}_{\kappa|\kappa} = \hat{\boldsymbol{x}}_{\kappa|\kappa-1} + \boldsymbol{L}_\kappa^* (\boldsymbol{y}_\kappa - \boldsymbol{h}(\hat{\boldsymbol{x}}_{\kappa|\kappa-1})) \tag{8.27}$$

$\kappa = \kappa + 1$

end while

Eine Möglichkeit, die Probleme des EKF zu adressieren ist das **Unscented oder Sigma-Point Kalman-Filter** (UKF). Dabei wird eine Anzahl von Stützstellen (Sigma-Points) der ursprünglichen Normalverteilung exakt mit dem nichtlinearen System transformiert. Anschließend wird auf Basis dieser transformierten Punkte mittels einer Gewichtung eine normalverteilte Approximation der resultierenden Verteilung ermittelt. Diesen Überlegungen folgend, stellen sich nun einige Fragen: Wie ermittle ich die Punkte? Kann ich beliebige Punkte wählen? Welchen Einfluss hat diese Herangehensweise auf den Filter-Algorithmus? Für die Wahl der Punkte erinnern wir uns, dass wir von einer Normalverteilung des Zustandes ausgegangen sind, die über den Erwartungswert $\hat{\boldsymbol{x}}$ und die Kovarianzmatrix $\boldsymbol{P}$ beschrieben wird. Es ist somit notwendig, dass die Sigma-Points $\boldsymbol{x}^{[i]}$ diese Verteilung repräsentieren. Dies bedeutet, dass

1. die gewichtete Summe der Punkte den Erwartungswert ergeben muss:

$$\hat{\boldsymbol{x}} = \sum_i w_x^{[i]} \boldsymbol{x}^{[i]}, \quad \sum_i w_x^{[i]} = 1$$

2. die Kovarianz der Punkte der Kovarianz der Verteilung entspricht:

$$\boldsymbol{P} = \sum_i w_P^{[i]} (\boldsymbol{x}^{[i]} - \hat{\boldsymbol{x}})(\boldsymbol{x}^{[i]} - \hat{\boldsymbol{x}})^{\mathrm{T}}$$

Diese Bedingungen garantieren allerdings nicht die Eindeutigkeit der Punkte, sodass unterschiedliche Lösungsmöglichkeiten existieren. Dies führt zu Freiheitsgraden innerhalb des Algorithmus, welche über Parameter eingestellt werden können. Die Anzahl der Sigma-Points $\boldsymbol{x}^{[i]}$ wird dabei durch die Dimensionalität des Problems n bestimmt. So werden $2n+1$ Sigma-Punkte bestimmt. Der erste Punkt ist immer der Erwartungswert selbst $\boldsymbol{x}^{[0]} = \hat{\boldsymbol{x}}$. Die weiteren $2n$ Punkte werden über

$$\boldsymbol{x}^{[i]} = \hat{\boldsymbol{x}} + \left(\sqrt{(n+\lambda)\boldsymbol{P}}\right)_i \quad \text{für } i = 1,\ldots,n \tag{8.28}$$

$$\boldsymbol{x}^{[i]} = \hat{\boldsymbol{x}} - \left(\sqrt{(n+\lambda)\boldsymbol{P}}\right)_{i-n} \quad \text{für } i = n+1,\ldots,2n, \tag{8.29}$$

bestimmt. Hierbei ist $\sqrt{\cdot}$ die matrixwertige Quadratwurzel,$(\cdot)_i$ beschreibt den i-ten Spaltenvektor und λ ist ein Parameter, der den Abstand der Punkte zum Erwartungswert beschreibt. Somit sind die Sigma-Points stets symmetrisch, um den Erwartungswert angeordnet, wodurch die Aufsummierung wieder den Erwartungswert ergibt. Die matrixwertige Quadratwurzel $\boldsymbol{E}$ ist definiert über $\boldsymbol{P} = \boldsymbol{E}\boldsymbol{E}$ und lässt sich durch Diagonalisierung berechnen. Da die Matrix $\boldsymbol{P}$ eine Kovarianzmatrix und somit positiv definit ist, ist sie auch diagonalisierbar

$$\boldsymbol{P} = \boldsymbol{V}\boldsymbol{D}\boldsymbol{V}^{-1} \tag{8.30}$$

$$= \boldsymbol{V}\begin{pmatrix} d_{11} & \cdots & 0 \\ 0 & \ddots & 0 \\ 0 & \cdots & d_{nn} \end{pmatrix}\boldsymbol{V}^{-1} \tag{8.31}$$

$$= \boldsymbol{V}\underbrace{\begin{pmatrix} \sqrt{d_{11}} & \cdots & 0 \\ 0 & \ddots & 0 \\ 0 & \cdots & \sqrt{d_{nn}} \end{pmatrix}}_{\bar{\boldsymbol{D}}}\begin{pmatrix} \sqrt{d_{11}} & \cdots & 0 \\ 0 & \ddots & 0 \\ 0 & \cdots & \sqrt{d_{nn}} \end{pmatrix}\boldsymbol{V}^{-1}, \tag{8.32}$$

wobei $\boldsymbol{V}$ die Eigenvektoren und $\boldsymbol{D}$ die Eigenwerte der Matrix enthält. Dementsprechend ergibt sich für die Wurzelmatrix $\boldsymbol{E} = \boldsymbol{V}\bar{\boldsymbol{D}}\boldsymbol{V}^{-1}$, denn

$$\boldsymbol{P} = \boldsymbol{E}\boldsymbol{E} = \boldsymbol{V}\bar{\boldsymbol{D}}\underbrace{\boldsymbol{V}^{-1}\boldsymbol{V}}_{\boldsymbol{I}}\bar{\boldsymbol{D}}\boldsymbol{V}^{-1} = \boldsymbol{V}\bar{\boldsymbol{D}}\bar{\boldsymbol{D}}\boldsymbol{V}^{-1} = \boldsymbol{V}\boldsymbol{D}\boldsymbol{V}^{-1},$$

resultiert für die Kovarianzmatrix. Die Gewichte für die Sigma-Points können dann über

$$w_x^{[0]} = \frac{\lambda}{n+\lambda} \tag{8.33}$$

$$w_P^{[0]} = w_x^{[0]} + (1-\alpha^2+\beta) \tag{8.34}$$

$$w_x^{[i]} = w_P^{[i]} = \frac{1}{2(n+\lambda)} \quad \text{für } i = 1,\ldots,2n \tag{8.35}$$

bestimmt werden. Dabei ermöglichen die Parameter λ, α und β eine Anpassung an das jeweilige Problem. Häufig werden

$$\gamma \geq 0 \tag{8.36}$$

$$\alpha \in (0,1] \tag{8.37}$$

$$\lambda = \alpha^2(n+\gamma) - n \tag{8.38}$$

$$\beta = 2 \tag{8.39}$$

zur Wahl der Parameter empfohlen. Folgen wir den Gleichungen (8.28) und (8.29) hat der Parameter λ Einfluss auf die Position der Sigma-Points. dies ist in Bild 8.13 zu erkennen.

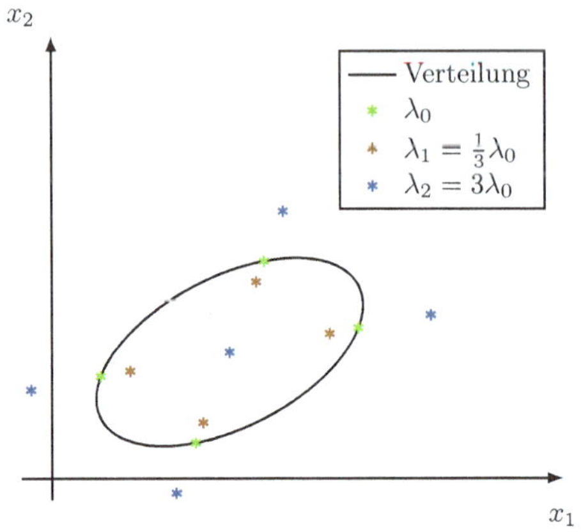

Bild 8.13 Einfluss des Parameters λ auf die Position der Sigma-Points

Es zeigt sich, dass die **Sigma-Points** für jedes λ symmetrisch um den Erwartungswert angeordnet sind. Somit ist stets sichergestellt, dass auch der Erwartungswert der Sigma-Points wieder dem Erwartungswert der ursprünglichen Verteilung entspricht. Weiterhin entfernen sich die Sigma-Points mit größer werdendem λ immer weiter vom Erwartungswert. Das resultierende Verfahren stellt Algorithmus 7 dar. Auch hier findet sich wieder ein Prädiktions- oder Vorhersageschritt, welcher anschließend auf Basis einer Messung korrigiert wird. Dabei sind jedoch die jeweiligen Gleichungen durch die Verwendung der Sigma-Points charakterisiert. So werden in dem Vorhersageschritt, in den Gleichungen (8.40)-(8.43), die Sigma-Points berechnet, über die Systemgleichung transformiert und aus den transformierten Punkten die neue Schätzung des Zustandes (Erwartungswert) und der korrespondierenden Kovarianzmatrix berechnet. Sodass der Vorhersageschritt in seiner grundelgenden Logik erhalten bleibt und lediglich einen „Umweg" über die Punktrepräsentation macht. Auch der Korrekturschritt folgt den Überlegungen der vorherigen Kalman-Filter Beschreibungen. So werden in Gleichung (8.44) neue Sigma-Points der vorhergesagten Verteilung berechnet und darauf aufbauend eine Vorhersage für den Ausgang y_κ bestimmt. Anschließend wird mit den Zwischenschritten (8.47) und (8.48) die Kalman-Verstärkung $\boldsymbol{L}_\kappa^*$ berechnet, durch welche die Prädiktion $\hat{\boldsymbol{x}}_{\kappa|\kappa-1}$ mit dem Fehler zwischen Ausgangsschätzung und Messwert korrigiert wird, vgl. Gleichung (8.51). Allerdings scheint die Korrektur der Kovarianz in Gleichung (8.50) eine andere Struktur als in Gleichung (8.26) aufzuweisen. Es lässt sich dennoch zeigen, dass aus Gleichung (8.26) für den UKF Gleichung (8.50) folgt. Denn es gilt

$$
\begin{aligned}
\boldsymbol{P}_{\kappa|\kappa} &= (\boldsymbol{I} - \boldsymbol{L}_\kappa^* \boldsymbol{C}_\kappa)\boldsymbol{P}_{\kappa|\kappa-1} \\
&= \boldsymbol{P}_{\kappa|\kappa-1} - \boldsymbol{L}_\kappa^* \underbrace{\boldsymbol{C}_\kappa \boldsymbol{P}_{\kappa|\kappa-1}}_{\boldsymbol{P}_{\kappa|\kappa-1}^{\star\mathrm{T}}} = \boldsymbol{P}_{\kappa|\kappa-1} - \boldsymbol{L}_\kappa^* \left(\boldsymbol{P}_{\kappa|\kappa-1}^{\star}\right)^{\mathrm{T}} \\
&= \boldsymbol{P}_{\kappa|\kappa-1} - \boldsymbol{L}_\kappa^* \left(\underbrace{\boldsymbol{P}_{\kappa|\kappa-1}^{\star} \boldsymbol{S}_\kappa^{-1}}_{\boldsymbol{L}_\kappa^*} \boldsymbol{S}_\kappa \right)^{\mathrm{T}} = \boldsymbol{P}_{\kappa|\kappa-1} - \boldsymbol{L}_\kappa^* \left(\boldsymbol{L}_\kappa^* \boldsymbol{S}_\kappa\right)^{\mathrm{T}} \\
&= \boldsymbol{P}_{\kappa|\kappa-1} - \boldsymbol{L}_\kappa^* \boldsymbol{S}_\kappa^{\mathrm{T}} \left(\boldsymbol{L}_\kappa^*\right)^{\mathrm{T}} = \boldsymbol{P}_{\kappa|\kappa} = \boldsymbol{P}_{\kappa|\kappa-1} - \boldsymbol{L}_\kappa^* \boldsymbol{S}_\kappa \left(\boldsymbol{L}_\kappa^*\right)^{\mathrm{T}},
\end{aligned}
$$

wodurch der Ausdruck (8.50) des UKF entsteht. Somit stellt die Transformation über Sigma-Points eine Alternative zur Linearisierung dar. Der UKF bietet eine bessere Approximation der Verteilungen als der EKF. Darüber hinaus ermöglichen die, mit den wählbaren Parametern einhergehenden, Freiheitsgrade, eine Anpassung an das jeweilige Problem. Dennoch sind die erzielten Unterschiede zwischen EKF und UKF verhältnismäßig gering.

Der Rechenaufwand der beiden Algorithmen ist ebenfalls ähnlich, auch wenn der UKF etwas aufwendiger zu berechnen ist. Allerdings verzichtet der UKF auf das Linearisieren. Aufgrund seiner Einfachheit wird jedoch häufig der EFK verwendet, der dabei überraschend gute Ergebnisse erzielt.

Algorithmus 7 Algorithmische Beschreibung des Unscented Kalman-Filters

Input: Startschätzungen $\hat{\boldsymbol{x}}_{0|0}$, $\boldsymbol{P}_{0|0}$

$\kappa = 1$

while Abbruchkriterium nicht erfüllt **do**

Vorhersage: $\hat{\boldsymbol{x}}_{\kappa|\kappa-1}$ aus

$$\boldsymbol{x}_{\kappa-1} = \left(\hat{\boldsymbol{x}}_{\kappa-1|\kappa-1} \quad \hat{\boldsymbol{x}}_{\kappa-1|\kappa-1} \pm \left(\sqrt{(n+\lambda)\boldsymbol{P}_{\kappa-1|\kappa-1}}\right)\right) \tag{8.40}$$

$$\boldsymbol{x}^{\star}_{\kappa} = \boldsymbol{F}(\boldsymbol{x}_{\kappa-1}, \boldsymbol{u}_{\kappa-1}) \tag{8.41}$$

$$\hat{\boldsymbol{x}}_{\kappa|\kappa-1} = \sum_{i=0}^{2n} w_x^{[i]} \boldsymbol{x}_{\kappa}^{\star[i]} \tag{8.42}$$

und $\boldsymbol{P}_{\kappa|\kappa-1}$ aus

$$\boldsymbol{P}_{\kappa|\kappa-1} = \sum_{i=0}^{2n} w_P^{[i]} \left(\boldsymbol{x}_{\kappa}^{\star[i]} - \hat{\boldsymbol{x}}_{\kappa|\kappa-1}\right)\left(\boldsymbol{x}_{\kappa}^{\star[i]} - \hat{\boldsymbol{x}}_{\kappa|\kappa-1}\right)^{\mathrm{T}} + \boldsymbol{Q} \tag{8.43}$$

Messung zum Zeitpunkt κ**:** $\Rightarrow \boldsymbol{y}_{\kappa}$

Korrektur: $\hat{\boldsymbol{x}}_{\kappa|\kappa}$ und $\boldsymbol{P}_{\kappa|\kappa}$ aus

$$\boldsymbol{x}_{\kappa} = \left(\hat{\boldsymbol{x}}_{\kappa|\kappa-1} \quad \hat{\boldsymbol{x}}_{\kappa|\kappa-1} \pm \left(\sqrt{(n+\lambda)\boldsymbol{P}_{\kappa|\kappa-1}}\right)\right) \tag{8.44}$$

$$\mathbf{y}_{\kappa} = \boldsymbol{h}(\boldsymbol{x}_{\kappa}) \tag{8.45}$$

$$\hat{\boldsymbol{y}}_{\kappa} = \sum_{i=0}^{2n} w_x^{[i]} \mathbf{y}_{\kappa}^{[i]} \tag{8.46}$$

$$\boldsymbol{S}_{\kappa} = \sum_{i=0}^{2n} w_P^{[i]} \left(\mathbf{y}_{\kappa}^{[i]} - \hat{\boldsymbol{y}}_{\kappa}\right)\left(\mathbf{y}_{\kappa}^{[i]} - \hat{\boldsymbol{y}}_{\kappa}\right)^{\mathrm{T}} + \boldsymbol{R} \tag{8.47}$$

$$\boldsymbol{P}^{\star}_{\kappa|\kappa-1} = \sum_{i=0}^{2n} w_P^{[i]} \left(\boldsymbol{x}_{\kappa}^{[i]} - \hat{\boldsymbol{x}}_{\kappa|\kappa-1}\right)\left(\mathbf{y}_{\kappa}^{[i]} - \hat{\boldsymbol{y}}_{\kappa}\right)^{\mathrm{T}} \tag{8.48}$$

$$\boldsymbol{L}^{*}_{\kappa} = \boldsymbol{P}^{\star}_{\kappa|\kappa-1} \boldsymbol{S}_{\kappa}^{-1} \tag{8.49}$$

$$\boldsymbol{P}_{\kappa|\kappa} = \boldsymbol{P}_{\kappa|\kappa-1} - \boldsymbol{L}^{*}_{\kappa} \boldsymbol{S}_{\kappa} \left(\boldsymbol{L}^{*}_{\kappa}\right)^{\mathrm{T}} \tag{8.50}$$

$$\hat{\boldsymbol{x}}_{\kappa|\kappa} = \hat{\boldsymbol{x}}_{\kappa|\kappa-1} + \boldsymbol{L}_{\kappa}(\boldsymbol{y}_{\kappa} - \hat{\boldsymbol{y}}_{\kappa}) \tag{8.51}$$

$\kappa = \kappa + 1$

end while

Partikelfilter

Das Partikelfilter ist, wie das Kalman-Filter eine rekursiver Schätzer des Systemzustandes. Er besteht ebenfalls aus einem Vorhersageschritt, gefolgt von einer Korrektur. Somit ähnelt es in seiner Grundlegenden Idee den Kalman-Filter basierten Verfahren. Allerdings ermöglicht der Partikelfilter sowohl **nichtlineare Systeme** als auch **nicht normalverteilte Zustände** zu schätzen. Dazu wird eine (meist große) Anzahl von repräsentativen Stichproben (Samples oder Partikeln) der Verteilung erhoben. Das bedeutet, dass jeder Partikel ein möglicher Schätzwert des Zustandes mit einer gewissen Wahrscheinlichkeit ist. Nun werden diese Partikel jeweils anhand der Eingangssignale und der Beschreibung des Systems transformiert und Rauschen hinzugefügt. Dies entspricht dem Vorhersageschritt. Danach werden die aktuellen Messwerte verwendet, um die Vorhersage zu korrigieren. Dazu erhalten die einzelnen Partikel Gewichte, die beschreiben wie wahrscheinlich es ist, dass das jeweilige Partikel diese Messung hervorruft.

Je nachdem wie hoch dieses Gewicht für das jeweilige Partikel ist, desto wahrscheinlicher ist es, dass es dem tatsächlichen Zustand entspricht. Dies wird dann für ein Resampling verwendet. Dabei werden neue Partikel erzeugt, wobei die mit einem niedrigen Gewicht tendenziell entnommen werden und die mit einem hohen Gewicht tendenziell erhalten bleiben. Die so neu entstehenden Partikel, bilden die Grundlage für die nächste Vorhersage. Allerdings führt die Berechnung und Transformation der jeweiligen Partikel zu einem wesentlich **höheren Rechenaufwand** als die anderen Kalman-basierten Ansätze. Somit bietet der Partikelfilter viele Freiheiten auf Kosten eines zusätzlichen Rechenaufwand. ■

Parameterschätzung mit dem Kalman-Filter

Der zuvor vorgestellte Kalman-Filter-Algorithmus ist nicht nur für Zustandsschätzungen anwendbar, bei denen das Modell, repräsentiert durch $\boldsymbol{A}$ und $\boldsymbol{b}$, bekannt ist, sondern auch, wenn einzelne Systemparameter nicht explizit bekannt sind. Dies führt auf eine Beschreibung $\boldsymbol{A}(\boldsymbol{p})$ und $\boldsymbol{b}(\boldsymbol{p})$ der Matrizen, mit den unbekannten Parametern $\boldsymbol{p}$. Somit eignet sich das Kalman-Filter-Algorithmus auch zum Lösen der Problemstellung am Ende von Abschnitt 6.1.2. Dazu erweitern wir den Zustandsvektor

$$\boldsymbol{x}_e(\boldsymbol{x},\boldsymbol{p}) = \begin{bmatrix} x_1 & \cdots & x_n & p_1 & \cdots & p_{n_p} \end{bmatrix}^{\mathrm{T}} \Longrightarrow \boldsymbol{x}_{e\kappa} = \boldsymbol{x}_e(\boldsymbol{x}_\kappa, \boldsymbol{p}_\kappa) = \begin{bmatrix} \boldsymbol{x}_\kappa \\ \boldsymbol{p}_\kappa \end{bmatrix} \quad (8.52)$$

um die n_p unbekannten Parameter $p_1, \ldots, p_{n_p}$. Mit dieser Zustandserweiterung erweitert sich entsprechend auch das Zustandsraummodell aus Gleichung (4.48), welches mittels

$$\boldsymbol{x}_{e,\kappa+1} = \boldsymbol{x}_e(\boldsymbol{x}_{\kappa+1}, \boldsymbol{p}_{\kappa+1}) = \begin{pmatrix} \boldsymbol{A}_\kappa(\boldsymbol{p}_\kappa) & \boldsymbol{0} \\ \boldsymbol{0} & \boldsymbol{I} \end{pmatrix} \boldsymbol{x}_e(\boldsymbol{x}_\kappa, \boldsymbol{p}_\kappa) + \begin{bmatrix} \boldsymbol{b}_\kappa(\boldsymbol{p}_\kappa) \\ \boldsymbol{0} \end{bmatrix} u_\kappa + \boldsymbol{w}_\kappa \quad (8.53)$$

beschrieben werden kann. Wir fassen somit die Unbekannten als Zustände eines erweiterten Systems auf, die jedoch im zeitlichen Verlauf konstant bleiben. Dadurch wird das Parameterschätzproblem in ein Zustandsschätzproblem überführt und wir können die eingeführten Verfahren verwenden, um die Parameter zu bestimmen. Zu beachten ist, dass wir in nahezu allen Fällen nun eine nichtlineare Verkopplung der erweiterten Zustände $\boldsymbol{x}_e$ auffinden und wir damit einen EKF, UKF oder Partikelfilter anwenden müssen, um die Aufgabe zu lösen. ■

8.3 Fahrzeuglokalisierung

Die Lokalisierung des eigenen Fahrzeuges (im Folgenden als Ego-Fahrzeug bezeichnet) ist eine zentrale Fragestellung im Bereich der mobilen Robotik und des autonomen Fahrens. Sie stellt eine wichtige Grundvoraussetzung für nachfolgende Algorithmen wie Umfeldwahrnehmung (siehe Abschnitt 8.4 und 8.5), Planung und Entscheidungsfindung (siehe Kapitel 9) sowie Steuerung und Regelung (siehe Kapitel 10) dar. Neben der Bestimmung der Position und Orientierung werden häufig in diesem Kontext auch weitere Zustandsgrößen, wie z. B. die Fahrzeuggeschwindigkeit, mitgeschätzt. Diese Größen können u.U. für die Lösung des Schätzproblems erforderlich sein oder von anderen Algorithmen benötigt werden.

Zur Verdeutlichung der Grundprinzipien und zur Diskussion möglicher Herausforderungen betrachten wir in diesem Abschnitt beispielhaft die Lokalisierung eines Fahrzeuges mit Ackermannlenkung. Für die Steuerung durch einen Menschen ist die Positionsbestimmung mittels **GNSS** ausreichend, wie es von handelsüblichen Navigationsystemen gelöst wird. Die Position wird hier lediglich benötigt, um eine Route zu planen und Abbiegehinweise zu geben. Mit höheren Automatisierungsleveln der Fahrzeuge steigen jedoch auch die Anforderungen an die Lokalisierung. Diesbezüglich hat eine nur auf GNSS basierende Lösung entscheidende Nachteile:

- Bei Systemen mit einem Empfänger lässt sich die Orientierung nur aus der Empfänger-Bewegung ermitteln.
- Günstige bis mittelpreisige GNSS-Empfänger bestimmen die Position nur mit 5–10 Hz.
- Schlechte Empfangsbedingungen (z. B. Verdeckung oder Mehrwegemessungen) führen schnell zu großen Sprüngen in der Positionsmessung.

Aus diesem Grund kommen hier mehrere, komplementäre Sensoren zum Einsatz. In vielen Bereichen hat sich die **Kombination von IMU mit GNSS** bewährt. Diese wird als INS/GNSS (Inertialnavigationssystem mit GNSS) bezeichnet. Die IMU liefert hierbei hochfrequente Messungen, welche entsprechend eine hochfrequente Positionsbestimmung ermöglichen. Da, wie alle Messungen auch die IMU-Daten fehlerbehaftet sind, führt eine Aufintegration zwangsläufig zu einem akkumulierenden Fehler und somit zu einem Driften der Positionsschätzung. Dies wird durch GNSS kompensiert, welche eine absolute Positionskorrektur erlaubt.

In vielen Fällen kann zudem die Fahrzeuggeschwindigkeit direkt gemessen werden. Bei Radfahrzeugen erfolgt dies z. B. mithilfe eines **Odometers**. Dies führt zu einer Verbesserung der Schätzung der Geschwindigkeit aber auch der Position, da die Beschleunigungsmessungen der IMU zur Geschwindigkeitsbestimmung einmal und Positionsbestimmung zweimal integriert werden müssen. In unserem Beispiel kommt außerdem ein **Lenkwinkelsensor** zum Einsatz.

8.3.1 Zustandsmodell

In diesem Abschnitt entwickeln wir den Zustandsvektor, der alle vom Filter zu schätzenden Werte enthält. Als Referenzpunkt für das körperfeste Koordinatensystems des Fahrzeuges wird dabei der Mittelpunkt der Hinterachse gewählt.

Position

Eine Herausforderung bei der globalen Lokalisierung besteht darin, dass es sich bei dem Erdkoordinatensystem um ein **sphärisches Koordinatensystem** handelt (siehe folgende Infobox), während sich alle anderen Größen in einem **kartesischen Koordinatensystem** befinden. Eine ständige Umrechnung in den Modellen des Filters würde zu einem erhöhten Rechenaufwand führen und könnte zudem numerische Probleme verursachen. Eine Lösungsmöglichkeit besteht darin, dass die Positionsschätzung innerhalb des Filters in kartesischen Koordinaten relativ zu einer globalen Referenzposition in Erdkoordinaten erfolgt. Die Referenzposition wird dabei in regelmäßigen Abständen, die jedoch kleiner sind als die Aktualisierungsrate des Filters, aktualisiert.

Erdkoordinatensysteme

Koordinaten auf der Erde werden üblicherweise als Breiten- und Längengrad angegeben. Der Breitengrad gibt dabei die Position als Winkel in Nord-Süd-Richtung an. Der Nullpunkt ist der Äquator, am Nordpol beträgt der Winkel 90° und am Südpol -90°. Der Längengrad spezifiziert die Position als Winkel in Ost-West-Richtung. Dessen Nullpunkt liegt im Nullmeridian, der durch die Londoner Sternwarte Greenwich verläuft. Positive Werte liegen östlich, negative Werte westlich.

Die Schwierigkeit besteht darin, dass die Erde keine Kugel ist, sondern eine unregelmäßige Form hat. Das gebräuchlichste System zur Darstellung von Erdkoordinaten ist das World Geodetic System 1984 (WGS84). Es approximiert mit einem Ellipsoiden, dessen Form und Lage durch dieses System spezifiziert wird. Falls die Koordinaten neben Breiten- und Längengrad eine Höhenangabe enthalten, bezieht sich diese auf die Differenz zur Oberfläche des Ellipsoiden.

Eine weitere Herausforderung stellt der Umgang mit diesen Koordinaten bei Sensorfusion, Planung, Steuerung und Regelung dar, da die dazugehörigen Algorithmen üblicherweise für kartesische und nicht für sphärische Koordinaten ausgelegt sind. Die angewendete Lösung besteht darin, ein lokales kartesisches Koordinatensystem aufzuspannen und dieses für die Berechnungen zu verwenden. Dabei bietet sich ein North-East-Down-System (NED) oder East-North-Up-System (ENU) an, dessen Achsen an den Himmelsrichtungen (NED: x nach Norden, y nach Osten und z nach Unten; ENU: x nach Osten, y nach Norden und z nach oben) ausgerichtet sind. Der Mittelpunkt befindet sich an der Position des Ego-Fahrzeuges oder in dessen Nähe. Es ist darauf zu achten, dass dieses Koordinatensystem nur für Berechnungen in einem kleinen Umkreis (z. B. 500 m) verwendet wird, da es sonst aufgrund der Erdkrümmung zu Ungenauigkeiten oder Fehlern kommen kann. ■

Die Referenzposition $\boldsymbol{p}_{\kappa-\nu} = [\varphi_{\kappa-\nu}; \lambda_{\kappa-\nu}]^{\mathrm{T}}$ zum Zeitpunkt $\kappa - \nu$ ist dabei als Breitengrad $\varphi_{\kappa-\nu}$ und Längengrad $\lambda_{\kappa-\nu}$ gegeben. Das Lokalisierungsfilter schätzt die aktuelle Relativposition $\boldsymbol{r}_\kappa = [r_\kappa^{\mathrm{e}}\ r_\kappa^{\mathrm{n}}]^{\mathrm{T}}$ zur Referenzposition zum Zeitpunkt k in Ostrichtung r_κ^{e} und Nordrichtung r_κ^{n}. Zur Bestimmung der aktuellen globalen Position $\boldsymbol{p}_\kappa$ zum Zeitpunkt κ wird die Referenzposition zum Zeitpunkt $k - n$ entsprechend der geschätzten Relativposition verschoben. Dies geschieht mittels des folgenden Zusammenhangs:

$$\boldsymbol{p}_\kappa = \boldsymbol{p}_{\kappa-\nu} + \begin{bmatrix} \dfrac{r_t^{\mathrm{n}}}{R_{\kappa-\nu}^{\mathrm{n}} + h_{\kappa-\nu}} \\ \dfrac{r_t^{\mathrm{e}}}{(R_{\kappa-\nu}^{\mathrm{e}} + h_{\kappa-\nu})\cos\varphi_{\kappa-\nu}} \end{bmatrix} \tag{8.54}$$

Dabei bezeichnen $R^{\mathrm{n}}_{\kappa-\nu}$ und $R^{\mathrm{e}}_{\kappa-\nu}$ den Krümmungsradius der Erde in Nord-Süd- bzw. Ost-West-Richtung an der aktuellen Referenzposition und $h_{\kappa-\nu}$ ist die vom GNSS-Empfänger bestimmte Höhe für die Referenzposition. Die Krümmungsradien lassen sich wie folgt bestimmen:

$$R^{\mathrm{n}}_{\kappa-\nu} = a \frac{1-e^2}{\left(1-e^2\sin^2(\varphi_{\kappa-\nu})\right)^{\frac{3}{2}}} \tag{8.55}$$

$$R^{\mathrm{e}}_{\kappa-\nu} = \frac{a}{\sqrt{1-e^2\sin^2(\varphi_{\kappa-\nu})}}, \tag{8.56}$$

wobei $a = 6378137\,\mathrm{m}$ die große Halbachse und $e = 0.0818191908426$ die Exzentrizität des WGS84 Referenzellipsoiden bezeichnen.

Das Vorgehen mit einer Referenz- und Relativposition ähnelt konzeptionell einem Error-State Kalman-Filter (siehe nachfolgende Infobox), welcher alle Operationen auf der Abweichung vom Zustand und nicht auf den absoluten Werten durchführt. Der Einsatz eines solchen Filters ist jedoch nicht zwingend erforderlich.

Error-State Kalman-Filter

Der Grundaufbau des Error-State Kalman-Filters (ESKF) gleicht dem Erweiterten Kalman-Filter (siehe Algorithmus 6), d.h. er besitzt ebenfalls einen Vorhersage- und einen Korrekturschritt und nichtlineare Systeme werden mithilfe einer Taylor-Reihe linearisiert. Der Unterschied besteht darin, dass der ESKF nicht den Zustand selbst schätzt, sondern den Fehler (d.h. die Abweichung) eines Referenzzustandes vom wahren Wert. Der Referenzzustand wird dabei regelmäßig aktualisiert, indem der geschätzte Fehler ausgeglichen und der Erwartungswert des Fehlers im Filter auf Null gesetzt wird. Die Kovarianz im Filter bleibt dabei unverändert.

Der Hauptvorteil des ESKF besteht darin, dass Herausforderungen mit bestimmten Zustandsräumen umgangen werden. Ein bereits besprochenes Beispiel sind sphärische Erdkoordinaten. Ein weiteres Beispiel ist die Orientierung in 3D, siehe Infobox auf Seite 364. In beiden Fällen hat der eigentliche Zustandsraum eine komplexe Struktur (z. B. ein Ellipsoid), welcher vom Filter nicht direkt bearbeitet werden kann. Der Fehlerzustand lässt sich jedoch in kartesischen Koordinaten ausdrücken, deren Prozessierung im Filter unproblematisch ist. Ein Nachteil des ESKF ist, dass er weniger intuitiv und etwas schwieriger zu implementieren ist.

Orientierung

Neben der Position wird die Orientierung ψ_{κ} des Fahrzeuges vom Filter geschätzt. Wie in der Robotik üblich, wird diese mit mathematischer Drehrichtung (positiv entgegen des Uhrzeigersinns) angegeben. Darüber hinaus entspricht eine Orientierung von $\psi_{\kappa} = 0$ einer Ausrichtung des Fahrzeuges nach Osten. Dagegen wird das sog. **Heading**, also die Orientierung wie von einem Kompass bekannt, mathematisch negativ und mit dem Nullpunkt in Nordrichtung angegeben. Die Umrechnung der Orientierung in das Heading erfolgt entsprechend mit $-\psi_{\kappa} + \pi/2$.

Bei der Verwendung von Winkeln im Zustandsvektor oder als Messung ist im Allgemeinen Vorsicht geboten, da es sich um einen zirkularen Raum handelt. Dies gilt insbesondere für die Bildung von Differenzen.

Die naive Subtraktion von zwei Winkeln $\alpha = -\pi, \beta = \pi$ ergibt bspw. $\beta - \alpha = 2\pi$, während die Differenz in Wahrheit 0 beträgt. Daher sollte die Subtraktion zweier Winkel stets mittels $\beta - \alpha - 2\pi \left\lfloor \frac{\beta-\alpha+\pi}{2\pi} \right\rfloor$ erfolgen. Die Addition ist weniger kritisch, jedoch bietet sich anschließend eine Normalisierung auf den gewünschten Wertebereich (z. B. $[-\pi, \pi)$ oder $[0, 2\pi)$) an. Im Dreidimensionalen ergeben sich weitere Herausforderungen, die im der folgenden Infobox erläutert sind.

Zustandsschätzung in 3D

Die Lage in 2D (d.h. die Orientierung) lässt sich mit einem Winkel darstellen und bei der dazugehörigen Zustandsschätzung muss lediglich auf eine korrekte Subtraktion und Normalisierung geachtet werden. Dahingegen ist die Lagedarstellung und Zustandschäzung in 3D deutlich aufwendiger. Die intuitive Lösung ist auch hier eine Winkeldarstellung mit drei Winkel. Die gängigste Form sind die sog. Euler-Winkel, welche die Rotation um die Längs-, Quer- und Hochachse (Roll, Pitch und Yaw) angeben. Diese Darstellung ist für Menschen leicht interpretierbar, hat jedoch bei der maschinellen Verarbeitung mehrere Probleme. Die größte Schwierigkeit sind sog. **Singularitäten**, die bei Euler-Winkeln an den Polen auftreten. Hier führen kleine Änderungen im (wahren) Zustandsraum zu großen Änderungen der Parameter (der Werte der Winkel). Bei einem Filter führt dies zum katastrophalen Versagen bei der Annäherung an eine Singularität.

Aufgrund dessen werden zur Lagedarstellung in 3D sog. **überparametrisierte Repräsentationen** verwendet. Während der Raum der Lage in 3D drei Freiheitsgrade hat, haben diese Repräsentationen mehr als drei Parameter. Gängige Beispiele sind Quaterionen und **Rotationsmatrizen**. Diese haben keine Singularitäten. Jedoch führt die Überparametrisierung zu Beschränkungen zwischen den Parametern, die vom Filter eingehalten werden müssen. Dies ist bei der naiven Implementierung eines Filters nicht der Fall.

Zur korrekten Implementierung müssen spezielle Verfahren eingesetzt werden, welche die Eigenschaften der Zustandsdarstellung beachten. Eine Möglichkeit ist die Verwendung eines Error-State Kalman-Filters (siehe Infobox auf Seite 363), bei dem eine überparametrisierte Repräsentation der Lage im Referenzzustand verwendet wird, während der geschätzte Fehler die korrekte Anzahl an Freiheitsgraden aufweist. Darüber hinaus existieren Methoden, die den Zustandsvektor kapseln und die Implementierung eines regulären EKF oder UKF ermöglichen. Dabei wird der Zustand mit einer überparametrisierten Repräsentation dargestellt, der Filter „sieht", jedoch nur die korrekte Anzahl an Freiheitsgraden.

Darüber hinaus ist bei der Zustandsschätzung in 3D zu beachten, dass ein Beschleunigungssensor nicht nur die Beschleunigung des Fahrzeuges sondern auch die Erdbeschleunigung misst. In 2D ist dies unproblematisch, da die Erdbeschleunigung auf die Hochachse wirkt und die Bewegung in diese Richtung nicht mitgeschätzt wird. In 3D muss die Erdbeschleunigung jedoch kompensiert werden, indem der **Gravitationsvektor** entsprechend der aktuell geschätzten Lage rotiert und von den gemessenen Beschleunigungswerten subtrahiert wird. ■

Geschwindigkeit

Wie bereits diskutiert, können neben der Position und Orientierung weitere Größen von Bedeutung sein. Dabei ist insbesondere die Geschwindigkeit des Fahrzeuges relevant $\boldsymbol{v}_\kappa = [v_\kappa^x, v_\kappa^y]^T$, die in Längs- v_κ^x und Querrichtung v_κ^y des Fahrzeuges angegeben wird.

Diese körperfeste Darstellung bietet sich an, da bei einem Fahrzeug mit Ackermannlenkung bei einer Kurvenfahrt die Längsgeschwindigkeit größtenteils beibehalten wird, während die Quergeschwindigkeit nahe Null ist (außer bei extremen Manövern). Bei Fahrzeugen mit weniger Bewegungseinschränkungen (z. B. bei Luftfahrzeugen) kann auch eine erdbezogene Darstellung in den gleichen Koordinaten wie die Position r_κ sinnvoll sein.

IMU-Bias

In unserer Anwendung müssen außerdem weitere Größen mitgeschätzt werden, die zwar nicht für nachfolgende Algorithmen relevant, aber zur Lösung des Schätzprobelms erforderlich sind. Neben dem Messrauschen hat eine IMU einen sog. Bias. Dies ist eine **zeitlich veränderliche Verschiebung der Messwerte**. Dieser ändert sich zwar nur langsam, ist aber nicht konstant. Daher ist eine vorherige Kalibrierung hier nicht möglich und der Bias des Beschleunigungssensors $\bar{\boldsymbol{a}}_\kappa = [\bar{a}^{\mathrm{x}}_\kappa; \bar{a}^{\mathrm{y}}_\kappa]^{\mathrm{T}}$ in Längsrichtung a^{x}_κ und Querrichtung a^{y}_κ sowie der Bias des Drehratensensors $\bar{\omega}_\kappa$ muss vom Filter ermittelt werden. Die Berechnung bzw. Korrektur erfolgt dabei nicht explizit sondern implizit: Die Orientierung wird durch Integration der Drehrate bestimmt, während die Geschwindigkeit durch Integration der Beschleunigungsmessungen ermittelt wird. Die Position ergibt sich dann wiederum aus Integration der Geschwindigkeit unter Berücksichtigung der Orientierung. Anschließend werden die Position und die Geschwindigkeit durch Messungen (GNSS und Odometer) korrigiert. Da der Filter durch die Kovarianzmatrix die Abhängigkeit zwischen den Größen schätzt, kann der Einfluss des IMU-Bias auf den Fehler in der Position und Geschwindigkeit ermittelt werden, was eine Korrektur der Werte ermöglicht. Dies passiert implizit durch die Filtergleichungen im Korrekturschritt.

Zustandsvektor

Zusammengefasst ist der Zustand $\boldsymbol{x}_\kappa$ des Fahrzeuges zum Zeitpunkt k gegeben durch

$$\boldsymbol{x}_\kappa = \begin{bmatrix} \boldsymbol{r}_\kappa \\ \psi_\kappa \\ \boldsymbol{v}_\kappa \\ \bar{\boldsymbol{a}}_\kappa \\ \bar{\omega}_\kappa \end{bmatrix} = \begin{bmatrix} r^{\mathrm{e}}_\kappa \\ r^{\mathrm{n}}_\kappa \\ \psi_\kappa \\ v^{\mathrm{x}}_\kappa \\ v^{\mathrm{y}}_\kappa \\ \bar{a}^{\mathrm{x}}_\kappa \\ \bar{a}^{\mathrm{y}}_\kappa \\ \bar{\omega}_\kappa \end{bmatrix}, \tag{8.57}$$

mit der relativen Position $\boldsymbol{r}_\kappa$, Orientierung ψ_κ, Geschwindigkeit $\boldsymbol{v}_\kappa$, Bias des Beschleunigungsmessers $\bar{\boldsymbol{a}}_\kappa$ und Bias des Drehratenmessers $\bar{\omega}_\kappa$. Darüber hinaus wird die globale Referenzposition $\boldsymbol{p}_{\kappa-\nu}$ außerhalb des Filters mitgeführt.

Abhängig von der Problemstellung kann die **Schätzung weiterer Größen** sinnvoll oder erforderlich sein. So wird bspw. der Radumfang benötigt, um aus den Odometermessungen eine Geschwindigkeit zu ermitteln. Wenn dieser nicht genau bekannt ist, dann muss dieser ebenfalls vom Filter geschätzt werden, was wie beim IMU-Bias implizit durch die absolute Positionskorrektur möglich ist. Bei der Verarbeitung von GNSS-Rohmessungen (Code und Doppler) muss außerdem der Uhrenfehler (Bias) und dessen Drift geschätzt werden.

8.3.2 Zustandsübergangs- und Sensormodelle

Zur Verarbeitung der Sensormessungen in einem Fusionsalgorithmus ist eine mathematische Beschreibung des **Verhaltens des Fahrzeuges** über die Zeit **sowie der jeweiligen Sensoren** erforderlich. Ersteres wird dabei als Zustandsübergangsmodell und letzteres als Sensormodell bezeichnet. Das Zustandsübergangsmodell $\boldsymbol{F}(\boldsymbol{x}_{\kappa-1}, \boldsymbol{u}_{\kappa-1})$ prädiziert dabei den aktuellen Zustand $\boldsymbol{x}_\kappa$ basierend auf dem vorherigen Zustand $\boldsymbol{x}_{\kappa-1}$ und der Zustandsübergangsmessung $\boldsymbol{u}_{\kappa-1}$. Dies kommt im Prädiktionsschritt des Filters zum Einsatz. Ein Sensormodell $\boldsymbol{h}(\boldsymbol{x}_\kappa)$ berechnet die zu erwartende Messung basierend auf dem aktuellen Zustand $\boldsymbol{x}_\kappa$ und wird im Korrekturschritt verwendet. Welche Messungen bei der Prädiktion oder bei der Korrektur berücksichtigt werden, ergibt sich teilweise aus der Anwendung. Generell können wir sagen, dass abgeleitete Größen, wie bei uns die IMU-Messungen, in der Prädiktion verarbeitet werden. Messungen, die eine direkte Berechnung von Größen aus dem Zustandsvektor ermöglichen, fließen hingegen in die Korrektur ein. Dies sind bei uns die GNSS-, Geschwindigkeits- und Lenkwinkelmessungen. Zu einem gewissen Grad ist dies jedoch eine freie Designentscheidung. In unserem Beispiel wäre es ebenfalls möglich gewesen, die Beschleunigungen und die Drehrate im Zustand zu schätzen. In diesem Fall würde auch die IMU in der Korrektur verarbeitet. Dieses Design hätte den Vorteil, dass geglättete Beschleunigungs- und die Drehratenwerte für nachfolgende Algorithmen bereit stehen. Allerdings wächst dadurch der Zustandsraum und Korrekturen müssen mit der Rate der IMU durchgeführt werden, was beides die Rechenkomplexität des Filters erhöht.

Zustandsübergangsmodell

Für den Zustandsübergang wählen wir ein **kinematisches Modell**, das den Übergang des Zustandsvektors von $k-1$ zu k beschreibt. Dazu muss die zeitliche Veränderung der einzelnen Zustandsvariablen ermittelt werden. Für die Position des Fahrzeuges gilt

$$\boldsymbol{r}_\kappa = \boldsymbol{r}_{\kappa-1} + \boldsymbol{R}_{\kappa-1}\boldsymbol{v}_{\kappa-1}\Delta\kappa, \tag{8.58}$$

$$\boldsymbol{R}_{\kappa-1} = \begin{pmatrix} \cos(\psi_{\kappa-1}) & -\sin(\psi_{\kappa-1}) \\ \sin(\psi_{\kappa-1}) & \cos(\psi_{\kappa-1}) \end{pmatrix}, \tag{8.59}$$

wobei $\Delta\kappa$ die zeitliche Differenz zwischen $k-1$ und k bezeichnet. Sie ergibt sich aus der alten Position $\boldsymbol{r}_{\kappa-1}$ und der alten Geschwindigkeit $\boldsymbol{v}_{\kappa-1}$ multipliziert mit der Zeitdifferenz. Die Geschwindigkeit muss dabei mithilfe der Orientierung $\psi_{\kappa-1}$ vom Fahrzeugkoordinatensystem in das Weltkoordinatensystem überführt werden. Dazu wird (analog zu Abschnitt 6.2) die Rotationsmatrix $\boldsymbol{R}_{\kappa-1}$ verwendet. Die hier verwendete Rotationsmatrix ist allerdings nur zweidimensional (Bewegungen entlang der z-Achse werden nicht beachtet). Daher können wir in diesem Fall auch auf eine explizite Angabe der Rotationsachse verzichten. Zur besseren Lesbarkeit der Notation werden zudem die Ausgangs- und Zielkoordinatensysteme für die Transformation nicht explizit angegeben (es handelt sich immer um das Fahrzeug- und Weltkoordinatensystem). Die Berechnung der neuen Orientierung erfolgt auf ähnliche Weise mithilfe von:

$$\psi_\kappa = \psi_{\kappa-1} + (\omega_{\kappa-1} - \bar{\omega}_{\kappa-1})\Delta\kappa \tag{8.60}$$

Dabei entspricht $\omega_{\kappa-1}$ der von der IMU gemessenen Drehrate, welche multipliziert mit der Zeitdifferenz zur alten Orientierung $\psi_{\kappa-1}$ addiert wird. Der Bias der Drehrate muss dabei durch den geschätzten Bias $\bar{\omega}_{\kappa-1}$ kompensiert werden.

Darüber hinaus misst der Drehratensensor die Rotation der Erde. Im Falle von IMUs der Güteklasse, wie sie in der Robotik und im Automotive-Bereich üblicherweise verwendet werden, sind die entsprechenden Werte kleiner als das Messrauschen. Daher kann dies hier vernachlässigt werden. Bei hochgenauen IMUs, die z. B. in der Luft- und Raumfahrt zum Einsatz kommen und entsprechenden Genauigkeitsanforderungen genügen, ist jedoch eine **Kompensation** erforderlich. Die neue Fahrzeuggeschwindigkeit wird ermittel durch

$$\boldsymbol{v}_\kappa = \boldsymbol{v}_{\kappa-1} + (\boldsymbol{a}_{\kappa-1} - \boldsymbol{a}_{\kappa-1} - [\omega_{\kappa-1} - \omega_{\kappa-1}]_\times \boldsymbol{v}_{\kappa-1})\Delta\kappa, \tag{8.61}$$

$$[s]_\times = \begin{pmatrix} 0 & -s \\ s & 0 \end{pmatrix}, \tag{8.62}$$

wobei $\boldsymbol{a}_{\kappa-1} = [a^{\mathrm{x}}_{\kappa-1};\ a^{\mathrm{y}}_{\kappa-1}]^{\mathrm{T}}$ die gemessene Beschleunigung in Längs- und Querrichtung bezeichnet. D.h. analog zur Orientierung werden hier die alten Geschwindigkeit $\boldsymbol{v}_{\kappa-1}$ und die bias-kompensierte Beschleunigung addiert, wobei letztere mit der Zeitdifferenz multiplizierten wird. Die IMU misst jedoch eine zusätzliche Beschleunigung, die durch die Zentripetalkraft bei der Kurvenfahrt entsteht, aber keinen Einfluss auf die Geschwindigkeitsänderung im körperfesten Koordinatensystem hat. Diese lässt sich aus der bias-kompensierten Drehrate und der Beschleunigung mittels $[\omega_{\kappa-1} - \bar{\omega}_{\kappa-1}]_\times \boldsymbol{v}_{\kappa-1}$ berechnen und muss entsprechend subtrahiert werden, wobei der Operator $[\cdot]_\times$ ein Skalar in eine schiefsymetrische Matrix umwandelt. Hier wird angenommen, dass sich die IMU im oder hinreichend nah am Drehpunkt des Fahrzeuges befindet. Bei einer Ackermannsteuerung bietet sich bspw. eine Einbauposition mittig über der Hinterachse an. Ist die IMU außerhalb des Drehpunktes platziert, wirken durch den Hebelarm zusätzliche Beschleunigungen, welche ebenfalls kompensiert werden müssen.

Da sich die IMU-Biase $\bar{\boldsymbol{a}}_{\kappa-1}, \bar{\omega}_{\kappa-1}$ zwar zeitlich ändern, die Änderung aber verhältnismäßig langsam stattfindet, wird diese nicht explizit modelliert. Die Veränderung wird durch die Unsicherheit beim Zustandsübergang modelliert, was später noch thematisiert wird. Die neuen Werte ergeben sich daher aus den alten Werten entsprechend:

$$\bar{\boldsymbol{a}}_\kappa = \bar{\boldsymbol{a}}_{\kappa-1} \tag{8.63}$$

$$\bar{\omega}_\kappa = \bar{\omega}_{\kappa-1} \tag{8.64}$$

Durch die Kombination der Gleichungen (8.58) bis (8.64) erhalten wir das gesamte Zustandsübergangsmodell

$$\boldsymbol{F}(\boldsymbol{x}_{\kappa-1}, \boldsymbol{u}_{\kappa-1}) = \begin{pmatrix} \boldsymbol{r}_{\kappa-1} + \boldsymbol{R}_{\kappa-1}\boldsymbol{v}_{\kappa-1}\Delta\kappa \\ \psi_{\kappa-1} + (\omega_{\kappa-1} - \bar{\omega}_{\kappa-1})\Delta\kappa \\ \boldsymbol{v}_{\kappa-1} + (\boldsymbol{a}_{\kappa-1} - \bar{\boldsymbol{a}}_{\kappa-1} - [\omega_{\kappa-1} - \bar{\omega}_{\kappa-1}]_\times \boldsymbol{v}_{\kappa-1})\Delta\kappa \\ \bar{\boldsymbol{a}}_{\kappa-1} \\ \bar{\omega}_{\kappa-1} \end{pmatrix}, \tag{8.65}$$

wobei $\boldsymbol{u}_{\kappa-1} = [\boldsymbol{a}^{\mathrm{T}}_{\kappa-1}\ \omega_{\kappa-1}]^{\mathrm{T}}$ der IMU-Messung entspricht.

Wie in den Ausführungen zum Kalman-Filter (siehe Abschnitt 8.2.2) thematisiert, wird die **Unsicherheit des Zustandsübergangs** als additives, mittelwertfreies, normalverteiltes Rauschen im Zustandsraum modelliert. In unserem Fall entsteht aus dem System heraus keine zusätzliche Unsicherheit für die Position, Orientierung und Geschwindigkeit. Allerdings ändert sich der IMU-Bias über die Zeit, was wie bereits oben erwähnt durch Prozessrauschen abgebildet wird.

Darüber hinaus fließt die **IMU-Messung** $\boldsymbol{u}_{\kappa-1}$ in den Zustandsübergang ein, welche ebenfalls unsicherheitsbehaftet ist. Das entsprechende Messrauschen wird ebenfalls als additiv, mittelwertfrei und normalverteilt angenommen, es ist jedoch im Messraum definiert. Entsprechend muss es durch Ableitung von $\boldsymbol{F}$ nach $\boldsymbol{u}_{\kappa-1}$ an der Stelle $\boldsymbol{x}_{\kappa-1}, \boldsymbol{u}_{\kappa-1}$ in den Messraum transformiert werden.

Die Kovarianzmatrix der Unsicherheit des Zustandsübergangs ergibt sich somit aus:

$$\boldsymbol{Q}_e = \begin{pmatrix} 0 & \dots & 0 \\ \vdots & \ddots & \vdots \\ 0 & \dots & \boldsymbol{Q}_e^{\text{Bias}} \Delta\kappa \end{pmatrix} + \boldsymbol{B}_\kappa \boldsymbol{U}_{\kappa-1} \boldsymbol{B}_\kappa^{\text{T}} \tag{8.66}$$

$$\boldsymbol{B}_\kappa = \frac{\partial \boldsymbol{F}}{\partial \boldsymbol{u}_{\kappa-1}} \bigg|_{\boldsymbol{x}_{\kappa-1}, \boldsymbol{u}_{\kappa-1}} \tag{8.67}$$

Dabei bezeichnet $\boldsymbol{Q}_e^{\text{Bias}}$ die Kovarianzmatrix, welche den Drift des IMU-Bias beschreibt. Da der Drift zeitabhängig ist, wird die Matrix mit der Zeitdifferenz $\Delta\kappa$ skaliert. Des Weiteren ist $\boldsymbol{U}_{\kappa-1}$ die Kovarianzmatrix des Messrauschens der IMU. Die Werte beider Matrizen können aus dem Datenblatt der IMU entnommen oder experimentell bestimmt werden. Die Jacobi-Matrix $\boldsymbol{B}_\kappa$ der partiellen Ableitung von $\boldsymbol{F}$ nach $\boldsymbol{u}_{\kappa-1}$ ist gegeben durch:

$$\boldsymbol{B}_\kappa = \begin{pmatrix} \frac{\partial \boldsymbol{F}}{\partial \boldsymbol{a}_{\kappa-1}} & \frac{\partial \boldsymbol{F}}{\partial \omega_{\kappa-1}} \end{pmatrix} = \begin{pmatrix} 0 & 0 & 0 \\ 0 & 0 & 0 \\ 0 & 0 & \Delta\kappa \\ \Delta\kappa & 0 & v_{\kappa-1}^{\text{y}} \Delta\kappa \\ 0 & \Delta\kappa & -v_{\kappa-1}^{\text{x}} \Delta\kappa \\ 0 & 0 & 0 \\ 0 & 0 & 0 \\ 0 & 0 & 0 \end{pmatrix} \tag{8.68}$$

Die ersten beiden Spalten beinhalten dabei die Ableitung nach der Beschleunigung $\boldsymbol{a}_{\kappa-1}$ und die dritte Spalte die Ableitung nach der Drehrate $\omega_{\kappa-1}$.

Sensormodell Odometer

Aktuelle PKWs besitzen an jedem Rad einen Sensor, mit dem sich dessen Drehzahl ermitteln lässt. Ist der Radumfang bekannt, kann diese in die Geschwindigkeit des jeweiligen Rads umgerechnet werden. Wenn der Radumfang nicht hinreichend genau bekannt ist, kann dieser mit geschätzt werden, siehe Diskussion in Abschnitt 8.3.1. Wir gehen hier vereinfachend davon aus, dass die Fahrzeugelektronik bereits eine aus den einzelnen Radsensoren ermittelte Gesamtgeschwindigkeit zur Verfügung stellt. Dies ist häufig zutreffen, da diese Geschwindigkeit bspw. für die Anzeige im Tacho benötigt wird. Andernfalls kann diese z. B. durch Mittelung oder durch die Anwendungen eines komplexeren Fahrzeugmodells berechnet werden.

In jedem Fall gibt die resultierende Messgröße s_κ die **Geschwindigkeit des Fahrzeuges entlang der Längsachse** an. Darüber hinaus wissen wir, dass es sich um ein Fahrzeug mit Ackermannlenkung handelt und dass sich der Referenzpunkt des körperfesten Koordinatensystems in der Mitte der Hinterachse befindet.

Außer im Hochdynamikbereich (z. B. bei einem Drift) können wir davon ausgehen, dass wir keine Geschwindigkeit in Querrichtung im Fahrzeugkoordinatensystem haben. Diese Annahme wird mit einer Pseudomessung modelliert, indem der Geschwindigkeitsmessung eine weitere Größe hinzugefügt wird, welche eine Nullgeschwindigkeit in der entsprechenden Richtung darstellt. Die Geschwindigkeitsmessung zum Zeitpunkt κ ist somit gegeben durch:

$$\boldsymbol{z}_\kappa^{\text{Odom}} = \begin{bmatrix} s_\kappa \\ 0 \end{bmatrix} \tag{8.69}$$

Das Sensormodell $\boldsymbol{h}^{\text{Odom}}(\boldsymbol{x}_\kappa)$ bildet nun den aktuellen Zustand $\boldsymbol{x}_\kappa$ auf den Messraum ab. Es ist definiert als

$$\boldsymbol{h}^{\text{Odom}}(\boldsymbol{x}_\kappa) = \boldsymbol{v}_\kappa, \tag{8.70}$$

d.h. die gemessene bzw. angenommene Geschwindigkeit wird in Relation zur geschätzten Geschwindigkeit gesetzt.

Wie bisher wird von einem additiven, mittelwertfreien und normalverteilten Messrauschen ausgegangen. Da die gemessene Geschwindigkeit und die Pseudomessung unkorreliert sind, ist die dazugehörige Kovarianzmatrix gegeben durch

$$\boldsymbol{C}_e^{\text{Odom}} = \begin{pmatrix} \sigma_s^2 & 0 \\ 0 & \sigma_0^2 \end{pmatrix}, \tag{8.71}$$

wobei σ_s^2 die Standardabweichung von s_κ ist. Über die Standardabweichung σ_0 der Pseudomessung lässt sich beeinflussen, wie strikt die Annahme der Nullgeschwindigkeit entlang der Querachse gelten soll. Neben einem festen Wert ist es denkbar, dass wir σ_0 in Abhängigkeit von der Geschwindigkeit und dem Lenkwinkel wählen, da die Annahme bei schnellen und engen Kurvenfahrten stärker verletzt wird.

Sensormodell Lenkwinkel

Neben der Geschwindigkeit ermöglichen es aktuelle Fahrzeuge den Lenkwinkel δ_κ der gelenkten Vorderachse zu ermitteln. Häufig ist es jedoch so, dass nicht der tatsächliche Lenkwinkel sondern nur der Lenkradwinkel gemessen wird. Bei einer linearen Lenkung kann der Lenkradwinkel mit einem konstanten Faktor in den Lenkwinkel überführt werden. Dieser Faktor lässt sich mit wenigen Testfahrten ermitteln. Bei einer adaptiven Lenkung kann die Ermittlung der entsprechenden nichtlinearen Funktion deutlich schwieriger sein. Wir gehen davon aus, dass der Lenkwinkel gemessen oder die Umwandlung des Lenkradwinkels in den Lenkwinkel bereits erfolgt ist. Daher lautet die entsprechende Messung:

$$z_\kappa^{\text{Lenk}} = \delta_\kappa \tag{8.72}$$

Zur Entwicklung des Sensormodells $h^{\text{Lenk}}(\boldsymbol{x}_\kappa)$ verwenden wir das Einspurmodell aus Gleichung (6.41), um den Lenkwinkel in Bezug zu den Zustandsgrößen zu setzen. Genauer gesagt besteht ein Zusammenhang zwischen Lenkwinkel, Geschwindigkeit in Längsrichtung und der Drehrate. Hinsichtlich unseres Zustandsmodells bedeutet das

$$\omega_\kappa - \bar{\omega}_\kappa = \frac{v_\kappa^{\text{x}}}{l_v} \tan\delta_\kappa, \tag{8.73}$$

wobei l_v der Abstand der Vorderachse zum Referenzpunkt des Fahrzeugkoordinatensystems darstellt. Zu beachten ist, dass die Drehrate nicht direkt vorliegt. Stattdessen wird hier die gemessene Drehrate ω_κ und der geschätzte Bias $\bar{\omega}_\kappa$ verwendet. Durch die Wahl des Referenzpunktes in der Mitte der Hinterachse gilt außerdem für den Abstand zur Hinterachse $l_h = 0$ und für den Schwimmwinkel $\beta = 0$. Durch Auflösen von Gleichung (8.73) nach dem Lenkwinkel erhalten wir das Sensormodell:

$$h^{\mathrm{Lenk}}(\boldsymbol{x}_\kappa) = \tan^{-1} \frac{(\omega_\kappa - \bar{\omega}_\kappa)\, l_v}{v_\kappa^{\mathrm{x}}} \tag{8.74}$$

Zu beachten ist, dass hier die Geschwindigkeit im Nenner steht. Entsprechend sollte das Update ausgesetzt werden, wenn sich $|v_\kappa^{\mathrm{x}}|$ Null annähert, um numerische Probleme oder eine Division durch Null zu vermeiden.

Die Unsicherheit der Messung ist erneut additiv, mittelwertfrei und normalverteilt. Allerdings enthält das Sensormodell mit der gemessenen Drehrate eine weitere gemessene Größe, deren Messrauschen berücksichtigt werden muss. Dazu muss die Kovarianzmatrix $\boldsymbol{U}_\kappa$ der Unsicherheit der IMU-Messung in den Messraum von z_κ^{Lenk} transformiert werden. Analog wie beim Zustandsübergang (siehe Gleichungen (8.65) bis (8.67)) wird dazu $h^{\mathrm{Lenk}}(\boldsymbol{x}_\kappa)$ an der Stelle $\boldsymbol{x}_\kappa$ nach ω_κ abgeleitet. Somit erhalten wir für die Kovarianzmatrix (bzw. genauer gesagt die Varianz, da es sich um ein Skalar handelt) für die gesamte Unsicherheit

$$C_e^{\mathrm{Lenk}} = \sigma_\delta^2 + \boldsymbol{D}_\kappa \boldsymbol{U}_\kappa \boldsymbol{D}_\kappa^{\mathrm{T}}, \tag{8.75}$$

$$\boldsymbol{D}_\kappa = \left. \frac{\partial h^{\mathrm{Lenk}}}{\partial \omega_\kappa} \right|_{\boldsymbol{x}_\kappa}, \tag{8.76}$$

wobei σ_δ die Standardabweichung von δ_κ bezeichnet. Die Jacobi-Matrix $\boldsymbol{D}_\kappa$ der Ableitung ist gegeben durch

$$\boldsymbol{D}_\kappa = \begin{bmatrix} 0 & 0 & \frac{v_\kappa^{\mathrm{x}} l_v}{(v_\kappa^{\mathrm{x}})^2 + (\bar{\omega}_\kappa - \omega_\kappa)^2 l_v^2} \end{bmatrix}. \tag{8.77}$$

Sensormodell GNSS

Der GNSS-Empfänger errechnet aus den GNSS-Rohmessungen die Position der GNSS-Antenne auf der Erde, welche als Breitengrad $\varphi_\nu^{\mathrm{GNSS}}$ und Längengrad $\lambda_\kappa^{\mathrm{GNSS}}$ zur Verfügung gestellt wird. Der Filter schätzt die Position allerdings in einem kartesischen Koordinatensystem, dessen Ursprung durch eine über Breiten- und Längengrad definierte Referenzposition $\boldsymbol{p}_{\kappa-\nu}$ festgelegt ist, siehe Abschnitt 8.3.1. Vor der Verarbeitung durch den Filter wird die GNSS-Messung mithilfe dieser Referenzposition in das kartesische Koordinatensystem des Filters transformiert. Dadurch erhalten wir die Messung

$$\boldsymbol{z}_\kappa^{\mathrm{GNSS}} = \begin{bmatrix} \left(\lambda_\kappa^{\mathrm{GNSS}} - \lambda_{\kappa-\nu}\right)\left(R_{\kappa-\nu}^{\mathrm{e}} + h_{\kappa-\nu}\right)\cos\left(\varphi_{\kappa-\nu}\right) \\ \left(\varphi_\kappa^{\mathrm{GNSS}} - \varphi_{\kappa-\nu}\right)\left(R_{\kappa-\nu}^{\mathrm{n}} + h_{\kappa-\nu}\right) \end{bmatrix}, \tag{8.78}$$

wobei $h_{\kappa-\nu}$ die Höhe zum Zeitpunkt $\kappa - \nu$, auf den sich die Referenzposition bezieht, ist. Diese wird ebenfalls vom GNSS-Empfänger ermittelt, hier aber nur für die Umrechnung benötigt, da die Positionsbestimmung in 2D stattfindet. Des Weiteren sind $R_{\kappa-\nu}^{\mathrm{n}}$ und $R_{\kappa-\nu}^{\mathrm{e}}$ die Krümmungsradien der Erde in Nord-Süd- und Ost-West-Richtung, siehe Gleichungen (8.55) und (8.56). Für das Sensormodell $\boldsymbol{h}^{\mathrm{GNSS}}(\boldsymbol{x}_\kappa)$ muss die Einbauposition der GNSS-Antenne $\boldsymbol{r}^{\mathrm{Ant}}$ berücksichtigt werden. Da diese im körperfesten Fahrzeugkoordinatensystem gegeben ist, muss sie mithilfe der geschätzten Orientierung des Fahrzeuges ψ_κ

und der geschätzten Position $\boldsymbol{r}_\kappa$ in Weltkoordinaten transformiert werden. Das resultiert in

$$\boldsymbol{h}^{\mathrm{GNSS}}(\boldsymbol{x}_\kappa) = \boldsymbol{r}_\kappa + \boldsymbol{R}_\kappa \boldsymbol{r}^{\mathrm{Ant}}, \tag{8.79}$$

wobei $\boldsymbol{R}_\kappa$ die zu ψ_κ gehörende Rotationsmatrix ist, siehe Gleichung (8.59). Wie zuvor wird auch hier von einem additiven, mittelwertfreien und normalverteilten Messrauschen ausgegangen. Da die Bestimmung des Breiten- und Längengrads aus GNSS-Rohdaten bereits ein Schätzproblem zugrunde liegt, liefern hochwertigere Empfänger eine Abschätzung der Unsicherheit in Form der benötigten Kovarianzmatrix $\boldsymbol{C}_e^{\mathrm{GNSS}}$. Andernfalls muss diese experimentell ermittelt werden. Es ist empfehlenswert, abhängig von der Güte der Lösung unterschiedliche Werte zu verwenden. So weist eine „RTK-Fix"-Lösung eine höhere Genauigkeit als eine „RTK-Float"-Lösung auf, während letztere immer noch Größenordnungen genauer ist als ohne Korrektur durch eine Basisstation. Eine sog. „Dead-Reckoning"-Lösung, bei der der Empfänger die Position ohne neue GNSS-Messungen weiter berechnet hat, sollte gänzlich ausgeschlossen werden. Darüber hinaus kann auch der Ausschluss weiterer Lösungsgüten sinnvoll sein, z. B. alle Lösungen ohne RTK falls in Kürze wieder RTK-Korrekturen zu erwarten sind.

8.3.3 Sensordatenfusion mittels Kalman-Filter

Mit den im vorherigen Abschnitt entwickelten Modellen kann nun die Sensordatenfusion mittels Kalman-Filter durchgeführt werden. Da es sich um nichtlineare Modelle handelt, muss entsprechend eine geeignete Variante des Kalman-Filters, wie der Erweiterte Kalman-Filter (EKF) oder der Unscented Kalman-Filter (UKF), zum Einsatz kommen. Da beim EKF die Linearisierung der Modelle durch eine Taylor-Reihe erster Ordnung erfolgt, sind für dessen Verwendung die Ableitungen der Modelle erforderlich. Der UKF führt die Linearisierung hingegen mittels Sigma-Point-Transformation durch, für die keine Ableitungen benötigt werden. Im Folgenden werden zunächst die Ableitungen der Modelle aus dem vorherigen Abschnitt vorgestellt. Anschließend werden die beiden praktischen Herausforderungen der Initialisierung und der Aktualisierung mit unterschiedlichen Sensorraten diskutiert.

Ableitungen für den Einsatz des EKF

Das Zustandsübergangsmodell in Gleichung (8.65) muss nach $\boldsymbol{x}_{\kappa-1}$ an der Stelle $\boldsymbol{x}_{\kappa-1}, \boldsymbol{u}_{\kappa-1}$ abgeleitet werden. Für die Jacobi-Matrix erhalten wir:

$$\boldsymbol{A}_\kappa = \left.\frac{\partial \boldsymbol{F}}{\partial \boldsymbol{x}_{\kappa-1}}\right|_{\boldsymbol{x}_{\kappa-1},\boldsymbol{u}_{\kappa-1}} \tag{8.80}$$

$$= \begin{pmatrix} \frac{\partial \boldsymbol{F}}{\partial \boldsymbol{r}_{\kappa-1}} & \frac{\partial \boldsymbol{F}}{\partial \psi_{\kappa-1}} & \frac{\partial \boldsymbol{F}}{\partial \boldsymbol{v}_{\kappa-1}} & \frac{\partial \boldsymbol{F}}{\partial \bar{\boldsymbol{a}}_{\kappa-1}} & \frac{\partial \boldsymbol{F}}{\partial \bar{\omega}_{\kappa-1}} \end{pmatrix} \tag{8.81}$$

$$\frac{\partial \boldsymbol{F}}{\partial \boldsymbol{r}_{\kappa-1}} = \begin{pmatrix} 1 & 0 \\ 0 & 1 \\ 0 & 0 \\ 0 & 0 \\ 0 & 0 \\ 0 & 0 \\ 0 & 0 \\ 0 & 0 \end{pmatrix}, \quad \frac{\partial \boldsymbol{F}}{\partial \psi_{\kappa-1}} = \begin{bmatrix} (-\sin(\psi_{\kappa-1})\, v^{\mathrm{x}}_{\kappa-1} - \cos(\psi_{\kappa-1})\, v^{\mathrm{y}}_{\kappa-1})\Delta\kappa \\ (\cos(\psi_{\kappa-1})\, v^{\mathrm{x}}_{\kappa-1} - \sin(\psi_{\kappa-1})\, v^{\mathrm{y}}_{\kappa-1})\Delta\kappa \\ 1 \\ 0 \\ 0 \\ 0 \\ 0 \\ 0 \end{bmatrix} \tag{8.82}$$

$$\frac{\partial \boldsymbol{F}}{\partial \boldsymbol{v}_{\kappa-1}} = \begin{pmatrix} \cos(\psi_{\kappa-1})\Delta\kappa & -\sin(\psi_{\kappa-1})\Delta\kappa \\ \sin(\psi_{\kappa-1})\Delta\kappa & \cos(\psi_{\kappa-1})\Delta\kappa \\ 0 & 0 \\ 1 & (\omega_{\kappa-1} - \bar{\omega}_{\kappa-1})\Delta\kappa \\ -(\omega_{\kappa-1} - \bar{\omega}_{\kappa-1})\Delta\kappa & 1 \\ 0 & 0 \\ 0 & 0 \\ 0 & 0 \end{pmatrix} \tag{8.83}$$

$$\frac{\partial \boldsymbol{F}}{\partial \bar{\boldsymbol{a}}_{\kappa-1}} = \begin{pmatrix} 0 & 0 \\ 0 & 0 \\ 0 & 0 \\ -\Delta\kappa & 0 \\ 0 & -\Delta\kappa \\ 1 & 0 \\ 0 & 1 \\ 0 & 0 \end{pmatrix}, \quad \frac{\partial \boldsymbol{F}}{\partial \bar{\omega}_{\kappa-1}} = \begin{bmatrix} 0 \\ 0 \\ 0 \\ -v^{\mathrm{y}}_{\kappa-1}\Delta\kappa \\ v^{\mathrm{x}}_{\kappa-1}\Delta\kappa \\ 0 \\ 0 \\ 1 \end{bmatrix} \tag{8.84}$$

Für alle Sensormodelle $\boldsymbol{h}(\boldsymbol{x}_\kappa)$ gilt, dass diese nach $\boldsymbol{x}_\kappa$ an der Stelle $\boldsymbol{x}_\kappa$ abgeleitet werden. Im Falle des Modells für das Odometer in Gleichung (8.70) ist die Ableitung gegen durch:

$$\boldsymbol{C}_\kappa^{\mathrm{Odom}} = \left.\frac{\partial \boldsymbol{h}^{\mathrm{Odom}}}{\partial \boldsymbol{x}_\kappa}\right|_{\boldsymbol{x}_\kappa} \tag{8.85}$$

$$= \begin{pmatrix} 0 & 0 & 0 & 1 & 0 & 0 & 0 & 0 \\ 0 & 0 & 0 & 0 & 1 & 0 & 0 & 0 \end{pmatrix} \tag{8.86}$$

Für das Lenkwinkelmodell in Gleichung (8.74) gilt:

$$\boldsymbol{C}_\kappa^{\mathrm{Lenk}} = \left.\frac{\partial \boldsymbol{h}^{\mathrm{Lenk}}}{\partial \boldsymbol{x}_\kappa}\right|_{\boldsymbol{x}_\kappa} \tag{8.87}$$

$$= \begin{bmatrix} 0 & 0 & 0 & \frac{(\bar{\omega}_\kappa - \omega_\kappa) l_v}{(v_\kappa^{\mathrm{x}})^2 + (\bar{\omega}_\kappa - \omega_\kappa)^2 l_v^2} & 0 & 0 & 0 & \frac{-v_\kappa^{\mathrm{x}} l_v}{(v_\kappa^{\mathrm{x}})^2 + (\bar{\omega}_\kappa - \omega_\kappa)^2 l_v^2} \end{bmatrix} \tag{8.88}$$

Durch Ableiten des Modells für die GNSS-Messung in Gleichung (8.79) erhalten wir

$$\boldsymbol{C}_\kappa^{\mathrm{GNSS}} = \left.\frac{\partial \boldsymbol{h}^{\mathrm{GNSS}}}{\partial \boldsymbol{x}_\kappa}\right|_{\boldsymbol{x}_\kappa} \tag{8.89}$$

$$= \begin{pmatrix} 1 & 0 & -\sin(\psi_\kappa) r^{\mathrm{Ant,x}} - \cos(\psi_\kappa) r^{\mathrm{Ant,y}} & 0 & 0 & 0 & 0 & 0 \\ 0 & 1 & \cos(\psi_\kappa) r^{\mathrm{Ant,x}} - \sin(\psi_\kappa) r^{\mathrm{Ant,y}} & 0 & 0 & 0 & 0 & 0 \end{pmatrix}, \tag{8.90}$$

wobei $r^{\mathrm{Ant,x}}$, $r^{\mathrm{Ant,y}}$ X- und Y-Komponenten der Einbauposition der Antenne $\boldsymbol{r}^{\mathrm{Ant}}$ sind. Damit sind alle erforderlichen Ableitungen für den Einsatz des EKFs vorhanden.

Initialisierung

Für die Initialisierung der Werte des Zustandsvektors wird die Position durch den GNSS-Empfänger bereitgestellt. Dabei ist zu beachten, dass der Empfänger die globale Position in sphärischen Koordinaten berechnet.

Diese wird genutzt, um die Referenzposition $\boldsymbol{p}_\kappa$ zu initialisieren, während die Relativposition $\boldsymbol{r}_\kappa$ im eigentlichen Zustandsvektor auf Null gesetzt wird. Des Weiteren bezieht sich die berechnete Position auf die **GNSS**-Antenne, deren Einbauposition $\boldsymbol{r}^{\text{Ant}}$ relativ zum Referenzpunkt des Fahrzeugkoordinatensystems berücksichtigt und die Position unter Berücksichtigung der aktuellen Orientierung (s.u.) transformiert werden muss. Dies geschieht analog zu Gleichung (8.54). Die Längseschwindigkeit v_κ^{x} für die Initalisierung ist ebenfalls direkt Verfügbar und wird durch das Odometer bereigestellt, während die Quergeschwindigkeit v_κ^{y} mit Null initialisiert wird.

Die **Orientierung** ψ_κ des Fahrzeuges kann nicht direkt gemessen werden. Sie lässt sich aber aus aufeinander folgenden GNSS-Messungen bestimmen. Zunächst wird die Differenz zwischen zwei Messungen in kartesischen Koordinaten berechnet. Analog zu Gleichung (8.78) geschieht dies mittels:

$$\Delta \boldsymbol{r}_\kappa = \begin{bmatrix} \left(\lambda_\kappa^{\text{GNSS}} - \lambda_{\kappa-v}^{\text{GNSS}}\right)\left(R_{\kappa-v}^{\text{e}} + h_{\kappa-v}\right)\cos\left(\varphi_{\kappa-v}^{\text{GNSS}}\right) \\ \left(\varphi_\kappa^{\text{GNSS}} - \varphi_{\kappa-v}^{\text{GNSS}}\right)\left(R_{\kappa-v}^{\text{n}} + h_{\kappa-v}\right) \end{bmatrix} \tag{8.91}$$

Anschließend ergibt sich die Orientierung durch Trigonometrie aus

$$\psi_\kappa = \tan^{-1}\frac{-\Delta r_\kappa^{\text{n}}}{\Delta r_\kappa^{\text{e}}}, \tag{8.92}$$

wobei in der Praxis der arctan2 zum Einsatz kommen sollte, damit sich das Ergebnis im richtigen Quadranten befindet. Des Weiteren sollte darauf geachtet werden, dass die beiden GNSS-Positionen hinreichend weit auseinander liegen, um den Einfluss des Messfehlers auf das Ergebnis zu minimieren. Gleichzeitig darf die Distanz jedoch nicht zu groß sein, da ansonsten das Ergebnis verfälscht wird, falls sich das Fahrzeug nicht genau auf einer Geraden bewegt. Außerdem ist über das **Odometer** sicherzustellen, dass sich das Fahrzeug vorwärts bewegt, da ansonsten die mit Gleichung (8.91) und (8.92) bestimmte Orientierung in die entgegengesetzte Richtung zeigt. Alternativ kann der Winkel entsprechend um π gedreht werden. Darüber hinaus kann auch die Qualität der GNSS-Lösung berücksichtigt werden, um z. B. Positionsschätzungen ohne RTK-Korrekturen (falls Verfügbar) auszuschließen.

Der IMU-Bias ist im Allgemeinen ebenfalls nicht direkt beobachtbar. Wenn sich das Fahrzeug jedoch im Stillstand (und auf einer waagerechten Ebene) befindet, wissen wir, dass die tatsächliche Beschleunigung und Drehrate Null ist. Entsprechend misst in diesem Fall die IMU nur noch den Bias. Aufgrund des Messfehlers ist es ratsam, die Werte durch Mittelung mehrerer Messungen zu bestimmen. Entsprechend erhalten wir:

$$\bar{\boldsymbol{a}}_\kappa = \frac{1}{v}\sum_{i=\kappa-v}^{\kappa} \boldsymbol{a}_i \tag{8.93}$$

$$\bar{\omega}_\kappa = \frac{1}{v}\sum_{i=\kappa-v}^{\kappa} \omega_i \tag{8.94}$$

Der Nachteil dieses Vorgehens ist, dass das Fahrzeug **stillstehen** muss. Sollte eine Initialisierung während der Fahrt erforderlich sein, kann auf die Bestimmung des IMU-Bias verzichtet und dieser auf Null gesetzt werden. Durch die Filterung und die GNSS-Korrekturen werden die Werte nach einer gewissen Zeit konvergieren. Allerdings sind dadurch die Positionsschätzungen anfangs ungenauer.

Die gesamte Initialisierungsprozedur des Zustandsvektors ist wie folgt:

1. Optional: Bestimmung des IMU-Bias im Stillstand, siehe Gleichung (8.93) und (8.94).
2. Berechnung der Orientierung in der Fahrt, siehe Gleichung (8.91) und (8.92).
3. Setzen der Referenzposition auf die letzte GNSS-Messung unter Berücksichtigung der Einbauposition der Antenne.
4. Setzen der Längsgeschwindigkeit auf den letzten Messwert des Odometers.

Die Kovarianzmatrix des Filters wird mit der Messunsicherheit der jeweiligen Sensoren initialisiert, die für die Bestimmung der Startwerte des Zustandsvektors genutzt wurden. So wird bspw. dem linken, oberen (2×2)-Block, welcher zur Position gehört, die Kovarianzmatrix $\boldsymbol{C}_e^{\text{GNSS}}$ zugewiesen, welche die Unsicherheit der Positionsmessung widerspiegelt. Sollte auf die Initialisierung des IMU-Bias verzichtet werden, sind für die entsprechenden Einträge der Kovarianzmatrix höhere Werte zu wählen.

Unterschiedliche Sensorraten

Der Standardaufbau des Kalman-Filters geht davon aus, dass jeweils abwechselnd eine Prädiktion und eine Korrektur durchgeführt wird. In der Praxis ist es jedoch so, dass Sensoren nicht immer mit der gleichen **Rate** messen. Übliche Raten für die Sensoren in unserem Beispiel sind wie folgt: IMU 100–400 Hz, Odometer 50 Hz, Lenkwinkel 50 Hz und GNSS 5-10 Hz. Diese Werte beziehen sich auf Sensoren aus dem Automotive-Bereich. Es existieren bspw. auch IMUs mit 800 Hz (oder mehr) und GNSS-Empfänger mit 50–100 Hz. Die Messfrequenz von Odometer und Lenkwinkel ist ebenfalls herstellerabhängig. Neben den unterschiedlichen Raten, haben wir hier außerdem mehrere Sensoren, die unabhängig voneinander zur Korrektur verwendet werden.

Das Kalman-Filter erlaubt es, Prädiktion und Korrektur in beliebiger Reihenfolge durchzuführen. So kann mehrfach prädiziert werden (in unserem Fall mit der **IMU**), um anschließend eine Korrektur bspw. mit GNSS vorzunehmen. Ebenso können zwei Korrekturen hintereinander durchgeführt werden, wenn z. B. eine Odometer- und eine Lenkwinkelmessung für den gleichen Zeitpunkt vorliegen. Es ist lediglich darauf zu achten, dass der zeitliche Ablauf konsistent ist. D.h. wenn bspw. eine GNSS-Messung für $\kappa - 1$ und eine für κ vorliegt, dann muss zwischen den jeweiligen Korrekturen der Zustand von $\kappa - 1$ zu κ prädiziert werden. In unserem Beispiel wird für diese Prädiktion jedoch die IMU-Messung benötigt. Da die Sensoren im Allgemeinen nicht synchronisiert messen, führt das zu der praktischen Herausforderung, dass möglicherweise keine IMU-Messung für den exakten Zeitpunkt der GNSS-Messung vorhanden ist. In diesem Fall wird die Prädiktion mit dem letzten Messwert der IMU durchgeführt, da angenommen werden kann, dass die Beschleunigungen und Drehrate für diesen Zeitraum hinreichend konstant sind. Ebenso wird bei der Korrektur mittels Lenkwinkel die IMU-Messung (bzw. die gemessene Drehrate) berücksichtigt, siehe Gl. (8.74). Hier wird ebenfalls der letzte gemessene Wert verwendet, siehe Bild 8.14a.

Eine weitere Schwierigkeit besteht in der unterschiedlichen **Latenz** der Sensoren. Bei den Sensoren in unserem Beispiel hat der GNSS-Sensor die höchste Latenz, während die Latenz der anderen Sensoren vernachlässigbar ist. Eine Lösungsmöglichkeit besteht darin, die Messwerte zeitlich Verzögert (entsprechend der höchsten Latenz) zu prozessieren. Dies erlaubt es, die Messungen anhand des Messzeitpunktes zu sortieren und in der korrekten Reihenfolge zu verarbeiten, unabhängig davon, wann die Messung im System bzw. beim Filter ankommen.

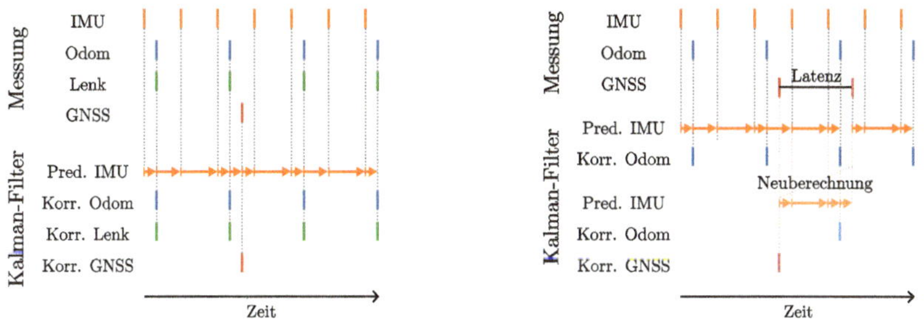

(a) Kompensation der Sensorraten **(b)** Kompensation der Sensorlatenzen

Bild 8.14 Sensorratenkompensation und Sensorlatenzkompensation

Ist eine Verzögerung in der Anwendung nicht tolerierbar, dann können wir zwischen zwei GNSS-Messungen die Berechnungen mit den latenzfreien Sensoren durchführen und dabei alle Messwerte, geschätzten Zustände und dazugehörigen Kovarianzmatrizen speichern. Um unterschiedliche Raten zu kompensieren, werden die Messungen in Bild 8.14 so verarbeitet, wie sie aufgenommen werden. Dabei wird die Prädiktion mit der letzten IMU-Messung bis zum jeweiligen Zeitstempel durchgeführt. Zur Latenz-Kompensation wird beim verspäteten Eintreffen einer Messung (hier vom GNSS-Empfänger) der Filter bis zum tatsächlichen Aufnahmezeitpunkt zurückgesetzt. Anschließend wird eine Korrektur mit dieser Messung durchgeführt und dann alle zwischenzeitlich aufgenommenen Messungen (hier 2x IMU und 1x Odometrie) erneut verarbeitet. Trifft eine GNSS-Messung ein, die zu einem vergangenen Zeitpunkt gehört, wird der dazugehörige Zustand wieder hergestellt und die Korrektur mit der GNSS-Messung durchgeführt. Anschließend werden die gespeicherten Messungen der anderen Sensoren erneut verarbeitet, siehe Bild 8.14b.

Beispiel 8.5 (Fahrzeuglokalisierung). Zur Verdeutlichung der Notwendigkeit von Sensorfusion zur globalen Lokalisierung betrachten wir zwei Testfahrten, wo der GNSS-Empfang gestört ist. Das Testfahrzeug ist in beiden Fällen ein Volkswagen Passat GTE (B8), der mit einer IMU sowie einem GNSS-System mit zwei Empfängern und RTK-Korrektur ausgestattet ist. Die IMU misst mit 800 Hz, während die GNSS-Empfänger mit 10 HZ arbeiten. Darüber hinaus wird über den CAN-Bus mit 50 Hz die Fahrzeuggeschwindigkeit (Radodometrie) und der Lenkwinkel bereitgestellt. Alle Daten werden mit dem oben vorgestellten Kalman-Filter fusioniert.

Bild 8.15 Testfahrt durch eine Unterführung (Messdaten vs. fusionierte Daten) – Satellitenbild Google Earth

Bei der ersten Testkampagne führt die Fahrt durch eine Unterführung. Links in Bild 8.15 ist die vom GNSS-Empfänger bereitgestellte Position gezeigt, während rechts in Bild 8.15 das fusionierte Ergebnis dargestellt ist. Die Farbkodierung gibt die jeweilige Qualität an (cyan: RTK fix; blau: RTK float; violett: DGNSS; orange: single; rot: dead-reckoning). Ab dem Moment, in dem das Fahrzeug unter die Unterführung fährt und der GNSS-Empfang eingeschränkt ist, wird die Qualität und Genauigkeit der GNSS-Lösung schlagartig schlechter und zwischenzeitlich gibt es gar keine Lösung. An der Ausfahrt der Unterführung dauert es etwa 30 m bis wieder ein RTK fix vorliegt und die Lösung wieder verlässlich ist. Von der multisensorischen Lokalisierung werden nur GNSS-Daten mit Qualität RTK fix verarbeitet. Beim Einfahren in die Unterführung, wenn das GNSS-Signal degradiert, wird die Position nur mit der Fahrzeugsensorik (IMU, Radodometrie und Lenkwinkel) weitergerechnet. Dabei kommt es zwangsläufig zu einem aufsummierenden Fehler, der am Ende der 80 m ohne GNSS-Korrekturen ca. 2 m beträgt. Dennoch sind die gelieferten Positionsdaten deutlich zuverlässiger als die reine GNSS-Lösung, die zudem Lücken aufweist.

In der zweiten Testkampagne fahren wir durch ein Parkhaus. Die Einfahrt befindet sich oben links in den beiden nachstehenden Bildern. Anschließend wird mehrere Etagen nach oben gefahren und das Parkhaus auf dem oberen Parkdeck verlassen (unten links). Nach einer Drehung erfolgt erneut die Einfahrt in das Parkhaus (unten Mitte) und die Fahrt über mehrere Etagen. Danach wird das Parkhaus unten rechts verlassen, wobei sich ein hohes Gebäude neben der Straße befindet, was den GNSS-Empfang einschränkt. Die Farbkodierung ist identisch mit dem vorherigen Bild.

Bild 8.16 Testfahrt in einem Parkhaus (Messdaten vs. fusionierte Daten) – Satellitenbild Google Earth

Nach der Einfahrt in das Parkhaus werden die GNSS-Signale durch die Decke komplett abgeschirmt. Durch die offenen Seiten erhält der Empfänger dennoch einige Signale und bietet eine Positionslösung an. Diese ist aber stark fehlerbehaftet und hat keinen Bezug zur tatsächlichen Fahrzeugtrajektorie, siehe linke Unterabbildung in Bild 8.16. Bei der Fusionslösung wird ab der Einfahrt ins Parkhaus die Position mit den Fahrzeugsensoren weiter gerechnet. Dabei kommt es erneut zu einem Drift, der beim Verlassen das Parkhauses auf dem oberen Parkdeck und der unteren Ausfahrt 4–5 m beträgt, siehe rechte Unterabbildung in Bild 8.16. Im Gegensatz zur Lösung nur mit GNSS kann diese Schätzung jedoch weiterhin verwendet werden. Eine weitere interessante Erkenntnis ist, dass der GNSS-Empfänger bei der Ausfahrt unten im Parkhaus eine Schätzung mit der Qualität RTK float liefert, welche erst nach dem passieren des hohen Gebäudes unten rechts im Bild wieder die Qualität RTK fix erreicht und somit wieder verlässlich ist. ■

Relative Lokalisierung (Odometrie)

Der oben entwickelte Algorithmus ermöglicht eine Bestimmung der globalen Position, Orientierung und Dynamik des Fahrzeuges. Es bestehen keine Einschränkungen hinsichtlich der Position auf der Erde oder der Länge der gefahrenen Strecke. Die Fahrzeugposition wird als Breiten- und Längengrad bereitgestellt. Diese Information wird bspw. für die Routenplanung benötigt oder wenn globale Informationen (z. B. V2V-Positionen anderer Fahrzeuge oder eine HD-Karte) verarbeitet werden müssen.

Für andere Algorithmen, wie z. B. Kartierung, Objektverfolgung und Regelung, kann es jedoch einfacher sein, in **kartesischen Koordinaten** zu arbeiten. Eine Möglichkeit zur Realisierung dessen besteht darin, den Ursprung eines lokalen kartesischen Koordinatensystems im Sinne eines Breiten- und Längengrades zu definieren. Dies könnte bspw. die aktuelle Fahrzeugposition bei der Initialisierung des Algorithmus sein.

Anschließend lässt sich die Positionsschätzung mittels der bereits vorgestellten Gleichungen (vgl. Gleichung (8.78)) in dieses Koordinatensystem transformieren. Bei einem zu großen Abstand zum Ursprung steigt aber der Fehler aufgrund der Erdkrümmung. Entsprechend muss der Ursprung regelmäßig mit verschoben werden, was von allen Algorithmen berücksichtigt werden muss. Ein weiterer Nachteil besteht darin, dass es bei der globalen Lokalisierung zu Sprüngen kommen kann. Dies ist z. B. der Fall, wenn es bei einer längeren Fahrt durch eine Unterführung aufgrund der ausbleibenden GNSS-Korrekturen zu einem Schätzfehler kommt, siehe Beispiel 8.5. Bei der Ausfahrt aus der Unterführung können dann wieder GNSS-Messungen empfangen werden, welche Korrektur der Position auf den korrekten Wert erlauben. Dies führt unweigerlich zu einem Sprung in der Schätzung, was wiederum für nachfolgende Algorithmen problematisch ist.

Eine bessere Lösung ist es, zusätzlich zur globalen Lokalisierung eine Lokalisierung ohne globale Korrekturen durchzuführen. Dies wird auch als **relative Lokalisierung** oder Odometrie bezeichnet. Aufgrund des fehlenden, globalen Bezugs, wird hier ausschließlich in kartesischen Koordinaten gerechnet. Außerdem wird es dadurch zu einem sich aufsummierenden Fehler kommen, da keine globalen Korrekturen durchgeführt werden. Dies kann toleriert werden, da es für die o.g. Algorithmen ausreicht, wenn die Lokalisierung über mittlere Distanzen (mehrere hundert Meter) hinreichend genau ist. Auch werden durch die fehlenden globalen Korrekturen Sprünge in der Schätzung effektiv vermieden.

Die einfachste Lösung für Odometrie im Automotive-Bereich ist es, Geschwindigkeits- und Lenkwinkelmessungen mithilfe eines **Einspurmodells** (siehe Gleichung (6.41)) aufzuintegrieren. Dies hat für einfache Aufgaben eine hinreichende Genauigkeit. Für fortgeschrittene Fahrfunktionen ist dies jedoch nicht ausreichend. Hier können komplexere Fahrzeugmodelle zum Einsatz kommen. Diese erfordern allerdings fahrzeugspezifische Parameter, die nicht immer leicht zu ermitteln sind oder einen aufwendigen Kalibrierungsaufwand mit sich bringen. Alternativ kann der Zustand mithilfe eines **Kalman-Filter** probabilistisch geschätzt werden. Dazu werden die oben vorgestellten Modelle verwendet. Allerdings wird auf die Referenzposition $\boldsymbol{p}_K$ und die GNSS-Korrekturen verzichtet. Die Position wird dann in der Zustandsvariable $\boldsymbol{r}_K$ geschätzt, welche nicht zurückgesetzt wird. Diese und die Orientierung ψ_K haben keinen Bezug zum Erdkoordinatensystem. Durch die fehlende externe Korrekturmöglichkeit der Position und Orientierung, steigt deren geschätzte Unsicherheit (d.h. die entsprechenden Werte in der Kovarianzmatrix) jedoch immer weiter an.

Daher müssen zusätzliche Maßnahmen getroffen werden, um den Anstieg zu begrenzen. Für Details wird auf Clemens et al. (2020) verwiesen. Eine weitere Möglichkeit ist die Verwendung von sog. visueller Odometrie (siehe folgende Infobox), bei der Kamera- oder Lidar-Daten zur Bewegungsschätzung verwendet werden.

Visuelle Odometrie: Bei der visuellen Odometrie kommen optische Sensoren, insb. Kamera oder Lidar, zum Einsatz um **Relativbewegungen** des Fahrzeuges zu bestimmen. Dies lässt sich realisieren, indem analysiert wird wie statische Objekte ihre Position in der optischen Messung verändern. Dazu wird die aktuelle Messung mit vorangegangen Messungen verglichen, um Fahrzeugbewegungen zu berechnen.

Bei einer Kamera wird dazu nach markanten Punkten (sog. Features) im Bild gesucht, die sich in einem anderen Bild robust wiederfinden lassen. Eine Herausforderung ist dabei, dass eine Monokamera keine Abstandsinformation bereitstellt. Daher muss die Position der Features über mehrere Bilder hinweg geschätzt werden, um anschließend daraus die Eigenbewegung ableiten zu können. Eine Stereo-Kamera liefert auch Tiefeninformationen, was die Berechnung erleichtert. Alternativ zum Feature-Matching kann der optische Fluss (engl.: Optical Flow) verwendet werden, also die Bestimmung der Bewegungsrichtung von Elementen im Bild. Für Lidar-Daten existieren ebenfalls featurebasierte Verfahren, jedoch ist hier die Verwendung von sog. Scan-Matching gebräuchlicher. Dabei wird versucht die Transformation zu finden, welche zwei aufeinanderfolgende Lidar-Scans möglichst gut aufeinander legt. Für alle genannten Verfahren (Feature-Matching, Optical Flow, Scan-Matching) gibt es in der Literatur verschiedene Ansätze, die unterschiedliche Vor- und Nachteile haben.

Unabhängig vom eingesetzten Sensor oder Verfahren stellen dynamische Objekte in der Umgebung eine Herausforderung dar, da deren Bewegung in den Daten keinen direkten Bezug zur Bewegung des Ego-Fahrzeuges hat. Falls nur ein kleiner Teil der Messung dynamische Objekte beinhaltet, können viele Verfahren auch ohne eine gesonderte Behandlung robust funktionieren. Besser ist es jedoch, dynamische Objekte zu erkennen und aus der Messung zu entfernen. Die Erkennung von dynamischen Objekten wird in Abschnitt 8.5.1 weiter vertieft.

In der Praxis kommt visuelle Odometrie nicht nur alleine zum Einsatz. Stattdessen bietet sich auch hier die Fusion mit mehreren Sensoren an. Insbesondere wird häufig zusätzlich eine IMU verwendet. In dem Fall sprechen wir von visual-inertial Odometry (engl.: Visual-Inertial Navigation System, kurz: VINS). Zusätzlich können ebenfalls Rad- und/oder Lenkwinkelsensoren zum Einsatz kommen. Zur Fusion werden verschiedene Varianten von Filtern verwendet. ■

Beispiel 8.6 (**Relative Lokalisierung**). Für die Bewertung der Genauigkeit der relativen Lokalisierung (Odometrie) betrachten wir die gezeigte Fahrt durch den Bremer Stadtteil Borgfeld.Die Länge der Strecke beträgt 4,5 km, der Median der Geschwindigkeit ist 13,8 km/h, die maximale Geschwindigkeit ist 51,0 km/h und die Fahrzeit ist 20:46. Das eingesetzte Fahrzeug ist ein Volkswagen Passat GTE (B8).

Die Radodometrie und der Lenkwinkel wurden über den CAN-Bus abgegriffen. Darüber hinaus ist das Fahrzeug mit einer separaten IMU ausgestattet.

Als Ground-Truth kommt ein GNSS-Empfänger mit RTK-Korrektur zum Einsatz. Die geschätzte Trajektorie für verschiedene Kombinationen von Sensoren ist nachfolgend visualisiert.

Zur Verarbeitung von Radodometrie und Lenkwinkel (Odom + Lenk) wird das Einspurmodell (siehe Gleichung (6.41)) über die Zeit integriert. Dabei besteht eine erhebliche Abweichung zwischen der geschätzten und der tatsächlichen Trajektorie des Fahrzeuges.

Für die Fusion von IMU, Radodometrie und Lenkwinkel (IMU + Odom + Lenk) sowie IMU und Radodometrie (IMU + Odom) wird der oben vorgestellte Kalman-Filter-Algorithmus verwendet. Dadurch wird eine erhebliche Verbesserung erzielt und die geschätzte Trajektorie weicht nur minimal von der tatsächlichen Strecke ab, siehe Bild 8.17.

Die Schätzung ohne Lenkwinkel unterscheidet sich nicht signifikant von der Schätzung unter Verwendung des Lenkwinkels. Der Mehraufwand dafür ist jedoch gering, daher sollte der Lenkwinkel dennoch verwendet werden, wenn dieser zur Verfügung steht.

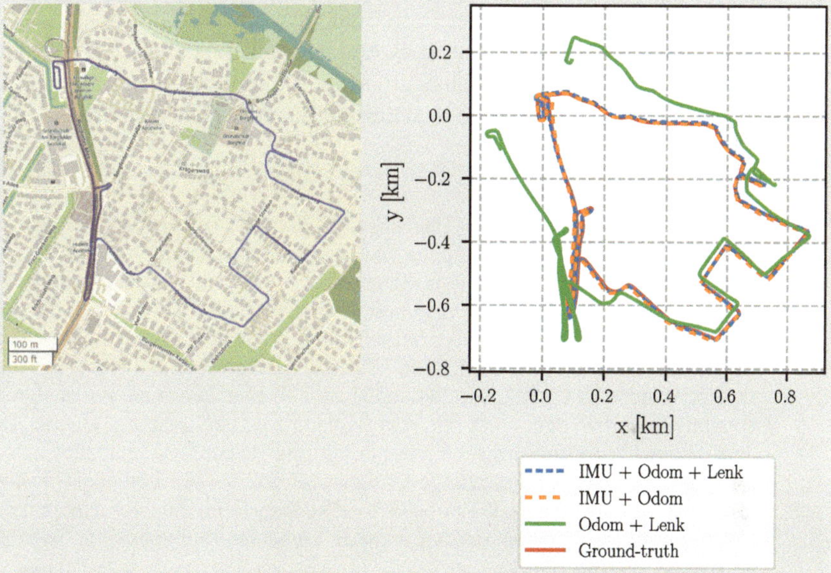

Bild 8.17 Links: Karte und gefahrene Strecke im Bremer Stadtteil Borgfeld (Grafik aus Clemens und Wellhausen (2024) übernommen, Karte generiert mit UMap unter Verwendung von OpenStreetMaps-Daten); Rechts: Geschätzte Trajektorien für verschiedene Kombinationen von Sensoren (die Trajektorien wurden an der Ground-Truth durch Fehlerminimierung ausgerichtet)

Abschließend ist anzumerken, dass auch bei dem Einsatz einer IMU auf die Radodometrie nicht verzichtet werden kann. Zur Lokalisierung mit nur einer IMU müssen deren Beschleunigungsmessungen doppelt integriert werden (einfache Integration ergibt die Geschwindigkeit, doppelte Integration ergibt die Position). Kleine Messfehler summieren sich dabei schnell zu einem großen Positionierungsfehler.

IMUs aus der Luft- und Raumfahrt bieten die erforderliche Messgenauigkeit für eine Lokalisierung ohne Geschwindigkeitsmessung.

Bei in der Robotik und im Automotive-Bereich verwendeten IMUs ist dies jedoch nicht der Fall, weshalb eine Korrektur mit einem entsprechenden Sensor erforderlich ist. ■

8.4 Umfeldkartierung

Neben der Lokalisierung ist die Umfeldwahrnehmung in der Robotik und im Automotive-Bereich eine essenzielle Grundvoraussetzung für weiterführende Algorithmen. Hierbei sind alle für die Aufgaben des Roboters oder des Fahrzeuges wichtigen Informationen mittels der Umfeldsensorik zu extrahieren und zu bewerten. Während je nach Fahrzeugtyp und Einsatzgebiet potenziell sehr große Gebiete berücksichtigt werden müssen, ist es für autonome Fahrfunktionen häufig ausreichend, die direkte Umgebung des Fahrzeuges (ca. 200-300 m in jede Richtung) mit der eigenen Sensorik zu erfassen. Alle weiteren benötigten Informationen, wie bspw. das Straßennetz, ändern sich üblicherweise nicht sehr schnell und können somit als Vorwissen hinterlegt oder extern bereitgestellt werden. In diesem Abschnitt beschäftigen wir uns mit der Kartierung des Umfeldes, was vorwiegend zur **Erkennung und Berücksichtigung statischer Hindernisse** genutzt wird. Dabei wird zwar auch der Umgang mit Dynamik in der Umgebung thematisiert. Die dedizierte Erkennung und Verfolgung dynamischer Objekte (z. B. anderer Verkehrsteilnehmer) werden in Abschnitt 8.5 behandelt. Neben der Umfeldkartierung, die zur Laufzeit erstellt wird, kommen im Automotive-Bereich weiter Karten zum Einsatz, die im Vorfeld erstellt werden.

Straßennetz- und HD-Karten

Straßennetzkarten werden zur Planung einer Route von einem Start- zu einem Zielpunkt verwendet. Sie finden nicht nur im automatisierten Fahren Anwendung, sondern auch in Navigationssystemen für Endanwender. Straßennetzkarten beinhalten Informationen zu Straßen sowie Verbindungen zwischen diesen. Dabei ist es für die Planung essentiell, dass nicht nur der Verlauf einer Straße oder einer Kreuzung vermerkt ist, sondern auch Informationen zu verkehrstechnischen Einschränkungen. Wenn es sich bspw. um eine Einbahnstraße handelt oder an einer Kreuzung nur nach rechts abgebogen werden darf, muss das vom Routenplaner berücksichtigt werden. Darüber hinaus können weitere statische Informationen in der Karte enthalten sein, wie z. B. Geschwindigkeitsbegrenzungen, Anzahl der Spuren, Abbiegemöglichkeiten auf einzelnen Spuren etc. Des Weiteren können auch dynamische Informationen durch Onlinedienste bereitgestellt werden, wie z. B. Verkehrsaufkommen oder Sperrungen.

Eine **High-Definition-Karte** (HD-Karte) ähnelt im Prinzip einer Straßennetzkarte, ist jedoch deutlich detaillierter. Während in einer Straßennetzkarte i.d.R. lediglich der Verlauf einer Straße und die Anzahl der Spuren vermerkt ist, beinhaltet eine HD-Karte den genauen Verlauf der Spuren, die Abgrenzungen zwischen den Spuren (z. B. Art der Straßenmarkierungen oder Art der Fahrbahnbegrenzungen), die genaue Topologie und Markierung von Kreuzungen und Abzweigungen, Informationen zu Schildern und Vorfahrtsregeln, ggf. vorhandene Fuß- und Radwege etc. Es können auch statische Strukturen, wie die Positionen von Pollern, Leitplanken und Gebäuden vorhanden sein. Neben dem Detailgrad sind HD-Karten auch deutlich genauer als gewöhnliche Straßennetzkarten. Während letztere genau genug sind, um die Position des Ego-Fahrzeuges einer bestimmten Straße zuzuordnen, sind die Informationen in einer HD-Karte zentimetergenau. Eine entsprechend genau Lokalisierung vorausgesetzt (siehe Abschnitt 8.3), erlauben sie eine präzise Steuerung und Regelung des Fahrzeuges. Auch hier können zusätzliche Daten, wie z. B. temporäre Sperrungen, ergänzt werden. Allerdings findet keine Onlineaktualisierung von Hindernissen (z. B. Mülltonnen oder Baustellenabsperrungen) und ähnlichem statt. Diese müssen vom Fahrzeug mit der eigenen Sensorik erkannt werden, was in diesem Abschnitt behandelt wird. ■

8.4.1 Grid-Mapping

Eine in der Robotik sehr weit verbreitete Darstellung von Umgebungskarten sind sog. Occupancy-Grid-Maps (dt.: Belegungskarten) oder kurz Grid-Maps. Diese unterteilen die Umgebung in üblicherweise gleichgroße Grid-Zellen, wobei in 2D jede Grid-Zelle quadratisch ist, während in 3D Würfel zum Einsatz kommen. Jede Grid-Zelle gibt an, ob der dazugehörige Bereich in der Welt **belegt** (engl.: Occupied, d.h. nicht befahrbar) oder frei (engl.: Free, d.h. **befahrbar**) ist. Der Zustand einer Zelle ist im Allgemeinen unsicherheitsbehaftet, da dessen Schätzung aus Sensordaten durch den Kartierungsalgorithmus erfolgt. Daher wird jede Grid-Zelle als binäre Zufallsvariable modelliert. Somit lässt sich eine Grid-Map beschreiben durch

$$\boldsymbol{Y} = [Y_{1,1}; \ldots ; Y_{N,M}], \tag{8.95}$$

$$Y_{x,y} \sim \text{Bernoulli}(o_{x,y}), \quad \forall_{x,y}, x \in [1,N], y \in [1,M], \tag{8.96}$$

wobei x, y die Position der Zelle im Grid angeben und N, M die Anzahl der Zellen in X- sowie Y-Richtung sind. Wir verwenden eine probabilistische Unsicherheitsdarstellung mit einer Bernoulli-Verteilung (siehe folgende Infobox) pro Zelle. Der Parameter $o_{x,y}$ gibt dabei die Wahrscheinlichkeit an, in der Zelle an der Position x, y belegt ist. Es gibt auch Methoden, um die Darstellung von Unsicherheit zu erweitern, siehe Infobox auf Seite 382.

Bernoulli-Verteilung: Die Bernoulli-Verteilung wird für boolesche (d.h. binäre) Zufallsvariablen $X \in \{0,1\}$ verwendet. Sie hat einen Parameter $p \in [0,1]$, der angibt, mit welcher Wahrscheinlichkeit die Zufallsvariable einen positiven Wert, also $X = 1$, annimmt. Da sich alle Wahrscheinlichkeiten auf Eins aufsummieren müssen, ergibt sich daraus eine Wahrscheinlichkeit von $1-p$ für das negative Ergebnis $X = 0$. Somit ist die **Wahrscheinlichkeitsfunktion** (das Äquivalent zur Wahrscheinlichkeitsdichtefunktion für diskrete Zufallsvariablen) der Bernoulli-Verteilung definiert als:

$$p(X = x) = f(x) = \begin{cases} 1-p, & \text{wenn } x = 0 \\ p, & \text{wenn } x = 1 \\ 0, & \text{sonst} \end{cases}$$

Eine Zufallsvariable X, deren Wahrscheinlichkeitsverteilung einer Bernoulli-Verteilung mit dem Parameter p entspricht, wird als $X \sim \text{Bernoulli}(p)$ beschrieben. Hierbei finden der Erwartungswert $E(X) = p$ und die Varianz der Verteilung $\text{Var}(X) = p(1-p)$ Anwendung. Die Bernoulli-Verteilungen für unterschiedliche Werte von p sind in Bild 8.18 gezeigt.

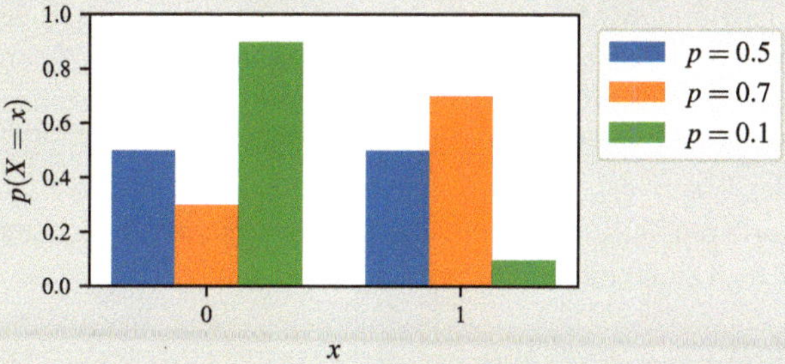

Bild 8.18 Bernoulli-Verteilungen für unterschiedliche Werte von p

■

Erweiterte Darstellung von Unsicherheit

Die Modellierung der Unsicherheit in der Karte per Bernoulli-Verteilung hat den Nachteil, dass unterschiedliche Arten bzw. Ursachen von Unsicherheit ununterscheidbar sind. Insbesondere lässt sich nicht unterscheiden, ob eine Zelle noch nicht beobachtet wurde (Nichtwissen) oder es in der Zelle zu widersprüchlichen Sensormessungen gekommen ist (Konflikt). In beiden Fällen weist die Zelle eine Gleichverteilung auf. Eine entsprechende Unterscheidung kann jedoch für die autonome Planung eine wichtige Rolle spielen, um fundierte Entscheidungen zu treffen. Zwar lassen sich technische Lösungen finden, um das Problem zu umgehen (z. B. die Anzahl an Beobachtungen einer Zelle zählen). Es gibt jedoch auch formale Ansätze, um die Darstellung von Unsicherheit zu erweitern.

Eine Möglichkeit besteht darin, eine **Beta-Verteilung** als Prior für jede Zelle zu verwenden. Als Ergebnis ist auch die A-posteriori-Wahrscheinlichkeit der Zelle eine Beta-Verteilung. Diese erlaubt es Rückschlüsse darauf zu ziehen, wie „sicher" der geschätzte Zustand der Zelle, was letztendlich eine Unterscheidung von Nichtwissen und Konflikt erlaubt. Die resultierende Karte wird als **Beta-Map** bezeichnet.

Eine weitere Möglichkeit ist die Verwendung der sog. **Belief-Funktionen-Theorie** (engl.: Belief Function Theory, auch Dempster-Shafer-Theory oder Evidence Theory genannt). Dabei handelt es sich um eine Generalisierung der bayesschen Wahrscheinlichkeitstheorie. Sie erlaubt es, Wahrscheinlichkeiten bzw. Belief nicht nur auf die Grundelemente (hier belegt und frei) zu verteilen, sondern auch auf beliebige Obermengen (hier die Vereinigungsmenge von belegt und frei) und die leere Menge. Nichtwissen wird durch Belief auf der Obermenge ausgedrückt, während Konflikt zu Belief auf der leeren Menge führt. Somit ist auch hier eine Unterscheidung möglich. Eine entsprechende Karte wird als **Evidential-Grid-Map** bezeichnet.

Der Nachteil der genannten Verfahren ist, dass sie im Vergleich zur Verwendung von Bernoulli-Verteilungen einen höheren Rechenaufwand haben. Im Falle von Evidential-Grid-Map steigt auch der Speicherbedarf. Daher muss bei der Wahl eines Verfahrens für eine spezifische Anwendung entschieden werden, wie wichtig eine detaillierte Darstellung von Unsicherheit für die Planung und Entscheidungsfindung ist und ob dafür der erhöhte Rechen- und Speicheraufwand gerechtfertigt werden kann. ■

Erstellung der Karte

Die Aufgabe der Kartierung (engl.: Mapping) ist es, die Karte bzw. die Belegung der Zellen über die Zeit aus Sensordaten zu schätzen. D.h. das Kartierungsproblem ermittelt die Wahrscheinlichkeit $p(\boldsymbol{Y}|\boldsymbol{x}_{1:\kappa},\boldsymbol{z}_{1:\kappa})$, wobei $\boldsymbol{z}_{1:\kappa}=\boldsymbol{z}_1,\ldots,\boldsymbol{z}_\kappa$ die Sequenz der Messungen vom Zeitpunkt 1 bis κ und $\boldsymbol{x}_{1:\kappa}=\boldsymbol{x}_1,\ldots,\boldsymbol{x}_\kappa$ die dazugehörigen Posen (Position $\boldsymbol{r}_\kappa$ und Orientierung ψ_κ) bezeichnet. Letzteres wird durch die Lokalisierung bereitgestellt (siehe Abschnitt 8.3, insb. Abschnitt 8.3.3). Die mögliche Anzahl an Belegungen der Zellen in $\boldsymbol{Y}$ ist $2^{N\cdot M}$. Um die Komplexität zu reduzieren, wird eine bedingte Unabhängigkeitsannahme getroffen. Es wird angenommen, dass die einzelnen Grid-Zellen bedingt unabhängig voneinander sind gegeben der Posen $\boldsymbol{x}_{1:\kappa}$ und der Messungen $\boldsymbol{z}_{1:\kappa}$. Dies erlaubt es uns, die Wahrscheinlichkeit der Karte $p(\boldsymbol{Y}|\boldsymbol{x}_{1:\kappa},\boldsymbol{z}_{1:\kappa})$ in die **Marginalwahrscheinlichkeiten** der einzelnen Zellen $p(Y_{x,y}|\boldsymbol{x}_{1:\kappa},\boldsymbol{z}_{1:\kappa})$ zu faktorisieren. Somit erhalten wir:

$$p(\boldsymbol{Y}|\boldsymbol{x}_{1:\kappa},\boldsymbol{z}_{1:\kappa})=\prod_{x=1}^{M}\prod_{y=1}^{N}p(Y_{x,y}|\boldsymbol{x}_{1:\kappa},\boldsymbol{z}_{1:\kappa}) \tag{8.97}$$

Dadurch können die Zellen unabhängig voneinander aktualisiert werden und die Komplexität wird auf $2 \cdot N \cdot M$ reduziert. Durch die Anwendung des Satz von Bayes (siehe folgende Infobox) erhalten wir

$$p(Y_{x,y}|\boldsymbol{x}_{1:K}, \boldsymbol{z}_{1:K}) = \frac{p(\boldsymbol{z}_{1:K}|\boldsymbol{x}_{1:K}, Y_{x,y})p(Y_{x,y})}{p(\boldsymbol{z}_{1:K}|\boldsymbol{z}_{1:K})} \tag{8.98}$$

$$\propto p(\boldsymbol{z}_{1:K}|\boldsymbol{x}_{1:K}, Y_{x,y})p(Y_{x,y}), \tag{8.99}$$

wobei $p(\boldsymbol{z}_{1:K}|\boldsymbol{x}_{1:K}, Y_{x,y})$ das sogenannte **Forward-Sensormodell** ist, das angibt, wie wahrscheinlich es ist die Sequenz von Messungen $\boldsymbol{z}_{1:K}$ an den Posen $\boldsymbol{x}_{1:K}$ für eine bekannte Zelle $Y_{x,y}$ beobachtet zu haben. Die Wahrscheinlichkeit $p(Y_{x,y})$ ist der Prior für eine Zelle, d.h. die Anfangswahrscheinlichkeit wenn bisher keine Beobachtungen gemacht wurden. Meist ist kein Wissen über den Prior vorhanden, was sich mit einer Gleichverteilung $p(Y_{x,y} = 0) = p(Y_{x,y} = 1) = 0.5$ modellieren lässt. Dadurch ist $p(Y_{x,y})$ konstant und es gilt:

$$p(\boldsymbol{z}_{1:K}|\boldsymbol{x}_{1:K}, Y_{x,y})p(Y_{x,y}) \propto p(\boldsymbol{z}_{1:K}|\boldsymbol{x}_{1:K}, Y_{x,y}) \tag{8.100}$$

Satz von Bayes

Der Satz von Bayes spielt eine wichtige Rolle in der Bayesschen Wahrscheinlichkeitstheorie. Er ist definiert als:

$$p(A|B) = \frac{p(B|A)p(A)}{p(B)}$$

$$\propto p(B|A)p(A)$$

Das Ergebnis $p(A|B)$ wird als **A-posteriori-Wahrscheinlichkeit** (engl.: Posterior) bezeichnet und $p(B|A)$ ist die sog. **Likelihood**. Die Wahrscheinlichkeiten $p(A)$ und $p(B)$ sind die **A-priori-Wahrscheinlichkeiten** (engl.: Prior). Da $p(B)$ konstant bezüglich A ist, kann der Nenner bei der Berechnung vernachlässigt werden. Falls erforderlich, lässt sich der Wert durch Normalisierung ermitteln. Somit erhalten wir:

$$p(B) = \sum_{a \in A} p(B|A = a)p(A = a)$$

Die Gleichung findet insbesondere bei der Klassifikation und bei der Schätzung einer Größe aus Sensordaten Anwendung. Dabei ist A die gesuchte Größe (z. B. eine Klasse oder hier der Zustand der Grid-Zelle), während B die Beobachtung (z. B. eine Sensormessung) ist. Die Wahrscheinlichkeit $p(A|B)$ gibt die Verteilung der gesuchten Größe an, gegeben das eine bestimmte Beobachtung gemacht wurde. Durch Einsetzen der tatsächlich gemachten Beobachtung erhalten wir die Schätzung für die gesuchte Größe, also z. B. wie wahrscheinlich eine bestimmte Klasse ist oder welchen Zustand die Grid-Zelle wahrscheinlich hat. Die Likelihood $p(B|A)$ gibt an, wie wahrscheinlich es ist, eine bestimmte Beobachtung zu machen, gegeben der gesuchte Wert ist bekannt. Diese Wahrscheinlichkeitsverteilung spiegelt die Eigenschaften des Sensors wieder und kann entweder durch Expertenwissen oder experimentell bestimmt werden. Der Prior $P(A)$ ist die Anfangswahrscheinlichkeit von der gesuchten Größe bevor eine Beobachtung gemacht wurde. Diese lässt sich ebenfalls aus Vorwissen oder experimentell ermitteln. Falls kein entsprechendes Wissen oder Daten vorliegen, kann Unwissenheit über den Prior durch eine Gleichverteilung zum Ausdruck gebracht werden. Die Verteilung $p(B)$, also die A-priori-Wahrscheinlichkeit der Beobachtung, ist häufig schwierig zu bestimmen. Dies ist in der Praxis jedoch nicht erforderlich, da wir uns zu Nutze machen können, dass der Wert bezüglich der gesuchten Größe konstant ist, siehe oben. ■

Nun müssen wir das **Sensormodell** $p(\boldsymbol{z}_{1:\kappa}|\boldsymbol{x}_{1:\kappa}, Y_{x,y})$ aufstellen. Dazu gehen wir zunächst von einer abstrakten Messung aus, die angibt, ob eine Zelle als belegt oder frei gemessen wurde. Außerdem nehmen wir an, dass die Zuordnung der Messungen zur Zelle $Y_{x,y}$ bereits gegeben ist, wodurch wir die Fahrzeugposen $\boldsymbol{x}_{1:\kappa}$ vernachlässigen können und das Sensormodell sich auf $p(\boldsymbol{z}_{1:\kappa}|Y_{x,y})$ reduziert. Die Modellierung einer konkreten Messung unter Berücksichtigung der Posen erfolgt in Abschnitt 8.4.1.

Wenn der Wert der Zelle $Y_{x,y}$ bekannt ist, können wir davon ausgehen, dass die Messungen $z_i, i = 1,\ldots,\kappa$ voneinander unabhängig sind. Diese (bedingte) Unabhängigkeitsannahme können wir nutzen, um das Sensormodell zu faktorisieren. Damit erhalten wir:

$$p(\boldsymbol{z}_{1:\kappa}|Y_{x,y}) = \prod_{i=1}^{\kappa} p(z_i|Y_{x,y}) \tag{8.101}$$

Da es sich bei z_i um eine binäre Messung handelt, kann die dazugehörige Wahrscheinlichkeit ebenfalls durch eine Bernoulli-Verteilung

$$z_i|Y_{x,y} \sim \text{Bernoulli}(\theta_{x,y}), \qquad \forall_i, i = 1,\ldots,\kappa \tag{8.102}$$

modelliert werden, wobei der Parameter $\theta_{x,y}$ die Wahrscheinlichkeit angibt, dass eine Messung z_i die Zelle $Y_{x,y}$ als belegt misst. Dieser Parameter ist für alle $z_i, i = 1,\ldots,\kappa$ gleich. Wir sprechen in diesem Zusammenhang auch von unabhängigen und identisch verteilten (engl.: Independent and Identically Distributed, kurz: IID) Zufallsvariablen.

Der wahrscheinlichste Wert für θ lässt sich durch **Maximierung der Likelihood** $p(\boldsymbol{z}_{1:\kappa}|Y_{x,y})$ (engl.: Maximum Likelihood Estimation, kurz: MLE) bestimmen:

$$\theta^*_{x,y} = \underset{\theta_{x,y}\in[0,1]}{\arg\max}\, p(\boldsymbol{z}_{1:\kappa}|Y_{x,y}) \tag{8.103}$$

$$= \underset{\theta_{x,y}\in[0,1]}{\arg\max} \prod_{i=1}^{\kappa} p(z_i|Y_{x,y}) \tag{8.104}$$

$$= \underset{\theta_{x,y}\in[0,1]}{\arg\max}\, \theta_{x,y}^{k_{x,y}} (1-\theta_{x,y})^{l_{x,y}} \tag{8.105}$$

$$= \underset{\theta_{x,y}\in[0,1]}{\arg\max}\, k_{x,y} \ln\theta_{x,y} + l_{x,y} \ln\left(1-\theta_{x,y}\right) \tag{8.106}$$

Die vorletzte Zeile ergibt sich dabei durch einsetzen der Definition der Wahrscheinlichkeitsfunktion der Bernoulliverteilung, wobei $k_{x,y} = \sum_{i=1}^{\kappa} z_i$ die Anzahl der Beobachtungen angibt, welche die Zelle als belegt gemessen haben (d.h. $z_i = 1$), und $l_{x,y} = \sum_{i=1}^{\kappa}(1-z_i)$ die Anzahl der Beobachtungen ist, welche die Zelle als frei gemessen haben (d.h. $z_i = 0$). In der letzten Zeile wird die Tatsache ausgenutzt, dass das Maximum einer Funktion und das Maximum des Logarithmus der Funktion an der gleichen Stelle liegen, wodurch sich die Gleichung vereinfachen lässt.

Das Maximum von $\theta_{x,y}$ lässt sich analytisch berechnen, indem wir die partielle Ableitung bezüglich θ gleich Null setzen und die Gleichung nach $\theta_{x,y}$ auflösen. Dadurch ergibt sich:

$$0 = \frac{\partial}{\partial\theta_{x,y}} k_{x,y} \ln\theta_{x,y} + l_{x,y} \ln\left(1-\theta_{x,y}\right) \tag{8.107}$$

$$= \frac{k_{x,y}}{\theta_{x,y}} + \frac{l_{x,y}}{\theta_{x,y}-1} \tag{8.108}$$

$$\Leftrightarrow \qquad \theta_{x,y} = \frac{k_{x,y}}{k_{x,y}+l_{x,y}} \tag{8.109}$$

Durch die Gleichungen (8.98) bis (8.100) entspricht das Ergebnis der gesuchten Belegtheitswahrscheinlichkeit $o_{x,y}$ für die Zelle $Y_{x,y}$:

$$o_{x,y}|\boldsymbol{x}_{1:\kappa}, \boldsymbol{z}_{1:\kappa} = \theta_{x,y} \tag{8.110}$$

Wir erhalten somit die intuitive Lösung, dass die Wahrscheinlichkeit, dass eine Zelle belegt ist, dem Verhältnis der Anzahl an Messungen für belegt ($k_{x,y}$) zu der gesamten Anzahl an Messungen ($k_{x,y} + l_{x,y}$) entspricht.

In der Praxis müssen somit nicht alle Sensormessungen über die Zeit mitgeführt werden, um das Maximum über diese zu bilden, vgl. Gleichung (8.103). Stattdessen werden pro Zelle je zwei Zähler $k_{x,y}, l_{x,y}$ gespeichert, welche angeben, wie oft die jeweilige Zelle als belegt oder frei gemessen wurde. Diese werden inkrementell über die Zeit berechnet, indem bei einer neuen Messung der entsprechende Zähler für belegt oder frei um eins erhöht wird. Die Belegtheitswahrscheinlichkeit kann dann bei Bedarf mit Gleichung (8.109) berechnet werden.

Modellierung einer Lidar-Messung

Im vorigen Abschnitt sind wir davon ausgegangen, dass bekannt ist, ob eine bestimmte Zelle als belegt oder frei gemessen wurde. Hier betrachten wir nun die Fragestellung, wie sich diese Information aus einer konkreten Sensormessung sowie der dazugehörigen Fahrzeugpose ableiten lässt. Dazu modellieren wir exemplarisch einen 2D-Lidar-Sensor. Dieser ist für Kartierungsaufgaben sehr gut geeignet, da er eine hohe Ortsauflösung und wenig Sensorrauschen hat. Eine Lidar-Messung $\boldsymbol{z}_\kappa$ besteht aus K Scanpunkten, d.h.

$$\boldsymbol{z}_\kappa = (\boldsymbol{z}_{\kappa,1}, \ldots, \boldsymbol{z}_{\kappa,K}), \tag{8.111}$$

wobei jeder **Scanpunkt** $\boldsymbol{z}_{\kappa,i} = \left[z^{\mathrm{x}}_{\kappa,i}\ z^{\mathrm{y}}_{\kappa,i}\right]^{\mathrm{T}}, i = 1, \ldots, K$ eine X- und Y-Koordinate[1] hat. Die Koordinaten beziehen sich auf die Position, an der der dazugehörige Laserstrahlen des Lidars von einem Objekt zurückgeworfen wurde. Somit kann davon ausgegangen werden, dass sich an dieser Position ein Hindernis befindet. Darüber hinaus kann davon ausgegangen werden, dass der Weg des Laserstrahls vom Sensor zum Hindernis frei ist, da der Laserstrahl sonst früher reflektiert worden wäre.

Die Messung erfolgt im Sensorkoordinatensytem. Für die Kartierung müssen die Scanpunkte in das Weltkoordinatensystem transformiert werden. Neben der dazugehörigen Fahrzeugpose $\boldsymbol{x}_\kappa$ wird die Einbaupose $\boldsymbol{x}^{\mathrm{Lidar}} = [\boldsymbol{r}^{\mathrm{Lidar}}; \psi^{\mathrm{Lidar}}]^{\mathrm{T}}$ des Lidar-Sensors benötigt, die aus der Einbauposition $\boldsymbol{r}^{\mathrm{Lidar}}$ und der Einbauorientierung ψ^{Lidar} besteht. Die Transformation erfolgt mittels

$$\bar{\boldsymbol{z}}_{\kappa,i} = \boldsymbol{r}_\kappa + \boldsymbol{R}_\kappa \left(\boldsymbol{r}^{\mathrm{Lidar}} + \boldsymbol{R}^{\mathrm{Lidar}} \boldsymbol{z}_{\kappa,i}\right), \tag{8.112}$$

wobei $\boldsymbol{R}_\kappa, \boldsymbol{R}^{\mathrm{Lidar}}$ die zu $\psi_\kappa, \psi^{\mathrm{Lidar}}$ gehörenden Rotationsmatrizen sind, vgl. Gleichung (8.59). Die Einbaupose $\boldsymbol{x}^{\mathrm{Lidar}}$ transformiert dabei von Sensorkoordinaten in Fahrzeugkoordinaten, während die Fahrzeugpose $\boldsymbol{x}_\kappa$ von Fahrzeugkoordinaten in Weltkoordinaten transformiert (analog zu Abschnitt 6.2 und 8.3.2).

---

[1] Der eigentliche Messraum ist der Winkel des Laserstrahls und die gemessenen Distanz, welche aus der Laufzeit und der bekannten Geschwindigkeit des Lichts ermittelt wird. Winkel und Distanz lassen sich aber mit einfacher Trigonometrie in eine Position umrechnen.

Anschließend muss die Grid-Zelle $Y_{x,y}^{\text{end}}$ bestimmt werden, die der Weltposition $\bar{z}_{\kappa,i}$ zugeordnet ist. Deren Indizes $x^{\text{end}}, y^{\text{end}}$ werden berechnet mittels

$$\begin{bmatrix} x^{\text{end}} \\ y^{\text{end}} \end{bmatrix} = \frac{1}{\delta} \begin{pmatrix} \lfloor \bar{z}_{\kappa,i}^{\text{x}} - r^{\text{Map,x}} \rfloor \\ \lfloor \bar{z}_{\kappa,i}^{\text{y}} - r^{\text{Map,y}} \rfloor \end{pmatrix}, \tag{8.113}$$

wobei δ die Seitenlänge einer Grid-Zelle ist und $r^{\text{Map}} = [r^{\text{Map,x}}\ r^{\text{Map,y}}]^{\text{T}}$ die Position der linken, unteren Ecke der Grid-Map in Weltkoordinaten angibt. Analog wird ebenfalls die Indizes $x^{\text{start}}, y^{\text{start}}$ der Grid-Zell $Y_{x,y}^{\text{start}}$ bestimmt, in der sich der Ursprung des Lidar-Sensors zum Zeitpunkt der Messung befindet. Die dazugehörige Weltposition ist durch $\boldsymbol{r}_\kappa + \boldsymbol{R}_\kappa \boldsymbol{r}^{\text{Lidar}}$ geben, welche sich mit Gleichung (8.113) in Zellindizes $x^{\text{start}}, y^{\text{start}}$ umrechnen lässt.

Mithilfe der Zellen $Y_{x,y}^{\text{start}}, Y_{x,y}^{\text{end}}$, welche dem Ursprung und dem Endpunkt des i-ten Laserstrahls in der Karte entsprechen, kann nun der Weg dieses Laserstrahls durch die Grid-Map berechnet werden. Dazu wird der Bresenham-Algorithmus verwendet. Dieser stammt aus der Computergrafik und „zeichnet" eine Pixellinie von einem Start- zu einem Endpunkt. In unserem Fall sind die Grid-Zellen die Pixel, während $Y_{x,y}^{\text{start}}, Y_{x,y}^{\text{end}}$ der Start- bzw. Endpunkt ist. Die Zelle $Y_{x,y}^{\text{end}}$ am Endpunkt wird dabei als belegt aktualisiert (d.h. der Zähler $k_{x,y}$ wird für diese Zelle erhöht), während alle Zellen vom Startpunkt $Y_{x,y}^{\text{start}}$ bis zum Endpunkt als frei aktualisiert werden (d.h. der Zähler $l_{x,y}$ wird für diese Zellen erhöht). Das entsprechende Vorgehen ist in Algorithmus 8 gezeigt und in Bild 8.19 illustriert.

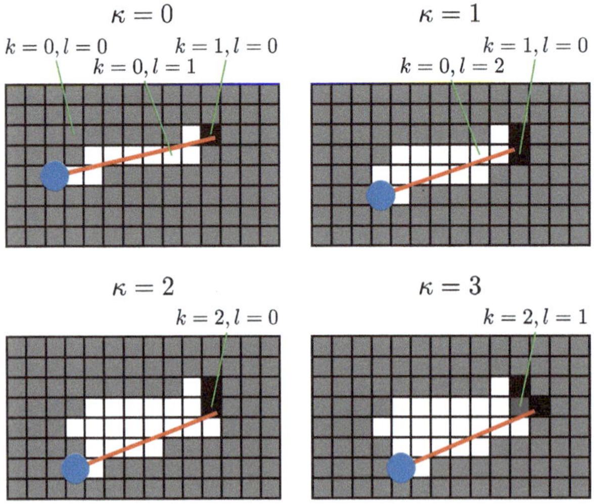

Bild 8.19 Kartenerstellung mit hypothetischen Lidar mit einem Laserstrahl über 4 Zeitschritte

Der blau Kreis in Bild 8.19 stellt den Roboter bzw. das Fahrzeug dar, während die rote Linie den Laserstrahl repräsentiert. Die Belegtheitswahrscheinlichkeit wird in Graustufen dargestellt, wobei weiß $o_{x,y} = 0$ (frei) und schwarz $o_{x,y} = 1$ (belegt) entspricht. Die Werte der Zähler $k_{x,y}, l_{x,y}$ sind für bestimmte Zellen hervorgehoben. Der Roboter bewegt sich über die Zeit, während sich seine Orientierung leicht ändert.

Im Zeitschritt $\kappa = 3$ in Bild 8.19 ist der Effekt von Messrauschen demonstriert: Der Laserstrahl endet etwas weiter rechts. Dadurch wird die hervorgehobene Zelle als frei aktualisiert, obwohl sie zuvor zwei Mal (bei $\kappa = 1$ und $\kappa = 2$) als belegt gemessen wurde. Dadurch haben deren Zähler die Werte $k_{x,y} = 2, l_{x,y} = 1$, woraus sich eine Belegtheitswahrscheinlichkeit von $o_{x,y} = \frac{2}{3}$ ergibt.

Das zuvor beschriebene Verfahren wird für alle Scanpunkte $\boldsymbol{z}_{\kappa,i}, i = 1,\ldots,K$ des Lidar-Scans $\boldsymbol{z}_\kappa$ angewendet, wobei der Startpunkt für alle Scanpunkte gleich ist (Ursprung des Sensors) und sich der Endpunkt durch den entsprechenden Scanpunkt ergibt. Bei einer gängigen horizontalen Winkelauflösung von 0.125°–1° eines Automotive-Lidars und einer üblichen Zellgröße von 10–20 cm werden dabei insbesondere die Zellen in der Nähe des Sensors von mehreren Laserstrahlen beobachtet und entsprechend aktualisiert.

Algorithmus 8 Bresenham-Algorithmus zur Kartenaktualisierung mit einem Lidar-Scanpunkt

Input: Zähler $k_{x,y}, l_{x,y}$ für belegt und frei mit $x = 1,\ldots,N, y = 1,\ldots,M$, Zellindizes Startpunkt $x^{\text{start}}, y^{\text{start}}$, Zellindizes Endpunkt $x^{\text{end}}, y^{\text{end}}$

$x = x^{\text{start}}$ ▷ Startindex in X-Richtung
$y = y^{\text{start}}$ ▷ Startindex in Y-Richtung
$d_x = |x^{\text{end}} - x^{\text{start}}|$ ▷ Entfernung in X-Richtung
$d_y = |y^{\text{end}} - y^{\text{start}}|$ ▷ Entfernung in Y-Richtung
$e = d_x - d_y$
if $x^{\text{start}} < x^{\text{end}}$ **then**
  $s_x = 1$ ▷ Bewegung in X-Richtung positiv
else
  $s_x = -1$ ▷ Bewegung in X-Richtung negativ
end if
if $y^{\text{start}} < y^{\text{end}}$ **then**
  $s_y = 1$ ▷ Bewegung in Y-Richtung positiv
else
  $s_y = -1$ ▷ Bewegung in Y-Richtung negativ
end if
while $x \neq x^{\text{end}}$ oder $y \neq y^{\text{end}}$ **do**
  $l_{x,y} = l_{x,y} + 1$ ▷ Zelle auf dem Strahl als frei aktualisieren
  if $2 \cdot e < d_y$ **then**
    $e = e - d_y$
    $x = x + s_x$ ▷ Schritt in X-Richtung
  end if
  if $2 \cdot e < d_x$ **then**
    $e = e + d_x$
    $y = y + s_y$ ▷ Schritt in Y-Richtung
  end if
end while
$k_{x,y} = k_{x,y} + 1$ ▷ Zelle am Ende des Strahls als belegt aktualisieren

Dabei kann es vorkommen, dass **widersprüchliche Messungen** entstehen, wenn sich bspw. der Rand eines Hindernisses innerhalb einer Zelle $Y_{x,y}$ befindet und ein Laserstrahl am Hindernis vorbei gemessen hat, während ein zweiter Laserstrahl das Hindernis getroffen hat und von diesem zurückgeworfen wurde. In diesem Fall wird durch den ersten Laserstrahl die entsprechende Zelle als frei aktualisiert und der Zähler $l_{x,y}$ um eins erhöht, während durch den zweiten Laserstrahl die Zelle als belegt aktualisiert und der Zähler $k_{k,y}$ um eins erhöht wird. Dadurch beträgt die Wahrscheinlichkeit, dass die Zelle belegt ist, $o_{x,y} = 0.5$ (vgl. Gleichung (8.109) und (8.110)), was maximaler Unsicherheit entspricht.

Während dies das formal korrekte Ergebnis ist, kann es in der Praxis sinnvoll sein, durch die Diskretisierung in Zellen entstehende Unsicherheit innerhalb eines Lidar-Scans zu vermeiden. Dazu werden für einen Scan $\boldsymbol{z}_\kappa$ die Zähler $k_{k,y}, l_{k,y}$ einer Zelle nur um maximal 1 erhöht, auch wenn diese Zelle durch mehrere Scanpunkte $\boldsymbol{z}_{\kappa,i}$ beobachtet wurde. Sollte es dabei zu einem **Konflikt** kommen, d.h. dass sowohl der Zähler für belegt $k_{k,y}$ als auch der Zähler für frei $l_{k,y}$ erhöht werden sollen, dann wird nur $k_{k,y}$ erhöht, während sich der Wert von $l_{k,y}$ nicht ändert. Dadurch wird sichergestellt, dass innerhalb eines Scans erkannte Hindernisse ohne zusätzliche Unsicherheit in die Karte aufgenommen werden. Es ist jedoch wichtig, dieses Vorgehen nur innerhalb eines einzelnen Lidar-Scans anzuwenden. Über mehrere Scans $\boldsymbol{z}_1, \ldots, \boldsymbol{z}_\kappa$ hinweg werden die Zähler wie zuvor beschrieben aktualisiert (d.h. pro Scan ein Inkrement von 1, wenn eine Zelle beobachtet wurde), sodass entsprechende zeitliche und örtliche Unsicherheit in der Karte erfasst wird und von nachfolgenden Algorithmen berücksichtigt werden kann.

Generell fällt bei der Verarbeitung der Lidar-Messung auf, dass die Messunsicherheit der Scanpunkte $\boldsymbol{z}_{\kappa,i} = [z^{\mathrm{x}}_{\kappa,i}; z^{\mathrm{y}}_{\kappa,i}]^{\mathrm{T}}$ nicht berücksichtigt wurde. Diese sind von **Rauschen** in X- und Y-Richtung[2] betroffen. Bei einem Lidar ist das Messrauschen (1–3 cm) im Vergleich zur Zellgröße (10-20 cm) jedoch so gering, dass es ohne Beeinträchtigung des Ergebnisses vernachlässigt werden kann. Bei ungenaueren Sensoren (z. B. Ultraschall) müssen andere Verfahren zum Einsatz kommen, welche die entsprechende Unsicherheit berücksichtigen können.

Beispiel 8.7 (Kartierung). Zur Veranschaulichung der Kartierung betrachten wir die Exploration eines Gebäudes mit einem mobilen Roboter. Dieser ist mit einem 2D-Lidar ausgestattet und stellt eine Radodometrie zur Verfügung. Bei dem Gebäude handelt es sich um das Cartesium der Universität Bremen. Der Grundriss der erkundeten dritten Etage ist in Bild 8.20 gezeigt.

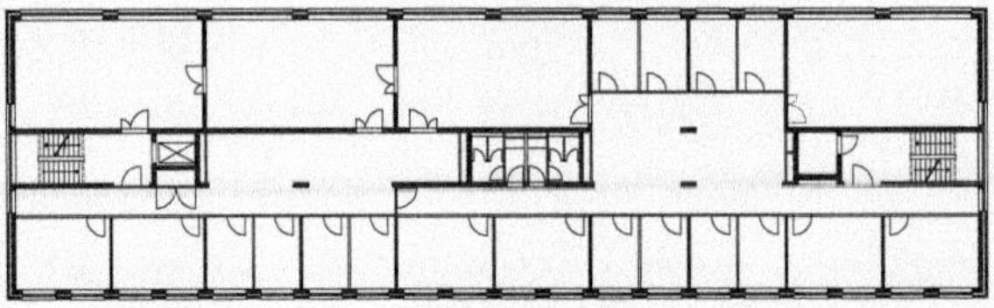

Bild 8.20 Grundriss der 3. Etage des Gebäudes Cartesium der Universität Bremen

2 Das eigentliche Messrauschen entsteht im ursprünglichen Messraum von Winkel und Distanz, siehe Anmerkung oben. Durch die Umrechnung in kartesische Koordinaten findet eine entsprechende Transformation der Unsicherheit statt.

Es soll eine global konsistente Karte von dieser Etage erstellt werden. Da im Innenraum eine GNSS-Messungen zur Verfügung stehen, kommt ein SLAM-Verfahren zum Einsatz, welches nicht nur eine Karte erstellt, sondern auch die Position bzgl. der Karte korrigiert, siehe nachfolgende Infobox. Zur Kartierung wurde der zuvor vorgestellte Grid-Mapping-Algorithmus verwendet. Das Ergebnis ist in Bild 8.21 zu sehen. Die Belegtheitswahrscheinlichkeit wird als Grauwert dargestellt, wobei weiß einer Wahrscheinlichkeit von 0 (frei) und schwarz einer Wahrscheinlichkeit von 1 (belegt) entspricht. Darüber hinaus ist der Pfad des Roboters in rot zu sehen visualisiert.

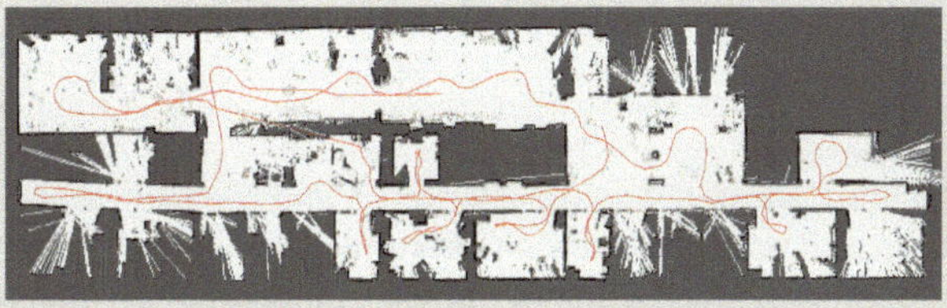

Bild 8.21 Mittels SLAM erstellte Grid-Map der oben gezeigten Etage (Grafik adaptiert aus Clemens et al. (2016), Datensatz bereitgestellt von Cyrill Stachniss)

Sowohl die Freibereiche (weiß) als auch die Wände (schwarz) wurden gut von dem Algorithmus erfasst. Darüber hinaus besteht Unsicherheit (grau) in manchen Bereichen. Dies betrifft zum einen alle Gebiete, die nicht exploriert wurden, z. B. Räume, die der Roboter nicht befahren hat, aber auch die Fläche außerhalb des Gebäudes, welche aufgrund der Wände für den Roboter nicht beobachtbar ist. Zum anderen gibt es Unsicherheit in manchen Räumen. Hier stehen bspw. Stühle und Tische, deren Beine aufgrund der geringen Größe nicht zuverlässig erkannt werden. Dadurch werde die dazugehörigen Zellen teils als frei und teils als belegt gemessen, was zu einem Konflikt und somit zu Unsicherheit führt. Ein weiteres Problem bei der Kartierung in Innenräumen kann entstehen, wenn die Kartierungsaufgabe in Korridoren mit langen parallel verlaufenden Wänden durchgeführt wird. In solchen Korridoren liefert der 2D-Laserscan einen Scan der Wände, und wenn sich der Roboter vorwärts bewegt, ist die Abstandsmessung zu den Wänden (mittels Laser-Scan) aufgrund der parallelen Natur dieser Wände ebenfalls ähnlich. In diesem Fall geht der Lokalisierungsalgorithmus bei der Vorwärtsbewegung des Roboters aufgrund des ähnlichen Laserscans davon aus, dass sich der Roboter immer noch an seiner ursprünglichen Position befindet. Daher ist eine Fusion von IMU, Lidar und Encodern für die Lokalisierung und SLAM sehr wichtig, um solche Probleme zu lösen. ■

Positionskorrektur mittels Karte

Wenn eine Karte der Umgebung bekannt ist, kann diese auch zur Positionskorrektur verwendet werden. Das Vorgehen ähnelt prinzipiell der visuellen Odometrie (siehe Infobox auf Seite 378), bei der Umgebungssensoren (z. B. Kamera oder Lidar) zur Bestimmung der Eigenbewegung genutzt werden. Während bei der visuellen Odometrie jedoch aufeinander folgende Messungen miteinander verglichen werden, werden hier die Messungen mit der Karte abgeglichen. Somit lässt sich also eine Korrektur relativ zur Karte erreichen. Wenn darüber hinaus die Karte georeferenziert ist, also deren Position in der Welt bekannt ist, erhalten wir eine globale Korrektur. Die eingesetzten Verfahren sind wiederum ähnlich wie bei visueller Odometre, d.h. bspw. Feature-

Matching für Kameradaten oder Scan-Matching für Lidar-Daten. Die erforderlichen Informationen müssen entsprechend von der Karte bereitgestellt werden, also Bild-Features für den Kamera-Einsatz und geometrische Daten für den Lidar-Einsatz.

Die Positionskorrektur mittels Karte kann auch mit einer Echtzeitkartierung kombiniert werden. Dies wird als simultane Lokalisierung und Kartierung (engl.: Simultaneous Localization and Mapping, kurz: **SLAM**) bezeichnet. Dabei wird mithilfe optischer Sensoren eine Karte erstellt (siehe Abschnitt 8.4) und gleichzeitig diese Karte genutzt, um die Positionsschätzung zu korrigieren.

Dazu kommen ebenfalls featurebasierte Verfahren (Kamera) oder Scan-Matching (Lidar) zum Einsatz. SLAM wird insb. dann eingesetzt, wenn weder Informationen zur globalen Korrektur der Position noch eine vorher bekannte Karte zur Verfügung stehen. Einfache Lokalisierung (d.h. Odometrie) würde durch den akkumulierenden Fehler mit der Zeit immer weiter von der wahren Position wegdriften. Eine mit diesen Informationen erstellte Karte würde zwangsläufig fehlerhaft und inkonsistent sein. Durch den Einsatz von SLAM wird zum einen der Drift minimiert. Zum anderen werden bereits besuchte Orte in der erstellten Karte wiedererkannt (sog. Loop-Closure), was eine entsprechende Korrektur der Positionsschätzung ermöglicht. Als Ergebnis ist ebenfalls die Karte in sich konsistent.

Während zur Lösung des SLAM-Problems ebenfalls filterbasierte Methoden existieren, kommen heutzutage hauptsächlich Algorithmen zum Einsatz, die auf Graphoptimierung basieren. Diese können ebenfalls für visuelle Odometrie verwendet werden. Der Unterschied zwischen visueller Odometrie und SLAM ist in diesem Fall häufig marginal: Für visuelle Odometry wird hier ebenfalls über einen kurzen Zeitraum eine Karte aufgebaut, alte Informationen aber wieder entfernt. Bei SLAM werden alle Informationen in der Karte behalten und zusätzlich ein Loop-Closure durchgeführt. ■

8.4.2 Abdeckung großer Gebiete

Bei klassischen Robotikanwendungen ist das Einsatzgebiet üblicherweise räumlich begrenzt (z. B. Bürogebäude, Lagerhalle, Firmengelände etc.), während die abzudeckende Fläche selten einen Quadratkilometer überschreitet. Der benötigte Speicherplatz für eine dazugehörige Karte beträgt wenige hundert Megabyte[3], welche problemlos in den Arbeitsspeicher eines Rechners passen und die sich zu Beginn des Betriebs allokieren lassen.

Ein autonomes Fahrzeug kann jedoch bei einer Fahrt mehrere hundert Kilometer zurücklegen, wodurch die Größe der Karte an die Arbeitspeichergrenzen eines aktuellen Rechners stößt[4]. Darüber hinaus ist das Fahrtziel potenziell zu Betriebsbeginn nicht bekannt oder es kann sich zur Laufzeit ändern, was die einmalige und auf die Fahrstrecke zugeschnittene Allokation des Speichers erschwert. Andererseits ist es beim autonomen Fahren nicht unbedingt sinnvoll, die gesamte Fahrstrecke zu kartieren, da sich auch statische Hindernisse (z. B. geparkte Autos, Straßenabsperrungen, Mülltonnen etc.) über die Zeit verändern können. Daher ist es ohnehin erforderlich, dass ein bereits besuchter Bereich beim wiederholten Durchfahren neu kartiert wird. Entsprechend bietet es sich an, sich bei der Kartierung im autonomen Fahren auf einen Bereich um das Fahrzeug (z. B. 200–300 m in jede Richtung) zu beschränken und weiter entfernte Bereiche wieder aus dem Speicher zu löschen.

---

3 Beispiel für einen Quadratkilometer: $1000\,\text{m} \cdot 1000\,\text{m} / 0.1\,\text{m}$ Zellauflösung $\cdot$ 16 Byte pro Zelle = 153 MByte, wobei sich die Speichergröße einer Zelle aus zwei 64 Bit Zählern ergibt, vgl. Gleichung (8.109).

4 Bei $10\,\text{km} \cdot 10\,\text{km}$ beträgt der Speicherbedarf bereits 14.9 GByte, bei $100\,\text{km} \cdot 100\,\text{km}$ sind es 1.46 TByte.

Kartierung in Fahrzeugkoordinaten

Konzeptionell bietet sich eine Kartierung im Fahrzeugkoordinatensystem an, was in der Praxis jedoch problematisch sein kann. Bei diesem Ansatz ist die **Karte um das Fahrzeug zentriert und bewegt sich mit** diesem mit. Entsprechend verschiebt sich auch das Zellraster innerhalb des Weltkoordinatensystems, während die zu kartierenden Objekte jedoch statisch bezüglich der Welt sind. Entsprechend müssen bei einer Bewegung des Fahrzeuges erkannte Objekte in der Karte verschoben werden. Dabei entstehen zwei Schwierigkeiten: Zum einen müssen alle Zellen innerhalb der Karte verschoben werden, was eine aufwendige Operation darstellt. Zum anderen wird durch die kontinuierliche Bewegung des Fahrzeuges das diskrete Zellraster zum aktuellen Zeitpunkt nicht exakt auf dem Zellraster vom vorigen Zeitpunkt liegen. Bei der Abbildung der Zellen aufeinander (z. B. Verwendung der nächsten Zelle oder Interpolation) entsteht zwangsläufig ein Fehler, wodurch die Karte ungenauer wird.

Verschiebung des Kartenausschnittes

Um die genannten Probleme zu vermeiden ist es empfehlenswert stattdessen die Kartierung in Weltkoordinaten durchzuführen und den zu kartierenden Ausschnitt mit dem Fahrzeug zu verschieben. Dabei bietet es sich an, das Odometriekoordinatensystem zu verwenden, da in diesem eine sprungfreie Lokalisierung möglich ist (siehe Abschnitt 8.3.3), was bei einem erdfixen Koordinatensystem nicht der Fall ist. Die Verschiebung des zu kartierenden Ausschnittes kann auf zwei Arten erfolgen. Bei der konzeptionell einfachsten Möglichkeit werden in Bewegungsrichtung des Fahrzeuges neue Zellreihen und -spalten eingefügt, während auf der gegenüberliegenden Seite Zeilen und Spalten entfernt werden. Praktisch kann dies über eine Verschiebung der Zellen innerhalb der Datenstruktur erfolgen, wobei am Rand jeweils Zellen auf den Startwert gesetzt werden. Im Gegensatz zur fahrzeugzentrischen Kartierung erfolgt diese Verschiebung jedoch entsprechend des Zellrasters, sodass hier kein zusätzlicher Fehler in der Karte entsteht. Dennoch ist diese Operation aufwendig, da in jedem Zeitschritt alle Zellen innerhalb der Karte verschoben werden müssen. Alternativ können wir die Karte in gleichgroße Teilkarten (z. B. 200 × 200 Zellen) unterteilen. Wenn das Fahrzeug eine Strecke entsprechend der Größe einer Teilkarte zurückgelegt hat, wird am Rand in Bewegungsrichtung eine Reihe oder Spalte leerer

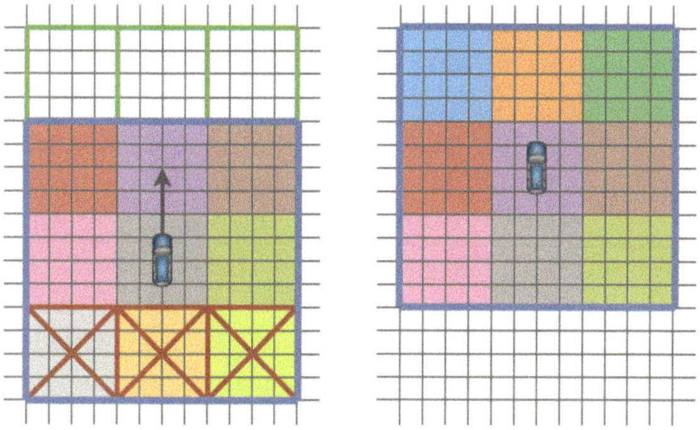

Bild 8.22 Verschiebung des zu kartierenden Ausschnittes durch Hinzufügen und Entfernen von Teilkarten (Grafik aus Wellhausen et al. (2021) übernommen)

Teilkarten eingefügt, während auf der gegenüberliegenden Seite die Teilkarten entfernt werden, siehe Bild 8.22. Der Inhalt der verbleibenden Teilkarten wird nicht verändert. Außerdem ist keine Veränderung erforderlich, solange die zurückgelegte Strecke des Fahrzeuges noch kleiner ist als die Größe einer Teilkarte. Dies ist deutlich effizienter als die Verschiebung einzelner Zellen.

8.4.3 Umgang mit Dynamik in der Umgebung

Wie eingangs diskutiert, dient die Kartierung der Erfassung statischer Hindernisse in der Umgebung. Bisher hatten wir den Aspekt außer Acht gelassen, dass sich in der Umgebung auch dynamische Hindernisse (insb. andere Verkehrsteilnehmer) befinden, welche durch die Sensorik wahrgenommen werden. Dies muss bei der Kartenerstellung berücksichtigt werden, da der Kartierungsalgorithmus eine statische Umgebung annimmt und Sensormessungen von dynamischen Objekten zu einer fehlerhaften Karte führen würden.

Entfernen der Messungen von dynamischen Objekten

Autonomes Fahren macht es ohnehin erforderlich, dynamische Objekte zu erkennen und diese zu verfolgen, was in Abschnitt 8.5 im Detail besprochen wird. Diese Information zu Position, Orientierung und Größe dynamischer Objekte kann genutzt werden, um Sensormessungen (z. B. Scanpunkte, vgl. Gleichung (8.111)), die zu dynamischen Objekten gehören, zu entfernen und die Kartierung lediglich mit den verbleibenden Messungen durchzuführen. Dadurch werden alle als dynamisch erkannten Objekte zuverlässig nicht in der Karte berücksichtigt. Es besteht aber die Möglichkeit, dass ein dynamisches Objekt nicht verfolgt wird, entweder weil es von dem Algorithmus nicht als solches erkannt wurde oder weil es für die Objektverfolgung nicht relevant ist, da es sich bspw. nicht um einen Verkehrsteilnehmer handelt. In diesem Fall werden die entsprechenden Sensormessungen dennoch in der Kartierung berücksichtigt und es kommt zu Fehlern in der Karte.

Beschränkung auf aktuelle Messungen

Aus den o.g. Gründen sollte ergänzend zur Entfernung der Messungen von dynamischen Objekten ein zweites Verfahren zum Einsatz kommen, bei dem nur aktuelle Sensormessungen in der Karte berücksichtigt werden. Formal wird also nicht die Karte $p(\boldsymbol{Y}|\boldsymbol{x}_{1:K}, \boldsymbol{z}_{1:K})$ über alle Messungen $\boldsymbol{z}_{1:K}$ geschätzt (siehe Gleichung (8.97)), sondern die Karte $p(\boldsymbol{Y}|\boldsymbol{x}_{K-n:K}, \boldsymbol{z}_{K-n:K})$, welche nur die letzten n Messungen $\boldsymbol{z}_{K-n:K}$ beinhaltet. Entsprechend sind auch nur die dazugehörigen Posen $\boldsymbol{x}_{K-n:K}$ relevant. Durch dieses Vorgehen beinhaltet die Karte nur aktuelle Informationen und passt sich an dynamische Veränderungen an. Gleichzeitig wird nicht nur die letzte Messung sonder mehrere Messungen (z. B. die Messungen der letzten Sekunde) verwendet, wodurch die Karte dennoch robust gegenüber Messfehlern ist. Im Allgemeinen ist es nicht möglich, die aktuelle Karte $p(\boldsymbol{Y}|\boldsymbol{x}_{K-n:K}, \boldsymbol{z}_{K-n:K})$ aus der vorigen Karte $p(\boldsymbol{Y}|\boldsymbol{x}_{K-n-1:K-1}, \boldsymbol{z}_{K-n-1:K-1})$ und der aktuellen Messung $\boldsymbol{z}_K$ und Pose $\boldsymbol{x}_K$ zu bestimmen. Somit kann die Karte nicht inkrementell berechnet werden. In jedem Schritt ist eine Neuberechnung erforderlich. Die oben vorgestellte Modellierung erlaubt es jedoch alte Messungen aus der Karte zu entfernen, was in unserem Fall eine inkrementell Berechnung ermöglicht. Die Wahrscheinlichkeit, dass eine Zelle

$Y_{x,y}$ belegt ist, wird durch zwei Zähler $k_{x,y} = \sum_{i=1}^{\kappa} z_i$, $l_{x,y} = \sum_{i=1}^{\kappa}(1 - z_i)$ ermittelt, welche angeben, wie oft die Zelle als belegt oder frei gemessen wurde, siehe Gleichung (8.109). Die Zählerberechnung erfolgt inkrementell, indem bei der neuen Messung z_κ abhängig von deren Wert entweder $k_{x,y}$ oder $l_{x,y}$ um eins erhöht wird. Durch Definition der Zähler als

$$k_{x,y} = \sum_{i=\kappa-n}^{\kappa} z_i\,, \qquad l_{x,y} = \sum_{i=\kappa-n}^{\kappa} (1 - z_i) \tag{8.114}$$

werden nur die letzten n Messungen berücksichtigt. Um nun bei der inkrementellen Aktualisierung die Werte der Zähler für die Messungen $\boldsymbol{z}_{\kappa-n:\kappa}$ aus den Werten der Zähler für die Messungen $\boldsymbol{z}_{\kappa-n-1:\kappa-1}$ zu berechnen, muss nicht nur die neue Messung z_κ hinzugefügt werden, sonder auch die alte Messung $z_{\kappa-n-1}$ entfernt werden. Analog zum Hinzufügen einer Messung, was durch Erhöhen von einem der beiden Zähler erfolgt (s.o.), kann eine Messung entfernt werden, indem entweder $k_{x,y}$ oder $l_{x,y}$ um eins verringert wird, abhängig davon, ob die Zelle als belegt oder frei gemessen wurde. Bei der Verarbeitung einer konkreten Sensormessung muss vor der Aktualisierung der Zähler die Zuordnung der Messung zu den Gridzellen erfolgen. Bei einem Lidar-Scan wird dies bspw. mithilfe des Bresenham-Algorithmus realisiert, siehe Algorithmus 8. Zur effizienten Implementierung bietet es sich an, die Zellzuordnung und die Inkremente der Zähler beim Hinzufügen einer Messung zu speichern. Entfernen der Messung zu einem späteren Zeitpunkt kann ohne zusätzlichen Aufwand erfolgen, da Zuordnung und Veränderung der Zähler bereits bekannt sind.

Dynamische Kartierung

Alternativ zu den oben diskutierten Verfahren kann die Dynamik in der Umgebung bei der Kartierung explizit mit modelliert und berücksichtigt werden. Bei dieser sogenannten dynamischen Kartierung wird in den Zellen der Karte nicht zwischen „belegt“ und „frei“ unterschieden, sondern zwischen „dynamisch belegt“, „statisch belegt“ und „frei“. Zusätzlich wird in jeder Zelle mit einem Partikelfilter der Geschwindigkeitsvektor geschätzt, wobei sich die einzelnen Partikel von einer in die andere Zelle bewegen können.

Das Verfahren hat den Vorteil, dass keine Sonderbehandlung der Dynamik erforderlich ist. Außerdem kann eine solche Karte zur Erkennung dynamischer Objekte genutzt werden, statt ein separates Verfahren zu nutzen, siehe Abschnitt 8.5. Allerdings ist das Verfahren sehr aufwendig in der Berechnung. Zum einen erhöht sich die Komplexität der Kartierung durch den vergrößerten Zustandsraum der Zellen. Zum anderen müssen pro Zelle eine zweistellige bis dreistellige Anzahl an Partikeln prädiziert und korrigiert werden. Der Algorithmus ist jedoch gut parallelisierbar, was eine Implementierung auf der GPU ermöglicht.

Die Anwendbarkeit des Verfahrens hängt unter Anderem von den zur Verfügung stehenden Sensoren ab. Bei der Verwendung eines Lidars und eines Radars kann mit dem Lidar eine hohe Ortsgenauigkeit erreicht werden, während mit dem Radar die Relativgeschwindigkeit der Partikel korrigiert werden kann. In diesem Fall kann eine GPU-Implementierung auf einem aktuellen System in Echtzeit ausgeführt werden. Wenn nur ein Lidar zur Verfügung steht, muss der Geschwindigkeitsvektor der Partikel implizit geschätzt werden. Dies erfordert eine deutlich höhere Anzahl an Partikeln pro Zelle, was entsprechend den Rechenaufwand erhöht. Je nach zu kartierender Fläche können wir hier an die Grenzen der Echtzeitfähigkeit stoßen. Gleichzeitig führt die fehlende direkte Korrektur der Geschwindigkeit zu einer langsamen Konvergenz, was ebenfalls problematisch sein kann. Falls nur ein Radar verwendet wird, kann je nach Einsatzzweck die Ortsauflösung zu gering sein.

8.5 Verfolgung dynamischer Objekte

Neben der Fahrzeuglokalisierung und der Umfeldkartierung ist die Verfolgung (engl.: Tracking) dynamischer Objekte der dritte große Themenkomplex der Wahrnehmung bei autonomen Systemen und speziell beim autonomen Fahren. Während bei der Fahrzeuglokalisierung der Zustand des Ego-Fahrzeuges bestimmt wird und bei der Umfeldkartierung der Fokus primär auf statischen Hindernissen liegt, werden hier die Eigenschaften dynamischer Hindernisse (z. B. andere Verkehrsteilnehmer) explizit berücksichtigt und modelliert. Konkret gilt es den **Zustand der Objekte zu schätzen**, wobei dieser insbesondere die Position und Lage, aber auch weitere Parameter wie Geschwindigkeit, Drehrate und Beschleunigung, beinhaltet. Darüber hinaus spielt die Ausdehnung der Objekte beim autonomen Fahren eine entscheidende Rolle und muss ebenfalls mit geschätzt werden. Im Englischen sprechen wir daher von **Extended Object Tracking** (dt.: Verfolgung ausgedehnter Objekte). Dies ist bspw. bei Objektverfolgung in der Luft- und Raumfahrt nicht der Fall, wo die Objekte einen großen Abstand zum Beobachter haben und daher als Punktziele dargestellt werden können. Die Problemstellung unterteilt sich in drei Unteraufgaben: Objekterkennung, Verfolgung über die Zeit und Prädiktion des Verhaltens in die Zukunft.

8.5.1 Objekterkennung

Das Ziel der Objekterkennung ist es, dynamische Objekte in Sensordaten zu detektieren. Die Umsetzung unterscheidet sich dabei je nach eingesetztem Sensor sehr stark. Daher wird hier das generelle Vorgehen für verschiedene Sensoren kurz dargestellt, aber auf die Vorstellung konkreter Algorithmen verzichtet.

Radar

Ein Radarsensor liefert nicht nur den **Winkel** und den **Abstand** (d.h. die Position) von Punkten, an denen die Radiowellen reflektiert wurden, sondern auch deren **Radialgeschwindigkeit relativ zum Sensor**. Durch Kompensation der Eigengeschwindgkeit des Ego-Fahrzeuges, welche durch die Fahrzeuglokalisierung (siehe Abschnitt 8.3) geschätzt wird, kann die absolute Geschwindigkeit der Punkte in der Welt bestimmt werden. Dadurch lässt sich sehr einfach bestimmen, ob ein Punkt zu einem statischen oder dynamischen Objekt gehört. Darüber hinaus lässt sich über ein Clustering anhand der Position und Geschwindigkeit herausfinden, welche Punkte zu dem gleichen Objekt gehören, da diese nah beieinander liegen und eine ähnliche Geschwindigkeit haben sollten. So können relativ **robust** dynamische Objekte aus den Radarmessungen extrahiert werden.

Der Nachteil des Radarsensors ist die **geringe Ortsauflösung** (z. B. im Vergleich zu einem Lidar). Dadurch entsteht eine erhöhte Unsicherheit bei der Schätzung der Position und der Größe der Objekte. Diese muss sowohl bei der Fusion als auch bei der anschließenden Verwendung der Objekte (z. B. zur Planung) berücksichtigt werden. Für Autobahnfahrten ist dies unkritisch, da hier der Abstand zu anderen Fahrzeugen verhältnismäßig groß ist. Im dichten Stadtverkehr ist jedoch die Kombination bzw. Fusion mit weiteren Sensoren empfehlenswert.

Kamera

Eine Kamera liefert Grau- oder Farbwerte und somit **sehr detaillierte Informationen**. Bei deren Verarbeitung haben sich mittlerweile Verfahren aus dem **maschinellen Lernen**, insb. tiefe neuronale Netze, durchgesetzt. Deren Anwendung erfordert zwar grundsätzlich eine große Anzahl an Trainingsdaten, bei denen das gewünschte Ergebnis bekannt ist (z. B. Bilder, in denen die zu erkennenden Objekte markiert sind).

Für **Objekterkennung** in Bildern existiert eine Vielzahl vortrainierte Netze, die öffentlich verfügbar sind. Diese können entweder direkt verwendet oder mit geringem Aufwand für das konkrete Problem nachtrainiert werden. Aktuelle Algorithmen sind nicht nur in der Lage, sehr robust Objekte in Bildern zu erkennen, sondern diese auch zu klassifizieren (z. B. eine Unterscheidung zwischen unterschiedlichen Fahrzeugtypen vorzunehmen).

Im Gegensatz zur Radar und Lidar ergibt sich daraus der Vorteil, dass dynamische Objekte auch dann erkannt werden, wenn sie sich aktuell nicht bewegen. So wird bspw. ein anderes Fahrzeug als solches identifiziert, auch wenn es an einer Ampel wartet. Bei einem Radar oder Lidar würde dem entsprechenden Bereich zunächst keine Dynamik zugeordnet, wenn das Fahrzeug nicht schon zuvor in Bewegung beobachtet wurde.

Im nachfolgenden Video ist eine beispielhafte Anwendung, zum kamerabasierten Objekt-Tracking dargestellt. Konkret werden in dem Video Pflanzenreihen erkannt, auf Basis dessen ein Landwirtschaftsroboter navigieren kann.

Der Nachteil einer Kamera ist, dass Objekte in der Bildebene erkannt werden, welche bei einer Frontkamera senkrecht zur Fahrtrichtung steht. Als Konsequenz ist der Abstand zu einem erkannten Objekt zunächst unbekannt. Um diesen zu bestimmen, können Annahmen über die Größe der Objekte gemacht und der Abstand aus der erkannten Größe im Bild geschätzt werden. Dies ist jedoch sehr ungenau, da die Annahmen nie 100%tig korrekt sind. Eine weitere Möglichkeit besteht darin, das Objekt über mehrere Bilder zu beobachten und die Größe aus der Bewegung unter Berücksichtigung der Eigenbewegung zu berechnen. Dies ist möglich, da die Abbildungseingeschaften von dem 3D-Raum in die 2D-Bildebene bekannt sind und das Objekt durch dessen Bewegung und der Bewegung des Ego-Fahrzeuges aus mehren, leicht unterschiedlichen Blickwinkeln beobachtet wird.

Das gleiche Prinzip machen sich **Stereokameras** zu nutze, die aus zwei fix zueinander angeordneten Kameras bestehen und somit das Objekt ebenfalls aus zwei Blickwinkeln betrachten. Da hier der Versatz der Kameras exakt bekannt ist und die Aufnahme zum gleichen Zeitpunkt erfolgt, wird die Bestimmung des Abstandes erleichtert. Alle Verfahren haben jedoch gemeinsam, dass die Genauigkeit der Abstandsbestimmung mit zunehmender Entfernung stark abnimmt, da weiter entfernte Objekte weniger Pixel im Bild einnehmen. Insgesamt ist die Genauigkeit geringer als bei Radar oder Lidar.

Lidar

Ein Lidar hat im Vergleich zum Radar eine **höhere Ortsauflösung und -genauigkeit**. Dadurch lässt sich die Position und Größe von Objekten besser bestimmen. Der Nachteil eines Lidars ist, dass die Geschwindigkeit der Punkte nicht direkt gemessen wird. Daraus resultiert eine **erschwerte Erkennung dynamischer Objekte**, da mindestens zwei aufeinander folgende Scans kombiniert werden müssen, um zu ermitteln, ob sich ein Objekt bewegt. Dazu existieren zwei Herangehensweisen: Schätzung von Bewegung in den Scanpunkten mit anschließender Extraktion von Objekten und Erkennung von Objekten in den Scanpunkten mit anschließender Schätzung der Bewegung.

In Abschnitt 8.4.3 wurde bereits die dynamische **Kartierung** diskutiert, bei der die Dynamik in einer Karte geschätzt wird. Dies ist ein Verfahren, um die Bewegung bzw. die Geschwindigkeit einzelner Punkte zu ermitteln. Eine weitere Möglichkeit besteht in der Nutzung des optischen Flusses (engl.: Optical Flow), welcher Änderungen in Bildern erkennt. Dazu werden zwei aufeinander folgende Scans durch Kompensation der Bewegung des Ego-Fahrzeuges in das gleiche Weltkoordinatensystem transformiert. Anschließend werden diese als jeweils ein Bild interpretiert und der optische Fluss zwischen beiden Bildern bestimmt. Dadurch werden die Bereiche identifiziert, in denen eine Veränderung (d.h. Bewegung) zwischen den Aufnahmezeitpunkten der beiden Scans stattgefunden hat. Durch das Wissen der Aufnahmezeitpunkte kann daraus die Geschwindigkeit der einzelnen Punkte (bzw. Bildpixel) berechnet werden. Wurde die Bewegung ermittelt (durch dynamische Kartierung oder optischen Fluss), kann wie bei einem Radar vorgegangen werden und diese Information zur Extraktion dynamischer Objekte genutzt werden. Beide Verfahren sind jedoch nicht sehr Robustheit aufgrund ihrer Anfälligkeit für Rauschen, welches durch den Sensor selber, durch leichte Unsicherheit bei der Schätzung der Eigenbewegung, oder durch kleine Veränderungen in der Umgebung (z. B. sich im Wind bewegende Büsche) erzeugt wird.

Möchten wir die Bewegung einzelner Objekte bestimmen, benötigen wir eine **Objekterkennung** auf Basis der Lidar-Scandaten. Hier sind jedoch nur die Abstände und Winkel (bzw. die Positionen) von einzelnen Reflektionen vorhanden, und nicht wie bei einer Kamera Grauwert- oder Farbinformationen. Dennoch haben sich auch hier tiefe neuronale Netze durchgesetzt, auch wenn die Verarbeitung von Lidar-Daten nicht so verbreitet ist wie die von Kameradaten. In der Forschung kommen häufig 3D-Lidare zum Einsatz. Diese liefern detaillierte Informationen zur Kontur von Objekten, bspw. bei einem Fahrzeug den Stoßfänger, die Motorhaube, das Dach etc. In diesen Daten können die Objekte von neuronalen Netzen verhältnismäßig robust erkannt werden. Die wenigen Lidar-Modelle, die bereits in Serienfahrzeugen verbaut werden, liefern technisch gesehen zwar ebenfalls 3D-Daten, jedoch haben diese Sensoren einen sehr kleinen vertikalen Öffnungswinkel. Als Ergebnis sind die gelieferten Informationen deutlich eingeschränkter. So erkennen wir bspw. bei einem Fahrzeug lediglich den Stoßfänger oder eine gerade Linie der Seite. Dies erschwert die Erkennung von Objekten und es kommt zu häufigeren Fehlerkennungen. In beiden Fällen müssen die erkannten Objekte validiert werden. Dazu werden die Objekte zweier Scans einander zugeordnet und deren Bewegung bzw. Geschwindigkeit bestimmt. Erst wenn dies bei mehreren (z. B. drei) Scans zu einem konsistenten Ergebnis geführt hat, wird ein Objekt aktiv verfolgt. Objekte, die nur in einem Scan erkannt wurden, werden verworfen. Nachfolgend ist eine kurze Videosequenz zur Objekterkennung mittels Lidar dargestellt.

V2X/V2V

V2X- bzw. V2V-Kommunikation kann ebenfalls als Quelle für Informationen zu dynamischen Objekten genutzt werden. Dabei ist keine separate Erkennung erforderlich, da der jeweilige Kommunikationspartner die gewünschten Daten direkt zur Verfügung stellt. Diese kann die Position, Orientierung und Größe des kommunizierenden Fahrzeuges sein, aber auch Informationen zu von diesem Fahrzeug erkannten anderen Verkehrsteilnehmern. Der Vorteil gegenüber eigener Sensorik besteht darin, dass sich das jeweilige Objekt nicht im Sichtfeld des Ego-Fahrzeuges befinden muss, um verfolgt zu werden. Dennoch ist es empfehlenswert die erhaltenen Informationen mit der eigenen Sensorik zu validieren und ggf. zu korrigieren, sobald Sichtkontakt bestehen müsste. Ist bspw. ein anderes Fahrzeug lediglich mit einem GNSS-Empfänger ohne RTK-Korrektur ausgestattet, ist dessen eigene Positionsschätzung entsprechend ungenau. Wir sollten daher z. B. mit Lidar-Daten die exakte Position dieses Fahrzeuges ermitteln. Die V2V-Daten sind in diesem Fall dennoch hilfreich: Zum einen bestätigen sie uns, dass es sich bei den entsprechenden Lidar-Punkten um ein dynamisches Objekt handelt. Zum anderen können wir die Informationen zu Geschwindigkeit, Drehrate, Größe etc. in der Objektverfolgung verwenden. Wir müssen jedoch beachten, dass die von bordeigenen Sensoren erzeugten Daten sehr umfangreich sind. Die Auswahl der zu übertragenden Daten, ihre Datentypen, geeignete Kommunikationsprotokolle etc. müssen daher bei der V2X-Kommunikation berücksichtigt werden.

Fusion mehrerer Sensoren

Das Sichtfeld eines einzelnen Sensors kann selten die gesamte Umgebung des Ego-Fahrzeuges abdecken. Außerdem ergibt sich aus der Analyse der einzelnen Sensortypen, dass kein einzelnes System in der Lage ist, die Erkennung dynamischer Objekte vollumfänglich und **robust** zu lösen. Daher sollten stets mehrere Sensoren gleichen und unterschiedlichen Typs eingesetzt werden, um die gesamte Umgebung zu erfassen und die jeweiligen **Nachteile auszugleichen**. In Serienfahrzeugen mit Fahrerassistenzsystemen kommen zumeist eine Frontkamera und mehrere Radare zum Einsatz. Vereinzelt wird auch ein Lidar (mit geringem vertikalen Öffnungswinkel, s.o.) verbaut. In der Forschung werden häufig mehrere hochauflösende 3D-Lidare verwendet, die mit mehreren Kameras und Radarsensoren kombiniert werden.

Bei der Kombination der Daten können wir generell zwischen früher und später Fusion (engl.: Early Fusion und Late Fusion) unterscheiden. **Frühe Fusion** zeichnet sich dadurch aus, dass die Sensordaten möglichst früh fusioniert und erst anschließend aus den kombinierten Daten Objekte extrahiert werden. Dadurch können die Daten potenziell optimal genutzt werden, da keine Abstraktion durch eine Vorverarbeitung stattfindet. Dies verspricht eine hohe Robustheit. bspw. erhalten wir bei der direkten Kombination von Lidar- und Radar-Daten die hohe Ortsauflösung des Lidars und die direkte Geschwindigkeitsmessung des Radars. Der Nachteil ist allerdings, dass eine enge Kopplung erforderlich ist, was nicht nur die Daten selber sondern auch die Zeitsynchronisation betrifft. Darüber hinaus ist dies nur bei überlappenden Sichtfeldern möglich.

Bei der **späten Fusion** werden zunächst Objekte in den Daten der einzelnen Sensoren erkannt, um diese anschließend zu fusionieren. Dabei bleiben die individuellen Herausforderungen der Sensorsysteme bei der Erkennung von Objekten (s.o.) erhalten. Die Robustheit muss daher bei der Fusion sichergestellt werden. Der Vorteil besteht allerdings in der Modularität des Ansatzes, da einzelne Sensoren einfach ausgetauscht oder ergänzt werden können. Außerdem ist kein überlappendes Sichtfeld erforderlich. Der in Abschnitt 8.5.2 vorgestellte Ansatz zur Objektverfolgung mittels Kalman-Filter eignet sich nicht nur zur Verfolgung von Objekten eines Sensors, sondern ermöglicht auch eine einfache späte Fusion von Daten mehrerer Sensoren.

Assoziation von Sensorsignalen

Das Themenfeld der Assoziation von Sensorsignalen beschäftigt sich mit der Zuordnung von erhobenen Messdaten zu den einzelnen Objekten. Im Kontext der Objektverfolgung bezieht sich dies auf die Zuordnung einzelner Sensormessungen zu bereits bekannten Objekten Dies ist insbesondere bei der Fusion mehrere (ggf. unterschiedlicher) Sensoren relevant, aber auch bei der Fusion der Daten eines einzelnen Sensors über die Zeit. Je nach Sensortyp und Messunsicherheit ist die Aufgabe unterschiedlich schwer zu lösen. Ein Lidar erlaubt eine relativ genaue Messung der Position und Größe von Objekten. Hier kann die Überlappung der Bounding-Boxen erkannter Objekte und bereits bekannter Objekte berechnet werden, wobei die Messung mit dem Objekt mit der größten Überlappung assoziiert wird. Ein Grenzwert für die minimale Überlappung verhindert Fehlzuordnungen. Die Assoziation von Radar-Messungen kann auf ähnliche Weise erfolgen, wobei jedoch die höhere Messunsicherheit im Vergleich zum Lidar berücksichtigt werden muss. Dafür kann hier die gemessene (Radial-)Geschwindigkeit die Zuordnung unterstützen. Am schwierigsten ist das Problem für Kameradaten zu lösen, da diese keine Abstandsinformationen und somit keine genaue Position der Objekte beinhalten. Daher müssen die bekannten Objekte zunächst mithilfe eines Kameramodells in die Bildebene projiziert werden. Anschließend kann die Assoziation erfolgen, welche jedoch aufgrund der fehlenden Dimension potenziell nicht eindeutig ist. Entsprechend müssen hier alle möglichen Kombinationen geprüft und die wahrscheinlichste eins-zu-eins Zuordnung ermittelt werden.

8.5.2 Objektverfolgung mittels Kalman-Filter

Die erkannten Objekte werden nicht direkt an nachfolgende Algorithmen (z. B. Planung und Regelung) weitergereicht. Stattdessen werden sie vorher von einem Filter (üblicherweise ein Kalman-Filter) verarbeitet, um deren Zustand über die Zeit zu schätzen. Dieser erfüllt mehrere Aufgaben:

Glättung des Zustandes: Aufgrund Sensorrauschens kann der Zustand (insb. Position und Orientierung) eines erkannten Objektes leicht springen. Durch den Einsatz eines Filters wird die Zuständsschätzung geglättet.

Schätzung dynamischer Parameter: Je nach eingesetztem Sensor sind die dynamischen Parameter des Zustands nicht oder nur eingeschränkt direkt beobachtbar, siehe Abschnitt 8.5.1. Ein Radar erlaubt bspw. eine Messung der radialen Geschwindigkeit (relativ zum Ego-Fahrzeug). Die orthogonal dazu stehende Komponente des Geschwindgkeitsvektors kann jedoch nicht direkt gemessen werden.

Drehrate und Beschleunigung sind ebenfalls nicht direkt beobachtbar. Andere Sensoren (z. B. ein Lidar) können gar keine dynamischen Parameter messen. Mit einem Filter können diese Parameter über die Zeit implizit geschätzt werden.

Verfolgung ohne Sensormessungen: Es kommt regelmäßig vor, dass ein Objekt in einem oder mehreren Zeitschritt nicht beobachtet werden kann. Gründe dafür sind Unzulänglichkeiten der Objekterkennung, Verdeckung durch andere Objekte oder Hindernisse und das Verlassen des Sichtfeldes eines Sensors. Ein Filter kann das Objekt dennoch weiter verfolgen, wobei die Schätzung mit ausbleibenden Beobachtungen immer ungenauer wird. Sobald das Objekt anschließend wieder beobachtet werden kann, wird der Zustand mithilfe der neuen Messungen korrigiert.

Fusion mehrerer Sensoren: Ein Filter liefert eine einfache Möglichkeit die Daten mehrerer Sensoren zu fusionieren. Dies können Sensoren des gleichen Typs oder unterschiedliche Sensorsysteme sein.

Bei der Verfolgung der Objekte wird pro Objekt ein Filter eingesetzt, der dessen Zustand schätzt. Konzeptionell ähnelt das Schätzproblem der Lokalisierung des Ego-Fahrzeuges, siehe Abschnitt 8.3. Der entscheidende Unterschied ist jedoch, dass hier keine intrinsischen Messungen vorliegen, d.h. der Zustand muss nur anhand von externen Beobachtungen geschätzt werden.

Im Folgenden betrachten wir das Zustandsmodell, das Zustandsübergangsmodell, verschiedene Sensormodelle, die Initialisierung und die Entfernung von Objekten sowie die Wahl des Referenzpunktes.

Zustandsmodell

Wie bei der Kartierung bietet sich für die Verfolgung von Objekten das Odometriekoordinatensystem (siehe Abschnitt 8.3.3) an, da es sich um ein kartesisches Koordinatensystem handelt und die Selbstlokalisierung hier keine Sprünge aufweist. Die ersten Komponenten des Zustandsvektors sind die Position $\boldsymbol{r}_\kappa = [r_\kappa^{\mathrm{x}}; r_\kappa^{\mathrm{y}}]^{\mathrm{T}}$ und Orientierung ψ_κ des Objektes.

Darüber hinaus muss dessen Geschwindigkeit $\boldsymbol{v}_\kappa = [v_\kappa^{\mathrm{x}}; v_\kappa^{\mathrm{y}}]^{\mathrm{T}}$ geschätzt werden. Wie bei der Selbstlokalisierung entscheiden wir uns hier dazu, die Geschwindigkeit im **körperfesten Koordinatensystem** des Objektes anzugeben. Dies hat den Vorteil, dass sich der Geschwindigkeitsvektor mit der Orientierung des Objektes mitdreht, was dem tatsächlichen dynamischen Verhalten eines Fahrzeuges entspricht. Gleichzeitig kann das Modell auch für Fußgänger eingesetzt werden.

Auch wird die Drehrate ω_κ um die Hochachse und die Beschleunigung $\boldsymbol{a}_\kappa = [a_\kappa^{\mathrm{x}}; a_\kappa^{\mathrm{y}}]^{\mathrm{T}}$ in den Zustandsvektor aufgenommen. Im Gegensatz zur Lokalisierung des Ego-Fahrzeuges erhalten wir hier keine Messungen einer IMU, weshalb die Werte ebenfalls geschätzt werden müssen. Diese sind ebenfalls im körperfesten Koordinatensystem angegeben.

Zuletzt schätzen wir außerdem die Größe $\boldsymbol{s}_\kappa = [s_\kappa^{\mathrm{x}}; s_\kappa^{\mathrm{y}}]^{\mathrm{T}}$ des verfolgten Objektes, wobei s_κ^{x} die Länge und s_κ^{y} die Breite ist. Entsprechend handelt es sich hier auch um körperfeste Größen.

Der gesamte Zustandsvektor $\boldsymbol{x}_\kappa$ zum Zeitpunkt κ wird somit definiert als:

$$\boldsymbol{x}_\kappa = \begin{bmatrix} \boldsymbol{r}_\kappa \\ \psi_\kappa \\ \boldsymbol{v}_\kappa \\ \omega_\kappa \\ \boldsymbol{a}_\kappa \\ \boldsymbol{s}_\kappa \end{bmatrix} = \begin{bmatrix} r_\kappa^{\mathrm{x}} & r_\kappa^{\mathrm{y}} & \psi_\kappa & v_\kappa^{\mathrm{x}} & v_\kappa^{\mathrm{y}} & \omega_\kappa & a_\kappa^{\mathrm{x}} & a_\kappa^{\mathrm{y}} & s_\kappa^{\mathrm{x}} & s_\kappa^{\mathrm{y}} \end{bmatrix}^{\mathrm{T}} \tag{8.115}$$

Zustandsübergangsmodell

Im Gegensatz zur Lokalisierung des Ego-Fahrzeuges steht bei der Verfolgung dynamischer Objekte keine Zustandsübergangsmessung zur Verfügung. Daher erfolgt die Prädiktion des aktuellen Zustands $\boldsymbol{x}_\kappa$ durch das Zustandsübergangsmodell $\boldsymbol{F}$ lediglich auf Basis des vorigen Zustands $\boldsymbol{x}_{\kappa-1}$. Wir wählen hier ebenfalls ein **kinematisches Modell** (vgl. Gleichung (8.65)), das den Zusammenhang der Größen über die Zeit beschreibt.

Dieses ist gegeben durch

$$\boldsymbol{F}(\boldsymbol{x}_{\kappa-1}) = \begin{bmatrix} \boldsymbol{x}_{\kappa-1} + \boldsymbol{R}_{\kappa-1}\boldsymbol{v}_{\kappa-1}\Delta\kappa \\ \psi_{\kappa-1} + \omega_{\kappa-1}\Delta\kappa \\ \boldsymbol{v}_{\kappa-1} + \boldsymbol{a}_{\kappa-1}\Delta\kappa \\ \omega_{\kappa-1} \\ \boldsymbol{a}_{\kappa-1} \\ \boldsymbol{s}_{\kappa-1} \end{bmatrix}, \tag{8.116}$$

wobei $\Delta\kappa$ die Zeitdifferenz zwischen κ und $\kappa-1$ ist und $\boldsymbol{R}_{\kappa-1}$ die Rotationsmatrix von $\psi_{\kappa-1}$ bezeichnet, mit der die Geschwindigkeit vom körperfesten in das Weltkoordinatensystem transformiert wird.

Da es sich bei $\boldsymbol{a}_{\kappa-1}$ nicht um eine tatsächliche Messung handelt, sonder lediglich die Veränderung der Geschwindigkeit abbildet, kann die eigentlich aufgrund der Drehrate wirkende Zentripetalkraft vernachlässigt werden. Die Veränderung von $\omega_{\kappa-1}$ und $\boldsymbol{a}_{\kappa-1}$ wird mangels entsprechender Informationen nicht direkt modelliert, sondern durch entsprechende Unsicherheit beim Zustandsübergang implizit dargestellt. Die Größe $\boldsymbol{s}_{\kappa-1}$ ändert sich faktisch nicht über die Zeit. Da vorige Messungen jedoch unsicher bzw. unvollständig gewesen sein können, wird die dazugehörige Unsicherheit beim Zustandsübergang ebenfalls erhöht.

Sensormodelle

Die konkreten Sensormodelle hängen von der eingesetzten Sensorik ab. Wir betrachten hier exemplarisch zwei Fälle: die Korrektur mit einer Bounding-Box (Position, Orientierung und Größe), wie sie z. B. von einem Lidar bereitgestellt wird, und die Korrektur mit zusätzlichen dynamischen Größen (Geschwindigkeit, Drehrate und Beschleunigung), wie sie bspw. per V2X empfangen werden können. Die Korrektur mit einem durch Radar erkannten Objekt erfolgt ähnlich wie in letzterem Fall, wobei hier lediglich die Radialgeschwindigkeit zur Verfügung steht. Die Verarbeitung von Objekten, die durch einen Kamera erkannt wurden, ist deutlich komplexer, da hier entsprechende Abbildungen von der Welt in die Bildebene berücksichtigt werden müssen. Die **Messung einer Bounding-Box** besteht aus

Position $\boldsymbol{r}_\kappa^{\mathrm{BB}}$, Orientierung $\psi_\kappa^{\mathrm{BB}}$ und Größe $\boldsymbol{s}_\kappa^{\mathrm{BB}}$. Sie ist entsprechend definiert als:

$$\boldsymbol{z}_\kappa^{\mathrm{BB}} = \begin{bmatrix} \boldsymbol{r}_\kappa^{\mathrm{BB}} \\ \psi_\kappa^{\mathrm{BB}} \\ \boldsymbol{s}_\kappa^{\mathrm{BB}} \end{bmatrix} \tag{8.117}$$

Das Koordinatensystem der Position und Orientierung hängt von der konkreten Umsetzung der Objekterkennung ab. Wir gehen hier davon aus, dass die Objekterkennung im Koordinatensystem des Ego-Fahrzeuges erfolgt. Die Größe ist nur im körperfesten Koordinatensystem des erkannten Objektes sinnvoll definiert.

Das Sensormodell $\boldsymbol{h}^{\mathrm{BB}}$ bestimmt die zu erwartende Messung auf Basis des aktuell geschätzten Zustandes. Da letzteres im Welt- bzw. Odometriekoordinatensystem definiert ist, muss eine entsprechende Transformation in das Koordinatensystem des Ego-Fahrzeuges erfolgen. Dazu wird die Odometriepose $\boldsymbol{x}_\kappa^{\mathrm{Odom}} = [\boldsymbol{r}_\kappa^{\mathrm{Odom}}; \psi_\kappa^{\mathrm{Odom}}]^{\mathrm{T}}$ verwendet, welche durch die relative Lokalisierung (siehe Abschnitt 8.3.3) geschätzt wird. Diese muss invertiert werden, um die Transformation in die korrekte Richtung vorzunehmen.

Somit ergibt sich das Sensormodell

$$\boldsymbol{h}^{\mathrm{BB}}(\boldsymbol{x}_\kappa) = \begin{bmatrix} (\boldsymbol{R}_\kappa^{\mathrm{Odom}})^{-1}(\boldsymbol{r}_\kappa - \boldsymbol{r}_\kappa^{\mathrm{Odom}}) \\ \psi_\kappa - \psi_\kappa^{\mathrm{Odom}} - 2\pi \left\lfloor \frac{\psi_\kappa - \psi_\kappa^{\mathrm{Odom}} + \pi}{2\pi} \right\rfloor \\ \boldsymbol{s}_\kappa \end{bmatrix}, \tag{8.118}$$

wobei $\boldsymbol{R}_\kappa^{\mathrm{Odom}}$ der zu $\psi_\kappa^{\mathrm{Odom}}$ gehörenden Rotationsmatrix entspricht. Die Größe $\boldsymbol{s}_\kappa$ muss nicht transformiert werden, da diese in beiden Fällen im Koordinatensystem des Objektes definiert ist. Falls die Objekterkennung in Sensorkoordinaten erfolgt, muss hier zusätzlich die Sensorpose berücksichtigt werden, was analog realisiert wird. Bei der Umrechnung der Orientierung von Welt- in Fahrzeugkoordinaten kann nicht einfach die Differenz gebildet werden. Da es sich um Winkel handelt muss der Sprung im Wertebereich zwischen π und $-\pi$ berücksichtigt werden muss, siehe Diskussion zur Schätzung der Orientierung auf Seite 363. Ebenso ist bei der Verwendung des Sensormodells im Kalman-Filter in Gleichung (8.27) darauf zu achten, dass die Subtraktion der Winkel der erwarteten und der tatsächlichen Messung analog erfolgt.

Wenn von der Objekterkennung zusätzlich dynamische Parameter bereitgestellt werden, wird die Messung um die entsprechenden Werte erweitert. In Anlehnung an den Objektzustand (siehe Gleichung (8.115)), werden diese vor der Objektgröße eingefügt. Somit erhalten wir:

$$\boldsymbol{z}_\kappa^{\mathrm{Dyn}} = \left[(\boldsymbol{r}_\kappa^{\mathrm{Dyn}})^{\mathrm{T}} \quad \psi_\kappa^{\mathrm{Dyn}} \quad (\boldsymbol{v}_\kappa^{\mathrm{Dyn}})^{\mathrm{T}} \quad \omega_\kappa^{\mathrm{Dyn}} \quad (\boldsymbol{a}_\kappa^{\mathrm{Dyn}})^{\mathrm{T}} \quad (\boldsymbol{s}_\kappa^{\mathrm{Dyn}})^{\mathrm{T}} \right]^{\mathrm{T}} \tag{8.119}$$

Wie bei der Bounding-Box-Messung (siehe Gleichung (8.117)), befinden sich Position und Orientierung im Koordinatensystem des Ego-Fahrzeuges. Zur Veranschaulichung gehen wir hier davon aus, dass im Gegensatz zum Objektzustand die Geschwindigkeit und die Beschleunigung nicht im körperfesten Koordinatensystem des Objektes sondern ebenfalls im Koordinatensystem des Ego-Fahrzeuges definiert sind.

Im Sensormodell $\boldsymbol{h}^{\mathrm{Dyn}}$ müssen entsprechend die Position und Orientierung des geschätzten Zustands mithilfe der Ego-Pose $\boldsymbol{x}_\kappa^{\mathrm{Odom}}$ vom das Odometriekoordinatensystem in das Koordinatensystem des Ego-Fahrzeuges transformiert werden.

Dahingegen müssen die Geschwindigkeit und die Beschleunigung vom Koordinatensystem des Objektes in das Koordinatensystem des Ego-Fahrzeuges transformiert werden, was durch die Orientierung des Objektes geschieht. Die Drehrate und die Größe müssen nicht transformiert werden. Analog zu Gleichung (8.118) ergibt sich

$$\boldsymbol{h}^{\mathrm{Dyn}}(\boldsymbol{x}_\kappa) = \begin{bmatrix} (\boldsymbol{R}_\kappa^{\mathrm{Odom}})^{-1}(\boldsymbol{r}_\kappa - \boldsymbol{r}_\kappa^{\mathrm{Odom}}) \\ \psi_\kappa - \psi_\kappa^{\mathrm{Odom}} - 2\pi \left\lfloor \frac{\psi_\kappa - \psi_\kappa^{\mathrm{Odom}} + \pi}{2\pi} \right\rfloor \\ \boldsymbol{R}_\kappa \boldsymbol{v}_\kappa \\ \omega_\kappa \\ \boldsymbol{R}_\kappa \boldsymbol{a}_\kappa \\ \boldsymbol{s}_\kappa \end{bmatrix}, \tag{8.120}$$

wobei $\boldsymbol{R}_\kappa$ die zu ψ_κ gehörende Rotationsmatrix bezeichnet. Bei der Verwendung in einem Kalman-Filter muss hier ebenfalls die Sonderbehandlung bei der Differenzbildung des Winkels beachtet werden.

Initialisierung

Wenn ein erkanntes Objekt keinem schon bekannten Objekt zugeordnet werden kann, muss ein neuer Filter für dieses Objekt initialisiert werden. Die Initialisierung hängt ebenfalls von den durch die Objekterkennung bereitgestellten Informationen ab. Exemplarisch betrachten wir hier erneut die **Initialisierung mit einer Bounding-Box** (siehe Gleichung (8.117)) und die Initialisierung mit zusätzlichen dynamischen Parametern, siehe Gleichung (8.119). Letzteres ist der einfachere Fall, da hier alle für die Initialisierung benötigten Informationen von der Objekterkennung bereitgestellt werden. Es müssen lediglich die Größen in die korrekten Koordinatensysteme transformiert werden, was analog zu Gleichung (8.120) erfolgt. Somit erhalten wir für den initialen Zustand:

$$\boldsymbol{x}_\kappa = \begin{bmatrix} \boldsymbol{r}_\kappa^{\mathrm{Odom}} + \boldsymbol{R}_\kappa^{\mathrm{Odom}} \boldsymbol{r}_\kappa^{\mathrm{Dyn}} \\ \psi_\kappa^{\mathrm{Odom}} + \psi_\kappa^{\mathrm{Dyn}} \\ (\boldsymbol{R}_\kappa^{\mathrm{Dyn}})^{-1} \boldsymbol{v}_\kappa^{\mathrm{Dyn}} \\ \omega_\kappa^{\mathrm{Dyn}} \\ (\boldsymbol{R}_\kappa^{\mathrm{Dyn}})^{-1} \boldsymbol{a}_\kappa^{\mathrm{Dyn}} \\ \boldsymbol{s}_\kappa^{\mathrm{Dyn}} \end{bmatrix} \tag{8.121}$$

Wenn nur eine Bounding-Box von der Objekterkennung bereit gestellt wird, sind die dynamischen Parameter, insb. Geschwindigkeit und Drehrate, nicht bekannt. Diese können anhand zweier aufeinander folgender Beobachtungen des gleichen Objektes geschätzt werden. Dazu wird die Differenz der Position und der Orientierung gebildet und mithilfe der vergangen Zeit die Geschwindigkeit und Drehrate berechnet:

$$\boldsymbol{v}_\kappa = \frac{\boldsymbol{v}_\kappa^{\mathrm{BB}} - \boldsymbol{v}_{\kappa-1}^{\mathrm{BB}}}{\Delta\kappa} \tag{8.122}$$

$$\omega_\kappa = \frac{\psi_\kappa^{\mathrm{BB}} - \psi_{\kappa-1}^{\mathrm{BB}} - 2\pi \left\lfloor \frac{\psi_\kappa^{\mathrm{BB}} - \psi_{\kappa-1}^{\mathrm{BB}} + \pi}{2\pi} \right\rfloor}{\Delta\kappa} \tag{8.123}$$

Die Initialisierung erfolgt dann analog zu Gleichung (8.121). Dabei wird die Beschleunigung auf Null gesetzt und anschließend durch den Filter geschätzt. Abhängig von der Genauigkeit der Sensorik bzw. der Objekterkennung kann es sinnvoll sein, die dynamischen

Parameter per Mittelwertbildung aus mehrerer Beobachtungen bestimmt werden. Dies erlaubt eine zusätzliche Validierung, in dem wir keine Initialisierung durchführen, wenn die ermittelten Geschwindigkeiten aus mehreren Zeitschritten zu stark voneinander abweichen.

Entfernen von Objekten

Die Verfolgung eines Objektes ist nur so lange sinnvoll, wie ein Objekt beobachtet werden kann. Allerdings sollte die Verfolgung nicht direkt eingestellt werden, wenn in einem Zeitschritt keine Beobachtung für ein Objekt vorliegt, da dieses nur kurzfristig verdeckt sein könnte. Entsprechend ist es sinnvoll, den **Zeitpunkt der letzten Beobachtung** für jedes Objekt zu speichern. Wenn keine neuen Beobachtungen vorliegen, wird der Zustand des Objektes zunächst weiterhin mit dem Zustandsübergangsmodell (siehe Gleichung (8.116)) prädiziert.

Erst wenn die letzte Beobachtung zu weit in der Vergangenheit liegt (z. B. mehr als 5 Sekunden), wird der dazugehörige Filter und somit das Objekt aus der Objektverfolgung entfernt. Ergänzend oder alternativ können weitere Kriterien zur Beendigung der Verfolgung berücksichtigt werden (z.B. befindet sich das Objekt außerhalb des bekannten Sichtfeldes der Sensoren oder hat es sich zu weit vom Ego-Fahrzeug entfernt).

Referenzpunkt

Bisher wurde nicht diskutiert, wo sich der Referenzpunkt, also der Ursprung des körperfesten Koordinatensystems eines verfolgten Objektes, befindet. Intuitiv würden wir diesen in die Mitte der Bounding-Box legen. Bei der Verfolgung von Objekten kann dies jedoch zu Problemen führen: Bei den ersten Beobachtungen ist ein Objekt häufig nicht vollständig zu sehen und hat eine kleine Bounding-Box.Wenn anschließend mehr von den Objekt beobachtet werden kann, wird die **Größe der Bounding-Box angepasst** und wächst entsprechend. Die Position der Mitte der Bounding-Box ändert sich dadurch, obwohl sich das Objekt möglicherweise gar nicht bewegt hat. Für einen Filter ist der Grund der Änderung jedoch nicht erkennbar, weshalb dieser fälschlicherweise von einer Bewegung des Objektes ausgehen und somit die Geschwindigkeit falsch schätzen würde. Es kann davon ausgegangen werden, dass die dem Ego-Fahrzeug zugewandte Seite gut beobachtbar ist. Entsprechend wird sich die Position der dazugehörigen Ecke oder Kante der Bounding-Box nicht ohne eine tatsächliche Bewegung des Objektes ändern, auch wenn die Größe der Bounding-Box durch die Objekterkennung angepasst wird. Daher sollte der **Punkt der Bounding-Box, der dem Ego-Fahrzeug (bzw. dem Sensor) am nächsten ist**, als Referenzpunkt verwendet werden. Die Prädiktion und die Korrektur werden dann bezüglich dieses Punktes durchgeführt. Wenn sich die Ausrichtung des Objektes und des Ego-Fahrzeuges zueinander ändert, ist es außerdem sinnvoll, den Referenzpunkt entsprechend anzupassen. Zur Weitergabe der verfolgten Objekte an nachfolgende Algorithmen kann der Referenzpunkt auf die Mitte der Bounding-Box gesetzt werden, um die Verarbeitung dort zu erleichtern. Der Versatz ergibt sich aus der Größe und Orientierung der Bounding-Box. Im Algorithmus zur Objektverfolgung wird jedoch in jedem Fall der Referenzpunkt an einer Ecke oder Kante der Bounding-Box beibehalten.

8.5.3 Prädiktion

Das Ziel der Prädiktion ist es, die Entwicklung der **Verkehrssituation vorherzusagen**. Diese Information ist für die Entscheidungsfindung wichtig, um nicht nur reagieren sondern vorausschauend planen zu können. Eine einfache Prädiktion findet bereits im gleichnamigen Schritt des Kalman-Filters zur Verfolgung der dynamischen Objekte statt. Dazu wird das kinematischen Zustandsübergangsmodell aus Gleichung (8.116) verwendet, welches die geschätzten Parameter (insb. Position, Geschwindigkeit und Beschleunigung sowie Orientierung und Drehrate) und deren bekannten physikalischen Zusammenhänge nutzt, um den Zustand des Objektes über einen bestimmten Zeitraum zu prädizieren. Im Kalman-Filter beträgt der Zeitraum für die Prädiktion wenige Millisekunden. In diesem Rahmen liefert das Modell gute Vorhersagen, da davon ausgegangen werden kann, dass Beschleunigung und Drehrate in dieser Zeit hinreichend konstant sind. Für Vorhersagen über einen längeren Zeitraum (mehr als eine Sekunde) ist dieses Modell jedoch ungeeignet, da die Annahme der konstanten Beschleunigung und Drehrate zunehmen verletzt wird (z. B. bei einem Fahrzeug durch Beschleunigen, Bremsen und Lenkbewegungen).

Einzelne Verkehrsteilnehmer

Um das zukünftige Verhalten über einen längeren Zeitraum vorhersagen zu können, muss **zusätzliches Wissen** herangezogen werden. Zunächst wird angenommen, dass sich die dynamischen Objekte innerhalb ihrer physikalischen Grenzen bewegen, also z. B. dass sie keine übermäßigen Beschleunigungen erfahren oder dass sich Fahrzeuge nicht seitwärts bewegen[5]. Somit kann die Bewegung bei der Vorhersage entsprechend eingeschränkt werden. Darüber hinaus kann davon ausgegangen werden, dass sich Fahrzeuge auf den für sie vorgesehenen Bereichen bewegen. So werden PKWs und LKWs dem Fahrbahnverlauf folgen, während Fahrräder auf dem Radweg (falls vorhanden) bleiben. Diese Annahme wird genutzt, um die Bewegungsrichtung (bzw. die Orientierung) mithilfe einer Karte (siehe Abschnitt 8.4) weiter zu beschränken. Bei Einmündungen oder Kreuzungen ist diese Beschränkung erschwert, da nicht bekannt ist, ob ein Fahrzeug abbiegt oder nicht. Hier können ebenfalls Karteninformationen genutzt werden (z. B. ob sich das Fahrzeug auf einer Abbiegespur befindet), oder die Lichtzeichen (Fahrtrichtungsanzeiger) des Fahrzeuges mit einer Kamera erkannt werden. Zuletzt können wir annehmen, dass andere Verkehrsteilnehmer den Verkehrsregeln folgen, z. B. dass die geltende Geschwindkeitsbeschränkung nicht signifikant überschritten, über eine rote Ampel fährt, oder dass eine Einbahnstraße nicht in die falsche Richtung befahren wird. Dieses Wissen kann ebenfalls genutzt werden, um die vorhergesagte Bewegung weiter einzuschränken.

Interaktion von Verkehrsteilnehmern

Neben den Einschränkungen, die sich nur auf einen Verkehrsteilnehmer beziehen, kann auch die Interaktion der Verkehrsteilnehmer untereinander berücksichtigt werden. Wenn bspw. ein Fahrzeug an einer roten Ampel oder an einem Stoppschild hält, dann wird das darauf folgende Fahrzeug hinter dem vorausfahrenden Fahrzeug anhalten und nicht eben-

---

5 Im Grenzbereich (z. B. beim Driften) ist diese Annahme verletzt. Wir gehen hier aber von üblichen Verkehrssituationen aus, in denen dies nicht eintritt.

falls bis zur Haltelinie vorfahren. Ebenfalls ist im Allgemeinen davon auszugehen, dass Verkehrsteilnehmer die Vorfahrtsregeln beachten und bspw. einem Fahrzeug im Querverkehr die Vorfahrt gewähren. Die Betrachtung der Interaktionen zwischen Verkehrsteilnehmern ist deutlich komplexer als die Betrachtung eines einzelnen Objektes, da häufig nicht nur zwei Verkehrsteilnehmer miteinander interagieren, sondern die Reaktion häufig auch Auswirkungen auf weitere Verkehrsteilnehmer hat. Wenn bspw. ein Fahrzeug die Spur wechselt, muss möglicherweise ein zweites Fahrzeug die Geschwindigkeit verringern und als Ergebnis auch das darauf folgende Fahrzeug abbremsen.

Unsicherheit der Vorhersage

Generell sind alle Vorhersagen unsicherheitsbehaftet. Dies liegt zum einen an der Unsicherheit bzw. Ungenauigkeit der Startparameter (z. B. eine nicht korrekt geschätzte aktuelle Geschwindigkeit). Zum anderen ist das zukünftige Verhalten der anderen Verkehrsteilnehmer unbekannt. Wir können zwar Annahmen darüber treffen (s.o.), aber diese müssen nicht zwingend zutreffen. So könnte ein Fahrzeug unerwartet bremsen oder beschleunigen, sich nicht an die Verkehrsregeln halten oder es kann zu einer unerwarteten oder nicht vorhersagbaren Situation kommen (z. B. ein Ball rollt auf die Straße).

Darüber hinaus können bei der Vorhersage der Intention mehrere mögliche Aktionen in Frage kommen. Wenn z. B. ein schnelleres Fahrzeug hinter einem langsameren Fahrzeug fährt, könnte ersteres entweder abbremsen oder überholen. In solchen fällen ist es sinnvoll, den weiteren Verlauf des Geschehens für beide Handlungsoptionen zu prädizieren. Daraus entsteht ein Baum an Möglichkeiten, da je nach Aktion eines Verkehrsteilnehmers unterschiedliche Reaktionen der weiteren Verkehrsteilnehmer möglich sind. Auch hier sollte die Unsicherheit bzw. die Wahrscheinlichkeit des Eintretens der verschiedenen Szenarien berechnet werden. Diese kann dann von der Planung und Entscheidungsfindung berücksichtigt werden. Angenommen im Beispiel mit dem schnellen und langsamen Fahrzeug ist ein Abbremsen des schnelleren Fahrzeugs wahrscheinlicher. Dann würde das Verhalten des Ego-Fahrzeuges entsprechend dieses Szenarios geplant. Gleichzeitig muss aber auch der unwahrscheinlichere Fall eines Spurwechsels berücksichtigt werden, damit falls dieses Szenario doch eintritt, genug Handlungspielraum besteht und es nicht zu einer gefährlichen Situation kommt.

Herausforderungen bei Fußgängern

Eine besondere Herausforderung besteht in der Prädiktion des Verhaltens von Fußgängern, da diese ihre **Bewegungsrichtung nahezu beliebig schnell ändern** können. Außerdem sind sie weniger strikt an ihren zugeteilten Raum der Straße gebunden: Während ein PKW für gewöhnlich nicht plötzlich die Fahrbahn verlassen und auf den Gehweg fahren wird, ist es nicht unwahrscheinlich, dass ein Fußgänger den Gehweg verlässt und auf die Straße tritt. Andererseits bewegen sich Fußgänger langsamer als Fahrzeuge, weshalb reaktives Verhalten (ohne oder mit nur kurzzeitiger Vorhersage) in vielen Fällen ausreichend ist. Dennoch sollten auch hier Worst-Case-Szenarien bei der Planung berücksichtigt werden, indem wir z. B. bei einer unklaren Situation die Geschwindigkeit vorsorglich verringern, um im Notfall zu einem sicheren Halt zu kommen.

Beispiel 8.8 (Multi-sensorische Objektverfolgung). Zur Verdeutlichung der Notwendigkeit der Verwendung unterschiedlicher Sensoren bei der Objektverfolgung betrachten wir eine Szene (Ego-Fahrzeug steht an Kreuzung) aus einem von Waymo bereitgestellten Datensatz.[6] In der nachfolgenden Abbildung ist aus diesem Datensatz ein von der Frontkamera aufgenommenes Bild dargestellt. In dem Bild lassen sich einzelne Verkehrsteilnehmer gut erkennen., sowohl für den Menschen als auch für entsprechende Bildverarbeitungsalgorithmen (insb. tiefe neuronale Netze). Allerdings enthält das Bild keine Tiefeninformationen, d. h. der Abstand zu den Objekten ist unbekannt.

Bild 8.23 Von Frontkamera aufgenommenes Bild einer Verkehrsszene

Ein Mensch kann Entfernungen zu den Objekten durch Erfahrung abschätzen. Algorithmisch ist dies nur bedingt möglich (z. B. durch die Annahme der üblichen Größe von Objekten) und sehr fehlerbehaftet. Darüber hinaus ist das horizontale Sichtfeld der Kamera eingeschränkt. Zur Ergänzung der Kamera kommen in dem Fahrzeug mehrere hochauflösende 3D-Lidar-Sensoren zum Einsatz, deren Messung exemplarisch in Bild 8.24 gezeigt ist. Diese liefern eine direkte und sehr exakte Messung der Position und Form der Objekte. Darüber hinaus haben sie ein deutlich größeres Sichtfeld (in diesem Fall 360 Grad). Die Verkehrsteilnehmer lassen sich in der Punktwolke durch geeignete Algorithmen verhältnismäßig zuverlässig erkennen. Daher wäre prinzipiell eine robuste Objekterkennung bei Verwendung lediglich der hochaufgelösten Lidar-Daten möglich.

Die hier eingesetzten Lidar-Sensoren haben jedoch einen hohen Integrationsaufwand, u. a. ist ein Dachaufbau erforderlich. Daher sind diese nur bedingt serientauglich. In Bild 8.25 ist gezeigt, wie die gleiche Szene aufgenommen mit einem seriennahen Lidar-Sensor aussehen würde. Dieser hat ein deutlich kleines vertikales Sichtfeld und eine geringere Punktdichte. Darüber werden diese häufig im Stoßfänger oder im Kühlergrill montiert, was eine einfache Integration auch in der Serienfertigung erlaubt, aber zu Problemen mit Verdeckung führt.

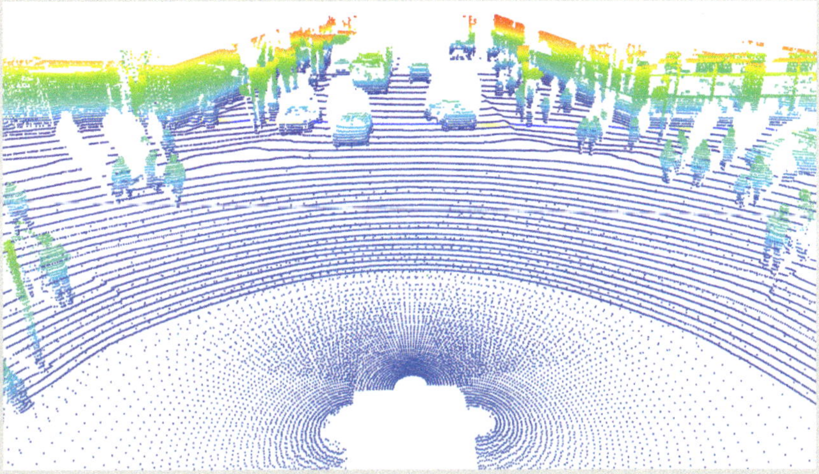

Bild 8.24 Hochauflösende Lidar-Punktwolke

In dieser Lidar-Punktwolke sind andere Verkehrsteilnehmer, insb. Fußgänger, deutlich schwerer zu erkennen. Hierfür existieren ebenfalls Algorithmen, jedoch sind diese weniger robust als solche für Kamera-Daten oder hochauflösende Lidar-Sensoren. Aufgrund dessen sollte hier in jedem Fall die Kamera zum Einsatz kommen, um eine zuverlässige Erkennung zu erzielen, während der Lidar-Sensor eine exakte Messung der Position der Objekte ermöglicht.

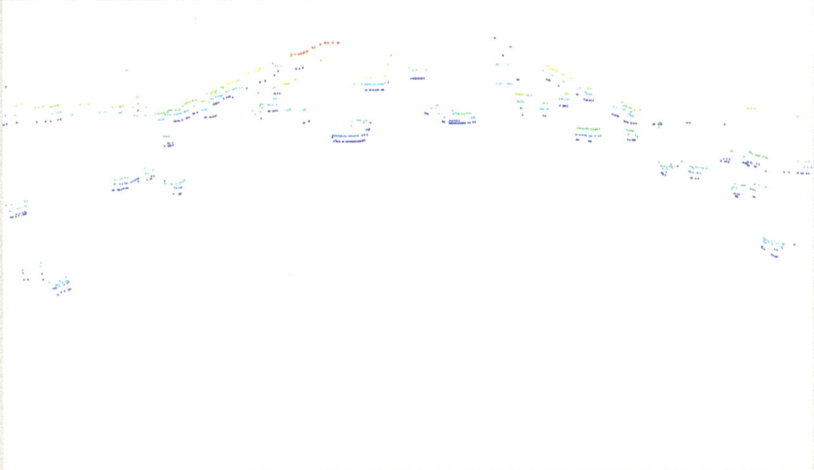

Bild 8.25 Seriennahe Lidar-Punktwolke

Darüber hinaus bietet sich die Integration von Radar-Sensoren an. Diese sind zum einen verhältnismäßig günstig. Zum anderen messen diese die Radialgeschwindigkeit von Objekten relativ zum Fahrzeug.

Dadurch lassen sich dynamische Objekte zuverlässig von statischen Hindernissen unterscheiden. Die geringe Ortsauflösung des Radar-Sensors wird wiederum durch den Lidar-Sensor ausgeglichen. ■

8.6 Mitfühlende und kollaborierende Roboter

Das Funktions-Cluster der Wahrnehmung und Interpretation ist auch bei Verwendung von Industrierobotern von zentraler Bedeutung. Moderne Industrieroboter-Anwendungen greifen oft auf ähnliche Sensorsysteme und Sensordatenverarbeitunsansätze wie automatisierte Fahrzeuge oder mobile Roboter zurück. Ein immer relevanteres Sensorsystem hierbei sind Kameras. Der Einsatz von **Kamera-basierten Robotersteuerungssystemen** kann stark die Flexibilität von Industrierobotern erhöhen und neue Einsatzgebiete ermöglichen. So ist bspw. eine hochgenaue manuelle Vorplazierung der vom Roboter zu handhabenden Objekte in solchen Fällen nicht notwendig, wie im nachstehenden Video dargestellt.

Im nachfolgenden Video ist eine Abfolge von Kamera-basierten Handhabungsaufgaben realisiert. Die Position des Handhabungsobjektes ist auch in diesem Fall initial für den Roboter nicht bekannt und musste per Kamera-System ermittelt werden.

Selbst hochgenaue Handhabungsaufgaben lassen sich mit preiswerten Kamera- und Handling-Systemen realisieren, wie folgend visualisiert.

Allerdings sind viele Kamera-basierten Robotersteuerungssysteme wenig robust hinsichtlich Beleuchtungsänderungen. Das nachfolgende Video verdeutlicht, dass der Einsatz von KI-Methoden die Zuverlässigkeit solcher Systeme stark erhöhen kann.

[6] *https://waymo.com/open/*, zugegriffen am 10.12.2024

Durch intelligente, mit dem Mensch zusammenarbeitende, Roboter lassen sich potentiell Fertigungsschritte (wie bspw. Schweißen und Montage) ressourceneffizient kombinieren. Mehr noch kann der gezielte Einsatz moderner Sensorsysteme neuartige Anwendungsfelder eröffnen, wie bspw. eine enge **Mensch-Roboter-Kollaboration** (MRK). Zur Realisierung solcher komplexen Robotikaufgaben ist jedoch eine sehr hohe **Flexibilität und Adaptivität** der verwendeten Roboter notwendig. Das klassische Bild, dass Roboter weitgehend unabhängig von Menschen arbeiten und im Vorfeld eingelernte Aufgaben repetitiv wiederholen ist perspektivisch nicht mehr zukunftsfähig.

Entwicklungen im Bereich MRK gibt es bereits seit einigen Jahrzehnten. Trotz der enormen Fortschritte auf dem Gebiet der Robotik und der künstlichen Intelligenz sind Roboter aktuell zumeist immer noch Maschinen, die einer bestimmten Aufgabe unterworfen sind. In vielen Anwendungsbereichen, z. B. im Sondermaschinenbau in kleinen und mittleren Unternehmen (KMU), ist es trotz höchstmöglicher Automatisierung und künstlicher Intelligenz nahezu unmöglich, den Menschen vollständig vom Arbeitsplatz zu entfernen. Im Falle der Robotik ist es jedoch manchmal wichtig, dass wir die Arbeit des **Menschen in unmittelbarer Nähe des Roboters** erleichtern können, nicht nur um effizientestes Arbeiten zu erreichen, sondern auch um den Arbeitsplatz optimal auszunutzen.

Die folgende Ausführung konzentriert sich auf die Darstellung einer **textilbasierten Haut/Hülle für Industrieroboter**, in die mehrere Sensorarrays integriert sind, die es ermöglichen, Menschen in der Nähe eines Roboters wahrzunehmen, siehe Bild 8.26. Diese Information wird genutzt, um den Standard-Algorithmus der Robotersteuerung zu manipulieren, um eine sichere Zusammenarbeit durch eine adaptive Geschwindigkeitsregelung zu ermöglichen, die auf dem Abstand zwischen Mensch und Roboter basiert.

Darüber hinaus ist das Material der Abdeckung textilbasiert, was im Hinblick auf die passive Sicherheit eine dämpfende Wirkung bei Kollisionen ermöglicht. Was die aktive Sicherheit betrifft, so dient sie dank mehrerer integrierter Näherungssensoren als große Erfassungsfläche. Alleinstellungsmerkmale des Konzepts sind darüber hinaus die große Robustheit und Zuverlässigkeit in Verbindung mit dem einfachen Aufbau und den geringen Anschaffungskosten.

Wir konzentrieren uns folgend vor allem auf die Integration von **robusten und zuverlässigen Sensoren** und nicht auf typische Bildverarbeitungs- und Sensorsysteme mit komplexen Verarbeitungsalgorithmen und hoher Fehleranfälligkeit der Sensoren. Diese Tatsache prägt unseren Ansatz zu einer wirtschaftlichen Lösung für KMUs. Es wird eine Kombination aus mehrkanaligen kapazitiven Näherungssensoren, Ultraschall- und Time-of-Flight (TOF)-Sensoren verwendet, die keine ausgefeilten Programme zur Datenverarbeitung benötigen und robust und wartungsfrei sind.

Die Textilhaut ermöglicht, wie bereits erwähnt, sowohl passive als auch aktive Sicherheit für MRK, indem sie alle Strukturelemente des Roboters abdeckt. Wie von MRK gefordert, sind alle Metallteile, die im Falle einer Kollision potenziellen Schaden anrichten könnten, abgedeckt, um einen schadlosen Aufprall zu gewährleisten, und auch die Quetschstellen sind isoliert.

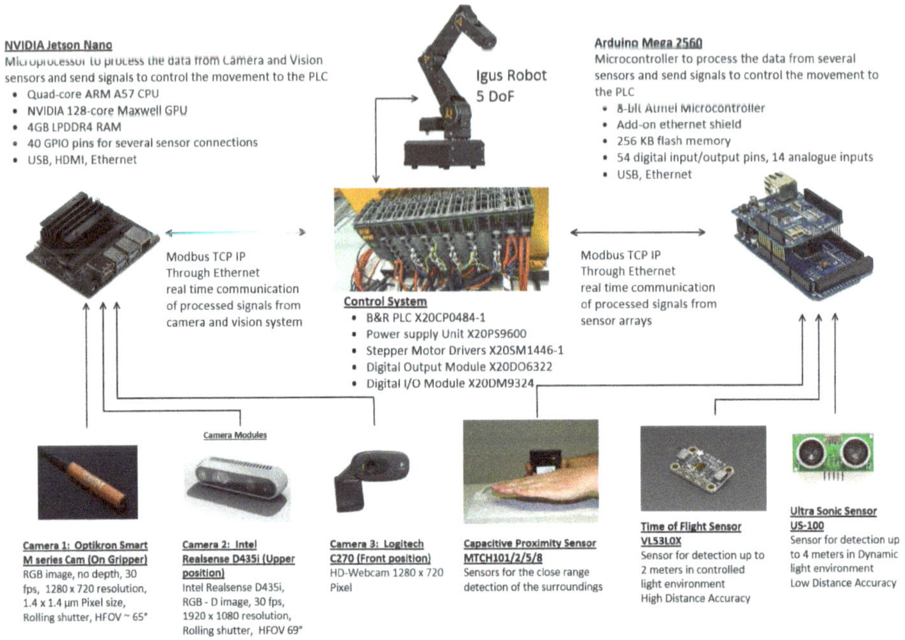

Bild 8.26 Visualisierung der verwendeten Systemarchitektur

Ein weiteres wichtiges Merkmal ist die optimierte **Benutzererfahrung/Akzeptanz** durch ein attraktives Aussehen und Gefühl der Roboterhaut. Daher bestehen die Verkleidungsteile aus Textilien mit gefülltem Polstermaterial, dass die Berührung bzw. den direkten Kontakt noch weicher macht. Damit eröffnen sich für solche kostengünstigen Cobots völlig neue Anwendungsbereiche, wie z. B. einfache Handhabungsaufgaben im Gesundheitswesen. Die textilen Bezüge werden auf dem Roboter mithilfe von 3D-gedruckten Kunststoff-Haltestrukturen angebracht, die an den Roboterrahmen passen und die flexible Stützstruktur für die Textilbezüge erleichtern.

Die Daten von den Sensoren werden von einem Arduino über das Modbus TCP/IP-Kommunikationsprotokoll an die Roboter-SPS weitergeleitet. Gemäß Ethernet-Standard unterstützt das System eine Halb-/Vollduplex-Geschwindigkeit von 10/100 Mbit/s, was es für alle Echtzeitanwendungen äußerst zuverlässig macht. Der größte Vorteil ist , dass es auf einfache Weise mehrere Geräte in einem Netzwerk zu verbinden, die über dieses Protokoll kommunizieren. Das bedeutet, dass ein einziges Master-Gerät Daten von mehreren im Netzwerk angeschlossenen Slave-Geräten gleichzeitig abrufen und senden kann.

Der durchgeführte Test konzentriert sich hauptsächlich auf einen kapazitiven Näherungssensor und einen der Ultraschallsensoren. Die eigentliche Anwendung würde von allen Sensoren im Array durch mehrere bedingte Logiken beeinflusst. Die **Abstandsinformationen** des Ultraschallsensors steuern die Override-Funktion und **aktualisieren die Geschwindigkeit des Roboters** entsprechend. Die Auslösedistanz für die Geschwindigkeitsänderung ist in der SPS-Logik auf 100 cm eingestellt, was dem Mindestabstand entspricht, der für den Betrieb mit voller Geschwindigkeit eingehalten werden muss. Der in der Haut integrierte kapazitive Sensor löst durch die direkte Berührung der Roboterhaut aus.

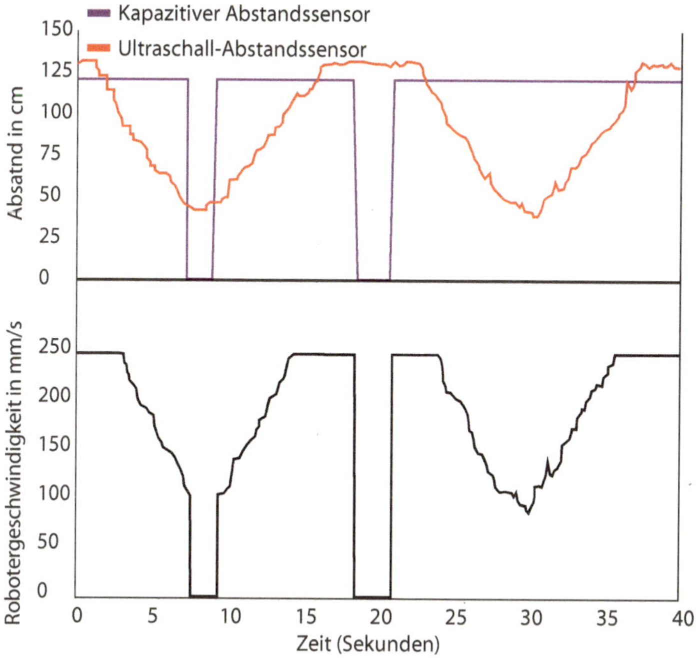

Bild 8.27 Messdaten der Abstandssensoren sowie der resultierenden Roboterbewegung (oben: Abstand und Berührungseingaben von Sensoren; unten: Bahngeschwindigkeit des Roboters (beeinflusst durch Sensormessungen)

Bild 8.27 zeigt die Sensormesswerte und die entsprechende Änderung der Roboterbewegung. Die Testdauer beträgt 40 Sekunden. Sie umfasst drei Geschwindigkeitsänderungen:

- Zu Beginn (**0. bis 15. Sekunde**) beträgt der Abstand des Benutzers zum Roboter zunächst mehr als 100 cm (in unserem Fall etwa 125 cm). Daher bewegt sich der Roboter mit der maximalen programmierten Geschwindigkeit. Sobald der Benutzer beginnt, sich in Richtung des Roboters zu bewegen, verringert sich die Geschwindigkeit erst, wenn der Benutzer näher als 100 cm kommt (3. bis 10. Sekunde). Der Roboter hält sofort an, wenn der Benutzer den Roboter berührt (7. Sekunde). Die Geschwindigkeit wird später wieder erhöht, wenn sich der Benutzer vom Roboter entfernt (10. Sekunde). Außerdem ist in der Grafik die Synchronität der beiden redundanten Abstandssensoren zu erkennen, die in die Roboterhaut integriert sind.
- Der zweite Bereich des Diagramms (**12. bis 25. Sekunde**) zeigt nur den Auslöser des kapazitiven Sensors. Hier hält der Roboter in der 19. Sekunde aufgrund einer plötzlichen Berührung an, die außerhalb des Bereichs des Ultraschallsensors liegt. Dieses Ergebnis macht deutlich, dass mehrere Ultraschallsensoren in verschiedenen Richtungen erforderlich sind. Außerdem zeigt es die Robustheit der Lösung.
- Der dritte Bereich (**25. bis 40. Sekunde**) zeigt den Fall, dass eine Person nahe am Roboter vorbeigeht. Hier nähert sich die Person, kommt in die Nähe des Roboters und verlässt später den Bereich. mithilfe der Abstandssensoren, verlangsamt sich die Geschwindigkeit des Roboters entsprechend der Entfernung zum Menschen.

Um die Performanz des Gesamtsystems zu steiger könnten die in Abschnitt 8.5 dargestellten Ansätze zum Objekt-Tracking und zur Objektbewegungs-Prädiktion eingesetzt werden. Wenn der Roboter bspw. die **Intention des Bedieners einschätzen** kann, kann die Mensch-Roboter-Kollaboration auf ein neues Level gehoben werden.

Es ist auch zu beobachten, dass die Ergebnisse der **Ultraschallsensoren stark schwanken**. Einer der Gründe dafür scheint die Störung durch den benachbarten Sensor im Testaufbau zu sein. Auch die unzureichende Verzögerung zwischen Auslöseimpuls und Echoimpuls kann dazu führen, dass die Wellen vom Empfänger nicht vollständig erfasst werden. Dies kann auf lange Sicht auch zu Schäden an den Robotermechanismen führen, da die Steuerung bei jedem Abtastzyklus den Nennwert der Geschwindigkeitsänderung sendet und der Motor sofort auf die Aktualisierung reagiert, was zu weiteren internen Schäden führt. Eine Lösung könnte die Verwendung von **Signalfilterungstechniken** sein. Diese Filter dienen der Beseitigung von Spikes im Signalverlauf. Bspw. könnte ein klassischer Tiefpassfilter eingesetzt werden, um das Messsignal zu glätten.

Das Verhalten des Roboters, versehen mit der intelligenten Roboterhaut, ist im nachfolgenden Video exemplarisch Dargestellt. Hierbei wird ersichtlich, dass der Roboter seine Verfahrgeschwindigkeit reduziert, wenn der Bediener dem Roboter näher kommt. Sobald der Bediener den Roboterberühert stoppt er. Hat sich anschließend der Abstand zwischen Bediener und Roboter wieder erhöht, beschleunigt der Roboter zu seiner initialen Sollgeschwindigkeit.

Neben der zuvor dargestellten exemplarischen MRK-Anwendung ist eine der wichtigsten Aufgaben im Bereich der Messtechnik in Verbindung mit stationären Industrierobotern die hochgenaue Bestimmung der Effektor-Position und -Orientierung, auf Basis der aktuellen Gelenk-Konfiguration. Dies erfolgt auf Basis der in Abschnitt 6.2.1 und 6.3.1 dargestellten Modellierungsansätze, in Verbindung mit den in Abschnitt 8.1 und 8.2 dargestellten Sensordatennachverarbeitungs-Ansätzen.

Übungsaufgaben

Übungsaufgabe 8.1. Erläutern Sie, warum bei automatisierten Systemen zumeist eine Kombination aus verschiedenen redundanten Sensorsystemen zur Umfelderkennung zum Einsatz kommen. ■

Übungsaufgabe 8.2. Es ist folgende Prinzipskizze des allgemeinen Aufbaus eines Sensors gegeben. Beschriften Sie die Bestandteile (A) bis (D) des Sensors sowie die Signale x_M und x_A in der Prinzipskizze. Zeichnen Sie zudem in die Prinzipskizze vier mögliche Fehlerquellen ein, welche in Störungen der Messung resultieren können.

Beschreiben Sie zudem die Fehlerquellen, welche die Messung verfälschen können. Nennen Sie für jede Fehlerquelle ein praktisches Beispiel.

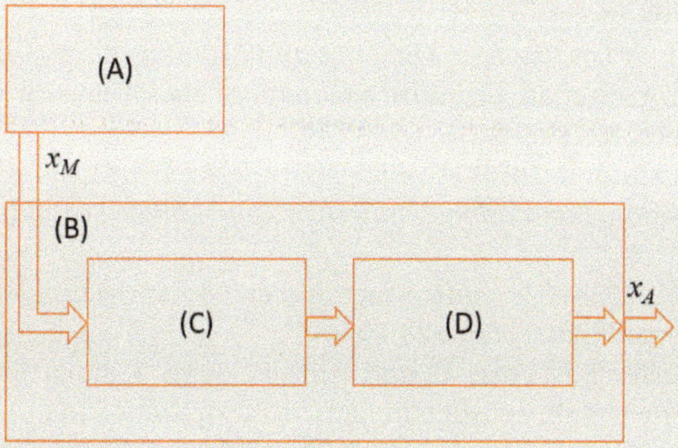

Bild 8.28 Unbeschrifteter Sensoraufbau

Übungsaufgabe 8.3. Worin besteht der Unterschied zwischen einen Lunenberger-Beobachter und einen Kalman-Filter? Wann lohnt sich der Einsatz des jeweiligen Ansatzes?

Übungsaufgabe 8.4. Wie wird ein Lunenberger-Beobachter ausgelegt? Beschreiben Sie die Schritte der Synthese eines solchen Beobachters.

Übungsaufgabe 8.5. Wie wird ein Kalman-Filter ausgelegt? Beschreiben Sie die einzelnen Tuning-Parameter des Filters. Wie beeinflussen diese das Filterverhalten?

Übungsaufgabe 8.6. Mittels welcher Sensorsysteme und algorithmischer Ansätze kann die Fahrzuglokalisierung eines automatisierten PKWs bei einer Autobahnanwendung gestaltet werden?

Übungsaufgabe 8.7. Welche Kartenrepräsentation bietet sich bei der Realisierung einer Parkhausassitenzfunktion für PKWs an?

Übungsaufgabe 8.8. Welche Sensoren kommen üblicherweise zur Objekterkennung zum Einsatz? Wie unterscheiden sich diese?

Übungsaufgabe 8.9. Warum ist es in urbanen Anwendungen von selbstfahrenden Autos ratsam nicht nur die aktuelle Objektbewegung anderer Verkehrsteilnehmer zu messen, sondern auch ihr zukünftiges Verhalten zu schätzen? Wie kann solch eine Verhaltensprädiktion realisiert werden?

Literatur

Bestmann, U. (2019). *Praktische Erwägungen zu Multi-Sensor-Navigationssystemen*, Universitätsbibliothek Braunschweig.

Clemens, J. (2018). *Uncertainty in Localization, Mapping, and Planning: Advanced Methods and Applications*, Dissertation, Cognitive Neuroinformatics, University of Bremen.

Clemens, J., Reineking, T. und Kluth, T. (2016). An evidential approach to SLAM, path planning, and active exploration, *International Journal of Approximate Reasoning* **73**: 1–26.

Clemens, J. und Wellhausen, C. (2024). The square-root unscented and the square-root cubature Kalman filters on manifolds, *Sensors* **24**(20).

Clemens, J., Wellhausen, C., Koller, T. L., Frese, U. und Schill, K. (2020). Kalman filter with moving reference for jump-free, multi-sensor odometry with application in autonomous driving, *International Conference on Information Fusion*.

Feng, D., Haase-Schütz, C., Rosenbaum, L., Hertlein, H., Gläser, C., Timm, F., Wiesbeck, W. und Dietmayer, K. (2021). Deep multi-modal object detection and semantic segmentation for autonomous driving: Datasets, methods, and challenges, *Transactions on Intelligent Transportation Systems* **22**(3): 1341–1360.

Granström, K., Baum, M. und Reuter, S. (2017). Extended object tracking: Introduction, overview, and applications, *Journal of Advances in Information Fusion* **12**(2): 139–74.

Grisetti, G., Kümmerle, R., Stachniss, C. und Burgard, W. (2010). A tutorial on graph-based SLAM, *Intelligent Transportation Systems Magazine* **2**(4): 31–43.

Groves, P. D. (2013). *Principles of GNSS, Inertial, and Multisensor Integrated Navigation Systems*, 2nd edn, Artech House.

Hertzberg, C., Wagner, R., Frese, U. und Schröder, L. (2013). Integrating generic sensor fusion algorithms with sound state representations through encapsulation of manifolds, *Information Fusion* **14**(1): 57–77.

Lunze, J. (2020). *Regelungstechnick 2: Mehrgrößensysteme, Digitale Regelung*, Springer Vieweg.

Qin, T., Li, P. und Shen, S. (2018). VINS-Mono: A robust and versatile monocular visual-inertial state estimator, *IEEE Transactions on Robotics* **34**(4): 1004–1020.

Steyer, S., Tanzmeister, G. und Wollherr, D. (2018). Grid-based environment estimation using evidential mapping and particle tracking, *IEEE Transactions on Intelligent Vehicles* **3**(3): 384–396.

Thrun, S., Burgard, W. und Fox, D. (2005). *Probabilistic Robotics*, MIT Press.

Wellhausen, C., Clemens, J. und Schill, K. (2021). Efficient grid map data structures for autonomous driving in large-scale environments, *International Conference on Intelligent Transportation*, pp. 2855–2862.

Wendler, J. (2011). *Integrierte Navigationssysteme: Sensordatenfusion, GPS und Inertiale Navigation*, Oldenbourg.

9 Planung und Entscheidungsfindung

Unterstützt durch: **Carsten Rachuy** und **Shruti Patel**

Eine der zentralen Komponenten der modularen AD-Pipeline ist die strategische und taktische Entscheidungsfindung und Planung. Diese Komponente verarbeitet Informationen aus dem Wahrnehmungs- und Interpretationsmodul (siehe Kapitel 8) sowie Benutzereingaben und erzeugt darauf basierend einen sicheren und realisierbaren Plan einer Bewegungsabfolge für autonome Systeme/Agenten. Für das gesamte Entscheidungsfindungsmodul werden generell folgende Ein- und Ausgangsdaten vorausgesetzt:

Eingangsdaten sind das Umfeldmodell des Agenten, welches über die Fahrzeugsensoren mit Informationen kontinuierlich angereichert wird, siehe Kapitel 8.

Ausgangsdaten der operativen Planung sind konkrete Fahrdynamiktrajektorien, welche nachfolgend in konkrete Fahrzeugbewegungen umgesetzt werden, siehe Kapitel 10.

Autonom agierende Fahrzeuge und Cobots müssen in komplexen Umgebungen navigieren, verschiedene Datenströme interpretieren und in Sekundenbruchteilen Entscheidungen treffen, um Sicherheit, Effizienz und Komfort zu gewährleisten. Somit muss das Entscheidungsfindungsmodul dieser Systeme in der Lage sein, ein vom Benutzer vorgegebenes Ziel zu verwenden und eine optimale Bewegungsabfolge vom Start- zum Ziel-Punkt zu berechnen. Zudem muss das Entscheidungsfindungsmodul fähig sein, kurzfristige Bewegungen der Systeme als Reaktion auf dynamische Umgebungsfaktoren zu planen (wie z. B. Hindernisse) die während der Navigation vom Start zum Ziel auftauchen.

9.1 Systemarchitektur

Es gibt Methoden, um das Problem der Bewegungsplanung und Entscheidungsfindung als ein einziges Optimierungsproblem zu modellieren. Die hierarchische Natur des Problems erlaubt es uns allerdings, dieses Problem in zwei (einfacher zu realisierende) Planungsebenen zu unterteilen. Diese Unterteilung kann hierbei auf verschiedene Weise erfolgen. Oftmals wird das Problem der Entscheidungsfindung und Bewegungsplanung in eine strategische Missionsplanungsebene sowie eine (diskrete und kontinuierliche) taktische Verhaltens- und Bewegungsplanungsebene unterteilt, die nacheinander ausgeführt werden, siehe Bild 9.1.

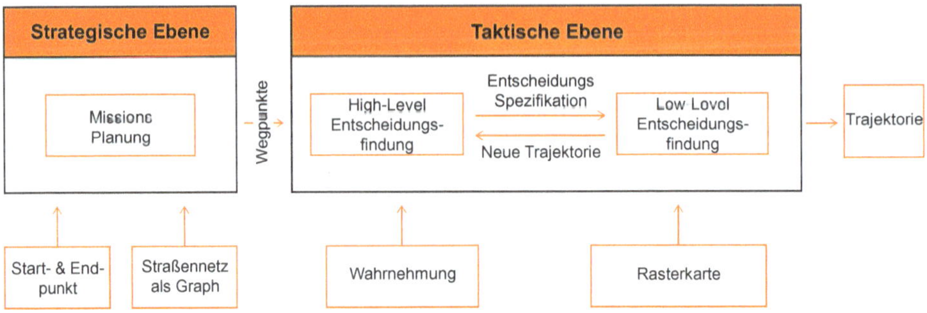

Bild 9.1 Vereinfachte Entscheidungsfindungsarchitektur

Im Folgenden sollen die Aufgaben dieser beiden Ebenen erläutert werden.

- **Strategische Ebene**

  Ziel: Aufgabe der strategischen Ebene ist die globale Routenplanung unter Berücksichtigung langfristiger Ziele. Im Fokus steht hierbei, die optimale Route vom Start- zum Ziel-Punkt zu bestimmen, wobei Faktoren wie Umgebungs- und Verkehrsbedingungen, Straßentypen und gesetzliche Beschränkungen mit in die Planung einfließen.

  Komponenten: Auf dieser Ebene werden sowohl Vorwissen wie bspw. Offline-Kartendaten als auch Informationen wie bspw. Echtzeit-Verkehrsinformationen und GPS-Position verwendet, um die optimale Route zu planen. Das Ergebnis ist eine Abfolge von Weg- oder Kontrollpunkten, die den Agenten zu seinem Ziel führen.

  Zeithorizont: Die Planung der optimalen Route kann initial und ggf. rein auf Basis von offline zur Verfügung stehenden Karten durchgeführt werden. Typischerweise wird einmalig die gesamte Route vom Start- zum Ziel-Punkt berechnet die im weiteren Verlauf zur Erstellung von Manövern genutzt werden kann. Eine Neuberechnung ist nur dann erforderlich, wenn durch neue Informationen (z. B. der Verkehrsbericht informiert über eine Straßensperrung) die aktuelle Route nicht mehr befahrbar und/oder nicht mehr optimal ist.

  Beispiel: Auswahl der schnellsten oder kürzesten Route von Punkt A nach Punkt B unter Berücksichtigung von Autobahngebühren und Straßensperrungen, siehe Bild 9.2.

- **Taktische Ebene**

  Ziel: Aufgabe der taktischen Ebene ist es Bewegungsabfolgen bzw. Manöver zu berechnen, die es dem Agenten ermöglichen der vorher berechneten Route zu folgen. Dies umfasst Verhaltensweisen wie Fahrspurwechsel, Überholen, Einscheren, das Durchfahren von Kreuzungen oder Notbremsungen. Da der Straßenverkeher ein hochdynamisches Szenerio ist, können diese Manöver nicht für die gesamte Route, sondern immer nur für ein lokales Zeitfenster geplant werden. Diese Ebene kann weiter in zwei Kategorien unterteilt werden – die **diskrete Ebene**, auch bekannt als High-Level-Entscheidungsfindung, und die **kontinuierliche Ebene**, oder Low-Level-Bewegungsplanung. Die Eignung der auf jeder dieser Ebenen gewählten Algorithmen hängt stark von der Aufgabe ab, die der Agent erfüllen muss. Während deterministische Methoden am besten geeignet sind, um Situationen mit einem kleinen Zustandsraum zu modellieren, funktionieren probabilistische Methoden besser in Szenarien, in denen die Berücksichtigung von Unsicherheiten

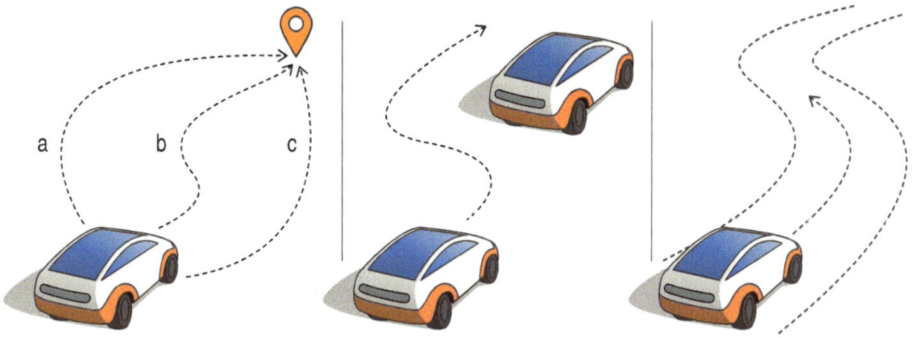

Bild 9.2 Planungsprobleme automatisierter Fahrzeuge (links: strategische Entscheidung; mitte: diskrete taktische Entscheidung; rechts: kontinuierliche taktische Entscheidung)

entscheidend ist. Jüngste Fortschritte im Bereich des **End-to-End-Learning** mit Deep-Learning-Methoden bieten eine dritte Alternative zu den klassischen Planungsarchitekturen.

Komponenten: Auf dieser Ebene werden Sensordaten interpretiert, um ein konsistentes Modell der unmittelbaren Umgebung des Agenten zu generieren welches sowohl das eigene Fahrzeug als auch andere Verkehrsteilnehmer mit einschließt. Basierend auf Modellen für Verhaltensvorhersage bzw. bekannter Systemdynamik können somit Verhaltensentscheidungen getroffen werden.

Zeithorizont: Die Planung von Manövern kann nur auf Basis aktueller Sensor- und Umgebungsinformationen durchgeführt werden. Zudem ist eine einmal geplante Sequenz von Manövern typischerweise nur in einem Zeitfenster von wenigen Sekunden valide, da neue Informationen über die Umgebung oder andere Verkehrsteilnehmer typischerweise das Anpassen des eigenen Verhaltens erforderlich machen. So kann ein geplanter Spurwechsel z. B. nicht ausgeführt werden, wenn ein Fahrzeug in der benachbarten Spur detektiert wurde.

Beispiel: Entscheidung, die Spur zu wechseln, um ein langsam fahrendes Fahrzeug zu überholen, auf eine Autobahn aufzufahren oder sich auf das Abbiegen an einer bevorstehenden Kreuzung vorzubereiten, siehe Bild 9.2. Zudem erfolgt die Berechnung einer Trajektorie die die Sequenz von Manövern umsetzt.

Wie zuvor dargestellt ist die Aufgabe der strategischen Ebene der Entscheidungsfindung-die allgemeine Routenplanung. Hierzu werden zunächst der Start-Punkt der Route (oftmals die aktuelle Position des Agenten die durch die Lokalisierung – siehe Abschnitt 8.3 – bereitgestellt wird) und das gewünschte Ziel benötigt (vom menschlichen Benutzer angegeben). Die Routenplanung findet dann auf einer globalen Karte statt, die in den meisten Fällen als **Straßennetz** in Form eines Graph repräsentiert wird (siehe Bild 9.3) und offline als Vorwissen bekannt ist.

Eine solche Darstellung der globalen Karte ermöglicht es uns, Algorithmen aus dem Bereich der Graphentheorie zu nutzen um eine Route durch den Graph zu berechnen der die Kosten minimiert und anschließend zu einer Folge von Wegpunkten oder bspw. Straßensegmenten mit Fahrbahn-IDs erweitert werden kann, die wiederum den Input für die nächste Ebene des Entscheidungsplanungsmoduls bilden.

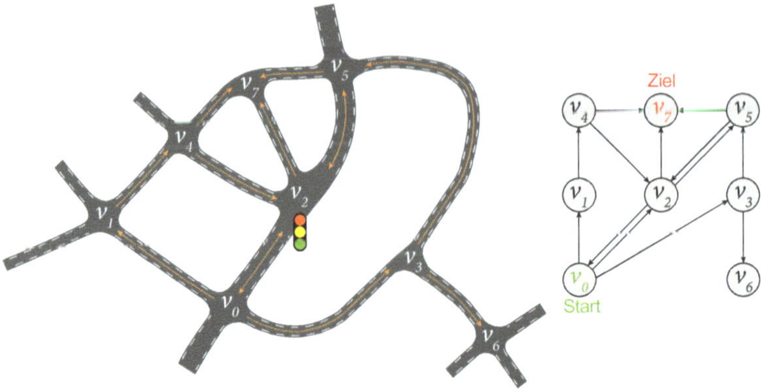

Bild 9.3 Darstellung eines Straßennetzes als ein Graph

Die von dieser Ebene geplante Route kann offline und statisch sein, d. h. vor Beginn der Fahrt berechnet werden und bis zum Ende unverändert bleiben, oder sie kann die sich ändernden Verkehrsbedingungen berücksichtigen und alternative Lösungen zur Identifizierung der optimalen Route ermitteln.

Die zweite Planungsebene kommt ins Spiel, wenn sich der Agent bereits auf der geplanten Route befindet und auf seine Umgebung reagieren muss. In dieser Phase greifen diskrete und kontinuierliche Entscheidungsprozesse eng ineinander. Während die kontinuierliche Bewegungsplanungsebene unter Berücksichtigung des verfügbaren kollisionsfreien Raums und des Zustandsraums des Fahrzeugs eine glatte Trajektorie (unter Verwendung der vorgegebenen Wegpunkte der strategischen Ebene erstellt), bestimmt der diskrete Entscheidungsträger der höheren Ebene auf der Grundlage der Eingaben des Wahrnehmungsmoduls Änderungen an den berechneten Trajektorien. Diese wiederum bilden die Grundlage für die von der kontinuierlichen Bewegungsplanungsebene berechneten geänderten Trajektorien. Diskrete Entscheidungen wie das Ausführen von Ausweichvorgängen werden mit kontinuierlichen Stellgrößeneingriffen wie Lenk- und Geschwindigkeitsanpassung realisiert, siehe Abschnitt 10.2.1 und 10.2.2. Durch dieses Zusammenspiel wird sichergestellt, dass der Agent in dynamischen Umgebungen navigieren kann, indem er seinen Weg auf Grundlage von Echtzeitdaten seiner Sensoren anpasst und so ein Gleichgewicht zwischen Planung auf hoher Ebene und unmittelbaren Reaktionen der Steuerung herstellt.

9.2 Strategische Ebene

Im Folgenden wollen wir die strategische Ebene genauer betrachten. Wie bereits erläutert, besteht die Aufgabe der strategischen Planungsebene in der Planung der aktuellen Route. Eine zentrale Fragestellung hierbei ist, auf welchem Weg der Agent am besten vom Start- zum Ziel-Punkt gelangt. Eine klassische Möglichkeit hierfür ist die Berechnung des kürzesten Weges, auf Basis der zur Verfügung stehenden Streckenabschnitte (zu befahrende vertikale Straßengeometrie). Hierbei können die einzelnen Streckenabschnitte mit ihrer geometrischen Länge gewichtet sein, um den Planungsalgorithmus zu ermöglichen, die kürzeste Strecke zu finden.

Grundidee

Im Rahmen der strategischen Planung wird auf Grundlage der aktuellen sowie der gewünschten Fahrzeugpositionund der Gewünschte Fahrstrategie (bspw. Energie- oder Zeiteffizent) eine optimale Abfolge der zu befahrenden Streckenabschnitte bestimmt. Hierbei ist der Planungshorizont solang wie die gesamte Fahrroute (einige hundert Meter bis mehrere Kilometer). Eine erneute strategische Planung ist lediglich bei Änderung des Zielortes, der gewünschten Fahrstrategie oder geänderten Verkehrsbedingungen nötig. Zur Realisierung dieser Aufgabe kommen klassische Werkzeuge wie A*-, BFS- oder Dijkstra-Algorithmus zum Einsatz.

Herausforderung

Eine Herausforderung bei der strategischen Planung ist der sehr große Planungshorizont. So gestaltet es sich teilweise als anspruchsvoll während der Fahrt eine erneute strategische Planung innerhalb von kürzester Zeit durchzuführen, um bspw. auf geänderte Fahrerwünsche in Echtzeit zu reagieren.

Beispiele

Ein klassisches und sehr etabliertes Beispiel für eine strategische Planungsaufgabe ist die Routenplanung, bei der von der Ausgangs- zu einer Wunschposition die optimale Route (Abfolge der zu befahrenden Streckenabschnitte) berechnet werden soll. Anspruchsvoller gestaltet sich die strategische Planung, wenn die Routenberechnung unter expliziter Berücksichtigung vielfältiger Fahrerwünsche realisiert werden soll. Solche Fahrerwünsche könnten bspw. eine möglichst kurze Reisezeit sein. Alternativ könnte es allerdings auch eine Route sein, bei der die auf den Fahrer wirkenden Quer- und Längsbeschleunigungen minimal sind, da der Fahrer die Reisezeit zum Arbeiten nutzen möchte (bspw. Lese- und Schreibaufgaben nachgehen möchte). Final ist es in diesem Zusammenhang erstrebenswert, dass der Fahrer seine Wünsche nicht direkt in das System eingeben muss, sondern das System die Wünsche des Fahrers selbstständig erkennt. So finden bspw. Kamerasysteme zur Innenraumüberwachung Anwendung, die die Aktivität des Fahrers erkennen, Fahrewünsche davon ableiten und selbstständig einen entsprechende strategische Planung durchführen.

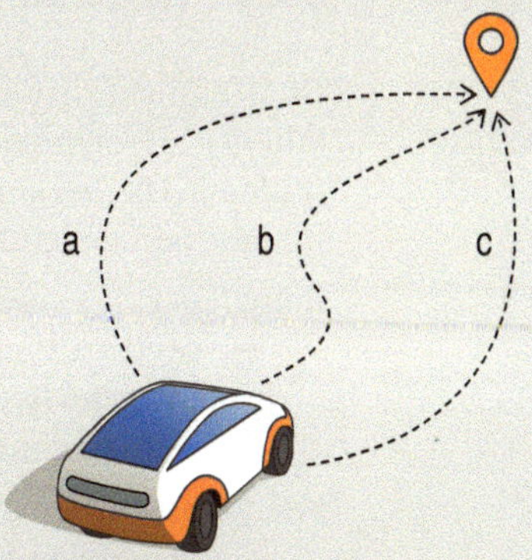

Strategische Planung

Eingangsdaten
Aktuelle sowie gewünschte Fahrzeugposition, gewünschte Fahrstrategie (bspw. Energie- oder Zeiteffizent)

Augangsdaten
Abfolge der zu befahrenden Streckenabschnitte

Planungshorizont
Gesamte Fahrroute (einige hundert Meter bis mehrere Kilometer)

Samplingfrequenz
Gering (Update der Strategie planung ist bei Veränderung des Zielortes, der gewünschten Fahrstrategie oder geänderten Verkehrsbedingungen nötig)

Oft verwendete Methoden
A*-, BFS- oder Dijkstra-Algorithmus

9.2.1 Einleitung, Grundidee und Annahmen

Oft ist es nicht zielführend nur die kürzeste Strecke zu nutzen. So sind weitere Bewertungskriterien zu verwenden, um einen optimalen Weg zwischen Start- und Ziel-Punkt zu identifizieren. Hierbei können u. A. noch folgende zusätzliche Informationen über Streckenabschnitte berücksichtigt werden:

Reisedauer: Bei vielen Aufgaben ist es nicht nur wichtig eine möglichst kurze Route zu finden, sondern auch die Reisezeit vom Start- zum Ziel-Punkt möglichst gering zu halten. Bspw. ist eine längere Strecke ohne einem Tempolimit ggf. einer kürzeren Strecke mit einem Tempolimit vorzuziehen.

Fahrkomfort: Je nach zu transportierender Facht kann auch der Fahrkomfort d. h. die zu erwartenden Längs- und Querbeschleunigungen eine entscheidende Rolle spielen. Bspw. sollten, falls Fahrkomfohrt höher priorisiert werden soll, Straßen mit unebener Fahrbahn oder starken Kurven vermieden werden.

Energieverbrauch: Gerade im Zuge der steigenden Verbreitung von elektrisch angetriebenen Transportsystemen spielt der Energieverbrauch auf den einzelnen Streckenabschnitten eine wichtige Rolle. So ist bspw. die horizontale Steigung der Fahrbahn, sowie möglicher Weise zusätzlich der zu erwartende Verkehr auf den Teilstrecken, entscheidend für den Energieverbrauch des Fahrzeuges. Gerade unter Zuhilfenahme der aktuellen Reichweite des Fahrzeuges, gemeinsam mit evtl. vorab geplanten Pause-/Ladezeiten kann somit eine möglichst optimale Fahrstrategie entwickelt werden.

Die Berücksichtigung dieser verschiedenen Bewertungskriterien für die einzelnen Streckenabschnitte führt final zu einer mehrkriteriellen Optimierungsaufgabe (Polylemma). Bei der zielgerichteten Formulierung der Optimierungsaufgabe kommt somit der Gewichtung der einzelnen Optimierungskriterien eine zentrale Rolle zu. Diese Gewichtungen sollen sich möglichst selbstständig an den Anwenderwünschen ausrichten, und ggf. zur Laufzeit anpassen. So ist es leicht vorstellbar, dass sich die Wünsche des Insassen, bzgl. der zu wählenden Route, ändern je nach dem ob die Insassen gerade aufmerksam den Verkehr verfolgen, konzentriert arbeiten oder schlafen. Somit ist die strategische Planung auch eng mit der automatisierten Zustands- und Intentionserkennung der Insassen verknüpft.

Durch die Modellierung des Straßennetzes als gerichteter Graph mit Kantengewichten, die den Kosten für die Durchquerung eines Straßenabschnitts entspricht, kann eine solches Routenplanungsproblem als mathematische Optimierungsaufgabe formuliert werden. Es sollte berücksichtigt werden, dass die Graphen, die Straßennetze abbilden ggf. Millionen von Kanten enthalten. Dies sollte bei der Auswahl der Datenstrukturen und der darauf arbeitenden Algorithmen bedacht werden.

9.2.2 Mathematische und informationstechnische Grundlagen

In diesem Abschnitt werden zunächst die mathematischen und die informationstechnischen Grundlagen für die Realisierung der strategischen Planungsebene vorgestellt. Hierfür wird in Abschnitt 9.2.2 das Konzept der Graphentheorie sowie verwandte Methoden eingeführt. In Abschnitt 9.2.3 werden darauf aufbauend grundlegende Algorithmen für die Suche auf Graphen dargestellt.

Graphentheorie

Ein Graph ist eine Struktur die es erlaubt Objekte und deren Relationen zueinander darzustellen. Konzeptionell besteht ein Graph aus Knoten V (engl.: Vertices) und Kanten E (engl.: Edges). Hierbei repräsentieren die Knoten die Objekte deren Relationen zueinander abgebildet werden sollen und die Kanten die Relationen selber.

Ist bezüglich der Kanten nur relevant, ob eine Verbindung zwischen zwei Knoten existiert (oder nicht), sprechen wir von einem **ungerichteten Graphen**. Dieser ist formal definiert als ein geordnetes Paar

$$G_{\text{ungerichtet}} = (V, E),$$

wobei V die Menge von Knoten mit

$$V = \{v_1, v_2, ..., v_n\}$$

und E die Menge von Kanten als Menge **ungeordneter Paare**

$$E \subseteq \{\{m, n\} | m, n \in V\}$$

beschreibt. Ist hingegen auch die Richtung der Kanten relevant, sprechen wir von einem **gerichteten Graphen**

$$G_{\text{gerichtet}} = (V, E)$$

mit der Menge der Knoten

$$V = \{v_1, v_2, ..., v_n\}$$

und der Menge von Kanten E als Menge von **geordneten Paaren**

$$E \subseteq \{(m, n) | m, n \in V\}.$$

Die Struktur eines Graphen kann in Form einer Adjazenzmatrix dargestellt werden. Eine **Adjazenzmatrix A** ist eine quadratische $(n \times n)$-Matrix mit $n = |N|$. Für jedes Element der Matrix $\boldsymbol{A}[i][j]$ gilt:

$$\begin{aligned} \boldsymbol{A}[i][j] &= 1, \text{ wenn eine Kante zwischen } V_i \text{ und } V_j \text{ existiert,} \\ \boldsymbol{A}[i][j] &= 0, \text{ sonst} \end{aligned}$$

Die Adjazenzmatrix für den gerichteten Graph aus Bild 9.3 ist demnach

$$\boldsymbol{A}_{\text{gerichtet}} = \begin{pmatrix} 0 & 1 & 1 & 1 & 0 & 0 & 0 & 0 \\ 0 & 0 & 0 & 1 & 0 & 0 & 0 & 0 \\ 1 & 0 & 0 & 0 & 0 & 1 & 0 & 1 \\ 0 & 0 & 0 & 0 & 0 & 1 & 1 & 0 \\ 0 & 0 & 1 & 0 & 0 & 0 & 0 & 1 \\ 0 & 0 & 1 & 0 & 0 & 0 & 0 & 1 \\ 0 & 0 & 0 & 0 & 0 & 0 & 0 & 0 \\ 0 & 0 & 0 & 0 & 0 & 0 & 0 & 0 \end{pmatrix}.$$

Für ungerichtete Graphen, die als Sonderfall gerichteter Graphen angesehen werden können, ist die Adjazenzmatrix stets symmetrisch da für jede Verbindung von v_i nach v_j auch die Verbindung v_j nach v_i existiert.

Eine Erweiterung stellen Graphen mit **gewichteten Kanten** dar. Diese können sowohl ungerichtet als auch gerichtet sein. Bei diesen Graphen wird jeder Kante $e \in E$ ein Gewicht $w \in \mathbb{R}$ zugewiesen. Diese Gewichte können Eigenschaften der Verbindung definieren, die bei der Nutzung des Graphen als Modell berücksichtigt werden sollen. Die Adjazenzmatrix $\boldsymbol{A}$ eines solchen Graphen ist eine quadratische $(n \times n)$-Matrix mit $n = |N|$. Für jeden Eintrag der Matrix $\boldsymbol{A}[i][j]$ gilt:

$$\boldsymbol{A}[i][j] = w, \text{ wenn eine Kante zwischen } V_i \text{ und } V_j \text{ existiert,}$$
$$\boldsymbol{A}[i][j] = \infty, \text{ sonst}$$

Im weiteren Verlauf, werden vornehmlich gerichtete Graphen mit gewichteten Kanten verwendet. Im Hinblick auf die Modellierung der Straßengeometrie als gerichteter Graph mit gewichteten Kanten führt das Inbetrachtziehen verschiedener zusätzlicher Faktoren wie z. B. Reisedauer, Fahrkomfort und Energieverbrauch dazu, dass entweder

- vor Nutzung des Graphen in der eigentlichen Planungen für jede Kante ein einheitliches Gewicht aus den (gewichteten) Faktoren berechnet und der Kante zugewiesen werden muss.
- eine Kante mehr als ein Gewicht zugewiesen bekommen kann, dies würde bedeuten, dass statt $w \in \mathbb{R}$ nun $w \in \mathbb{R}^F$ gilt, wobei F die Menge der Faktoren (Reisedauer, Fahrkomfort etc.) bezeichnet.

Die Berücksichtigung dieser Faktoren für die einzelnen Streckenabschnitte führt final zu einer mehrkriteriellen Optimierungsaufgabe (Polylemma). Bei der zielgerichteten Formulierung der Optimierungsaufgabe kommt somit der Gewichtung der einzelnen Faktoren eine zentrale Rolle zu. Im Folgenden soll auf einige der Algorithmen eingegangen werden, die zu einer strategischen Routenplanung eingesetzt werden können.

9.2.3 Suchalgorithmen für Graphen

Es existieren eine Vielzahl von Suchalgorithmen, welche die optimale Verbindung zwischen zwei Kanten in einem Graphen ermitteln können. Im Folgenden sind drei oft verwendete Verfahren, zur Lösung dieses Problems, vorgestellt.

Breadth First Search Travesal

Breadth-First Search (BFS) ist ein grundlegender Algorithmus in der Informatik, der üblicherweise zum Durchlaufen oder Durchsuchen von graphbasierten Datenstrukturen verwendet wird. Im Zusammenhang mit der Routenplanung in Straßennetzen spielt der BFS-Algorithmus eine entscheidende Rolle bei der Suche nach dem kürzesten Weg zwischen zwei Punkten. Hierbei werden Kreuzungen als Knoten und Straßen als Kanten behandelt. Das primäre Ziel ist es, den kürzesten Weg von einer Start-Kreuzung zu einer Ziel-Kreuzung zu finden. In diesem Abschnitt werden wir die Funktionsweise vom BFS-Algorithmus, seine Anwendung in Straßennetzen sowie seine Vorteile und Grenzen betrachten. Der BFS-Algorithmus durchläuft sequentiell den Graph ausgehend vom Start-Knoten und prüft für jeden betrachteten Knoten zunächst alle mit diesem verbundenen Knoten, bis dieser Schritt mit einem der Nachbar-Knoten wiederholt wird. Jeder bereits geprüfte Knoten wird markiert um sicherzustellen, dass er nur einmal durchlaufen wurde.

Der Algorithmus terminiert wenn eine Route vom Start- zum Ziel-Knoten gefunden wurde oder alle Knoten geprüft wurden. Dieser Ansatz gewährleistet, dass der kürzeste Weg, gemessen an der Anzahl der durchlaufenen Kanten, ermittelt wird. Dieser wird sukzessive während der Suche aufgebaut und nach (erfolgreicher) Terminierung zurückgegeben.

Das Kernstück vom BFS-Algorithmus ist die Verwendung einer Warteschlange, einer Datenstruktur, in der die zu untersuchenden Knoten verwaltet werden.

Datenstruktur: Warteschlange
Eine Warteschlange (engl.: Queue) ist eine lineare Datenstruktur, die dem First-In-First-Out-Prinzip (FIFO) folgt. Das bedeutet, dass das erste Element, das der Warteschlange hinzugefügt wird, auch das erste ist, das entfernt wird. Die Warteschlange unterstützt zwei primäre Operationen: **enqueue** (Einfügen eines Elements am Ende der Warteschlange) und **dequeue** (Entfernen des Elements vom Anfang der Warteschlange). Diese geordnete Verarbeitung von Elementen macht die Warteschlange zur idealen Struktur für die im BFS-Algorithmus erforderliche sequentielle Erkundung. ■

Der BFS-Algorithmus besteht aus den folgenden Schritten:

Initialisierung: Der Algorithmus benötigt einen ungewichteten Graphen G, mit dem Start-Knoten v_0 und dem Ziel-Knoten v_n. Zunächst wird eine leere Warteschlange Q erstellt, der initial der Start-Knoten hinzugefügt wird. Weiterhin müssen a.) bereits besuchte Knoten als **Besucht** (engl.: **Visited**) markiert werden können sowie b.) für jeden durchlaufenen Knoten dessen Vorgänger gespeichert werden um nach Ende des Algorithmus die kürzeste Route rekonstruieren zu können. Beides kann z. B. mittels einer assoziativen Datenstruktur gelöst werden (bspw. einer Map bzw. Hashmap bzw. eines Dictionaries), in der eindeutige Paare aus einem Schlüssel (engl.: Key) und einem Wert (engl.: Value) gespeichert werden können. In diesem Fall würde die Struktur **visited** die Assoziation von Knoten auf **bool** repräsentieren, die Struktur **predecessor** ein Paar aus **Knoten** und dessen (Vorgänger-)**Knoten**.

Erkundung: Der Algorithmus entfernt einen Knoten aus der Warteschlange, untersucht dessen Nachbarn (die Funktion **adjacent()** gibt eine Liste alle direkten Nachbarn des Knotens zurück) und nimmt alle nicht besuchten Nachbarn in die Warteschlange auf. Dadurch wird sichergestellt, dass alle Knoten auf der aktuellen Ebene des Graphen untersucht werden, bevor die nächste Ebene betrachtet wird.

Wiederholung: Dieser Prozess wird iterativ wiederholt, bis der Ziel-Knoten erreicht ist (d. h. es gibt eine Lösung) oder Q ist leer (d. h. es konnte keine Lösung gefunden werden) und somit alle erreichbaren Knoten untersucht wurden.

Routen-Rekonstruktion: Nach Erreichen des Ziel-Knotens (oder im Falle des Straßennetzes die Ziel-Kreuzung) wird mittels der **Predecessors** Struktur der die kürzeste Route rekonstruiert, die vom Ziel-Knoten zum Start-Knoten führt.

Der Pseudocode für die BFS-Algorith- mus ist in Algorithmus 9 dargestellt. Der BFS-Algorithmus bietet bei der Routenplanung in Straßennetzen den Vorteil, dass er garantiert den kürzesten Weg in Bezug auf die Anzahl der zu durchquerenden Kreuzungen berechnet. Dies ist besonders vorteilhaft in ungewichteten Graphen, in denen alle Straßen als gleich lang oder (ggf. als erste Näherung) gleich teuer angesehen werden. Die Zeitkomplexität des Algorithmus entspricht $O(E + V)$.

Aufgrund seiner konzeptionellen Einfachheit ist er leicht zu implementieren und zu verstehen, was seinen Einsatz in einfachen Routenplanungsanwendungen erleichtert. Die Grenzen vom BFS-Algorithmus werden jedoch schnell deutlich, vor allem im Zusammenhang mit großen oder komplexen Straßennetzen. Die aufwendige Ebene-für-Ebene-Erkundung des Algorithmus kann zu Ineffizienzen führen, insbesondere bei umfangreichen Netzen mit einer großen Anzahl von Knoten und Kanten. Dies kann zu einer erhöhten Rechenzeit und einem höheren Ressourcenverbrauch führen. Darüber hinaus benötigt der BFS-Algorithmus viel Speicherplatz, um die Warteschlange zu speichern und besuchte Knoten zu verfolgen, was in dichten Netzen mit zahlreichen Kreuzungen und Straßen problematisch sein kann.

Algorithmus 9 Breadth-First-Suche

```
Input: Graph G = (V, E), Start-Knoten v_0, Ziel-Knoten v_n.
Output: Kürzester Weg von v_0 nach v_n.
Q ← Queue()                                  ▷ Initialisiere leere Warteschlange
visited ← Dictionary()                       ▷ Initialisiere leeres Dictionary
Predecessors ← Dictionary()                  ▷ Initialisiere leeres Dictionary
Q.enqueue(v_0)
while not Q.isEmpty() do
    u ← Q.dequeue()
    if u = v_n then
        break                    ▷ Abbruchbedingung bei Erreichen des Ziel-Knotens
    end if
    for all v in u.adjacent() do
        if not visited[v] = true and not Q.contains(v) then
            Q.enqueue(v)
            Predecessors[v] ← u
        end if
    end for
    visited[u] ← true
end while
return extractPath(v_0, v_n, Predecessors)
```

Beispiel 9.1 (Breadth-First-Suche in einen ungewichteten Graphen). Das Beispiel veranschaulicht den BFS-Algorithmus für die Routenplanung. Hierbei wird ein schrittweiser Ansatz verwendet, um den kürzesten Weg vom Start-Knoten zum Ziel-Knoten in einem Graphen zu finden, der dem Beispielstraßennetz in Bild 9.3 entspricht.

1. Graphendarstellung

- Der Graph besteht aus Knoten (beschriftet mit $v_1, v_2, v_3, \ldots, v_n$), die durch Kanten verbunden sind.
- Der kürzeste Weg vom **Start-Knoten** zum **Ziel-Knoten** ist zu bestimmen.

2. Initialisierung

- Der BFS-Algorithmus beginnt mit der Markierung des **Startk-Kotens** und reiht ihn in eine offene Warteschlange ein.
- Die Warteschlange stellt sicher, dass die Knoten in der Reihenfolge ihrer Entfernung vom Start abgearbeitet werden.

3. Erkundung

- Der BFS-Algorithmus entnimmt iterativ einen Knoten aus der Warteschlange, untersucht seine Nachbarn und reiht alle nicht besuchten Nachbarn in die Warteschlange ein.
- Besuchte Knoten werden gespeichert, um zu vermeiden, dass sie erneut besucht werden.

Der Algorithmus endet, wenn der Ziel-Knoten erreicht ist.

Die Tabellen, welche neben den folgenden Graphen dargestellt sind zeigen für jeden Schritt des Algorithmus die offene Warteschlange, die Liste der besuchten Knoten, den aktuell bearbeiteten Knoten (u), seine Nachbarn v und den Vorgänger pred[v] für jeden v.

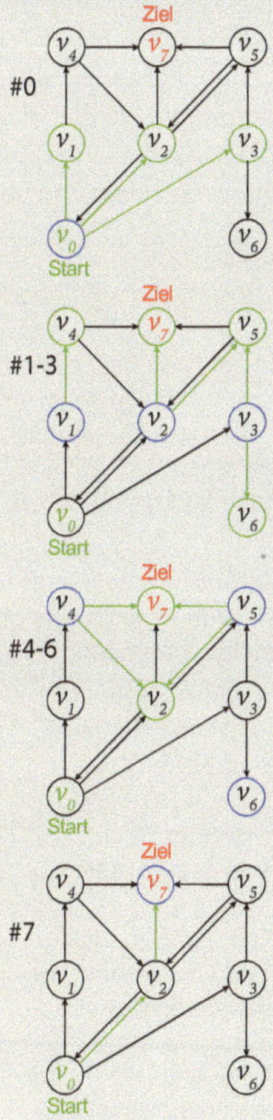

#0	Input	Output
Open Queue	v_0	v_1,v_2,v_3
Besucht		v_0
u	v_0	
v, pred[v]	v_1,v_2,v_3	v_0

Dequeue
Enqueue

#1	Input	Output
Open Queue	v_1,v_2,v_3	v_1,v_2,v_3
Besucht	v_0	v_0,v_1
u	v_1	
v, pred[v]	v_4	v_1

#2	Input	Output
Open Queue	v_2,v_3,v_4	v_3,v_4,v_5,v_7
Besucht	v_0,v_1	v_0,v_1,v_3
u	v_2	
v, pred[v]	v_5,v_7	v_2

#3	Input	Output
Open Queue	v_3,v_4,v_5,v_7	v_4,v_5,v_7,v_6
Besucht	v_0,v_1	v_0,v_1,v_2,v_3
u	v_3	
v, pred[v]	v_5,v_6	v_3

ist schon Queue

#4	Input	Output
Open Queue	v_4,v_5,v_7,v_6	v_5,v_6,v_7
Besucht	v_0,v_1,v_2,v_3	v_0,v_1,v_2,v_3,v_4
u	v_4	
v, pred[v]	v_2,v_7	v_4

ist schon Besucht | ist schon Queue

#5	Input	Output
Open Queue	v_5,v_6,v_7	v_6,v_7
Besucht	v_0,v_1,v_2,v_3,v_4	v_0,v_1,v_2,v_3,v_4,v_5
u	v_5	
v, pred[v]	v_2,v_7	v_5

ist schon Besucht | ist schon Queue

#6	Input	Output
Open Queue	v_6,v_7	v_7
Besucht	v_0,v_1,v_2,v_3,v_4,v_5	$v_0,v_1,v_2,v_3,v_4,v_5,v_6$
u	v_6	
v, pred[v]		

#7	Input	Output
Open Queue	v_7	
Besucht	$v_0,v_1,v_2,v_3,v_4,v_5,v_6$	
u	v_7	
v, pred[v]		

Ziel erreicht!
pred[v_7] = v_2,
pred[v_2] = v_0
Pfad extrahieren:
v_0,v_2,v_7

Bild 9.5 BFS-Algorithmus für ein ungewichteten Graphen zur Berechnung der kürzesten Route vom Start- v_0 zum Ziel-Knoten v_7 – **Anzahl besuchter Knoten: 7**

■

Die Annahme ungewichteter Kanten schränkt die Anwendbarkeit vom BFS-Algorithmus in realen Szenarien weiter ein, in denen die Länge der Straßensegmente und die Durchquerungszeit oft variieren. In solchen Fällen sind Algorithmen wie der Dijkstra-Algorithmus oder die A*-Suche, die die Kantengewichte berücksichtigen, besser geeignet.

Dijkstra-Algorithmus

Der Dijkstra-Algorithmus, benannt nach dem niederländischen Informatiker Edsger W. Dijkstra, ist ein grundlegender Algorithmus, der in der Graphentheorie und der Informatik verwendet wird, um den kürzesten Weg von einem Knotenpunkt zu allen anderen Knotenpunkten zu finden. Im Gegensatz zum BFS-Algorithmus kann der Dijkstra-Algorithmus Graphen mit (nicht-negativen) gewichteten Kanten verarbeiten, was ihn besonders wertvoll für die Routenplanung in Straßennetzen macht, in denen Straßen unterschiedliche Längen und Durchquerungskosten haben.

Der Algorithmus verwendet eine Menge von Knotenpunkten, deren kürzeste Entfernung von dem Start-Knoten bekannt ist, und erweitert diese Menge iterativ, bis die kürzesten Wege zu allen Knotenpunkten bestimmt sind. Der Algorithmus verwendet eine Prioritätswarteschlange (engl.: **Priority Queue**), um den nächsten Knoten mit den kleinsten bekannten Kosten effizient auszuwählen.

Kosteninitialisierung im Dijkstra-Algorithmus

Im Dijkstra-Algorithmus spielt der Prozess der Initialisierung der Kosten eine entscheidende Rolle bei der Bestimmung der kostengünstigsten Wege von einem einzelnen Ziel-Knoten zu allen anderen Knoten in einem gewichteten Graphen. Dieser Initialisierungsschritt stellt sicher, dass der Algorithmus mit validen Ausgangsbedingungen beginnt, bevor er iterativ die Schätzungen für den Weg mit den geringsten Kosten verfeinert und aktualisiert.

Das primäre Ziel der Kosteninitialisierung besteht darin, eine anfängliche Menge von Schätzungen der geringsten Kosten vom Start-Knoten v_0 zu allen anderen Knoten im Graphen $G = (V, E)$ zu ermitteln. Hierfür finden folgende Schritte Anwendung:

Entfernungs-Array: Es wird ein Array **Dist** initialisiert, in für jeden Knoten $v_i \in V$ die aktuell bekannten Kosten von v_0 nach v_i in Dist$[v_i]$ gespeichert wird. Die Größe dieses Arrays entspricht der Anzahl der Knotenpunkte $|V|$ im Graphen.

Initialisierung der Quelle: Beginne damit, die Kosten Dist$[v_0]$ vom Start-Knoten v_0 zu sich selbst auf 0 zu setzen, da die Route von v_0 zu v_0 keine Kosten hat.

Andere Knoten initialisieren: Für alle anderen Knoten $v_i \in V$ im Graph initialisiere Dist$[v_i]$ auf ∞. Dies spiegelt die Tatsache wider, dass die Kosten von v_0 zu $v_i \in V$ anfangs unbekannt sind und als unendlich hoch angenommen werden.

Prioritäts-Warteschlange Initialisierung: Befüllen einer Prioritäts-Warteschlange mit allen Knotenpunkten v_i und ihren jeweiligen Kosten Dist$[v_i]$. Die Knoten werden in der Prioritäts-Warteschlange auf der Grundlage ihrer aktuellen geringsten Kostenschätzung angeordnet, wobei der Knoten mit den geringsten Kosten (bzgl. des Start-Knotens) als nächster verarbeitet wird.

■

Datenstrukturen: Prioritäts-Warteschlangen
Eine Prioritäts-Warteschlange (engl.: **Priority Queue**) ist eine Datenstruktur ähnlich einer **Queue**, in der eine Liste von Elementen gespeichert ist. Zusätzlich wird jedoch zu jedem Element eine Priorität gespeichert. Dies ermöglicht effizienten Zugriff auf das Element mit der höchsten (bzw. niedrigsten) Priorität.

Intern werden die Elemente auf Basis ihrer Priorität und nicht im Hinblick auf ihre Reihenfolge in der Warteschlange angeordnet. Für den Dijkstra-Algorithmus werden Prioritäts-Warteschlangen üblicherweise mit **Min-Heaps** implementiert. Ein Min-Heap ist ein vollständiger Binär-Baum, bei dem zu einem gegebenen Knoten u der Wert für jeden der Nachfolge- bzw. Kind-Knoten v kleiner oder gleich u ist. Der minimale Wert ist der Wurzel zugeordnet. Min-Heaps werden verwendet, um bei jeder Iteration des Dijkstra-Algorithmus effizient den Knoten mit der kleinsten bekannten Kostenschätzung zu finden, da der Zugriff auf diesen in konstanter Zeit $O(n)$ ausgeführt werden kann. Das Hinzufügen eines Knotens bzw. das Entfernen des Knotens mit dem kleinsten Wert haben jedoch einen höheren Aufwand ($O(\log n)$. Die wichtigsten Operationen eines Min-Heap sind:

Hinzufügen (add): Fügt ein Element zum Min-Heap hinzu, wobei die Heap-Eigenschaft erhalten bleibt.

Extrahiere Minimum (extract_Min): Entfernt das Element mit dem kleinsten Wert (im Falle des Dijkstra-Algorithmus der Knoten mit der kleinsten Kostenschätzung) und gibt es zurück.

Verringere Schlüssel (decrease_Key): Verringert den Wert (**Value**) der einem Schlüssel (**Key**, hier ein Knoten) zugeordnet wurde und stellt die Heap-Eigenschaft wieder her, falls sie durch diese Veränderung verletzt wurde. Innerhalb des Dijkstra-Algorithmus hat **decrease_Key** noch einen weitere Funktion: existiert das **Key-Value** Paar noch nicht, wird es zu der **Priority Queue** hinzugefügt.

Üblicherweise besteht nicht die Notwendigkeit einen Min-Heap bzw. eine Priority Queue selber zu implementieren. Sowohl in **Python** als auch in **C++** gibt es existierende Implementierungen (z. B. das **heapq** Modul in Python oder **std::priority_queue** aus der C++ Standard Template Library (STL) in Kombination mit einer Benutzerdefinierten Vergleichsoperation) die direkt genutzt werden können.

Der Algorithmus funktioniert wie folgt:

Initialisierung: Der Ausgangspunkt ist ein gewichteter Graph G mit Start-Knoten v_0 und dem Ziel-Knoten v_n. Der Algorithmus wird mit dem Start-Knoten initialisiert, wobei sein Abstand auf Null und die Abstände aller anderen Knoten auf Unendlich gesetzt werden. Eine Prioritäts-Warteschlange Q wird verwendet, um die Knoten hinsichtlich ihrer aktuell geringsten Kosten zu verwalten.

Durchquerungs- und Entfernungsaktualisierungen: Dabei wird der Knoten mit den geringsten Kosten aus der Prioritätswarteschlange entfernt. Die Entfernungen zu seinen Nachbarn werden aktualisiert (sofern kürzere Wege gefunden werden) wonach diese Nachbar-Knoten wieder in die Prioritätswarteschlange eingefügt werden, sollte ihre Entfernung aktualisiert worden sein.

Wiederholung: Der Prozess wird iterativ wiederholt, bis der Ziel-Knoten erreicht, oder Q leer ist.

Routen-Rekonstruktion: Nach Abarbeiten der Priority Queue wird die kürzeste Route rekonstruiert, indem die Route vom Ziel-Knoten zum Start-Knoten zurückverfolgt wird, wobei z. B. ein Dictionary (**Predecessors**) verwendet wird.

Der Pseudocode des Dijkstra-Algorithmus ist in Algorithmus 10 dargestellt. Da der Dijkstra-Algorithmus gewichtete Graphen behandelt, ist er für reale Szenarien geeignet, in denen die Wege unterschiedlich lang und die Durchquerungskosten unterschiedlich hoch sind. Der Algorithmus garantiert das Auffinden des kürzesten Weges vom Start-Knoten zu allen anderen Knoten im Graphen, vorausgesetzt, dass Kantengewichte nicht negativ sind. Weiterhin kann er sowohl auf ungerichtete als auch gerichtete Graphen angewendet werden.

Algorithmus 10 Dijkstra-Algorithmus

```
Input: Graph G = (V, E), Start-Knoten v_0, Ziel-Knoten v_n.
Output: Kürzerster Weg von v_0 nach v_n.
Q ← PriorityQueue()                          ▷ Initialisiere leere Priority Queue
Dist ← Array(|V|, ∞)                         ▷ Initialisiere leeres Array auf ∞
Predecessors ← Dictionary()                  ▷ Initialisiere leeres Dictionary
Dist[v_0] ← 0
Q.add(v_0, 0)
while not Q.isEmpty() do
    u ← Q.extract_Min()
    if u = v_n then
        break                  ▷ Abbruchbedingung bei Erreichen des Ziel-Knotens
    end if
    for all v in u.adjacent() do
        d_v ← Dist[u] + weight(u, v)
        if d_v < Dist[v] then
            Dist[v] ← d_v
            Q.decrease_Key(v, Dist[v])               ▷ Fügt ggf. v in Q ein
            Predecessor[v] ← u
        end if
    end for
end while
return extractPath(v_0, v_n, Predecessors)
```

Wenn der Dijkstra-Algorithmus mit Prioritätswarteschlangen implementiert wird, hat er eine Zeitkomplexität von $O((|V| + |E|) \cdot log|V|)$, wobei $|V|$ die Anzahl der Knoten und $|E|$ die Anzahl der Kanten ist. Das bedeutet, dass der Algorithmus bei dünnen Graphen (d. h. Graphen mit verhältnismäßig wenig Kanten) relativ effizient ist, bei dichten Graphen jedoch schnell rechenintensiv wird. Ebenso skaliert der Speicherbedarf für die Speicherung der Prioritätswarteschlange, Kosten und Vorgängerrelationen schlecht, wenn er auf Straßennetze mit vielen Knoten und Kanten angewendet wird.

Ein Nachteil des Dijkstra-Algorithmus ist, dass er von nicht-negativen Kantengewichten ausgeht, was seine Anwendbarkeit in Szenarien einschränkt, in denen negative Gewichte auftreten können, wie z. B. bei bestimmten Kostenstrukturen in Wirtschaftsmodellen.

In praktischen Anwendungen wird der Dijkstra-Algorithmus oft durch Optimierungen und heuristische Techniken ergänzt. Der nachfolgend erläuterte A*-Algorithmus erweitert bspw. den Dijkstra-Ansatz durch die Einbeziehung einer heuristischen Funktion zur Schätzung der Entfernung zum Ziel-Knoten, wodurch die Effizienz bei bestimmten Arten von Graphen und Suchproblemen erheblich verbessert wird.

Beispiel 9.2 (Dijkstra-Algorithmus für die Suche in einen gewichteten Graphen). Analog zu Beispiel 9.1 wiederholen wir das Suchverfahren, jetzt jedoch unter Verwendung des Dijkstra-Algorithmus. In diesem Fall nutzen wir einen gewichteten Graphen. Die Wichtungen geben Auskunft darüber, wie die Knoten in der offenen Prioritätswarteschlange angeordnet sind und als nächstes aus der Warteschlange entfernt werden.

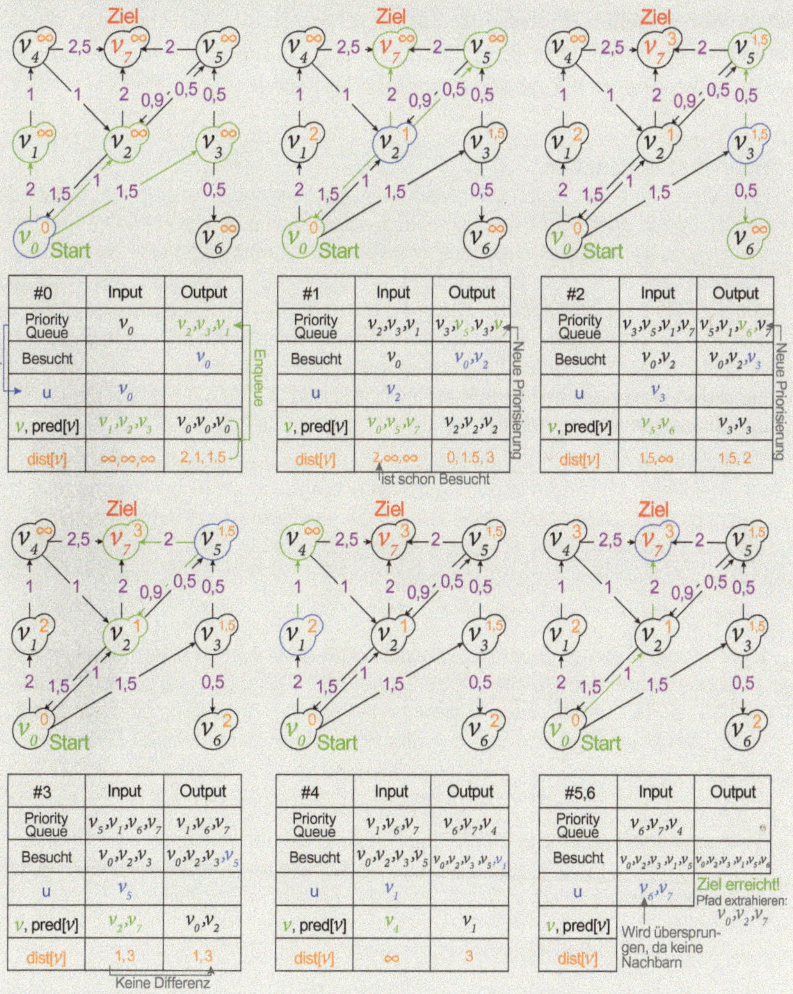

Bild 9.6 Dijkstra-Algorithmus für ein gewichteten Graphen zur Berechnung der kürzesten Route vom Start- v_0 zum Ziel-Knoten v_7 – **Anzahl besuchter Knoten: 6**

■

A*-Algorithmus

Im vorigen Abschnitt haben wir gesehen, dass der Dijkstra-Algorithmus systematisch alle benachbarten Knoten eines bestimmten Knotens untersucht, die dem Start-Knoten am nächsten liegen. Er berücksichtigt zwar die kumulativen Kosten vom Start-Knoten zu dem aktuellen Knoten betrachtet allerdings nicht die Kosten zum Ziel. Dies liegt daran, dass der Algorithmus ursprünglich entwickelt wurde, um den kürzesten Weg von einem Start-Knoten zu allen anderen Knoten zu finden.

Die strategische Missionsplanung für automatisiertes Fahren beinhaltet fast immer ein bekanntes Ziel. In diesem Fall ist es sinnvoll, nicht nur die Entfernung eines Knotens zum Start-Knoten, sondern auch seine geschätzte Entfernung zum Ziel zu berücksichtigen. Dies wird durch die Einführung einer **heuristischen** Funktion $h(v)$ erreicht. Der A*-Algorithmus erweitert den Dijkstra-Algorithmus, indem er eine heuristische Funktion verwendet, um die Kosten vom aktuellen Knoten zum Ziel zu schätzen, was dazu beiträgt, die Suche direkter zum Ziel zu führen. Dies kann die Anzahl der zu untersuchenden Knoten erheblich reduzieren, insbesondere bei großen Graphen oder Karten.

Heuristische Funktion

Heuristiken sind Strategien oder Methoden, die verwendet werden, um Entscheidungen zu treffen oder Probleme schneller zu lösen, wenn eine perfekte Lösung nicht realisierbar ist. Im Zusammenhang mit dem A*-Algorithmus ist eine Heuristik eine Funktion, die die Kosten der günstigsten Route von einem bestimmten Knotenpunkt zum Ziel-Knotenpunkt schätzt. Diese Schätzung hilft, den Suchprozess effizienter zum Ziel zu führen und die Anzahl der untersuchten Knoten im Vergleich zum Dijkstra-Algorithmus zu reduzieren. Gängige heuristische Funktionen für die Suche nach dem kürzesten Weg zwischen zwei Knoten (x_v, y_v) und $(x_{\text{end}}, y_{\text{end}})$ hängen oft von der Art der zulässigen Bewegung ab:

Euklidischer Abstand: Geradliniger Abstand zwischen zwei Punkten. Dies eignet sich für Umgebungen, in denen Bewegungen in jede Richtung (einschließlich Diagonalen) möglich sind. Der euklidische Abstand zwischen zwei Punkten in einer 2D-Ebene ist gegeben als

$$h(v) = \sqrt{(x_v - x_{\text{end}})^2 + (y_v - y_{\text{end}})^2}$$

Manhattan Abstand: Summe der absoluten Differenzen zwischen den kartesischen Koordinaten in allen Dimensionen. Sie eignet sich am besten für rasterbasierte Umgebungen, in denen die diagonale Bewegung eingeschränkt ist. Der Manhattan-Abstand zwischen zwei Punkten in einer 2D-Ebene ist

$$h(v) = |x_v - x_{\text{end}}| + |y_v - y_{\text{end}}|$$

Tschebyscheff-Abstand: Der Tschebyscheff-Abstand zwischen zwei Punkten ist die maximale Differenz über alle ihre Achsenwerte. In einer 2D-Ebene bedeutet dies

$$h(v) = \max(|x_v - x_{\text{end}}|, |y_v - y_{\text{end}}|)$$

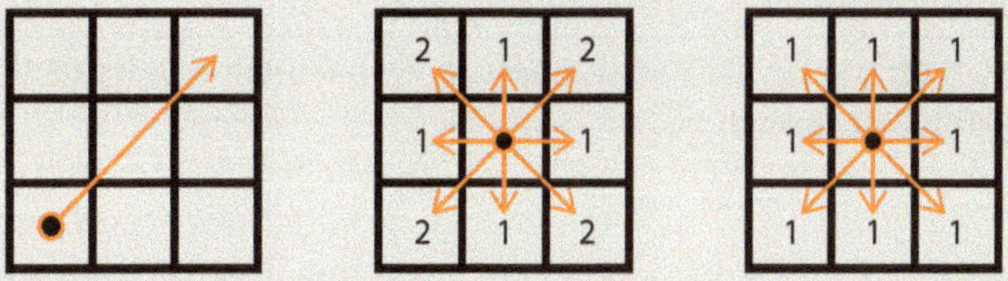

Bild 9.7 Euklidischer, Manhattan und Tschebyscheff Abstände

Die Wahl der Heuristik beeinflusst die Leistung des A*-Algorithmus erheblich. Die Heuristik muss zulässig (niemals die wahren Kosten überschätzen) und idealerweise konsistent sein (erfüllt die Dreiecksungleichung).

Ähnlich wie der Dijkstra-Algorithmus verwendet auch der A*-Algorithmus eine Prioritätswarteschlange. Die Priorität wird durch $f(v)$ oder den **f-Score** bestimmt, der sich aus der Summe von $g(v)$ (**g-Score**), d. h. den bekannten Kosten vom Start-Knoten zum aktuellen Knoten und $h(v)$ (**h-Score**), d. h. der heuristischen Schätzung der Kosten vom aktuellen Knoten zum Ziel-Knoten ergibt.

Der g-Score wird aktualisiert, wenn der Algorithmus neue Wege erkundet, um sicherzustellen, dass der effizienteste Weg zu jedem Knoten aufgezeichnet wird. Für den Fall, dass $h(v) = 0$ ist, degeneriert der A*-Algorithmus zum Dijkstra-Algorithmus.

Das algorithmische Verfahren vom A*-Algorithmus lehnt sich eng an das vom Dijkstra-Algorithmus an, mit dem Unterschied, dass durch die Prioritätswarteschlange hier das Erkunden von Knoten begünstigt wird, die näher am Ziel-Knoten liegen, wie in Algorithmus 11 zu sehen ist.

Durch die Einbeziehung von Heuristiken kann der A*-Algorithmus die Anzahl der zu untersuchenden Knoten im Vergleich zum Dijkstra-Algorithmus erheblich reduzieren, wodurch er schneller und besser für Echtzeitanwendungen geeignet ist. Er garantiert das Auffinden des kürzesten Weges, vorausgesetzt, die verwendete Heuristik ist zulässig und konsistent, was die Optimalität in Bezug auf die Reisekosten oder die Entfernung gewährleistet.

Die Leistung vom A*-Algorithmus hängt jedoch stark von der Qualität der Heuristik ab; eine schlecht gewählte Heuristik kann zu einer suboptimalen Leistung führen, was die Effizienzgewinne zunichte macht. Darüber hinaus kann der A*-Algorithmus insbesondere bei großen und dichten Straßennetzen viel Speicherplatz beanspruchen, was auf Systemen mit begrenzten Ressourcen eine Einschränkung darstellen kann.

Die Zeitkomplexität vom A*-Algorithmus beträgt $O((|V+E|)log|V|)$, wenn er mit einer Prioritätswarteschlange implementiert wird, ähnlich wie der Dijkstra-Algorithmus. Diese Komplexität macht den A*-Algorithmus für viele praktische Anwendungen effizient, obwohl er für extrem große Netzwerke immer noch sehr rechenintensiv sein kann. Insgesamt schafft der A*-Algorithmus ein Gleichgewicht zwischen Optimalität und Effizienz, was ihn zu einem leistungsfähigen Werkzeug für die Routenplanung in komplexen und dynamischen Straßennetzen macht.

Algorithmus 11 A*-Algorithmus

```
Input: Gewichteter Graph G = (V, E), Start-Knoten v_0, Ziel-Knoten v_n, Heuristik h().
Output: Kürzerster Weg von v_0 nach v_n.
Q ← PriorityQueue()                                   ▷ Initialisiere leere Priority Queue
f_Score ← Array(|V|, ∞)                               ▷ Initialisiere leeres Array auf ∞
g_Score ← Array(|V|, ∞)                               ▷ Initialisiere leeres Array auf ∞
visited ← Dictionary()                                ▷ Initialisiere leeres Dictionary
Predecessors ← Dictionary()                           ▷ Initialisiere leeres Dictionary
f_Score[v_0] ← h(v_0, v_n)                            ▷ Heuristik zwischen v_0 und v_n
g_Score[v_0] ← 0                                      ▷ Distanz von v_0 zu v_0 ist 0
Q.enqueue(v_0, f_Score[v_0])
while not Q.isEmpty() do
    {u, f_Score[u]} ← Q.extract_Min()                 ▷ Extrahiere u und dessen f_Score
    if u = v_n then
        break                     ▷ Abbruchbedingung bei Erreichen des Ziel-Knotens
    end if
    visited[u] ← true
    for all v in u.adjacent() do
        if visited[v] = true then
            continue                              ▷ Vermeide wiederholtes Expandieren
        end if
        tentative_g_Score ← g_Score[u] + weight(u, v)
        if tentative_g_Score < g_Score[v] then
            g_Score[v] ← tentative_g_Score
            f_Score[v] ← g_Score[v] + h(v, v_n)
            Q.decrease_Key(v, f_Score[v])                     ▷ Fügt ggf. v in Q ein
            Predecessors[v] ← u
        end if
    end for
end while
return extractPath(v_0, v_n, Predecessors)
```

Anmerkungen

In den hier gezeigten Beispielen wurde für alle Algorithmen die auf gewichtete Graphen angewendet werden, die **Kantengewichtung** stets direkt mit der euklidschen Distanz zwischen den jeweiligen Knoten gleichgesetzt. In vielen Anwendungsfällen stehen typischerweise mehr Informationen als nur die Entfernung zur Verfügung und sollen auch in der Bestimmung der kürzesten Route mit einbezogen werden. Eine mögliche Herangehensweise ist hierbei, die einzelnen Faktoren wie z. B. Entfernung, Straßenqualität oder Wahrscheinlichkeit des Aufkommens eines Staus numerisch in einem festen Zahlenbereich $[min, max]$ zu repräsentieren und das Gewicht einer Kante dann als gewichtete Summe aller Parameter zu repräsentieren, d. h. das Gewicht w_{ij} zwischen den Knoten i und j ist gegeben als $w_{ij} = f_{\text{distance}} w_{\text{distance}} + f_{\text{roadquality}} w_{\text{roadquality}} + f_{\text{trafficjam}} w_{\text{trafficjam}} + \cdots$. Die einzelnen Faktoren können dann situationsbedingt angepasst und somit der berechnete Verlauf der Route indirekt modifiziert werden.

Beispiel 9.3 (A*-Algorithmus für die Suche in einen gewichteten Graphen). In diesem Beispiel verwenden wir denselben Graphen wie in Beispiel 9.2, jedoch mit einer zusätzlichen heuristischen Funktion, die den euklidischen Abstand zwischen einem beliebigen Knoten und dem Ziel-Knoten darstellt.

Diese Heuristik teilt dem Algorithmus mit, in welche Richtung die Erkundung erfolgen soll.

Die heuristische Funktion sorgt in diesem Beispiel dafür, dass der kürzeste Weg in nur drei Durchläufen gefunden wird, wie im nachfolgenden Bild dargestellt.

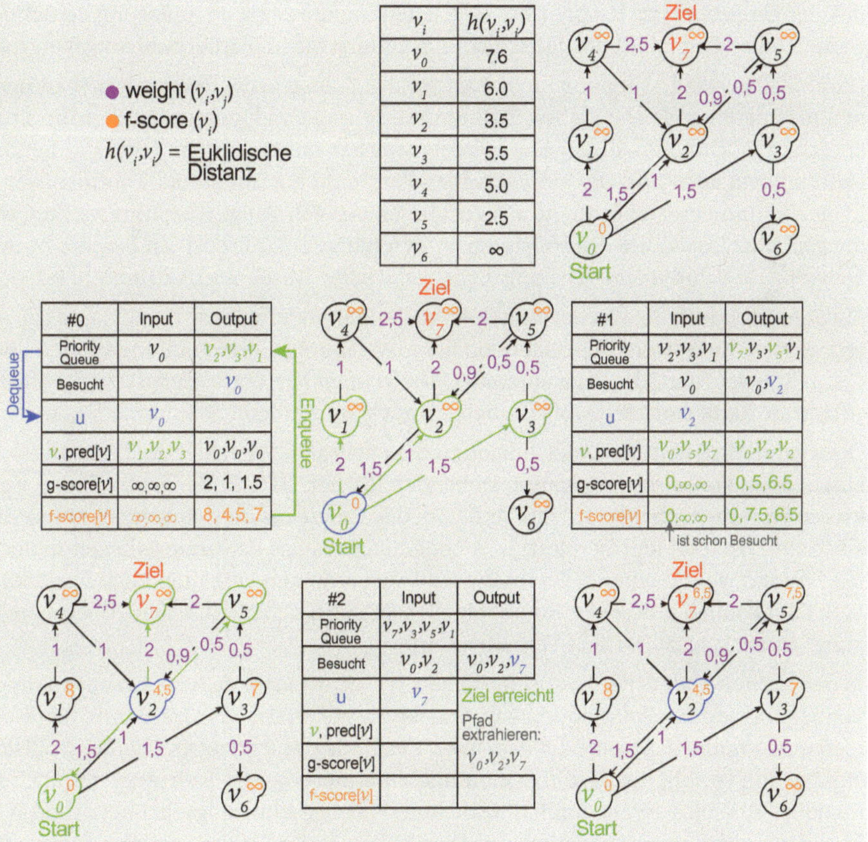

Bild 9.8 A*-Algorithmus für ein gewichteten Graphen, unter Verwendung einer zusätzlichen Heuristik – **Anzahl besuchter Knoten: 3**

■

9.3 Taktische Ebene

Im Folgenden wollen wir die taktische Entscheidungsfindung genauer betrachten. Wie bereits erläutert, besteht deren Aufgabe darin, den von der strategischen Routenplanung bereitgestellten Plan auf dem Fahrzeug umzusetzen. Dazu muss die im vorhergehenden Schritt berechnete, eher abstrakte und graphbasierte Repräsentation in eine kontinuierliche und an die aktuelle Verkehrssituation angepasste Form überführt werden, die von den Regelungsalgorithmen (siehe Kapitel 10) interpretiert und schlussendlich als Steuersignale an die Fahrzeugaktuatorik gesendet werden kann. Dies bedeutet, dass auch die Dynamik der Umgebung im Hinblick auf eine feingranulare zeitliche Auflösung berücksichtigt werden muss. Der taktischen Entscheidungsfindung fallen hierbei zwei Aufgaben zu:

Die aktuelle Verkehrssituation muss, basierend auf den von der Sensorfusion bereitgestellten Informationen (siehe Kapitel 8), interpretiert und ein der aktuellen Verkehrssituation angepasstes Verhalten ausgewählt werden, welches die zu diesem Zeitpunkt benötigten Fahrmanöver auswählt. Das zum aktuellen Zeitpunkt auszuführende Fahrmanöver muss in eine kontinuierliche Sequenz aus Zuständen des Fahrzeugs überführt werden, welche die geplante Trajektorie des Fahrzeugs in den nächsten Zeitschritten beschreibt und als Sollgröße für Fahrdynamikregelung dient, siehe bspw. Abschnitt 10.2.1 und 10.2.2.

Zuvor muss jedoch die von der strategischen Routenplanung berechnete Route ggf. erweitert werden, um sowohl Informationen über Fahrspuren als auch Informationen über die Geometrie der Fahrbahnen zu enthalten. Nach einem Vorverarbeitungsschritt enthält diese hybride Karte danach sowohl diskrete als auch kontinuierliche Informationen.

Die weitere Verarbeitung findet, analog zu dem hybriden Charakter der Karte, in zwei miteinander im konstanten Austausch stehenden Ebenen statt. In der ersten Ebene, der **diskreten Verhaltensebene** wird das Verhalten des Fahrzeugs hinsichtlich der domänenspezifischen Zustände repräsentiert. Dies bedeutet, dass das Fahrzeug jederzeit in dediziertem Zustand ist und einem, diesem Zustand zugeordneten Verhalten folgt. Zustände bzw. Verhalten können z. B. „Folge Route“ als ein sehr generisches, oder aber „Überquere Kreuzung“ als ein spezialisierteres Verhalten sein.

In der zweiten Ebene, der **kontinuierlichen Trajektorienebene** wird aus einem diskreten Verhalten (wie z. B. „Folge Spur“) eine Trajektorie generiert. Eine Trajektorie repräsentiert hierbei die zeitliche Abfolge der geplanten Zustände des Fahrzeugs. Hierbei repräsentiert ein Zustand sowohl die **Pose** (Position und Orientierung) des Fahrzeugs, als auch Informationen über dessen **Dynamik** (lineare und Winkelgeschwindigkeit, lineare und Winkelbeschleunigung). Jeder Zustand beinhaltet zudem einen Zeitstempel, der es erlaubt eine Sequenz von Zuständen in eine zeitliche Relation zu setzen und ggf. Zustände zeitlich zu interpolieren oder zu glätten. Die erzeugte Trajektorie dient als Schnittstelle zur Regelung, da sie für Sequenzen aus in der Zukunft liegenden Zeitpunkten alle relevanten Informationen (Wo soll das Fahrzeug sein? Wie hoch ist die geplante Geschwindigkeit? Wie stark soll es beschleunigen oder abbremsen?) beinhaltet.

Im weiteren Verlauf soll auf die beiden Ebenen eingegangen und Ansätze zur Handhabung der algorithmischen Aufgaben vorgestellt werden. Die hier vorgestellten Ansätze sollen exemplarisch als Beispiel für eine mögliche Herangehensweise an die auftretenden Probleme dienen.

9.3.1 Vorverarbeitung

Der taktischen Entscheidungsfindung liegt die von der strategischen Routenplanung bereitgestellte Route zugrunde. Allerdings umfasst diese Repräsentation noch nicht alle für die Steuerung des Fahrzeugs relevanten Informationen. Dies ist damit begründet, dass der für die Routenplanung verwendete Graph meist nur Informationen über die Konnektivität, d. h. die Erreichbarkeit von Straßen, sowie ggf. noch Metainformationen wie Entfernungen enthält.

Um ein Fahrzeug jedoch vom Start der Route zu dessen Ziel-Punkt zu steuern, werden in der taktischen Entscheidungsfindung zusätzliche **domänenspezifische Informationen** sowie ein Bezug zur tatsächlichen Straßengeometrie benötigt. Domänenspezifsche Informationen sind Bereiche auf der Route, die Einfluss auf die Fahrmanöver haben. Dies sind z. B. Fußgängerüberwege (hier muss die Geschwindigkeit früh genug angepasst werden), Kreuzungen (hier ist das Beachten von Ampeln einzuplanen) sowie dedizierte Abbiegespuren (hier muss ggf. vorausschauend die Spur gewechselt werden).

Die **Modellierung der Straßengeometrie** erlaubt es, die abstrakten semantischen Informationen über Fußgängerüberwege, Kreuzungen und Spuren konkreten Punkten oder Bereichen im Raum zuzuordnen. So kann die Spurbegrenzung bspw. durch zwei Listen aus 2D- oder 3D-Punkten dargestellt werden die es erlauben, die Position und Orientierung des Fahrzeuges mit dem befahrbaren Bereich in Relation zu setzen. Hinzu kommen Informationen über Position und Ausrichtung von z. B. Ampeln sowie Fahrspurmarkierungen.

Sowohl domänenspezifische als auch geometrische Informationen können entweder als a-priori Wissen über Offline-Karten zur Verfügung gestellt, oder zur Laufzeit durch **Kartierungs- bzw. Segmentierungsalgorithmen** bereitgestellt werden. Oft werden beide Ansätze verfolgt, d. h. es liegen Informationen aus beiden Quellen vor, die dann im Fahrbetrieb durch geeignete Sensorfusionsalgorithmen in eine konsistente Umgebungsrepräsentation überführt werden.

Eine Möglichkeit domänenspezifische und geometrische Informationen zu kombinieren und für die weitere Verarbeitung innerhalb der taktischen Entscheidungsfindung zur Verfügung zu stellen, ist eine **hybride Graphstruktur**, die Informationen über Fahrspuren als diskrete Knoten speichert, diesen aber auch kontinuierliche Informationen über die Straßengeometrie zuordnet. Ein Beispiel für eine solche Repräsentation ist der Standard ASAM OpenDRIVE®[1], ein XML-basiertes, offenes Kartenformat, welches feingranulare Spurinformationen, Informationen zur Fahrspurgeometrie sowie Daten zu Ampeln und Verkehrszeichen beinhaltet. Versehen ist dieses Format mit einem Header, welches die Georeferenzierung (d. h. eine absolute Positionierung) der Karte erlaubt.

9.3.2 Diskrete taktische Planung

Innerhalb der diskreten verhaltensbasierten Ebene besteht die Aufgabe darin, das System so zu modellieren, dass es relevante Situationen sowohl erkennen als auch auf diese adäquat reagieren kann. Eine Möglichkeit ist hierbei, ein **zustandsbasiertes Modell** der Domäne zu erstellen.

[1] ASAM OpenDRIVE® Homepage: *https://www.asam.net/standards/detail/opendrive/*

Hierbei werden Fahrmanöver als eine Kombination von Zuständen und Aktionen beschrieben. Diese Zustände können semantisch motiviert sein („Fahrzeug ist geparkt"), bestimmte physikalische Eigenschaften abbilden („Fahrzeug ist langsamer als 50 km/h") oder geometrische Relationen zu anderen Fahrzeugen beschreiben („Fahrzeug überholt anderes Fahrzeug").

Aktionen verbinden Zustände miteinander in der Form, dass eine Aktion – wird sie ausgeführt – das System vom Start-Zustand in den Ziel-Zustand überführt. Typischerweise haben Aktionen Vorbedingungen und Nachbedingungen bzw. Effekte. **Vorbedingungen** sind eine Menge an Aussagen die „wahr" sein müssen, damit die Aktion ausgeführt werden kann. **Nachbedingungen** sind die Effekte die nach Ausführen der Aktion wirksam werden. Ein einfaches Beispiel ist die Aktion „Öffne Tür" die als Vorbedingung „Tür ist geschlossen" als Nachbedingung „Tür ist geöffnet" hat. Aktionen können, basierend auf der Zustandsmodellierung eher abstrakt („Starte Überholvorgang") oder sehr feingranular („Aktiviere Blinker") modelliert sein. Im Kontext des hoch-automatisierten Fahrens wäre ein Beispiel die Aktion „Spurwechsel Links" die als Vorbedingung (mindestens) „Fahrzeug ist auf der rechten Spur" und „Linke Spur ist frei„ und als Nachbedingung „Fahrzeug ist auf der linken Spur" hat.

Diese Art der Repräsentation bringt den Vorteil mit sich, dass der Zustand des Systems innerhalb der Domäne beschreibbar und **nachvollziehbar** ist. Im nominalen Betrieb ist dies sinnvoll, um nachvollziehen zu können, wie das System seine aktuelle bzw. Die Umgebungssituation einschätzt. Zudem kann im Fehlerfall, wenn z. B. eine falsche Aktion ausgeführt wird, die Diskrepanz zwischen dem erkannten und tatsächlichen Zustand besser nachvollzogen und korrigiert werden. Weiterhin ist zur Entwicklungszeit eine syntaktisch-logische Analyse des Systemverhaltens einfacher möglich, als es das z. B. für ein neuronales Netz machbar wäre in welchem die Aktionen als Gewichte verborgen sind.

Allerdings wird schnell deutlich, dass die Modellierung einer komplexen, hochdynamischen Domäne wie dem Straßenverkehr, eine große Herausforderung darstellt.

Anforderungen an eine gute Modellierung sind hierbei, dass sich

- Zustände gegenseitig ausschließen (oder sinnvoll ergänzen),
- sie die gesamte Domäne abdecken,
- auch Fehlerfälle mit einbeziehen und
- die Wechsel zwischen Zuständen durch klare Regeln (Verkehrs- und/oder Systemregeln) definiert werden können.

Ziel ist es hierbei, dass die Abdeckung groß genug ist, dass zu jedem Zeitpunkt die Situation einem oder mehreren Zuständen zugeordnet werden kann und für jede mögliche Situation im Straßenverkehr sowohl Zustände als auch mögliche Aktionen existieren. Hier fallen sofort zwei Dinge auf:

- Je höher die **Komplexität der Domäne**, desto mehr Vor- und Nachbedingungen müssen bedacht werden.
- In dieser einfachen Form erlaubt die Modellierung keine Repräsentation von **fehlgeschlagenen Aktionen** oder explizit zu modellieren, dass Aktionen fehlschlagen können, d. h. es gibt keine Möglichkeit Nichtdeterminismus zu modellieren.

Eine Möglichkeit zustandsbasierte Systeme zu modellieren sind **endliche Automaten** zu verwenden (engl.: Finite State Machines, kurz: FSM).

Grundidee

Die Aufgabe der diskreten taktischen Planung besteht darin aus der zuvor bestimmten Abfolge der zu befahrenden Streckenabschnitte das nächste optimale Fahrmanöver zu bestimmen. Fahrmanöver können bspw. Überholmanöver, Spurfolge, Einparken sein. Somit ist der Planungshorizont nur einige hundert Meter lang. Je nach zur Verfügung stehenden Rechenressourcen Beträgt die Ausführungszeit einer erneuten diskreten taktischen Planung ein einfaches Vielfaches der Abtastzeit der kontinuierlich taktischen Planung.

Herausforderung

Eine große Herausforderung bei der diskreten taktischen Planung ist die unter Umständen sehr hohe Komplexität der zu treffenden Entscheidungen. Besonders in anspruchsvollen ODDs wie in unstrukturierten urbanen Umgebung können sehr unterschiedliche Verkehrssituationen auftreten, die jeweils anspruchsvoll zu identifizieren und zu bewerten sind. Nachdem die jeweilige Situation korrekt erkannt und interpretiert wurde muss das entsprechende Fahrmannöver für das Ego-Fahrzeug abgeleitet werden (DDT). Auch die Anzahl sowie die möglichen Ausprägungsarten dieser Fahrmanöver sind in unstrukturierte urbane Umgebung sehr groß. Um diese anspruchsvolle Planungsaufgabe zu realisieren kommt ein sehr großes Spektrum verschiedener methodischer Werkzeuge zum Einsatz, von einfachen deterministischen Regelwerken über ML-Methoden bis hin zu kooperativen spieltheoretischen Ansätzen.

Beispiele

Ein Beispiel für eine diskrete taktische Planungsaufgabe, welche relativ überschaubare Komplexität aufweist, ist die Entscheidung über den Start eines Überholmanövers auf der Autobahn. Aufgrund der Einfachheit des Manövers verbunden mit der gut strukturierten ODD, kann solch eine Entscheidung mittels eines deterministischen Regelwerkes realisiert werden. Im Regelwerk werden die aktuellen Situationscharakteristika eingepflegt (Ist die Geschwindigkeit des vorausfahrenden Fahrzeuges deutlich kleiner als unsere? Welche Art von Spurmarkierung liegt vor? Ist die Nachbarspur frei? Plant das vorausfahrende Fahrzeug gerade kein Überholmanöver? etc.). Wurden all diese Fragen positiv beantwortet wird der Manöverwunsch Überholvorgang erzeugt und an die kontinuierliche taktischen Planung übermittelt.

Diskrete taktische Planung

Eingangsdaten
Abfolge der zu befahrenden Streckenabschnitte

Augangsdaten
Zu absolvierendes Manöver

Planungshorizont
Einige hundert Meter

Samplingfrequenz
Mittel (je nach Rechenressourcen, einfaches Vielfaches der Abtastzeit der kontinuierlich taktischen Planung)

Oft verwendete Methoden
Deterministische Regelwerke, ML-Methoden und spieltheoretische Ansätze

Endliche Automaten

Ein endlicher Automat stellt eine formale Beschreibung eines Systems dar, welches sich nur in einer Menge diskreter Zustände befinden kann. Der Wechsel von einem Zustand in einen anderen (**Transition**) wird durch ein Ereignis ausgelöst. Dadurch eignen sich FSMs dafür, Prozesse zu beschreiben deren Abfolge klaren Regeln folgt.

Weiterhin können Zustandsautomaten genutzt werden um dynamische Systeme zu beschreiben, deren kontinuierlicher Zustandsraum als eine endliche Menge diskreter Zustände abgebildet werden kann und deren Zustandswechsel als ebenfalls endliche Menge diskreter Aktionen modellierbar sind. Formal ist ein endlicher Automat ein geordnetes Paar

$$\text{FSM} = (S, s_{\text{start}}, S_{\text{end}}, A, T).$$

Hierbei ist

$$S = \{s_1, s_2, \ldots, s_n\}$$

eine endliche Menge von Zuständen,

$$s_{\text{start}} \in S$$

der Zustand in dem das System startet,

$$S_{\text{end}} \subseteq S$$

eine Menge aus Endzuständen,

$$A = \{a_1, a_2, \ldots, a_n\}$$

eine Menge an Eingabesymbolen und

$$T : S \times A \rightarrow S$$

die Zustandsübergangsfunktion die den Wechsel von einem Zustand zu einem anderen, bedingt durch ein Eingabesymbol beschreibt.

! Der Begriff **Zustand** wurde bereits **in verschiedenen Kontexten** verwendet. Hier ist wichtig anzumerken, dass der im Zusammenhang mit endlichen Automaten verwendete Zustandsbegriff (ein diskreter, abstrakter Zustand eines Systems) nicht mit z. B. dem in der Sensorfusion (die Repräsentation der Position, Orientierung und Dynamik des Fahrzeugs) übereinstimmt. Im Folgenden sollte stets ein Bewusstsein dafür existieren, welche Art von Zustand gerade betrachtet wird. ■

Eine analoge Repräsentation ist es, FSMs als **Graphen** darzustellen, dazu wird die Menge der Zustände als Knoten interpretiert, die durch Kanten verbunden sind. Die Kanten werden gemäß der Zustandsübergangsfunktion in den Graphen eingefügt und mit dem dazugehörigen Eingabesymbol $a \in A$ annotiert. Kanten die keinen Wechsel des Zustands zur Folge haben, d. h. für die gilt, dass $T(s, a) = s$ mit $s \in S$ und $a \in A$ ist, werden – je nachdem ob diese Transition eine semantische Bedeutung innerhalb der Domäne hat, ggf. nicht in den Graphen eingezeichnet um dessen Lesbarkeit nicht zu beeinträchtigen.

Formal muss jedoch die Zustandsübergangsfunktion für alle Eingaben, d. h. alle Paare (s, a) mit $s \in S$ und $a \in A$ definiert sein. Wird diese Funktion als Tabelle dargestellt (analog der Adjazenzmatrix die in Abschnitt 9.2.2 beschrieben wurde), hat sie die Dimensionen $|S||A|$ und jeder Eintrag dieser Tabelle enthält ein Element aus S. Ein simples Beispiel eines endlichen Automaten ist eine Drehsperre, also ein System zur Zutrittssteuerung in der ein Drehkreuz den Zugang blockiert bis eine Münze eingeworfen wird. Erst dann löst sich die Fixierung und erlaubt einer Person hindurchzugehen wonach die Drehsperre wieder blockiert. Eine Graphrepräsentation eines solchen Systems ist in Bild 9.9 dargestellt.

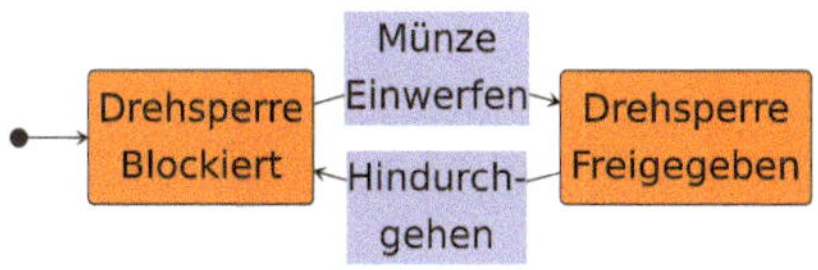

Bild 9.9 Endlicher Automat der eine Drehsperre repräsentiert

Es existieren Erweiterungen in denen das System **in mehreren Zuständen gleichzeitig sein** kann (hier ist eine konzeptionelle Nähe zu Petri-Netzen zu sehen). Weiterhin besteht die Möglichkeit endliche Automaten **hierarchisch zu strukturieren.** Dies erlaubt es, komplexere Domänen zu repräsentieren da so die Definitionsmengen der Zustandsübergangsfunktion gering gehalten werden können. Werden beide Konzepte, d. h. parallele Zustände und hierarchische Struktur kombiniert, stellen die so definierten FSM ein mächtiges Tool zur Modellierung komplexer Domänen und Systemverhalten dar. Folgend werden wir die Domäne des öffentlichen Straßenverkehrs mittels hierarchischen FSMs modellieren.

Repräsentation von Fahrmanövern

Wird eine Domäne mittels einer FSM modelliert, muss der **Grad der Abstraktion** sinnvoll gewählt werden. Dies bedeutet, dass die Domäne einerseits durch Zustände und Aktionen hinreichend abgedeckt und repräsentiert werden muss. Andererseits kann eine zu feingranulare Abdeckung, d. h. zu viele Zustände bzw. Aktionen die Übersicht hinsichtlich der Implementierung, Test- und Wartbarkeit des Systems beeinträchtigen.

Ein Beispiel für eine zu wenig detaillierte FSM wäre der Extremfall, in dem nur aus einem Zustand „Autonomes Fahrverhalten“ und einer von diesem aus- und wieder in diese führende Aktion „Folge Route“ bestehen würde. Hierbei wäre die gesamte taktische Entscheidungsfindung in einem einzigen Fahrverhalten gebündelt und die Modellierung als FSM hätte keinen Vorteil.

Ein Beispiel für eine zu detaillierte FSM wäre, wenn zu viele feingranulare Systemfunktionen durch kombinierte Zustände repräsentiert wären wie z. B. „Blinker Links gesetzt, System in Linkskurve und Fahrzeug detektiert“. In diesem Fall wäre die Anzahl der Zustände die benötigt würden um die Domäne abzudecken zu hoch und die Anzahl der zu implementierenden speziellen Verhalten nicht mehr handhabbar.

Ein Kompromiss soll im Folgenden aufgezeigt werden. Wir bedienen uns hierbei des schon erwähnten Konzeptes einer hierarchischen FSM. Wir beginnen mit einer high-level FSM die die elemementaren Schritte zur Verfolgung einer Route abdeckt.

Konkret ist dies in Bild 9.10 dargestellt. Das hier modellierte System hat einen dedizierten Anfangs- und Ziel-Zustand. Mittels des „Fahrzeug Inaktiv"-Zustands, können Startup and Shutdown-Prozeduren (Selbstdiagnosefunktionen wie z. B. Sensortests, Rekalibrierungen der Systeme, Überprüfung der Konnektivität zu GPS-Systemen, Speichern von Logfiles) modelliert werden. Das eigentliche Folgen der Route, nach Erhalt einer entsprechenden Anfrage, wird über das „Folge Route (Cruise Mode)" Verhalten abgebildet.

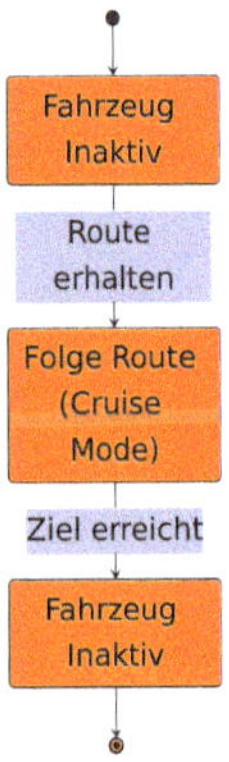

Bild 9.10 FSM des High-Level-Verhaltens der diskreten taktischen Entscheidungsfindung

Angepasst auf unser Beispiel aus Abschnitt 9.2.3 sollen drei Situationen bzw. die dazugehörigen Verhalten modelliert werden, diese sind

- das Überqueren einer Kreuzung,
- das Annähern und Überqueren einer Ampel, sowie
- das Reagieren auf ein langsam fahrendes Fahrzeug.

Die FSM für die Überquerung einer Kreuzung ist in Bild 9.11 dargestellt. Sie wird aktiviert, sobald das Fahrzeug das Einfahren in eine Kreuzung detektiert. Innerhalb dieser FSM werden bspw. Situationen wie das Gewähren der Vorfahrt, das Reagieren auf Verkehrsteilnehmer sowie der nominale Fall (Folgen der Fahrspur und Verlassen der Kreuzung) abgedeckt.

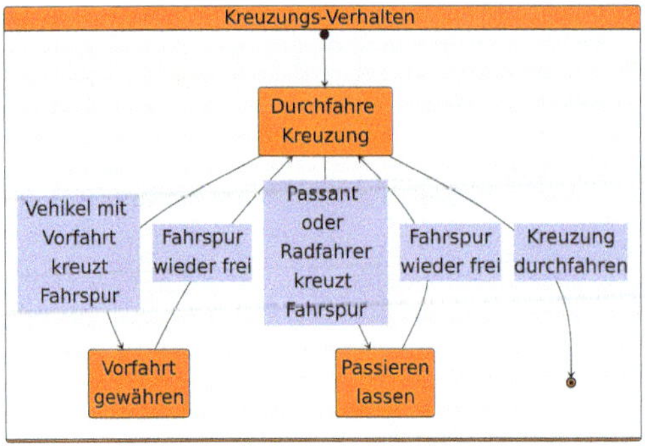

Bild 9.11 Endlicher Automat der die Behandlung einer Kreuzungssituation modelliert

Die FSM für die Annäherung an eine Ampel ist in Bild 9.12 dargestellt. Diese FSM ist relativ simpel, da sie nur das potentielle Abbremsen und Anhalten als Reaktion auf das Lichtsignal modellieren muss. Der nominale Fall „Ampel ist Grün" resultiert in der Überquerung der Ampel wonach der End-Zustand der FSM erreicht ist.

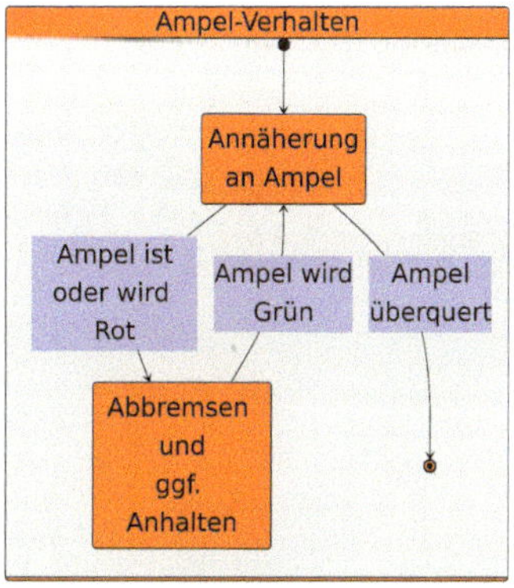

Bild 9.12 Endlicher Automat der das Annähern an eine Ampel modelliert

Die FSM für das Reagieren auf ein langsames Fahrzeug ist in Bild 9.13 dargestellt. Hier müssen, zusätzlich zu dem nominalen Fall, dass das Überholen gestartet und erfolgreich beendet wird, noch zwei Ausnahmesituationen modelliert werden. Einerseits kann es sein, dass in der gegebenen Verkehrssituation das Überholen nicht möglich ist. Andererseits kann es auch sein, dass während eines schon eingeleiteten Überholvorgangs, die Verkehrssituation den Abbruch des Manövers erfordert. Gerade der letzte Punkt ist wichtig, da ohne eine Abbruchbedingung ein einmal gestartetes Verhalten durchgeführt werden würde, was im ungünstigen Fall zu einem Notstopp oder einem Unfall führen kann.

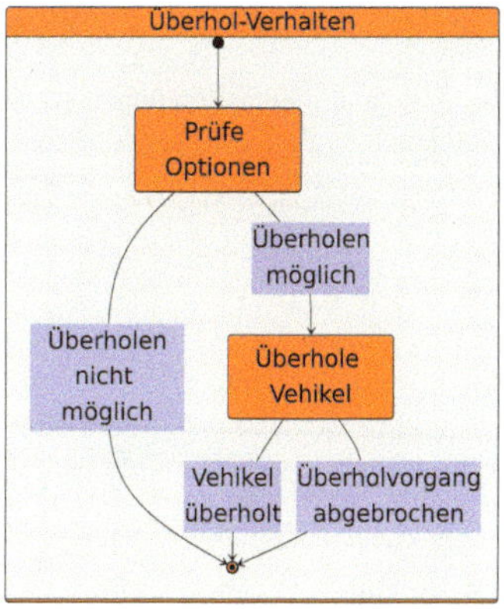

Bild 9.13 Endlicher Automat der ein Überholmanöver modelliert

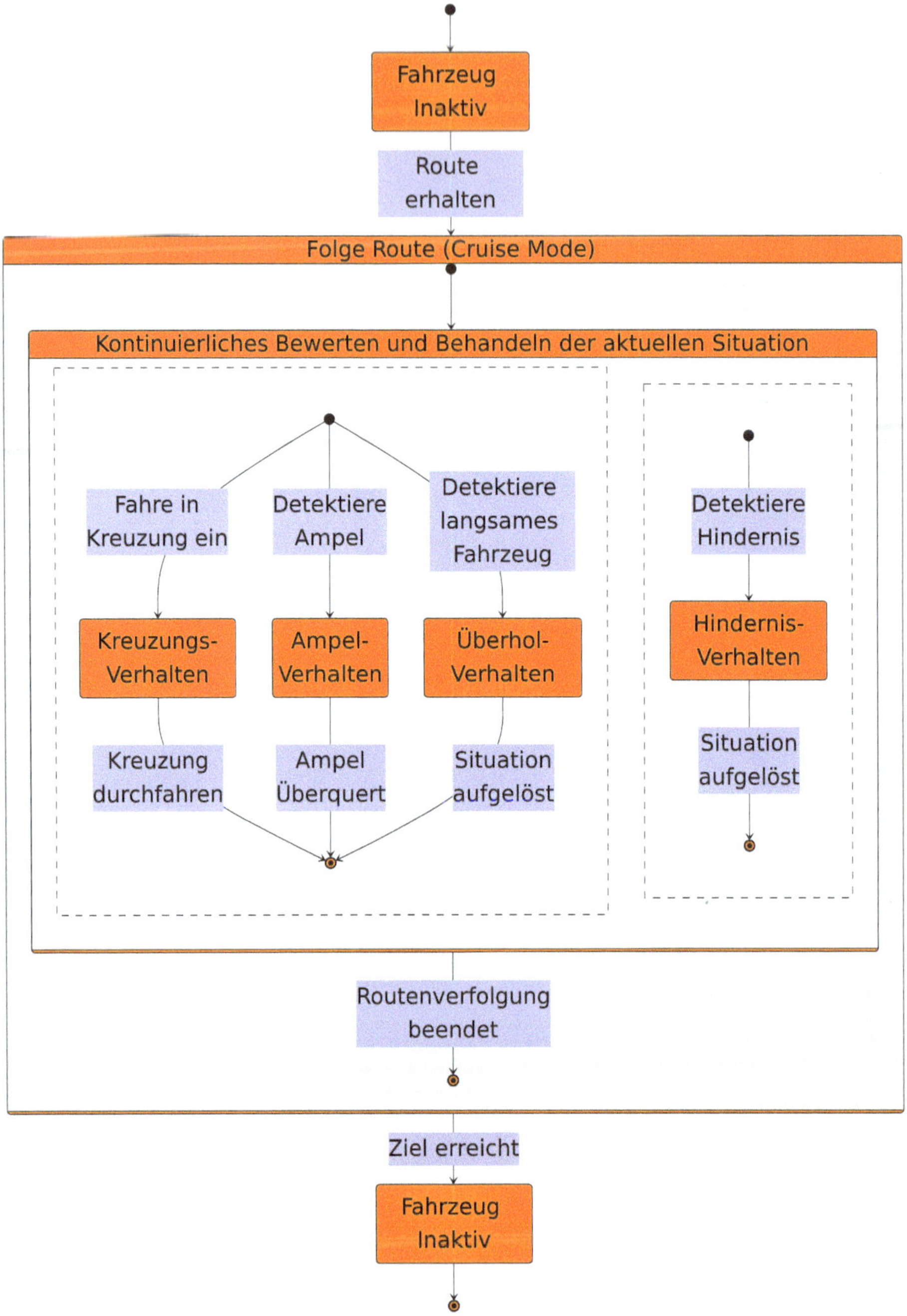

Bild 9.14 Hierarchischer endlicher Automat der die Verfolgung einer Route als High-Level-Verhalten, sowie die Behandlung von Kreuzungen, Ampeln, Überholmanövern und Fehlerfällen als Sub-FSMs modelliert

Diese drei sub-FSMs werden zu einer hierarchischen FSM kombiniert die in Bild 9.14 dargestellt ist. Diese graphische Repräsentation ist so zu lesen, dass das System innerhalb des „Folge Route (Cruise Mode)"-Verhaltens die Möglichkeit hat zusätzlich in eine der drei sub-FSMs zu springen und diese spezialisierten Verhalten auszuführen.

Was auffällt ist, dass neben den drei sub-FSM die bereits beschrieben wurden, eine vierte sub-FSM eingeführt wurde. Diese behandelt Notstopp bzw. Notfallsituationen im Fall von Hindernissen auf der Fahrbahn. Wichtig ist, dass dieses Verhalten losgelöst von den anderen drei szenariospezifischen FMSs aktiv sein kann um zu jedem Zeitpunkt ggf. das Anhalten des Fahrzeugs (sowohl auf gerader Strecke, vor einer Ampel, in einer Kreuzung oder während eines Überholvorgangs) einleiten zu können.

Obwohl bereits der Begriff **Verhalten** im Zusammenhang mit den FSMs genutzt wurde, soll im Folgenden noch einmal darauf eingegangen werden, wie die Verbindung zwischen Zuständen, Aktionen und dem Verhalten des Systems modelliert sein kann.

Konzeptionell ist zu jedem Zustand ein Verhalten assoziiert. Dieses Verhalten stellt eine Verbindung zwischen der diskreten Domänenrepräsentation und der im nächsten Abschnitt beschriebenen kontinuierlichen Trajektorienebene dar.

Während das System in einem Zustand ist, ist das diesem Zustand assoziierte Verhalten aktiv. Dies bedeutet zwei Dinge:

- Zum einen muss das System kontinuierlich entsprechend der aktuellen Situation gesteuert werden was z. B. bedeutet, dass das Fahrzeug in der Spur gehalten und gleichzeitig die Geschwindigkeit aufgrund Annäherung an eine Ampel reduziert werden muss.
- Gleichzeitig müssen alle von diesem FSM-Zustand ausgehenden Transitionen auf ihre Gültigkeit hin überprüft werden. Dies bedeutet z. B. dass geprüft werden muss, ob die Fahrzeugsensorik eine Ampel detektiert, oder gemäß der Lokalisierung und Spursegmentierung in eine Kreuzung eingefahren wird. Ist dies der Fall, wechselt das System in den nächsten Zustand und führt das diesem zugeordnete Verhalten aus.

Als ein Beispiel für den Übergang zwischen verschiedenen Zuständen soll die in Bild 9.3 dargestellte Route von v_0 nach v_7 betrachtet werden.

Beispiel 9.4 (Mannöverplanung). In diesem Beispiel verwenden wir das Straßennetz aus Bild 9.3. Die Fahrmanöver werden in Bild 9.15 farblich dargestellt.

Für die Route von v_0 nach v_7, beginnt das Fahrzeug nach Erhalten der Route an einem Start-Punkt (mit einem grünem S gekennzeichnet) und wechselt zunächst in das übergeordneten „Folge Route (Cruise Mode)"-Verhalten (grün markiert). Hier wird der Fahrspur gefolgt wobei sowohl Geschwindigkeit als auch Lenkwinkel hochfrequent an die Straßengeometrie angepasst werden müssen.

Nähert sich das Fahrzeug der Ampel, wird zusätzlich das „Ampel-Verhalten" aktiv (rot markiert), welches basierend auf dem beobachteten Zustand der Ampel die Geschwindigkeit des Fahrzeugs steuert.

Da das Fahrzeug direkt nach dem Überqueren der Ampel in eine Kreuzung einfährt, wird sowohl das „Ampel-Verhalten" beendet, als auch das „Kreuzungs-Verhalten" aktiviert (orange markiert) welches, basierend auf z. B. Kamera-, Lidar- oder V2X –Sensoren andere Verkehrsteilnehmer im Kreuzungsbereich detektiert und ggf. Vorfahrt gewährt.

Nach Durchfahren der Kreuzung ist nur noch das „Folge Route (cruise Mode)"-Verhalten aktiv (grün markiert), bis am Ende der Fahrt das Fahrzeug in den „Fahrzeug Inaktiv"-Modus schaltet (mit einem roten *Z* gekennzeichnet).

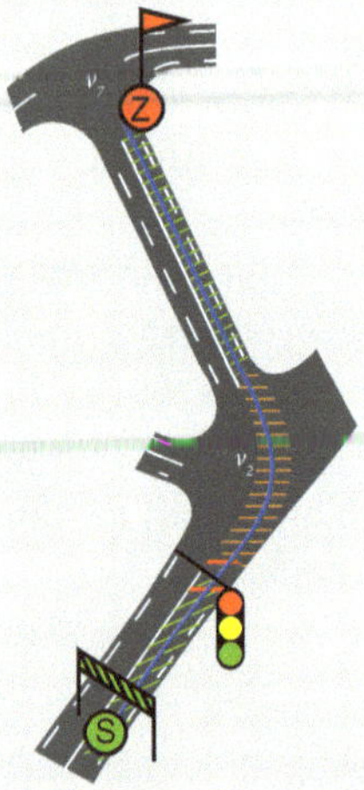

Bild 9.15 FSM-Zustände in Relation zu einer Route

■

Dieses Beispiel zeigt, dass selbst für das hoch-automatisierte Fahren in einem einfachen Szenario, eine große Anzahl an verschiedenen Zuständen und Verhalten modelliert, implementiert und getestet werden muss. Die Komplexität erhöht sich insbesondere bei der Modellierung parallel arbeitender Systeme um ein Vielfaches, da die Wechselwirkungen zwischen Sub-FSMs sorgfältig konzeptioniert und getestet werden müssen um etwaige unerwünschte **Konflikte** (z. B. Verhalten „A" beschleunigt, Verhalten „B" bremst) zu verhindern.

Im praktischen Anwendungsfall stoßen FSMs durch ihre diskrete und deterministische Natur an ihre Grenzen da sie, wie Eingangs erwähnt, weder Unsicherheiten (z. B. unsichere oder unvollständige Sensorinformationen) noch die Ambiguität von ggf. fehlgeschlagenen Aktionen (bzw. Aktionen die mehrere, unterschiedlich wahrscheinliche Folgezustände haben können) abbilden können. Alternative Ansätze sind z. B. **Markow-Entscheidungsprozesse**, probabilistische Ansätze auf die in Abschnitt 9.3.3 näher eingegangen wird.

Im nächsten Abschnitt soll jedoch zunächst die kontinuierliche trajektorienbasierte Ebene beschrieben werden.

9.3.3 Kontinuierliche taktische Planung

Wie bereits erwähnt, handelt es sich bei der betrachteten Domäne des öffentlichen Straßenverkehrs um ein **hochdynamisches Umfeld**. Während FSMs in ihrer diskreten Natur geeignet sind, Systemverhalten in modulare, abgrenzbare sowie separat entwickelbare und testbare Komponenten zu unterteilen, muss spätestens bei der Planung der Trajektorien mit kontinuierlichen Sensorinformationen und Steuersignalen gearbeitet werden.

Ziel der kontinuerlichen taktischen Entscheidungsfindung ist es, zu jedem Zeitpunkt eine **Trajektorie**, d. h. eine Sequenz von Positionen, Orientierungen, Geschwindigkeiten und Beschleunigungen zu **generieren**, die das geplante Verhalten des Fahrzeuges in einem engen Zeithorizont beschreibt.

Dieser Zeithorizont umfasst ca. **fünf bis fünfzehn Sekunden**, wobei konkrete Werte von dem aktuellen Szenario, der Geschwindigkeit des Fahrzeugs sowie der konkreten Implementierung und den zum Einsatz kommenden Algorithmen abhängen.

Eine längerfristige Planung ist hierbei allerdings generell nicht sinnvoll, da durch die hohe Dynamik des Fahrzeugs und die unvorhersehbare Natur der Domäne (andere Verkehrsteilnehmer, die zum aktuellen Zeitpunkt nicht detektiert wurden, müssen plötzlich berücksichtigt werden bzw. führen unerwartete Manöver durch) eine zu weit in die Zukunft reichende Trajektorie höchstwahrscheinlich modifiziert oder neu berechnet werden muss.

Die in der kontinuierlichen taktischen Entscheidungsfindung generierte Trajektorie soll es der Regelung ermöglichen Soll- und Ist-Zustände zu vergleichen und daraus Lenkbewegungen sowie Beschleunigungs- und Bremsaktionen zu generieren.

Grundlage der Berechnung einer solchen Trajektorie ist sowohl eine hoch genaue geometrische Repräsentation der Fahrspuren als auch Planungsalgorithmen die die physikalischen Rahmenbedingungen des Fahrzeugs mit einbeziehen können.

Hinsichtlich der geometrischen Repräsentation muss eine Karte vorliegen, welche semantische Informationen zu befahrbaren Bereichen, Fahrspuren, Fahrbahnmarkierungen, sowie andere Fahrzeuge oder Verkehrsteilnehmer repräsentiert.

In der Robotik kommen in solchen oder ähnlichen Szenarien häufig Grid-Maps zum Einsatz, siehe Abschnitt 8.4.1. Durch geeignete Methoden der Sensorfusion, können diese Karten sowohl Informationen zur **statischen Geometrie** (siehe Abschnitt 8.4) als auch **dynamische Objekte** (siehe Abschnitt 8.5) beinhalten. Aus diesen Informationen lassen sich Einschränkungen bzgl. der befahrbaren Bereiche über die Zeit hinweg ableiten.

Konzeptionell kann ein solches Raster als Graph interpretiert werden, wobei jede Zelle einem Knoten entspricht der zu einem bestimmten Zeitpunkt entweder frei ist (d. h. befahrbar) oder belegt (d. h. nicht als Ziel für die Trajektorienplanung zur Verfügung steht).

Ein naiver Ansatz wäre nun einen der in Abschnitt 9.2.3 vorgestellten Algorithmen zu nutzen, um einen Weg durch den Graphen bzw. die Grid-Map zu berechnen.

Dies ist allerdings nicht sinnvoll, da diese Algorithmen nicht die **Dynamik des Fahrzeugs berücksichtigen**, d. h. der A*-Algorithmus würde potentiell eine instantane 90° Drehung (oder mehr) in eine Trajektorie mit einplanen, was physikalisch nicht umsetzbar ist.

Dementsprechend werden Algorithmen benötigt, die zusätzliche Einschränkungen modellieren können. Ein solcher Algorithmus ist der hybride A*-Algorithmus, welcher im Folgenden vorgestellt wird.

Kontinuierliche taktische Planung

Eingangsdaten
Zu absolvierende Manöver

Augangsdaten
Stellgrößenverläufe für die Aktorik

Planungshorizont
Wenige Meter (<200m)

Samplingfrequenz
Analog zur Systemabtastzeit (bspw. 100 ms)

Oft verwendete Methoden
hybride A*-Algorithmus und modelprädiktive Regelung

Grundidee

Die kontinuierlich taktische Planung ist die Planungsebene mit den kleinsten Planungshorizont und der größten Planungsdynamik. Aufgabe bei der kontinuierlich taktischen Planung ist es, auf Basis von zuvor geplanten Fahrmanövern (bspw. Überholmanöver, Spurfolge, Einparken, etc.) konkrete Stellgrößenverläufe für die Aktorik abzuleiten. Hierbei kommen vielfältige (modellbasierte und modellfreie) Werkzeuge zum Einsatz wie bspw. der hybride A*-Algorithmus.

Herausforderung

Die Herausforderung bei der kontinuierlich taktische Planung liegt in der großen Planungsdynamik. Somit müssen unter Umständen in kürzester Zeit neue Fahrdynamiktrajektorien berechnet werden, welche einen maximalen Fahrkomfort gewährleisten müssen. Daraus resultieren sehr hohe Anforderungen an die Problemformulierung und algorithmische Umsetzung dieser Planungsaufgabe. Zudem wirken sich Planungsfehler der kontinuierlich taktischen Plaungsebene direkt und sehr stark spürbar auf den Fahrkomfort aus. Daher ist eine optimal auf das Zielfahrzeug abgestimmte kontinuierlich taktische Planung entscheidend für die Nutzerakzeptanz der späteren Lösung. Eine weitere große Herausforderung besteht darin, die operativen Planungsalgorithmen möglichst Zielfahrzeugunabhängig zu halten und somit die Anzahl der Tuning-Parameter (welche den Fahrkomfort beeinflussen) gering zu halten, um eine möglichst einfache Applikation der Algorithmen zu ermöglichen.

Beispiele

Ein Beispiel für die kontinuierlich taktische Planung bei dem Autobahn-Assistenten ist die Längs- und Querdynamikplanung des Fahrzeuges bei einem Spurwechselmanöver. In diesem Beispiel lautet somit der Manöverwunsch Spurwechsel. Auf Basis dessen wird in der kontinuierlich taktischen Planungsebene berechnet wie die konkrete Quer- und Längsdynamiktrajektorie zur Realisierung dieses Manövers zu gestalten ist und welche konkreten Stellgrößenverläufe an die Fahrdynamikregelung übermittelt werden müssen.

Hybrider A*-Trajektorienplanungsansatz

Der hybride A*-Algorithmus ist eine Erweiterung des klassischen A*-Algorithmus der es Erlaubt **Informationen über die Systemdynamik bzw. -kinematik mit in die Planung einzubeziehen**. Aus diesem Grund wird der hybride A*-Algorithmus häufig im Kontext der Bewegungsplanung für autonome fliegende bzw. fahrende Systeme eingesetzt (z. B. Drohnen, Rover, Schiffe). Als Grundlage dient der A*-Algorithmus, ein **graphbasierter Ansatz**, welcher den kürzesten Weg (hinsichtlich der Kosten gegeben durch die Kantengewichte des Graphen) zwischen einem Start- und einem Ziel-Knoten findet. In einer **gerasterten Umgebung** (z. B. durch ein Occupancy-Grid dargestellt, siehe Abschnitt 8.4.1) nimmt der A*-Algorithmus an, dass sich der Agent, ausgehend von einer Zelle c_i jederzeit frei in eine benachbarte Zelle c_j bewegen kann. Für Fahrzeuge ist dies keine realistische Annahme, da es sich um **nicht-holonome Systeme** handelt, d. h. Systeme deren Bewegung physikalischen bzw. bauartbedingten Einschränkungen unterliegt. So kann sich ein Auto nicht seitwärts bewegen und folgt typischerweise einer glatten Trajektorie, deren Verlauf u. A. durch den Lenkwinkel, Geschwindigkeit und den Radstand bestimmt wird. Der hybride A*-Algorithmus integriert diese kinematischen Beschränkungen um sicherzustellen, dass die generierten Trajektorien sowohl kollisionsfrei als auch hinsichtlich der physikalischen Parameter des Systems praktisch umgesetzt d. h. abgefahren werden können.

Während der A*-Algorithmus für Planungen mit einem langen Zeithorizont genutzt werden kann, ist das Anwendungsgebiet des hybriden A*-Algorithmus hingegen die **kurzfristige Bewegungsplanung** in der der kontinuierliche Zustandsraum des Fahrzeugs mit einbezogen werden muss, siehe Bild 9.16. Der hybride A*-Algorithmus ist detailliert in Dolgov et al. (2010) beschrieben und wurde in 2007 im Rahmen der DARPA Urban Challenge experimentell validiert.

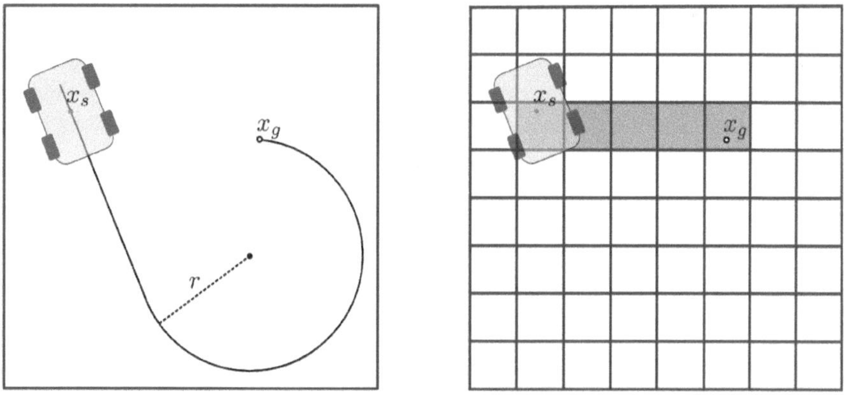

Bild 9.16 Nichtberücksichtigung der Fahrzeugkinematik führt zu einer Unterschätzung (rechts) der Kosten des tatsächlichen Weges (links) – (Grafik aus Kurzer (2016) übernommen)

Die Kombination des hybriden A*-Bahnplanungsalgorithmus mit einem Zustandsautomaten kann den Entscheidungsfindungsrahmen eines autonomen Fahrsystems verbessern, indem er sowohl eine strukturierte Verhaltenssteuerung als auch eine kinematisch machbare Bahnplanung ermöglicht.

Ein **Zustandsautomat** unterstützt die Entscheidungsfindung auf hoher Ebene, indem er komplexe Fahraufgaben in verschiedene, überschaubare Zustände unterteilt, während der hybride A*-Algorithmus sicherstellt, dass die für diese Zustände erzeugten Trajektorien vom Agenden befahrbar und optimal sind. In diesem Zusammenhang regelt der Zustandsautomat den Entscheidungsfluss des Fahrzeugs, und der hybride A*-Algorithmus ist für die Generierung von Trajektorien verantwortlich, denen das Fahrzeug innerhalb jedes Zustands folgen kann.

Umweltdarstellung und Kollisionsprüfungen

Der hybride A*-Algorithmus kombiniert eine Grid-Map zur Hinderniserkennung mit einem kontinuierlichen Zustandsraum zur Bahnplanung. Die Umgebung, in der sich das Fahrzeug bewegt, wird häufig durch eine **2D Grid-Map** dargestellt, die den Raum in ein Gitter von Zellen unterteilt. Jeder Zelle wird auf der Grundlage von Sensorsignalen (z. B. Lidar, Radar oder Kamera) ein Wert zugewiesen, der die Wahrscheinlichkeit darstellt, dass sie von einem Hindernis besetzt ist. Dieser probabilistische Ansatz hilft dem Algorithmus, Unsicherheiten in der Umgebung zu berücksichtigen und eine robuste Hindernisvermeidung zu gewährleisten, siehe Abschnitt 8.4.1. Während die Grid-Map diskret ist und feste Zellengrenzen hat, berücksichtigt der hybride A*-Algorithmus die kontinuierliche Natur der Fahrzeugbewegung, indem er jeder Gitterzelle einen kontinuierlichen Zustandsraum zuordnet. Dadurch kann sich das Fahrzeug frei zwischen den Gitterzellen bewegen und gleichzeitig seine kinematischen Beschränkungen einhalten. Der **Zustandsraum** vom hybriden A*-Algorithmus ist (analog zu Abschnitt 8.3) kontinuierlich und umfasst die Position (x, y) des Fahrzeugs in der 2D-Umgebung und die Fahrzeugorientierung θ. Daher würde der 3D-Zustandsraum durch $\{x, y, \theta\}$ repräsentiert werden. In der Originalarbeit von Dolgov et al. (2010) wird ein 4D-Raum verwendet $\{x, y, \theta, r\}$, wobei $r = \{0, 1\}$ die aktuelle Bewegungsrichtung (vorwärts oder rückwärts) angibt. Auch kann die Fahrzeuggeschwindigkeit v als zusätzlicher Zustand mit einbezogen werden.

Anstatt die Bewegungen des Fahrzeugs auf diskrete Gitterpunkte zu beschränken (wie es im klassischen A*-Algorithmus der Fall ist), erlaubt der hybride A*-Algorithmus dem Fahrzeug, sich gleichmäßig durch den Raum zu bewegen, wobei eine kontinuierliche Darstellung von Position und Orientierung verwendet wird, wie nachfolgend visualisiert.

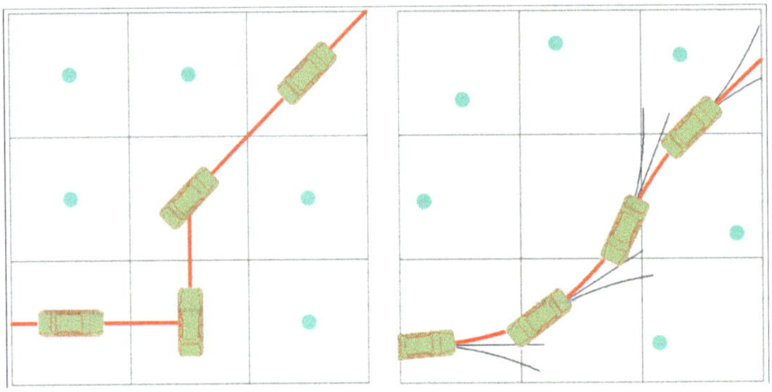

Bild 9.17 Darstellung der Umgebung im A*-Algorithmus (links) gegenüber dem hybriden A*-Algorithmus (rechts) – (Grafik aus Chang und Tian (2024) übernommen)

Die **kinematische Bewegung** eines Fahrzeugs wird häufig mit einen **Fahrradmodell** wie dem Einspurmodell beschrieben, siehe Abschnitt 6.2.2. Der durch das Fahrzeugmodell erzeugte kontinuierliche Zustandsraum ermöglicht ein realistisches Manövrieren, da das Fahrzeug Wege einschlagen kann, die seinen Wenderadius, seine Lenkgrenzen und andere physikalische Beschränkungen einhalten.

Um Bewegungsabfolgen zu planen, welche die kinematische Beschränkungen und die belegten Gitterzellen berücksichtigt, müssen **Kollisionsprüfungen** zwischen Ego-Fahrzeug und Hindernissen durchgeführt werden. Diese Kollisionsprüfungen erfolgen i. d. R. durch Überprüfung, dass es keinen Schnittpunkt zwischen dem Zustandsraum des Ego-Fahrzeugs und dem von einem Hindernis besetzten Raum gibt. Der Zustandsraum des Ego-Fahrzeugs bezieht sich auf die geometrische Darstellung der aktuellen und der voraussichtlichen Position des Fahrzeugs im Zeitverlauf unter Berücksichtigung von Faktoren wie Geschwindigkeit, Orientierung und Beschleunigung. Dieser Raum muss frei von Überschneidungen mit Objekten in der Umgebung bleiben, wie statischen Barrieren (Wände, Bordsteine etc.) oder dynamischen Hindernissen (andere Fahrzeuge, Fußgänger etc.).

Für die Darstellung des Ego-Fahrzeugs und der Hindernisse im Zustandsraum können verschiedene Methoden verwendet werden, die eine genaue und rechnerisch effiziente Kollisionserkennung ermöglichen. Ein gängiger Ansatz besteht darin, **Objekte** wie Ego-Fahrzeug und Hindernisse **durch einfache geometrische Primitive** wie Kreise, Ellipsen oder achsenausgerichtete Bounding Boxes (engl.: Axis Aligned Bounding Boxes, kurz: AABB) zu **approximieren**. Diese Darstellungen verringern den mit der Modellierung komplexer Formen verbundenen Rechenaufwand und ermöglichen schnellere Kollisionsprüfungen im Echtzeitbetrieb. So kann bspw. ein Fahrzeug als Rechteck modelliert werden, um seine Grundfläche anzunähern, während Hindernisse zur Vereinfachung ihrer Form als Kreise modelliert werden können. Bild 9.18 zeigt eine 2D-Näherung für die Form des Ego-Fahrzeugs. Die Einfachheit dieser geometrischen Primitive ermöglicht eine schnelle Bewertung potenzieller Überschneidungen mithilfe etablierter Algorithmen, wie z. B. dem Achsentrennungssatz (engl.: Separating Axis Theorem, kurz: SAT) für konvexe Formen.

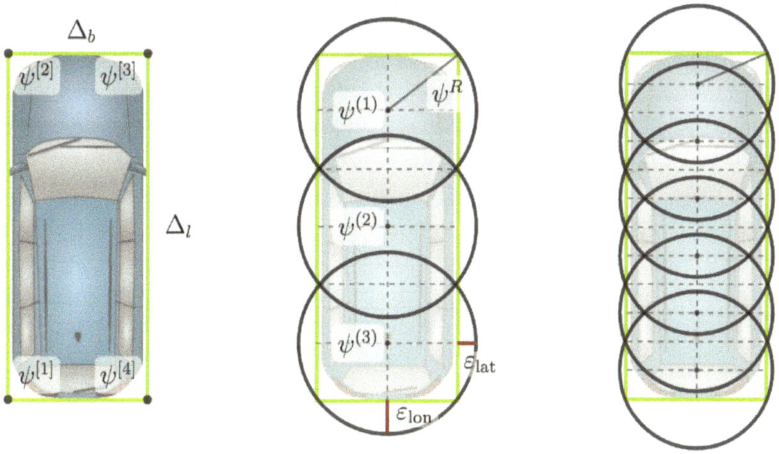

Bild 9.18 2D-Begrenzungsregionen, welche die Fahrzeugform annähern (Grafik aus Folkers (2023) übernommen)

Für komplexere Szenarien, bei denen eine höhere Präzision erforderlich ist, um die tatsächlichen Abmessungen und Bewegungen des Fahrzeugs zu erfassen, kann ein Ansatz mit höherer Genauigkeit verwendet werden. **Konvexe Hüllen oder polygonale Netze können bspw. verwendet werden, um unregelmäßige Formen besser zu approximieren**, auch wenn dies mit einem erhöhten Rechenaufwand verbunden ist.

Eine weit verbreitete Technik zur Verringerung dieser Komplexität ist die Verwendung von Bounding-Volume-Hierarchien (BVHs), bei denen ein **komplexes Objekt in einer Reihe von verschachtelten Bounding-Volumes** (z. B. Kugeln oder Boxen) **gekapselt** wird. Die BVH beginnt damit, dass jedes Objekt oder Hindernis mit einem großen einfachen Begrenzungsvolumen umschlossen wird. Wenn sich dieses Volumen nicht mit dem Zustandsraum des Ego-Fahrzeugs schneidet, kann der Algorithmus Kollisionen mit diesem Objekt sofort ausschließen, so dass keine weiteren detaillierteren Prüfungen erforderlich sind. Wird auf dieser höheren Ebene eine Überschneidung festgestellt, geht der Algorithmus in der Hierarchie nach unten, um kleinere präzisere Begrenzungsvolumina zu prüfen, die in das größere Volumen eingebettet sind, und verfeinert die Prüfung schrittweise, bis entweder eine Kollision bestätigt oder ausgeschlossen wird. Dieser hierarchische Verfeinerungsprozess ermöglicht es dem Kollisionserkennungssystem, große Teile der Umgebung frühzeitig aus der Betrachtung herauszunehmen und die Rechenressourcen nur auf Bereiche zu konzentrieren, in denen eine Kollision wahrscheinlicher ist. Dies ist besonders wichtig beim autonomen Fahren, wo das Ego-Fahrzeug Sensordaten verarbeiten und sichere Trajektorien in hoher Frequenz, oft im Millisekundenbereich, planen muss und wo die Anzahl der Objekte in der Umgebung des Fahrzeugs je nach Szenario stark variieren kann (z. B. Fahrt durch ein belebtes Stadtgebiet im Vergleich zur Fahrt auf einer Autobahn).

Die Einbeziehung von **dynamischen Hindernissen** erhöht die Komplexität der Kollisionserkennung stark. Um diese Situationen zu bewältigen, muss das Ego-Fahrzeug nicht nur statischen Objekten ausweichen, sondern auch die **zukünftigen Bewegungen von sich bewegenden Objekten in seiner Umgebung vorhersagen** (siehe hierzu auch Abschnitt 8.5) und darauf reagieren. An dieser Stelle werden Konzepte wie dynamische Occupancy Grids und Geschwindigkeitshindernisse besonders nützlich. Ein dynamisches Occupancy Grid stellt die Umgebung als ein Raster von Zellen dar, wobei jede Zelle eine Wahrscheinlichkeitsverteilung enthalten kann, welche die Wahrscheinlichkeit darstellt, im Laufe der Zeit von einem Hindernis besetzt zu sein. Diese probabilistische Darstellung trägt der inhärenten Unsicherheit der Sensordaten Rechnung. Sie ermöglicht es dem Fahrzeug, sowohl seine aktuelle Umgebung als auch mögliche zukünftige Zustände sich bewegender Objekte zu erkennen und diese Informationen in die Kollisionsvermeidungslogik zu integrieren.

In ähnlicher Weise werden **Geschwindigkeitshindernisse** (engl.: Velocity Obstacles, kurz: VO) verwendet, um dynamische Interaktionen zwischen Ego-Fahrzeug und anderen sich bewegenden Hindernissen zu modellieren. Der VO-Ansatz sagt Regionen im Geschwindigkeitsraum voraus, in denen es zu einer Kollision kommen kann, wenn beide Agenden ihre aktuelle Bewegungen fortsetzen. Durch die Definition eines VOs als die Menge der relativen Geschwindigkeiten zwischen Ego-Fahrzeug und sich bewegenden Objekten, die zu einer Kollision führen würden, kann der Planer eine Menge zulässiger Geschwindigkeiten erzeugen, die mögliche Kollisionen vermeiden. Das Fahrzeug kann aus dieser Menge eine optimale Geschwindigkeit wählen, welche seinen kinematischen Beschränkungen und seinen Zielen (z. B. Minimierung von Fahrzeit/Energieverbrauch) entspricht. Diese Geschwindigkeit dient als Sollwert für die Regelung, siehe Abschnitt 10.2.1.

Schließlich werden **Sicherheitsbereiche** oder -puffer eingeführt, um den Unsicherheiten Rechnung zu tragen, die sowohl der Wahrnehmung als auch der Vorhersage innewohnen. Diese Unsicherheiten können aus Sensorrauschen, unvollständiger Umgebungswahrnehmung oder Ungenauigkeiten in den vorhergesagten Trajektorien von sich bewegenden Hindernissen resultieren. Durch die Vergrößerung des von Hindernissen besetzten Raums oder die Vergrößerung des begrenzenden Volumens des Fahrzeugs schafft der Planer eine konservative Pufferzone um potenzielle Kollisionspunkte. Dadurch wird sichergestellt, dass das Ego-Fahrzeug selbst bei kleinen Fehlern Kollisionen vermeidet. Die Größe dieses Puffers kann dynamisch an die Umgebung angepasst werden, indem sie in dichten, unvorhersehbaren Szenarien vergrößert oder in stärker strukturierten Umgebungen wie Autobahnen verkleinert wird.

All die zuvor beschriebenen Kollisionsprüfungen müssen schnell und häufig durchgeführt werden, oft in **Echtzeit**, da sich die Umgebung des Fahrzeugs ständig verändert. Die Effizienz dieser Prüfungen ist in Hochgeschwindigkeits- oder komplexen Umgebungen entscheidend, wo jede Verzögerung zu unsicherem Verhalten führen kann. Faktoren wie die Zellengröße der Umgebungsdarstellung spielen eine wichtige Rolle bei der Bestimmung der Effizienz von Kollisionsprüfungen. Bei groben Gittern wird der freie Raum unterschätzt, während bei feineren Gittern die Prüfung mehr Zeit in Anspruch nimmt.

Vertexerweiterung und Pruning

Die hybride A*-Suche beginnt mit der Aufnahme des aktuellen Zustands x_0 in die Warteschlange der offenen Liste. Die benachbarten Knoten werden erweitert, indem eine Vielzahl von Lenkaktionen auf den aktuellen Zustand angewendet wird. In der Arbeit von Dolgov et al. (2010) werden drei **Lenkaktionen** angewendet: „max-left" (das Fahrzeug lenkt in einem Bogen mit der maximalen Krümmung (minimaler Wenderadius) nach links), „no turn" (das Fahrzeug fährt geradeaus) und „max right" (das Fahrzeug fährt in einem Bogen mit der maximalen Krümmung gemäß dem verwendeten kinematischen Modell nach rechts). Diese drei Knotenerweiterungen lassen sich weiter ausbauen, um auch eine Rückwärtsbewegung zu ermöglichen, so dass sich sechs mögliche Knotenerweiterungen ergeben, wie in Bild 9.19 dargestellt. Die optimale Lenkaktion kann mittels der in Abschnitt 5.3 vorgestellten Methoden ermittelt werden. Sobald sie ermittelt ist wird sie als Führungsgröße an die unterlagerte Querdynamikregelung gesendet, siehe Abschnitt 10.2.2.

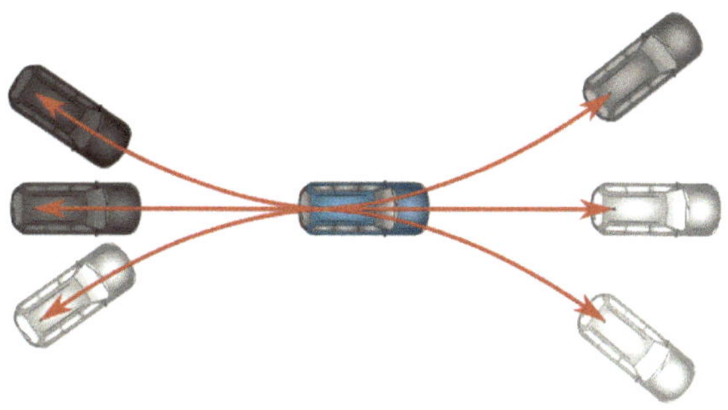

Bild 9.19 Kinematisch zulässige Vorwärts- und Rückwärtsknotenerweiterungen im hybriden A*-Algorithmus (Grafik aus Folkers (2023) übernommen)

Jeder dieser **Nachfolgezustände** stellt eine neue Konfiguration des Fahrzeugs dar, nachdem die gewählte Lenkaktion über eine bestimmte Bogenlänge angewendet wurde. Die Bogenlänge ist ein kritischer Parameter im Expansionsprozess, da sie die Granularität der Suche bestimmt. Sehr kurze Bogenlängen können dazu führen, dass sich der Nachfolge-Knoten in derselben Gitterzelle wie der aktuelle Zustand befindet, was die Expansion unnötig dicht und rechenintensiv macht. Umgekehrt kann die Suche bei sehr großen Bogenlängen zu grob sein, so dass möglicherweise machbare Lösungen übersehen werden oder das Fahrzeug enge Kurven überfährt. Eine **angemessen gewählte Bogenlänge** sorgt für ein Gleichgewicht zwischen der erforderlichen Präzision sowie der Recheneffizienz und erhöht die Wahrscheinlichkeit, dass ein breiteres Spektrum an machbaren Zuständen erreicht wird.

Für jeden der resultierenden Folgezustände wird die Gitterzelle berechnet, in die er fällt. Dies ist für die Steuerung des Explorationsprozesses im Suchraum von entscheidender Bedeutung, da die Diskretisierung des Gitters die Grundlage für die Kollisionsprüfung und das Pruning bildet. **Der Algorithmus expandiert Knoten mit den folgenden Schritten**:

- **Prüfen, ob sich der Nachfolger in der geschlossenen Liste befindet**: Ist dies der Fall, wird die Erweiterung übersprungen, da der Knoten bereits erkundet wurde.
- **Prüfen, ob sich der Nachfolger in der offenen Liste befindet**: Wenn der Nachfolge-Knoten mit der gleichen Gitterzelle in der offenen Liste steht, bedeutet dies, dass er entdeckt, aber noch nicht erkundet wurde. Der Algorithmus vergleicht die bisherigen Kosten (g-Score) der neuen Trajektorie zum Nachfolger mit dem bestehenden g-Score dieses Knotens in der offenen Liste. Wenn die neue Trajektorie einen niedrigeren bisherigen Kostenwert (engl.: Cost-So-Far) hat, bedeutet dies, dass er vielversprechend ist. Der Vorgänger des Knotens, g-Score und h-Score (heuristische Schätzung) werden aktualisiert.
- **Wenn sich der Nachfolger nicht in der offenen oder geschlossenen Liste befindet**: Das bedeutet, dass die Zelle noch nicht durch eine andere Knotenerweiterung erkundet wurde. Daher wird sie der offenen Liste hinzugefügt und der Vorgänger, g-Score und h-Score werden gesetzt.

Wenn der g-Score des Nachfolgers nicht niedriger ist als der g-Score eines Knotens in der offenen oder geschlossenen Liste mit der gleichen Zelle, wird der Nachfolger verworfen. Dies liegt daran, dass der Algorithmus davon ausgeht, dass, wenn es bereits einen Knoten in der offenen oder geschlossenen Liste mit der gleichen Gitterzelle und einem niedrigeren g-Score gibt, die aktuelle Trajektorie zum Nachfolger weniger vielversprechend ist. Dies wird als **Pruning** bezeichnet und ist in dem nachfolgenden Bild visualisiert.

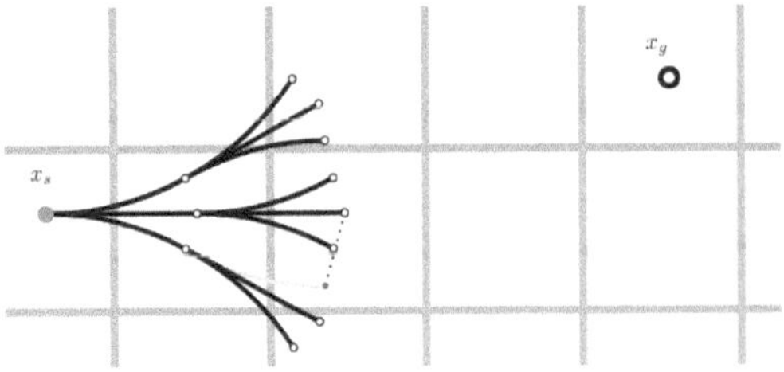

Bild 9.20 Knotenexpansion und Pruning im hybriden A*-Algorithmus (Grafik aus Kurzer (2016) übernommen)

Kostenermittlung und Heuristiken im hybriden A*-Algorithmus

Die **bisherigen Kosten** der ermittelten Teiltrajektorie werden auf der Grundlage der zurückgelegten Strecke berechnet und können auch zusätzliche Faktoren berücksichtigen, wie z. B. die kinematischen Einschränkungen des Fahrzeugs, den Lenkaufwand und die Schwierigkeit des Geländes. Der g-Score kann als die kumulative Entfernung verstanden werden, die das Fahrzeug vom Start-Zustand aus zurückgelegt hat. Sie wird berechnet, indem die Entfernungen zwischen aufeinanderfolgenden Zuständen summiert werden, während sich das Fahrzeug durch die Gitterzellen bewegt. Die Entfernung zwischen zwei aufeinanderfolgenden Zuständen kann je nach Bewegung variieren, sei es entlang eines geraden Weges oder eines Bogens (gekrümmter Weg aufgrund der Lenkung). So können die bisherigen Kosten bspw. wie folgt berechnet werden:

- **Geradlinige Bewegung**: Der g-Score wird um die Strecke erhöht, die auf einer geraden Linie von einem Zustand zum nächsten zurückgelegt wird, bspw. unter Verwendung der euklidischen Distanz.
- **Kreisförmige Bewegung**: Bewegt sich das Fahrzeug entlang einer gekrümmten Bahn (aufgrund einer Lenkbewegung), wird der g-Score um die Bogenlänge der Kurve erhöht, die proportional zum Lenkwinkel und dem Wenderadius des Fahrzeugs ist. Somit ist im Allgemeinen der Kostenanstieg bei einem gekrümmten Weg proportional zur Bogenlänge

  $$g_{\text{neu}} = g_{\text{aktuell}} + \Delta\text{Bogenlänge},$$

  wobei ΔBogenlänge die Strecke ist, die das Fahrzeug entlang des Bogens zurücklegt.

Da sich der hybride A*-Algorithmus mit Fahrzeugen befasst, die **nicht-holonomischen Zwängen** unterliegen, kann der g-Score auch widerspiegeln, wie schwierig es für das Fahrzeug ist, bestimmte Bewegungen auszuführen. Die Kostenfunktion kann diese Faktoren einbeziehen, indem sie bspw. Strafen für Lenkvorgänge mit starker Krümmung oder Rückwärtsbewegung hinzufügt. Betrachten wir hierfür folgende zwei Beispiele:

- **Kurvenfahren**: Eine Kurve mit einem kleineren Radius (enge Kurve) kann höhere Kosten verursachen, da engere Kurven im Allgemeinen weniger effiziente Lösungen erzeugen und höhere Anforderungen an die kinematischen Fähigkeiten des Fahrzeugs stellen (z. B. mehr Energie oder Zeit erfordern).
- **Rückwärtsfahren**: Das Rückwärtsfahren kann mit zusätzlichen Kosten bestraft werden, da es in der Regel weniger wünschenswert ist (z. B. mehr Zeit erfordert). Daher kann der g-Score-Zuwachs für ein Rückwärtsmanöver größer sein als der für eine Vorwärtsbewegung über die gleiche Distanz.

In **dynamischen Umgebungen**, wie z. B. im Stadtverkehr oder in Gebieten mit sich bewegenden Hindernissen, kann der g-Score auch zeitabhängige Faktoren berücksichtigen:

- **Dynamische Hindernisse**: Das Vorhandensein sich bewegender Hindernisse, wie andere Fahrzeuge oder Fußgänger, kann die Kosten bestimmter Trajektorien erhöhen, was das höhere Risiko oder die Schwierigkeit widerspiegelt, um sie herum zu navigieren.
- **Verkehrsbedingungen**: Verkehrsregeln oder Staus können auch den g-Score beeinflussen. Zum Beispiel können Strecken, die Kreuzungen mit starkem Verkehr kreuzen, höhere Kosten verursachen als direktere, aber weniger stark frequentierte Routen.

Heuristische Kosten sind eine vorausschauende Schätzung der Kosten, um das Ziel vom aktuellen Zustand aus zu erreichen. Sie dient dazu, den Suchprozess zu beschleunigen, indem Zustände, die näher am Ziel liegen, bevorzugt werden. Übliche Heuristiken, die im hybriden A* Algorithmus verwendet werden, sind:

- **Euklidischer Abstand**: Der geradlinige Abstand zwischen der aktuellen Position und dem Ziel. Er berücksichtigt zwar keine Hindernisse oder kinematischen Beschränkungen, bietet aber eine schnelle Untergrenze für die Kostenermittlung.
- **Dubins-Kurven**: Diese Heuristik wird verwendet, wenn sich das Fahrzeug nur vorwärts bewegen darf. Die Heuristik modelliert den Wenderadius des Fahrzeugs, um den kürzesten Weg zum Ziel zu schätzen, wobei die Lenkeinschränkungen berücksichtigt werden (gestrichelte Linie in Bild 9.21).
- **Reeds-Shepp-Kurven**: Dies ist eine Erweiterung der Dubins-Kurven und ermöglicht sowohl Vorwärts- als auch Rückwärtsbewegungen, was bspw. für das Einparken oder Navigieren in engen Räumen unerlässlich ist (durchgezogene Linie in Bild 9.21).

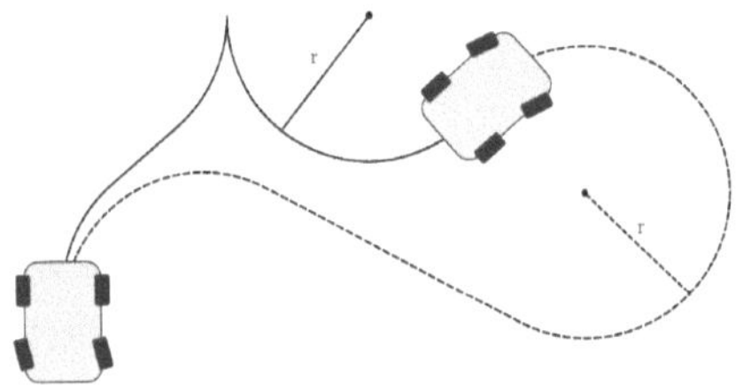

Bild 9.21 Dubins-Kurven (gestrichelt) und Reed-Shepp-Kurven (durchgezogen) – (Grafik aus Kurzer (2016) übernommen)

In Dolgov et al. (2010) stützt sich der Algorithmus auf zwei Heuristiken, die Duale des jeweils anderen sind:

- **Nonholonomic without obstacles**: Die Heuristik berücksichtigt die kinematische Bewegung des Fahrzeugs, lässt aber die Umgebung außer Acht. Die Kosten werden auf der Grundlage von Dubins- oder Reed-Shepp-Kurven berechnet, die beide zulässig sind, d. h. sie überschätzen die Kosten für das Erreichen des Ziels nicht. Da die Umgebung nicht berücksichtigt wird, kann diese Heuristik vorberechnet und in einer Nachschlagetabelle gespeichert werden.
- **Holonomic with obstacles**: Hierbei werden zwar Hindernisse berücksichtigt, nicht aber die kinematischen Beschränkungen des Fahrzeugs. Sie verwendet die Hinderniskarte, um den kürzesten (euklidischen) Abstand zum Ziel zu berechnen. Das Maximum der beiden Heuristiken wird im Algorithmus verwendet.

Zusätzliche Feineinstellungen wie analytische Erweiterungen auf der Grundlage des Reed-Shepp-Modells für die Vorwärtssuche, die Glättung von Trajektorien und die Verwendung des Voronoi-Feldes zur Definition des Kompromisses zwischen Trajektorienlänge und der Nähe zu Hindernissen können zur weiteren Optimierung des Algorithmus eingesetzt werden. Der Leser wird auf Dolgov et al. (2010); Kurzer (2016) und Folkers (2023) für detailliertere Einblicke in die Verwendung vom hybriden A*-Algorithmus für die taktische Echtzeitplanung für autonomes Fahren verwiesen.

9.3.4 Reinforcement Learning für Entscheidungsfindung

Zur Realisierung komplett autonomer Systeme benötigen wir Entscheidungsfindungsansätze die sich an **unstrukturierten und schwer vorhersehbaren Umgebungen** anpassen können.

Wie zuvor beschrieben sind **endliche Automaten** regelbasierte Systeme, bei denen ein autonomer Agent basierend auf spezifischen Eingaben oder Bedingungen zwischen vordefinierten Zuständen wechselt. Ein FSM kann bspw. Zustände wie „Anhalten", „Beschleunigen" und „Abbiegen" enthalten und ihre Übergangsbedingungen schalten, die durch Verkehrsampelsignale oder das Vorhandensein von Hindernissen gesteuert werden. FSMs haben jedoch mehrere bedeutende Schwächen im Kontext des autonomen Fahrens. Ein Hauptproblem ist ihre **mangelnde Flexibilität**; FSMs operieren auf der Grundlage starrer, vordefinierter Regeln, was es schwierig macht, sich an die dynamische und schwer vorhersehbare Natur des realen Straßenverkehrs anzupassen.Ein weiteres Problem ist die sogenannte **Zustands-Explosion**: FSMs erfordern eine große Anzahl von Zuständen, um die Komplexität verschiedener Fahrszenarien zu bewältigen, was ihre Erstellung und Wartung mit zunehmender Umweltkomplexität erheblich erschwert. Darüber hinaus verfügen FSMs nur über begrenzte Generalisierungsfähigkeiten und haben oft Schwierigkeiten mit Situationen, für die sie nicht ausdrücklich im Vorfeld programmiert wurden. Bspw. könnte ein FSM auf ungewöhnliches oder unerwartetes Verhalten anderer Verkehrsteilnehmer nicht angemessen reagieren, was die Sicherheit und Zuverlässigkeit in realen Anwendungen beeinträchtigen könnte.

Markow-Entscheidungsprozesse (engl.: Markov Decision Processes, kurz: MDPs) bieten einen fortschrittlicheren Rahmen für Entscheidungsfindung, indem sie es einem Agenten ermöglichen, Entscheidungen auf der Grundlage eines vollständig beobachtbaren Zustands zu treffen, der alle relevanten Informationen der Umgebung enthält. Definiert durch Zustände, Aktionen, Übergänge und Belohnungen, erlauben es MDPs Agenten, optimale Aktionen zu erlernen, indem sie den kumulativen Belohnungen maximieren. Dennoch haben MDPs auch erhebliche Einschränkungen im Bereich des autonomen Fahrens. Ein zentrales Problem ist die **Annahme der vollständigen Beobachtbarkeit**, die in realen Fahrsituationen oft unrealistisch ist, da Sensoren Einschränkungen wie blockierte Sicht und Rauschen aufweisen, was zu nur teilweise beobachtbaren Umgebungen führt. Darüber hinaus sind MDPs nicht ausreichend gut dafür geeignet, mit der inhärenten **Unsicherheit im Straßenverkehr** umzugehen, einschließlich des unvorhersehbaren Verhaltens anderer Fahrenden und Fußgänger. Auch weisen MDPs Schwierigkeiten mit **dynamischen Umgebungen** auf, denn autonomes Fahren erfordert eine Echtzeitanpassung an sich ständig ändernde Bedingungen.

Traditionelle Methoden wie endliche Automaten und Markow-Entscheidungsprozesse wurden in frühen autonomen Systemen häufig eingesetzt, weisen jedoch erhebliche Einschränkungen auf, die ihre Effektivität im realen Straßenverkehr mindern. **Reinforcement Learning** (dt.: verstärkendes Lernen, kurz: RL) adressiert diese Einschränkungen, indem es autonomen Fahrzeugen ermöglicht, **aus Erfahrungen zu lernen**, anstatt auf fest kodierte Verhaltensregeln angewiesen zu sein. Es handelt sich beim RL um ein maschinelles Lernparadigma, bei dem ein Agent Entscheidungen durch Interaktion mit seiner Umgebung trifft und über die Zeit kumulative Belohnungen maximiert.

Im Gegensatz zum Supervised Learning (dt. überwachten Lernen), das auf gelabelten Trainingsdaten basiert, erfordert das RL keine explizit vorgegebenen Verhaltensanweisungen. Stattdessen lernt der Agent beim RL durch Versuch und Irrtum, geleitet durch die Ergebnisse seiner Interaktion mit der Umgebung, Bewertet in Form von Belohnungen oder Strafen. Dieser Ansatz macht RL besonders geeignet für anspruchsvolle dynamische Aufgaben wie das autonome Fahren. Die Kernkomponenten vom RL sind folgende:

- **Agent** (A): Der Lernende oder Entscheidungsfindende – in diesem Fall das autonome Fahrzeug.
- **Umgebung** (E): Der externe Kontext, in dem der Agent agiert, wie die Straße, der Verkehr, Fußgänger und andere Fahrzeuge.
- **Zustand** (s): Eine Momentaufnahme der Umgebung zu einem bestimmten Zeitpunkt. Im autonomen Fahren könnte ein Zustand die Position des Fahrzeugs, seine Geschwindigkeit, nahegelegene Fahrzeuge und Verkehrssignale umfassen.
- **Aktion** (a): Die Manöver, die der Agent in einem gegebenen Zustand ausführen kann, wie bspw. nach links oder rechts lenken, beschleunigen oder bremsen.

Die nachfolgend skizzierten Konzepte wie Übergangsfunktionen und Beobachtungen sind grundlegend, um zu definieren, wie ein Agent mit seiner Umgebung interagiert und optimale Verhaltensweisen erlernt. Die **Übergangsfunktion**, typischerweise als $p = f(s', s, a)$ bezeichnet, definiert die Wahrscheinlichkeit, dass der Agent in einen neuen Zustand s' übergeht, nachdem er im aktuellen Zustand s eine Aktion a ausgeführt hat. Diese Funktion beschreibt, wie die Umgebung auf die Aktionen des Agenten reagiert. Sie ist essenziell, um die Ergebnisse von Aktionen vorherzusagen. In einigen Umgebungen kann die Übergangsfunktion deterministisch sein, was bedeutet, dass eine bestimmte Aktion vorhersehbar immer zu einer spezifischen Zustandsänderung führt. In vielen realen Szenarien sind Übergänge jedoch stochastisch, sodass dieselbe Aktion zu unterschiedlichen Ergebnissen führen kann, abhängig von Wahrscheinlichkeitsverteilungen. Übergangsfunktionen ermöglichen es einem Agenten, zu planen, indem sie die Wahrscheinlichkeit abschätzen, zukünftige Zustände unter verschiedenen Aktionen zu erreichen. Sie sind zentral für RL-Methoden wie dem Q-Learning, bei dem der Agent iterativ die besten Aktionen basierend auf vorhergesagten Zustandsübergängen und deren Bewertung (bspw. durch Belohnungen) erlernt.

Beobachtungen sind die Informationen, die ein Agent von der Umgebung erhält und die den wahrgenommenen Zustand der Umgebung darstellen. In einem standardmäßigen MDP wird angenommen, dass der Agent vollständige Beobachtbarkeit besitzt, das heißt, er kann den gesamten Zustand der Umgebung wahrnehmen. In vielen realen Umgebungen verfügt der Agent jedoch nur über eine teilweise Beobachtbarkeit. In einem Partially Observable Markov Decision Process (kurz: POMDP) beobachtet der Agent den wahren Zustand s nicht direkt. Stattdessen erhält er eine Beobachtung o, die unvollständige oder verrauschte Informationen über s liefert. Bspw. können die Sensoren eines autonomen Fahrzeugs Beobachtungen über die nahegelegene Straße und den Verkehr liefern, aber eingeschränkte Sicht oder Hindernisse könnten eine vollständige Beobachtbarkeit verhindern. Aufgrund der nur teilweisen Beobachtbarkeit schätzt der Agent auf Basis von modellierten Wahrscheinlichkeitsverteilungen und gemessenen vergangenen Aktionen und Beobachtungen seine Zustände. Diese ermöglicht es dem Agenten, fundierte Entscheidungen zu treffen, auch ohne direkten Zugang zum wahren Zustand.

Mehrere RL-Algorithmen wurden bereits auf das autonome Fahren angewendet. Jeder dieser Algorithmen war geeignet zur Lösung für verschiedene Aufgaben. Bspw. sind modellfreie Methoden wie Q-Learning und Deep Q-Networks (DQN) weit verbreitet, insbesondere für diskrete Aktionsräume, da sie Wertfunktionen schätzen, ohne ein Modell der Umgebung zu benötigen. Für kontinuierliche Aktionsräume optimieren Policy-Gradienten-Methoden wie REINFORCE und seine Varianten, einschließlich Proximal Policy Optimization (PPO) und Soft Actor-Critic (SAC), direkt die Policy durch Maximierung der kumulativen Belohnungen. Actor-Critic-Architekturen kombinieren wert- und regelbasierte Ansätze, wobei der Agent Aktionen auswählt und der Kritiker deren Wert schätzt. Modellbasiertes RL, z. B. mit dynamischen Modellen für die Planung und das Lernen von Strategien, versucht die Effizienz zu verbessern, indem Vorhersagen über zukünftige Zustände und Belohnungen genutzt werden. Hierarchisches RL und Multi-Agenten-RL erweitern diese Prinzipien auf komplexe Systeme mit mehrschichtiger Entscheidungsfindung und kooperativen bzw. konkurrierenden Agenten und passen RL an die hochdimensionale, dynamische und sicherheitskritische Natur von Fahraufgaben an. Je nach Design und Aufgabenanforderungen kann die Ausgangsgröße eines RL-Algorithmus variieren:

- **Diskrete Ausgangsgrößen**: Algorithmen wie Q-Learning und DQN geben diskrete Aktionen aus (z. B. Beschleunigen, Bremsen oder Abbiegen).
- **Kontinuierliche Ausgangsgrößen**: Algorithmen wie PPO liefern kontinuierliche Aktionen, wie z. B. schrittweises Lenken oder Geschwindigkeitsanpassungen.
- **Trajektorienbasierte Ausgangsgrößen**: Einige RL-Methoden, insbesondere hierarchische, erzeugen Trajektorien. Diese Trajektorien beschreiben eine Folge von zukünftigen Aktionen (z. B. das Ausführen eines komfortablen Spurwechsels).

Die Kombination von diskreten, kontinuierlichen und trajektoriebasierten Ausgangsgrößen ermöglicht es autonomen Agenten, abstrakte Entscheidungsfindung mit komfortabler Steuerung in Einklang zu bringen. Dies befähigt die Agenten zum sichereren und zuverlässigen Fahrverhalten im komplexen dynamischen Umfeld.

Beispiel 9.5 (Menschenzentrierte Entscheidungsfindung und Bewegungsplanung). Ein Anwendungsfall, wo sich der Einsatz von RL-Methoden stark anbietet, ist es wenn die zu automatisierenden Agenden in unstrukturierten Gebieten operieren (anspruchsvolle ODD) und eine Vielzahl von möglichen Fahrmanövern wählen könnten um ihre Fahraufgaben zu realisieren (große Anzahl an DDT). Dies ist bspw. der Fall, wenn eine Automatisierungslösung für mobile Roboter entworfen werden soll, welche auf Fußwegen operieren. Fußwege verfügen weder über eindeutig definierte Fahrspuren, noch existieren bindende Regeln zum Verhalten auf Fußwegen. Um ein optimales Verhalten mobiler Roboter auf Fußwegen zu garantieren, welche in direkter Nähe zu Menschen operieren, ist es entscheidend das Verhalten der Menschen gut voraussagen zu können und ebenfalls einschätzen zu können welches Roboterverhalten in welcher Situation vom Menschen als angenehm empfunden wird. Da die Akzeptanzwahrnehmung von Menschen sehr stark Situationsabhängig ist ändern sich die Erwartungen des Menschen bzgl. des Roboterverhaltens (bspw. der Robotergeschwindigkeit und des einzuhaltenden Abstandes zu Menschen in der Umgebung) abhängig von Anzahl von Personen in der Nähe des Roboters sowie Gehwegbreite, -geometrie, -beschaffenheit und vielen weiteren Faktoren, siehe bspw. Strigina et al. (2024). Versuchen wir all diese Abhängigkeiten und Fahrmanöver des Roboters in einen Zustandsautomaten zu modellieren, würde dies äußerst aufwendig werden. ■

9.4 Analogie von Planungsaufgaben mobiler und stationärer Roboter

Im gesamten vorangegangenen Kapitel 9 lag der Fokus der Ausführungen auf Planungsaufgaben automatisierter Fahrzeuge. Ein Großteil der hierbei beschriebenen Methoden findet auch im Feld der stationären Industrieroboter Anwendung.

So muss bspw. für Handhabungsaufgaben von Bauteilen mittels eines stationären Industrieroboter auch zuerst eine **Handhabungsstrategie** erarbeitet werden. Diese beschreibt bspw. in welcher Reihenfolge welche Teilaufgaben zu lösen sind – bspw. in welcher Reihenfolge welche Objekte zu Bewegen sind oder welche Verarbeitungsschritte in welcher Reihenfolge zu realisieren sind. Exemplarisch ist hierfür in Bild 9.22 dargestellt in welche Teilaufgaben eine Handhabungsaufgabe eines Werkstücks zu unterteilen ist. Oft finden in diesem Zusammenhang auch die in Abschnitt 6.1.1 beschriebenen Grundfließbilder Einsatz, um den Gesamtprozess zu verstehen und entsprechend die Wirkung einzelner Teilaufgaben auf den Gesamtprozess zu verstehen. Zur Ermittlung der optimalen Handhabungsstrategie kann bspw. betrachtet werden, was die zeit- oder energieeffizienteste Lösung darstellt, bspw. mittels Minimierung des zurückgelegten Weges des Roboter-Effektors.

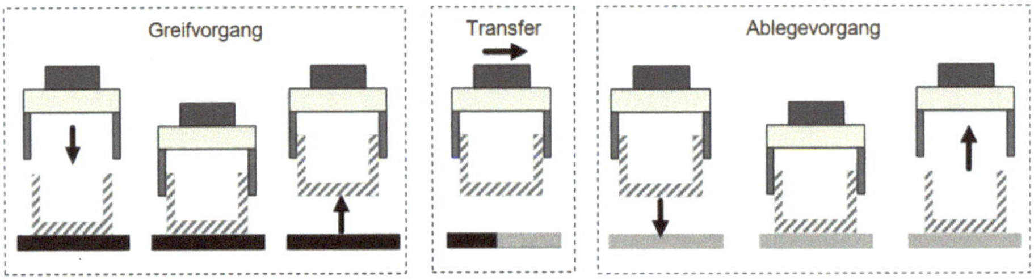

Bild 9.22 Handhabungsstrategie eines Bauteils bei Verwendung eines stationären Roboters (Grafik aus Schmalz (2019) übernommen)

Um die zuvor geplante Handhabungsstrategie umzusetzen muss der Roboter danach entscheiden, auf Basis welcher Sensordaten (zu somit wann) er welche dieser zuvor geplanten Teil-Handhabungsaufgaben ausführt. Dies ist mit der in Abschnitt 9.3.2 erläuterten **diskreten taktischen Planung** vergleichbar. Auch hierfür kommen klassischerweise FSMs zum Einsatz. Für die diskrete Taktikplanung stationärer Roboter kommen nur vereinzelt Methoden des maschinellen Lernens zum Einsatz, da hier die Anzahl der zur entwickelnden Übergangsbedingungen und möglicher Handhabungs-Teilaufgaben vergleichsweise klein ist. Wenn der Roboter nicht durch einen Bediener klassisch programmiert wird, sondern durch Beobachten eines Menschen Muster in seinem Handeln erkennen soll, um anschließend die selbe Handhabungsaufgabe automatisiert durchzuführen, lohnt sich der Einsatz von Werkzeugen aus dem Bereich des maschinellen Lernens jedoch sehr stark.

Sobald ein Industrieroboter entschieden hat welche Teil-Handhabungsaufgabe auszuführen ist, muss eine entsprechende kontinuierliche Bewegungstrajektorie berechnet werden. Dies ist mit der in Abschnitt 9.3.3 beschriebenen **kontinuierlichen taktischen Planung** vergleichbar. Zur Lösung dieser Aufgabe werden Werkzeugen wie bspw. der hybriden A*-Ansatz verwendet. Herausfordernd hierbei kann sich die zu beachtende Arbeitsraumbeschränkung sowie die anspruchsvolle Roboterkinematik gestalten.

Übungsaufgaben

Übungsaufgabe 9.1. Die Abfülllogik einer Abfüllanlage soll mit einer FSM modelliert werden. Sie soll entsprechend der folgenden Prozessbeschreibung ablaufen:

- In der Ruhestellung ist der Abfüllbehälter voll, das Ventil ist geschlossen und das Transportband steht still.
- Ein erster Roboter entnimmt nach Betätigung der Starttaste eine leere Flasche aus dem Lagerregal und legt sie auf ein Transportband.
- Nachdem die Flasche auf das Transportband gestellt wurde (1. Lichtschranke = 1), bewegt sich das Transportband.
- Durch Unterbrechung von Lichtschranke 2 wird eine korrekt positionierte, zu befüllende Flasche erkannt und ein Ventil wird für eine Zeit t_1 geöffnet, damit die Flasche befüllt werden kann.
- Sobald die Zeit t_1 verstrichen ist, wird das Ventil 1 geschlossen.
- Danach bringt ein zweiter Roboter die Flasche in eine Qualitätskontrolle.
- Nachdem die Flasche in der Qualitätskontrollstation angekommen ist (detektiert mit Lichtschranke 3), erfolgt entweder das Verpacken und Versenden (falls Qualität i.O. ist) oder das Ausschleußen der Flasche.
- Anschließend nimmt der erste Roboter die nächste Flasche auf und der Gesamtprozess beginnt von neuem.

■

Übungsaufgabe 9.2. Welche drei Ebenen der Bewegungsplanung/Entscheidungsfindung existieren? Erläutern Sie die drei Ebenen.

■

Übungsaufgabe 9.3. Erstellen Sie die Adjatanz-Matrix für den nachfolgenden Graphen.

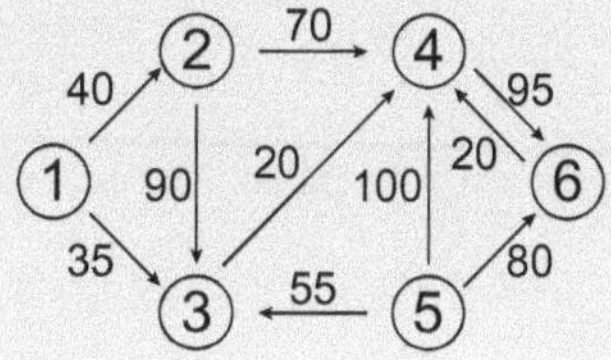

■

Übungsaufgabe 9.4. Ermitteln Sie für den Graph aus Aufgabe 9.3 den kürzesten Weg zwischen Knoten 1 und Knoten 6 mittels des Dijkstra oder des A*-Algorithmus. ■

Übungsaufgabe 9.5. Welche Potentiale und Herausforderungen bietet die Verwendung von maschinellen Lernverfahren für die diskrete taktische Planung? ■

Übungsaufgabe 9.6. Muss während der Laufzeit einer Anwendung öfters der strategische oder taktische Plan aktualisiert werden (sprich neu geplant werden)? Begründen Sie Ihre Antwort. ■

Literatur

Chang, T. und Tian, G. (2024). Hybrid a-star path planning method based on hierarchical clustering and trichotomy, *Applied Sciences* **14**(13).

Dolgov, D., Thrun, S., Montemerlo, M. und Diebel, J. (2010). Path planning for autonomous vehicles in unknown semi-structured environments, *International Journal of Robotics Research* **29**(5): 485–501.

Folkers, A. (2023). *Adaptive Bewegungsplanung für taktische Entscheidungen autonomer Fahrzeuge im urbanen Umfeld: Der generische Hybrid A**, Dissertation, Universität Bremen.

Ilievski, M., Sedwards, S., Gaurav, A., Balakrishnan, A., Sarkar, A., Lee, J., Bouchard, F., Iaco, R. D. und Czarnecki, K. (2019). Design space of behaviour planning for autonomous driving, *ArXiv* **abs/1908.07931**.

Kurzer, K. (2016). *Path Planning in Unstructured Environments : A Real-time Hybrid A* Implementation for Fast and Deterministic Path Generation for the KTH Research Concept Vehicle*, Masterarbeit, KTH Royal Institute of Technology.

Otterlo, M. und Wiering, M. (2012). *Reinforcement Learning and Markov Decision Processes*, Springer, pp. 3–42.

Schmalz, J. K. B. (2019). *Rechnergestützte Auslegung und Auswahl von Greifersystemen*, utzverlag GmbH.

Strigina, Y., Parmar, T., Uppalapati, V. P., Tendulkar, S. und Schrödel, F. (2024). V2x based human-centered decision-making for autonomous mobile robots operating in urban outdoor environment, *Conference on Microwaves for Intelligent Mobility*.

10 Regelungsverfahren der Robotik

Dieses Kapitel widmet sich der Darstellung der in der Service- und Industrierobotik verwendeten Regelungsverfahren. Die im Folgenden beschriebenen Ansätze sind im **Cluster Act** der AD-Funktionsarchitektur zu verorten.

Grundlegend stellt sich für die Regelung von Robotiksystemen die Aufgabe, die im Vorfeld geplanten Bewegungsabfolgen in konkrete **Stellgrößenverläufe für die Antriebe** des jeweiligen Roboters oder Fahrzeuges zu übersetzen. Zudem sollen die generierten Stellgrößenverläufe sich so gestalten, dass sie Störeinflüsse eliminieren, kein unerwünschtes Verhalten auftritt (bspw. bleibende Regelabweichung, Ruck oder Oszillation) und der Antrieb möglichst geschont wird (bspw. durch Vermeidung zu großer Stellgrößengradienten).

Daher benötigen wir bei der Verwendung von Regelungsverfahren für die Realisierung von Bewegungsabfolgen von Service- und Industrierobotern gut abgestimmte und hochautomatisierte Antriebssysteme, welche im nachfolgenden Kapitel exemplarisch erläutert werden.

Da die Regelungsverfahren, welche Sollwerte für das jeweilige Antriebssystem erzeugen, sehr eng an die jeweilige Zielhardware gekoppelt sind, unterscheiden sich ihre Realisierungsansätze für Service- und Industrieroboter, wie im weiteren Verlauf des Kapitels erläutert wird.

10.1 Antriebsregelung

Die Aufgabe der Antriebsregelung besteht darin, die Ausgangssignale der Regelungsverfahren aus dem Cluster Act in Sollwerte für das jeweilige Antriebssystem umzusetzen. Diese Aufgabe muss so erledigt werden, dass die im Cluster Plan berechneten optimalen Bewegungsabläufe des Robotersystems bestmöglich zu realisieren sind.

Die meisten technischen Bewegungsabläufe setzen sich aus nicht-kontinuierlichen **Bewegungssequenzen** mit wechselnden Richtungen und mit veränderlichen Geschwindigkeiten zusammen. Es gibt zwei verschiedene Realisierungsansätze für solche Bewegungssequenzen. Zum einen können sie rein hardwareseitig realisiert werden unter Zuhilfenahme von bspw. Getriebekonzepten. Andererseits können sie auch softwareseitig mittels entsprechender Antriebsregelung realisiert werden. Gerade softwareseitige Lösungen erlangen immer mehr Bedeutung, da sie deutlich mehr Flexibilität bei geringen Hardwarekosten bieten und dadurch deutlich besser skalierbar sind als klassische Hardwarelösungen.

Gundaufbau eines Antriebssystems

Der Gundaufbau eines Antriebssystems ist in Bild 10.1 gezeigt. Folgende Komponenten bilden klassischerweise ein Antriebssystem:

Aktor: Der Aktor stellt die Kraft, das Moment, die Energie oder die Leistung für die auszuführende Arbeitsleistung des Antriebssystems zur Verfügung.

Übertragungselement: Das Übertragungselement leitet die vom Antrieb bereitgestellte Kraft an ihren eigentlichen Einsatzort weiter.

Endeffektor: Der Endeffektor ist das letzte Element einer kinematischen Kette. Seine Aufgabe ist das Umsetzten der bereitgestellten Kraft, des Moments, der Energie oder der Leistung in konkrete Arbeitsbewegung.

Regelung: Die Regelungskomponente dient zur Sicherstellung, dass das gesamte Antriebssystem wie gewünscht operiert; d.h. dass zur richtigen Zeit die richtige Menge an Kraft, Moment, Energie etc. mit der richtigen Geschwindigkeit zur Verfügung steht.

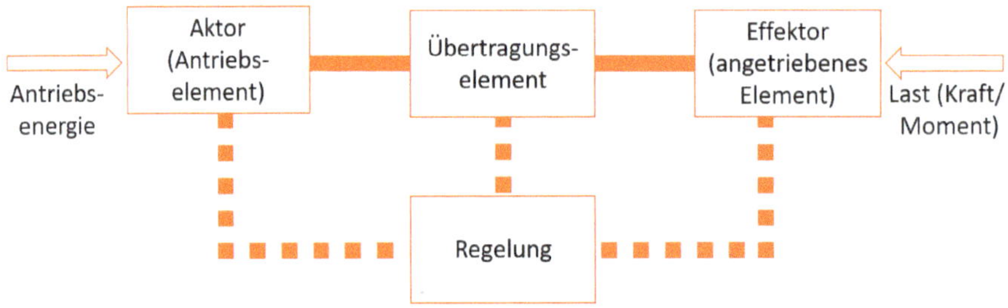

Bild 10.1 Gundaufbau eines Antriebssystems

In der Antriebstechnik gibt es verschiedene Antriebsgrundarten und Arbeitsmedien. In Tabelle 10.1 ist eine Übersicht dieser, inkl. einer kurzen Eigenschaftsbewertung, gegeben.

Tabelle 10.1 Eigenschaften verschiedener Antriebssysteme

Pneumatische Antriebe		Elektrische Antriebe		Hydraulische Antriebe	
Pro	Contra	Pro	Contra	Pro	Contra
Schnelle Bewegungen möglich	Kompressoren und Luftfilter sind wartungsaufwendig	Variable Geschwindigkeiten und hochgenaue Positionierung möglich	Vergleichsweise komplizierte Installation und Wartung	Hohe Kräfte können realisiert werden	Teuer in Anschaffung und Betrieb
Sauberer Betrieb, ideal für Lebensmittelanwendungen	Druckluft notwendig; zu erzeugende Kräfte sind begrenzt; Leckagen können auftreten	Verbesserte Kontrolle über Bewegungen möglich durch Sensorfeedback	Sehr hohe Kräfte können schwieriger erzeugt werden	Akkurate Ansteuerung möglich (Öl ist inkompressibel)	Filter, Pumpen und Öl müssen regelmäßig geprüft, gereinigt und gewechselt werden

Motor und Motortreiber auslegen

Die am weitesten verbreitete Antriebsart von stationären und mobilen Robotern stellen elektrische Antriebe dar. Bei der Auswahl eines Elektromotors sind generell drei wichtige Parameter zu berücksichtigen: Betriebsspannung, Nenndrehmoment und Nenndrehzahl.

Die erforderliche **Drehzahl** kann wie folgt bestimmt werden

$$\mathrm{RPM} = \frac{60\, v_{\mathrm{soll}}}{2\pi r_{\mathrm{Rad}}}, \tag{10.1}$$

wobei v_{soll} die erforderliche Geschwindigkeit und r_{Rad} den Radius des Rades darstellen. Die Gleichung zur Berechnung des **Drehmoments** kann mithilfe eines Freikörperdiagramms des Roboters formuliert werden. Bei der Berechnung des erforderlichen Drehmoments wird davon ausgegangen, dass sich der Roboter auf einer schiefen Ebene befindet, da das erforderliche Drehmoment in diesem Szenario höher ist als auf einer horizontalen Ebene (Worst-Case-Annahme). Aufgrund der Größe des betrachteten Roboters werden der Rollwiderstand und der Luftwiderstand im Folgenden vernachlässigt.

Auf einer schiefen Ebene ist der Schwerpunkt des Roboters gekippt, was zu zwei Gewichtskomponenten führt. Das entsprechende Freikörperdiagramm mit den angreifenden Kraftvektoren ist in Bild 10.2 zu sehen. Es ergeben sich folgende vertikalen und horizontalen Kraftbeträge aus den Kraftvektoren:

$$\begin{aligned} &\text{vertikale Gewichtskomponente: } F_{G,v} = m_{\mathrm{Roboter}}\, g \cos(\alpha) \\ &\text{horizontale Gewichtskomponente: } F_{G,h} = m_{\mathrm{Roboter}}\, g \sin(\alpha), \end{aligned} \tag{10.2}$$

wobei m_{Roboter} die Masse des Roboters, α der Neigungswinkel oder die Steigung und g die Erdbeschleunigung sind. Wenn wir davon ausgehen, dass das von den Motoren erzeugte Drehmoment τ_{Motoren} ist, ergibt sich die resultierende Kraft wie folgt:

$$F_A = \frac{\tau_{\mathrm{Motor}}}{r_{\mathrm{Rad}}}$$

Die für die Beschleunigung erforderliche Kraft lässt sich berechnen als:

$$F_{\mathrm{Beschleunigung}} = m_{\mathrm{Roboter}}\, a$$

Dabei steht a für die erforderliche Beschleunigung.

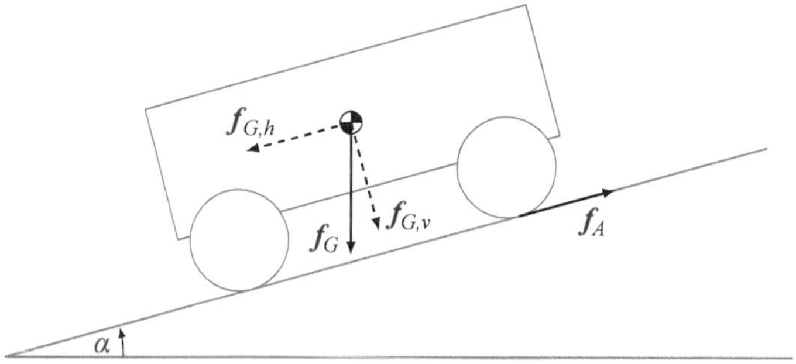

Bild 10.2 Freikörperdiagramm des Roboters auf einer schiefen Ebene

Wenn alle Kräfte entlang der x-Richtung ausgeglichen sind, ergibt sich

$$m_{\text{Roboter}}\,a = \frac{\tau_{\text{Motor}}}{r_{\text{Rad}}} - F_{G,h} \qquad \Rightarrow \qquad \tau_{\text{Motoren}} = (m_{\text{Roboter}}\,a + F_{G,h})\,r_{\text{Rad}},$$

wobei nach Einsetzten des formelmäßigen Zusammenhangs von $F_{G,h}$ aus Gleichung (10.2) folgt:

$$\tau_{\text{Motoren}} = m_{\text{Roboter}}\,r_{\text{Rad}}(a + g\,\sin(\alpha))$$

Wenn N die Anzahl der Antriebsmotoren darstellt und η_{Motor} der Wirkungsgrad der von den Motoren aufgebrachten Kraft unter Berücksichtigung des Schlupfs ist, beträgt das von einem Motor benötigte Drehmoment:

$$\tau_{\text{Motor}} = \frac{\tau_{\text{Motoren}}}{N\eta_{\text{Motor}}} = \frac{m_{\text{Roboter}}\,r_{\text{Rad}}(a + g\,\sin(\alpha))}{N\eta_{\text{Motor}}} \tag{10.3}$$

Beispiel 10.1 (Drehmomentberechnung eines mobilen Roboters). Betrachten wir einen mobilen Roboter mit der Masse $m_{\text{Roboter}} = 25\,\text{kg}$ und einem Radius der Räder von $r_{\text{Rad}} = 0{,}0975\,\text{m}$. Die erforderliche Geschwindigkeit des Roboters soll $v_{\text{req}} = 1{,}94\,\text{m/s}$ und die erforderliche Beschleunigung $a = 0{,}3\,\text{m/s}^2$ betragen. Der Roboter soll eine maximale Steigung und Neigung von $\alpha =$ 5ř überwinden können.

Mithilfe von Gleichung (10.1) kann die erforderliche Drehzahl wie folgt berechnet werden:

$$\begin{aligned}\text{RPM} &= \frac{1{,}94\,\text{m/s}\cdot 60}{2\pi\cdot 0{,}0975\,\text{m}}\\ &= 190\,\text{RPM} = 19{,}897\,\text{rad/s}\end{aligned}$$

Bei dem betrachteten Roboter handelt es sich um einen zweirädrigen Differentialroboter. Die Motoren haben bei der Übertragung des erzeugten Drehmoments auf den Boden einen Wirkungsgrad von 80%. Das erforderliche Drehmoment kann mit Gleichung (10.3) berechnet werden:

$$\begin{aligned}\tau_{\text{Motor}} &= \frac{25\,\text{kg}\cdot 0{,}0975\,\text{m}\cdot(0{,}3\,\text{m/s}^2 + 9{,}80\,\text{m/s}^2\cdot\sin(5°))}{2\cdot 0{,}80}\\ &= 1{,}688\,\text{Nm}\end{aligned}$$

Für diesen Anwendungsfall sollte der Motor ein Drehmoment von 1,7 Metern und eine Drehzahl von 190 Umdrehungen pro Minute liefern, um die Anforderungen zu erfüllen. ■

Es gibt hauptsächlich zwei **Arten von Motoren**, die bei mobilen Roboteranwendungen eingesetzt werden: bürstenbehaftete Gleichstrommotoren (engl.: Brushed DC Motors, kurz: BDC) und bürstenlose Gleichstrommotoren (engl.: Brushless DC Motors, kurz: BLDC). Bei BDC-Motoren wird die Motorgeschwindigkeit durch die Veränderung der Spannung gesteuert, während bei BLDC-Motoren die Motorgeschwindigkeit durch elektronische Schaltkreise gesteuert wird. Je nach Anwendung, Kostenvorgaben etc. kann der spezifische Motortyp ausgewählt werden.

Je nach Art der Motorsteuerbefehle und der erforderlichen Funktionalität wird entweder eine Motorsteuerung oder ein Motortreiber gewählt. Der Hauptunterschied zwischen ihnen liegt in ihren Eigenschaften und den Steuersignalen, die sie vom Mikrocontroller oder vom Computer benötigen.

Motortreiber: Ein Motortreiber ist eine spezielle Schaltung oder ein Modul, das eine H-Brücke oder eine andere Art von Schaltkreisen zusammen mit stromverarbeitender Elektronik (wie Transistoren oder Relais) enthält. Mikrocontroller liefern Steuersignale für die Motorsteuerung. Der Motortreiber fungiert als Brücke zwischen dem Mikrocontroller und dem Motor und übernimmt die vom Motor benötigte höhere Leistung.

Motorcontroller: Ein Motorcontroller enthält elektronische Hardware- und Softwarekomponenten. Er kann Befehle vom Mikrocontroller oder vom Computer interpretieren und Steuersignale erzeugen, die an die in den Controller integrierte Motortreiberschaltung zur Steuerung des Motors gesendet werden. Viele Motorsteuerungen verfügen über fortschrittliche Funktionen, wie geschlossene Regelkreise, Positionsrückmeldung und Kommunikationsschnittstellen wie CAN, USB und Ethernet.

Die wichtigsten Parameter, die bei der Auswahl eines Motortreibers oder einer Motorsteuerung zu berücksichtigen sind, sind die **Betriebsspannung** und der **Betriebsstrom**. Diese beiden Parameter werden durch die Betriebsparameter des Motors bestimmt. Die Betriebsspannung wird durch die Stromversorgung festgelegt, in der Regel durch Batterien.

Beispiel 10.2 (Auswahl von Betriebsspannung und Betriebsstrom). Der exemplarisch betrachtete Motor wird im Folgenden mit einer Nennspannung von 12 V betrieben und hat einen Nennstrom von 5 A sowie einen Stillstandsstrom von 15 A.

Nennspannung: Die Nennspannung des Motortreibers oder -controllers sollte mindestens 12 V betragen oder vorzugsweise höher sein, um Spannungsspitzen zu bewältigen.

Dauernennstrom: Der Motortreiber oder die Steuerung sollte einen Dauerstromwert von 5 A oder etwas mehr haben.

Spitzenstrom-Nennwert: Der Motortreiber oder -regler sollte einen Spitzenstromwert von 15 A oder mehr haben.

Erste Eindrücke bzgl. des geregelten Verhaltens des betrachteten mobilen Roboters sind im nachfolgenden Video dargestellt.

■

Bei Industrierobotern, wie auch bei mobilen Robotern, kommen eine Vielzahl verschiedener Motortypen und Motorarten zum Einsatz. Der 5-Freiheitsgrade-igus-Roboter aus Beispiel 6.9 wird von fünf Schrittmotoren angetrieben. Jeder Schrittmotor steuert ein Armgelenk. Die einzelnen Schrittmotoren sind dabei unterschiedlich dimensioniert – je nach zu erwartenden Momenten, die aufgebracht werden müssen. So ist bspw. der Motor, welcher in der Roboterbasis verbaut ist, der Stärkste, da hier die größten Momente erzeugt werden müssen. Demgegenüber ist der Motor im letzten Armgelenk der Schwächste. Jeder dieser Antriebe ist über eine Motortreiber-Karte der verwendeten Industiesteuerung ansprechbar. Somit können wir zur Dimensionierung der Antriebe für Industrieroboter ein ähnliches Vorgehen verwenden, wie es zuvor für mobile Roboter geschildert wurde.

In Bild 10.3 sehen wir den 4-Freiheitsgrade-Robotermanipulator im Labormassstab, welchen wir bereits zu Beginn von Abschnitt 6.2.1 behandelt haben. Dieser Roboter ist ein Selbstbauroboter für den akademischen Einsatz, dessen Bauanleitung unter *https://github.com/Jayabadhrinath/MicroROS-4DOF-Robotic-arm.git* verfügbar ist. Bei diesem Modell weisen die einzelnen Motoren unterschiedliche Leistungsklassen auf, vom sehr starken Motor in der Basis bis zum kleinsten Motor im letzten Armgelenk.

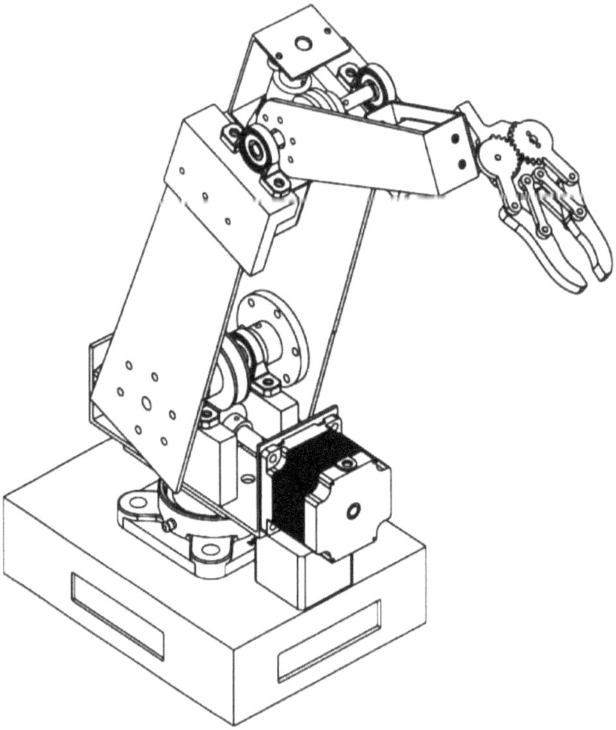

Bild 10.3 Struktur eines 4-Freiheitsgrade-Robotermanipulators (inkl. Antriebseinheiten)

Zur Auslegung der einzelnen Motoren müssen auch hier die auftretenden Momente bestimmt werden. Hierfür ist es entscheidend, in welcher Position der Roboter welche Lasten bewegen soll. Ebenso muss das Eigengewicht der Roboterarmglieder sowie das des Greifers berücksichtigt werden. An dieser Stelle sei auch bemerkt, dass die maximale Tragkraft eines Industrieroboters nicht konstant ist, sondern immer spezifisch auf seine Armgliedstellung angegeben wird.

Zumeist ist es nicht sinnvoll das zu erbringende Moment eines Armgelenkes direkt durch die Motorachse leisten zu lassen. Daher kommen in den meisten Fällen Getriebe zum Einsatz, welche das an der Motorachse erzeugte Antriebsmoment verstärken. Zur Veranschaulichung dessen ist in Bild 10.4 eine Explosionszeichnung des ersten Armgelenkes des 4-Freiheitsgrade-Roboters gezeigt. In diesem Fall ist an der Motorachse ein Schneckengetriebe angebracht, welches das Antriebsmoment erhöht und zu einer Selbsthemmung des Armgelenkes führt.

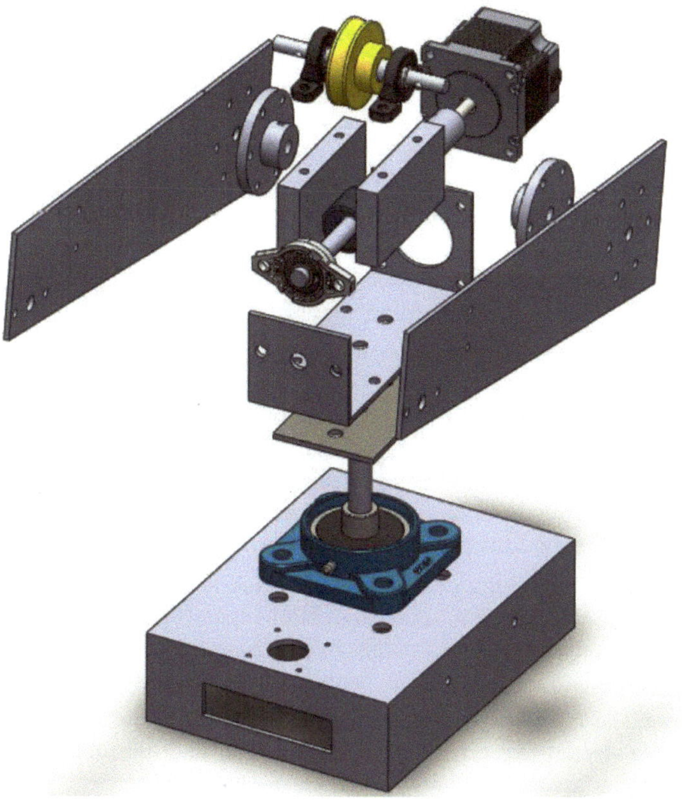

Bild 10.4 Explosionszeichung des ersten Armgelenkes des 4-Freiheitsgrade-Roboters

Ebenso sei erwähnt, dass es nicht bei jeder Anwendung sinnvoll sein muss, eine Industriesteuerung zur Antriebsregelung zu verwenden. Bspw. wird der Roboter aus Bild 10.3 mit einem Mikrocontroller und vier Motortreibern angesteuert.

Der zuvor beschriebene Robotermanipulator ist im nachfolgenden Video dargestellt.

Ein sehr einfacher, additiv gefertigter Robotermanipulator wird im folgenden Video gezeigt. Ein solcher Roboter eignet sich sehr gut, um erste praktische Erfahrungen mit dem Auslegen eines Antriebssystems zu gewinnen.

Grundaufbau einer Antriebsregelung

Es gibt verschiedene Ansätze, die Regelungskomponente aus Bild 10.1 für **elektrische Antriebe** zu realisieren, welche auf den zuvor erwähnten Mikrokontroller/Steuerung zu implementieren ist. Zumeist wird eine **Kaskadenregelung** verwendet (siehe Bild 10.5), da sie relativ einfach zu applizieren ist und gleichzeitig leistungsstarke Ergebnisse aufweist. Die drei hierbei verwendeten Reglerbausteine sind die Stromregelung (welche auf Basis der Sollwerte der Drehzahlregelung bspw. konkrete Stromsollwerte für die Antriebe ermittelt), die Drehzahlregelung (welche auf Basis der Sollwerte der Positions-/Lageregelung bspw. konkrete Momentsollwerte für die Antriebe vorgibt) und die Positions-/Lageregelung (welche bspw. Beschleunigungssollwerte für die Antriebe vorgibt).

Stromregelung: Im Allgemeinen liefert die Stromregelung die entsprechenden Schnittstellensignale an die Leistungselektronik. Somit prägt die Stromregelung Ströme in die Zuleitungen des Motors ein. Der Regler regelt bspw. den Ankerstrom der Maschine und kompensiert die Zeitkonstante der elektrischen Wicklungen. Zudem begrenzt dieser Regler den Ankerstrom und schützt somit den Gleichstrommotor und den Stromrichter. Bei digitaler Realisierung der Stromregelung sind bspw. Abtastraten zwischen 25 µs (digitaler Drehstromantrieb) und 3 ms (netzgeführter Stromrichter) üblich.

Drehzahlregelung: Die Drehzahlregelung erzeugt den Stromsollwert für die Stromregelung, damit die elektrische Maschine ein bestimmtes Moment erzeugt. Dies erfolgt auf Basis der gemessenen aktuellen Drehzahl. Bei digitaler Realisierung der Drehzahlregelung sind Abtastraten zwischen 250 µs und 5 ms, je nach Anwendungsbereich, üblich.

Positions-/Lageregelung: Die Positions-/Lageregelung regelt die Position/Lage der angeschlossenen Last. Sie erzeugt somit den Drehzahlsollwert für die Drehzahlregelung. Dies erfolgt auf Basis der erfassten mechanischen Größe der Position.

Bei genauerer Analyse dieser Kaskadenregelung werden auch wieder die zwei Hauptaufgaben der Antriebsregelung ersichtlich. Die unterste Kaskade hat die Aufgabe der Eliminierung von Störeinflüssen und Nichtlinearitäten des Antriebssystems (wie Hysteresen und Stellgrößenbeschränkungen). Sie dient somit zur Vereinfachung der Regelungsaufgabe der darüberliegenden Kaskade. Demgegenüber haben die oberen Kaskaden die Aufgabe, die zuvor erzeugten Planungsergebnisse (bspw. gewünschte Bewegungsabläufe in Form von Orts- und Zeitangaben) in konkrete Sollwerte für die einzelnen Antriebssysteme umzusetzen (bspw. Lenkwinkel und longitudinale Fahrzeugbeschleunigung).

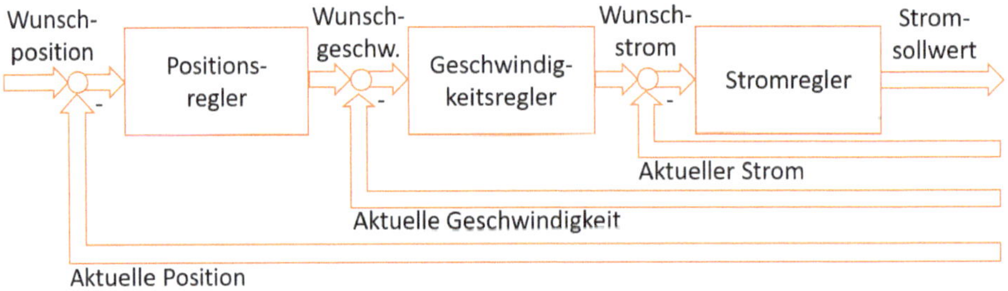

Bild 10.5 Gundaufbau der Regelungsstruktur eines Antriebssystems

In realen Regelkreisen müssen zusätzlich die verwendete Aktorik und Sensorik berücksichtigt werden. Im Nachfolgenden werden die einzelnen Bauteile modelliert, die einen realen Antriebsstrang darstellen. Hierbei gehen wir exemplarisch vom Grundaufbau des Antriebssystems im Bild 10.6 aus. Dieser Abbildung ist zu entnehmen, dass sich das Antriebssystem in **Leistungs- und Automatisierungsebene** unterteilen lässt.

In der Leistungsebene wird Energie vom Netz zur Arbeitsmaschine transportiert (oder umgekehrt). Die elektrische Energie kommt bspw. aus dem Netz (oder wird in das Netz zurückgespeist). Anstelle eines Netzes kann auch eine Batterie vorhanden sein. Das elektronische Leistungsstellglied (Stromrichter) verbindet das Netz mit der elektrischen Maschine. Auf der mechanischen Seite ist die elektrische Maschine (evtl. über ein Getriebe) mit der Arbeitsmaschine verbunden.

Der untere Teil der Abbildung zeigt die zugehörige Automatisierungsebene. Hier fließt (im Wesentlichen) keine Energie. Stattdessen fließen in dieser Ebene Information (Signale) für die Automatisierung. Die in Bild 10.5 dargestellte Kaskadenregelung verortet sich in der Automatisierungsebene in Bild 10.6. So lassen sich die Drehzahlregelung sowie die Positions-/Lageregelung als die Prozessregelung aus Bild 10.6 zusammenfassen.

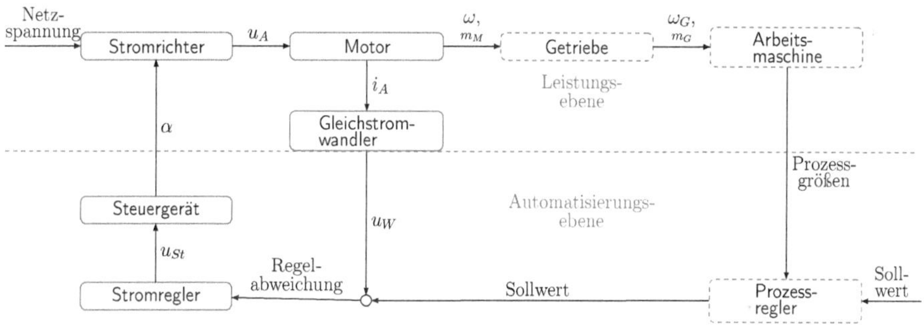

Bild 10.6 Kaskadenregelkreis eines elektrischen Antriebssystems

Analyse des Stromregelkreises

Der **Stromrichter** dient der Versorgung des Ankerstromkreises mit Energie. Er wandelt einen vom Steuergerät vorgegebenen Winkel α in eine Spannung u um. Dazu ist er mit dem Versorgungsnetz verbunden. Das statische Verhalten des Stromrichters ist nichtlinear und sollte für die weiteren Betrachtungen um einen Arbeitspunkt (AP) linearisiert werden. Dies ist notwendig, um einen linearen Regler entwerfen zu können. Somit ergibt sich bspw. für ein Versorgungsnetz mit einem Drehstromsystem mit drei Phasen, die jeweils um 120° verschoben sind, die Spannung zu:

$$u = \frac{3\sqrt{6}}{\pi} U_{\text{eff}} \cos(\alpha) \approx K_S \alpha_{AP}$$

Die Stromrichterdynamik G_{SR} (Reaktion bis zum nächsten Zündzeitpunkt) kann näherungsweise als Totzeit (bspw. von 2 ms) angenommen werden.

Das **Steuergerät** wandelt die Spannung u_{St} in einen Winkel α um. Hierbei entspricht die Spannung u_{St} der Steuerspannung, die vom Stromregler ausgegeben wird. Der Winkel α

dient als Eingangssignal für den Stromrichter, der die Eingangsspannung für den Motor stellt. Das Verhalten des Steuergerätes lässt sich näherungsweise mittels der Übertragungsfunktion erster Ordnung

$$G_{St}(s) = \frac{\alpha(s)}{U_{St}(s)} = \frac{K_{St}}{T_{St}s+1}$$

beschreiben. Der **Gleichstromwandler** wandelt den Ankerstrom i in eine proportionale Spannung u_W um. Er stellt somit das Messglied für den Stromregelkreis dar. Damit ist u_W die Spannung, die mit der Sollspannung für den Stromregelkreis verglichen wird. Das dynamische Verhalten des Gleichstromwandlers lässt sich ebenfalls näherungsweise mittels einer Übertragungsfunktion erster Ordnung

$$G_W(s) = \frac{U_W(s)}{I(s)} = \frac{K_W}{T_W s+1}$$

beschreiben. Zusammenfassend stellt sich die Übertragungsfunktion der Regelstrecke

$$\begin{aligned} G &= G_{St}G_W G_{SR} \\ &= \frac{K_{St}}{sT_{St}+1}\frac{K_W}{sT_W+1}e^{-T_t s} \approx \frac{K_{St}}{sT_{St}+1}\frac{K_W}{sT_W+1}\frac{1}{s\tilde{T}_t+1} = \frac{K_{St}K_W}{(sT_{St}+1)(sT_W+1)(s\tilde{T}_t+1)} \end{aligned}$$

als Summe der zuvor vorgestellten Teilübertragungsfunktionen dar.

Bei Bedarf kann diese Übertragungsfunktion um weitere Teilübertragungsfunktionen ergänzt werden (bspw. um ein PT_1, welches über eine Ersatzzeitkonstante verfügt, welche die entstehende Totzeit bei der Kommunikation der digitalen Systemkomponenten repräsentiert). Der Einsatz eines PI-Reglers (eingestellt unter Zuhilfenahme der Methoden aus Abschnitt 7.3) eignet sich für eine solche PT_3-Strecke sehr gut.

Analyse des Drehzahlregelkreises

Für die Drehzahlregelung muss das Verhalten der Last genauer beschrieben werden. Da die Last über ein Getriebe an die Arbeitsmaschine angekoppelt ist, muss vor dem Reglerentwurf das Getriebe modelliert werden. Zudem muss ein Modell des Tachogenerators entwickelt werden, welcher die Drehzahl messtechnisch erfasst. Das Gesamtträgheitsmoment, welches an der Maschine angreift, setzt sich aus zwei Komponenten zusammen:

$$J_{\text{ges}} = J_M + J_L,$$

Diese entsprechen Komponenten entsprechen der Trägheit der Maschine selbst und zum anderen aus der Lastträgheit. Wenn, die Last über ein Getriebe gekoppelt ist, wird die Trägheit der Last mit dem Faktor $1/u^2$ übersetzt, wobei u dem Übersetzungsverhältnis des Getriebes entspricht. Damit ergibt sich das Gesamtträgheitsmoment

$$J_{\text{ges}} = J_M + J_L\frac{1}{u^2}$$

bei einem als starr angenommenen Getriebe. Bspw. bei einem Übersetzungsverhältnis von 1:10 ($u = 10$) greift die Last nur zu einem Hundertstel an der Maschine an. Daher ist die resultierende Trägheit nur unwesentlich größer als die eigene Trägheit des Motors. Allerdings besitzt jedes Getriebe eine gewisse Nachgiebigkeit. Um die Drehzahl regeln zu können, muss diese gemessen werden. Dazu wird ein Tachogenerator verwendet. Dieser kann bspw. durch den statischen Zusammenhang $G_T(s) = \frac{U_T(s)}{\omega} = K_T$ beschrieben werden.

Als Drehzahlregler kann ein PI-Regler verwendet werden. Die Regelstrecke weist ein integrierendes Verhalten zwischen dem beschleunigenden Drehmoment und der Winkelgeschwindigkeit auf. Die Übertragungsfunktion zwischen Strom und Drehzahl lässt sich als

$$\dot{\omega} = \frac{1}{J_M}(K_M i) \quad \Rightarrow \quad s\Omega = \frac{1}{J_M}(K_M I(s)) \quad \Rightarrow \quad G_D(s) = \frac{\Omega}{I} = \frac{K_M}{J_M s}$$

beschreiben. Das Lastmoment wird aufgrund der Übersetzung als Störung betrachtet und daher bei der Modellierung nicht berücksichtigt. Damit ergibt sich die Regelstrecke zu:

$$G_2 = \frac{1}{T_E s + 1} \frac{K_M}{J_M s}$$

Analyse des Lageregelkreises

Im äußersten Kreis der Kaskadenregelung wird die Lage, also die Position, der Last geregelt. Im Gegensatz zu den beiden bisherigen Regelkreisen wird jetzt keine direkte Ausgangsgröße der Gleichstrommaschine geregelt, sondern der Lastwinkel. Dieser ist über das Getriebe an den Winkel der Maschine gekoppelt. Hierbei muss das Übersetzungsverhältnis stets berücksichtigt werden. Im Folgenden wird angenommen, dass das Messglied für die Position der Last eine Verstärkung von 1 besitzt und somit vernachlässigt werden kann.

Als Regler für die Positionierung der Last kann ein P-Regler mit der Übertragungsfunktion $G_{R3} = K_{P3}$ verwendet werden. Theoretisch kann ein P-Regler eine bleibende Regelabweichung hervorrufen, da die Stellgröße direkt proportional zur Regelabweichung ist. Somit muss eine Regelabweichung größer Null vorhanden sein, damit der Regler eine Stellgröße größer Null erzeugt. Um eine Regelabweichung statisch auszuregeln, wird ein integrierender Anteil im Regler oder in der Regelstrecke benötigt. Da sowohl der unterlagerte Drehzahl- als auch der unterlagerte Stromregelkreis einen integrierenden Anteil besitzt, werden somit alle Regelabweichungen statisch ausgeregelt.

Das Führungsverhalten von lagegeregelten Gleichstrommaschinen kann durch eine Vorsteuerung von Drehzahl und Drehmoment stark verbessert werden. Dazu werden die Geschwindigkeits- und die Beschleunigungsverläufe als Vorsteuerwerte in den Drehzahl- ($K_{v\omega}$) bzw. den Stromregelkreis (K_{vi}) eingespeist. Dadurch stehen diese viel schneller zur Verfügung als Daten, die erst durch die Reaktion der zugehörigen Regler erzeugt werden müssten. Strom- und Drehzahlregler werden entlastet und der Antrieb wird dynamischer. Üblicherweise wird für die Faktoren der Vorsteuerung K_{vi} und $K_{v\omega}$ ein Wert zwischen Null und Eins gewählt, wobei Null einer 0%-igen und Eins einer 100%-igen Vorsteuerung entspräche. Wenn die Solltrajektorie für die Lastseite generiert wird, ist es notwendig, die Faktoren K_{vi} und $K_{v\omega}$ jeweils mit dem Übersetzungsverhältnis des Getriebes zu multiplizieren.

Für Vorsteuerungen größer 100% eilt die Regelgröße dem Führungssignal voraus, für Vorsteuerungen kleiner 100% ist die Dynamik des Systems zu langsam. Daher wird eine Vorsteuerung von 100% gewählt, da es mit dieser möglich ist, dem Sollverlauf nahezu identisch zu folgen. Lediglich bei Sprüngen der Beschleunigungstrajektorie kann das System zu Schwingungen angeregt werden. Für Details zur Auslegung solcher Regelungskomponeten siehe Abschnitt 7.3 und 7.4.

10.2 Regelungsverfahren für Serviceroboter

Die im Folgenden vorgestellten Regelungsverfahren für Serviceroboter beschreiben Konzepte zur **Umsetzung der zuvor geplanten Bewegungsabläufe**. Hierbei wird betrachtet, wie mittels Quer- und Längsdynamikregelungsansätzen die geplanten Bewegungsabläufe in konkrete Sollwerte für die unterlagerten Antriebe umgesetzt werden können.

10.2.1 Längsdynamikregelung

In diesem Abschnitt beschäftigen wir uns mit der Längsführung von Fahrzeugen. Hierbei werden Regelungsverfahren vorgestellt, die eine Folge der in Kapitel 9 beschriebenen Bewegungstrajektorien, unter expliziter Berücksichtigung von Objekten in der geplanten Bewegungsbahn, ermöglichen.

In einem ersten Schritt wollen wir einen **Geschwindigkeitsregelkreis** (engl.: Cruise Control, kurz: CC) entwerfen. Der Ausgangspunkt ist dabei die Gleichung (6.69) als Längsdynamikmodell. Mit dieser Formel ist es prinzipiell möglich, die notwendige Kraft, die das Fahrzeug aufbringen muss, zu berechnen. Dazu wird Gleichung (6.69) nach F_A umgestellt:

$$F_A = k(v_x + v_w)^2 - f_r mg\cos(\alpha) - mg\sin(\alpha) - ma_x$$

Um eine konkrete Kraft zu bestimmen, müssen wir entsprechende Annahmen treffen. Zum einen müssen fahrzeugspezifische Kenngrößen (k, m) bekannt sein und zum anderen müssen Annahmen über die Umgebung (v_w, f_r, α) getroffen werden. Gehen wir im Moment davon aus, dass gerade kein Wind weht ($v_w = 0\,\text{m/s}$) und wir auf einer ebenen Bahn fahren ($\alpha = 0°$). Weiterhin gehen wir davon aus, dass wir im Betriebspunkt nicht weiter beschleunigen wollen ($a_x = 0\,\text{m/s}^2$). Damit vereinfacht sich das Modell der Längsdynamik stark:

$$F_A = k(v_x)^2 + f_r mg \tag{10.4}$$

Mit Gleichung (10.4) können nun notwendige Kräfte F_A für eine Wunschgeschwindigkeit v_w berechnet werden. Das Resultat wäre eine Geschwindigkeitssteuerung anstatt einer Geschwindigkeitsregelung. Warum in der Realität Regelungen anstatt von Steuerungen eingesetzt werden, verdeutlicht Bild 10.7. Es ist ersichtlich, dass im nominalen Fall, also wenn alle Annahmen ($v_w = 0\,\text{m/s}$ und $\alpha = 0°$) erfüllt sind, die Sollgeschwindigkeit $v_{\text{soll}} = 30\,\text{m/s}$ erreicht wird. Somit erfüllt die Steuerung prinzipiell ihren Zweck. Allerdings hat sie zwei wesentliche Nachteile. Erstens ist die erreichte Dynamik viel zu langsam, sodass sich selbst ohne Störungen eine 95%-ige Einschwingzeit von ca. 170 s ergibt. Dies entspricht bei weitem nicht den Anforderungen, die an Tempomaten gestellt werden. Zweitens reagiert das so entstehende System äußerst sensitiv auf Störungen, da diese das entsprechende Kräftegleichgewicht (10.4) durch zusätzliche Kraftterme bzw. Veränderung der Koeffizienten stören. Da in realen Anwendungen niemals alle Einflussfaktoren bekannt sind bzw. bestimmt werden können, disqualifiziert dies eine Verwendung von Geschwindigkeitssteuerungen.

Um einen Regler für die Geschwindigkeit zu entwerfen, betrachten wir erneut die Gleichung, welche die Längsdynamik des Fahrzeuges beschreibt

$$a_x = \dot{v}_x = \frac{1}{m}(F_A - k(v_x + v_w)^2 - f_r mg\cos(\alpha) - mg\sin(\alpha)), \tag{10.5}$$

und schätzen die Größenordnung der einzelnen Kraftkomponenten ab. Dafür müssen die einzelnen Parameter gewählt bzw. bestimmt werden. In den folgenden Betrachtungen gehen wir von einem Fahrzeug der Masse $m = 1000$ kg, einer projizierten Stirnfläche von $A = 2{,}2\,\mathrm{m}^2$, einem Strömungswiderstandskoeffizienten $c_w = 0{,}27$ und einem Rollwiderstandskoeffizienten $f_r = 0{,}0175$ (trockener Asphalt) aus. Damit hat der Faktor k zur Bestimmung des Luftwiderstandes den Wert $k = 0{,}355$ kg/m. Mit diesen Werten können nun konkrete Werte für die Kräfte berechnet werden.

Aus Bild 10.9a ist ersichtlich, dass bei hohen Geschwindigkeiten (>30 m/s) der Luftwiderstand wesentlich größer ist als die anderen Kraftkomponenten, zumindest wenn es keine oder nur kleine Steigungen zu bewältigen gilt. Mit diesen Gedanken im Hinterkopf kann erneut das Modell (10.5) betrachtet werden. Dabei fällt auf, dass einzelne Größen in der Modellgleichung nicht oder schlecht gemessen bzw. geschätzt werden können. So ist bspw. die Windgeschwindigkeitskomponente v_w, die uns entgegenwirkt, ein wichtiger Einflussfaktor für den Luftwiderstand. Allerdings ist diese im Allgemeinen unbekannt und kann auch nicht während der Fahrt gemessen werden. Sie wird daher als Störung betrachtet und nicht explizit in den Reglerentwurf mit einbezogen. Dennoch wird Wind in der realen Anwendung vorhanden sein, sodass sichergestellt werden muss, dass das System angemessen auf diese **Störung** reagiert. Weiterhin ist der Winkel α nicht messbar. Dieser kann zwar ggf. geschätzt oder aus Karteninformationen gewonnen werden, da aber der Einfluss der Kräfte F_R und F_S bei hohen Geschwindigkeiten verhältnismäßig klein ist, betrachten wir auch diese beiden Kräfte als Störungen. Aus diesen Überlegungen ergibt sich das vereinfachte Modell, welches die Längsdynamik des Fahrzeuges beschreibt:

$$\dot{v}_x = \frac{1}{m}(F_A - kv_x^2) \qquad \text{und} \qquad \dot{y} = -\frac{k}{m}y^2 + \frac{1}{m}u = f(y,u) \tag{10.6}$$

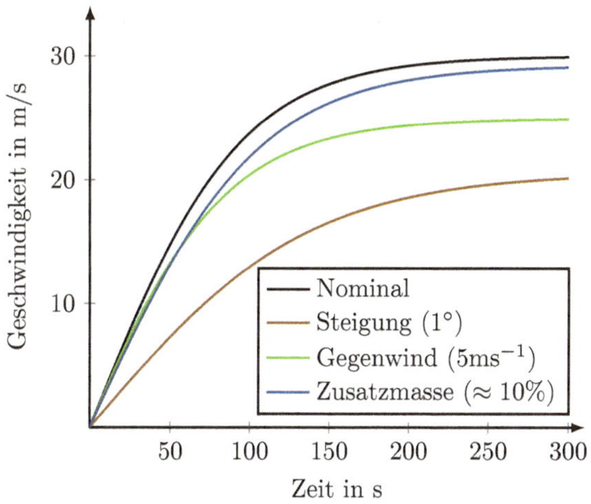

Bild 10.7 Störeinflüsse bei einer Geschwindigkeitssteuerung mit $v_{\text{soll}} = 30$ m/s

Aufgrund des quadratischen Terms handelt es sich bei Gleichung (10.6) um eine nichtlineare Differentialgleichung bzw. ein nichtlineares dynamisches System. Für den folgenden Regelungsentwurf wird diese Differentialgleichung am stationären Arbeitspunkt $[\tilde{y}; \tilde{u}]$ linearisiert. Dazu wird, wie in Abschnitt 4.3.1 dargestellt, die Taylorreihenentwicklung dieser Funktion nach dem linearen Glied abgebrochen

$$\dot{y} = f(y,u) \approx f(\tilde{y},\tilde{u}) + \left.\frac{\partial f}{\partial y}\right|_{\tilde{y},\tilde{u}}(y-\tilde{y}) + \left.\frac{\partial f}{\partial u}\right|_{\tilde{y},\tilde{u}}(u-\tilde{u}),$$

welches mit $\hat{y} = (y - \tilde{y})$ und $\hat{u} = (u - \tilde{u})$ zu dem linearen System

$$\dot{\hat{y}} = -\frac{2k\tilde{y}}{m}\hat{y} + \frac{1}{m}\hat{u} \tag{10.7}$$

führt. Dabei gilt $f(\tilde{y},\tilde{u}) = 0$, da an einem stationären Arbeitspunkt linearisiert wird, d. h. es gilt $y = \text{konst.} \rightarrow \hat{y} = \text{konst.} \rightarrow \dot{\hat{y}} = 0 \rightarrow f(\tilde{y},\tilde{u}) = 0$.

Gleichung (10.7) bildet bereits ein Zustandsraummodell, was in der Darstellung

$$\begin{aligned}\dot{x}_1 &= -\frac{2k\tilde{y}}{m}x_1 + \frac{1}{m}\hat{u}\\ \hat{y} &= x_1\end{aligned}$$

mit den Skalaren

$$A = -\frac{2k\tilde{y}}{m}, \quad B = \frac{1}{m}, \quad C = 1$$

deutlich wird. Da sowohl k als auch m und in den hier betrachteten Anwendungsfällen auch $\tilde{y}$ positiv sind, ist die lineare Systemdynamik stabil. Die Dynamik kann nun über einen Zustandsregler beeinflusst werden. Diese Thematik wird im folgenden Beispiel betrachtet.

Beispiel 10.3 (Geschwindigkeitsregelung). In diesem Beispiel möchten wir quantitative Untersuchungen und Entwürfe für einen Geschwindigkeitsregelkreis diskutieren. Dafür betrachten wir im Folgenden das Modell aus Gleichung (10.7) mit den Parametern $m = 1000$ kg, $k = 0{,}355$ kg/m und $\tilde{y} = 30$ m/s, d. h. das Modell wurde bei 30 m/s linearisiert. Mit diesen Werten ergibt sich das Modell:

$$\dot{x} = -0{,}0213x + 0{,}001\hat{u} \tag{10.8}$$

In dieser Darstellung werden aus Übersichtlichkeitsgründen die Einheiten nicht mit abgebildet. Durch Zustandsrückführung mit der Reglerverstärkung K ergibt sich

$$\begin{aligned}\hat{u} &= \hat{y}_{\text{soll}} - Kx_1\\ \dot{x}_1 &= -0{,}0213x_1 + 0{,}001(w - Kx_1)\\ \dot{x}_1 &= (-0{,}0213 - 0{,}001K)x_1 + 0{,}001w,\end{aligned}$$

sodass über den Zusammenhang $(-0{,}0213 - 0{,}001K)$ und mit der Reglerverstärkung K eine Dynamik aufgeprägt wird. Aus den systemtheoretischen Grundlagen wissen wir, dass nach einer Zeit von $3T$, also der dreifachen Zeitkonstanten, 95% eines Eingangssprunges ausgeregelt sind. Um die Rechnung zu vereinfachen, wird die 95%-ige Anstiegszeit auf 21 s festgelegt. Daraus ergibt sich eine Zeitkonstante $T = 7$ s. Weiterhin gilt $T = (0{,}0213 + 0{,}001K)^{-1}$ und es ergibt sich für die Reglerverstärkung $K = 1000(T^{-1} - 0{,}0213) \approx 121{,}6$.

Die Sollgeschwindigkeit kann sich zeitliche ändern und soll einer Führungsgröße w folgen. Dafür muss ein statisches Vorfilter entworfen werden, welches die Führungsgröße so skaliert, dass idealerweise keine bleibende Regelabweichung entsteht. Dadurch ergibt sich die in Bild 10.8 dargestellte Struktur.

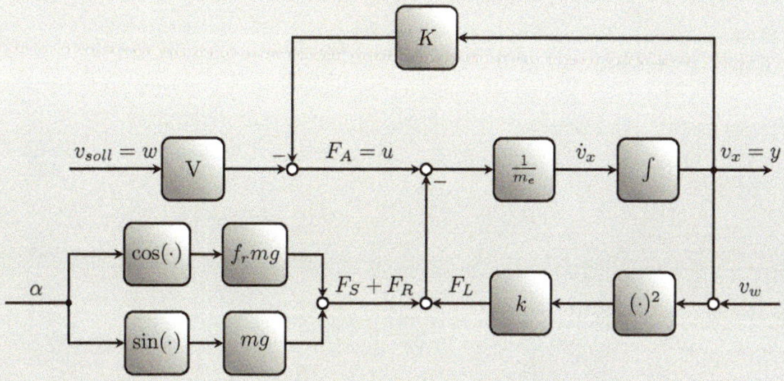

Bild 10.8 Blockdiagramm des Geschwindigkeitsregelkreises

Aus Gleichung (7.6) ergibt sich für ein solches Vorfilter:

$$V = (C^{\mathrm{T}}(-A + BK^{\mathrm{T}})^{-1}B)^{-1} = ((0,0213 + 0,001 \cdot 121,6)^{-1}0,001)^{-1} = 142,9$$

Das mit diesem Ansatz entstehende Regelverhalten zeigt Bild 10.9b. Es ist ersichtlich, dass mit den ermittelten Werten (schwarzer Verlauf in Bild 10.9b) eine bleibende Regelabweichung entsteht. Da sowohl Regler als auch Vorfilter wesentlich von dem Modell abhängen, resultieren durch die getroffen Annahmen diese Abweichungen. Durch Anpassen der Verstärkung des Vorfilters kann diese Abweichung beseitigt werden (oranger Verlauf in Bild 10.9b). Wie der grüne Verlauf in Bild 10.9b zeigt, ist die so ermittelte Struktur anfällig gegen Störungen. Daher muss der Regelungsansatz um einen Mechanismus erweitert werden, der solche bleibenden Abweichungen verhindert.

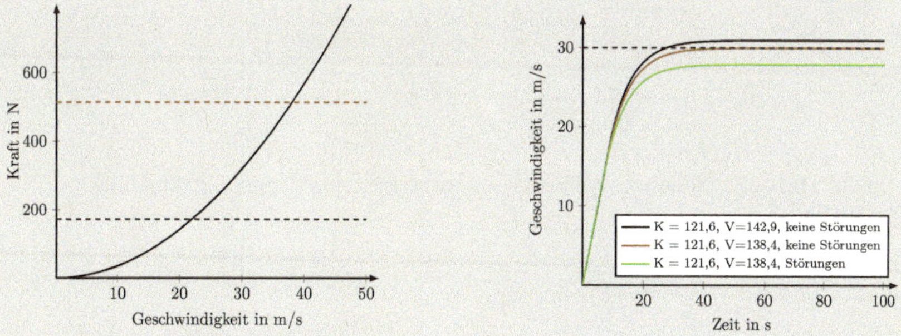

(a) Werte der einzelnen Kräfte im Vergleich (– F_L; - - $F_R + F_S$ bei $\alpha = 0°$; - - $F_R + F_S$ bei $\alpha = 2°$)

(b) Ergebnisse Geschwindigkeitsregelkreis mit Zustandsregler

Bild 10.9 Vergleich der Gegenkräfte und Ergebnisse des Geschwindigkeitsregelkreises mit Zustandsregler

Als Lösung für dieses Problem bietet sich ein Aufintegrieren des Regelfehlers an. Dies führt, wie Bild 10.10 zeigt, zu einer Zustandserweiterung

$$\begin{aligned}\dot{x}_1 &= Ax_1 + B\hat{u}; \quad y = Cx_1\\ \dot{x}_2 &= w - Cx_1\end{aligned}$$

und damit zu der Beschreibung:

$$\begin{aligned}\begin{bmatrix}\dot{x}_1\\ \dot{x}_2\end{bmatrix} &= \begin{pmatrix}A & 0\\ -C & 0\end{pmatrix}\begin{bmatrix}x_1\\ x_2\end{bmatrix} + \begin{bmatrix}B\\ 0\end{bmatrix}\hat{u} + \begin{bmatrix}0\\ 1\end{bmatrix}w\\ y &= \begin{bmatrix}C & 0\end{bmatrix}\begin{bmatrix}x_1\\ x_2\end{bmatrix}\end{aligned}$$

Die Stellgröße ergibt sich nun zu

$$\hat{u} = -\begin{bmatrix}-K & K_I\end{bmatrix}\begin{bmatrix}x_1\\ x_2\end{bmatrix}$$

und damit resultiert für den geschlossenen Regelkreis:

$$\begin{bmatrix}\dot{x}_1\\ \dot{x}_2\end{bmatrix} = \left(\begin{pmatrix}A & 0\\ -C & 0\end{pmatrix} - \begin{bmatrix}B\\ 0\end{bmatrix}\begin{bmatrix}-K & K_I\end{bmatrix}\right)\begin{bmatrix}x_1\\ x_2\end{bmatrix} + \begin{bmatrix}0\\ 1\end{bmatrix}w \tag{10.9}$$

Mit diesem erweiterten linearen Zustandsraummodell kann nun ein Regler mit I-Anteil entworfen werden. Dies kann bspw. durch Polvorgabe erfolgen.

Werden als Eigenwerte $\lambda_1 = -1/7$ und $\lambda_2 = -1/5$ gewählt, so resultieren die in Bild 10.11 gezeigten Verläufe. Es ist ersichtlich, dass keine bleibende Regelabweichung entsteht und selbst Störungen (5 km/h Gegenwind und eine Steigung von 1°) nur geringfügige Auswirkungen auf den Geschwindigkeitsverlauf haben, siehe Bild 10.11b.

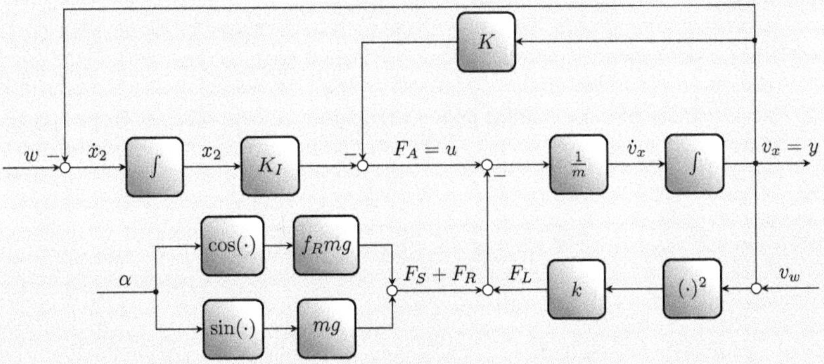

Bild 10.10 Blockdiagramm des Geschwindigkeitsregelkreises mit I-Anteil

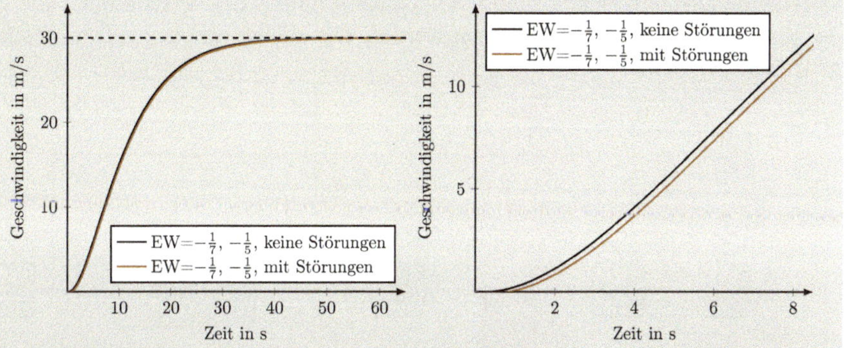

(a) Gesamtverhalten **(b)** Zeitausschnitt

Bild 10.11 Ergebnisse Geschwindigkeitsregelkreis mit Zustandsregler und I-Anteil

Im Beispiel 10.3 wurde mittels eines lokal linearisierten Systems und linearer Regelungsstrategien ein Geschwindigkeitsregelkreis entworfen. Dies ist nur eine Möglichkeit, einen Geschwindigkeitsregler zu gestalten. In der Praxis haben sich ganz unterschiedliche Verfahren zur Lösung dieses Problems etabliert. So kann bspw. der quadratische Term in Gleichung (10.6) vorgesteuert werden. Dadurch entsteht ein global linearisiertes System, welches wiederum mit linearen Ansätzen geregelt werden kann. Auch strukuturvariable Regelungen, wie Sliding-Mode Ansätze, werden aufgrund ihrer Robustheit häufig verwendet.

Bereits für Automatisierungslösungen des Levels 1, also falls die Fahrzeuglängsführung automatisiert werden soll, reicht eine reine Geschwindigkeitsregelung nicht aus. Denn sobald ein weiteres Fahrzeug auf derselben Straße vor uns fährt und langsamer als wir selbst ist, werden wir ohne eine objektbasierte Längsregelung mit diesem Fahrzeug kollidieren.

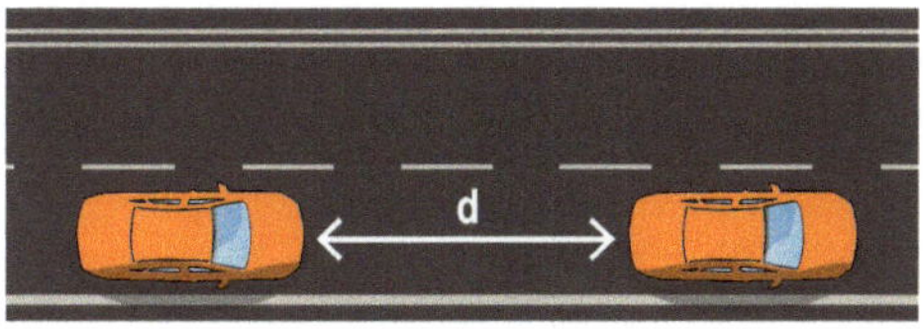

Bild 10.12 Anwendungsszenario eines Abstandsregeltempomaten

Daher ist ein weiterer Regelkreis zur **Regelung des Abstandes** d notwendig, vgl. Bild 10.12. Dieser Abstand kann durch die Geschwindigkeit beeinflusst werden. Daher können die Ergebnisse des Geschwindigkeitsregelkreises genutzt werden, um eine adäquate Abstandsregelung zu realisieren. Wir werden daher die Dynamik des Abstandsregelkreises wesentlich langsamer wählen als die des Geschwindigkeitsregelkreises ($\lambda_{v,i} >> \lambda_d$ bzw. $T_{v,i} << T_d$). Damit können die dynamischen Zusammenhänge über

$$\dot{x} = u$$

beschrieben werden. Dabei entspricht der Zustand x dem Abstand d und die relative Fahrzeuggeschwindigkeit kann somit eingestellt werden.

Durch eine Zustandsrückführung $u = -Kx$ kann mittels der Verstärkung K die Dynamik des Abstandsregelkreises vorgegeben werden. Diese Idee veranschaulicht das Blockdiagramm in Bild 10.13.

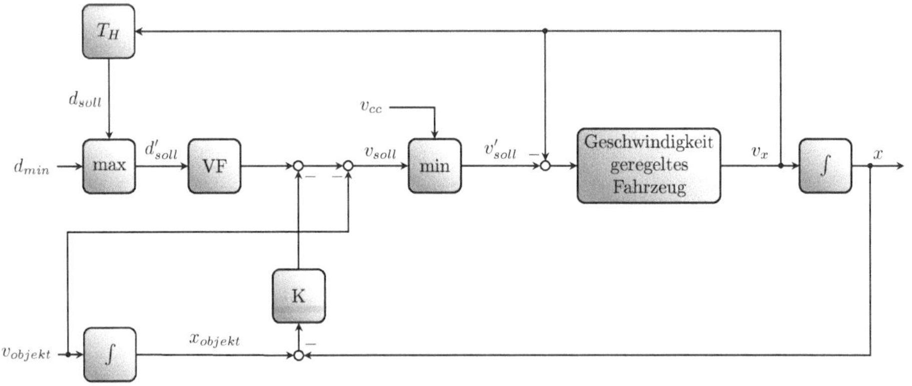

Bild 10.13 Blockdiagramm des ACC-Regelkreises

Aus Darstellungsgründen geht in das Modell die Objektgeschwindigkeit ein, welche zur x-Position des Objektes aufintegriert wird. Um den Abstand d zu ermitteln, wird dann die Position des Ego-Fahrzeuges von der des Objektes abgezogen. In der Realität ermittelt das Frontradar des Fahrzeuges sowohl die Distanz d als auch die Relativgeschwindigkeit, sodass diese der ACC-Funktionalität direkt zur Verfügung stehen.

Der Zustand d wird entsprechend mit einem Faktor K zurückgekoppelt und von der Solldistanz abgezogen. Diese Sollgröße wurde durch ein entsprechendes statisches Vorfilter VF angepasst, vgl. Gleichung (7.6). Das Resultat dieser Differenz ist die Soll-Relativgeschwindigkeit. Um die Sollgeschwindigkeit des Ego-Fahrzeuges zu erhalten, wird die Geschwindigkeit des Objektes vorgesteuert. somit transformiert die Vorsteuerung der Objektgeschwindigkeit die Sollgröße aus einem Relativ-Koordinatensystem in ein Absolut-Koordinatensystem.

Die eigentliche Bestimmung der Solldistanz erfolgt über die Vorgabe einer **Zeitlücke** T_H (engl.: Time headway). Durch Multiplikation dieser mit der Ego-Geschwindigkeit

$$d_{\text{soll}} = T_H \cdot v_x \tag{10.10}$$

ergibt sich eine Solldistanz.

Aus Gleichung (10.10) wird ersichtlich, dass der Abstand zum vorausfahrenden Fahrzeug für kleine Geschwindigkeiten sehr klein ist. Insbesondere ist beim Anhalten des Fahrzeuges die Sollgröße $d_{\text{soll}} = 0$ m, d. h. in solch einem Fall wäre die Kollision mit dem vorausfahrenden Fahrzeug das Ergebnis der Längsregelung. Um dies zu verhindern, wird eine minimale Solldistanz d_{min} eingeführt. Diese wird über die Bildung des Maximums aus dem mit Gleichung (10.10) erzeugten Sollabstand und dem eingeführten Mindestabstand d_{min} ermittelt. Auf ähnliche Weise wird die bestimmte Sollgeschwindigkeit mit der vom Fahrenden eingestellten Geschwindigkeit v_{cc} verglichen und nur die geringere der beiden Geschwindigkeiten zur Geschwindigkeitsregelung verwendet. Dadurch wird sichergestellt, dass keine höheren Geschwindigkeiten, als vom Fahrenden gewünscht, resultieren.

Beispiel 10.4 (Abstandsregeltempomat). Die Funktionsweise des in Bild 10.13 dargestellten Ansatzes soll nun anhand eines Beispiels erläutert werden. Ausgangspunkt ist dabei das Szenario aus Bild 10.12. In diesem Fall gehen wir davon aus, dass das Ego-Fahrzeug steht ($v_x(0) = 0\,$m(s) und eine Sollgeschwindigkeit $v_{cc} = 30\,$m/s besitzt. Das vorausfahrende Fahrzeug startet in 100 m Entfernung und mit einer Geschwindigkeit von 24 m/s. Als Zeitlücke werden 2 s gewählt.

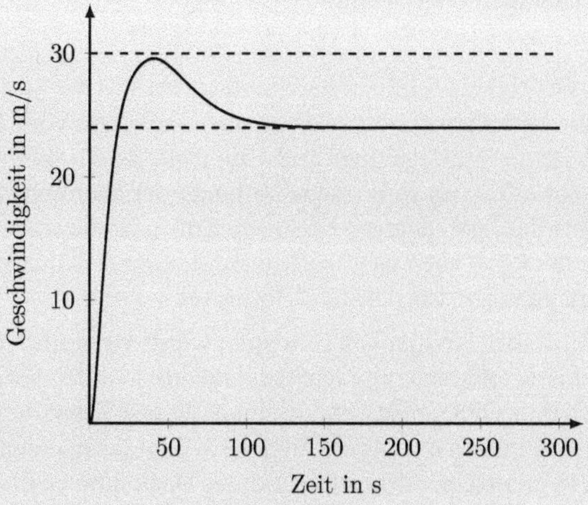

Bild 10.14 Geschwindigkeitsverlauf

Der Wert des Zustandsreglers K wird zu 0,03 gewählt. Für den unterlagerten Geschwindigkeitsregelkreis wird die Konfiguration aus Beispiel 10.3 verwendet. Dort wurden die Eigenwerte zu $1/5$ und $1/7$ gewählt. Mit der hier gewählten Reglerverstärkung von 0,03 ist somit die Dynamik des überlagerten Abstandsregelkreises um einen Faktor 4,5 ... 6 langsamer als die des Geschwindigkeitsregelkreises.

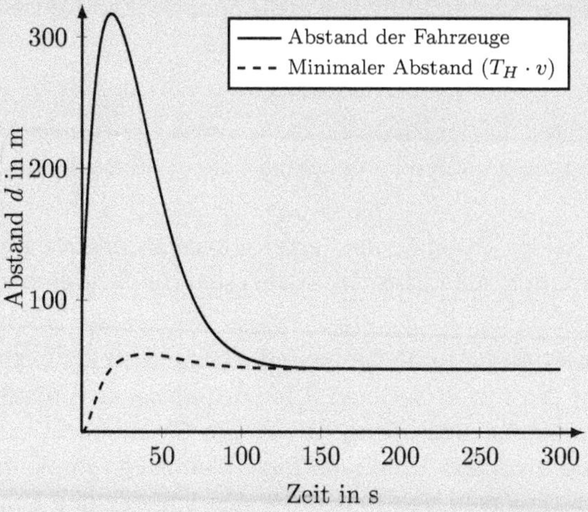

Bild 10.15 Abstandsverlauf

Mit der so gewählten Dynamik und dem beschriebenen Szenario ergibt sich der in Bild 10.14 dargestellte Verlauf der Geschwindigkeit des Ego-Fahrzeuges.

Den zugehörigen Verlauf des Abstandes der Fahrzeuge zeigt Bild 10.15. Es ist zu erkennen, dass sich der Abstand der Fahrzeuge zunächst vergrößert. Dies ist auch nicht verwunderlich, da das vorausfahrende Fahrzeug mit einer wesentlich höheren Geschwindigkeit startet. Sobald das Ego-Fahrzeug schneller vorankommt als das vorausfahrende Fahrzeug, verringert sich der Abstand. Im weiteren Verlauf reduziert das Ego-Fahrzeug die Geschwindigkeit ebenfalls auf 24 m/s und es stellt sich der avisierte Abstand $d_{\text{soll}} = 2\,\text{s} \cdot 24\,\text{m/s} = 48$ m ein. ■

Das in Beispiel 10.4 dargestellte Verhalten, in dem sich an ein vorausfahrendes Fahrzeug herangezogen wird (das sogenannte Approaching) und eine feste Zeitlücke eingeregelt wird, ist der Standardfall für ein ACC. Das so erzeugte Verhalten ist allerdings nicht für jede Situation optimal. So würde das Ego-Fahrzeug bei einem Cut-In-Szenario, in dem ein anderes Fahrzeug auf die Spur des Ego-Fahrzeuges wechselt und schneller fährt als dieses, trotzdem verhältnismäßig stark bremsen, um die Soll-Zeitlücke einzuregeln.

Dieses Verhalten ist nicht komfortabel. Ein manuell Fahrender würde vermutlich eine Verletzung des Soll-Abstand kurzfristig tolerieren und nachfolgend diesen durch die sich einstellende Geschwindigkeitsdifferenz abbauen lassen. So gibt es diverse Szenarien, in dem ein spezifisches Verhalten des ACC ratsam ist oder erwartet wird. Daher reagieren moderne ACC-Systeme unterschiedlich in unterschiedlichen Situationen. Dazu müssen diese Situationen identifiziert und die jeweiligen Algorithmen entsprechend parametriert werden.

In komplexeren Fahrerassistenzsystemen gibt es dafür eine separate **Situationsinterpretation**, die eine entsprechende Abbildung der Situation aus unterschiedlichen Umgebungs- und Fahrzeugdaten bestimmt und diese Beschreibung den einzelnen Fahrfunktionen zur Verfügung stellt. Die konkrete Darstellung kann dabei von System zu System variieren.

So existieren Realisierungen auf Basis von ontologischen Beschreibungen, Zustandsautomaten oder Entscheidungsbäumen. In einem ersten Schritt wird häufig zwischen Cut-In, Following, Cut-Out und Approach unterschieden:

- Bei einem **Cut-In**-Szenario wechselt ein Fahrzeug in die Spur des Ego-Fahrzeuges und wird somit zum Target-Objekt.
- Das **Following**-Szenario beschreibt die einfache Folgefahrt.
- Beim **Cut-Out**-Szenario verlässt das Target-Objekt die Spur des Ego-Fahrzeuges und es wird ein neues Objekt als Target gewählt oder er wird mit der CC-Geschwindigkeit weitergefahren.
- Beim **Approach**-Szenario ist der Abstand zum Target größer als der Zielabstand. Es muss also aufgeschlossen werden. Allerdings muss dabei stets die CC-Geschwindigkeit berücksichtigt werden.

Diese Szenarien können je nach Ausbaustufe des Assistenzsystems weiter untergliedert werden. Betrachten wir bspw. das Cut-In-Szenario. Die entsprechende Situation hängt nun maßgeblich von den konkreten Bedingungen, wie Ego-Geschwindigkeit, Target-Geschwindigkeit oder Abstand zwischen Ego- und Target-Fahrzeug, ab. So muss das Ego-Fahrzeug nicht die Geschwindigkeit reduzieren, um den Soll-Abstand einzuregeln, wenn das Target-Fahrzeug schneller als das Ego-Fahrzeug ist.

Schert das Fahrzeug allerdings zu nah ein, sodass bei einer Bremsung des Targets die Gefahr einer Kollision besteht, ist es ratsam, trotz eines schnelleren Target-Fahrzeuges den Abstand durch Bremsen zu vergrößern.

Eine weitere wichtige Aufgabe bei der Realisierung eines ACC kommt der **Objektauswahl** zu. Deren Ziel besteht darin, eine Teilmenge von Objekten auszuwählen, die von Sensoren des Ego-Fahrzeuges erkannt werden. Diese Teilmenge soll dann für ein komfortables und sicheres ACC verwendet werden. In klassischen Anwendungen ist dies das Fahrzeug, welches sich in der Spur direkt vor dem Ego-Fahrzeug befindet.

Die Erfahrungen der letzten Jahre haben gezeigt, dass es notwendig ist, mehrere Objekte in die Betrachtungen einzubeziehen. So werden für die Fahrzeuglängsführung bspw. die nachfolgenden Objekte (Targets) berücksichtigt:

- Das **Primary-Target** (P) ist das nächste Objekt vor uns, das sich innerhalb der Spur des Ego-Fahrzeuges befindet. Dies ist das verwendete Objekt in den meisten der klassischen ACC-Algorithmen.
- Das **Time-To-Collision-Target** (TTC) ist das Objekt innerhalb des geplanten Pfades des Ego-Fahrzeuges, das die Gleichung (10.11) minimiert. Zu beachten ist dabei, dass während des Spurwechselmanövers auch Objekte außerhalb der Ego-Spur für diese Objektklasse berücksichtigt werden.
- Das **Neighboring-Target** (NB ist das Objekt auf der linken Spur (relativ zum Ego-Fahrzeug), das die Gleichung (10.11) minimiert. Wir betrachten hier Fahrzeuge auf der linken Fahrspur, da wir in Deutschland ein Rechtsfahrgebot haben und somit im Rahmen von Überholvorgängen Objekte auf der linken Fahrspur berücksichtigen müssen.

Die Zeit bis zu einer möglichen Kollision zwischen zwei Fahrzeugen lässt sich als Funktion ihrer Abstände und Geschwindigkeiten darstellen:

$$t_{\mathrm{TTC}} = \frac{d}{v_{\mathrm{Ego}}} + \frac{v_{\mathrm{Target}} \cdot t_{\mathrm{TTC,Hysterese}}}{v_{\mathrm{Ego}}} \tag{10.11}$$

Die Gleichung (10.11) ist in zwei Terme unterteilt:

- Der erste Term stellt die gewählte Zeitlücke zwischen dem Ego- und dem TTC-Objekt dar (in einem normalen Fahrmodus z. B. 2 s). Eine Zeitlücke ist definiert als der Quotient aus dem Längsabstand zum vorausfahrenden Objekt und der Geschwindigkeit des Ego-Fahrzeuges. Sie ist die Zeit, die benötigt wird, um bei konstanter Geschwindigkeit des Ego-Fahrzeuges von der Ego-Position zur Position des Zielobjekts zu fahren. Daher werden negative Lösungen für die Zeit bis zur Kollision vernachlässigt.
- Der zweite Term der Gleichung berücksichtigt die Objektgeschwindigkeit v_{Target} multipliziert mit einer Hysterese $t_{\mathrm{TTC,Hysterese}}$, um ein Jittering (unerwünschte schelle Abfolge von Beschleunigungen und Verzögerungen des Ego-Fahrzeuges) zwischen den Objekten zu verhindern.

Die konkrete Fahrzeugschnittstelle, um gezielt das Fahrzeug abzubremsen oder zu beschleunigen, variiert je nach Fahrzeugaufbau. Oft wird für die Längsführung eine Beschleunigungsschnittstelle verwendet. Daher ist der jeweilige Beschleunigungssollwert des ACC ein Sollwertkandidat für den zugrundeliegenden Beschleunigungsregler. Der gewählte Beschleunigungssollwert wird nach Plausibilitätsprüfung an den Beschleunigungsregler übertragen, der im Anschluss die zugehörigen Motor- und Bremsmomente berechnet.

10.2.2 Querdynamikregelung

Einige Möglichkeiten zur Querdynamikregelung eines AD-Fahrzeuges werden im Folgenden näher erläutert. Da bei Verwendung der LKA-Funktionalität der Betriebspunkt des Fahrzeuges als komfortabel eingestuft werden kann, kann die Kopplung zwischen Quer- und Längsdynamikregelung bei der Reglersynthese auf ein Minimum reduziert werden. So wird oft lediglich die Wunschgeschwindigkeit automatisch korrigiert, wenn die aktuelle Querbeschleunigung einen vordefinierten kritischen Wert überschreitet.

Deichselregler

Ein einfacher kinematischer bzw. geometrischer Ansatz zur Fahrzeug-Querdynamikregelung ist der Deichselregler (engl.: Pure Pursuit Controller). Bei diesem wird ein Regelgesetz zur Einstellung des Lenkwinkels δ_v in Abhängigkeit eines **Vorausschaupunktes** vom Abstand l_d und der Geometrie der Fahrzeugkinematik bestimmt.

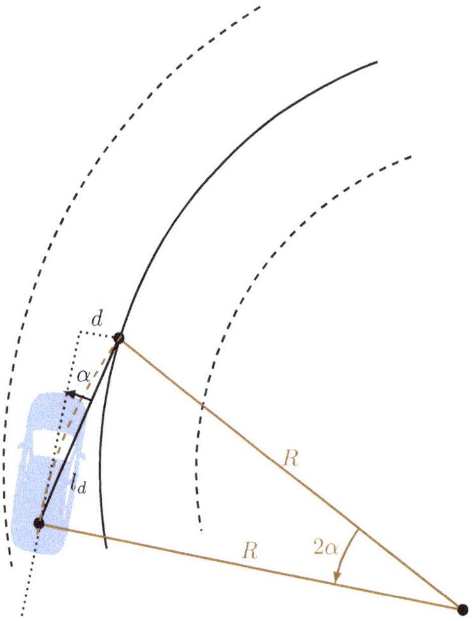

Bild 10.16 Grundidee des Deichselreglers unter Verwendung von: (- -) Fahrbahnmakierungen, (–) Fahrbahnmittelinie

Die grundlegenden geometrischen Zusammenhänge verdeutlicht Bild 10.16. Ausgangspunkt für den Regelungsansatz ist ein Vorausschaupunkt auf dem Sollpfad (hier die Fahrbahnmittellinie) im Abstand l_d. Dieser Abstand wird Vorausschaudistanz genannt. Die Verbindung zwischen dem Referenzpunkt am Fahrzeug, welcher in den nachfolgenden Betrachtungen der Mittelpunkt der Hinterachse ist, und dem Vorausschaupunkt bildet eine virtuelle Deichsel. Zwischen dieser virtuellen Deichsel und der Orientierung des Fahrzeuges wird der Winkel α aufgespannt. Es wird nun ein Lenkwinkel δ_v gesucht, der das Fahrzeug auf den Vorausschaupunkt zusteuert.

Dabei wird zwischen die durch die Lenkbewegung entstehende Drehachse, den Referenzpunkt am Fahrzeug und den Vorausschaupunkt ein gleichschenkliges Dreieck aufgespannt, siehe Bild 10.16. Über einfache geometrische Zusammenhänge kann der Winkel zwischen den beiden Radien der entstehenden Kreisbahn zu 2α bestimmt werden. Aus dem Sinussatz und den trigonometrischen Beziehungen ergibt sich aus dem gleichschenkligen Dreieck:

$$\begin{aligned}
\frac{l_d}{\sin(2\alpha)} &= \frac{R}{\sin\left(\frac{\pi}{2}-\alpha\right)} \\
\frac{l_d}{2\sin(\alpha)\cos(\alpha)} &= \frac{R}{\cos(\alpha)} \\
\frac{l_d}{2\sin(\alpha)} &= R \qquad (10.12)
\end{aligned}$$

Unter Verwendung der in Abschnitt 6.2.1 bei der Modellbildung des kinematischen Einspurmodells hergeleiteten Beziehung (6.39) kann diese zu

$$R = \frac{l_h + l_v}{\tan(\delta_v)}.$$

umgeschrieben werden. Zu beachten ist, dass der Referenzpunkt der Mittelpunkt der Hinterachse ist. Daraus resultiert, dass $R' = R$ gilt und damit für Gleichung (10.12) folgender Zusammenhang entsteht:

$$\frac{l_d}{2\sin(\alpha)} = \frac{l_h + l_v}{\tan(\delta_v)}$$

Somit ergibt sich als Regelgesetz für die Querführung des Fahrzeuges:

$$\delta_v = \arctan\left(\frac{2(l_h + l_v)\sin(\alpha)}{l_d}\right) \qquad (10.13)$$

Der durch Gleichung (10.13) entstehende Regler basiert einzig auf geometrischen bzw. kinematischen Zusammenhängen und die eigentliche Fahrzeugdynamik wird vernachlässigt. Der Regler lässt sich vollständig über den Parameter l_d applizieren, d. h. es muss lediglich ein einziger Parameter eingestellt werden. Bei der Parametrierung entsteht allerdings ein Zielkonflikt, da große Werte von l_d zu einer nur langsamen Reaktion auf Änderungen führen. Demgegenüber führen große l_d zum Schneiden der Kurven, was insbesondere bei kleinen Kurvenradien problematisch ist. Wird der Wert l_d verhältnismäßig klein gewählt, wird das Fahrzeug dem Sollpfad entsprechend gut folgen. Dieses gute Folgeverhalten bewirkt allerdings auch ein unruhiges Verhalten, da ebenfalls auf kleine Sprünge im Sollpfad reagiert wird. Das kann zu unkomfortablen und ruckartigen Lenkbewegungen führen. Dies kann verdeutlicht werden, wenn die Ablage d (siehe Bild 10.16) betrachtet wird. Aus dem entstehenden rechtwinkligen Dreieck wird gefolgert:

$$\sin(\alpha) = \frac{d}{l_d}$$

Werden zusätzlich die Krümmung $\kappa = 1/R$ und die Gleichung (10.12) betrachtet, resultiert:

$$\kappa = \frac{2\sin(\alpha)}{l_d} = \frac{2}{l_d^2}d$$

Damit wird eine Krümmung eingestellt, die proportional zur Ablage am Vorausschaupunkt ist. Der Proportionalitätsfaktor $2/l_d^2$ wird über die Distanz l_d variiert. Je größer l_d desto kleiner ist die Verstärkung.

Aufgrund der getroffenen Vereinfachungen und der Tendenz zum **Schneiden von Kurven** eignet sich dieser Regler insbesondere für Anwendungen, bei denen kleine Lenkwinkel zu erwarten sind, wie bspw. Autobahn-Anwendungen. Dort stellt dieser Regelungsansatz eine sehr robuste und einfach zu applizierende Lösung dar.

Beispiel 10.5 (S-Kurve mit Deichselregler). Wir wollen uns in diesem Beispiel das Verhalten des Deichselreglers genauer betrachten. Dabei wollen wir den Einfluss der Distanz l_d und die zugrundeliegenden Modellannahmen diskutieren. Dazu betrachten wir ein Fahrzeug, welches die in Bild 10.17 dargestellte S-Kurve mit $v = 10$ m/s befährt.

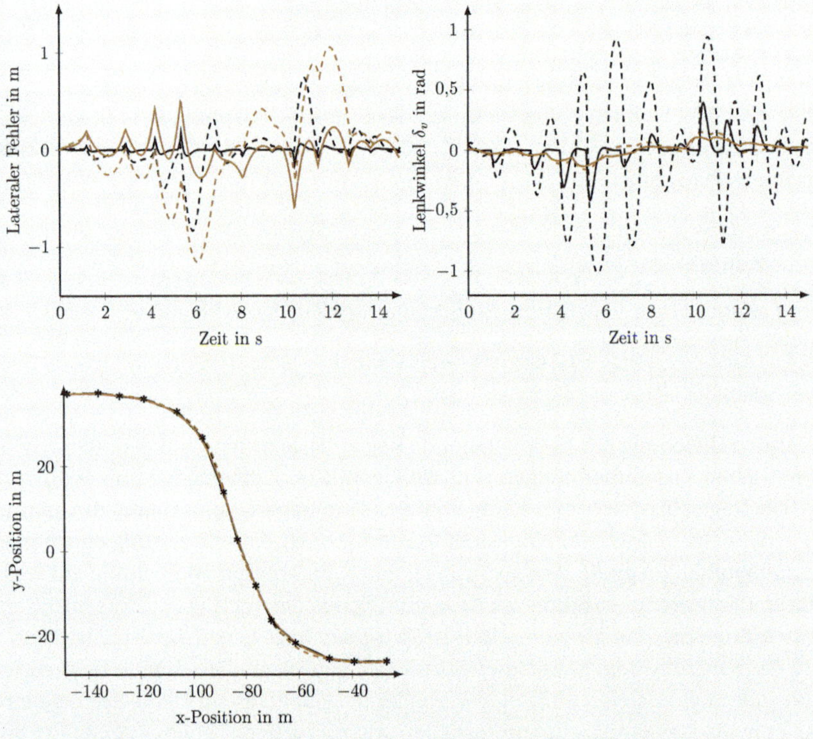

Bild 10.17 Regelverhalten eines kinematischen (–) und eines dynamischen (- -) Einspurmodells eines Fahrzeuges mit einem Deichselregler und den Werten $l_d = 2$ (schwarz) und $l_d = 8$ (orange)

Die S-Kurve ist durch die 14 dargestellten Punkte beschrieben. Das Verhalten des Fahrzeuges wird dabei durch ein kinematisches und ein dynamisches Einspurmodell realisiert.

Die Modellparameter lauten in diesem Beispiel: $m = 2000$ kg, $l_v = 1{,}4$ m,, $l_h = 1{,}6$ m $c_{\alpha,v} = 12000$ N/rad, $c_{\alpha,h} = 11000$ N/rad, $I_z = 4000$ kgm^2. Aus den in Bild 10.17 gezeigten Simulationsergebnissen lassen sich im Wesentlichen drei Aussagen ablesen.

Kleinere Werte von l_d führen im Mittel zu kleineren lateralen Fehlern als größere Werte. Die dargestellten Fehler wurden jeweils als der kürzeste Abstand zwischen der gefahrenen Bahn und der linearen Verbindungslinie zweier benachbarter Punkte definiert. Allerdings gehen diese kleineren lateralen Fehler mit einem höheren Lenkaufwand einher. Dies zeichnet sich vor allem durch Lenkwinkel aus.

Werden neben den geometrischen Zusammenhängen, welche bei der Bestimmung des Regelgesetzes einbezogen wurden, auch die dynamischen Effekte in der Simulation berücksichtigt, so entstehen größere Abweichungen und es sind größere Lenkwinkel notwendig. Denn aus den oben angegebenen Werten entsteht ein positiver Eigenlenkgradient und es sind somit tendenziell größere Lenkwinkel als im kinematischen Fall notwendig. Durch das Regelgesetz werden diese größeren Lenkwinkel allerdings nicht direkt realisiert, sodass zuerst größere Abweichungen entstehen müssen und als Folge dessen dann auch größere Lenkwinkel zur Korrektur benötigt werden.

Für größere Werte von l_d führt dieses träge Lenkverhalten zu einem verspäteten Lenken, was das Fahrzeug in der Kurve nach außen treibt. Im kinematischen Fall hingegen führt bereits der Wert $l_d = 8$ zu einem leichten Schneiden der Kurve. Dadurch haben die Fehlerterme unterschiedliche Vorzeichen. Würden wir den Wert für l_d weiter erhöhen, so würde auch im dynamischen Fall ein Kurvenschneiden auftreten. Dies ist exemplarisch für $l_d = 40$ in Bild 10.18 illustriert.

Das bedeutet, dass für praktische Anwendungen (bei denen faktisch die dynamischen Effekte auftreten) die Werte von l_d nicht zu klein gewählt werden sollten, um akzeptable Ergebnisse zu erzielen. Akzeptabel bedeutet in diesem Zusammenhang, dass die Lenkwinkel und die Lenkgeschwindigkeit aus Komfortgründen möglichst klein sein sollten. Denn ein dynamisches Lenkverhalten bewirkt bei Verwendung von Assistenzsystemen im Allgemeinen eine Verunsicherung der Insassen.

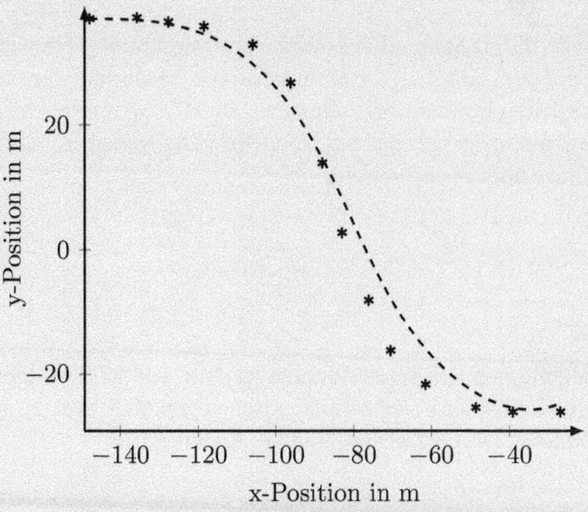

Bild 10.18 Resultierende Fahrbahn bei $l_d = 40$

■

Stanley-Regler

Ein weiterer kinematischer Ansatz zur Fahrzeugquerführung ist der sogenannte Stanley-Regler. Dieser ist nach dem Fahrzeug des Standford Racing Teams der DARPA Grand Challenge 2005 benannt, welches eben diesen Namen trägt. Das entstehende nichtlineare Regelungsgesetz hat sich in der DARPA Challenge als sehr performante Lösung herausgestellt und wird seitdem häufig verwendet. Für die folgenden Betrachtungen gehen wir davon aus, dass sich das Fahrzeug mit konstanter Geschwindigkeit v_x bewegt, siehe Bild 10.19.

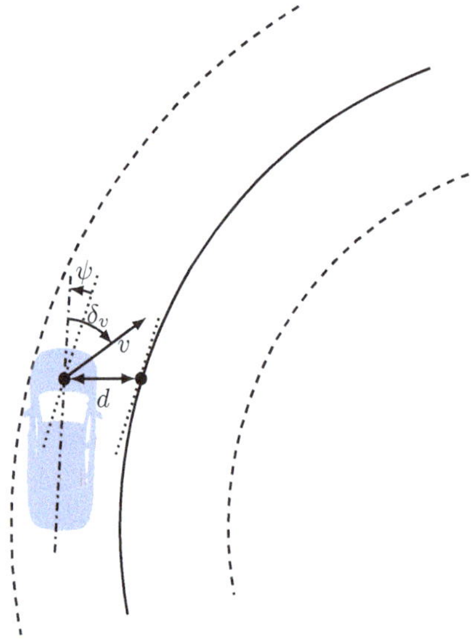

Bild 10.19 Geometrische Zusammenhänge beim Stanley-Regler

Dabei beschreibt die Ablage d den Abstand zwischen dem Mittelpunkt der Vorderachse und dem nächsten Punkt auf dem Sollpfad. Die Orientierung ψ beschreibt den Winkel des Fahrzeuges bzgl. dieses nächsten Punktes des Sollpfades. Aus den geometrischen Zusammenhängen und der Annahme, dass sich das Fahrzeug vorwärtsbewegt $v_x > 0$, kann die zeitliche Änderung der Ablage über die Beziehung

$$\dot{d} = v \sin(\psi - \delta) \tag{10.14}$$

beschrieben werden. Entsprechend ergibt sich für die Gierrate $\dot{\psi}$:

$$\dot{\psi} = \frac{v \sin(\delta_v)}{l_v + l_h} \tag{10.15}$$

Mithilfe dieser beiden Gleichungen kann nun überlegt werden, wie ein Regelgesetz konstruiert sein muss, damit beide Fehler $(d,\, \psi)$ asymptotisch gegen Null streben und somit das Fahrzeug dem Sollpfad folgt. Dieses Ziel kann mit der Rückführung

$$\delta_v = \begin{cases} -\delta_{v,\max} & \text{für } -\delta_{v,\max} \geq \psi + \arctan\left(\frac{kd}{v}\right) \\ \psi + \arctan\left(\frac{kd}{v}\right) & \text{für } -\delta_{v,\max} < \psi + \arctan\left(\frac{kd}{v}\right) < \delta_{v,\max} \\ \delta_{v,\max} & \text{für } \quad \delta_{v,\max} \leq \psi + \arctan\left(\frac{kd}{v}\right) \end{cases} \tag{10.16}$$

realisiert werden. Dieser Ansatz kompensiert den Orientierungsfehler und es wird im Verlauf die Ablage abgebaut. Einerseits ergeben sich für kleine Ablagen ($d \approx 0$) große Orientierungsfehler durch das Regelgesetz $\delta_v = \psi$. Dementsprechend entstehen für große ψ auch große Lenkwinkel δ_v in die entgegengesetzte Richtung und der Orientierungsfehler wird sukzessive abgebaut. Andererseits führen große Ablagen zu $\arctan\left(\frac{kd}{v}\right) \approx \frac{\pi}{2}$, wodurch das Fahrzeug auf den Pfad geführt wird. Allerdings ändert sich durch das Lenken auch die Orientierung und die Orientierungskorrektur (ψ) wirkt der Ablagekorrektur $\left(\arctan\left(\frac{kd}{v}\right)\right)$ entgegen. Dadurch wird der Lenkwinkel im Verlauf wieder auf 0 zurückgeführt. Da je nach Parametrierung und (ψ,d)-Kombinationen durchaus sehr hohe Lenkwinkel entstehen können, der vom Fahrzeug realisierbare Lenkwinkel aber begrenzt ist (bspw. $-35° < \delta_v < 35°$), ergeben sich die in Gleichung (10.16) dargestellten Fallunterscheidungen. Wird das Regelgesetz (10.16) in die Bewegungsgleichungen (10.14) und (10.15) eingesetzt, ergibt sich für die Dynamik der Ablage:

$$\dot{d} = -v \sin\left(\arctan\left(\frac{kd}{v}\right)\right) = \frac{-kd}{\sqrt{1+\left(\frac{kd}{v}\right)^2}}$$

Es ist ersichtlich, dass d und $\dot{d}$ stets entgegengesetzte Vorzeichen besitzen und somit die Ablage d zunehmend abgebaut wird. Damit ist das Regelgesetz global asymptotisch stabilisierend. Die Querdynamik kann dabei über den Parameter k eingestellt werden.

Kaskadenregelung

Ein alternativer Ansatz zur Querdynamikregelung kann ähnlich der Abstandsregelung (Längsdynamik) auf Basis einer Kaskadenregelung aufgebaut werden, siehe Bild 10.20. Die Aufgabe des äußeren Regelkreises der Kaskadenregelung ist es, den seitlichen Abstand (Ablage) des Fahrzeuges zum vorher geplanten Pfad zu minimieren. Die Regelgröße ist somit die Ablage, welche bspw. mittels einer Frontkamera und Spurerkennung realisiert wird. Die Ausgangsgröße dieses Regelkreises ist ein neuer Sollwert für die Fahrzeugorientierung. Die Fahrzeugorientierung bildet die Eingangsgröße der inneren Kaskade. Diese Eingangsgröße minimiert durch die Berechnung von Sollwerten für die Fahrzeugaktorik (bspw. des Lenkwinkels) den Orientierungsfehler des Fahrzeuges. Zur Realisierung der beiden Regelkaskaden können bspw. PID-Regler zur Anwendung kommen. Bei der Parametrierung der Regler ist darauf zu achten, dass der Orientierungsregler deutlich schneller auf Regelfehler reagieren muss als der Ablageregler.

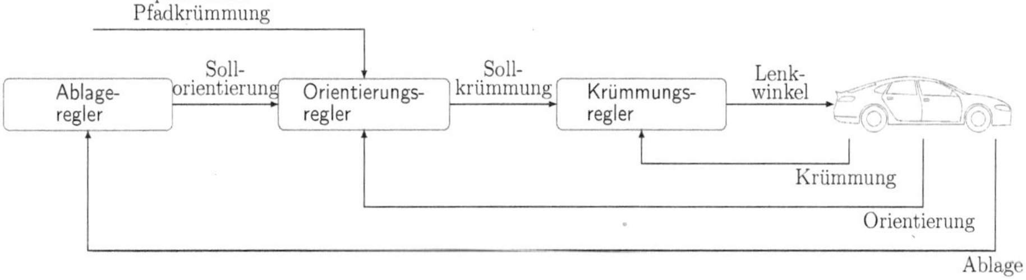

Bild 10.20 Schematischer Aufbau einer Kaskadenregelung

So muss es für der Orientierungsregler möglich sein, den Regelfehler abzubauen, bevor er neue Sollwerte vom Ablageregler empfängt.

Beispiel 10.6 (S-Kurve mit Stanley-Regler). Wir wollen dasselbe Szenario wie in Beispiel 10.5 untersuchen. Allerdings wird die Querführung des Fahrzeuges jetzt durch einen Stanley-Regler realisiert.

Dies verdeutlicht Bild 10.21. Wir sehen, dass für größere Werte von k im Mittel kleinere Ablagefehler entstehen.

Dies stimmt mit unseren Vorbetrachtungen überein, da mit zunehmendem k durch $\arctan(\frac{kd}{v})$ bei gleicher Ablage größere Lenkwinkel entstehen und auftretende Ablagen schneller kompensiert werden.

Im kinematischen Fall sehen wir, dass trotz dieser Überlegungen in der zweiten Hälfte mitunter kleinere Lenkwinkel für den größeren Wert von k entstehen. Dies mag auf den ersten Blick verwundern, ist aber durch die wesentlich kleineren Ablagefehler begründet.

Ähnlich der Situation beim Deichselregler führen die nicht bei der Ableitung des Regelgesetzes berücksichtigten dynamischen Effekte zu einem insgesamt schlechteren Regelverhalten. So entstehen im dynamischen Fall signifikant größere Ablagefehler und damit größere Lenkwinkel.

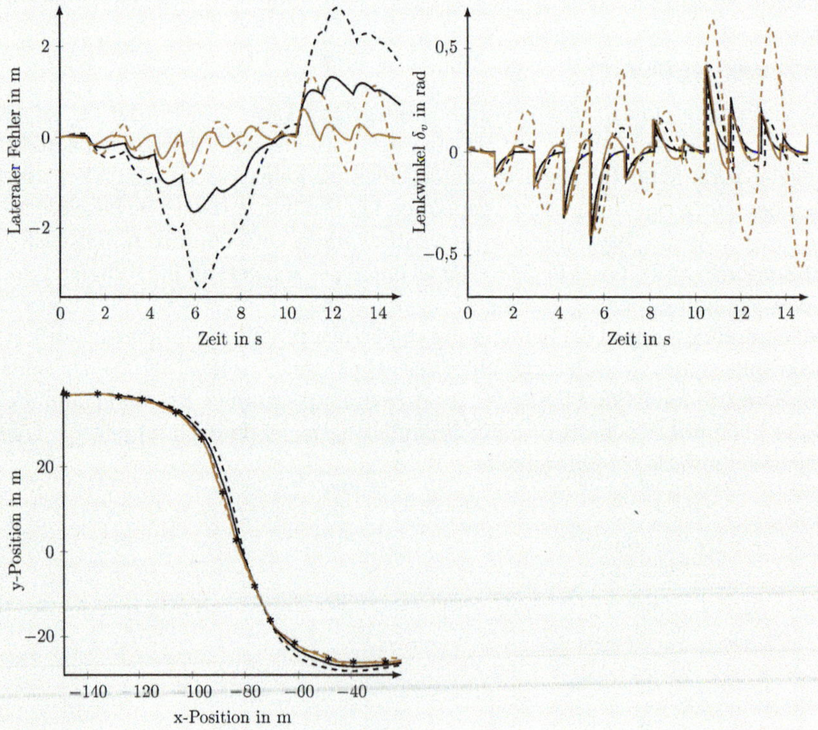

Bild 10.21 Regelverhalten eines kinematischen (–) und eines dynamischen (- -) Einspurmodells eines Fahrzeuges mit einem Stanley-Regler und den Werten $k = 0{,}5$ (schwarz) und $k = 4$ (orange)

■

10.2.3 Modellprädiktive Dynamikregelung

Wie in Abschnitt 7.4.5 erläutert, wird ein Fahrzeugmodell benötigt, um eine MPC aufzustellen. Dementsprechend wird im Folgenden die Längs- und Querdynamik des Fahrzeuges als zeitkontinuierliches nichtlineares System in der Form

$$\dot{\boldsymbol{x}}(t) = \boldsymbol{f}(\boldsymbol{x}(t), \boldsymbol{u}(t)), \quad \boldsymbol{x}(t_0) = \boldsymbol{x}_0 \tag{10.17a}$$

$$\boldsymbol{y}(t) = \boldsymbol{h}(\boldsymbol{x}(t)) \tag{10.17b}$$

mit den Abbildungen $\boldsymbol{f}: \mathbb{R}^9 \times \mathbb{R}^2 \to \mathbb{R}^9$ und $\boldsymbol{h}: \mathbb{R}^9 \to \mathbb{R}^3$ modelliert. Der Zustandsvektor $\boldsymbol{x} = [x; y; \psi; \dot{\psi}; \beta; v; v_{ref}; \delta_s; \delta_{s,\mathrm{ref}}]^{\mathrm{T}}$ besteht aus den Fahrzeugzuständen, dem Gierwinkel ψ, der Gierrate $\dot{\psi}$, dem Seitenschlupfwinkel β, der Geschwindigkeit v, der Zielgeschwindigkeit v_{ref}, dem Lenkradwinkel δ_s und dem Lenkradzielwinkel $\delta_{s,\mathrm{ref}}$.

Der Stellgrößenvektor der MPC

$$\boldsymbol{u} = [a_{\mathrm{ref}}; \omega_{s,\mathrm{ref}}]^{\mathrm{T}}$$

enthält die Wunsch-Beschleunigung a_{ref} und die Wunsch-Winkelgeschwindigkeit des Lenkrads $\omega_{s,\mathrm{ref}}$ des Fahrzeuges. Weiterhin enthält der Ausgangsvektor

$$\boldsymbol{y} = [x_f; y_f; \psi]^{\mathrm{T}}$$

die Koordinaten der Vorderachsmitte x_f und y_f sowie die Fahrzeugorientierung ψ.

Wir verwenden im Folgenden das **Einspurmodell** aus Abschnitt 6, um das Fahrzeugverhalten zu beschreiben. Somit erhalten wir folgenden Modellgleichungssatz:

$$\dot{x}(t) = v(t)\cos\big(\psi(t) + \beta(t)\big) \tag{10.18a}$$

$$\dot{y}(t) = v(t)\sin\big(\psi(t) + \beta(t)\big) \tag{10.18b}$$

$$\ddot{\psi}(t) = -\frac{c_{sf}\,l_f^2 + c_{sr}\,l_r^2}{J_z\,v(t)}\dot{\psi}(t) - \frac{c_{sf}\,l_f - c_{sr}\,l_r}{J_z}\beta(t) + \frac{c_{sf}\,l_f}{J_z}\delta_a(t) \tag{10.18c}$$

$$\dot{\beta}(t) = \left(-1 - \frac{c_{sf}\,l_f - c_{sr}\,l_r}{m\,v(t)^2}\right)\dot{\psi}(t) - \frac{c_{sf} + c_{sr}}{m\,v(t)}\beta(t) + \frac{c_{sf}}{m\,v(t)}\delta_a(t) \tag{10.18d}$$

Die Parameter l_f und l_r bezeichnen den Abstand vom Fahrzeugschwerpunkt zur Vorder- bzw. Hinterachse. Weiterhin beschreiben die Parameter c_{sf} und c_{sr}, die Kurvensteifigkeiten der beiden Räder. Die Gesamtmasse und das Gierträgheitsmoment des Gesamtsystems werden mit m und J_z bezeichnet. Die **Längsdynamik** des Fahrzeuges wird vereinfacht durch ein Modell dargestellt, das aus einem Integrator und einem PT_1-Modell besteht

$$\dot{v}(t) = \frac{1}{T_v}(v_{\mathrm{ref}}(t) - v(t)) \tag{10.19a}$$

$$\dot{v}_{\mathrm{ref}}(t) = a_{\mathrm{ref}}(t) \tag{10.19b}$$

mit der Zielbeschleunigung a_{ref} und der Zeitkonstanten T_v. Dieses Modell repräsentiert die Dynamik des Antriebs- und des Bremssystems sowie den verwendeten Low-Level-Regler des Fahrzeuges. Für Details zu dem verwendeten dynamischen Einspurmodell sowie dem verwendeten Parameteridentifikationsansatz, samt Validierungsergebnissen mittels realer Testfahrten, sei auf Ritschel et al. (2019) verwiesen.

Um die Modellbeschreibung abzuschließen, müssen wir auch Zustands- und Stellgrößenbeschränkungen mathematisch beschreiben, die sich aufgrund der physikalischen Beschränkungen des Fahrzeuges ergeben. Diese Nebenbedingungssätze sind durch $\boldsymbol{x} \in \mathscr{X} \subseteq \mathbb{R}^9$ und $\boldsymbol{u} \in \mathscr{U} \subseteq \mathbb{R}^2$ gegeben.

Das primäre Ziel der zu entwickelnden MPC ist es, eine korrekte Verfolgung der geometrischen Referenzbahn zu realisieren. Daher wird dieser Ansatz auch als **Pfadfolge-MPC** bezeichnet. Hierbei folgt die Implementierung der Pfadfolge-MPC dem Schema aus Bild 10.22. Der Referenzpfad wird als Führungsgröße der MPC übergeben. Die MPC berechnet in jedem Zeitschritt einen Führungsgrößenverlauf für die unterlagerte Regelung (unter Zuhilfenahme des Fahrzeugmodells, der Nebenbedingungen sowie der geschätzten und gemessenen Zustände). Die unterlagerte Regelung ist für die Realisierung der eigentlichen Fahrzeugbewegung zuständig. Um eine Bahnverfolgung zu realisieren, müssen wir den Ablagefehler definieren

$$\boldsymbol{e}(t) = \boldsymbol{h}(\boldsymbol{x}(t)) - \boldsymbol{p}(s(t)), \tag{10.20}$$

welcher die Abweichung des Fahrzeuges von der geplanten Referenzbahn beschreibt. Somit ergibt sich folgende MPC-Formulierung für das Pfadfolgeproblem, die ein optimales $\boldsymbol{u}(\cdot)$ sowie $s(\cdot)$ berechnet und die folgenden drei Kriterien gewährleistet:

1. **Pfadkonvergenz**: Der Systemausgang $\boldsymbol{y}$ konvergiert gegen den Referenzpfad, sodass $\lim_{t\to+\infty} \|\boldsymbol{e}(t)\| = 0$ gilt.
2. **Geschwindigkeitskonvergenz**: Die Pfadgeschwindigkeit $\dot{s}(t)$ konvergiert gegen eine vorgegebene Entwicklung $\dot{s}_{\text{ref}}(t) \geq 0$, sodass $\lim_{t\to+\infty} \|\dot{s}(t) - \dot{s}_{\text{ref}}(t)\| = 0$ gilt.
3. **Erfüllen von Nebenbedingungen**: Die Zustands- und Stellgrößenbeschränkungen $\mathcal{X}$ und $\mathcal{U}$ sind erfüllt $\forall\, t \in [t_0, +\infty)$.

Ein üblicher Startpunkt zur Definition einer Pfadfolge-MPC ist die Verwendung eines Pfadparameters s in Form eines virtuellen Zustands. Im vorliegenden Fall wird die zeitliche Entwicklung dieses virtuellen Zustands durch eine Differentialgleichung, das sogenannte Zeitgesetz, beschrieben. Wir definieren das Zeitgesetz als einen einzelnen Integrator

$$\dot{s}(t) = \vartheta(t), \tag{10.21}$$

wobei $\vartheta \in \mathcal{V} \subset \mathbb{R}$ einer zusätzlichen (virtuellen) Stellgröße der MPC entspricht.

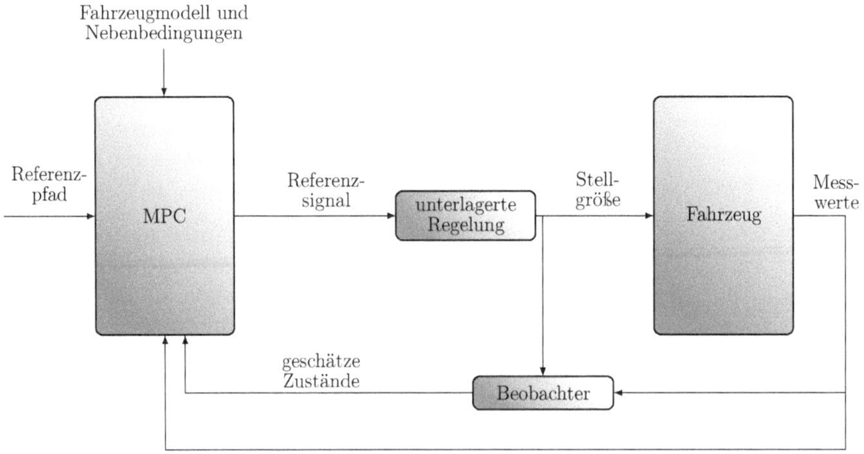

Bild 10.22 Schematischer Aufbau der MPC-Implementierung

Nach diesen Vorüberlegungen können wir beginnen, das Bahnverfolgungsproblem in Form eines **Standardoptimierungsproblems** zu formulieren, in Anlehnung an Abschnitt 5.3 und 7.4.5.

Hierfür verwenden wir einen Sampling-Data-MPC-Ansatz. D. h. wir erhalten die Stellgrößenverläufe der MPC nach wiederholter Lösung eines Optimierungsproblems zu jeder diskreten Abtastzeitinstanz $t_\kappa = \kappa\, T_s$.

Im Folgenden werden die prädizierten Systemzustände und Stellgrößen mit $\bar{\boldsymbol{x}}(\cdot)$ und $\bar{\boldsymbol{u}}(\cdot)$ bezeichnet. Das zu minimierende Kostenfunktional für den Prädiktionshorizont T_p ist definiert durch

$$J \quad (\boldsymbol{x}(t_k), s(t_k), \bar{\boldsymbol{u}}(\cdot), \bar{\vartheta}(\cdot)) = \tag{10.22}$$

$$\int_{t_k}^{t_k+T_p} \left\| \begin{matrix} \bar{\boldsymbol{e}} \\ a_{\text{lat}}(\bar{\boldsymbol{x}}) \end{matrix} \right\|_{\boldsymbol{Q}}^2 + \left\| \begin{matrix} \bar{\boldsymbol{u}} \\ \bar{\vartheta} - \vartheta_{\text{ref}} \end{matrix} \right\|_{\boldsymbol{R}}^2 d\tau + \left\| \begin{matrix} \bar{\boldsymbol{e}} \\ a_{\text{lat}}(\bar{\boldsymbol{x}}) \end{matrix} \right\|_{\boldsymbol{P}}^2 ,$$

wobei $\boldsymbol{Q} = \text{diag}(q_x, q_y, q_\psi, q_a)$, $\boldsymbol{P} = \text{diag}(p_x, p_y, p_\psi, p_a)$ und $\boldsymbol{R} = \text{diag}(r_a, r_\omega, r_\vartheta)$ positiv definite Gewichtungsmatrizen sind. Weiterhin stellt $a_{\text{lat}}(\boldsymbol{x}) = v(t)\,\dot{\psi}(t)$ eine Approximation der Querbeschleunigung des Fahrzeuges dar. Das resultierende Optimierungsproblem, das bei jeder Abtastzeitinstanz gelöst wird, lautet:

$$\min_{\bar{\boldsymbol{x}},\bar{s},\bar{\boldsymbol{u}},\bar{\vartheta},\bar{\boldsymbol{e}}} \quad J(\boldsymbol{x}(t_k), s(t_k), \bar{\boldsymbol{u}}(\cdot), \bar{\vartheta}(\cdot)) \tag{10.23}$$

$$\text{unter} \quad \dot{\bar{\boldsymbol{x}}}(\tau) = \boldsymbol{f}(\bar{\boldsymbol{x}}(\tau), \bar{\boldsymbol{u}}(\tau)), \qquad \bar{\boldsymbol{x}}(t_k) = \boldsymbol{x}(t_k) \tag{10.24}$$

$$\dot{\bar{s}}(\tau) = \bar{\vartheta}(\tau), \qquad \bar{s}(t_k) = s(t_k) \tag{10.25}$$

$$\bar{\boldsymbol{e}}(\tau) = \boldsymbol{h}(\bar{\boldsymbol{x}}(\tau)) - \boldsymbol{p}(\bar{s}(\tau)) \tag{10.26}$$

$$\bar{\boldsymbol{u}}(\tau) \in \mathscr{U}, \qquad \bar{\boldsymbol{x}}(\tau) \in \mathscr{X} \tag{10.27}$$

$$\bar{s}(\tau) \in [0, s_{max}], \qquad \bar{\vartheta}(\tau) \in \mathscr{V} \tag{10.28}$$

$$\boldsymbol{h}_c(\bar{\boldsymbol{x}}(\tau), \bar{\boldsymbol{u}}(\tau)) \leq \boldsymbol{0}, \tag{10.29}$$

die für alle $\tau \in [t_k, t_k + T_p]$ gelten müssen. Die Nebenbedingungen (10.24) und (10.25) repräsentieren die Dynamik des Systems (10.17) und das Zeitgesetz (10.21) mit ihren jeweiligen Anfangsbedingungen. Da wir ein optimales Pfadfolgeverhalten realisieren wollen,wird die Pfadabweichung in Gleichung (10.20) durch Gleichung (10.26) angegeben. Die Gleichungen (10.27) und (10.28) stellen die Zustands- und Stellgrößenbeschränkungen dar, einschließlich des virtuellen Zustands $\bar{s}$ und der virtuellen Stellgröße $\bar{\vartheta}$. Schließlich definiert Gleichung (10.29) weitere Beschränkungen mit der Bestrafungs-Funktion $\boldsymbol{h}_c$. Der optimale Stellgrößenverlauf $\bar{\boldsymbol{u}}_k^\star(\cdot)$, der sich aus der Optimierung ergibt, wird in jedem Zeitschritt auf das System (10.17) angewendet:

$$\forall\, t \in [t_k, t_k + T_s) : \boldsymbol{u}(t) = \bar{\boldsymbol{u}}_k^\star(t)$$

Der Stellgrößenverlauf $\bar{\boldsymbol{u}}_k^\star(\cdot)$ wird an den unterlagerten Regler übertragen. Dieser ist als klassische PID-basierte Kaskadenregelung realisiert, welche die Längs- und Querdynamikführungsaufgabe behandelt.

In Bild 10.23 sind Messergebnisse dargestellt, welche mittels realer Testfahrten erzeugt wurden. Als Testfahrzeug wurde ein Golf VII eingesetzt. Bild 10.23a visualisiert den verwendeten Referenzpfad. Die grau markierten Bereiche in dem Graphen visualisieren den räumlich-zeitlichen Zusammenhang der beiden Kurvenfahrten.

Interessant sind die beiden Graphen in Bild 10.23c, welche die gemessene Fahrzeuggeschwindigkeit darstellen. Ziel der MPC war es, eine Referenzgeschwindigkeit von 30 km/h

(8,3 m/s) zu erreichen. Wir sehen jedoch in der Abbildung, dass die Fahrzeuggeschwindigkeit in den grau markierten Bereichen deutlich einbricht.

Der Grund dafür ist in Bild 10.23d zu finden. In dieser Abbildung sehen wir, dass die MPC in den grau markierten Bereichen aus Bild 10.23a eine größere Querbeschleunigung als $2\,\mathrm{m}/s^2$ erreichen würde. Jedoch war die maximale Querbeschleunigung des Fahrzeuges in der MPC auf maximal $2\,\mathrm{m}/s^2$ beschränkt. Daher bremst das Fahrzeug prädiktiv in den Kurven ab und beschleunigt prädiktiv vor dem Kurvenausgang, um diese Beschränkung einzuhalten und gleichzeitig den Referenzwerten bestmöglich zu folgen.

Final sehen wir in Bild 10.23b den Effekt der Variation der Einträge einer der Wichtungsmatrizen im Optimierungsproblem. So wird bei Erhöhung des Wertes von q_a die auftretende Querbeschleunigung stärker bestraft. Für diesen Test wurde die feste Beschränkung der Querbeschleunigung (maximal $2\,\mathrm{m}/s^2$) entfernt. Wir sehen, dass für größere Werte von $q_a \in \boldsymbol{Q}$ die MPC versucht, die Querbeschleunigung geringer zu halten, was allerdings mit der Entstehung eines größeren Ablagefehles einhergeht. Die Aufgabe des Festlegens der Werte der Wichtungsmatrizen kann als physikalisch motiviertes Reglerparametertuning verstanden werden (welche situationsspezifisch der Laufzeit angepasst werden können).

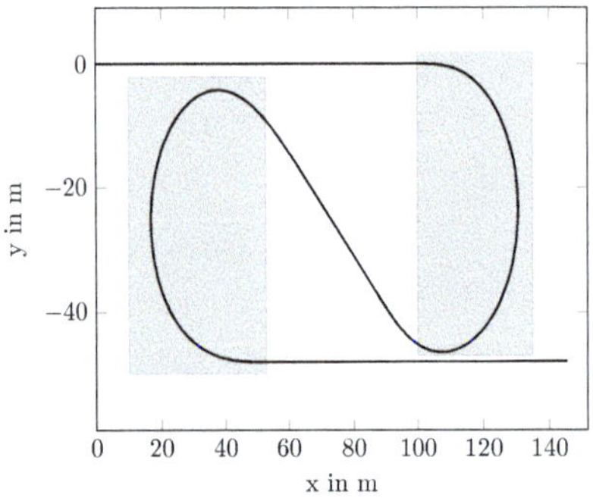

(a) Vorgegebener Referenzpfad

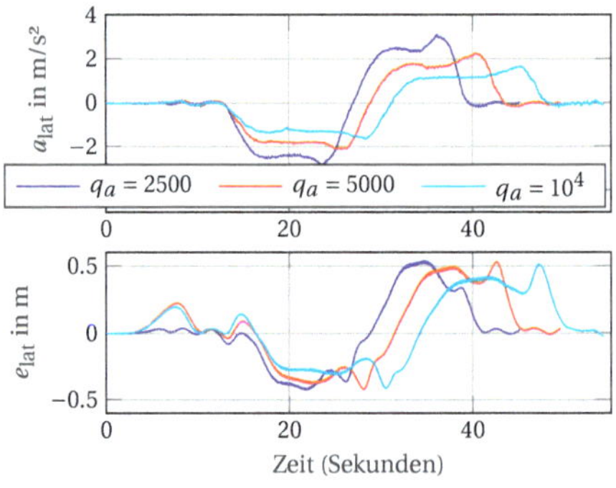

(b) Querbeschleunigung und Ablagefehler

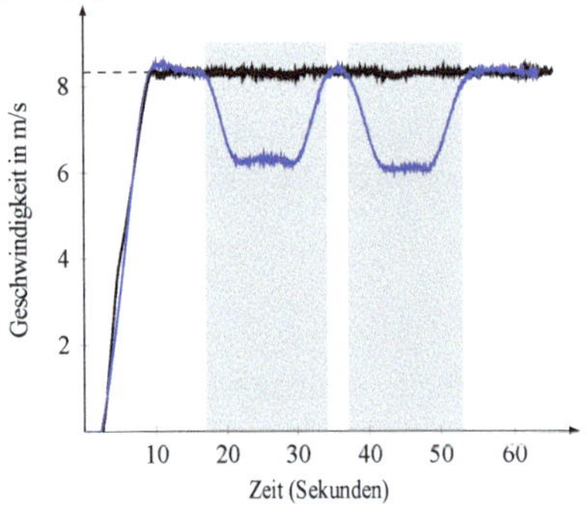

(c) Erreichte Fahrzeuggeschwindigkeit ohne MPC (—) und mit MPC (—)

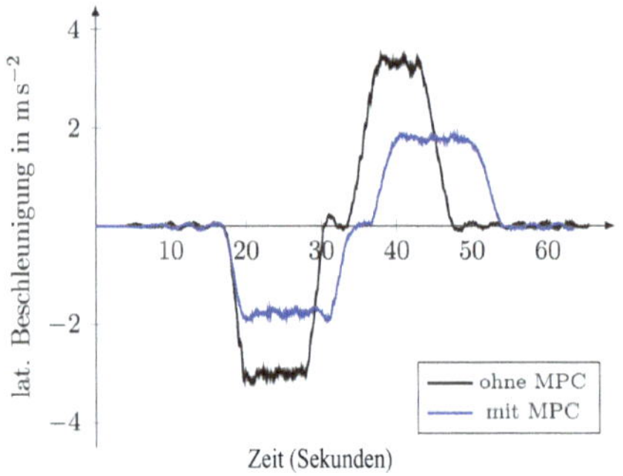

(d) Gemessene Querbeschleunigungen

Bild 10.23 Testfahrtergebnisse der MPC (Grafik adaptiert aus Voßwinkel et al. (2021))

10.3 Regelungsverfahren für Industrieroboter

Analog zu den Ausführungen der Regelungskonzepte für automatisierte Fahrzeuge werden folgend Regelungskonzepte für Industrieroboter dargestellt. Hierbei liegt der Fokus auf der gezielten Ansteuerung der einzelnen Gelenk-Antriebe, damit der Roboter die im Plan-Cluster ermittelten Aktionen und Bewegungen bestmöglich ausführen kann. Zudem wird ein kurzer Ausblick gegeben, wie sich das Regelungskonzept eines Industrieroboters in das Gesamtautomatisierungskonzept einer Produktionsanlage einbetten lässt.

10.3.1 Modellprädiktive Gelenkwinkelregelung

Im Abschnitt 10.1 haben wir die Grundlagen der Antriebsregelung behandelt. Auf Basis dieser Grundlagen haben wir ein grobes Verständnis, wie einzelne Gelenk-Antriebe eines Industrieroboters angesteuert werden können. Im aktuellen Abschnitt beschäftigen wir uns damit, wie die optimalen Führungsgrößen der einzelnen Motoren eines Industrieroboters auf Grundlage der zuvor im Plan-Cluster bestimmten Bewegungsbahn ermittelt werden können. Zur Lösung diese Aufgabe setzen wir eine modellprädiktive Regelung ein. Als Ergänzung zum vorherigen Abschnitt wird hier der Fokus deutlich mehr auf der Modellbildung des zu regelnden Systems liegen. Hierbei gehen wir davon aus, dass die Führungsgrößen der Motoren dem **Drehmoment** der einzelnen Motoren entsprechen und die **Gelenkwinkelstellungen und -geschwindigkeiten** die geplante Bewegungsbahn beschreiben. Unter Zuhilfenahme der inversen Kinematik aus Abschnitt 6.2.1 kann aus der geplanten Bewegungsbahn des Endeffektors die Stellung der einzelnen Gelenke bestimmt werden. Die nachfolgenden Ausführungen werden anhand des igus-Knickarmroboters aus Beispiel 6.9 erläutert. Die MPC-Formulierung zur Realisierung der optimalen Gelenkwinkelregelung

$$\min_{\bar{\boldsymbol{x}},\bar{\boldsymbol{u}}} \quad \int_0^{T_p} \left\| \begin{bmatrix} \bar{\boldsymbol{x}}(t) \\ \bar{\boldsymbol{u}}(t) \end{bmatrix} - \begin{bmatrix} \boldsymbol{y}(t) \\ \boldsymbol{u}^{\text{ref}} \end{bmatrix} \right\|_{\boldsymbol{W}}^2 \mathrm{d}t + \left\| \bar{\boldsymbol{x}}(T_p) - \boldsymbol{y}_N \right\|_{\boldsymbol{W}_N}^2 \tag{10.30}$$

$$\begin{aligned} \text{unter} \quad \bar{\boldsymbol{x}}(0) &= \boldsymbol{x}(0) \\ \bar{\boldsymbol{x}}(\kappa T) &= \boldsymbol{x}(\kappa T) \\ \dot{\bar{\boldsymbol{x}}}(\tau) &= f(\tau, \bar{\boldsymbol{x}}(\tau) \bar{\boldsymbol{u}}(\tau)) \quad \forall \tau \in [t_\kappa, t_\kappa + T_p] \qquad (10.31) \\ \bar{\boldsymbol{x}}(\tau) &\in \mathscr{X} \quad \forall \tau \in [t_\kappa, t_\kappa + T_p] \\ \bar{\boldsymbol{u}}(\tau) &\in \mathscr{U} \quad \forall \tau \in [t_\kappa, t_\kappa + T_p] \\ \bar{\boldsymbol{x}}(t_\kappa + T_P) &\in \mathscr{E} \qquad (10.32) \end{aligned}$$

des igus-Knickarmroboters lässt sich analog zu Abschnitt 7.4.5 formulieren. Dabei gilt:

- Die Kostenfunktion in Gleichung 10.30 bestraft sowohl die Abweichung von der Referenztrajektorie als auch einen zu großen Stellaufwand, gewichtet durch die Matrix $\boldsymbol{W}$. Zudem bestraft der zweite Term der Kostenfunktion in Gleichung 10.30 eine Abweichung der Zielposition und der Orientierung von der Referenz, gewichtet durch die Matrix $\boldsymbol{W}_N$. Hierbei beschreibt der Vektor $\boldsymbol{y}(t)$ die Referenztrajektorie für die Zustände $\boldsymbol{x}$ während des Prädiktionshorizonts T_p. So stellt $\boldsymbol{y}_N$ die Referenz am Ende des Prädiktionshorizonts für die Zustände dar.

- Gleichung (10.31) stellt das dynamische Systemverhalten des Roboters $\dot{\bar{x}}(\tau) = f(\tau, \bar{x}(\tau), \bar{u}(\tau))$ auf Basis der Herleitung aus Abschnitt 6.3.1, dar. Diese Gleichung wird in der MPC verwendet, um das Roboterverhalten in der Zukunft (während des Prädiktionshorizonts T_p) vorherzusagen.
- Der Zustandsvektor

$$\boldsymbol{x}(t) = \begin{bmatrix} q_1(t) & q_2(t) & q_3(t) & q_4(t) & q_5(t) & \dot{q}_1(t) & \dot{q}_2(t) & \dot{q}_3(t) & \dot{q}_4(t) & \dot{q}_5(t) \end{bmatrix}^{\mathrm{T}}$$

  ist in diesem Beispiel als Vektor der fünf Gelenkwinkel und Gelenkwinkelgeschwindigkeiten definiert.
- Der Vektor $\boldsymbol{u}(t) = \begin{bmatrix} M_1(t) & M_2(t) & M_3(t) & M_4(t) & M_5(t) \end{bmatrix}^{\mathrm{T}}$ beschreibt die zu optimierenden Stellgrößen. Im vorliegenden Beispiel sind dies fünf Drehmomentvorgaben für die fünf Gelenkmotoren.

Gleichung (10.32) ist für die praktische Implementierung sehr entscheidend, da sie die **Beschränkungen** für die Zustände des Roboters darstellt, die in unserem Fall die Gelenkwinkel und -geschwindigkeiten sind. Die Gelenkwinkel werden so eingeschränkt

$$\boldsymbol{q}_{\min} \leq \boldsymbol{q} \leq \boldsymbol{q}_{\max},$$

dass sie innerhalb der minimalen und maximalen Werte liegen, die von den physischen Schrittmotoren des igus-Roboters erreicht werden können. Wie zu Beginn des Buches dargestellt, nimmt das Erreichen einer engen Mensch-Roboter-Kollaboration einen hohen Stellenwert in Industrie und Forschung ein. Daher werden wir (als Weiterführung von Abschnitt 8.6) die MPC-Formulierung so erstellen, dass die resultierenden Roboterbewegungen auch eine enge Mensch-Roboter-Kollaboration ermöglichen.

Die Mensch-Roboter-Kollaboration wird durch das Erzwingen einer Bedingung ermöglicht, welche die Position des Menschen in der Nähe des Roboters betrifft. Diese Position des Menschen kann bspw. durch die Position seiner Hand abgebildet werden, die durch Bildverarbeitung verfolgt wird. Der von der MPC zu erzwingende Parameter ist dann der **Abstand zwischen der menschlichen Hand und dem Roboter-Endeffektor**. Hierfür muss die Roboterposition mithilfe der Vorwärtskinematik vom Gelenkwinkelraum in den Arbeitsraum transformiert werden. Anschließend werden die beiden Positionen subtrahiert, um den Abstand zwischen dem Endeffektor des Roboters und der Hand des Menschen zu ermitteln. Dieser Zusammenhang ist in Bild 10.24 dargestellt, wobei die Position der menschlichen Hand mit $\boldsymbol{h}_p$, die Position des Endeffektors aus der Vorwärtskinematik mit $\boldsymbol{o}_5$ und der Abstand zwischen den beiden mit $||\boldsymbol{\Delta}||$ bezeichnet wird.

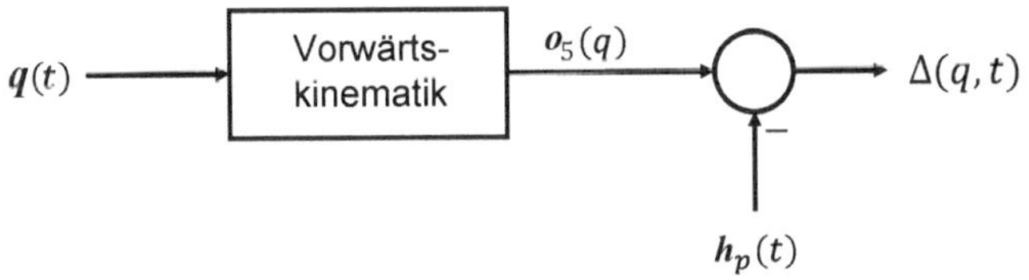

Bild 10.24 Blockdiagramm zur Visualisierung der Ermittlung des Abstandes zwischen dem Endeffektor des Roboters ($\boldsymbol{o}_5$) und der Handposition des Menschen ($\boldsymbol{h}_p$)

Unter Verwendung dieses Abstands wird die folgende Ungleichung als Nebenbedingung für die MPC definiert

$$||\boldsymbol{\Delta}_{\mathrm{min}}|| \leq ||\boldsymbol{\Delta}|| \leq ||\boldsymbol{\Delta}_{\mathrm{max}}||,$$

wobei der Abstand mittels der euklidischen Norm $||\cdot||$ berechnet wird.

Betrachten wir im Folgenden das Thema der Handerkennung und die Bestimmung des Wertes $\boldsymbol{\Delta}_{\mathrm{min}}$ genauer, welche die Grundlage der intelligenten Abstandshaltung der MPC darstellen.

Die ISO/TS 15066:2016 legt die **Sicherheitsanforderungen** für kollaborierende Industrierobotersysteme und deren Arbeitsumgebung fest.

Während des automatischen Betriebs dürfen gefährliche Teile des Robotersystems niemals näher an den Bediener herankommen als es der Schutzabstand erlaubt.

Die **Handerkennung** erfolgt mittels Hand-Keypoints, die mit der Multiview-Bootstrapping-Technik ermittelt wurden.

In diesem Fall ist eine Reihe von Kameras für die Aufnahme von Bildern derselben Hand aus verschiedenen Winkeln verantwortlich.

Mit diesen Eingangsdaten wird die Verdeckung durch die Handgelenke mithilfe einer PCK (Probability of Correct Keypoint) berechnet und schließlich ermöglichen die trainierten Keypoint-Detektoren die Rekonstruktion von 3D-Handmodellen, siehe Simon et al. (2017).

Die gewünschte Referenztrajektorie, die im Arbeitsraum definiert ist, wird mit $\boldsymbol{r}(t)$ bezeichnet und muss in den Gelenkraum umgerechnet werden, um die Referenztrajektorie $\boldsymbol{y}(t)$ für die Zustände zu erhalten.

Auch dies geschieht mithilfe der inversen Kinematik.

Ergebnisse der Handerkennung sind exemplarisch in dem nachfolgenden Video dargestellt. Im Video wird auch verdeutlicht, welch hohes Potential eine Handerkennung für Robotikanwendungen bietet. Hier wird die Handerkennung für die Robotersteuerung genutzt.

Ebenso kann die Handerkennung Einsatz finden, um bspw. den Endeffektor zu steuern, **ohne ein klassisches Bediengerät** (wie bspw. ein Teach Pendant) zu verwenden, wie im nachfolgenden Video visualisiert.

Final sind die Ergebnisse zur Handerkennung exemplarisch in dem nachfolgenden Video dargestellt, um zu überprüfen ob der Roboter den Sicherheitsabstand zum Bediener einhält.

Es ist anzumerken, dass wir im Fall des igus-Knickarmroboters keine direkte Drehmomentkontrolle über jedes Gelenk haben, da Schrittmotoren verwendet werden, die nur gewünschte Winkelpositionen als Sollwerte verarbeiten. Dementsprechend können die berechneten Drehmomente nicht direkt als Sollwerte an den igus-Roboter weitergegeben werden. Um dies zu umgehen, werden stattdessen vereinfachend die Winkelpositionen der Gelenke aus der vorhergesagten Zustandstrajektorie $\bar{\boldsymbol{x}}$ als Sollwerte übergeben. Dies ist als unkritisch zu betrachten, denn auch die vorhergesagte Zustandstrajektorie erfüllt alle in der MPC formulierten Nebenbedingungen. In diesem Fall werden die Drehmomente der Antriebe von der MPC als interne Zustände behandelt. Das endgültige Schema der modellprädiktiven Steuerung ist in Bild 10.25 zusammengefasst.

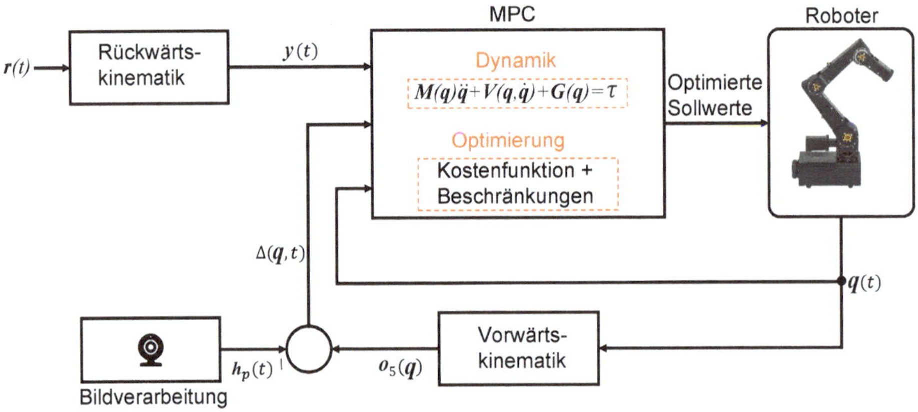

Bild 10.25 Schematischer Aufbau des Regelungskonzeptes

Bevor wir die MPC-Formulierung finalisieren können, müssen wir ein Modell des Roboters erstellen, welches sein Verhalten abbildet. Hierbei wenden wir das in Abschnitt 6 beschriebene Vorgehen an. Starten wir mit der Erstellung des kinematischen Vorwärtsmodells des igus-Roboters. Das Vorwärtsmodell wird formuliert, wobei die Denavit-Hartenberg-Konvention verwendet wird, um die (4×4) homogene Transformationsmatrix

$$\boldsymbol{T}(\boldsymbol{q}) = \begin{pmatrix} \boldsymbol{R}_5^0 & \boldsymbol{o}_5^0 \\ 0 & 1 \end{pmatrix} \tag{10.33}$$

zu erhalten.

Sie definiert die Position $\boldsymbol{o}_5^0$ und die Orientierung $\boldsymbol{R}_5^0$ des Endeffektor-Koordinatensystems in Bezug auf das Basiskoordinatensystem 0 als Funktion der Gelenkvariablen $\boldsymbol{q}$. Das inverse kinematische Problem wird analytisch gelöst und entkoppelt in: die inverse Positionskinematik, welche die ersten drei Gelenke des Roboters einbezieht, und in die inverse Orientierungskinematik, welche die letzten beiden Drehgelenke einbezieht, die das 2-Freiheitsgrade-Kugelgelenk des Roboters bilden. Erstere wird zunächst mithilfe der trigonometrischen Zusammenhänge gelöst. Die Letztere wird algebraisch gelöst, wobei Gleichung (10.33) als gegeben und die Lösung der Gleichung zur Bestimmung der ersten drei Gelenke vorausgesetzt wird.

Die Jacobi-Matrix des Roboters wird unter Verwendung des Gradienten der Endeffektorposition $\boldsymbol{o}_5^0$ in Bezug auf $\boldsymbol{q}$ formuliert, um die Endeffektorgeschwindigkeit

$$\boldsymbol{\varepsilon} = \begin{bmatrix} \boldsymbol{v}^0 \\ \boldsymbol{\omega}^0 \end{bmatrix} = \begin{pmatrix} \boldsymbol{J}_v(\boldsymbol{q}) \\ \boldsymbol{J}_\omega(\boldsymbol{q}) \end{pmatrix} \dot{q}$$

in Form der Gelenkgeschwindigkeiten zu definieren. Dieses Vorgehen ist im Detail in Abschnitt 6 beschrieben. Die dynamische Gleichung des Roboters

$$\boldsymbol{M}(\boldsymbol{q})\ddot{\boldsymbol{q}} + \boldsymbol{V}(\boldsymbol{q},\dot{\boldsymbol{q}}) + \boldsymbol{D}\dot{\boldsymbol{q}} + \boldsymbol{G}(\boldsymbol{q}) = \boldsymbol{\tau} \tag{10.34}$$

kann mithilfe der Euler-Lagrange-Formulierung aufgestellt werden, wie in Abschnitt 6.3.1 beschrieben. Dabei ist $\boldsymbol{M}(\boldsymbol{q})$ die Massenmatrix, $\boldsymbol{V}(\boldsymbol{q},\dot{\boldsymbol{q}})$ der Term, der die Zentrifugal- und Corioliseffekte berücksichtigt, $\boldsymbol{D}\dot{\boldsymbol{q}}$ die Dämpfung, $\boldsymbol{G}(\boldsymbol{q})$ der Schwerkraftvektor und $\boldsymbol{\tau}$ der Vektor der Gelenkmomente. Auch wenn wir in unserem Beispiel keine Motormomente vorgeben können, wollen wir trotzdem die zuvor beschriebene Euler-Lagrange-Formulierung als Ausgangspunkt wählen, da diese den meist verbreiteten Dynamikmodellierungansatz für stationäre Roboter darstellt.

Der igus-Roboter ist ein leichter, flexibler Roboter. Diese Flexibilität führt zu **vibrierenden** Bewegungen, insbesondere bei hohen Beschleunigungsänderungen. In der Literatur finden sich verschiedene Methoden zur Modellierung der Roboterflexibilität in Gelenken und/oder Gliedern, wie bspw. die Finite-Elemente-Methode. Wir wollen hier eine einfachere Methode zur Schwingungsmodellierung verwenden. Konkret wollen wir drei virtuelle Feder-Masse-Dämpfer-Systeme dem Endeffektor hinzufügen, welche in die drei Raumrichtungen ausgerichtet sind (entlang der x_5-, y_5- und z_5-Achse). Entsprechend Bild 10.26 lautet die Bewegungsgleichung der Masse m_1, welche auf Basis des Kräftegleichgewichtes ermittelt wurde,

$$m_1\ddot{\tilde{x}}_5^5 + d_1(\dot{\tilde{x}}_5^5 - \dot{x}_5^5) + c_1(\tilde{x}_5^5 - x_5^5) = 0, \tag{10.35}$$

wobei die Feder mit der Federkostante c_1 bei $\tilde{x}_5 = x_5$ unbelastet ist. In ähnlicher Weise lauten die Bewegungsgleichungen der Massen m_2 und m_3

$$m_2\ddot{\tilde{y}}_5^5 + d_2(\dot{\tilde{y}}_5^5 - \dot{y}_5^5) + c_2(\tilde{y}_5^5 - y_5^5) \quad = \quad 0 \tag{10.36}$$

$$m_3\ddot{\tilde{z}}_5^5 + d_3(\dot{\tilde{z}}_5^5 - \dot{z}_5^5) + c_3(\tilde{z}_5^5 - z_5^5) \quad = \quad 0 \tag{10.37}$$

in den Feder-Masse-Dämpfer-Systemen entlang der y_5- bzw. z_5-Achse.

Die Abstände x_5^5, y_5^5 und z_5^5 sind die Komponenten von $\boldsymbol{o}_5^5$, der Position des Endeffektors, ausgedrückt im Koordinatensystem 5 mit $q_5 = 0$

$$\boldsymbol{o}_5^5 = \begin{bmatrix} x_5^5 & y_5^5 & z_5^5 \end{bmatrix}^{\mathrm{T}} = (\boldsymbol{R}_5^0|_{q_5=0})^{\mathrm{T}}\boldsymbol{o}_5^0,$$

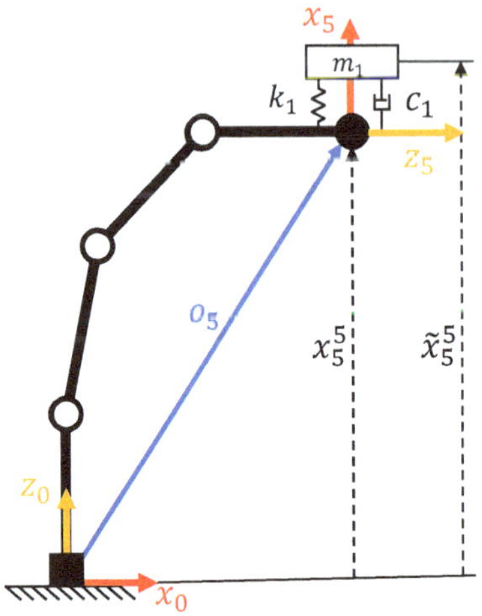

Bild 10.26 Modellierung der Endeffektorschwingung in Richtung der x_5-Achse

wobei $\boldsymbol{o}_5^0$ und $\boldsymbol{R}_5^0$ sich aus der Vorwärtskinematik in Gleichung (10.33) ergeben. Die Variablen $\dot{x}_5^5$, $\dot{y}_5^4$ und $\dot{z}_5^5$ beschreiben die Komponenten der Geschwindigkeit des Endeffektors, ausgedrückt im Koordinatensystem 5 mit $q_5 = 0$:

$$\dot{\boldsymbol{o}}_5^5 = \begin{bmatrix} \dot{x}_5^5 & \dot{y}_5^5 & \dot{z}_5^5 \end{bmatrix}^{\mathrm{T}} = (\boldsymbol{R}_5^0|_{q_5=0})^{\mathrm{T}} \boldsymbol{v}^0 = (\boldsymbol{R}_5^0|_{q_5=0})^{\mathrm{T}} \boldsymbol{J}_v(\boldsymbol{q})\dot{\boldsymbol{q}}$$

Die Position des schwingenden Endeffektors

$$\tilde{\boldsymbol{o}}_5^0 = \boldsymbol{R}_5^0|_{q_5=0} \begin{bmatrix} \tilde{x}_5^5 & \tilde{y}_5^5 & \tilde{z}_5^5 \end{bmatrix}^{\mathrm{T}}$$

kann in Bezug auf das Koordinatensystem 0 ausgedrückt werden. Somit überlagern die durch die Feder-Masse-Dämpfer-Systeme modellierten Schwingungen die zuvor modellierte Roboterdynamik. Zur Identifikation der Roboterdynamik müssen wir die Beschleunigungswerte der einzelnen Armglieder bei der Bewegung des Roboters messen und auf deren Basis die Parameter der Dynamikgleichungen experimentell ermitteln. Um den Roboter zu bewegen, können wir Gelenkwinkelsollwerte vorgeben. Jedoch erfordern die Dynamikgleichungen wiederum das Drehmoment als Eingangsgöße und nicht die Gelenkwinkelsollwerte. Somit benötigen wir für die Parameteridentifikation des Dynamikmodells den Zusammenhang zwischen den gewünschten Drehmomenten und den einzustellenden Gelenkwinkeln. Hierfür kann auf die Beziehung $P = M\omega$ zwischen Leistung und Drehmoment zurückgegriffen werden, wobei sich die Leistung P als die Resultierende aus dem Drehmoment M multipliziert mit der Winkelgeschwindigkeit ω jedes Gelenks des Roboters ergibt.

Führen wir (auf Basis der Gelenkwinkelvorgaben) Bewegungen mit dem Roboter aus, so können wir modellbasiert die entstehenden Drehmomente und Winkelgeschwindigkeiten ermitteln. Anschließend kann die Nennleistung der einzelnen Motoren bestimmt werden. Bei den am Roboter installierten Motoren handelt es sich um Schrittmotoren in drei verschiedenen Größen. Das erste und zweite Gelenk ist mit einem Motor des Modells NEMA23XL ausgestattet, während das dritte Gelenk einen Schrittmotor des Typs NEMA23 verwendet.

Das vierte und fünfte Gelenk wird mit einem Motor des Typs NEMA17 betrieben. Die Leistungsdaten der jeweiligen Motoren können aus den Datenblättern entnommen werden. Der letzte Schritt besteht darin, die Leistung des jeweiligen Motors durch die Winkelgeschwindigkeit des jeweiligen Gelenks zu teilen, um den entsprechenden Sollwert für das jeweilige Drehmoment zu erhalten. Die berechneten Drehmomente können dann in das Modell eingehen und in Sollwerte für die Gelenkwinkel umgerechnet werden, um die Beschleunigung des erstellten Modells zu ermitteln.

Im Anschluss kann das **Parameterfitting** auf Basis des letzten Teils von Abschnitt 6.1.2 erfolgen. Bei der Analyse der experimentellen Ergebnisse des Parameterfittings, bezogen auf den simulierten und gemessenen Beschleunigungsverlauf des Endeffektors, ist festzustellen, dass der maximale Beschleunigungsfehler über einen gesamten Bewegungsablauf bei 0,1 m/s^2 liegt. Somit ist der Modellierungsfehler in einem tolerierbaren Bereich und die Modellgüte erscheint als ausreichend für die Bewegungsprädiktion. Eine Visualisierung des Systemverhaltens auf Basis des zuvor hergeleiteten Systemmodells ist in Bild 10.27 zu sehen. Das Modell besteht aus der starren Dynamik, dargestellt durch Gleichung (10.34), und der flexiblen Dynamik, dargestellt durch Gleichung (10.35), (10.36) und (10.37). Um die flexible Dynamik des Roboters auszulösen, wurde ein Simulationstest durchgeführt, bei dem Gelenk 1 zwei aufeinanderfolgende Drehmomentimpulse in entgegengesetzter Richtung zugeführt werden, wie in Bild 10.27d ersichtlich.

Aufgrund des hohen erzeugten Rucks schwingt der Endeffektor im Arbeitsraum, bis er mit der Endposition übereinstimmt, wie in Bild 10.27 gezeigt. Auch hier ist festzustellen, dass das Modellverhalten plausibel erscheint und somit die Modellgüte als ausreichend für die Bewegungsprädiktion bewertet wird.

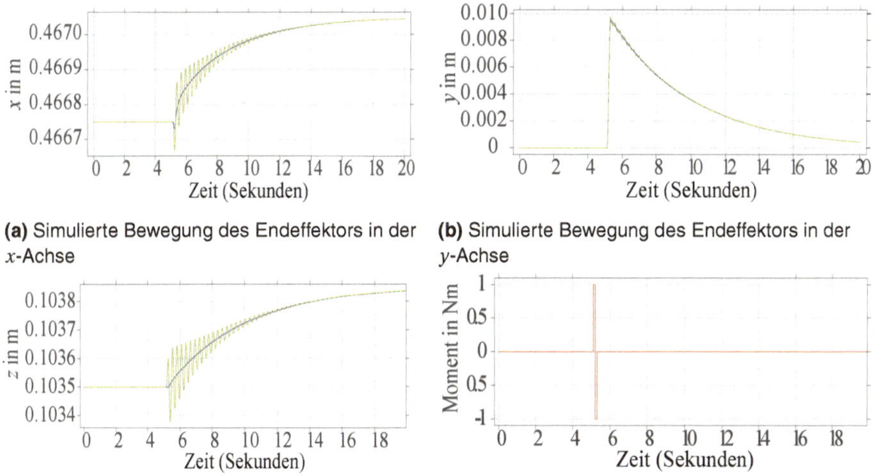

(a) Simulierte Bewegung des Endeffektors in der x-Achse

(b) Simulierte Bewegung des Endeffektors in der y-Achse

(c) Simulierte Bewegung des Endeffektors in der z-Achse

(d) Anregung: zwei aufeinanderfolgende entgegengesetzte Drehmomentimpulse auf Gelenk 1

Bild 10.27 Simulationsergebnis der modellierten Roboterdynamik (gelb mit flexiblen und Trendkurve mit steifen Armgliedern)

Um die MPC zu implementieren und zu testen, müssen die MPC-Algorithmen (samt numerischem Löser) auf eine Hardwareplattform **implementiert** werden, welche mit dem Roboter kommunizieren kann.

In unserem Fall haben wir hierfür das ACADO-Toolkit verwendet. Das ACADO-Toolkit ist eine Softwareumgebung und eine Algorithmensammlung für Regelung und dynamische Optimierung. Wir haben ACADO verwendet, da es eine leistungsstarke MATLAB-Schnittstelle zur Verfügung stellt.

Bei Verwendung dieser ermöglicht ACADO die Formulierung des optimalen Steuerungsproblems und generiert einen C++-Code für die Zielhardware. Das ACADO-Toolkit verwendet eine Diskretisierungstechnik, um das Optimierungsproblem zu jedem Abtastzeitpunkt zu lösen. Dazu muss eine Abtastzeit T_s gewählt werden. Das Systemverhalten wird dann für eine Anzahl von N Schritten in der Zukunft zu jedem Abtastzeitpunkt vorhergesagt. Die Anzahl der Schritte

$$N = \frac{T_p}{T_s}$$

ergibt sich als Quotient von Vorhersagehorizont T_p und Abtastzeit. Die Abtastzeit wird in unserem Beispiel zu 4 ms gewählt. Dies liegt daran, dass die verwendete SPS-Hardware von B&R, die den igus-Roboter steuert, eine Abtastzeit von 4 ms aufweist. Nachdem die MPC durch Simulationen verifiziert wurde, kann sie auf der realen Hardware eingesetzt werden.

Nehmen wir zur Validierung der Wirkweise der Regelung an, dass wir den Roboter-Endeffektor in eine gewünschte Position und Orientierung im Arbeitsraum bringen wollen. Die Position und Orientierung des Endeffektors lassen sich durch die homogene Transformationsmatrix

$$\boldsymbol{T} = \begin{pmatrix} 0 & 1 & 0 & 0 \\ -1 & 0 & 0 & -620,0 \\ 0 & 0 & 1 & 443,5 \\ 0 & 0 & 0 & 1 \end{pmatrix}$$

beschreiben. Mithilfe der inversen Kinematik ergibt sich die äquivalente Sollposition im Gelenkraum:

$$\boldsymbol{q} = \begin{bmatrix} \frac{\pi}{2} & \frac{\pi}{2} & 0 & 0 & 0 \end{bmatrix}^{\mathrm{T}}$$

Für $T_s = 4\,\mathrm{ms}$, $N = 60$, die Gelenkbeschränkung $-\pi <= \boldsymbol{q} <= \pi$ und eine Anfangsposition von $\boldsymbol{q} = \begin{bmatrix} 0 & 0 & 0 & 0 & 0 \end{bmatrix}$ wird der geschlossene Regelkreis zwei Sekunden lang simuliert. Die Simulationsergebnisse sind in Bild 10.28 dargestellt. Hierbei wurden die Gewichtungsmatrizen so gewählt, dass die Fehler der Gelenkwinkel stärker bestraft werden als die der Gelenkgeschwindigkeiten und -momente. Nachdem die Funktionsweise der MPC simulativ nachgewiesen wurde, kann eine Erprobung am realen Roboter erfolgen.

Hierfür wurde in einem ersten Schritt das Modell zur Posenschätzung der menschlichen Hand auf einen Mikrocontroller übertragen (NVIDIA Jetson).

Das Signal der ermittelten Handposition wird über Modbus-Protokoll an die SPS gesendet, wo die MPC-basierte Robotersteuerung mittels des ACADO-Toolkits implementiert ist. Die Handposition wird als Online-Variable behandelt, sodass der Zwangsbedingungsabstand Δ variabel ist.

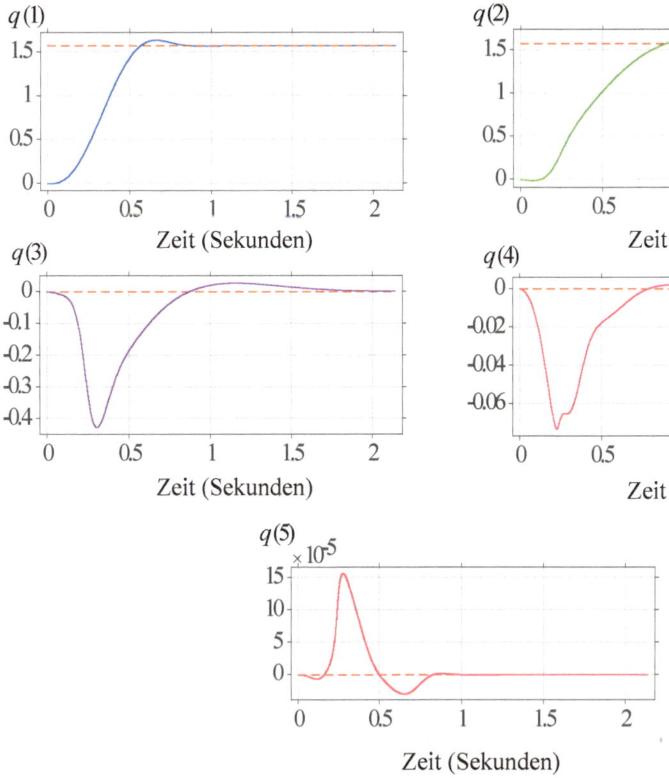

Bild 10.28 Simulationsergebnisse des geschlossenen Regelkreises

Es wurden zwei Tests im Arbeitsraum durchgeführt: Einer ohne Definition der Sicherheitsabstandsbeschränkung und ein Zweiter nach deren Definition, bei dem die MPC eine gewünschte Endposition erhält, die der Roboter erreichen soll. In beiden Tests führt die MPC den Roboter in Richtung der Endposition, wie in Bild 10.29 und 10.30 zu sehen ist.

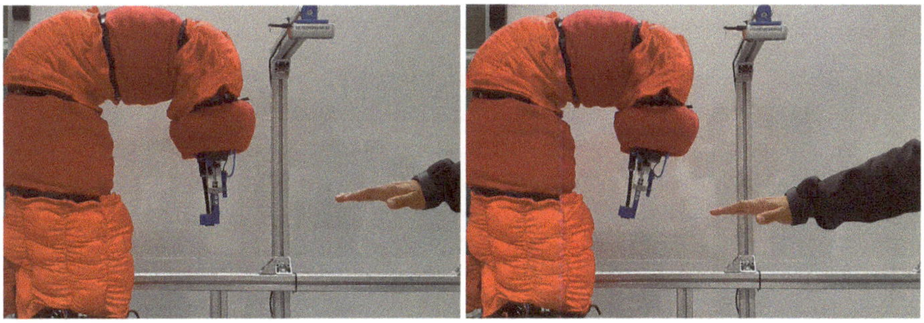

(a) Sich der Hand nähernder Roboter **(b)** Roboter vermeidet Kontakt

Bild 10.29 Roboter hält einen Sicherheitsabstand zwischen dem Greifer und der Hand des Bedieners ein – er bewegt sich weg, um einen Kontakt zu vermeiden

Bei den in Bild 10.30a dargestellten Test kollidiert der Roboter mit der menschlichen Hand, während er im zweiten Test (Bild 10.30b) der menschlichen Hand ausweicht, um den Mindestabstand zwischen dem Endeffektor und der menschlichen Hand einzuhalten, der als Beschränkung für die Systemzustände definiert ist. Die Abstandsbedingung im MPC-Algorithmus zwingt den Roboter im Bild 10.30b sein Ziel zu erreichen und dabei einen minimalen Sicherheitsabstand Δ zur menschlichen Hand einzuhalten.

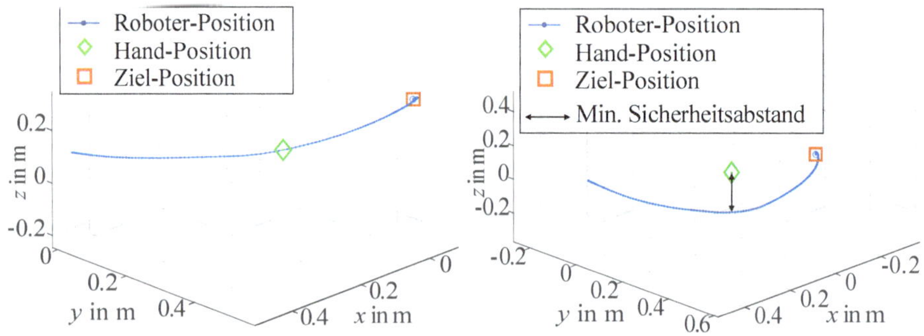

(a) MPC-Führung ohne Handvermeidung **(b)** MPC-Führung mit Handvermeidung

Bild 10.30 Endeffektor bewegt sich entlang der blauen Trajektorie von links nach rechts, bis er den Referenzpunkt erreicht

Ergebnisse der Robotermodellierung sowie des MPC-basierten Regelungskonzeptes sind exemplarisch im nachfolgenden Video dargestellt.

10.3.2 Selbstoptimierende Robotiksysteme

Oft ist es wünschenswert, dass die Robotersteuerung nicht nur Antriebe ansteuert, um gewünschte Bewegungsabläufe auszuführen. Ähnlich dem zuvor dargestellten MPC-Beispiel ist es oft notwendig, dass die Regelung zusätzliche Randbedingungen einhält, wie Sicherheitsabstände oder Kontaktkräfte. Ebenso ist es mitunter anstrebenswert, dass der Roboter **sein Verhalten situationsspezifisch anpasst**. Hierbei soll der Roboter bspw. erkennen, welche Situation aktuell vorherrscht und dementsprechend sein Verhalten bzw. seine Dynamik adaptieren. Dies kann durch eine kontextsensitive Anpassung der Reglerparameter erfolgen. Diese beiden Formen von Regelungsverhalten werden als selbstoptimierend bezeichnet. Im Nachfolgenden werden verschiedene Konzepte zur Realisierung solch eines Regelungsverhaltens vorgestellt.

Selbstoptimierende Systeme

Gerade für den Hochlohnstandort Deutschland ist die Entwicklung selbstoptimierender Automatisierungsansätze mit dem Ziel der Sicherung der internationalen Wettbewerbsfähigkeit von größter Bedeutung. Einen möglichen Lösungsansatz bieten hierfür intelligente, vernetzte, vollautomatisierte und **selbstoptimierende Produktionstechnologien**, die auch bei der Produktion von kleinen Stückzahlen mit hohem Variantenreichtum erfolgreich eingesetzt werden können. Bislang folgt die Entwicklung sowie Inbetriebnahme von Produktionsanlagen und Industrierobotern den relativ statischen Richtlinien der klassischen VDI-Richtlinien 2220 bzw. 2221.

Selbstoptimierende Systeme im Maschinenbau zeichnen sich dadurch aus, dass sie zur Analyse der Ist-Situation, zur Bestimmung der Systemziele und final zur Anpassung des Systemverhaltens in der Lage sind. Auf Basis der (online) von der Produktqualität abgeleiteten Kenngrößen kann sich die Roboterregelung selbstständig (bspw. durch Parametrisierung oder Sollgrößenverläufe) an die aktuelle Situation anpassen, um bspw. einen Herstellungsprozess in optimaler Weise zu beeinflussen, siehe Bild 10.31.

Hierfür ist eine modellbasierte Prädiktion der Qualität der herzustellenden Bauteile (Qualitätsregelkreis) notwendig. Danach kann eine Ableitung von optimalen Prozessgrößenverläufen erfolgen, welche durch unterlagerte Prozessregelungen umgesetzt werden. Dies bietet Potenzial, den Herstellungsprozess **robust gegenüber** veränderlichen Eigenschaften und Bedingungen zu gestalten:

- Materialeigenschaften (Zusammensetzung etc.),
- Maschineneigenschaften (Alterung etc.),
- Umgebungsbedingungen (Temperaturschwankung etc.).

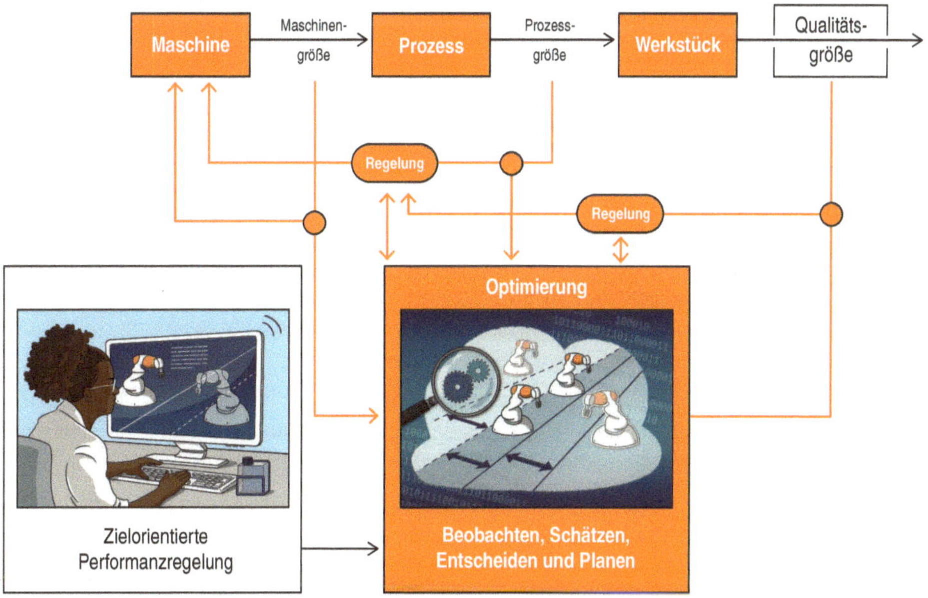

Bild 10.31 Gundaufbau eines selbstoptimierenden Produktionssystems

Dieser Ansatz stellt einen starken Paradigmenwechsel dar. Bislang mussten **Maschinenbetreiber** überlegen, wie sie die einzelnen Maschinenparameter anpassen müssen, um Prozesse optimal zu gestalten. In der Zukunft können sich die Maschinenbetreiber vollständig darauf konzentrieren, die Ziele für den Gesamtprozess vorzugeben (Variantenvielfalt, Energiezielgrößen etc.). Auf Basis dieser Ziele werden dann autark vom Automatisierungssystem die Maschinen- und Prozessparameteradaptionen durchgeführt.

Auch moderne Konzepte der Selbstoptimierung basieren auf klassischen Werkzeugen der Automatisierungstechnik, wie bspw. der bekannten **Automatisierungspyramide**, vgl. Bild 2.4. So lässt sich die Analyse der aktuellen Situation der Anlage in den Ebenen 0 und 2 der Automatisierungspyramide verorten. Die Festlegung der Optimierungsziele findet in Ebene 3 und 4 statt. Die anschließende Verhaltensanpassung, d. h. die Beeinflussung des Produktionsprozesses, bezieht sich auf die Ebenen 0 und 1 der Automatisierungspyramide. Dieser Zusammenhang ist in Bild 10.32 dargestellt.

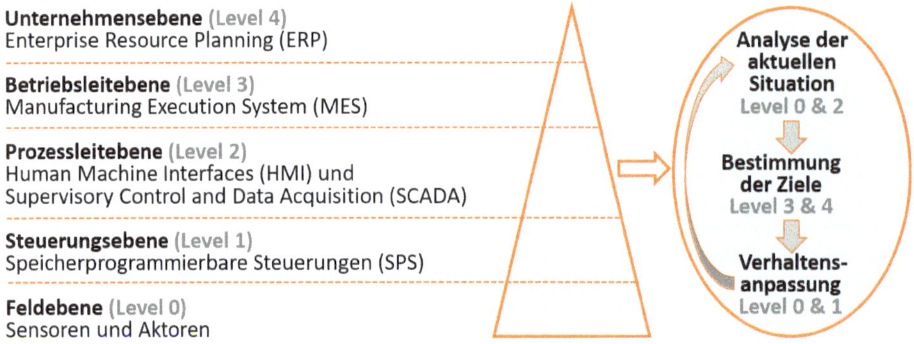

Bild 10.32 Darstellung des Konzeptes der Selbstoptimierung mittels Automatisierungspyramide

Die Herausforderung bei der Entwicklung von selbstoptimierenden Automatisierungskonzepten besteht darin, diese einzelnen Ebenen möglichst zweckdienlich hardwareseitig auszulegen und algorithmisch miteinander zu verbinden.

Ein Beispiel, wann selbstoptimierende Automatisierungskonzepte bei Industrierobotern zum Einsatz kommen, ist die Online-Adaption der Bewegungsparameter. Zumeist ist es anspruchsvoll, für eine gegebene Anwendung optimale Verfahrgeschwindigkeiten des Roboters festzulegen. Denn die Verfahrgeschwindigkeiten können die Bewegungsgüte und damit die Qualität der Erzeugnisse stark beeinflussen.

Ebenso ist es nicht trivial, bei überbestimmten Systemen (bspw. bei einem 6-Freiheitsgrade-Roboter mit einer zusätzlichen Verfahrachse, also einem 7-Freiheitsgrade-Roboter) die optimale Gelenkwinkelkonfiguration für eine bestimmte Handhabeaufgabe festzulegen.

Für diese Anwendungen sind selbstoptimierende Automatisierungskonzepte von großem Interesse, da sich hier das System nach einer verkürzten Inbetriebnahmezeit selbst einstellen kann.

Im Folgenden wird exemplarisch auf einen möglichen Ansatz eingegangen, eine Selbstoptimierung umzusetzen, die sogenannte iterativ lernende Regelung.

Iterativ lernende Regelung

Iterativ lernende Regelungskonzepte (engl.: Iterative Learning Control, kurz: ILC) stellen seit mehreren Jahrzehnten ein aktives Forschungsgebiet dar. Es handelt sich bei ILC um ein Regelungskonzept zur Verbesserung des Folgeverhaltens von Systemen, die eine bestimmte Aufgabe immer und immer wieder zyklisch wiederholen. Ursprünglich wurden ILC dann eingesetzt, wenn es schwer war, ein konkretes (zeitlich konstantes) Dynamikmodell eines Prozesses abzuleiten. Daher werden ILCs oft als modellfreie Regelungsmethode bezeichnet. Klassisch kommen folgende Ansätze der ILC in Anwendung:

Proportional-Differenzierende ILC: Die ersten ILC-Ansätze waren vom proportional-differenzierenden (PD) Typ. Dies beschreibt eine modellfreie Technik, die einfache Modifikationen der Stellgrößenverläufe $\boldsymbol{u}$ in der Form

$$\boldsymbol{u}_{i+1}(\tau) = \boldsymbol{u}_i(\tau) + K_P \boldsymbol{e}_i(\tau) + K_D[\boldsymbol{e}_i(\tau-1) - \boldsymbol{e}_i(\tau)]$$

verwendet. Hier wird der Stellgrößenverlauf für den nächsten Zyklus $\boldsymbol{u}_{i+1}$ auf Basis des Stellgrößenverlaufes des letzten Zyklus $\boldsymbol{u}_i$ sowie des Regelfehlers $\boldsymbol{e}_i$ des letzten Zyklus bestimmt. Wie stark der Regelfehler des letzten Zyklus den neuen Stellgrößenverlauf beeinflusst, wird über den proportionalen K_P- und den differenzierenden K_D-Tuning-Parameter bestimmt. Diese beiden Werte sind festzulegen.

Filterbasierte ILC: Dieser ILC-Typ stellt die logische Erweiterung der PD-ILC dar. Er lässt sich über das Stellgesetz

$$\boldsymbol{u}_{i+1} = \boldsymbol{Q}(\boldsymbol{u}_i + \boldsymbol{L}\boldsymbol{e}_i)$$

beschreiben. Dabei sind $\boldsymbol{L}$ und $\boldsymbol{Q}$ als Tuning-Matrizen zu verstehen. Hierbei kann $\boldsymbol{L}$ analog zur PD-ILC eingestellt werden. Die Matrix $\boldsymbol{Q}$ kann als Filter interpretiert werden (im Frequenzbereich oft als Tiefpassfilter ausgelegt, um Eingangssignale zu glätten).

Optimierungsbasierte ILC: Hierbei basiert die Formulierung der ILC auf einem Optimierungsproblem, auf dessen Basis die Ableitung des ILC-Algorithmus erfolgt. Dieser ILC-Ansatz wird im Folgenden genauer betrachtet.

Um einen optimierungsbasierten ILC-Regler zu konstruieren, sind 3 Schritte erforderlich:

- Aufstellung eines Modells des zu regelnden Systems (im Gegensatz zu den meisten ILC-Ansätzen gehören optimierungsbasierte ILC-Regler nicht zur Familie modellfreier Regelungsmethoden)
- Formulierung des Optimierungsproblems
- Entwicklung des Stellgesetzes

Das Dynamikmodell wird oft online experimentell ermittelt, da zur Berechnung des Stellgrößenvektors für den nächsten Zyklus, bereits der Ein- und der Ausgangsvektor des Systems aus dem letzten Zyklus vorliegen, welche direkt zur experimentellen Systemanalyse genutzt werden können.

Das Optimierungsproblem wird, ähnlich zur MPC, auf Grundlage des Modells sowie des Ein- und des Ausgangsvektors des Systems konstruiert. Auch Nebenbedingungen können einbezogen werden, sind aber nicht notwendig, um das Problem zu definieren. Das Stellgesetz wird aus dem Optimierungsproblem gewonnen. Der resultierende Stellgrößenverlauf kann während des Zyklus nicht angepasst werden. Lediglich zwischen den einzelnen Zyklen wird das Optimierungsproblem gelöst und ein neuer Stellgrößenverlauf für den kommenden Zyklus berechnet.

Im Folgenden ist exemplarisch der Aufbau eines solchen Optimierungsproblems gegeben:

$$\min_{\bar{\boldsymbol{x}},\bar{\boldsymbol{u}}} \quad \|\bar{\boldsymbol{e}}_k\|^2_{\boldsymbol{W}} + \left\|\bar{\boldsymbol{u}}_{k,\mathrm{opt}}\right\|^2_{\boldsymbol{W}_N} \tag{10.38}$$

$$\begin{aligned} \text{unter} \quad \bar{\boldsymbol{x}}(0) &= \boldsymbol{x}(0) \\ \bar{\boldsymbol{x}}(\kappa T) &= \boldsymbol{x}(\kappa T) \\ \dot{\bar{\boldsymbol{x}}}(\tau) &= f(\tau, \bar{\boldsymbol{x}}(\tau), \bar{\boldsymbol{u}}(\tau)) \qquad (10.39) \\ \bar{\boldsymbol{x}}(\tau) &\in \mathscr{X} \\ \bar{\boldsymbol{u}}(\tau) &\in \mathscr{U} \end{aligned}$$

Dabei gilt:

- Die Gleichung (10.39) stellt das dynamische Systemverhalten des Roboters dar.
- Der Zustandsvektor $\boldsymbol{x}(t)$ ist auf die Menge $\mathscr{X}$ beschränkt und repräsentiert somit die physikalischen Randbedingungen der Zustände des Systems.
- Der Vektor $\boldsymbol{u}(t)$ die zu optimierenden Stellgrößen.
- Der Vektor $\boldsymbol{e}_k$ beschreibt den Regelfehler und somit die Abweichung zur Referenz.
- Die gewichteten Diagonalmatrizen $\boldsymbol{W}$ und $\boldsymbol{W}_N$ stellen die Gewichtungsmatrizen für die Regelabweichung und die Stellenergie dar.

Zudem kann über den Lernfaktor $n \in [0,1]$ eingestellt werden, wie stark sich der Stellgrößenverlauf von Zyklus zu Zyklus ändern darf, bspw. in der Form $\bar{\boldsymbol{u}}_k = n\,\bar{\boldsymbol{u}}_{k,\mathrm{opt}}$.

Bild 10.33 zeigt beispielhaft die Bewegungsabläufe eines ILC-geregelten Roboterarms über mehrere Zyklen. Hierbei wurde wiederum der 5-Freiheitsgrade-igus-Roboter verwendet. Die Startposition des Endeffektors liegt hier in jedem Zyklus bei [0,55; 0,10; 0,10] und die gewünschte Zielposition ist für das System in jedem Zyklus bei [0,05; 0,38; 0,18]. Somit besteht die Handlingaufgabe des Roboters darin, sich in jedem Zyklus vom Start zum Zielpunkt zu bewegen. Die Bewegung hat auf einer optimalen Bewegungsbahn zu erfolgen (definiert durch den kürzesten Abstand zwischen Start- und Zielpunkt). Als Solver wurde ACADO genutzt. Der Lernfaktor wurde als $n = 0,2$ angenommen.

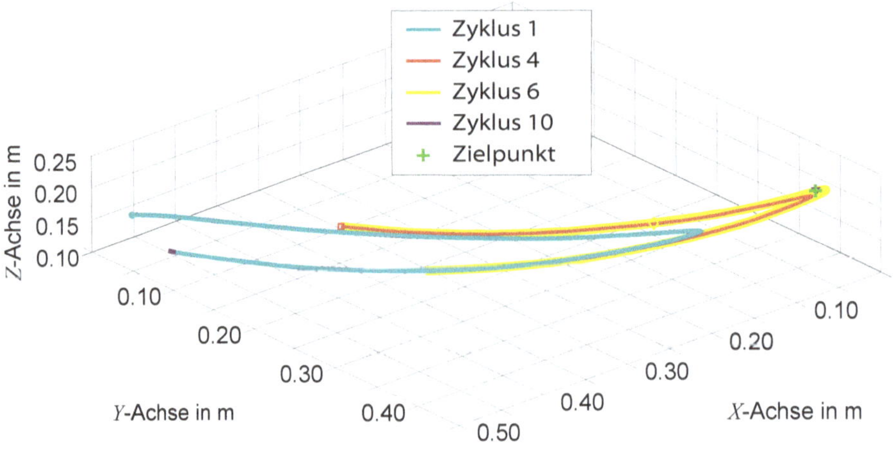

Bild 10.33 Beispielhafte Bewegungsabläufe des Roboterarms über mehrere Zyklen

Bild 10.33 zeigt die Bewegungsabläufe des Roboters im Arbeitsraum für die Zyklen 1, 4, 6 und 10. Es ist zu erkennen, dass der Roboter bei der ersten Iteration deutlich über den gewünschten Sollwert hinausschießt. Dann versucht er, den Fehler zu korrigieren und schwingt am Ende in die entgegengesetzte Richtung über. Bei den nächsten Zyklen ist zu beobachten, dass der Fehler allmählich von einem Zyklus zum nächsten abnimmt, wobei die Abweichung von der Referenz bei Iteration 4 besser ist als bei Iteration 1 und die Abweichung von Iteration 10 deutlich besser ist als bei Iteration 6. So nimmt die in jeder Iteration zurückgelegte Strecke deutlich ab, da der Bewegungsfehler in jeder Iteration abnimmt. Tabelle 10.2 fasst die Ergebnisse dieser Analyse zusammen.

Tabelle 10.2 Vom Endeffektor des Roboters zurückgelegte Strecke je Zyklus

Zyklusnummer	1	4	6	10
Zurückgelegter Weg in m	1,492	1,485	1,246	1,094

Der absolute Fehler zwischen der Referenz- und der Endeffektorposition je Zyklus ist in Bild 10.34 dargestellt. Der Fehler erreicht im ersten Zyklus nicht Null, da ein Unterschied zwischen der realen Roboterdynamik und der Dynamik des im Optimierungsproblem modellierten Roboters besteht. Diese Fehlanpassung des Modells führt dazu, dass sich die Bewegung von der vom Regler erwarteten Bewegung unterscheidet. Während das System bei jedem Zyklus lernt und sich an das Verhalten des Roboters anpasst, nimmt der Fehler beim Folgeverhalten ab, bis er im letzten Zyklus Null wird. Wir sehen hier, dass das System bei einer angemessenen Anzahl von Zyklen ein angemessenes Genauigkeitsniveau erreicht wird. Gerade bei der Verwendung von günstigen Leichtbaurobotern (mit flexiblen, zu Schwingungen neigenden Verbindungen), deren Verhalten nur aufwendig modellierbar ist oder wenn das System nichtmodellierten Störungen unterliegt, versprechen ILC große Potentiale. Für Problemformulierungen ohne Nebenbedingungen kann gezeigt werden, dass eine lineare modellprädiktive Regelung mit quadratischer Kostenfunktion einen Spezialfall der optimierungsbasierten ILC darstellt. Wenn die Anzahl der Iterationen der ILC gegen Unendlich strebt, dann konvergiert die Lösung der optimierungsbasierten ILC gegen die Lösung der modellprädiktiven Regelung. Die Verwendung einer MPC ist jedoch die bessere Option, wenn ein relativ genaues Modell des Systems verfügbar ist oder die Bewegung des Roboters nicht repetitiv ist.

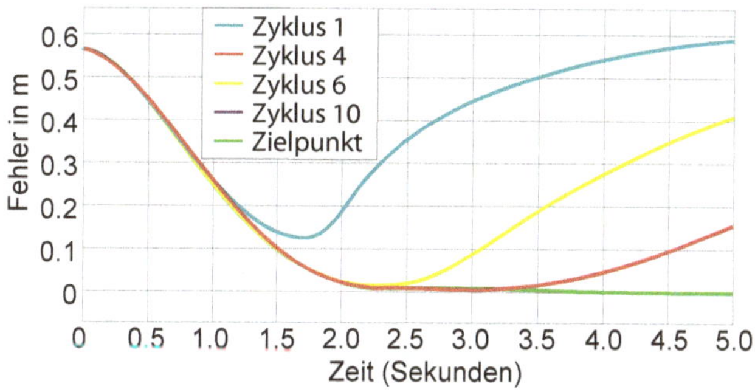

Bild 10.34 Beispielhafte Abweichungen der Roboterbewegung zur Referenz pro Zyklus

Übungsaufgaben

Übungsaufgabe 10.1. Skizzieren Sie den Aufbau eines elektrischen Antriebssystems. ■

Übungsaufgabe 10.2. Erläutern Sie den Aufbau einer Kaskadenregelung für einen elektrischen Antrieb (Eingang: Wunschposition; Ausgang: Motorstrom). ■

Übungsaufgabe 10.3. Skizzieren und erläutern Sie die Problemformulierung einer modellprädiktiven Regelung für die Gelenkwinkelregelung eines Industrieroboters, welcher Hindernissen im Arbeitsraum ausweichen kann. ■

Übungsaufgabe 10.4. Was charakterisiert selbstoptimierende Automatisierungssysteme und wie können diese konzeptionell umgesetzt werden? ■

Übungsaufgabe 10.5. Erläutern Sie anhand eines selbstgewählten Produktionsprozesses oder einer Fahrerassistenzfunktion, wie ein selbstoptimierendes Automatisierungssystem realisiert werden kann. ■

Übungsaufgabe 10.6. Was verstehen Sie unter einer iterativ lernenden Regelung? Wie unterscheidet sie sich von einer modellprädiktiven Regelung? ■

Übungsaufgabe 10.7. Skizzieren Sie das Blockschaltbild einer Längsdynamikregelung. Warum ist es nicht ratsam, eine Längsdynamiksteuerung zu verwenden? ■

Übungsaufgabe 10.8. Beschreiben Sie zwei Konzepte zur Querdynamikregelung. ■

Übungsaufgabe 10.9. Erläutern Sie die Problemformulierung zur Realisierung einer modellprädiktiven Pfadfolgeregelung. ■

Übungsaufgabe 10.10. Erläutern Sie die Vor- und Nachteile einer Querdynamikregelung mittels einer MPC im Vergleich zu einem konventionellen Regelungsansatz (bspw. mittels Kaskadenregelung). ■

Übungsaufgabe 10.11. Erläutern Sie die Einstellparameter einer modellprädiktiven Pfadfolgeregelung. Welchen Einfluss haben diese Parameter auf das Systemverhalten? ■

Literatur

Faulwasser, T., Kern, B. und Findeisen, R. (2009). Model predictive path-following for constrained nonlinear systems, *Conference on Decision and Control held jointly with Chinese Control Conference*, pp. 8642–8647.

Faulwasser, T., Weber, T., Zometa, P. und Findeisen, R. (2017). Implementation of Nonlinear Model Predictive Path-Following Control for an Industrial Robot, *IEEE Transactions on Control Systems Technology* **25**(4): 1505–1511.

Isermann, R. (2022). *Automotive Control: Modeling and Control of Vehicles*, Springer.

ISO (2016). *ISO/TS 15066:2016: Robots and robotic devices — Collaborative robots*, ISO.

Ketelhut, M., Schrödel, F., Stemmler, S., Roseveare, J., Hein, M., Gesenhues, J., Albin, T. und Abel, D. (2017). Iterative learning control of a left ventricular assist device, *IFAC World Congress* pp. 6684–6690.

Krushnan, J., Patel, V., Dawoud, A., Vaghani, C., Patil, S. und Schrödel, F. (2023). Concept design of a self optimized industry 4.0 benchmark plant, *European Control Conference*, pp. 1–6.

Krushnan, J., Thangaraj, H., Thiruvalluvan, K., Balasubramanian, S., Uppalapati, V. P. und Schrödel, F. (2024). Microros based controller and rviz visualization for robot manipulation as an educational module, *Mediterranean Conference on Control and Automation*.

Mutlu, İ., Freese, M., Alaa, K. und Schrödel, F. (2019). Case study on model free determination of optimal trajectories in highly automated driving, *IFAC Symposium on Advances in Automotive Control* pp. 205–211.

Pozo, E., Gerges, B., Nafea, M. und Schrödel, F. (2023). Next level of human-robot collaboration by utilizing ai pose estimation and model predictive motion planning technologies, *IFAC World Congres* pp. 5313–5319.

Rajamani, R. (2012). *Vehicle Dynamics and Control*, Springer.

Ritschel, R., Schrödel, F., Hädrich, J. und Jäkel, J. (2019). Nonlinear Model Predictive Path-Following Control for Highly Automated Driving, *IFAC Symposium on Intelligent Autonomous Vehicles* pp. 350 – 355.

Schrödel, F., Voßwinkel, R., Ritschel, R., Gerwien, M., Gruschka, E., Schwarz, N. und Jungmann, A. (2020). Case study on communication based cooperative longitudinal vehicle guidance, *IFAC World Congress* pp. 15186–15191.

Simon, T., Joo, H., Matthews, I. und Sheikh, Y. (2017). Hand keypoint detection in single images using multiview bootstrapping, *Carnegie Mellon University* **1**: 1–10.

Strigina, Y., Parmar, T., Uppalapati, V. P., Tendulkar, S. und Schrödel, F. (2024). V2x based human-centered decision-making for autonomous mobile robots operating in urban outdoor environment, *Conference on Microwaves for Intelligent Mobility*.

Uppalapati, V. P., Strigina, Y., Parmar, T., Busireddy, H. R., Tendulkar, S. und Schrödel, F. (2024). Design and prototyping of a low-cost mobile robot drive system for outdoor autonomous logistics solutions, *Mediterranean Conference on Control and Automation*.

Voßwinkel, R., Gerwien, M., Jungmann, A. und Schrödel, F. (2021). Intelligent decision-making and motion planning for automated vehicles, *Autonomous Driving and Advanced Driver-Assistance Systems (ADAS)*, CRC Press, pp. 3–36.

Voßwinkel, R., Mutlu, İ., Alaa, K. und Schrödel, F. (2020). A modular and model-free trajectory planning strategy for automated driving, *European Control Conference*.

11 Relevanz für die Zukunft und Ausblick

Relevanz für zukünftige Entwicklungen

In diesem Buch haben Sie umfangreiche Kenntnisse über autonome Systeme und deren Anwendungen gewonnen. Diese Konzepte sind nicht nur theoretischer Natur, sondern haben praktische Anwendungen in der Welt der autonomen Systeme. Sie, als zukünftige Ingenieurinnen und Ingenieure, Entwicklerinnen und Entwickler sowie Industriemathematikerinnen und Industriemathematiker werden in der Lage sein, die nächste Generation intelligenter, vernetzter und autonom agierender Systeme zu gestalten. Solche Systeme haben das Potenzial, zahlreiche Lebensbereiche zu revolutionieren, von der Mobilität und Logistik bis hin zur industriellen Produktion und häuslichen Assistenz.

Besonders bemerkenswert ist auch der umgekehrte Lernprozess: Intelligente autonome Roboter in der Assistenz, Produktion, Logistik und vielen anderen Bereichen können von den Entwicklungen und Technologien im Bereich der autonomen Fahrzeuge profitieren. Die hier behandelten Methoden und Technologien, wie robuste Sensorik, präzise Regelungstechnik und effiziente Datenverarbeitung, werden in vielen Anwendungen zur Innovation beitragen.

Durch die enge Verbindung von Theorie und Praxis bietet Ihnen dieses Buch einen umfassenden Überblick über die relevanten Technologien und Methoden. Sie haben gelernt, wie komplexe Modelle erstellt, optimiert und in reale Anwendungen überführt werden. Diese Fähigkeiten sind entscheidend, um die Herausforderungen der Zukunft zu meistern und die Entwicklung autonomer Systeme voranzutreiben.

Ausblick

Die Weiterentwicklung autonomer Systeme bringt ständig neue Herausforderungen und Chancen. Sie müssen nicht nur technisch versiert sein, sondern auch interdisziplinär denken und ethische sowie gesellschaftliche Aspekte berücksichtigen. Die Integration neuer Technologien, wie künstliche Intelligenz und maschinelles Lernen, wird dabei immer wichtiger.

Ihr Engagement und Ihre Fähigkeiten werden maßgeblich dazu beitragen, diese Technologien weiterzuentwickeln und die Welt von morgen zu gestalten. Die in diesem Buch erlernten Konzepte und Methoden sind nicht nur für die heutige Praxis relevant, sondern auch für die zukünftige Forschung und Entwicklung in diesem dynamischen Bereich. Die Fähigkeit, innovative Lösungen zu entwickeln und bestehende Systeme zu verbessern, wird entscheidend sein, um den Fortschritt in der Welt der autonomen Systeme nachhaltig zu gestalten.

Wir laden Sie herzlich ein, Anmerkungen zu diesem Buch uns zu übermitteln, damit wir diese für zukünftige Überarbeitungen berücksichtigen können. Ihre Rückmeldungen sind wertvoll, um die Inhalte weiter zu verbessern und an die sich ständig weiterentwickelnden Anforderungen des Fachgebiets anzupassen. Bitte senden Sie Anmerkungen, Anregungen und Ideen an *info@hanser.de*. Ihre Beiträge werden helfen, die Qualität und Relevanz dieses Buches für zukünftige Leserinnen und Leser weiter zu steigern.

Illustrationen von **Stephanie Brittnacher** befinden sich auf den Seiten 6, 11-20, 23-40, 60-68, 75, 81, 92-96, 296, 334-339, 416, 419, 437, 446 und 503.

Illustrationen von **Rebecca Freese** befinden sich Im Vorwort und Kapitel 11 sowie auf Seite 22.

Illustrationen von **Jonathan Kortjohann** befinden sich auf den Seiten: 237, 242, 246, 411, 416, 418, 425, 429, 431, 433, 444, 508 und 509.